J. Moeller

Mikroskopie der Nahrungs- und Genußmittel aus dem Pflanzenreiche

Dritte, neubearbeitete Auflage

von

Dr. C. Griebel
Professor a. d. Staatlichen Nahrungsmittel-Untersuchungsanstalt
in Berlin

Mit 776 Textabbildungen

Berlin
Verlag von Julius Springer
1928

ISBN 978-3-642-50430-3 ISBN 978-3-642-50739-7 (eBook)
DOI 10.1007/978-3-642-50739-7

Softcover reprint of the hardcover 3rd edition 1928

Aus dem Vorwort zur zweiten Auflage.

Neuauflagen sind wohl immer Beweise für die Brauchbarkeit eines Werkes, und so dürfte auch meine längst vergriffene „Mikroskopie“ ihren Zweck erfüllt haben. Gleichwohl war ich bemüht, sie noch brauchbarer zu machen.

Die vorliegenden Ausführungen sind dem Bedürfnisse des praktischen Nahrungsmittelanalytikers noch inniger angepaßt. Ich habe es vermieden, mit Gelehrsamkeit zu prunken, weil mein Wissen den Leser wenig oder gar nicht interessiert. Er will belehrt werden, und deshalb habe ich mir stets vor Augen gehalten, was der im Berufe stehende Leser in dem Buche sucht und was er finden soll. Was nicht streng zur Sache, d. i. zur mikroskopischen Erkennung und Wertbestimmung gehört, habe ich weggelassen oder nur angedeutet, und in der Darstellung mich der größten Klarheit und Einfachheit beflissen. Chemische Zusammensetzung, chemische Untersuchungsmethoden, Gewinnung und Zubereitung der Naturprodukte, Handelsbeziehungen, Fabrikationsmethoden u. a. m. sind daher nur so weit berücksichtigt, als es zum Verständnis der Ware und ihrer Sorten unerläßlich ist. Durch diese zielbewußte Einschränkung wurde so viel Raum gewonnen, daß ohne wesentliche Erhöhung des Umfanges der Inhalt erheblich vermehrt werden konnte. Insbesondere wurden zahlreiche Fälschungen und Ersatzmittel für Tee und Gewürze, Verunreinigungen der Zerealien und des Mehles, Pilze und Tierfuttermittel neu aufgenommen.

Die Einteilung des Stoffes wurde beibehalten, der Plan jedoch insofern geändert, als die Verunreinigungen und Fälschungen nicht bei den einzelnen Artikeln abgehandelt, sondern in das System eingereiht und auf sie nur hingewiesen wurde. Dadurch konnten Wiederholungen vermieden und Raum für die Abbildungen gespart werden, deren Zahl sich nahezu verdoppelt hat. Unter den Bildern werden, glaube ich, meine Autophotogramme der Blätter Beifall finden, denn sie übertreffen an Natürlichkeit sogar den Naturselbstdruck. Die meisten Figuren sind nach meinen Zeichnungen reproduziert, bei den übrigen ist der Autor angegeben.

Der Mitarbeit meines Schülers Dr. A. L. Winton, Chemikers der Connecticut Agr. Exper. Stat. und Instruktors der Yale-University, der dreimal nach Europa kam, um unter meinen Augen zu arbeiten, verdanke ich mehrere sorgfältige Untersuchungen und gegen 120 vortreffliche Zeichnungen. Die Abschnitte „Mehl“ und „Zerealien“, sowie die Einzelbeschreibungen vieler Früchte und Samen sind hauptsächlich von ihm verfaßt.

Graz, Juni 1905. J. Moeller.

Vorwort zur dritten Auflage.

Josef Moeller, einer der alten Meister der Pharmakognosie und der mikroskopischen Lebensmittelkunde, ist am 4. Oktober 1924 in Graz, wo er lange Jahre als o. ö. Professor und Vorstand des pharmakologischen Instituts der Universität gewirkt hatte, aus dem Leben geschieden. Von seinen Werken hat wohl die „Mikroskopie der Nahrungs- und Genußmittel aus dem Pflanzenreiche“ mit die größte Verbreitung erlangt. Denn infolge seiner Handlichkeit, Reichhaltigkeit und leichten Verständlichkeit war gerade dieses Werk dazu berufen, den meisten Angehörigen des noch jungen Standes der Nahrungsmittelchemiker die erforderlichen mikroskopischen Kenntnisse zu vermitteln. Die große Beliebtheit des „Moeller“, insbesondere bei den Nahrungsmittelchemikern, kam durch die häufige Nachfrage nach dem schon seit längerer Zeit vergriffenen Buch deutlich zum Ausdruck. Als der Verlag im Jahre 1926 wegen der Bearbeitung einer Neuauflage an mich herantrat, bin ich deshalb diesem Wunsche gern nachgekommen, zumal da der frühere Mitarbeiter Moellers, Herr Dr. A. L. Winton, z. Zt. Inhaber eines Laboratoriums in Wilton, der die 2. Auflage des Werkes nach verschiedener Richtung, insbesondere aber durch ganz vortreffliche Zeichnungen sehr bereichert hatte, die Wiederverwendung dieser Abbildungen in dankenswerter Weise gestattete.

Die von Moeller gewählte Einteilung des Stoffes hat sich nach meinen Erfahrungen in der Praxis durchaus bewährt. Sie wurde deshalb im wesentlichen beibehalten, wenn auch die Anordnung der Hauptabschnitte einige Änderungen erfuhr, ebenso wie die Gruppierung der Objekte zuweilen in anderer Weise erfolgte.

Eine Vermehrung des Stoffes, die nur zum Teil durch Kürzungen an anderer Stelle ausgeglichen werden konnte, war in fast allen Abschnitten notwendig. Zu einem erheblichen Teil beziehen sich diese Erweiterungen auf solche Rohstoffe, die während des Weltkrieges als Ersatz- oder Streckungsmittel eine Rolle gespielt haben. Die Aufnahme dieser Objekte erschien aber deswegen geboten, weil die Erfahrung gelehrt hat, daß eine ganze Anzahl von ihnen späterhin gelegentlich als Fälschungsmittel benutzt worden ist, ganz abgesehen davon, daß die einen oder die anderen im beschränkten Umfang auch jetzt noch als Ersatzmittel Verwendung finden. Hierdurch erfuhren z. B. die Abschnitte über Tee- und Tabakersatzstoffe eine Vermehrung auf das Vielfache, bzw. eine völlige Umgestaltung. Ebenso erfolgte die Aufnahme einer größeren Zahl von Wildfrüchten, von Kaffee-Ersatzmitteln sowie von Futtermitteln. Neu aufgenommen wurden ferner die Gemüse und Küchenkräuter, weil Anfragen aus den Kreisen der Fachgenossen erkennen ließen, daß hierfür ein Bedürfnis bestand. Spielt doch der Nachweis oder die Erkennung derartiger Pflanzenteile zuweilen auch bei kriminalistischen Untersuchungen eine Rolle, sei es, daß Speisereste zu identifizieren oder daß die in den Faeces vorhandenen vegetabilischen Bestandteile zu ermitteln sind. Von den niederen pflanzlichen Organismen fanden nunmehr auch die in den beiden ersten Auflagen nicht berücksichtigten Sproß- und Spaltpilze Erwähnung, allerdings unter Beschränkung auf wenige Arten, mit denen der Nahrungsmittelchemiker häufiger zu tun hat. Trotzdem glaube ich, daß diese kurzen Hinweise manchem Benutzer des Buches willkommen sein werden. Von den bei den höheren Pilzen vorgenommenen Ergänzungen sei nur die Anleitung zur Untersuchung der Trockenpilze genannt.

Mit den zahlreichen Erweiterungen des Stoffes mußte eine entsprechende Vermehrung des Bildmaterials Hand in Hand gehen, weil für den Analytiker charakteristische Abbildungen erfahrungsgemäß von besonderer Wichtigkeit sind. Aus diesem Grunde ging außerdem das Bestreben dahin, auch das übernommene Bildmaterial in zweckentsprechender Weise zu ergänzen oder, soweit angängig, durch geeigneter erscheinendes zu ersetzen, wie ich überhaupt durchweg bemüht war, besonders den Bedürfnissen der Praxis nach Möglichkeit Rechnung zu tragen.

Neu aufgenommen wurden etwa 280 Abbildungen, von denen 235 vom Verfasser herrühren, wobei den Mikrophotogrammen wegen ihrer oft größeren Naturtreue ein breiterer Raum als bisher gewährt wurde. Da andererseits über 100 Figuren der 2. Auflage aus Gründen der Raumersparnis gestrichen wurden, weil sie entbehrlich erschienen, beträgt die Vermehrung der Bilder im ganzen 177 Nummern.

Eine Zusammenstellung der in Betracht kommenden Original-Literatur findet sich, zwecks Vermeidung von Wiederholungen, jetzt nur noch am Ende von größeren Abschnitten. Berücksichtigung hat hierbei lediglich die neuere Literatur gefunden — etwa die letzten drei Jahrzehnte — soweit sie mir zugänglich war. Diese Maßnahmen haben es in Verbindung mit der Wahl eines größeren Satzspiegels ermöglicht, das Volumen des Buches trotz der erheblichen Vermehrung des Stoffes noch zu vermindern. Hinsichtlich der Ausstattung ist die Verlagsbuchhandlung meinen Wünschen stets entgegengekommen, wofür ihr besonderer Dank gebührt.

Wie die früheren, so ist auch die 3. Auflage der „Mikroskopie der Nahrungs- und Genußmittel" in erster Linie für den in der Praxis stehenden Analytiker in Untersuchungsanstalten, Privatlaboratorien und industriellen Betrieben bestimmt, sei er von Beruf Chemiker, Botaniker oder Apotheker. Möge das Buch wie bisher aber auch bei der Ausbildung der jungen Nahrungsmittelchemiker gute Dienste leisten, sowie allen denen, die sich nur gelegentlich mit der mikroskopischen Untersuchung von pflanzlichen Lebensmitteln zu befassen haben, ein zuverlässiger Führer sein.

Charlottenburg, im Februar 1928.

C. Griebel.

Inhaltsverzeichnis.

Einleitung.

In vielen Fällen ist das Mikroskop das einzige Mittel zur Erkennung und Reinheitsprüfung zerkleinerter Pflanzenteile, in anderen führt es wenigstens rascher zum Ziel als die chemische Analyse. Für Laboratorien, die sich mit der Prüfung und Begutachtung von vegetabilischen Stoffen (Lebensmitteln, Arzneidrogen, Faserstoffen usw.) zu befassen haben, ist daher das Mikroskop seit langem ein unentbehrliches Instrument. Aber nicht immer findet es die ihm gebührende weitgehende Anwendung bei der analytischen Tätigkeit im Laboratorium. Manche Chemiker haben vielmehr immer noch eine ausgesprochene Abneigung gegen den Gebrauch des Mikroskopes, und zwar deswegen, weil ihnen die richtige Deutung des mikroskopischen Bildes häufig große Schwierigkeiten macht oder überhaupt nicht gelingt. Zum Teil mag dies mit der Einstellung auf die chemisch-analytische Tätigkeit zusammenhängen, die sich gewöhnlich nach einem bestimmten System durchführen läßt.

Eine solche planmäßige Ermittelung der Bestandteile eines vegetabilischen Pulvers — etwa im Sinne einer qualitativen chemischen Analyse — ist aber leider nicht möglich. Der einzige Weg, der geeignet ist, dem Analytiker die erforderlichen Kenntnisse zu vermitteln, ist eine systematische Untersuchung aller derjenigen Objekte, die erfahrungsgemäß Gegenstand der mikroskopischen Prüfung sind. Der Anfänger muß daher zunächst die unzerkleinerten Objekte mikroskopisch zergliedern und sie in allen Einzelheiten ihres Baues kennenlernen, damit er sie später aus ihren Bruchstücken rekonstruieren, d. h. diagnostizieren und fremdartige Elemente als solche erkennen kann.

Von diesem Gesichtspunkte aus sind die folgenden Blätter abgefaßt. Sie vermitteln zunächst eine genaue Bekanntschaft mit den Untersuchungsobjekten im natürlichen Zustande und leiten auf Grund derselben zur Diagnose der als Nahrungs- und Genußmittel dienenden Erzeugnisse über.

Die Kenntnis des Mikroskopes und seiner Handhabung wird bei den folgenden Ausführungen vorausgesetzt[1], nur die zur Untersuchung der uns beschäftigenden Pflanzenteile dienlichen Methoden sollen hier einleitend besprochen werden und auch diese nur so weit, als sie für die Praxis nötig und in der Praxis bewährt sind.

1. Die Präparation.

Die allermeisten Objekte kommen in mehr oder weniger fein zerkleinertem Zustande zur mikroskopischen Untersuchung und können ohne weitere Präparation beobachtet werden. Von pulverförmigen Substanzen bringt man zu-

[1] Anfängern sei empfohlen: STRASBURGERS Botanisches Practicum; HAGER-TOBLER: Das Mikroskop und seine Anwendung. 13. Aufl. Berlin; Julius Springer 1925.

nächst eine kleine Probe auf den Objektträger und verteilt sie in einem Tropfen Wasser. Stellt sich hierbei heraus, daß das Pulver von gröberen Teilchen durchsetzt ist, so werden diese mit Hilfe der Präpariernadel zweckmäßig entfernt, weil sie sonst die horizontale Lagerung des Deckglases verhindern, was bei der Untersuchung sehr störend wirken kann. Unangenehm bemerkbar machen sich zuweilen auch die von den Teilchen eingeschlossenen Luftmengen, die nach dem Auflegen des Deckglases das Präparat gewöhnlich in Form von kleinen, als schwarze Ringe erscheinenden Bläschen durchsetzen. Wenn die Erkennung zelliger Elemente hierdurch erschwert oder gar unmöglich gemacht wird, muß die Luft beseitigt werden. Dies gelingt z. B. durch Erwärmen. Zu berücksichtigen ist aber, daß etwa vorhandene Stärke hierbei leicht verkleistert wird und ihrer Art nach dann nicht mehr bestimmt werden kann. Auch andere Veränderungen (Lösung von Zellinhaltsstoffen, Quellung von Membranen) sind möglich. Zur Vermeidung dieses Übelstandes verwendet man daher am besten von vornherein bei der Herstellung der Präparate frisch ausgekochtes und wieder abgekühltes Wasser, das die Luftblasen absorbiert. Auch durch Alkoholzusatz kann die Luft verdrängt werden, wobei aber nicht außer acht gelassen werden darf, daß hierdurch unter Umständen bestimmte Zellinhaltsstoffe in Lösung gehen können. Ist dies für die Untersuchung bedeutungslos, so behandelt man das Pulver zweckmäßig vor der Herstellung des Präparates in einem Glasschälchen mit Alkohol. Muß aus einem bestimmten Präparat die Luft unter Schonung aller Zellinhaltsstoffe entfernt werden, so bedient man sich am besten der Luftpumpe, indem man das Präparat in einen Exsikkator bringt und diesen evakuiert.

In einigen besonderen Fällen ist Wasser überhaupt nicht die geeignete Untersuchungsflüssigkeit. Handelt es sich beispielsweise um die Verhütung von Quellungserscheinungen bei Stärke und Proteinkörnern oder bei verschleimten Membranen, so benützt man Glyzerin (s. S. 6); soll die Lösung gewisser Inhaltsstoffe, wie Zucker, Gerbstoff, Gummi, Farbstoff (Safran), oder die Emulsion von Fetten oder die Verschleimung von Membranen (Lein, Raps) hintangehalten werden, so untersucht man je nach Umständen in Glyzerin, Alkohol oder fettem Öl, was bei den betreffenden Objekten näher angegeben wird. Für die weitere Untersuchung der Gewebe bedient man sich zweckmäßig verdünnter Kali- oder Natronlauge (s. S. 6).

Die Untersuchung mancher Pulver wird außerordentlich erleichtert, wenn man gewisse Bestandteile, die man allerdings vorher oder nachher für sich studieren muß, entfernt. Im Getreidemehl sind z. B. Gewebereste, deren genaue Prüfung oft unerläßlich ist, in der Regel so spärlich vorhanden, daß sie in der Masse der Stärkekörnchen leicht übersehen oder doch nicht mit genügender Deutlichkeit erkannt werden. Dasselbe gilt von anderen stärkemehlreichen Pulvern. Im Pulver fettreicher Samen finden sich zwar Gewebereste weniger spärlich, aber sie sind von den stark lichtbrechenden Fettklumpen oder Öltropfen bedeckt, so daß ihre genaue Prüfung schwierig ist, wobei die zartesten Elemente der Beobachtung ganz entgehen. Indem man die Stärke oder das Fett, die der Menge nach meist überwiegenden Bestandteile, aus dem Pulver herauslöst, gewinnt man in solchen Fällen erst ein für die mikroskopische Untersuchung geeignetes Objekt. Bei manchen Mahlprodukten genügt es, die Verkleisterung der Stärke auf dem Objektträger durch Erwärmen des Präparates mit Wasser oder nach Zusatz von Alkalien vorzunehmen. Bei den feinsten Mehlen sind dagegen besondere Anreicherungsmethoden erforderlich, die im Abschnitt „Mehl“ näher beschrieben werden. Für die Untersuchung fett-, harz- und farbstoffreicher Pulver ist Chloralhydrat (s. S. 8) den Alkalien vorzuziehen. Chloralhydrat löst allerdings die Inhaltsstoffe nur langsam, in der Regel erst nach mehreren Stunden, ohne jedoch die Membranen wesentlich zu verändern. Man wendet die Chloralhydratlösung auf dem Objektträger an, bedeckt aber das Präparat mit einem Uhrschälchen, um die Verdunstung zu verzögern. Sollte dennoch Chloralhydrat auskristallisiert sein, so löst man es, indem man vom Rande des Deckglases her Wasser zugibt.

Die Extraktion fettreicher Pulver erfolgt wegen der raschen Verdunstung der Lösungsmittel (Petroläther, Äther, Chloroform) nicht auf dem Objektträger, sondern in einem Glasschälchen oder durch vorsichtiges Erwärmen in einem Reagenzglas.

Je feiner das zu untersuchende Pulver, desto günstiger ist es für die unmittelbare mikroskopische Beobachtung. Es besteht zwar zum großen Teile aus undefinierbarem Detritus, aber zugleich enthält es isolierte Zellen oder kleine Zellkomplexe, die mit hinreichender Deutlichkeit die charakteristischen Eigentümlichkeiten erkennen lasen. Am störendsten sind die mittelgroßen Pulverfragmente. Sie sind zu groß und daher zu wenig durchscheinend für die direkte Beobachtung und zu klein für die bequeme Präparation durch Nadel oder Messer.

Reicht die Untersuchung des feinen Pulvers nicht aus, so kann man oft durch Zupfpräparate die Lücken in der Diagnose ergänzen. Zu ihrer Herstellung sucht man (nötigenfalls durch Absieben) die gröberen Pulverteilchen heraus, erweicht sie in Wasser oder Kalilauge und zerkleinert sie aufs Geratewohl mit zwei Nadeln auf dem Objektträger. Bei von Natur aus weichen Objekten, wie z. B. Blattfragmenten, ist nicht einmal das nötig; ein schiebender Druck mit dem Deckglase trennt die durch Alkalien gelockerten Gewebeschichten in ganz zweckentsprechendem Grade.

Natürlich kann man sich aus der Betrachtung von Fragmenten kein vollständiges Bild des ganzen Pflanzenteils machen, wenn man ihn nicht von früher her in seinem histologischen Aufbau kennt. Umgekehrt unterstützt die genaue Kenntnis des letzteren die Deutung der aus ihrem Zusammenhang gerissenen und durch mannigfache Einflüsse oft arg beschädigten Zellen und Gewebeteile außerordentlich. Die genaue Kenntnis des Aufbaues der Pflanzenteile erwirbt man sich, wenn man diese nach der in den folgenden Abschnitten gegebenen Anleitung analytisch studiert.

Der Vorgang ist im allgemeinen folgender: Querschnitte orientieren über die Zahl, Lage und Ausdehnung der Gewebeschichten, größtenteils auch über die zu ihrem Aufbau verwendeten Zellentypen und deren Inhaltsstoffe. Sie lehren auch, in welcher Richtung die zur Vervollständigung unserer Einsicht nötigen Längsschnitte zu führen sind. Statt der Längsschnitte ist es oft, namentlich bei häutigen Gebilden, zweckmäßig, die einzelnen Schichten durch Abziehen oder Abschaben bloßzulegen. Es gelingt dies in der Regel schon, wenn man die Objekte in Wasser erweicht; nötigenfalls kocht man sie oder setzt vorsichtig alkalische Lösungen zu. Die kräftigeren in der Pflanzenhistologie gebräuchlichen Mazerationsmittel sind für unsere Zwecke im allgemeinen zwar entbehrlich, mitunter aber doch von Vorteil. Zur Mazeration nach SCHULZE gibt man ein kleines Stück des Materiales mit ungefähr ebensoviel Kaliumchlorat in ein Reagenzglas, übergießt es mit Salpetersäure und erwärmt zum Sieden. Dann gießt man den Inhalt des Röhrchens in eine Schale mit Wasser, fischt das Objekt heraus, wäscht es noch einmal (um alles Chlor zu entfernen) und zerzupft es auf dem Objektträger, falls die Zellen nicht schon durch den Druck des Deckglases auseinanderfallen. Durch die Mazeration werden die Elemente isoliert zur Anschauung gebracht, was besonders dann von Vorteil ist, wenn es sich um sehr unregelmäßige, durch Quer- und Längsansichten nicht genügend definierte Formen handelt. Die Inhaltsstoffe werden bei dieser Behandlung natürlich weitgehend verändert oder vollständig gelöst.

Die Herstellung von Dünnschnitten erfordert Übung und einiges Geschick. Die Hauptschwierigkeit liegt bei den uns beschäftigenden Objekten oft in ihrer Kleinheit. Trotzdem lassen sich die hier in Betracht kommenden Untersuchungen durchweg mit einfachen Mitteln ausführen. Von einer Beschreibung der in der histologischen Forschung gebräuchlichen, oft recht komplizierten Schneideapparate (Mikrotome) kann daher abgesehen werden.

Man verwendet zum Schneiden festerer Gegenstände, die erforderlichenfalls noch aufgeweicht werden müssen, ein Rasiermesser mit keilförmig geschliffener Klinge; für zartere Objekte sind hohl geschliffene Messer mehr zu empfehlen.

Größere Objekte von festerer Konsistenz lassen sich oft aus freier Hand schneiden, während man kleinere oder weichere Pflanzenteile zwischen gespaltenes Holundermark klemmt. In vielen Fällen sind Korkstückchen wegen der größeren Festigkeit zweckmäßiger, da sich auch härtere Gegenstände zwischen ihnen so festklemmen lassen, daß sie sich beim Schneiden nicht verschieben können. Bei sehr kleinen Samen kommt man oft auch so nicht zum Ziel und hilft sich dann durch Einbetten in Paraffin. Hierbei genügt es fast immer, die betreffenden Objekte in die erweichte Oberfläche eines Paraffinblockes oder einer Kerze einzudrücken. Aus den nach dem vollständigen Erhärten hergestellten Schnitten lassen sich die Paraffinteilchen gewöhnlich leicht mit Hilfe der Präpariernadel oder durch Behandeln mit Äther oder Chloroform entfernen.

Teile von Steinschalen lassen sich nur schwer unmittelbar mit dem Rasiermesser schneiden, ohne dieses zu schädigen. Wenn das Objekt groß genug ist, versucht man mit Hilfe eines scharfen Taschenmessers dünne Späne davon abzulösen, oder man stellt durch Schaben ein für die Untersuchung geeignetes Präparat her. Zum genaueren Studium der Zellformen ist aber in solchen Fällen die oben erwähnte Mazeration mit dem SCHULZEschen Gemisch erforderlich.

Getrocknete Blätter werden nach dem Aufweichen in Wasser und darauffolgendem Härten mit Alkohol, frische unmittelbar mehrfach zusammengefaltet und die so erhaltenen Pakete zwischen Holundermark geschnitten. Man kann auch die Blätter in schmale Längsstreifen zerlegen und diese übereinanderschichten. Die Schnitte bringt man in ein Uhrschälchen mit Wasser und sucht für die Beobachtung die besten heraus; doch kann die Auswahl — wie dies bei leicht schneidbaren Objekten in der Regel geschieht — auch auf dem mit etwas Wasser beschickten Objektträger erfolgen.

Die Beseitigung von Luftblasen erfolgt bei Schnittpräparaten in derselben Weise wie bei pulverförmigen Objekten.

Bei der Untersuchung von verfälschten oder verunreinigten Pflanzenpulvern begegnen übrigens auch dem geübten Mikroskopiker gelegentlich Teilchen, deren fremdartige Beschaffenheit er zwar zu erkennen, deren Herkunft er aber nicht festzustellen vermag. Denn die Menge der als Ersatzmittel oder Fälschungsmittel verwendbaren oder als Verunreinigung möglichen Stoffe ist größer als die Zahl der ihrem mikroskopischen Bau nach genau bekannten Pflanzen, ganz abgesehen davon, daß hierbei auch die verschieden große Erfahrung des einzelnen mitspricht. Man fahndet in solchen Fällen hauptsächlich nach gröberen Partikelchen, die häufig wenigstens auf den Pflanzenteil schließen lassen, dem sie entstammen, wenn auch die Art nicht ermittelt werden kann. Immerhin wird man stets versuchen, mit Hilfe von selbst hergestellten Vergleichspräparaten den Fall nach Möglichkeit aufzuklären.

Bei der praktischen Tätigkeit macht sich das Bedürfnis nach Vergleichspräparaten überhaupt sehr oft geltend, und in nicht wenig Fällen sind solche sogar unentbehrlich. Die im Handel befindlichen mikroskopischen Präparate sind jedoch für unsere Zwecke meist wenig geeignet. Für alle, die sich berufsmäßig mit derartigen Untersuchungen zu befassen haben, empfiehlt sich daher die Anlegung einer Sammlung von unzerkleinerten und zerkleinerten Objekten. Die Zerkleinerung nimmt man bei Drogen zweckmäßig selbst vor (in der Reibschale), um Verunreinigungen, Verwechselungen oder Verfälschungen des Materials sicher auszuschließen. Pulverförmige Stoffe (Mehle, Stärkesorten, Gewürzpulver u. dgl.) bewahrt man am besten in kleinen Präparatengläsern auf. Auch selbst hergestellte Dauerpräparate (s. S. 6) sind empfehlenswert, da man im Pulver nicht immer sofort die zum Vergleich dienlichen Fragmente auffindet.

2. Reagenzien.

Die mikroskopische Beobachtung wird durch die Anwendung von Reagenzien erheblich unterstützt, ja manche Einzelheiten wären ohne sie gar nicht erkennbar. Aus der großen Zahl der in der Pflanzenhistologie gebräuchlichen Reagenzien sollen hier nur diejenigen erörtert werden, deren Anwendung nicht umgangen werden kann und deren Wirkung zuverlässig ist[1].

a) Aufhellungsreagenzien.

Wasser. Strenggenommen untersucht man eigentlich niemals ohne Reagens; denn die einfachste Zusatzflüssigkeit, das Wasser, hat schon Anspruch auf diesen Namen, indem es ohne Frage einen gar nicht unbedeutenden Einfluß auf die Beschaffenheit und Zusammensetzung pflanzlicher Gebilde ausübt. Vor allem bringt es sie zum Quellen, manche (Schleim, Gummi) bis zu einem der Lösung sehr nahe kommenden Grade; sodann ist es ein wirkliches Lösungs-

[1] Es ist zu empfehlen, die mikroskopischen Reagenzien in Stiftfläschchen (mit verlängertem zugespitztem Glasstöpsel) von etwa 30 g Inhalt vorrätig zu halten.

mittel für viele in den Pflanzen regelmäßig vorkommende Stoffe (Gerb- und Farbstoffe, Salze, manche Eiweißkörper). Diese mannigfachen Wirkungen äußern sich mehr in warmem Wasser, doch hat man, von einigen besonderen Fällen abgesehen, auf sie nur wenig Rücksicht zu nehmen. Diese besonderen Fälle liegen vor, wenn es sich in erster Linie um die Untersuchung der durch Wasser veränderlichen Substanzen handelt (wie namentlich der Stärke, der Proteinkörper, der Gerb- und Farbstoffe, der verschleimten Membranen); sonst betrachtet man die quellenden und lösenden Wirkungen des Wassers als einen Vorteil, indem dadurch die Gewebe teils direkt, teils durch Austreibung der Luft aufgehellt werden. Der letztgenannte Effekt tritt besonders dann ein, wenn man als Zusatzflüssigkeit ausgekochtes Wasser verwendet, oder besser noch, wenn man das Pulver oder die Schnittpräparate einige Zeit in einem Schälchen mit ausgekochtem Wasser stehenläßt. Im allgemeinen soll bei mikroskopischen Arbeiten destilliertes Wasser verwendet werden, unbedingt nötig ist es aber für unsere Zwecke nicht.

Glyzerin. In vielen Fällen empfehlenswerter als Wasser ist Glyzerin als Zusatzflüssigkeit. Man verwendet es zu gleichen Teilen mit Wasser gemischt, seltener konzentriert. Die für den Mikroskopiker wertvollen Eigenschaften des Glyzerins bestehen darin, daß es die Objekte durchsichtig macht, ohne sie aufzuquellen. Besonders vorteilhaft wendet man das Glyzerin da an, wo die quellende und lösende Wirkung des Wassers hintangehalten oder verlangsamt werden soll, also hauptsächlich bei der Untersuchung von Schleim (Lein, Raps, Senf, Zimt), von Farbstoffen (Safran) und von Proteinkörpern (Muskatnuß, Palmkerne). Glyzerin hindert auch ebensowenig wie Wasser die weitere Anwendung von Reagenzien. Es ist endlich die beste Konservierungsflüssigkeit. In Glyzerin liegende und mit dem Deckglase bedeckte Präparate können beliebig lange aufbewahrt werden; nur wenn sie wiederholt benützt oder einer Sammlung einverleibt werden sollen, muß man sie der Stabilität wegen mit einem Lackrahmen[1] umgeben. Zweckmäßig verwendet man zur Herstellung von Dauerpräparaten eine Mischung von Glyzerin und Gelatine. Diese Glyzeringelatine bezieht man fertig oder bereitet sie z. B. nach folgender Vorschrift: 10 g Gelatine werden mit 60 g Wasser zwei Stunden eingeweicht. Dann gibt man 70 g Glyzerin hinzu, löst durch Erwärmen auf dem Wasserbad und versetzt mit 1,5 g Karbolsäure. Nach dem Filtrieren füllt man auf kleine Fläschchen ab.

Bei Bedarf wird die Glyzeringelatine im Wasserbad geschmolzen und ein Tropfen davon dem in wenig Glyzerin liegenden Objekt beigegeben, oder man bringt das Objekt mit einer Präpariernadel in einen Tropfen des Einschlußmittels. Das Auflegen des Deckgläschens muß sofort erfolgen, bevor Erstarrung des Mediums eintritt. Auch bei den mit Glyzeringelatine hergestellten Präparaten umgibt man nach einigen Wochen das Deckglas zum Schutz mit einem Lackring, der sowohl auf den Deckglasrand wie auch auf den Objektträger übergreifen muß.

Alkalische Lösungen. a) Viel gebrauchte Aufhellungsmittel sind die Lösungen von Ätzkali oder Ätznatron. Sie wirken aber zugleich in hohem

---

[1] Geeignete Lacke sind in den Handlungen für mikroskopische Utensilien erhältlich.

Grade quellend und auf gewisse Inhaltsstoffe (z. B. Stärke und Eiweiß) lösend, so daß ihre Anwendung durch manche Rücksichten beschränkt ist. Für uns sind folgende Wirkungen der alkalischen Lösungen die bemerkenswertesten:

1. Zellmembranen quellen; sie verändern dadurch ihre Gestalt und die Verhältnisse ihrer Dimensionen. Messungen dürfen daher niemals in Kalipräparaten vorgenommen werden. Eine Folge der Quellung ist das deutliche Hervortreten etwaiger Schichtungen der Membran. Manche Strukturverhältnisse werden klarer, andere verschwommen. Diese können daher nach Kalipräparaten allein nicht richtig beurteilt werden.

2. Verholzte Zellmembranen (Steinzellen und Fasern) werden gelb gefärbt, Zellulosemembranen bleiben farblos. Diese Reaktion bietet Mindergeübten ein einfaches Hilfsmittel zur Unterscheidung gewisser stark verdickter Zellen (Endosperm von Kaffee, Wachtelweizen, Dattel, Steinnuß) von Steinzellen, mit denen sie in kleinen Fragmenten wohl verwechselt werden könnten.

3. Stärke wird verkleistert. Da diese Wirkung auch in der Kälte und bei einigermaßen konzentrierten Lösungen rapid eintritt, muß man es sich zur Regel machen, die Alkalien nicht anzuwenden, bevor man die auf die Stärke bezüglichen Fragen gelöst hat.

4. Fette werden verseift und dadurch in Wasser löslich. Von dieser Eigenschaft macht man zum Zwecke der Aufhellung fetthaltiger Gewebe sehr vorteilhaften Gebrauch. Vorher muß man sich aber überzeugen, ob sich nicht Fettsäure-Kristalle in den amorphen Klumpen befinden. Auch die Proteinkörper, die mit Fett gepaart den Zellinhalt bilden und mitunter sehr charakteristisch sind (Muskatnuß), können nicht in Kalipräparaten studiert werden.

5. Eiweißkörper werden gelöst. Um die geformten Proteinkörper von dem sie verdeckenden Fett zu befreien, extrahiert man das letztere durch Äther oder Alkohol.

Trotz der erwähnten Einschränkungen empfehlen sich Kali- und Natronlauge als Zusatzflüssigkeiten für den regelmäßigen Gebrauch wegen ihrer fast augenblicklich aufhellenden Wirkung.

Man bereitet das Reagens, indem man das chemisch reine kaustische Kali oder Natron in destilliertem Wasser bis zur Sättigung löst und einen Teil dieser Lösung mit der gleichen Menge Wasser mischt. Bekanntlich ziehen diese Lösungen aus der Luft begierig Kohlensäure an unter Bildung von Karbonaten. Sie werden dadurch getrübt und schwächer. Trübe Lösungen können durch Glaswolle oder Asbest filtriert werden[1].

Die Anwendung der Kali- oder Natronlauge erfordert einige Behutsamkeit. Es läßt sich nicht sagen, welcher Konzentrationsgrad im einzelnen Falle die beste Wirkung gibt; das muß der Versuch lehren. Konzentrierte Lösungen verwende man im allgemeinen nicht, höchstens zur Mazeration sehr harter Gewebe, wobei man oft noch mit Erwärmung zu Hilfe kommen muß. Man bringe die Objekte in einen Tropfen von mittlerer Konzentration und beobachte die

[1] Das bei den Aufbewahrungsgefäßen von Ätzalkalilösungen häufig vorkommende Festkleben der Glasstopfen läßt sich durch leichtes Einfetten mit Paraffinsalbe verhüten. Zweckmäßig sind auch Gummistopfen, durch die ein unten spitz auslaufender Glasstab geführt ist.

Wirkung möglichst rasch; denn auch die Dauer der Einwirkung ist maßgebend. Findet man die Einwirkung zu energisch, so bereitet man ein zweites Präparat mit Wasser und läßt vom Rande des Deckglases her einen Tropfen der Lauge zufließen, während man am entgegengesetzten Rande die überschüssige Flüssigkeit mittels Löschpapier ansaugt. Dabei blickt man immer in das Mikroskop und sistiert das Zufließen der Lauge im geeigneten Augenblick, hemmt wohl auch die Wirkung der bereits vorhandenen durch einen Tropfen Essigsäure. — Findet man, das Präparat könne eine konzentrierte Lauge vertragen, so steigere man zunächst die Wirkung durch Erwärmen des Objektträgers. Dabei kann es vorkommen, daß sich Karbonatkristalle ausscheiden, die der Uneingeweihte als dem Präparat eigentümlich ansehen könnte. Die Form der Kristalle, die Art ihres Auftretens und die eigentümliche Gruppierung im Gesichtsfeld schützen vor diesem Irrtum. — Will man Kalipräparate weiter mikroskopisch prüfen, so müssen sie vorher neutralisiert werden, am besten durch Salz- oder Essigsäure, die lösliche Salze bilden. Ebenso neutralisiert man Schnitte, die aufbewahrt werden sollen. Man schwemmt sie in eine Uhrschale mit angesäuertem Wasser und bringt sie aus diesem mit der Lanzettnadel in die Konservierungsflüssigkeit. Finden sich in den Schnitten nach der Kalibehandlung noch Inhaltsstoffe, die in Wasser unlöslich sind, deren Entfernung jedoch zur vollständigen Aufhellung wünschenswert erscheint, so benutzt man absoluten Alkohol als Waschmittel.

b) Javellesche Lauge (Liquor Kalii hypochlorosi) besitzt ebenso wie Natriumhypochloritlösung ein ganz außerordentliches Bleichungsvermögen. Sie löst viele Inhaltsstoffe (Protoplasma, Chlorophyll), lockert die Gewebe, bringt aber die Membranen nicht so stark zum Quellen wie die Ätzlaugen. Sie eignet sich für alle stark pigmentierten Gewebe und besonders für die Untersuchung von Röstprodukten (Kaffee und Kaffee-Ersatzstoffe). Die Dauer des Bleichprozesses richtet sich nach der Intensität der Färbung und kann sich auf mehrere Tage erstrecken. Gebleicht werden hierbei alle durch Röstung oder Oxydation entstandenen sowie fast alle natürlichen pflanzlichen Farbstoffe. Nicht gebleicht wird das kohleähnliche Massen bildende Phytomelan, das z. B. in der Fruchtwand vieler Kompositen vorkommt (vgl. S. 179).

Die Bleichung der Objekte nimmt man nicht auf dem Objektträger, sondern in kleinen bedeckten Glasschalen vor und ersetzt die Bleichflüssigkeit nach jedesmaliger mehrstündiger Einwirkung so lange durch frische, bis sie sich nicht mehr gelblich färbt, bzw. bis das Objekt farblos geworden oder der gewünschte Aufhellungsgrad erreicht ist. Dann wird durch Abgießen der Lösung und Auswaschen mit Wasser — bei pulverförmigen Objekten durch mehrmaliges Sedimentieren — für die Entfernung der Bleichflüssigkeit Sorge getragen. Sind die Präparate zu stark aufgehellt, so färbt man sie mit Safranin, nachdem sie durch verdünnte Essigsäure neutralisiert wurden.

Chloralhydrat in konzentrierter wässeriger Lösung (5 + 2) ist ebenfalls ein ausgezeichnetes Aufhellungsmittel. Es wirkt hauptsächlich durch Lösung der Inhaltsstoffe (Farbstoffe, Harze, Fette, Stärke und Aleuron), weniger durch Quellung, und das ist ein Vorzug vor den Laugen. Ein Nachteil ist unter Umständen die Langsamkeit der Wirkung, die aber durch Erwärmen des Präparates sehr beschleunigt werden kann. Da hierbei jedoch das Chloralhydrat auf dem Objektträger leicht auskristallisiert[1], ist es besser, eine Lösung in der Kälte durch mehrere Stunden, auch ein bis zwei Tage einwirken zu lassen. Man erhält dann von Gewürzpulvern, Ölkuchen und dgl. sehr schöne Präparate, in denen die zelligen Bestandteile mit unübertrefflicher Klarheit zur Ansicht kommen, da die störenden Inhaltsstoffe verschwunden sind. Das Austrocknen der Präparate verhindert man, indem man sie mit einem Uhrschälchen bedeckt oder unter eine Glasglocke bringt, auf deren Innenseite ein Stück nasses Filtrierpapier geklebt wurde (feuchte Kammer). Bei Verwendung von geeigneten Trägern aus Zinkblech läßt sich unter einer solchen Glocke eine ganze Anzahl von Wasser- oder Chloralhydratpräparaten einige Zeit aufbewahren.

b) Reagenzien auf Zellmembranstoffe.

Die ursprünglich immer aus Zellstoff (Zellulose) bestehenden Membranen verändern sich im Laufe der Zellenentwicklung in der Regel; sie werden verholzt oder verkorkt[2]. Hierdurch bekommen sie naturgemäß abweichende physikalische Eigenschaften, die aber nicht immer das Aussehen der Membranen verändern. Man muß sich daher bestimmter Reagenzien bedienen, wenn man sich über die chemische Beschaffenheit der Zellwände unterrichten will. Diese ist nicht nur eine Frage wissenschaftlichen Interesses, sondern auch von praktischer Bedeutung, indem sie zur Unterstützung der mikroskopischen Diagnose mitunter wesentlich beiträgt und weiterhin auch bei der Beurteilung des diätetischen Wertes der uns beschäftigenden Stoffe entscheidend sein kann.

Zellulose Reagenzien. Das bequemste Reagens auf Zellulose ist Chlorzinkjod; es färbt diese blau oder violett. Man stellt das Reagens her, indem man 25 Teile Chlorzink und 8 Teile Jodkalium in 8,5 Teilen Wasser löst und zerriebenes Jod bis zur Sättigung der Lösung zusetzt.

Man wendet Chlorzinkjod in der Weise an, daß man die Präparate, Pulver oder Schnitte, unmittelbar in einen Tropfen der Flüssigkeit bringt, oder indem man den in Wasser oder Glyzerin liegenden Präparaten einen Tropfen des Reagenzes zufließen läßt. Im letzteren Falle tritt die Blaufärbung weniger rasch und intensiv ein.

Eine Blaufärbung der Zellulose wird auch durch Jod und konzentrierte Schwefelsäure hervorgerufen. Man läßt zunächst Jodjodkaliumlösung (s. S. 11) auf das Präparat einwirken, saugt die überschüssige Flüssigkeit mit Filtrierpapier ab und fügt dann einen Tropfen konzentrierter Schwefelsäure hinzu. Ein Übelstand dieser Reaktion liegt darin, daß die Schwefelsäure alle Zellmembranen mit Ausnahme der verkorkten allmählich zerstört.

Werden Zellmembranen durch Chlorzinkjod oder Jod und Schwefelsäure nicht blau, sondern grün, gelb oder braun gefärbt, so bestehen sie nicht mehr aus reiner Zellulose, sondern sind meist von Lignin oder Suberin infiltriert.

Eine frisch bereitete Lösung von Kupferhydroxyd in starker Ammoniakflüssigkeit (Kupferoxydammoniak, abgekürzt Cuoxam) löst nur die aus reiner

---

[1] Bei Blattstücken und ähnlichen größeren Objekten erfolgt das Erhitzen mit Chloralhydrat zweckmäßig im Reagenzglas.

[2] Andere organische sowie die mineralischen Inkrustierungen der Zellwand werden als praktisch bedeutungslos hier übergangen.

Zellulose bestehenden Zellwände auf. Da dieses Reagens aber sehr rasch unwirksam wird, ist es für unsere Zwecke nicht zu empfehlen.

Holzstoff-Reagenzien. Die gewöhnlichste Veränderung der Zellwand besteht in der Auf- oder Einlagerung von Ligninlamellen (Verholzung). Verholzte Membranen werden durch Zellstoff-Reagenzien in der Regel gelb gefärbt; sind sie im natürlichen Zustande farblos, so werden sie durch Kalilauge gelb; durch konzentrierte Schwefelsäure werden sie langsamer zerstört als Zellstoff; in Kupferoxydammoniak sind sie unlöslich. Das einfachste Reagenz auf Holzstoff ist schwefelsaures Anilin (WIESNER); es färbt verholzte Membranen goldgelb. Man bereitet es durch Lösung von Anilinsulfat in Wasser bis zur Sättigung und fügt einige Tropfen Schwefelsäure hinzu; man wendet es an, indem man das Objekt in einen Tropfen der Flüssigkeit bringt, oder man läßt zu den in Wasser oder Glyzerin liegenden Objekten das Reagens zufließen, worauf die Wirkung augenblicklich erfolgt. Durch Alkalien wird die Färbung zerstört, Säuren stellen sie wieder her.

Der exakte Nachweis von Holzstoff ist besonders in der Papierindustrie wichtig, und so tauchen immer neue Reaktionen auf; keine ist aber so einfach, wie die mit Anilinsulfat.

Am auffallendsten ist die mit Phlorogluzin-Salzsäure (WIESNER) eintretende kirschrote Färbung. Da das genannte Reagens wenig haltbar ist, stellt man sich eine konzentrierte alkoholische Phlorogluzinlösung her, von der man im Bedarfsfall einen Tropfen mit der gleichen Menge Salzsäure auf dem Objektträger mischt.

Das Lignin kann aus verholzten Membranen durch Alkalien extrahiert werden. Bei Objekten, die zum Zwecke der Aufhellung oder Mazeration in Kali- oder Natronlauge gelegen hatten, ist dies zu berücksichtigen. In solchen können früher verholzt gewesene Membranen auf Zellstoff reagieren.

Korkstoff-Reagenzien. Die Korksubstanz (Suberin) ist ähnlich wie der Holzstoff in gewisse Zellulosehäute eingelagert, aber nicht leicht mittels Alkalien extrahierbar. Auch gegen andere chemische Einwirkungen sind Korklamellen außerordentlich widerstandsfähig; sie werden weder durch konzentrierte Schwefelsäure, noch durch Kupferoxydammoniak gelöst. Sogar konzentrierte Chromsäurelösung (etwa 30%ig) greift Kork zum Unterschied von allen anderen Zellwandstoffen nur langsam an. Durch die Reaktionen des Holzstoffes werden verkorkte Membranen nicht gefärbt; Chlorzinkjod oder Jod und Schwefelsäure färben sie gelb oder häufiger braun. Beim Erwärmen in Sudan-Glyzerin (Sudan III 0,01 g, 96%iger Alkohol 5 g, Glyzerin 5 g) werden sie leuchtend orangerot.

Wie das Suberin verhält sich auch die aus Kutin bestehende Lamelle, die die Außenwände der Epidermiszellen überzieht (Kutikula).

Die Verkorkung ist keine so allgemeine Erscheinung wie die Verholzung. Sie tritt regelmäßig auf im Korkgewebe, ferner oft in Sekretschläuchen. Diese Zellformen sind aber so charakteristisch, daß man den Nachweis ihrer Verkorkung für diagnostische Zwecke wohl immer wird entbehren können.

Phytomelan-Nachweis. Als „Phytomelane“ werden die 67—76% Kohlenstoff enthaltenden „kohleartigen Massen“ bezeichnet (DAFERT und MIKLAUZ), die namentlich in der Fruchtwand vieler Kompositen vorkommen und nach

T. F. HANAUSEK durch regressive Stoffmetamorphose aus der primären Lamelle hervorgegangen sind. Durch Javelle'sche Lauge wird Phytomelan auch bei längerer Einwirkung nicht entfärbt. Die Isolierung der gewöhnlich einer sklerosierten Schicht aufliegenden, netzartig durchbrochenen Phytomelanschicht gelingt leicht durch WIESNERS Chromschwefelsäuregemisch.

Eine konzentrierte wässerige Lösung von Kaliumdichromat wird mit überschüssiger Schwefelsäure versetzt und soviel Wasser hinzugefügt als erforderlich ist, um die sich ausscheidende Chromsäure in Lösung zu halten. Werden die Fruchtwandteilchen einen Tag mit dieser Flüssigkeit mazeriert, so geht alles in Lösung, mit Ausnahme des Phytomelans.

c) Reagenzien auf Zellinhaltsstoffe.

Stärke. COLIN und GAULTIER DE CLAUBRY beobachteten 1814 zuerst, daß Stärke durch Jodlösung blau gefärbt wird, und bis heute hat sich diese Reaktion als die einfachste und zuverlässigste bewährt.

Man kann jede Jodlösung als Reagens benützen; am gebräuchlichsten sind:

Jod-Jodkalium. 2 g Jodkalium und 1 g zerriebenes Jod werden in wenig Wasser gelöst und die Flüssigkeit auf 100 g ergänzt. Man wendet die Lösung in entsprechender Verdünnung an, weil sich die Stärkekörner bei großem Jodüberschuß sogleich fast schwarz färben und dann keinerlei Struktur mehr erkennen lassen.

Alkoholische Jodlösung verwendet man bei der Untersuchung fettreicher Objekte. In solchen Fällen sind nämlich die Stärkekörnchen von Fett meist derart umhüllt, daß die wässerige Jodlösung nicht oder nur langsam und unvollständig durchdringt. Geeignet ist für diese Zwecke die Jodtinktur, die man nach Bedarf mit Alkohol verdünnt.

Chloral-Jod (Chloralhydratlösung 5 + 2 mit etwas Jod versetzt) eignet sich besonders für den Nachweis sehr kleiner und nur in geringer Menge vorhandener Stärkekörner. Durch das Aufquellen vergrößern sich die Körner stark und sind dann leicht zu sehen.

Amylodextrin (kommt in Mazis vor) wird mit Jod rotbraun.

Eiweißkörper. Außer dem Protoplasma, das wenigstens in Spuren noch in den meisten Zellen angetroffen wird, bilden bestimmt geformte Eiweißkörper, nämlich die Aleuronkörner (früher auch Protein- oder Kleberkörner genannt) mit Fett, seltener mit Stärke gemengt den charakteristischen Inhalt vieler Samen (Abb. 1). Da sie farblos sind und in der Größe vielfach variieren, können sie nicht immer ohne weiteres von kleinen Stärkekörnern oder Fettklumpen unterschieden werden, sondern erst unter Zuhilfenahme von Reagenzien. Leicht und sicher ist die Unterscheidung von Stärke mittels Jodlösungen. Diese färben bekanntlich Stärke blau, während Eiweißkörper gelb oder braun werden, und zwar dunkler als die Lösung selbst, weil Eiweißkörper die Eigenschaft haben, Farbstoffe aufzuspeichern. Man kann daher als Reagens auch andere Farbstofflösungen

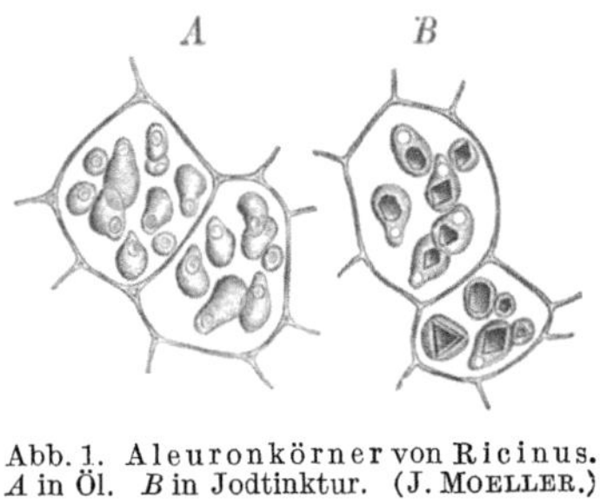

Abb. 1. Aleuronkörner von Ricinus. *A* in Öl. *B* in Jodtinktur. (J. MOELLER.)

benutzen, wie z. B. Anilinfarben, Haematoxylin, u. a. m. Entfettet man die Objekte zunächst mit Äther oder dgl. und läßt dann einen Tropfen Wasser zufließen, so quellen die Aleuronkörner auf, und man sieht in ihnen oft charakteristische Einschlüsse von kugeligen oder kristallähnlichen Gebilden: Globoiden und Kristalloiden, von denen die letzteren sich von den ebenfalls vorkommenden Oxalatkristallen durch eine der oben erwähnten Eiweißreaktionen oder durch ihre Löslichkeit in Kali sofort unterscheiden lassen. In Wasser und Alkohol sind die Einschlüsse meist unlöslich; nur die sie umhüllende Grundsubstanz löst sich oder quillt wenigstens in Wasser. (Näheres s. unt. Samen.)

Fette und fette Öle. Im Zellinhalte kommen Fette in Form von stark lichtbrechenden, meist farblosen Tropfen oder Klumpen oder als Kristalle vor.

Die Tropfen könnten mit ätherischem Öl oder mit Luftblasen verwechselt werden. Die ätherischen Öle sind fast immer mehr oder weniger gelblich gefärbt und lösen sich leicht in Alkohol, während die fetten Öle meist ungefärbt sind (Ausnahme: Spanischer Pfeffer) und sich nur selten (z. B. Rizinus-, Senföl) selbst in absolutem Alkohol vollständig lösen. Luftblasen zeigen in Wasser das entgegengesetzte optische Verhalten wie Öltropfen, weil die Luft schwächer, das Öl stärker lichtbrechend ist als das Medium. Öltropfen zeigen bei tiefer Einstellung einen hellen Rand, bei hoher einen breiten schwarzen Saum.

Die amorphen Fettklumpen können nicht ohne weiteres von den meist neben ihnen vorkommenden Proteinkörpern unterschieden werden. Da sich aber alle Fette leicht in Äther, Petroläther, Chloroform und dgl. lösen, so ist jeder Zweifel bald behoben.

Die Fettsäurekristalle treten in der Regel als strahlig geordnete Prismen oder Nadeln auf, die immer in amorphes Fett gebettet sind.

Osmiumsäure (1 : 100) färbt die Fette braun bis schwarz. Da sich auch Aleuronkörner, ätherische Öle und Gerbstoffe mit Osmiumsäure dunkel färben, ist neben dieser Probe die Feststellung der Löslichkeitsverhältnisse stets erforderlich.

Alkannin (das käufliche Alkannin wird in absolutem Alkohol gelöst, die Flüssigkeit mit dem gleichen Volumen Wasser versetzt und filtriert) färbt rot. Auch Harze und ätherische Öle werden rot. Sie sind aber in Alkohol löslich. Ähnlich wie Alkannin verhält sich Sudan-Glyzerin. (Herstellung s. unter Kork.)

Durch starke Laugen werden die Fette allmählich verseift.

Ätherische Öle und Harze. Im Gegensatz zu den fetten Ölen, die große parenchymatische Zellkomplexe erfüllen, kommen die ätherischen Öle und die wahrscheinlich von ihnen abstammenden Harze zumeist in besonderen Sekretbehältern vor. Mögen die Sekretbehälter einzelne Zellen, vielzellige Drüsen oder aus der Auflösung von Zellen entstandene Räume sein, immer sind sie von dem umgebenden Gewebe so auffallend verschieden, daß man über die Natur ihres in Form von Tropfen oder als halbflüssiger Wandbelag oder in festen Klumpen auftretenden Inhaltes keinen Augenblick in Zweifel sein könnte, auch wenn der Geruch und Geschmack die Anwesenheit von ätherischem Öl nicht verraten würde. Durch Alkannin werden sie, wie die fetten Öle, rot gefärbt, von denen sie sich aber durch die Löslichkeit in kaltem Alkohol unterscheiden.

Schleim und **Gummi** gehen entweder aus der Umwandlung von Zellmembranen hervor, oder sie sind Produkte des Zellinhaltes. Die Räume, die Schleim oder Gummi enthalten, sind den Öl- und Harzräumen mitunter sehr ähnlich; ja, es gibt Räume, in denen alle diese Stoffe gemengt vorkommen (Gummiharze). Für unsere Zwecke hat im allgemeinen nur der Nachweis von Schleim (als Zellinhalt oder Membranschleim) Bedeutung. Da diese Substanzen meist farblos sind und ihre Quellung (zum Teil auch Lösung) in Wasser sehr rapid erfolgt, entgehen sie der Beobachtung leicht vollständig, wenn man, wie gewöhnlich, die Objekte vorher in Wasser erweicht, oder die Präparate zuerst mit Wasser als Zusatzflüssigkeit untersucht. Es empfiehlt sich daher, in allen Fällen, in denen Schleim oder Gummi angetroffen werden könnte, die Präparate aus trockenem Material auch in konzentriertem Glyzerin oder in Alkohol — in beiden sind Schleim und Gummi unlöslich — zu untersuchen und allmählich vom Rande des Deckglases Wasser zutreten zu lassen. Die Quellung erfolgt dann unter den Augen des Beobachters.

Pulverförmige Stoffe verteilt man auf dem Objektträger rasch in wenigen Tropfen einer Tuscheanreibung und beobachtet sofort nach dem Auflegen eines Deckglases. Die Pflanzenschleim enthaltenden Teilchen erscheinen dann sehr bald als helle Stellen im dunklen Präparat, weil der Schleim beim Quellen die feinen Kohleteilchen der Tusche vor sich herschiebt, sie aber nicht aufnimmt.

Gerbstoffe. In der botanischen Mikrochemie faßt man gewöhnlich alle Stoffe, die mit Eisensalzen mehr oder weniger dunkelgrüne oder dunkelblaue Färbungen oder Fällungen liefern, unter dem Sammelnamen „Gerbstoffe" zusammen, und nach diesem Verhalten unterscheidet man eisengrünende und eisenbläuende Gerbstoffe. Da diese Körper im unveränderten Zustand sowohl in Wasser wie in Alkohol löslich sind, dürfen beide Zusatzflüssigkeiten nicht verwendet werden, wenn man über den Sitz der Gerbstoffe Auskunft erhalten will. Man bringt daher solche Objekte zweckmäßig unmittelbar in das Reagens (am besten offizinelle Eisenchloridlösung mit 10—20 Teilen Wasser verdünnt) und hellt dann, wenn erforderlich, durch Glyzerin auf. Bei Anwendung zu starker Eisenlösungen werden die Färbungen leicht so intensiv, daß man in der schwarzen Masse nichts mehr unterscheiden kann.

In den lebenden Zellen kommen die Gerbstoffe zumeist in Lösung vor. Beim Absterben der Pflanzenteile durchtränken namentlich die eisengrünenden — das sind hauptsächlich die einen Phlorogluzinkern enthaltenden Katechingerbstoffe — häufig den ganzen Zellinhalt und die Membran, wobei infolge teilweiser Oxydation meist braune bis rotbraune Farbstoffe (Phlobaphene) entstehen. Die reinen Gallusgerbstoffe (mit Eisen blauschwarz werdend) scheiden sich bei reichlichem Vorkommen (z. B. in den Gallen) beim Eintrocknen der Gewebe in amorphen scholligen Massen innerhalb der Zellen ab.

Ein besonderes Verhalten zeigen bestimmte im Gewebe vereinzelt oder in größeren Mengen vorkommende Gerbstoffzellen (sog. Gerbstoffidioblasten). Ihr Inhalt erstarrt beim Absterben zu einem kompakten, von der Wand etwas zurückgezogenen, in Wasser, Alkohol und verdünnten Säuren unlöslichen Einschlußkörper (Inkluse)[1]. Diese Inklusen enthalten in vielen, vielleicht in allen

[1] Die Bezeichnung „Inklusen" (T. F. HANAUSEK) ist von TICHOMIROW übernommen, der diese Einschlüsse „inclusions" nannte.

Fällen neben Gerbstoff ein mit diesem unlöslich gewordenes Kolloid (Kohlehydrat?) von ursprünglich starker Quellfähigkeit (LLOYD, GRIEBEL), sowie geringe Mengen Acetaldehyd (GRIEBEL). Mit LINDTs Reagens (Vanillin 0,005, Alkohol 0,5, Wasser 0,5, Salzsäure 3) färben sich die Inklusen leuchtend rot, woraus zuerst HARTWICH und WINKEL mit Recht auf das Vorhandensein von Phloroglukotanniden[1] schlossen. Eisenchlorid färbt grün, grünbraun oder blau, starke Kalilauge blau, wenn Gerbstoffe mit Gallussäuregruppen vorhanden sind, andernfalls nur blaßviolett oder rötlich (GRIEBEL).

Farbstoffe. Am verbreitetsten sind die bereits erwähnten Phlobaphene, die die Membranen abgestorbener Zellen braun färben. Sie sind in Wasser nicht löslich, in Alkohol zum großen Teil, in Alkalien fast vollständig löslich. Daher kommt es, daß braune Pflanzenteile, die man in Lauge untersucht, die Zusatzflüssigkeit färben, und zwar oft so stark, daß die Klarheit der Bilder leidet und man genötigt ist, die Objekte mit Wasser abzuspülen. Dies geschieht entweder in einem Uhrschälchen oder auf dem Objektträger, indem man die alkalische Lösung von der einen Seite des Deckglases mit Löschpapier absaugt und von der andern Seite tropfenweise Wasser zufließen läßt.

In lebenden Zellen vorkommende Farbstoffe sind entweder im Zellsaft gelöst — der häufigere Fall —, oder es finden sich im farblosen Zellsaft suspendierte Farbstoffkörperchen von unbestimmter, mitunter kristallinischer Struktur. Auch die ursprünglich als Lösungen vorhandenen Farbstoffe treten uns in den trockenen Pflanzenteilen als Körnchen oder krümelige Massen und zugleich als Färbung der Zellmembranen (z. B. bei den Farbhölzern) entgegen. Die besonderen Eigentümlichkeiten der wenigen von unserem Standpunkte aus wichtigen Farbstoffe werden am betreffenden Orte angegeben werden.

Künstliche Färbung wird bei vegetabilischen Stoffen nicht selten angewendet, um der Ware den Schein besserer Beschaffenheit zu verleihen. Meist handelt es sich um Teerfarbstoffe, die den Pflanzenteilen entweder in Substanz oder in gelöstem Zustand beigebracht werden. In beiden Fällen sind sie unter dem Mikroskop gewöhnlich durch die von der Norm abweichenden Farbtöne sowie durch die Löslichkeitsverhältnisse erkennbar.

Zucker. Im Zellsaft ist sehr häufig Zucker gelöst, mitunter in so großer Menge, daß er die Zellen trockener Pflanzengewebe als kristallinische Masse erfüllt (Untersuchungsflüssigkeit Glyzerin oder absoluter Alkohol). Invertzucker reduziert Fehlingsche Lösung. Nicht zu dünne Schnitte tränkt man mit konzentrierter Kupfersulfatlösung, spült dann rasch mit Wasser ab und bringt sie in eine siedende alkalische Seignettesalzlösung (1 g Seignettesalz, 1 g Ätzkali, 1 g Wasser). In den reduzierenden Zucker enthaltenden Zellen entsteht fast augenblicklich eine gelbe oder rote, aus kleinen Körnchen bestehende Abscheidung von Kupferoxydul. Rohrzucker reduziert nicht sofort; erst bei längerem Kochen tritt eine Abscheidung auf.

Inulin kommt in lebenden Zellen stets nur gelöst vor, ist also unsichtbar. In getrockneten Pflanzenteilen findet es sich in Form farbloser, scholliger Massen, die in kaltem Wasser und in Glyzerin langsam zerfließen aber durch heißes Wasser und Laugen schnell gelöst werden. In Alkohol ist Inulin unlöslich, und

[1] Abgesehen von den reinen Gallusgerbstoffen — diese enthalten keine Phlorogluzingruppe — werden fast alle echten Gerbstoffe mit Vanillinsalzsäure rot.

wenn man inulinreiche Pflanzenteile (z. B. Kompositenwurzeln) in Alkohol legt, so scheidet sich das Inulin nach einiger Zeit in den Zellen in Sphärokristallen aus (Abb. 2). Durch Jodlösungen wird Inulin gelb gefärbt.

Kristalle. Die als Zelleinschlüsse in den verschiedenen Pflanzenteilen vorkommenden Kristalle bestehen meist aus Kalksalzen; seltener sind es freie Fettsäuren, Zucker, Eiweißkristalle oder spezifische Inhaltsstoffe. Unter den Kalksalzen ist wieder Kalziumoxalat weitaus am häufigsten. Es kristallisiert in monoklinen und quadratischen Formen, die oft einzeln schön ausgebildet, ebenso oft zu Drusen vereinigt (Abb. 3), mitunter als Kristall sand vorkommen. Eine besonders charakteristische Form sind nadelförmige Prismen (Raphiden), die sich meist in großer Zahl in je einer Kristallzelle bilden und entweder wirr durcheinander oder häufiger parallel nebeneinanderliegen (Abb. 4). Im letzteren Falle spricht man von einem Raphidenbündel.

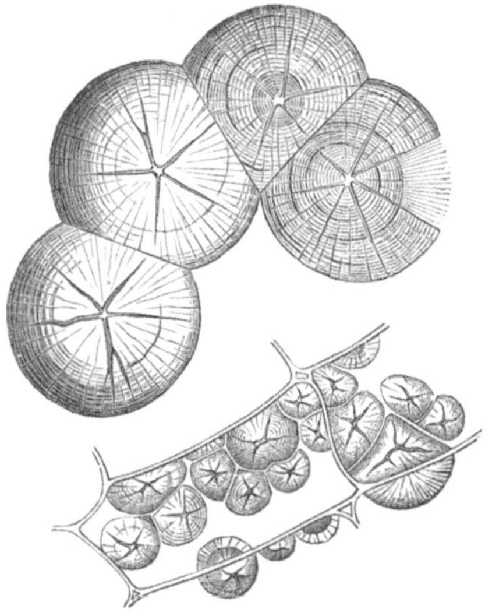

Abb. 2. Sphärokristalle von Inulin (SACHS).

Die Oxalatkristalle sind in Wasser, Glyzerin, Alkohol und Alkalien, also in den gewöhnlichen Zusatzflüssigkeiten, unlöslich, können daher nicht leicht

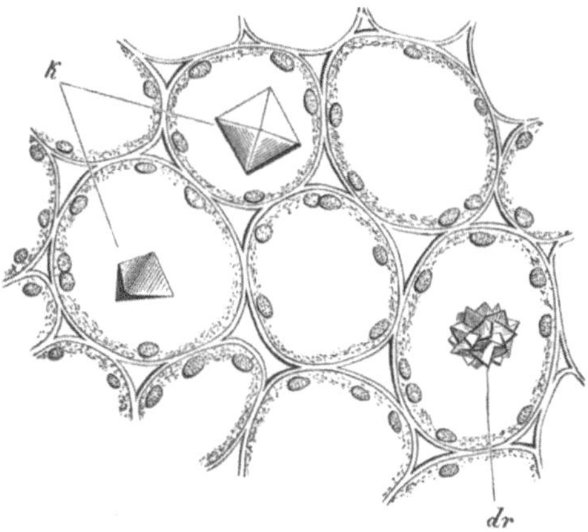

Abb. 3. Oxalatkristalle (nach PRANTL). *K* Einzelkristalle, *dr* Kristalldruse.

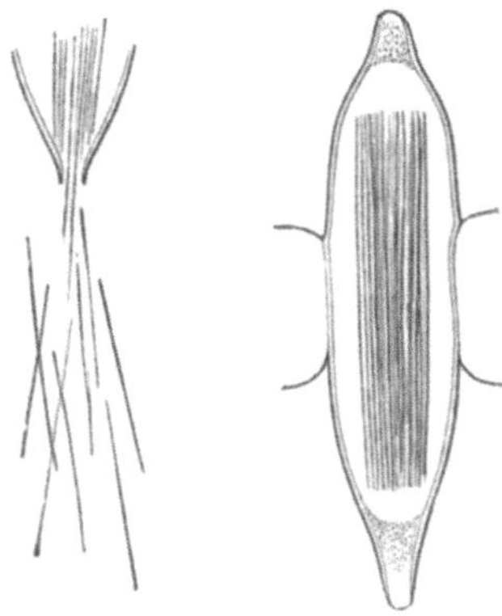

Abb. 4. Oxalatraphiden (nach HABERLANDT).

übersehen werden. In Salzsäure lösen sie sich ohne Gasentwicklung, spurlos. In Schwefelsäure lösen sie sich, aber alsbald schießen an ihrer Stelle zahlreiche Kristallnadeln von Gips aus der Lösung.

Kalziumkarbonat findet sich selten in gut ausgebildeten Kristallen, häufiger als Inkrustation von Oberhautgebilden. Es ist in den gebräuchlichen Zusatzflüssigkeiten ebenfalls unlöslich, dagegen löslich in Essigsäure und Salzsäure, wobei die Kohlensäure unter Brausen entweicht. Mit Schwefelsäure bilden sich ebenfalls Gipsnadeln.

Kalziumsulfat und Kalziumphosphat sind sehr seltene, von uns gar nicht in Betracht zu ziehende Vorkommnisse. Die Kristalle sind in kaltem Wasser schwer löslich, die des ersteren (Gips) in Schwefelsäure unlöslich.

Wo Fettsäurekristalle vorkommen, bilden sie gewöhnlich mit amorphem Fett gemengt den Zellinhalt; selten werden sie an die Oberfläche ausgeschieden (Muskatnuß). Man erkennt sie sicher an ihrer leichten Verseifbarkeit mit Alkalien (vgl. S. 12).

Zuckerkristalle kommen höchst selten zur Beobachtung. Ihre rasche Löslichkeit in Wasser sowie die Zuckerprobe (s. S. 14) sind ihre Kennzeichen.

Die Kristalle der Proteinkörper (s. Abb. 1 *B*) sind leicht daran zu erkennen, daß sie durch Laugen zerstört werden.

Die nur bestimmten Drogen eigentümlichen kristallisierten Körper werden an den betreffenden Stellen charakterisiert werden.

Alkaloide sind gewöhnlich im Zellinhalt als Salze gelöst. Mitunter gelingt es, sie zur Kristallisation zu bringen (Polarisationsapparat), wenn man die Objekte kurz in Lauge legt. Durch Zusatz von Jodjodkalium, Kaliumquecksilberjodid usw. werden sie als amorphe, nicht charakteristische Fällungen abgeschieden. Die bisher bekannten mikrochemischen Reaktionen auf bestimmte Alkaloide sind für unsere Zwecke als diagnostisches Hilfsmittel im allgemeinen nur wenig brauchbar.

Zum Nachweis von Koffein und Theobromin ist die Mikrosublimation sehr geeignet, die allerdings über den Sitz dieser Stoffe nichts aussagt.

Man bringt eine kleine Menge des trockenen, wenn nötig entfetteten Materials auf einem Objektträger in einen etwa 0,5 cm hohen Glasring, den man von einer weiten Röhre abgeschnitten hat, legt einen trockenen Objektträger auf den Ring und erhitzt die Vorrichtung auf einer Asbestplatte vorsichtig mit ganz kleiner Flamme eines Mikrobrenners. Nach einigen Minuten erscheint das Sublimat als Trübung auf dem Objektträger, der dann von Zeit zu Zeit durch einen neuen ersetzt werden kann, solange noch Sublimate entstehen. Auf diese Weise gelingt es sogar, Koffein und Theobromin größtenteils voneinander zu trennen, da die Sublimationstemperaturen beider ziemlich weit auseinanderliegen (Hartwich). Koffein bildet hierbei vorwiegend lange nadelförmige Kristalle, die nach verschiedenen Richtungen liegen, während sich das Theobrominsublimat aus kurzen, meist derberen Kristallen zusammensetzt.

Wird das Koffeinsublimat mit einem Tröpfchen salzsauer gemachter Goldchloridlösung (1%) versetzt, so bilden sich bald lange, spitze, gelbe Nadeln des Goldsalzes, die büschelförmig angeordnet oder zu strauchartigen Gebilden vereinigt sind. Ganz ähnlich verhält sich Theobromin.

d) Farbstofflösungen.

Alkanninlösung war bereits als Reagens auf Fett, **Sudanglyzerin** als Reagens auf Kork und Fett erwähnt worden. **Safranin** in wässeriger Lösung eignet sich, wie ebenfalls schon hervorgehoben, zum Differenzieren zu stark gebleichter Gewebe.

Karbolfuchsin ist ebenso wie Safranin verwendbar, färbt aber noch intensiver. Hauptsächlich wird es zur Färbung von Bakterien gebraucht. Man stellt es her aus Fuchsin 1, Alkohol 10, wäßriger Karbolsäurelösung (5%ig) 100. Vor dem Gebrauch verdünnt man die Flüssigkeit gewöhnlich mit mehreren Teilen Wasser.

Methylenblau wird namentlich in Form von konzentrierter wäßriger Lösung, die mit 1% Kalilauge versetzt ist (LÖFFLERS Methylenblau), zur Färbung von Bakterien und Sproßpilzen gebraucht. Sehr gut eignet es sich nach entsprechender Verdünnung auch zur Anfärbung zarterer Kotyledonargewebe und dgl., um festzustellen, ob die Wände der Zellen von Poren durchsetzt sind.

3. Das Messen.

Bei vielen mikroskopischen Untersuchungen ist es unerläßlich, die Dimensionen bestimmter Zellen und ihrer Membranen sowie gewisser Inhaltskörper zu messen. Dies geschieht am einfachsten mit Hilfe eines Okularmikrometers. Letzteres besteht aus einem kreisförmigen Glasplättchen, in dessen Mitte sich ein durch Ätzung oder Photographie hergestellter Maßstab befindet (gewöhnlich 5 mm in 50 oder 100 Teile geteilt). Dieses Glasplättchen wird nach Abschrauben der oberen Okularlinse auf den Blendenring des Okulars gelegt, mit der Teilung nach oben, und die Augenlinse wieder aufgeschraubt.

Die Messung erfolgt in der Weise, daß man das in Betracht kommende Objekt durch entsprechende Verschiebung des Präparates mit der Mikrometerskala zur Deckung bringt und feststellt, wieviel Teilstriche des Maßstabes durch den Gegenstand bedeckt werden. Um hieraus aber die wirkliche Größe des Gegenstandes berechnen zu können, muß der Größenwert eines Skalenteiles, der für die verschiedenen Objektive natürlich ein verschiedener ist, bekannt sein. Im allgemeinen kann man sich dabei auf die Angaben der optischen Firmen verlassen, die in der Regel diesen Wert für ihre sämtlichen Systeme ermittelt haben und zwar gewöhnlich unter Zugrundelegung einer Tubuslänge von 170 mm. Nur für besonders genaue Messungen wird man eine solche Auswertung mit Hilfe des Objektmikrometers selbst vornehmen.

Das Objektmikrometer besteht aus einem Objektträger, der in der Mitte einen feinen Maßstab (1 mm in 100 Teile geteilt) trägt. Diesen Maßstab stellt man wie ein gewöhnliches Objekt scharf ein und beobachtet nun, wieviel Teilstriche des Objektmikrometers auf eine bestimmte Anzahl Skalenteile des Okularmikrometers entfallen. Findet man beispielsweise, daß 3 Teilstriche im Okular auf einen, oder sicherer, daß 30 auf 10 Teilstriche im Objekte entfallen, so heißt das soviel als: 3 Teilstriche des Okularmikrometers messen in Wirklichkeit 0,01 mm, beziehungsweise 30 Teilstriche 0,1 mm, und daraus ergibt sich der Wert eines Teilstriches mit 0,003 mm für das betreffende System. Auf dieselbe Weise wird der Wert der Okularteilung für jedes System, das man besitzt, festgestellt (Mittel aus mehreren Ablesungen), und zwar stets bei der gleichen Tubuslänge. Diese Werte stellt man in eine kleine Tabelle zusammen, die man zweckmäßig im Kasten des Mikroskops verwahrt. Ein Beispiel soll noch ihren Gebrauch erläutern: Angenommen es sei der Durchmesser eines Stärkekörnchens zu messen. Nach Einlegung des Okularmikrometers[1] verschiebt man das Objekt und dreht das Okular so, daß die zu messende Dimension unter die Teilung zu liegen kommt. Das Stärkekorn decke z. B. 12 Teilstriche. Nun findet man in der Tabelle, daß für das in Verwendung befindliche System ein Teilstrich = 0,003 mm sei; die Größe des Stärkekorns beträgt daher 0,003 × 12 = 0,036 mm oder, wie man sich bei mikroskopischen Messungen auszudrücken pflegt, 36 Mikromillimeter. Für die Einheit Mikromillimeter (= 0,001 mm) hat man allgemein das Zeichen μ angenommen.

4. Die Wiedergabe der Objekte durch Zeichnen und Photographieren.

Ein sehr wichtiges Erfordernis für erfolgreiche mikroskopische Studien ist es, das Gesehene im Bild festzuhalten. Hierfür kommt in erster Linie die Zeichnung in Betracht, während die Photographie nur in bestimmten Fällen mit Erfolg Anwendung finden kann.

Das Zeichnen hat den großen Vorteil, daß der Beobachter gezwungen wird, alle Einzelheiten des Objektes genau zu studieren, um sie richtig wiedergeben zu können. Hierbei prägen sich nicht nur die Formen viel besser in das Gedächtnis ein, sondern es kommen auch Details zur Beobachtung, die sonst leicht übersehen werden, eine Erfahrung, die auch der geübte Mikroskopiker immer wieder macht. Der Anfänger gar übersieht das meiste; für ihn bildet das Zeichnen den Antrieb zum Sehen, zum Finden; es ist daher ein mikroskopisches Bildungsmittel ersten Ranges. Aber nicht nur bei der Untersuchung neuer, auch bei der Prüfung bekannter Objekte sollte das Zeichenmaterial immer neben dem Mikroskop liegen und fleißig benutzt werden. Namentlich gilt dies für die Untersuchung von Pulvern. Man findet immer Fragmente, die man nicht sogleich zu deuten weiß, die aber zusammen mit anderen, vielleicht ebenfalls nicht vollständig klaren, wertvolle Anhaltspunkte für die Diagnose geben. In der Fülle der rasch wechselnden Bilder ist das beste Gedächtnis nicht imstande, alle Einzelheiten treu und zuverlässig zu bewahren, um so weniger, als man im voraus meist gar nicht weiß, worauf die Aufmerksamkeit zu konzentrieren ist und welche Einzelheiten späterhin maßgebend sein werden. Ob man die kritischen Fragmente wieder auffinden kann, ist zum mindesten fraglich; jedenfalls ist das Suchen zeitraubend und ermüdend. Hat man sie aber skizziert, so findet man alle beachtenswerten Vorkommnisse nebeneinander auf dem Blatt Papier und kann nun die ganze Geistesarbeit, von der sonst ein Teil für die Erinnerung in Anspruch genommen würde, auf die Kritik und auf die Diagnose verwenden.

Das mikroskopische Zeichnen ist eine Kunst, die sich jeder für seinen persönlichen Bedarf anzueignen vermag. Allerdings macht die richtige Wiedergabe des Gesehenen erfahrungsgemäß vielen erhebliche Schwierigkeiten. Wesentlich erleichtert wird diese Arbeit durch Benutzung eines der in verschiedenen Konstruktionen im Handel befindlichen Zeichenapparate. Wegen seiner Ein-

[1] Es werden auch mit dem Mikrometer fest verbundene Okulare (Mikrometer- oder Meßokulare) hergestellt.

fachheit hat sich besonders das von Leitz hergestellte Zeichenokular eingebürgert. Dieses läßt in der am meisten gebräuchlichen Ausführung bei geneigtem Mikroskop (45°) ein unverzerrtes Bild in normaler Sehweite unmittelbar vor dem Beobachter entstehen, so daß die Anwendung eines besonderen Zeichentisches wegfällt, der bei den anderen Konstruktionen erforderlich ist.

Man benutzt den Zeichenapparat im allgemeinen nur zum Nachziehen der Konturen der betreffenden Objekte, während die Einzelheiten dann direkt nach dem Objekt ausgeführt werden.

Außer durch Zeichnung kann die Darstellung mikroskopischer Objekte auch mit Hilfe der Photographie erfolgen. Hierdurch wird zweifellos größere Naturtreue erzielt, namentlich hinsichtlich des Gesamteindruckes. Denn eine Zeichnung ist immer eine mehr oder weniger subjektive Darstellung. Das Mikrophotogramm hat aber andererseits den Nachteil, daß es nur eine einzige Ebene des Objektes scharf wiedergibt, während sich bei der Zeichnung die verschiedenen Bildebenen kombinieren lassen, die man durch Heben und Senken des Tubus zu Gesicht bekommt. Bei der Zeichnung wird außerdem immer nur das Wesentliche dargestellt, während beim Photogramm eine Trennung vom Nebensächlichen und Zufälligen nicht möglich ist. Die Entscheidung, ob das eine oder das andere Verfahren vorzuziehen ist, kann nur auf Grund praktischer Erfahrungen von Fall zu Fall erfolgen, je nach Art und Beschaffenheit des Objektes. Jedoch wird man im allgemeinen das Photogramm dann bevorzugen, wenn das Bild als Beweismittel Verwendung finden soll (z. B. vor Gericht).

Für unsere Zwecke geeignete mikrophotographische Apparate werden von fast allen größeren optischen Werkstätten hergestellt. Da sich die aufzunehmenden Objekte fast stets in einer Untersuchungsflüssigkeit befinden (Wasserpräparate erhalten einen Glyzerinzusatz, um das Verdunsten der Flüssigkeit während der Aufnahme zu verhüten), muß die Kamera jedenfalls vertikal einstellbar sein. Sie muß außerdem so montiert sein, daß das Mikroskop durch wenige Handgriffe mit ihr verbunden werden kann, damit die Aufnahme eines im Verlauf der Untersuchung erhaltenen Objektes ohne großen Zeitverlust möglich ist. Die Beleuchtung erfolgt am besten mit einer kleinen Bogenlampe, damit sich die Expositionszeit auf wenige Sekunden beschränken läßt, um die Gefahr einer Erschütterung nach Möglichkeit auszuschließen.

Die Handhabung der einzelnen Apparate läßt sich im übrigen nach den von den Herstellern gegebenen Anweisungen leicht erlernen. Die Beherrschung der allgemeinen photographischen Technik ist für die Mikrophotographie natürlich Voraussetzung.

5. Quantitative mikroskopische Untersuchungen.

Quantitative Bestimmungen mit Hilfe des Mikroskops kommen z. B. in Betracht, wenn es sich darum handelt, die Menge eines Verfälschungsmittels in einem Pflanzenpulver festzustellen. Man kann hierbei in der Weise vorgehen, daß man verschiedene Gemenge von bekanntem Prozentgehalt aus reinem Pulver und dem Fälschungsmittel herstellt, von diesen Gemengen in derselben Weise Präparate anfertigt wie von dem zu untersuchenden Objekt (unter Anwendung gleicher Gewichtsmengen) und die Präparate vergleicht. Voraussetzung ist hierbei, daß das zu untersuchende Objekt und die selbst bereiteten Gemenge annähernd den gleichen Feinheitsgrad besitzen, und daß das Fälschungsmittel Elemente enthält, die in dem betreffenden reinen Pulver nicht vorkommen und daher leicht als fremdartige Bestandteile erkannt werden. Trotzdem liefern in dieser Weise vorgenommene Schätzungen oft nur wenig genaue Ergebnisse.

Nach ARTHUR MEYER wird für die Durchführung quantitativer Untersuchungen zunächst ein brauchbares, d. h. einwandfrei erkennbares und mikroskopisch zählbares Meßelement ausgewählt. Ein solches Meßelement muß in allen seinen Individuen annähernd gleich groß sein und in dem Pulver stets in annähernd gleicher Menge vorkommen. Brauchbar können hierfür unter Umständen z. B. Stärkekörner, Aleuronkörner, Pollenkörner, Sklerenchymzellen, Haare usw. sein. Bei Stärkearten wird man z. B. als Meßelement die Körner wählen, die einen bestimmten Durchmesser überschreiten, also Großkörner. Die Zahl, die angibt, wieviel derartige Elemente in 1 mg des zu untersuchenden Pulvers vorkommen, bezeichnet A. MEYER als Normalzahl. Da aber bisher nur für einige wenige Formelelemente solche Normalzahlen ermittelt worden sind, ist man vorkommendenfalls meist gezwungen, die Normalzahl selbst zu bestimmen. Dies sollte aber stets an verschiedenen Objekten derselben Art geschehen, weil der Gehalt der Pflanzenpulver an charakteristischen Elementen, die als Meßelemente in Betracht kommen, erfahrungsgemäß recht erhebliche Schwankungen zeigen kann.

Für solche Bestimmungen erforderlich ist eine Zählkammer von etwa 0,2 mm Tiefe, auf deren Boden zweckmäßig eine Netzeinteilung mit quadratischen Maschen eingeritzt ist.

In die Zählkammer wägt man auf der analytischen Wage 5 mg einer sehr sorgfältig hergestellten Verreibung des im Exsikkator getrockneten Pflanzenpulvers mit Zucker (1:10,1:50 oder 1:100; das geeignete Verhältnis ist durch einen Vorversuch zu ermitteln), gibt vorsichtig mit einer Kapillarpipette Wasser hinzu, bis die Kammer eben gefüllt ist, und legt ein Deckglas auf, wobei darauf zu achten ist, daß keine Pulverteilchen aus der Kammer herausgeschwemmt werden. Nunmehr wird mit Hilfe eines beweglichen Objekttisches (sog. Kreuztisches) bei geeigneter Vergrößerung die gesamte Fläche der Zählkammer abgesucht — diese Arbeit wird durch die Netzeinteilung sehr erleichtert — und die gefundene Anzahl der Meßelemente genau notiert.

Beispiel: 1 Teil im Exsikkator getrocknetes Saflorpulver wird mit 49 Teilen Zucker sehr sorgfältig gemengt. Die Auszählung der in 5 mg des Gemenges enthaltenen Pollenkörner, die in diesem Fall als Meßelement dienen, ergibt im Mittel aus 10 Versuchen 166,8 Pollenkörner. Hieraus berechnen sich für 1 mg des reinen Saflorpulvers 1668 Pollenkörner.

Wird sodann ein mit Saflor verfälschtes Safranpulver nach der gleichen Methode untersucht — es genügen etwa 5 Auszählungen —, so läßt sich auf diese Weise die Menge des Fälschungsmittels leicht feststellen.

Auf derselben Grundlage beruht die von HARTWICH und WICHMANN durchgeführte Bestimmung des Nelkenstielgehaltes im Nelkenpulver, die Bestimmung des Brandsporengehaltes in Kleie nach BREDEMANN, die Bestimmung der Sklereidenzahl im Kakaopulver nach GRIEBEL und SONNTAG (vgl. S. 238) und ähnliche Verfahren.

Literatur.

BREDEMANN: Die quantitative Bestimmung der Brandsporen in Mehl, Kleie und Getreide. Landwirtschaftl. Versuchs-Stat. Bd. 75, S. 135. 1911; Bd. 87, S. 241. 1915.

— Die Bestimmung des Brandsporengehaltes in Weizenproben. Zeitschr. f. Untersuch. d. Nahrungs- u. Genußmittel Bd. 45, S. 208. 1923.

GRIEBEL u. SONNTAG: Zur mikroskopischen Bestimmung des Schalengehaltes in Kakaowaren. Zeitschr. f. Untersuch. d. Lebensmittel Bd. 51, S. 185. 1926.

HARTWICH u. WICHMANN: Einige Beobachtungen an Stärkekörnern und über die Zählkammer, ein Hilfsmittel zur quantitativen Ermittlung von Verfälschungen vegetabilischer Pulver. Arch. d. Pharmazie. Bd. 250, S. 452. 1912.

HUSS: Über die quantitative Bestimmung von Pulverbestandteilen mittels des Mikroskops. Landwirtschaftl. Versuchs-Stat. Bd. 60, S. 1. 1904.

A. MEYER: Die Grundlagen und die Methoden für die mikroskopische Untersuchung von Pflanzenpulvern. S. 126. Jena 1901.

— Über eine Methode der quantitativen mikroskopischen Untersuchung von Pflanzenpulvern. Zeitschr. f. Untersuch. d. Nahrungs- u. Genußmittel Bd. 17, S. 497. 1909.

TURNAU: Zur mikroskopischen Bestimmung des Schalengehaltes von Kakaopulvern. Zeitschr. f. Untersuch. d. Lebensmittel Bd. 53, S. 483. 1927.

I. Mehl und andere Müllerei-erzeugnisse.

Während die Stärke des Handels durch einen Schlämmprozeß gewonnen wird, ist Mehl ein Mahlprodukt. Unter „Mehl" im engeren Sinne versteht man die im Müllereibetrieb hergestellten feinpulverigen Erzeugnisse aus Getreide. Und zwar geht das Bestreben dahin, nur das stärkereiche Endosperm des Getreidekorns zu verarbeiten, alle anderen Teile aber zu beseitigen. Bei den feinsten Mehlsorten ist dieses Ziel auch fast erreicht. Geringe Mengen der Frucht- und Samenschale, der Aleuronschicht und des Keimlings sind aber auch in ihnen noch enthalten. Gewisse Verschiedenheiten ergeben sich hierbei durch die Art der Gewinnung. Bei dem älteren Mahlverfahren, der Flachmüllerei, wird das Getreide nach der Reinigung (Befreiung von Unkrautsamen usw.) in wenigen Gängen fein gemahlen und das erhaltene Mehl durch Sieben oder Beuteln von der Kleie (den gröberen Teilchen der Schale und Aleuronschicht) befreit. Solches Mehl enthält verhältnismäßig viel sehr kleine Kleieteilchen. Bei dem neueren Verfahren, der Hochmüllerei, erfolgt meist unter Entschälung eine stufenweise Zerkleinerung des Getreidekorns, wobei nach jeder Stufe mittels Sieben eine sorgfältige Abscheidung der Kleieteilchen vorgenommen wird. Die Beseitigung der Kleiebestandteile geschieht also hier viel gründlicher, so daß die erhaltenen Mehle nur noch sehr wenig Kleieteilchen aufweisen, die allerdings oft größer sind als beim Mehl aus der Flachmüllerei.

Nach dem Grade der Zerkleinerung unterscheidet man im übrigen folgende Mahlerzeugnisse:

Schrote sind ungeschälte oder geschälte, zu größeren Bruchstücken zerteilte Körner (z. B. Weizen- und Roggenschrot).

Grütze nennt man gewöhnlich enthülste, gebrochene Körner (z. B. Gersten-, Hafer-, Buchweizengrütze).

Graupen sind geschälte und durch Abschleifen gerundete Körner (Perlgraupen, Rollgerste).

Grieße nennt man gröbere oder feinere, rundliche oder kantige Bruchstücke, die neben Mehl beim Absieben aus den Schroten erhalten werden.

Dunste werden Zwischenerzeugnisse des Mahlverfahrens genannt, die noch nicht die Feinheit der Mehle erreicht haben, sondern die Beschaffenheit von feinen Grießen besitzen.

Mehle sind die nach Möglichkeit von Gewebeteilen befreiten feinpulverigen Enderzeugnisse des Mahlprozesses. Ihre Qualität (Feinheit) wird in der Praxis gewöhnlich nach Nummern bezeichnet, insbesondere beim Weizen (Nr. 00, 0, 1 usw.).

Der bei der Herstellung des Mehles gewonnene stärke- und eiweißreiche Abfall, die Kleie, findet für gewöhnlich als Futtermittel Verwendung und wird nur gelegentlich für die menschliche Ernährung herangezogen. So wurde z. B. bei uns während des Weltkrieges das Getreide zeitweise bis auf 94% ausgemahlen, d. h. die Kleie blieb fast restlos im Mehl.

Bei der Untersuchung von Müllereierzeugnissen, insbesondere von Mehl, handelt es sich gewöhnlich darum, festzustellen, von welchem Rohstoff das Erzeugnis stammt, und ob eine Verfälschung oder Verunreinigung mit anderen Getreidearten, sonstigen vegetabilischen Stoffen oder mineralischen Stoffen vorliegt. Oft wird auch zu prüfen sein, ob Unkrautsamen, Getreidepilze oder Schimmelpilze in erheblicher Menge vorhanden sind, ob ausgewachsenes Getreide vermahlen wurde, ob sich Insekten, Milben oder andere Tiere vorfinden. Die Bestimmung des Ausmahlungsgrades ist mit Hilfe des Mikroskopes nur unsicher durchführbar[1].

Ausführung der Untersuchung.

Die Unterscheidung von Mahlprodukten der Getreidearten gründet sich einerseits auf die Form und Größe der Stärkekörner und andererseits auf die Elemente der Kleieteilchen. Näheres hierüber ergibt sich aus der Beschreibung der einzelnen Arten im Abschnitt „Zerealien“.

Bei Mehlen[2] untersucht man zunächst eine kleine Probe in einem Tropfen Wasser bei schwächerer (etwa 100facher) Vergrößerung, um sich über den Zerkleinerungsgrad sowie über den Inhalt der etwa noch unzerkleinerten Zellen zu orientieren. Sodann geht man unter Anwendung stärkerer Vergrößerung (etwa 300fach) zu einer genaueren Prüfung der Stärke selbst über, wobei man besonders darauf zu achten hat

1. ob die Körner im wesentlichen gleich groß sind, oder ob zwei verschiedene Größen (Großkörner und Kleinkörner) nebeneinander vorkommen;

2. ob die Körner rund, kantig, polyedrisch, linsenförmig oder anders gestaltet sind und ob zusammengesetzte neben einfachen vorkommen, auch ob sich unter den letzteren kleine spindelförmige Gebilde befinden;

3. ob sie Schichtung, deutlichen Kern oder eine Kernspalte aufweisen bzw. wie die Form und Größe der letzteren geartet ist.

Unter Berücksichtigung aller dieser Verhältnisse wird es oft möglich sein, die Art eines Mehles mit Sicherheit zu ermitteln, jedenfalls aber Zusätze von Leguminosenmehl, Kartoffelstärke und anderen charakteristischen Stärkearten zu erkennen (vgl. die Tabelle S. 45—47). Immer reichen jedoch diese Merkmale zur Identifizierung nicht aus, insbesondere wenn Gemenge von Mehlen mit ähnlichen Stärkeformen vorliegen. So haben z. B. Weizen, Roggen und Gerste linsenförmige Großkörner, Hafer und Reis zusammengesetzte Körner, die in

[1] Der Ausmahlungsgrad wird am besten durch das „Pekarisieren“ ermittelt. Dies geschieht durch Vergleichen der Farbe der mit einer Glasplatte glatt gedrückten Mehloberfläche unter Verwendung von Typenmustern.

[2] Die nachstehenden Ausführungen gelten sinngemäß auch für die übrigen Müllereiprodukte. Schrot, Grütze und dgl. werden zunächst durch Zerkleinern in der Reibschale in einen geeigneten Feinheitsgrad gebracht, sofern sich nicht durch Schabe- oder Schnittpräparate eine raschere Feststellung der Art ermöglichen läßt.

kleine polyedrische Teilkörnchen zerfallen, und eine dritte Gruppe mit einander ähnlichen Formen bilden Mais, Hirse und Buchweizen.

In solchen Fällen muß das durch die Untersuchung der Stärke gewonnene Bild durch die Charakterisierung der Kleiebestandteile ergänzt werden. Auch die Verunreinigung durch Unkrautsamen und dgl. läßt sich nur an charakteristischen Gewebsteilchen sicher feststellen.

Gröbere Teilchen erkennt man schon unter der Lupe, wenn man das Mehl ausbreitet und die Oberfläche glattdrückt. Alle durch gelbe oder dunklere Färbung hervortretenden Partikelchen werden mit der befeuchteten Spitze einer Präpariernadel herausgeholt, in ein Tröpfchen Wasser übergeführt und für sich untersucht, wenn nötig, unter Aufhellung durch Glyzerin, Chloralhydrat oder Kalilauge. Hat man nur wenig Material, so schüttelt man die Probe mit etwas Chloroform an und fischt die nun deutlich hervortretenden dunkleren Teilchen mit einer Lanzette heraus.

Die Auffindung der feineren Gewebetrümmer, die oft sehr charakteristische Bilder darbieten, gelingt aber nur unter dem Mikroskop, allerdings erst nach Beseitigung der Stärke, das heißt durch Anreicherung der zelligen Elemente. Am schnellsten läßt sich die Stärke durch Lauge in Lösung überführen. Da hierbei aber auch die Zellwände eine Quellung erfahren, sind derartige Präparate z. B. zum Messen ungeeignet. Eine Verzuckerung der Stärke durch Kochen mit verdünnter Säure ist daher vorzuziehen.

Hartwich empfiehlt 5 g Mehl mit 200 ccm Wasser unter Zusatz von 10 ccm Salzsäure eine Viertelstunde lang zu kochen, dann das Ganze in ein Spitzglas zu gießen und absetzen zu lassen. Der beim Kochen der Flüssigkeit an der Oberfläche entstehende Schaum ist getrennt zu prüfen, da er die charakteristischen Haare der Fruchtschale oft besonders reichlich enthält. Der durch Abgießen der Flüssigkeit gewonnene voluminöse Bodensatz wird in Glyzerin oder, wenn man die aus dem Zellinhalt stammenden, oft sehr störenden Eiweißstoffe beseitigen möchte, in 1 %iger Lauge untersucht.

Eine für die Mehluntersuchung sehr geeignete Anreicherung der Kleieteilchen liefert die auf dem gleichen Prinzip beruhende Arbeitsweise nach Herter, die im Abschnitt ,,Brot" näher beschrieben ist. Man wendet hierbei etwa 3 g Mehl an.

Die Durchmusterung der Präparate nimmt man am besten mit Hilfe eines Kreuztisches vor, um alle Teilchen zu Gesicht zu bekommen.

Bei der Prüfung der Anreicherungsrückstände begegnet man auch Teilchen von Unkrautsamen (s. S. 103) und Getreidepilzen (vgl. Abschn. IX, E, b), die selbst in Mehlen aus gut gereinigtem Getreide vereinzelt vorkommen. Die meisten dieser Verunreinigungen sind harmlos; einige von ihnen können aber gesundheitsschädlich wirken, wenn sie in größerer Menge im Mehl enthalten sind. Die Aufmerksamkeit ist hierbei besonders auf Mutterkorn, Kornrade, Taumellolch und Wachtelweizen (siehe bei den einzelnen Artikeln) zu richten[1].

[1] Als orientierender Vorversuch ist die Salzsäure-Alkoholprobe von Vogl geeignet. In einem Proberöhrchen mischt man 10 ccm Alkohol (70 %ig) mit etwa 0,5 ccm Salzsäure, fügt 2 g des zu prüfenden Mehles hinzu, schüttelt kräftig, erwärmt ein wenig, läßt stehen und beobachtet dann die Farbe der überstehenden Flüssigkeit. Eine auffallende Färbung der Flüssigkeit deutet auf Ausreuter, und zwar orangegelb auf Raden und Taumellolch, rosenrot, violett oder purpurn auf Wicken, blaugrün oder grün auf Wachtelweizen oder Klappertopf, rot auf Mutterkorn.

Brandpilzsporen (siehe diese) fallen in Anreicherungspräparaten unter dem Mikroskop sofort auf, auch die Trümmer von Insektenpanzern. Ebenso findet man auch leicht fremde vegetabilische Beimengungen, die z. B. in Futtermehlen nicht selten beobachtet werden (Sägespäne, Maiskolbenmehl, Spelzspreumehl und dgl.).

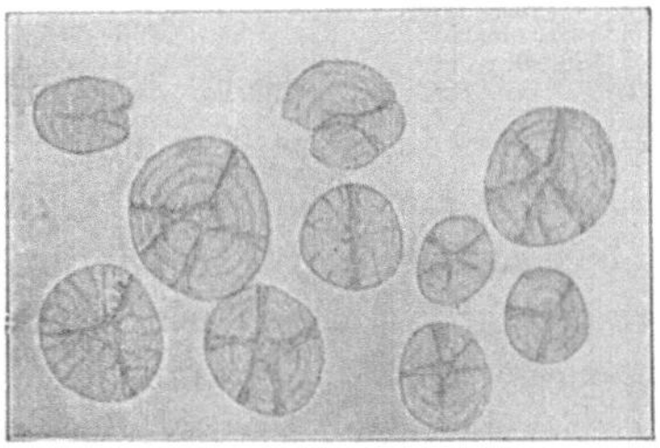

Abb. 5. Stärkekörner von ausgewachsenem Roggen. 1:250 (C. MEZ).

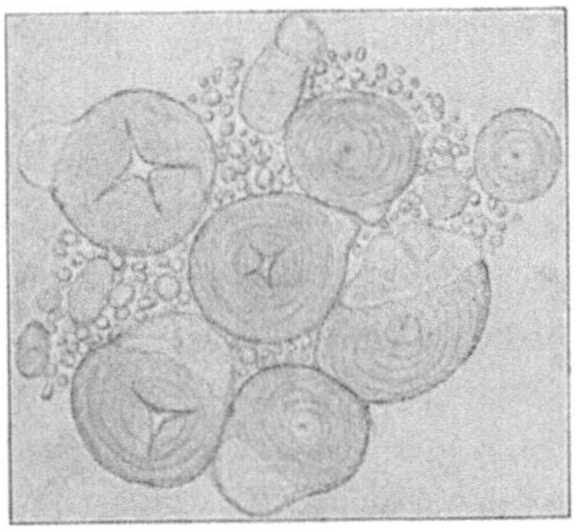

Abb. 6. Stärkekörner von verdorbenem Schoberroggen. 1:280 (C. MEZ).

Die Prüfung auf ausgewachsenes und Schober-Getreide wird mit dem unveränderten Mehl im Wasserpräparat ausgeführt. Finden sich zahlreiche, durch Fermentwirkung angegriffene Stärkekörner mit Spalten, die bis an den Rand des Kornes reichen (Abb. 5) — bei Roggen und Weizen fallen solche Stärkekörner auch durch die deutliche Schichtung auf —, so läßt dieser Befund darauf schließen, daß ausgekeimtes Getreide vermahlen wurde.

Nicht allein dem Auswachsen, sondern auch der Selbsterhitzung ist in Schobern auf dem Felde befindliches Getreide bei ungünstiger Witterung häufig unterworfen. Mehl aus derartigem Schobergetreide enthält zahlreiche mehr oder weniger verkleisterte Stärkekörner mit hervorquellenden strukturlosen (Abb. 6) Randpartien. Gewöhnlich ist solches Mehl dumpfig und neigt zur Klumpenbildung. Es enthält dann sehr viel Schimmelsporen, häufig auch Hyphen von Schimmelpilzen (vgl. Abschn. IX, E, c).

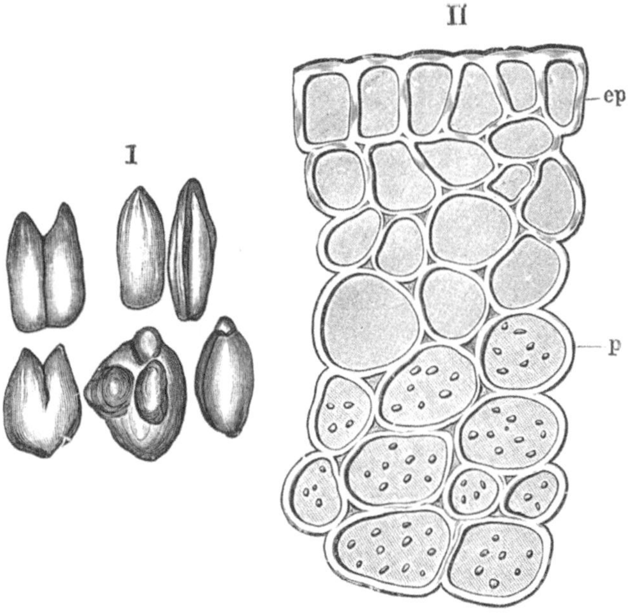

Abb. 7. Radiger Weizen (A. E. v. VOGL): I. Formen des radigen Kornes, etwas vergrößert. | II. Querschnitt der Schale, *ep* Oberhaut, *p* verholztes Parenchym.

Eine Beimengung von mineralischen Stoffen zum Mehl ist durch die mikroskopische Untersuchung ebenfalls oft feststellbar, einfacher aber durch die Chloroformprobe, indem man etwa 2 g Mehl mit 20 ccm Chloroform durchschüttelt. Beim Stehen setzen sich dann die Mineralstoffe rasch zu Boden, während die Mehlbestandteile oben schwimmen. Das Sediment wird einer chemischen Prüfung unterzogen.

Insekten, Milben und Würmer findet man mitunter noch lebend, häufiger Leichenteile und Exkremente. Einige sind schon mit freiem Auge erkennbar, andere unter dem Mikroskop.

Mehl, das aus gichtigem oder radigem Weizen hergestellt ist, enthält lebende Weizenälchen (*Tylenchus Tritici*); das sind farblose, fast millimeterlange, durcheinandergeschlungene, in Wasser sich lebhaft bewegende Würmer. Sie verunstalten das Getreidekorn, in dem sie leben, nicht nur äußerlich (Abb. 7 I), sondern sie hindern auch die normale Entwickelung der Fruchtschale. Diese besteht nur aus einem lückigen, derbwandigen, getüpfelten, bräunlichen Parenchym (Abb. 7 II). In grobe, kleiereiche Mehle gehen auch diese Schalenteilchen über.

In älteren Mehlen findet man nicht selten Milben (*Tyroglyphus farinae* DE GEER) und deren Exkremente, die das Mehl unter Umständen stellenweise bräunlich färben. Sie stellen rundliche, schmutzigbraun gefärbte Gebilde vom Durchmesser eines mittleren bis großen Weizenstärkekornes dar. Seltener beobachtet man Milbeneier.

Vermottetes Mehl enthält Raupen, Gespinste und Kot von Mehlmotten (meist *Ephestia Kühniella* ZELL). Die sogenannten Mehlwürmer sind die Larven des Käfers *Tenebrio molitor* L.

Neuere Literatur.

BENGEN: Über die mikroskopische Untersuchung von Mehl und Backwaren, insbesondere über den Nachweis von Kartoffelbestandteilen. Zeitschr. f. Untersuch. d. Nahrungs- u. Genußmittel Bd. 29, S. 247. 1915.

BERNHART: Über quantitative Bestimmung des Mutterkorns im Mehl. Zeitschr. f. Untersuch. d. Nahrungs- u. Genußmittel Bd. 12, S. 321. 1906.

BERTARELLI: Verfälschung von Mehlen mit Steinnuß. Zeitschr. f. Untersuch. d. Nahrungs- u. Genußmittel Bd. 13, S. 484. 1907.

BREDEMANN: Die quantitative Bestimmung der Brandsporen in Mehl, Kleie und Getreide. Landwirtschaftl. Versuchs-Stat. Bd. 75, S. 135. 1911; Bd. 87, S. 241. 1915.

BREDEMANN: Die Bestimmung des Brandsporengehaltes in Weizenproben. Zeitschr. f. Untersuch. d. Nahrungs- u. Genußmittel Bd. 45, S. 208. 1923.

FECHNER: Die Anwendung von Farbstoffgemischen als Hilfsmittel in der Mikroskopie. Zeitschr. f. Untersuch. d. Nahrungs- u. Genußmittel Bd. 41, S. 170. 1921.

GRIEBEL: Die Zellelemente des Maniokmehles. Zeitschr. f. Untersuch. d. Nahrungs- u. Genußmittel Bd. 43, S. 169. 1922.

HERTER: Zur quantitativen Mikroanalyse der Nahrungs- und Futtermittel. Zeitschr. f. Untersuch. d. Nahrungs- u. Genußmittel Bd. 38, S. 65. 1919.

MAURIZIO: Die Nahrungsmittel aus Getreide. 2 Bände. Berlin 1917 und 1919.

— Einige Mehle und Brote aus Hungergegenden Rußlands. Zeitschr. f. Untersuch. d. Nahrungs- u. Genußmittel Bd. 4, S. 1017. 1901.

NESTLER: Über den Nachweis von Rinanthin im Mehl. Zeitschr. f. Untersuch. d. Nahrungs- u. Genußmittel Bd. 39, S. 41. 1920.

POSNER: Studien zur Mikroskopie von Mehl und Brot. Zeitschr. f. Untersuch. d. Nahrungs- u. Genußmittel Bd. 29, S. 329. 1915.

SCHAFFNIT: Zur Mehluntersuchung. Zeitschr. f. Untersuch. d. Nahrungs- u. Genußmittel Bd. 17, S. 86. 1909.

UNNA: Mikroskopisch-färberischer Nachweis von Weizen-, Roggen- und Kartoffelstärke nebeneinander. Zeitschr. f. Untersuch. d. Nahrungs- u. Genußmittel Bd. 36, S. 49. 1918.

VOGT: Nachweis und Bestimmung von Streckmitteln im Mehl und Brot. Zeitschr. f. Untersuch. d. Nahrungs- u. Genußmittel Bd. 42, S. 145. 1921.

WIEDMANN: Bestimmung der Kleiebestandteile im Mehl. Zeitschr. f. Untersuch. d. Nahrungs- u. Genußmittel Bd. 41, S. 236. 1921.

WOY: Vorbereitung von Mehlproben zur mikroskopischen Untersuchung. Zeitschr. f. öffentl. Chemie Bd. 6, S. 213. 1900.

II. Brot und andere Backwaren.

Für die mikroskopische Unteruchung des Brotes und anderer Backwaren gelten im wesentlichen die gleichen Gesichtspunkte wie für die des Mehles. Wenn man ein kleines Stückchen Brotkrume mit Wasser auf dem Objektivträger zu einem dünnen Brei verteilt und ein Deckglas auflegt, so zeigt sich, daß die große Mehrzahl der Stärkekörner stark verändert und verkleistert ist. Immerhin finden sich stets noch einzelne wenig veränderte Körner vor, die ohne weiteres einen Schluß auf ihre Abstammung zulassen (Abb. 8). Oft wird man z. B. noch Roggen- und Weizenstärke zu unterscheiden vermögen und feststellen können, ob in einem Weizenbrot Roggenmehl enthalten ist, nicht aber umgekehrt. Beimengungen anderer Mehle sind dagegen nur bei größerer Übung auf diese Art nachzuweisen, wenn man von Kartoffelstärke, Kartoffelwalzmehl, Leguminosenmehl und Maismehl (Abb. 9) absieht, die leichter erkennbar sind. Die von verschiedenen Seiten vorgeschlagene Verwendung von Farbstoffen (vgl. die Literaturangaben am Schlusse des Abschnittes) kann unter Umständen die Arbeit erleichtern. Im allgemeinen muß man jedoch fast immer auf die Kleiebestandteile zurückgreifen, um zu einer sicheren Diagnose zu gelangen. In dunklen, kleiereichen Broten lassen sich diese leicht auffinden, es genügen hier mitunter schon Quetschpräparate. Bei hellen Broten ist aber, wie bei vielen Mehlen, eine Anreicherung erforderlich.

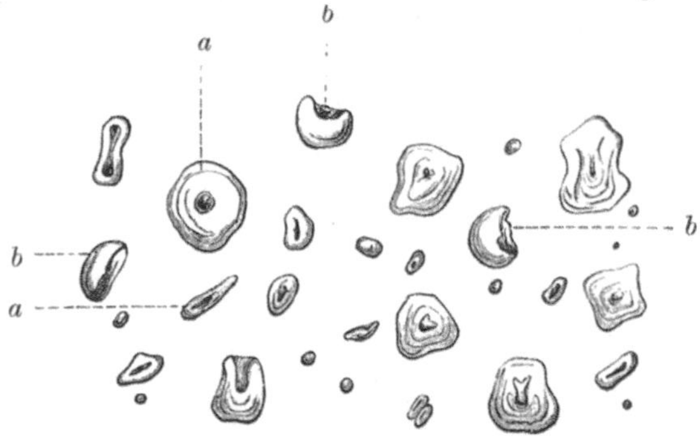

Abb. 8. Stärkekörner aus Weizenbrot (J. MOELLER). *a* typische, kaum veränderte Formen, *b* gebrochene und durch Quellung veränderte Formen.

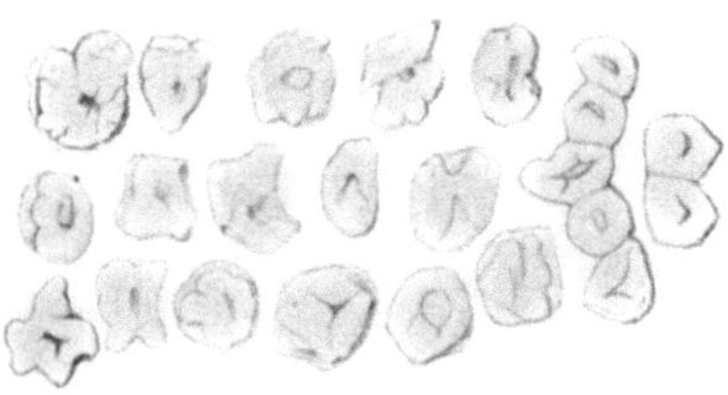

Abb. 9. Maismehl im Brot (T. F. HANAUSEK).

Man verfährt hierbei zweckmäßig (nach HERTER) folgendermaßen. Eine geringe Menge (2 bis höchstens 5 g) der trockenen, falls erforderlich entfetteten und dann fein gemahlenen Probe wird mit etwa 1%iger Salz- oder Schwefelsäure zu einem dünnflüssigen Brei verrührt. Den Brei führt man in ein Becherglas oder dgl. über, verdünnt mit der Säure bis auf etwa 100 ccm und kocht einige Minuten. Dann gießt man die Flüssigkeit auf ein ausgespanntes Nesseltuch, bringt den gut abgelaufenen Rückstand in ein Gläschen und verrührt ihn dort mit etwa 1% iger Lauge zu einem dünnen Brei. Enthält der Säurerückstand undurchsichtige Schalenteilchen, so verwendet man an Stelle von Lauge besser Chloralhydrat. Damit ist die Vorbereitung für die Untersuchung beendet. Eine quantitative Ermittelung der einzelnen Komponenten der Backware durch Auszählung und Größenbestimmung der sicher identifizierbaren Stärkekörner und Teilchen des Anreicherungsrückstandes, wie sie HERTER (vgl. die Literaturangabe am Schlusse des Abschnittes) durchgeführt hat, wird nur bei ganz besonderer Übung zu brauchbaren Ergebnissen führen.

Brotstreckungs- und Fälschungsmittel.

Von den Brotstreckungsmitteln, die während des Weltkrieges in Deutschland Verwendung fanden, stand an erster Stelle die Kartoffel, die in Form von Kartoffelstärke, gekochten Kartoffeln, Kartoffelflocken und Kartoffelwalzmehl (dem Mahlprodukt der Flocken) verarbeitet wurde.

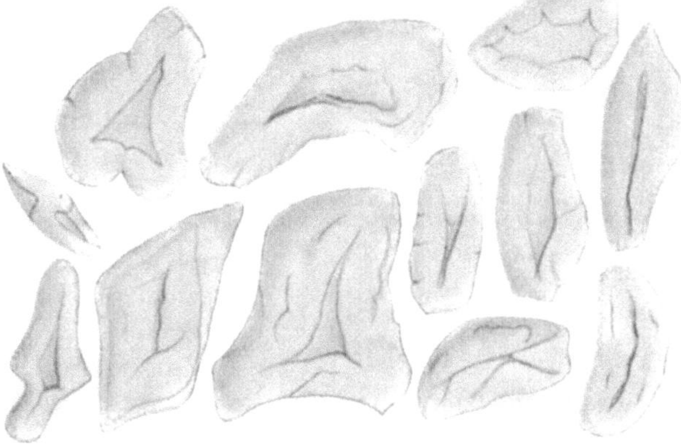

Abb. 10. Verquollene Kartoffelstärke im Brot (T. F. HANAUSEK).

Das Vorhandensein von verquollenen Kartoffelstärkekörnern (Abbildung 10) zeigt die Verwendung von Kartoffelstärkemehl an. In Kartoffelflocken, Walzmehl und gekochten Kartoffeln sind Stärkekörner nicht mehr erkennbar. Charakteristisch für diese sind aber die großen rundlichen oder ovalen 100—300 μ großen Kleisterzellen (Abb. 11). Untersucht man weiter den Anreicherungsrückstand, so findet man die in Abschnitt VIII, I, f näher beschriebenen Elemente der Kartoffelknolle (Kork, Spiral-, Ring- und Netzgefäße, auch dickwandige aus der Rindenschicht stammende Zellen). Vollständiges Fehlen des Korkgewebes läßt auf Verwendung gekochter und geschälter Kartoffeln schließen.

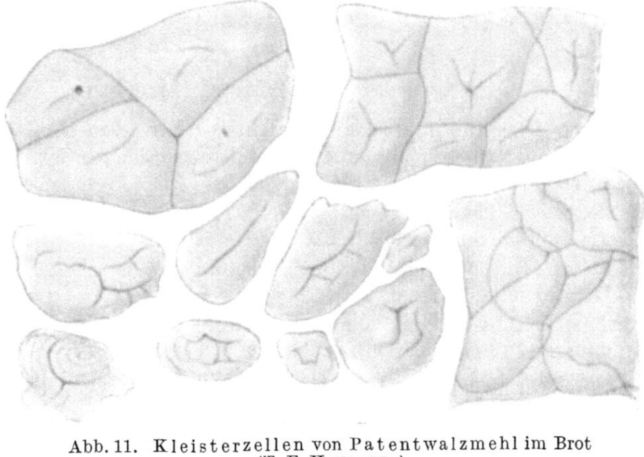

Abb. 11. Kleisterzellen von Patentwalzmehl im Brot (T. F. HANAUSEK).

Zeitweilig wurden auch Kohlrüben, Zuckerrübenschnitzel (siehe diese) sowie andere Mehlsorten (Weizennachmehl, Hafermehl, Maismehl usw.) als Streckungsmittel verwendet[1].

Zu erwähnen sind schließlich die sogenannten Streumehle, deren Verwendung den Zweck verfolgt, das Anbacken der Brote zu verhindern, die aber nicht selten auch zur Verfälschung des Brotes gedient haben, wie Holzmehl (siehe dieses), Spelzspreumehl (S. 59) und Strohmehl. Als Streumehl haben auch schon Schilfmehl und Steinnußmehl (S. 313) gedient.

Strohmehl.

Das Strohmehl (Abb. 12) hat einige Ähnlichkeit mit dem Spelzspreumehl (s. d.). Die wellig konturierten Epidermiszellen sind aber fast durchweg dünnwandig oder nur wenig verdickt. Typische Kurzzellen fehlen. Auch hier treten faserige Zellverbände besonders stark hervor, zu denen sich aber noch die Trümmer des aus dünnwandigen längsgestreckten Zellen bestehenden Stengelparenchyms gesellen. Teile von Ring- und Spiralgefäßen sind häufig, auch Netzgefäße kommen vor.

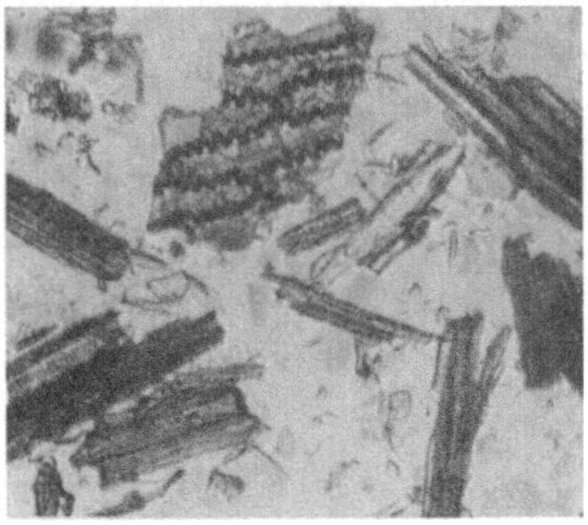

Abb. 12. Strohmehl. 1:120 (Phot. C. GRIEBEL).

Brotkrankheiten werden gewöhnlich durch Pilze und Bakterien verursacht, die sogenannte Kreidekrankheit durch *Monilia variabilis* oder *Endomyces fibuliger*, das Fadenziehen durch Kartoffelbazillen, das Bluten durch Bacterium prodigiosum (vgl. Abschn. IX, E).

Die früher zuweilen beobachtete Violettfärbung der Brotkrume hatte seine Ursache in der Verunreinigung des Getreides mit Wachtelweizen (S. 115), der nach HARTWICH noch in einer Menge von 1,5% eine solche Färbung hervorruft.

Neuere Literatur.

BENGEN: Über die mikroskopische Untersuchung von Mehl und Backwaren, insbesondere über den Nachweis von Kartoffelbestandteilen. Zeitschr. f. Unters. d. Nahrungs- u. Genußmittel Bd. 29, S. 247. 1915.

BLUNCK: Ein neues Färbeverfahren für Kartoffelstärke. Zeitschr. f. Unters. d. Nahrungs- u. Genußmittel Bd. 29, S. 246. 1915.

FECHNER: Die Anwendung von Farbstoffgemischen als Hilfsmittel in der Mikroskopie. Zeitschr. f. Unters. d. Nahrungs- u. Genußmittel Bd. 41, S. 170. 1921.

GRIEBEL: Nachweis von Patentwalzmehl im Brot. Zeitschr. f. Unters. d. Nahrungs- u. Genußmittel Bd. 17, S. 657. 1909.

— Die Zellelemente des Maniokmehles. Zeitschr. f. Unters. d. Nahrungs- u. Genußmittel Bd. 43, S. 169. 1922.

[1] Als „Backhilfsmittel" finden oft geringe Zusätze anderer Mehle zum Brotmehl statt. So werden z. B. sehr zähe Roggenteige durch geringe Zusätze (3—5%) von Mais-, Gersten-, Hafer- oder Bohnenmehl „kürzer" gemacht; umgekehrt wird ein zu kurzer Roggenmehlteig durch Zusatz von etwas Weizenmehl zäher. Auch geringe Mengen Kartoffelwalzmehl und Reisbackmehl (siehe diese) dienen als Backhilfsmittel.

HANAUSEK: Zur Mikroskopie der Stärke in Mischbrot. Arch. f. Chem. u. Mikr. Bd. 8, S. 72. 1915.

HERTER: Zur quantitativen Mikroanalyse der Nahrungs- und Futtermittel. Zeitschr. f. Unters. d. Nahrungs- u. Genußmittel Bd. 38, S. 65. 1919.

LINGELSHEIM: Der Nachweis von Kartoffelzusatz im Kriegsbrot. Zeitschr. f. Unters. d. Nahrungs- u. Genußmittel Bd. 29, S. 361. 1915.

MAURIZIO: Die Nahrungsmittel aus Getreide. 2 Bände. Berlin 1917—1919.

— Einige Mehle und Brote aus Hungergegenden Rußlands. Zeitschr. f. Unters. d. Nahrungs- u. Genußmittel Bd. 4, S. 1017. 1901.

POSNER: Studien zur Mikroskopie von Mehl und Brot. Zeitschr. f. Unters. d. Nahrungs- u. Genußmittel Bd. 29, S. 329. 1915.

SCHÜTZ u. WEIN: Mikroskopischer Nachweis der Kartoffelstärke im Brot. Chemiker-Ztg. Bd. 39, S. 143. 1915.

VOGT: Nachweis und Bestimmung von Streckmitteln in Mehl und Brot. Zeitschr. f. Unters. d. Nahrungs- u. Genußmittel Bd. 42, S. 145. 1921.

III. Stärke.

Die Stärke ist einer der verbreitetsten Pflanzenstoffe; denn sie fehlt nahezu keiner grünen Pflanze, nicht einmal allen echten Schmarotzern. Wenn trotzdem die Zahl der stärkeliefernden Pflanzen verhältnismäßig klein ist, so liegt dies daran, daß die technische Gewinnung der Stärke an gewisse Bedingungen geknüpft ist, die nur selten vereinigt sind. Die Stärke muß in den betreffenden Pflanzen nicht nur in großer Menge und brauchbarer Beschaffenheit aufgespeichert, sondern auch ohne besondere Schwierigkeit und mit nicht zu großen Kosten rein darstellbar sein, und endlich müssen die Rohstoffe in einer für den Großbetrieb ausreichenden Menge sicher beschafft werden können. Daher kommt es, daß tatsächlich nur verhältnismäßig wenig Pflanzenteile (Früchte, Samen, Stämme, Wurzelknollen) in großem Maßstab zur Gewinnung der Stärke dienen.

Die Stärke, im Aussehen dem Mehle so ähnlich, das ja hauptsächlich aus ihr besteht, wird doch auf ganz andere Art dargestellt; sie ist kein Mahlprodukt, sondern ein Schlämmprodukt. Die verschiedenen Methoden der Stärkefabrikation haben doch alle das gemeinsam, daß die Stärke aus den entsprechend zerkleinerten Pflanzenteilen ausgewaschen, geschlämmt wird, worauf sie sich, da sie schwerer ist als Wasser, absetzt. Diese Darstellung bedingt die wesentliche Verschiedenheit der Stärke vom Mehl. Letzteres enthält neben der Stärke auch Zellgewebe und alle Inhaltsstoffe der Zellen; die Stärke besteht dagegen nur aus Stärkekörnern, weil alle übrigen Bestandteile des Rohstoffes entweder in Wasser löslich sind (lösliches Eiweiß, Salze) oder obenauf schwimmen (Zellhäute) oder als zusammenhängende zähe Masse (Kleber) ausgeschieden werden. Die mikroskopische Untersuchung der im Handel befindlichen Stärkearten stützt sich einzig und allein auf die Gestalt der Stärkekörner, und diese wird bestimmt durch ihre Größe, Form und Schichtung.

1. Die Größe der Stärkekörner ist immer ungleich, doch übersteigt sie ein für jede Art bestimmtes Maß nicht. Die in einer Stärkeart in größter Menge vorkommenden Körner bestimmen den Charakter derselben, und man nennt danach großkörnig eine Stärke, deren Körner zumeist über $30\,\mu$, kleinkörnig eine Stärke, deren Körner zumeist unter $10\,\mu$ messen. Besondere Beachtung verdient ferner, ob die Körner einer Stärkeart nahezu gleich groß (z. B. Reis- und Maisstärke) oder ob alle Übergänge zwischen den größten und kleinsten Körnern vorhanden sind (z. B. Kartoffelstärke), oder ob sich neben großen zahlreiche kleine Körner mit verhältnismäßig spärlichen Zwischenstufen (z. B. Weizenstärke) vorfinden.

Bei einer und derselben Art erreichen die Stärkekörner nicht selten eine nach Zeit und Örtlichkeit wechselnde Größe; daher findet man diese von den Autoren verschieden angegeben. Der Charakter der Stärke bleibt jedoch immer erhalten.

2. Die Form der Stärkekörner ist für jede Art bestimmt und gleichbleibend. Es wäre demnach leicht, die Arten zu unterscheiden, wenn nicht die Ähnlichkeit mancher Arten so groß wäre, und wenn nicht bei einer und derselben Art Stärkekörner verschiedener Formen vorkommen würden. Die für die Art charakteristische Form nennt man die typische. Sie ist keineswegs immer (wie in der Kartoffel- und Marantastärke) in überwiegender Menge vorhanden, sondern sie muß mitunter mühsam unter der Menge unbestimmter, sozusagen charakterloser Formen aufgesucht werden. Sind mehrere Stärkearten miteinander vermischt, so kann ihre Bestimmung eine nicht ganz leichte Aufgabe sein.

Man unterscheidet einfache und zusammengesetzte Stärkekörner und versteht unter den letzteren solche, die aus zwei oder mehreren bis vielen Körnern bestehen (Abb. 81). Manche zusammengesetzte Körner zerfallen so leicht, daß man meist nur ihre Teil- oder Bruchkörner findet (z. B. Reisstärke). Diese können von gleicher oder ungleicher Form und Größe sein und sind an ihren ebenen Berührungsflächen zu erkennen, denen sie oft ein kristallähnliches Aussehen verdanken. Solche Formen können jedoch auch einfache Körner annehmen, wenn sie sich in der Zelle dicht gedrängt entwickeln (z. B. Mais).

In der Regel haben die einfachen Stärkekörner rundliche Formen; sie sind kugelig, linsen- oder scheibenförmig, muschel-, keulen- oder nierenförmig. Ob sie flach, bauchig oder kugelig sind, erkennt der Geübte an der mehr oder weniger starken Lichtbrechung am Rande. Läßt man dem Präparat Alkohol zufließen, so sieht man an den dadurch in Bewegung geratenden Körnern die Formen deutlich. Den gleichen Erfolg erzielt man durch vorsichtige Verschiebung des Deckglases mit Hilfe der Präpariernadel.

Es gibt Stärkearten, die nur aus einfachen (z. B. Mais, Maranta), und solche, die fast nur aus zusammengesetzten Körnern (z. B. Reis, Manihot) bestehen. In den meisten einfachen Stärkearten finden sich jedoch auch vereinzelt zusammengesetzte Körner (z. B. in Weizen- und Kartoffelstärke).

3. Der sogenannte Kern, d. i. der organische Mittelpunkt der Stärkekörner, ist nicht immer erkennbar. Er liegt bald in der Mitte, bald im stumpfen, bald im spitzeren Ende des Stärkekorns, und um ihn sind die Schichten des Stärkekorns in charakteristischer Weise konzentrisch oder exzentrisch gelagert[1]. Als wasserreichster Teil des Stärkekorns schrumpft der „Kern" zuerst, und an seiner Stelle findet sich daher häufig eine Höhle oder strahlige Spalte. Nicht nur die Sichtbarkeit des Kerns und die Art der Schichtung, sondern auch der Mangel und das Auftreten von Kernspalten ist für manche Stärkearten charakteristisch. Die Großkörner der Kartoffelstärke sind z. B. immer deutlich exzentrisch geschichtet, und ihr im spitzeren Ende liegendes Schichtenzentrum zeigt fast nie eine Höhle; die Maisstärke dagegen ist nicht geschichtet und besitzt eine zentrale Kernspalte.

[1] Die Schichtung kommt durch das Abwechseln wasserärmerer und wasserreicherer Lagen zustande. Undeutliche Schichtung (z. B. in den Großkörnern der Weizenstärke) wird durch Chromsäurelösung deutlich. Ist das Schichtenzentrum nicht unmittelbar sichtbar, so gibt sofort die Untersuchung im polarisierten Licht Aufschluß. Zwischen gekreuzten Nikols erscheint das Stärkekorn hell mit dunklem Kreuz, dessen Arme sich im Schichtenzentrum schneiden.

Die Untersuchung der Stärke erfolgt am besten in Wasser und wird sehr erleichtert, wenn man in dem Tropfen nur sehr wenig Material verteilt. Im Gesichtsfelde sollen die Stärkekörner einzeln zerstreut, nicht haufenweise beisammen liegen. Bei der Präparation darf übrigens mit dem Deckglas kein Druck ausgeübt werden, da bei manchen Körnern (z. B. Kartoffelstärke) leicht eine Verletzung eintritt.

Die Gestalt der Stärkekörner wird durch Quellung bis zur Unkenntlichkeit verändert (Abb. 8, 9, 10, 58). Man kann die Quellung und schließliche Auflösung unter dem Mikroskop in Chloralhydrat gut verfolgen. Zusehends wird jedes Stärkekorn größer, ändert seine Form und Schichtung, wird durchsichtig und zerfließt. Schneller erfolgt die Verkleisterung in Lauge oder in heißem Wasser. Kocht man stärkereiche Gewebe, so kann der in den Zellen entstehende Kleister nicht ausfließen. Beim Trocknen erstarrt er dann in jeder Zelle zu einem homogenen, harten Klumpen (z. B. Kurkuma). Eine ähnliche aber meist nicht vollständige Verkleisterung findet beim Backen statt (s. Brot, S. 28), und wenn man frische, stärkereiche Pflanzenteile (z. B. Eicheln) röstet.

Zum Nachweis von unverkleisterter oder verkleisterter Stärke verwendet man Jodlösung, die blau bis blauschwarz färbt (vgl. S. 11).

a) Stärke aus unterirdischen Pflanzenteilen.

Die unterirdischen Stämme und Wurzeln einer nicht gerade großen Anzahl verschiedenen Familien angehöriger Pflanzen bilden Knollen, die als Reservestoffbehälter strotzend mit Stärke angefüllt sind. Die Mehrzahl dieser Knollengewächse gehört den Tropen an. Sie dienen in den Heimatländern zu denselben Zwecken wie bei uns Mehl, Brot und Kartoffeln. Einige, wie Maniok, Batate, Yam, Canna, Kurkuma, Maranta werden auch kultiviert, und man bereitet aus ihnen Stärke, die unter dem Sammelnamen „Arrowroot“ in den europäischen Handel kommt. Die gemäßigten Himmelstriche besitzen nur eine durch stärkereiche Knollen ausgezeichnete Kulturpflanze: die Kartoffel.

1. Kartoffelstärke (Abb. 13).

Die Kartoffel (*Solanum tuberosum* L.) ist als Volksnahrungsmittel den Zerealien beinahe ebenbürtig; sie ist auch einer der wichtigsten Rohstoffe der Stärkefabrikation. Im Kleinhandel nennt man Kartoffelmehl die pulverförmige Kartoffelstärke im Gegensatz zu der Brocken- oder Kristallstärke. Ein dem Getreidemehl analoges Mahlprodukt der Kartoffel gibt es nicht; denn in dem aus Kartoffelflocken (vgl. S. 29) hergestellten Mehl ist die Stärke vollständig verkleistert.

Die Kartoffelstärke ist ein mattweißes, seltener gelbliches Pulver, in dem man schon mit freiem Auge einzelne Körnchen als glitzernde Pünktchen unterscheidet.

Die weit überwiegende Mehrzahl der Körner ist einfach; vereinzelte sind aus zwei, drei oder vier Teilkörnern zusammengesetzt, noch seltener findet man unecht zusammengesetzte (mehrkernige) Körner. Die Körner erreichen eine Größe von 70—100 μ und darüber, doch finden sich alle Übergänge bis herab zu winzig kleinen Körnern. Die letzteren sind kugelig; die charakteristischen Großkörner im Umriß eirund, muschelförmig, gerundet drei- oder mehreckig, deutlich geschichtet. Der Kern liegt in der Regel im spitzeren Ende, so daß die Körner stark exzentrisch erscheinen. Die scharf abgegrenzten Schichten erweisen sich bei genauer Einstellung aus einer Reihe zarterer Schichten zusammengesetzt. Radiale Spalten beobachtet man nur an Großkörnern, die durch Druck verletzt worden sind.

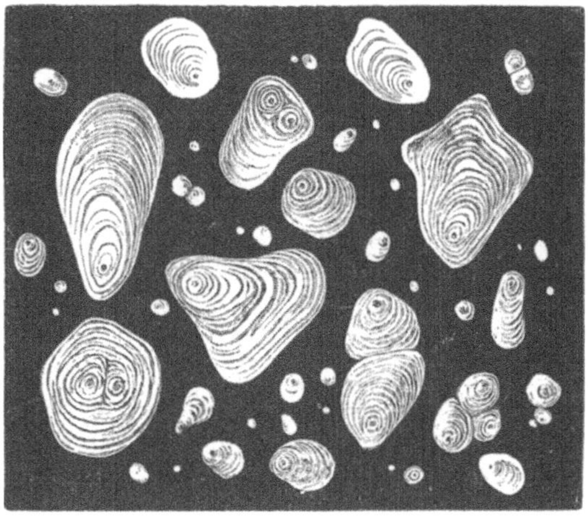

Abb. 13. Kartoffelstärke (J. MOELLER).

Die Kartoffelstärke findet in der Küche verschiedenartige Verwendung. Außerdem dient sie zur Nachahmung der ausländischen Sago- und Tapiokasorten (Kartoffelsago, Kartoffeltapioka). Diese einheimischen Erzeugnisse sind gewöhnlich geperlt, die Stärkekörner in ihnen etwas verquollen, zum Teil mit Längsspalten versehen, an der Form aber noch deutlich erkennbar.

Auch zu technischen Zwecken wird die Kartoffelstärke vielfach gebraucht, z. B. zur Appretur von Papier und Geweben, zur Dextrin- und Traubenzuckerfabrikation, beim Zeugdruck usw.

Der Nachweis der Kartoffelstärke in anderen Stärkearten oder beliebigen pulverförmigen Zubereitungen ist wegen ihrer charakteristischen Form und Größe im allgemeinen sehr leicht[1]. Im stark verquollenen Zustand (wie in Wurst und ähnlichen Zubereitungen) fallen die Körner durch ihre besondere Größe auf (Abb. 10). Oft sind sie von unregelmäßigen, zuweilen an Hirnwindungen erinnernden Falten oder von Spalten durchzogen.

Arrowroot

hieß ursprünglich nur die aus dem Wurzelstock der amerikanischen Pfeilwurzel (*Maranta*) gewonnene Stärke; späterhin wurden aber mit diesem Namen die meisten zu uns kommenden tropischen Stärkesorten bezeichnet, die man im Handel gewöhnlich nur nach ihrem Produktionslande unterscheidet.

2. **Marantastärke** (Abb. 14).

Westindisches, Jamaika-, Bermuda-, St. Vincent- oder Natal-Arrowroot (*Amylum Marantae*) ist die aus dem fleischigen Wurzelstock

[1] Bei der mikroskopischen Untersuchung pharmazeutischer und kosmetischer Präparate beobachtet man nicht selten Körner, die die Gestalt der Kartoffelstärkekörner noch deutlich erkennen lassen, die sich aber mit Jodlösung rötlichbraun bis violettbraun färben. Es handelt sich hierbei um Dextrin (Röstdextrin), das vorwiegend aus Kartoffelstärke gewonnen wird. In Wasser sind die Körner gewöhnlich zum größten Teil löslich, oft nur einen Schatten der ursprünglichen Gestalt hinterlassend.

mehrerer Pfeilwurzelarten (*Maranta arundinacea* L., *M. indica* Tuss., *M. nobilis* Moore u. a. — *Marantaceae*) im großen, namentlich auf St. Vincent und in Natal dargestellte Stärke. Sie ist ein mattweißes, feines, knirschendes Pulver aus durchweg einfachen, ei-, birn- oder spindelförmigen, seltener kugeligen, meist 30—40 μ großen Körnern; Körner unter 25 μ sind ebenso selten wie solche über 50 μ. Der Kern oder an seiner Stelle eine in der Form an einen schwebenden Vogel erinnernde Querspalte liegt exzentrisch im stumpferen Teile der Stärkekörner oder in der Mitte. Um den Kern lagern sich zarte, jedoch meist gut erkennbare Schichten.

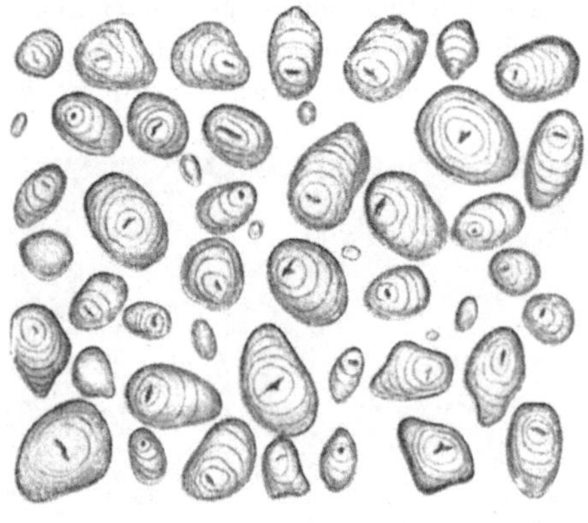

Abb. 14. Marantastärke (A. Scholl).

Die Marantastärke hat Ähnlichkeit mit der Kartoffelstärke, von der sie aber durch die geringere Größe, die weniger deutliche Schichtung und die charakteristische Kernspalte leicht zu unterscheiden ist.

3. Kurkumastärke (Abb. 15).

Ostindisches Arrowroot. Aus Ostindien kommen zwar verschiedene Stärkesorten, aber man versteht unter ostindischem Arrowroot gewöhnlich das Tikmehl, Tikor oder Tikur, auch Travankora-, Bombay-, Malabar-, Tellichery-Arrowroot, die Stärke aus den knolligen Wurzelstöcken mehrerer Gelbwurzarten (*Curcuma angustifolia* Roxb., *C. leukorrhiza* Roxb., *C. rubescens* Roxb. u. a. — *Zingiberaceae*). Die Körner sind immer einfach, flach scheibenförmig, so daß sie auf der Kante stehend spindel-, stäbchen- oder wurstförmig erscheinen. In der Flächenansicht ist ihr Umriß einem zugebundenen Sacke vergleichbar, elliptisch, eiförmig, spatelförmig, gerundetrechteckig, am schmäleren Ende in einen kurzen, stumpfen Fortsatz ausgezogen, in dem der Kern liegt. Die sehr dichte, aber nicht immer deutliche Schichtung ist daher außerordentlich stark exzentrisch. Spalten werden nicht beobachtet. Die Länge der Körner beträgt bei *C. angustifolia* meist 35—60, höchstens 70 μ, bei *C. leukorrhiza* dagegen bis 100, sogar 140 μ.

Abb. 15. Kurkumastärke (J. Moeller).

4. Cannastärke (Abb. 16).

Queensland- oder Neu-Südwales-Arrowroot ist die Stärke aus den Wurzelstöcken mehrerer Blumenrohrarten (*Canna indica* L., *C. Achiras* Gill,

C. edulis Edw., *C. coccinea* Rosc. — *Cannaceae*). Sie ist die grobkörnigste von allen, indem Körner von 50 bis 70 μ sehr gewöhnlich, solche von 70—130 μ nicht selten sind. Die Körner sind einfach, einzelne mehrkernig. Ihre Gestalt ist flach, im Umriß elliptisch, breit eiförmig, nierenförmig, am breiten Ende wie abgestutzt, selbst ausgerandet, in eine kurze dreieckige Spitze ausgezogen. In dieser oder ganz nahe am Rande, nie in der Mitte, liegt der Kern. Die Schichtung ist daher exzentrisch, immer sehr deutlich; Spalten fehlen.

Abb. 16. Cannastärke (J. Moeller).

Auch die Stärke von *Zamia*-Arten (*Cycadeae*) liefert Queensland-Arrowroot (vgl. Palmenstärke S. 39).

5. Manihotstärke (Abb. 17).

Brasilianisches Arrowroot, auch als Kassawamehl, Bahia-, Rio- oder Para-Arrowroot, Tapioka- und Mandiokastärke bekannt, stammt aus den riesigen Wurzelknollen des Maniok (*Manihot utilissima* Pohl und verwandte Arten — *Euphorbiaceae*), der fast überall in den Tropen gebaut wird und dort eines der wichtigsten Nahrungsmittel liefert. Der giftige Milchsaft der Knollen wird vor dem Vermahlen ausgepreßt. Die Stärkekörner sind meist zusammengesetzt, in der Handelsware aber gewöhnlich in die Teilkörner zerfallen, nur Zwillings- oder Drillingskörner findet man zuweilen noch. Die Teilkörner haben sämtlich eine gewölbte Fläche und erinnern in der Form, namentlich wenn sie aus Zwillingen entstanden sind, an eine Kesselpauke. Nur die kleinsten Körner sind einfach, kugelig; viele der großen erscheinen aber so, wenn sie auf der Bruchfläche liegen. Die Kleinkörner sind 5—15, die Teilkörner in der Regel 20 μ oder wenig darüber, selten bis 35 μ groß. Sie besitzen einen fast zentralen Kern oder häufiger an seiner Stelle eine oft sternförmige Spalte, von der aus zuweilen gegen die Bruchfläche hin zwei zarte Linien laufen. Eine Schichtung ist gewöhnlich nicht erkennbar.

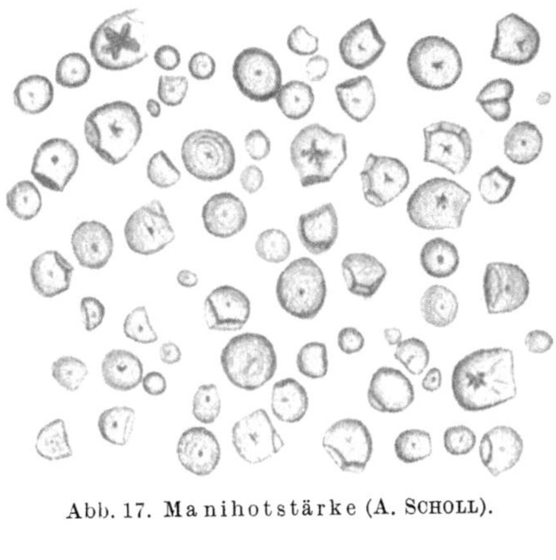

Abb. 17. Manihotstärke (A. Scholl).

Aus dem Kassawamehl wird die echte Tapioka bereitet, indem man das feuchte Mehl mit Hilfe von Sieben in Körnerform bringt und die Körner in flachen Schalen über freiem Feuer erhitzt. Diese Perltapioka wird meist als Sago verkauft. Die Stärkekörner sind durch das Erhitzen zum Teil vollständig verquollen. Eine ganze Anzahl zeigt aber noch die charakteristische, insbesondere paukenförmige Gestalt. Über Maniokmehl vgl. Abschn. VIII, I, 24.

6. **Batatenstärke** (Abb. 18).

Sie ist der Kassawa ähnlich und wird wie diese als brasilianisches Arrowroot bezeichnet. Gewonnen wird sie aus den Knollen (vgl. Abschn. VIII, I, 23) von *Batatas edulis* CHOIS. (*Convolvulaceae*), einer in den Tropen ebenfalls sehr verbreiteten Kulturpflanze. Die Stärke besteht fast nur aus Bruchkörnern und sehr wenig kleinen, kugeligen Körnern. Die Teilkörner, im allgemeinen denen der Kassawa ähnlich, sind größer (meist 25 bis 35, einzelne 50 μ), mehrflächiger, offenbar von höher zusammengesetzten Stärkekörpern stammend; die dort paukenförmigen Teilstücke sind hier kegel-, glocken- oder zuckerhutförmig; der Kern liegt etwas exzentrisch; die großen Körner sind meist deutlich geschichtet, häufig auch die kleineren.

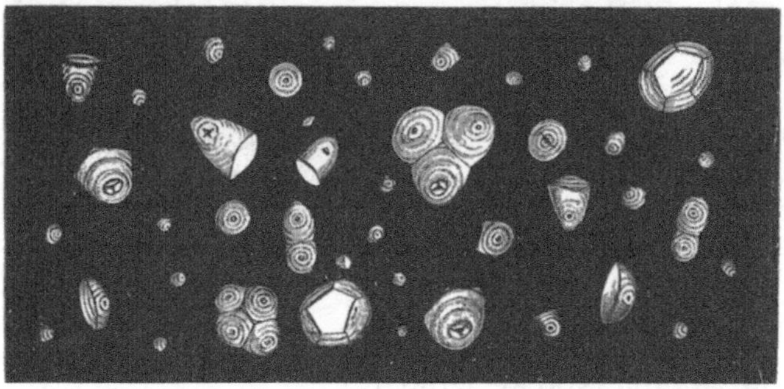

Abb. 18. Batatenstärke (J. MOELLER).

7. **Dioscoreastärke** (Abb. 19).

Guyana-Arrowroot wird aus den Wurzelknollen verschiedener in den heißen Ländern kultivierter Yam-Arten (*Dioscorea alata* L., *D. sativa* L., *D. aculeata* L., *D. tomentosa* KOENIG, *D. glabra* ROXB., *D. japonica* THBG., *D. nummularia* SAM. u. a. — *Dioscoreaceae*) gewonnen.

Die Körner sind einfach, meist zwischen 30—50 μ, vereinzelt auch bis 80 μ lang, eiförmig, etwas gekrümmt oder regelmäßig elliptisch erscheinend, wenn sie die Schmalseite zeigen. Der Kern liegt meist im schmaleren Ende, stark exzentrisch; die Schichtung ist dicht, zart und deutlich. Die von *Dioscorea*-Arten stammenden Stärkekörner scheinen übrigens in Form und Größe recht verschieden zu sein.

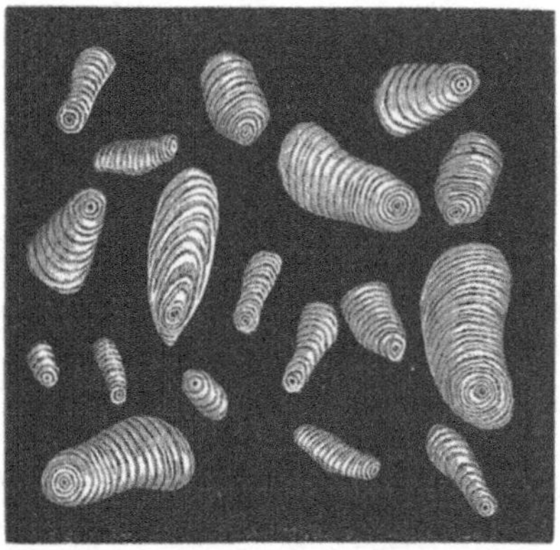

Abb. 19. Dioscoreastärke (J. MOELLER).

8. Taccastärke.

Tahiti- oder Williams-Arrowroot wird aus den Knollen von *Tacca pinnatifida* FORST. (*Liliaceae*) gewonnen. Die Körner ähneln denen der Maranta, doch sind sie in der Form ziemlich unregelmäßig, oft rundlich-dreieckig oder abgerundet-rhombisch, die kleinen oval. Der Kern oder die mehrstrahlige Kernspalte liegt meist exzentrisch. Die Schichtung ist deutlich, wenig dicht. Die Großkörner messen 38—70, einzelne bis 85 μ, die kleinen meist 15—25 μ.

9. Arumstärke.

Portland-Arrowroot wird aus den Knollen mehrerer *Arum*-Arten (*Arum maculatum* L., *A. italicum* LAM. und *A. esculentum* L. — *Araceae*) gewonnen. Die Stärkekörner sind meist aus 2—8 Teilkörnern zusammengesetzt, in der Handelsware aber fast stets zerfallen. Sie zeigen daher eine gerundete und gewöhnlich mehrere gerade Flächen. Ihre Größe beträgt meist 7—15, selten bis 21 μ. Neben den Teilkörnern kommen noch kleine runde einfache Körnchen vor. Ein zentraler, oft mehrstrahliger Spalt ist bei fast allen Körnern vorhanden.

Genannt seien schließlich:

Pueraria Thunbergiana BENTH. (*Papilionaceae*), in China und Japan heimischer Strauch, *Erythronium dens canis* L., (*Liliaceae*), der auch bei uns vorkommende Hundszahn, *Amorphophallus Rivieri*, eine in Japan vielfach angebaute *Aracee*. Die Stärke dieser Arten findet hauptsächlich in Japan Verwendung.

b) Stärke aus oberirdischen Achsen (Stämmen).

Zur Zeit der Vegetationsreife sind die Stämme der Holzgewächse oft von Stärke erfüllt. Jedoch kann an ihre Gewinnung im allgemeinen nicht gedacht werden, weil sie viel zu schwierig und kostspielig sein würde. Doch gibt es Ausnahmen. Einige Palmen und Cycadeen haben ein so lockeres Mark, daß die in ihm reichlich enthaltene Stärke mit Leichtigkeit herausgeschwemmt werden kann. Sie wird daher in den Heimatländern dieser Gewächse seit alter Zeit als Nahrungsmittel verwendet.

Die Palmenstärke bildet ebenfalls eine Art Arrowroot, doch kommt sie zumeist in Form von Sago in den Handel. An Stelle des echten Sagos trifft man bei uns übrigens fast nur noch die Tapioka aus Manihotstärke oder Produkte aus einheimischen Stärkearten an.

Folgende Palmen sind als Stärke liefernd bekannt: Sagopalmen (*Metroxylon sagus* ROXB., *M. Rumphii* MARTIUS, *M. laeve* KOENIG, *M. fariniferum* MART.) in Ostindien — die letztgenannte wird auch in den Tropen der neuen Welt kultiviert — die Zuckerpalme (*Arenga saccharifera* LABILL.) auf Java, die Palmyrapalme (*Borassus flabelliformis* L.) in Indien, *Caryota urens* L. in Ostindien, *Corypha elata* ROXB., *C.. umbraculifera* L. in Vorderindien sowie einige *Cocos*-, *Phoenix*-, *Oreodoxa*- und *Chamaerops*-Arten (Nord-Amerika) und andere; ferner folgende Cycadeen: *Cycas revoluta* L., *C. circinalis* ROXB. in China und Japan, *Zamia medica* JQU. in Ostindien, *Z. spiralis* R. BR. in Australien (Queensland-Arrowroot), *Z. pumila* L., *Z. angustifolia* JQU., *Z. tenuis* WILLD. in Westindien und andere.

10. Sagostärke (Abb. 20).

Das charakteristische Merkmal der Stärke von Metroxylon ist eine eigentümliche Zusammensetzung der Körner. Es sind nämlich an ein großes Korn ein oder mehrere kleine Körner — „Schaltkörner" — angesetzt, gewissermaßen angestückelt. In der Handelsware sind die Schaltkörner meist abgefallen, und

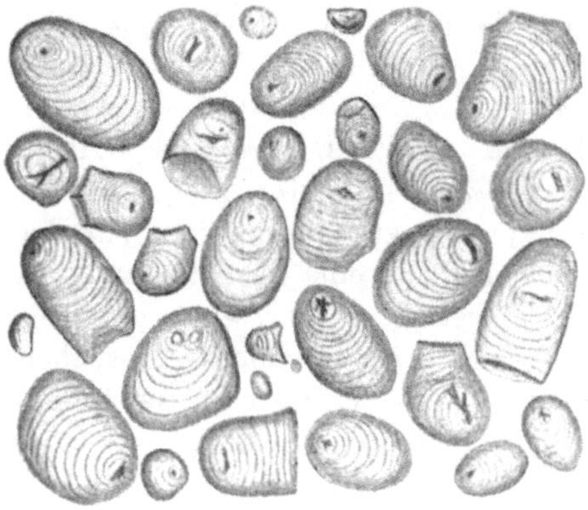

Abb. 20. Sagopalmenstärke (Metroxylon Rumphii) (A. SCHOLL).

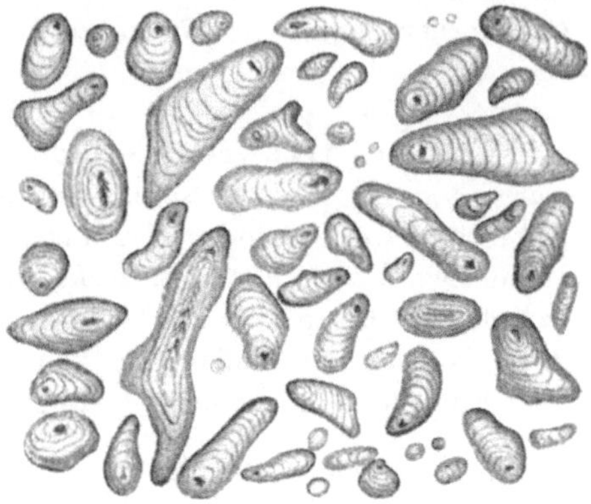

Abb. 21. Caryotastärke (A. SCHOLL).

sie erscheinen halbkugelig, pauken- oder mützenförmig; ihre Spuren sind an den Großkörnern deutlich sichtbar. Außer den zusammengesetzten höckerigen oder kurzästigen kommen auch reichlich einfache Körner von mehr oder weniger gestreckt-eiförmiger Gestalt vor, die gleich den ersteren um einen exzentrischen Kern im breiten Ende deutlich geschichtet sind. Die Größe der Körner beträgt meist 30—50 μ, steigt aber bis 80 μ. Häufig findet sich an Stelle des Kerns eine einfache oder strahlige Spalte.

Abb. 22. Palmenstärke aus Sago (J. MOELLER).

Sehr ähnlich ist nach HARTWICH das Stärkemehl von *Borassus flabelliformis*, wesentlich anders gestaltet dagegen das von *Caryota urens* (Abb. 21), das durch meist einfache, langgestreckte, oft unregelmäßig geformte Körner, zuweilen mit rissiger Kernhöhle, ausgezeichnet ist. Die Stärkekörner der Cycadeen sind nach PLANCHON und JUILLET der Manihotstärke sehr ähnlich.

Die früher nach älteren Verfahren gewonnene Sagostärke war oft noch stark verunreinigt (dünnwandiges Parenchym, Steinzellen, Haare, Kristalle verschiedener Form), hatte also eigentlich den Charakter von Mehl (Abb. 22).

Die gegenwärtig im Handel befindliche Ware besteht dagegen meist nur aus Stärke. Jedenfalls treten die Verunreinigungen infolge der vervollkommneten Gewinnungsmethode sehr zurück.

Ähnlich wie in Brasilien aus Kassawastärke die Tapioka, wird in Indien aus Palmenstärke Sago hergestellt. Abb. 22, die Elemente aus einem grießartigen Sago darstellt, zeigt deutlich, wie verhältnismäßig wenig die Stärkekörner verändert werden. Viele sind ganz unverändert geblieben; ein Teil ist in eine strukturlose, gallertige Masse verwandelt, und dazwischen liegen verschiedene Grade der Verkleisterung. Die Verkleisterung beginnt im wasserreichen Kern; man sieht in vielen Körnern eine große granulierte Höhle. Bei fortschreitender Quellung platzt entweder das Korn, oder die gequollene Masse dringt durch einen Kanal nach außen.

Im Handel unterscheidet man außer nach Form, Farbe und Feinheit ostindischen, amerikanischen (brasilianischen oder westindischen) und einheimischen Sago. Zu den ersteren zählt man auch den in Europa aus irgendeinem Arrowroot erzeugten Sago; der letztere besteht meist aus Kartoffel-, seltener aus Weizenstärke. Zur Zeit trifft man bei uns an Stelle des echten Sagos übrigens fast nur noch die Tapioka oder Produkte aus einheimischen Stärkearten an.

c) Stärke aus Früchten und Samen.

Viele Samen enthalten die Nahrung für den Keimling in Form von Stärke aufgespeichert. Mitunter ist auch das Fruchtfleisch stärkereich, nicht im unmittelbaren Interesse der Samen, sondern — wie man sich vorstellt — um Tiere zur Verzehrung der nahrhaften Früchte anzulocken und dadurch die Verbreitung der unverdaut abgehenden Samen zu befördern. Dem gleichen Zwecke sollen auch die saftigen, süßen, schön gefärbten Früchte dienen, da sonst schlechterdings nicht einzusehen wäre, wozu die sonst so sparsame Natur, die ihre Zwecke mit den einfachsten Mitteln zu erreichen anstrebt, ein zur Vernichtung bestimmtes Organ so verschwenderich ausgestattet hätte.

Zur Stärkegewinnung können jedoch aus den bereits angedeuteten Gründen (S. 32) nur sehr wenige von den zahllosen stärkehaltigen Samen und Früchten verwendet werden. Die meisten sind zu klein, wenig ausgiebig oder nicht in genügender Menge zu beschaffen, oder ihrer Stärke haften Mängel an, die ihren Wert herabdrücken. So kommt es, daß auch in dieser Gruppe von Rohstoffen nur drei an Bedeutung alle anderen weit überragen: Weizen, Mais und Reis.

11. **Weizenstärke** (Abb. 23).

Nächst Kartoffelstärke ist die Weizenstärke die wichtigste der europäischen Industrie. Sie wird sowohl unmittelbar aus den geschroteten Getreidekörnern als auch aus dem Mehl durch Schlämmen dargestellt, nachdem vorher der Kleber ausgeknetet oder durch ein eigentümliches Gärverfahren entfernt wurde. In dem einen wie in dem anderen Falle ist das Endprodukt, die Stärke, frei von fremdartigen Bestandteilen.

Der Bau der Weizenstärke wird unter „Weizen“ im Abschnitt „Früchte und Samen“ (S. 62) genau beschrieben. Typisch sind die Großkörner (35—45 μ)

von linsenförmiger Gestalt mit undeutlicher Schichtung um den zentralen Kern. Daneben finden sich viele kleine und vereinzelt zusammengesetzte Körner. In den Handel kommt sie in sehr verschiedener Form, nämlich in unregelmäßigen Stücken (Bröckelstärke) oder zu Stäbchen oder scharfkantigen Stücken geformt (Stengel-, Kristallstärke) oder in Pulverform. Sie findet gleich anderen Stärkesorten ausgedehnte technische Verwendung; als Nahrungsmittel hat sie nur untergeordnete Bedeutung. Sie ist fast in alle Arzneibücher aufgenommen und wird daher oft in pharmazeutischen Zubereitungen, auch in kosmetischen Präparaten angetroffen.

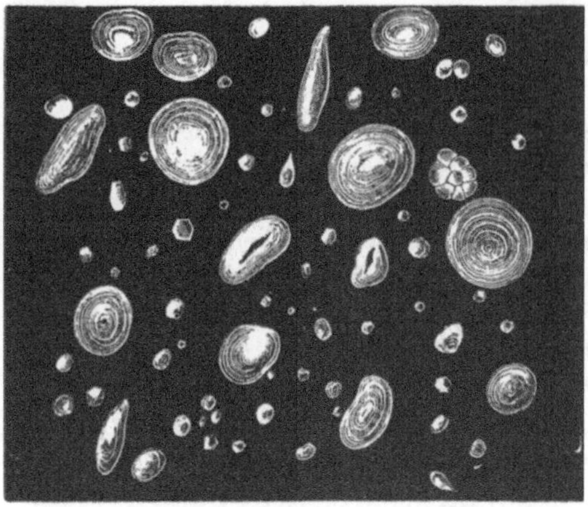

Abb. 23. Weizenstärke (J. MOELLER).

12. Reisstärke (Abb. 24).

Sie hat manche Vorzüge vor Kartoffel- und Weizenstärke, wie rasche und gleichmäßige Verkleisterung. Ihre Feinheit macht sie auch zu Toilettepulvern (Poudre de riz) und zum Ersatz der noch bedeutend teureren Arrowrootsorten besonders geeignet. In den Handel kommt sie meist in Form kurzer, kantiger Stäbchen („Kristallstärke"), in Brocken oder gepulvert. Die Handelsware besteht nur aus kleinen, meist 6 μ großen, polyedrischen Körnern. Über die genauere Charakteristik der Stärkekörner siehe unter Reis (S. 83).

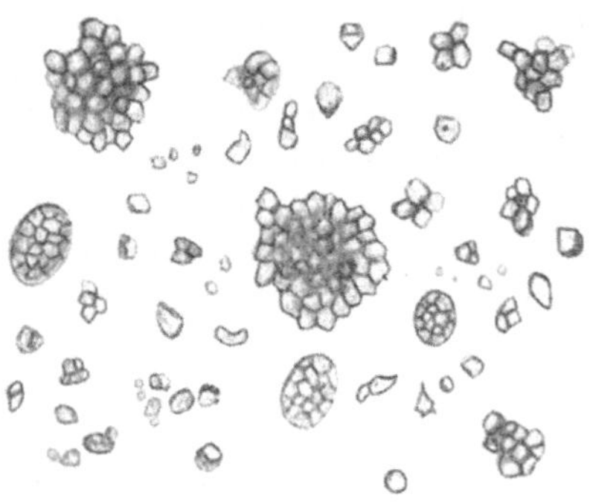

Abb. 24. Reisstärke (1:300) (A. SCHOLL).

Die gepulverte Reisstärke, der sogenannte Reispuder, ist im Kleinhandel zuweilen durch Weizen- oder Maisstärke verfälscht.

13. Maisstärke (Abb. 25).

Für Nordamerika hat die Maisstärke dieselbe Bedeutung wie für uns die Kartoffel- oder Weizenstärke; sie hat dort andere Stärkearten beinahe vollständig verdrängt. Bei uns haben aus pulverförmiger Maisstärke bestehende Erzeugnisse (Maizena, Mondamin) in der Küche zur Bereitung von Süßspeisen ebenfalls weite Verbreitung gefunden.

Die Stärkekörner sind ziemlich gleich groß (meist 12—18 μ), größtenteils scharf polyedrisch, kristallartig, zum Teil kugelig, ohne Schichtung, oft mit 3-strahliger Kernspalte versehen (s. auch unter Mais S. 71).

Aus den übrigen Zerealien (Roggen, Gerste, Hafer, Buchweizen), wie auch aus den stärkereichen Leguminosensamen (Erbse, Bohnen, Linse) wird Stärkemehl im allgemeinen nicht erzeugt, wenigstens nicht in solcher Menge, daß es als Handelsartikel in Betracht käme. Die Beschreibung dieser Stärkearten erfolgt bei den betreffenden Früchten bzw. Samen.

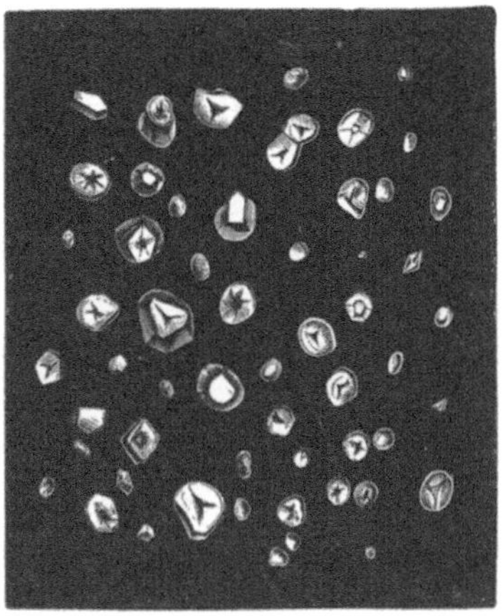

Abb. 25. Maisstärke (J. MOELLER).

Abb. 26. Roßkastanienstärke bei 400facher Vergrößerung (J. MOELLER).

14. Roßkastanienstärke (Abb. 26).

Die mehlreichen Samen der Roßkastanie (*Aesculus Hippocastanum* L. — *Hippocastanaceae*) reizen immer wieder, sie zur Stärkefabrikation heranzuziehen, obwohl die bisherigen Versuche meist zu Mißerfolgen führten. Nur in Frankreich scheint diese Stärke regelmäßig erzeugt zu werden.

Die auf mechanischem Wege abgeschiedene Stärke ist grau und bitter; sie wird aber durch Behandeln mit Sodalösung hell und fast geschmacklos. Die Körner sind größtenteils einfach; doch findet man immer auch zusammengesetzte, mitunter derart, daß einem großen Korn zwei oder drei Körner angewachsen sind. Die Gestalt der Körner ist höchst mannigfaltig und unregelmäßig, am häufigsten birnförmig, in der Größe 25 μ selten übersteigend. Kern und Schichtung ist an frischer Stärke nicht erkennbar.

Abb. 27. Kastanienstärke bei 600facher Vergrößerung (J. MOELLER).

15. Kastanienstärke (Abb. 27).

Die mehligen Früchte der Edelkastanie (*Castanea vesca* GÄRTN. — *Fagaceae*), die sogenannten Maronen, dienen im südlichen Europa als Nahrungsmittel, und mitunter bereitet man aus ihnen Stärke. Ihre Körner sind zumeist einfach, vielgestaltig, wenig abgeflacht, meist 15—25 μ, vereinzelt 30 μ groß. Typisch sind die gerundet drei- und vierseitigen, keulenförmigen und höckerigen Körner. Die Schichtung ist undeutlich, Kernspaltung ziemlich selten. Die spärlichen Zwillings- und Drillingskörner bestehen aus gleich oder ungleich großen Teilkörnern.

16. Bananenstärke (Abb. 28).

Banane, Paradiesfeige oder Pisang (*Musa paradisiaca* L. — *Musaceae*) ist eine in den Äquatorialgegenden verbreitete und bezüglich ihrer Verwendbarkeit mit den Palmen wetteifernde Pflanze, die in ihrem Fruchtfleisch so viel Stärkemehl enthält, daß es für den Handel daraus gewonnen wird. Es führt auch die Bezeichnung Guyana-Arrowroot.

Die Stärke ist entweder rein weiß und fein oder bei nachlässiger Bereitung rötlich und mit Fragmenten des rötlichen Fruchtfleisches untermischt. Die Körnchen sind — die kleinsten ausgenommen — flach, ei-, flaschen-, keulen-, wurst- und stabförmig, meist 20 bis 40 μ, einzelne auch bis 75 μ lang. Charakteristisch sind die gestreckten und gebogenen Formen. Der Kern ist immer stark exzentrisch, meist im breiteren Teile gelegen. Schichtung sehr dicht, zart aber deutlich. Spalten fehlen. Hie und da finden sich Kristallnadeln.

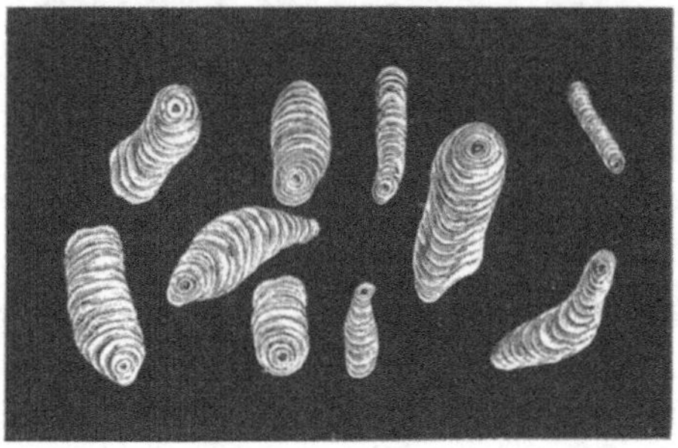

Abb. 28. Bananenstärke (J. Moeller).

Über Bananenmehl siehe unter Banane (S. 282).

Die tropische Pflanzenwelt bietet wohl noch manche Früchte und Samen, die für die Stärkegewinnung geeignet erscheinen, und die vielleicht als Rohstoffe für die Stärkefabrikation eine Zukunft haben. So wird aus den riesigen Früchten des Brotfruchtbaumes (*Artocarpus incisa* L. — *Artocarpeae*), der auf den Südseeinseln heimisch, aber gegenwärtig im ganzen Tropengebiete verbreitet ist, aus den kastanienähnlichen Samen eines südaustralischen Baumes, des Bean tree (*Castanospermum australe* Cunn. — *Papilionaceae*), aus den Samen des Mangobaumes (*Mangifera indica* L. — *Anacardiaceae*) in Westindien, des Kastanienbaumes von Guyana (*Pachira aquatica* Aubl.), aus einer westindischen Grasfrucht (*Eleusine coracana* Gärtn.) und aus den Hülsen einer Mimosenart Ostindiens (*Parkia biglandulosa* Welw.) u. a. m. Mehl, Stärke und Sago dargestellt; aber diese Produkte gelangen nicht in den europäischen Handel.

Vergleichende Übersicht zur Bestimmung der Stärkearten.

Trotz der großen Ähnlichkeit vieler Stärkearten — die Ähnlichkeit ist größer, als sie sich aus den Abbildungen ergibt, weil in diesen vorwiegend die charakteristischen Formen zusammengestellt sind — und obwohl in der Handelsstärke in der Regel keine die Erkennung unterstützenden Verunreinigungen (wie beim Mehl) vorhanden sind, gelingt die Unterscheidung der Arten bei einiger Übung und Aufmerksamkeit doch meist ganz sicher.

Stärkeart	Formen	Größe der Körner in μ			Kern oder Kernspalten	Schichtung
		kleinste	mittlere	größte		
Weizen	Großkörner linsenförmig, Kleinkörner kugelig. Nebenform: polyedrische oder schüsselförmige Teilkörner von zusammengesetzten	2—9	30—40	45	zentral, Spalten selten	selten
Spelzweizen	Ähnlich wie Weizen, auch gerundet vierseitig	2—9	20—30	—	strahliger Spalt häufiger	nicht sehr selten
Roggen	Unregelmäßig rundlich, linsenförmig. Nebenformen: wulstige, bohnenartige, bucklige und zusammengesetzte Groß- und Kleinkörner	3—10	25—35	45—60	zentral, drei- bis vierstrahlig, Spalt häufig	nicht sehr selten
Gerste	Großkörner rundlich, knollen-, bohnenförmig, gerundet mehrseitig. Kleinkörner rundlich oder eckig	2—10	20—25	30—42	zentral, längliche Spalte nicht selten	häufig
Hafer	Füllstärke rundlich oder eckig,	2—5	5—15	28	nicht sichtbar	nicht sichtbar
	Zusammengesetzte Körner oval oder rundlich, Teilkörner scharfkantig oder gerundet. Nebenform: zitronen-, keulenförmige. Leiter: spindelförmige, gerade oder gebogen		5—8	12		
Mais	Hornendospermkörner scharfkantig,	10	15—25	30	zentral, Spalte oft mehr strahlig, ausgedehnte Höhle häufig	nicht sichtbar
	Mehlendospermkörner gerundet oder gestreckt, unregelmäßig, bucklig. Übergangsformen: gestreckte oder gebogene Zwillinge und Drillinge	2	10—30	35		
Reis	Zusammengesetzte Körner mit kantigem Umriß, Teilkörner kristallartig. Füllstärke scharfkantig. Rundliche Körner sehr selten	2	4—6	10	selten sichtbar	nicht sichtbar
Buchweizen	Einfache Körner im Hornendosperm polyedrisch gerundet, im Mehlendosperm rundlich. Leiter: stäbchenförmige, oft gebogene, zusammengesetzte Körner, zuweilen ohne Trennungslinien	—	6—12	15	Kern häufig sichtbar	nicht sichtbar
Panicum und Setaria	Nur einfache Körner, scharfkantig, kristallartig oder kugelig; Übergangsformen	—	4—12	18	Kern meist deutlich	nicht sichtbar
Sorghum	Hornendospermkörner scharfkantig,	—	15—20	—	meist deutlich Spalte oft strahlig	nicht sichtbar
	Mehlendospermkörner rundlich; Übergangsformen	—	15—30	35		
Leguminosen	Bohnen-, nierenförmig, gerundet mehrseitig, wulstig, buchtig, oval, rund, vielfache Risse und Spalten	3	20—50	70	meist längliche Spalte, oft stark verzweigt	deutlich

Stärkeart	Formen	Größe der Körner in μ kleinste	mittlere	größte	Kern oder Kernspalten	Schichtung
Kastanie	Einfache Körner gerundet-mehrseitig, birnförmig, unregelmäßig. Zwillinge und Drillinge. Leiter: Körner mit warziger Oberfläche	15	15—25	30	exzentrisch, Spalte einfach oder mehrstrahlig	undeutlich
Taumellolch	Ähnlich wie Hafer	—	2—5	8	nicht sichtbar	nicht sichtbar
Kornrade	Stärkekörper, mit sehr vielen und kleinen Teilkörnern	—	—	—	—	—
Trespe	Elliptisch, nierenförmig usw., vorgezogene Spitze nicht selten	—	5—9	—	strichförmige Spalte häufig	nicht sichtbar
Eichel	Bohnen-, nieren-, länglich-eiförmig usw.	3	15—20	25	meist deutlich, auch weite Kernhöhle	oft deutlich
Roßkastanie	Birn-, eiförmig, gerundet-mehrseitig, rundlich; Zwillinge und Drillinge	6	15—25	30	zentral oder exzentrisch, auch Spalten	meist undeutlich
Kartoffel	Einfache Körner unregelmäßig, mehrseitig gerundet, beil-, keil-, muschelförmig, eirund usw. Zwillinge und Drillinge, halbzusammengesetzte Körner	2	45—65	110	exzentrisch, Spalte selten	sehr deutlich, teilweise kräftig hervortretend
Canna	Sackartig, beutelförmig, oval usw. halbzusammengesetzte Körner	18	60—95	130	exzentrisch, Spalte fehlt	deutlich, oft grob
Maranta	Rundlich, oval, keulen-, birn-, spindelförmig, gerundet mehrseitig	5	25—40	75	meist exzentrisch, Spalt gebogen oder strahlig	deutlich, aber zart
Alocasia	Zusammengesetzte Körner, mit pauken-, tonnenförmigen Teilkörnern	—	5—40	—	zentral, Spalte oft strahlig	nicht sichtbar
	Einfache rundliche	—	9—40	45		
	Füllstärke kantig gerundet	—	2—10	—		
Kurkuma	Flach scheibenförmig, sackartig, mit Vorsprung	15	35—60	85	exzentrisch	zart
Manihot	Zusammengesetzt, Zwillinge, selten Drillinge, Teilkörner paukenähnlich, oft verschieden groß	4	15—20	35	zentral, Spalt oft sternförmig	undeutlich
Dioscorea	Eiförmig, elliptisch, oft gekrümmt	10	30—50	80	exzentrisch, Spalte selten	deutlich
Arum	Zusammengesetzte Körner, Teilkörner gerundet kantig; einfache rundliche Körner	3	7—15	21	zentral, Spalte vorhanden. oft strahlig	nicht sichtbar
Batate	Zusammengesetzt, Zwillinge und Drillinge, Teilkörner konisch, kegel-, glockenförmig, Stoßflächen oft gewölbt	3	25—35	55	exzentrisch, Spalte zwei- bis mehrstrahlig	häufig sichtbar

Stärkeart	Formen	Größe der Körner in μ			Kern oder Kernspalten	Schichtung
		kleinste	mittlere	größte		
Tacca	Unregelmäßig, rundlich-eiförmig, keulen-, schinkenförmig, halbzusammengesetzte Körner	15	38—50	85	meist exzentrisch, Spalte oft mehrstrahlig	deutlich
Conophallus	Einfache rundliche und zusammengesetzte Körner	—	2—9	—	—	—
Banane	Ei-, flaschen-, keulen-, wurstsackförmig, auch gebogen. Zusammengesetzte sichelartige Körner	4—12	20—40	100	exzentrisch, Spalte selten	deutlich
Artocarpus	Zusammengesetzte Körner, oval, unregelmäßig, Teilkörkörner kantig-gerundet	—	2—13	—	nicht sichtbar	nicht sichtbar
Inocarpus	Einfache rundliche	—	9—27	—	zentral, Spalte oft mehrstrahlig	nicht sichtbar
	Zusammengesetzte (Zwillinge und Drillinge, selten höher), Teilkörner halbkugelig, pauken-, glockenförmig	—	6—27	—		
	Füllstärke	—	2—9	—		
Caryota	Gestreckt, walzen-, birn-, keulenförmig, schief-dreiseitig, unregelmäßig. Elliptisch, rundlich	8	—	140	exzentrisch, Spalte einfach oder strahlig, starke Kernhöhle nicht selten	deutlich
Metroxylon	Zusammengesetzt aus großem Hauptkorn, oft mit astartigen Ausstülpungen und kleinen Nebenkörnern. Hauptkorn elliptisch, zuckerhut-, glockenförmig,	30	50—70	80	exzentrisch, Spalt oft mehrstrahlig	häufig
	Nebenkörner, schüssel-, paukenförmig	—	10—20	—		
	Einfache runde oder ovale	—	50—65	—		

Der Wert des Mikroskops als diagnostisches Hilfsmittel zeigt sich auf keinem Gebiet deutlicher als gerade hier, wo die chemische Analyse vollständig versagt. Leichter wird die mikroskopische Erkennung, wenn außerdem Zellelemente hinzutreten, wie bei den Mehlen. In komplizierten Gemengen sind diese Bestandteile (Kleie) für eine sichere Diagnose oft sogar erforderlich.

In der vorstehenden Tabelle, die von A. Scholl herrührt, sind die Form- und Größenverhältnisse der Stärkearten übersichtlich zusammengestellt. Berücksichtigt sind dabei nicht nur die Stärkesorten des Handels, sondern auch diejenigen Getreidearten, die nicht der Stärkebereitung dienen, nebst ihren stärkereichen Verunreinigungen, sowie die Leguminosen.

Verfälschung der Stärke.

Da die Stärkearten im Preis verschieden sind, gehört die Vermengung einer teureren Sorte mit einer billigeren oder die Ergänzung einer fehlenden mit einer gerade vorrätigen nicht zu den Seltenheiten. Derartige Mischungen sind, wenn sie nicht von einem Sachverständigen mit besonderem Raffinement vorgenommen wurden, ohne Schwierigkeit nachweisbar. Ein geringer Zusatz von Reisstärke zu Weizenstärke wäre beispielsweise allerdings kaum sicher zu entdecken, aber das kommt in der Praxis auch gewöhnlich nicht vor. Umgekehrt kann aber die kleinste Menge Weizen- oder Kartoffelstärke, die in betrügerischer Absicht der Reisstärke beigemischt wurde, dem Kundigen kaum entgehen. Ebenso sicher wird man Kartoffelstärke in Weizenstärke, sowie irgendeine einheimische Stärkeart in Arrowroot erkennen. Schwierig kann die Unterscheidung mancher Arrowrootgemenge sein, wie Bataten- mit Manihotstärke, Yam- mit Pisangstärke. Sie kann eben nur auf Grund einer genauen Prüfung der typischen Stärkekörnchen durchgeführt werden.

Viel seltener als Substitutionen der Stärkearten untereinander begegnet man Verfälschungen mit anderen Stoffen. In Betracht kommen hauptsächlich Mehl oder weiße Mineralpulver, wie Gips oder Kreide.

Für den Nachweis dieser Fälschungen gelten dieselben Grundsätze und Methoden wie für die Mehlprüfungen (vgl. S. 23). Mehl wird insbesondere an den Kleiebestandteilen erkannt, Mineralpulver bei der Chloroformprobe und an dem hohen Aschegehalt.

Anhang.

Ähnlich wie die Stärke mit heißem Wasser einen dicken Kleister liefert, bildet ein anderer, nur zum kleinsten Teil aus Stärke bestehender Stoff, der hier kurz erwähnt sei, mit kaltem Wasser eine gallertartige Masse, nämlich der Traganth. Bei zahlreichen Astragalus-Arten tritt im Mark der Stammorgane eine Schleimmetamorphose der Zellen ein, die sich später durch die breiten Markstrahlen fortsetzt (Tschirch). Der freiwillig oder durch künstliche Einschnitte ausgetretene und an der Luft erhärtete Schleim ist der Traganth des Handels, der blattartige oder bandartige, gelblichweiße, durchscheinende Stücke von hornartiger Beschaffenheit bildet.

Traganthpulver

zeigt unter dem Mikroskop Bruchstücke von Schleimzellhäuten und einzelne oder zu Gruppen vereinigte Stärkekörner (6—10 μ). Mit anderen Stoffen (z. B. Zucker) gemengt, findet es Verwendung, um die Konsistenz bestimmter Speisen (z. B. Speiseeis und Schlagsahne) zu verbessern.

In den fertigen Speisen gelingt der Nachweis geringer Mengen mit Hilfe des Mikroskopes nur schwierig. Man entfernt zunächst das Fett mit Äther und die Zuckerstoffe mit Alkohol. Der so angereicherte Rückstand wird dann auf sein Verhalten gegen Wasser und unter Jodzusatz mikroskopisch geprüft.

Neuere Literatur.

Amberger: Nachweis fremder Stärke im Getreidemehl. Zeitschr. f. Unters. d. Nahrungs- u. Genußmittel Bd. 42, S. 181. 1921.

Blunck: Ein neues Färbeverfahren für Kartoffelstärke. Zeitschr. f. Unters. d. Nahrungs u. Genußmitttel Bd. 29, S. 247. 1915.

Grimm: Über Maniokmehl. Zeitschr. f. Unters. d. Nahrungs- u. Genußmittel Bd. 41, S. 172. 1921.

Hanausek: Zur Mikroskopie des Maniokmehles. Arch. f. Chem. u. Mikr. Bd. 9, S. 87. 1916.

Kofler: Typha als Stärkepflanze. Zeitschr. f. Unters. d. Nahrungs- u. Genußmittel Bd. 35, S. 266. 1918.

Lenz: Eine neue mikroskopische Unterscheidung von Roggen- und Weizenstärke. Zeitschr. f. öffentl. Chemie Bd. 15, S. 224. 1909.

Reuss: Über Spaltenbildung bei Stärkekörnern. Zeitschr. f. Unters. d. Nahrungs- u. Genußmittel Bd. 32, S. 269. 1916.

Unna: Mikroskopisch-färberischer Nachweis von Weizen-, Roggen- und Kartoffelstärke nebeneinander. Zeitschr. f. Unters. d. Nahrungs- u. Genußmittel Bd. 36, S. 49. 1918.

IV. Früchte und Samen.

Aus dem Stempel der Blüte entwickelt sich die Frucht.

An dem Stempel unterscheidet man den Fruchtknoten, den Griffel und die Narbe, doch kann der Griffel sehr verkürzt sein oder fehlen, so daß die Narbe unmittelbar auf dem Fruchtknoten aufsitzt.

Der Fruchtknoten ist ein aus Blattgebilden zusammengesetzter Hohlraum. Man kann sich die Entstehung desselben so vorstellen, daß ein Blatt sich einrollt und mit seinen Rändern verwächst. Es können aber auch zwei und mehr Blätter einen Fruchtknoten bilden, und dieser kann in jedem Falle ein- oder mehrfächerig sein.

Die Fruchtblätter (Karpelle) haben im wesentlichen den Bau der Laubblätter, sie sind also innen und außen von einer Oberhaut bedeckt, zwischen denen sich chlorophyllhaltiges Gewebe befindet.

In der Fruchtknotenhöhle sitzen an bestimmten Stellen der Wand (an den Plazenten), meist an den Nähten oder Scheidewänden, die Samenanlagen. Das sind einfach gebaute Körper, die entweder unmittelbar oder mittels eines Stieles an der Plazenta befestigt sind. Dieser Stiel heißt Nabelstrang (Funiculus) und besteht hauptsächlich aus Leitbündeln.

An der ausgebildeten Samenanlage unterscheidet man die Hüllen (Integumente), aus denen später die Samenschale hervorgeht, und den inneren eiförmigen Teil (Nuzellus), in dem, von kleinzelligem Gewebe umgeben, eine große Zelle, der Embryosack, auffällt. In ihm vollzieht sich die Entwicklung des Keimlings.

Die Öffnung an der Spitze der Integumente, durch die bei der Befruchtung die Pollenschläuche eindringen, heißt Mikropyle, die ihr gegenüberliegende Basis des Nucellus (d. i. die Eintrittsstelle des Nabelstranges) Hagelfleck (Chalaza).

Wird die Blüte nicht befruchtet, dann geht sie samt dem Stempel zugrunde. Findet aber Befruchtung statt, dann entwickelt sich aus der Samenknospe der Same, aus der Fruchtknotenwand die Fruchtwand. Beide zusammen, Fruchtwand und Samen, bilden die Frucht.

Wenn an der Fruchtbildung noch andere Blütenteile sich beteiligen, entsteht eine Scheinfrucht. Erdbeeren, Feigen, Maulbeeren sind beispielsweise Scheinfrüchte. Bei der Erdbeere sitzen die Früchtchen (sogenannte Kerne) auf der verdickten Blütenachse, bei der Feige auf dem hohlen Blütenboden, bei der Maulbeere bilden die Perigonblätter das Fruchtfleisch.

Enthält eine Blüte mehrere Fruchtknoten, so bilden diese Sammelfrüchte (z. B. Himbeere). Die aus einem Blütenstand hervorgegangenen Früchte bilden einen Fruchtstand (z. B. die Weintraube). Wenn die Einzelfrüchte eines solchen dicht gedrängt stehen (z. B. in der Maulbeere), sehen sie Sammelfrüchten ähnlich. Beide können auch Scheinfrüchte sein; so ist die Erdbeere eine Schein-Sammelfrucht, die Maulbeere ein Schein-Fruchtstand.

Zu den Scheinfrüchten zählt man nicht die von Blatthüllen („Spelzen") umwachsenen Früchte der Gräser.

Samen.

An reifen Samen unterscheidet man die Schale und den Kern.

Die Stelle der Schale, mit der der Same am Nabelstrang befestigt war, heißt Nabel (Hilum). Zwischen Nabel und Hagelfleck zieht sich bei vielen Samen die durch Verwachsung des Nabelstranges mit dem Integument entstandene Naht (Raphe). Bei diesen aus anatropen Anlagen entstandenen Samen liegt die Mikropyle neben dem Nabel. Der Mikropyle entgegengesetzt, an Stelle der Chalaza, findet sich dann oft eine Samenschwiele (Spermotylium) als einfacher, gepaarter oder dreizähliger, oft abweichend gefärbter Fleck oder Höcker. Wucherungen der Raphe werden als Strophiolum, Auswüchse der Samenschale an der Mikropyle als Caruncula, beide gewöhnlich ebenfalls als „Samenschwiele" bezeichnet.

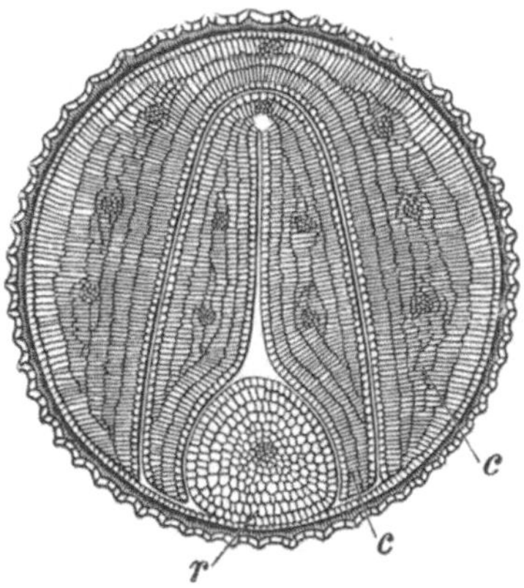

Abb. 29. Senfsame im Querschnitt vergrößert (A. TSCHIRCH). c die beiden gefalteten Keimblätter, r das Würzelchen.

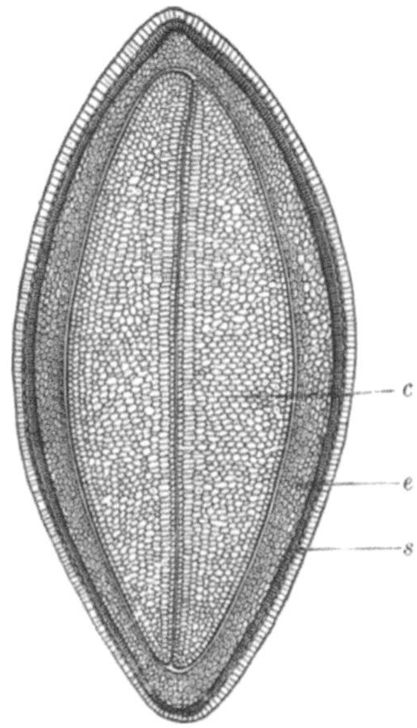

Abb. 30. Querschnitt des Leinensamens (J. MOELLER). c Keimblätter, e Eiweiß (Nährgewebe), s Samenschale.

Die Samenschale (Testa) besteht aus der Oberhaut und einigen Zellschichten (Abb. 29). Die Zellen der Samenoberhaut entsprechen denen der Blattoberhaut und sind wie diese oft zu mannigfachen Haargebilden (Trichomen) ausgewachsen. Spaltöffnungen fehlen. — Die unter der Oberhaut gelegenen Zellschichten können aus gleichartigem Parenchym bestehen, oder sie enthalten eine oder mehrere Lagen eigenartig geformter oder durch eigenartige Inhaltsstoffe ausgezeichneter Zellen.

In der Samenhaut verzweigen sich die Leitbündel des Nabelstranges.

Der Samenkern besteht aus dem Keimling (Embryo) und dem Nährgewebe.

Der Keimling ist meist gegliedert, d. h. man unterscheidet an ihm das Würzelchen (Radicula), die Keimblätter (Kotyledonen) und das Knöspchen (Plumula) (Abb. 39 D).

Das Nährgewebe oder Sameneiweiß ist ungegliedert; es ist eine kompakte Masse, die den Keimling umgibt wie das Hühnereiweiß den Eidotter (Abb. 30). Jedoch ist das Sameneiweiß mitunter in zwei Schichten gesondert, deren äußere man als Perisperm von dem inneren Endosperm unterscheidet (Abb. 31). Als Endosperm wird das Nährgewebe bezeichnet, wenn es in dem Embryosack entstanden, als Perisperm, wenn es aus dem Nuzellargewebe hervorgegangen ist.

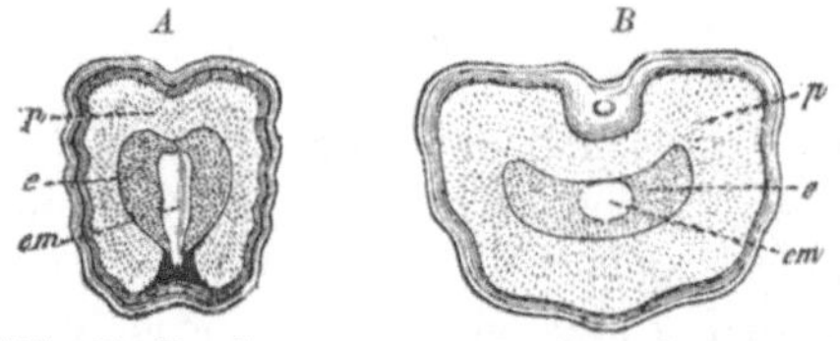

Abb. 31. Kardamomensamen (nach LUERSSEN). *A* Längsschnitt dreifach vergr., *B* Querschnitt fünffach vergr., *p* Perisperm, *e* Endosperm, *em* Embryo.

Die Menge des Sameneiweißes steht bei jeder Samengattung in einem bestimmten Verhältnis zur Größe (bzw. Entwicklung) des Keimlings, und man kann im allgemeinen sagen: Je stärker entwickelt der Embryo, desto kleiner ist das Nährgewebe. Im besonderen kann man unterscheiden:

1. Samen, deren Kern nur aus dem Keimling besteht. Schält man derartige Samen (z. B. Mandeln, Eicheln), so stößt man sofort auf die mächtig entwickelten Keimblätter (Abb. 29). Die mikroskopische Untersuchung der Schale zeigt dann freilich oft, daß ein Rest des Nährgewebes mit der Samenschale verwachsen ist und mit ihr heruntergezogen wird.

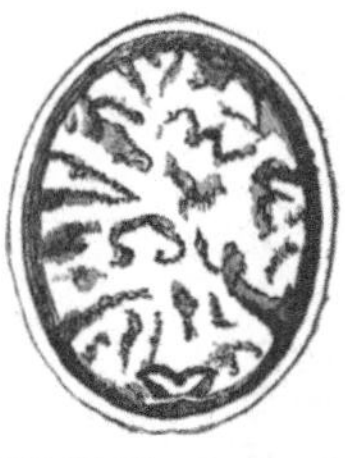
Abb. 32. Muskatnuß, der Länge nach durchschnitten; am Grunde des Nährgewebes der Embryo (J. MOELLER).

2. Samen, deren Keimling sichtlich in Nährgewebe gebettet ist (Abb. 30). Um den Keimling herauszuholen, genügt es also nicht, den Samen zu schälen, sondern es muß auch das ringsum geschlossene Nährgewebe durchschnitten werden.

3. Samen, deren Keimling winzig klein ist im Verhältnis zum Nährgewebe. Der Kern besteht fast nur aus kompaktem Nährgewebe (z.B. Muskatnuß, Kaffee), und man muß die Lage des Keimlings kennen, um ihn auf Durchschnitten zu finden (Abb. 32).

4. Samen, deren Keimling von einem doppelten Nährgewebe (Perisperm und Endosperm) umgeben ist (z. B. Kardamomen, Abb. 31).

Das Nährgewebe führt diesen Namen, weil es die zur Entwicklung des Embryos erforderliche Nahrung enthält. Diese besteht hauptsächlich aus Kohlehydraten (Stärke oder Reservezellulose), Fett und Eiweiß.

Eiweiß fehlt niemals, tritt aber in der Menge zurück gegen die beiden anderen Nährstoffgruppen. Es findet sich als formlose Masse oder als Aleuron- oder Proteinkörner von verschiedener Größe und Gestalt, oft mit Einschlüssen (Abb. 33). Eiweißstoffe werden durch Jodlösungen gelb bis braun gefärbt. In Alkohol sind sie unlöslich, in Wasser teilweise, in Laugen vollständig löslich (s. S. 12).

Um die Aleuronkörner in den sie umhüllenden Fettmassen deutlich zu unterscheiden, genügt es, die Präparate in fetten oder ätherischen Ölen zu untersuchen, oder man löst das Fett durch Äther oder Ätherweingeist. In derart entfetteten Präparaten sieht man in vielen Aleuronkörnern kugelige, seltener kropfige Gebilde verschiedener Größe, einzeln oder zu mehreren (Globoide). Neben ihnen finden sich mitunter winzige Kristalle aus Kalziumoxalat in Form von Nadeln, Täfelchen oder Drusen. Die dritte Art von Einschlüssen sind die Eiweißkristalle oder Kristalloide. Auch diese befinden sich nicht in allen Aleuronkörnern, sie erreichen aber bei einigen Samen (z. B. in der Muskat- und Paranuß) beträchtliche Größe. Man sieht sie oft schon in Wasserpräparaten, deutlicher, wenn entfettete Schnitte in Jodtinktur oder Safranin gelegt werden, denn die Kristalloide werden dunkler gelb bzw. rot gefärbt als die sie einhüllende Grundmasse des Aleuronkorns.

Fette finden sich spurenweise wohl in jedem Samen. Wo sie in größerer Menge vorkommen, verleihen sie dem Samenkern den fettfleischigen Charakter.

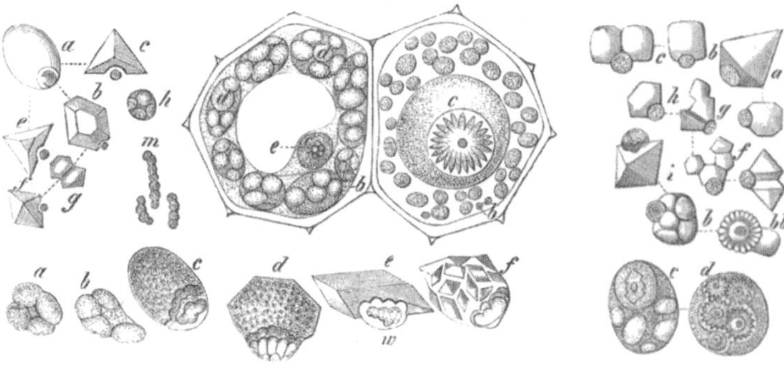

Abb. 33. Aleuron, in der Mitte zwei mit Aleuron gefüllte Zellen (TH. HARTIG).

Ölsamen können ohne besondere Kraftanwendung zerdrückt werden und lassen dabei Fett austreten. Sie können nicht lange aufbewahrt werden, ohne ranzig zu werden. Das Fett findet sich in den Zellen meist als formlose, farblose Masse, seltener in Tropfen oder in Büscheln von Kristallnadeln. Immer ist es von reichlichen Eiweißmengen begleitet (z. B. Senf), oft auch von Stärke (z. B. Kakao).

Stärke, in unreifen Samen häufig zu finden, schwindet mit der Reife oft vollständig. Manche reife Samen enthalten neben Fett und Eiweiß geringe Mengen von Stärke. Viele Samen enthalten vorzugsweise Stärke, so daß die daneben vorkommenden Fett- und Eiweißmengen fast verschwinden. Derartige Samen werden beim Trocknen hart oder mehlig und sind von unbegrenzter Haltbarkeit (z. B. Zerealien, Hülsenfrüchte, Eicheln). Die Stärkekörner sind durch Gestalt und Größe für viele Samen charakteristisch.

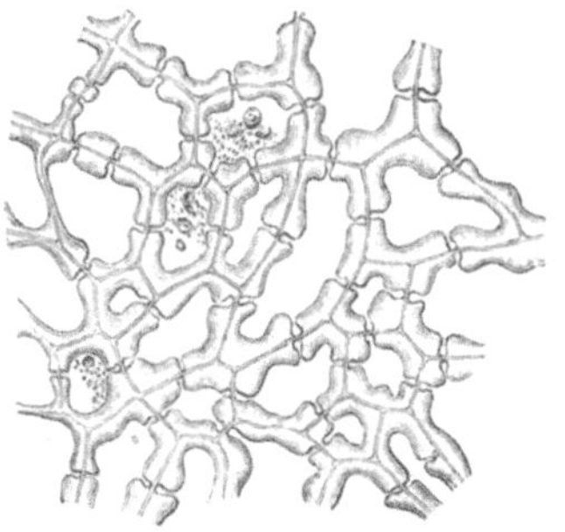

Abb. 34. Nährgewebe des Dattelkerns (J. MOELLER).

Hemizellulosen werden in Form von Verdickungen der Zellwand (Reservezellulose) gespeichert (Abb. 34). Solche Samen sind beinhart und fast unzerstörbar (z. B. Dattelkern, Steinnuß).

Der Keimling entwickelt sich auf Kosten dieser Nährstoffe, und zwar sind es die Keimblätter, die das Eiweiß fast vollständig verbrauchen, wobei sie in vielen Fällen sehr groß werden. Der keimende Embryo bezieht dann seine Nahrung statt aus dem Eiweiß aus seinen eigenen Keimblättern. Das Würzelchen und das Knöspchen nehmen an dieser Speicherung nicht teil, sondern bleiben klein. Sie bestehen immer aus embryonalem Gewebe, d. h. aus einem zartzelligen, plasmareichen Parenchym (Abb. 45), lassen aber oft schon die Differenzierung in Haut-, Strang- und Grundgewebe wahrnehmen.

Das Gewebe der zu Speicherorganen umgewandelten Keimblätter dagegen nimmt den Charakter des Nährgewebes an. Die Kotyledonen besitzen zwar eine Oberhaut und sind von Leitbündelanlagen durchzogen, die beide dem eigentlichen Endosperm fehlen, aber ihre Zellen sind oft derbwandiger und stets mit Nährstoffen angefüllt (Abb. 35).

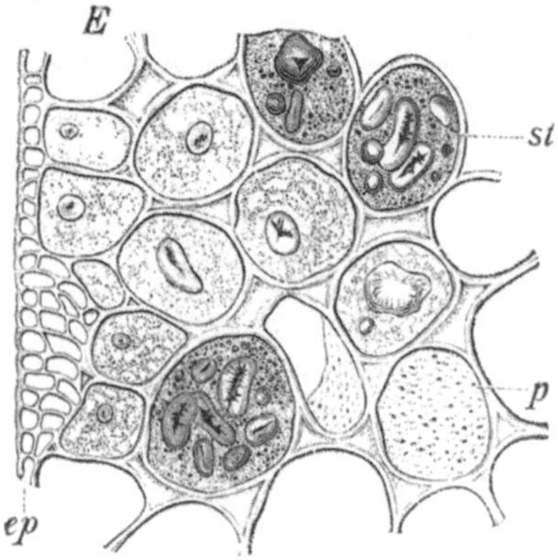

Abb. 35. Keimblattgewebe der Erbse (J. MOELLER). *ep* Oberhaut, *p* Parenchym mit Stärke (*st*) und Eiweiß.

Die Samen sitzen meist lose in der Frucht und sind leicht aus ihr herauszuholen, wenn sie nicht bei der Reife von selbst herausfallen. Selten ist der Same von einer besonderen Hülle umgeben. Diese heißt Samenmantel (Arillus). So ist z. B. die Macis der Samenmantel der Muskatnuß (s. d.).

Früchte.

Die Fruchtwand oder Fruchtschale (Perikarp) hat als Blattgebilde den allgemeinen Bau des Blattes. Man unterscheidet an ihr die äußere Oberhaut als Epikarp oder Exokarp, die innere Oberhaut als Endokarp und das Zwischengewebe als Mesokarp (Abb. 36 und 38).

Das Epikarp behält alle Eigentümlichkeiten der Blattoberhaut; es besitzt Spaltöffnungen und ist oft behaart oder trägt die Spuren abgefallener Haare.

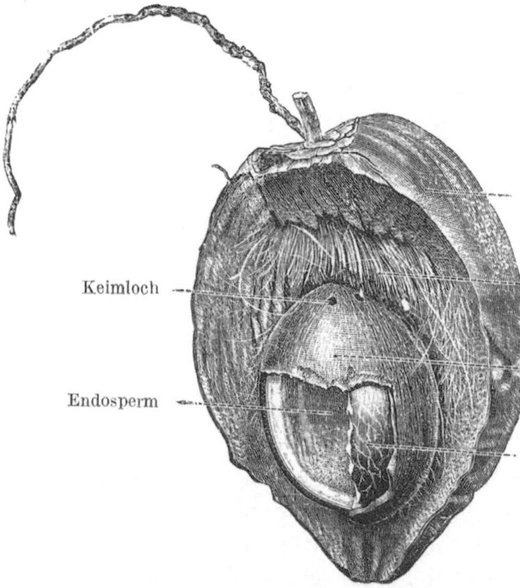

Abb. 36. Aufgebrochene Kokosfrucht (A. L. WINTON).

Die Oberhaut des Fruchtknotens folgt dem oft kolossalen Wachstum der Frucht nicht etwa durch Vergrößerung oder Dehnung der vorhandenen Oberhautzellen, sondern durch Vermehrung derselben. An der reifen Frucht sind die aus den ursprünglich vorhandenen Oberhautzellen durch Teilung hervorgegangenen

Tochterzellen in der Regel nicht unterscheidbar. Die Oberhaut (die sogenannte „Schale") mancher Früchte (z. B. Äpfel, Birnen, Wacholderbeeren) läßt jedoch die aus den Mutterzellen entstandenen Teilzellen deutlich erkennen (Abb. 37).

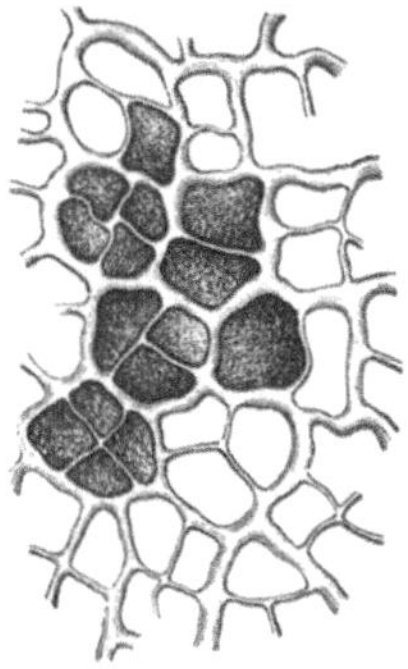

Abb. 37. Oberhaut der Birne (J. MOELLER).

Das Endokarp ist mitunter auch nur eine wenig veränderte Oberhaut. Häufiger entwickelt sie sich abweichend nach zwei Richtungen. Entweder sie sklerosiert (Abb. 38) und wird zu einer den Samen einschließenden Steinschale (z. B. beim Steinobst), oder sie bleibt im Wachstum zurück, obliteriert und schwindet fast ganz (z. B. beim Beerenobst). Man kann im allgemeinen beobachten, daß schutzbedürftige Samen durch das Endokarp der Frucht geschützt werden, wenn nicht die ganze Frucht ihnen den nötigen Schutz gewährt. Viele Samen liegen der Fruchtwand innig an oder sind mit ihr verwachsen, so daß sie ein einheitliches Gebilde zu sein scheinen (z. B. Lorbeer-, Getreide- und Umbelliferenfrüchte). Bei

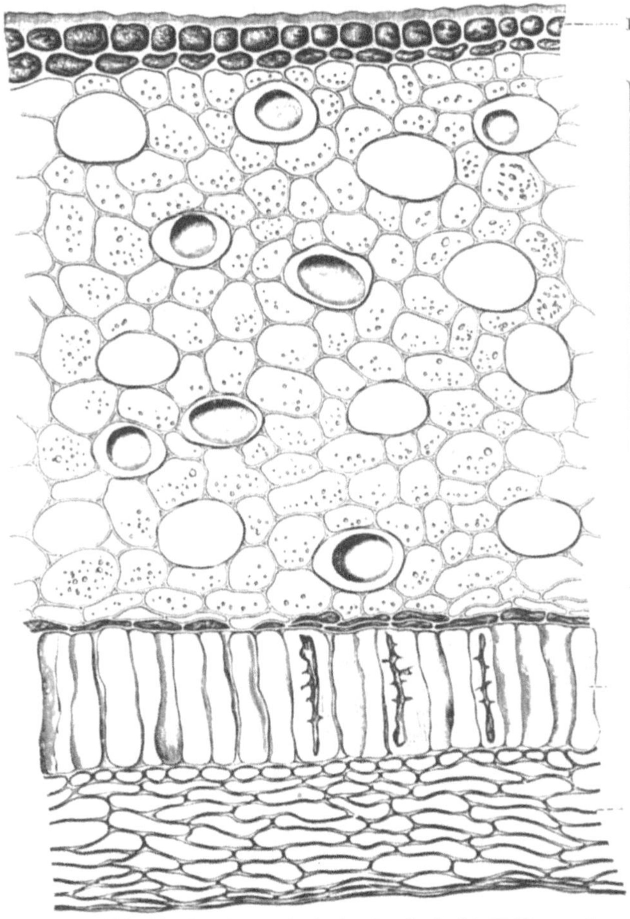

Abb. 38. Lorbeerschale im Durchschnitt (J. MOELLER).

solchen ist das Endokarp oder die Samenschale oder es sind beide wenig ausgebildet und oft schwer zu unterscheiden, wenn man ihre Entwicklung nicht verfolgen kann.

Das dem Mesophyll analoge Mesokarp erleidet bei der Fruchtbildung und Fruchtreife die meisten Veränderungen; denn es wird zum „Fruchtfleisch". Ob dieses spärlich oder massenhaft entwickelt ist, ob es trocken oder saftig, häutig oder faserig, ölig oder steinig, genießbar oder giftig u. v. a. ist, hängt von den im Fruchtfleisch entstandenen zelligen Elementen und Inhaltsstoffen ab.

Zum Zwecke der mikroskopischen Untersuchung müssen in der Regel Fruchtschale und Samen gesondert in Angriff genommen werden.

Querschnitte durch ein Stückchen der Fruchtwand orientieren über die Schichten derselben, über die ihnen eigentümlichen Zellformen und Inhaltsstoffe (Abb. 38). Durch geeignete Kombination von Flächenschnitten, Schab- und Quetschpräparaten sucht man genaueren Aufschluß über jene Einzelheiten zu erlangen, die am Querschnitt als bedeutsam, aber nicht deutlich genug erkannt wurden.

Auch von den Samen und solchen Früchten, deren Fruchtwand mit den Samen verwachsen ist, werden zunächst Durchschnitte angefertigt, und zwar möglichst aus der Mitte der Samen. Sind die Objekte zu klein, um zwischen den Fingern gehalten zu werden, so fixiert man sie in irgendeiner Klemmvorrichtung oder bettet sie in Paraffin (s. S. 4). An den Querschnitten erkennt man ohne weiteres die Zusammensetzung des Kerns, das Verhältnis des Sameneiweißes zum Keimling; der letztere pflegt sogar herauszufallen, während das Endosperm an der Samenschale haftenbleibt. Das Mikroskop zeigt sodann die Schichten der Samenschale und die in einzelnen Teilen des Kerngewebes oft verschiedenen Inhaltsstoffe. Die Oberhaut der Samenschale hat gewöhnlich hohe diagnostische Bedeutung, ihr muß daher besondere Aufmerksamkeit auch an Flächenschnitten gewidmet werden. Überhaupt soll man es nicht unterlassen, jede an Querschnitten erkennbare Schicht der Samenschale durch zweckentsprechende Präparation auch in der Flächenansicht zur Anschauung zu bringen.

a) Zerealien.

Die Brotfrüchte der zivilisierten Welt sind, mit alleiniger Ausnahme des Buchweizens, Früchte von Gräsern.

Die Grasfrüchte haben, so unscheinbar sie sind, einen sehr komplizierten Bau, der ohne Kenntnis des Blütenbaues kaum verstanden werden kann.

Die Gräser sind zumeist Windblütler, d. h. die Befruchtung findet mittels des vom Winde verstäubten Pollens statt. Deshalb entbehren die meisten Grasblüten der Anlockungsmittel für Insekten, wie sie die auf Insektenbefruchtung angewiesenen Pflanzen besitzen. Sie haben weder schön gefärbte noch große Blumenblätter, sie riechen sehr selten, sie bilden keinen Nektar. Dagegen sind ihre Staubbeutel leicht beweglich auf dünnen Stielen befestigt, so daß der leiseste Windhauch den reifen Pollen herausschüttelt. Ihr Fruchtknoten trägt zwei oder drei dicht gefiederte Narben, an denen der herumfliegende Pollen leicht haftenbleibt und so die Befruchtung einleitet. Diese wesentlichen Blütenteile finden sich in den meisten Grasblüten vereinigt vor; die Gräser sind zwitterblütig (ausgenommen der Mais), was jedoch nicht ausschließt, daß in einzelnen Blüten die männlichen, in anderen die weiblichen Blütenteile verkümmern.

Die mannigfachen Blütenstände (Rispen oder Ähren) sind aus Ährchen zusammengesetzt, deren jedes von zwei schmalen, harten, gegenständigen Blättchen umgeben ist (Abb. 39, *A*, 1 und 2). Diese sind die Hüllspelzen (glumae). Innerhalb der Hüllspelzen befinden sich ein oder mehrere Blüten, deren jede gewöhnlich wieder von zwei Blättchen (paleae) umgeben ist. Das außen gelegene, ein- oder mehrnervige Blättchen ist die Deckspelze (*B*, *b*); das innere, mit dem Rücken der Achse zugekehrte Blättchen ist zweinervig oder zweikielig und heißt Vorspelze (*v*). Diese fehlt mitunter. Zwei kleine, zu häutigen Schüppchen verkümmerte Blättchen, selten noch ein drittes an der Innenseite der Vorspelze, faßt man als Perigonblätter auf und nennt sie Lodiculae.

Viele Ährchen sind gebärtet. Der Bart besteht aus groben, oft rauhen Borsten. Entspringen diese Borsten von den Spelzen (z. B. bei Weizen und Gerste), so nennt man sie Grannen, sonst Hüllborsten (z. B. bei Hirse).

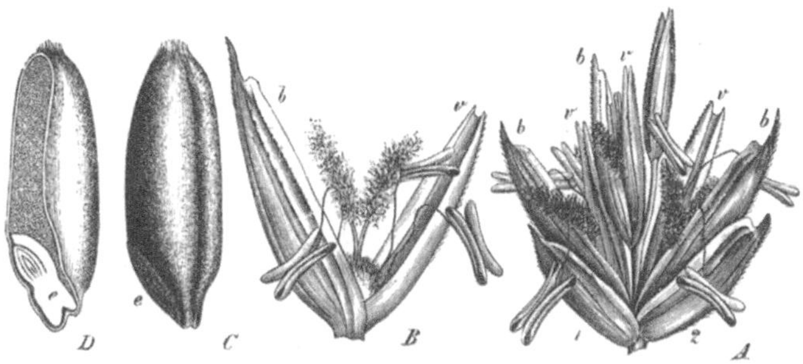

Abb. 39. Weizen (Nach K. SCHUMANN). *A* Ährchen, *B* Einzelblüte, *C* Frucht mit dem Keime *e*, *D* Frucht im Längsschnitt.

Gewöhnlich besitzt jede Grasblüte 3 (selten 1, 2, 4 oder 6) Staubgefäße mit zarten Staubfäden und beweglichen Staubbeuteln. Der Stempel hat 1—3, meist 2 Griffel mit federigen Narben (Abb. 39, *B*) und enthält in dem einfächerigen Fruchtknoten stets nur eine Samenanlage. Bei der Reife verwächst der Same mit der Fruchtknotenwand, und es entsteht eine trockene Schließfrucht (caryopsis, Abb. 39, *C* und *D*).

Die Getreidekörner sind also, trotz ihrer äußeren Ähnlichkeit mit Samen, echte Früchte. Auf longitudinalen Durchschnitten (Abb. 39, *D*) sieht man innerhalb der dünnen Schale (Frucht- und Samenschale) das mehlige Endosperm und am Grunde desselben auf der Rückseite den Embryo (*e*) mit Würzelchen, Knöspchen und einem großen Keimblatt, dem Schildchen (scutellum). Das Schildchen trennt das Endosperm von dem Keimling und hat die Aufgabe, bei der Keimung die Stärke zu lösen und in den wachsenden Embyro überzuleiten.

Mikroskopischer Bau.

A. Die dicken und die häutigen Spelzen haben den gleichen Bau. Als Blattgebilde bestehen sie aus der beiderseitigen Oberhaut und dem dazwischenliegenden Mesophyll (Abb. 40).

1. Die äußere Oberhaut ist aus welligen, in Längsreihen angeordneten Zellen zusammengesetzt (Abb. 41). Die meisten Zellen sind sehr lang gestreckt,

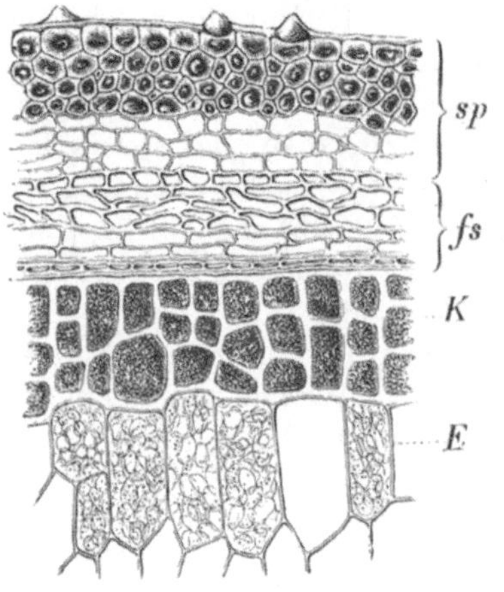

Abb. 40. Randschicht der Gerste im Durchschnitt (J. MOELLER). *sp* Spelze, *fs* Frucht- und Samenhaut, *K* Aleuronschicht, *E* Mehlgewebe.

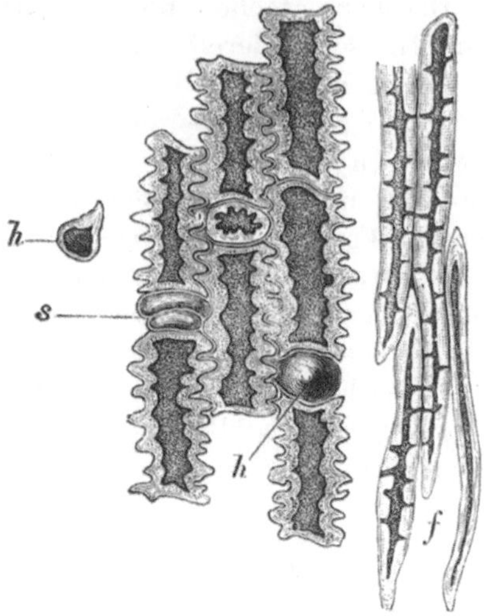

Abb. 41. Oberhaut und Hypodermfasern der Gerstenspelze (J. MOELLER). *h* Härchen, *s* halbmondförmige Zellen, *f* Fasern.

und zwischen ihnen sind gewöhnlich isodiametrische Haar- oder Kieselzellen und Zwillingszellen eingeschaltet, von denen meist die eine die andere halbmondförmig umfaßt. In der Mitte der Spelzen sind die Zellen meist stark verdickt, nach den Rändern zu werden sie allmählich dünner und weniger stark gewellt, zuletzt fast geradwandig.

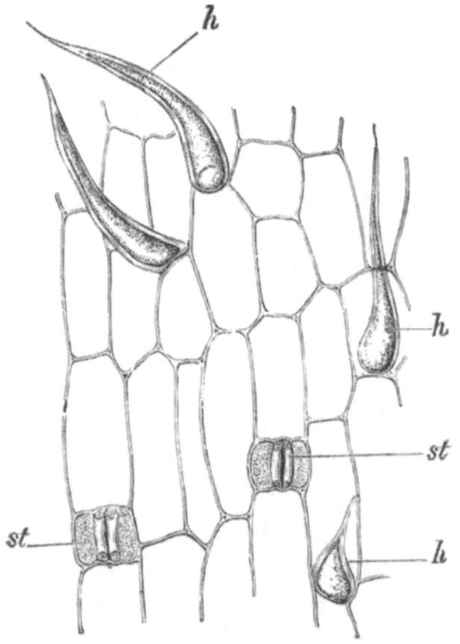

Abb. 42. Innere Oberhaut der Gerstenspelze (J. MOELLER). *h* Haare, *st* Spaltöffnungen.

2. Die innere Oberhaut besteht gewöhnlich aus zartwandigen Zellen von weniger ausgesprochenem Charakter. Sie ist oft behaart (Abb. 42).

3. Das Mesophyll besteht meist aus zwei Schichten: Dem Faserhypoderm und dem Schwammparenchym (Abb. 40)[1].

B. Die Fruchtschale zeigt bezüglich der Zellformen und der Schichtung große Verschiedenheiten, doch können im allgemeinen vier Schichten unterschieden werden (Abb. 44).

1. Epikarp (*ep*) aus getüpfelten Zellen mit oder ohne Haare am Scheitel;

2. Mittelschicht (*m*) der vorigen oft ähnlich;

[1] Spelzspreumehl (Abb. 43) wird durch Mahlen der beim Dreschen abfallenden, vorwiegend aus Spelzenteilen bestehenden Spreu hergestellt. Es hat in der Kriegszeit u. a. zur

3. Querzellen (*qu*) quergestreckt;
4. Schlauchzellen (*sch*), dem Endokarp entsprechend, kreuzen die Querzellen.

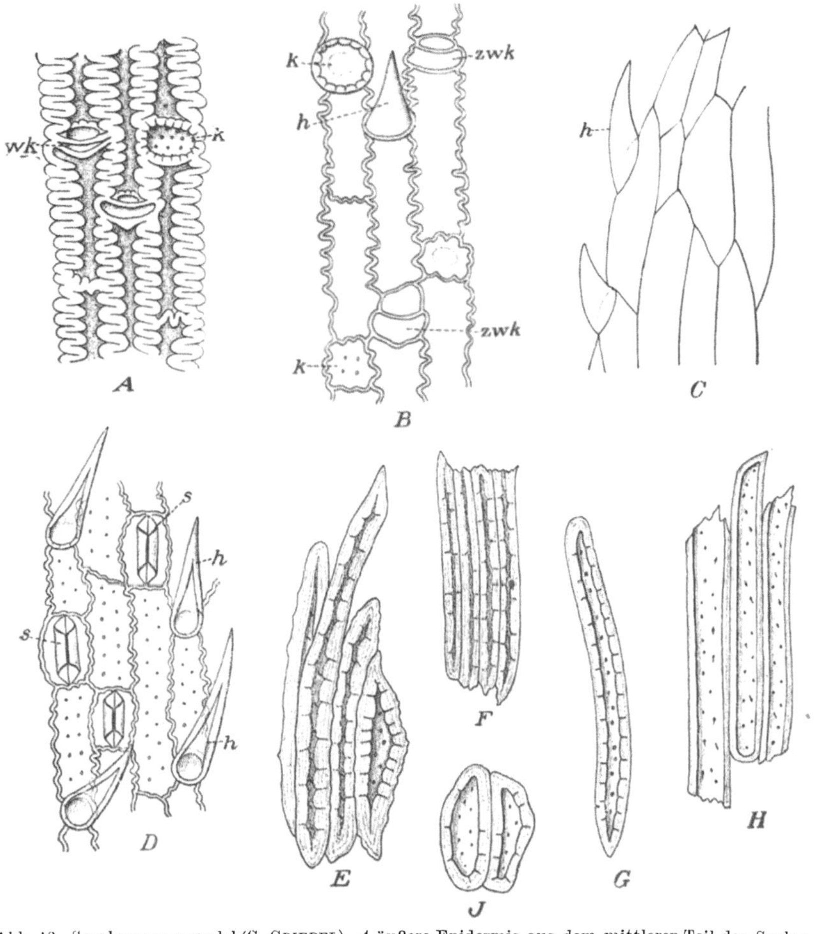

Abb. 43. Spelzspreumehl (C. GRIEBEL). *A* äußere Epidermis aus dem mittleren Teil der Spelze, *k* Kurzzelle, *zwk* Zwillingskurzzellen. *B* Äußere Epidermis aus dem seitlichen Teil der Spelze, *k* Kurzzellen, *zwk* Zwillingskurzzellen, *h* Haar. *C* Häutiger Spelzenrand, *h* Haar. *D* Innere Epidermis der Vorspelze (Weizen), *h* Haare, *s* Spaltöffnungen. *E, F, G, H* Zellen aus dem Faserhypoderm. *J* Verdickte Zellen aus der Basis der Spelze. Vergrößerung 1: 200.

C. Die Samenschale (*br*) aus zartwandigen, meist zusammengedrückten Zellen ist gewöhnlich durch ihre braune Farbe auffallend.

Verfälschung von Brot gedient. Die auffälligsten Elemente sind die in der Flächenansicht zur Beobachtung gelangenden Teile der äußeren Epidermis und die oft noch im Zusammenhang mit dieser auftretenden Hypodermtrümmer der verschiedenen Spelzen. Die aus dem mittleren Teil der Spelzen stammenden Epidermiszellen sind dickwandig (Abb. 43, *A*), an der Seite werden sie allmählich dünnwandig (*B*). Der häutige Spelzenrand besteht nur aus einer Lage zartwandiger Zellen und trägt kleine Haare (*C*). Die Trümmer des Hypoderms stellen sich als unregelmäßige Bündel aus mehr oder weniger stark verdickten Fasern dar, deren Struktur erst nach dem Aufhellen mit Glyzerin oder Chloralhydrat deutlich wird (*E* — *H*), wobei man auch enge Ring- und Netzgefäße wahrnimmt. Steinzellenähnliche Elemente (*J*) stammen aus der verdickten Basis der Spelzen. Teilen der inneren Epidermis (*D*) begegnet man nur hin und wieder, während das Schwammparenchym vollständig zurücktritt.

D. Das Nährgewebe besteht aus Perisperm und Endosperm.

1. Das Perisperm, auch Nuzellarrest oder hyaline Schicht genannt, bildet gewöhnlich ein dünnes, mit der Schale verwachsenes Häutchen (*h*) aus ein oder zwei Lagen farbloser, zusammengedrückter Zellen. Bei geeigneter Präparation und unter günstigen Bedingungen sind sie in der Flächenansicht erkennbar. Bei Sorghum ist diese Schicht von diagnostischer Bedeutung.

2. Das Endosperm besteht aus dem Mehlkern und der Kleberschicht.

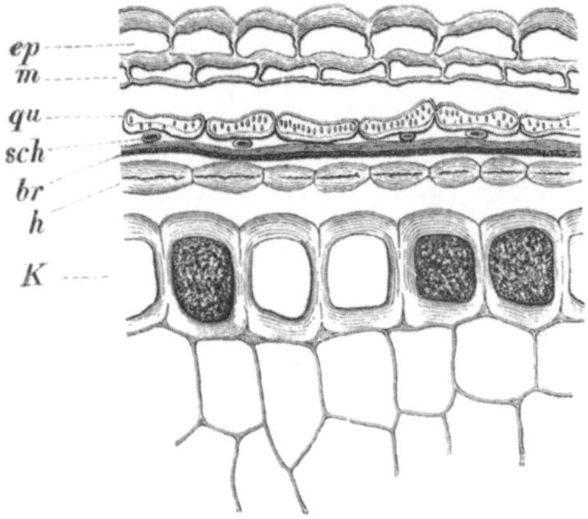

Abb. 44. Randschichten des Roggens im Querschnitt (J. MOELLER).

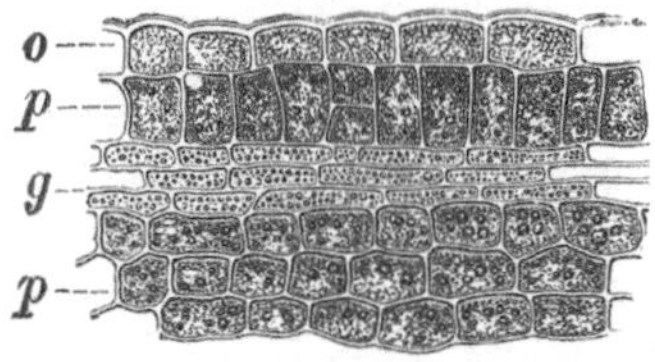

Abb. 45. Keimling im Längsschnitt (J. MOELLER). *o* Oberhaut, *p* Mesophyll, *g* Anlage des Leitbündels.

a) Der Mehlkern besteht aus einem zartzelligen Parenchym, das mit Stärke von charakteristischer Größe und Form der Körner dicht angefüllt ist.

b) Die Kleberschicht (*K*), auch Aleuron-, Ferment- oder Glutenschicht genannt, umgibt in einfacher (nur bei der Gerste in mehrfacher) Schicht den Mehlkern. Die Zellen haben dicke Wände und enthalten neben Eiweißstoffen Fett, aber keine Stärke. Da die Eiweißstoffe weder Kleber noch Aleuron sind, führt die Schicht mit Unrecht ihren Namen[1].

E. Das Embryonalgewebe (Abb. 45) ist kleinzellig. Es enthält Fett und Eiweiß, keine Stärke.

Analytischer Schlüssel.

I. Auf dem Bau der Spelzen fußend.

A. Oberhaut der Außenseite aus gewellten Zellen nebst Rundzellen (oft zu Haaren ausgewachsen) und Zwillingszellen.

a) Schwammparenchym aus sternförmigen Zellen.

1. Die Rundzellen bilden konische Haare; Kiel der Vorspelze ist sägeartig behaart: Hafer.

---

[1] Die alten Mikroskopiker glaubten, daß in der äußeren, stärkefreien Schicht des Endosperms der Kleber oder das Gluten des Kornes zu suchen sei, und nannten sie daher Kleber- oder Glutenschicht. SCHENK (1872) lehrte jedoch, daß Gluten wie Stärke nur in den inneren Endospermzellen auftrete, und JOHANNSEN (1883) zeigte, daß der Inhalt der sogenannten Glutenzellen in Fett gebettete Aleuronkörner seien. In den folgenden Jahren hat der Name „Aleuronzellen" den früheren allmählich verdrängt und v. HÖHNEL, BERTHOLD und andere glaubten die Größe der Aleuronkörner zur Unterscheidung verschiedener Getreidearten benutzen zu können. BRAHM und BUCHWALD haben schließlich gefunden, daß der Name „Aleuronzellen" ebenso irrtümlich ist wie der frühere, da die angeblichen Aleuronkörner in Wirklichkeit Fettkügelchen sind, die in eine amorphe Proteinmasse gebettet sind. Als besser entsprechenden Namen schlagen sie vor „Proteinzellen" oder noch exakter „stärkefreie Randzellen" des Endosperms.

b) Schwammparenchym aus rechteckigen Zellen.

2. Rundzellen und Spelzenkiel wie beim Hafer: Spelt.
3. Rundzellen wie beim Hafer, jedoch Kiel der Vorspelze nicht behaart: Gerste.
4. Anstatt der Rundzellen Haarspuren: Sorghum.
5. Rundzellen groß und getüpfelt; gewellte Zellen oft kurz: Lolch.
6. Rundzellen mit gewellter und getüpfelter Wand; gewellte Zellen lang: Trespe.

B. Oberhaut der Außenseite aus dickwandigen, nicht gewellten Zellen mit Haaren.

7. Die Zellen des häutigen Randes sind dünnwandig und gewellt: Mais.

C. Oberhaut der Außenseite aus meist gleichartigen, stark verdickten und tief gewellten Zellen.

a) Die Oberhautzellen sind breiter als lang, farblos.

8. Oberfläche rauh, behaart; Schwammparenchym aus rechteckigen Zellen: Reis.

b) Die Oberhautzellen sind etwas länger als breit, farblos oder gefleckt.

9. Oberfläche farblos: Kolben- und Rispenhirse.
10. Oberfläche gefleckt: Borstengras.

II. Auf dem Bau der Fruchtschale (Kleie) fußend.

A. Die gestreckt-polygonalen Querzellen bilden eine geschlossene Schicht.

a) Langseiten der Querzellen dickwandig; deutlich getüpfelt.

1. Haare unter 1 mm lang, englichtig: Weizen.
2. Haare oft über 1 mm lang: Spelt.

b) Langseiten der Querseiten undeutlich getüpfelt.

3. Ihre Schmalseiten abgerundet und gequollen; Haare weitlichtig: Roggen.
4. Schmalseiten der Querzellen nicht gequollen: Emmer.
5. Querzellen wie beim Roggen; Haare wie beim Weizen: Einkorn.

c) Querzellen dünnwandig, nicht getüpfelt.

6. Querzellen zweischichtig: Gerste.
7. Haare sehr lang, am Grunde verengt: Hafer.
8. Gewöhnlich mit einer Pilzschicht: Lolch.

B. Querzellen wurmförmig, keine geschlossene Schicht bildend.

9. Epikarp (Oberhaut der Fruchtschale) aus quergestreckten, ungetüpfelten, an der Schmalseite gewellten Zellen: Reis.
10. Epikarp und Hypoderm aus gewellten und getüpfelten Zellen: Sorghum.
11. Epikarp aus gewellten, nicht getüpfelten Zellen: Hirse, Borstengras.

C. Die Querzellen bilden ein Schwammparenchym.

12. Zellenäste lang und schmal; Epikarp und Mesokarp gut entwickelt; Zellen getüpfelt: Mais.
13. Zellen sternförmig oder unregelmäßig; Epikarp aus getüpfelten Zellen; Mesokarp unentwickelt; Endosperm aus dickwandigen Zellen: Trespe.

III. Auf Eigentümlichkeiten der Stärke fußend.

A. Gemenge aus Groß- und Kleinkörnern; Großkörner meist über 20 μ, rundlich, mit undeutlichem Kern.

1. Viele über 50 μ, diese meist mit strahliger Kernspalte: Roggen.
2. Selten über 45 μ: Weizen, Spelt, Emmer.
3. Selten über 40, meist nur bis 30 μ: Gerste.

B. Korngröße wenig verschieden.

4. Körner meist über 15 μ, polyedrisch und rundlich, mit deutlicher Kernspalte:
† Körner unter 20 μ, meist polyedrisch. Mais, Sorghum.

a) Mitunter in Aggregaten.

5. Vereinzelt spindelförmige Körner: Hafer.
6. Keine spindelförmigen Körner: Reis, Lolch.

b) Niemals in Aggregaten.

7. Nach Laugenbehandlung bleibt ein Netzwerk zurück: Hirse, Borstengras.
†† Körner unter 20 μ, eiförmig.
8. Längliche Kernspalte: Trespe.

1. Weizen.

Der gemeine Weizen (*Triticum sativum var. vulgare* [VILL.] HACKEL) ist die wichtigste Getreideart. Er wächst in den gemäßigten Teilen der ganzen Erde und wird als Winter- und Sommerweizen in zahlreichen Spielarten gebaut, deren Früchte bei aller Verschiedenheit in Form, Größe und Farbe das eine gemein haben, daß sie beim Dreschen aus den Spelzen herausfallen. Dadurch unterscheidet sich dieser „nackte" Weizen vom Spelt (s. S. 67), vom Emmer und anderen bespelzten Getreidearten, z. B. Gerste und Hafer.

Die wichtigsten Varietäten des nackten Weizens sind der englische Weizen (*T. sativum var. turgidum*), der Hart- oder Glasweizen (*T. sativum var. durum*), der Zwerg-, Binkel- oder Igelweizen (*T. sativum var. compactum*). Zu den Nacktweizen gehört auch der polnische Weizen (*T. polonicum* L.), der durch die längsten Körner ausgezeichnet ist.

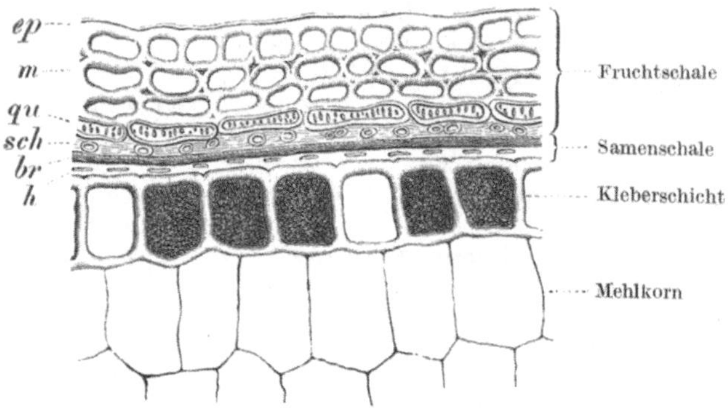

Abb. 46. Randschicht des Weizens im Querschnitt (J. MOELLER). *ep* Oberhaut, *m* Mittelschicht, *qu* Querzellen, *sch* Schlauchzellen, *br* Samenhaut, *h* Perisperm.

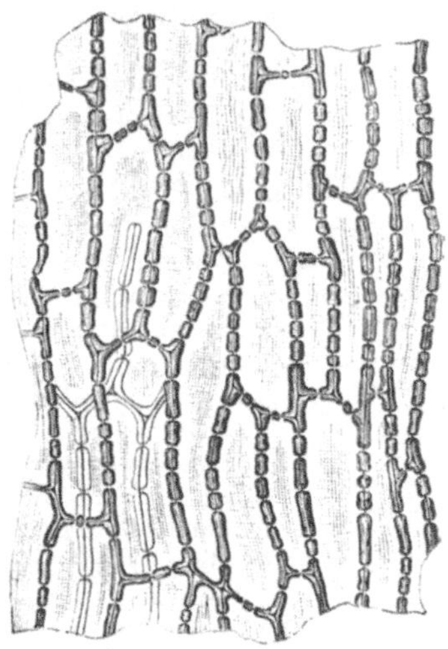

Abb. 47. Oberhaut der Weizenfrucht (Abb. 46, *ep*) in der Flächenansicht (J. MOELLER).

Das Weizenkorn (Abb. 39) hat einen ovalen Längsschnitt und einen herzförmigen Querschnitt. Der Rücken ist schwach gekielt, die Bauchseite gefurcht, der Scheitel gebärtet. Am Grunde zeigt eine deutliche Einsenkung die Lage des Keimlings an. Die Farbe schwankt von lichtgelb bis braun.

Englischer und Glasweizen sind großkörnig, polnischer Weizen ist sehr lang (bis 12 mm), schlank, am Grunde zugespitzt, dem Roggen ähnlich.

Aus dem in Wasser erweichten Korn lassen sich zwar leicht Querschnitte (Abb. 46) anfertigen; diese sind aber selten und meist nur an wenigen Stellen so gut gelungen, daß alle Teile der Schale bei starker Vergrößerung deutlich erkennbar sind. Flächenpräparate gewinnt man leicht durch Schaben.

A. Fruchtschale. Die farblosen Oberhautzellen (Abb. 47) sind — außer am Scheitel — lang gestreckt und mit ihren Schmalseiten reihenweise geordnet (*ep*). Mit Lauge behandelt, quellen sie auf und werden gelb. Die Wand ist perlschnurförmig verdickt und oft 4 μ dick. — Am Scheitel sind die Zellen nahezu isodiametrisch, und hier finden sich viele pfriemenförmig zugespitzte Haare (Abb. 48), die bis 1 mm lang und am bauchig aufgetriebenen, zuweilen getüpfelten Grunde bis 25 μ breit sind. Ihr Lumen ist — abgesehen vom basalen

Teil — enger als die Wanddicke. Vereinzelt kommen jedoch auch Haare mit breitem Lumen vor.

Die Mittelschicht setzt sich aus zwei bis drei Lagen zusammen, deren Zellen den Oberhautzellen sehr ähnlich sind (Abb. 46, *m* und 47).

Die Querzellen (Abb. 46, *qu*), von WIGAND so genannt, weil sie quergestreckt sind, daher die oben und unten gelegenen Zellschichten rechtwinkelig kreuzen, haben derbe, getüpfelte Wände. Ihre Flächenansicht zeigt, daß sie nicht nur mit den Schmalseiten, sondern auch mit den Langseiten reihenweise verbunden (Abbildung 49 *qu* und 50), 100—200 μ lang und 15—25 μ breit sind. Am Scheitel der Frucht sind sie in Form und Größe weniger regelmäßig. Die Kurzseiten sind gewöhnlich stumpf dachförmig, meist etwas dünner und die Zellen dort ohne Zwischenräume aneinandergefügt (Unterschied vom Roggen).

Diese für die Diagnose bedeutungsvollste Schicht ist auf Präparaten jeder Art deutlich erkennbar.

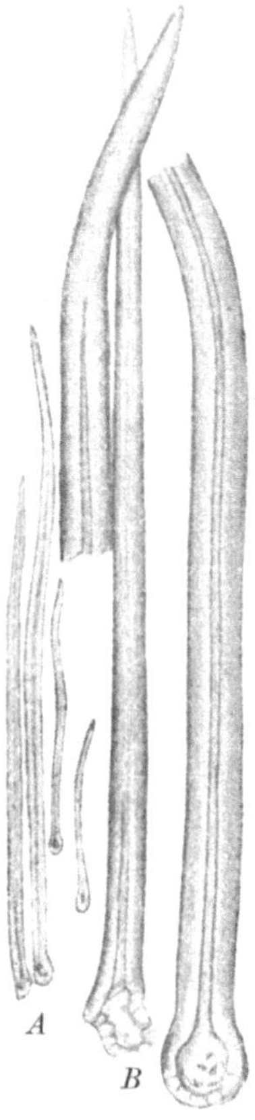

Abb. 48. Weizenhaare (A. SCHOLL). *A* Vergr. 1:60, *B* Vergr. 1:200.

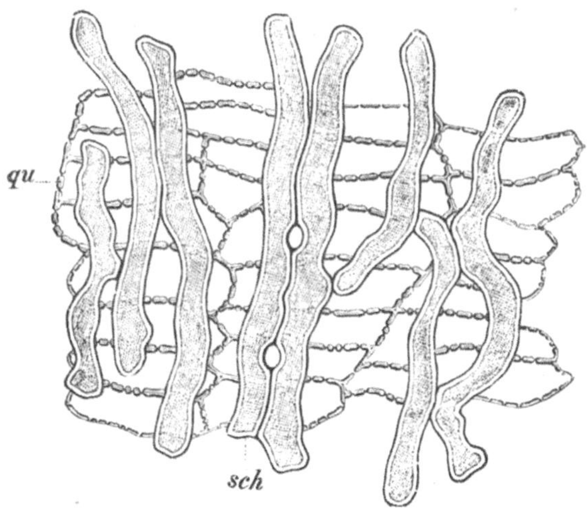

Abb. 49. Querzellen (*qu*) und Schlauchzellen (*sch*) des Weizens (J. MOELLER).

Die Schlauchzellen erscheinen auf Querschnitten als isolierte, in wechselnden Abständen zwischen der braunen Samenhaut und den Querzellen gelegene Ringe (Abb. 46, *sch*). Diese sind die Durchschnitte schlauch-, wurm- oder knüttelförmiger, in der Richtung der Achse gelagerter, stellenweise einander berührender und mitunter kreisförmige Interzellularräume bildender Zellen (Abb. 49, *sch*).

B. Samenhaut. Auf Querschnitten erscheint sie als dünne, braune Membran, die innen oft dunkler gefärbt ist als außen (Abb. 46, *br*). Nach Behandlung mit JAVELLEscher Lauge wird die zellige Struktur erkennbar. In der Flächenansicht (Abb. 51) unterscheidet man deutlich zwei sich kreuzende Lagen zarter, gestreckter Zellen. Die Samenhaut ist das einzige Gewebe, das selbst nach Behandlung mit Alkalien durch Chlorzinkjod nicht gebläut wird, sondern braun bleibt.

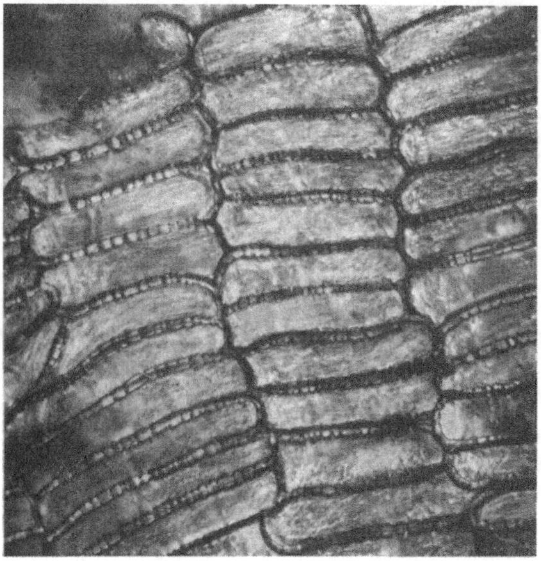

Abb. 50. Querzellen des Weizens. 1:300 (Phot. C. GRIEBEL).

C. Nährgewebe. Das Perisperm (Rest des Nucellus) ist nur unter den günstigsten Bedingungen als eine farblose, strukturlose, mit der Samenhaut verwachsene Membran sichtbar. Nach Behandlung mit Alkalien und Chlorzinkjod quillt sie stark auf, und man erkennt die geschichteten Zellwände (Abb. 46, *h*).

Die Kleberschicht (Abbildung 46) ist einreihig; ihre Zellen sind am Querschnitt fast kubisch, in der Flächenansicht (Abb. 52 und 53) rundlich-polygonal (30—60 μ). In Wasser sind die Wände etwa 8 μ dick; in Alkalien quellen sie bedeutend auf (Abb. 53, *II*). und werden gelb. Die Zellen enthalten neben dem Zellkern Proteinsubstanzen und Fett, keine Stärke (vgl. S. 60).

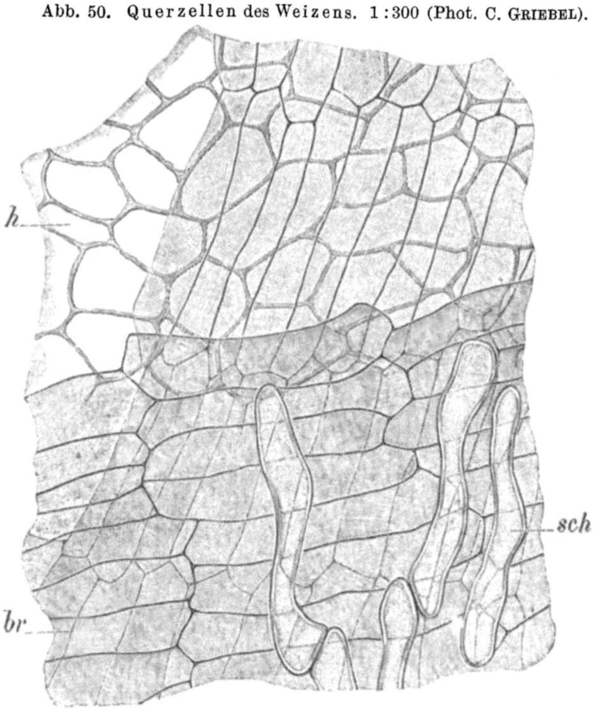

Abb. 51. Die inneren drei Schichten der Weizenschale (vgl. Abb. 46) (J. MOELLER). *sch* Schlauchzellen, *br* die zwei sich kreuzenden Schichten der braunen Samenhaut, *h* hyaline Schicht (Perisperm).

Der Mehlkern besteht aus zartwandigen, lückenlos aneinandergefügten Zellen (Abb. 46), die dicht mit Stärke gefüllt sind.

Die Stärkekörner (Abbildungen 23 und 54) sind teils groß und linsenförmig (erscheinen daher, auf der Kante stehend, elliptisch), teils klein und kugelig oder polyedrisch; Zwischengrößen sind nur spärlich vorhanden. Die Großkörner messen 20—30 μ, vereinzelt bis 50 μ; der zentrale Kern ist zuweilen erkennbar, die Schichtung nur ausnahmsweise. Die Kleinkörner messen selten über 7 μ (2—9 μ); die polyedrischen sind Bruchkörner der spärlich vorkommenden, zusammengesetzten Stärkekörner. Die linsenförmige Gestalt der Großkörner läßt sich leicht feststellen, wenn man mit der Präpariernadel einen leichten Druck auf das Deckglas des Präparates ausübt. Die Großkörner kommen dadurch ins Rollen und zeigen dann abwechselnd ihre Breit- und ihre Schmalseite. An letzterer sieht man oft eine dunkle Längslinie, die als Spalt gedeutet wird.

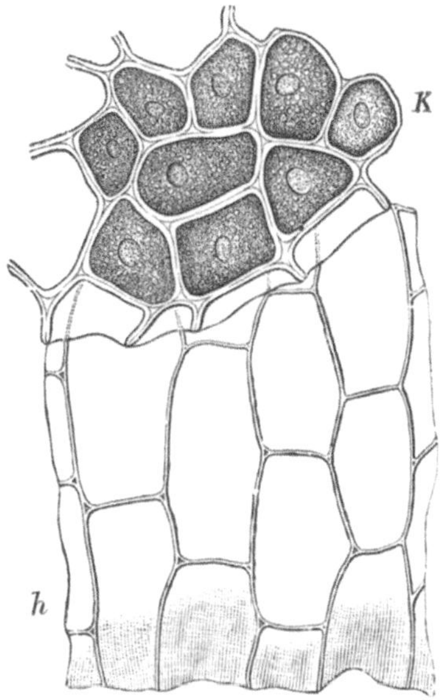

Abb. 52. Nährgewebe des Weizens (J. MOELLER). *h* Perisperm, *K* Aleuronzellen.

Im verquollenen Zustand (z. B. im Gebäck, in Wurst u. dgl.) sind die Weizenstärkekörner oft völlig deformiert und erscheinen z. B. als schüssel-, sattel-, halbmond- bis hufeisenförmige Gebilde von durchschnittlich 70 μ Größe mit 3—4 seitigem oder halbkreisförmigem Umriß. (Vgl. Abb. 8.)

D. Embryo. Das Gewebe (vgl. Abb. 55) setzt sich aus kleinen, zartwandigen, meist isodiametrischen Zellen zusammen, die in regelmäßigen Reihen — etwa mauersteinartig — angeordnet sind und Fett und Aleuron aber keine Stärke enthalten.

Weizenprodukte.

Weizenmehl besteht hauptsächlich aus Stärkekörnern, denen, je nach dem Feinheitsgrade des Mehles, wechselnde, aber stets sehr geringe Mengen von

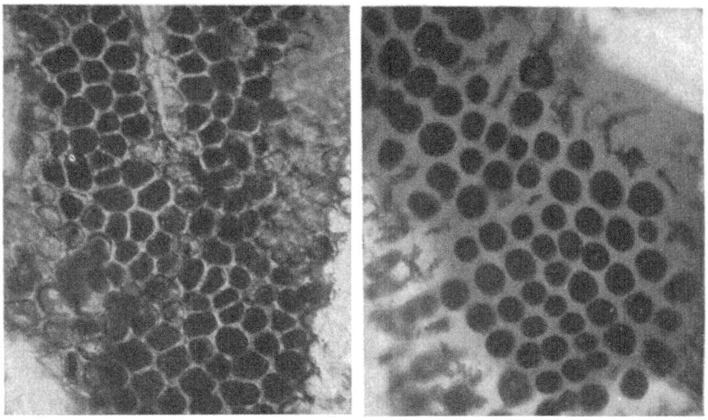

Abb. 53. Aleuronschicht des Weizens. I in Wasser, II nach Einwirkung von Lauge. 1:100 (Phot. C. GRIEBEL).

Schalenbestandteilen beigemengt sind. Der im Weizenmehl enthaltene Kleber ist ungefermt; man kann ihn nach dem von BAMIHL angegebenen Verfahren folgendermaßen nachweisen: Wird eine kleine Probe des Mehles in einem Wassertropfen auf dem Objektträger mit dem Deckglas hin und her gewälzt, so ballt sich der Kleber zu zähen, fadenziehenden Strängen zusammen. Ähnliche Kleberspindeln bilden sich in viel geringerer Menge auch im Maismehl, aber nicht im Roggenmehl.

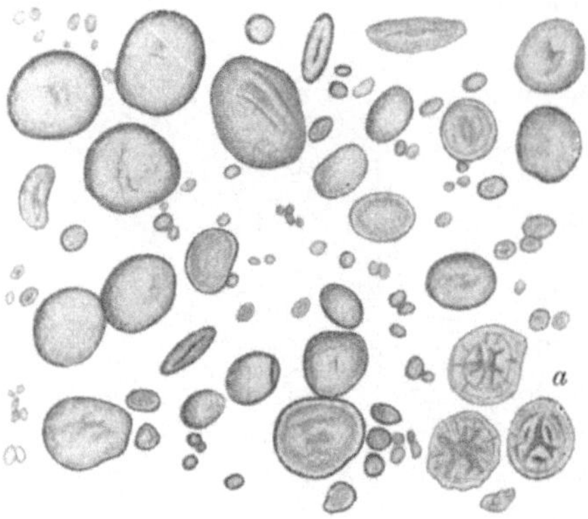

Abb. 54. Weizenstärke (A. SCHOLL). Bei *a* Körner aus gekeimtem Weizen. 1:300.

Eine Beimengung von Roggenmehl zum Weizenmehl wird an der abweichenden Ausbildung der Querzellen (sie sind an den gerundeten Schmalseiten stärker verdickt und porenfrei), ferner an den weitlumigen Haaren, sowie am Vorkommen von Stärkekörnern mit sternförmigem Spalterkannt. Gerstenmehl macht sich durch die mehrreihige Querzellen- und Aleuronschicht, zuweilen auch durch das Vorhandensein von Spelzenteilchen bemerkbar. Für Hafermehl und Maismehl bietet bereits die Form der Stärkekörner ein hinreichendes Erkennungsmerkmal; dies gilt auch für Maismehl, das nur aus dem Mehlendosperm hergestellt wurde, da auch die runden Maisstärkekörner durch ihre ,,Körperlichkeit“ und durch eine Kernhöhle ausgezeichnet sind (vgl. unter Mais).

Weizengries wird aus dem Mehlkern hergestellt und enthält daher so gut wie keine Kleiebestandteile.

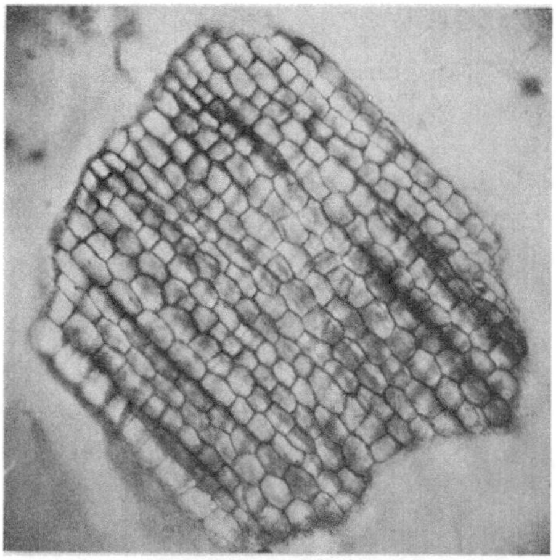

Abb. 55. Getreidekeimlingsmehl. 1:270 (Phot. C. GRIEBEL).

Die Weizenkleie ist ein wertvolles Tierfutter; außerdem findet sie auch als Fälschungsmittel Verwendung. Sie besteht hauptsächlich aus der Frucht- und Samenschale mit der Kleberschicht, denen stets noch ansehnliche Stärkemengen anhaften. Zur Aufhellung der Präparate eignet sich besonders Chloralhydrat.

Weizenkeime und die Keimlinge anderer Getreidearten gelangten früher bei dem Mahlprozeß größtenteils in die Kleie (,,Spitzkleie“). Um das in ihnen enthaltene Fett zu gewinnen, wurden sie während des Weltkrieges in Deutschland nach besonderem Verfahren abgetrennt und extrahiert. Der eiweißreiche Rückstand diente im gemahlenen Zustand, mit anderen Stoffen (z. B. Kartoffelwalzmehl) gemengt, zur Bereitung von Suppen und dgl. Derartiges Keimlingsmehl findet gelegentlich immer noch bei der Herstellung von Nährpräparaten Verwendung. Charakteristisch sind die mauersteinartig angeordneten, zarten Zellen des völlig stärkefreien Gewebes (Abb. 45 und 55). Die

Keimlinge der verschiedenen Getreidearten sind — ausgenommen die des Mais — im zerkleinerten Zustand nicht zu unterscheiden.

Gerösteter Weizen dient als Kaffee-Ersatzmittel. Während die Stärkekörner beim Röstprozeß zum Teil erheblich verändert werden, ist die Erkennung der Gewebe auch im gemahlenen Zustand nach dem Bleichen mit JAVELLEscher Lauge leicht möglich.

2. Spelt.

Im Altertum war der Spelt, Spelz oder Dinkel (*Triticum sativum var. Spelta* LAM. [*T. Spelta* L.]) für Ägypten, Griechenland und Italien eine wichtige Getreidefrucht; gegenwärtig ist er nur von geringer Bedeutung. Er wurde allmählich durch wertvollere Getreidearten verdrängt, und derzeit beschränkt sich sein Anbau auf Süddeutschland (besonders Württemberg), die Schweiz und Nordspanien. Es gibt Abarten mit begrannten und wehrlosen, kahlen und behaarten Ähren von weißer, graublauer und rötlicher Farbe.

Die Ährchen besitzen zwei gestielte Hüllspelzen, die zwei oder drei Blüten umschließen, deren jede von einer vielnervigen, begrannten oder grannenlosen Deckspelze und einer noch dünneren, zweikieligen Vorspelze umschlossen ist. Beim Dreschen bricht die Achse an dem Gelenk ab; an dem Ährchen bleibt daher ein Teil der Achse zurück. Die Früchte sind dreieckig, dicht bebartet.

A. Bau der Spelzen. 1. Die Hüllspelzen sind dick, mit Ausnahme des häutigen Randes, hornig-hart. Das Mesophyll zeigt mehrere Reihen dickwandiger Fasern und ein wenig entwickeltes Schwammparenchym.

2. Die Deckspelzen sind zarter als die Hüllspelzen; denn ihre Faserschicht bildet nur eine dünne Lage, während das aus rechteckigen Zellen bestehende Schwammparenchym mächtiger entwickelt ist. Die innere Oberhaut ist namentlich an der Spitze reich behaart.

3. Die Vorspelzen tragen an den Kielen zahnförmige, dickwandige, bis 200 μ lange Haare, die (wie an den Vorspelzen des Hafers) eine Säge bilden. Die pfriemenförmigen Haare der inneren Oberhaut sind kurz. Die Zellen der äußeren Epidermis — von HAUPTFLEISCH als Gekrösezellen bezeichnet — fallen durch ihr an Darmwindungen erinnerndes Aussehen auf.

B. Bau der Fruchtschale. Oberhaut und Mittelschicht sind dünnwandiger als beim Weizen. Die Spelthaare sind beträchtlich länger; sie erreichen oft 1,5 mm; ihr Lumen ist mitunter breiter als die Dicke der Wand.

Die Querzellen beider sind ähnlich, aber beim Spelt sind die Membranen weniger verdickt und deutlicher perlschnurförmig.

Schlauchzellen finden sich reichlich.

C. Stärke. Die Stärkekörner haben den Typus der Weizenstärke, doch sind die Großkörner etwas kleiner. Zuweilen kommen solche mit strahligem Kernspalt vor, wie beim Roggen, häufig auch eiförmige oder schwach nierenförmige, wie bei der Gerste (HARTWICH).

Spelt benutzt man in Form von Grieß und grob gemahlen als Nahrung für Menschen und Tiere. Grünkorn oder Grünkern ist unreifer, auf Darren getrockneter Spelz, der hauptsächlich zu Schrot verarbeitet wird.

Die Speltspelze unterscheidet sich von der Haferspelze durch die rechteckigen Zellen des Schwammparenchyms. Beide haben sägeförmig gezähnte

Kiele der Vorspelzen und unterscheiden sich dadurch von der Gerste. So lange Haare wie an der Speltfrucht finden sich am Weizen selten oder nie. Die Querzellen und die Stärkekörner zeigen zwar bei Spelt und Weizen geringe Verschiedenheiten, aber diese reichen zur sicheren Unterscheidung nicht aus.

3. Emmer.

Zweikorn oder Emmer (*Triticum sativum var. dicoccum* [SCHRANK] HACKEL) wurde schon in vorgeschichtlicher Zeit angebaut; jetzt hat diese Weizenart geringe Bedeutung, da sie nur in einigen Gebieten Süddeutschlands, der Schweiz, in Serbien und Italien in geringem Umfang kultiviert wird.

Die immer begrannten Ähren sind auf der zweizeiligen Seite breiter als auf der dachziegeligen. Die Hüllspelzen sind derb gekielt und gehen in einen kurzen Zahn über.

Im Bau stimmt der Emmer mit dem Spelt sehr nahe überein. Die Querzellen sind dünnwandig und, wie HAUPTFLEISCH schon richtig bemerkt, ebensowenig deutlich geperlt wie die des Roggens. Von den letzteren unterscheiden sie sich durch die dünnen (nicht gequollenen) Schmalseiten. Nach HAUPTFLEISCH sind die Fruchthaare einiger Varietäten weitlichtig wie die des Roggens, doch ist dieses Merkmal für die Diagnose kaum verwertbar.

4. Einkorn.

(*Triticum monococcum* L.) unterscheidet sich von den Varietäten des gemeinen Weizens dadurch, daß in jedem Ährchen meist nur eine Blüte zur Fruchtreife kommt.

Die Hüllspelzen sind dünner und scharf gekielt, zwei Seitennerven bilden kurze Zähne. Deck- und Vorspelzen sind häutig; die letzteren zerfallen bei der Reife der Länge nach in zwei Stücke.

Die Spelzen haben den gleichen Bau wie beim Spelt; nur sind die Schichten nicht so mächtig entwickelt. HAUPTFLEISCH hat schon beobachtet, daß die pfriemenförmigen Haare auf der Innenseite der Vorspelze kürzer sind. Die Fruchthaare sind von denen des Weizens nicht unterscheidbar, aber die Querzellen des Einkorns sind dünnwandig und wie bei Emmer und Roggen undeutlich geperlt.

5. Roggen.

Roggen oder Korn (*Secale cereale* L.) ist dem Weizen nahe verwandt und nächst diesem die wichtigste Getreideart.

Die nackten (unbespelzten) Früchte sind länger, schlanker, schärfer gekielt, am Grunde mehr zugespitzt und dunkler gefärbt als Weizen; auch sind sie nicht so gleichmäßig in Form, Größe und Farbe.

Im anatomischen Bau stimmt die Roggenfrucht mit der Weizenfrucht sehr nahe überein. Um die geringfügigen Unterschiede wahrzunehmen, empfiehlt es sich, Schnitt- und Schabpräparate in Chloralhydrat zu untersuchen.

A. Fruchtschale (Abb. 44 und 56). Die Oberhautzellen (*ep*) sind oft länger als beim Weizen, aber ungleichmäßiger getüpfelt (mit bald längeren, bald kürzeren Verdickungen). Die einzelligen Haare am Scheitel (bis 0,7 mm) sind dünnwandiger, und ihr Lumen ist breiter als die Dicke der Wand

(Abb. 56). Daneben kommen auch einzelne Haare mit engem Lumen vor, namentlich unter den kleineren.

Die Mittelschicht (Abb. 44) besteht nur aus einer oder zwei Zellreihen. Die Zellwände sind etwas dünner als beim Weizen und quellen in Lauge sehr stark und unregelmäßig auf.

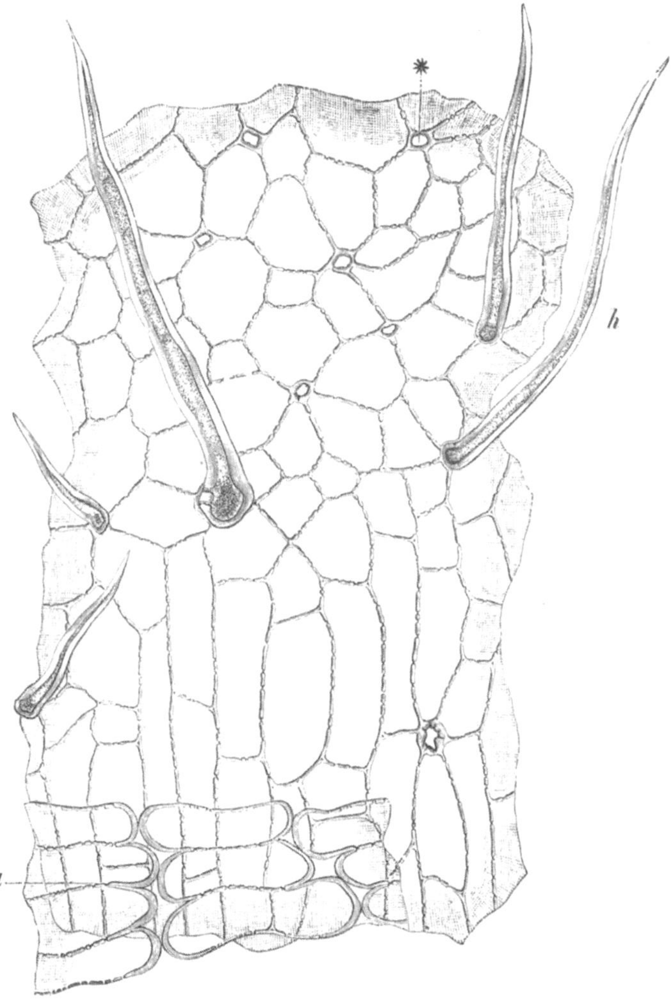

Abb. 56. Oberhaut vom Scheitel der Roggenfrucht (J. MOELLER). *qu* Querzellen, *h* Haare, * Haarspuren.

Die Querzellen sind 100—150 μ lang und 15—35 μ breit. Querschnitte zeigen, daß ihre Innen- und Seitenwand dicker ist als die Außenwand (Abb. 44, *qu*). In der Flächenansicht (Abb. 56, *qu*) bemerkt man, daß die Langseiten undeutlich, oft knotig getüpfelt und die schmalen Seitenwände abgerundet, stärker verdickt (wie gequollen) und porenfrei sind. Da letztere mit der entsprechenden Wand der Nachbarzellen auch nicht dicht verwachsen sind, befinden sich zwischen ihnen meist Interzellularen. Dieses für die Diagnose sehr wertvolle Merkmal ist jedoch nicht an allen Querzellen deutlich erkennbar und verschwindet fast ganz, wenn die Präparate in Lauge zu stark erwärmt werden.

Die Schlauchzellen sind im Roggen kürzer, dünnwandiger und weniger zahlreich als beim Weizen.

B. Samenschale. Die braune, aus zwei sich kreuzenden Lagen zartwandiger Zellen zusammengesetzte Samenhaut ist von der des Weizens nicht zu unterscheiden.

C. Nährgewebe. In Wasser undeutlich, erscheint die sogenannte hyaline Schicht (das Perisperm) nach Behandlung mit Lauge und verdünnter Essigsäure als dickwandige Zellenreihe (Abb. 44, h).

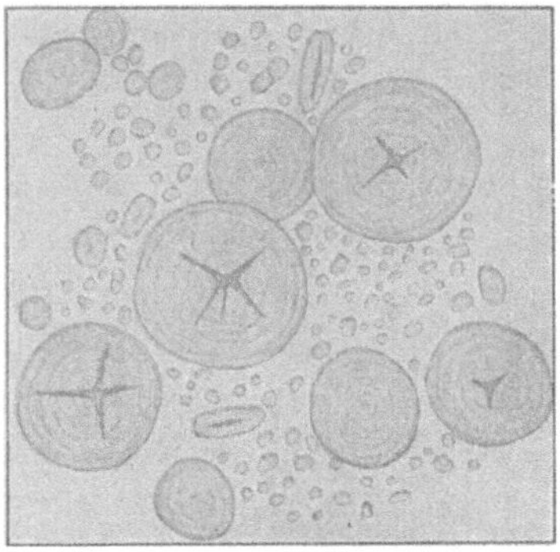

Abb. 57. Roggenstärke (C. MEZ). 1 : 300.

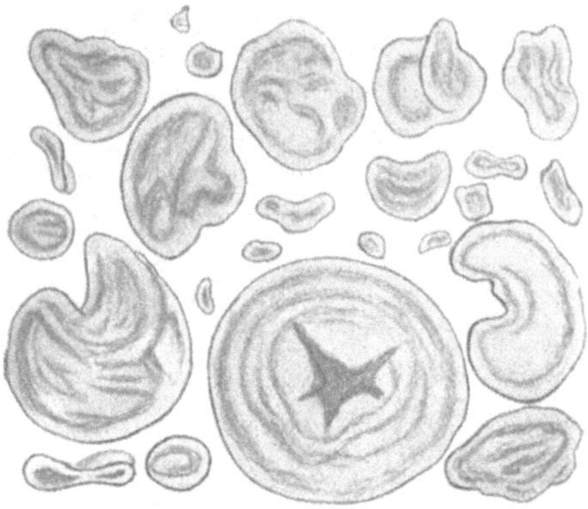

Abb. 58. Verkleisterte Roggenstärke (A. SCHOLL).

Die Aleuronschicht ist von der des Weizens nicht verschieden. Bei einigen Roggensorten erscheint der Inhalt der meisten Kleberzellen blaugrün und färbt sich mit Chloralhydrat rot.

Die Roggenstärke (Abb. 57) ist der Weizenstärke so ähnlich, daß die Unterscheidung unter Umständen schwierig wird. In der Roggenstärke finden sich nicht selten Körner von 50 μ, vereinzelt sogar größere. Die Großkörner sind oft zart konzentrisch geschichtet und häufig mit einer 3—4strahligen Kernspalte versehen. Letztere gilt als Kennzeichen für Roggenstärke, doch kommen solche Körner vereinzelt auch bei manchen Weizenarten vor, während andererseits manche Roggenarten nur sehr wenig Großkörner mit strahligem Spalt enthalten. Abb. 58 zeigt die Formen der durch Erhitzen verkleisterten Roggenstärke.

Roggenprodukte.

Das Roggenmehl ist nicht so weiß wie das Weizenmehl und enthält gewöhnlich auch mehr Kleiebestandteile als dieses. Eine Beimengung von Weizenmehl zu Roggenmehl ist nicht durch die Stärkeform nachweisbar, sondern nur durch die Schalenelemente. Charakteristisch für die aus Roggen hergestellten Erzeugnisse sind die weitlumigen Haare, die Querzellen mit abgerundeter Schmalseite und die großen linsenförmigen Stärkekörner mit strahliger Spalte. Die BAHMIHLsche Kleberprobe (s. bei Weizen) verläuft bei Roggenmehl negativ.

Aus gequetschtem, geschrotetem oder grob gemahlenem Roggen werden sogenannte Vollkornbrote (wie Grahambrot), Pumpernickel und ähnliche Spezialbrote hergestellt. Das gewöhnliche Graubrot, das meist als Roggenbrot bezeichnet wird, enthält aus backtechnischen Gründen oft nicht unerhebliche Mengen Weizenmehl.

Roggenkleie dient als Viehfutter und wird nicht selten mit fremden Beimengungen versehen. BARNSTEIN nennt Weizenabfälle, Hirse-, Reis-, Haferspelzen, Kartoffelpülpe, Steinnußmehl, Erdnußhülsen, Holzmehl, Maisstengelabfall und anderes.

Gerösteter Roggen findet als Kaffee-Ersatzmittel Verwendung.

6. Mais.

Die Maispflanze (*Zea Mays* L.) ist amerikanischen Ursprungs und in ihrer Heimat heute noch die wichtigste Getreideart. Auch für die wärmeren Gebiete der Alten Welt ist Mais — auch türkischer Weizen oder Kukuruz genannt — von Bedeutung.

In der Kultur hat der Mais eine Menge Spielarten gebildet, die sich nach Größe, Form und Farbe der Körner (weiß, gelb, rot, blau), Länge und Dicke

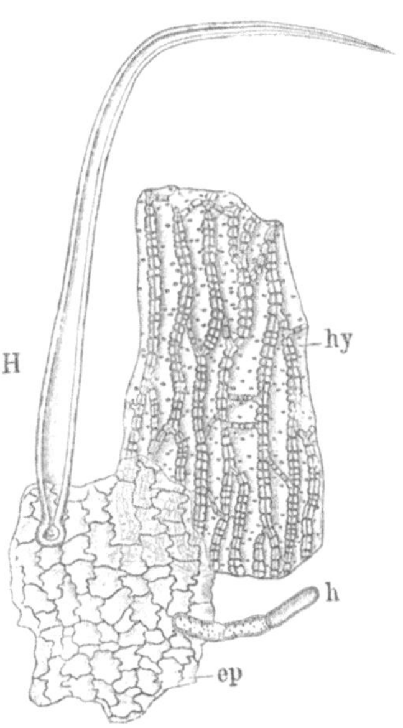

Abb. 59. Flächenansicht der Epidermis (*ep*) und des Unterhautgewebes (*hy*) des Maiskolbens in der Vertiefung zwischen den Früchten (A. L. WINTON).

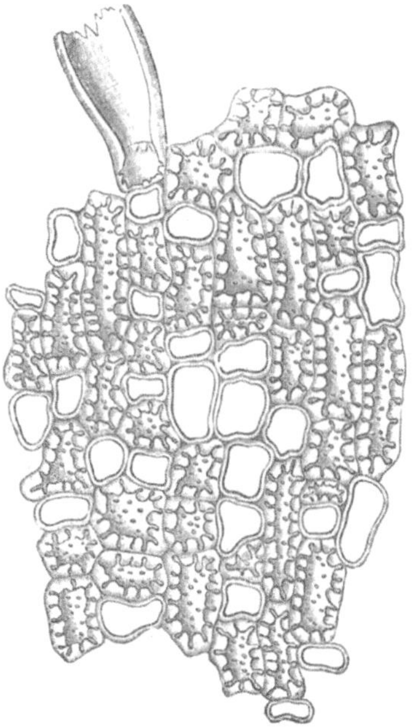

Abb. 60. Epidermis der oberen Deckspelze des Maises (A. L. WINTON).

der Spindel usw. unterscheiden. Als wichtigste seien genannt: Europäischer Mais, Perlmais, Pferdezahnmais, Zuckermais und Spelzenmais.

Der Maiskolben besteht aus einer dicken Spindel, auf der die von Spelzen umhüllten Früchte (Körner) dichtgedrängt sitzen, und zwar in einer geraden Anzahl von Doppelreihen. Der entkernte Kolben besteht aus der von Spelzen bedeckten Spindel.

Die mehr oder weniger zusammengedrückten Körner sind beim Zahnmais gewöhnlich länger als breit, beim Europäischen Mais breiter als lang, im Querschnitt abgerundet viereckig. Die nach oben gerichtete Seite ist glatt und flach; die Rückenseite hat eine breite, nach oben sich verjüngende Grube, unter der der ungewöhnlich große Keimling liegt.

A. **Die Maisspindel** ist im Inneren von Mark erfüllt, das von einem Leitbündelkranz umgeben ist. Die äußere Zone hat holzige Beschaffenheit und besteht aus Steinzellen, die in Form, Größe und Verdickung verschieden sind. Die Oberhaut ist in den zwischen den Früchten befindlichen Vertiefungen im holzigen Gewebe dünnwandig und trägt dort zweierlei Haare: lange einzellige, zugespitzte, dünnwandige (*H*) und kurze, zwei- bis mehrzellige, stumpfe, äußerst zartwandige (*h*) (Abb. 59).

B. **Die Hüllspelzen** sind im unteren Teil hornig, im oberen papierdünn. Die Oberhaut besteht aus zweierlei Zellformen: aus unregelmäßig geformten, dickwandigen, reich getüpfelten (Abb. 60) und aus gerundet-rechteckigen, dünnwandigen, porenfreien Zellen.

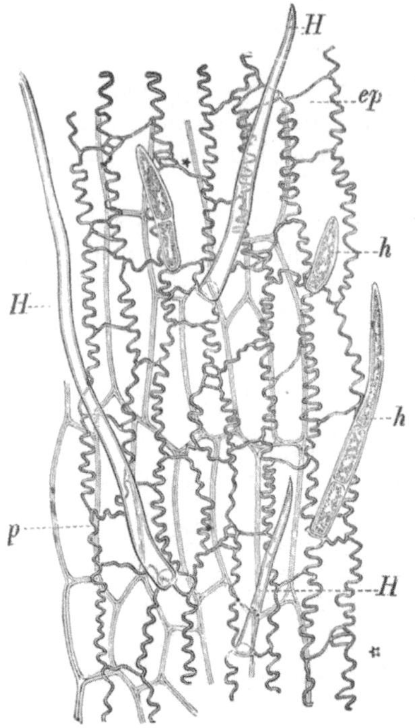

Abb. 61. Flächenansicht des häutigen Teiles der oberen Deckspelze des Maises (J. MOELLER). *ep* Epidermis, *H* lange einzellige Härchen, *h* kurze, ein- bis zweizellige Härchen, *p* innere Oberhaut.

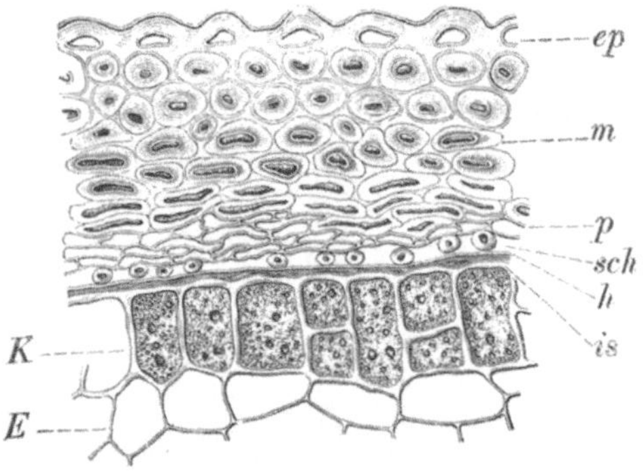

Abb. 62. Querschnitt durch den Rand des Maiskornes (J. MOELLER). *ep* Oberhaut, *m* Mittelschicht, *p* Schwammparenchym, *sch* Schlauchzellen, *h* Samenhaut, *is* Perisperm, *K* Aleuronschicht, *E* Mehlkern.

Das Mesophyll ist im hornigen Teil der Spelze größtenteils sklerosiert. Im äußeren Teil sind die Steinzellen isodiametrisch, mäßig verdickt; nach innen zu sind sie kleiner, dickwandiger und der Länge nach gestreckt.

Die innere Oberhaut ist undeutlich und zusammengedrückt, die darunter befindlichen Zellagen sind dünnwandig. Im häutigen Spelzenteil ist nur noch die dünnwandige Oberhaut vorhanden, das Mesophyll fehlt vollständig. Das gleiche gilt für die dünnen **Deck-** und **Vorspelzen** (Abb. 61).

C. **Frucht.** Querschnitte durch das Maiskorn (Abb. 62) zeigen den typischen Bau der Zerealien. Die Oberhaut der Fruchtschale (Abb. 62, *ep*) besteht aus gestreckten Zellen, die denen des Weizens ähnlich, aber dickwandiger sind. Den gleichen Bau weisen die äußeren Lagen der aus 6—15 Zellreihen bestehenden Mittelschicht auf (Abb. 63, *m*). Innen sind sie undeutlicher, mehr faserartig, ihre Wände stark verdickt und verschleimt, ihr Lumen oft spaltenförmig. Sie gehen in ein Schwammparenchym (*p*) über (in der Nähe des Nabels Sternparenchym), das den Querzellen der übrigen Getreidearten entspricht, da seine Elemente sich mit den vorhergehenden Schichten, wie auch mit den darauffolgenden Schlauchzellen kreuzen.

Die Schlauchzellen (*sch*) sind länger und dünner als die des Weizens, häufig hin und her gebogen, myzelartig erscheinend.

Die Samenschale ist eine braune, sehr dünne, an Querschnitten gut sichtbare Membran aus zwei sich kreuzenden Lagen zarter, gestreckter Zellen. Unter ihr befindet sich das Perisperm (Nuzellarrest), das jedoch auf Querschnitten nur unter günstigen Bedingungen sichtbar ist (Abb. 62 und 63, *is*).

Endosperm. Die Kleber- oder Aleuronschicht (*K*) ist meist einreihig; nur vereinzelte Zellen derselben sind geteilt. Der Durchmesser der Kleberzellen beträgt 30 bis 40 μ, die Dicke ihrer Wand etwa 12 μ.

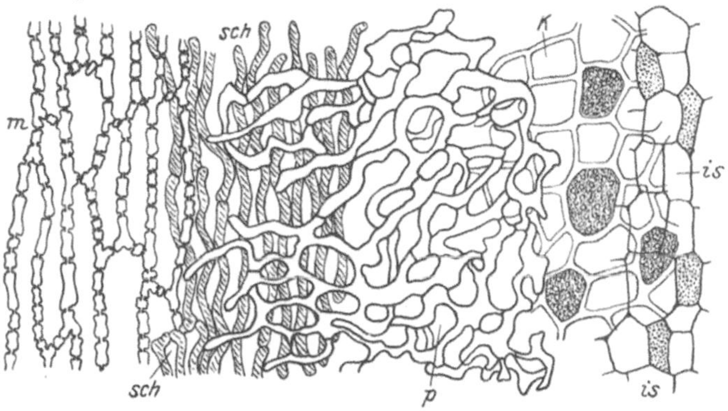

Abb. 63. Die Schichten der Maisschale in der Flächenansicht; Bedeutung der Buchstaben wie in Abb. 62 (nach J. MOELLER).

Das Stärke-Parenchym besteht aus einem äußeren, dunkleren, hornartigen Teil (Hornendosperm) und einem weißen, mehligen Kern (Mehlendosperm). Im Hornendosperm sind die Zellen mit Stärke so dicht vollgestopft, daß die Körner infolge des gegenseitigen Druckes eine scharf polyedrische, kristallartige Gestalt aufweisen; im mehligen Teil sind alle Stärkekörner rundlich. Ihre Größe beträgt gewöhnlich 10—25 μ, selten bis 30 μ. Eine strahlige Kernhöhle ist meist vorhanden (Abb. 25).

Solche große, polyedrische Stärkekörner kommen außer bei Mais nur noch bei *Sorghum* vor.

Wird die Stärke der Hornendospermzellen durch Lauge in Lösung gebracht, so hinterbleibt meist ein äußerst zartes, feinmaschiges Netz aus granulierten Fäden, das den zwischen den Stärkekörnern befindlichen feinen Plasmasträngen entspricht. (Unterschied von *Sorghum*-Hirse).

Der Keimling ist beim Mais besonders groß. Der schildförmige Teil (scutellum) setzt sich aus feinporigen Zellen zusammen, die denen der Erdnuß ähnlich sind. Die Plumula und Radicula bestehen aus kleineren ölreichen Zellen. Stärke enthält der Keimling nicht.

Maisprodukte.

Die Maisprodukte, deren es in Amerika besonders viele gibt, dienen nicht allein als Nahrungsmittel für Menschen und Tiere, sondern häufig auch als Fälschungsmittel.

A. Erzeugnisse aus ungeschältem Mais.

Maismehl, grob gemahlen, ist in Amerika als Futter für Rindvieh, Schweine und Pferde sehr gebräuchlich.

Maisschrot dient als Geflügelfutter.

Maisgrieß, der zur Herstellung von Brei (Polenta) dient, besteht aus feineren oder gröberen Bruchstücken.

In diesen Produkten finden sich neben den charakteristischen Stärkekörnern auch die Kleieteilchen.

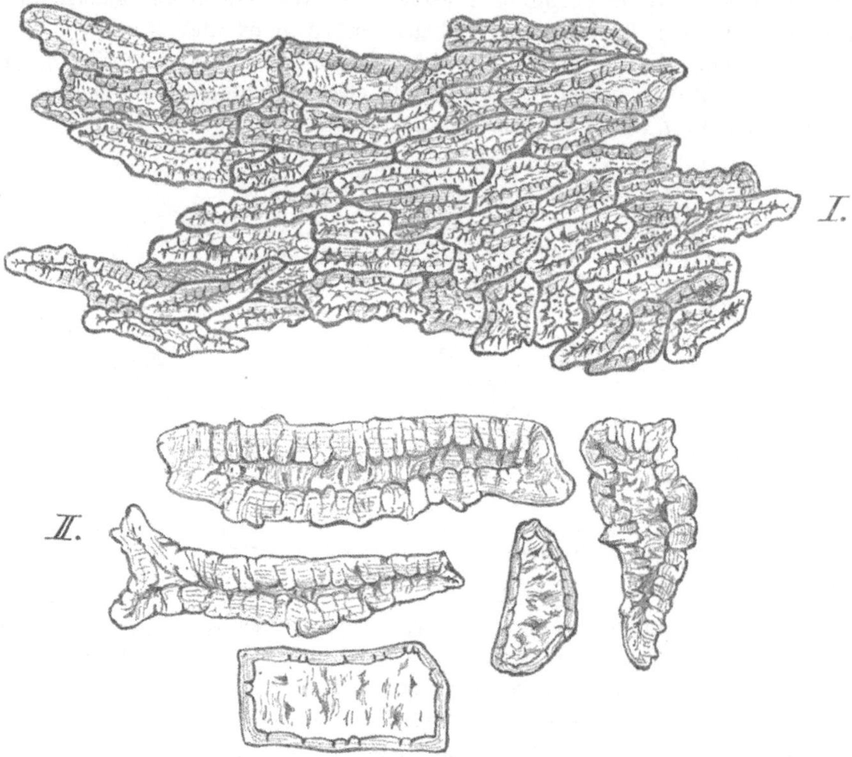

Abb. 64. Holziges Gewebe der Maisspindel (A. SCHOLL). *I* Zellverband (1:100), *II* Einzelne Elemente (1:200).

Mit Alkalien behandelt, werden die gelben oder weißen Schalenteile goldgelb, die roten grün. — Die Fruchtschale ist charakterisiert durch die perlschnurartig verdickten Zellen der Oberhaut, die mehr faserartigen der Mittelschicht sowie durch das Schwammparenchym.

B. Erzeugnisse aus geschältem Mais.

Feines Maismehl ist Bestandteil der in Amerika gebräuchlichen Pfannkuchenmehle („Griddle-cake-flours“) und dient auch zur Fälschung des Weizenmehles (namentlich das aus dem Mehlendosperm gewonnene Produkt, das fast nur rundliche Körner enthält).

Grobes Maismehl dient zu Brot („Johnny-cake“) und Polenta („Hasty-pudding“).

Maisgries („Hominy") aus dem weißen Kern des Maiskornes ist in Amerika als „breakfast-cereal" bekannt.

Diese und ähnliche Produkte bestehen hauptsächlich aus unveränderter Stärke, während in

Maisbrocken („Corn-crisp") oder Maisflocken („Corn-flake") und im gebrannten Mais („Cracker Jack") die Stärkekörner durch Erhitzen verquollen sind.

Maizena, Mondamin, Cornflour und dgl. ist Maisstärke. Die Maisstärke hat in den Vereinigten Staaten die anderen Stärkearten fast ganz verdrängt. Man bedient sich ihrer nicht allein zur Wäsche und für Küchenzwecke, sondern man bereitet aus ihr auch Sirup, Glykose, Dextrin und andere Handelsartikel. Sie ist auch Bestandteil vieler Nährpräparate und Backpulver und wird als Fälschungsmittel für Kakao, Schokolade usw. verwendet.

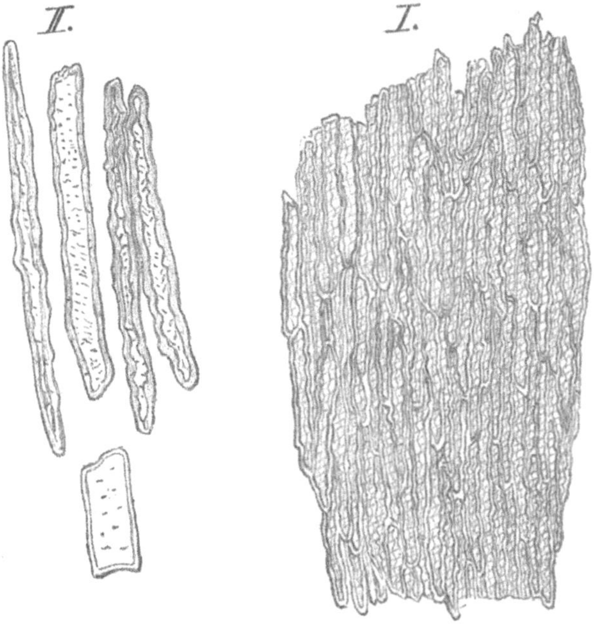

Abb. 65. Horniger Teil der Hüllspelzen des Maises (A. SCHOLL). *I* Flächenansicht (1: 100), *II* Einzelne Elemente (1: 200).

C. Nebenprodukte.

Maiskle bermehl (gluten meal), Maizenafutter (gluten feed) sind Abfälle der Maisstärkefabrikation, die als Futtermittel Verwendung finden. Das erstgenannte Produkt enthält hauptsächlich die Kleberzellen, daneben gequollene Stärke, letztere außerdem die Schalenbestandteile vom Mais.

Maiskuchen ist der Preßrückstand der Maiskeime, aus denen fettes Öl gewonnen wurde. Gemahlen kommt der Preßrückstand meist als „Glukosemaisölkuchenmehl" in den Handel. Er enthält nach BARNSTEIN neben den Teilchen des stärkefreien Keimlings auch gequollene Stärke und geringe Mengen Schalenbestandteile.

Maiskleie, ein bei der Fabrikation von Maisgrieß und Maismehl entstehendes Abfallprodukt, in Amerika ebenfalls als „Hominy" (Homy) bezeichnet, wird oft der Weizenkleie zugesetzt.

Maisspindeln — die entkernten Kolben tragen auch noch die Spelzen — sind wegen ihrer mechanischen Beschaffenheit und wegen ihres geringen Nährwertes ein minderwertiges Tierfutter, doch werden sie im gemahlenen Zustand zuweilen der Mais-, Weizen- und Reiskleie beigemengt. Man erkennt sie oft schon mit unbewaffnetem Auge an den teils papierdünnen, teils holzig-harten Bruchstücken. Charakteristisch sind die verschieden gestalteten Steinzellen

(Abb. 64), die Elemente des hornigen Teiles der Hüllspelzen (Abb. 65), das Markgewebe, die zarten Gliederhaare und die scharf zugespitzten, einzelligen Haare, deren Lumen fünf- bis sechsmal breiter ist als die Wandverdickung.

7. Gerste.

Die Gerste (*Hordeum sativum* L.) wird in den nördlichen Gebieten der Alten Welt als Brotfrucht, in den gemäßigten Gebieten zur Malzbereitung gebaut.

Die Ähren setzen sich aus Gruppen von je drei einblütigen Ährchen zusammen, die alternierend gegenständig auf der zickzackförmigen Spindel angeordnet sind. Bei der sechsreihigen (*H. sativum var. hexastichon* [L.] Hackel) und bei der vierreihigen Gerste (*H. sativum var. vulgare* [L.] Hackel) sind alle Blüten fruchtbar; bei der zweireihigen Gerste (*H. sativum var. distichon* [L.] Hackel) sind nur die mittleren Blüten vollständig. Die Früchte einiger Varietäten sind nackt; im übrigen sind sie so innig von den Spelzen umhüllt, daß sie beim Dreschen nicht herausfallen.

Für die Deckspelzen sind fünf Rippen charakteristisch, deren mittlere sich in eine lange, beim Drusch abbrechende Granne verlängert. Das Gerstenkorn

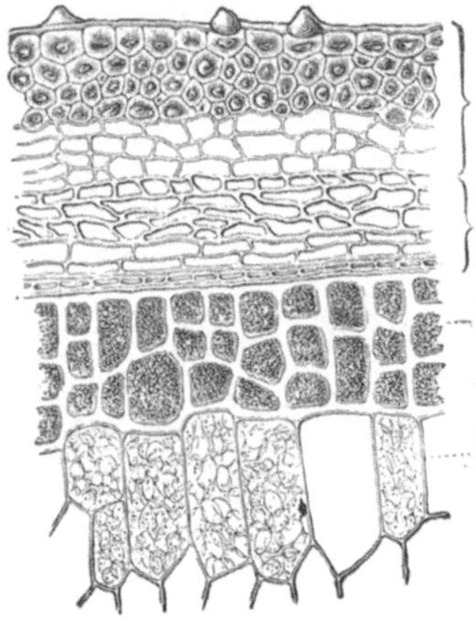

Abb. 66. Querschnitt durch die bespelzte Gerste (J. Moeller).

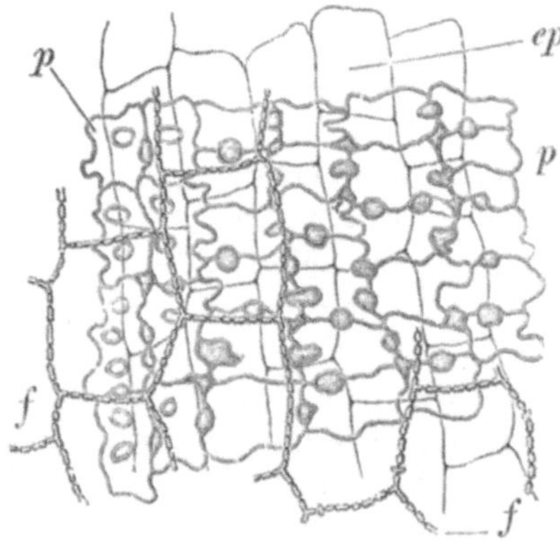

Abb. 67. Innere Schicht der Gerstenschale (J. Moeller). *p* Schwammparenchym und *ep* innere Oberhaut der Spelze, *f* Fruchtoberhaut.

ist mit und ohne Spelzen spindelförmig; auf der Bauchseite ist es, wie Weizen und Roggen, gefurcht, und auf der Rückseite zeigt eine Vertiefung am Grunde die Lage des Embryos an.

Werden Querschnitte aus dem bespelzten Korn mit Lauge, verdünnter Essigsäure und Chlorzinkjod oder mit Javellescher Lauge und Safranin behandelt, so können die Schichten deutlich unterschieden werden (Abb. 66). Um die Spelzen zu beseitigen, kocht man mit Wasser. Durch Schaben erhält man Flächenpräparate, die auf dieselbe Weise aufgehellt und gefärbt werden wie die Querschnitte.

A. Spelzen. Die Oberhautzellen (Abb. 41) sind stark verkieselt und von dreierlei Form: 1. langgestreckt mit gewellten Seitenwänden; 2. klein, rundlich und zu kegelförmigen Härchen (*h*) ausgewachsen; 3. halbmondförmig und oft paarweise angeordnet, sogenannte Zwillingskurzzellen (*s*). Unter Wasser erscheint die Zellwand homogen; nach Behandlung mit Lauge wird die zickzackförmige Mittellamelle deutlich. Längs der Furche liegen Spaltöffnungen in je zwei Reihen.

Das Hypoderm besteht aus 1—3 Lagen dickwandiger, getüpfelter Fasern, deren Länge bis 300 μ, deren Dicke bis 20 μ erreicht.

Das Schwammparenchym (Abb. 67, *p*) besteht aus zartwandigen, rechteckigen, oder wenig gestreckten Zellen mit eigenartig gefalteten Wänden und rundlichen, elliptischen oder unregelmäßigen Interzellularen zwischen den Falten.

Die innere Epidermis (Abb. 42) ist auf Querschnitten nicht deutlich; auf Flächenpräparaten sieht man jedoch die zarten, gestreckten Zellen, kurze zugespitzte Haare (*h*) und Spaltöffnungen (*st*).

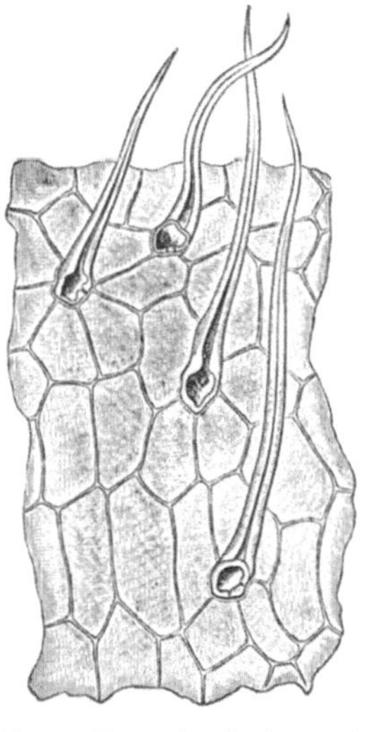

Abb. 68. Haare des Spelzenrandes der Gerste (J. MOELLER).

Abb. 69. Fruchthaare der Gerste. *a* Haar von einer Lodicula (A. SCHOLL).

Der in der Furche gelegene Spelzenrand trägt 200—300 μ lange und etwa 15 μ breite Haare (Abb. 68).

B. Frucht. Die Oberhautzellen sind dünnwandig, ihre Wände (Abb. 66 und Abb. 67, *f*) quellen in Lauge beträchtlich. Wie bei Weizen und Roggen, ist die Scheitelregion behaart, aber die Haare (Abb. 69) sind viel dünnwandiger, die meisten gegen 150 μ lang und an der Basis 20 μ breit, einige über 1 mm lang und 30 μ breit. Die langen Haare sind oft dünnwandiger als die kurzen.

Die Mittelschicht ist der Oberhaut ähnlich. Bei den nackten Gerstenvarietäten sind die Zellen größer und dickwandiger.

Die Querzellenschicht (Abb. 66 und 70, *qu*) besteht aus 1—3, gewöhnlich 2 Reihen dünnwandiger ungetüpfelter Zellen. Meist sind sie 60 bis 100 μ

lang und 10—25 μ breit, stellenweise aber fast isodiametrisch, und häufig bilden sie Interzellularräume.

Die Schlauchzellen (Abb. 70, *sch*) sind 80—150 μ lang, 12 μ breit.

Die beiden Zellenlagen der Samenhaut sind longitudinal gestreckt und kreuzen sich nicht. Der Nuzellarrest ist in verdünnter Lauge an Querschnitten oft sichtbar.

Das Endosperm unterscheidet sich von dem der übrigen Zerealien durch die mehrreihige

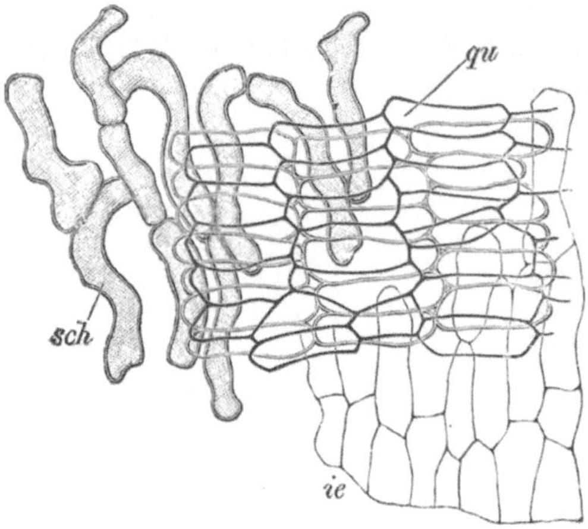

Abb. 70. Fruchthaut der Gerste (J. MOELLER). *qu* Querzellen, *sch* Schlauchzellen.

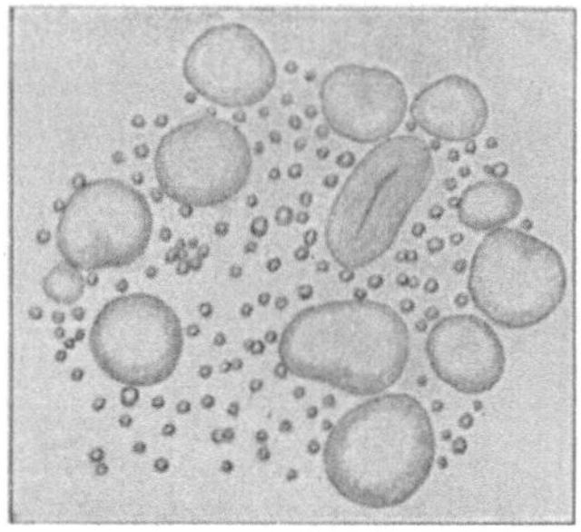

Abb. 71. Gerstenstärke 1:280 (C. MEZ).

(2—4) Aleuronschicht (Abb. 66). Auf Querschnitten erscheinen die Zellen quadratisch oder radial gestreckt, in der Flächenansicht rundlich-polygonal (18—30 μ).

Die Gerstenstärke (Abb. 71) ist der Weizen- und Roggenstärke ähnlich, die Körner sind jedoch kleiner, gewöhnlich 20—30 μ, selten über 35 μ und unregelmäßiger gestaltet, oft fast nierenförmig. Da zusammengesetzte Körner selten sind, finden sich kantige Kleinkörner sehr spärlich. Kern und Schichtung sind an den Großkörnern oft deutlich. Kernspaltung ist sehr selten.

Gerstenprodukte.

Malz, das wichtigste Erzeugnis, enthält alle zelligen Elemente der Gerste.

Geröstete Gerste und geröstetes Malz dienen als Ersatz- und Fälschungsmittel für Kaffee. Die Stärke ist meist erheblich verändert.

Malzkaffee zeigt im Längsschnitt gewöhnlich Höhlungen (es muß eine Anzahl von Körnern geprüft werden), sofern das Hauptwürzelchen die halbe bis ganze Kornlänge erreicht hatte. Röstprodukte aus schwach gekeimtem Malz (Spitzmalz) sind auf diese Weise vielfach nicht mit Sicherheit von gerösteter Gerste zu unterscheiden.

Graupen nennt man die geschälte und gerundete Gerste (Perlgraupen, Rollgerste). In den Furchen — wenn noch vorhanden — findet man Schalenbestandteile. Sonst sind die geschälten Gerstenprodukte durch die Stärkekörner, die dünnwandigen Haare, die dünnwandigen Querzellen in 1—3 Schichten und die mehrreihige Aleuronschicht charakterisiert.

Gerstenschrot besteht aus ungeschälten,

Gerstengrütze aus geschälten und gebrochenen Körnern.

Gerstenmehl dient in einigen Gegenden zum Brotbacken, auch zur Herstellung von Kindermehl. Da es aus entschälten Körnern gewonnen wird, enthält es höchstens Spuren von Spelzenteilen.

Von den Nebenprodukten sind Gerstenkleie, Graupenfutter, Treber und Malzkeime als Tierfutter gebräuchlich.

Graupenfutter unterscheidet sich von der Kleie nur durch höheren Stärkegehalt. Nach BARNSTEIN wird Graupenfutter besonders oft verfälscht (Haferabfall, Hirsespelzen, Erdnußhülsen, Reisspelzen, Reisfuttermehl, Kaffeehülsen, Holzmehl, Steinnußmehl, Gerstengrannen, Kartoffelpülpe, Maisschalen, Erbsenschalen, Weizen- und Roggenkleie und anderes).

Treber nennt man das ausgelaugte Malz. Durch die stark hervortretenden Spelzenrippen sind die Gerstentreber von den Hafertrebern schon mit freiem Auge zu unterscheiden, mikroskopisch durch die rechteckigen Zellen des Schwammparenchyms, außerdem durch die unter Graupen angeführten Merkmale.

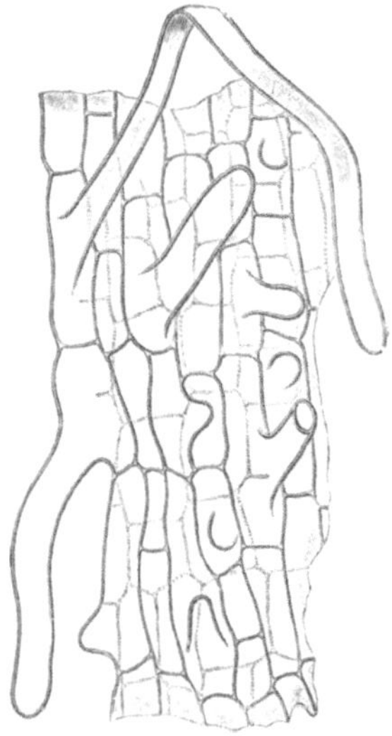

Abb. 72. Oberhaut der Malzkeime (J. MOELLER).

Malzkeime nennt man die beim Mälzen der Gerste ausgewachsenen, auf der Darre eingetrockneten und vom Malz abgeputzten Würzelchen. Sie bilden ein Haufwerk kurzer Fäden, die spulenrund und von einem zentralen Leitbündel durchzogen sind. Die Oberhaut trägt zahlreiche einzellige, stumpf endigende, oft nur kurze Ausstülpungen der Oberhautzellen bildende Haare (Abb. 72). Durch die hervorgehobenen Merkmale sind die Malzkeime von den ihnen äußerlich ähnlichen zerschnittenen Maisgriffeln (s. S. 327) sicher zu unterscheiden.

8. Hafer.

Der Hafer (*Avena sativa* L.) ist nicht nur als Tierfutter, besonders für Pferde, wertvoll, sondern er dient auch als menschliches Nahrungsmittel in mannigfachen Zubereitungen.

Man unterscheidet Rispenhafer und Fahnenhafer in zahlreichen nackten und bespelzten, begrannten und grannenlosen Abarten. Sie sollen alle vom wilden Hafer mit geknickter Granne (*A. fatua* L.) abstammen.

Die zwei- oder mehrblütigen Ährchen sind von zwei breiten, häutigen Hüllspelzen gestützt, die beim Dreschen in der Spreu zurückbleiben. Bei den gewöhnlichen Varietäten ist jede Frucht von der schmalen, gerundeten, verkieselten, fünf- oder mehrnervigen, aber nicht gerippten Deckspelze und von der dünnen, zweinervigen Vorspelze eingeschlossen. Die Deckspelze hat schmale, dünne Ränder; die breite Vorspelze umschließt mit häutigen Flügeln die Frucht. Die Granne der Hüllspelze bricht beim Reinigen des Getreides ab. Das enthülste Korn ist spindelförmig, seidenhaarig, auf der Bauchseite seicht gefurcht. Der Keimling hat ungefähr die Länge eines Drittels der Frucht.

A. Spelzen. Bei der Deckspelze besteht die äußere Oberhaut (Abb. 73, *A*) aus zickzackförmig gewellten Langzellen, mit rundlich ausgestülpten („trommelschlägelförmigen") Zacken, rundlichen Kurzzellen, die zum Teil in kurze kegelförmige Haare auslaufen und Zwillingskurzzellen, von denen die eine gewöhnlich

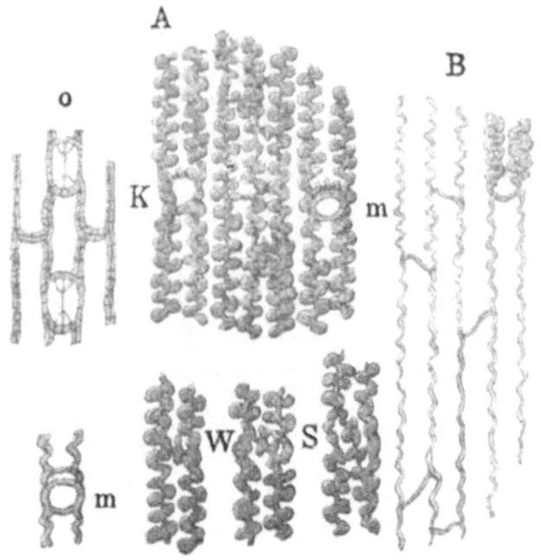

Abb. 73. Epidermis der Haferspelze (J. FORMANEK). *A* Deckspelze, *B* Vorspelze, *K* Kurzzellen, *m* Zwillingskurzzellen, *W* und *S* Querwände.

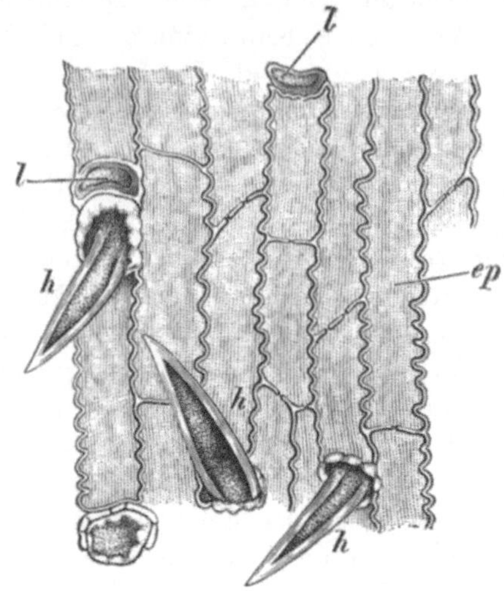

Abb. 74. Oberhaut des Deckspelzenrandes der Haferfrucht (J. MOELLER).

halbmondförmig ist, und zwar die kleinere (Unterschied von Gerste). Auf dem Körper der Spelze ist die Zellwand oft dicker als das Lumen (Abb. 75, *ep*); an den Rändern ist sie dünner (Abb. 74, *ep*). Dort finden sich hier und da, besonders in der Nähe der Rundzellen, scharf zugespitzte Haare mit weitem Lumen, an der Basis gewöhnlich breit, selten über 60 μ lang.

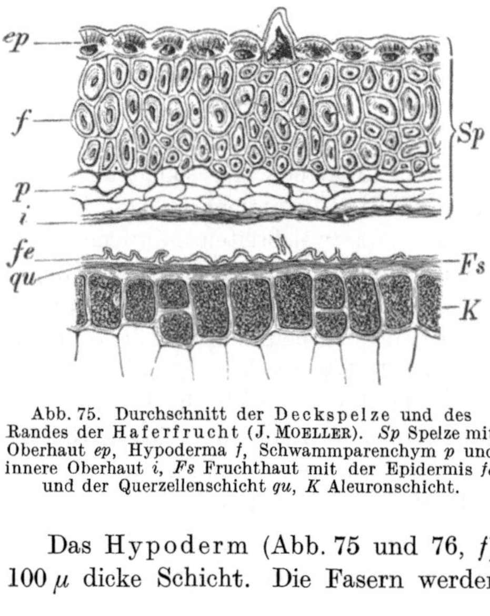

Abb. 75. Durchschnitt der Deckspelze und des Randes der Haferfrucht (J. MOELLER). *Sp* Spelze mit Oberhaut *ep*, Hypoderma *f*, Schwammparenchym *p* und innere Oberhaut *i*, *Fs* Fruchthaut mit der Epidermis *fe* und der Querzellenschicht *qu*, *K* Aleuronschicht.

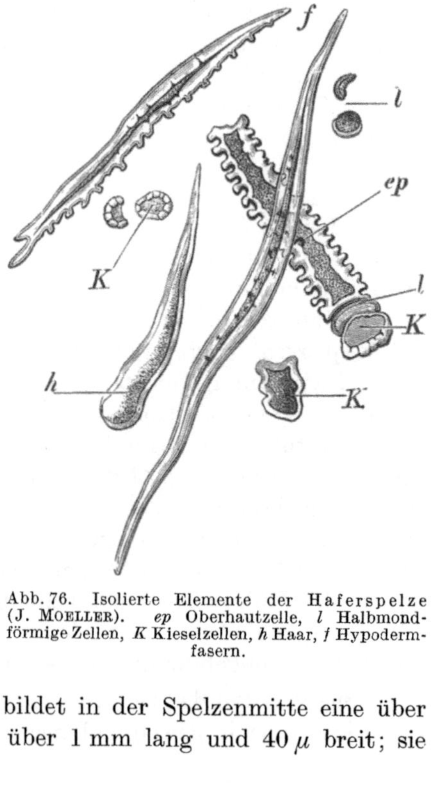

Abb. 76. Isolierte Elemente der Haferspelze (J. MOELLER). *ep* Oberhautzelle, *l* Halbmondförmige Zellen, *K* Kieselzellen, *h* Haar, *f* Hypodermfasern.

Das Hypoderm (Abb. 75 und 76, *f*) bildet in der Spelzenmitte eine über 100 μ dicke Schicht. Die Fasern werden über 1 mm lang und 40 μ breit; sie haben ein enges Lumen und spitze oder gegabelte Enden. Nur die Fasern der Außenschicht sind an der Außenwand gezähnt. Am Grund der Spelze befinden sich an Stelle der Fasern dicht getüpfelte Steinzellen.

Das Schwammparenchym besteht aus unregelmäßig sternförmig gestalteten Zellen; es ist von dem der Gerstenspelze dadurch unterschieden, daß die zwischen den Zellen befindlichen Lücken in der Flächenansicht häufig paarweise, etwa „brillenförmig" (EMMERLING) auftreten (Abb. 77). Es enthält Spuren von Chlorophyll.

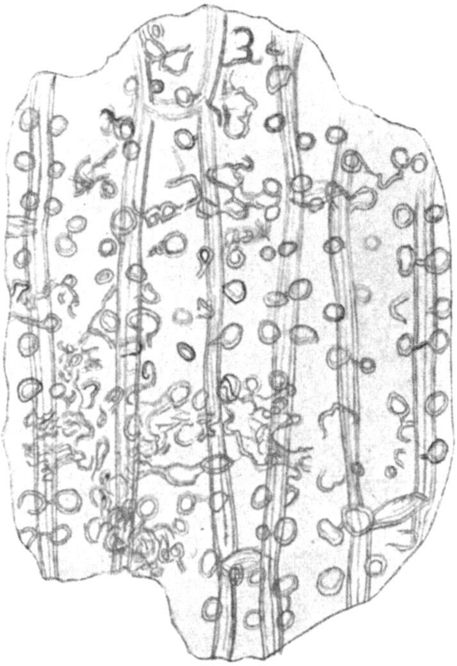

Abb. 77. Schwammparenchym und innere Oberhaut der Haferspelze. 1:200 (A. SCHOLL).

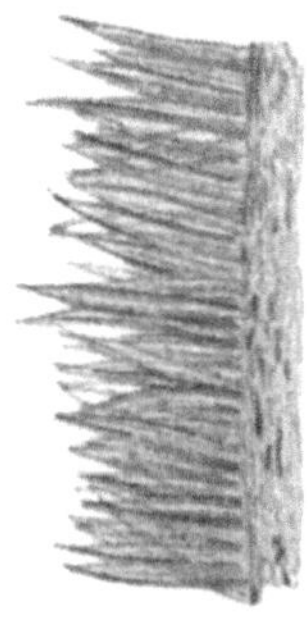

Abb. 78. Haarleiste der Haferspelze. 1:60 (A. SCHOLL).

Die innere Oberhaut besteht, wie bei den anderen Zerealien, aus dünnwandigen Zellen mit Spaltöffnungen.

Die Vorspelze hat im mittleren Teil denselben Bau wie die Deckspelze; nur ist das Hypoderm dünner. In den häutigen Flügeln besteht die äußere Epidermis aus dünnwandigen Zellen, und das Hypoderm ist sehr wenig entwickelt. Spaltöffnungen sind den Kielen parallel reihenweise angeordnet, und die Kiele selbst tragen zahlreiche, steife, dickwandige, zugespitzte, etwa 60 μ lange Haare (Abb. 78); auch der Rand trägt charakteristische Haare und erscheint dadurch gesägt (Abb. 79).

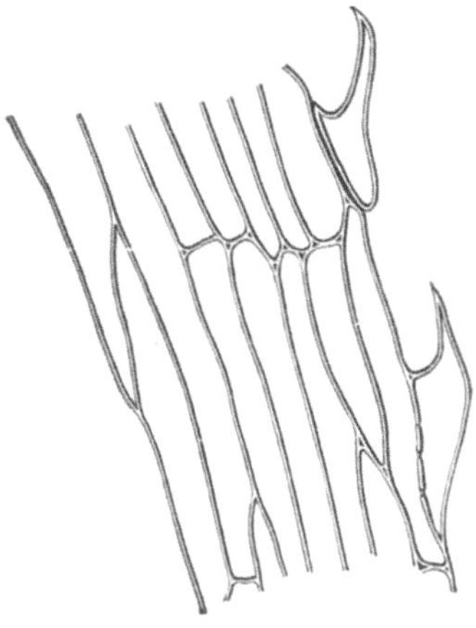

Abb. 79. Vorspelzenrand des Hafers (J. MOELLER).

B. Frucht. In der reifen Frucht ist das Perikarp (Abb. 75, *Fs* und 80) so geschrumpft und zusammengedrückt, daß Querschnittte die drei Schichten, von denen die äußere gerunzelt ist, kaum erkennen lassen. Durch Wasser oder Lauge kann die Fruchtschale erweicht und von der Frucht abgelöst werden.

Die Oberhautzellen (Abb. 80, *fe*) sind gestreckt, dünnwandig, an den Seiten getüpfelt, an den dünneren Enden anscheinend porenfrei. Hier und da sind sie konvergierend um ein, zwei oder drei Haare als Mittelpunkt geordnet. Diese sind bis 2 mm lang, nicht über 23 μ breit, am Grunde oft verengt, gleichmäßig verdickt. Das Lumen ist breiter als die Membran dick.

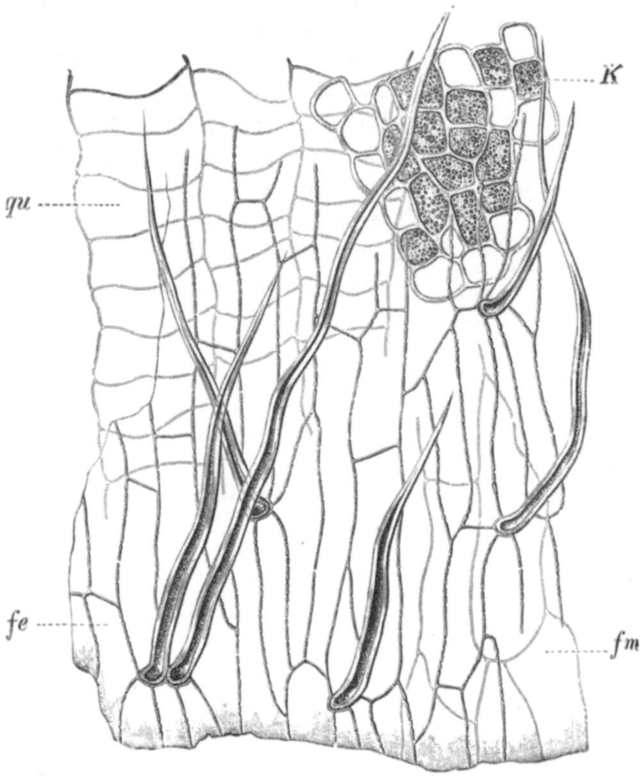

Abb. 80. Fruchthaut des Hafers (J. MOELLER). *fe* Oberhaut, *fm* Mittelschicht, *qu* Querzellenschicht, *K* Aleuronzellen.

Die Mittelschicht (*fm*) ist der Oberhaut ähnlich. Die nur mit Mühe erkennbaren Zellen sind kürzer.

Die Querzellen (*qu*) erinnern in der Anordnung der Zellen an eine Strickleiter. Die ungefähre Breite der Zellen beträgt 30 μ, ihre Länge 100 μ. Sie sind dünnwandig und nicht deutlich.

Samenschale und Perisperm sind nicht erkennbar.

Das Endosperm zeigt gewöhnlich eine einreihige Aleuronschicht (Abb. 75, *K*); ihre Zellen (20—50 μ) sind radial gestreckt und oft quergeteilt. Im Vergleich zu Weizen, Roggen und Gerste sind die Zellwände dünner (Abbildung 80, *K*) und quellen in Alkalien schwach auf.

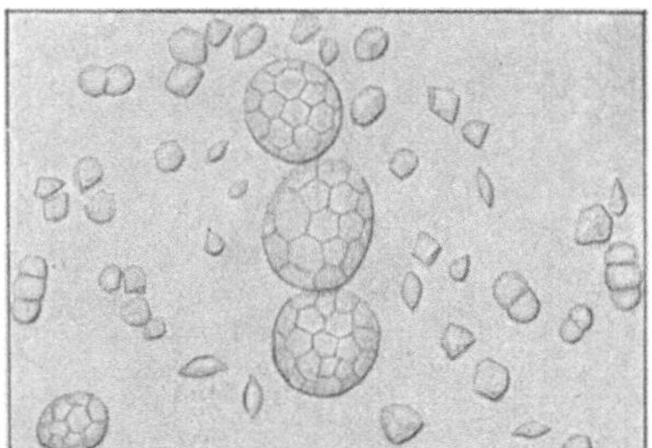

Abb. 81. Haferstärke. 1:280 (C. MEZ).

Das Stärkeparenchym enthält große (meist 35—45, selten bis 60 μ), hoch zusammengesetzte, rundlich-ovale Stärkekörner (Abb. 81), die in kleinkörnige Füllstärke (TSCHIRSCH) eingebettet sind. Die Teilkörnchen sind fast immer scharfkantig, 5—12 μ, die Körnchen der Füllstärke bis 10 μ groß. Neben rundlichen und eckigen Formen finden sich in der letzteren spärlich spindelförmige bis zitronenförmige Gebilde, die für Hafer charakteristisch sind (Unterschied vom Reis).

Haferprodukte.

Hafer wird meist mit den Spelzen und ungeschrotet verfüttert. Im zerkleinerten Zustand wird er oft mit anderen Zerealien gemischt.

Die für die Diagnose wichtigen Bestandteile sind: 1. die schmalen, nicht gerippten Deckspelzen mit dem Sternparenchym; 2. die zarten Vorspelzen mit sägeförmigen Kielen; 3. die Fruchtschale mit den langen, schlanken, am Grunde oft verengten Haaren; 4. die großen zusammengesetzten und die kleinen polyedrischen, vereinzelt spindelförmigen Stärkekörner.

Zur Herstellung von gequetschtem Hafer (Quäker Oats, Haferflocken) Hafergrütze, Hafermehl und ähnlichen Präparaten wird geschälter Hafer verwendet. Diese Zubereitungen enthalten daher unter normalen Verhältnissen keine Spelzenteilchen. In vielen ist die Stärke durch Erhitzen mehr oder weniger verquollen.

Als Abfallstoffe, die als Futter dienen, kommen hauptsächlich in Betracht: Haferspelzen, Haferkleie (aus Spelzenteilen, Fruchtschale und wechselnden Mengen von Hafermehl bestehend) und Haferfuttermehl, ein im wesentlichen aus mehligen Teilen zusammengesetzter Haferabfall.

9. Reis.

Der Reis (*Oryza sativa* L.) ist strenggenommen keine Brotfrucht, liefert aber mehr Menschen als irgendeine der Zerealien die tägliche Nahrung; er ist das wichtigste Nahrungsmittel in China, wo er schon vor 5000 Jahren kultiviert wurde, ferner in Japan, Indien und anderen Gebieten Asiens. Seine Kultur hat sich vom Osten her über alle wärmeren Teile der Erde erstreckt.

Der Blütenstand ist eine Rispe aus einblütigen Ährchen, deren jede zwei kleine Hüllspelzen, eine

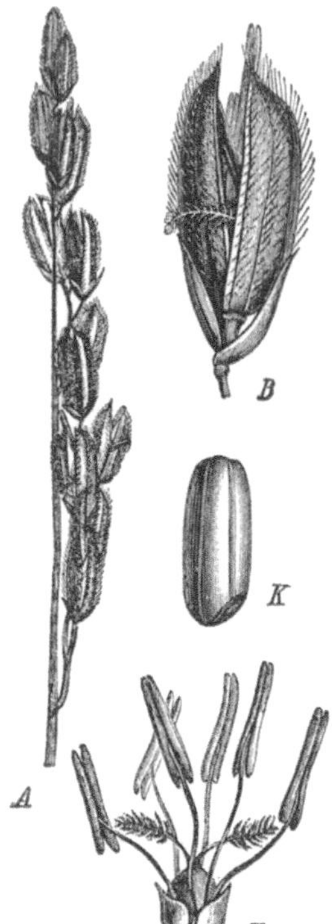

Abb. 82. Reis (nach NEES). *A* Ähre, *B* Ährchen mit den Spelzen, *F* Blüte, K Frucht.

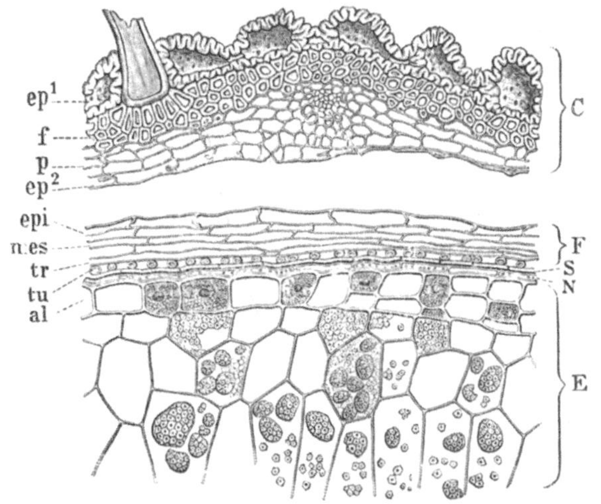

Abb. 83. Querschnitt durch den bespelzten Reis (A. L. WINTON). *C* Spelze mit der beiderseitigen Oberhaut ep^1 und ep^2, dem Hypoderm *f* und dem Parenchym *p*; *F* Fruchthaut mit der Oberhaut *epi*, dem Mesokarp *mes*, den Querzellen *tr* und den Schlauchzellen *tu*; *S* Samenhaut; *N* Perisperm; *E* Endosperm mit der Aleuronschicht *al*.

dicke, begrannte, deutlich fünfrippige Deckspelze und eine ebenso dicke, dreirippige Vorspelze, besitzt. Die beiden letzteren sind stark zusammengedrückt und gekielt (Abb. 82), glanzlos und rauh von zahlreichen Längs- und Querstreifen, die nebst groben Haaren unter der Lupe sichtbar sind. Die Granne ist am gedroschenen Korn selten zu finden. Die enthülste Frucht ist etwa 7 mm lang, beiderseits stumpf. Der Keimling liegt rückwärts an der Basis.

A. Spelzen. Da die Oberhaut verkieselt ist, können Querschnitte aus der Spelze (Abb. 83, *C*) erst nach Erweichung derselben in Lauge angefertigt werden. Um die Elemente zu isolieren, mazeriert man die Spelze mit SCHULZEscher Flüssigkeit (s. S. 4).

Die äußere Oberhaut (Abb. 83 und 84) besteht aus parallelen Längsreihen breiter, dickwandiger Zellen mit eigentümlich tiefbuchtigen Seiten-

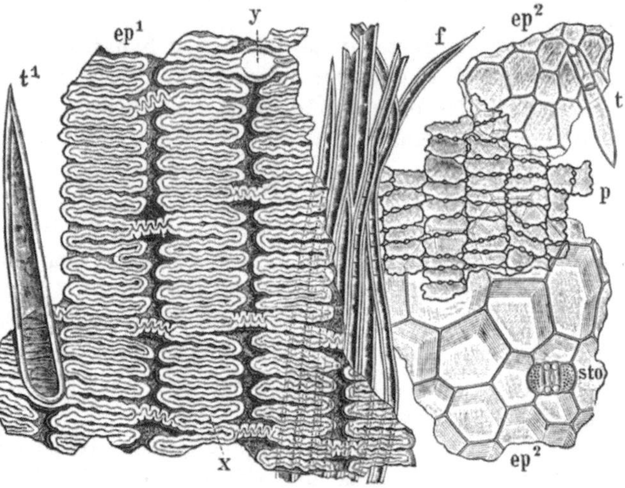

Abb. 84. Spelzengewebe des Reis in der Flächenansicht (A. L. WINTON). t^1 Haar der äußeren, t^2 Haar der inneren Oberhaut, *y* Haarspur, die anderen Buchstaben wie in Abb. 83.

wänden (*ep*). Haare von 500 μ Länge und 40 μ Breite sind auf den kurzen Wänden zerstreut, am reichlichsten längs der Rippen und nahe dem Scheitel.

Das Hypoderm (*f*) wird aus zwei bis drei Reihen Fasern gebildet, die kammartig untereinander und mit der Epidermis verzinkt sind.

Das Schwammparenchym (*p*) besteht aus zwei, stellenweise mehr Lagen rechteckiger, dünnwandiger Zellen.

Die innere Oberhaut (ep_2) erscheint auf Querschnitten als hyaline, streifige Membran. In der Flächenansicht sind die Zellen annähernd isodiametrisch. Ihre dünnen Membranen sind zart gestreift. Die Spaltöffnungen haben zwei eigentümliche Schließzellen und zwei mitunter größere Nebenzellen mit protoplasmatischem Inhalt. Die Haare sind sehr zart, ein-, drei-, meist zweizellig (t_2).

B. Fruchtwand und Same (Abb. 83). Wie bei den bespelzten Getreidefrüchten zumeist (vgl. Gerste und Hafer), ist auch beim Reis die Fruchtschale verhältnismäßig wenig entwickelt.

Das Epikarp (Abb. 85, *ep*) ist die am leichtesten erkennbare und charakteristischste Schicht. Sie ist — ungleich anderen Zerealien — aus quergestreckten, an den Kurzseiten gewellten Zellen gebaut, die 120—500 μ lang und 30—100 μ weit sind.

Die Mittelschicht (*mes*) ist so zusammengedrückt, daß ihre Zellen auf Querschnitten nicht erkennbar sind. In den äußeren Lagen sind sie den Querzellen der Gerste ähnlich, in den inneren Lagen gestreckter, allmählich übergehend in die Querzellen (*Q*), so daß eine scharfe Trennung nicht möglich ist. Die inneren Lagen sind von den Querzellen des Weizens, Roggens, der Gerste und des Hafers verschieden, ähneln aber denen von Mais, Sorghum und Panicum. Sie erreichen eine Länge von 500 μ und sind nur 4—6 μ breit. Sie bilden eine geschlossene Schicht oder sind getrennt und gleichen dann den mit ihnen gekreuzten Schlauchzellen (*sch*), die jedoch nur 3—5 μ breit sind und die einzigen, nichtquergestreckten Zellen der Frucht- und Samenschale darstellen.

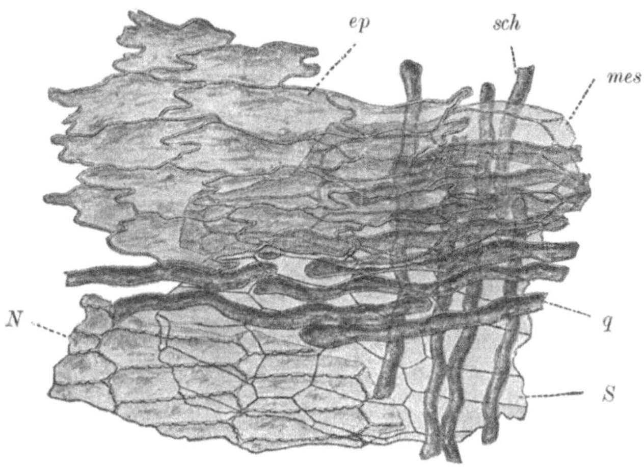

Abb. 85. Frucht- und Samenhaut (das sog. „Silberhäutchen") des Reis in der Flächenansicht (A. L. WINTON). *ep* Oberhaut, *mes* Mittelschicht, *q* Querzellen, *sch* Schlauchzellen, *S* Samenhaut, *N* Perisperm.

Die Samenhaut erscheint auf Querschnitten (Abb. 83, *S*) als strukturlose, undeutliche Membran.

Der Nuzellarrest (Perisperm) ist an Flächenpräparaten, die mit Lauge behandelt wurden, oft an den geperlten Radialwänden der quergestreckten Zellen erkennbar (Abb. 85, *N*).

Das Endosperm zeigt an Flächenschnitten rundlich-polygonale 25—40 μ große, ziemlich dünnwandige Aleuronzellen (Abb. 83, *al*) in einreihiger Schicht.

Das dicht gefüllte Stärkeparenchym enthält, wie beim Hafer, zwei verschiedene Formen von Körnern (Abb. 24), nämlich rundliche bis ovale Aggregate, die aus zahlreichen polyedrischen Teilkörnchen zusammengesetzt sind und Einzelkörnchen (sogenannte Füllstärke), die durch gegenseitigen Druck ebenfalls kantig sind, während rundliche Formen im Gegensatz zum Hafer nur selten vorkommen und Spindelkörner gänzlich fehlen (Unterschied vom Hafer). Die Einzelkörnchen messen 2—10, meist 4—6 μ.

Reisprodukte.

Koch- oder Tafelreis ist geschälter, das heißt durch Abschleifen von der Frucht- und Samenschale und vom Keimling befreiter Reis.

Reismehl und andere Mahlprodukte finden zur Herstellung von Kindermehl und ähnlichen Nährpräparaten beschränkte Anwendung. Sie unterscheiden sich von der Reisstärke, die oft ebenfalls Mehl genannt wird, dadurch, daß sie neben Stärke auch Aleuronzellen und gelegentlich andere Teile der Reisschale enthalten. In der Reisstärke sind außerdem die zusammengesetzten Stärkekörner stets zerfallen.

Reisbackmehl ist ein aus verkleistertem Reis gewonnenes Erzeugnis. Der gar gekochte Reis wird zwischen Walzen getrocknet und zu einem groben Mehl vermahlen, das als Backhilfsmittel dienen soll.

Nebenprodukte sind die in den Reisschälereien abfallenden Spelzen und die Kleie. Die ersteren dienen als Packmaterial, da sie einerseits wegen ihrer Härte, andererseits wegen des Mangels an Nährstoffen als Tierfutter wenig geeignet sind. Gleichwohl haben gemahlene Reisschalen gelegentlich als Fälschungsmittel für Kakao und Gewürze Verwendung gefunden. Zu diesem Zweck werden sie auch geröstet. Sind die Fragmente groß genug, so erkennt man sie unter der Lupe an der Streifung. Unter dem Mikroskop ist die Oberhaut mit den (oft abgebrochenen) Haaren charakteristisch (Abb. 84).

Die beim Polieren des Reises abfallende Kleie, das ist die Frucht- und Samenhaut (die sogenannte Silberhaut), der auch Teile der Aleuronschicht, sowie der Keimling anhängen, kommt als Reisfuttermehl in den Handel und dient zuweilen auch zur Verfälschung von Gewürzen und dgl. Der Nährwert der Reisfuttermehle ist um so geringer, je mehr sie Spelzenteile enthalten.

10. Mohrhirse[1].

Als *Andropogon Sorghum* Brot. werden eine Anzahl *Sorghum*-Arten zusammengefaßt (*S. saccharatum* Pers., *S. vulgare* Pers., *S. Caffrorum* Beauv., *S. nigrum* Roem. et Schult., *S. cernuum* Willd.). Die Verschiedenheit des Blütenstandes und der Frucht ist das Ergebnis der durch Jahrhunderte fortgesetzten Bastardierung und Zuchtwahl, um einerseits Früchte, andererseits Besen oder Zucker zu gewinnen.

Besenhirse.

Die Besenhirse (*Andropogon Sorghum var. technicus* Koern.), eine der wichtigsten Varietäten, wird in ausgedehntem Maßstabe in mehreren Staaten der Union, in geringerer Ausdehnung in Spanien, Italien und anderen Teilen Europas kultiviert. Da die Frucht noch nicht ganz reif ist, wenn der Besen am besten ist, benutzt man sie als Tierfutter und mischt sie mitunter der Weizenkleie bei.

An jedem Gelenk der Blütenrispe entspringt ein fruchtbares und ein oder zwei männliche oder unentwickelte Ährchen (Abb. 86). Das fruchtbare Ährchen besteht aus zwei glänzenden, dicken Hüllspelzen (g_1 und g_2) und drei häutigen, behaarten Hüllen: der Deckspelze (*gf*) und Vorspelze (*p*) der vollständigen Blüte und der Spelze (g_3) der unvollständigen Blüte. Eine gekniete, unterseits bärtige, 5—7 mm lange Granne sitzt auf der Deckspelze, aber sie fällt beim Dreschen meist ab, findet sich daher selten in der Marktware. Das Korn ist etwa 5 mm lang, 2—3 mm breit, beiderseits stumpf zugespitzt, gelb- bis rotbraun.

---

[1] Hirse ist ein Sammelname für mehrere Grasgattungen und deren Früchte. Unter Mohr-, Zucker-, Besen- und Kaffernhirse versteht man *Sorghum*-Arten, unter Kolbenhirse, deutscher oder ungarischer Hirse *Setaria*-Arten, unter Rispenhirse oder gemeiner Hirse *Panicum*-Arten.

A. Bau der Spelzen. Beide Hüllspelzen (Abb. 86, g_1 und g_2) sind 4—6 mm lang und umschließen die Frucht eng. Sie sind von weichen Haaren bedeckt, die so lose haften, daß sie beim Dreschen und Reinigen zumeist abfallen, so daß die Spelzen glatt und glänzend erscheinen. Querschnitte (Abb. 87) zeigen die typischen Schichten.

Die äußere Oberhaut (Abb. 87 und 88, *aep*) besteht aus stark verdickten, langen, wellig gerandeten Zellen mit hier und da eingefügten isodiametrischen Haarnarben, deren jede von einer halbmondförmigen Zelle mit körnigem Inhalt begleitet ist. Die Haare, die unfehlbar bei der Präparation abgelöst werden, wenn sie nicht schon vorher abgefallen waren, sind oft 1,0 mm lang, in der Mitte 12 μ breit, beiderseits verjüngt. Stets ist das Lumen viel breiter als die Wand.

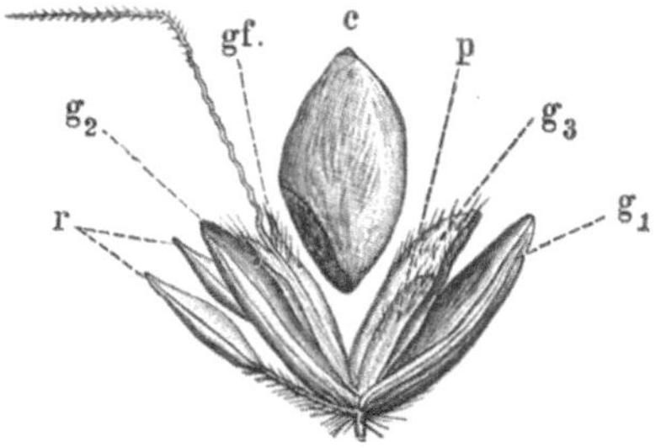

Abb. 86. Ährchen der Besenhirse. 4fach vergr. (J. MOELLER). *r* zwei männliche Ährchen, g_1 und g_2 Hüllspelzen, g_3 Spelze einer unentwickelten Blüte, *gf* begrannte Deckspelze, *p* Vorspelzen, *c* Frucht.

Dickwandige Fasern mit engem Lumen, 0,5 mm lang (Abb. 88, *f*), bilden in mehreren Lagen das Hypoderm.

Das Schwammparenchym (*p*) besteht aus rechteckigen Zellen mit kreisrunden Interzellularräumen (Abb. 89, *p*), denen der Reis- und Gerstenspelze ähnlich.

Die innere Oberhaut (*iep*) ist auf Querschnitten nicht gut erkennbar, weil die radialen Wände zusammengefallen sind. In Flächenpräparaten sind die Zellen (oft 150 μ lang, 50 μ breit), Spaltöffnungen und Haare deutlich zu sehen.

Bei den Deck- und Vorspelzen sind die Zellen der äußeren Oberhaut denen der Hüllspelzen ähnlich, aber enger und dünnwandiger. Die Randhaare sind oft 500 μ lang, einzellig, zugespitzt; auf der Fläche kommen auch kurze, zwei- bis dreizellige, stumpfe Haare vor. Beide Haarformen sind äußerst dünnwandig.

Die innere Epidermis ist unbehaart; ihre Zellen sind geradwandig.

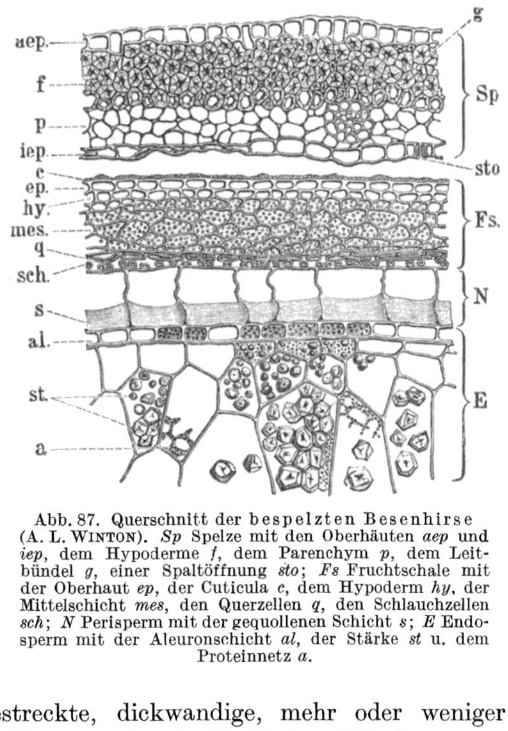

Abb. 87. Querschnitt der bespelzten Besenhirse (A. L. WINTON). *Sp* Spelze mit den Oberhäuten *aep* und *iep*, dem Hypoderme *f*, dem Parenchym *p*, dem Leitbündel *g*, einer Spaltöffnung *sto*; *Fs* Fruchtschale mit der Oberhaut *ep*, der Cuticula *c*, dem Hypoderm *hy*, der Mittelschicht *mes*, den Querzellen *q*, den Schlauchzellen *sch*; *N* Perisperm mit der gequollenen Schicht *s*; *E* Endosperm mit der Aleuronschicht *al*, der Stärke *st* u. dem Proteinnetz *a*.

B. Fruchtwand und Same. Die Oberhaut (Abb. 90, *ep*) hat gestreckte, dickwandige, mehr oder weniger getüpfelte, gewellte Zellen. Nach HASSACK ist die Kutikula (Abb. 87, *c*) von kleinen Körnern oder Kristallen uneben.

Das Hypoderm (*hy*) besteht aus 1 bis 3 Lagen meist dünnwandiger Zellen.

Das Mesokarp (*mes*) enthält — jedoch nicht immer — kleine, runde oder gerundet polyedrische, selten über 6 μ große Stärkekörner.

Die Querzellen (*q*) sind gewöhnlich lang und schmal, nur durch die Querlagerung von den Schlauchzellen zu unterscheiden.

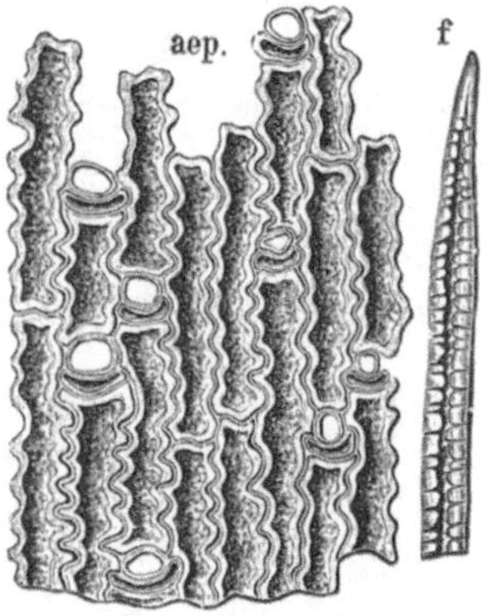

Abb. 88. Hüllspelze der Besenhirse in der Flächenansicht (A. L. WINTON); *aep* Oberhaut, *f* Bruchstück einer Faser.

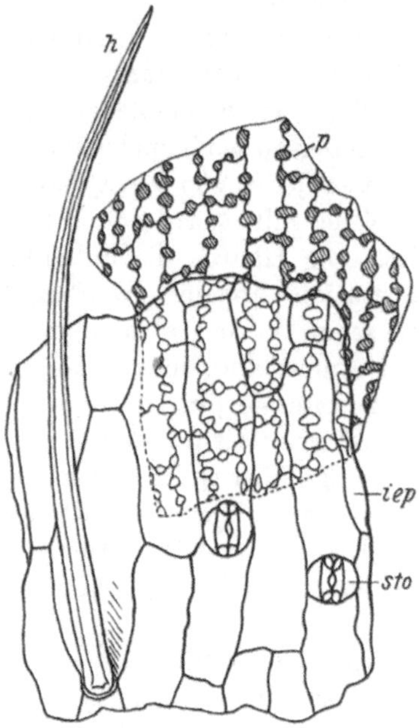

Abb. 89. Hüllspelze der Besenhirse in der Flächenansicht (A. L. WINTON); *iep* innere Oberhaut mit Spaltöffnungen *sto* u. Haaren *h*. *p* Schwammparenchym.

Die Schlauchzellen (*sch*) kreuzen die Querzellen rechtwinklig. Sie erreichen 200 μ Länge und sind ungefähr 5 μ breit.

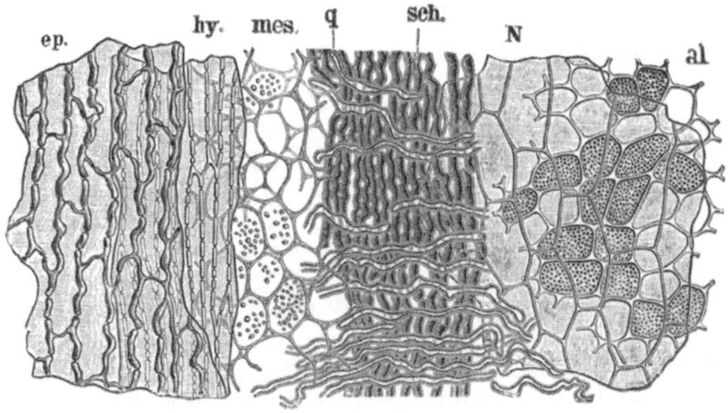

Abb. 90. Fruchtschale der Besenhirse in der Flächenansicht (A. L. WINTON); Bedeutung der Buchstaben wie in Abb. 87.

Das Perisperm (Nuzellarrest) (Abb. 87 und 90, *N*) ist oft 50 μ dick. Die Außenwand der Zellen ist dünn, die Innenwand (*s*) stark gequollen. In Flächenansichten sind die Zellen durch ihre Größe und gelbe oder braune Färbung auffallend.

Endosperm. Die Aleuronschicht (Abb. 90, *al*) besteht aus Zellen von verschiedener Größe und Form.

Die Stärkekörner (Abb. 87, *st* und 91) sind in den äußeren Teilen des Samens kleiner als in den inneren, wo sie oft 30 μ Durchmesser erreichen. Gewöhnlich sind sie scharf polyedrisch, mit deutlichem Kern und radialen Spalten versehen. Nach dem Auflösen der Stärke durch Lauge hinterbleibt ein feines, aus Plasmasträngen bestehendes Netzwerk, das im Gegensatz zum Mais und Buchweizen geperlt ist (Abb. 91), wie bei den anderen Hirse-Arten.

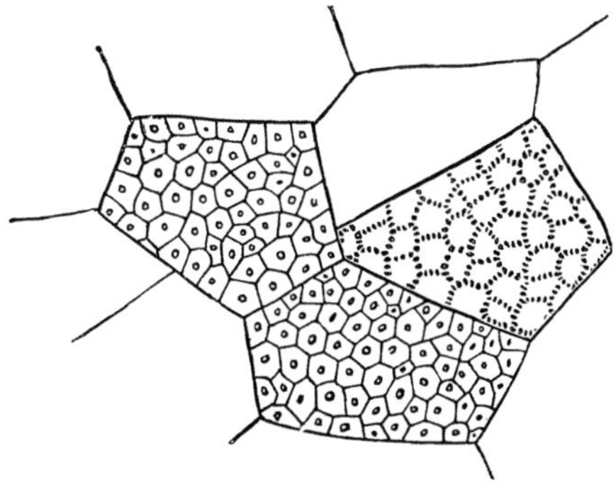

Abb. 91. Mehlendosperm der Hirse (A. E. v. VOGL).

Mahlprodukte.

Die Stärke der Mohrhirse ist in Form und Größe der Maisstärke gleich und von der aller anderen Zerealien verschieden.

Die Spelzenoberhaut und das Perisperm der Besen- und Zuckerhirse finden im Mais nicht ihresgleichen; besonders ist das Perisperm charakteristisch. Nach Behandlung mit Alkalien ist die Epidermis der Hüllspelzen (Abb. 88, *aep*) von der des Maises (Abb. 60) leicht zu unterscheiden. Die dünnen Spelzen sind denen des Maises ähnlich, aber die Zellen sind länger, schmäler und unregelmäßiger geformt.

Die Schlauchzellen beider sind gleich, und die Querzellen von Sorghum sind oft vom Schwammparenchym des Maises nicht unterscheidbar.

Die gestreckten Oberhautzellen der dicken Sorghumspelzen sind denen der Gerste sehr ähnlich. Letztere sind aber durch die kurzen, kegelförmigen Härchen (Abb. 41) ausgezeichnet. — Sorghum- und Haferspelzen sind an der Oberhaut nicht leicht zu unterscheiden, wohl aber am Schwammparenchym. Dieses besteht beim Hafer aus sternförmigen, bei Sorghum wie bei der Gerste aus regelmäßig rechteckigen Zellen mit kreisrunden Interzellularräumen.

Zuckerhirse.

Die Zuckerhirse (*Andropogon Sorghum var. saccharatus* KOERN.), eine alte Kulturpflanze Chinas und Afrikas, wird etwa seit der Mitte des vorigen Jahrhunderts in Amerika gebaut. Man schneidet sie zur Zuckergewinnung vor der Fruchtreife; die reifen Früchte sollen der Kaffernhirse (s. d.) gleichwertig oder ihr sogar überlegen sein.

Die wichtigsten Varietäten gleichen im Habitus der Besenhirse, nur sind die Rispen kürzer und gedrängter. Die zwei schwarzen, glänzenden Hüllspelzen sind etwas breiter und fallen mitunter beim Dreschen ab; auch die dichte Behaarung und die begrannten Blütenspelzen fehlen in der Marktware.

Die Oberhautzellen der Hüllspelzen enthalten eine schwarze Masse. Das ist das einzige Unterscheidungsmerkmal.

Kaffernhirse.

Die Kaffernhirse (*Andropogon Sorghum* [L.] Brot.) dient den Eingeborenen Südafrikas unter dem Namen „Durrha" als wichtigstes Nahrungsmittel für Menschen und Tiere. Auch für einige Teile Amerikas ist sie von Bedeutung. Der dicke Fruchtstand krümmt sich bei der Reife nicht nach abwärts.

Die Hüllspelzen sind mitunter kürzer als die Frucht, und die Deckspelze ist unbegrannt. Die Frucht ist weiß oder rot, fast kugelig, ungefähr 4 mm groß, spelzenlos.

Die Kaffernhirse unterscheidet sich von den beiden vorigen dadurch, daß ihr Perisperm weder auf Querschnitten noch in Flächenpräparaten deutlich, und daß ihr Hypoderm stärker entwickelt ist, oft aus drei Lagen dickwandiger Zellen besteht.

Weißer Milo-Mais ist eine Abart der Kaffernhirse.

Braune und weiße Durrha, Jerusalemkorn und gelber Milo-Mais sind Abarten, die sich nur durch die Farbe der Frucht unterscheiden. Sie werden in Amerika als Tierfutter gebaut. Die Pflanze erreicht 2—3 m Höhe, und ihr Blütenstand krümmt sich nach abwärts, wenn er sich der Reife nähert.

Beide Hüllspelzen sind stumpf, dicht behaart, ungefähr halb so lang als breit, flach; die Frucht ist linsenförmig, 5—6 mm lang und fast ebenso breit. Die Deckspelze der weißen Durrha ist begrannt, die der anderen Abarten unbegrannt. Gewöhnlich ist die Marktware hüllenlos.

Obwohl die drei Abarten für das unbewaffnete Auge sich nur durch die Farbe unterscheiden, besitzen sie doch ein mikroskopisches Kennzeichen. In der braunen Durrha ist das Perisperm immer stark entwickelt, in den beiden anderen ist es nicht erkennbar. Sonst gleichen alle Sorghum-Arten der Besenhirse, nur enthalten die äußeren Endospermschichten regelmäßig Aleuronkörner, keine Stärke.

11. Gemeine Hirse.

Die Rispen- oder gemeine Hirse (*Panicum miliaceum* L.) wird in großer Ausdehnung in Indien, China und Japan, in Europa besonders in Rußland der Frucht wegen, in Amerika nur als Grünfutter und Heu angebaut.

Die beinahe kugelige Frucht ist von der Hüll- und Vorspelze dicht umschlossen und bildet ein Korn von 3 mm Länge und 2 mm Breite. Beide Hüllen sind gleichförmig leder- oder strohfarbig, kahl und glänzend.

A. Spelzen. Die äußere Oberhaut besteht aus gestreckten Zellen mit dickwandigen, wellig buchtigen Seitenwänden. Haare und Kurzzellen fehlen.

Das Mesophyll und die innere Oberhaut sind wie bei Setaria (S. 92).

B. Frucht. Sie unterscheidet sich von der Setariafrucht nur durch die größeren Aleuronzellen. Bei Setaria sind sie selten über 20 μ, bei Panicum 25—50 μ.

Die Stärkekörner sind polyedrisch, 4—12, selten 15 μ groß, mit deutlichem Kern, oft gruppenweise zusammenhängend. Wie bei Sorghum und Setaria liegt die Stärke in einem geperlten Eiweißnetz (s. Abb. 91).

Hirsenprodukte.

Die gemeine Hirse kann nur im entspelzten Zustande, als Hirsengrütze, zur menschlichen Nahrung dienen. Die bei Bereitung derselben abfallenden

Spelzen, die früher gemahlen als „Matta“ zur Verfälschung von Gewürzen Verwendung fanden, unterscheiden sich von denen der meisten Zerealien (Weizen, Gerste, Hafer, Reis, Mais) durch die Abwesenheit der Haare und Kurzzellen; von der deutschen Hirse durch die Abwesenheit der Falten an der äußeren Oberhaut; vom Borstengras durch die Abwesenheit der Falten und braunen Flecken. Hirsefuttermehl (Hirsepoliermehl) enthält nur wenig Spelzen und besteht im übrigen aus Teilchen der Fruchtwand, Aleuronzellen, Keimen und Stärke.

Hühnerhirse,

Hühnerfennich (*Panicum crus galli* L.) findet sich häufig in Reisfuttermehlen. Die Epidermiszellen der Spelzen sind denen der Rispenhirsen- und Reisspelze ähnlich. Von letzteren unterscheiden sie sich durch geringere Maße: Breite der dickwandigen Zellen (nach FORMÁNEK) 56—96 (128) μ (Reis 110—185 μ); Breite der Einbuchtungen 24—44 (56) μ (Reis 40—85 μ); außerdem sind Ansatzstellen von Haaren nicht erkennbar. Von den Zellen der Rispenhirse unterscheiden sie sich durch ihre Breite und sehr tief gefaltete Biegungen.

12. Deutsche Hirse.

Die Kolben-, deutsche oder ungarische Hirse (*Setaria italica* BEAUV., *S. panis* JESS.) war die wichtigste Brotfrucht der Pfahlbauer. In China ist sie neben Reis jetzt noch das verbreitetste Nahrungsmittel. In anderen Erdteilen wird sie fast nur als Tierfutter gebaut.

Da sie als eine durch Kultur entstandene Abart des grünen Borstengrases (*Setaria viridis*) betrachtet wird, ist es begreiflich, daß die Früchte beider sehr ähnlich sind. Die der deutschen Hirse sind gelb oder lederfarbig und hierdurch von den gesprenkelten oder schwarzen Früchten des grünen Borstengrases (siehe die folgende Art) zu unterscheiden.

13. Borstengras[1].

Borstengras, auch Borstenhirse oder grüner Fuchsschwanz genannt (*Setaria viridis* BEAUV., *Chaetochloa viridis* [L.] SCRIBN.), ist ein lästiges Unkraut beider Kontinente, dessen Früchte nach WINTON im Ausreuter amerikanischen Getreides in einer Menge bis zu 11,6% vorkommen.

Der Blütenstand ist eine dichte, borstige, ährenartige Rispe von 4—10 cm Länge. Jedes Ährchen (Abb. 92) besteht aus zwei Hüllspelzen (g_1 und g_2) und zwei Blüten: einer vollständigen, mit lederigen, quergerunzelten Spelzen und einer männlichen mit häutigen Hüllen. An der Basis jedes Ährchens befinden sich 2—4 aufrechte, bärtige, bis 8 mm lange Borsten.

A. Hüllspelzen und Spelzen der unfruchtbaren Blüte. Die untere Hüllspelze ist dreinervig und kaum über 1 mm lang; die obere und die Spelze der sterilen Blüte sind fünfnervig und 2 mm lang. Im mikroskopischen Bau stimmen sie überein.

---

[1] Die Borstenhirse und die beiden folgenden Gramineenfrüchte Taumellolch und Trespe sind keine Getreide, sondern Verunreinigungen der Getreidearten. Wegen der Gleichartigkeit im anatomischen Bau erscheint es jedoch zweckmäßig, sie an dieser Stelle zu behandeln, obwohl sie eigentlich in den nächsten Abschnitt gehören.

Die äußere Oberhaut (Abb. 93) besitzt gestreckte, wellige Zellen und Längsreihen von Grübchen, die so angeordnet sind, daß jedes Grübchen in einer konkaven Krümmung der Zellwand sitzt. In der Spelzenmitte (Abb. 93, *II*) sind diese Grübchen so groß und so dick berandet, daß sie mit den Krümmungen der Oberhautzellen schnurförmig aussehen. Außer den gestreckten Zellen hat die Oberhaut auch gepaarte Kurzzellen, von denen eine wahrscheinlich eine Haarnarbe, die andere mehr oder weniger halbmondförmig ist; ferner Spaltöffnungen und hier und da ein zartes, 1—3 zelliges Haar.

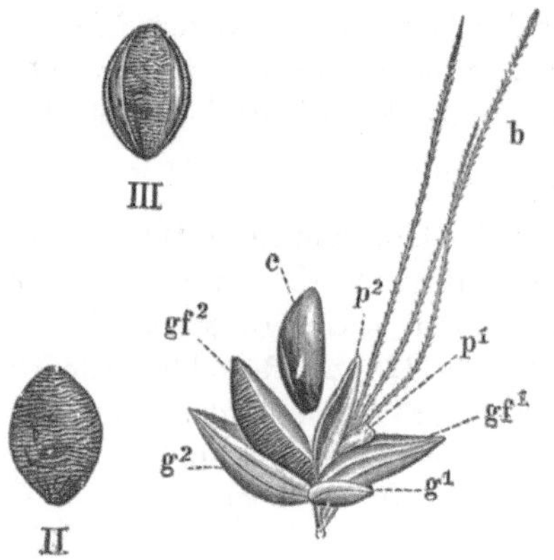

Abb. 92. Grünes Borstengras. 8fach vergr. (A. L. WINTON). I. Ährchen mit Spelzen u. Frucht; g^1 untere Hüllspelze, g^2 obere Hüllspelze, gf^1 Deckspelze und p^1 Vorspelze der männlichen Blüte, gf^2 Deckspelze und p^2 Vorspelze der zwitterigen Blüte, *c* Frucht, *b* Borsten, II und III Frucht eingeschlossen in dicken Spelzen; II Deckspelze oben, III Vorspelze oben.

Mesophyll findet sich nur an der Basis und längs der Nerven.

Die innere Oberhaut besteht aus gestreckten, geradwandigen Zellen.

B. Vorspelze der männlichen Blüte. Sie ist eine hyaline, höchstens 1 mm lange, an der Spitze gekerbte Schuppe innerhalb der Hüllspelze. Im Bau stimmt sie mit den anderen häutigen Hüllen überein, ihre Zellwände sind jedoch dünner.

Die äußere Oberhaut besitzt gestreckte, wellige Zellen mit undeutlichen oder ganz fehlenden Grübchen. Es kommen auch isodiametrische Zellen und zarte Gliederhaare vor. Unmittelbar unter ihr liegt die innere Oberhaut; nur an der Basis sind Spuren von Mesophyll dazwischen.

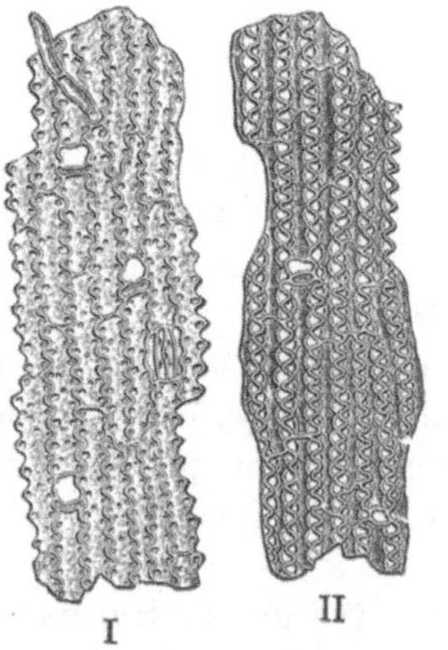

Abb. 93. Grünes Borstengras. Äußere Epidermis der Hüllspelze (Abb. 92, gf^1) der männlichen Blüte, in der Flächenansicht (A. L. WINTON). I Am Rand, II in der Mitte.

C. Deckspelze und Vorspelze der vollständigen Blüte. Beide (Abb. 92, gf_2, p_2) umschließen dicht die reife Frucht, die erstere stark konvex, die letztere flach bis auf den die Frucht umfassenden Rand. Zur Blütezeit sind diese Hüllen dünn und grün; reif sind sie lederig, verkieselt, braun oder gescheckt. Unter der Lupe sieht man zahlreiche Querfalten auf der Deckspelze und auf der Mitte der Vorspelze, deren Seitenteile glatt und glänzend sind.

Die äußere Oberhaut (Abb. 94, 95, 96) der Deckspelze und des mittleren Teiles der Vorspelze besteht aus isodiametrischen oder mäßig gestreckten Zellen, die nicht nur in Längsreihen, sondern auch in unregelmäßigen Querreihen angeordnet sind (Abb. 94 *I* und *II*). An der dem Scheitel der Hülle zugekehrten Seite jeder Zelle ist oft, besonders an den Vorspelzen, eine Kutikularwarze mit einer Gruppe von Grübchen bemerkbar. An den Seitenteilen der Vorspelze sind die Zellen länger, schmäler und weniger verwickelt (Abb. 96).

Während der Entwicklung ist der Zellinhalt farblos, später wird er dunkelbraun.

Die Fasern des Hypoderms können durch Alkalien leicht isoliert werden. Sie sind gegen 0,6 mm lang und am Rande oft gezähnt.

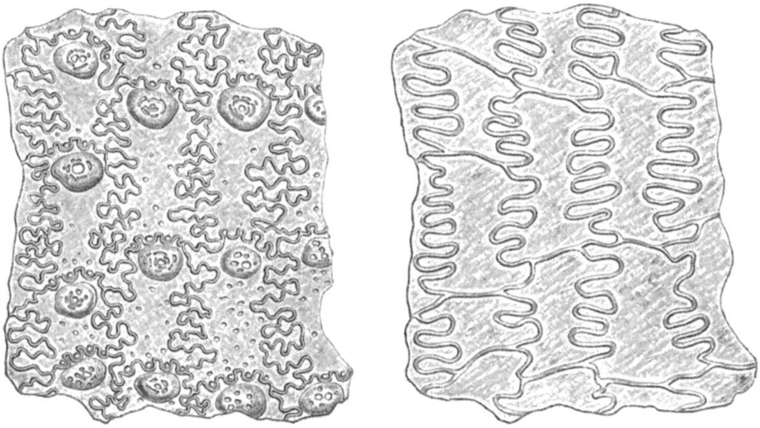

Abb. 94. Grünes Borstengras; Oberhaut in der Mitte der unentwickelten Vorspelze (Abb. 92, p^2) der Zwitterblüte (A. L. WINTON). I Außenseite, II Innenseite.

Das Mesophyll besteht aus rechteckigen, lückenlos aneinandergefügten Zellen, die, wie die ähnlichen Zellen der inneren Oberhaut, bei der Reife obliteriert sind.

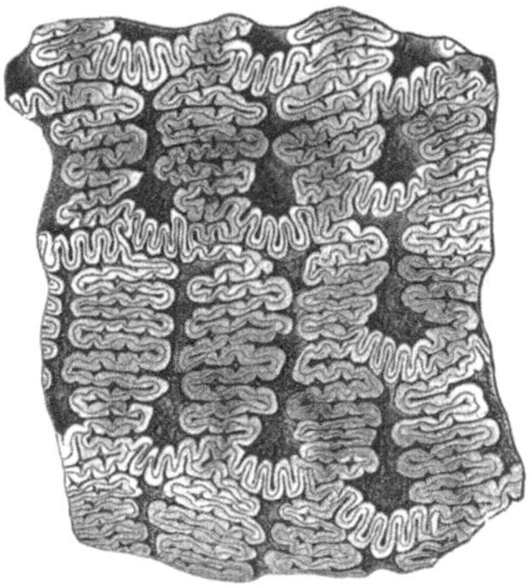

Abb. 95. Die Epidermis in Abb. 94. I der ausgebildeten Spelze (A. L. WINTON).

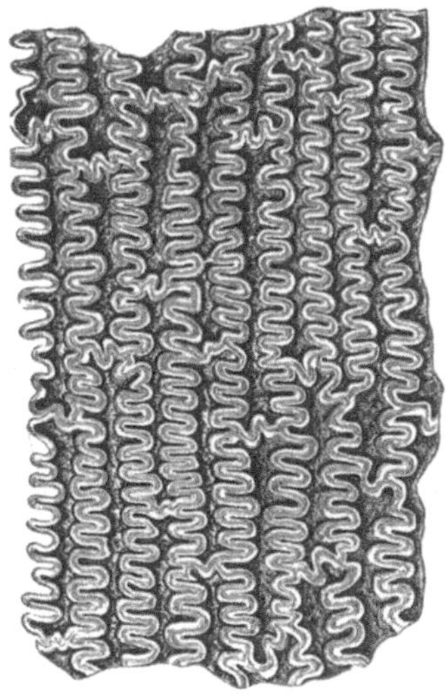

Abb. 96. Die Epidermis des Spelzenrandes der Abb. 95. Vergrößerung 300fach. (A. L. WINTON).

D. Frucht. (Abb. 92, *II* und *III*.) Die Bauchseite ist flach und hat nahe der Basis einen dunkleren Fleck (Nabel). In der Mitte der Rückenseite deutet ein Grübchen die Lage des Embryos an.

Querschnitte (Abb. 97) zeigen eine nur aus wenigen Schichten bestehende Frucht- und Samenschale.

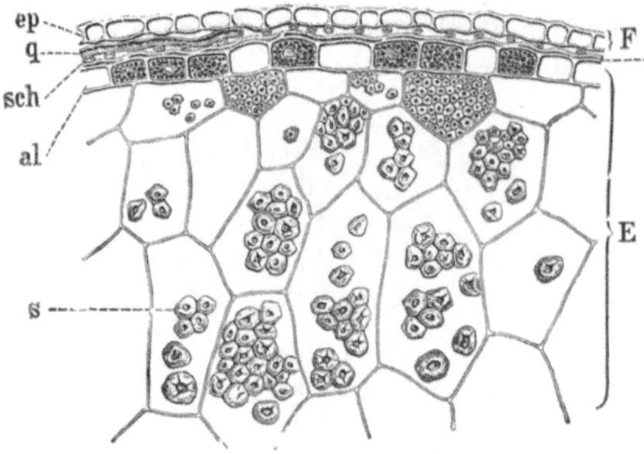

Abb. 97. Grünes Borstengras. Querschnitt der Frucht (A. L. WINTON); *F* Fruchtschale, bestehend aus der Epidermis *ep*, den Querzellen *q* und den Schlauchzellen *sch*; *N* hyaline Schicht; *E* Endosperm, bestehend aus der Aleuronschicht *al*, und dem Stärke führenden Parenchym *p*.

Die Oberhautzellen (Abb. 97 und 98, *ep*) sind gestreckt und haben wellige Seitenwände. An den dunkelgefleckten Stellen sind die Zellen mehr oder weniger rechteckig.

Die Querzellen (*q*) sind den Schlauchzellen (*sch*) ähnlich, aber gewöhnlich breiter, kürzer und unregelmäßiger geformt. Die Länge der letzteren erreicht 300 μ, ihre Breite 2—4 μ.

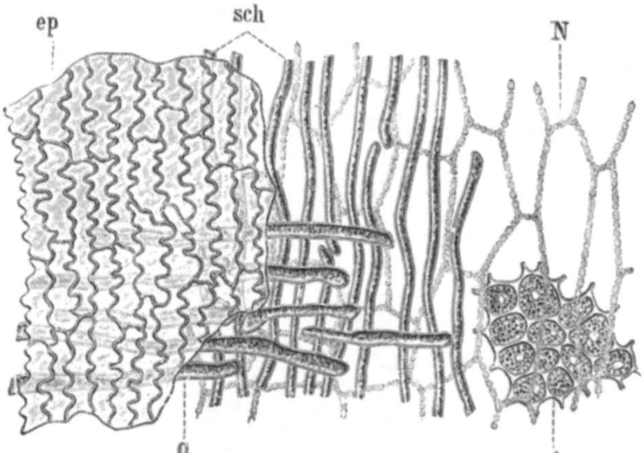

Abb. 98. Grünes Borstengras. Flächenansicht der Frucht (A. L. WINTON); Bedeutung der Buchstaben wie in Abb. 97.

Perisperm. Nach Behandlung mit Alkalien ist das Perisperm in der Flächenansicht deutlich erkennbar. Die großen Zellen haben getüpfelte Wände (Abb. 98, *N*).

Endosperm. Die Aleuronzellen (*al*) sind 10 bis 20 μ groß.

Die Stärkekörner (Abbildung 97, *s*) sind polyedrisch, mit deutlicher Kernhöhle versehen. In den äußeren Schichten sind sie 4 bis 8 μ, in den inneren bis 18 μ groß. Wird die Stärke mittels Lauge gelöst, so bleibt ein geperltes Netzwerk (Abb. 91) zurück (Unterschied von den Polygoneen, die ein glattfädiges Netzwerk liefern).

I II

Abb. 99. Gelbes oder blaugrünes Borstengras bei 8facher Vergrößerung. (A. L. WINTON); I Deckspelze oben, II Vorspelze oben.

Das gelbe oder blaugrüne Borstengras (*Setaria glauca* BEAUV., *Chaetochloa glauca* [L.] SCHRIBN.) hat breitere, deutlicher gerunzelte Früchte (Abb. 99) als das grüne Borstengras.

Im mikroskopischen Bau stimmen die Früchte beider Arten fast überein. Auch die Hüllen sind fast gleich; der einzige Unterschied besteht in der Runzelung der freien Deckspelze. Im grünen Borstengras ist sie dichter; der Abstand beträgt 30—60 μ gegen 80—120 μ im gelben Borstengras. Dieses Kennzeichen gilt aber nicht für unreife Früchte, und da die Runzeln der Vorspelzen bei beiden Arten gleich sind, ist ihre Unterscheidung im gemahlenen Zustand oft schwierig.

Mahlprodukte.

Für beide Setaria-Arten sind die häutigen Spelzen mit den Poren und die lederigen, quer gerunzelten Spelzen mit den doppelt gewellten Oberhautzellen in hohem Grade charakteristisch. Sie sind gewöhnlich in allen Entwicklungsstufen (Abb. 94—96) vorhanden.

Die Gewebe der Frucht sind denen der gemeinen und deutschen Hirse gleich, aber verschieden von denen der gebräuchlichen Zerealien.

Die Stärke ist von der des Windenknöterichs kaum zu unterscheiden, aber das nach Behandlung mit Alkalien zurückbleibende Netz ist geperlt (Abb. 91).

14. Taumellolch.

Der Taumellolch (*Lolium temulentum* L.) ist eine der häufigsten Verunreinigungen im europäischen und kalifornischen Weizen. Da die Früchte giftig sind, ist der Nachweis von besonderer Wichtigkeit.

Die 4—8blütigen Ährchen sind von einer Hüllspelze umgeben, die jedoch in dem gedroschenen Getreide selten angetroffen wird.

Jedes Früchtchen (Abb. 100) ist von einer 6—8 mm langen Deckspelze und von einer zweistieligen, ebenso großen, aber dünneren Vorspelze eingeschlossen. Die Deckspelze ist fünfnervig, an der Spitze lappig und trägt eine oft 15 mm lange Granne. Die Frucht ist auf der Bauchseite tief gefurcht, erscheint daher auf Querschnitten U-förmig.

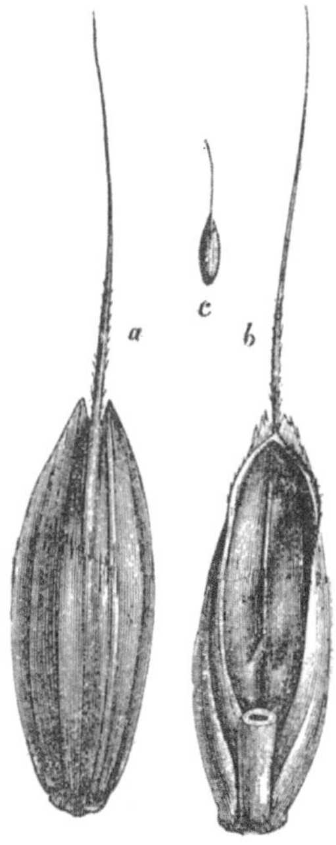

Abb. 100. Taumellolch (nach NOBBE); *a* Rückseite, *b* Bauchseite vergr., *c* natürliche Größe.

A. Bau der Spelzen. Wie bei Gerste, Hafer und anderen Zerealien besteht die Deckspelze aus vier Schichten, von denen jedoch einige am Rande und an der Spitze fehlen.

Die Oberhaut ist auf verschiedenen Teilen der Spelze nicht gleich. Am Rande sind die gestreckten Zellen geradwandig, und hier finden sich kurze, lanzettförmige Haare (Abb. 101). Auf dem größeren Teil der Oberfläche sind die Zellen von dreierlei Art (Abb. 102): solche mit gewellten Membranen, rundliche, den Haarzellen der Gerste entsprechende und halbmondförmige Zellen. Nahe dem Rande und längs der Nerven, wo sie mit Spaltöffnungen alternieren, sind die welligen Zellen gestreckt, sonst sehr kurz, oft sogar breiter als lang. Trotz der starken Verdickung sind ihre Wände durchscheinend und machen wegen der deutlichen Mittellamelle den Eindruck der Dünnwandigkeit. Nahe dem Rande sind die Rundzellen klein und meist von halbmondförmigen Zellen begleitet, die jene an Größe oft übertreffen. Gewöhnlich sind die Rundzellen größer (bis 70 μ), dicht getüpfelt und von 1—2 viel kleineren, halbmondförmigen Zellen begleitet (Abb. 102).

Die Fasern des Hypoderms gleichen denen anderer Zerealien.

Die Zellen des Schwammparenchyms sind rechteckig wie bei der Gerste (s. Abb. 67) und von dem Sternparenchym des Hafers leicht zu unterscheiden.

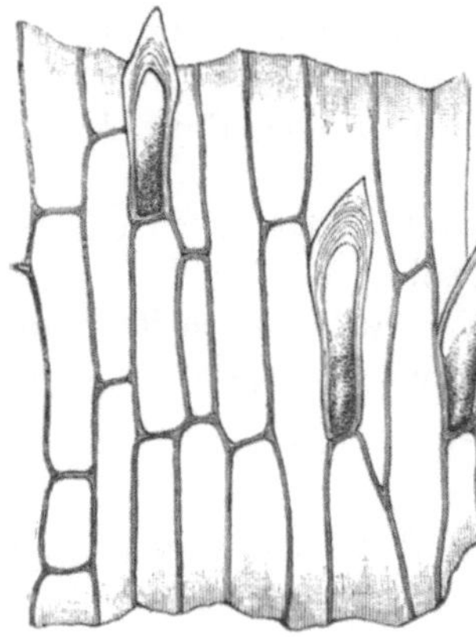

Abb. 101. Taumellolch; Oberhaut am Rande der Deckspelze (J. MOELLER).

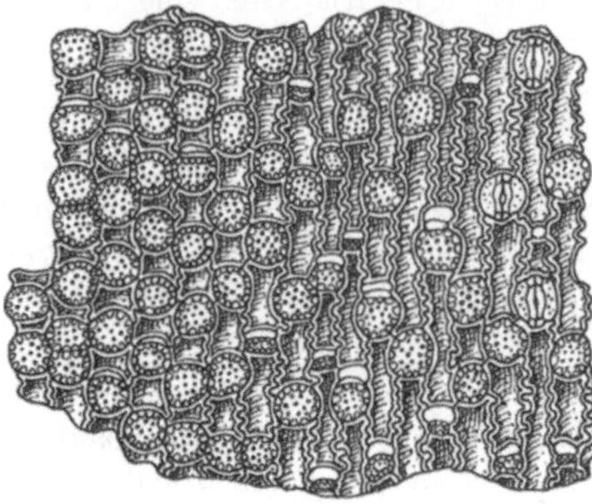

Abb. 102. Taumellolch; Oberhaut in der Mitte der Deckspelze (Nach A. L. WINTON).

Die innere Oberhaut, aus dünnwandigen Zellen und Spaltöffnungen bestehend, hat keine diagnostische Bedeutung.

Bei der Vorspelze ist die Oberhaut ebenso gebaut wie bei der Deckspelze, nur trägt sie längs der Kiele starre, dornförmige, 150 μ und darunter lange Haare (Abb. 103). Die Faserschicht ist nur unter den Kielen entwickelt.

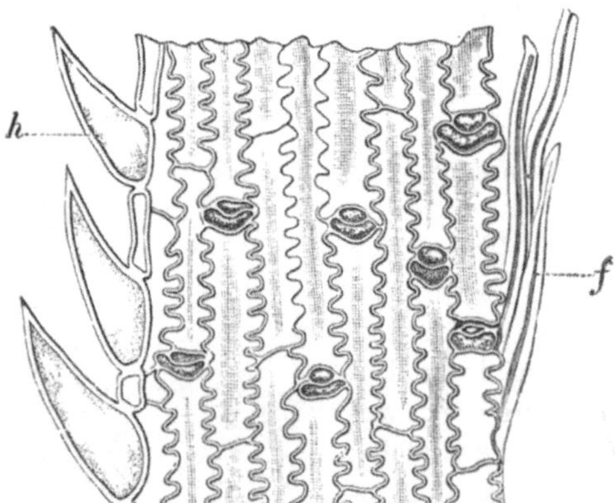

Abb. 103. Taumellolch; Oberhaut am Rande der Vorspelze mit den Haaren *h* und den Hypodermfasern *f* (J. MOELLER).

B. Fruchtschale und Same. Querschnitte (Abb. 104) zeigen, daß von den typischen vier Schichten nur zwei gut entwickelt sind: die Oberhaut und die Querzellen. Flächenansichten (Abb. 105) lassen jedoch stellenweise vier Schichten unterscheiden.

Die Oberhaut (*ep*) besteht aus kollabierten, mäßig dickwandigen, undeutlich geperlten Zellen, die am Scheitel der Frucht nahezu isodiametrisch, sonst gestreckt sind.

Das Mesokarp (*m*) ist nur an den Ecken erkennbar. Die Zellen sind bald unregelmäßig isodiametrisch, bald quer gestreckt, ähnlich den Querzellen (*q*), die sehr auffallen und denen der Gerste ähneln.

Schlauchzellen (*sch*), Schwammparenchym und Zwischenformen bilden die unterbrochene Innenschicht.

Die Zellen der Samenschale (Abb. 104, *S*) sind zumeist gestreckt und oft diagonal geordnet. Unter Wasser ist nur die innere Schicht (*i*) sichtbar, die äußere (*a*) erst nach Behandlung mit 5%iger Lauge, verdünnter Essigsäure und Chlorzinkjod, wobei sie sich gelbbraun von der blauen inneren Schicht abhebt.

Das Perisperm (Nuzellarrest) (Abb. 104, *N*) besteht gewöhnlich aus zwei Lagen rechteckiger Zellen mit gequollenen Wänden. In der Flächenansicht (Abb. 105, *N*) sind sie unregelmäßig, polygonal, mehr oder weniger gestreckt.

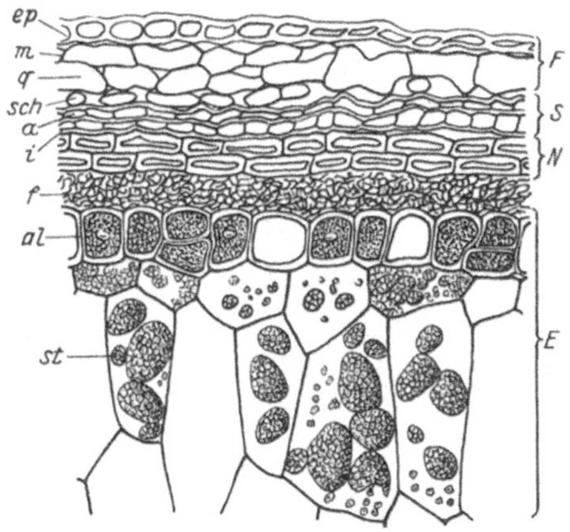

Abb. 104. Querschnitt durch den Fruchtrand des Taumellolchs (nach A. L. WINTON). *F* Fruchtschale mit der Oberhaut *ep*, der Mittelschicht *m*, den Querzellen *q* und den Schlauchzellen *sch*; *S* Samenschale mit den Schichten *a* und *i*; *N* Perisperm; *f* Pilzschicht; *E* Nährgewebe mit der Aleuronschicht *al* und dem Stärkegwebe *st*.

Zwischen Perisperm und der Aleuronschicht des Endosperms findet sich fast immer eine etwa 20 μ dicke Pilzschicht aus farblosen Hyphen (*f*), die sich nach Behandlung mit Lauge und Chlorzinkjod hellgelb färbt.

Die Aleuronzellen (*al*) sind 20 bis 40 μ groß. Die Stärkekörner (*st*) sind polyedrisch und messen 3—7 μ. Sie sind von Reis- oder Haferstärke nicht zu unterscheiden und bilden wie diese Aggregate von verschiedener Größe.

Im gemahlenen Zustand ist für Taumellolch die äußere Oberhaut der Deck- und Vorspelze und die Pilzschicht charakteristisch.

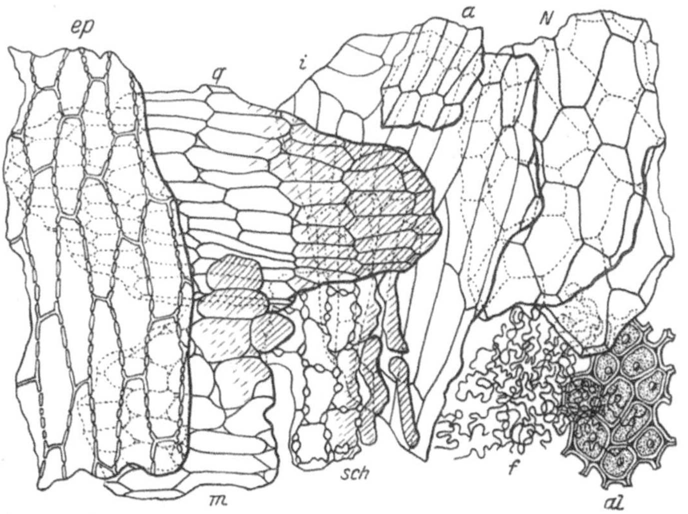

Abb. 105. Schale des Taumellolchs in der Flächenansicht (nach A. L. WINTON); Bedeutung der Buchstaben wie in Abb. 104.

Dem Taumellolch sehr ähnlich ist der

Leinlolch

(*L. remotum* SCHRANK, *L. linicolum* A. BR.), dessen meist unbegrannte Früchte oft in großen Mengen in der Leinsaat vorkommen. Die dem Taumellolch eigentümliche Pilzschicht findet sich auch bei dieser Art. Die neuerdings häufiger beobachteten Gesundheitsschädigungen durch Leinölgenuß, bei Tieren durch lolchhaltigen Leinkuchen, sind daher vielleicht auf ein Pilzgift zurückzuführen.

15. Roggentrespe.

Die Roggentrespe (*Bromus secalinus* L.) ist eines der gemeinsten Ackerunkräuter; ihre Früchte finden sich daher gewöhnlich im Ausreuter. Sie sind dem Taumellolch ähnlich, aber nur kurz begrannt oder grannenlos.

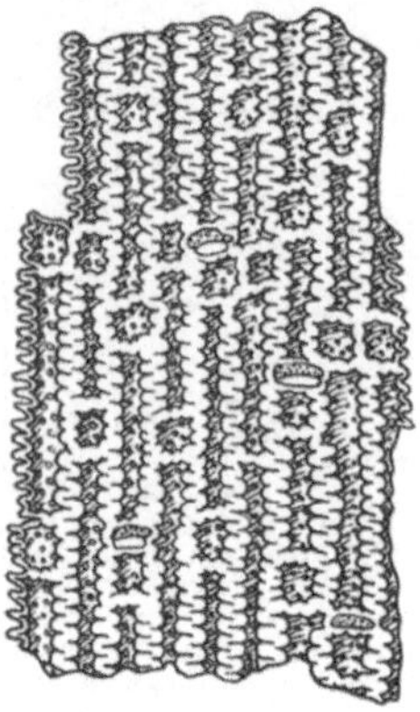

Abb. 106. Oberhaut der Trespenspelze (nach A. L. WINTON).

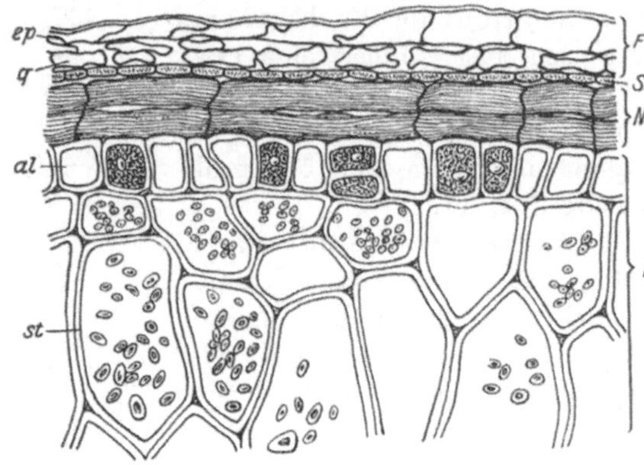

Abb. 107. Querschnitt der Trespenfrucht (nach A. L. WINTON); *F* Fruchtschale mit Oberhaut *ep* und Querzellen *q*, *S* Samenhaut, *N* Perisperm, *E* Endosperm mit Kleberschicht *al* und Stärkegewebe *st*.

Die Deckspelze ist ebenso gebaut wie die des Taumellolchs und trägt am Rande die gleichen Haare; aber die Oberhautzellen (Abb. 106) sind dickwandiger und viel länger als breit; die Rundzellen haben ebenfalls gewellte Wände.

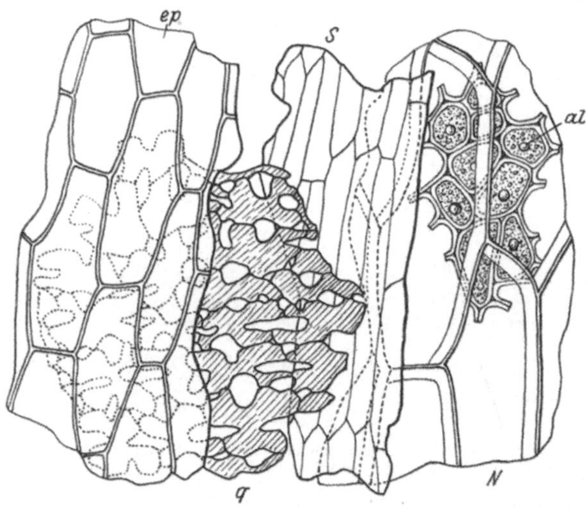

Abb. 108. Schalenbestandteile der Trespenfrucht in der Flächenansicht (nach A. L. WINTON); Bedeutung der Buchstaben wie in Abb. 107.

Die Vorspelze ist am Stiele bärtig von starren, oft 45 μ langen Haaren, sonst gleicht sie im Baue der Deckspelze.

Die Fruchtschale besteht, wie Querschnitte (Abb. 107) zeigen, aus drei Schichten.

Die Oberhautzellen (Abb. 107 und 108, *ep*) sind groß, gestreckt-polygonal, dünnwandig, porenfrei. Mesokarp findet sich gelegentlich in Spuren; in der Regel folgen auf die Oberhaut unmittelbar die Querzellen (*q*), einem Schwammparenchym ähnlich, so daß es unentschieden ist, ob sie den Schlauch- oder Querzellen anderer Gräser entsprechen.

Die Samenschale besteht aus einer einzigen Lage langer, brauner, 10—20 μ breiter Zellen (*S*).

Das Perisperm (Nuzellarrest) ist stark entwickelt (*N*). Auf Querschnitten sind die Zellen bis 40 μ dick, ihr Lumen sehr eng; in der Flächenansicht erscheinen sie als ungewöhnlich große, polygonale Gebilde mit gequollener Zellwand.

Endosperm. Die Aleuronschicht (*al*) ist ohne besondere Eigentümlichkeit. Das Stärkeparenchym (*st*) ist durch die dicken Zellwände (oft 10 μ) bemerkenswert. Die Stärkekörner sind elliptisch, 3—20 μ groß, oft mit Kernhöhle versehen.

Kennzeichen in Pulverform. Vor allem ist das Stärkeparenchym charakteristisch; auch die Querzellen haben einen diagnostischen Wert. Die Haare der Vorspelze sind länger als beim Taumellolch, und die Oberhaut zeigt einige bemerkenswerte Unterschiede.

16. Buchweizen.

Der in Europa und Amerika sowie in einem großen Teile des Orients kultivierte Buchweizen ist zumeist das aus Zentralasien stammende *Fagopyrum esculentum* Moench (*Polygonaceae*).

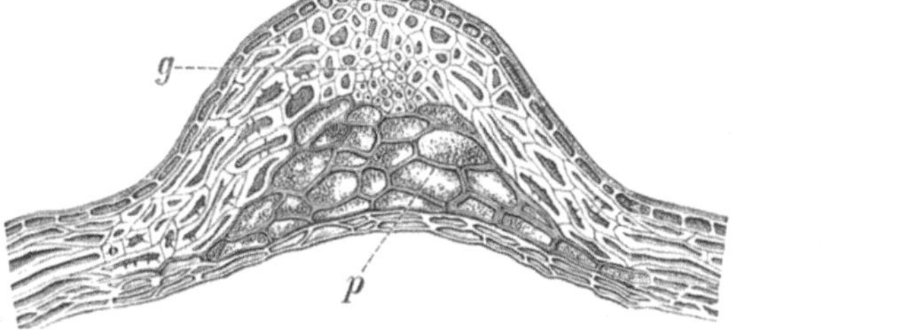

Abb. 109. Kiel des Buchweizens im Querschnitt (J. Moeller). *p* braunes Parenchym, *g* ein Leitbündel.

Die scharf dreikantigen, schwarz- oder graubraunen Früchte (Heidekorn) sind 5 bis 8 mm lange und 3—4 mm breite, an der Basis oft mit Resten des Kelches besetzte Nüßchen. In der Mitte jeder der drei Seiten streicht der Länge nach ein Nerv. Der Same füllt die Fruchtschale ganz aus, ist aber mit ihr nicht verwachsen, so daß er leicht herausgelöst werden kann. Andererseits haftet die Samenschale so fest

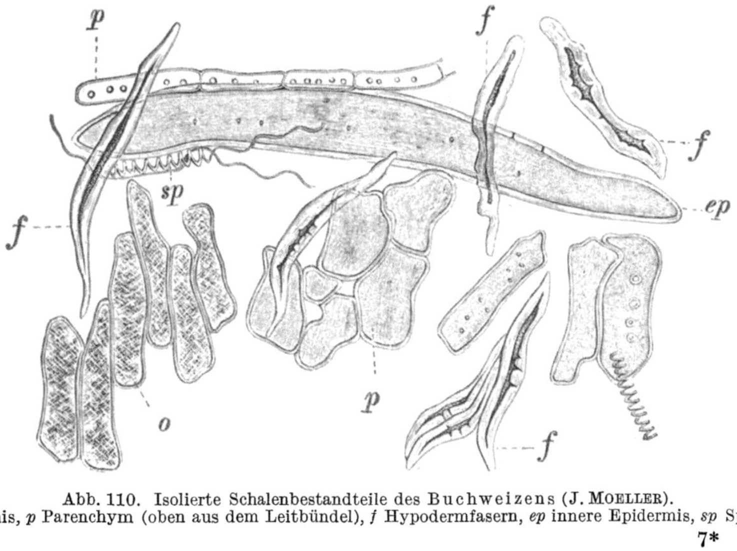

Abb. 110. Isolierte Schalenbestandteile des Buchweizens (J. Moeller).
o Epidermis, *p* Parenchym (oben aus dem Leitbündel), *f* Hypodermfasern, *ep* innere Epidermis, *sp* Spiralgefäß

am Endosperm, daß sie beim Mahlen nicht vollständig beseitigt wird. Der Embryo mit breiten, aber dünnen Kotyledonen ist in Endosperm gebettet und so gefaltet, daß er im Querschnitt s-förmig erscheint.

A. Fruchtschale. Querschnitte werden aus der in Wasser erweichten Frucht angefertigt. Sie zeigen ein starkes Faserhypoderm (Abb. 109). Flächenpräparate erhält man durch Schaben mit dem Skalpell, nachdem die Frucht eine Stunde in 1%iger Lauge gekocht wurde. Ein Teil des braunen Farbstoffes wird dadurch entfernt.

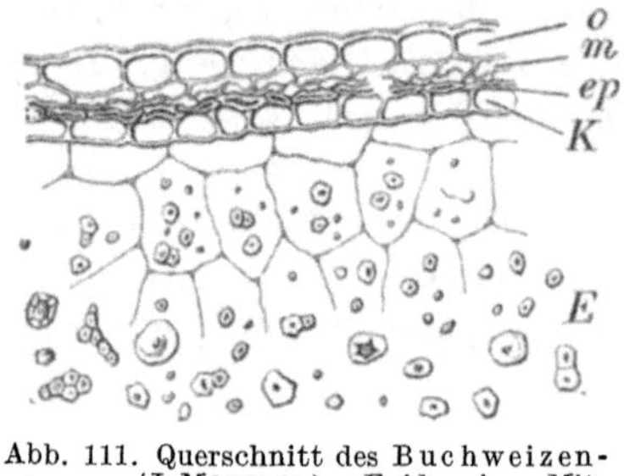

Abb. 111. Querschnitt des Buchweizensamens (J. MOELLER). *o* Epidermis, *m* Mittelschicht, *ep* innere Epidermis, *K* Kleberschicht, *E* Stärkeparenchym.

Die Oberhautzellen (Abb. 110), sind bis 70 μ lang und 15—20 μ breit. Die diagonalen Poren der Außenwand kreuzen die der Innenwand beinahe rechtwinkelig und veranlassen ein eigentümlich gegittertes Aussehen.

Das Hypoderm besteht aus kurzen, spindelförmigen, stellenweise knotigen, meist 120—150 μ langen und 10—25 μ breiten, stark verdickten Fasern mit spärlichen Poren (Abb. 110, *f*).

Braunes Parenchym (*p*) mit mäßig dicken Zellwänden findet sich in dünner Schicht auf den Flächen, in mehrfacher Lage in den Kanten.

Das Endokarp (Abbildung 110, *ep*) ist an den meisten Stellen großzellig, gestreckt. Oft sind diese Zellen bis 700 μ lang und 50 μ breit; ihre etwas verdickten Wände sind spärlich getüpfelt.

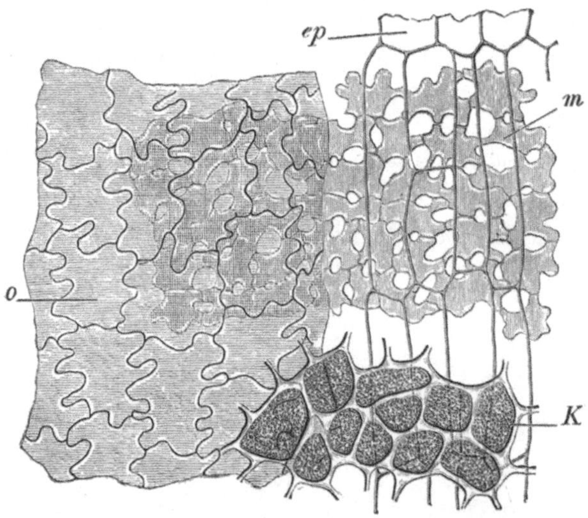

Abb. 112. Samenhaut des Buchweizens in der Flächenansicht (J. MOELLER). *o* äußere, *ep* innere Oberhaut, *m* Schwammparenchym, *K* Aleuronschicht.

B. Same. Die Schale (Abb. 111 u. 112) ist eine dünne, gelbliche, nach dem Erwärmen mit verdünnter Lauge leicht ablösbare Membran, an der drei Schichten erkennbar sind:

1. die äußere Epidermis (*o*) aus welligen oder fast isodiametrischen gestreckten Zellen.

2. Schwammparenchym (*m*) aus manigfach gestalteten Zellen mit vielen runden Interzellularräumen und grünlich- oder bräunlichgelbem Inhalt;

3. die innere Oberhaut (*ep*) aus bis 120 μ langen und 40 μ breiten, dünnwandigen Zellen.

Das Endosperm zeigt außen eine einreihige Aleuronschicht (Abb. 111 u. 112, *K*).

Das Stärkeparenchym (Abb. 111, *E*) ist dicht von Stärkekörnern erfüllt. Diese sind 2—15, gewöhnlich 6—12 μ groß, rundlich oder gerundet-polyedrisch, oft mit hellem Kern oder mit deutlicher Kernhöhle versehen. Charakteristisch sind die stäbchenförmigen Aggregate aus zwei oder mehr Körnchen, von denen einzelne eigentümlich verdreht sind (Abb. 113). Die Grenzen der einzelnen Körnchen sind oft nicht deutlich zu erkennen. Nach Behandlung der Stärkekörper mit Lauge bleibt ein Netz aus homogenen, nicht geperlten Fäden übrig, die Grenzen der Stärkekörnchen andeutend (Abb. 114, *B*). Dieselbe Erscheinung zeigen auch *Polygonum*- und *Rumex*-Arten, während das Netz bei *Sorghum*, *Panicum* und *Setaria* aus fein geperlten Fäden (Abb. 91) besteht.

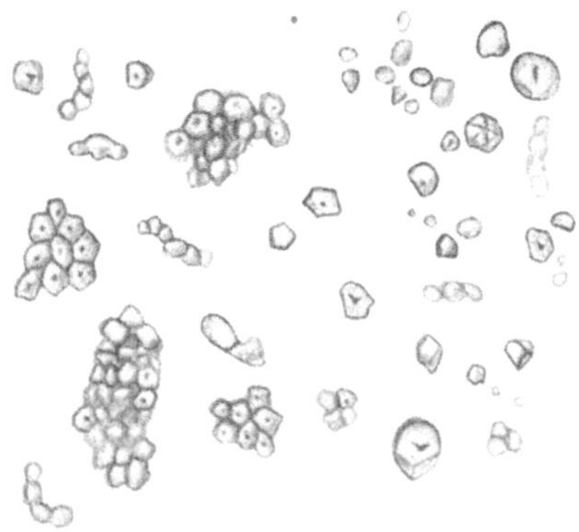

Abb. 113. Buchweizenstärke 1 : 300 (A. SCHOLL).

Der Keimling zeigt keine besonderen Eigentümlichkeiten.

Buchweizenprodukte.

Unzerkleinert oder mit der Schale gemahlen, dient Buchweizen als Geflügelfutter.

Aus geschältem Buchweizen hergestelltes Mehl besteht aus Stärkezellen, einzelnen Stärkekörnern und Teilen der Samenschale. Die einzelnen Stärkekörnchen gleichen denen von Reis, Hafer und Taumellolch, bilden aber niemals rundliche, sondern stäbchenförmige Aggregate. Die Stärkezellen sind denen von *Setaria* und *Panicum* ähnlich, können aber durch das nach Behandlung mit Lauge zurückbleibende Netz unterschieden werden. Von größtem diagnostischen Wert sind die Fragmente der Samenschale (s. Abb. 112).

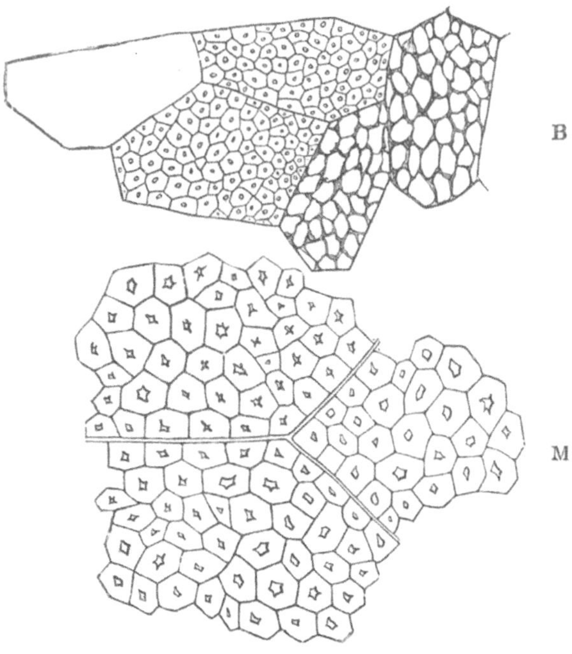

Abb. 114. Mehlgewebe des Buchweizens (*B*) und des Mais (*M*). (Nach A. E. v. VOGL).

Grütze dient in einigen Gegenden als Volksnahrungsmittel. Sie enthält dieselben Bestandteile wie Mehl.

Als Abfallprodukte werden bei der Verarbeitung auf Grütze und Mehl Buchweizenschalen und Buchweizenkleie erhalten, die als Futtermittel Verwendung finden. Die Kleie ist um so wertvoller, je weniger Fruchtschalenteile sie enthält, zu deren Nachweis die Oberhaut und die Faserschicht geeignet ist. Auch als Verfälschung von Pfeffer sind gemahlene Buchweizenschalen schon beobachtet worden.

Fagopyrum tartaricum Gaertn. hat dunkelbraune, auf jeder der drei Flächen rinnig vertiefte Früchte.

Die Oberhautzellen der Fruchtschale haben dünne, nicht getüpfelte Wände; auf der Innenfläche sind sie konvex, eingepaßt in die Einsenkungen des Hypoderms, dessen Fasern außen transversal, innen longitudinal verlaufen.

Die Reismelde,

die in einigen Staaten Südamerikas als Brotfrucht gebaut wird, ist im Zusammenhang mit unseren einheimischen Melden behandelt (S. 107).

Neuere Literatur.

Amberger: Nachweis fremder Stärke im Getreidemehl. Zeitschr. f. Unters. d. Nahrungs- u. Genußmittel Bd. 42, S. 181. 1921.

Baumann: Nachweis von Maisstärke im Weizenmehl. Zeitschr. f. Unters. d. Nahrungs- u. Genußmittel Bd. 2, S. 27. 1899.

Brahm u. Buchwald: Botanische und chemische Untersuchungen an prähistorischen Getreidekörnern aus alten Gräberfunden. Zeitschr. f. Unters. d. Nahrungs- u. Genußmittel Bd. 7, S. 12. 1904.

Collin: La farine de riz. Annal. des falsif. Bd. 2, S. 428. 1909.

— Le son de blé, ses succédanées et ses falsifications. Annal. des falsif. Bd. 10, S. 509. 1917.

— Les farines alimentaires et leurs produits dérivés. Annal. des falsif. Bd. 11, S. 372. 1918.

— Les farines alimentaires et leurs produits dérivés. Annal. des falsif. Bd. 12, S. 14. 1919.

Collin et Perrier: Recherches sur la presence des farines de riz ou d'ivraie dans la farine de blé. Annal. des falsif. Bd. 4, S 493. 1911.

Doepmann: Über Malzkaffee. Zeitschr. f. Unters. d. Nahrungs- u. Genußmittel Bd. 27, S. 453. 1914.

Formánek: Über die Erkennung der in den Nahrungs- und Futtermitteln vorkommenden Spelzen. Zeitschr. f. Unters. d. Nahrungs- u. Genußmittel Bd. 2, S. 833. 1899.

— Vorläufige Mitteilung über den von A. Vogl in der Frucht von *Lolium temulentum* entdeckten Pilz. Ber. d. dtsch. botan. Ges. Bd. 16, S. 203. 1898.

Gobert: Fleurage des riz. Annal. des falsif. Bd. 14, S. 226, 1921.

Hanausek: Eine Bemerkung zu der Veröffentlichung Doepmanns „Über Malzkaffee". Zeitschr. f. Unters. d. Nahrungs- u. Genußmittel Bd. 28, S. 33. 1914.

— Zur Mikroskopie der Stärke im Mischbrot. Arch. f. Chem. u. Mikr. Bd. 8, S. 72. 1915.

Hartwich u. Hakanson: Über *Glyceria fluitans* ein fast vergessenes einheimisches Getreide. Zeitschr. f. Unters. d. Nahrungs- u. Genußmittel Bd. 10. S. 473, 1905.

Hauptfleisch: Die Spelzweizen. Landwirtschaftl. Versuchs-Stat. Bd. 58, S. 65. 1903.

Lehnkering: Buchweizenmehl = Grützmehl. Zeitschr. f. Unters. d. Nahrungs- u. Genußmittel Bd. 18, S. 155. 1909.

v. Lingelsheim: Beiträge zur Giftigkeit des Leinlolches. Arch. d. Pharmazie u. Ber. d. dtsch. pharmazeut. Ges. Bd. 265, S. 244. 1927.

Maurizio: Die Nahrungsmittel aus Getreide. 2 Bde. Berlin 1917 u. 1919.

Mitlacher: Über einige exotische Gramineenfrüchte, die zur menschlichen Nahrung dienen. Zeitschr. Allgem. österr. Apoth. Ver. S. 813, 831, 856, 875, 899, 928. 1901.

Nestler: Über einen in der Frucht von *Lolium temulentum* L. vorkommenden Pilz. Ber. d. dtsch. botan. Ges. Bd. 16, S. 207. 1898.

Netolitzky: Mikroskopische Untersuchung gänzlich verkohlter vorgeschichtlicher Nahrungsmittel aus Tirol. Zeitschr. f. Unters. d. Nahrungs- u. Genußmittel. Bd. 3, S. 401. 1900.

TRILLICH: Welche Mindestforderungen sind an Malz für Malzkaffee zu stellen? Zeitschr. f. Unters. d. Nahrungs- u. Genußmittel Bd. 10, S. 118. 1905.
WEINWURM: Über eine qualitative und quantitative Bestimmung von Weizenmehl im Roggenmehl. Zeitschr. f. Unters. d. Nahrungs- u. Genußmittel Bd. 1, S. 98. 1898.
WINTON: Anatomie der Kulturvarietäten der Hirse. Zeitschr. f. Unters. d. Nahrungs- u. Genußmittel Bd. 6, S. 337. 1903.
— Über amerikanische Weizenausreuter. Zeitschr. f. Unters. d. Nahrungs- u. Genußmittel Bd. 6, S. 433. 1903.
— Anatomie der Frucht des Taumellolches und der Roggentrespe. Zeitsch. f. Unters. d. Nahrungs- u. Genußmittel Bd. 7, S. 321. 1904.
— Die Anatomie des Maiskolbens mit besonderer Rücksicht auf den Nachweis von Kolbenmehl als Verfälschungsmittel der Weizen- und Roggenkleie. Österr. Chem. Ztg. Bd. 3, N. F. S. 345. 1900.
WOY: Einige Futtermittelfälschungen. Zeitschr. f. öffentl. Chem. Bd. 8, S. 461. 1902.

b) Getreide-Unkräuter, Ausputz oder Ausreuter.

Unter Ausputz oder Ausreuter versteht man jene Verunreinigungen des Getreides, die mit Hilfe von Sieben und durch den Trieur beseitigt werden, weil sie den Wert des Mahlgutes beträchtlich herabsetzen. Eine vollständige Reinigung des Getreides ist, so wünschenswert sie wäre, nicht möglich; es können nur die in Form, Größe und Gewicht von dem betreffenden Getreide verschiedenen Körner ausgereutert werden, die dem Getreide ähnlichen nicht. Da diese jedoch meist in verschwindend geringer Menge vorkommen, ist das Mahlgut der mit vortrefflichen Reinigungsmaschinen ausgestatteten modernen Mühlen fast rein.

Der Abfall, d. i. der Ausputz, besteht einerseits aus mangelhaft entwickelten oder zerbrochenen Getreidekörnern, andererseits aus Fremdkörpern, unter denen die Sämereien der Ackerunkräuter weitaus zu überwiegen pflegen, so daß man im Handel auch diese allein unter Ausreuter begreift. Doch enthält dieser immer auch Steine, Erdklümpchen, Mäusekot, Pilze, Insekten, radige und gichtige Körner (s. S. 25), mitunter die Brutknöllchen von Laucharten, Nägel u. a. m. Den Gehalt des Getreides an diesen fremden Bestandteilen bezeichnet man als Besatz.

Die Sämereien im Ausputz sind verschieden nach der Getreideart, dem Produktionsorte, den Boden- und Kulturverhältnissen, dem Jahrgang und noch anderen Umständen; denn bestimmte Unkräuter wachsen nicht überall und nicht immer, so daß ihre Samen bestimmte Schlüsse auf die Provenienz eines Getreides zulassen. Die Entwicklung bestimmter Pilze ist hauptsächlich von den Witterungsverhältnissen, anderer mehr von den Kulturverhältnissen abhängig.

In europäischem Getreide finden sich am häufigsten die Samen einiger Hülsenfrüchte, sog. „Wicken“, und die Samen der Kornrade, sog. „Raden“. Raden nennt der Praktiker aber auch alle Sämereien, die nicht Wicken sind. Dahin gehören (nach ihrer Häufigkeit in absteigender Reihe geordnet): Labkraut, Kuhkraut, Trespe, Taumellolch, Kornblume, Ackerwinde, Klappertopf, Wachtelweizen, Hohlsame, Rittersporn, Ackerkümmel, Wegerich, Seifenkraut, Butterblume, Spergel, Adonis und vereinzelt noch viele andere. Namentlich im Roggen findet sich in manchen Jahren und Gegenden massenhaft Mutterkorn, im Weizen brandige oder gichtige Körner (s. S. 25).

In amerikanischem Getreide kommen nach WINTON Wicken gar nicht, Kornrade in geringer Menge vor, dagegen reichlicher Windenknöterich, Borstengras, Trespe, Taumellolch und die in europäischem Getreide seltener beobachteten Leinsamen, Fuchsschwanz- (*Amarantus*) und Gänsefußsamen (*Chenopodium*).

Einige der hier angeführten Ausreuterbestandteile (Taumellolch, Trespe, Borstengras) wurden schon im Abschnitt Zerealien, andere werden unter den Hülsenfrüchten, Ölsamen und Pilzen beschrieben; hier sollen jene Platz finden, die in anderen Abschnitten nicht gut untergebracht werden können.

Der Nachweis von Ausreuterbestandteilen im Mehl (vgl. S. 24) bietet keine Schwierigkeit, wohl aber oft die Bestimmung der Art. Dazu ist die genaue Kenntnis des anatomischen Baues unerläßlich.

Bemerkt sei, daß solchen Mehlen, die als Viehfutter dienen sollen, zuweilen Trieurabfall zugesetzt wird, was nach den Vereinbarungen des Verbandes der Landwirtschaftlichen Versuchsstationen, wie nach den Bestimmungen des Handels unzulässig ist.

1. Windenknöterich.

Der Windenknöterich oder wilde Buchweizen (*Pylygonum Convolvulus L.*) ist eines der lästigsten Unkräuter, das von Europa in die Vereinigten Staaten eingeschleppt wurde. Ihre Früchte fand WINTON im Weizen-Ausreuter in einer Menge von 27%.

Die schwarzen, glanzlosen, dreieckigen Früchte sind 3 mm lang, die Flächen 2 mm breit (Abb. 115). Da sie bei der Reife vom Kelch eingeschlossen sind, werden beide zusammen geerntet, aber beim Dreschen, Reinigen und Transportieren wird der Kelch abgelöst, und auch die an den Kanten sich spaltende Fruchtschale trennt sich oft von den Samen. Diese haben eine dünne, farblose Schale, und in einer Furche des stärkereichen Endosperms einen kleinen Embryo.

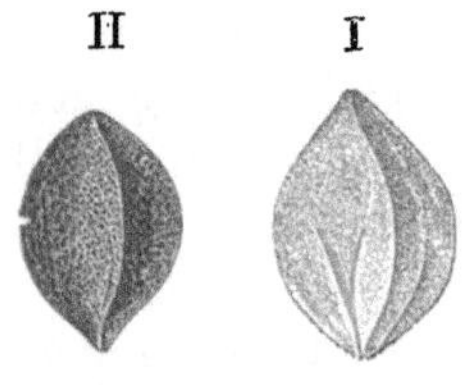

Abb. 115. Windenknöterich vergr. (A. L. WINTON); I mit Kelch, II ohne Kelch.

A. Kelch. Die drei äußeren Lappen des 5—6lappigen Kelches sind breiter als die anderen und an den Kanten schwach gekielt.

Auf der Oberhaut (*aep*) finden sich zahlreiche, stumpfkegel- oder zitzenförmige, streifige Papillen (Abb. 116, *C*).

B. Fruchtschale. Die Oberhaut (Abb. 116, *F*, *epi*) besteht aus 11 μ hohen, an den Kanten noch höheren Zellen, deren Außen- und Seitenwände stark verdickt sind. Durch Alkalien aufgehellte Flächenpräparate zeigen zahlreiche Warzen (15—31 μ) in unregelmäßigen Längsreihen (Abb. 117), Tangentialschnitte, ein runzeliges Sklerenchym.

Das Mesokarp (*p*) aus dünnwandigen, isodiametrischen Zellen ist von sechs spärlich verzweigten Leitbündeln der Länge nach durchzogen: drei in den Kanten, je eines in der Mitte jeder Fläche. Innen ist das Parenchym obliteriert und ebensowenig deutlich erkennbar wie das Endokarp (*end*).

Betrachtet man die Fruchtschale von der Innenseite (Abb. 118), so erkennt man die wellig-buchtigen Umrisse der Oberhautzellen (*epi*).

C. Same. Die Oberhaut der Testa (Abb. 119, *ae*) besteht aus langgestreckten, welligen Zellen.

Die Querzellen (*q*) sind meist gestreckt, den Schlauchzellen der Zerealien

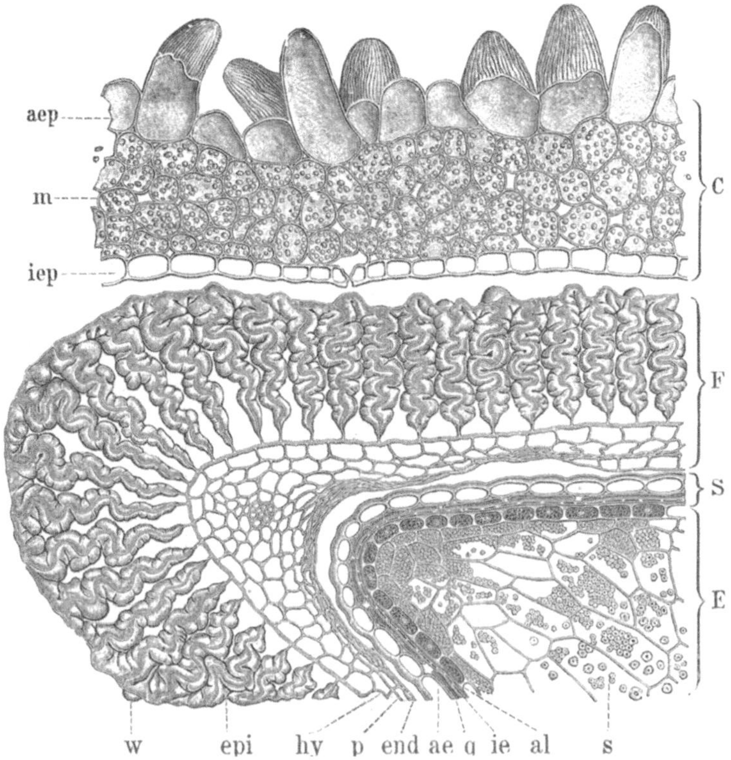

Abb. 116. Querschnitt einer Kante des Windenknöterichs (A. L. WINTON). *C* Keich mit der äußeren (*aep*), der inneren Oberhaut (*iep*) und der Mittelschicht *m*; *F* Fruchtschale mit der äußeren (*epi*), der inneren Oberhaut (*end*), dem Hypoderm *hy* und der Mittelschicht *p*; *S* Samenhaut mit der äußeren (*ae*), der inneren Oberhaut (*ie*) und den Querzellen *q*; *E* Nährgewebe mit der Aleuronschicht *al* und dem Stärkeparenchym *s*.

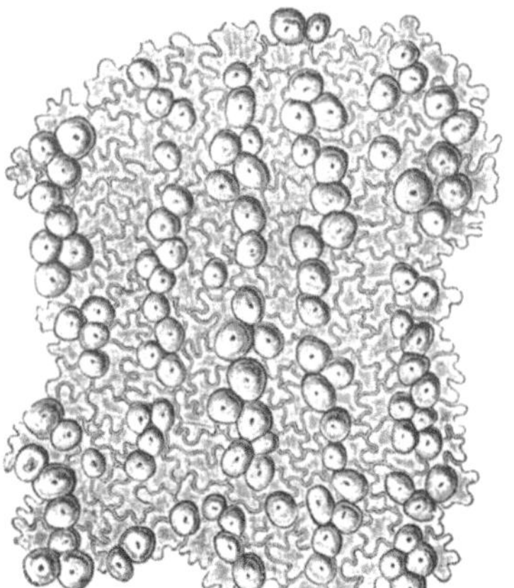

Abb. 117. Epikarp des Windenknöterichs in der Flächenansicht (A. L. WINTON).

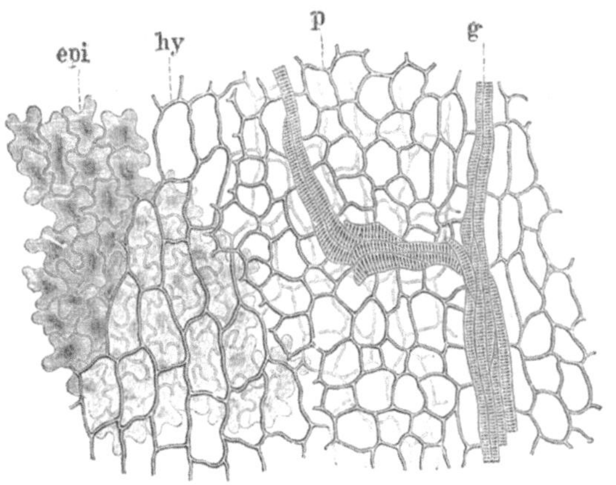

Abb. 118. Die Schichten der Fruchtschale des Windenknöterichs (Abb. 116, *F*) in der Flächenansicht (A. L. WINTON).

ähnlich. An keiner Stelle bilden sie ein Schwammparenchym wie beim Buchweizen.

Die innere Oberhaut (*ie*) besteht aus dünnwandigen, gestreckten Zellen.

Endosperm. Die Aleuronzellen (*al*) sind unregelmäßig und verschieden groß. Die Stärkekörner sind polyedrisch oder rundlich, 3—12 μ groß. Nach Behandlung des Stärkeparenchyms mit Alkalien bleibt ein Netzwerk aus homogenen Fäden zurück wie beim Buchweizen (s. Abb. 114, *B*) und anderen Polygoneen.

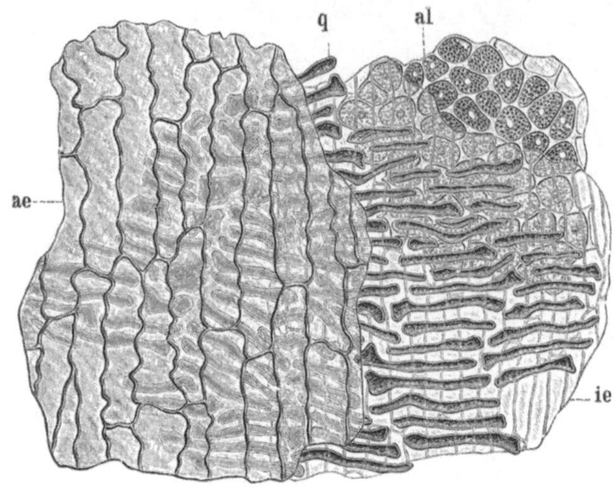

Abb. 119. Die Schichten der Samenschale des Windenknöterichs in Flächenansicht (A. L. WINTON); *ae* äußere Oberhaut, *q* Querzellen, *ie* innere Oberhaut, *al* Aleuronschicht.

Nachweis in Mahlprodukten. Die Papillen des Kelches und die Warzen der Fruchtoberhaut sind vor allem charakteristisch. — Die Oberhautzellen der Samenschale sind gewöhnlich stärker gestreckt als beim Buchweizen. — Die morphologisch dem Schwammparenchym des Buchweizens verwandten Querzellen sind den Schlauchzellen der Zerealien ähnlich. — Stärke und Stärkenetz sind von Buchweizen nicht zu unterscheiden.

Die Früchte anderer Knötericharten sind ebenso gebaut. Bei *P. persicaria* L. sind die Seitenwände der Epikarpzellen gleichmäßiger verdickt, die Windungen enger; Warzen fehlen.

Bei *P. aviculare* L. sind die Epikarpzellen wie bei *P. Convolvulus* L. aber nur 60 μ hoch; Durchmesser der Warzen 13—15 μ (GREGER).

2. Ampfer.

Mehrere Ampfer-Arten (*Rumex crispus* L., *R. acetosa* L., *R. acetosella* L. — Polygonaceae) sind ebenfalls auf Kulturland weit verbreitet. Ihre Früchte sind sehr ähnlich gebaut.

Charakteristisch sind die Zellen der Fruchtwandepidermis mit sehr starken, geschichteten Verdickungen der Radialwände und der Außenwand (fast bis zum Schwinden des Lumens). Bei *R. crispus* besteht die Oberhaut der Samenschale aus großen, buchtig begrenzten Zellen mit dunkelrotbraunem, in heißem Wasser löslichem Inhalt (GREGER).

3. Melde.

Verschiedene Melden (*Chenopodium*- und *Atriplex*-Arten — *Chenopodiaceae*) sind gemeine Unkräuter des bebauten Landes. Ihre Früchte oder Samen finden sich daher nicht selten im Getreide. In erster Linie ist der Gänsefuß (*Chenopodium album* L.) zu nennen, dessen Samen in Zeiten der Not mit Roggen gemischt auch zu Brot verbacken wurden (russisches Hungerbrot). Auch *Ch. murale* L. hat in dieser Weise schon Verwendung gefunden.

Die Samen sind etwa linsenförmig 1—1,5 mm groß, schwarz und glänzend. Der Embryo umgibt das mehlige Nährgewebe (Perisperm) ringförmig.

Die Samenschale hat eine sehr charakteristische Epidermis (Abbildung 120 n,). Die im Umriß polygonalen Zellen zeigen eine mächtig entwickelte Außenwand (50—60 μ) mit dichtstehenden, radial verlaufenden, zapfenartigen Kutikulareinlagerungen, die aber nur an unreifen Samen oder gebleichten Präparaten deutlich erkennbar sind und in der Flächenansicht als rundliche, dunklere Stellen erscheinen (Abb. 121). Da die Seitenwände oft zusammengedrückt sind, ist das Zellumen häufig fast vollständig verschwunden. Die zweite Schicht der Testa stellt ein bräunliches Gewebe aus ganz flachen, unregelmäßig vierseitigen Zellen dar, deren Außenseite starke Kutikularstreifung (Abb. 122) aufweist.

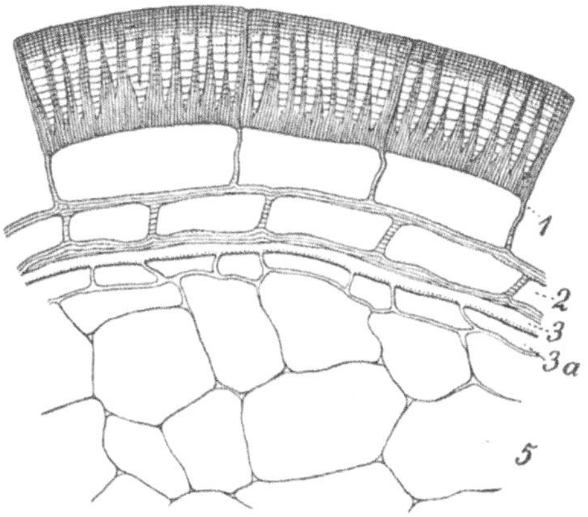

Abb. 120. Querschnitt durch den äußeren Teil des Gänsefußsamens (T. F. HANAUSEK). 1. Epidermis mit den Kutikulareinlagerungen der Außenwand. 2. Bräunliche Schicht (s. Abb. 122).

Die dünnwandigen Zellen des Perisperms enthalten, in winzige Füllstärke eingebettet, rundliche, ovale, keulen- oder spindelförmige, hochzusammengesetzte Stärkekörper (20—40, vereinzelt bis 60 μ), die in Wasser allmählich zerfallen.

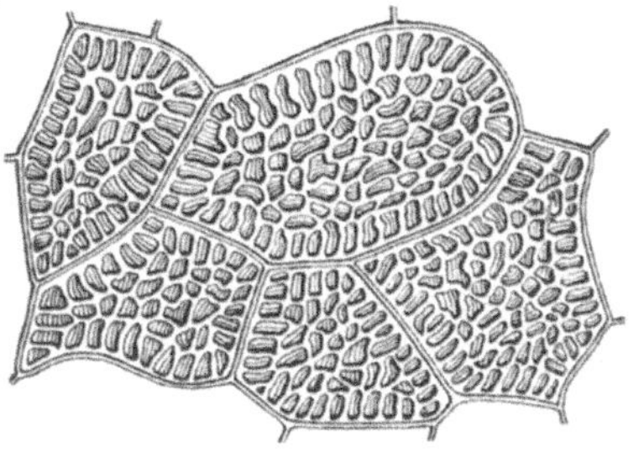

Abb. 121. Testaepidermis des Gänsefußsamens, Flächenansicht (T. F. HANAUSEK).

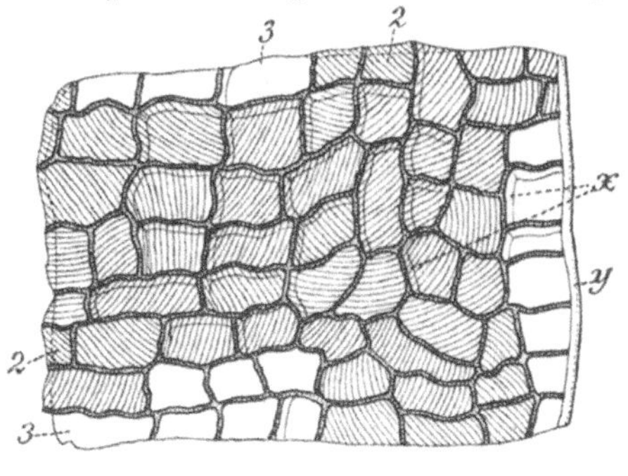

Abb. 122. Samenschale des Gänsefußes. Schicht 2 der Abb. 120 in der Flächenansicht (T. F. HANAUSEK).

In Mehlen fallen die schwarzen Partikelchen der Testa, die für Wickensamenschalenteilchen gehalten werden könnten, sofort auf. Erst nach dem Bleichen wird ihre Struktur erkennbar.

Reismelde.

Unserem einheimischen Gänsefuß nahe verwandt (meist nur als Abart angesehen) ist die Reismelde (*Ch. Quinoa* WILLD.), die sich in Chile und Peru seit langer Zeit als Brotfrucht in Kultur befindet und die während des Weltkrieges in der weißsamigen Varietät auch bei uns — allerdings ohne wesentlichen Erfolg — versuchsweise angebaut wurde.

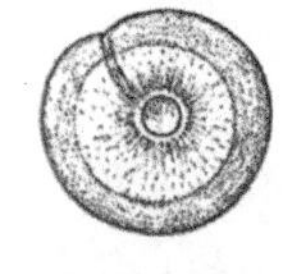

Abb. 123. Frucht der Reismelde. 1:10. (C. GRIEBEL).

Die etwa mohnkorngroßen, gelblichweißen Früchtchen sind linsen- bis scheibenförmig (Abb. 123), die Samen ungefärbt.

Die leicht abschilfernde häutige Fruchtschale (Abb. 124), die sich in Bruchstücken stets zwischen den Samen vorfindet, ist wie bei *Ch. album* gebaut. Sie hat eine Oberhaut aus großen, polygonalen Zellen, deren Membran innen eine Schleimauflagerung trägt. Darunter liegt ein Schwammparenchym aus verzweigten schlauchförmigen Zellen.

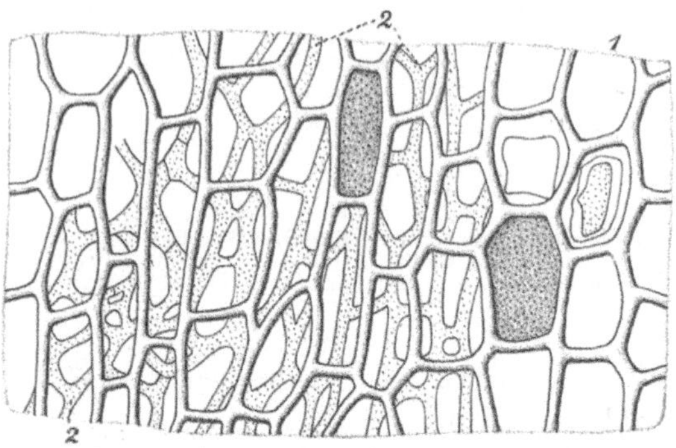

Abb. 124. Fruchtschale der Reismelde in der Fläche (T. F. HANAUSEK). 1. Epidermis, 2. Schwammparenchym aus schlauchförmigen Zellen.

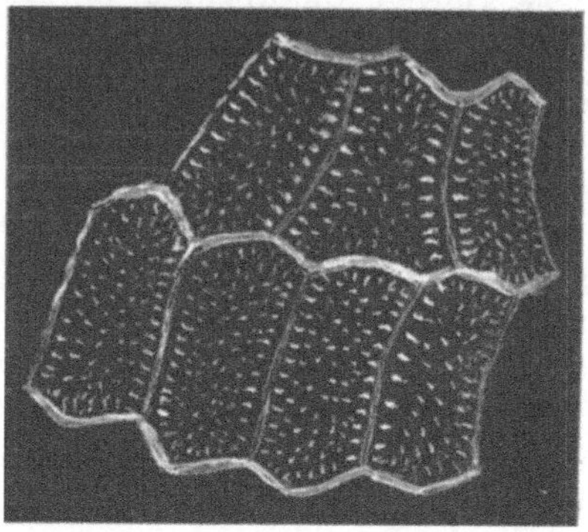

Abb. 125. Reismelde. Epidermis der Samenschale im polarisierten Licht 1 : 200. (C. GRIEBEL).

Die Samenschale ist farblos, der von *Ch. album* im übrigen sehr ähnlich. Die Dicke der Außenwand der Epidermiszellen beträgt nur 15—20 μ. Die Kutikulareinlagerungen sind in der Flächenansicht undeutlich sichtbar, doch treten sie im polarisierten Licht (Abb. 125) bei gekreuzten Nikols sofort in Erscheinung.

Abb. 126. Stärkekörper aus dem Perisperm der Reismelde 1:350 (T. F. HANAUSEK).

Die Stärkekörper des Perisperms (Abb. 126) stimmen mit denen von *Ch. album* überein.

Für den Nachweis der Reismelde in Mehlen sind die Testaepidermiszellen von besonderer Bedeutung, außerdem die Teilchen der Fruchtschale.

4. Kornrade.

Eine der häufigsten Verunreinigungen des europäischen Getreides ist die mit den Samen der Kornrade (*Agtrostemma Githago* L. — *Caryophyllaceae*), deren Erkennung im Mehl deswegen von Wichtigkeit ist, weil sie eine giftige Saponinsubstanz (Sapotoxin) enthalten, die ihren Sitz im Keimling haben soll.

Die schwarzen oder braunen Samen sind rundlich-nierenförmig (campylotrop), einer zusammengerollten Raupe ähnlich (Abb. 127), mit in Reihen angeordneten, warzenförmigen Papillen besetzt. Der lange, gelblichweiße Embryo umgibt ringförmig das rein weiße, mehlige Endosperm.

Die Samenschale ist durch die Oberhaut besonders gut gekennzeichnet. Diese besteht aus großen (100—600 μ), fast schwarzen, stark gebuchteten und mit ihren zahnartigen Fortsätzen dicht ineinander gefügten Zellen, die meist

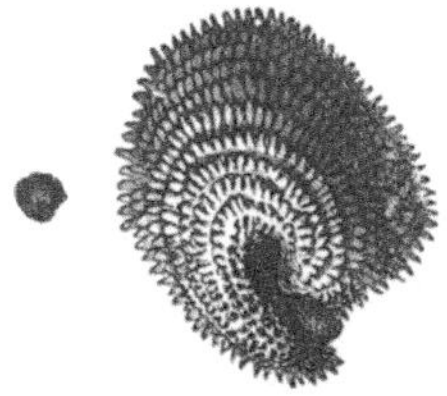

Abb. 127. Kornrade (Same) in nat. Größe u. vergrößert (NOBBE).

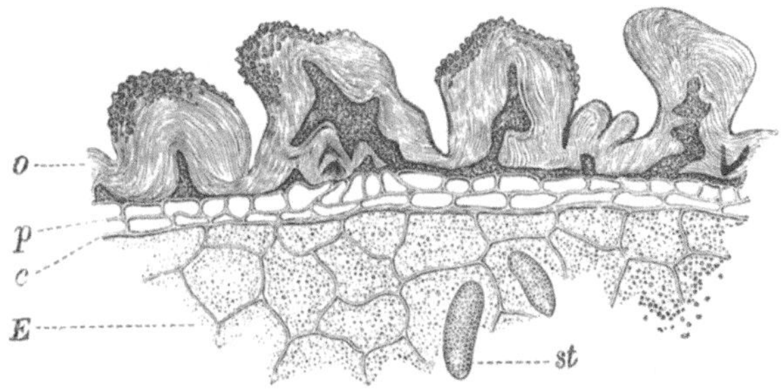

Abb. 128. Randschicht der Kornrade im Querschnitt (J. MOELLER). *o* Oberhaut, *p* Parenchym, *e* innere Oberhaut, *E* Sameneiweiß mit Stärkekörpern *st*.

zu dickwandigen, stumpfen, mit zahlreichen Körnchen bedeckten Papillen emporgewölbt sind (Abb. 128 u. 129). Der dunkelrotbraune, bis schwarzbraune Farbstoff wird auch von kochender Lauge nicht gelöst und erst durch Bleichmittel zerstört.

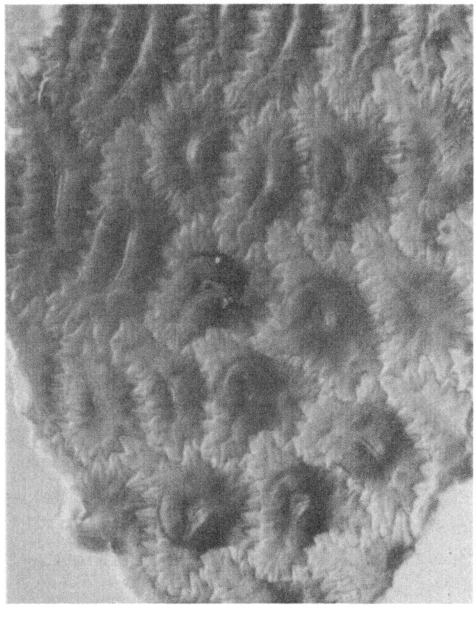

Abb. 129. Kornrade. Oberhaut der Samenschale. (Phot. C. GRIEBEL).

Die Endospermzellen enthalten, in kleinkörnige Füllstärke gebettet, ovale, keulenförmige oder kugelige, 20—120 μ große, in Wasser allmählich zerfallende Körper (Abb. 128, *E*), die aus winzigen Stärkekörnern zusammengesetzt sind. Derartige Stärkekörper kommen auch bei verwandten Arten (z. B. *Spergula*) vor; die der Kornrade sind aber nach BENECKE die größten.

Nachweis in Mahlprodukten. Stücke der Oberhaut sind in Kleie und groben Mahlprodukten oft schon unter der Lupe erkennbar und können mittels Nadel und Skalpell für die mikroskopische Untersuchung ausgelesen werden. Ebenso charakteristisch sind die Stärkekörper, die, wenn sie über 70 μ messen, auf Kornrade schließen lassen. Sind diese Körper zerfallen, so ist beim Fehlen der Schalenteilchen der mikroskopische Nachweis nicht möglich. Beim Verdacht auf Kornrade bleibt dann noch der sehr empfindliche Nachweis des Saponins mit Hilfe des hämolytischen Versuches.

5. Kuhkraut.

Die kugeligen Samen des Kuhkrautes (*Vaccaria parviflora* MOENCH = *Saponaria Vaccaria* L. — Caryophyllaceae) finden sich häufig in europäischem Weizen, auch oft in Lein.

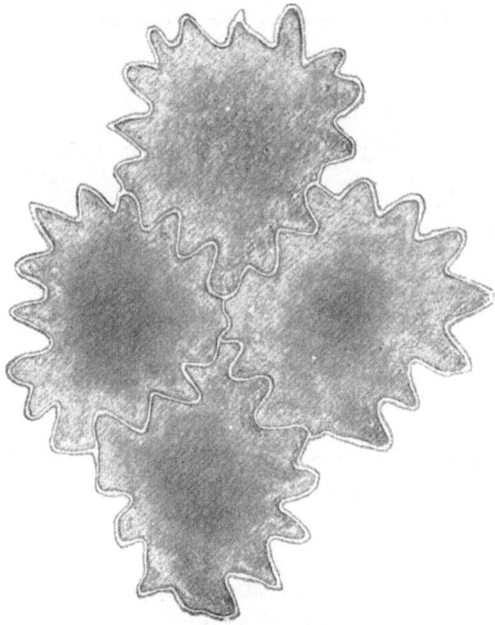

Abb. 130. Oberhaut des Kuhkrautsamens (J. MOELLER).

Sie sind etwa 2 mm groß, schwarzbraun, mit kleinem, aber deutlichem Nabel versehen, unter der Lupe kleinwarzig. Auf Durchschnitten sieht man, daß der Keimling, wie bei der Kornrade, das mehlige Sameneiweiß ringförmig umgibt.

Die Kuhkrautsamen enthalten wahrscheinlich dieselben giftigen Saponinsubstanzen wie die Kornrade.

Im Bau gleichen sie denen der Kornrade, doch sind die Oberhautzellen regelmäßig sternförmig (Abbildung 130), gleichmäßig hoch, und entbehren der derbwarzigen Papillen.

6. Seifenkraut.

Das Seifenkraut (*Saponaria officinalis* L. — Caryophyllaceae), eine an Wegrändern mancherorts häufige Pflanze, hat kleinere (2—2,5 mm), aber sonst der Kornrade ähnliche Samen. Sie sind tief schwarzbraun und glänzend, dicht feinkörnig. Die Oberhautzellen sind nach außen stark gewölbt, in der Fläche eiförmig mit zackigen Rändern, nicht warzig.

7. Vogelmiere.

Die Samen der Vogelmiere (*Stellaria media* L. — Caryophyllaceae) kommen nur selten im Getreide, etwas häufiger im Lein vor. Die Oberhautzellen zeigen auch hier die für die Sileneen charakteristische Ausbildung. Sie sind aber mehr seesternförmig gestaltet und lassen nach der Behandlung mit Lauge zahlreiche Höckerchen und Wärzchen erkennen.

8. Ackerspergel.

Die Samen des häufig als Futtermittel angebauten Ackerspergels oder Spörgels (*Spergula arvensis* L. — Caryophyllaceae) finden sich oft in Leinsamen und anderen Ölkuchen.

Wahrend des Krieges und in der Nachkriegszeit haben sie vielfach bei der Herstellung von Kaffee-Ersatz Verwendung gefunden.

Sie sind 1—1,5 mm breit, kreisrund, etwas abgeflacht, dunkelbraun, feinwarzig, mehr oder weniger reichlich mit dicken, keulenförmigen, haar-

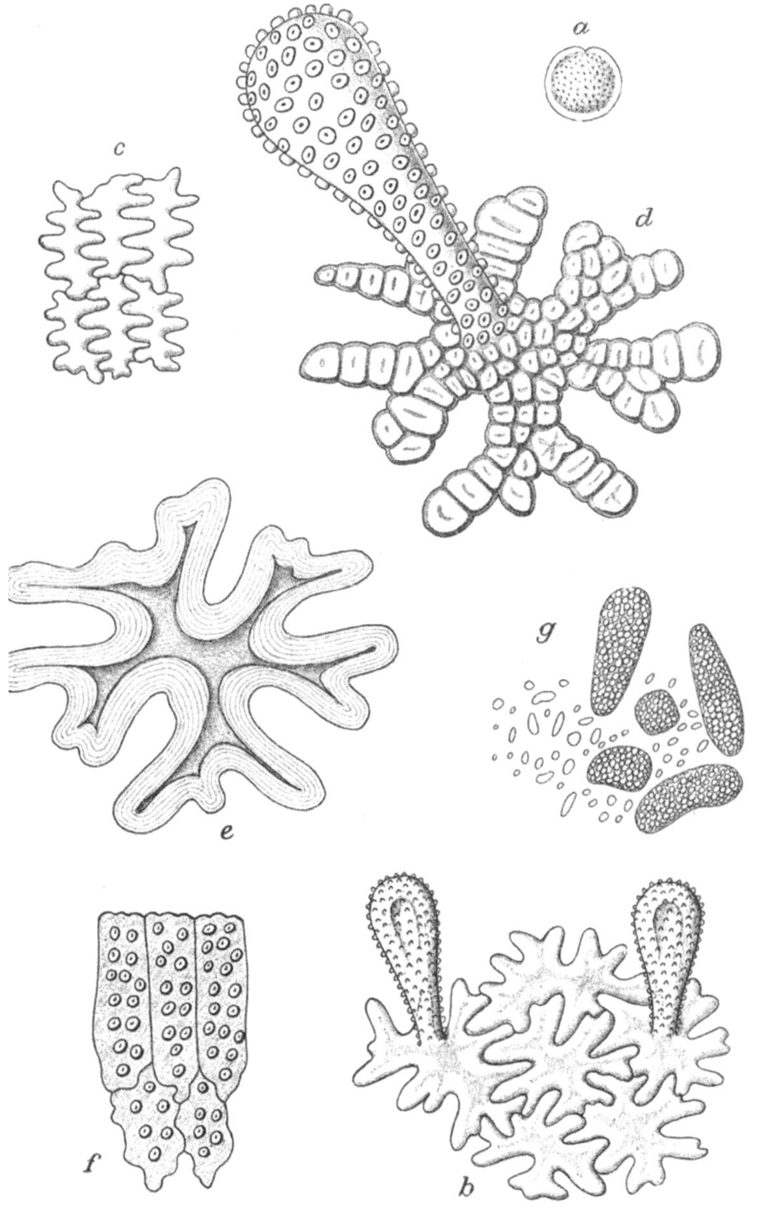

Abb. 131. Ackerspergel. *a* Same, Vergr. 1:10. *b* Oberhautzellen der Samenschale, zwei davon mit keulenförmigen Auswüchsen, Vergr. 1:150. *c* Oberhautzellen aus der Nabelgegend, Vergr. 1:150. *d* Isolierte Oberhautzelle der Samenschale bei hoher Einstellung, Vergr. 1:500. *e* Dieselbe Zelle bei tiefer Einstellung, Vergr. 1:500. *f* Oberhautzellen vom Rande des Flügels, Vergr. 1:500, *g* Zusammengesetzte und Einzelstärkekörner aus dem Nährgewebe, Vergr. 1:500. (C. Griebel).

artigen Gebilden besetzt und von einem schmalen, hellen Flügel umgeben (Abb. 131, *a*).

Unter dem Mikroskop sind sie leicht an den schwarzbraunen, tief gebuchteten, zum Teil zu keuligen Gebilden ausgewachsenen Testa-Epidermiszellen zu erkennen, deren Form bei Röstprodukten aber erst nach dem Bleichen mit JAVELLE'scher Lauge deutlich sichtbar wird (Abb. 131, *b* u. 132). Die Auswüchse brechen leicht ab und fehlen zuweilen vollständig. Wo vorhanden, sind sie von kleinen Warzen besetzt, während die übrige Oberfläche der Zellen größere, saugnapfähnliche Warzen trägt (Abb. 131, *d*), die hohle Ausstülpungen der dicken Außenwand darstellen.

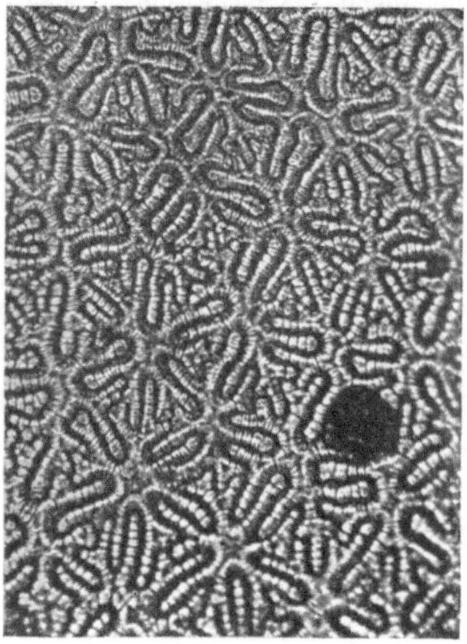

Abb. 132. Oberhaut der Samenschale des Ackerspergels (gebleicht), 1:200 (C. GRIEBEL).

Das Nährgewebe enthält, in kleinkörnige Füllstärke eingebettet, zahlreiche hoch zusammengesetzte Stärkekörper von meist länglicher Form (Abb. 131, *g*), wie sie auch bei anderen Caryophyllaceen und in verwandten Familien vorkommen.

9. Hahnenfuß.

Die Früchtchen von *Ranunculus arvensis* L. sind flach, 1 mm dick, gekielt und stumpf geschnäbelt (Abb. 133).

Die **Fruchtschale** zeigt vier Schichten:

1. Die Oberhaut, deren gelbbraune Zellen zu Papillen angewachsen sind;

Abb. 133. Früchtchen von Ranunculus arvensis in natürl. Größe und vergrößert (NOBBE).

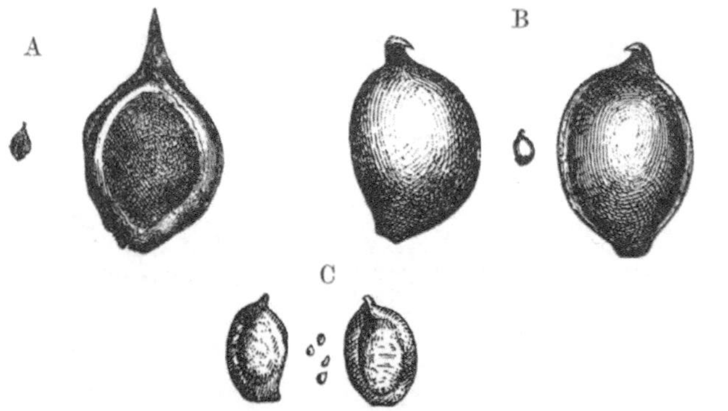

Abb. 134. Ranunkelfrüchte in natürlicher Größe und vergrößert (nach NOBBE) u. zwar *A* R. repens, *B* R. acris, *C* R. sceleratus.

2. eine einfache Parenchymschicht aus tangential gestreckten, gelblichbraunen Zellen;

3. Kristallzellen (100 μ) mit dunkelbrauner Zellwand;

4. eine Faserschicht, deren Elemente außen longitudinal, innen transversal gelagert sind.

In der **Samenschale** sind die Zellen außen gesondert, rundlich, quer gestreckt, dickwandig, innen longitudinal gestreckt, dicht aneinandergefügt, getüpfelt.

Das **Nährgewebe** besteht aus zwei Schichten, dem Perisperm mit fast quadratischen, dickwandigen, porösen Zellen mit körnigem Inhalt und dem Endosperm mit dickwandigen Zellen (9 μ), die Aleuronkörner in Fett gebettet enthalten.

Die Früchte anderer Ranunculus-Arten (Abb. 134) sind denen des Ackerhahnenfußes nicht ähnlich. Da sie als Unkräuter sehr verbreitet sind, gelangen ihre Samen oft in das Getreide. Ihre Menge im Ausreuter ist zwar unbedeutend, aber wegen ihrer Giftigkeit beachtenswert.

10. Adonisröschen.

Einige *Adonis*-Arten (*Ranunculaceae*), im Volksmunde Feuerröschen oder Teufelsaugen genannt, wachsen auf Äckern; ihre Früchte gelangen daher, wenngleich in geringer Menge, in das Getreide. Sie enthalten ein giftiges Glykosid.

Die Sammelfrüchte von *Adonis aestivalis* L. und *Adonis Flammea* L. bestehen aus zahlreichen, einsamigen, geschnäbelten Achänen.

Die **Fruchtschale** zeigt drei Schichten:

1. die äußere Oberhaut besteht aus polygonalen Zellen mit streifiger Kutikula und Spaltöffnungen;

2. das Parenchym ist obliteriert und enthält kleine Oxalatdrusen;

3. die Steinzellenschicht besteht außen aus großen, stark verdickten, oft kristallführenden Steinzellen, innen aus quer gelagerten Fasern.

Die **Samenschale** besteht aus drei Lagen, deren mittlere aus gelbwandigen, deutlich gestreiften, getüpfelten Zellen allein Erwähnung verdient.

Das **Endosperm** enthält Aleuronkörner von 14 μ Länge.

11. Rittersporn.

Einige Arten des Rittersporns (*Delphinium* — *Ranunculaceae*) wachsen ebenfalls in der Saat; ihre Samen können daher in das Getreide gelangen. Sie enthalten giftige Alkaloide.

Ihre Früchte sind Balgkapseln mit mehreren netzrunzeligen oder häutig-schuppigen, kantigen, schwarzbraunen Samen (Abb. 135) mit fettfleischigem Nährgewebe.

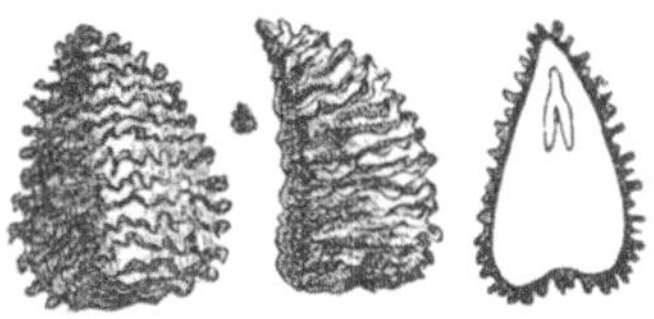

Abb. 135. Samen des Feld-Rittersporns in natürlicher Größe und vergrößert (NOBBE).

Charakteristisch ist die Oberhaut und die dritte Schicht der Samenschale.

Die Stephans- oder Läusesamen (*Delphinium Staphisagria* L.) sind bis 7 mm lang, netzrunzelig, matt; die Oberhautzellen sind ungewöhnlich groß, stark verdickt und deutlich geschichtet, mit breiten Poren. Den Runzeln entsprechend sind die Oberhautzellen bedeutend gestreckt und erscheinen als fingerförmige, 30 μ lange, 9 μ breite Auswüchse (Abb. 136). Die Außenseite ist grobwarzig.

Die dritte Schicht der Samenschale besteht aus longitudinal gestreckten, schmalen genetzten Zellen.

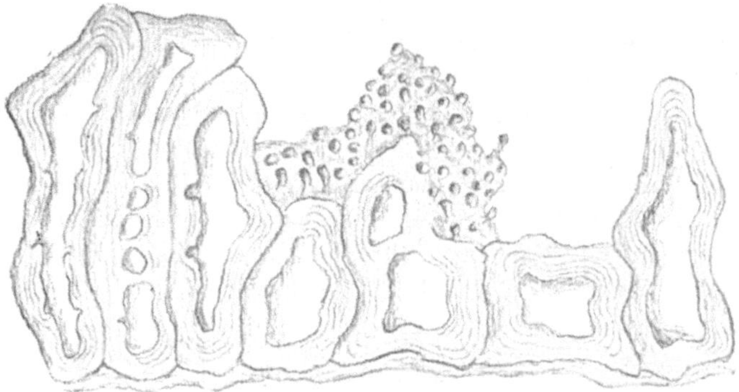

Abb. 136. Oberhaut des Läusesamens im Querschnitt (J. MOELLER).

Der Feld-Rittersporn (*Delphinium Consolida* L.) hat nur 2 mm lange, häutig geschuppte Samen (Abb. 135), da die Oberhautzellen stellenweise zu breiten, bis 150 μ langen Platten ausgewachsen sind.

12. Ackerkümmel.

Mehrere Arten des Acker- oder Schwarzkümmels (*Nigella* — *Ranunculaceae*), auch „Jungfer im Grünen" genannt, sind Ackerpflanzen; ihre Samen gelangen daher in das Getreide. Sie enthalten ein giftiges Alkaloid.

Die Frucht ist eine fünffächerige Kapsel mit zahlreichen kantigen, rauhen, auch quer gerunzelten, matten Samen. Die dünne Schale umschließt ein fettfleischiges Endosperm, in dessen spitzem Ende der kleine, grüne Embryo liegt.

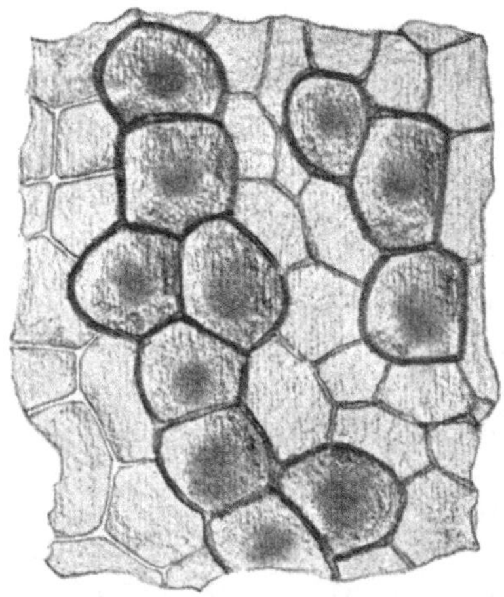

Abb. 137. Oberhaut des Ackerkümmels in der Flächenansicht (J. MOELLER).

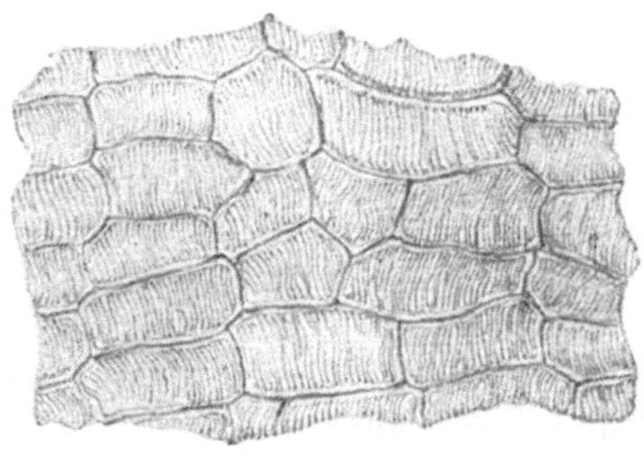

Abb. 138. Spiralfaserzellen des Ackerkümmels (J. MOELLER).

Die Samen der *Nigella arvensis* L. sind unregelmäßig, dreieckig, scharf berandet, pechschwarz, 2—3 mm lang, 1,2 mm breit, oberflächlich fein gekörnt.

Charakteristisch sind die großen, bis 100 μ breiten, papillenartigen, schwarzbraunen Oberhautzellen (Abb. 137) und die 4—5 seitigen, quer gestreckten, dicht gestreiften Zellen (Abb. 138) der dritten Schicht.

13. Erdrauch.

Der Erdrauch (*Fumaria officinalis* L. — *Fumariaceae*) ist ein auf allen Kulturböden verbreitetes Unkraut.

Die Frucht ist ein graugrünes, etwa herzförmiges, seitlich zusammengedrücktes Nüßchen von 2,5 mm Breite. Unter der Lupe erscheint die Oberfläche feinwarzig.

Die Oberhaut der **Fruchtwand** besteht aus polyedrisch-tafelförmigen Zellen, deren verdickte Außenwand zahlreiche sehr feine Kutikularwärzchen trägt. Auf das z. T. kollabierte Parenchym folgt eine breite Hartschicht aus stark verdickten, getüpfelten Steinzellen, denen sich 1—2 Reihen dickwandiger Fasern anschließen. Das Endokarp besteht aus unregelmäßig wellig gebuchteten, verdickten Zellen, deren Wände oft zapfen- oder hakenförmig in das Lumen hineinragende Gebilde zeigen.

Die dünne **Samenschale** ist durch eine unter der Epidermis liegende Pigmentschicht ausgezeichnet, deren Zellen zum Teil, und zwar häufig in reihenweiser Anordnung, rotbraune Inhaltskörper aufweisen.

Im zerkleinerten Zustand sind die Fruchtwandepidermis, die Endokarpzellen und die Pigmentschicht kennzeichnend (GREGER).

14. Wachtelweizen.

Der Wachtelweizen oder Kuhweizen (*Melampyrum arvense* L. — *Scrophulariaceae*) ist eines der häufigsten Ackerunkräuter, aus dessen Kapselfrüchten die Samen leicht herausfallen und in das Getreide gelangen. Da sie kleiner sind als die meisten Getreidekörner, finden sie sich in gereinigtem Getreide nur noch in geringer Menge. Sie enthalten das anscheinend nicht giftige Glykosid Rhinanthin (s. auch Klappertopf, S. 116), das ein das Brot violett färbendes Spaltprodukt liefert.

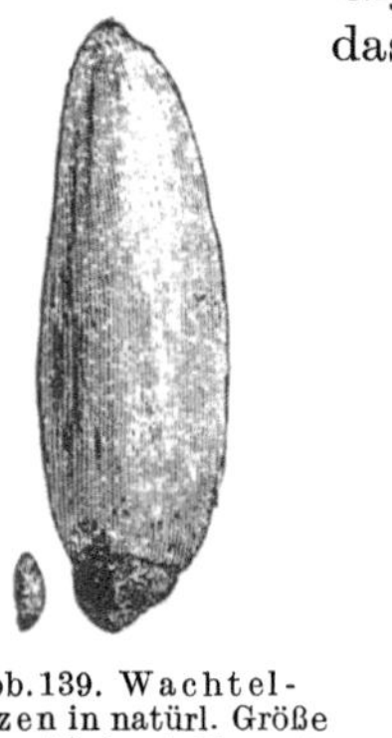

Abb. 139. Wachtelweizen in natürl. Größe u. vergröß. (nach NOBBE).

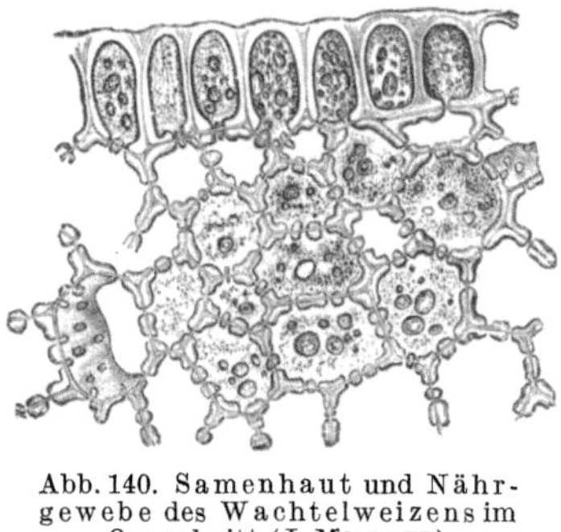

Abb. 140. Samenhaut und Nährgewebe des Wachtelweizens im Querschnitt (J. MOELLER).

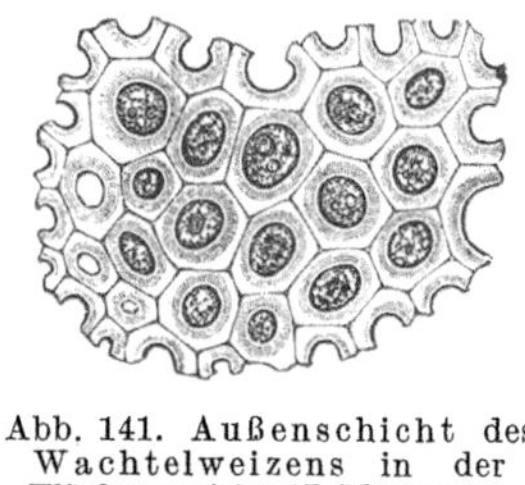

Abb. 141. Außenschicht des Wachtelweizens in der Flächenansicht (J. MOELLER).

Die Samen sind braun, oval, 5—6 mm lang, oben abgerundet, unten mit einem weichen, geschrumpften Anhang (caruncula) versehen, (Abb. 139). Da ihr Endosperm hornig ist, sind sie sehr hart.

Die Samenschale scheint zu fehlen; wird aber ein Same in Laugenwasser etwas erweicht, so läßt sich von seiner Oberfläche ein zartes Häutchen abschaben, an dem große, wellig-buchtige Oberhautzellen deutlich erkennbar sind.

Die dickwandigen Endospermzellen sind in den Außenschichten radial gestreckt, sonst isodiametrisch, gewöhnlich 50 μ groß (Abb. 140 u. 141). deutlich porös. In Lauge quellen sie erst beim Erwärmen. Sie enthalten Fett und körniges Protoplasma.

Dieses Gewebe ist so charakteristisch, daß es auch in kleinsten Mengen in Mahlprodukten aufgefunden werden kann.

15. Klappertopf.

Die Arten des Klappertopfes (*Rhinanthus* L., *Alectorolophus* BIEB. — *Scrophulariaceae*) sind meist Wiesenkräuter; in Getreidefeldern wächst oft in beträchtlicher Menge der Rodel oder Ackerrodel, auch Klapper genannt (*Alectorolophus hirsutus* ALL.); seine Samen sind daher ein mitunter namhafter Bestandteil des Ausreuters.

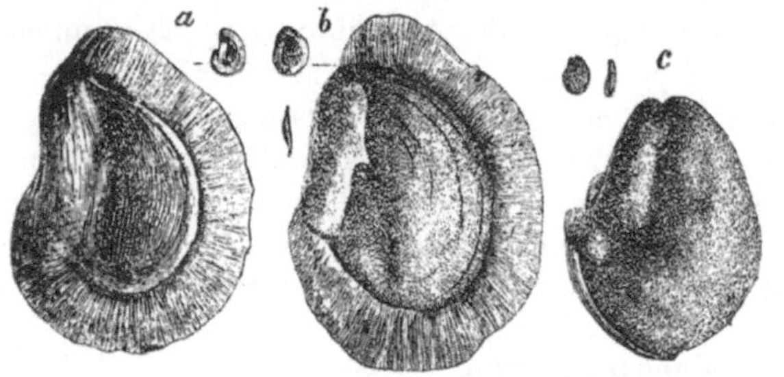

Abb. 142. Rodelsamen in natürlich. Größe u. vergrößert (NOBBE); *a* Rh. major, *b* Rh. minor, *c* Rh. hirsutus.

Sie sind scheibenförmig, 2,5—5 mm groß, dunkelblaugrün oder schwarzbraun, mit einem schwielig verdickten (dem Nabel entsprechenden) Flügel umsäumt (Abb. 142). Sie enthalten, wie die Samen von Melampyrum, das Glykosid Rhinanthin, das nach LEHMANN zwar nicht giftig ist, aber dem Brote eine violette oder schwärzliche Farbe und einen widerlichen Geschmack verleiht.

Die dünne **Samenschale** hat eine aus polygonalen, nach außen stärker verdickten Zellen bestehende Oberhaut. An den Flügeln sind die Epidermiszellen bis 180 μ groß, flach und zeigen unregelmäßig kantige Verdickungen.

Das **Nährgewebe** ist großzellig (40—75 μ), derbwandig, umgeben von einer Randschicht, deren Zellen an der Außenwand stark verdickt sind und unter Schichtung quellen. Alle Endospermzellen enthalten braune Körner. Diese fallen bei der Untersuchung unreiner Mehle zuerst auf.

16. Ackerwinde.

Die Ackerwinde (*Convolvulus arvensis* L. — *Convolvulaceae*) ist in manchen Getreidefeldern kaum auszurotten.

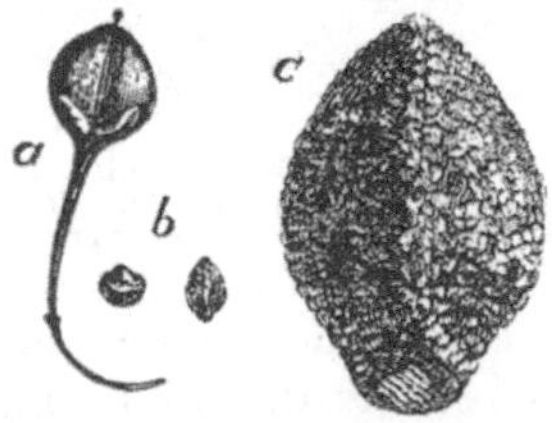

Abb. 143. Frucht und Samen der Ackerwinde (NOBBE); *a* Fruchtkapsel in natürlicher Größe, *b* und *c* Samen in natürlicher Größe und vergrößert.

Die schwarzen Samen haben die Form eines Orangensegmentes, sind 4 mm lang, 2,5 mm breit (Abb. 143). Die Schale umschließt ein massiges Endosperm und einen Embryo mit eigentümlich gefalteten Kotyledonen.

Die Samenschale zeigt ungleich hohe, auf der Außenseite oft konvexe, lufthaltige Epidermiszellen. Charakteristisch ist außerdem die Palisadenschicht aus 75 μ hohen, gelblichbraunen, englumigen, mit einer Lichtlinie versehenen Zellen, die den Palisaden der Baumwollsamen etwas ähnlich sind.

Die Wände der Endospermzellen sind verschleimt.

17. Möhrenfrüchte.

Die Frucht der wild wachsenden Möhre (*Daucus Carota* L. — *Umbelliferae*) ist breit eiförmig, 1,5—2,5 mm lang. Die Nebenrippen sind von über 1 mm langen Borsten gebärtet; die wenigen deutlichen Hauptrippen sind spärlich behaart (Abb. 144). An der Basis der Nebenrippen befindet sich in der Fruchtschale je ein Ölgang (vgl. Umbelliferenfrüchte).

Die Borsten bestehen aus schmalen, gestreckten, in Längsstreifen angeordneten Zellen.

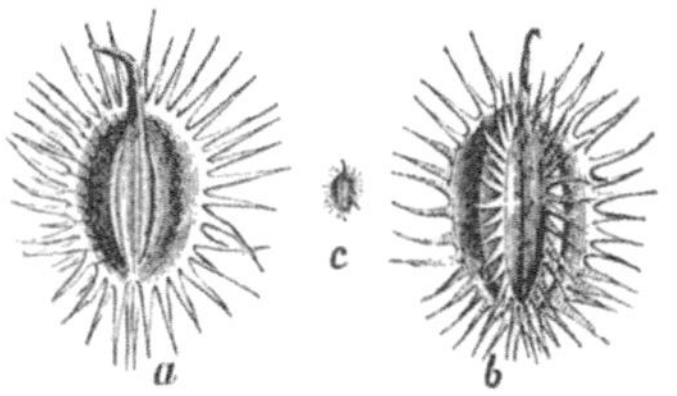

Abb. 144. Möhrenfrüchte (NOBBE); *a* Innenfläche, *b* Außenfläche vergrößert, *c* Frucht in natürlicher Größe.

18. Hohlsame.

In Südeuropa ist der Hohlsame (*Bifora radians* M. B. — *Umbelliferae*) ein häufiges Ackerunkraut, und die Früchte finden sich oft in beträchtlicher Menge (4,9% in einem Falle) im Ausreuter.

Sie sind fast kugelig, 3 mm groß, an der Fugenseite hohl, undeutlich gerippt und haben keine Ölgänge. Im Mesokarp befindet sich eine dichte Sklerenchymzone, deren durch Mazeration isolierte Zellen oft charakteristische Verzweigungen zeigen (Abbildung 145, *II*). Innerhalb dieser Hartschicht ist das Parenchym zusammengefallen und durch eine einfache Lage großer Netzfaserzellen (Abb. 145, *I. P*) mit dicker, verholzter Wand abgeschlossen.

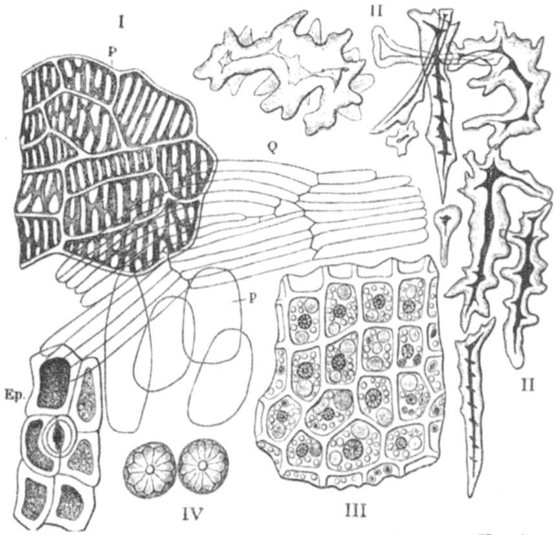

Abb. 145. Gewebe der Hohlsamenfrucht (A. E. v. VOGL); I. Fruchtschale: *Ep* Oberhaut, *p* Parenchym, *Q* Querzellen, *P* Netzfaserzellen; II. Steinzellen aus der Hartschicht der Fruchtschale; III. Nährgewebe; IV. Aleuronkörner mit Oxalatrosetten, stärker vergrößert.

Das Endokarp besteht aus schmalen, parkettartig gruppierten (Abb. 145, *I. Q*), die Netzfaserzellen kreuzenden Zellen.

Das Endosperm enthält Aleuronkörner mit deutlichen Oxalatdrusen (Abb. 145, *III* u. *IV*).

19. Kornblume.

Die Kornblume (*Centaurea Cyanus* L. — *Compositae*) ist häufig auf europäischen Feldern, selten in Amerika.

Die Früchtchen sind lichtgrau, etwa 4 mm lang, mit ebenso langem Pappus (Abb. 146) versehen.

Die Pappushaare bestehen aus Bündeln schmaler, verdickter Fasern, von denen einige zu einem nach oben gekehrten Bart verlängert sind.

Abb. 146. Früchtchen der Kornblume (NOBBE); *a* in natürl. Größe, *b* vergrößert, *c* Pappusborste.

Die **Frucht-** und **Samenschale** bilden zusammen eine lederige Hülle.

Die Oberhaut der Frucht besteht aus dicken, getüpfelten, in Längsreihen angeordneten Zellen. Unter ihr bilden ähnliche aber kleinere Zellen eine Sklerenchymschicht, an deren Innenseite schön ausgebildete monokline Kristalle in großer Zahl liegen.

Palisadenzellen ungefähr 75 μ hoch, braun, bilden die folgende Schicht.

Parenchym in mehreren Lagen zusammengedrückter Zellen bildet die innere Auskleidung. In dieser Schicht liegt der Nabelstrang.

Das **Endosperm** besteht aus einer einfachen Reihe von Aleuronzellen.

Der **Embryo** ist durch warzige Aleuronkörner ausgezeichnet. Sie sind kugelig oder elliptisch, bis 18 μ lang, und enthalten mehrere Globoide.

20. Klebkraut.

Die Früchte des Klebkrautes (*Galium Aparine* L. — *Rubiaceae*) sind rundlich, 2—4 mm groß, schalenförmig ausgehöhlt, von kleinen hakigen Härchen rauh (Abb. 147). Die Schale umschließt ein horniges Eiweiß mit einem halbmondförmigen Keimling.

Andere *Galium*-Arten haben ähnliche, aber kleinere Früchte, manche ohne Stacheln (z. B. *G. verum* L. und *G. mollugo* L.). Ihre Früchte verunreinigen oft in großer Menge das Getreide.

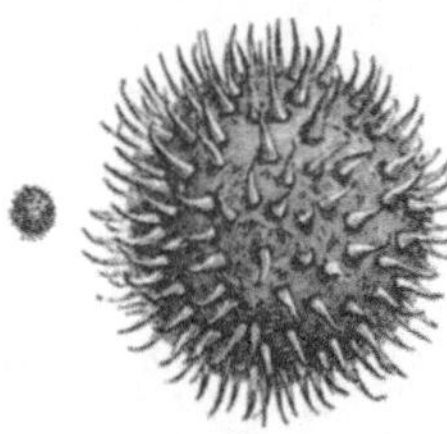

Abb. 147. Früchtchen von Galium Aparine in natürlicher Größe und vergrößert (nach NOBBE).

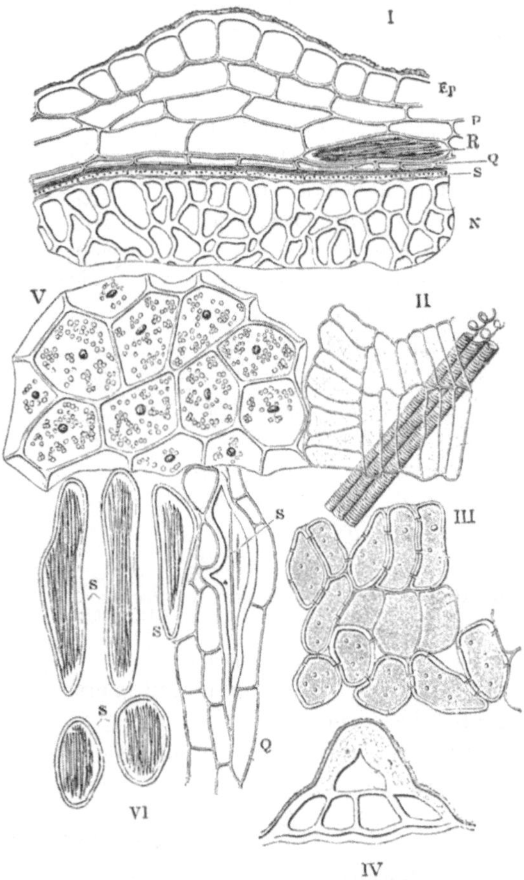

Abb. 148. Gewebe des Klebkrautes (A. E. v. VOGL); I Querschnitt mit der Oberhaut *Ep*, der Mittelschicht *P*, den Querzellen *Q*, der Samenhaut *S* und dem Nährgewebe *N*; II Querzellen (innere Oberhaut) in der Flächenansicht; III Sklerosiertes Parenchym der Mittelschicht *P*; IV Oberhautpapille; V Samenhaut *S*; VI Querzellen *Q* und Mittelschicht mit Raphidenschläuchen *S*.

Durch Kochen mit 1 %iger Lauge kann die Schale als graues Häutchen abgetrennt werden. Es besteht aus der Frucht- und Samenhaut.

Die Oberhaut besteht aus großen, dünnwandigen, polygonalen Zellen (Abb. 148), deren jede in der Mitte eine Papille (*IV*) besitzt. Charakteristisch sind auch die langen Haare mit breit kegelförmiger Basis und hakiger Spitze; endlich die Spaltöffnungen.

Das Mesokarp ist eine dünne Schicht zartwandigen, meist schwammigen Parenchyms. Einzelne Zellen enthalten große Rhaphidenbündel (VI, *S*).

Die Zellen des Endokarps sind schmal, gestreckt, dünnwandig.

Die Samenschale besteht aus einer einfachen Lage großer, polygonaler, oft gestreckter Zellen mit brauner Membran. VOGL beobachtete in ihr kleine (3 μ) braune Stärkekörner.

Die Endospermzellen sind dickwandig, ihre Grenzen meist schwer unterscheidbar.

21. Wegerich.

Die Samen der Wegerich-Arten (*Plantago major* L., P. *lanceolata* L. u. a. — *Plantaginaceae*) verunreinigen oft, wenngleich in geringer Menge, die Leinsaat und andere Samen. Sie sind braun, länglich (1,2—2,5 mm), konvex auf der einen, gefurcht auf der anderen Seite (Abb. 149).

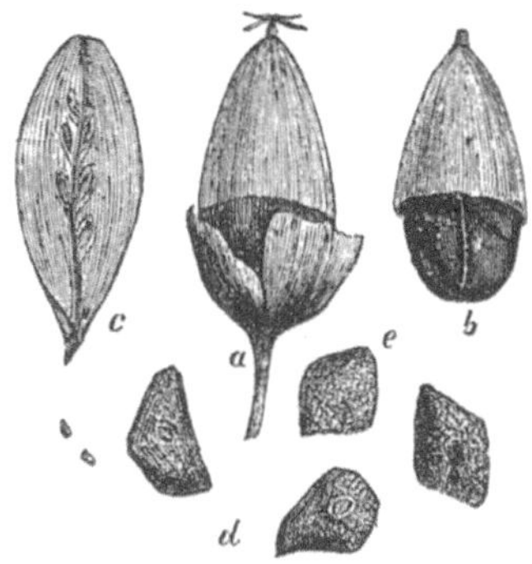

Abb. 149. Wegerichsamen (NOBBE); *a* Frucht mit Kelch, *b* Fruchtdeckel, *c* Samenträger, *d* Samen von der Innenseite, *e* von der Rückseite vergrößert.

In der Samenschale unterscheidet man deutlich drei Schichten:

I. Die Oberhaut bildet auf trockenen Durchschnitten eine weiße, formlose Platte. Befeuchtet quillt diese auf, und man erkennt die fast volllständig mit Schleim erfüllten Zellen;

2. eine zusammengedrückte Parenchymschicht;

3. braune, quergestreckte, bis 80 μ lange Zellen in einfacher Lage.

Charakteristisch sind die dickwandigen, getüpfelten Endospermzellen, ähnlich denen des Wachtelweizens (s. S. 115).

Neuere Literatur.

GREGER: Beiträge zur Kenntnis der Samen und Früchte von Ackerunkräutern. Zeitschr. f. Unters. d. Nahrungs- u. Genußmittel Bd. 44, S. 70. 1922.

— Zur Kenntnis einiger Papaver-Samen. Zeitschr. f. Unters. d. Nahrungs- u. Genußmittel Bd. 45, S. 156. 1923.

— Zur mikroskopischen Charakteristik einiger Polygonumfrüchte. Zeitschr. f. Unters. d. Nahrungs- u. Genußmittel Bd. 45, S. 357. 1923.

— Zur Anatomie der Früchte einiger Rumex-Arten. Zeitschr. f. Unters. d. Nahrungs- u. Genußmittel. Bd. 45, S. 359. 1923.

GRIEBEL: Zur Anatomie der Reismeldesamen. Zeitschr. f. Unters. d. Nahrungs- u. Genußmittel Bd. 36, S. 177. 1918.

HANAUSEK: Über die Samen von Chenopodium album. Zeitschr. f. Unters. d. Nahrungs- u. Genußmittel. Bd. 29, S. 17. 1915.

— Über die Samen der Reismelde (*Chenopodium Quinoa* WILLD). Zeitschr. f. Unters. d. Nahrungs- u. Genußmittel Bd. 35, S. 228. 1918.

NESTLER: Über den Nachweis von Rinanthin im Mehl. Zeitschr. f. Unters. d. Nahrungs- u. Genußmittel Bd. 39, S. 41. 1920.
WINTON: Amerikanische Weizenausreuter. Zeitschr. f. Unters. d. Nahrungs- u. Genußmittel Bd. 6. S. 433. 1903.

c) Leguminosen (Hülsenfrüchte).

Als „Hülsenfrüchte“ bezeichnet man im Sprachgebrauch die Samen von Leguminosen, die als Nahrungsmittel allgemeine Verwendung finden, wie Bohnen, Erbsen, Linsen. Von den Bohnen und Erbsen verwendet man auch die ganzen, unreifen Früchte (Hülsen) mit den Samen. Einige Leguminosen dienen als Kaffeesurrogat. Andere sind für uns deshalb von Interesse, weil sie einen regelmäßigen Bestandteil des Getreide-Ausreuters bilden. Leguminosenmehl ist nicht backfähig, wird aber Zerealienmehlen zuweilen zugesetzt.

Alle Leguminosensamen besitzen im frischen Zustande eine derblederige, trocken eine brüchige Schale und einen Kern, der nur aus dem Embryo mit zwei großen Keimblättern besteht. Der Nuzellus (Perisperm) ist meist nur in spärlichen Resten erhalten, die die innere Auskleidung der Samenschale bilden.

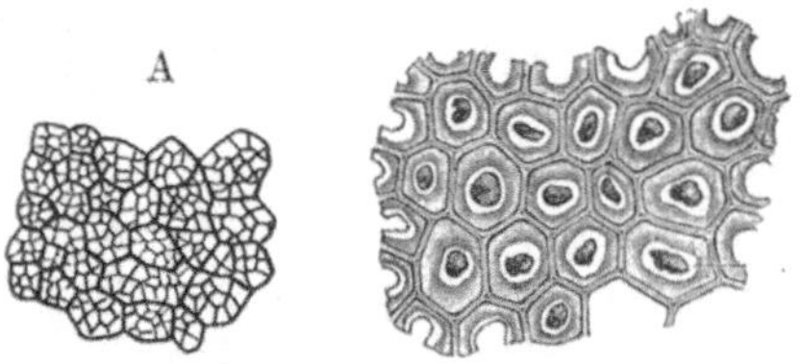

Abb. 150. Palisadenzellen (J. MOELLER). *A* in der Aufsicht von oben, daher ohne Lumen; *B* im Durchschnitt mit Zellinhalt.

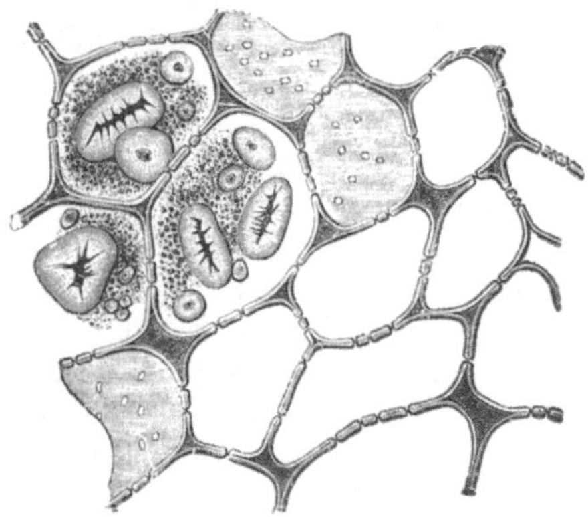

Abb. 151. Kotyledonargewebe der Bohne (J. MOELLER).

Gut entwickeltes Nährgewebe (Endosperm) findet sich z. B. im Mogdadkaffee, im Bockshornklee, in der Luzerne und in den Karobensamen. Es ist hornig-hart oder schleimig.

Quer- und Flächenschnitte lassen sich aus den frischen oder in Wasser erweichten Samenteilen ohne weiteres herstellen.

Für die Samenschale ist die Palisadenoberhaut und die unter ihr gelegene Schicht sogenannter Trägerzellen charakteristisch, die aber in der Umgebung des Nabels fehlt.

Die Palisadenzellen sind prismatisch (Abb. 173), dicht aneinandergereiht, dickwandig, ihr Lumen nach außen verengt. Am Querschnitt zeigen sie eine „Lichtlinie“, deren Breite und Abstand von der Oberfläche einen gewissen diagnostischen Wert hat. In der Flächenansicht erscheinen sie polygonal, oft mit einer netzigen Zeichnung versehen (Abb. 150 A), dem Ausdruck der leistenförmigen Verdickung. Am Nabel ist die Palisadenschicht mehrreihig.

Die Trägerzellen (wegen ihrer I-Form so genannt) oder Sanduhrzellen (Abb. 173) sind mitunter gerippt; bei einigen *Phaseolus*-Arten sind sie prismatisch und enthalten einen oder wenige Oxalatkristalle.

Die Hauptmasse der Samenschale besteht aus einem meist vielreihigen Schwammparenchym (Abb. 173 *p*), in dem die Leitbündel liegen.

Das Gewebe der Kotyledonen (Abb. 151) enthält neben Fett und Eiweiß meist reichlich Stärke, deren Körner groß, am Rande geschichtet und strahlig zerklüftet zu sein pflegen.

Stärkefrei sind: Mogdadkaffee, Lupine, Sudankaffee, Luzerne, Seradella, Stragel, Bockshornklee, Soja, Johannisbrot, Tamarinde, Cassia fistula. Die ziemlich spärliche, kleinkörnige Stärke in der Erdnuß (Seite 304) kommt neben den Fettmengen kaum in Betracht.

In pulverförmigen Zubereitungen aus Leguminosensamen gelangen die Bruchstücke der Samenschale — sofern nicht geschälte Samen verwendet wurden — sowohl in der Aufsicht wie in der Querschnittlage zur Beobachtung. Für Messungen ist der letztere Fall besonders dann geeignet, wenn sich die Palisadensklereiden noch im Zusammenhang mit den Hypoderm- (Träger-) Zellen befinden. In der Aufsicht erscheinen die Palisaden bei hoher Einstellung polygonal, mit sehr kleinem Lumen und strahlig verlaufenden Spalten. Bei tieferer Einstellung erscheinen sie mehr gerundet mit weiterem Lumen. Die Trägerzellen haben, von oben gesehen, meist die Form eines gerundeten Polygons mit eingeschlossenem Ring (Abb. 187 *II*, *Sz*).

Analytischer Schlüssel.

A. Die Samen enthalten Stärke.

a) Die Palisaden sind englichtig,

* unter 100 μ hoch,

\+ außen flach,

\# im mittleren Teil querporös

1. Trägerzellen gerippt — Lathyrus (Platterbse).

\# # nicht querporös

× Trägerzellen prismatisch, meist mit Kristallen.

2. Palisaden unter 60 μ hoch; Trägerzellen dünnwandig, mit großen Kristallen: Phaseolus vulgaris (Bohne).

3. Palisaden über 60 μ hoch; Trägerzellen dickwandig, mit kleinem Lumen und kleinen Kristallen oder ohne Kristalle. Phas. multiflorus (Feuerbohne).

× × Trägerzellen sanduhrförmig, ohne Kristalle,

○ Stärkekörner unregelmäßig, elliptisch.

4. bis 40 μ lang: Pisum (Erbse).

5. bis 90 μ lang: Phas. Mungo.

○ ○ Stärkekörner regelmäßig, elliptisch.

6. bis 35 μ lang: Dolichos sineneis und melanophthalmus (Chinesische und schwarzäugige Langbohne).

× × × Trägerzellen kelch- oder trichterförmig, ohne Kristalle.

7. Stärkekörner bis 40 μ lang: Phas. lunatus (Mondbohne).

\+ + Palisaden außen abgerundet oder spitz.

8. unter 45 μ hoch; mit 10 μ breiter Lichtlinie: Ervum (Linse).

9. 50—65 μ hoch, mit 10—15 μ breiter Lichtlinie: Vicia (Wicke).

** Palisaden über 100 μ hoch,

\+ querporös,

10. Palisaden von ungleicher Höhe: Cicer ariet. fusc. (braune indische Platterbse).

\+ + nicht querporös,

× Trägerzellen in einfacher Reihe.

11. Stärkekörner bis 70 μ lang: Faba (Saubohne).

12. Stärkekörner bis 40 μ lang: Dolichos (Lablab).
× × Trägerzellen in mehreren Reihen.
13. Stärkekörner bis 50 μ lang Canavalia.
b) Palisaden sind weitlichtig.
14. Palisaden von ungleicher Höhe; Stärkekörner groß, elliptisch: Cicer (Kichererbse).

B. Die Samen enthalten keine Stärke oder nur Spuren.
a) Palisaden zugespitzt; Trägerzellen gerippt; Schleimendosperm.
15. Palisaden 30—40 μ hoch; Trägerzellen 15—45 μ breit: Medicago (Luzerne).
16. Palisaden 60—75 μ hoch; Trägerzellen 30—75 μ breit; Samen aromatisch: Foenum graecum.
17. Palisaden 125—150 μ hoch; Trägerzellen 35—75 μ hoch: Astragalus (Stragel).
b) Palisaden flach oder abgerundet; Trägerzellen nicht gerippt.
× Schleimendosperm vorhanden.
18. Trägerzellen im mittleren Teil verdickt: Ornithopus (Seradella).
× × Schleimendosperm fehlt.
* Palisaden gegen 80 μ hoch, außen mit Schleimschicht.
19. Trägerzellen flach, nicht sanduhrförmig, mehrreihig: Cassia fistula.
** Palisaden über 100 μ hoch; gekniet.
† Palisaden mit farblosem Inhalt und breiter Lichtlinie.
20. Oberhautzellen der Kotyledonen nicht getüpfelt: Lupinus albus.
† † Palisaden im inneren Teile mit dunklem Inhalt; Oberhautzellen der Kotyledonen getüpfelt.
21. Der dunkle Zellinhalt im inneren Drittel: Lupinus luteus.
22. Der dunkle Zellinhalt in der inneren Hälfte; Lichtlinie schmal: Lupinus angustifolius.
* * * Palisaden über 100 μ hoch; gerade.
23. Palisadenhöhe 170—250 μ; Endosperm aus dickwandigen Zellen: Ceratonia (Karoben).
24. Palisaden teils einreihig, teils zweireihig, Gesamthöhe der Schicht gegen 190 μ; Endosperm aus dickwandigen Zellen. Tamarindus.
25. Palisaden 150 μ hoch, spindelförmig: Parkia.
* * * * Palisaden unter 100 μ hoch, gerade.
26. Palisaden 50—60 μ hoch, 6—15 μ briet; Trägerzellen 35—50 μ hoch, sich leicht trennend: Glycine (Soja).
27. Palisaden 60—75 μ hoch, 3—7 μ breit; Trägerzellen 16—25 μ hoch; Endosperm aus dickwandigen Zellen: Cassia occidentalis (Mogdadkaffee).

Zu dieser Übersicht sei bemerkt, daß die Höhe der Palisaden- und Trägerzellen an der Bauchseite der Samen, besonders in der Umgebung des Nabels, von den Durchschnittsmaßen oft erheblich abweicht. So sind die Palisaden namentlich in der Samenschwiele, auch über der Raphe auffallend hoch.

Bei der Untersuchung von Pulvern läßt sich daher die Bestimmung nicht allein auf die Maße einiger weniger Palisaden- oder Trägerzellen gründen.

Auch die verschiedenen Varietäten einer Art zeigen in dieser Hinsicht erhebliche Schwankungen.

1. Gartenbohne.

Die in Europa und einem großen Teil Amerikas als Nahrungsmittel gebräuchliche gemeine Bohne (*Phaseolus vulguris* L.) wird in zahlreichen Varietäten kultiviert. Die unreifen Früchte werden als Gemüse oder Salat gegessen (Brechbohnen, Schneidebohnen).

Die Samen sind annähernd nierenförmig, aber das Verhältnis zwischen Länge, Breite und Dicke ist bei den einzelnen Varietäten sehr verschieden, so daß es fast kugelige, sehr lange und flache Bohnen gibt. Ihre Farbe ist weiß, schwarz, rot, braun oder scheckig. Der elliptische Nabel mit engem Spalt liegt in der Mitte einer der Schmalseiten.

An einem Ende des Nabels liegt — als feiner Einstich erkennbar — die Mikropyle und unter ihr die Radicula des Keimlings, an dem anderen Ende kleine Zwillingshöcker (Samenschwiele, Strophiolum), und hier dringt der Nabelstrang als Raphe in den Samen ein.

Der Same besteht aus dem großen Embryo, der von einer lederig-zähen, trocken brüchigen Schale bedeckt ist.

A. Fruchtwand. Die Oberhaut der Hülsen (Abb. 152) besteht aus derbwandigen, rundlich-polygonalen, mit stark gestreifter Kutikula versehenen Zellen. Sie trägt ziemlich große Spaltöffnungen, die gewöhnlich von schmalen,

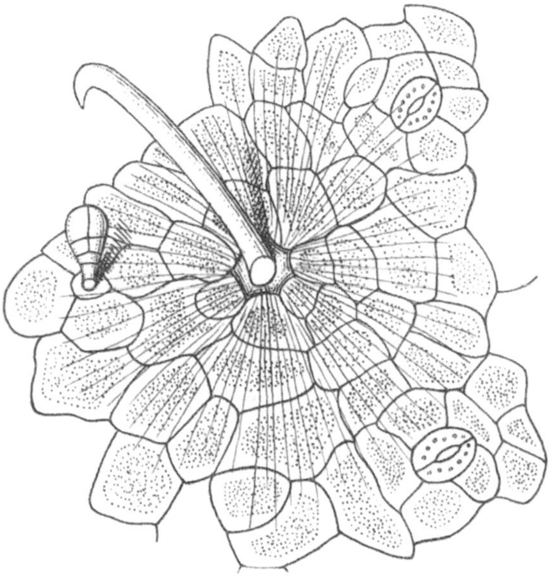

Abb. 152. Oberhaut der Hülse der Gartenbohne 1:225 (C. GRIEBEL).

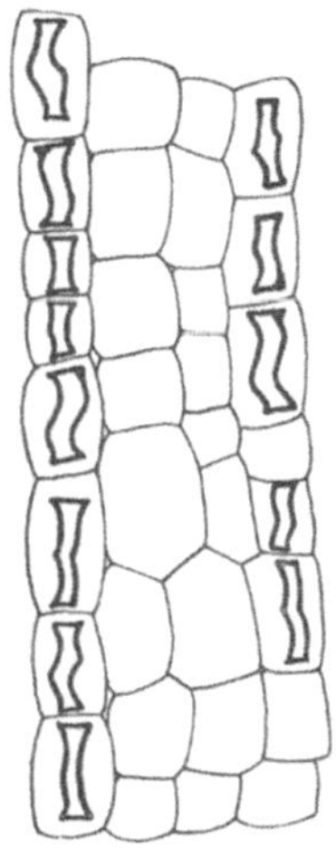

Abb. 153. Oxalatkristalle aus dem inneren Mesokarp der Gartenbohne 1:225 (C. GRIEBEL).

gebogenen Nebenzellen eingeschlossen sind und einzellige oder über der Basis mit einer Querwand versehene pfriemenförmige oder gemshornförmig gebogene Deckhaare, die beim Abbrechen eine ringförmige Narbe mit zackigem Rand hinterlassen. Gedrungene keulenförmige Drüsenhaare finden sich meist nur vereinzelt. Das Hypoderm wird aus 1—3 Reihen etwa spindelförmiger Zellen gebildet, die bei der Reife der Frucht fast faserartige Beschaffenheit annehmen. Im inneren Teil des Mesokarps liegt eine mehrreihige, bei jungen Früchten noch wenig ausgeprägte Faserschicht, deren Zellen schräg zur Längsachse der Frucht und rechtwinklig zu den Hypodermzellen verlaufen. Auf der Faserschicht beobachtet man meist längere Reihen von Kristallkammerzellen mit Einzelkristallen. Diese sind kleiner und spärlicher als bei der Erbse. In den innersten Lagen des Mesokarps finden sich ebenfalls Einzelkristalle. Sie sind jedoch mehr gestreckt (Abb. 153) und zuweilen regellos verteilt. Die Gerbstoffschläuche des Mesokarps treten bei unreifen Früchten wenig in Erscheinung.

B. Samenschale. Die Palisadenzellen (Abb. 154) sind 30—60 μ lang, mit einer schmalen Lichtlinie in der Nähe der Kutikula versehen. Das außen schmale Lumen verbreitert sich allmählich nach innen zu. Die Farbe der Bohne ist hauptsächlich durch den Zellinhalt der Palisaden verursacht. Unterhalb des Nabels liegt eine doppelte von der Nabelspalte durchbohrte Palisadenschicht.

Die Trägerzellen sind nicht sanduhrförmig, sondern prismatisch, ohne Interzellularen aneinanderschließend, mäßig verdickt, in Wasser und in Alkalien beträchtlich quellend.

Jede Zelle enthält einen, selten zwei, die Zellhöhle fast ausfüllende, monokline Oxalatkristalle. Unterhalb des Nabels fehlt diese Schicht.

Das Schwammparenchym besteht außen aus großen, derbwandigen, nach innen zu aus dünnwandigen Zellen mit schmalen Verzweigungen (Sternparenchym). Unmittelbar unter dem Nabelspalt liegt eine Gruppe sklerotischer Zellen mit netzförmiger Membran (Tracheiden).

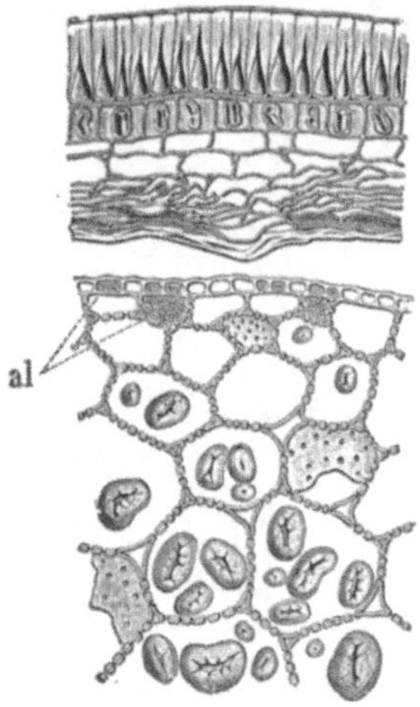

Abb. 154. Querschnitt der Bohne (A. L. WINTON); *al* Randzellen des Keimblattes mit Aleuron.

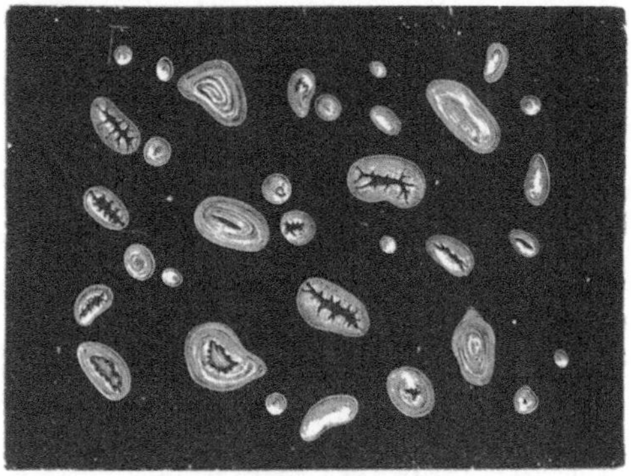

Abb. 155. Bohnenstärke (J. MOELLER).

C. Perisperm. Eine einfache Lage polygonaler Zellen bildet den Rest des Nährgewebes, bei einigen Varietäten ist auch dieser fast verschwunden. Nur die das Würzelchen umhüllende Perispermtasche ist mehrreihig.

D. Embryo. Die beiden großen Keimblätter bilden die Masse des Samens. Sie enthalten Fett, Eiweiß und hauptsächlich Stärke. Die Oberhautzellen sind außen isodiametrisch, innen tangential gestreckt. Die Mesophyllzellen sind groß (oft 100 μ) und haben dicke (4—9 μ) Wände mit deutlichen Poren und kleinen Interzellularräumen (Abb. 151).

Die Stärkekörner (Abb. 155) sind vorwiegend 30—50 μ, ausnahmsweise gegen 60 μ lang (die kleinsten etwa 10 μ), die größeren meist elliptisch oder nierenförmig, selten unregelmäßig-bauchig, wie die der Erbse, am Rande zart geschichtet. Die verzweigte Kernspalte ist immer deutlich.

Bohnenprodukte.

Die reifen Bohnensamen kommen gewöhnlich unzerkleinert, daher unverfälscht zum Verbrauch; ihre Produkte dienen jedoch zur Fälschung anderer Nahrungsmittel.

Bohnenmehl und Bohnenschalen dienen als Tierfutter. Die letzteren sind an den kristallführenden Trägerzellen (Abb. 156) leicht zu erkennen. Das Bohnenmehl, das man auch in Nährmitteln und ähnlichen Zubereitungen öfter antrifft, enthält außer Stärke beträchtliche Mengen des durch die dicken, porösen Membranen charakteristischen Kotyledonargewebes (Abb. 151), seltener wesentliche Mengen an Schalenbestandteilen, da es gewöhnlich aus geschälten Samen bereitet wird.

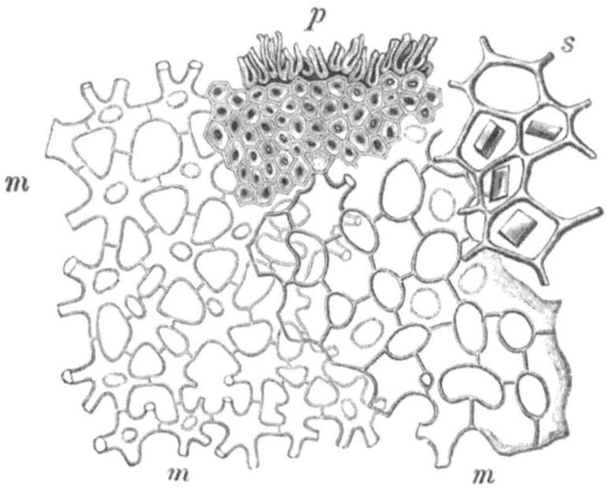

Abb. 156. Gewebe der Bohnenschale in der Flächenansicht (J. MOELLER); *p* Palisadenzellen, *s* Trägerzellen mit Kristallen, *m* Schwammparenchym in zwei Schichten.

Zum Nachweis von Erbsenhülsen (s. S. 126) in Schneidebohnen und ähnlichen Konserven ist besonders die Hartschicht geeignet. Diese ist bei der Erbse stärker ausgeprägt und mit größeren und zahlreicheren Kristallen bedeckt. Auch die äußere Oberhaut bietet brauchbare Unterscheidungsmerkmale.

2. Feuerbohne.

Unter den Varietäten der Feuer- oder spanischen Bohne (*Phaseolus multiflorus* WILLD.) sind die bekanntesten die mit scharlachroten Blüten und schwarzen oder gefleckten Samen und die mit weißen Blüten und Samen.

Sie sind der gemeinen Bohne im Bau sehr ähnlich. Die Palisadenzellen sind länger (60—75 μ), die Seitenwände der prismatischen Trägerzellen in der Mitte stark verdickt, das Zellumen daher in der Mitte verengt und im Umriß sanduhrförmig oder auch nur spaltenförmig. Gewöhnlich sind 1—2 sehr kleine Kristalle vorhanden, zuweilen fehlen sie vollständig.

3. Mondbohne.

Die Mondbohne, Rangoon-, Lima-, Java-, Kratok- oder indische Bohne (*Ph. lunatus* L.) wahrscheinlich in Südamerika heimisch, wird jetzt überall in den Tropen kultiviert und als Nahrungsmittel verwendet.

Alle ihre Kulturvarietäten mit gefärbten und ungefärbten Samen enthalten in geringerer oder größerer Menge ein Blausäure abspaltendes Glykosid (Phaseolunatin). Da der Blausäuregehalt unter Umständen recht erheblich ist (0,004 bis 0,3%) — es sind auch in Europa wiederholt tödliche Vergiftungen vorgekommen — sollten Mondbohnen bei uns im Verkehr möglichst nicht zugelassen werden. Jedenfalls muß aber das Einweich- und Ankochwasser weggegossen werden, um die Hauptmenge des Giftes zu beseitigen. Die Samen variieren in Gestalt, Farbe und Größe sehr stark. Sie sind 0,8—2,5 cm lang, im allgemeinen sehr flach. Aber gerade die kleinen weißen Sorten, die in der Nachkriegszeit bei uns in großen Mengen zur Einfuhr gelangten, sind nicht abgeflacht und stimmen in der Form mit unseren kleinen weißen Bohnen vollständig überein[1]. Makroskopische oder mit der Lupe leicht wahrnehmbare Erkennungsmerkmale sind die zarte Streifung, die vom Nabel radial nach dem Rücken hin verläuft und die gelblichen, durchscheinenden Zwillingshöckerchen (bei der weißen Gartenbohne sind diese weiß). Werden weiße Mondbohnen mit verdünnter Lauge übergossen, so färbt sich der Nabel nach kurzer Zeit zitronengelb (COHN). Eine ganz sichere Unterscheidung wird durch die mikroskopische Untersuchung der Samenschale ermöglicht.

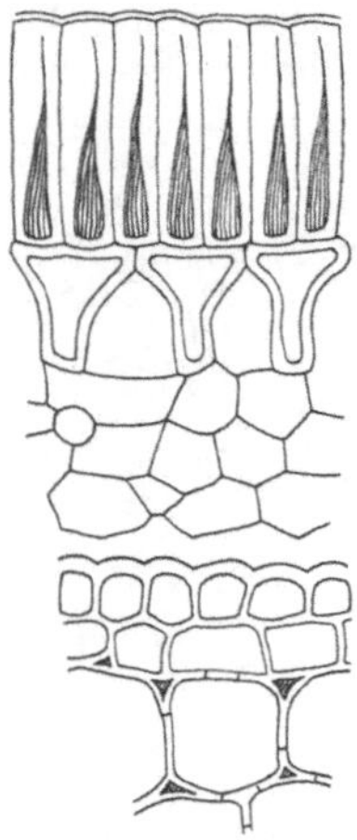

Abb. 157. Querschnitt durch die Samenschale der Mondbohne (nach C. HARTWICH).

Die Palisaden sind 60—80 μ hoch. Die Hypodermzellen (Trägerzellen) sind nicht prismatisch, sondern trichterförmig oder kelchförmig, das heißt, sie verbreitern sich aus einem schmalen Fuß nach oben hin, so daß große, nach unten breite Interzellularräume zwischen ihnen bleiben (Abb. 157). Oxalatkristalle fehlen.

Die Stärkekörner (bis 41 μ) gleichen denen der Gartenbohne. Vereinzelt kommen zusammengesetzte Körner (Zwillingskörner und solche mit 3—4 Teilkörnern) vor. Besonders charakteristisch sind nach T. F. HANAUSEK Körner mit einem aufgesetzten Körnchen.

4. Mungo-Bohne.

Die Adzuki- oder Mungo-Bohne (*Phaseolus Mungo var. glaber* RXBG.) ist in Japan als Nahrungsmittel sehr geschätzt und wird auch in die Vereinigten Staaten eingeführt.

Die Samen sind 8—10 mm lang, weinfarbig. Auf dem schmalen, 2—3 mm langen Nabel befindet sich ein Gewebepolster (Arillus).

Die Palisadenzellen sind 75 μ lang, 6—15 μ breit und enthalten rötlichen Farbstoff.

Die Trägerzellen sind sanduhrförmig, 14—20 μ hoch, 8—20 μ breit.

Die Stärkekörner sind die größten aller Leguminosen, oft 90 μ. Außer elliptischen finden sich auch zahlreiche lappig und unregelmäßig geformte Körner, wie bei der Erbse.

5. Erbse.

Die Gartenerbse (*Pisum sativum* L.) und die Ackererbse (*Pisum arvense* L.) dienen beide der menschlichen Ernährung. Von mehreren Kulturformen der Gartenerbse finden auch die unreifen Früchte (Hülsen) als Gemüse Verwendung. Im anatomischen Bau stimmen beide überein. Die Ackererbse oder Peluschke ist aber durch eine dunkle Samenschale ausgezeichnet.

A. Fruchtwand. Die Epidermis (Abb. 158) besteht aus gestreckt polygonalen meist derbwandigen Zellen, deren Kutikula mit feinen Wachskörnchen bedeckt ist. Spaltöffnungen sind ziemlich reichlich vorhanden und meist von 3 gebogenen Nebenzellen umgeben. Haare fehlen. Im inneren Teil des Mesokarps befindet sich eine mehrreihige, aus stark verdickten Fasern bestehende Hart-

[1] Der Blausäuregehalt dieser Sorten war im übrigen ziemlich gering.

schicht, die von zahlreichen Oxalateinzelkristallen bedeckt ist (Abb. 159). Die Fasern sind schräg zur Längsachse der Fruchthülse gerichtet. Die Zellen des dünnwandigen Endokarps sind zum Teil zu mehrzelligen Haaren ausgewachsen.

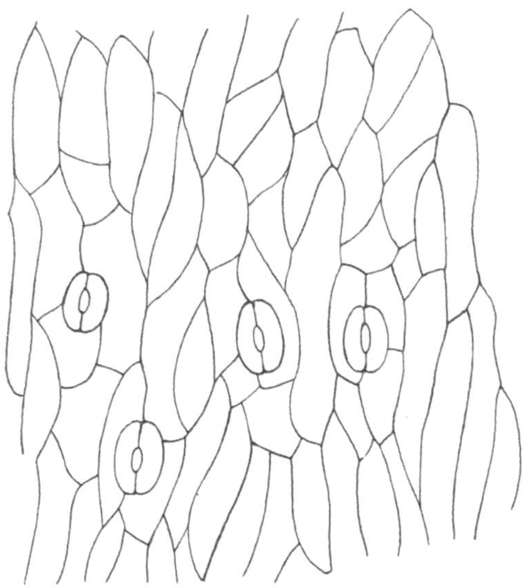

Abb. 158. Oberhaut der Erbsenhülse 1:360 (C. Griebel).

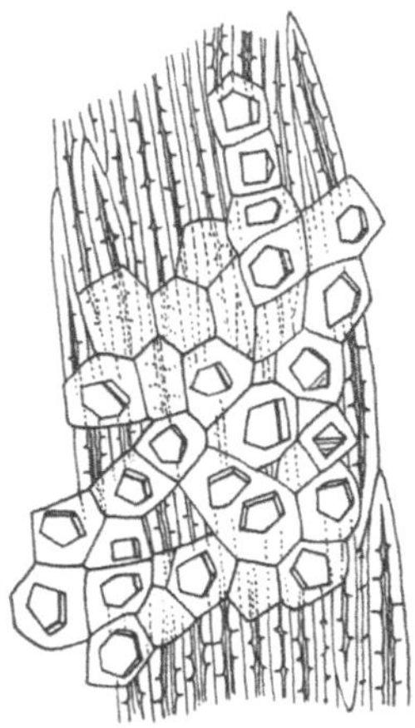

Abb. 159. Faserschicht der Erbsenhülse von Kristallzellgruppen bedeckt. 1:225 (C. Griebel).

B. Samenschale (Abb. 160). Sie ist dünn und spröde.

Ihre Palisadenzellen (*q*) sind gegen 70—100 μ hoch, etwa 15 μ breit. Die Lichtlinie liegt unmittelbar unter der Kutikula. Das Lumen ist im basalen, oft verbogenen Teil weit, darüber verengert.

Die Trägerzellen (*t*) haben die typische Sanduhrform, in der Flächenansicht erscheinen sie 5—6seitig gerundet mit strahlig gestellten Spaltentüpfeln. Bei der Ackererbse sind sie meist etwas gerippt (Abb. 166). Ihre Höhe beträgt 20 bis 30 μ, die Breite 30—40 μ.

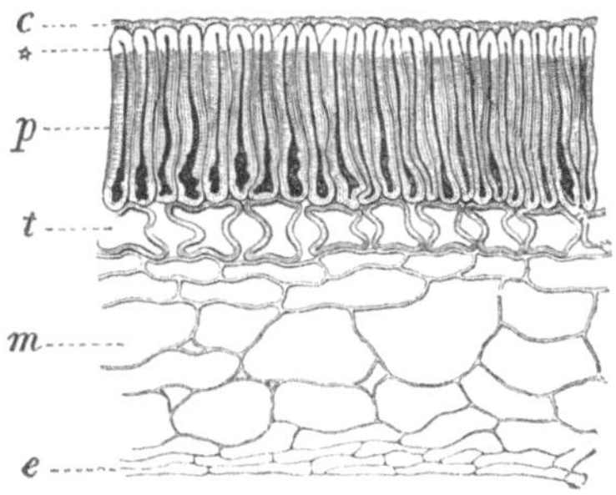

Abb. 160. Querschnitt der Erbsenschale (J. Moeller); *p* Palisaden mit Kutikula *c* und Lichtlinie *, *t* Trägerzellen, *m* Schwammparenchym (s. Abb. 159).

Das Schwammparenchym (Abb. 161) wird nach innen kleinzellig.

C. Embryo. Die Oberhautzellen der Kotyledonen (Abb. 162 und 163, *ep*) sind tangential gestreckt und gruppenweise nach verschiedenen Richtungen angeordnet. Sie enthalten Aleuronkörner und Fett, keine Stärke.

Das Parenchym ist großzellig, lückig und enthält reichlich Stärke. Die Zellwände sind mäßig dick, porenlos.

Die Stärkekörner sind gewöhnlich kleiner als bei der Bohne, selten über 40 μ. Außer elliptischen, nierenförmigen und kugeligen kommen auch unregelmäßige, rundliche, höckerige und knollige Körner vor. Gewöhnlich ist die Kernhöhle deutlich, oft rissig und zerklüftet, die Schichtung meist sehr deutlich.

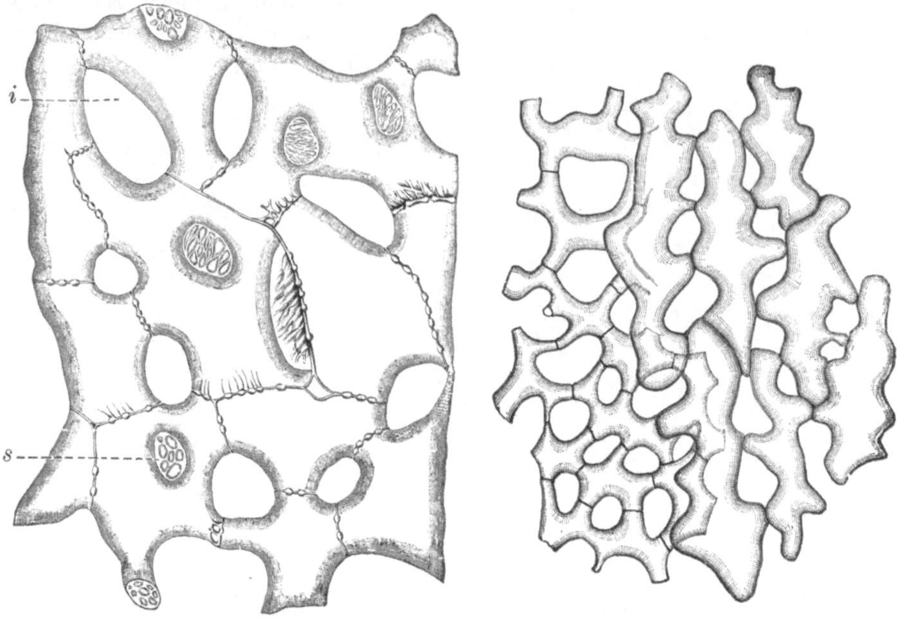

Abb. 161. Schwammparenchym der Erbsenschale (J. MOELLER); *i* Interzellularraum, *s* getüpfelte Verbindungsstelle zweier Zellenäste.

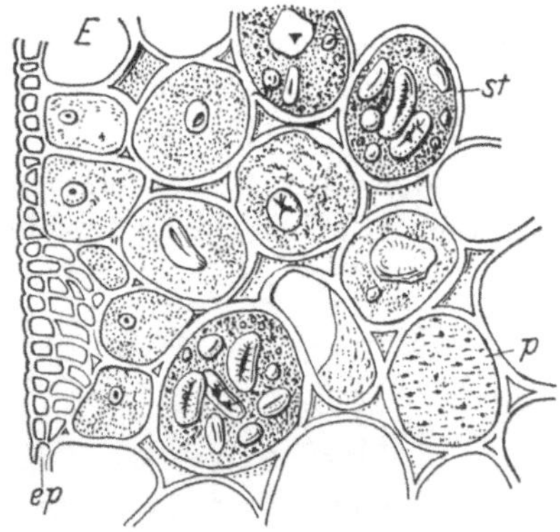

Abb. 162. Kotyledonargewebe der Erbse im Querschnitt (J. MOELLER); *ep* Oberhaut (z. T. umgelegt), *st* Stärke.

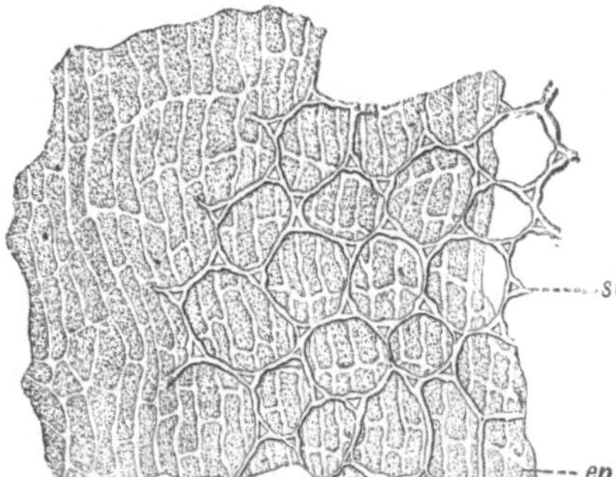

Abb. 163. Kotyledonargewebe der Erbse in der Flächenansicht (nach Laugenbehandlung) (J. MOELLER); *ep* Oberhaut, *st* Stärkeparenchym.

Erbsenprodukte.

Unreife Erbsenfrüchte und Samen werden als Gemüse genossen.

Geschälte und gespaltene Erbsen dienen als Gemüse und Suppeneinlagen.

Erbsenmehl[1] ist wegen seines hohen Nährwertes Bestandteil von Nährpräparaten.

[1] Im Erbsenmehl finden sich neben zahlreichen isolierten Stärkekörnern auch solche, die noch in das Zellplasma eingebettet und mit den Aleuronkörnern zu Ballen vereinigt sind,

Erbsenschalen dienen als Tierfutter und Fälschungsmittel.

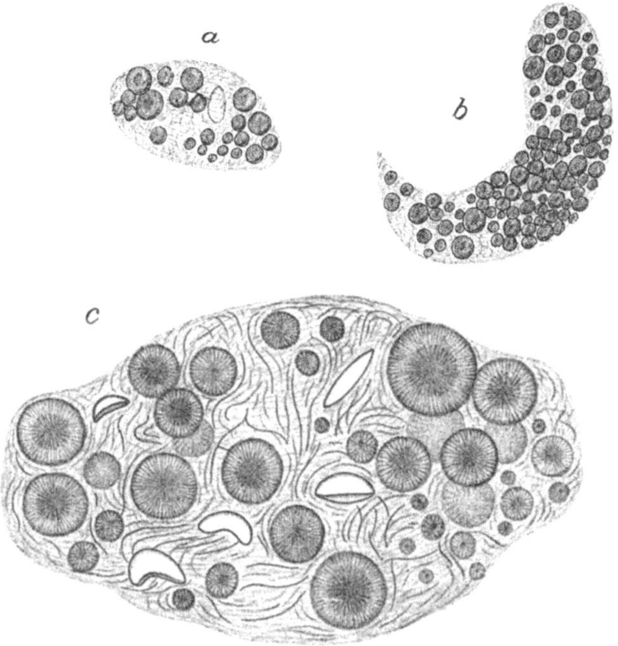

Abb. 164. Insektenexkremente aus Erbsenmehl mit Tyrosinsphäriten. Bei *c* sind noch Reste von Stärkekörnern erkennbar. *a* u. *b* 85fach, *c* 525fach vergrößert (C. GRIEBEL).

Charakteristisch für die Schalen sind die Trägerzellen (Abb. 165) und die hohen Palisadenzellen, für die Stärke die unregelmäßig knolligen Formen.

---

die den mehr oder weniger unverletzten Inhalt der Kotyledonenzellen darstellen. Gelegentlich begegnet man auch ähnlich geformten (rundlich, oval, zitronenförmig) stärkehaltigen Ballen, die mehr oder weniger stark von dunklen, kugelförmigen Gebilden mit radialstrahliger Struktur durchsetzt sind. Es handelt sich hierbei um die Exkremente des Erbsenkäfers (*Bruchus pisi* L.), die sich von dem normalen Inhalt der Kotyledonarzellen außerdem durch das Fehlen der Proteinkörner unterscheiden. Das Eiweiß (Legumin) ist durch den Verdauungsprozeß des Insektes zu Tyrosin abgebaut worden, und dieses hat sich in Form von Sphärokristallen abgeschieden, die als dunkle Kugeln von 3—25 (meist 15—20) μ Durchmesser erscheinen (Abb. 164). Stärkekörner sind in diesen Ballen oft nur noch in kleinen Resten vorhanden. In Mehlen mit häufigerem Vorkommen von Tyrosinsphäriten findet man übrigens auch die Chitinpanzertrümmer des Insektes.

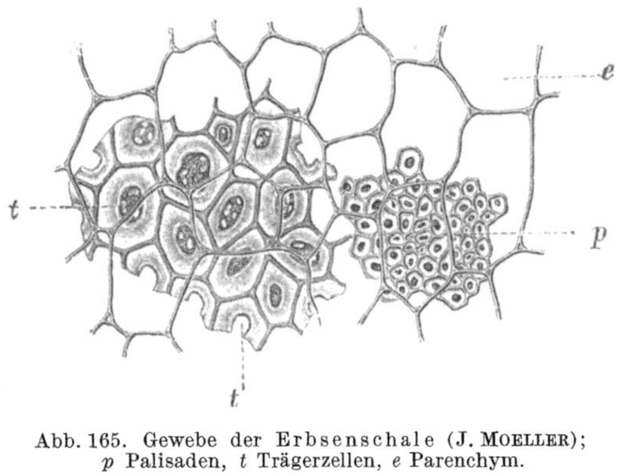

Abb. 165. Gewebe der Erbsenschale (J. MOELLER); *p* Palisaden, *t* Trägerzellen, *e* Parenchym.

Auch die Exkremente anderer Samenkäfer (Larideae), die andere Leguminosen (wie Bohne, Saubohne, Linse) befallen, enthalten solche Tyrosinsphärite (GRIEBEL).

Geröstete Erbsen, namentlich Peluschken, dienen als Kaffeesurrogat. In dem aufgehellten Material sind neben den Palisaden namentlich die Flächenbilder der Trägerzellen charakteristisch (Abbildung 166).

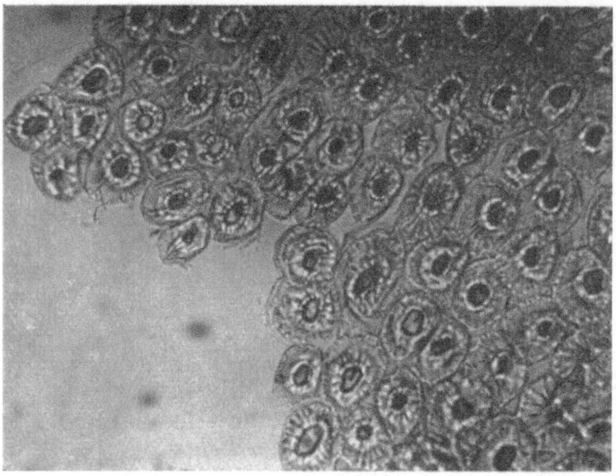

Abb. 166. Trägerzellen der Ackererbse in der Flächenansicht 1:180 (Phot. C. GRIEBEL).

6. Linse.

Die Samen der Linse (*Lens esculenta* MOENCH, *Ervum Lens* L.) dienen im Orient seit den ältesten Zeiten als Nahrungsmittel. Derzeit wird die Pflanze hauptsächlich im Mittelmeergebiet gebaut.

Die Samen haben eine flache, bikonvexe Gestalt. Sie sind weißlichgelb bis rotbraun oder sogar schwarz, 4—7 mm breit. Der lange, schmale Nabel mit Mikropyle und Raphe befindet sich auf der Schmalseite.

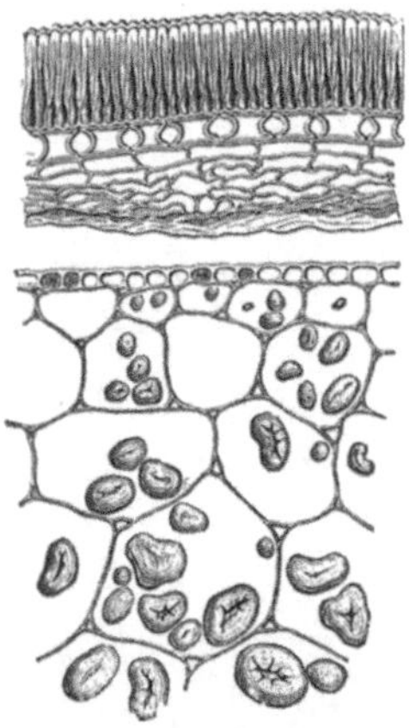

Abb. 167. Querschnitt der Linse (A. L. WINTON).

A. Samenschale. Die Palisadenzellen (Abb. 167) erreichen nur selten über 45 μ Höhe, 8 μ Breite. Sie sind außen abgerundet, aber die Kutikula ist zu stumpfen Papillen ausgezogen, so daß jede Zelle kurz bespitzt erscheint. Die fast 10 μ breite Lichtlinie liegt unmittelbar unter der Kutikula. Meist sind die Zellmembranen gelblichbraun.

Die Trägerzellen haben Sanduhrform, sind 18 bis 35 μ breit, 12—22 μ hoch und enthalten gewöhnlich einen unregelmäßigen braunen Klumpen.

Das Schwammparenchym ist in der Mitte großzellig. Einige Zellen enthalten eine braune, auf Gerbstoff reagierende Substanz.

B. Embryo. Das dünnwandige Parenchym der Kotyledonen enthält Stärkekörner (Abb. 167) von höchstens 40 μ Länge; die meisten sind elliptisch, aber nicht selten finden sich auch unregelmäßig höckerige Formen wie bei der Erbse.

Linsenmehl. Vom Erbsen- und Bohnenmehl unterscheidet sich das Linsenmehl durch die schmalen, höchstens 8 μ breiten Palisadenzellen mit stumpf zugespitzten Enden und breiter Lichtlinie. Die Stärkekörner sind durchschnittlich kleiner.

7. Platterbse.

Die Gemüse- oder Saatplatterbse, auch Kicherling genannt (*Lathyrus sativus* L.), wird in Deutschland nur selten, häufiger dagegen in Südeuropa, vorwiegend als Futtermittel angebaut. Die Samen werden dort aber auch wie die Erbsen gegessen[1]. Zuweilen finden sie als Kaffeeverfälschungsmittel Verwendung.

Die Samen (Abb. 168) sind im Umriß gerundet vierseitig, auf der Seite des Nabels eingezogen, auf einer Schmalseite keilartig zugeschärft und daher mehr oder weniger beilförmig, in der Färbung stark variierend.

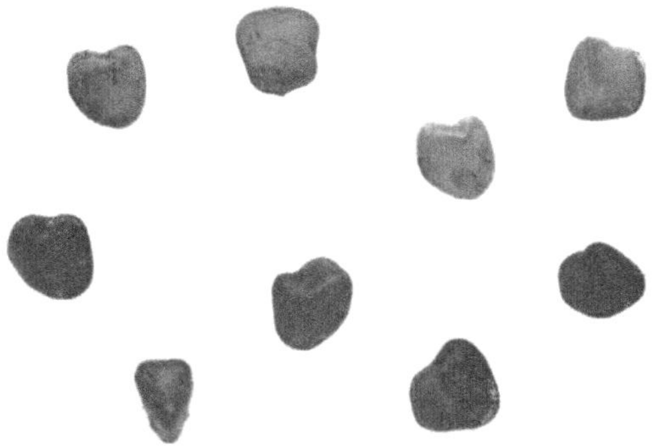

Abb. 168. Platterbsen, oben ungeröstet, unten geröstet, natürliche Größe (Phot. C. GRIEBEL).

A. Samenschale. Die Palisaden (Abb. 169) sind 70 bis 100 μ hoch, 12—18 μ breit, im oberen Teil mit Leistenverdickung versehen; die Lichtlinie liegt weit nach außen. Im mittleren, weniger verdickten Teil zeigt die Wand quergestellte Spaltentüpfel; der unterste Teil ist weitlumig, die Innenwände zeigen schalenartige Verdickung.

Die Trägerzellen sind breit, spulenförmig, 19—26 μ hoch, an der Basis gewöhnlich breiter als an der Oberseite, an den Radialwänden rippenförmig verdickt, was in Flächenansichten besonders schön in Erscheinung tritt (Abb. 170). Die Verdickungsleisten sind jedoch nicht immer gleich deutlich ausgebildet.

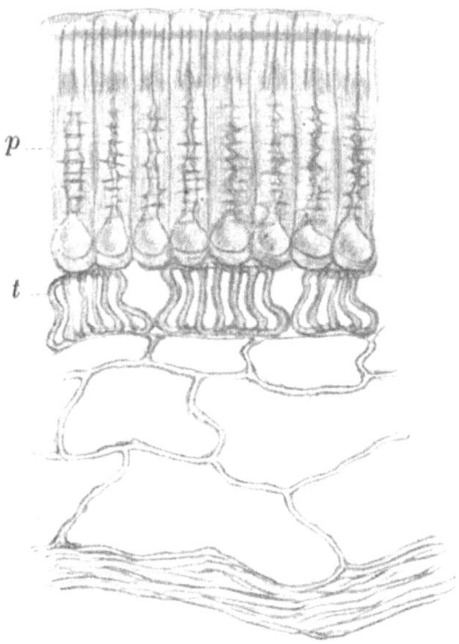

Abb. 169. Querschnitt der Samenschale der Platterbse; *p* Palisaden, *t* Trägerzellen, 1:350 (C. GRIEBEL).

Das Parenchym der Schale ist in den innersten Lagen vollständig zusammengefallen.

B. Keimling. Das Gewebe der Kotyledonen ist wenig charakteristisch, reich an Stärke (30—55 μ), deren Körner oval oder rundlich, häufig unregelmäßig wulstig aufgetrieben, am Rande meist geschichtet und nur selten mit einem Spalt versehen sind.

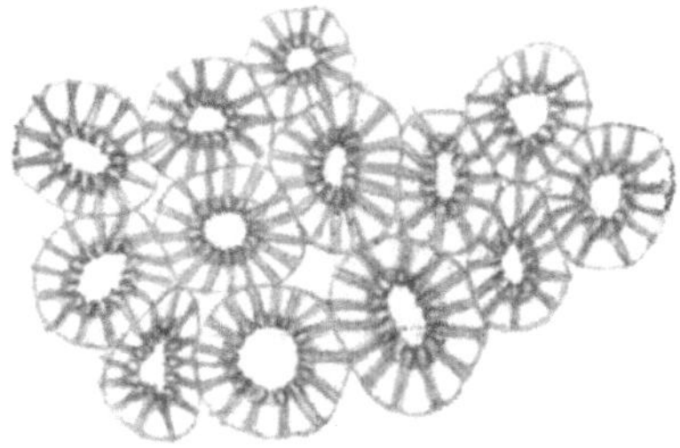

Abb. 170. Trägerzellen der Platterbse in der Flächenansicht 1:250 (C. GRIEBEL).

[1] Der länger andauernde Genuß der Samen erzeugt bei Menschen und verschiedenen Tieren eine chronische Vergiftung, Lathyrismus genannt.

Vom Kaffeestragel und Bockshornsamen (s. d.), die ebenfalls gerippte Trägerzellen aufweisen, unterscheiden sich die Platterbsen im zerkleinerten Zustand durch die Gestalt der Palisaden und den Stärkegehalt.

8. Wicke.

Die Futterwicke (*Vicia sativa* L.) ist schon in vorhistorischer Zeit angebaut worden. Sie findet sich nebst anderen Wickenarten im Ausreuter (s. S. 103.) Die Samen sind schwarz, fast kugelig, 5 mm oder weniger im Durchmesser. Die Schale ist im Bau der Linsenschale sehr ähnlich.

Die Palisadenzellen (vgl. Abb. 171) sind außen abgerundet oder stumpf bespitzt, aber oft länger (nach TSCHIRCH bis 68 μ) und haben eine breitere Lichtlinie (10—15 μ). Sie sind nur im äußeren Teil leistenförmig verdickt.

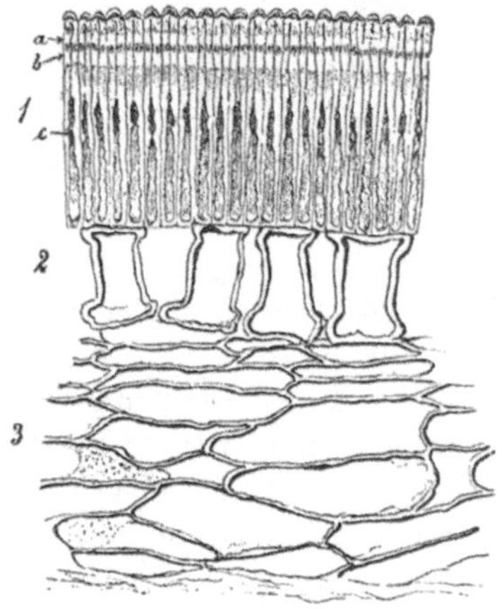

Abb. 171. Querschnitt der Wickenschale (*Vicia villosa*); 1 Palisaden mit Lichtlinien *a*, *b* und Farbstoffband *c*, 2 Trägerzellen, 3 Schwammparenchym 1:200 (C. BÖHMER).

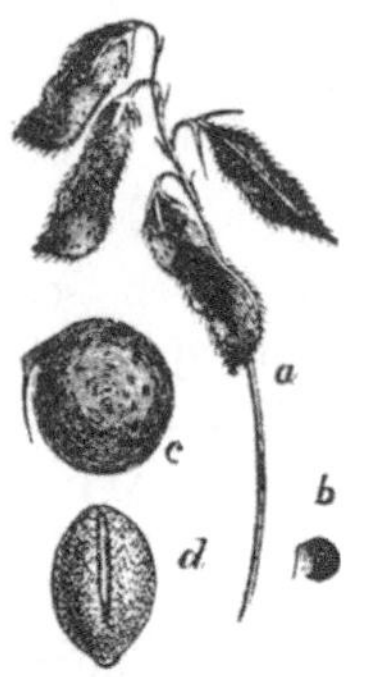

Abb. 172. Rauhhaarige Wicke (n. NOBBE); *a* Fruchtzweig, *b* Same in natürl. Größe, *c* Same vergrößert, *d* Same in Profilansicht.

Die Trägerzellen (13—23 μ) und die mittleren Parenchymschichten enthalten eine dunkelfarbige Masse.

Die Stärkekörner (bis 40 μ) zeigen zum Teil unregelmäßige knollige Formen wie bei der Erbse, teils nähern sie sich dem Bohnentypus.

Die Winterwicke (*Vicia villosa* ROTH) hat etwas kleinere Samen von demselben Bau (Abb. 171).

Die rauhhaarige Wicke (*Vicia hirsuta* KOCH) kommt im Getreide am häufigsten vor. Die Samen sind kugelig, 2,5 mm groß, schwarzfleckig auf lichterem Grunde (Abb. 172).

Die Palisadenzellen sind etwa 50 μ, die spulenförmigen Trägerzellen etwa 15 μ hoch.

Die Stärkekörner messen bis 30 μ.

Vicia angustifolia und andere Arten enthalten ein Blausäure abspaltendes Glykosid, worauf bei Futtermitteluntersuchungen zu achten ist.

9. Pferdebohne.

Die Pferde-, Sau-, Acker-, Puff- oder Windsorbohne (*Vicia Faba* L.) ist eine der ältesten Kulturpflanzen. Man hat sie in den Pfahlbauten und in vorhistorischen Bauten Ägyptens gefunden.

Die Samen sind in Form, Farbe und Größe verschieden, meist etwas abgeflacht, 8—12 mm lang, 5—8 mm breit. Der Nabel ist endständig.

Die Palisadenzellen (Abb. 173) sind 150—175 μ lang, 12—20 μ breit und zeigen eine 20—25 μ breite, von den gelblichbraunen Zellwänden sich deutlich abhebende Lichtlinie.

Die Trägerzellen sind 35—50 (65) μ hoch, 35—60 μ breit, hantelförmig, derbwandig.

Das Parenchym ist außen großzellig, innen zusammengedrückt und führt in den mittleren Lagen braunen Inhalt.

Das Kotyledonargewebe ist dem der Erbse ähnlich. Die Stärkekörner sind bis 70 μ lang, breitelliptisch oder unregelmäßig, mit oft undeutlicher Kernspalte versehen.

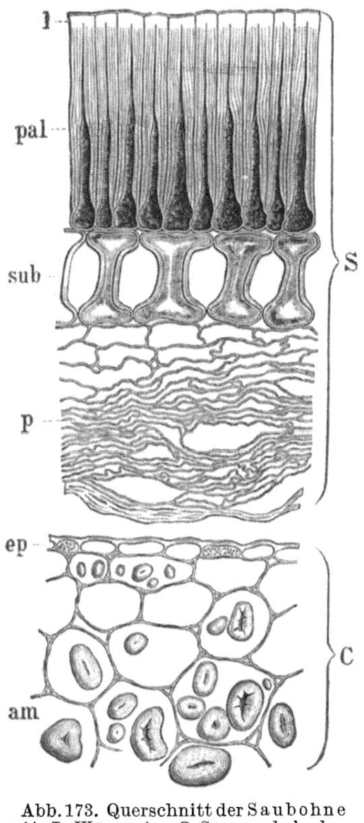

Abb. 173. Querschnitt der Saubohne (A. L. Winton); *S* Samenschale, bestehend aus den Palisaden *pal* mit der Lichtlinie *l*, den Trägerzellen *sub*, dem Parenchym *p*; *C* Keimblatt mit der Oberhaut *ep* und dem stärkereichen Parenchym *am*.

Die enorm großen Palisadenzellen mit ihrer breiten Lichtlinie, die großen Trägerzellen und die großen, fast kreisrunden Stärkekörner sind die Merkmale, an denen die Pferdebohne auch im Pulver (Castormehl) erkennbar ist.

10. Chinesische Langbohne (Chinabohne).

Mehrere Varietäten der China-Bohne (*Vigna sinensis* Endl., *Dolichos sinensis* L.)

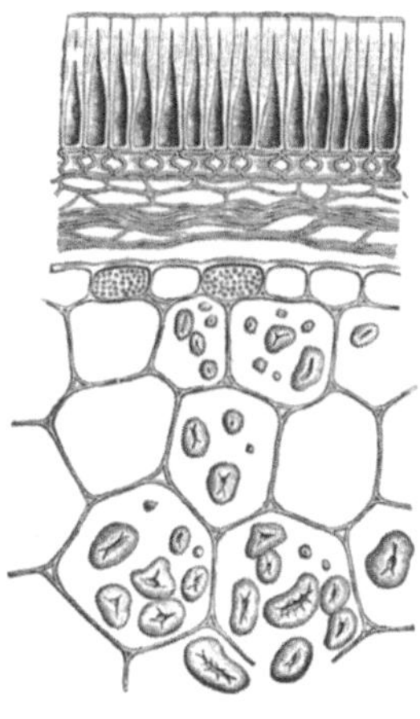

Abb. 174. Querschnitt der China-Bohne (A. L. Winton).

sind in Ostasien der Samen wegen, in den südlichen Staaten der Union als Grünfutter geschätzt.

Die Samen sind schwarz oder weiß mit schwarzen Augen, gelb, rot, braun und gefleckt, etwas flach, nierenförmig, 8—10 mm lang, der Nabel keilförmig, in der Nähe der einen Schmalseite gelegen.

Die Samenschale besitzt 60—75 μ hohe und 6—18 μ breite Palisadenzellen, 9—15 μ hohe und 9—25 μ breite, sanduhrförmige Trägerzellen und zusammengedrücktes Schwammparenchym (Abb. 174).

Die Stärkekörner sind denen der gemeinen Bohne ähnlich, jedoch etwas kleiner (bis 35 μ).

11. Schwarzäugige Langbohne.

Die Samen der schwarzäugigen Langbohne (*Dolichos melanophthalmus* D. C.) sind denen der Chinabohne in der Form sehr ähnlich, gelblichweiß, der keilförmige Nabel ist schwarz oder rötlichbraun umrandet.

Die Palisadenzellen sind 35—40 μ hoch, 12—16 μ breit, außen mit Verdickungsleisten versehen. Die Lichtlinie liegt 7 μ unter der Oberfläche. Die Trägerzellen sind wie bei der vorigen Art niedrig (14 μ) und breit (19—24 μ). Das Kotyledonargewebe ist derbwandig, getüpfelt, die Stärkekörner bis 35 μ groß (KONDO).

12. Lablab.

Die Samen der Lablab oder der ägyptischen Bohne (*Dolichos Lablab* L.) werden in den Tropen viel verzehrt. Sie sind flach, mit einem großen Nabel versehen.

Die Palisadenzellen sind 120—150 μ und darüber hoch, 10—12 μ breit, nach außen nur wenig verengt.

Die Trägerzellen sind sanduhrförmig, 35—55 μ hoch, meist breiter als hoch, in der Nabelgegend bis zu 6 Reihen übereinanderstehend.

Die Stärke ist der Bohnenstärke ähnlich, aber die Körner sind erheblich kleiner (20—40μ).

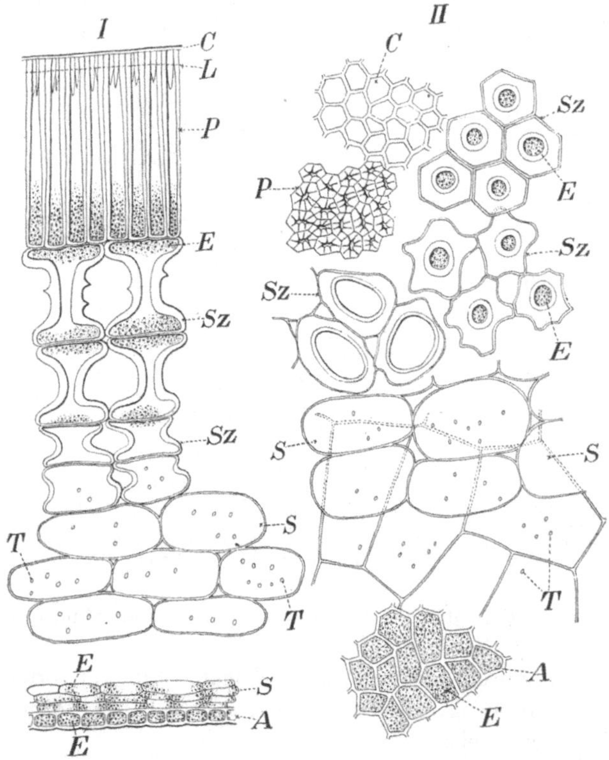

Abb. 175. Canavalia-Bohne (M. KONDO). I. Querschnitt, II. Flächenschnitt der Samenschale, *C* Kutikula, *L* Lichtlinie, *P* Palisaden, *Sz* Trägerzellen, *E* Protein, *S* Schwammparenchym, *T* Tüpfel, *A* Endospermrest 1:165.

13. Canavalia-Bohne.

Mehrere tropische und subtropische *Canavalia*-Arten haben eßbare Samen. *C. ensiformis* D. C. und *C. obtusifolia* D. C. dienen außerdem als Kaffeesurrogat. Die erstere gelangte in der Nachkriegszeit auch bei uns vereinzelt auf den Markt, doch waren die Samen wegen zu großen Alters ungenießbar.

Canavalia unterscheidet sich von anderen Bohnen durch die mehrreihige Schicht übereinander angeordneter Trägerzellen (Abb. 175). Nach innen zu findet man gewöhnlich alle Übergänge zu verzweigten Formen (Abb. 176) und schließlich zu Parenchym.

C. ensiformis, die Jackbohne, hat ovale, bis 2 cm lange weiße Samen, ausgezeichnet durch einen langen, braun bis rotbraun gefärbten Nabel.

Die Palisadenzellen sind 150 μ hoch, 12—22 μ (nach WEESE bis 32 μ breit). Die Trägerzellen (2—3 reihig) sind in der obersten Reihe 25—60 μ hoch. Unter dem Nabel enthalten sie braunen Farbstoff. Die mäßig verdickten, rundlich-polyedrischen Kotyledonarzellen sind porös und enthalten elliptische, bis 55 μ lange Stärkekörner, die denen der gemeinen Bohne ähnlich sind.

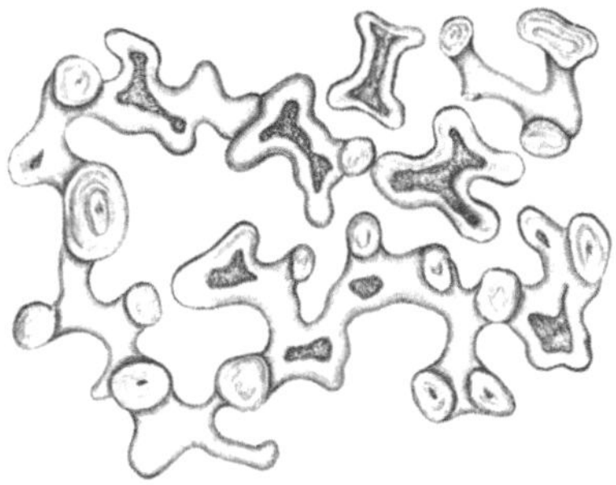

Abb. 176. Trägerzellen der Canavaliabohne (J. MOELLER).

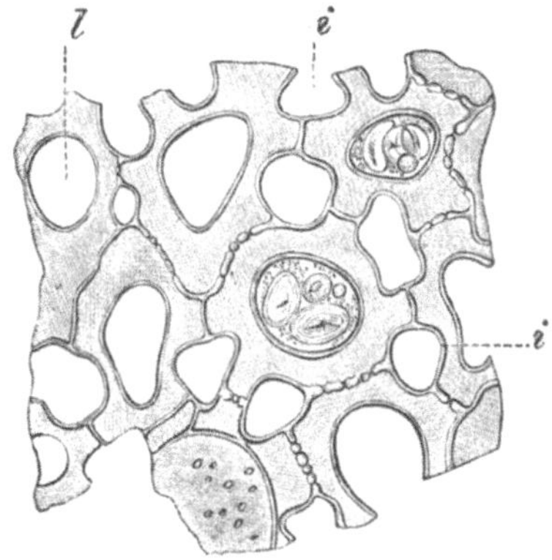

Abb. 177. Kotyledonargewebe der Canavaliabohne (J. MOELLER). *i* Interzellularräume, *l* Durchschnittener Zellenast.

Die Schwertbohne (*C. gladiata* D. C.) hat rotbraune oder weiße, bis 3 cm lange Samen. Nach WEESE werden die Palisaden 200—240 μ, die Trägerzellen (3—4, unter dem Nabel bis 6 Reihen) der äußersten Lage 60—100 μ hoch. Die Kotyledonarzellen sind infolge größerer Interzellularräume mehr sternförmig (Abb. 177) ausgebildet. Die Abbildung KONDOS (Abb. 175), angeblich *C. ensiformis*, bezieht sich nach WEESE auf die rotsamige *C. gladiata*.

14. Sojabohne.

Die Sojabohne (*Glycine hispida* MAXIM., *Soja hispida* MOENCH) ist in Asien heimisch und wird in China und Japan der Samen wegen, in Europa und Amerika hauptsächlich als Futterpflanze gebaut.

Die Samen sind gelblich bis braun oder schwarz, 5—10 mm lang, etwas abgeflacht, in einigen Varietäten fast kugelig.

Im reifen Zustand enthalten sie gewöhnlich keine Stärke, doch hat KONDO in schwarzen japanischen Sojabohnen verhältnismäßig viel kleinkörnige Stärke beobachtet.

A. Samenschale (Abb. 178). Sie ist mit den zusammengedrückten Schichten des Nährgewebes (*E*) verwachsen.

Die Palisadenzellen sind ungefähr ebenso hoch (50—60 μ) und breit (6—15 μ) wie die der gemeinen Bohne und enthalten wie diese keinen oder einen der Farbe des Samens entsprechenden Farbstoff.

Die Trägerzellen sind etwa ebenso hoch wie die Palisaden, gewöhnlich 35—50 μ, um den Nabel oft 150 μ, sanduhrförmig. Sie trennen sich leicht von den angrenzenden Schichten und voneinander; man findet sie daher oft isoliert.

Das Schwammparenchym ist stark zusammengedrückt, mit dem Nährgewebe (Abb. 178, *E*) verwachsen. In diesem ist eine einzige Lage knotig verdickter, rechteckiger oder polygonaler Aleuronzellen gut erhalten.

B. Embryo. Die dünnwandigen Zellen der Kotyledonen — die äußeren sind radial gestreckt (Palisaden) — (Abb. 179) enthalten große (mitunter 25 μ)

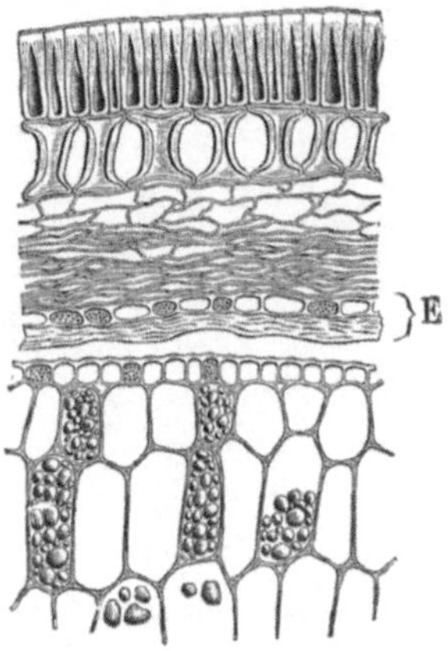

Abb. 178. Querschnitt der Sojabohne (A. L. WINTON). *E* Nährgewebe.

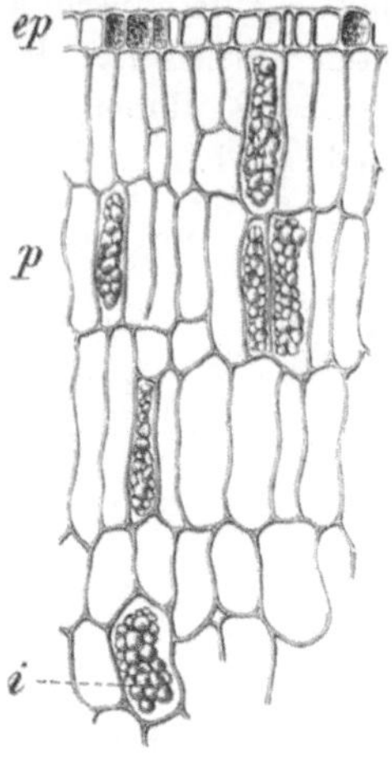

Abb. 179. Keimblattgewebe der Sojabohne (J. MOELLER). *ep* Oberhaut, *p* Palisaden, *i* Aleuron.

Aleuronkörner, aber gewöhnlich keine Stärke. Geringe Mengen kleinkörniger Stärke werden allerdings, namentlich im inneren Teil der Keimblätter, mitunter aufgefunden.

Sojabohnenmehl ist an den großen Trägerzellen, dem Nährgewebe und dem Fehlen der Stärke oder wenigstens größerer Stärkekörner leicht zu erkennen.

15. Lupine.

Lupinen werden hauptsächlich als Futterpflanzen gebaut; in einigen Gegenden werden die Samen nach der Entbitterung auch gegessen, außerdem vielfach als Kaffee-Ersatz benutzt.

Die Samen der gelben Lupine (*Lupinus luteus* L.) sind flach, nierenförmig, 6—9 mm lang, 5—7 mm breit, schwarzfleckig auf lichten Grunde. Der Nabel liegt nicht in der Ausbauchung, sondern in der Mitte eines der Lappen.

Die Palisadenzellen (Abb. 180 u. 181, *p*) sind 140—170 μ hoch, 8—18 μ breit. Die schmale Lichtlinie ist 2—6 μ breit. In den äußeren zwei Dritteln ist jede Zelle englichtig, im inneren Drittel gekniet und ihr Lumen verbreitert. Der schwarze Farbstoff, der die Fleckigkeit der Samen verursacht, befindet sich hauptsächlich im unteren Teil des Lumens.

Die Trägerzellen sind spulenförmig, in der Mitte stark verengt, 35—75 μ hoch, 25—50 μ breit.

Das Parenchym der Samenschale ist dünnwandig, feinporig, innen zusammengedrückt.

Die Oberhaut der Kotyledonen ist feinporig, ihr Parenchym, besonders in den Ecken, dickwandig (15—25 μ), getüpfelt (Abb. 182). Der Inhalt besteht aus ovalen, bis 20 μ großen, oft kristallführenden Aleuronkörnern. Stärke fehlt.

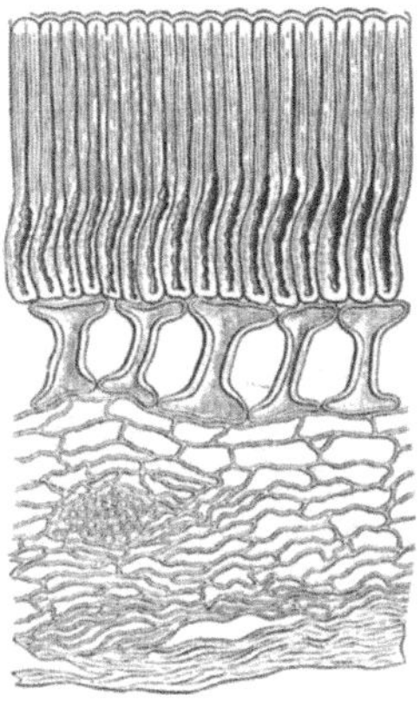

Die Samen der weißen Lupine (*Lupinus albus* L.) sind hellfarbig, flach, fast linsenförmig, etwas größer (oft 10 mm) als die der gelben und blauen Lupine. Jede der beiden Flachseiten ist in der Mitte eingedrückt.

Die Palisaden haben eine breitere Lichtlinie als die der gelben Lupine, und der Inhalt ist farblos. Die Oberhaut der Kotyledonen ist nicht deutlich getüpfelt.

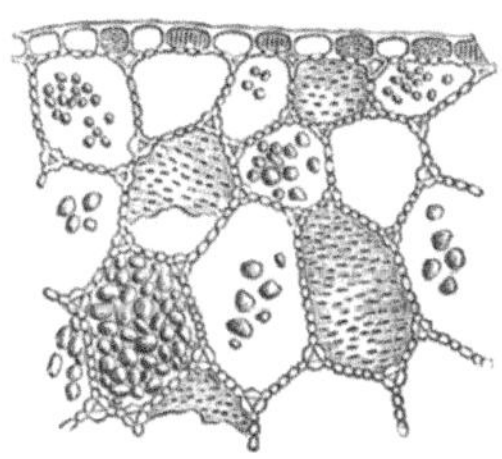

Abb. 180. Querschnitt der gelben Lupine (A. L. Winton).

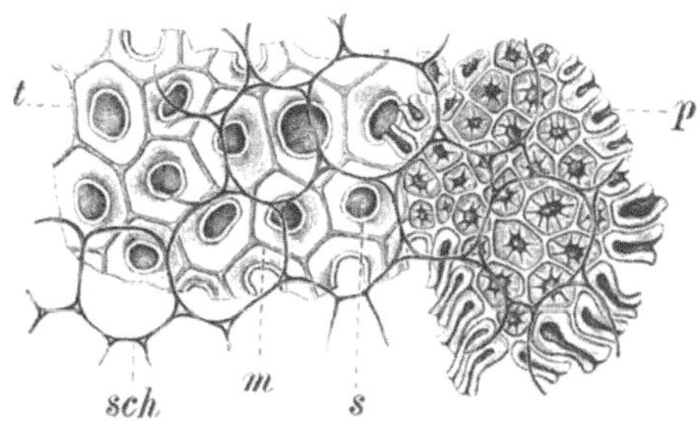

Abb. 181. Gewebe der Lupinenschale (J. Moeller). *t* Trägerzellen, *p* Palisaden, *sch* Schwammparenchym.

Die Samen der blauen Lupine (*Lupinus angustifolius* L.) sind gefleckt oder weiß (var. *leucospermus*), rundlich-nierenförmig, 5—7 mm lang.

Die Palisadenzellen zeigen ungefähr in der Mitte einen dunklen bandförmigen Streifen. Der innere Teil ist gekniet, uneben und enthält in der Nähe des Streifens eine schwarze Masse. Wie bei der gelben Lupine, ist die Lichtlinie schmal.

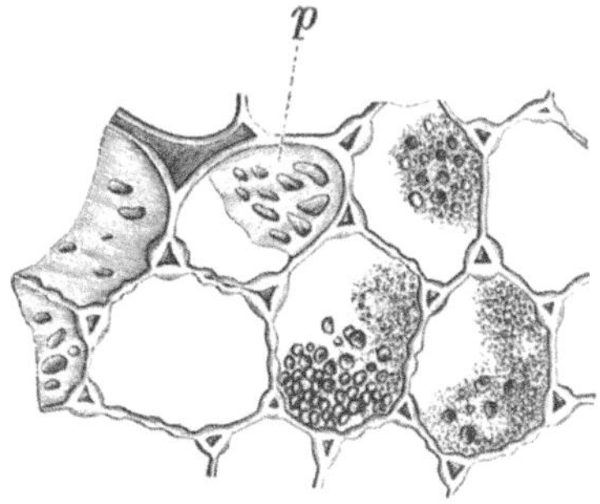

Abb. 182. Kotyledonargewebe der Lupine (J. Moeller). *p* breitporige Zellwand.

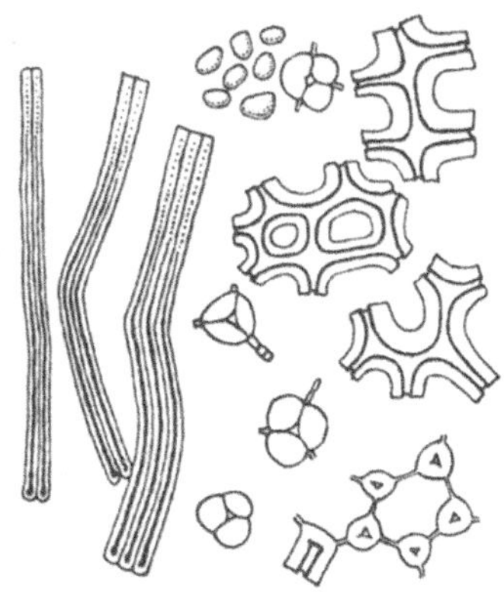

Abb. 183. Elemente des Lupinenkaffees 1 : 190 (C. Mez).

Alle Lupinen haben hohe Palisadenzellen mit zwei Krümmungen, dickwandiges Kotyledonargewebe mit viel Aleuron, keine Stärke (höchstens geringe Mengen kleinkörniger Stärke).

In der gelben Lupine sind die äußeren zwei Drittel der Palisaden gestreckt (Unterschied von der blauen Lupine); der innere, gekniete Teil enthält oft dunklen Farbstoff (Unterschied von der weißen Lupine). Die polygonalen Zellen des Schalenparenchyms und die Oberhaut der Kotyledonen sind deutlich getüpfelt (Unterschied von der weißen Lupine).

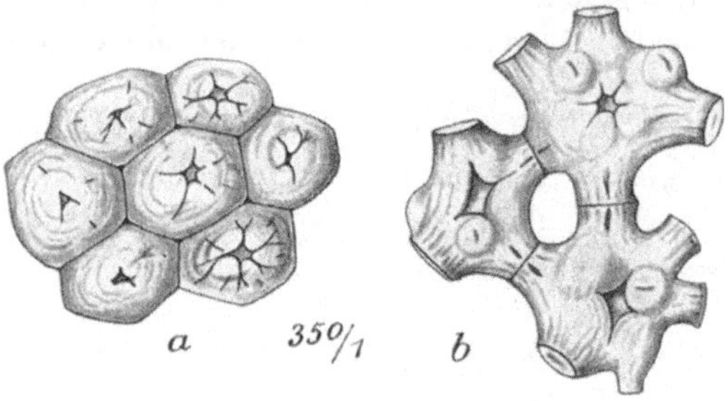

Abb. 184. Samenschale der Lupine (C. GRIEBEL). *a* Zellen a. d. äußeren, *b* aus d. inneren Teil des Nabelgewebes 1 : 350.

Lupinenmehl, das als Nahrungsmittel Verwendung finden soll, ist zuweilen aus geschälten Samen hergestellt. Die charakteristischen Elemente der Testa fehlen dann fast vollständig. Kennzeichnend sind aber die dickwandigen, porösen, oft kollenchymatisch ausgebildeten, eiweißreichen Kotyledonarzellen (Abb. 182).

In Kaffee-Ersatzstoffen erkennt man die Lupine sofort an den vielfach isoliert auftretenden geknieten Palisaden (Abb. 183) und den großen spulenförmigen Trägerzellen. Hierzu kommt das Gewebe der Kotyledonen und weniger häufig stark verdickte, zum Teil sternförmig verzweigte Zellen aus dem unter dem Nabel liegenden Schalenparenchym (Abb. 184).

16. Kichererbse.

Die Kichererbse (*Cicer arietinum* L.) dient in Ostindien und im südlichen Europa als Nahrungsmittel und Ersatz für Kaffee.

Die unregelmäßig rundlichen, etwa widderkopfförmigen, 7—14 mm großen

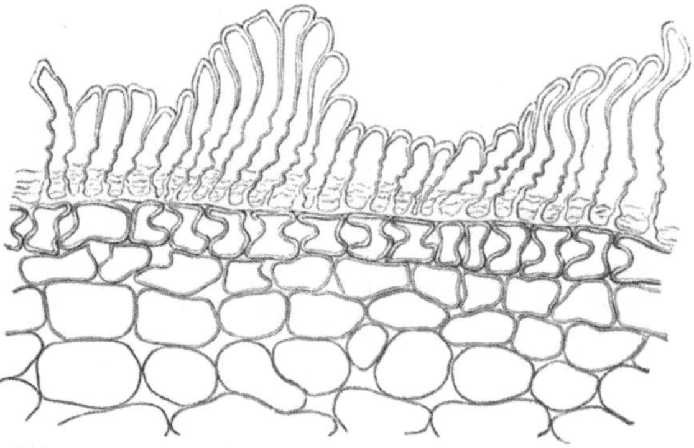
Abb. 185. Schalenrand der Kichererbse im Querschnitt. (J. MOELLER).

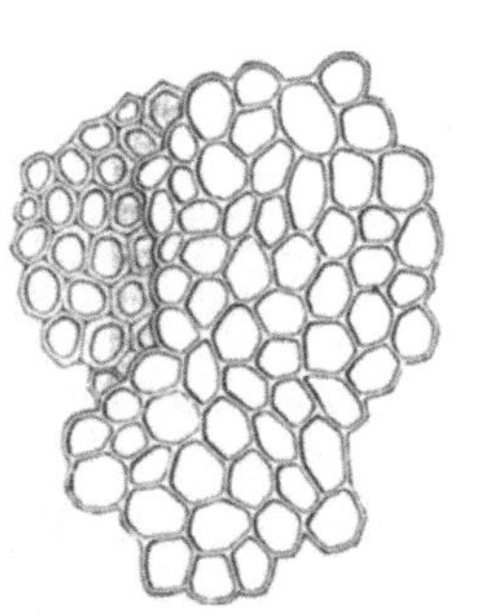
Abb. 186. Palisaden der Kichererbse in der Aufsicht (J. MOELLER).

Samen sind gelblich bis dunkelbraun. In der Mitte einer grubigen Vertiefung liegt die Raphe. Auf der anderen Seite liegt der kreisförmige Nabel am Grunde einer Rippe, deren Spitze in die Mikropyle ausläuft.

Die Palisadenzellen (Abb. 185) sind durch ihre ungleiche Länge (35—125 μ) und bei der hellen Form durch ihr weites Lumen (12—20 μ) ausgezeichnet. Sie sind nur außen mäßig verdickt; die zarten Seitenwände sind fein gerunzelt. In der Flächenansicht (Abbildung 186) bieten sie daher ein anderes Bild als die Palisaden anderer Leguminosen.

Die Trägerzellen sind sanduhrförmig, 20—30 μ hoch, 25—45 μ breit, stellenweise undeutlich ausgebildet.

Das Parenchym gleicht dem der gemeinen Erbse; ebenso das Kotyledonargewebe, das breit-eiförmige, mitunter fast kugelige, 35 μ große Stärkekörner enhält.

Bei der braunen indischen Kichererbse (*C. arietinum fuscum* L.) sind die Palisadenzellen (Abb. 187) zwar auch verschieden hoch, aber im übrigen denen der Platterbse ähnlich, also im äußeren Teil dickwandig, in der Mitte querporös und im unteren Teil dünnwandig (KONDO).

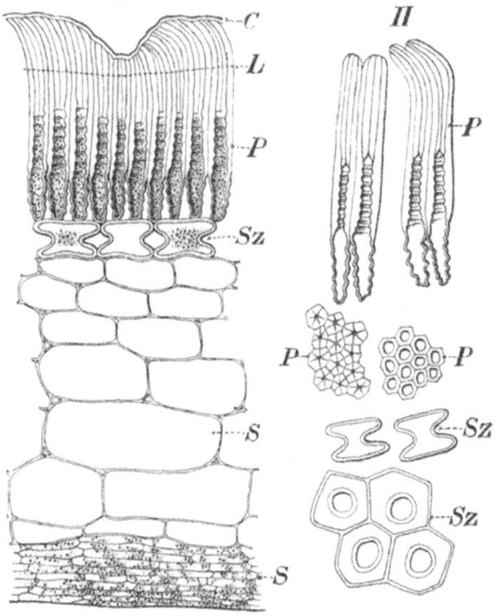

Abb. 187. Braune indische Kichererbse (M. KONDO). I. Querschnitt der Samenschale, II. Isolierte Zellen der Samenschale. C Kutikula, *P* Palisaden, *L* Lichtlinie, *Sz* Trägerzellen, *S* Schwammparenchym. 1 : 177.

17. Mogdadkaffee.

Mogdad- oder Negerkaffee besteht aus den Samen von *Cassia occidentalis* L., die in Afrika, Ost- und Westindien als Kaffee-Ersatz gebraucht werden.

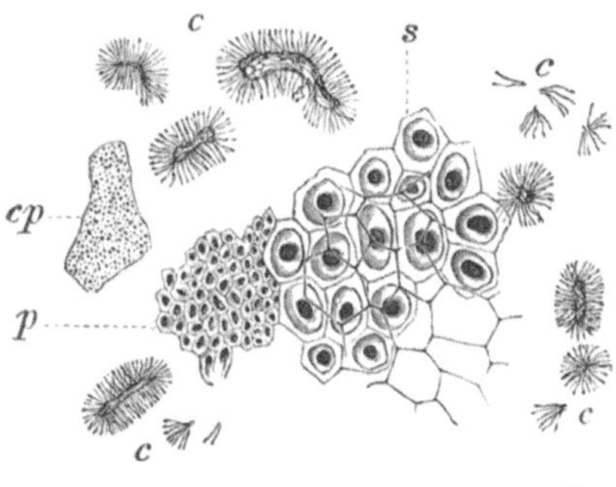

Abb. 188. Schalengewebe des Mogdadkaffees (J. MOELLER). *p* Palisaden, *c* verschleimte Palisaden, *s* Trägerzellen, *cp* Kutikularplättchen.

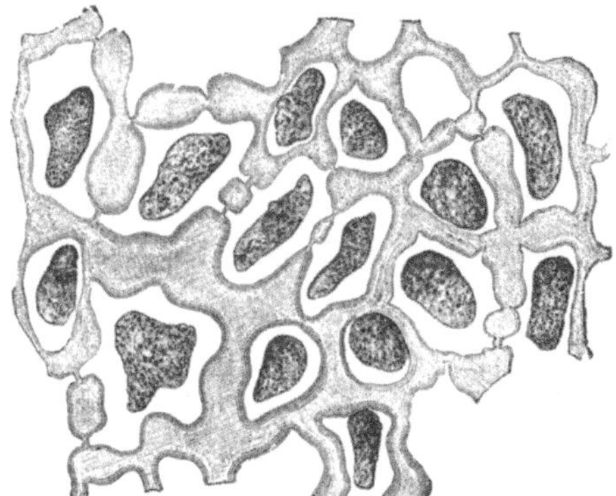
Abb. 189. Nährgewebe des Mogdadkaffees (J. MOELLER).

Im Aussehen haben sie keine Ähnlichkeit mit Leguminosensamen. Sie sind flach-eiförmig, 4—6 mm lang, 3—4 mm breit, kleinem Sesam ähnlich. Die Farbe ist dunkelgrau. In der Mitte jeder Flachseite ist ein glanzloser Fleck;

sonst ist die Oberfläche glänzend. Der Embryo mit seinen zwei dünnen, herzförmigen Kotyledonen ist in horniges Eiweiß gebettet. Einen bis zwei Tage in Wasser gelegt, überzieht sich der Same mit einer schleimigen Masse.

Die **Samenschale** ist mit dem Endosperm verwachsen.

Die Palisadenzellen (Abb. 188, *p*) sind 60—75 μ hoch, 3—7 μ breit. Ihre Außenteile sind in Schleim umgewandelt und quellen in Wasser auf. Hierbei bleiben feine Stäbchen ungequollen, die im Schleim radienartig nach allen Seiten abstehen. MOELLER hat zuerst auf diese Metamorphose aufmerksam gemacht. Die Kutikula selbst wird von ihr nicht befallen (Abb. 188, *cp*).

Die Trägerzellen (*s*) haben etwas verdickte Wände, sind 16—25 μ hoch, 25—40 μ breit.

Das Parenchym ist ebenfalls dickwandig.

Die Zellen des Endosperms sind ungemein dickwandig und enthalten eine braune Masse (Abb. 189).

Die dünnen Kotyledonen haben eine zweireihige Palisadenschicht auf der Innenfläche. Sie enthalten Fett und Eiweiß.

18. Sudankaffee.

Die Neger im Sudan und in anderen Teilen Afrikas bereiten aus den Samen von *Parkia africana* R. BR. (*Mimosoideae*) verschiedene Nahrungsmittel und benutzen sie auch als Ersatz für Kaffee.

Die Samen sind kastanienbraun, flach-eirund (9:12 mm) mit polar gelegenem Nabel. Auf Querschnitten unterscheidet man an der Samenschale die hell-

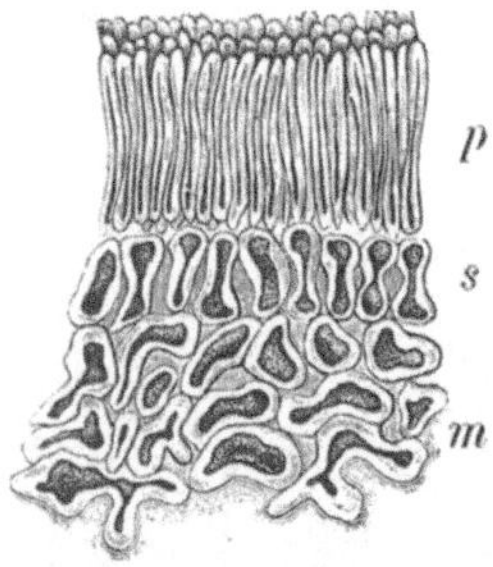

Abb. 190. Schale des Sudankaffees im Querschnitt (J. MOELLER). *p* Palisaden, *s* Trägerzellen, *m* Parenchym.

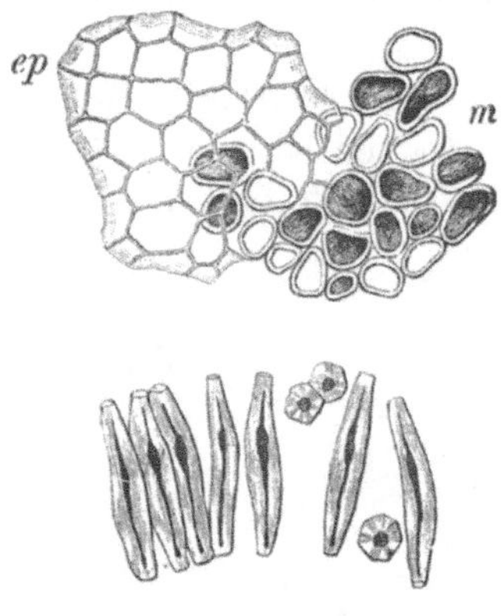

Abb. 191. Gewebe des Sudankaffees (J. MOELLER). *ep* innere Samenhaut, *m* Parenchym, *p* Palisaden.

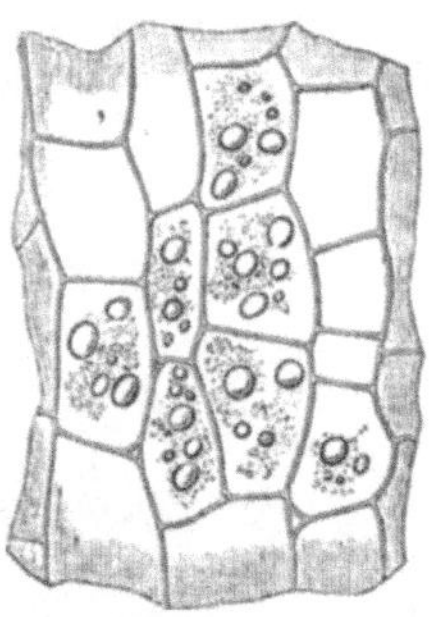

Abb. 192. Kotyledonargewebe des Sudankaffees (J. MOELLER).

farbige Oberhaut von der mehrfach dickeren, fast schwarzen Parenchymschicht. Nährgewebe fehlt. Die gelblichgrünen Keimblätter bilden allein den Samenkern.

Die Palisaden (Abb. 190) sind 150 μ hoch. Die Zwischenzellsubstanz löst sich in Wasser, so daß die Zellen sich trennen. Isoliert sind sie stumpfspindelförmig (Abb. 191, *p*).

Die Trägerzellen (*s*) und das Parenchym (*m*) sind dickwandig.

Der Embryo (Abb. 192) ist zartzellig. Er enthält Fett und Eiweiß, keine Stärke.

19. Bockshornsamen.

Der Bockshornklee (*Trigonella Foenum graecum* L.) hat eigentümlich geformte, aromatische Samen, die bei uns hauptsächlich als Arzneimittel ver-

Abb. 193. Bockshornsamen in natürlicher Größe (*a*) und stark vergrößert (nach NOBBE).

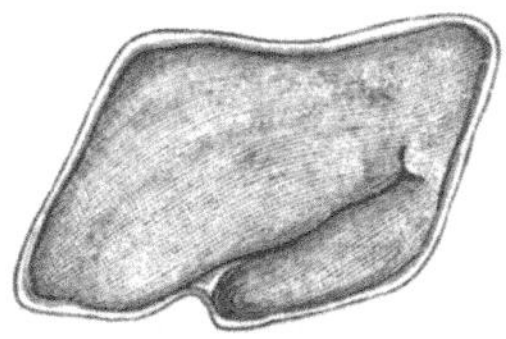

Abb. 194. Bockshornsamen eröffnet, um das Nährgewebe zu zeigen (J. MOELLER).

wendet werden. Sie begegnen dem Mikroskopiker häufiger in pulverförmigen Zubereitungen. Außerdem werden sie als Kaffeesurrogat genannt.

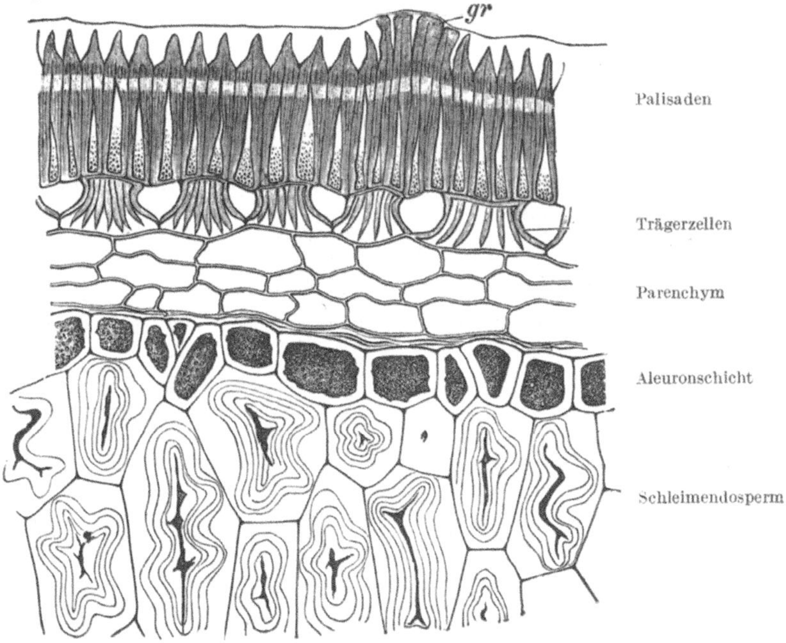

Abb. 195. Rand des Bockshornsamens im Querschnitt (nach TSCHIRCH). *gr* Palisadengruppe, die das Relief der Schale und in der Flächenansicht (Abb. 196) das Schattennetz bildet.

Die gelblichbraunen, vierseitigen, abgeflachten Samen lassen äußerlich das gekrümmte Würzelchen erkennen (Abb. 193). Sie besitzen ein glasig-hartes, in Wasser verschleimendes Endosperm (Abb. 194) und enthalten keine Stärke.

Die Palisadenzellen (Abb. 195) sind 60—75 μ hoch, 8—20 μ breit, und zeigen ein nach innen sich verbreiterndes Lumen und eine schmale (3—6 μ) Lichtlinie in einem Abstand von 25—35 μ von der Oberfläche. Die äußeren Teile der Palisaden sind verschleimt, und in die unter Wasser eben noch sichtbare Schleimschicht ragen die Zellen mit spitzen oder stumpfen Enden.

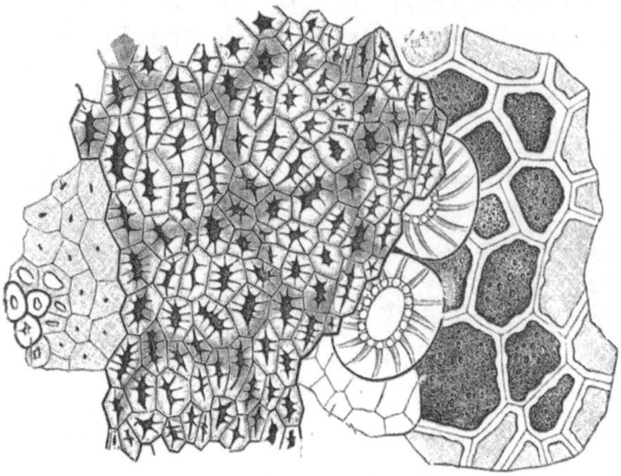

Abb. 196. Schale des Bockshornsamens in der Flächenansicht (nach TSCHIRCH).

Die Trägerzellen sind 15—20 μ hoch, spulenförmig mit verbreiterter Basis, gerippt.

Das Endosperm ist außen von einer einfachen Aleuronschicht begrenzt; innen sind die Zellen derart verschleimt, daß in Wasserpräparaten nur die Primärmembran erkennbar ist. Wird aber allmählich Glyzerin zugesetzt, dann erscheint die dicke, geschichtete Zellwand.

Das mit dem Schleimendosperm verwachsene, lückige Parenchym nimmt den halben Raum des Samens ein.

Die harten, gelben Kotyledonen haben gewöhnlich eine dreifache Palisadenschicht. Sie enthalten Aleuronkörner, keine Stärke.

Im Pulver ist Bockshornklee an den in der Flächenansicht (Abb. 196) mit einem Schattennetz bedeckten, dicken Palisadenzellen und an den geripptenTrägerzellen leicht zu erkennen.

20. Stragel.

Der Kaffeestragel (*Astragalus baeticus* L.) ist auf der spanischen Halbinsel heimisch und wird in einigen Teilen Europas der Samen wegen

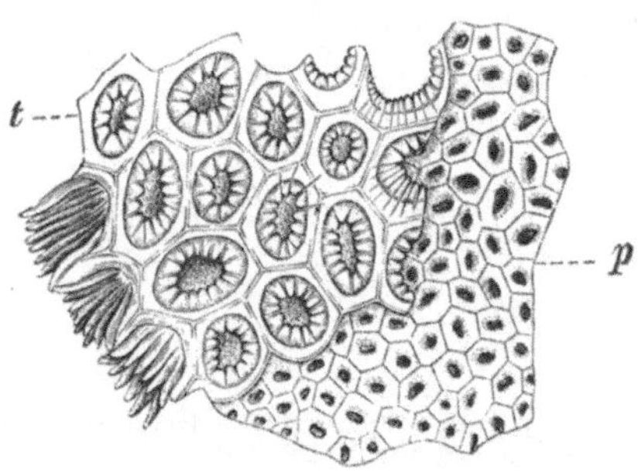

Abb. 197. Palisaden (*p*) und Trägerzellen (*t*) des Stragels (J. MOELLER).

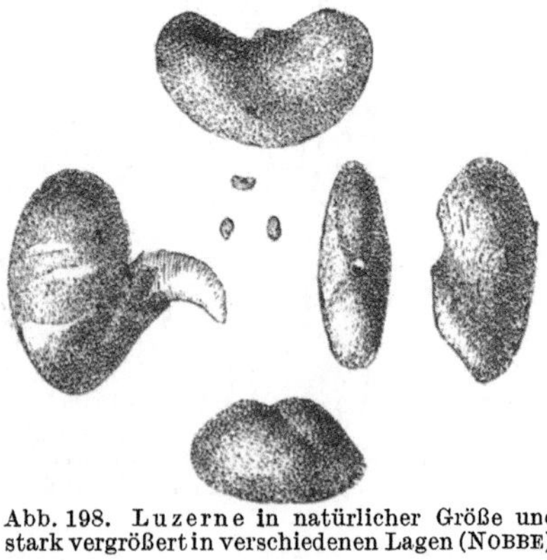

Abb. 198. Luzerne in natürlicher Größe und stark vergrößert in verschiedenen Lagen (NOBBE).

angebaut, die geröstet wie Kaffee schmecken und riechen sollen. Der „Schwedische Kontinentalkaffee“ ist Stragelkaffee.

Die Samen sind in Form, Größe und Farbe dem Bockshornklee ähnlich aber geruchlos.

Diese Ähnlichkeit erstreckt sich auch auf den anatomischen Bau; wesentlich verschieden sind die Palisadenzellen (Abb. 197, *p*), die 125—150 μ hoch, 12 bis 20 μ breit und nicht verschleimt sind. Wie bei der Lupine, sind sie etwas gekniet.

Die Trägerzellen (*t*) sind gerippt.

Stärke fehlt.

Nach HARTWICH werden in den südlichen Tälern des Wallis die Samen von *Astragalus excapus* L. verwendet.

21. Luzerne.

Schneckenklee oder Alfalfa (*Medicago sativa* L.) wird als Futterpflanze gebaut, und ihre Samen verunreinigen mitunter den Weizen.

Die spiraligen Hülsen enthalten kleine (2—3 mm), durch das Würzelchen gerippte Samen (Abb. 198).

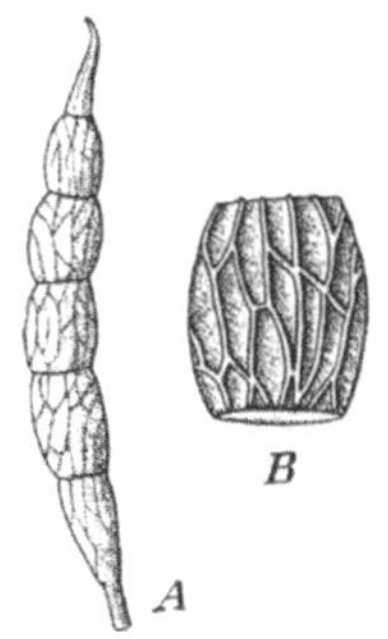

Abb. 199. Seradella (C. GRIEBEL). *A* Gliederhülse 1 : 2, *B* Teilstück der Gliederhülse 1 : 5.

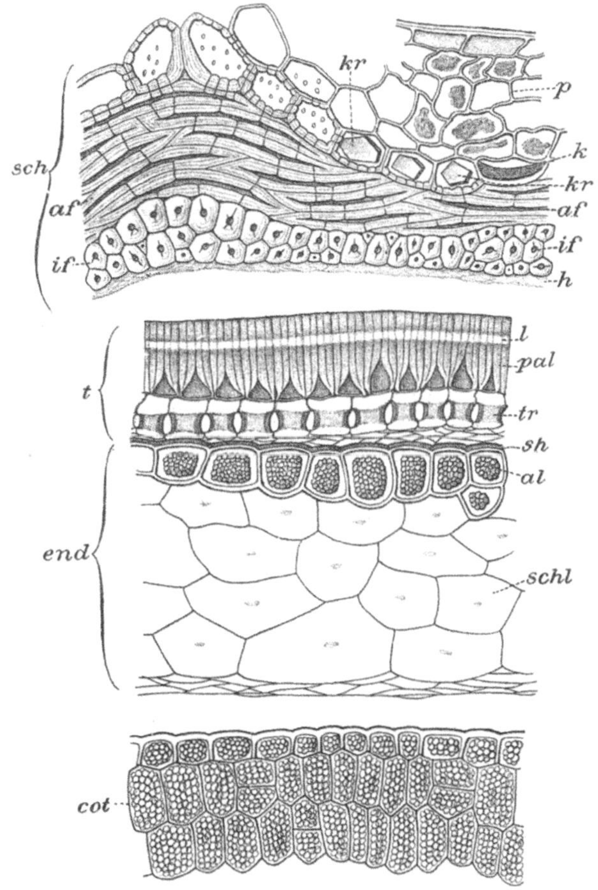

Abb. 200. Seradella, Querschnitt durch die Frucht (C. GRIEBEL). *sch* Fruchtschale, *if* innere Faserschicht, *af* äußere Faserschicht, *h* hautartiges Endokarp, *kr* Kristallzellen, *p* dünnwandiges Gewebe, *k* kahnförmige Zellen mit braunem Inhalt, *t* Samenschale, *pal* Palisadenschicht, *l* Lichtlinie, *tr* Trägerzellen, *end* Endosperm, *sh* Samenhaut, *al* Aleuronschicht, *schl* Schleimzellen, *cot* Kotyledonargewebe. Vergrößerung 1 : 280.

Sie gleichen im anatomischen Bau den Bockshornsamen; nur sind die Elemente kleiner.

Die am Scheitel verschleimenden, daher gespitzten Palisadenzellen sind 30—40 μ hoch und 9—15 μ breit.

Die gerippten Trägerzellen sind 10—15 μ hoch, 15—45 μ breit.

Das Endosperm besteht aus einer Aleuron- und einer Schleimschicht.

Der Embryo enthält keine Stärke.

22. Seradella.

Die Früchte der Seradella (*Ornithopus sativus* BROT.), die bei uns als Futtermittel angebaut wird, sind während des Weltkrieges und in der Nachkriegszeit vielfach zur Herstellung von Kaffee-Ersatz verwendet worden.

Die Frucht ist eine flache, perlschnurartig gegliederte Hülse von etwa 2,5 cm Länge, die bei der Reife in einsamige, im Umriß tonnenförmige Glieder zerfällt (Abb. 199), die von einem weitmaschigen Netz feiner Leisten bedeckt sind.

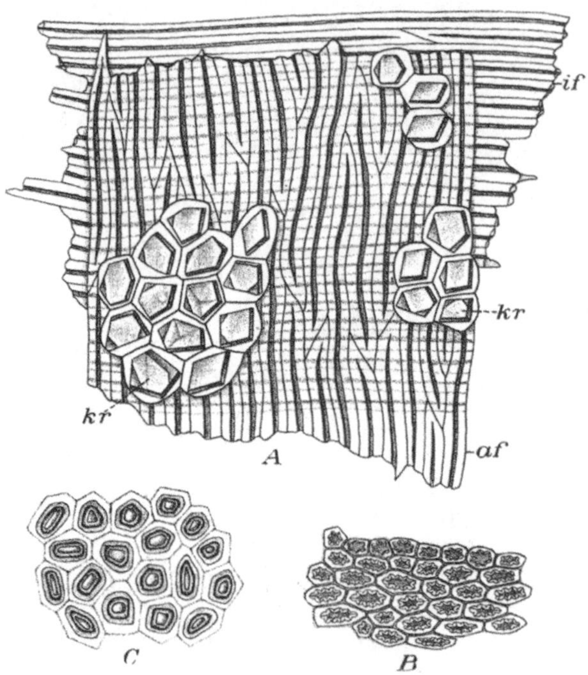

Abb. 201. Elemente des Kaffee-Ersatzes aus Seradella (C. GRIEBEL). *A* Bruchstück der Fruchtschale, *if* innere Faserschicht, *af* äußere Faserschicht, *kr* Kristallzellen, *B* Palisaden in der Flächenansicht, *C* Trägerzellen in der Flächenansicht. Vergrößerung 1 : 280.

Die braunen Samen sind etwa bohnenförmig, 2 mm lang.

A. Fruchtwand. Am Querschnitt (Abb. 200) erkennt man außen einen aus dünnwandigem Gewebe bestehenden Teil, der leicht abgestoßen wird und daher häufig fehlt und einen inneren holzigen Teil. Dieser besteht aus zwei mehrreihigen Schichten stark verdickter Fasern, die sich rechtwinklig kreuzen (Abb. 200, *sch*). Der äußeren Faserschicht liegen an vielen Stellen Gruppen isodiametrischer Zellen auf, die je einen großen Oxalatkristall enthalten (Abbildung 200, *kr* und 201, *A*).

B. Samenschale (Abb. 200, *t*). Die Palisadenzellen sind nur 28—38 μ hoch, 12—16 μ breit und weisen etwa an der Grenze des oberen Drittels eine starke Lichtlinie auf.

Die Trägerzellen (*tr*) sind nur in ihrem mittleren, eingezogenen Teil dickwandig, 10—15 μ hoch.

C. Endosperm. Es besteht aus einer ein- bis zweireihigen Aleuron- (*al*) und einer mehrreihigen Schleimzellenschicht (*schl*), die in Wasser sofort stark quillt.

D. Keimling. Die Zellen des Kotyledonargewebes (*cot*) sind dünnwandig, sehr eiweißreich, Stärke fehlt.

In Kaffee-Ersatzmitteln sind unzerkleinerte Seradella-Früchte an der Gestalt ohne weiteres zu erkennen. Bei gemahlenen Erzeugnissen machen sich die Teilchen des Schleimendosperms im ungebleichten Präparat durch die Quellung sofort bemerkbar. Nach dem Bleichen fallen besonders die Bruchstücke der Hülse (Fruchtschale) auf.

23. Johannisbrot.

Die Früchte des Johannisbrotbaumes (*Ceratonia Siliqua* L. — *Caesalpinioideae*), auch Karoben genannt, dienen der ärmeren Bevölkerung des Mittelmeergebietes zur Nahrung und als Tierfutter. Wegen ihres hohen Zuckergehaltes macht man auch Branntwein und ein Kaffeesurrogat aus ihnen.

Die nicht aufspringenden Hülsen sind 10—20 cm lang, 2—3 cm breit, 5—10 mm dick, gefächert, in jedem lederigen Fache einen flachen, eiförmigen, 8—10 mm langen Samen bergend.

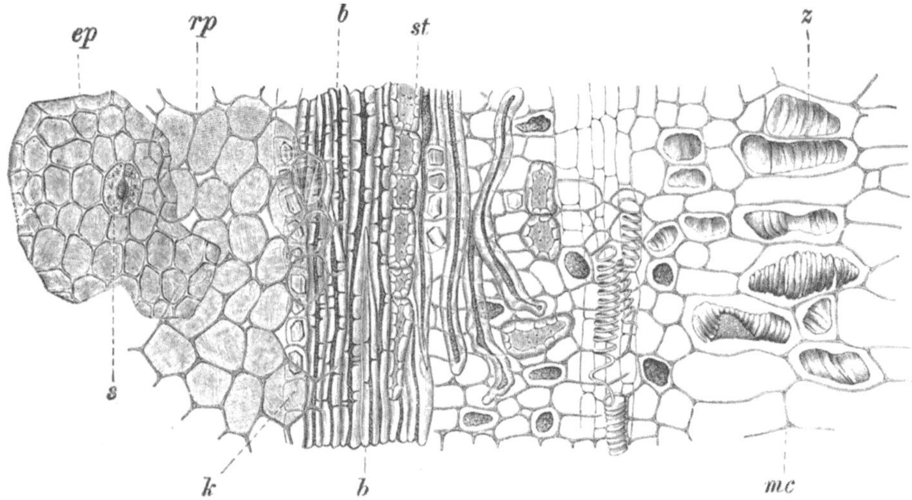

Abb. 202. Gewebe der Karobenschale in der Flächenansicht (J. MOELLER). Erklärung der Buchstaben im Texte.

A. Fruchtschale. Die Oberhaut (Abb. 202, *ep*) besteht aus polygonalen Zellen mit Spaltöffnungen (*s*). Unter ihr liegt eine Schicht aus 6—10 Lagen niedriger, in der Flächenansicht rundlicher Zellen (*rp*), die gleich der Oberhaut von brauner Substanz erfüllt sind. Es folgt eine kaum unterbrochene Faserschicht (*b*) mit Steinzellen (*st*). Die etwa 1 mm langen Fasern sind von Kristallkammerzellen (*k*) begleitet. Die zu den Fasern gehörigen Bast- und Holzteile sind schwach entwickelt.

Das Fruchtfleisch (*mc*) ist ein mächtiges Gewebe aus großen, dünnwandigen, radial gestreckten Zellen, die große, gelbliche bis kupferbraune, eigentümlich gerunzelte und von der Wand zurückgezogene, gerbstoffreiche Einschlußkörper (Inklusen) (*z*) enthalten. Diese sind in Wasser, Alkohol und verdünnten Säuren unlöslich, Chlorzinkjod färbt sie gelb, die Zellwände blau. In kalter, verdünnter Lauge werden sie erst grün, dann graublau, beim Erwärmen violett. In starker Lauge vorsichtig erwärmt, werden sie prachtvoll dunkelblau und gehen allmählich in Lösung. Vanillinsalzsäure färbt sie leuchtend rot, Eisenchlorid blauschwarz. Die Verteilung der Inklusenzellen in der Fruchtwand zeigt Abb. 203.

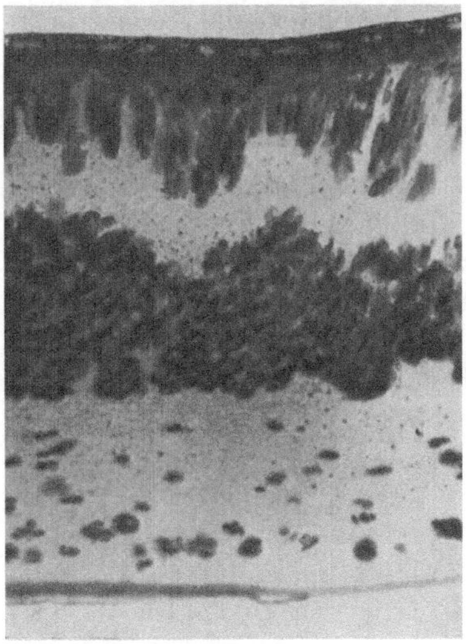

Abb. 203. Johannisbrot. Querschnitt durch die Fruchtwand (1 : 10), die Verteilung der Inklusenzellen zeigend, die dunkel erscheinen (Phot. C. GRIEBEL).

Eine der äußeren ähnliche, aus Fasern, Steinzellen und Kristallkammerzellen zusammengesetzte, aber quer gelagerte Sklerenchymschicht kleidet die Samenfächer aus.

Die innere Oberhaut besteht aus kleinen. isodiametrischen Zellen mit dicken, deutlich geperlten Wänden.

B. Samen. Die Samenschale hat 170 bis 250 μ hohe Palisaden, die im äußeren Teil kein Lumen erkennen lassen.

Die Trägerzellen sind spindelförmig, 20—35 μ hoch und so verdickt, daß ihr Lumen kaum zu unterscheiden ist. Auch das Parenchym ist stark verdickt und in den inneren Lagen dunkel gefärbt.

Das Endosperm ist hornig und besteht aus Zellen, die in den Ecken außerordentlich stark verdickt sind (Abb. 204).

Der Keimling ist klein und enthält keine Stärke.

Geröstete und gemahlene Karoben werden besonders in Österreich als Kaffeesurrogat (Karobenkaffee) benutzt. Als Schrot oder fein gemahlen findet sich das Johannisbrot auch in Futterwürzen. An den charakteristischen Inklusen und den Endosperm- und Schalenteilchen ist es leicht zu erkennen. Die beiden letzteren fehlen, wenn die Samen nicht mitverarbeitet wurden.

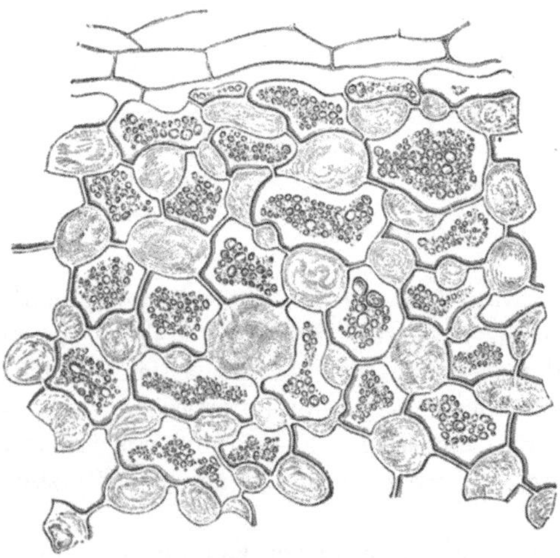

Abb. 204. Nährgewebe des Karobensamens (J. MOELLER).

Die **Erdnuß** (siehe S. 302) ist die einzige hier interessierende Leguminose, deren Samenschale nicht den typischen Bau aufweist. Sie wird im Zusammenhang mit den fettreichen, unmittelbar genießbaren Samen und Früchten behandelt.

24. Tamarinde.

Die Frucht des Tamarindenbaumes (*Tamarindus indica* L. — *Caesalpinioideae*) findet in den Produktionsländern (besonders Ost- und Westindien) zum Teil als Obst Verwendung. Zu uns kommt nur das rohe, aus Mesokarp, Endokarp und Samen bestehende Fruchtmus, das im gereinigten Zustand als mild abführendes Mittel fast nur arzneilichen Zwecken dient. Zuweilen wird es aber auch zu anderen Zubereitungen verwendet. So enthielt das Verjüngungsmittel „Lukutate“ neben einheimischen Obstsorten als wesentlichen Bestandteil u. a. Tamarindenmus, (später auch andere tropische Früchte).

Das Mesokarp von Tamarindus besteht aus zartwandigen, meist über 80 μ großen Zellen mit braunem Inhalt. Viele Zellen enthalten auch Weinsteinkristalle, andere kleinkörnige Stärke.

Das die Samenfächer der Fruchthülse auskleidende pergamentartige Endokarp zeigt als innerste Schicht eine aus sehr langen schmalen, hin und her gebogenen und miteinander verfilzten Zellen bestehende Haut. Die äußere, an das Mesokarp anschließende Schicht, der häufig Kristallkammerzellen mit Einzelkristallen aufgelagert sind, wird aus mehreren Lagen schmaler, gleichmäßig verdickter Bastzellen gebildet.

Die bis 16 mm großen, kastanienbraunen Samen sind oft vierseitig gerundet, auf 2 Seiten abgeflacht. Die Samenschale zeigt im mittleren, etwas eingesunkenen Teil der beiden Flachseiten 2 Reihen genau übereinanderstehender, schmaler (8—11 μ) Palisadensklereiden mit spaltenförmigem Lumen, von denen die äußere niedrigere braun, die innere nur wenig gefärbt ist. Am Rand des Samens ist die Palisadenschicht einreihig und die Wand der Zellen gegen Wasser empfindlich. Daher rollen sich Teile dieser Schicht bei Wassereinwirkung ab. Auf die Palisaden folgt eine Zone dickwandiger Zellen, von denen die äußere Lage als Trägerzellenschicht ausgebildet ist (Gestalt der Zellen zuweilen knochenförmig), während die inneren Lagen unregelmäßig knorrige oder sternförmig gestaltete Zellen aufweisen. Sie führen meist rotbraunen Inhalt. Die innerste mehrreihige Schicht der Testa wird von großen, dünnwandigen Zellen mit braunem Inhalt gebildet.

Die Kotyledonen sind sehr hart und setzen sich aus sehr stark verdickten (Reservezellulose) getüpfelten Zellen zusammen.

Im gereinigten Tamarindenmus und den damit hergestellten Zubereitungen findet man neben den Mesokarpzellen stets einzelne Palisadenzellen, sowie Teilchen der einreihigen und zweireihigen Palisadenschicht der Samenschale, außerdem die charakteristischen Zellen des Testahypoderms und Stückchen des Endokarps.

25. Röhrenkassie.

Die Früchte der in Indien heimischen, in warmen Gegenden vielfach kultivierten Röhrenkassie (*Cassia fistula* L. — *Caesalpinioideae*), die früher hauptsächlich zur Herstellung eines mild abführenden Muses dienten, kommen unter der Bezeichnung Röhrenmanna bei uns jetzt häufig zum Verkauf und werden wie das Johannisbrot genossen. Cassiamark war einer der Bestandteile des Verjüngungsmittels „Lukutate“.

Die bis 60 cm langen, mehrere Zentimeter dicken, walzenförmigen, schwarzbraunen Hülsen sind durch zahlreiche holzige Querwände in kleine Fächer geteilt, die einsamig sind und ein zähes, schwarzbraunes, sehr süßes Fruchtmus enthalten. Der Zucker besteht hauptsächlich aus Saccharose (Griebel). Die Samen sind glänzendbraun, abgeflacht, im Umriß fast herzförmig, bis 7 mm lang und zeigen in der Mitte der einen Flachseite die dunkelbraune Raphe.

Das Fruchtmus besteht aus zartwandigen Parenchymzellen mit braunem, körnigem Inhalt. In manchen Zellen hat sich dieser Inhaltsstoff in schwarzbraunen, kompakten, etwa balkenförmigen Massen abgeschieden. Hieran ist das Cassiamark auch in Zubereitungen erkennbar.

Die Palisaden der Samenschale (etwa 80 μ) sind außen von einer Schleimschicht bedeckt, die sich in Wasser leicht abrollt. Das vielreihige Hypoderm ist aus ziemlich flachen Zellen gebildet. Das hornartige Endosperm besteht aus dickwandigen Zellen.

Neuere Literatur.

COHN: Zur Beurteilung der Rangoonbohnen. Zeitschr. f. öffentl. Chem. Bd. 26, S. 73. 1920.

COLLIN: La graine, la poudre et le tourteau de soja. Annal. des falsif. Bd. 3, S. 19. 1910.

FINCKE: Über den Samen von Parkia africana R. BR. und den daraus hergestellten Daua-Daua Käse. Zeitschr. f. Unters. d. Nahrungs- u. Genußmittel Bd. 14, S. 511. 1907.

GRIEBEL: Ein weiterer Beitrag zur Untersuchung der Kaffee-Ersatzstoffe (Seradella). Zeitschr. f. Unters. d. Nahrungs- u. Genußmittel Bd. 35, S. 233. 1918.

— Beiträge zur mikroskopischen Untersuchung der Kaffee-Ersatzstoffe (Akaziensamen). Zeitschr. f. Unters. d. Nahrungs- u. Genußmittel Bd. 35, S. 272. 1918.

— Zur Anatomie der Lupinensamen. Zeitschr. f. Unters. d. Nahrungs- u. Genußmittel Bd. 39, S. 297. 1920.

— Zum Vorkommen von Tyrosinsphäriten in Leguminosemehlen. Zeitschr. f. Unters. d. Nahrungs- u. Genußmittel Bd. 45, S. 237. 1923.

GRIEBEL und BERGMANN: Über eine neue Kaffeeverfälschung. Zeitschr. f. Unters. d. Nahrungs- u. Genußmittel Bd. 21, S. 481. 1911.

GRIEBEL und SCHÄFER: Über das Vorkommen von Tyrosinsphärokristallen in einem Erbsenmehl. Zeitschr f. Unters. d. Nahrungs- u. Genußmittel Bd. 35, S. 277. 1918.

GUIGNARD: La recherche et le dosage de l'acide cyanhydrique dans les haricots. Annal. des falsif. Bd. 9, S. 301. 1916.

HANAUSEK: Die indischen Bohnen. Arch. f. Chem. u. Mikr. Bd. 5, S. 194. 1912.

HANIKIRCH: Über die Verwendung von Robiniensamen als Nahrungsmittel. Zeitschr. f. Unters. d. Nahrungs- u. Genußmittel Bd. 36, S. 110. 1918.

KOCH: Die Beurteilung der indischen Mond- oder Rangoonbohne. Zeitschr. f. öffentl. Chem. Bd. 26, S. 16. 1920.

KOEHLER: Erbsen, Bohnen, Wicken und deren Müllereiprodukte. Landwirtschaftl. Versuchs-Stat. Bd. 55, S. 401. 1901.

KONDO: Der anatomische Bau einiger ausländischer Hülsenfrüchte, die jetzt viel in den Handel kommen. Zeitschr. f. Unters. d. Nahrungs- u. Genußmittel Bd. 25, S. 1. 1913.

MORPURGO: Über Rangoonbohnen. Arch. f. Chem. u, Mikr. Bd. 5, S. 113. 1912.

WEESE: Über einige ausländische Hülsenfrüchtesamen. Arch. f. Chem. u. Mikr. Bd. 10, S. 66. 145, 199. 1917.

d) Früchte mit stärkereichen fleischigen Samen

aus verschiedenen Pflanzenfamilien.

1. Eichel.

Die Früchte der einheimischen Eichen (besonders *Quercus pedunculata* EHRH. und *Qu. sessiliflora* SALISB. — *Fagaceae*) dienen nicht nur als Tierfutter, sondern auch zur Bereitung eines diätetischen Kaffeesurrogates. In Amerika werden die Eicheln nicht gesammelt; man läßt sie (wie auch in Ungarn) in den Wäldern von Schweinen fressen.

Die aus ihrem Becher herausgefallene oder gelöste Eichel ist eine Nuß mit glatter, am Scheitel kurz behaarter Oberfläche, an der Basis mit einem kreisrunden Schildchen. Die dünne, harte Schale ist innen von der braunen Samenhaut ausgekleidet. Sie umschließt die beiden plankonvexen, derbfleischigen, im trockenen Zustande harten und spröden, bräunlichen, außen gefurchten Kotyledonen mit dem kleinen Knöspchen und Würzelchen am spitzen Ende. Oft kommen die Kotyledonen allein in den Handel.

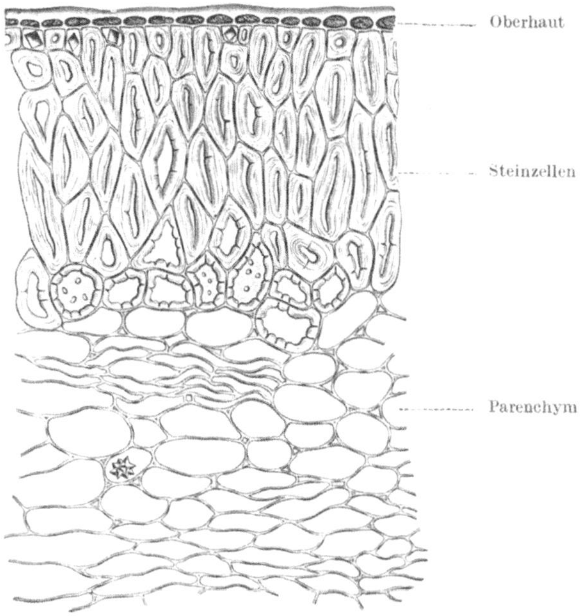

Abb. 205. Steinschale der Eichel im Querschnitt (J. MOELLER).

A. Fruchtschale. Die Oberhaut (Abb. 205 und 206) besteht aus kubischen, reihenweise geordneten Zellen. In der

Abb. 206. Oberhaut der Eichel in der Flächenansicht (J. MOELLER).

Scheitelregion trägt sie einzellige, bis 700 μ lange, an der Basis 5—10 μ breite, oft gekniete und gebüschelte dickwandige Haare (Abb. 208, *1*).

Die Steinschale ist 200—300 μ dick und besteht größtenteils aus radial gestreckten, spindelförmigen (60:10—20 μ), sehr stark verdickten Zellen mit spärlichen Tüpfeln. Nach innen werden die Zellen isodiametrisch und weniger verdickt. Die Außenseite der Steinschale ist unter der Oberhaut mit Oxalatkristallen belegt, die

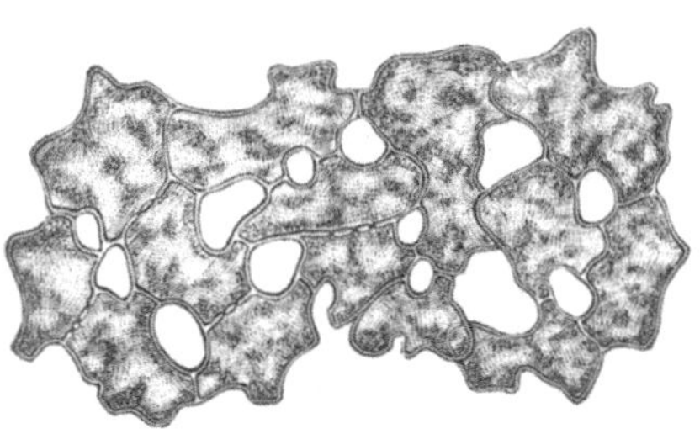

Abb. 207. Braunes Schwammparenchym der Eichelschale (J. MOELLER).

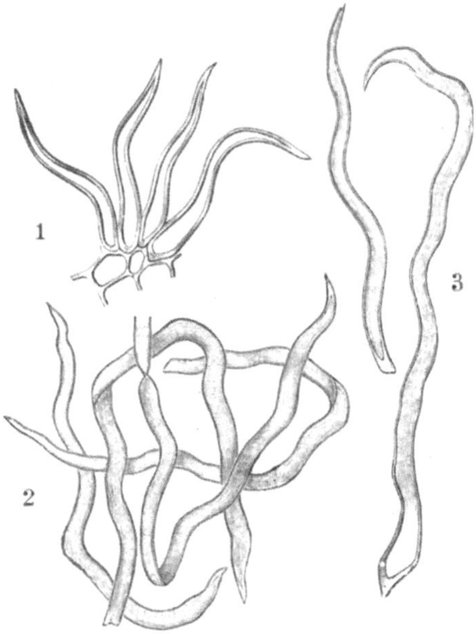

Abb. 208. Haarformen der Eichel (J. MOELLER). 1. der Schalenaußenseite, 2. der Schaleninnenseite, 3. der Samenhaut.

Innenseite mit braunem, zum Teil als Schwammgewebe (Abb. 207) ausgebildetem Parenchym, in dem die Leitbündel verlaufen und reichlich Oxalatdrusen vorkommen.

Die innere Oberhaut, deren Zellstruktur undeutlich, ist von zahlreichen winzigen (10 μ), vielgestaltigen Kriställchen durchsetzt und trägt zahlreiche lange, äußerst dünnwandige, oft zusammengefallene Haare (Abb. 208, *2*).

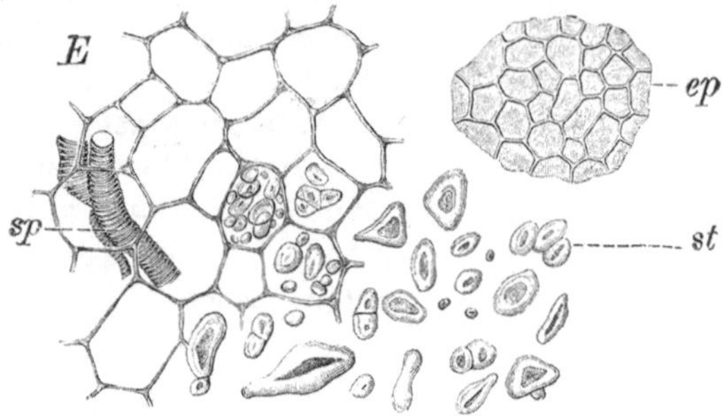

Abb. 209. Keimblattgewebe der Eichel (J. MOELLER). *E* Parenchym, *ep* Oberhaut, *st* Stärkekörner, *sp* Spiroïden.

B. Same. Die Samenschale löst sich beim Trocknen oft so vollständig vom Embryo, daß sie an der Fruchtschale haften bleibt. Das lückige, braune Parenchym enthält Kalziumoxalat in Form von Einzelkristallen, Drusen und Sand. Die Oberhaut besteht aus polygonalen, zarten Zellen und trägt ähnliche, aber etwas derbere Haare (Abb. 208, *3*) als das Endokarp.

Das Gewebe der Kotyledonen ist ein dünnwandiges, großzelliges, stärkereiches Parenchym. Die Stärkekörner sind zumeist 15—20 μ, vereinzelt bis 50 μ groß, immer einfach und mit weiter Kernhöhle versehen. Ihre Formen sind mannigfach, typisch sind die gerundet-dreieckigen Formen (Abb. 209, *st*).

Eichelkaffee.

Er wird aus den gerösteten Kotyledonen dargestellt. Infolge der Erhitzung ist die Stärke verkleistert, aber selten so vollständig, daß der Zellinhalt eine homogene Masse bildet, vielmehr sind die gequollenen Stärkekörner meist noch erkennbar, umgeben von den koagulierten und von Gerbstoff durchsetzten Eiweißhüllen. Das Pulver besteht daher aus einzelnen, 30—90 μ großen, isodiametrischen oder gestreckten, dünnwandigen Zellen oder Zellengruppen mit genetztem und oft gebräuntem Inhalt, der auch oft als Klumpen herausgefallen ist und sich mit Eisenchlorid schmutzigblaugrün färbt. Daneben finden sich spärlich Teile der Oberhaut (Abb. 206), braunes Parenchym der Samenhaut (Abb. 207) und enge Spiroiden aus den Leitbündeln der Kotyledonen. Vereinzelt finden sich mitunter Bestandteile der Schalen und Fruchtbecher als zufällige Verunreinigung; Steinzellen, dickwandige Haare und Oberhautfragmente in größerer Menge sprechen für absichtliche Verwendung dieser naheliegenden Fälschungsmittel. Auch Birnen- und Rübenmehl ist im Eichelkaffee schon gefunden worden; ersteres an der Oberhaut (Abb. 348), letzteres an den großen Netzgefäßen leicht erkennbar (Abb. 717 u. 718).

Anderseits wird Nährpräparaten Eichelmehl zugesetzt, weil ihm wegen seines Gerbstoffgehaltes tonisierende Eigenschaften zugeschrieben werden. In Kakao, Zerealien- und Leguminosenmehlen sind die Stärkekörner der Eichel wohl aufzufinden.

2. Kastanie.

Die Edelkastanie (*Castanea vesca* MILL. — *Fagaceae*) bietet in ihren Früchten den Bewohnern der Mittelmeerländer ein wohlfeiles Nahrungsmittel;

in anderen Ländern gelten die Maronon als Delikatesse. Die amerikanische Kastanie hat kleinere, die japanische Art (*C. crenata* SIEB. et ZUCC.) ebenso große Früchte. Sie sind zu 2—3 (selten mehr) in einer stacheligen Hülle (dem Analogon des Eichelbechers) eingeschlossen, kommen aber stets ohne diese in den Handel. Infolge des gegenseitigen Druckes sind die Kastanien auf einer oder mehr Seiten abgeflacht; am Scheitel sind sie kurz bespitzt und zeigen am Grunde einen großen schildförmigen, helleren Fleck („Nabel"). Am Scheitel und am Rande des nabelartigen Fleckes ist die Kastanie behaart, sonst kahl. Ihre Schale ist holzig-lederig, brüchig, innen dicht seidenfilzig behaart. Sie umschließt den mit dünner spröder Samenhaut bedeckten Embryo, dessen große, derbfleischige Kotyledonen etwas zerklüftet, daher oberflächlich runzelig-gefurcht sind. Zwischen ihnen liegt im Scheitel das gelbe Würzelchen.

A. Fruchtschale. Die Oberhautzellen sind polygonal oder vierseitig, isodiametrisch oder gestreckt und im letzteren Fall unregelmäßig gereiht. Sie enthalten eine braune Masse. Haarspuren findet man überall, Haare nur am Scheitel und am Nabelrande. Sie sind einzellig, 2—3 mm lang, spitz oder stumpf, in der Breite und Wandverdickung sehr verschieden, meist bandartig, schlaff.

Die Steinschale unter der Oberhaut besteht nur aus 3—4 Zellenlagen. Die äußeren Steinzellen sind auf Querschnitten radial gestreckt, in der Fläche tief wellig-buchtig, sehr stark verdickt. In der Mitte sind sie kleiner, innen größer und weniger verdickt. Viele Zellen enthalten große Oxalatkristalle.

Das braune Parenchym ist, obwohl etwas zusammengefallen, mehrmals so breit wie die Steinzellenschicht. Es ist derbwandig, lückig, tangential gestreckt.

Die Innenwand ist von mehrere Millimeter langen, bis 35 μ breiten, einzelligen, sehr dünnwandigen und durcheinandergewirrten Haaren ausgekleidet.

B. Same. Die braune, papierdünne Samenschale hat eine Oberhaut aus polygonalen Zellen (50 μ) mit spärlichen Haaren, die denen der Fruchthöhle ähnlich sind.

Die Epidermis der Kotyledonen ist kleinzellig, derbwandig. Das Parenchym ist groß- und zartzellig, von Stärke erfüllt, deren Körner meist einfach, bis 30 μ groß, unregelmäßig rundlich, birnförmig, gerundet-dreieckig sind. Typisch ist das Vorkommen einzelner Körner mit warzenartigen Auswüchsen (Abb. 27) und die (zum Unterschied von Eichelstärke) meist undeutliche Kernhöhle.

Kastanienmehl

dient in den Südländern nicht nur zu Mehlspeisen, sonderen auch zur Brotbereitung. Die Kastanienstärke hat keine Ähnlichkeit mit irgendeiner Zerealien- oder Leguminosenstärke; auch die nie fehlenden Oberhautfragmente sind charakteristisch.

3. Roßkastanie.

Die Samen der Roßkastanie (*Aesculus Hippocastanum* L. — *Hippocastanaceae*) sind reich an Saponin und schmecken bitter. Sie finden als Futtermittel Verwendung und werden gelegentlich auf Stärke verarbeitet (Entbitterung mit Sodalösung).

Sie sind glänzendbraun, mit großem hellem Nabel versehen. Die lederige Schale umschließt den Keimling mit zwei großen Kotyledonen.

Die Epidermiszellen der Samenschale sind palisadenartig, dickwandig, in der Flächenansicht rundlich-polygonal (20—30 μ). Darunter liegt braunes, dickwandiges Parenchym, das in ein ebensolches Schwammgewebe übergeht. Verholzte Zellen fehlen.

Die Oberhaut der Kotyledonen ist kleinzellig, sehr fein netzig verdickt, das übrige Gewebe der Keimblätter großzellig, derbwandig und porös. Die Stärke (vgl. Abb. 26) hat am häufigsten birnförmige, oft recht unregelmäßige Gestalt. Die Körner sind selten über 25 μ groß.

Gemahlene Roßkastanien findet man z. B. hin und wieder in Geheimmitteln verschiedener Art.

Kakao (s. S. 232); Kolanuß (s. S. 240); Muskatnuß (s. S. 201).

Neuere Literatur.

Gabriel: Une falsification de la confiture de marrons. Annal. des falsif. Bd. 15, S. 267. 1922.

e) Ölsamen und Ölfrüchte.

Bei den Zerealien ist Stärke das hauptsächliche Reservematerial; die Ölsamen speichern die Reservenahrung für den Keimling in Form von Fett auf, das meist durch Pressung oder auch durch Extraktion aus dem zerkleinerten Material gewonnen wird. Die Rückstände der Pressung, die Öl- oder Preßkuchen, dienen ebenso wie die Rückstände der Mühlen, Stärkefabriken, Brauereien und Brennereien als Tierfutter, gelegentlich auch zur Fälschung von Gewürzen u. dgl., Senfkuchen als Gewürz und Heilmittel.

Einige Ölfrüchte werden vor der Pressung geschält, andere werden ganz gepreßt.

Die Ölkuchen enthalten immer noch beträchtliche Mengen von Fett und sind auch reich an Eiweiß; man nennt sie daher konzentrierte Futterstoffe. Stärke enthalten sie (mit einer Ausnahme) nicht; ihre Anwesenheit deutet daher entweder auf Verwendung unreifer Samen oder auf Unkräutersamen oder auf Fälschung mit stärkehaltigen Materialien. Nur Erdnußkuchen enthält Stärke, und anderseits ist Maiskuchen (obwohl zu den Zerealien gehörig) stärkefrei, weil er der Rückstand der ausgepreßten Keimlinge ist.

Die Schalen der Baumwoll-, Sonnenblumen- und anderer Früchte dienen als Tierfutter und zur Fälschung solcher.

Untersuchungsmethoden.

Vorprüfung. Jeder Ölkuchen hat gewisse physikalische Eigentümlichkeiten: Farbe, Geruch, Textur, Verhalten gegen Wasser usw., die nur durch Erfahrung erkennbar sind. So z. B. riecht und schmeckt Maiskuchen eigentümlich; Baumwollsamenkuchen hat eine charakteristische Farbe; die meisten Kruziferenölkuchen entwickeln einen Senfgeruch, wenn sie mit Wasser gemischt werden; Leinsamenkuchen wird mit Wasser schleimig.

Fremde Samen, Bruchstücke der Schale u. a. erkennt man oft schon mit freiem Auge. Sind sie nicht ohne weiteres erkennbar, so legt man sie zur mikroskopischen Untersuchung beiseite.

Kaltwasserprobe. Man mischt 5 g des zerkleinerten Ölkuchens mit 100 cm kalten Wassers und vergleicht den Bodensatz und die schwimmenden Teile mit einer ebenso behandelten Probe von bekannter Zusammensetzung.

Mikroskopische Untersuchung. Da Stärke in der Regel fehlt, muß der Schwerpunkt auf die Unterscheidung der Schalenbestandteile gelegt werden; ausnahmsweise bieten auch die Aleuronkörner brauchbare Kennzeichen. Die Behandlung ist also eine ganz andere wie bei der Untersuchung stärkehaltiger Materialien. Um das Fett zu entfernen, extrahiert man eine Probe mit Äther, und ist die Beseitigung der Proteinstoffe erwünscht, so kocht man mit Alkali. Man untersucht zunächst eine Probe in Wasser, um etwa vorhandene Stärke zu finden. Da die Stärkekörner mit Öltropfen oder Aleuronkörnern verwechselt werden könnten, empfiehlt sich die Jodreaktion.

Nun fügt man Lauge zum Präparat. Die Proteinkörner werden dadurch gelöst, das Fett wird verseift oder emulgiert, die Zellwände quellen. Chloralhydrat klärt die Präparate ebenfalls, aber langsamer auf, besser die von Bredemann[1] angegebene Salzsäure-Chloralhydratlösung (Chloralhydrat 10, Wasser 5, Glyzerin 5, 25%ige Salzsäure 3).

Größere Schalenteilchen werden mit der Nadel herausgehoben und entweder geschnitten oder geschabt oder mazeriert, um geeignete mikroskopische Präparate zu erhalten.

Verfahren von Uhlitzsch. Eine angemessene Menge (etwa 4 g bei Kokosrückständen, 10 g bei Baumwollsaatmehl usw.) wird mit 150 ccm 1—2%iger Lauge in einer Porzellanschale bis zum Aufschäumen erhitzt, der Inhalt der Schale sodann auf ein Mulltuch gebracht, das über ein größeres Becherglas gebreitet ist. Nach dem Ablaufen der Flüssigkeit, das durch Umrühren mit einem Glasstab beschleunigt werden kann, wird das Tuch beutelförmig zusammengefaltet und der Rückstand unter einem Wasserstrahl durch Reiben auf der Handfläche solange ausgewaschen, bis die ablaufende Flüssigkeit nicht mehr getrübt ist. Der Rückstand wird nunmehr durch gelindes Zusammenpressen des Beutels von dem größten Teil des Wassers befreit und dann mit einer Mischung von etwa gleichen Mengen Glyzerin und Essigsäure zu einem dicklichen Brei angerührt.

Methode von Hebebrand[2]. Sie ist hauptsächlich bei solchen Substanzen zu empfehlen, die beim Kochen mit Lauge quellen. Etwa 2 g des Materials — wenn nötig nach Entfettung und entsprechender Zerkleinerung — werden mit etwa 100 ccm 7%iger Sodalösung in einem Kelchglase aufgeschwemmt. Darauf wird Chlor[3] eingeleitet bis das Material entfärbt ist und die chlorhaltige Flüssigkeit wird dann in der vorher beschriebenen Weise ausgewaschen.

---

[1] Landwirtschaftl. Versuchs-Stat. 1911, S. 135 u. 1913, S. 329.

[2] Beitr. z. mikr. Unters. v. Nahrungs- u. Futtermitteln. Forschungsber. 1897 u. Landwirtschaftl. Versuchs-Stat. 1898.

[3] Man bereitet es am einfachsten aus den käuflichen Chlorkalkwürfeln, von denen ein Stück im Kippschen Apparat mit verdünnter Salzsäure übergossen wird.

Sollten bei der Untersuchung die Präparate nicht genügend klar sein, so kann durch Chloralhydrat oder die von BREDEMANN angegebene Salzsäure-Chloralhydratlösung (siehe oben) eine weitere Aufhellung bewirkt werden.

KINZEL empfiehlt zur Aufhellung in Anlehnung an das Weender-Verfahren zur Rohfaserbestimmung eine je einstündige Behandlung des Materials mit 1¼%iger Schwefelsäure und hierauf mit ebenso starker Natronlauge auf dem Wasserbad. In Verbindung mit einer etwa erforderlichen Entfettung des Materials ist dieses Verfahren für alle Futtermittel geeignet. Falls notwendig, wird man auch hier durch Chloralhydrat oder Salzsäure-Chloralhydrat nach BREDEMANN eine weitere Aufhellung der Objekte vornehmen. Die durch Behandlung nach der Rohfasermethode erhaltenen gut ausgewaschenen Rückstände eignen sich sehr gut für die Aufbewahrung als Vergleichsmaterial, am besten in Glyzerinwasser, dem man zwecks Konservierung etwas Formalin oder ein Körnchen Thymol zusetzt. Derartige Vergleichspräparate, die natürlich aus zuverlässigem Material hergestellt sein müssen, sind für die Futtermitteluntersuchung fast unentbehrlich.

A. Kruziferen.

Die Früchte der Kruziferen (Schoten oder Schötchen) enthalten einen oder mehrere gekrümmte (kampylotrope) Samen. In Wasser umgeben sich die Samen mit einer Schleimhülle. Sprengt man die dünne, spröde Samenschale, so kann man den Embryo leicht herausholen, und man bemerkt, daß seine Kotyledonen (||) dem Würzelchen (o) entweder anliegen (o =) oder aufliegen(o ||) oder gefaltet (o ≫) sind.

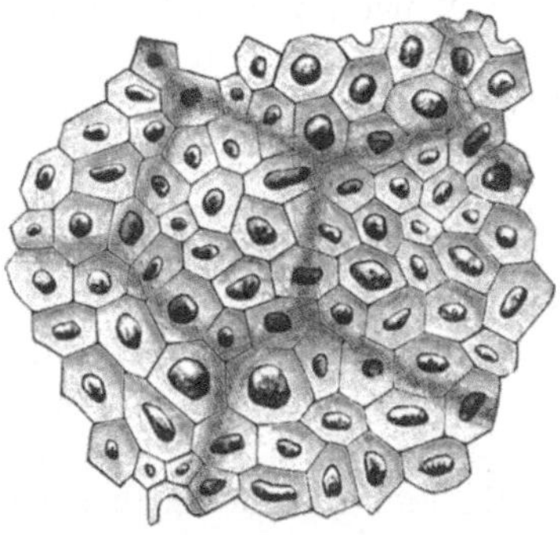

Abb. 210. Mosaik der Becherzellen des schwarzen Senfs (J. MOELLER).

Die Samenschale (s. Abb. 213) besteht typisch aus vier Schichten, und eine fünfte Schicht bildet das mit ihr verwachsene Nährgewebe (Endosperm).

1. Die Oberhautzellen sind groß und enthalten meist Schleim, der unter Wasser schichtenweise aufquillt und bei manchen Arten die Zellen sprengt.

2. Unter der Oberhaut liegt eine oft großzellige Parenchymschicht aus 1—2 Zellenlagen (sog. Großzellen), die aber an reifen Samen nur bei einigen Arten noch deutlich zu sehen sind.

3. Die Palisadenschicht aus Sklereiden ist nicht nur die auffallendste, sondern auch die charakteristischste. Die Zellen sind nur an der Innenwand und an den Seitenwänden bis zu verschiedener Höhe verdickt, und da die oberen, zarthäutigen Teile leicht übersehen werden, erscheinen sie auf Querschnitten der Samenschale (s. Abb. 213) als „Becherzellen". In der Flächenansicht bilden sie ein Mosaik aus polygonalen Zellen (Abb. 210).

4. Die innere, kleinzellige Parenchymschicht enthält oft Farbstoff („Pigmentschicht").

5. Das Endosperm ist eine Aleuronschicht, auf die noch mehrere Lagen völlig zusammengepreßter Zellen folgen.

Der Embryo ist zartzellig. Er enthält Aleuronkörner und Fett, keine Stärke.

Alle Kruziferensamen sind trocken geruchlos und schmecken mehr oder weniger scharf.

A. Samen gelb.

a) Oberhautzellen mit Schleim.

1. Darunter kollenchymatische Großzellen: Weißer Senf.
2. Darunter keine deutlichen Großzellen: Eruca (Rauke).
3. Oberhaut und Großzellen bilden eine strukturlose Membran: Brassica campestris var. Sarson.

b) Oberhautzellen nicht schleimbildend.

4. Palisaden ungleich hoch, Flächenmosaik genetzt: Sinapis cernua.
5. Palisaden nahezu gleich hoch, Flächenansicht ohne Maschenzeichnung: Sinapis glauca.

B. Samen braun.

a) Palisaden ungleich hoch, ihr Flächenmosaik daher genetzt.

α) Oberhaut zellig.

* Großzellen nicht kollenchymatisch;

6. Palisadenzellen rotbraun, schmal (3—10 μ): Schwarzer Senf.

** Großzellen kollenchymatisch.

7. Palisadenzellen rotbraun: Sinapis dissecta.

*** Großzellen undeutlich;

8. Palisaden rotbraun, breiter als beim schwarzen Senf: Sareptasenf.
9. Palisaden hellbraun, mit sehr engem Lumem: Raphanus raphanistrum.

**** Großzellen fehlen;

10. Palisadenzellen nach Behandlung mit Säuren und Alkalien gelbraun, enggenetzt. Brassica rugosa.

β) Oberhaut nicht zellig.

11. Palisadenzellen weitlichtig, enggenetzt; Aleuronzellen oft zweischichtig: Br. Napus var. dichotoma.
12. Palisadenzellen mit engem Lumen, enggenetzt; Aleuronzellen einschichtig: Br. juncea.

b) Palisadenschicht gerippt, nicht genetzt.

13. Oberhaut und Großzellenschicht nicht zellig: Thlaspi (Pfennigkraut).

c) Palisadenschicht weder gerippt noch genetzt.

α) Oberhaut deutlich.

* Der Schleim, ähnlich den Honigwaben, tritt nicht aus den Zellen.

14. Der Inhalt der Palisadenzellen wird mit Chloralhydrat blutrot: Sinapis arvensis.

** Der Schleim tritt in Form kegelförmiger Säulen aus.

15. Oberhaut- und Palisadenzellen breit (bis 90 μ): Camelina sativa (Leindotter).

*** Der eine zentrale Säule bildende Schleim tritt selten aus.

16. Palisadenzellen mit breitem (60 μ) Lumen: Capsella (Hirtentäschel).
17. Die schmalen Palisadenzellen sind nur an der Innenseite verdickt: Sisymbrium (Heckensenf).
18. Der Schleim tritt in langen, nach außen sich verbreiternden Säulen aus: Lepidium (Kresse).

β) Oberhaut und Großzellen bilden eine fast strukturlose Membran.

19. Becherzellen gleich hoch, bis 30 μ breit: Br. Napus (Raps).
20. Becherzellen gleich hoch, schmächtiger: Br. Rapa (Rübsen).

Die Bestimmung der verschiedenen Kruziferen-Arten in den Preßkuchen des Handels ist deswegen von Wichtigkeit, weil die Verfütterung Senföl liefernder Futtermittel nicht unbedenklich erscheint, sie setzt aber eingehendes

Studium der Literatur und zuverlässiges Vergleichsmaterial voraus. Nach BARNSTEIN führt man die Untersuchung der Raps- (Rübsen-) Kuchen in folgender Weise durch:

Etwa 5 g des gemahlenen Kuchens werden mit Wasser von etwa 70° zu einem dicklichen Brei verrührt, wobei auch nach einigem Stehen kein starker Senfölgeruch (Senfsamenrückstände) auftreten darf. Hierauf wird mit einer größeren Menge Wasser verrührt und eine Isolierung der Schalenteile durch möglichst vollständige Abschlämmung der Teile des Keimlings herbeigeführt. Nach einigem Stehen (wenn möglich über Nacht) prüft man den Rückstand unter dem Mikroskop auf Schalenteilchen, die Schleim entwickeln. Sind solche vorhanden, so ist der Rapskuchen nicht rein, sondern er enthält Senf- oder indische Rapsarten, (abgesehen von Lein, Leindotter, Kresse u. dgl., die leicht erkennbar sind). Schleimbildend sind sämtliche *Sinapis*-Arten, außerdem *Brassica juncea* und *B. Bessereana*. Sind die Becherzellen der schleimbildenden Teilchen sehr eng, so handelt es sich um eine *Sinapis*-, andernfalls um eine *Brassica*-Art.

Zur weiteren Untersuchung wird eine Durchschnittsprobe nach UHLITZSCH (S. 153) aufgehellt. Bei Rapskuchen aus inländischer Saat ist die Farbe des Schalenrückstandes gleichmäßig dunkelrotbraun. Weiße oder gelblichbraune Teilchen rühren von *Sinapis alba*, *S. dissecta* (helle Varietät), *Brassica glauca* (gelbem indischem Senf) oder von *Raphanus* (s. d.) her. Die in echtem Raps zuweilen vereinzelt vorkommenden unreifen Körnchen mit heller Schale sind bei einiger Übung leicht als solche erkennbar. Finden sich dunkle Schalenteile mit deutlicher Maschenzeichnung, so können diese von *S. nigra*, *Br. japonica* (enge Becherzellen), *Br. Bessereana* (weite Becherzellen) oder, bei gleichzeitiger Anwesenheit von *Br. glauca*, auch von indischen Raps- und Senfarten herrühren.

Für die Bestimmung der häufigeren Arten gibt BARNSTEIN folgende Übersicht der Kennzeichen, soweit sie ohne Ausführung von Querschnitten gut wahrnehmbar sind.

I. Samenschale hell.

A. Ohne Maschenzeichnung.

a) Oberhautzellen schleimbildend, Becherzellen eng.
Sinapis alba, weißer Senf.

b) Oberhautzellen nicht schleimfähig, Becherzellen weit.
Brassica glauca, gelber indischer Senf.

B. Mit Maschenzeichnung.

a) Farbe weiß, Oberhautzellen schleimbildend.
Sinapis dissecta, schlitzblättriger Senf (helle Varietät).

b) Farbe bräunlichgelb, keine Schleimbildung.
Raphanus sativus, Ölrettich.
Raphanus raphanistrum, Hederich.

II. Samenschale dunkel.

A. Oberhautzellen schleimbildend.

a) Ohne Maschenzeichnung.
Becherzellen eng und eine in Chloralhydrat mit karminroter Farbe lösliche Substanz enthaltend.
Sinapis arvensis, Ackersenf.

b) Mit Maschenzeichnung.
   1. Becherzellen eng, Schleim mit axiler Säule.
      Sinapis dissecta, schlitzblättriger Senf (braune Varietät).
   2. Becherzellen eng, Schleim ohne axile Säule.
      Sinapis nigra, schwarzer Senf und
      Sinapis japonica, japanischer Senf.
   3. Becherzellen weit.
      Brassica juncea, indischer Senf.
      Brassica Bessereana, Sareptasenf.

B. Oberhautzellen nicht schleimbildend.
   a) Ohne Maschenzeichnung.
      Brassica napus, Raps.
      Brassica glauca, indischer Senf (dunkle Varietät).
   b) Mit undeutlicher Maschenzeichnung.
      Brassica rapa, Rübsen.
      Brassica dichotoma, indischer Raps.

Senf.

Als Senf bezeichnet man jene *Brassica-* und *Sinapis*-Arten, die sehr scharf schmecken. Der Geschmack rührt von einem Glykosid her, das beim Kauen (oder beim Zerquetschen mit Wasser) durch Wirkung eines in den Samen enthaltenen Fermentes gespalten wird. Das scharf schmeckende Spaltungsprodukt ist nicht bei allen Arten dasselbe; beim schwarzen Senf ist es ein ätherisches Öl.

Im anatomischen Bau stimmen alle Senfarten nahe überein. Gute Querschnitte herzustellen, ist nicht leicht. Man bettet die trockenen Samen in hartes Paraffin und bringt die Schnitte in Alkohol. Unter dem Deckglas läßt man vom Rande her einen Tropfen Wasser zufließen und beobachtet die Oberhaut. Dieselben Schnitte werden sodann durch Lauge aufgehellt. Flächenpräparate erhält man durch Schaben der mit verdünnter Lauge erwärmten Samenschale. Um die im Samenkern enthaltenen Aleuronkörner genau zu unterscheiden, legt man die Schnitte in starkes Glyzerin oder in Terpentin.

1. Weißer Senf.

Der weiße oder gelbe Senf (*Sinapis alba* L.) ist in Europa heimisch, wird aber in allen Erdteilen, besonders häufig in England, Holland, Deutschland und Kalifornien gebaut.

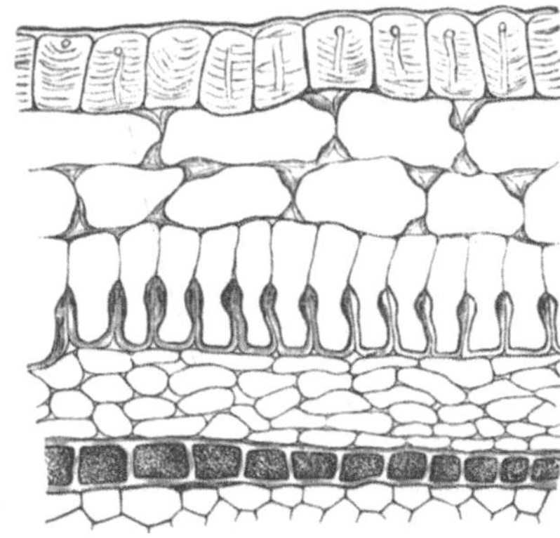

Abb. 211. Samenschale des weißen Senfs im Querschnitt (J. Moeller). *ep* Oberhaut, *se* Großzellen, *b* Palisaden oder Becherzellen, *p* Parenchym, *P* Aleuronschicht, *i* hyaline Schicht.

Die Samen sind fast kugelig, 2 bis 2,5 mm groß, gelblichweiß bis rötlichgelb, unter der Lupe feinkörnig, nicht genetzt. Sie enthalten das Glykosid Sinalbin, dessen Spaltungsprodukt sehr scharf schmeckt, aber nicht flüchtig ist.

A. Samenschale. Die Oberhaut (Abb. 211 und 212, *ep*) besteht aus polygonalen, isodiametrischen Schleimzellen (60—100 μ). In Wasser schichtet sich der Schleim um eine zentrale Höhle, die wie ein Strang erscheint. Sehr deutlich ist die konzentrische Schichtung in Flächenpräparaten zu sehen.

Eine meist zweifache Lage großer, in den Ecken kollenchymatisch verdickter Zellen (*se*) unter der Oberhaut ist für weißen Senf charakteristisch.

Am auffallendsten ist die dritte Zellschicht. Sie besteht aus 20—28 μ hohen, schmalen, farblosen, radial gestreckten, becherförmigen Sklereiden, deren Seitenwände im oberen Teil unverdickt sind (*b*). In der Flächenansicht sind sie polygonal (nach MOELLER etwa 15 μ, nach VUILLEMIN nur 4—10 μ, breit).

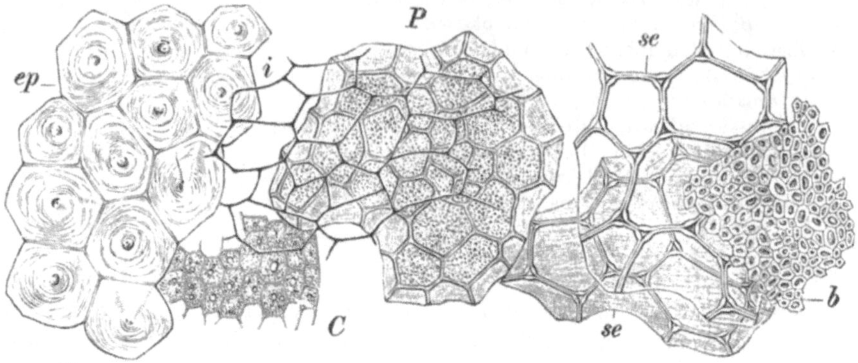

Abb. 212. Gewebe des weißen Senfs in der Flächenansicht (J. MOELLER). *C* Keimblattgewebe; die übrigen Buchstaben wie in Abb. 211.

Zwei oder mehr Lagen dünnwandigen Parenchyms (*p*) schließen die Samenschale nach innen ab. Die Zellen enthalten zum Unterschied von den braunen *Brassica*-Samen kein Pigment.

Das Endosperm ist mit der Samenschale so innig verwachsen, daß es für einen Teil derselben gehalten wurde. Es besteht aus Aleuronzellen (*P*) mit kugeligen oder rundlich-polygonalen, 1—4 μ großen Körnern und einer Schicht zusammengedrückter Zellen (*i*).

B. Keimling. Nicht nur die Palisaden, sondern alle Zellen des Mesophylls sind radial gestreckt. Sie enthalten Fett und Aleuron, im reifen Samen keine Stärke. Die Aleuronkörner enthalten mehrere kleine Globoide[1].

Produkte aus weißem (gelbem) Senf

(deutscher und englischer Gelbsenf usw.) sind an der hellen Farbe von solchen aus schwarzen und braunen Kruziferensamen zu unterscheiden. Die Samen des weißen indischen Rapses (*Brassica campestris* L. *var. Sarson* PRAIN), die mitunter zur Fälschung dienen, haben keine Kollenchymschicht unter der Oberhaut, und die Becherzellen sind größer.

Senfmehl wird entweder aus den ganzen Samen oder häufiger aus dem Preßrückstand bereitet. Obwohl die Samen zur Pressung geschält werden, finden sich im Kuchen doch immer genug Schalenbestandteile, um die Abstammung nachweisen zu können.

Die abfallenden Schalen werden zur Fälschung des Mostrichs und verschiedener Gewürze verwendet.

[1] Stellenweise finden sich in den Kotyledonen und im Würzelchen Zellen mit globoidfreien Aleuronkörnern. In mit Äther extrahierten Schnitten färben sie sich mit MILLONS Reagens in der Wärme karminrot, mit Jod goldgelb. Nach GUIGNARD und GRAM sind sie der Sitz des Myrosins und werden deshalb „Myrosinzellen" genannt.

Gelben Senf liefern nach VUILLEMIN außerdem folgende Arten:

Sinapis glauca ROXB. „weißer indischer Raps" (kommt auch mit braunen Samen vor). Größe 1,7—2 mm. Die Samenschale ist unter der Lupe glatt. Die Epidermis läßt einen zelligen Bau nicht erkennen (nicht schleimbildend). Die Großzellenschicht ist stark kollabiert; Sklereiden nahezu gleich hoch (18—22 μ), 8—18 μ breit, mit sehr stark und bis nahe an die Außenwand verdickten Seitenwänden; Aleuronschicht hier und da zweireihig. Die Samen bilden den Indischen Guzerat-Raps und Japanischen Raps.

Sinapis cernua THUNB. (kommt auch mit braunen Samen vor). Größe 1,5 mm. Die Samenschale zeigt unter der Lupe Maschenzeichnung. Epidermis und Großzellenschicht wie bei der vorigen Art. Sklereiden verschieden hoch (20—30 μ), 8—18 μ breit. Ihre Seitenwände tragen Ringleisten und erscheinen daher zackig. An Flächenbildern ist die Maschenzeichnung schwach, aber deutlich. Die Samen liefern den Japanischen und Chinesischen Senf.

Eruca sativa LAM. Rauke. Die Samen (1,4—1,5 mm) sind rötlichgelb bis dunkelgelb, etwas flach gedrückt, unter der Lupe glatt. Epidermiszellen 40—50 μ, stark quellbar, Schleim ähnlich wie bei *Sinapis alba* geschichtet, Großzellenschicht aus zwei beim reifen Samen kaum noch sichtbaren Reihen bestehend. Sklereiden gleich hoch (15—20 μ) und 10—20 μ breit mit stark verdickten, im oberen Teil unverdickten Seitenwänden. Die Oberhaut der Keimblätter enthält einen blauen, in Chloralhydrat mit blutroter Farbe löslichen Farbstoff. Die Samen liefern den Persischen Senf.

2. Schwarzer Senf.

Der schwarze oder braune Senf (*Brassica nigra* [L.] KOCH) wird in vielen Teilen Europas, Asiens und Amerikas kultiviert.

Die kugeligen, 1—1,5 mm großen Samen sind lichtbraun bis fast schwarz, unter der Lupe grubig genetzt. Sie enthalten das Glykosid Sinigrin, dessen Spaltungsprodukt das ätherische Senföl ist.

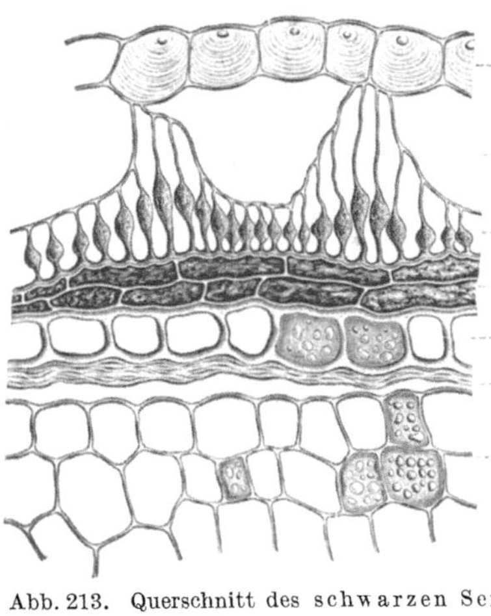

Abb. 213. Querschnitt des schwarzen Senfs (J. MOELLER).

Samenschale. Die Oberhaut (Abb. 213) gleicht der des weißen Senfs.

Unter ihr liegt eine einfache Reihe ungewöhnlich großer, dünnwandiger, in den Kanten nicht verdickter Zellen.

Die Becherzellen (*b*) sind schmäler (4—10 μ), ungleich hoch (15—40 μ) und derart angeordnet, daß sie Mulden bilden. In jede Mulde paßt eine der Großzellen der zweiten Schicht, und bei der Reife sinkt auch die Oberhaut in die Mulden, deren Ränder das netzige Relief der Samen bilden. Bei der mikroskopischen Beobachtung von Flächenpräparaten dringt durch die den Rand der Mulden bildenden hohen, becherförmigen Verdickungen weniger Licht als durch die den Boden der Mulden bildenden niedrigen Becher; es erscheint daher in der Aufsicht ein dunkles, großmaschiges Netz über dem gelben Mosaik der polygonalen Becherzellen (Abbildung 210 und 214). Bei günstiger Einstellung werden auch die oberen zarthäutigen Teile der Becherzellen sichtbar (Abbildung 215).

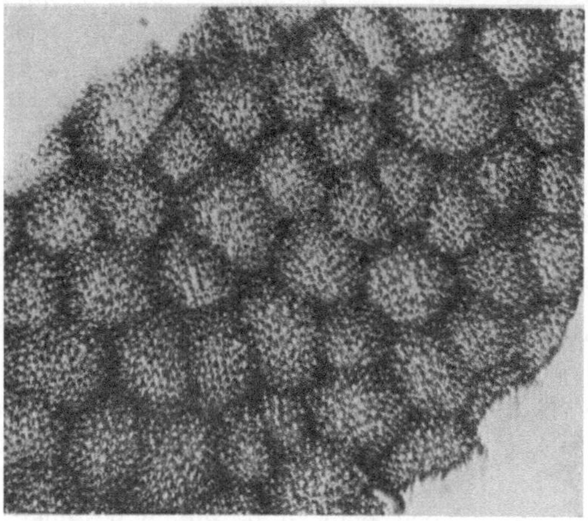

Abb. 214. Schale des schwarzen Senfs in der Flächenansicht 1 : 80 (Phot. C. GRIEBEL).

Die Parenchymschicht (Abb. 213 u. 216) enthält eine braune, mit Eisensalzen sich blau färbende Masse.

Nährgewebe und **Keimling** (Abb. 216) sind von weißem Senf nicht verschieden. Abb. 215 zeigt die Gewebe in der Flächenansicht.

Produkte aus braunem (schwarzem) Senf.

In Mostrich, der gewöhnlich aus einem Gemenge mehrerer Senfarten bereitet wird, kann der schwarze Senf an den schmäleren Becherzellen, an dem Schattennetz und an dem Mangel der kollenchymatischen Parenchymschicht erkannt werden.

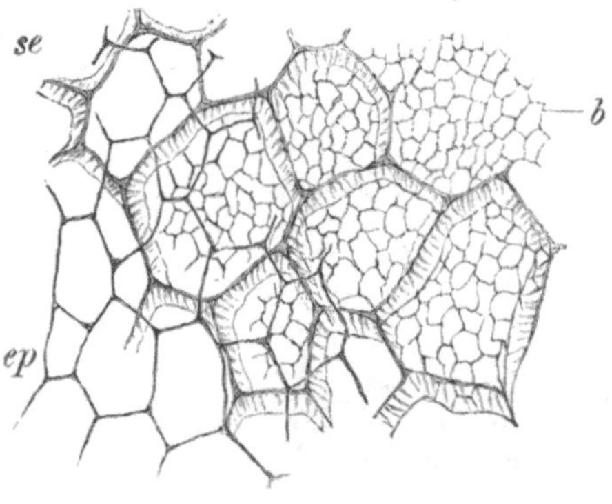

Abb. 215. Schale des schwarzen Senfs in der Aufsicht (J. MOELLER). *ep* Oberhaut, *se* Großzellen, *b* die oberen zarten Teile der Becherzellen.

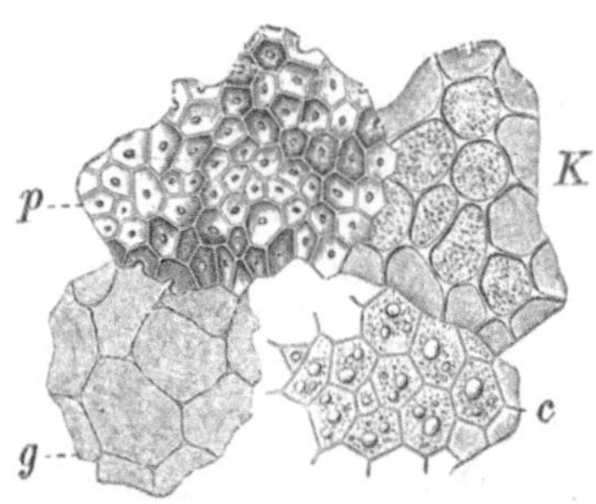

Abb. 216. Gewebe des schwarzen Senfs in der Flächenansicht (J. MOELLER). *p* Becherzellen in dem Schattennetz, *g* braunes Parenchym, *K* Aleuronschicht, *c* Keimblattgewebe.

Als Bestandteile von Braunsenf sind von VUILLEMIN noch folgende Arten beobachtet worden:

Brassica Besseriana ANDR., *B. juncea* HOCK fil. et THOMS., *Sinapis arvensis* L., *S. dichotoma* ROXB., *Brassica Napus* L. und *B. Rapa* L.

Sarepta-Senf.

In Rußland, hauptsächlich in der Umgebung von Sarepta, wird *Brassica Besseriana* ANDR. (*Sinapis juncea* L., *Br. juncea* CASS.) in großer Ausdehnung gebaut. Früher wurde diese Art mit der indischen *B. juncea* HOOK. fil. et THOMS. vereinigt, von der sie sich nach KINZEL durch die zellig gegliederte Schleimepidermis und die mehr länglichen Maschen der Netzzeichnung unterscheidet.

Die Samen sind etwas größer (1—1,8 mm) als schwarzer Senf und ebenso deutlich genetzt. Auch im anatomischen Bau sind sie sehr ähnlich; die Becherzellen sind etwas breiter (bis 20 μ) und die zweite Reihe der Großzellen weniger deutlich, meist ganz obliteriert. Findet sich nach KINZEL oft in russischem Leinkuchen.

Indischer Senf.

Die in Indien „Asi-rai" genannte Pflanze ist nach PRAIN und KINZEL, *Brassica juncea* HOOK. fil. et THOMS.

Die Samen sind feinnetzig. Die Epidermis ist nicht zellig gegliedert. Die Becherzellen sind verschieden hoch.

Der Ackersenf

(*Sinapis arvensis* L.) ist ein häufiges Unkraut der Alten und der Neuen Welt; seine Samen finden sich daher reichlich im Getreide, besonders im Weizen, auch im Lein (Leinkuchen). Nach T. F. HANAUSEK und A. L. WINTON finden sie im Westen der Union vielfach bei der Mostrichherstellung Verwendung.

Sie sind dunkelbraun, fast schwarz, 1—1,5 mm groß, matt, auch unter der Lupe nicht genetzt. Mikroskopisch unterscheiden sie sich besonders durch die Oberhaut und die Becherzellen von den ähnlichen Samen.

Die 40—75 μ großen Oberhautzellen haben eine deutlich gestreifte Schleimschicht, die in der Flächenansicht bei jeder Zelle als zartes Netz um eine zentrale Höhle erscheint. Die Maschen dieses Netzes sind so groß wie die Querschnitte der Becherzellen; sie sind aber weniger deutlich und verschwinden bei fortschreitender Quellung in Wasser.

Die Großzellen sind stark zusammengedrückt und als Zellen kaum erkennbar; nach GRAM bilden sie eine doppelte Reihe.

Die Becherzellen enthalten eine dunkelbraune Masse, die sich mit sauer reagierender Chloralhydratlösung schön rot färbt. Das Lumen der Sklereiden ist in der Aufsicht meist strichförmig.

Die Pigmentschicht besteht aus einer einfachen Zellreihe mit gelblichbraunem Inhalt.

In Mahlprodukten ist der Ackersenf an den Becherzellen am sichersten zu erkennen.

Die im Handel befindlichen Hederich- oder Ravisonkuchen bestehen nach BARNSTEIN der Hauptsache nach aus Ackersenf.

Schlitzblätteriger Senf

(*Sinapis dissecta* LAGASCA, mit hellen und dunklen Samen vorkommend) wird in Rußland kultiviert. Die Samen finden sich nach KINZEL häufig in russischem Leinkuchen, bisweilen zusammen mit *Br. Besseriana.* Sie sind 1,8 mm groß und lassen deutliche Maschenzeichnung erkennen. Epidermiszellen (40—60 μ) stark quellend, Großzellen in doppelter Schicht, in den Ecken kollenchymatisch, stark zusammengefallen. Sklereiden ungleich hoch (15—30 μ), 4—10 μ breit, im oberen Teil unverdickt. Pigmentschicht aus 2 Zellreihen bestehend. Die Samen liefern den „Gardalsenf".

3. Raps.

Raps oder Colza (*Brassica napus* L.) dient seit langem zur Gewinnung von Öl, das, früher ein wichtiges Leuchtmaterial, jetzt fast nur noch als Schmiermittel und zur Seifenfabrikation gebraucht wird. Die Preßkuchen finden als Futtermittel Verwendung. Raps wird fast in allen europäischen Ländern angebaut.

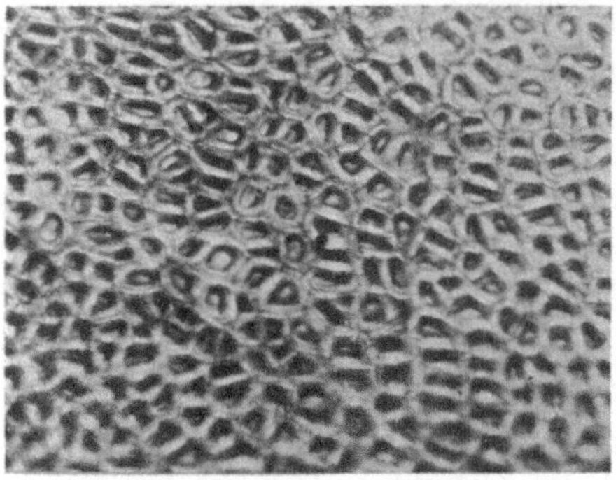

Abb. 217. Schale des Raps in der Flächenansicht 1 : 200 (Phot. C. GRIEBEL).

Die Samen sind kugelig, 1,5 bis 2,5 mm, dunkelbraun bis schwarz, matt, nicht genetzt. Dadurch unterscheidet sich Raps makroskopisch vom schwarzen Senf.

Im anatomischen Bau sind beide ebenfalls ähnlich, doch bilden die Oberhaut und das subepidermale Parenchym eine Membran mit undeutlicher Zellstruktur und ohne Schleimbildung. Die Becherzellen (Abb. 217) sind fast gleich hoch (25—30 μ) und breiter (8—20 μ) als beim schwarzen Senf. Die Verdickungen reichen bis zur oberen Zellwand. Ihr Lumen ist etwa so breit als die Dicke der umgebenden Wände.

4. Rübsen.

Rübsen (*Brassica Rapa* L.) dient wie Raps zur Ölgewinnung, und die Ölkuchen sind ein geschätztes Tierfutter. Die Samen beider Arten zeigen eine weitgehende Übereinstimmung.

Für beide sind die fast gleich hohen, großen Becherzellen charakteristisch. Die des Rübsen haben ein engeres, kreisförmiges Lumen, das meist viel kleiner ist als die Dicke der Zellwände. Außerdem ist beim Rübsen eine undeutliche Maschenzeichnung erkennbar.

5. Indischer Raps.

Indischer Raps, Indian Colza oder Sarson (*Brassica campestris* L. *var. Sarson* PRAIN) wurde als Fälschungsmittel für weißen Senf, dem die meisten Varietäten desselben sehr ähnlich sind, eingeführt. Nach KINZEL ist der „Guzerat-Raps" von WITTMACK (vgl. *Sinapis glauca*, S. 159) indischer Sarson.

Die Oberhaut ist nicht zellig, und die Großzellenschicht fehlt. Die Becherzellen scheinen regelmäßig breiter zu sein als im weißen Senf.

6. Brauner indischer Raps.

Sarson kommt mit weißen und braunen Samen vor. Der eigentliche braune Raps Indiens, Tori genannt, stammt von einer Varietät des gemeinen Rapses (*Br. Napus* L. *var. dichotoma* PRAIN).

Nach KINZEL bilden die Becherzellen ein deutliches, aber enges Netz, ihr Lumen ist gleich dem des Rapses. Auf Querschnitten zeigen die Oberhautzellen keine radialen Wände; die Aleuronschicht ist oft doppelt.

7. Palai-Raps.

In Indien wird *Brassica rugosa* Prain als Palai, Palangi oder Pahari-Rai kultiviert.

Die Samen sind braun und feingenetzt. Von allen indischen Arten unterscheiden sie sich nach Kinzel durch den zelligen Bau der Schleimoberhaut. Mit Schwefelsäure und Lauge behandelt (vgl. S. 154), werden die Becherzellen intensiver gelbbraun als bei anderen Arten.

8. Hederich.

Der Ackerrettich oder Hederich (*Raphanus raphanistrum* L.) ist ein verbreitetes Unkraut. Die Samen finden sich daher zuweilen in Kleien und Leinkuchen.

Die Samenschale ist in der Aufsicht hellbraun und läßt gestreckte Maschen erkennen. Die Palisaden erscheinen bei schwächerer Vergrößerung kaum abgegrenzt, ihr Lumen ist sehr klein. Die Oberhaut zeigt keine Schleimbildung.

In den Preßkuchen finden sich mitunter auch Teilchen der Gliederschote.

Abb. 218. Leindottersamen in natürlicher Größe und vergrößert (nach Nobbe).

9. Leindotter.

Der Leindotter oder falsche Flachs (*Camelina sativa* L.) wird in Deutschland und Holland, auch in anderen Ländern in geringem Umfang als Ölsaat gebaut. Da er ein Ackerunkraut ist, kommen seine Samen als Verunreinigung im Lein und Raps vor.

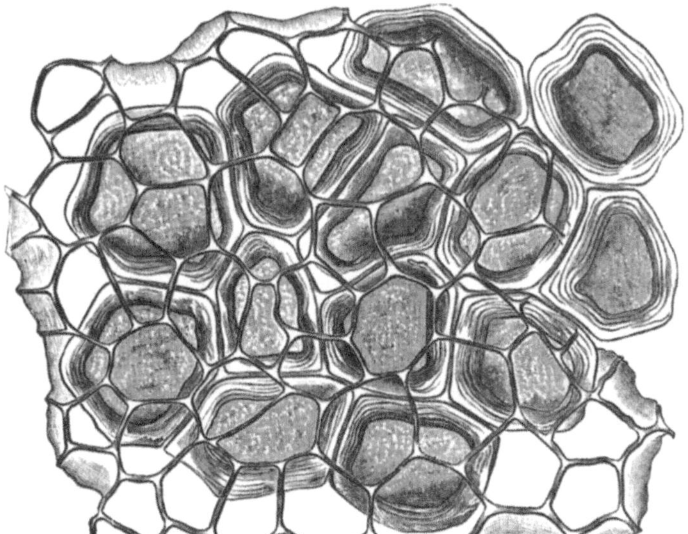

Abb. 219. Oberhaut und Becherzellen des Leindotters (J. Moeller).

Sie sind braun, 1,5 mm lang, halb so breit, feinkörnig, nicht genetzt. Das Würzelchen ist als longitudinale Rippe deutlich ausgeprägt (Abb. 218).

Die Oberhautzellen (Abb. 219) sind 50—80 μ groß, ausgezeichnet durch eine axiale Schleimsäule von etwa einem Drittel der Zellbreite.

Die Becherzellen scheinen durch die Oberhaut hindurch. Sie sind durchschnittlich 45 μ, höchstens 90 μ breit.

Das der Pigmentschicht anderer Kruziferensamen entsprechende Parenchym ist zusammengedrückt und nur nach Behandlung mit Quellungsmitteln erkennbar.

An den großen, niedrigen Becherzellen (Abb. 219) ist Leindotter in Ölkuchen leicht zu erkennen.

10. Heckensenf.

Heckensenf, auch Rauke (*Sisymbrium*-Arten) ist in Europa und Amerika als Unkraut verbreitet.

Die kleinen, braunen, unregelmäßig gestalteten Samen kommen im Ausreuter vor.

Die Oberhautzellen von *S. officinale* Scop. enthalten geschichteten Schleim, und die Becherzellen sind nur am Boden verdickt (Gram).

Die Samen von *S. Sophia* L. sind denen des Hirtentäschels sehr ähnlich, nur sind die Becherzellen nicht so breit (Gram).

11. Kresse.

Mehrere Kresse-Arten (*Lepidium sativum* L., *L. campestre* Br.) sind gemeine Unkräuter. Die kleinen, braunen, etwas abgeflachten und der ganzen Länge nach gefurchten Samen verunreinigen das Getreide und finden sich im Leinkuchen.

Die Schleimsäule der Oberhautzellen verbreitert sich am Ende, besonders wenn sie durch Quellung aus den geborstenen Zellen austritt. Die Becherzellen von *L. campestre* sind weitlumig und sehr hoch (Gram).

12. Hirtentäschel.

Das Hirtentäschel (*Capsella Bursa pastoris* Moench) ist ein gemeines Unkraut, dessen Samen das Getreide verunreinigen.

Die Samen gleichen in Form und Farbe dem Leindottersamen, sind aber nur halb so groß.

Auch im feineren Bau sind sie sehr ähnlich, aber die Schleimsäule im Hirtentäschel quillt selten aus den Oberhautzellen, und die Becherzellen sind nicht so breit, durchschnittlich 30 μ, höchstens 60 μ.

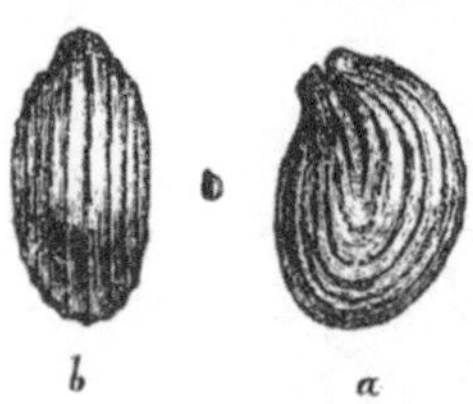

Abb. 220. Samen des Täschelkrautes in natürl. Größe u. vergr. (nach Nobbe).

13. Pfennigkraut.

Das Pfennigkraut (*Thlapsi arvense* L.) ist ein häufiges Unkraut, dessen Samen in Lein und Raps angetroffen werden.

Sie sind mohnkorngroß, hufeisenförmig gekrümmt und gerippt (Abb. 220).

Die Oberhaut und die Parenchymschicht bilden eine obliterierte Membran. Die Becherzellen sind ungleich hoch und sehr stark verdickt. Charakteristisch ist, daß die hohen Becherzellen reihenweise angeordnet sind, so daß die Flächenansicht derselben parallel gestreift erscheint.

B. Ölsamen aus verschiedenen Familien.

14. Leinsamen.

Lein oder Flachs (*Linum usitatissimum* L. — *Linaceae*) wird nicht nur als Faserpflanze, sondern auch der ölreichen Samen wegen angebaut, vorzüglich in Indien, Rußland, Ägypten und in den Vereinigten Staaten Amerikas.

Die Samen sind flach, länglich-eiförmig, am Grunde bespitzt, 4 bis 6 mm lang, glatt und glänzend, unter der Lupe undeutlich punktiert. Der indische Leinsamen ist gelb, sonst ist er braun. In Wasser umgibt er sich mit einer Schleimhülle. Der gerade Embryo hat ein kurzes Würzelchen und zwei lange, flache Kotyledonen und ist in Endosperm eingebettet (Abb. 30).

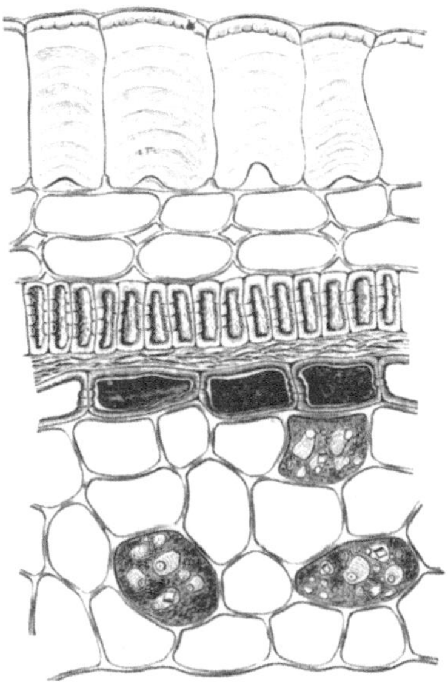

Abb. 221. Leinsamenschale im Querschnitt (J. MOELLER).

Zum Schneiden werden die Samen trocken in Paraffin gebettet. Die Schnitte werden zuerst mit Äther und Alkohol extrahiert, dann in Glyzerin gebracht.

A. Samenschale. 1. Die Oberhaut (Abb. 221 und 222, *p*) besteht aus polygonalen, mit farbloser, feinkörniger Kutikula bedeckten Zellen. Läßt man Wasser vom Rande des Deckglases zufließen, kann man sehen, wie die dicke Außenwand schichtenweise aufquillt und die Kutikula gesprengt wird.

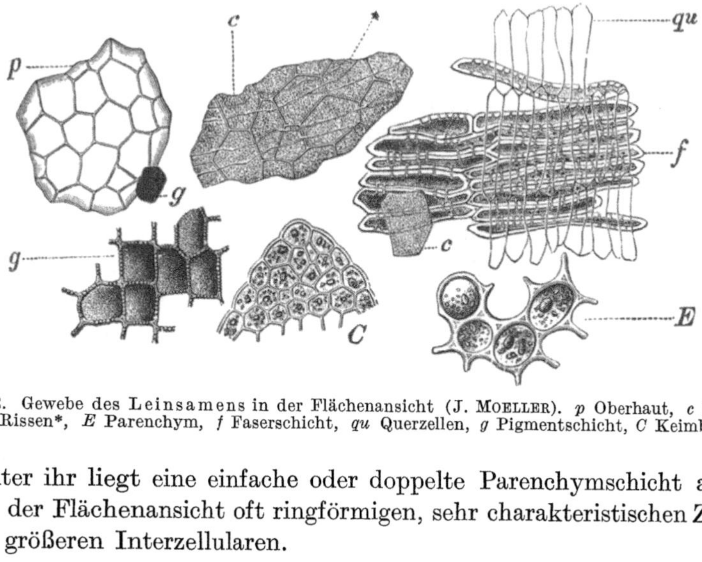

Abb. 222. Gewebe des Leinsamens in der Flächenansicht (J. MOELLER). *p* Oberhaut, *c* Kutikula mit Rissen*, *E* Parenchym, *f* Faserschicht, *qu* Querzellen, *g* Pigmentschicht, *C* Keimblatt.

2. Unter ihr liegt eine einfache oder doppelte Parenchymschicht aus rundlichen, in der Flächenansicht oft ringförmigen, sehr charakteristischen Zellen (*E*), z. T. mit größeren Interzellularen.

3. Faserschicht. Am Querschnitt (Abb. 221) erscheint sie als einfache Reihe schmaler oder fast quadratischer gelber, stark verdickter und dicht getüpfelter Zellen. Flächenansichten (Abb. 222, *f*) belehren, daß diese Zellen lange (250 μ), durchweg longitudinal gereihte Fasern sind. Sie werden gekreuzt von

4. Querzellen (*qu*), die sehr zart und oft nur als Querstreifung der Faserschicht erkennbar sind.

5. Die Pigmentschicht, auf Querschnitten (Abb. 221) eine einfache Reihe fast quadratischer, sehr fein getüpfelter Zellen mit kompaktem braunen Inhalt, bildet den inneren Abschluß der Samenschale. In der Flächenansicht (Abb. 222, *g*) sind die Zellen unregelmäßig, polygonal, und ihr Inhalt ist oft in Form gerundetpolygonaler Täfelchen herausgefallen. Diese sind in Wasser, Alkohol, Äther und Lauge unlöslich; durch Eisensalze werden sie blau gefärbt.

6. Das Endosperm (Abb. 221) ist als 2—6reihige, farblose Schicht mit der Samenschale verwachsen. Die Zellen sind dickwandiger als die des Embryos. Sie enthalten Fett und gekrümmte Aleuronkörner, die je ein Globoid und ein undeutliches Kristalloid einschließen.

B. Kotyledonen (*C*). Sie enthalten nebst vielen kleinen auch große, bis 20 μ lange Aleuronkörner mit einem Globoid im schmalen und einem Kristalloid im breiten Ende.

Leinsamenprodukte.

Die gemahlenen Ölkuchen sind als Tierfutter sehr geschätzt und finden als Leinmehl auch pharmazeutische Verwendung. Das auffallendste mikroskopische Kennzeichen sind die Pigmenttäfelchen; aber auch andere Schalenbestandteile, die nach Aufhellung mit Lauge oder Chloralhydrat meist mehrere Schichten erkennen lassen, sind sehr charakteristisch. Stärke (von unreifen Samen herrührend) darf nur in sehr kleiner Menge vorkommen.

Leinkuchenmehl ist oft mit anderen, wohlfeileren Ölkuchenmehlen verfälscht (Barnstein nennt Raps, Leindotter, Hanf, Mowrah, Perilla, Sesam, Olivenkerne, außerdem Reisfuttermehl, Kleie, Erdnußhülsen, Reisspelzen, Hirsespelzen, Kartoffelpülpe, Kaffee- und Kakaoschalen und andere), andererseits dient es selbst zur Fälschung von Gewürzpulvern. Von Verunreinigungen sind noch zu nennen Hellerkraut, Senfarten, Knöterich, Melde, Spörgel, Solameen, Labkraut, Wegerich, Leinlolch[1], Fennich und andere.

Viele Tier-Nährpräparate enthalten Leinölkuchen.

15. Baumwollsamen.

Aus Indien, ihrer Heimat, hat die Kultur der Baumwolle (*Gossypium*-Arten — *Malvaceae*) sich über Nordafrika, die Südstaaten der Vereinigten Staaten Nordamerikas, Brasilien und andere warme Gebiete ausgebreitet.

Die in einer aufspringenden Kapselfrucht eingeschlossenen Samen sind dicht mit zarter, weißer, bis 5 cm langer Wolle bedeckt, die nicht leicht entfernt werden kann. Von Wolle ganz befreit, ist der Same länglich (6—12 mm), kantig, zugespitzt, schwarz oder dunkelbraun. Nabel und Mikropyle liegen am spitzen,

[1] Der Leinlolch (vgl. S. 97) ist vielleicht die Ursache der durch Leinkuchen bei Tieren, durch Leinöl bei Menschen beobachteten Vergiftungserscheinungen.

die Chalaza am stumpfen Ende; die sie verbindende Raphe ist deutlich als Rippe erkennbar. Die Schale und ein aus Perisperm und Endosperm bestehendes, dünnes Häutchen umgibt den massigen Embryo, dessen eingerollte Kotyledonen auf Durchschnitten von Sekreträumen schwarzbraun punktiert erscheinen (Abb. 223).

A. Samenschale. Sie ist 0,3 mm dick und löst sich leicht ab.

1. Die Oberhaut (Abb. 224 und 225, *ep*) wird von Zellen mit dunkelbraunem Inhalt gebildet. In der Flächenansicht sind sie unregelmäßig geformt, 10—60 μ groß und bilden um die Haare Rosetten. Die Baumwollhaare (*h*) sind gedreht und unterscheiden sich dadurch von allen anderen Textilfasern.

2. Äußere braune Haut (*br*) aus 2—3 Reihen dünnwandiger, oft zusammengedrückter Zellen mit braunem Inhalt.

3. Farblose Schicht (*w*) aus kleinen Zellen mit scharf gezeichneten Wänden. Gelegentlich enthalten sie Oxalatkristalle.

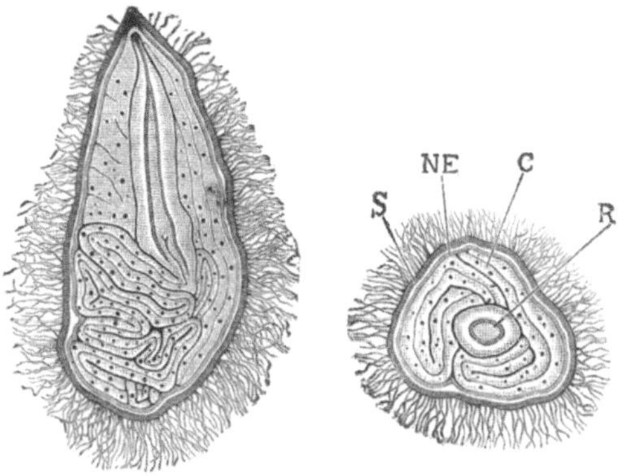

Abb. 223. Baumwollsamen im Längs- und Querschnitt (A. L. WINTON). *S* Schale, *NE* Nährgewebe, *C* Keimblätter, *R* Würzelchen.

4. Palisadenschicht (*pal*) von halber Schalendicke. Die Zellen sind gegen 150 μ lang, 8—20 μ breit, im äußeren Drittel mit farblosen, innen mit gelblichbraunen Wänden. Der äußere Teil besitzt ein enges, nach unten verbreitertes Lumen mit brauner Inhaltsmasse.

5. Die innere braune Haut sondert sich in drei Schichten (*a*, *b*, *c*) aus parenchymatischem Gewebe, das im mittleren Teil als Schwammparenchym ausgebildet ist.

B. Nährgewebe. Das aus einer einzigen Zellenlage bestehende Perisperm bildet mit dem gleichfalls einreihigen Endosperm ein dünnes Häutchen (*N* und *E*). Die Perispermzellen sind farblos und haben „gefranste" Wände; die mäßig verdickten Endospermzellen enthalten kleine Aleuronkörner.

C. Embryo. An der abgeschabten Oberhaut (Abb. 224, *aep*) sind unentwickelte Spaltöffnungen (sto^2) und kleine ovale Härchen (h^2) erkennbar.

Im Mesophyll enthalten einzelne Zellen Kristalldrusen (*k*), die meisten sind von Fett und Aleuron (*al*) erfüllt. Außerdem finden sich zahlreiche rundliche Sekretbehälter mit grünlichschwarzem Inhalt, der sich in konzentrierter Schwefelsäure mit blutroter Farbe löst.

Baumwollsaatmehl.

In den meisten Baumwollgebieten, außer in den Vereinigten Staaten, ist es üblich, das Öl aus den ungeschälten Samen zu pressen. Die so erhaltenen Ölkuchen enthalten daher reichlich Schalenbestandteile mit den charakteristischen Oberhaut- und Palisadenzellen.

Die amerikanischen Baumwollsamenkuchen sind arm an Schalenteilen; sie werden aber nicht selten mit gemahlenen Schalen verfälscht. Auch Reisschalen, Kapoksamenmehl und Sonnenblumensaatrückstände (s. d.) sind im Baumwollsaatmehl schon beobachtet worden.

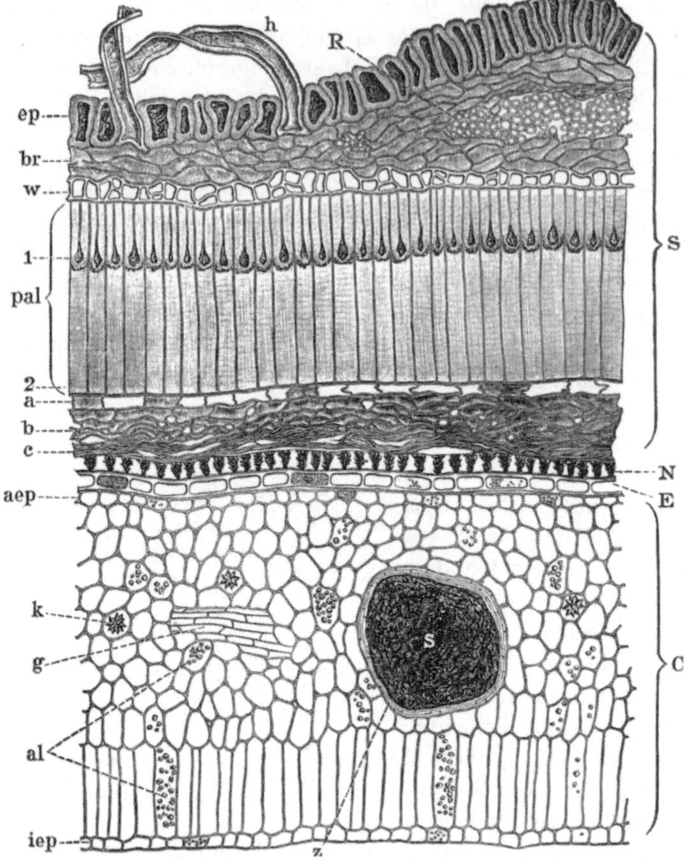

Abb. 224. Querschnitt des Baumwollsamens (A. L. WINTON). *S* Samenschale, *N* Perisperm, *E* Endosperm, *C* Keimblatt. Die Erklärung der anderen Buchstaben siehe im Text.

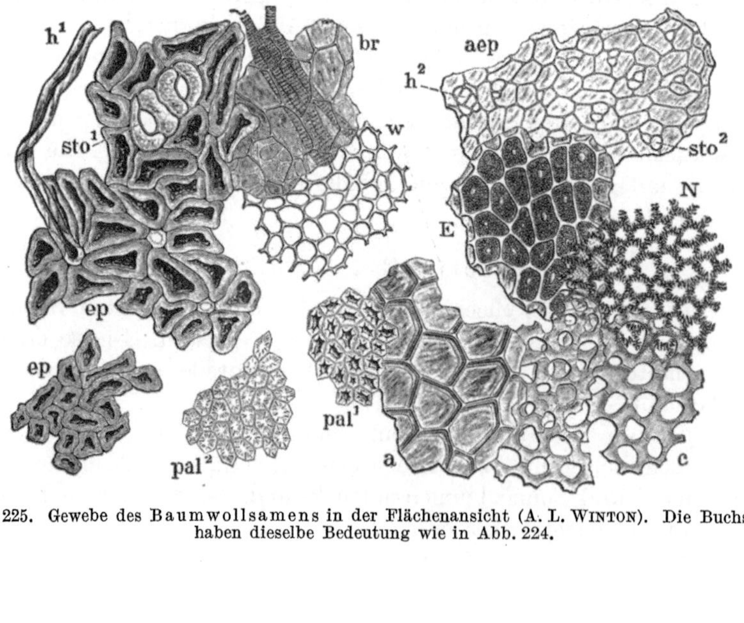

Abb. 225. Gewebe des Baumwollsamens in der Flächenansicht (A. L. WINTON). Die Buchstaben haben dieselbe Bedeutung wie in Abb. 224.

16. Kapok.

Mehrere tropische Bäume aus der Familie der *Bombaceae* tragen Kapseln, die dicht mit glanzlosen, weichen Haaren angefüllt sind. Diese Haare sind keine Samenhaare, sondern sitzen auf der Fruchtwand. Sie sind zum Verspinnen zu spröde aber als Polstermaterial (vegetabilische Wolle) gut geeignet. Einer dieser Kapok-Bäume (*Eriodendron anfractuosum* D. C.) hat Samen, die von den Eingeborenen gegessen werden. Auch preßt man aus ihnen Öl. Die Preßkuchen dienen als Futtermittel.

Die Samen sind etwa erbsengroß und haben einen dicken, die Chalaza bedeckenden Nabelstrang. Die Kotyledonen sind ähnlich gefaltet wie die der Baumwollsamen, aber sie haben keine Sekreträume.

An der Samenschale unterscheidet man wie beim Baumwollsamen 5 Schichten, von denen aber nur die Epidermis eine wesentlich verschiedene Ausbildung zeigt. Sie ist beim Kapok zartwandig und ohne Wollhaare.

Kapokkuchenmehl

unterscheidet sich vom Baumwollsaatmehl durch das Fehlen der Fasern (Haare) und die dünnen, nach der Bleichung fast perlschnurartig erscheinenden Wände der Epidermiszellen, die in Gemengen beider Futtermittel als Erkennungsmerkmal dienen.

17. Hanf.

Der Hanf (*Cannabis sativa* L. — *Urticaceae*) wird als Faserpflanze und der ölreichen Samen wegen angebaut. Was im Verkehr „Hanfsamen" genannt wird, ist die Frucht (Abb. 226). Sie ist zweirippig und hat die Form eines etwas abgeflachten Ellipsoides. Ihre grünlichbraune Oberfläche ist zart weißgeädert (*II*). Mitunter steckt das Nüßchen noch in seinem hüllenartigen Deckblatt (*I*). Zerbricht man die spröde Schale, so stößt man auf den grünlichen Samen. Ein longitudinaler Durchschnitt zeigt den dicken, gekrümmten Embryo (*III*, *C* und *R*) in spärliches Endosperm (*E*) eingebettet.

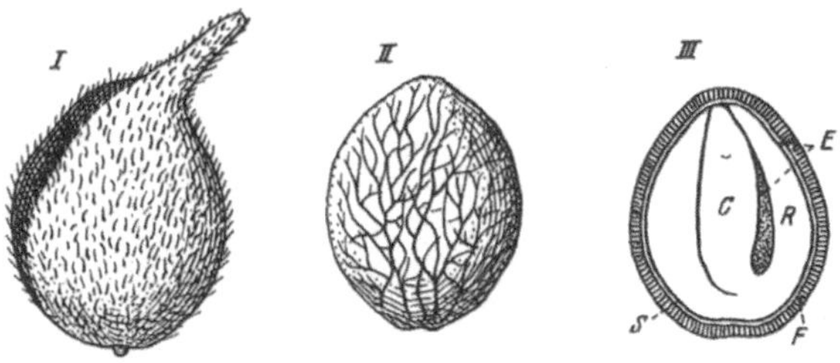

Abb. 226. Hanf (nach A. L. WINTON). I Frucht und Hülle, II nackte Frucht, III Frucht im Längsschnitt. *S* Samenschale, *E* Nährgewebe, *C* Keimblätter, *R* Würzelchen, *F* Frucht- und Samenschale.

A. Fruchthülle. Sie hat den gleichen Bau wie die Blätter.

Die Oberhaut aus kleinen polygonalen Zellen trägt zweierlei Haarformen: Drüsenzotten und Zystolithenhaare (Abbildung 227).

Die Drüsenzotten (*d*) tragen Scheibendrüsen auf dickem, vielzelligem Stiel; die Scheibendrüsen sind denen der Labiaten ähnlich (vgl. Abschn. VI, B. 7), aber die sie zusammensetzenden Zellen sind nicht regelmäßig rosettig angeordnet, sondern erinnern in der Aufsicht an den Rücken einer Schildkröte. Die Zystolithenhaare (*h*) sind einzellig, oft retortenförmig gekrümmt, scharf zugespitzt, in der aufgetriebenen Basis einen traubenförmigen, von kohlensaurem Kalk inkrustierten Körper (*cy*) tragend. Sie erreichen oft 0,5, sogar 1,0 mm Länge; ihre Wände sind gegen die Spitze zu sehr stark verdickt.

Das Mesophyll (Abb. 227, *mes*) enthält Kristalldrusen. Die Leitbündel sind von dünnen, braunen Sekretschläuchen begleitet.

Die innere Oberhaut (*iep*) hat gewellte Zellen, Spaltöffnungen und kleine Zystolithenhaare.

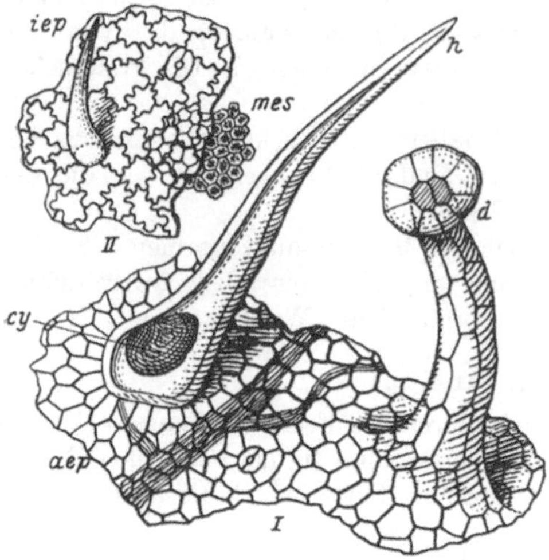

Abb. 227. Hüllblattgewebe des Hanfes (nach A. L. WINTON). I Oberseite mit der Epidermis *aep*, einer Drüsenzotte *d* und einem Zystolithenhaar *h*. II Unterseite mit der Epidermis *iep* u. dem Chlorophyllgewebe *mes*.

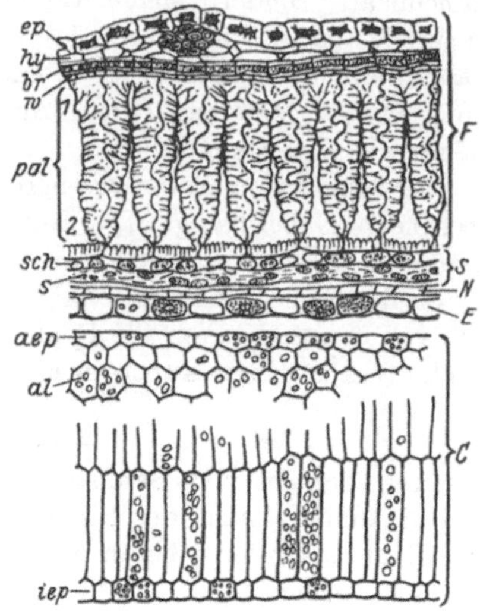

Abb. 228. Hanf im Querschnitt (nach A. L. WINTON). *F* Fruchtschale, *S* Samenschale, *N* Perisperm, *E* Endosperm, *C* Keimblatt. Die übrigen Buchstaben siehe im Text.

B. Fruchtschale. Am Querschnitt (Abb. 228) unterscheidet man fünf Schichten.

1. Die Oberhautzellen (*ep*) sind stark verdickt, getüpfelt, in der Flächenansicht (Abb. 229) wellig-buchtig.

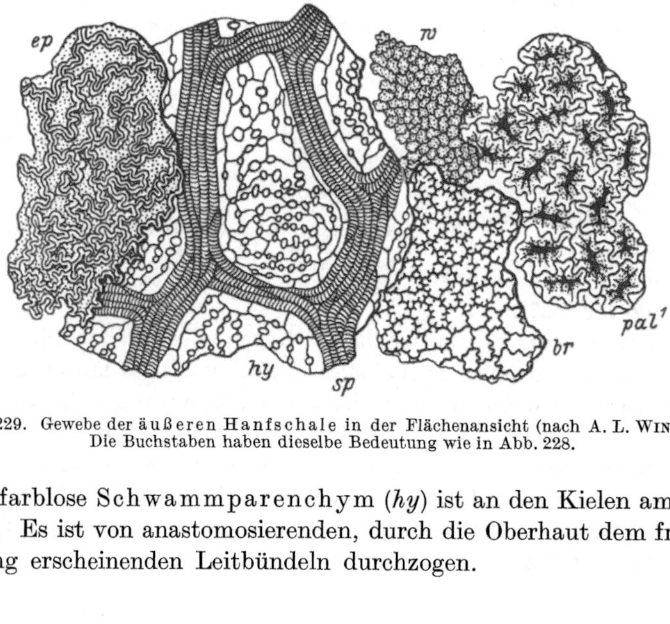

Abb. 229. Gewebe der äußeren Hanfschale in der Flächenansicht (nach A. L. WINTON). Die Buchstaben haben dieselbe Bedeutung wie in Abb. 228.

2. Das farblose Schwammparenchym (*hy*) ist an den Kielen am stärksten entwickelt. Es ist von anastomosierenden, durch die Oberhaut dem freien Auge als Aderung erscheinenden Leitbündeln durchzogen.

3. Braune Zellen (Abb. 228 und 229, *br*). Sie werden durch Erwärmen in Lauge deutlich. Die Zellwände bilden eigentümliche, in das Lumen ragende Leisten und Zacken. Der braune Inhaltsstoff bildet Klümpchen.

4. Zwergzellen (*w*), ungewöhnlich klein, farblos, porös.

5. Eine Palisadenschicht (*pal*), die aus eigentümlichen, oft 100 μ langen Zellen besteht. Die mächtige Verdickung ihrer Seiten- und Außenwände macht auf Querschnitten (Abb. 228) den Eindruck, als wäre die Membran gequollen. Die Innenwand ist verhältnismäßig schwach verdickt, getüpfelt. In der Flächenansicht (Abb. 229 u. 230) zeigen die Palisaden wellige Ränder.

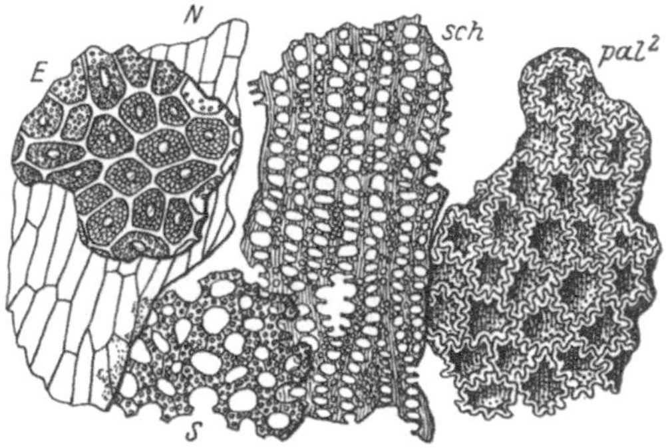

Abb. 230. Gewebe der inneren Hanfschale in der Flächenansicht (nach A. L. WINTON). Die Buchstaben haben dieselbe Bedeutung wie in Abb. 228.

C. Samenschale. (Abb. 228, *S*). Sie besteht aus einer äußeren Schicht schlauchförmiger Zellen (Abb. 230, *sch*) und aus einem typischen Schwammparenchym (Abb. 230, *S*).

D. Nährgewebe. Das den Embryo einhüllende Häutchen kann durch Behandlung mit 1% iger Natronlauge in zwei Schichten getrennt werden. Die äußere (Abb. 230, *N*) aus longitudinal gestreckten Zellen ist das Perisperm; die innere (*E*) ist eine Aleuronschicht.

E. Embryo. Die Kotyledonen (Abb. 228, *C*) haben eine doppelte Palisadenschicht. Außer Fett führen sie Aleuron. Die Körner sind bis 8 μ groß, rundlich oder eiförmig, ein Kristalloid und ein Globoid enthaltend.

Im

Hanfkuchenmehl

fallen besonders die etwa sternförmigen, porösen Oberhautzellen und die Palisaden der Fruchtschale auf, da Hanf ungeschält gepreßt wird. Vor dem Auspressen werden die Früchte erwärmt, was in Rußland gewöhnlich über freiem Feuer geschieht. Daher enthalten russische Hanfkuchen häufig verkohlte Bestandteile (BARNSTEIN).

18. Sesam.

Der gemeine Sesam (*Sesamum indicum* L. — *Pedaleaceae*) ist seiner ölreichen Samen wegen eine der wichtigsten Kulturpflanzen Indiens, Chinas, Kleinasiens, Ägyptens, Ostafrikas und der wärmeren Gebiete Nord- und Südamerikas.

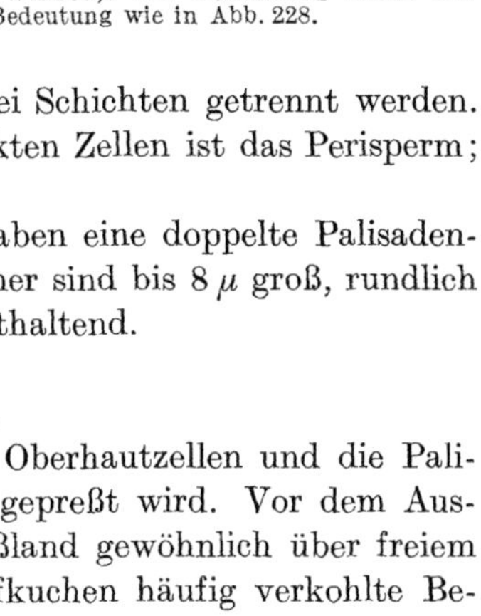

Abb. 231. Sesam, Flächenansicht und Querschnitt, 8fach vergr. (A. L. WINTON). *S* Samenschale mit der Rippe 1 und der Raphe *R*, *E* Nährgewebe, *C* Keimling.

Die flachen, birnförmigen Samen (Abb. 231) sind 2—3 mm lang, weiß oder braun. In der Mitte einer der flachen Seiten verläuft die Raphe (*R*), und am Rande ist jede Seite undeutlich gerippt (*1*). Das Endosperm (*E*) ist ungefähr halb so dick wie das Keimblatt (*C*).

Die Oberhaut der Samenschale (Abb. 232 und 233, *ep*) ist kollabiert; ihre radial gestreckten Zellen zeigen aber nach Behandlung mit Lauge ihre normale Form. An den Rippen sind die Oberhautzellen leer, wie eine Federfahne angeordnet. An anderen Teilen sind sie parallel gereiht und enthalten außen je einen Sphärokristall aus Kalziumoxalat, anscheinend in einer zarten Hülle. In der Flächenansicht sind die Kristallzellen isodiametrisch-polygonal (Abb. 233, *ep*), die Zellen der Rippen gestreckt.

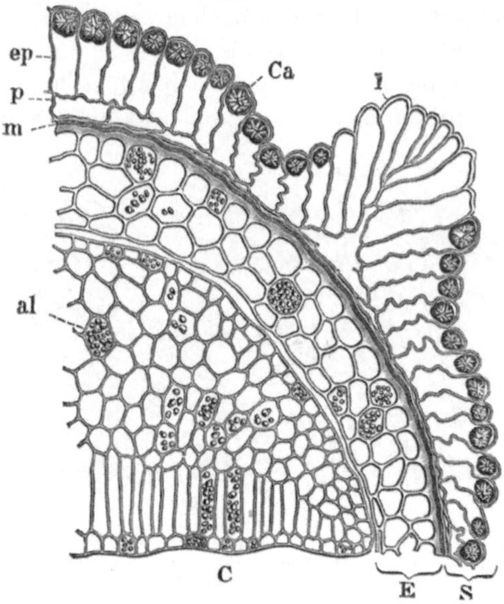

Abb. 232. Sesam im Querschnitt (A. L. WINTON). *S* Samenschale, *E* Nährgewebe, *C* Keimling. Die Erklärung der anderen Buchstaben siehe im Text.

Unter der Oberhaut liegt eine dünne, erst nach Laugenbehandlung in ihrer zelligen Struktur erkennbare Parenchymschicht (Abbildung 232, *p*) und eine gelbe Membran (*m*).

Das Endosperm (*E*) ist an den Flachseiten 3—5, an den Rändern nur 2 Zellenreihen stark. Die Außenwand ist stark verdickt. Der Inhalt besteht aus Fett und Aleuronkörnern (2—6 μ).

Der Embryo (*C*) führt dieselben Inhaltsstoffe. Die Aleuronkörner sind jedoch größer (bis 10 μ) und enthalten entweder ein Kristalloid oder ein Globoid.

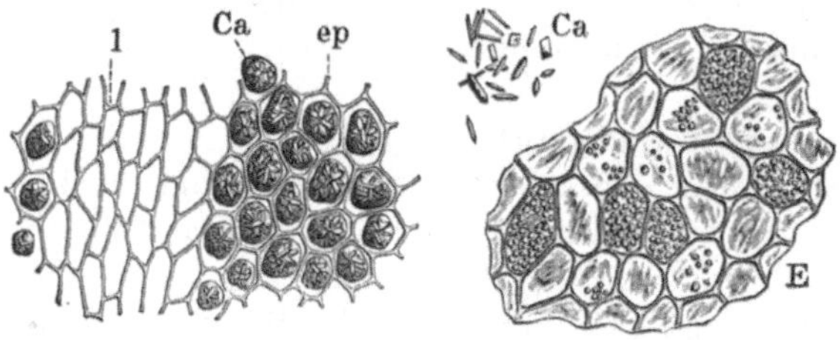

Abb. 233. Sesamgewebe in der Flächenansicht A. L. WINTON).

Sesamkuchen sind ein beliebtes Futtermittel. Charakteristisch sind die Oberhautzellen der Samenschale, die beim schwarzen Sesam außerdem noch schwarze Pigmentkörner enthalten. Bei *S. radiatum* SCHUM. et THONN., dessen Samen sich öfter in den Preßkuchen finden, sind die Epidermiszellen stark verdickt, und die Kristallmassen liegen an ihrer Innenseite. Sesamkuchen werden zuweilen durch Mohnsamenrückstände verfälscht (BARNSTEIN) und zum Verfälschen von Leinkuchen verwendet.

19. Mohn.

Der im Orient heimische Mohn (*Papaver somniferum* L. — *Papaveraceae*) wird jetzt überall kultiviert, und zwar die Varietät mit weißen Samen hauptsächlich zur Opiumgewinnung, die mit schwarzen, graublauen oder braunen Samen zur Ölgewinnung. Die Preßkuchen dienen als Viehfutter. Die zerriebenen Samen werden zur Bereitung von Speisen, die ganzen zum Bestreuen von Backwaren verwendet.

Die Samen sind nierenförmig, bis 1,4 mm groß. Nabel und Chalaza liegen, durch den kurzen Nabelstrang verbunden, an der konkaven Seite, der Nabel dem schmäleren Ende zu. Die Oberfläche erscheint unter der Lupe schön genetzt (Abb. 234, *I*). Der Embryo (*II*) ist in massiges Endosperm eingebettet.

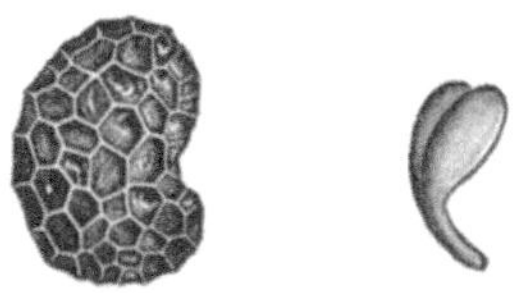

Abb. 234. Mohnsamen (A. L. WINTON); I Lupenbild, II Keimling.

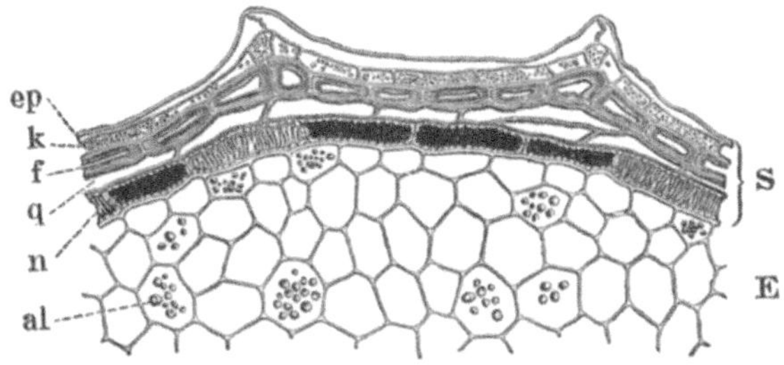

Abb. 235. Querschnitt des Mohnsamens (A. L. WINTON). *S* Samenschale mit der Oberhaut *ep*, der Kristallschicht *k*, der Faserschicht *f*, den Querzellen *q* und den Netzzellen *n*. *E* Nährgewebe mit Aleuron *al*.

A. An der **Samenschale** unterscheidet man 5 Schichten:

1. Die Oberhautzellen (Abb. 235 und 236, *ep*) sind polygonal und enorm groß, dem Netzwerk der Oberfläche (Abb. 234, *I*) entsprechend. Wie Querschnitte zeigen (Abb. 235), sind sie kollabiert. Das auf Flächenpräparaten auffallende dicke Maschenwerk wird nicht von den Oberhautzellen, sondern von einer tieferen, der dritten Zellschicht gebildet.

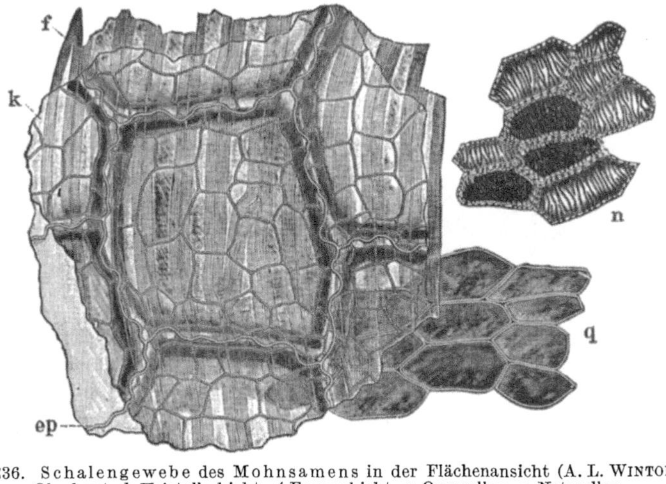

Abb. 236. Schalengewebe des Mohnsamens in der Flächenansicht (A. L. WINTON). *ep* Oberhaut, *k* Kristallschicht, *f* Faserschicht, *q* Querzellen, *n* Netzzellen.

2. Kristallschicht (*k*). Eine Lage dünnwandiger, polygonaler Zellen mit Kristallsand.

3. Faserschicht (*f*). Die 15—40 μ dicken Fasern sind der Längsachse des Samens parallel gereiht. Sie verursachen, wie schon bemerkt, das netzige Relief der Samenoberfläche.

4. Querzellen (*q*), mäßig verdickt, braun, zugespitzt, kreuzen die Fasern.

5. Netzzellen (*n*). Sie sind wie die Querzellen angeordnet und enthalten eine dunkelbraune Masse, die in Alkalien unlöslich ist und auf Gerbstoff nicht reagiert. In den weißen Samen fehlt dieser Zellinhalt.

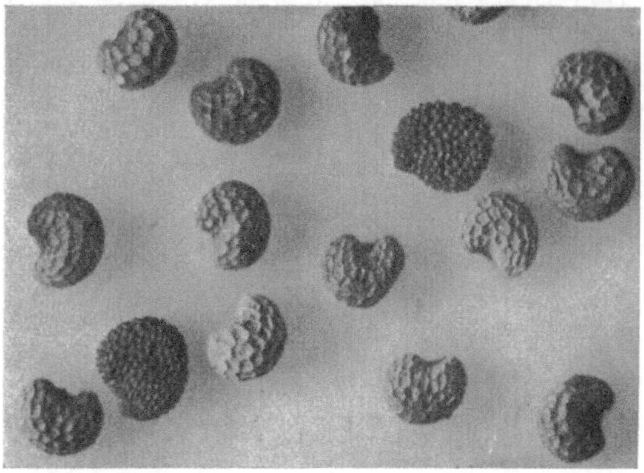

Abb. 237. Mohn mit Bilsenkrautsamen 1:12 (Phot. C. GRIEBEL).

In der Nähe des Nabels ist innerhalb der Netzzellen noch eine zartzellige Schicht (Rest des Nährgewebes?) erkennbar.

B. Samenkern. Endosperm und Embryo enthalten Aleuronkörner (3—7 μ) mit mehreren Globoiden und Kristalloiden.

Durch den Genuß von dunkelsamigem russischem Mohn, der mit Bilsenkrautsamen (vom einjährigen *Hyoscyamus agrestis* KIT. — *Solanaceae*) verunreinigt war, sind wiederholt erhebliche Erkrankungen verursacht worden. Die gelbbraunen Bilsenkrautsamen sind etwas größer als die Mohnsamen und daher im unzerkleinerten Zustand ziemlich leicht aufzufinden.

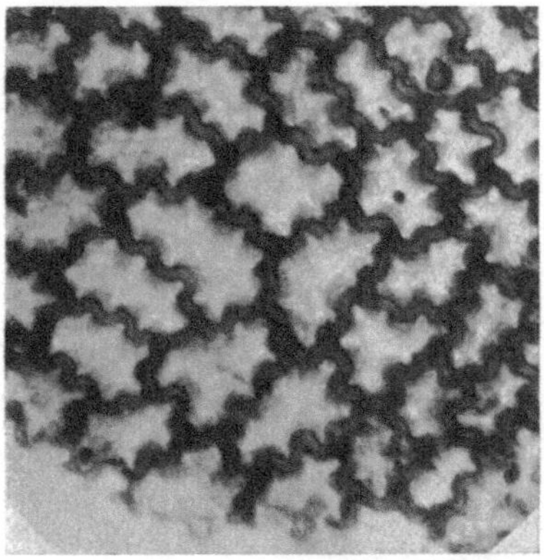

Abb. 238. Oberhaut des Bilsenkrautsamens in der Flächenansicht 1:140 (Phot. C. GRIEBEL).

Während die Mohnsamen von einem erhabenen Leistennetz bedeckt sind, zeigen die Bilsenkrautsamen dichtstehende grubige Vertiefungen (Abb. 237). Im zerkleinerten Zustand fallen die charakteristischen Testaepidermiszellen mit wellig gebogenen Seitenwänden auf (Abb. 238).

Mehrere Mohnarten kommen bei uns als Getreideunkräuter vor. Ihre Samen finden sich daher zuweilen im Ausreuter. Sie unterscheiden sich nur wenig von *Papaver somniferum*. Nach GREGER sind die Zellen des Netzwerkes bei *P. dubium* nur zum Teil polygonal, im übrigen rechteckig und an den Seiten meist schwach gewellt, bei *P. Rhoeas* nur langgestreckt (im Mittel 65 μ breit, 240 μ lang) und wellig-buchtig, seltener sägezahnartig begrenzt, bei *P. Argemone* wie bei *P. Rhoeas*, nur etwas kleiner (im Mittel 175 μ lang).

Mohnkuchenmehl.

Für Mohnkuchenmehl aus dunkelfarbigen Samen sind besonders die pigmentierten Netzzellen kennzeichnend, während im Mehl aus hellen Samen das Maschennetz deutlicher hervortritt. Die größeren Aleuronkörner machen im Umriß häufig den Eindruck eines gerundeten, fast gleichseitigen Sechseckes.

20. Perilla.

Perilla ocimoides L. (*Labiatae*) wird in China, Japan und Indien angebaut und liefert ein dem Leinöl ähnliches Öl. Die Preßrückstände kommen bei uns gelegentlich als Futtermittel in den Handel. Sie sind in Aussehen und Geruch dem Leinkuchen ähnlich.

Die Früchte sind ovale bis rundliche, etwa 2,5 mm lange Nüßchen. Das graue Perikarp ist von einem braunen Adernetz umzogen. Der Same hat eine dünne Schale, die die beiden Kotyledonen umschließt.

Die Fruchtschale besteht aus 4 Schichten. Die Epidermis setzt sich aus welligen, papillösen und mit Kutikularstreifung versehenen Zellen zusammen. In dem darunterliegenden Parenchym verlaufen die Leitbündel, die an der Frucht als Adernetz in Erscheinung treten. Die hierauf folgende Hartschicht besteht aus einer Lage annähernd kubischer, sehr dickwandiger getüpfelter Sklereiden. Die innere Oberhaut des Perikarps ist aus kurzen Sklerenchymfasern gebildet.

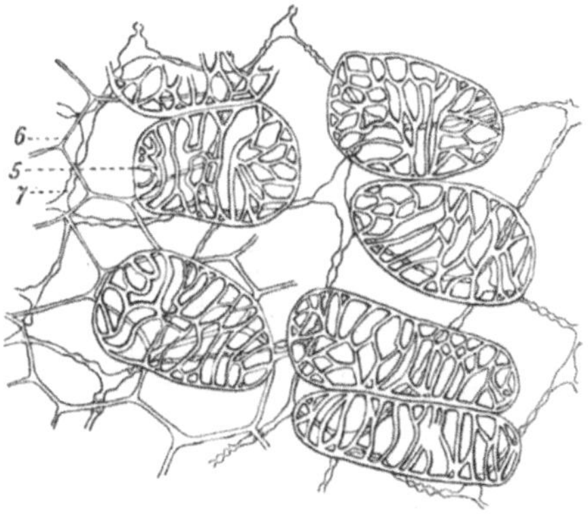

Abb. 239. Samenhaut der Perilla in der Flächenansicht 1 : 300 (Bredemann).

Sehr charakteristisch ist die äußerste Schicht der dünnen, farblosen Samenhaut. Sie besteht aus großen (40—100 μ) flachen, eigenartig netzig verdickten Zellen (Abb. 239), die nur in der Gegend des Nabels lückenlos aneinanderschließen.

Das Gewebe des Keimlings weist keine besonderen Merkmale auf.

Perillakuchenmehl ist von Barnstein als Verfälschungsmittel von Leinmehl beobachtet worden. Im Pulver fallen hauptsächlich die Hartschichten der Fruchtschale mit den dickwandigen Steinzellen und den darunterliegenden faserartigen Elementen sowie die Netzzellen der Samenhaut auf.

21. Rizinus.

Der Wunderbaum (*Ricinus communis* L. — *Euphorbiaceae*), bei uns einjährig als Dekorationspflanze gezogen, ist schon in Italien ausdauernd und in Indien, seiner Heimat, sogar strauchförmig. Aus den Samen wird das Rizinusöl zu Heilzwecken gepreßt. Der Ölkuchen kann ohne besondere Behandlung als Tierfutter nicht gebraucht werden, weil er das höchst giftige, in das Öl nicht übergehende Rizin enthält. Er ist jedoch ein wertvoller Dünger. Wiederholt ist er mit üblen Folgen verfüttert worden; der mikroskopische Nachweis ist daher wichtig.

Die Samen sind 8—18 mm groß, elliptisch, etwas abgeflacht, glänzend, gelb- und braunscheckig. Auf der flachen Seite ist der Nabelstrang deutlich ausgeprägt, und am Nabelende befindet sich eine hellfarbige, leicht abfallende, daher oft fehlende Warze (Caruncula). Die Samenschale ist dünn und sehr spröd. Der Embryo mit breiten, flachen Kotyledonen liegt in massiges Endosperm eingebettet.

Die **Samenschale** besteht aus fünf Schichten, von denen die vier äußeren (Abb. 240) leicht von der inneren getrennt werden, die beim Schälen an dem Kern haftenbleibt.

1. Die Oberhaut besteht aus scharf-polygonalen, in der Fläche netziggrubig erscheinenden, an der Außenseite unregelmäßig verdickten, farblosen oder braunen Zellen (Abb. 241).

2. Schwammparenchym in mehreren Lagen.

3. Dünnwandige Palisadenzellen, 20 μ hoch, mit zart gerunzelten Wänden, in der Flächenansicht polygonal, 12—20 μ breit. Sie enthalten nach BARNSTEIN Kalziumkarbonat.

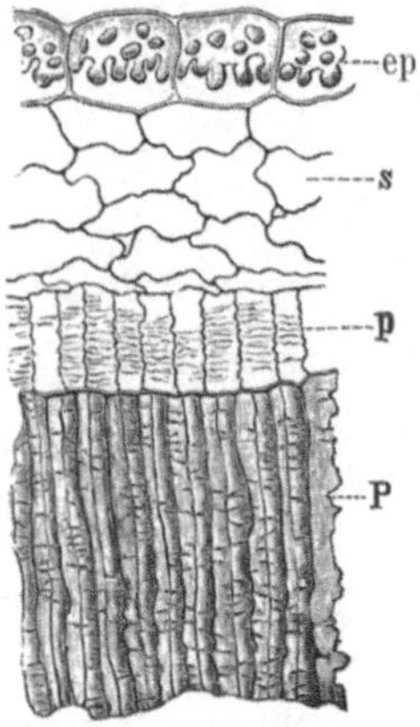

Abb. 240. Schale des Rizinussamens im Querschnitt (J. MOELLER), *ep* Oberhaut, *s* Schwammparenchym, *p* zarte Palisaden, *P* braune, dicke Palisaden.

4. Dickwandige Palisaden, die meist gekrümmt sind, bilden eine bis 200 μ dicke Schicht. Die Membranen sind braun, undeutlich getüpfelt, das Lumen nach außen oft verbreitert. In der Flächenansicht sind die Palisaden polygonal, 8—15 μ breit.

5. Die innere Samenhaut umgibt den weißen Samenkern als eine farblose Haut. Sie besteht aus mehreren zusammengedrückten, von vielen Leitbündeln durchzogenen Parenchymschichten, denen oft Kristalldrusen und federförmige Fettkristalle anhaften.

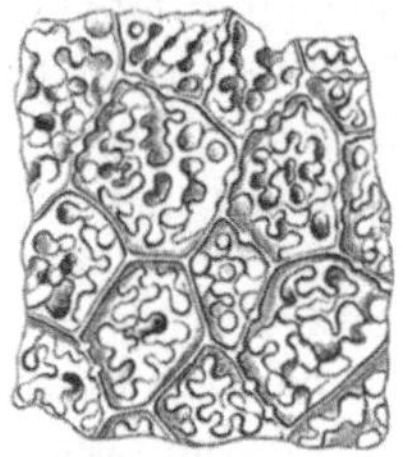

Abb. 241. Oberhaut des Rizinussamens in der Flächenansicht (J. MOELLER).

Die **Endospermzellen** sind dünnwandig, von Öl und Aleuron erfüllt. Die Aleuronkörner sind rund, elliptisch oder eckig, oft 20 μ groß. Sie enthalten ein großes Kristalloid und ein oder mehrere exzentrisch gelagerte Globoide (Abb. 1, S. 11).

Kennzeichnend für die Preßrückstände sind die Oberhaut, die Palisaden und die in Terpentin oder Glyzerin deutlich erkennbaren großen Aleuronkörner.

Ein entgiftetes Rizinusmehl kommt aus England unter der Bezeichnung „Kastormehl" in den Handel (BARNSTEIN).

22. Kandelnuß.

Kandel- oder Candlenuß heißt der Same von *Aleurites triloba* FORST. = *A. moluccana* [L.] WILLD. (*Euphorbiaceae*), eines auf den Molukken und den Südsee-Inseln heimischen und in allen tropischen und subtropischen Gebieten der Ölsamen wegen kultivierten Baumes.

Die haselnußgroßen, höckerig-grobrunzeligen, dunkelbraunen, mit kreidiger Kruste bedeckten Samen haben eine harte, 2—5 mm dicke Schale und im massigen Endosperm einen Embryo mit breit herzförmigen Kotyledonen.

Im anatomischen Bau stimmen sie mit den Rizinus-Samen nahe überein, nur fehlen der Marktware die beiden äußeren Schichten.

Die dünnwandigen Palisaden (Abb. 242) bilden demnach die Außenseite. Sie sind von einer körnigen Masse aus Kalziumkarbonat erfüllt und bilden den kreidigen Überzug. Ihr zelliger Bau wird erst kenntlich, nachdem das Karbonat mit Salzsäure gelöst wurde.

Die dickwandigen Palisaden sind bedeutend größer (1,5—2,5 mm) als im Rizinus-Samen.

Das Parenchym enthält zystolithenartige Massen aus Kalziumoxalat. Die Membranen sind von schmalen, verlängerten Poren netz- oder schraubenförmig gezeichnet.

Das Endosperm enthält neben Öl Aleuronkörner von 8—30 μ, denen des Rizinus ähnlich, und in einzelnen Zellen Oxalatdrusen.

Kandelnußkuchen unterscheidet sich von Rizinuskuchen durch die viel größeren Palisaden in beiden Schichten und durch die Kruste kohlensauren Kalkes.

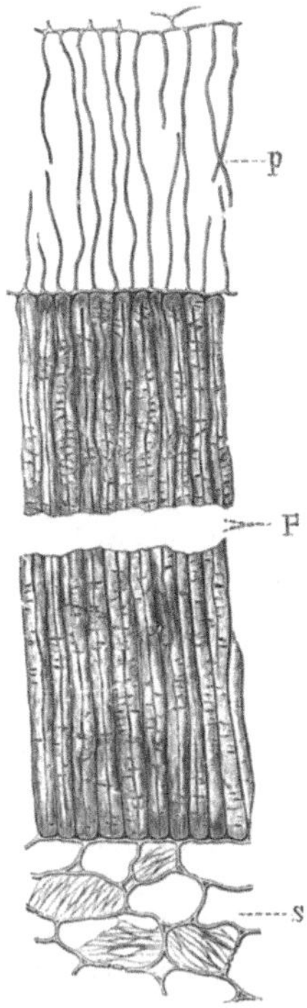

Abb. 242. Schale der Kerzen- oder Candlenuß im Querschnitt (J. MOELLER). *p* zarte Palisaden, deren kreidiger Inhalt durch Salzsäure entfernt wurde, *P* braune, dicke Palisaden, *s* Schwammparenchym.

23. Bucheckern.

Die Früchte der Buchen (in Europa *Fagus silvatica* L., in Amerika *F. ferruginea* ALT.), die Bucheln oder Bucheckern, enthalten trotz ihrer nahen Verwandtschaft mit Eicheln und Kastanien keine Stärke, sondern fettes Öl, außerdem Cholin. Deshalb ist der Preßrückstand für Pferde giftig; er dient aber als Futter für Rindvieh und Schweine, denen der Cholingehalt nicht schadet.

Die glänzendbraunen, dreikantigen, am Scheitel geflügelten und feinbehaarten Früchte (Nüsse) enthalten einen mehrfach gefalteten Embryo. Der Anlage nach sind sie dreifächerig, und die Reste der Scheidewände sind als seidig behaarte Rippen in der Mitte jeder Fruchtwand erhalten.

A. Fruchtschale. Die Oberhautzellen sind polygonal, mäßig verdickt, getüpfelt und enthalten entweder eine homogene braune Masse oder einen gut ausgebildeten Kristall. Die am Scheitel reichlichen, sonst spärlichen Haare sind kurz, einzellig (nach HANAUSEK auch mehrzellig), meist stark verdickt, zugespitzt, am Grunde verengt, die dünnwandigen oft gedreht.

Eine Steinzellenplatte liegt unmittelbar unter der Oberhaut. Sie besteht aus 5—10 Lagen rundlicher, stark verdickter typischer Steinzellen mit braunem Inhalt.

Braunes Parenchym aus tangential gestreckten, dickwandigen, getüpfelten Zellen bildet die dritte Schicht. In ihr verlaufen die großen, am Querschnitt V-förmigen Bündel der Kanten und die breiten Leitbündel der Fruchtwände. Ihre stark entwickelten Fasergruppen bilden eine fast kontinuierliche innere Sklerenchymplatte mit Kristallkammerzellen.

Die innere Oberhaut trägt längs der Scheidewände lange, dünnwandige Haare.

B. Samen. Die papierdünne, braune Samenschale besteht aus einer großzelligen (oft über 50 μ) Oberhaut, einer Parenchymschicht, die außen kleinzellig und braun, innen zusammengedrückt und farblos ist, einer inneren, zartzelligen Oberhaut und einer mit ihr verwachsenen einfachen Aleuronschicht (Endospermrest). Die Keimblätter des Embryos sind bifazial gebaut und zeigen unter der Oberhaut der Innenseite das Palisadenparenchym. Die zartwandigen Zellen des Kotyledonargewebes enthalten Fett, Aleuronkörner mit Oxalatdrusen, nach WIESNER auch kleinkörnige Stärke.

Die Preßkuchen enthalten, wenn aus geschälten Früchten hergestellt, nur geringe Mengen Schalenfragmente, die herausgesucht werden, um womöglich Schnittpräparate herzustellen. Die Gewebe sind mehr durch ihre Lagerung als durch die Zellformen charakterisiert, ausgenommen die Oberhaut der Fruchtwand mit ihren Haaren.

Erdnuß s. S. 302; Kürbis s. S. 316; Olive s. S. 263.

C. Sapotaceensamen.

Verschiedene Sapotaceen-Samen werden seit einiger Zeit wegen ihres hohen Fettgehaltes (bis 50%) eingeführt. In Betracht kommen hauptsächlich die Sheanuß und verschiedene Illipesamen. Die Fette (Sheabutter, Bassiabutter) dienen zur Bereitung von Pflanzenbutter, Seife u. dgl. Die Preßrückstände sind während des Krieges unter Bezeichnungen wie Schinuß-, Bassia-, Illipe-, Mowramehl als Futtermittel auf den Markt gebracht worden. Wegen ihres hohen Saponingehaltes wirken besonders die Illiperückstände giftig, sofern sie nicht einer besonderen Behandlung unterworfen werden.

24. Sheanuß.

Die Samen der Shea-(Schi-)nuß (*Butyrospermum Parkii* KOTSCHY.) sind etwa den Roßkastanien ähnlich, die spröde 0,5 mm dicke Schale hell lederbraun, glänzend, der breite Nabel matt. Nährgewebe fehlt. Der braune Keimling hat 2 große verwachsene Kotyledonen, denen auf der Außenseite noch Reste der inneren Samenschale aufliegen.

Samenschale. Die Oberhaut besteht aus polygonalen dickwandigen, porösen Zellen (durchschnittlich 23 μ) mit braunen, gerbstoffartigen Massen und enthält einzelne Spaltöffnungen. Die darunterliegende Hartschicht ist aus reich getüpfelten dickwandigen Steinzellen gebildet, die ebenfalls braune Massen führen. In der Innenschicht aus braunem, meist stark kollabiertem Gewebe verlaufen zahlreiche Gefäßbündelstränge.

Keimling. Das Grundgewebe besteht aus polyedrischen, mit zahlreichen kleinen Poren versehenen Zellen, die von Fett, Aleuron und zum Teil von Gerbstoffkörpern vollständig ausgefüllt sind. Namentlich in der Randzone finden sich weite, in kurzen Reihen übereinanderstehende, kugelige bis elliptische Sekretzellen mit kautschukartigem Inhalt. Die Gerbstoffzellen sind in axialen Reihen angeordnet.

25. Illipenuß.

Die Illipesamen (*Illipe latifolia* ENGL. = *Bassia latifolia* ROXB.) sind etwa 3 cm lang, 1,5 cm breit, sichelförmig, die Schale glänzend hell- bis dunkelbraun.

Die allein in den Handel gelangenden dicken, rotbraunen Kotyledonen erinnern in der Färbung an Kakaobohnen.

Sämtliche Gewebe sind denen von *Butyrospermum* ähnlich. Die Testaepidermis hat keine Spaltöffnungen, die Zellen der Hartschicht sind weniger stark sklerosiert.

Die Kotyledonarzellen sind durchschnittlich etwas kleiner als bei *Butyrospermum*, die Poren weniger zahlreich, aber gröber. Die Sekretbehälter sind in geringerer Zahl vorhanden.

26. Mowra.

Die Mowra-Samen (*Illipe malabrorum* König = *Bassia longifolia* L.) sind bis 4 cm lang, etwa 1,3 cm breit, seitlich etwas zusammengedrückt, die Schale gelbbraun, wenig glänzend, papierartig dünn. Der lange an einer Schmalseite gelegene Nabel ist matt und heller in der Färbung.

In mikroskopischer Hinsicht sind die Samen nur wenig von der vorigen Art verschieden.

D. Kompositenfrüchte.

Die Früchte der Kompositen (Achänen) haben das Aussehen von Samen und werden gewöhnlich als solche bezeichnet. Sie sind länglich, am Scheitel oft von einem Pappus gekrönt, am unteren Ende stets benabelt (Abb. 146). Sie sind einsamig.

Die Schale besteht aus der verwachsenen Frucht- und Samenhaut. In der Fruchtwand befinden sich oft charakteristische Hartschichten. Mit der Samenschale ist das spärliche Nährgewebe verwachsen.

Der Embryo hat große Kotyledonen, die Fett und Eiweiß, keine Stärke enthalten.

Helianthus, Carthamus, Madia und *Guizotia* sind die einzigen Kompositen, die ihrer fettreichen Samen wegen angebaut werden. Die Preßrückstände dienen als Tierfutter.

An den Schalenfragmenten sind diese Ölkuchen leicht zu erkennen und zu unterscheiden. Besonders charakteristisch sind die in der Fruchtschale dicht gedrängten Faserbündel, deren Außenseite bei den hier in Betracht kommenden und bei vielen anderen Arten mit einer zwischen den Zellen befindlichen Schicht einer schwarzen Masse (Phytomelan) bedeckt ist, deren weite Verbreitung bei den Kompositen T. F. Hanausek festgestellt hat. Die Phytomelane sind stickstofffrei, sehr kohlenstoffreich (nach Dafert und Miklauz 67—76%) und werden weder durch Bleichmittel, wie Javellesche Lauge, noch durch Chromschwefelsäure — man kann sie hierdurch leicht isolieren — zerstört (daher von Hanausek zuerst als „kohleartige Masse" bezeichnet).

Sonnenblumenkuchen ist an den gepaarten Haaren, Nigerkuchen an der genetzten Samenschale, Madiakuchen an den fein getüpfelten Zellen der Samenschale zu erkennen. Beim Saflorkuchen bestehen die Schalenteile ausschließlich aus sklerotischem Gewebe, in das die schwarze Schicht eingebettet ist.

Die Früchte der Kornblume (s. S. 117), vereinzelt auch die anderer Kompositen, bilden einen Bestandteil des Ausreuters.

27. Sonnenblume.

Im tropischen Amerika heimisch, wird die Sonnenblume (*Helianthus annuus* L.) als Zierpflanze und der ölreichen Samen wegen überall in Europa und Asien angebaut. In Rußland, Ungarn, Italien und Indien wird das Öl zur menschlichen Nahrung und technisch, der Ölkuchen als Tierfutter verwendet.

Die länglichen, selten über 10 mm langen Früchte (fälschlich Samen genannt) sind vierseitig und abgeflacht. Es gibt fast schwarze, graue und weiße (auch gestreifte) Varietäten. Die Fruchtschale ist spröde und trennt sich leicht von den Samen.

A. Fruchtschale. 1. Die Oberhautzellen (Abb. 243, *o* u. Abb. 244) sind groß, meist

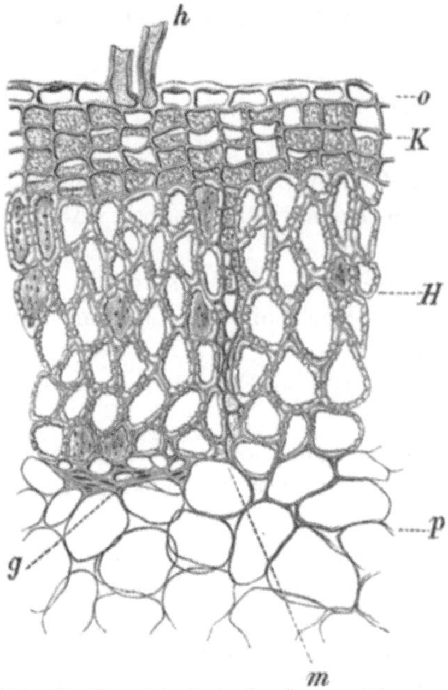

Abb. 243. Fruchtschale der Sonnenblume (hellfrüchtige Varietät) im Querschnitt (J. MOELLER). *o* Oberhaut mit den Haaren *h*, *K* Hypoderm, *H* Faserschicht mit dem Zwischenparenchym *m*, *p* Parenchym mit dem Leitbündel *g*.

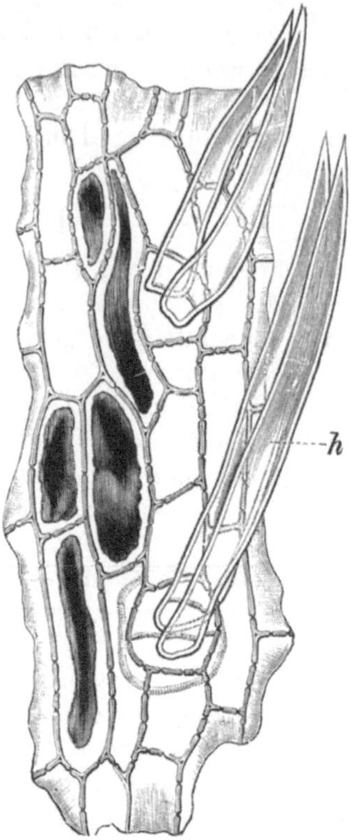

Abb. 244. Epidermis der Sonnenblumenfrucht mit den Haaren *h* (J. MOELLER).

gestreckt, getüpfelt, mit oder ohne dunkelgefärbten Inhalt. Spaltöffnungen fehlen. Charakteristisch sind die gewöhnlich gepaarten Haare (*h*). Sie sind bis 0,5 mm lang, am Grunde bis 25 μ breit, etwas dünnwandiger als die Oberhautzellen, oft abgebrochen. In der Regel sind die Haare eines Paares fast der ganzen Länge nach verwachsen; ein Haar sitzt auf einer eigentümlichen Fußzelle, das andere ist seitlich angefügt.

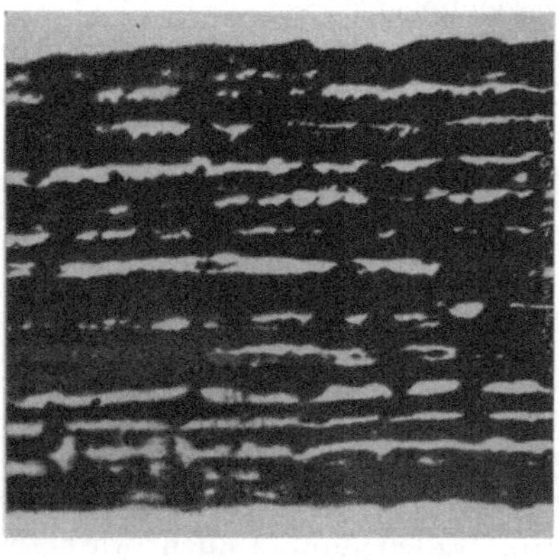

Abb. 245. Phytomelanschicht aus der Fruchtschale der Sonnenblume isoliert 1 : 220 (Phot. C. GRIEBEL).

2. Das Hypoderm (Abb. 243, *K*) besteht aus zwei oder mehr Lagen dicht und fein poröser Zellen, die nach Art eines Korkgewebes angeordnet sind.

In den meisten schwarzen, in allen grauen (nicht in den rein weißen) Früchten findet sich zwischen Hypoderm und Faserschicht eine Phytomelanschicht. Bringt man die Fruchtschale etwa einen Tag in das WIESNERsche Chromsäure-Schwefelsäuregemisch (S. 11), so bleibt nur die schwarze Masse in Gestalt eines Netzes aus breiteren Längsstreifen, die durch schmälere Anastomosen verbunden sind, zurück (Abb. 245).

3. Die Faserbündel (Abb. 243, *H* u. Abb. 246), aus zehn oder mehr Lagen (oft 600 μ Durchmesser) sind durch Reihen dünnwandiger Zellen voneinander getrennt, an Markstrahlen erinnernd. Nicht nur die Faserbündel, sondern auch die einzelnen Fasern sind größer als bei *Madia* und *Guizotia*. An der Innenseite jedes Faserbündels liegt eine kleine Gefäßgruppe (*g*).

4. Das Parenchym (*p*), äußerst dünnwandig und lückig, ist zu einer weißen, papierartigen Schicht zusammengedrückt.

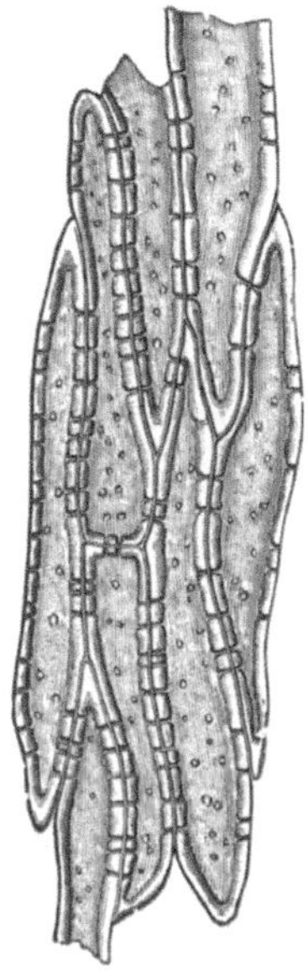

Abb. 246. Fasern aus der Sonnenblumenschale (Abb. 243 *H*) (J. MOELLER).

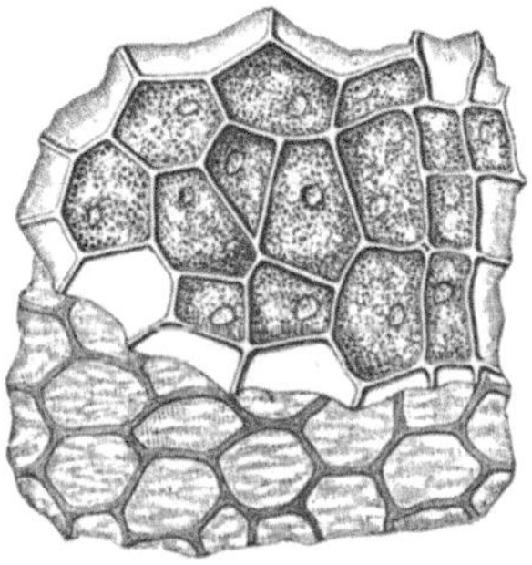

Abb. 247. Samenhaut (unten) und Nährgewebe (oben) der Sonnenblumenfrucht (J. MOELLER).

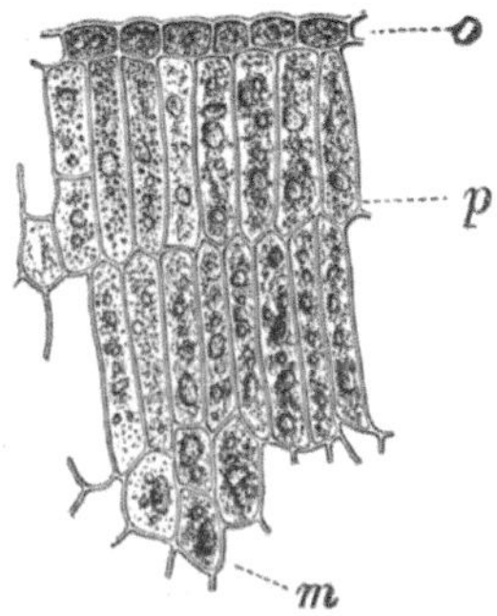

Abb. 248. Keimblattgewebe d. Sonnenblume (J. MOELLER). *o* Epidermis, *p* Palisaden, *m* Mittelschicht.

B. Samen. Die Samenschale bildet mit dem Endosperm eine zarte Membran. Die äußere Oberhaut (Abb. 247 unten) erscheint in der Flächenansicht als rundzelliges Gewebe, darunter ein Schwammparenchym mit Leitbündeln und die innere Oberhaut aus rechteckigen, 8—20 μ großen Zellen.

Das Endosperm (Abb. 247 oben) besteht aus einer einfachen oder doppelten Reihe typischer Aleuronzellen.

Die gefalteten Kotyledonen (Abb. 248) haben mehrere Palisadenreihen. Sie enthalten Fett und unregelmäßig-sphärische Aleuronkörner (3—12 μ).

Die Früchte werden vor der Pressung gewöhnlich geschält; daher enthalten die Ölkuchen oft nur spärlich die zur Identifizierung nötigen Bestandteile (Zwillingshaare, Hypoderm, breite Fasern).

28. Saflor.

Die Blüten (S. 326) des Saflor (*Carthamus tinctorius* L.) dienen als Färbemittel. Aus den Früchten wird in einigen Gegenden Öl gepreßt.

Zum Unterschied von der Sonnenblume trägt die Fruchtwandepidermis keine Haare. Sie ist, wie auch die übrigen Schichten des Perikarps, sklerenchymatisch. Die subepidermalen Zellreihen erscheinen in der Flächenansicht aus wellig konturierten, porösen Sklereiden zusammengesetzt. Die Phytomelanschicht ist beiderseits von Sklerenchym begrenzt.

Die Samenschale zeigt eine mehrreihige Oberhaut aus gelblichen, mit geschichteter Wandverdickung versehenen, gestreckten, im Querschnitt polygonalen Zellen.

Die Preßrückstände kommen zuweilen als „indische Sonnenblumenkuchen" in den Handel (BARNSTEIN).

29. Madia.

Die Ölmadie, in Chile „Madi" genannt (*Madia sativa* MOL.) ist eine der zahlreichen Arten dieser an der pazifischen Küste Nord- und Südamerikas heimischen Gattung. Sie wird in Amerika, seltener in Europa als Ölsaat gebaut.

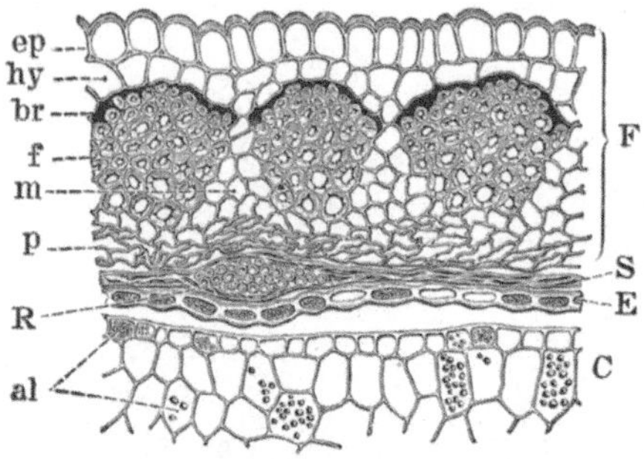

Abb. 249. Querschnitt der Madiafrucht (A. L. WINTON). *F* Fruchtschale, *S* Samenschale, *E* Nährgewebe, *C* Keimblatt, *R* Leitbündel. Die Bedeutung der übrigen Buchstaben siehe im Text.

Die schlanken, gerippten, 4—8 mm langen, 2 mm dicken, am Scheitel zugespitzten Früchte sind gewöhnlich hellfarbig, mitunter fast schwarz.

A. Fruchtschale. Die Oberhautzellen (Abb. 249 u. 250, *ep*) sind gestreckt, farblos, getüpfelt.

Das Hypoderm (*hy*) ist nicht immer ausgebildet.

Die Faserbündel (*f*) sind wie bei den beiden vorstehenden Arten an der Außenseite von einer Phytomelanschicht (*br*) bedeckt. Die Fasern sind oft 1 mm lang, 5—15 μ dick. Die Bündel sind durch keilförmige Parenchymgruppen (*m*) voneinander getrennt.

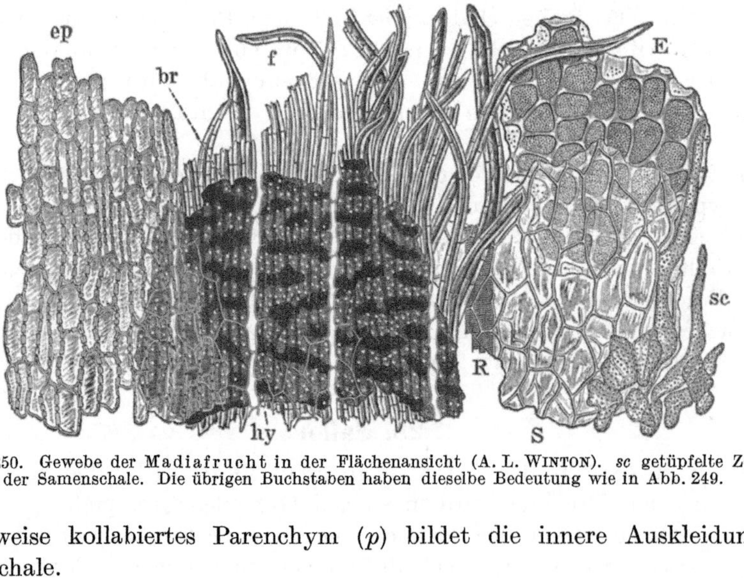

Abb. 250. Gewebe der Madiafrucht in der Flächenansicht (A. L. WINTON). *sc* getüpfelte Zellen der Samenschale. Die übrigen Buchstaben haben dieselbe Bedeutung wie in Abb. 249.

Teilweise kollabiertes Parenchym (*p*) bildet die innere Auskleidung der Fruchtschale.

B. Same. Die Samenschale besteht aus einer Parenchymschicht (*S*) und eigentümlich geformten, punktierten Zellen (*sc*).

Das Endosperm (*E*), aus einer einfachen Aleuronschicht bestehend, ist mit der Samenschale verwachsen.

Die Kotyledonen sind gefaltet und besitzen eine 3—4 fache Palisadenreihe. Sie enthalten Fett und Aleuronkörner (2—6 μ).

30. Nigersamen.

Die „Nigersamen" stammen von *Guizotia abyssinica* [L.] CASS. (*G. oleifera* D. C.), die in ihrer Heimat und in Indien als Ölsaat gebaut wird; Versuche, sie in Europa und Amerika einzuführen, haben bisher nicht befriedigt. Die Preßrückstände werden jedoch auch bei uns, unter dem Namen „Nigerkuchen", als Tierfutter benützt.

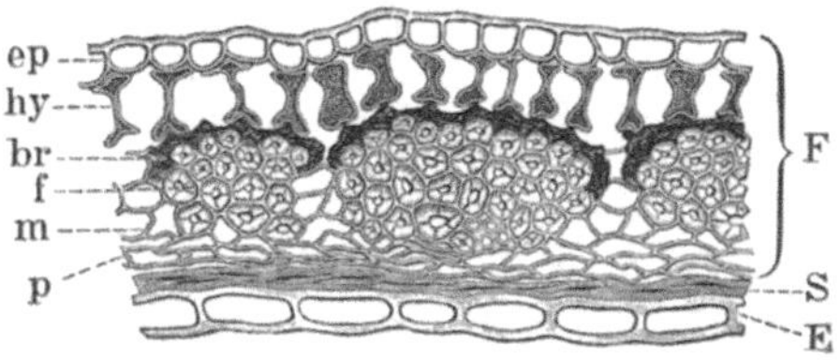

Abb. 251. Querschnitt des „Nigersamens" (A. L. WINTON). *F* Fruchtschale mit der Oberhaut *ep*, dem Hypoderm *hy*, der Pigmentschicht *br*, den Faserbündeln *f*, dem Zwischenparenchym *m*, dem kollabierten Parenchym *p*. *S* Samenschale, *E* Nährgewebe.

Die Früchte sind schwarz, den Madia-Früchten ähnlich, aber viel kleiner, selten über 5 mm lang und 1 mm breit. Auch im Bau stimmen sie nahe überein.

Die Oberhautzellen der Fruchtschale (Abb. 251 u. 252, *ep*) sind länger und nicht getüpfelt.

Die Zellen des Hypoderms (*hy*) erinnern auf Querschnitten an die Trägerzellen der Leguminosen, isoliert, an Eisenbahnschienen (PFISTER). Die Farbe der Früchte ist hauptsächlich durch das Pigment dieser Zellen bedingt.

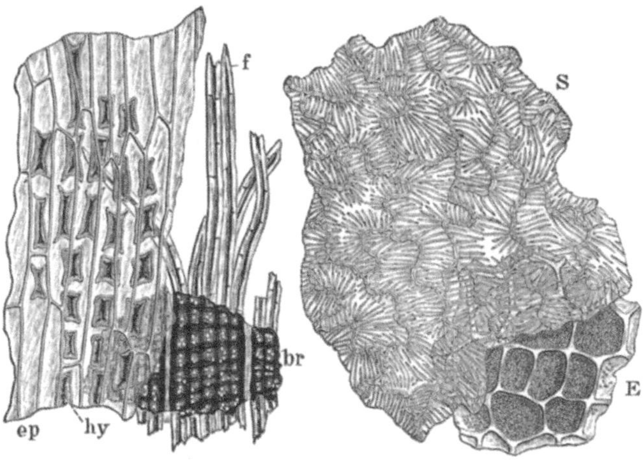

Abb. 252. Gewebe des „Nigersamens" in der Flächenansicht (A. L. WINTON). Die Buchstaben haben dieselbe Bedeutung wie in Abb. 251.

Die von einer Phytomelanschicht (*br*) bedeckten Faserbündel sind kleiner und die einzelnen Fasern dünner als bei *Madia*.

Charakteristisch ist die Außenseite der Samenschale wegen der eigentümlich netzig verdickten Zellen (Abb. 252, *S*). Die Innenschicht ist obliteriert.

Das Endosperm ist eine einreihige Aleuronschicht und ebensowenig wie das Embryonalgewebe von Madia zu unterscheiden.

Neuere Literatur.

BREDEMANN: Über Preßkuchen der Perillasaat. Landwirtschaftl. Versuchs-Stat. Bd. 78, S. 349. 1912.

v. DEGEN: Bilsenkrautsamen im Mohn. Zeitschr. f. Unters. d. Nahrungs- u. Genußmittel Bd. 19, S. 705, 1910.

BRIOUX et GUERBET: Les tourteaux accidentellement ricinés. Annal. des falsif. Bd. 13, S. 150. 1920.

COLLIN: Methode pratique pour constater la presence et la proportion des coques d'arachides dans le tourteau de lin. Annal. des falsif. Bd. 2, S. 131. 1909.

— L'amidon dans les moutardes de table. Annal. des falsif. Bd. 2, S. 206. 1909.

CURTEL: Falsification des moutardes. Annal. des falsif. Bd. 2, S. 215. 1909.

GERDTS: Bau und Entwicklung der Kompositenfrucht Inaugural-Dissertation (Leipzig 1905).

GRAM: Über Rapskuchen und deren Verunreinigung. Landwirtschaftl. Versuchs-Stat. Bd. 50, S. 449. 1898.

GRIEBEL und JACOBSEN: Über Bilsenkrautsamen enthaltenden russischen Mohn. Zeitschr. f. Unters. d. Nahrungs- u. Genußmittel Bd. 25, S. 552. 1913.

HANAUSEK: Zur Entwickelungsgeschichte des Perikarps von *Helianthus annuus*. Ber. d. dtsch. botan. Ges. Bd. 20, S. 449. 1902.

— Die „Kohleschicht" im Perikarp der Kompositen. Denkschriften der Kais. Akad. d. Wissensch. Wien, mathem.-naturw. Klasse Bd. 87, S. 93. 1911.

HONCAMP, REICH und ZIMMERMANN: Über Perillakuchen und Mowramehl. Landwirtschaftl. Versuchs-Stat. Bd. 78, S. 329. 1912.

JOACHIMOWITZ: Bilsenkrautsamen enthaltender Mohn. Zeitschr. f. Unters. d. Nahrungs- u. Genußmittel Bd. 37, S. 183. 1919.

KINZEL: Über die Samen einiger *Brassica*- und *Sinapis*-Arten, mit besonderer Berücksichtigung der ostindischen. Landwirtschaftl. Versuchs-Stat. Bd. 52, S. 169. 1899.

LUCKS: *Butyrosperum Parkii, Illipe latifolia* u. *I. malabrorum*. Ein Beitrag zur Unterscheidung der Preßrückstände dieser Samen. Landwirtschaftl. Versuchs-Stat. Bd. 90, S. 240. 1917.

MACH: Mohn und Mohnkuchen. Landwirtschaftl. Versuchs-Stat. Bd. 57, S. 421. 1902.

NETOLITZKY: Ein Kennzeichen der Cannabis-Frucht. Arch. f. Chem. u. Mikr. Bd. 5, S. 259. 1912.

PFISTER: Ölliefernde Kompositenfrüchte. Landwirtschaftl. Versuchs-Stat. Bd. 43, S. 441. 1894.

SPRINKMEYER und DIDRICHS: Beiträge zur Kenntnis des Kapoksamens. Zeitschr. f. Unters. d. Nahrungs- u. Genußmittel Bd. 26, S. 86. 1913.

TICHOMIROW: Die Struktur der Samenschale von *Brassica juncea* HOOK. Pharm. Zentralh. Bd. 41, S. 510. 1900.

VUILLEMIN: Beiträge zur Kenntnis der Senfsamen. Diss. Zürich 1904.

WAGNER und OESTERMANN: Djave-Nüsse. Zeitschr. f. Unters. d. Nahrungs- u. Genußmittel Bd. 24, S. 327. 1912.

WINTON: Anatomie des Hanfsamens. Zeitschr. f. Unters. d. Nahrungs- u. Genußmittel Bd. 7, S. 385. 1904.

f) Gewürze.

Zu den Gewürzen zählen nicht nur die im folgenden Abschnitt behandelten Samen und Früchte, sondern auch der im Zusammenhang mit den Kruziferensamen beschriebene Senf, ferner einige Wurzeln (Ingwer, Kurkuma, Zitwer, Galgant u. a.), Rinden (Zimt, Nelkenzimt), Blüten (Gewürznelken, Kapern, Safran, Zimtblüten), Kräuter und Blätter (Salbei, Majoran, Bohnenkraut, Beifuß, Esdragon, Lorbeer u. a. m).

Verunreinigungen.

Die Verunreinigungen sind die Folge mangelhafter Methoden beim Sammeln oder Ernten, beim Trocknen, Reinigen und Behandeln. Sie bestehen aus Schmutz, kleinen Steinen, Holzspänen und anderen Pflanzenteilen, Unkräutern und Insekten.

Mineralische Verunreinigungen. Während des Wachstums können niemals die durch die Fruchthülle geschützten Samen, sondern nur Früchte, Blätter und Rinden beschmutzt werden. Sie werden zwar durch Regen einigermaßen abgewaschen, aber anderseits, wenn sie nahe am Boden wachsen, durch Erdteilchen verunreinigt und dadurch in der Qualität wesentlich beeinträchtigt.

Am Feuer getrockneter Pfeffer ist reiner als Sorten, die zum Trocknen durch die Sonne auf der Erde ausgebreitet werden. Ingwer und andere Wurzelgewürze werden zwar gewaschen, aber die ungeschälten Sorten kommen doch selten ganz rein auf den Markt.

Ceylonzimt ist gewöhnlich ganz rein, aber andere Zimtsorten, besonders Chips, sind oft verunreinigt; WINTON fand in einem Bündel chinesischen Zimtes nicht weniger als 15,47 % Sand, während die gesiebte Droge nur 1,11 % Sand ergab.

Gekalkte Muskatnüsse und gebleichter Ingwer haben einen Überzug von Kalziumkarbonat. Er dient als Schutz gegen Insektenfraß und wird nicht als Fälschung betrachtet. Weißer Penangpfeffer ist ebenfalls gekalkt, aber ohne jeden Zweck.

Fremde Pflanzenteile (wie Blätter, Stengel und Schalen) sollen nur in kleiner Menge, in gereinigten Gewürzen gar nicht vorkommen. Daß die Verunreinigungen von derselben Mutterpflanze herrühren, ist keine Rechtfertigung.

Unkrautsamen verunreinigen oft den Senf und die Umbelliferenfrüchte, selten andere Gewürze.

Insekten verschonen häufig die an ätherischem Öl reichen Gewürze, zerstören andere aber um so mehr.

Verfälschungen.

Gemahlene Gewürze werden nicht selten verfälscht, und zwar wurden die mannigfachsten Stoffe beobachtet.

Mineralische Fälschungsmittel dienen teils zum Beschweren (z. B. Gips, Kalk, Ziegelstaub, Kohle, Sand, Erde), teils zum Färben (z. B. Chromgelb, Eisenoxyd, Ruß). Den letzteren Zwecken dienen auch Teerfarbstoffe.

Pflanzliche Fälschungsmittel sind: Mehl und Kleie der Zerealien, Buchweizenschalen, Ausreuter, Leguminosen, Ölkuchen, Kokosnuß-, Mandel-, Nuß- und Haselnußschalen, Steinnuß, Olivenkerne, Sägespäne, Sandelholz, Nelkenstiele, Senf- und Pfefferschalen, extrahierte Gewürze u. a. m.

Für bestimmte Gewürze appretierte Fälschungsmittel kamen früher als „Matta", die gefälschten Gewürze selbst als „Surrogate" in den Handel.

Hinweise auf die hauptsächlich in Betracht kommenden Beimengungen finden sich bei den einzelnen Gewürzen.

Zur Bestimmung von gemahlenen Gewürzen, soweit sie nicht durch den Geruch erkennbar sind, diene der folgende

Analytische Schlüssel.

A. Stärke ist vorhanden; Oberhaut ohne Spaltöffnungen.

a) Die kleinen (bis 10 μ), polygonalen Stärkekörner bilden kompakte Massen.

* Typische gelbe Steinzellen sind vorhanden.

1. Außerdem auch kleine, weitlichtige Becherzellen: Pfeffer.
2. Außerdem auch große (über 50 μ) farblose, gleichmäßig stark verdickte Steinzellen: Kubeben.
3. Außerdem große, langgestreckte Zellen: Langer Pfeffer.

** Typische Steinzellen fehlen.

4. Ein Mosaik aus braunen, polygonalen Zellen (Palisaden) nebst faserförmigen Oberhautzellen: Kardamomen.

b) Mittelgroße (bis 20 μ), rundliche, oft zusammengesetzte Stärkekörner.

5. Steinzellen und Bastfasern vorhanden: Zimt.
6. Steinzellen und einzellige Härchen aber keine Bastfasern: Piment.
7. Weder Steinzellen noch Bastfasern: Muskatnuß.

c) Große (über 20 μ), etwa birnförmige Stärkekörner; Netzgefäße.

* Zellgewebe und Inhalt fast farblos. Neben Netzgefäßen auch breite Bastfasern.

8. Stärkekörner flach: Ingwer.
9. Stärkekörner keulenförmig: Galgant.

** Keine Bastfasern.

10. Stärkekörner flach: Zitwer.
11. Stärke zu gelben Klumpen verkleistert; vereinzelt auch flache Stärkekörner: Kurkuma.

B. Stärke vorhanden; Oberhaupt mit Spaltöffnungen.

12. Mosaik aus wellig-buchtigen Steinzellen: Lorbeeren.

C. Stärke fehlt; Oberhaut ohne Spaltöffnungen.

* Haare fehlen.

a) Mosaik aus braunen, polygonalen Zellen (Becherzellen).

13. Über dem Mosaik liegt ein großmaschiges Schattennetz: Schwarzer Senf.
14. Das großmaschige Netz fehlt: Weißer Senf.

b) Parenchym mit gelben oder roten Öltröpfchen; zweierlei Oberhaut; Gekrösezellen.

15. Neben wellig-buchtigen auch polygonale Oberhautzellen: Paprika.
16. Neben wellig-buchtigen auch rechteckige, in Reihen geordnete Oberhautzellen: Chilly.

** Einzellige, dickwandige Härchen.

17. Zahlreiche Leitbündelelemente und Ölzellen: Zimtblüten.

c) Keinerlei sklerosierte Zellen.

18. Der Zellinhalt löst sich in Wasser mit gelber Farbe; oft große Pollenkörner: Safran.
19. Im farblosen Parenchym gelbe Ölzellen: Macis.

D. Stärke fehlt; Oberhaut mit Spaltöffnungen.

a) Kein Chlorophyll.

20. Braune Ölstriemen: Umbelliferen.
21. Unter der braunen, kleinzelligen Oberhaut viele Ölräume; dicke Bastfasern neben zarten Spiroiden; Kristalldrusen in Reihen: Gewürznelken.

b) Clorophyll vorhanden (Blätter).

○ Oberhaut mit einfachen Haaren, Köpfchenhaaren und Scheibendrüsen; keine Oxalatkristalle.

22. Lange, dünne, verfilzte Gliederhaare: Salbei.
23. Gliederhaare aus breiter Basis zugespitzt: Bohnenkraut.
24. Schlanke, gekrümmte Gliederhaare: Majoran.

○○ Keinerlei Haare; keine Kristalle.

25. Ölzellen im Mesophyle Lorbeerblätter.

○○○ Etagendrüsen; keine Kristalle.

26. Fast kahl: Esdragon.
27. Von T-Haaren unterseits filzig: Beifuß.

1. Pfeffer.

Beide Pfefferarten des Handels: schwarzer und weißer Pfeffer, sind die Früchte von *Piper nigrum* L., einem Kletterstrauche Indiens, der außer in seiner engeren Heimat auch sonst in den Tropen vielfach kultiviert wird. Der Blütenstand ist eine 10 cm lange Ähre mit 10—20 ungestielten, sehr einfach gebauten Blüten, aus denen sich einsamige, beerenartige, nach der Reife rote oder gelbe Früchte entwickeln.

Das schwarze Pfefferkorn ist die unreife, noch grüne, an der Sonne oder über Feuer getrocknete, durch Schrumpfung gerunzelte Frucht.

Der weiße Pfeffer wird zumeist aus den reifen Früchten, seltener aus schwarzem Pfeffer durch Schälen hergestellt. Die reifen Früchte läßt man 2—3 Tage in Haufen fermentieren und reibt dann mit den in Wasser getauchten Händen die Schale ab. Der schwarze Pfeffer wird in Salz- oder Kalkwasser erweicht, zwischen den Fingern oder mit Maschinen geschält und neuerdings getrocknet. Die Körner sind lichtgrau, glatt, zart geädert und natürlich kleiner, weil ein Teil der Schale fehlt. Aus demselben Grunde schmecken sie weniger scharf und haben einen feineren Geruch.

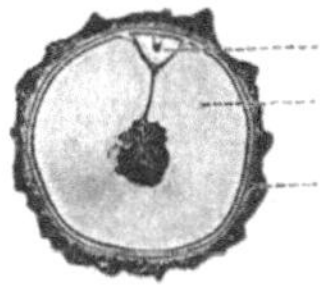

Abb. 253. Durchschnitt des schwarzen Pfeffers (J. MOELLER).

Schneidet man ein schwarzes Pfefferkorn der Länge nach durch, so sieht man (Abb. 253) innerhalb der dünnen Schale, und allseitig mit ihr verwachsen, einen dichten, weißlichgrauen Kern. Am Rande ist der Kern dichter, fast hornig hart; nach innen zu wird er mehlig, und in der Mitte befindet sich eine unregelmäßige, etwa 1 mm weite Höhle. Dieser Kern ist das Nährgewebe. Es besteht größtenteils aus Perisperm. An seinem Scheitel ist ein kleiner Teil abgegrenzt: das Endosperm, und in diesem befindet sich eine kleine Höhle mit Resten des unentwickelten Embryos.

A. Schale. Aus dem trockenen oder in Wasser erweichten Pfeffer lassen sich ohne besondere Mühe Querschnitte (Abb. 254) herstellen, die nach Aufhellung mit Lauge in der Schale vier Schichten deutlich erkennen lassen, von denen drei der Fruchtschale, eine der Samenschale angehört. Mit der letzteren ist das Perisperm innig verwachsen.

1. Die Oberhaut (Abb. 254 u. 255, *ep*) besteht aus polygonalen, 15—30 μ großen, von 5 μ dicker Kutikula bedeckten Zellen mit dunkelbraunem Inhalt. Selten finden sich Spaltöffnungen.

2. In dem Fruchtfleisch (Mesokarp) können vier Schichten unterschieden werden:

a) Unter der Oberhaut liegt eine öfter unterbrochene Steinzellenschicht (Abb. 254 u. 255, *ast*). Die Steinzellen sind gelb, radial gestreckt, stark verdickt, getüpfelt. Ihr dunkelbrauner Inhalt wird mit Lauge rötlich.

b) Die äußere Parenchymschicht aus mäßig großen Zellen enthält kleine Stärkekörner, auch Chlorophyll. Einzelne durch ihre Größe und verkorkte Membran auffallende Zellen enthalten gelbes ätherisches Öl oder Harz.

c) Leitbündelschicht. In dem kleinzelligen, mehr oder weniger zusammengedrückten Parenchym verlaufen die Leitbündel. Sie sind die Grenze, bis zu der die Fruchtschale bei Herstellung des weißen Pfeffers abgeschabt wird. Sie bilden auch das zarte Geäder des weißen Pfeffers.

d) Ölzellenschicht, besonders auf Querschnitten (Abb. 254) deutlich erkennbar, enthält große Zellen mit farblosen Öltropfen. Hierauf folgen meist noch wenige Reihen dünnwandiger Parenchymzellen.

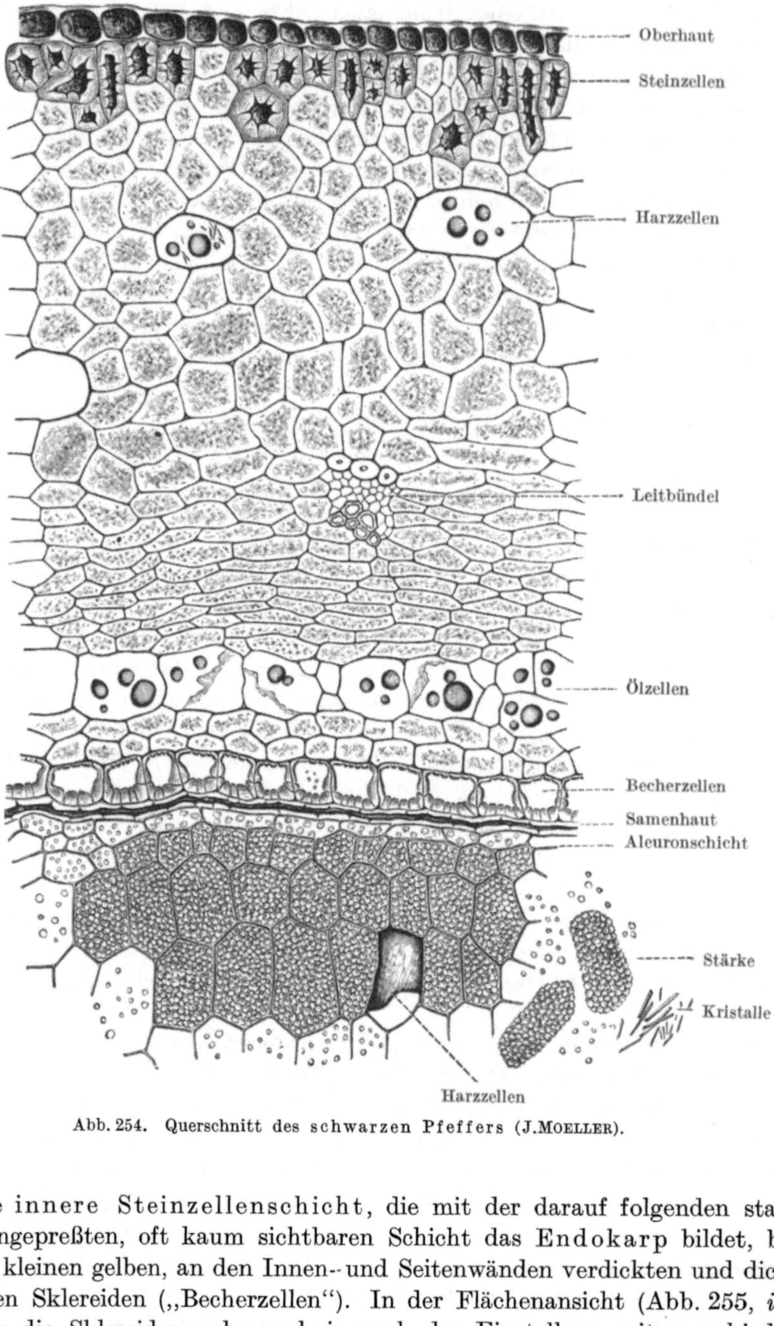

Abb. 254. Querschnitt des schwarzen Pfeffers (J. MOELLER).

3. Die innere Steinzellenschicht, die mit der darauf folgenden stark zusammengepreßten, oft kaum sichtbaren Schicht das Endokarp bildet, besteht aus kleinen gelben, an den Innen- und Seitenwänden verdickten und dicht getüpfelten Sklereiden („Becherzellen"). In der Flächenansicht (Abb. 255, *ist*) erscheinen die Sklereiden polygonal, je nach der Einstellung mit verschieden

weitem Lumen. Ihre Verdickung ist nicht so stark wie die der hypodermatischen Steinzellen. — Wegen des sklerosierten Endokarps sind die Pfefferfrüchte eigentlich keine Beeren, sondern Steinfrüchte.

4. Auf gelungenen Querschnitten erkennt man innerhalb des Endokarps eine mit ihm verwachsene strukturlose, zweifarbige, außen gelbe, innen braune Membran. Sie ist die Samenhaut. In aufgehellten Flächenpräparaten unterscheidet man an ihr zwei sich kreuzende Schichten gestreckter, spitzwinkelig ineinandergefügter Zellen (Abb. 255, *as* u. *is*).

B. Perisperm. Eine hyaline, farblose Membran umgibt das Perisperm allseitig. Durch Alkalien wird ihre zellige Struktur sichtbar. Die Zellen sind gestreckt-polygonal, dünnwandig.

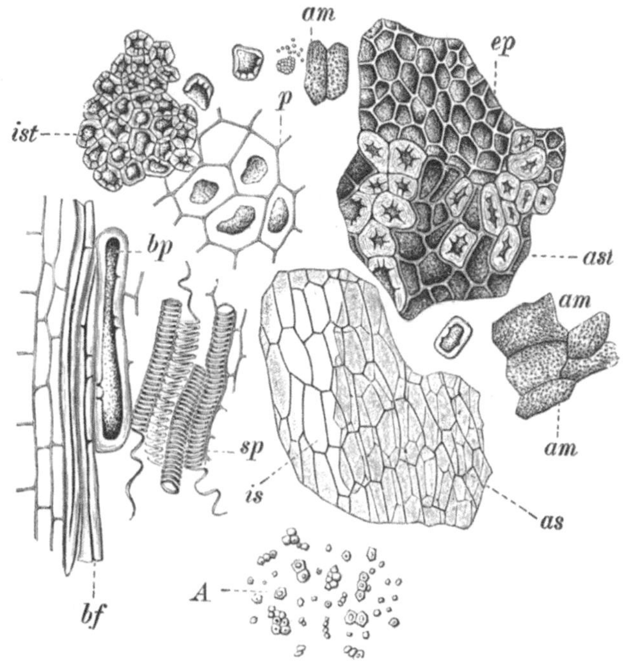

Abb. 255. Pfefferpulver (J MOELLER). *ep* Oberhaut, *ast* Steinzellenhypoderm, *ist* Becherzellen, *p* Ölzellen, *bp*, *bf*, *sp* Leitbündelelemente, *is* und *as* Samenhaut, *am* Stärke. *A* Stärkekörner bei 600facher Vergrößerung.

Die Randzellen des Perisperms sind klein und enthalten keine Stärke, sondern Aleuronkörner. Legt man Querschnitte in Jodlösung, so färben sie sich am Rande gelb, innen blau. Das Stärkeparenchym (Abb. 254 und 255, *am*) setzt sich aus vorwiegend radial gestreckten polyedrischen Zellen zusammen, deren jede von einem Stärkeballen erfüllt ist, der aus zahlreichen 2—4 μ (höchstens 6 μ) großen Körnchen besteht. Bei vorsichtiger Anfärbung mit Jodlösung, besser bei Zusatz von Chloralhydrat erkennt man, daß die Ballen zumeist aus größeren runden, durch Füllstärke verbundenen, zusammengesetzten Stärkekörnern bestehen. Vereinzelte Zellen, die weder durch ihre Größe noch durch abweichende Form auffallen, enthalten keine Stärke, sondern gelbe Öltropfen oder Harzklumpen, mitunter auch winzige Kristallnadeln von Piperin. Sie färben sich mit Schwefelsäure rot. Dem ätherischen Öl verdankt der Pfeffer seinen Geruch, dem Harz seinen Geschmack; das Alkaloid Piperin ist fast geschmacklos. Es findet sich im frischen Pfeffer gelöst im ätherischen Öl und scheidet sich nach dessen Verflüchtigung kristallinisch aus. In alter Ware und im gepulverten Pfeffer findet man deshalb nicht selten Piperinkristalle. Sie sind in Wasser unlöslich, in Alkohol und Äther löslich.

Pfefferpulver.

Gemahlener schwarzer Pfeffer ist gekennzeichnet durch die eckigen, meist gestreckten Perispermzellen, die ebenso geformten, aus den Zellen herausgefallenen Stärkeballen und ihre aus winzigen Stärkekörnchen bestehenden Trümmer. Daneben finden sich Bruchstücke der schwarzbraunen Epidermis, — meist im Zusammenhang mit gelben Steinzellengruppen — und Teile der inneren Steinzellenschicht, oft noch im Zusammenhang mit der orangebraunen Samenhaut. In sehr geringer Menge beobachtet man außerdem noch eine dritte (erheblich größere) Form verdickter Zellen (Abb. 256), die der äußeren Schicht der Samenhaut entstammen, nach TSCHIRCH aber meist nur in der Nähe des Griffelkanals vorkommen.

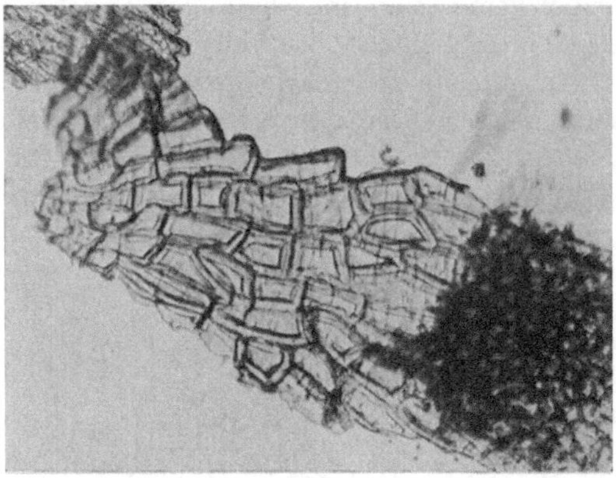

Abb. 256. Pfefferpulver. Sklerosierte Zellen der Samenhaut 1 : 120 (Phot. C. GRIEBEL).

Das aus weißem Pfeffer hergestellte Pulver sollte eigentlich Schalenbestandteile überhaupt nicht enthalten. Da sich in der Handelsware aber immer einzelne ungeschälte Körner befinden, sind gewöhnlich auch in geringer Menge Schalenteilchen auffindbar. Nach Entfernung der das Gesichtsfeld beherrschenden Stärkemassen durch Lauge treten die Trümmer der inneren Steinzellenschicht und der gelbbraunen Samenschale hervor.

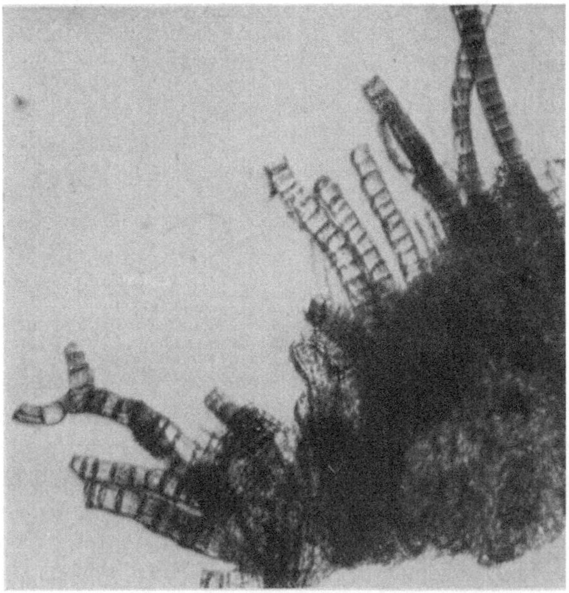

Abb. 257. Haare der Pfefferspindel 1 : 120 (Phot. C. GRIEBEL).

Die häufigste Verfälschung des gemahlenen schwarzen Pfeffers besteht im Zusatz zerkleinerter Schalen, die bei der Herstellung von weißem Pfeffer als Abfallprodukt gewonnen werden. Mikroskopisch ist der Nachweis eines solchen Zusatzes, wenn er nur in mäßiger Menge erfolgt ist, kaum mit Sicherheit möglich, da der Schalengehalt auch bei normalem Pfeffer je nach der Reife der Körner ein verschieden großer ist. Auch die tauben Körner (sog. Pfefferköpfe) bestehen fast ausschließlich aus Schalen.

Der Nachweis eines Schalenzusatzes mit Hilfe chemischer Methoden bietet ebenfalls große Schwierigkeiten.

Ein Zusatz von gemahlenen Pfefferspindeln (Fruchtstielen) wird an den Bastfasern und weiten Gefäßen (20—30 μ) sowie an den langen, aus zahlreichen kurzen Gliedern bestehenden, für die Fruchtstiele charakteristischen Haaren (Abb. 257) erkannt, die in unverfälschtem Pfefferpulver nur ganz vereinzelt vorkommen dürfen.

Im übrigen sind die bisher beobachteten Fälschungsmittel, die je nach Bedarf heller oder dunkler, das heißt möglichst der Farbe des Pfeffers angepaßt sein müssen, höchst mannigfach: Buchweizenschalen, Hirseschalen, Nußschalen (Kokos, Walnuß, Mandeln, Haselnuß u. a.), Stärke-, Getreide- und Leguminosenmehl, Brot, Wachholderbeeren, Olivenkerne, Ölkuchen (Leinsamen, Raps, Mohn, Kokosnuß, Palmnuß, Erdnuß und andere), Birnenmehl (siehe diese), Sägespäne, Kakaoschalen, Steinnußmehl, extrahierte Gewürze (Pfeffer, Ingwer), Kubeben und Mineralstoffe.

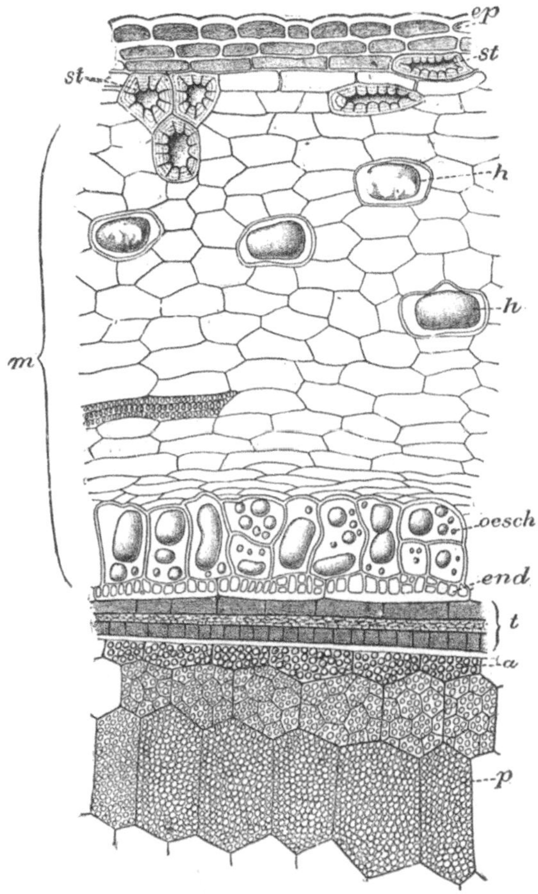

Abb. 258. Langer Pfeffer. Querschnitt durch den äußeren Teil eines Früchtchens (C. GRIEBEL). *ep* Epidermis, *st* hypodermatische Steinzellen, *m* Mesokarp, *end* Endokarp, *h* Harzzellen, *oesch* Ölzellenschicht, *t* Samenschale, *a* Aleuronschicht, *p* Stärkezellen des Perisperms. Vergrößerung 1 : 200.

Matta für schwarzen Pfeffer bestand nach T. F. HANAUSEK aus Hirsekleie, für weißen Pfeffer aus Weizenmehl, Gerstenmalz, Hirsegrieß, Weizenkleie, Ruß, Paprika. HARTWICH beobachtete solche aus Olivenkernen.

Kunstpfeffer wurde während des Krieges aus einem synthetisch gewonnenem Piperidid, Steinnußmehl und etwas Pfefferpulver unter Zusatz von Spelzmehl oder Strohmehl hergestellt. In der Nachkriegszeit wurde dieses Erzeugnis vielfach als Pfeffer verkauft oder zur Verfälschung von Pfeffer verwendet. Als Streckungsmittel haben in dieser Zeit neben stärkehaltigen Stoffen im übrigen andere Gewürze, wie Paprika, Koriander, Anis, Piment, Nelken, Thymian, Kurkuma und namentlich Ingwer gedient.

Auch ganzer Pfeffer ist schon wiederholt verfälscht worden, und zwar durch künstliche Pfefferkörner, die aus Weizenmehl, Pfeffer und Paprikapulver, oder aus gemahlenen Olivenkernen, Stärke und wenig Pfefferpulver hergestellt waren.

Zuweilen werden Früchte anderer Piperaceen beobachtet, die sich im Geschmack nicht immer, meist aber im anatomischen Bau vom echten Pfeffer unterscheiden.

In der Literatur werden außerdem genannt die Samen von *Phaseolus radiatus* L., die Früchte von *Embelia ribes* BURN., *Rhamnus infectorius* L., *Schinus molle* L. und *Juniperus communis* L.

2. Langer Pfeffer.

Der wenig gebräuchliche lange Pfeffer des Handels stammt zumeist von *Piper officinarum* D. C., in geringerer Menge von *Piper longum* L., heimisch im südöstlichen Asien.

Die Droge ist der ganze ährenförmige, 2—6 cm lange Fruchtstand mit zahlreichen, dicht gedrängt in Spiralreihen sitzenden, kleinen, als Höcker erscheinenden Früchtchen.

Im Bau (Abb. 258) stimmen sie mit schwarzem Pfeffer nahe überein.

Oberhaut und Hypoderma ist nur an der freien Außenseite entwickelt. Die Steinzellenreihe ist häufiger unterbrochen.

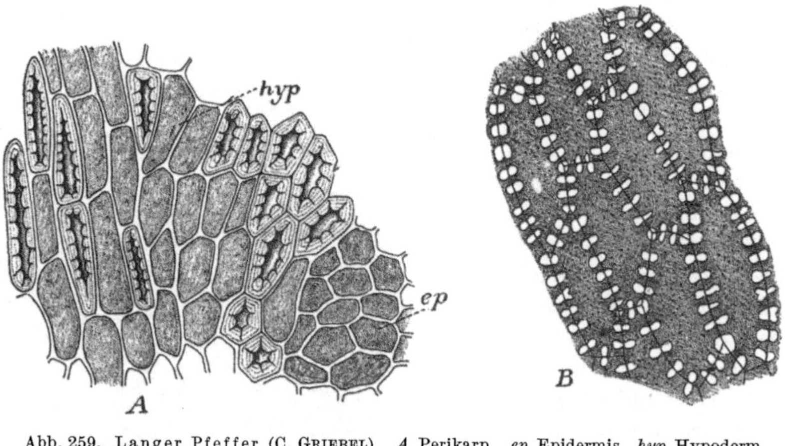

Abb. 259. Langer Pfeffer (C. GRIEBEL). *A* Perikarp, *ep* Epidermis, *hyp* Hypoderm mit Steinzellgruppen, *B* Endokarp, Vergrößerung bei *B* 1 : 200, bei *A* etwas schwächer.

Wesentlich verschieden ist das Endokarp. Es besteht aus niedrigen, langgestreckten, an den Seitenwänden stark porösen Zellen mit nur wenig verdickter Innenwand. Die braune Samenschale ist dreischichtig.

Die Epidermis der Deckblätter der Beerenfrucht unterscheidet sich von der Fruchtoberhaut durch das Vorkommen von Spaltöffnungen und zartere Zellwände.

Charakteristisch für das Pulver sind die Endokarpzellen, deren getüpfelte Seitenwände (Abb. 259, *B*) sich von den Trümmern der Samenschale namentlich an teilweise gebleichten Präparaten deutlich abheben, ferner die oft ziemlich langgestreckten, häufig ein- oder zweiseitig zugespitzten Elemente der hypodermatischen Steinzellenschicht (Abb. 259, *A*).

Der lange Pfeffer ist in England wiederholt als Fälschungsmittel des schwarzen, gemahlenen Pfeffers beobachtet worden. Er hat auch während des Weltkrieges in Mitteleuropa als Streckungs- oder Ersatzmittel für schwarzen Pfeffer gedient, von dem er sich durch einen etwas abweichenden Geruch und Geschmack unterscheidet.

3. Kubeben.

Die Kubeben stammen von *Piper Cubeba* L. (*Cubeba officinarum* MIQ.), einem in südöstlichen Asien heimischen Kletterstrauch. Sie dienen als Heilmittel, selten als Gewürz, doch werden die durch die Extraktion erschöpften Früchte mitunter dem Pfeffer beigemischt. Sie sind diesem sehr ähnlich, haben aber einen 6—8 mm langen „Stiel“ (daher „gestielter Pfeffer“), der als Auswuchs der Fruchtschale leicht abzubrechen ist. Ein zweites makroskopisches Kennzeichen besteht darin, daß der Same nur am Grunde der Fruchtschale angewachsen ist, daher leicht herausgenommen werden kann.

Anatomisch sind Kubeben und Pfeffer zwar sehr ähnlich, aber doch leicht zu unterscheiden. An Stelle der „Becherzellen“ befindet sich bei den Kubeben eine einfache (selten stellenweise doppelte) Reihe großer (oft 80 μ), isodiametrischer oder radial gestreckter, sehr stark gleichmäßig verdickter, farbloser, in Alkalien sich gelb färbender Steinzellen.

Diesem auffallenden Merkmal gegenüber haben die anderen Verschiedenheiten untergeordnete Bedeutung.

Die unter der Oberhaut gelegenen Steinzellen sind etwas kleiner (24—40 μ) und isodiametrisch, seltener als im Pfeffer radial gestreckt.

Die Stärkekörner sind erheblich größer (3—12 μ) und nicht so dicht zu Klumpen geballt wie im Pfeffer.

Mit konzentrierter Schwefelsäure wird Kubebenpulver karminrot, Pfefferpulver braunrot.

4. Paprika.

Mit diesem slawischen Namen bezeichnet man die Frucht mehrerer *Capsicum*-Arten (*Solanaceae*), die in Form, Größe, Farbe und Geschmack sehr verschieden sind. Bei uns sind die großen, roten Früchte von *C. annuum* L. als Paprika, Ungarischer, Spanischer, Türkischer oder Indischer Pfeffer am gebräuchlichsten, in England und Amerika die kleinen, viel schärfer schmeckenden Früchte von *C. fastigiatum* BL. und *C. frutescens* L. als Chillies oder Cayennepfeffer.

I. Die **eigentlichen Paprikafrüchte** sind zumeist rote, aufgeblasene, wie lackiert aussehende, stumpf kegelförmige, 5—10 cm lange, am Grunde etwa halb so breite, unvollständig gefächerte Beeren mit zahlreichen, scheibenförmigen, 3—5 mm breiten Samen an dem zentralen, fleischigen Samenträger. Die Früchte des Handels sind immer noch mit dem gestielten Kelch verbunden.

A. Kelch. Der Stiel ist 3—4 mm dick und wie der 5—6lappige Kelch grün.

Die Oberhaut besteht aus großen, flachen, polygonalen Zellen mit Spaltöffnungen.

Das Mesophyll ist ein großzelliges, von Leitbündeln durchzogenes Schwammparenchym, das Kristallsandzellen enthält.

Die innere Oberhaut (Abb. 260), d. i. die morphologische Oberseite, hat kleinere, wellige Zellen und keine Spaltöffnungen. Sie trägt aus der Mitte einer größeren Zelle entspringende Drüsenhaare mit 1—2zelligem Stiel und mehrzelligem Köpfchen mit rotbraunem, harzigem Inhalt.

Im Kelchstiel (Abb. 261) ist der geschlossene Holzkörper von einem schmalen, unterbrochenen Bastring umgeben. Die Elemente des Holzes (Tüpfel- und Netzgefäße, Fasern und Parenchym) sind stark verdickt. Der Bast enthält breite (bis 50 μ), weitlichtige, geschmeidige Fasern.

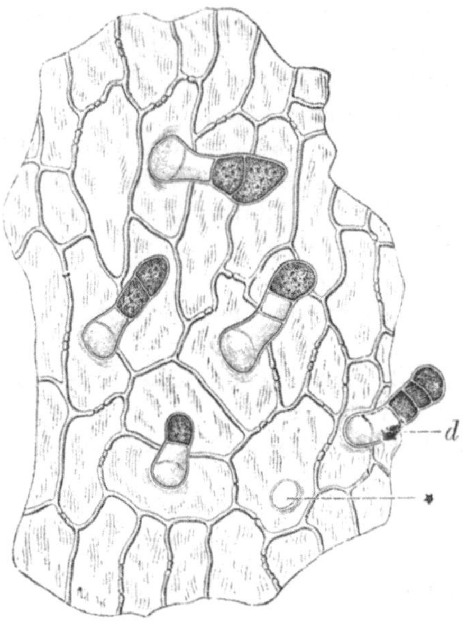

Abb. 260. Innere Oberhaut des Paprikakelches (J. MOELLER). *d* Drüsenhaare, * Spur derselben.

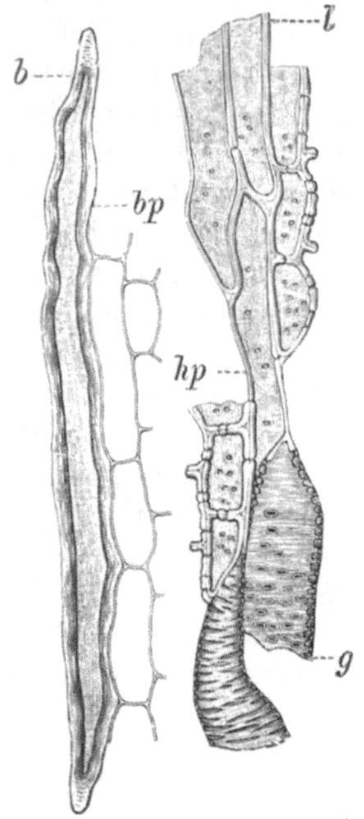

Abb. 261. Elemente des Paprikastieles (J. MOELLER). *b* Bastfaser, *bp* Bastparenchym, *l* Holzfasern, *hp* Holzparenchym, *g* Gefäße.

B. Fruchtschale. Um aus der dünnen, lederigen Fruchtwand brauchbare Querschnitte (Abb. 262) zu erhalten, klemmt man ein kleines Stück zwischen Kork und führt die Schnitte von innen nach außen. Flächenschnitte der Innen- und Außenseite machen keine Schwierigkeit.

1. Die Oberhautzellen (Abb. 262) haben eine kutikularisierte, 15—20 μ dicke Außenwand. In der Fläche (Abb. 263) sind sie polygonal (50—100 μ), in den Kanten stärker verdickt, dicht getüpfelt. Die Kutikula ist durch rinnenförmige Vertiefungen, die auch auf guten Querschnitten erkennbar sind (Abb. 262), parallel gestreift.

2. Das Fruchtfleisch (Abb. 262) ist in den äußeren Lagen ein kleinzelliges, starkwandiges Kollenchym, das allmählich in ein großzelliges dünnwandiges Parenchym übergeht. An der Innenseite liegt eine Reihe außerordentlich großer (1—2 mm) Zellen („Riesenzellen"), durch schmale Parenchym-

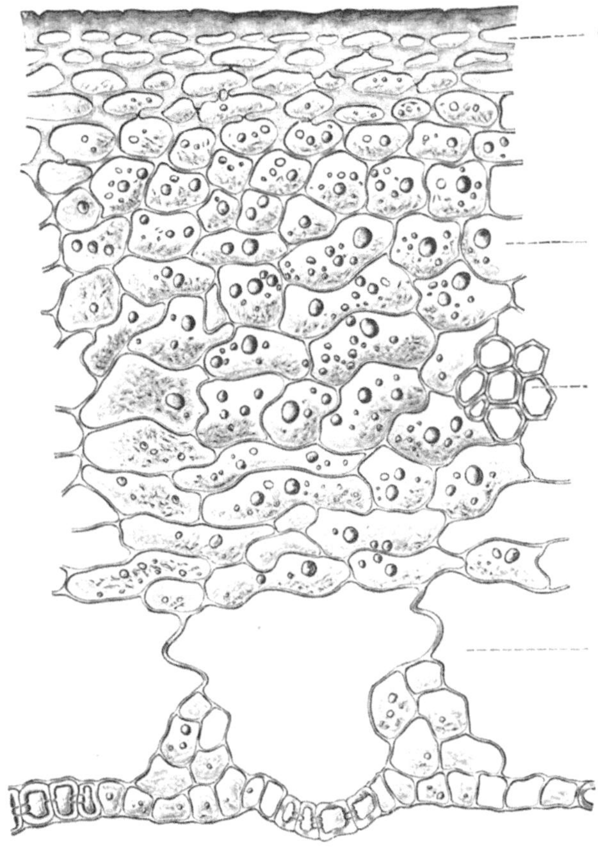

Abb. 262. Querschnitt der Paprikaschale (J. MOELLER).

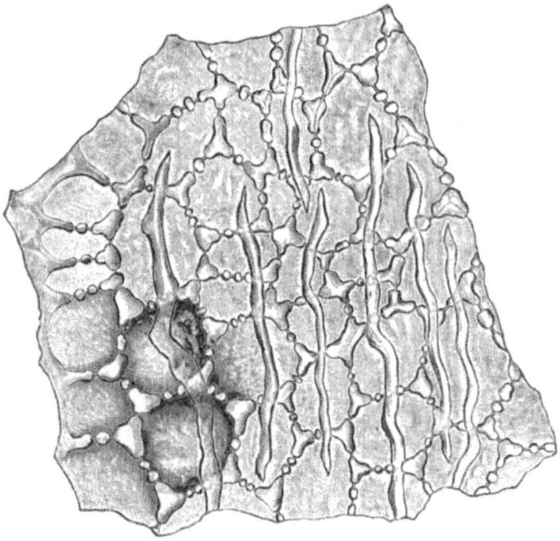

Abb. 263. Paprikaoberhaut in der Flächenansicht (J. MOELLER).

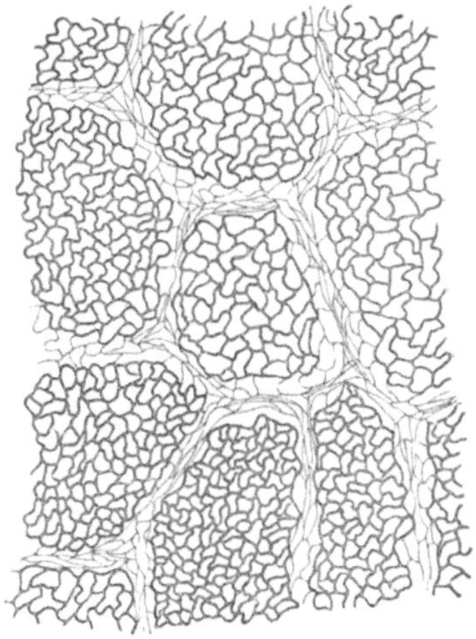

Abb. 264. Endokarp der Paprikaschale in der Flächenansicht bei schwacher Vergr. (J. MOELLER).

brücken voneinander getrennt[1]. Die Zellen des Fruchtfleisches enthalten winzige rote Farbstoffkörper (Chromoplasten) und rote Öltropfen, die durch konzentrierte Schwefelsäure indigoblau gefärbt werden (Capsanthin und Karotin). Gelegentlich, besonders in nicht ganz ausgereiften Früchten, kommen auch winzige Stärkekörner vor.

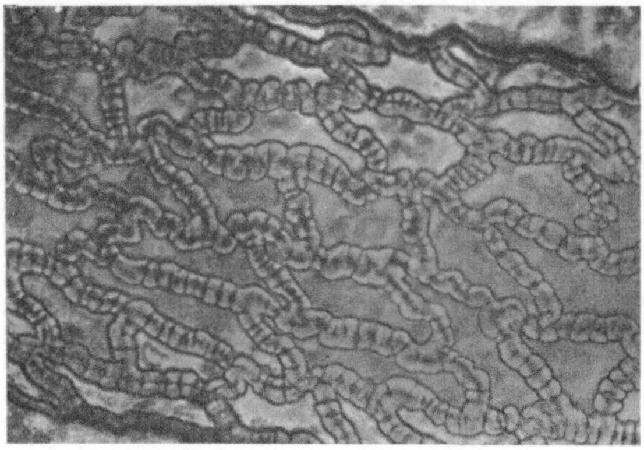

Abb. 265. Endokarp der Paprikafrucht 1 : 300 (Phot. C. GRIEBEL).

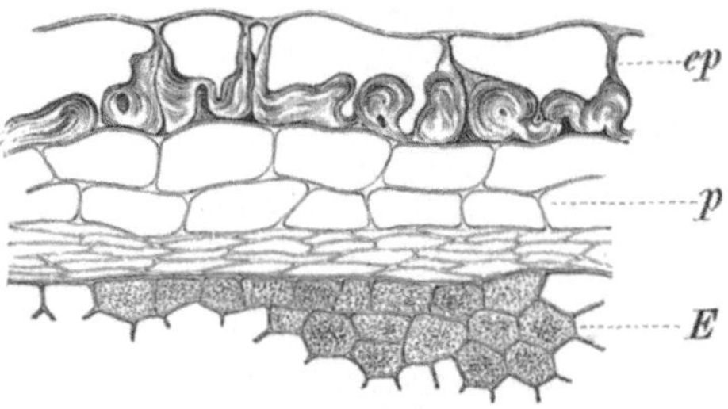

Abb. 266. Rand des Paprikasamens im Querschnitt (J. MOELLER). *p* Oberhaut, *ep* Parenchym, *E* Nährgewebe.

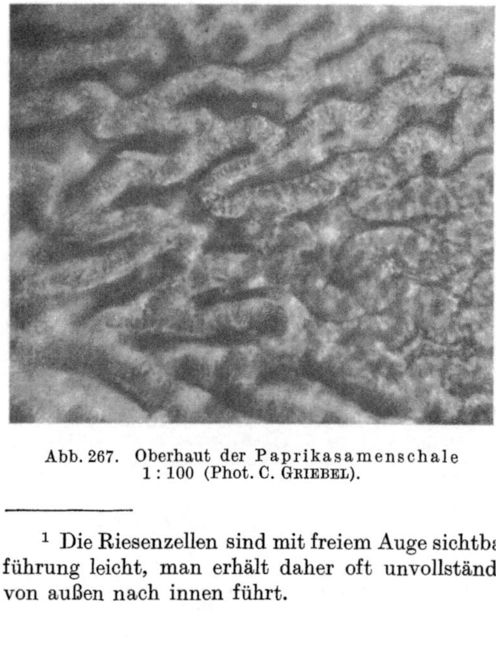

Abb. 267. Oberhaut der Paprikasamenschale 1 : 100 (Phot. C. GRIEBEL).

3. Die innere Oberhaut (Endokarp) besteht aus gestreckten, welligen Zellen. Unterhalb jeder Riesenzelle ist eine Zellgruppe in charakteristischer Weise verdickt. Da die innere Oberhaut sich in größeren Stücken abziehen läßt, kann man die sklerosierten Zellgruppen leicht beobachten (Abb. 264). Sie sind gleichmäßig verdickt und dicht getüpfelt (Abbildung 265). Die Poren der Tüpfel verbreitern sich an der Mittellamelle trichterförmig.

4. Die Scheidewände der Frucht sind von einer zarten Oberhaut bedeckt, deren Kutikula stellenweise emporgehoben wird. In den so entstehenden Blasen befinden sich anfangs ölige Tropfen, später prismatische oder tafelförmige Kristalle von Capsaicin, dem die Früchte ihren scharfen Geschmack verdanken.

Zwecks Herstellung mildschmeckender Paprikapulver werden deshalb die Scheidewände vor dem Vermahlen entfernt.

In der reifen Frucht verbreitet sich übrigens der in den Plazenten gebildete scharfe Stoff teilweise auch über andere Fruchtteile, insbesondere die Samen.

[1] Die Riesenzellen sind mit freiem Auge sichtbar. Die Brücken zerreißen bei der Schnittführung leicht, man erhält daher oft unvollständige Querschnitte, wenn man das Messer von außen nach innen führt.

C. Same. Auf Querschnitten sieht man, daß die Samenschale mit dem Nährgewebe verwachsen ist (Abb. 266). Sie besteht überwiegend aus der ungewöhnlich großzelligen Oberhaut, deren Innen- und Seitenwände eigentümlich knollig verdickt sind. In der Flächenansicht (Abb. 267) erscheinen die wellig-buchtigen Zellen je nach der Einstellung scharf gerändert mit ungleichmäßiger, gewulsteter, von breiten Tüpfeln unterbrochener Verdickung oder gekröseartig mit schlitzförmigen Tüpfeln (Abb. 268). Diese „Gekrösezellen" (MOELLER) sind außerordentlich charakteristisch.

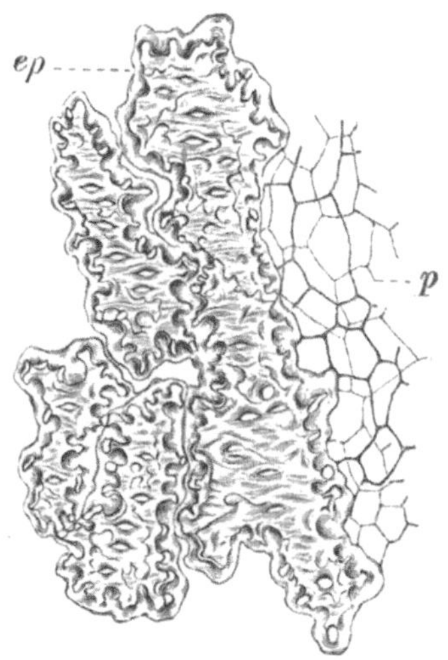

Abb. 268. Schale des Paprikasamens in der Flächenansicht (J. MOELLER). *ep* Gekrösezellen, *p* Parenchym.

Einige mehr oder weniger zusammengedrückte Parenchymschichten mit einer zartzelligen, inneren Oberhaut vervollständigen die Samenschale.

Das ihr anhaftende Endosperm (Abb. 266, *E*) ist mäßig verdickt und enthält neben Fett, Aleuronkörner mit je einem Kristalloid.

Der Embryo ist zartzellig und führt dieselben Inhaltsstoffe; die Aleuronkörner sind jedoch etwas kleiner.

Paprikapulver.

Paprikapulver ist besonders durch die gelbroten Öltropfen gekennzeichnet. Außerdem fallen Teile der Epidermis, des dickwandigen hypodermatischen Kollenchyms, namentlich aber die Endokarp- und Gekrösezellen auf.

Die Herstellung von Paprikapulver erfolgt anscheinend nur in den Produktionsgebieten (hauptsächlich Ungarn). Für die Beschaffenheit der in Ungarn hergestellten Mahlprodukte hat die ungarische Regierung neuerdings bestimmte Normen aufgestellt. Folgendes ist hier von Interesse:

1. Edelsüßer Paprika, durch feurigrote Farbe und süßen, würzigen, nur schwach scharfen Geschmack ausgezeichnet, wird aus erstklassigen Früchten gewonnen, die vom Kelch und Stengel sowie von den Scheidewänden befreit und deren Samen durch Einweichen und Abreiben mit Wasser zuvor vom Capsaicin größtenteils befreit wurden.

2. Der halbsüße oder Gollasch-Paprika wird in derselben Weise bereitet, nur werden die Scheidewände nicht entfernt.

3. Der Rosenpaprika wird durch Verarbeitung sämtlicher Fruchtteile mit Ausschluß des Stengels und Kelches hergestellt. Auch werden die Samen nicht gewaschen, so daß das gesamte Capsaicin erhalten bleibt.

4. Scharfer Paprika (Sekunda-Qualität) ist eine geringere Sorte von ziegelroter Farbe, die in der Zusammensetzung im übrigen dem Rosenpaprika entspricht (Aschengehalt bis 8%).

5. Merkantilpaprika ist die Bezeichnung für die geringste Qualität. Sie wird aus den bei der Bereitung der besseren Sorten zurückbleibenden Schoten-

teilen hergestellt, darf aber Stengel- und Kelchteile höchstens vereinzelt enthalten. Farbe braunrot bis gelbbraun; Aschengehalt bis 12%.

Sämtliche Paprikasorten enthalten demnach Fruchtschale und Samen.

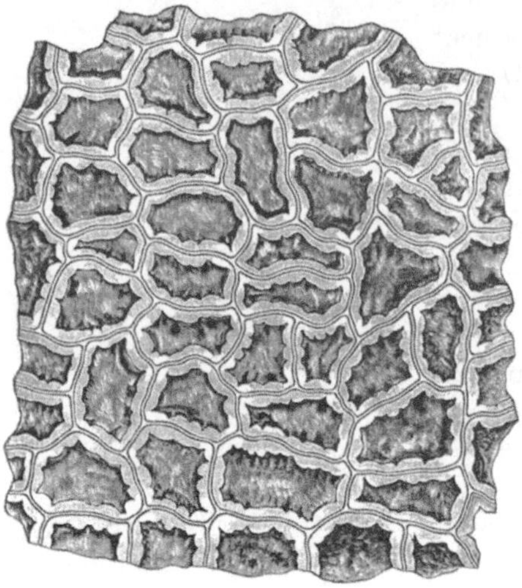

Abb. 269. Oberhaut des Cayennepfeffers in der Flächenansicht (J. MOELLER).

Als Verfälschungsmittel sind zu nennen Kleie, Getreidemehle (insbesondere Maismehl und Maisgrieß), Sandelholz, Ölkuchen, Kurkuma. Auch Teerfarbstoffe werden nicht selten bei der mikroskopischen Untersuchung erkannt; häufig finden sich dann auch hellrot angefärbte Teilchen von Maisgrieß.

II. Der **Chilly** oder **Cayennepfeffer** ist 0,5—2,0 cm lang, die Farbe meist dunkelrot; seine Samen nur 3—4 mm breit. Die dünne Fruchtschale ist der Paprikaschale ähnlich.

Die Oberhautzellen sind aber gewöhnlich vierseitig und deutlich reihenweise angeordnet (Abb. 269). Sie sind kleiner (20—55 μ), ihre Wände undeutlich getüpfelt.

Das Mesokarp ist durchweg zartzellig; es fehlt die kollenchymatische Außenschicht.

Die innere Oberhaut ist kleinzelliger, aber wie bei Paprika gruppenweise sklerosiert.

Die Samen sind wie die des Paprika gebaut; bemerkenswert ist jedoch, daß an der Außenwand der Oberhautzellen die Innenlamelle stärker entwickelt ist als die Mittellamelle.

5. Piment.

Piment, Neugewürz, Nelkenpfeffer, Jamaikapfeffer, Englischgewürz sind die gleichbedeutenden Namen für die Früchte der im tropischen Amerika heimischen, in Westindien und Zentralamerika, auch in Ostindien kultivierten *Pimenta officinalis* BERG (*Myrtaceae*), eines den Gewürznelken nahe verwandten Baumes.

Tabasko- oder Mexikopiment ist eine großfrüchtige Varietät. — Kronpiment („Poivre de Thebet") stammt von *Pimenta acris* (Sw.) LINDL. ebenfalls im tropischen Amerika. Die Früchte sind 8—10 mm lang, im Bau dem gewöhnlichen Piment gleich.

Die Pimentfrüchte sind zweifächerige, auch ein- oder dreifächerige, 5—8 mm große Beeren, die vom vierzähnigen Kelch gekrönt sind und in jedem Fach einen plankonvexen, schokoladefarbigen Samen enthalten. Reif sind sie purpurschwarz; sie werden jedoch noch grün gesammelt und in der Sonne getrocknet, wobei sie schwarzbraun und körnigrauh werden. Ihr Geruch erinnert an Gewürznelken und zugleich an andere Gewürze; daher der englische Name „Allspice".

Die Samen bestehen aus der braunen Schale und dem spiralig gekrümmten Embryo mit langem, dickem Würzelchen und kleinen Kotyledonen.

A. Fruchtschale. Querschnitte (Abb. 270) zeigen an der Peripherie einen Kranz großer Ölräume und im Fruchtfleisch zahlreiche Steinzellen. Die Oberhaut (Abb. 271, *ep*) ist ungewöhnlich kleinzellig (15 μ), besitzt Spaltöffnungen (*st*) und trägt Haare. Diese sind bis 200 μ lang, einzellig, sehr stark verdickt, oft gekrümmt, den Härchen der Zimtblüten ähnlich (Abb. 488, *h*). Am häufigsten finden sie sich an dem durch das Krönchen vor Abschilferung geschützten Scheitel der Frucht.

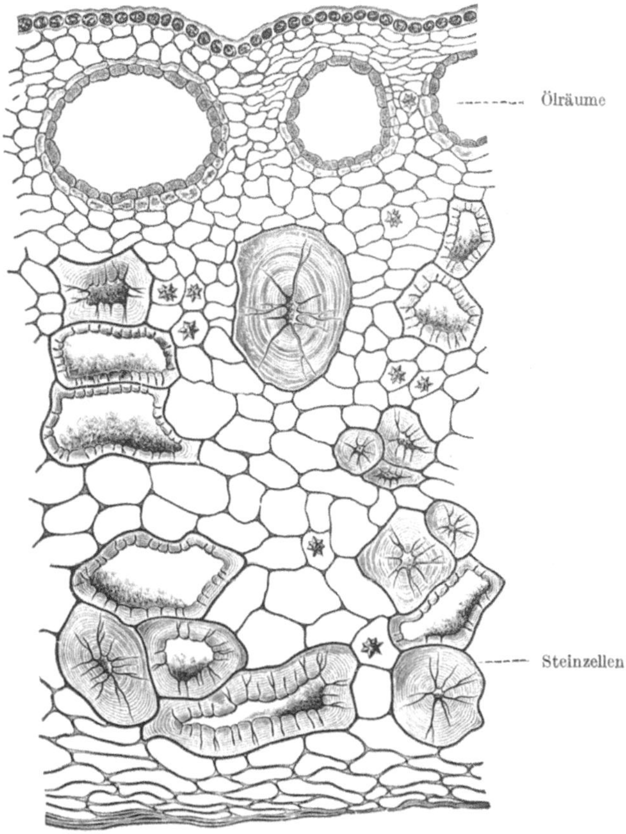

Abb. 270. Querschnitt der Pimentschale (J. MOELLER).

Das Fruchtfleisch (Abb. 270) ist außen ein kleinzelliges Parenchym mit zahlreichen großen Ölräumen in ein- oder mehrfacher Reihe, die die feinkörnige Beschaffenheit der Oberfläche verursachen. Sie sind kugelig oder eiförmig, etwa 200 μ weit, im Bau denen der Gewürznelken gleich (schizogen).

Nach innen zu wird das Parenchym großzellig und sklerosiert. Die Steinzellen sind an Gestalt, Größe und Verdickung sehr verschieden, aber meist groß, fast vollständig verdickt, fein und deutlich geschichtet, braunen Inhalt führend, ihre Wände von verzweigten Porenkanälen durchzogen (Abb. 270). Durch ihre Farblosigkeit (in Wasser) heben sie sich deutlich von der braunen Umgebung ab. An der Innenseite der Fruchtwand bilden sie eine fast geschlossene Schicht. Das Mesokarp enthält neben braunen formlosen Massen reichlich Oxalatdrusen.

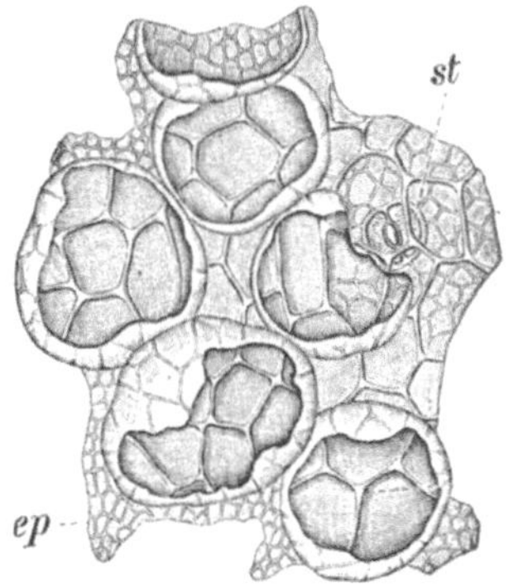

Abb. 271. Oberhaut u. Ölräume der Pimentschale in der Flächenansicht (J. MOELLER).

Die innere Auskleidung der Fruchtschale besteht aus mehreren Lagen zusammengedrückter Zellen. Die innere Oberhaut aus polygonalen Zellen setzt sich auf die pergamentartigen Scheidewände fort, deren Parenchym, wie das Mesokarp, Steinzellen, Kristalldrusen und Leitbündel enthält (Abb. 272).

B. Samenschale. Sie ist an den Kanten dünn; auf den Breitseiten bildet sie ein dickes Polster.

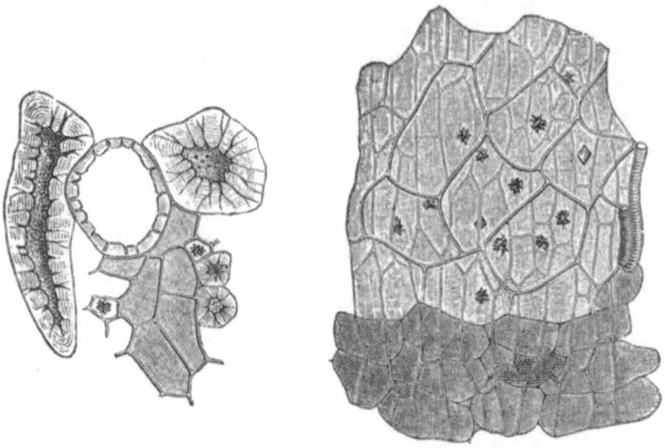

Abb. 272. Gewebe der Fruchtscheidewand des Piment (J. MOELLER).

Die Zellen der Oberhaut (Abb. 273, *ep*) sind schmal, lang gestreckt.

Das Parenchym der Mittelschicht (*p*) ist durch rotbraune Zelleinschlüsse (Inklusen) gekennzeichnet. Diese auch im Pulver leicht auffindbaren, oft in toto aus den Zellen herausfallenden Farbstoffkörper werden durch Eisensalze blau und lösen sich in erwärmter Lauge mit schmutzigvioletter Farbe.

Die innere Oberhaut ist der äußeren ähnlich. An manchen Stellen haften ihr noch einige kleinzellige Schichten an, die wohl als Reste des Sameneiweißes anzusprechen sind.

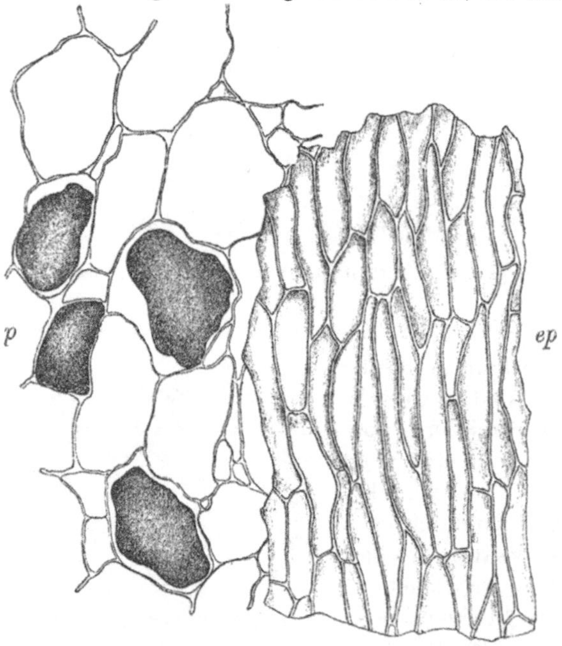

Abb. 273. Samenhaut des Piment (J. MOELLER). *ep* Oberhaut, *p* Parenchym.

C. Embryo. Er läßt sich aus dem in Wasser erweichten Samen vollständig herausheben, ist fast ebenso lang wie breit (4:5 mm), flach schneckenförmig, dunkelviolett. Der kreisrunde Querschnitt des die Hauptmasse des Keimlings bildenden Stämmchens zeigt in der Mitte einen Kreis zarter Leitbündel und an der Peripherie einen Kreis großer Ölräume. Das Parenchym enthält neben einem rotbraunen oder bräunlich-violetten wasserlöslichen Pigment (Untersuchung in Glyzerin oder Alkohol) einfache und zu 3—6 zusammengesetzte Stärkekörner (bis 12μ) meist mit deutlichem Kern oder Kernhöhle (Abb. 274).

Pimentpulver

enthält neben braunem Parenchym in großer Menge farblose Steinzellen, zusammengesetzte Stärke, wasserlösliche Pigmentschollen, vereinzelt Teile der

Fruchtschale mit der Oberhaut und den Ölräumen, rotbraune Inklusen der Samenschale, einzellige Härchen, Kristalldrusen, Spiralgefäße.

Sind dem Pulver Pimentstiele beigemischt, so verraten sich diese durch das reichliche Vorkommen größerer Gefäßfragmente, Bastfasern, Kammerzellen mit Einzelkristallen, Haare.

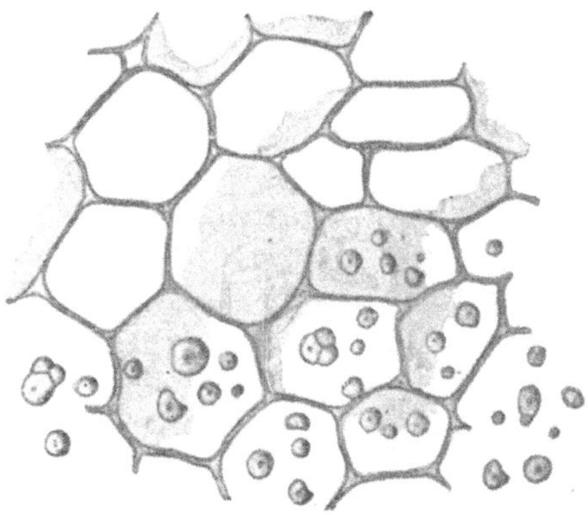

Abb. 274. Keimblattgewebe des Piment (J. MOELLER).

Auch mit Nelkenstielen, Nuß- und Kakaoschalen, getrockneten Birnen („Matta"), Sandelholz, Zerealien, Hülsenfrüchten usw. ist Piment schon verfälscht worden.

6. Muskatnuß.

Die echte Muskatnuß (Bandamuskatnuß) ist der von der Steinschale befreite Same, also der Samenkern von *Myristica fragrans* HOUTT. (*Myristicaceae*), einem auf den Molukken (Bandainseln) heimischen und im ganzen Tropengürtel kultivierten Baum.

Die Frucht ähnelt der Aprikose, spaltet sich bei der Reife in zwei Hälften und zeigt im Fruchtfleisch einen dunkelbraunen Samen, umgeben von einem dunkelroten, zerschlitzten Samenmantel (Abb. 275).

Zunächst wird aus dem Fruchtfleisch der Samenmantel herausgelöst, an der Sonne getrocknet und mitunter mit Salz bestreut. Er kommt als Muskatblüte oder Macis (s. d.) in den Handel.

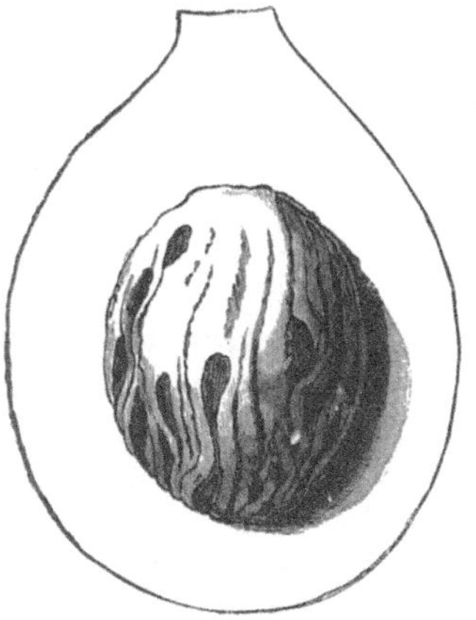

Abb. 275. Muskatnuß in der nur im Umriß gezeichneten Frucht (A. v. VOGL).

Abb. 276. Aus der Steinschale gelöste Muskatnuß (A. E. v. VOGL).

Abb. 277. Querschnitt der Muskatnuß mit der Schale (BERG).

Auch die Samen werden getrocknet und dann erst aufgeschlagen. Die dunkelbraune, glänzende Steinschale ist 1—2 mm dick, von den Abdrücken des Samenmantels gefurcht, mit bandartiger Raphe versehen.

Die herausgelösten Kerne, die eigentlichen „Muskatnüsse", bestehen fast nur aus dem gefalteten Endosperm (Abb. 276). Sie sind oval, zimtbraun, oberflächlich gerunzelt. Von dem grubig vertieften Nabel zieht längs der etwas flacheren Seite der Nabelstrang zum entgegengesetzten Pol (der Chalaza). Auf Durchschnitten (Abb. 277) sind die Nüsse schön marmoriert, weil die braune

Schale, die den Rest des Perisperms darstellt, in die Falten des Endosperms eindringt. Der kleine, am Grunde des Endosperms liegende Embryo wird von Durchschnitten selten getroffen (s. Abb. 32, S. 52) und hat praktisch keine Bedeutung. Es ist üblich, die Muskatnüsse in Kalkwasser zu legen, teils um ihr Aussehen zu verbessern, teils um sie vor Insektenfraß zu schützen. Deshalb sind die Muskatnüsse des Handels fast immer weiß bestäubt.

Abb. 278. Papua-Muskatnuß ohne Schale in natürlich. Größe (WARBURG).

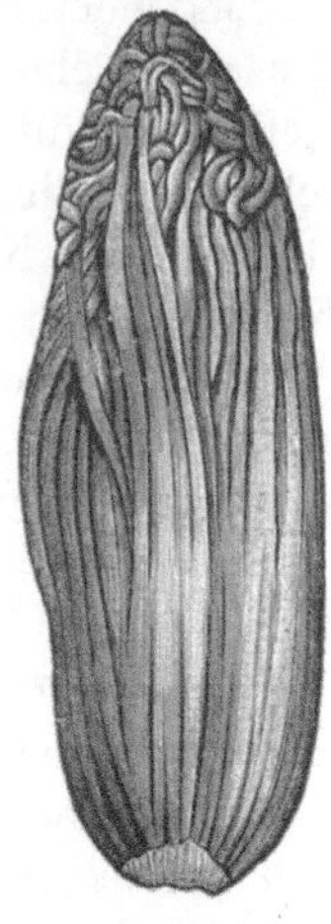

Abb. 279. Bombay-Muskatnuß mit dem Samenmantel in natürlicher Größe (J. MOELLER).

Die lange, wilde, auch Makassar- oder Papua-Muskatnuß stammt von *Myristica argentea* WARB. Ihr Geschmack ist ebenfalls aromatisch, aber weniger fein.

Sie ist 25—40 mm lang und 15—25 mm breit, fast zylindrisch, am Grunde etwas breiter (Abb. 278).

Die Bombay-Muskatnuß stammt von *Myristica malabarica* LAM. aus Vorderindien. Sie ist gar nicht aromatisch.

Ihre Form ist zylindrisch, die Länge erreicht 5 cm (Abb. 279). Die Abdrücke des Samenmantels sind wenig ausgeprägt, die Raphe jedoch bildet eine tiefe Furche.

Im anatomischen Bau sind Bombay- und Makassar-Nuß von der Banda-Nuß kaum verschieden.

Außer den drei angeführten, gibt es noch etwa 80 Myristica-Arten, die von Vorderindien über Australien bis zu den Tongainseln verbreitet sind. Nur wenige besitzen bleibend gewürzhafte Samen, einige liefern Fett oder sind in anderer Weise nutzbar (WARBURG).

Mikroskopischer Bau.

Die braune Hülle („Hüllperisperm") der Muskatnüsse besteht außen aus 12—30 μ großen, zusammengepreßten, zum Teil verholzten Zellen, die (Abb. 280) braune Massen und häufig kleine prismatische, seltener tafelförmige Kristalle (nach TSCHIRCH Kaliumbitartrat) enthalten. Die inneren Schichten des Perisperms, die auch leistenförmig in die Falten des Endosperms eindringen, bestehen aus polygonalen, meist kleineren Zellen, zwischen denen aber große Ölzellen oft so zahlreich eingeschlossen sind, daß diese das großzellige Aussehen des Faltengewebes verursachen (Abb. 281, *F*).

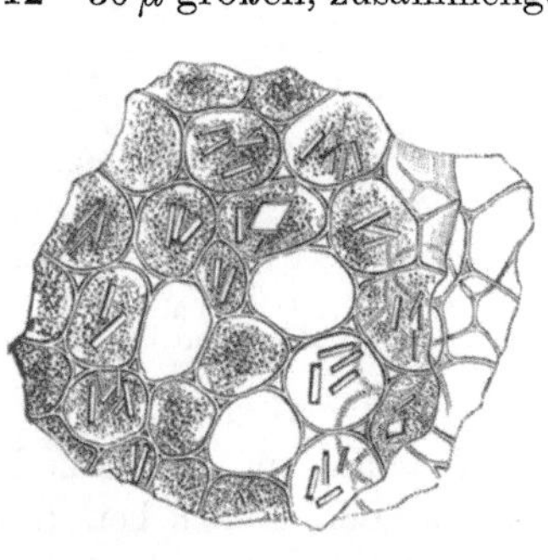

Abb. 280. Braunes Hüllgewebe der Muskatnuß in der Flächenansicht (J. MOELLER).

Das hellfarbige Endospermgewebe (Abbildung 281, *E*) ist ein zartzelliges, von Fett, Stärke und Aleuron erfülltes Parenchym, in dem vereinzelte Pigmentzellen liegen (*f*). Die Stärkekörner sind einfach (2—15 μ) oder zusammengesetzt, meist Zwillinge und Drillinge, auch reihenweise aneinandersitzend und zeigen eine deutliche Kernhöhle. Jede Zelle enthält ein Aleuronkorn, meist mit einem großen Eiweißkristall. Auch die Pigmentzellen enthalten Stärke, von brauner Masse umgeben. — Das Fett ist oft kristallinisch. Es muß extrahiert werden, wenn man die anderen Inhaltsstoffe deutlich erkennen will. Entfettete Schnittpräparate untersucht man zweckmäßig in Jodlösung.

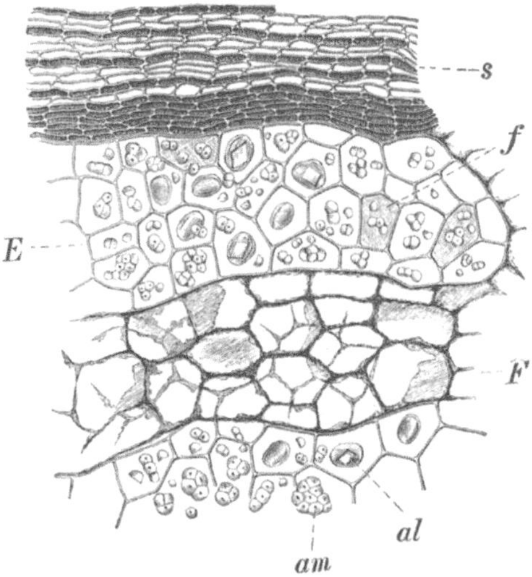

Abb. 281. Durchschnitt der Muskatnuß (J. MOELLER). *E* Nährgewebe, *F* Faltengewebe, *s* Hüllgewebe, *am* Stärke, *al* Aleuron, *f* Farbstoffzellen.

Muskatnußpulver

kommt selten in den Handel. Es besteht hauptsächlich aus dem zu Klümpchen geballten Zellinhalt des Endosperms nebst spärlichen, farblosen oder braunen Membranfetzen. Charakteristisch ist das dreifarbige Bild in Jodlösung: blaue Stärkekörner, glänzendbraune Eiweißkristalle und gelber Detritus.

Als Verfälschungen wurden beobachtet: Beimengungen der Steinschale, Kakaoschalen, Leinölkuchen, Zerealien u. a. m. Sie sind um so leichter zu entdecken, als das reine Pulver arm an charakteristischen Geweben ist.

7. Macis

oder Muskatblüte ist der Samenmantel (Arillus) der echten, sogenannten Banda-Muskatnuß (Abb. 282). Frisch dunkelrot und fleischig, wird er durch das Trocknen gelb und brüchig, etwas durchscheinend.

Abb. 282. Banda-Muskatnuß mit dem Samenmantel (Macis) (J. MOELLER).

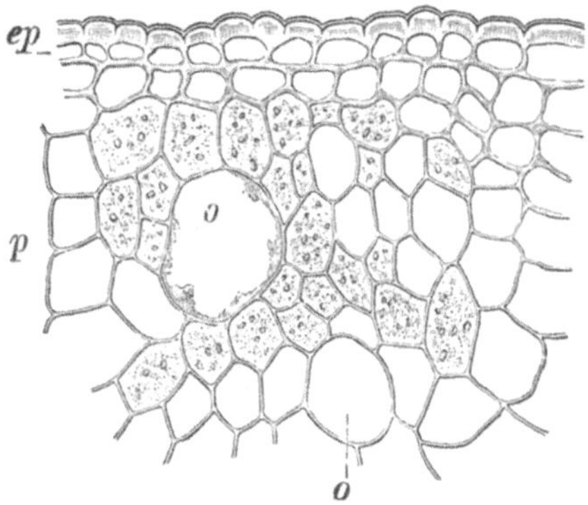

Abb. 283. Querschnitt der Banda-Macis (J. MOELLER). *ep* Oberhaut und Hypoderm, *p* Parenchym mit den Ölzellen *o*.

Ein Querschnitt (Abb. 283) durch das in schmale Lappen gespaltene blattartige Gebilde zeigt (in Glyzerin) beiderseits eine Oberhaut aus Zellen mit verdickten Außenwänden, teilweise auch ein Hypoderm. Dazwischen liegt dünnwandiges Parenchym, in dem zerstreute Ölzellen durch ihre Größe auffallen.

Auf Flächenschnitten (Abb. 284, *ep*) erscheint die Oberhaut aus spindelförmigen, bis 600 μ langen und 20—40 μ breiten, schon in Wasser beträchtlich quellenden Zellen zusammengesetzt.

Das parenchymatische Grundgewebe aus isodiametrischen (25—50 μ), dünnwandigen Zellen enthält reichlich Fett. Wird dieses mit Äther entfernt, so findet man zahlreiche, winzige (bis 12 μ lange), unregelmäßig geformte, mit Jod sich rotbraun färbende Körperchen (nach TSCHIRCH Amylodextrin). Stärke fehlt. Der Inhalt der Ölzellen ist ein Gemenge von ätherischem Öl, Fett und Harz. Lauge bewirkt keine merkliche Färbung.

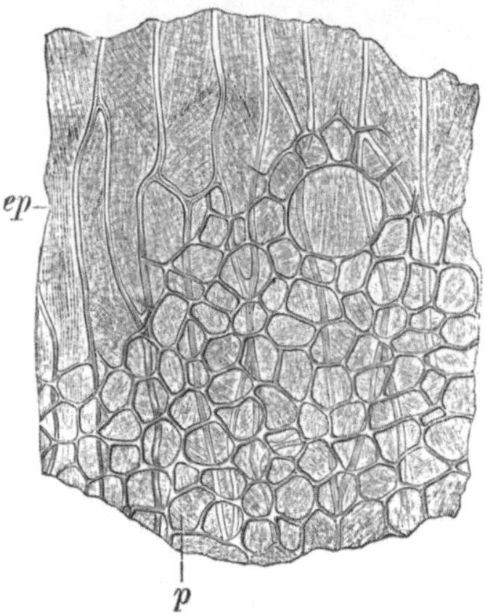

Abb. 284. Oberhaut (*ep*) und Parenchym (*p*) der Banda-Macis in der Flächenansicht (J. MOELLER).

Macispulver ist rötlichgelb bis orangebraun. Charakteristisch ist die Oberhaut, der oft Parenchym mit Ölzellen anhaftet. Die Hauptmasse besteht aus farblosem Zellinhalt mit zahlreichen Amylodextrinkörnchen; vereinzelt finden sich zarte Leitbündel. Zuweilen wird dem Macispulver Muskatnußpulver beigemengt. Von fremdartigen Zusätzen sind außerdem beobachtet worden: Getreidemehl (Semmeln, Zwieback), Palmkern-, Lein-, Mohnkuchenmehl u. a. m.

Makassar- oder Papua-Macis

von *Myristica argentea* WARB. ist rötlichbraun, aus weniger aber breiteren Lappen gebildet und unterscheidet sich von der Banda-Macis außerdem durch geringeren Gehalt an ätherischem Öl und abweichenden, vorwiegend durch Safrol verursachten Geruch und Geschmack. Anatomisch stimmt sie mit der Banda-Macis fast überein. Der Nachweis von Papuamacispulver ist daher nur auf chemischem Wege möglich.

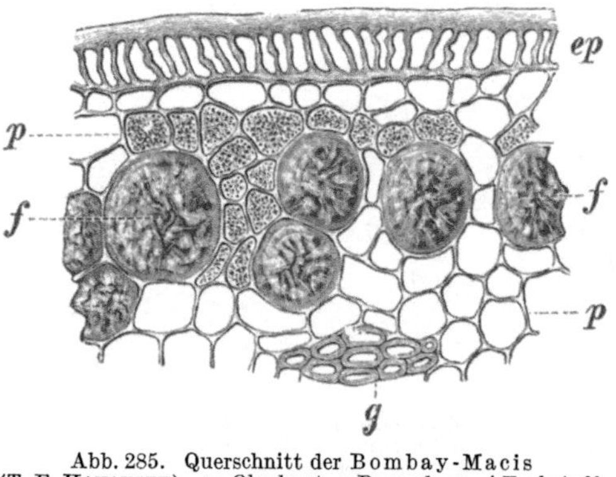

Abb. 285. Querschnitt der Bombay-Macis (T. F. HANAUSEK). *ep* Oberhaut, *p* Parenchym, *f* Farbstoffzellen, *g* Leitbündel.

Bombay-Macis

von *Myristica malabarica* LAM. ist fast geschmacklos, daher als Gewürz wertlos. Von der echten Banda-Macis ist sie leicht zu unterscheiden. Der Form der Nüsse entsprechend, ist sie länglich, größer und feiner zerschlitzt, am Scheitel eine aus wurmförmigen Fäden verwickelte Kappe bildend (Abb. 279). Die Farbe ist gewöhnlich dunkelrotbraun oder dunkelorange, mitunter gelb.

Mikroskopisch unterscheidet sie sich von der echten Macis durch die am Querschnitt schmalen und hohen Oberhautzellen (Abb. 285), doch ist dieses Kennzeichen bei der Untersuchung des Pulvers nicht verwertbar. Diagnostisch wertvoll sind die bis 120 μ großen Sekretzellen. Sie sind nicht nur zahlreicher, sondern ihr Inhalt bildet außerdem eine kompakte orangerote Harzmasse, die mit Alkalien blutrot wird. (Bei Bombay-Macis zeigen die Sekretzellen nur wandständige Inhaltsreste.)

Die Verfälschung von Macispulver mit der als Gewürz vollständig wertlosen Bombay-Macis läßt sich hierdurch sicher nachweisen.

Von den zur Erkennung der Bombay-Macis angegebenen Reaktionen ist die nach Busse am meisten zu empfehlen. Es werden fingerbreite Streifen von Filtrierpapier 30 Minuten lang 10—12 mm tief in den alkoholischen Macisauszug eingetaucht, hierauf getrocknet und dann mit siedendem Barytwasser behandelt. Bombay-Macis gibt hierbei eine ziegelrote, Banda- und Makassar-Macis eine bräunlichgelbe, im unteren Teil der Streifen schwach rote Farbe.

8. Kardamomen.

Zwei Arten kommen nach Europa: die kleinen oder Malabar-Kardamomen und die wenig gebräuchlichen langen oder Ceylon-Kardamomen. Beide stammen von *Elettaria Cardamomum* White et Maton (*Zingiberaceae*), einer im südöstlichen Asien heimischen, schilfähnlichen Pflanze, deren kleinfrüchtige Varietät jetzt vorwiegend auf Ceylon kultiviert wird.

Andere Kardamomen kommen nur selten auf den europäischen oder amerikanischen Markt, so

die runden oder Siam-Kardamomen (*Amomum Cardamomum* Blume),
die wilden oder Bastard-Kardamomen (*Amomum xanthioides* Wall.),
die bengalischen Kardamomen (*Amomum subulatum* Rxb.),
die javanischen Kardamomen (*Amomum maximum* Rxb.) und
die Paradieskörner (*Amomum melegueta* Roscoe).

Sie unterscheiden sich nach Tschirch durch den Bau der Samenschale.

Die Früchte sind dreifächerige, oft in einen kurzen Schnabel (den Perigonrest) endigende Kapseln. In jedem Fach sind die von einem zarten, durchsichtigen Häutchen (dem Samenmantel) eingehüllten Samen in zwei Reihen dicht aneinandergepreßt. Form, Größe und Farbe der Kapseln, Zahl und Bau der Samen sind verschieden.

Kleine Kardamomen.

Abb. 286. Same der Kleinen Kardamomen mit dem Arillus *a*, 3fach vergrößert (Luerssen).

Die sogenannten Malabar-Kardamomen sind rundlich-dreikantig, etwa 10—15 mm lang, dreifächerig. Ihre lederige Schale ist lichtbraun, gelb oder fast weiß (bei den gebleichten Sorten), längsstreifig, kaum aromatisch. Zwischen den farblosen Scheidewänden bilden je 4—8 Samen eine zusammenhängende, jedoch leicht zerfallende Masse. Die von einem zarten Arillus umgebenen Samen (Abb. 286) sind mit einem Faden (dem Nabelstrang) an der Mittelsäule (Zentralplazenta) befestigt. Sie sind rotbraun, 2—3 mm lang, unregelmäßig eckig, quer gerunzelt, der Länge nach gefurcht, sehr hart, angenehm und stark aromatisch.

A. Fruchtschale. Sie ist strohig-trocken, etwa 1 mm dick.

Die rundlich-polygonalen Zellen der Oberhaut (Abb. 287, *ep*) lassen zwischen sich Haarnarben erkennen.

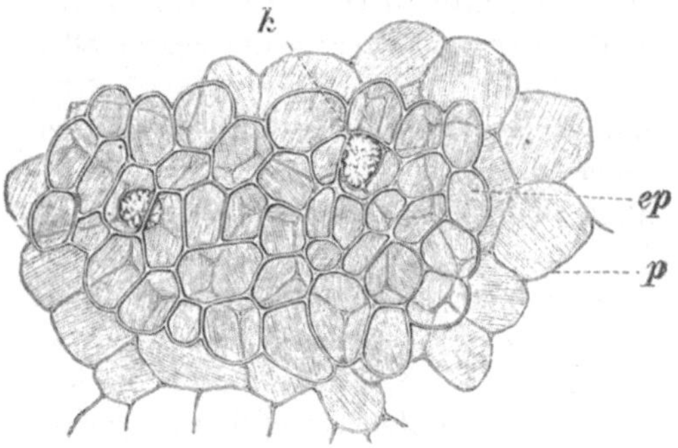

Abb. 287. Äußere Fruchtwand der Kleinen Kardamomen (J. MOELLER). *ep* Oberhaut, *p* Parenchym mit Harzzellen *h*.

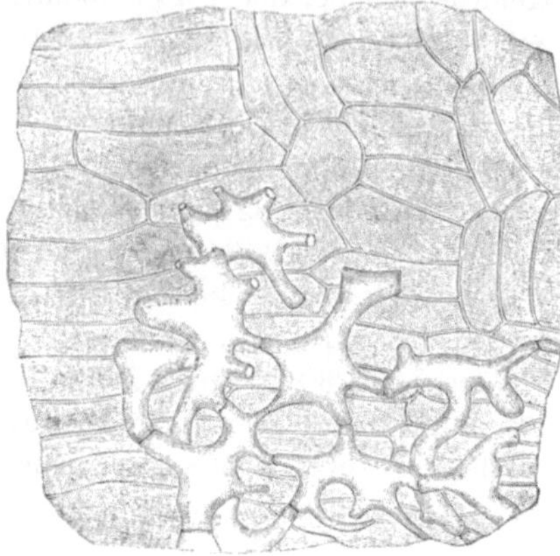

Abb. 288. Innere Fruchtwand der Kleinen Kardamomen (J. MOELLER).

Im großzelligen lufthaltigen Parenchym des Mesokarps sind zahlreiche kleinere Sekretzellen zerstreut, die einen zitronengelben oder rotbraunen Klumpen enthalten (Abb. 287, *h*). In den Leitbündeln sind die Spiralgefäße ungefähr ebenso breit (60 μ) wie die wenig verdickten, aber verholzten Fasern. Innen ist das Gewebe ein Schwammparenchym (Abb. 288), abgeschlossen durch eine gestreckt-zellige Oberhaut.

B. Samen. Der zarte, farblose Samenmantel (Abbildung 289) erscheint auf den ersten Blick strukturlos; bei genauerem Zusehen erkennt man aber mehrere Lagen langgestreckter Zellen mit stark lichtbrechenden Tropfen und einzelnen oder reihenweise angeordneten Kristallen.

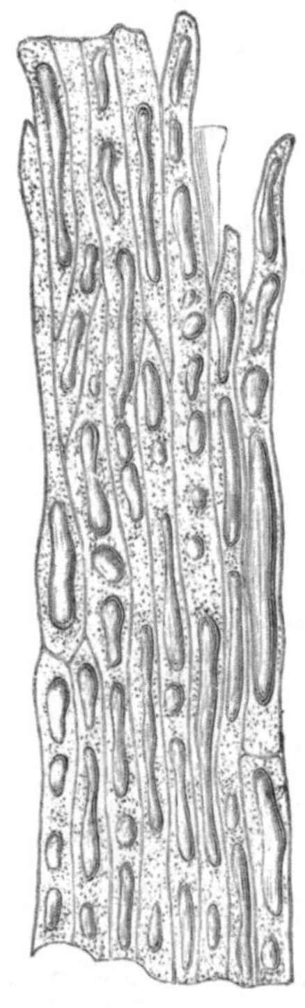

Abb. 289. Samenmantel der Kardamomen (J. MOELLER).

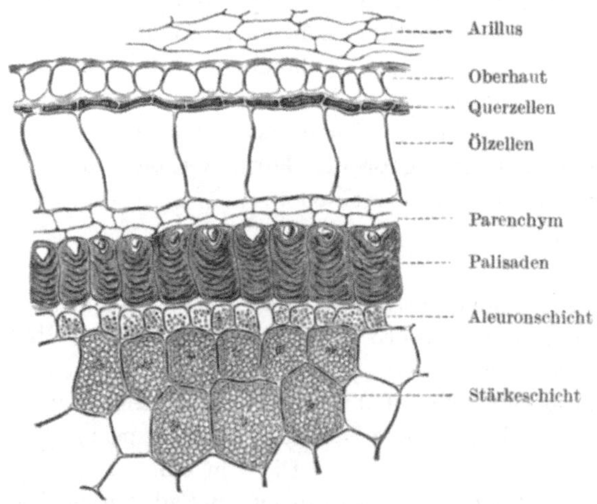

Abb. 290. Querschnitt der Kleinen Kardamomen (J. MOELLER).

Um aus den beinharten Samen Schnitte anfertigen zu können, müssen sie in Wasser lange erweicht und fest zwischen Kork eingeklemmt werden. Auch dann noch muß die Schnittführung behutsam sein; hohl geschliffene Messer werden leicht schartig. Der Querschnitt (Abb. 290) zeigt fünf Schichten, von denen die erste und fünfte besonders charakteristisch sind.

1. Die Oberhaut (Abb. 290 und 291, *o*) besteht aus langen, faserförmigen, etwa 35 μ breiten, scharf konturierten Zellen.

2. Zarte Querzellen (*qu*), oft mit braunem Inhalt, sind auf Querschnitten weniger deutlich als in Flächenpräparaten zu sehen.

3. Ölzellen, durch ihre Größe auffallend, enthalten farblose Tropfen ätherischen Öles.

4. Parenchym (*p*) in einfacher oder doppelter Lage.

5. Palisadenzellen (*st*) braun und so vollständig verdickt, daß nur an der Außenseite eine kleine Höhle frei bleibt, in der ein winziger Kieselkörper liegt. Sie sind etwa 25 μ hoch, 8—20 μ breit. In der Flächenansicht (Abb. 291) sind sie polygonal und je nach der Einstellung kompakt oder weitlichtig.

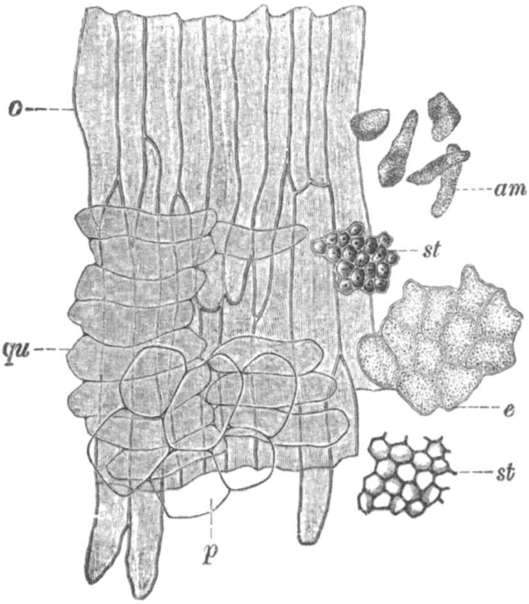

Abb. 291. Samengewebe der Kleinen Kardamomen (J. MOELLER). *o* Oberhaut, *qu* Querzellen, *p* Parenchym, *st* Palisaden, *e* Perisperm, *am* Stärkeklumpen.

Der mit der Schale verwachsene Samenkern (Abb. 292) besteht aus drei Teilen: in der Mitte liegt der Embryo, umgeben von spärlichem Endosperm, und dieses ist wieder umgeben von Perisperm.

Das Perisperm (Abb. 292, *p*) ist ein großzelliges, mit Stärke vollgepropftes Parenchym (Abb. 290 und 291, *e*). Die Stärkekörnchen sind sehr klein (2—3 μ, selten über 4 μ), kugelig oder polyedrisch und (wie im Pfeffer) zu kompakten Massen verklebt, die oft in toto herausfallen. In der Mitte jedes Ballens ist ein kleiner Hohlraum mit einem einzigen oder mehreren kleinen Oxalatkristallen, die im Chloralhydratpräparat sichtbar werden.

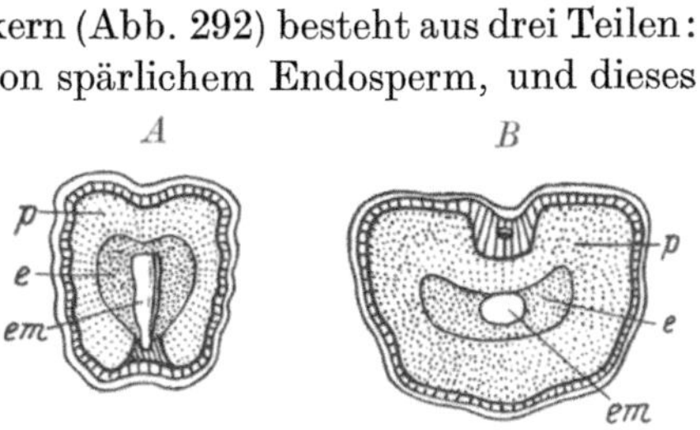

Abb. 292. Samen der Kleinen Kardamomen (nach LUERSSEN). *A* Längsschnitt, 5fach vergrößert, *B* Querschnitt, 8fach vergrößert, *p* Perisperm, *e* Endosperm, *em* Embryo.

Das Endosperm enthält Fett und Aleuron, keine Stärke; ebenso der kleinzellige Embryo.

Kardamompulver.

Es soll nur aus den Samen hergestellt sein, da die Fruchtschale fast gar nicht aromatisch ist. Trotzdem wird diese oft mit vermahlen. Solche Pulver sind schon äußerlich an der gelblichen Farbe kenntlich (reines Samenpulver ist rötlich- bis bräunlichgrau), mikroskopisch an dem großzelligen, lufthaltigen Schalenparenchym, den Leitbündelteilen, verholzten Fasern und Harzklumpen.

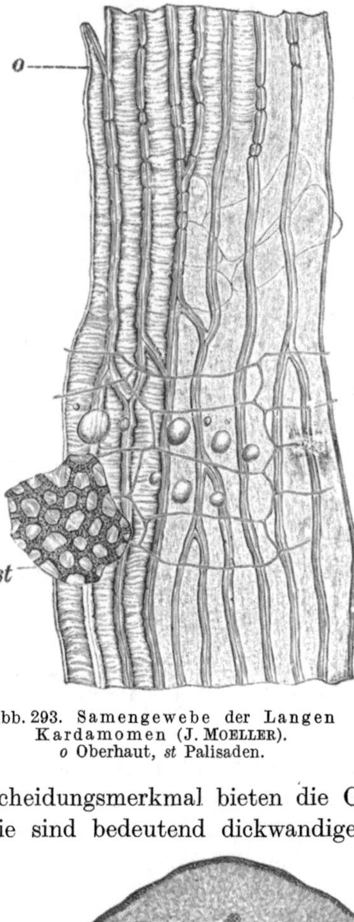

Abb. 293. Samengewebe der Langen Kardamomen (J. MOELLER). *o* Oberhaut, *st* Palisaden.

Das Samenpulver besteht hauptsächlich aus Stärkeklumpen und ist auf den ersten Blick dem Pfefferpulver ähnlich. Mit leichter Mühe findet man jedoch alsbald die höchst charakteristischen Fragmente der Oberhaut und der Palisadenschicht. Die ersteren sind zwar in der Form dem Endokarp und dem Arillus ähnlich, aber die Zellen sind dicker und starrer. Durch den Zusammenhang mit der Querzellen- (Pigment-) Schicht erscheinen sie außerdem gewöhnlich braun.

Von fremdartigen Beimengungen sind Getreide- und Leguminosenmehl und ausgezogener Ingwer beobachtet worden.

Lange Kardamomen.

Die sogenannten Ceylon-Kardamomen sind oft 4 cm lang, schmutzigbraun und enthalten in jedem Fach ungefähr 20 fast doppelt so große Samen wie die kleinen Kardamomen.

Die Fruchtschale trägt lange, dünne, einzellige Haare oder Narben derselben auf der Oberhaut. Ein zweites mikroskopisches Unterscheidungsmerkmal bieten die Oberhautzellen der Samenschale (Abb. 293, *o*): sie sind bedeutend dickwandiger (6 μ).

9. Vanille.

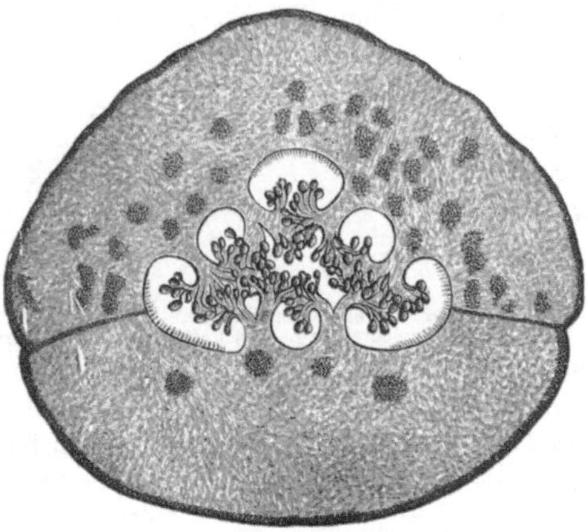
Abb. 294. Querschnitt der Vanille, 8fach vergrößert (BERG).

Vanille ist die Frucht einer auf Bäumen wachsenden Orchidee, *Vanilla planifolia* ANDR., deren Heimat Mexiko ist, woher jetzt noch die feinsten Sorten kommen. Sie wird überall in den Tropen kultiviert, besonders in Südamerika, auf Réunion (Bourbon), in Afrika, auf Tahiti, Java und Ceylon.

Die Früchte werden fälschlich „Schoten" genannt, denn sie sind einfächerige, aus drei Fruchtblättern entstandene, zweiklappig aufspringende Kapseln von 12—20 cm Länge. Sie werden vor der vollständigen Reife abgeschnitten und nach einem sehr umständlichen Verfahren behandelt.

Hierbei entwickelt sich erst das Aroma, und von der Sorgfalt der Zubereitung hängt hauptsächlich die Qualität ab. Die „Schoten" sind biegsam, längsfaltig, schwarzbraun, fettglänzend und oft mit feinsten Kristallnädelchen (Vanillin) bedeckt, so daß sie wie verschimmelt aussehen. In Wasser quellen sie zu ihrer ursprünglichen, gerundet-dreikantigen Gestalt auf (Abb. 294). Sie enthalten zahlreiche winzige, schwarze Samen, in gelben Balsam eingebettet.

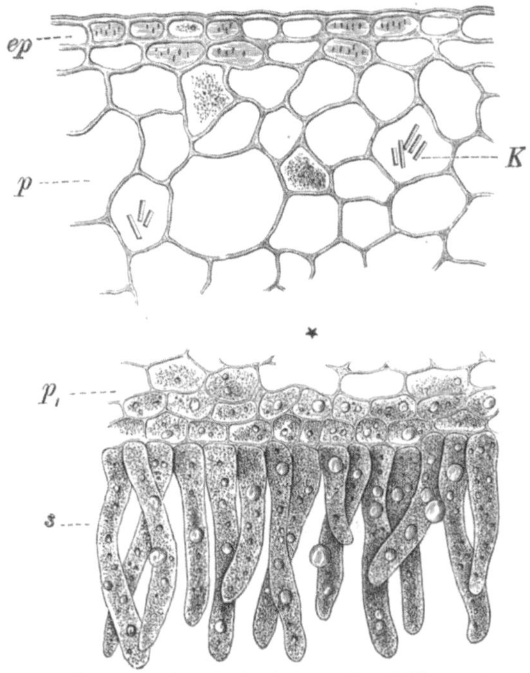

Abb. 295. Querschnitt der Vanille (J. MOELLER). *ep* Oberhaut, *p* Fruchtfleisch mit Kristallen *K*, *s* zu Balsampapillen ausgewachsene innere Oberhaut.

A. Fruchtschale. Die Oberhaut (Abb. 295 und 296, *ep*) besteht aus dickwandigen, fein getüpfelten, in Längsreihen angeordneten Zellen. Spaltöffnungen sind selten. Die Zellen enthalten eine braune, körnige Masse und meist je einen prismatischen Oxalatkristall. Auch Oktaeder oder Rhomboeder kommen vor. Auch das Hypoderm und die darauf folgende kollenchymatische Zellschicht enthält Oxalatkristalle. Nach TSCHIRCH findet sich bei der mexikanischen Vanille in den äußeren Perikarpschichten ein charakteristisches Netzleistenparenchym mit spaltenförmigen Tüpfeln. Nach innen zu werden die Zellen des Fruchtfleisches größer (oft 150 μ) und dünnwandig. Hie und da beobachtet man schmale, lange, in Längsreihen übereinandergestellte Kristallschläuche mit oft 500 μ langen Raphidenbündeln. Am besten sieht man sie an mit Lauge behandelten Längsschnitten.

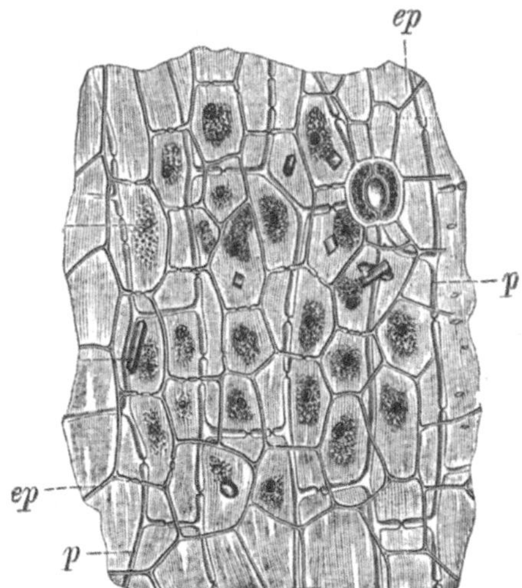

Abb. 296. Außenwand der Vanille in der Flächenansicht (J. MOELLER). *ep* Oberhaut mit Oxalatkristallen, *p* Parenchym.

Das Fruchtfleisch (Abb. 297) ist von Leitbündeln durchzogen, deren Gefäße spiralig oder netzförmig verdickt sind und deren Fasern quergestellte Tüpfel besitzen. Parenchym mit netzartiger Wandverdickung findet sich bei den meisten Sorten in der Umgebung der Bündel. Die inneren Parenchymschichten sind kleinzellig. In die Fruchthöhle ragen (Abb. 294) drei gegabelte Samenträger (Plazenten). Zwischen ihnen sind die Oberhautzellen zu Papillen ausgewachsen (etwa 300 μ lang und 20 μ breit), die Balsam enthalten (Abb. 295). An den übrigen Stellen der Fruchthöhle ist die innere Oberhaut samt dem ihr angrenzenden Parenchym verschleimt (TSCHIRCH).

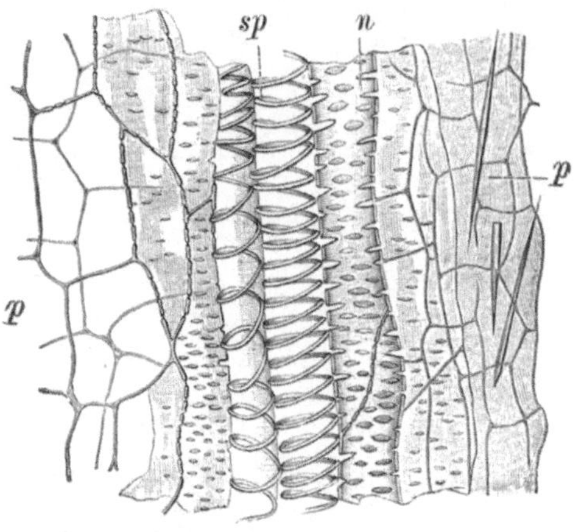

Abb. 297. Fruchtfleisch der Vanille (J. MOELLER). *p* Parenchym mit Kristallnadeln, *sp* und *n* Spiral- und Netzgefäße.

B. Samen. Sie sind schwarz (einzelne braun oder noch heller) oval, etwa 0,2 mm groß. Man kocht sie mit Lauge und zerquetscht sie, um ihren Bau zu studieren. Deutlichere Bilder erhält man nach dem Bleichen mit JAVELLEscher Lauge.

Die Oberhautzellen (Abb. 298) sind polygonal, auffallend groß, 75 μ lang, 15—30 μ breit, in der Flächenansicht gleichmäßig stark verdickt; an Querschnitten kann man sich jedoch von der hufeisenförmigen Verdickung überzeugen.

Die innere Auskleidung der Samenschale besteht aus einem zartzelligen, gestreckten Gewebe von brauner Farbe.

Der Embryo besitzt kein Eiweiß und ist wenig entwickelt.

Vanillepulver,

dessen Nachweis zuweilen in Schokolade oder in anderen zuckerhaltigen Präparaten erforderlich sein kann (zwecks Feststellung ob Vanillin oder Vanille verwendet wurde), ist durch die schwarzen Samen und braunen Epidermisteilchen gekennzeichnet. Selten findet man Raphidenschläuche. Etwa vorhandenes Fett wird zunächst mit Äther oder Chloroform, Zucker mit Wasser entfernt und der Rückstand in Lauge oder Chloralhydrat untersucht. Erforderlichenfalls reichert man die in Lauge unlöslichen Teilchen durch Absitzenlassen zunächst an.

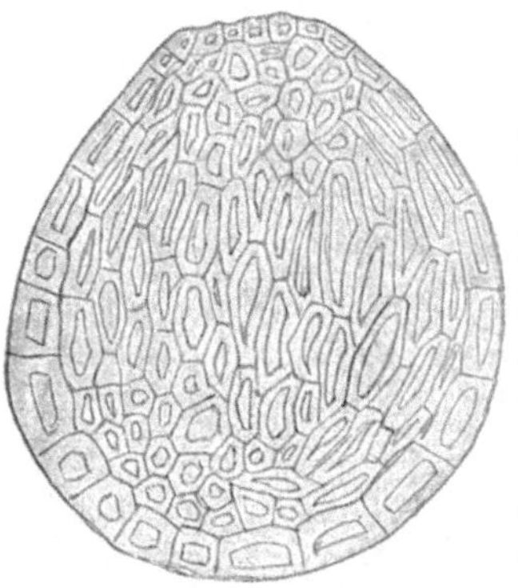

Abb. 298. Vanillesame (HARTWICH).

Tahitivanille

stammt ebenfalls von *Vanilla planifolia*; sie ist aber in der Kultur offenbar degeneriert, denn ihre Früchte riechen vorwiegend nach Piperonal und nur wenig nach Vanillin. Als Gewürz ist sie daher minderwertig. Zuweilen kommt künstlich mit Vanillinkristallen versehene sogenannte „kristallisierte" Tahitivanille in den Handel.

Vanillons.

Als Vanillons werden die von wild wachsenden Pflanzen gesammelten Früchte verschiedener anderer Vanillearten, hauptsächlich von *Vanilla pompona*

Schiede (Pompona- oder La Quayra-Vanille) bezeichnet, die wenig oder gar kein Vanillin, dagegen Piperonal enthalten und hauptsächlich in der Parfümerie Verwendung finden. Die Früchte sind kürzer (höchstens 15 cm) und dicker (bis 2 cm), im Geruch von Vanille verschieden.

Mikroskopisch ist die Pompona an der Großzelligkeit des Fruchtfleisches erkennbar. Die Oberhautzellen sind etwa 400 μ lang und 140 μ breit, die Spaltöffnungen dagegen klein (60 μ). Noch größer sind die Hypodermzellen; auch sind diese nicht netzig verdickt.

10. Sternanis.

Anisum stellatum, Sternanis, Badian heißen die sternförmigen, nach Anethol riechenden und schmeckenden Sammelfrüchte von *Illicium verum* Hook. fil. (*Magnoliaceae*), eines in Anam, China und Cochinchina wild wachsenden und kultivierten Baumes.

Die Früchte des echten Sternanis (Abb. 299, *1*) sind derbholzig, rotbraun; jedes Teilfrüchtchen ist kahnförmig, 15—20 mm lang und gegen 6—10 mm

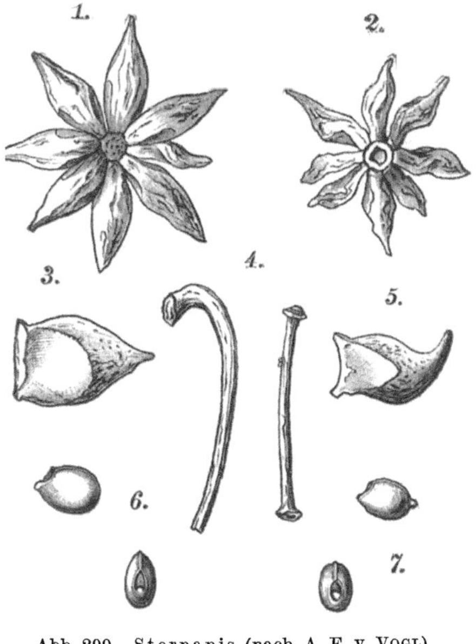

Abb. 299. Sternanis (nach A. E. v. Vogl). 1, 3, 4 (links) und 6 die Sammelfrucht, Einzelfrucht, Samen und Stiel des echten, 2, 4 (rechts), 5 und 7 dieselben Teile des giftigen Sternanis.

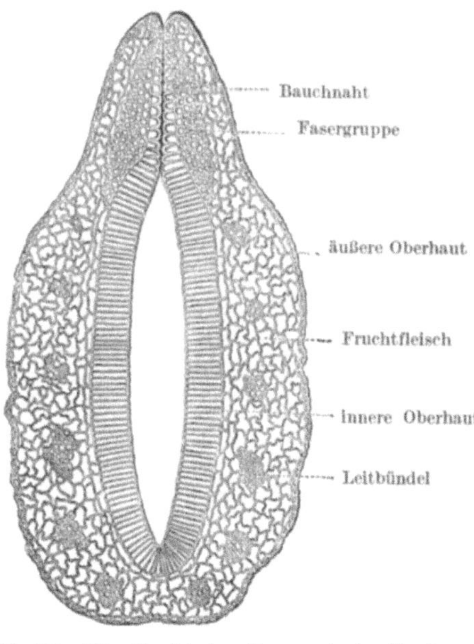

Abb. 300. Einzelfrucht des Sternanis im Durchschnitt (nach A. E. v. Vogl).

hoch, oben (an der Bauchnaht) klaffend und gegen das freie Ende zugespitzt (*3*). Die äußere Fläche der Früchtchen ist grob gerunzelt, an der Berührungsfläche geglättet. Die Höhle, in der der Same liegt, ist glatt, glänzend und heller braun gefärbt, ähnlich der Oberfläche der großen (bis 8 mm), elliptischen, etwas abgeflachten Samen (*6*). Die Fruchtsäule (Columella) ist kegelförmig, am oberen Ende flach vertieft, am unteren Ende noch häufig mit dem gekrümmten Fruchtstiel (*4*) verbunden.

A. Fruchtwand. Ein Querschnitt (Abb. 300) zeigt bei schwacher Vergrößerung eine kleinzellige äußere und eine aus Palisaden gebildete innere Oberhaut, zwischen beiden ein braunes, von Leitbündeln durchzogenes Parenchym.

Die Oberhautzellen (Abb. 301, *ep*) sind groß (40—100 μ), wellig-buchtig, getüpfelt, an der Außenseite stark verdickt (10—15 μ), mit gestreifter Kutikula versehen. Hier und da sind Spaltöffnungen eingestreut.

Das Fruchtfleisch (*p*) ist am mächtigsten an der Basis entwickelt und verschmächtigt sich allmählich gegen die Spaltflächen zu. Es ist ein braunes, lückiges Parenchym mit einzelnen großen Ölzellen (*oe*). Im Parenchym zer-

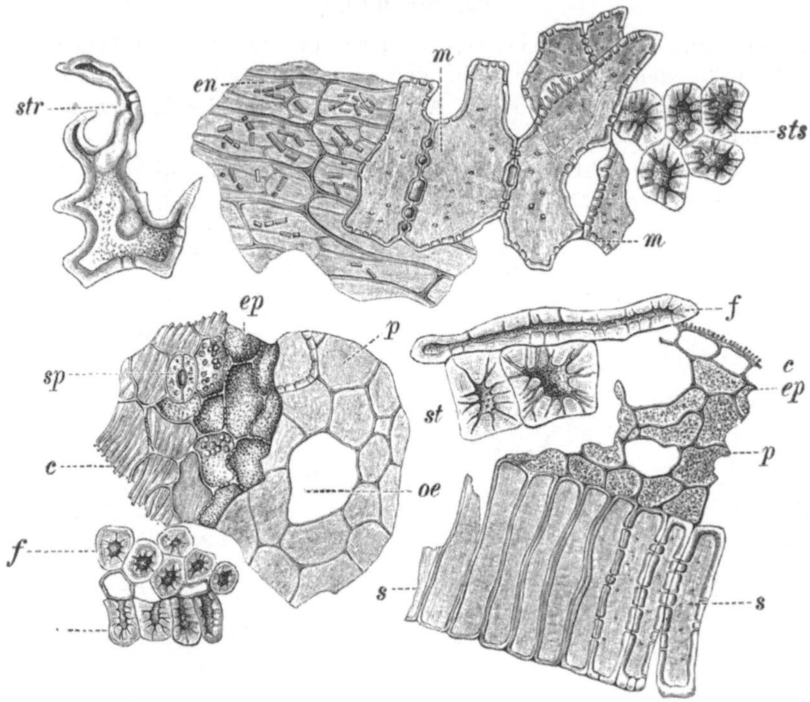

Abb. 301. Sternanispulver (J. MOELLER).
ep Oberhaut der Fruchtwand mit der Kutikula *c* und der Spaltöffnung *sp*, *p* Fruchtfleisch im Durchschnitt und in der Flächenansicht mit der Ölzelle *oe*, *str* ein Idioplast, *f* Fasern, *st* Steinzellen von der Bauchnaht, *s* Palisaden der inneren Oberhaut, *m* Parenchym der Samenschale, *en* Innenschicht (Perisperm?) der Samenschale.

streut (reichlicher in der Columella und im Fruchtstiel) finden sich große, mannigfach verzweigte Steinzellen (Abb. 300, *str*), sogenannte Idioblasten oder Astrosklereiden (TSCHIRCH). An der Dehiszenzstelle (den Fruchtblatträndern entsprechend) ist das Fruchtfleisch sklerosiert. Die am Querschnitt isodiametrischen Steinzellen (Abb. 300) erweisen sich auf Flächenschnitten und im Pulver (Abb. 301, *f*) als lange Fasern mit wechselnder, aber meist starker Verdickung.

Das Endokarp (*s*) ist eine weißglänzende Palisadenschicht. Die Zellen sind schwach verdickt, bis 600 μ hoch und 60 μ (nach HARTWICH bis 120 μ) breit, gegen die Spaltfläche hin verkürzt und an der Spaltfläche selbst durch Steinzellquadern ersetzt.

B. Same. Die ungemein harte Schale umschließt ein dickes Endosperm mit einem kleinen Embryo.

Die Oberhaut (Abb. 302) kann in Form glasig-brüchiger Stücke abgelöst werden. Sie besteht aus gelbwandigen, stark verdickten, deutlich getüpfelten, 150—200 μ hohen und 30—70 μ breiten Palisaden, deren Lumen unten trichterförmig erweitert ist.

Unter der Oberhaut liegen große, flache, vorwiegend an der Innenseite verdickte Steinzellen in lückigem Verbande. Es ist, wie Flächenansichten zeigen (Abb. 301, *m*), ein sklerosiertes Schwammparenchym, das nach innen zu den sklerenchymatischen Charakter und die braune Farbe verliert und mit einer anscheinend hyalinen Schicht abschließt. In dieser liegen zahlreiche Einzelkristalle (meist rechteckige Tafeln) von Kalziumoxalat (Abb. 301, *en*).

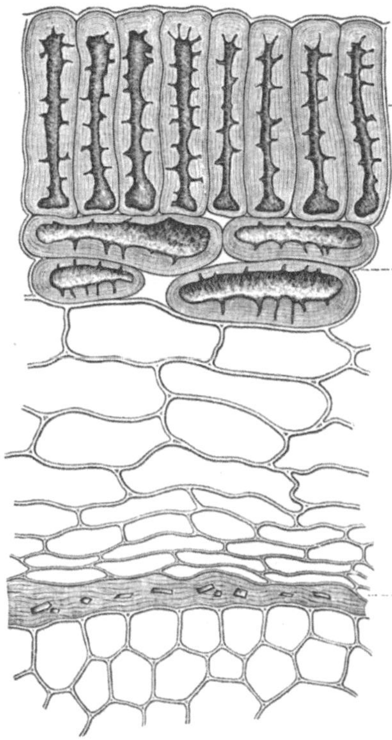

Abb. 302. Querschnitt des Badiansamens (J. MOELLER).

Das Endosperm ist zartzellig, von einer amorphen, farblosen Masse (Fett und Eiweiß) erfüllt. Löst man das Fett heraus, so kann man durch Jod die Aleuronkörner deutlich sichtbar machen. Sie sind unregelmäßig gestaltet, rauh, vereinzelt bis 25 μ groß, häufiger zu kompakten Massen verbunden, und enthalten Globoide, selten ein großes Kristalloid.

Shikimi.

Dem echten Sternanis sehr ähnlich sind die Früchte des giftigen Shikimi (*Illicium religiosum* SIEB.), der in China heimisch ist und in Japan angepflanzt wird. Sie fanden sich öfter dem echten Sternanis beigemengt (nach HARTWICH bis 50% und haben wiederholt Vergiftungen (auch tödliche) verursacht.

Die Früchte des japanischen Sternanis (Shikimi) schmecken nicht nach Anethol und sind etwas kleiner; die klaffenden Ränder der Bauchnaht sind stärker gekrümmt und scharf geschnäbelt; sehr selten sind sie gestielt; die Stielnarbe hat meist eine korkige Absprungfläche (Abb. 299, *2*); die in der Droge zumeist abgebrochenen Fruchtstiele sind nicht oder wenig gekrümmt; die Samen sind wie auch die ganzen Früchte heller gefärbt. Die mikroskopischen Unterscheidungsmerkmale sind: die Endokarp-Palisaden sind kürzer (höchstens 400 μ), und der Übergang in die Steinzellen der Spaltfläche ist unvermittelt; die Idioblasten sind nicht verzweigt, sondern rundlich; die Aleuronkörner sind glatt und enthalten 1—3 Kristalloide nebst einigen Globoiden.

Sternanispulver.

Es besteht vorwiegend aus braunem Detritus und enthält keine Stärke. Charakteristisch sind die gelben Palisaden der Samenschale (Abb. 302), die farblosen, schwächer verdickten Palisaden der Fruchtwand (Abb. 301, *s*) und die seltener anzutreffenden Idioblasten (*str*); ferner das Schwammparenchym der Samenschale (*m*), Teile der Oberhaut mit der gerippten Kutikula (*ep*) und die hyaline Membran mit Kriställchen aus der Samenschale (en). Außerdem finden sich Steinzellen, Fasern und Gefäße aus den Fruchtstielen, sowie fettreiches Endosperm. Eine Beimengung des giftigen Sternanis im Pulver nachzuweisen, dürfte mit Hilfe des Mikroskops kaum gelingen.

11. Lorbeeren.

Der Lorbeer ist ein kleiner, aus Vorderasien stammender Baum, der jetzt in allen wärmeren Gegenden der Erde verbreitet ist. Seine beerenartigen Steinfrüchte (Abb. 303) sind kugelig oder eiförmig, gegen 15 mm lang, durch den Griffelrest leicht bespitzt und zeigen am Grunde eine helle Stielnarbe. Die dünne, zerbrechliche Fruchtschale ist braunschwarz bis blauschwarz, runzelig und mit der braunen, auf der Innenseite etwas glänzenden Samenschale verklebt. Sie umschließt den braunen Keimling mit zwei fleischigen, harten, plankonvexen Keimlappen ohne Nährgewebe. Als Gewürz sind die Lorbeeren jetzt wenig mehr gebräuchlich.

Abb. 303. Lorbeerfrüchte in natürlicher Größe (J. MOELLER).

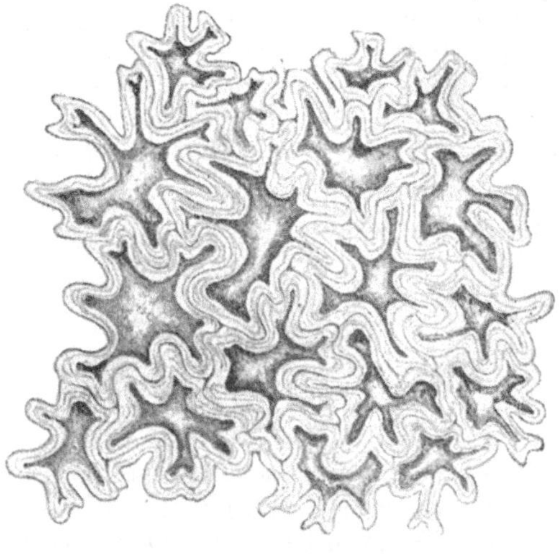

Abb. 304. Endokarp der Lorbeerfrucht in der Flächenansicht (J. MOELLER).

A. Fruchtschale. Wie der Querschnitt zeigt (Abb. 38), hängt sie mit der Samenschale zusammen.

1. Die Oberhautzellen sind in der Fläche polygonal, klein (15—30 μ), derbwandig mit braunem Inhalt und genetzter Kutikula versehen. Spaltöffnungen sind zerstreut vorhanden.

2. Das Fruchtfleisch ist ein zartzelliges Parenchym mit zahlreichen Ölzellen und Leitbündeln. Der Inhalt der Ölzellen bildet einen farblosen oder gelben Tropfen, oder das ätherische Öl ist zu einem (mitunter kristallinischen) Harzklumpen erstarrt.

3. Das Endokarp erscheint als farblose Palisadenschicht von etwa 75 μ Höhe; Flächenschnitte (Abb. 304) lehren jedoch, daß es aus wellig-buchtigen bis sternförmigen Steinzellen mit wulstig verdickten, gelben Wänden besteht.

4. Die mit der Hartschicht verbundene Samenschale besteht aus mehreren Lagen brauner zusammengefallener Zellen.

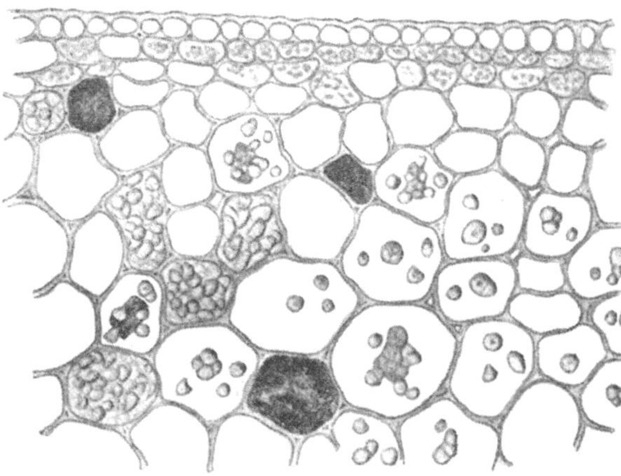

Abb. 305. Keimblattgewebe des Lorbeersamens (J. MOELLER).

B. Embryo. Das von einer ziemlich derben Oberhaut bedeckte Gewebe der beiden Keimblätter ist dicht von Stärke und Fett erfüllt; zerstreute Zellen enthalten ätherisches Öl oder Harz. Die Stärkekörner (Abb. 305) sind einfach oder aus 3—8 μ großen Teilkörnern zusammengesetzt. Sie liegen in einer auf Gerbstoff reagierenden Grundmasse.

Lorbeerpulver

ist rötlichbraun und besteht hauptsächlich aus stärke- und fettreichen Gewebetrümmern. Besonders charakteristisch sind die Sekretzellen, die etwa sternförmigen Steinzellen des Endokarps und die Epidermisteilchen der Fruchtwand, deren Farbstoff sich in Chloralhydratlösung gewöhnlich mit purpurner Farbe löst.

12. Wacholder.

Der Wacholder (*Juniperus communis* L. — *Pinaceae*) wächst in Europa, Asien und Amerika. Seine Früchte sind Scheinbeeren, denn das Fruchtfleisch entsteht aus den drei Hochblättern, die die drei nackten Samenknospen der weiblichen Blüte umschließen. Daher bemerkt man auch am Scheitel der erbsengroßen, schwarzblauen, bereiften Frucht eine dreistrahlige Narbe. In dem hellbräunlichen Fruchtfleisch erkennt man mit freiem Auge Ölräume (Abb. 306). Es ist zerreiblich, kann aber nicht vollständig von den 3 harten, stumpf dreikantigen Samen abgelöst werden.

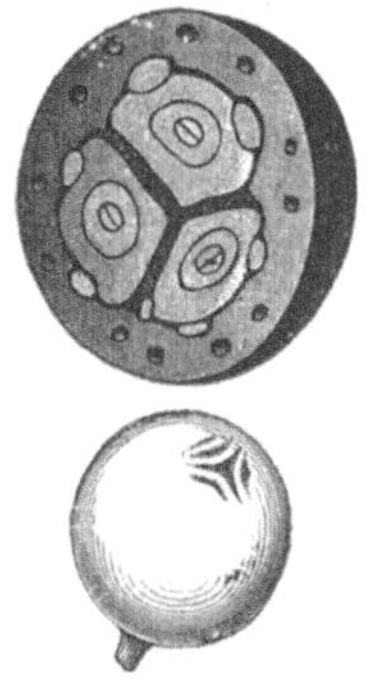

Abb. 306. Wacholderbeere und Querschnitt derselben, 3fach vergröß. (nach TSCHIRCH).

A. Fruchtwand. Die Oberhaut (Abb. 307, *ep*) besteht aus rundlich-polygonalen, dickwandigen Zellen mit braunem Inhalt. In der Umgebung des Spaltes sind sie papillenartig vorgewölbt.

Das Fruchtfleisch ist an der Peripherie ein dünnwandiges, etwas kollenchymatisches Parenchym; nach innen zu wird es so lückig, daß man die Zellen durch Druck mit dem Deckglas isolieren kann. Dann fallen einzelne große, sack- oder tonnenförmige, wenig verdickte aber verholzte gelbe Zellen (Idioblasten) auf, deren Wand gewöhnlich glatt ist (*p*). Im Fruchtfleisch zerstreut liegen die großen Ölräume, die größten (bis 1 mm) in der Mitte (Abb. 308), wo sie den Samen so innig angewachsen sind, daß sie diesen und nicht dem Fruchtfleisch anzugehören scheinen.

B. Same. Die Samenschale besteht der Hauptsache nach aus einem mächtigen Gewebe von sehr stark verdickten, getüpfelten, farblosen Steinzellen, die in ihrem engen Lumen meist je einen großen Oxalatkristall enthalten (Abb. 307, *sc*).

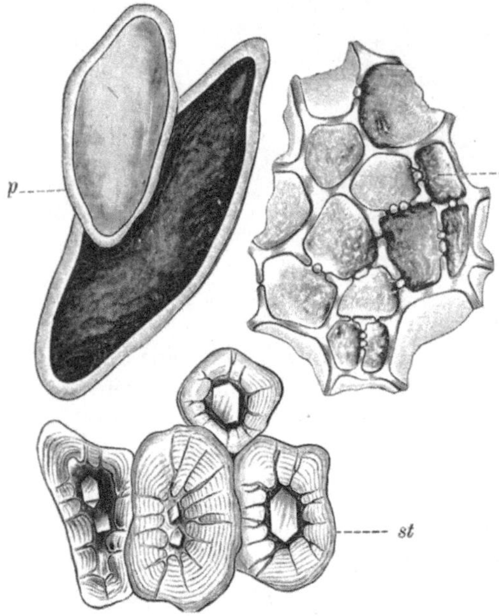

Abb. 307. Gewebe der Wacholderbeere (J. MOELLER). *ep* Oberhaut, *p* Tonnenzellen aus dem Fruchtfleische, *sc* Steinzellen der Samenschale.

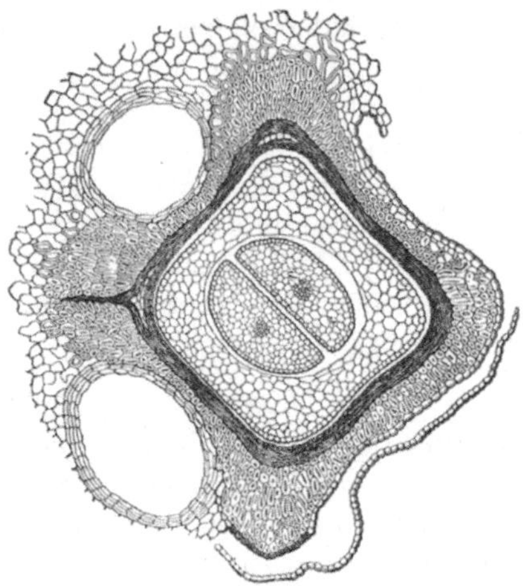

Abb. 308. Querschnitt durch den Wacholdersamen mit dem ihn umgebenden Gewebe (nach TSCHIRCH).

Der Samenkern besteht aus dem in Endosperm eingebetteten Embryo (Abb. 308), dessen Kotyledonen etwa halb so lang sind als das Würzelchen (2 mm). Die dünnwandigen Zellen enthalten fettes Öl und Aleuron (8 μ).

Wegen des hohen Zuckergehaltes sind Wacholderbeeren auch zur Bereitung von Branntwein geeignet. Mit dem Destillationsrückstand hat man gelegentlich Pfefferpulver gefälscht.

Der Nachweis dieser Fälschung bietet keine Schwierigkeit, da die Tonnenzellen (Abb. 307, *p*), die kristallführenden Steinzellen (*sc*) und die Bruchstücke der Oberhaut (*ep*) weder übersehen noch verkannt werden können.

Umbelliferenfrüchte.

Die Spaltfrüchte der Umbelliferen bestehen aus zwei Schalfrüchten (Achänen). Sie sind von dem Griffelpolster mit den beiden Griffeln, oft auch von dem Kelchrest gekrönt. Die Trennungsfläche der beiden einsamigen Früchte heißt Fugenseite oder Kommissur. Sie ist ziemlich eben und schließt zwischen sich den gabelig geteilten Träger, das Karpophor, ein (Abb. 320, *a*), an dessen Zinken die Teilfrüchtchen gewissermaßen aufgehängt sind. Viele Früchte zerfallen bei der Reife so leicht, daß die Droge fast nur aus Teilfrüchtchen besteht (z. B. Fenchel, Kümmel); andere zerfallen nicht so leicht (z. B. Anis), einige gar nicht (z. B. Koriander).

Jedes Teilfrüchtchen besitzt fünf Rippen, in denen die Leitbündel verlaufen. Die zwischen ihnen liegenden Furchen heißen Tälchen. Aus den Tälchen erheben sich mitunter ebenfalls Rippen (Nebenrippen), die sogar stärker entwickelt sein können als die Hauptrippen (s. Abb. 144, S. 117), sich von diesen aber durch das Fehlen der Leitbündel unterscheiden. In den Tälchen erkennt man oft schon mit freiem Auge (z. B. beim Fenchel) die braunen (schizogenen) Ölgänge oder Striemen.

Am Querschmitt (Abb. 309) sind die Früchte halbkreis- oder nierenförmig mit mehr oder weniger deutlich hervortretenden Rippen. Fruchtwand und Samenhaut zusammen bilden die Schale, mit der der Kern allseitig verwachsen ist. Der farblose Kern besteht größtenteils aus Endosperm; in der Mitte liegt der kleine Embryo. In der Schale erkennt man schon unter der Lupe die in den Rippen liegenden Leitbündel und deutlicher die Sekretgänge mit ihrem braunen Inhalt. In der Regel verlaufen auf der Fugenseite zwei und in jedem Tälchen ein Ölgang; seltener ist ihre Zahl größer und unbestimmt (z. B. Anis), oder die Striemen sind auf die Fugenseite beschränkt (z. B. Koriander), oder sie fehlen ganz (z. B. Schierling).

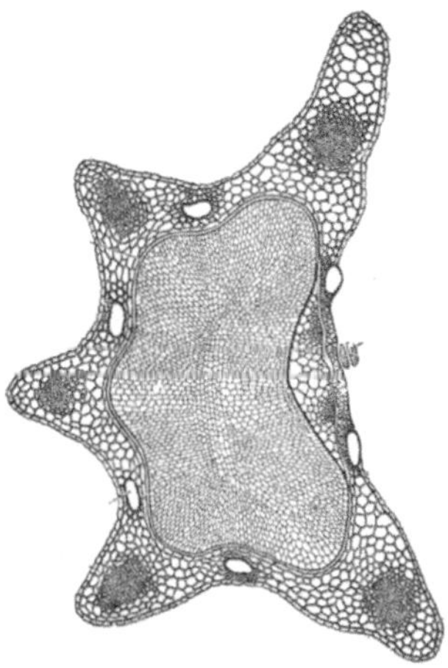
Abb. 309. Fenchel im Querschnitt; Lupenbild nach TSCHIRCH.

Wie an jeder Fruchtwand, unterscheidet man auch hier bei stärkerer Vergrößerung eine äußere und innere Oberhaut und zwischen beiden das Mesokarp, in dem die Leitbündel und die Ölgänge liegen. Die letzteren setzen sich aus vertikal übereinanderstehenden Gliedern zusammen und sind von einer braunen Tapete aus polygonalen Zellen ausgekleidet (Abb. 314, *O*).

Die Samenhaut besteht meist nur aus einer einfachen oder doppelten Zellenreihe und ist mit der Fruchtwand innig verwachsen (Abb. 317).

Das Endosperm ist aus kleinen, farblosen, ziemlich dickwandigen Zellen gebildet und enthält neben Fett oft ansehnliche Aleuronkörner, die ein Globoid oder eine kleine Kristalldruse einschließen, keine Stärke.

Gute Querschnitte herzustellen ist nicht leicht, aber auch nicht nötig. Auch an mangelhaften Schnitten erkennt man den allgemeinen Bau, und die Einzelheiten studiert man an Schabepräparaten aus Früchten, die vorher mit stark verdünnter Lauge gekocht und mit Wasser ausgewaschen wurden. Die Aleuronkörner im Endosperm sieht man am besten an Schnitten in Glyzerin oder Chloralhydrat.

13. Fenchel.

Fenchel (*Foeniculum vulgare* MILLER) wächst in Europa und Asien wild und wird vielfach kultiviert.

Die Früchte sind kahl, 5—10 mm lang und 2—4 mm breit (Abb. 310), oft zerfallen. Die Fugenseite ist bedeutend breiter als die vier anderen Seiten

(Abb. 309). In jedem Tälchen ist ein weiter Ölgang, auf der Fugenseite sind deren zwei (Abb. 309).

Die Oberhautzellen sind in der Flächenansicht polygonal oder vierseitig, hie und da von Spaltöffnungen unterbrochen.

Abb. 310. *a* Deutscher Fenchel, 3mal vergr. *b* Römischer Fenchel. 1½ mal vergr. *c* Mazedonischer Fenchel, 1½mal vergr. (nach HAGER).

Das Mesokarp ist ein lückiges Parenchym, in dessen Mitte in den Rippen die von Fasersträngen begleiteten Leitbündel und zwischen je zwei Leitbündeln die im Querschnitt elliptischen, gewöhnlich 0,2 mm breiten Ölgänge liegen, die mit braunem Epithelbelag versehen sind. Die in der Umgebung der Leitbündel befindlichen Parenchymzellen sind etwas stärker verdickt und haben so breite Tüpfel, daß sie genetzt aussehen (Abb. 311). In der Nähe der Ölgänge findet sich braunwandiges Parenchym.

Die innere Oberhaut (Abb. 312, *d*) hat auf der Fläche ein eigentümlich parkettiertes Aussehen, indem die großen Zellen in parallel gelagerte Tochterzellen geteilt sind.

Die Samenhaut erscheint an Querschnitten als schmaler brauner Streifen, der außen zellige Struktur erkennen läßt; innen sind die Zellen kollabiert.

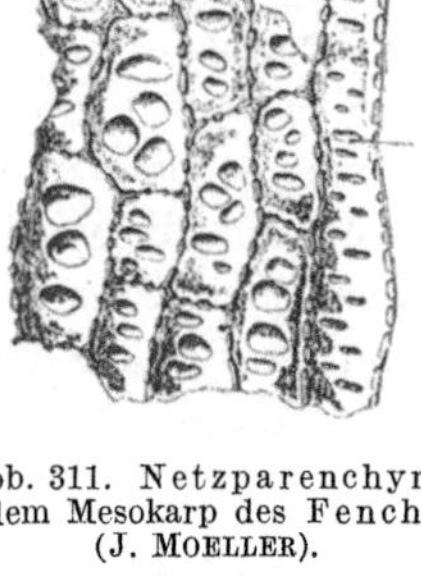

Abb. 311. Netzparenchym aus dem Mesokarp des Fenchels. (J. MOELLER).

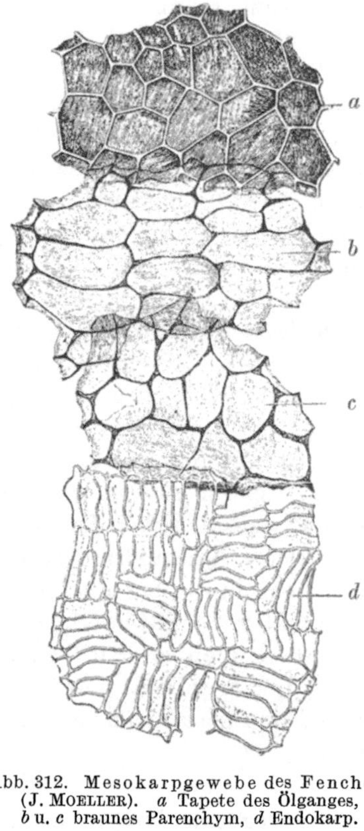

Abb. 312. Mesokarpgewebe des Fenchels (J. MOELLER). *a* Tapete des Ölganges, *b* u. *c* braunes Parenchym, *d* Endokarp.

Das Endosperm besteht aus kleinen, ziemlich starkwandigen Zellen und enthält 2—8 μ große Aleuronkörner mit je einer Oxalatrosette.

Fenchelpulver

ist durch die Elemente des Endosperms, netzförmig verdickte Zellen des Mesokarps und die gruppenweise in verschiedenen Richtungen orientierten Zellen des Mesokarps gekennzeichnet. Die beiden letzteren sind oft nur schwer auffindbar. Schmale faserartige Elemente (aus dem Karpophor und den Leitbündeln der Rippen stammend) finden sich in geringer Menge, auch braune Epithelteilchen der Sekretbehälter.

14. Kümmel.

Der Kümmel (*Carum Carvi* L.) ist in Europa heimisch und wird da in großem Maßstab, weniger in Amerika kultiviert.

Die Frucht ist dem Fenchel ähnlich, aber kleiner, schlanker, selten über 5 mm lang und 1,5 mm breit. Die Fugenseite ist kaum breiter, daher der Querschnitt ein ziemlich gleichseitiges Pentagon (Abb. 313). Die hellfarbigen Rippen heben sich scharf von den dunkelbraunen Tälchen ab.

Die Oberhautzellen sind in der Flächenansicht polygonal oder vierseitig (15—45 μ) mit deutlicher Kutikularstreifung versehen, in Längsreihen geordnet, auf den Rippen gestreckt. Spaltöffnungen sind vorhanden.

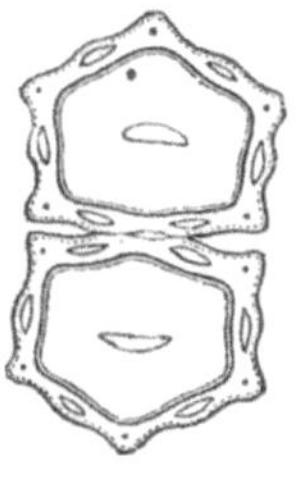

Abb. 313. Querschnitt des Kümmels, vergrößert (J. MOELLER).

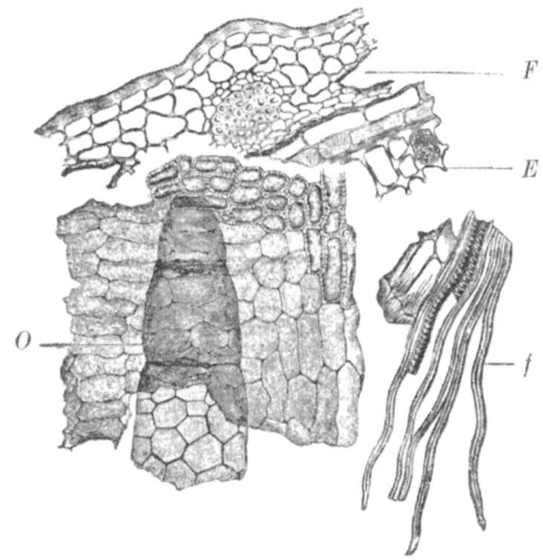

Abb. 314. Gewebe des Kümmels (J. MOELLER). *F* Schale im Querschnitt, *E* Nährgewebe, *f* Fasern des Leitbündels, *O* Ölstriemen, bedeckt von teilweise (oben) sklerosiertem Parenchym.

Das Mesokarp ist nicht so dick wie beim Fenchel, die Leitbündel sind dünner, die Ölstriemen (Abb. 314, *O*) beträchtlich breiter (bis 350 μ) und von braunen, polygonalen Zellen umgeben. In den Rippen am Scheitel ist das Parenchym schwach sklerosiert.

Die Zellen der inneren Oberhaut sind quergestreckt, 15—25 μ breit und regelmäßig aneinander gereiht, nicht parkettiert.

Das Endosperm entspricht dem des Fenchels. Die Zellwände quellen in Chloralhydrat stark auf.

Kümmelpulver

ist von Fenchelpulver mikroskopisch nicht leicht zu unterscheiden. Das wichtigste, aber oft nur mit Mühe auffindbare Kennzeichen für Kümmel bilden die schwach sklerosierten Zellgruppen des Fruchtfleisches. Vereinzelt findet man Epidermisteilchen mit gestreifter Kutikula.

15. Anis.

Der Anis (*Pimpinella Anisum* L.) ist in Ägypten und Kleinasien heimisch, wo er seit den ältesten Zeiten kultiviert wird. Jetzt baut man Anis in verschiedenen Teilen Europas, besonders in Italien, Frankreich, Deutschland, Rußland und Spanien, wenig in Amerika.

Abb. 315. Anisfrüchte (J. Moeller). 1 Spanischer od. italienischer, 2 Deutscher od. russischer Anis.

Die Frucht ist meist nicht zerfallen (Abb. 315), daher ei- oder birnförmig, 3—6 mm lang, 1,5—2 mm breit, oft gestielt, behaart; ihr Querschnitt (Abb. 316) rundlich, da die Rippen nur wenig hervortreten.

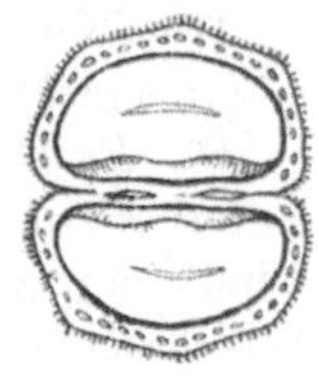

Abb. 316. Querschnitt des Anis, schwach vergröß. (J. Moeller).

Die Oberhaut (Abb. 317 u. 318) trägt zahlreiche kurze (bis 150 μ), dickwandige, meist einzellige, stumpfe feinwarzige Haare, die vorwiegend nach der Fruchtspitze zu gebogen sind.

Im Mesokarp verlaufen zahlreiche Ölstriemen von 10—150 μ Breite, die nicht selten untereinander verbunden sind (Abb. 319). An jeder Fugenseite ist das Parenchym sklerosiert; hier befinden sich in der Regel nur zwei sehr breite (300—400 μ) Sekretgänge.

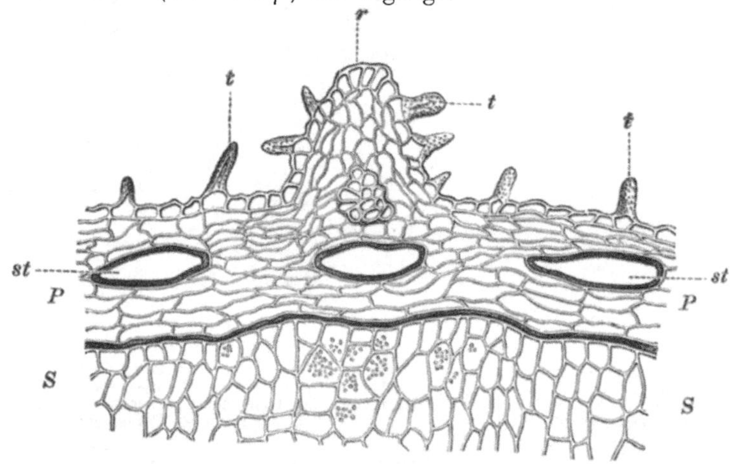

Abb. 317. Rand der Anisfrucht im Querschnitt (A. E. v. Vogl). *r* Rippe, *t* Härchen, *P* Mesokarp mit den Ölgängen *st*, *S* Nährgewebe.

Die innere Oberhaut besteht aus quergestreckten, 7—20 μ breiten, an der Fugenseite mitunter sklerosierten Zellen.

Samenschale und Endosperm bieten keine bemerkenswerten Kennzeichen.

Anispulver.

Im Anispulver fallen vor allem die zahlreichen warzigen Härchen auf, an denen es allein schon bestimmt zu erkennen ist. Charakteristisch sind ferner die ebenfalls stets auffindbaren Gewebetrümmer mit Brüchstücken von Ölgängen (oft zu mehreren nebeneinander), denen häufig rechtwinklig dazu gestreckte Querzellen aufliegen.

Anis, besonders italienischer, ist häufig mit den giftigen Schierlingfrüchten (*Conium maculatum* L.) vermischt. Letztere sind kahl und besitzen keine Ölstriemen, sie sind also im unzerkleinerten Zustand leicht zu

Abb. 318. Oberhaut des Anis in der Flächenansicht (J. MOELLER).

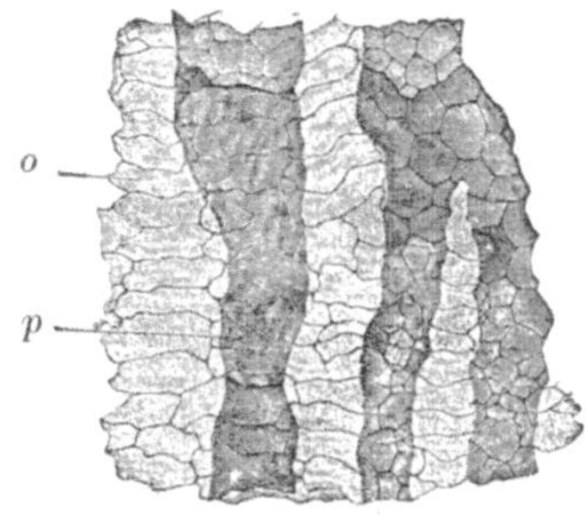

Abb. 319. Ölstriemen (*o*) des Anis, bedeckt von braunem Parenchym (*p*) (J. MOELLER).

erkennen, schwierig im Pulver. Das beste Kennzeichen bilden Fragmente der gekerbten Rippen, deren Bastbündel viel stärker sind als die des Anis. Die Endokarpzellen sind beim Anis meist 8—12 μ, beim Schierling meist 20—25 μ breit. Nach VOLKART finden sich bei Anwesenheit von Coniumfrüchten in der Regel auch die leicht kenntlichen Früchte der blaugrünen Borstenhirse (*Setaria glauca* BEAUV.) (vgl. S. 94), etwas seltener die des Stachelgrases (*Echinochloa crus galli* BEAUV.). Beide können daher als Hinweis dienen.

16. Mutterkümmel.

Mutter-, Roß-, Linsen-, Pfeffer-, Hafer-, Kreuz-, Mohrenkümmel, Römischer, Welscher, Langer Kümmel heißen die Früchte von *Cuminum Cyminum* L., die aus den Mittelmeerländern bezogen werden. Sie

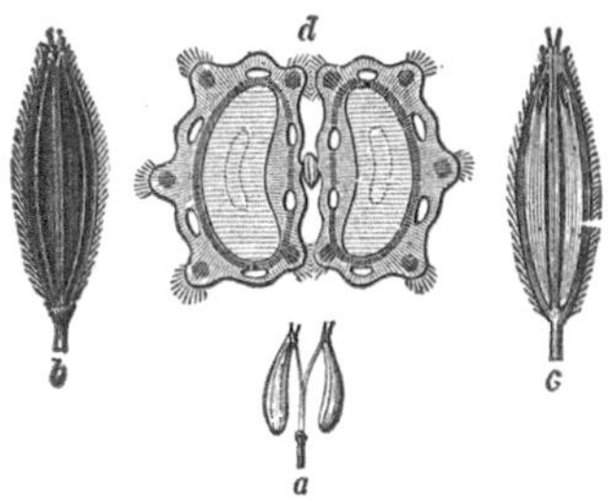

Abb. 320. Mutterkümmel (nach HAGER). *a* natürliche Größe, *b* Rückseite, vergrößert, *c* Bauchseite, vergr. *d* Querschnitt, stärker vergrößert.

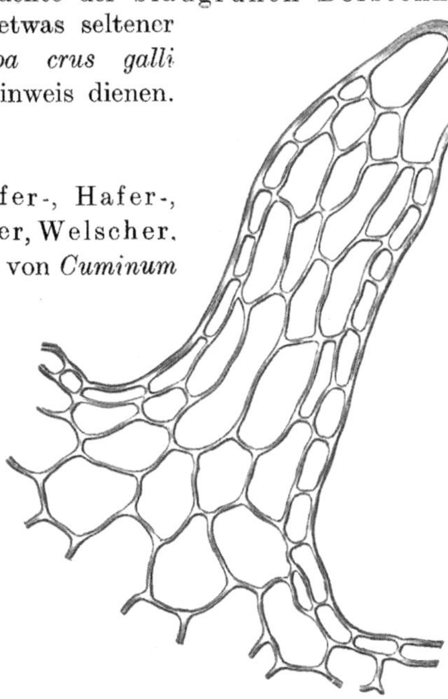

Abb. 321. Zotte des Mutterkümmels (J. MOELLER).

dienen in Holland zum Würzen von Käse, finden sonst aber nur noch selten als Gewürz Verwendung.

Die Früchte sind 5—6 mm lang, meist noch zusammenhängend, borstig; sie haben fadenförmige Hauptrippen und flache, breitere Nebenrippen (Abb. 320).

Die Oberhaut der Rippen trägt vielzellige, bis 200 μ lange, stumpf endigende Zottenhaare (Abb. 321), an denen der Mutterkümmel auch als Pulver leicht zu erkennen ist.

In jeder Nebenrippe liegt ein breiter Ölgang, auf der Fugenseite sind deren zwei.

Die Zellen der Samenhaut sind zusammengedrückt. Sie enthalten nach VOGL Kristalle.

17. Koriander.

Der Koriander (*Coriandrum sativum* L.) ist im Mittelmeergebiet heimisch und wird dort, auch in anderen wärmeren Teilen Europas, kultiviert.

Die Früchte (Abb. 322) sind kugelig, 2—4 mm groß, von den Griffelresten gekrönt, kahl. Die geraden, meridional verlaufenden Rippen sind die Nebenrippen; die Hauptrippen sind weniger deutlich und geschlängelt. An der Fugenseite sind die Teilfrüchtchen stark ausgehöhlt. Nur hier befinden sich je zwei Ölstriemen.

Abb. 322. Koriander, vergröß. u. im Querschnitt (J. MOELLER).

Die Oberhautzellen sind polygonal (15—30 μ) und ziemlich stark verdickt. Sie enthalten mitunter Einzelkristalle und Drusen. (VOGL).

Im Mesokarp der Wölbfläche jedes Teilfrüchtchens liegt eine geschlossene, 50—75 μ dicke Sklerenchymplatte (Abb. 323) aus faserförmigen, in verschiedener Richtung gekreuzten Sklereiden (Abb. 324). Die Fugenseiten sind nicht sklerosiert; hier liegen je zwei weite (300—400 μ) Ölgänge. Innerhalb der halbkugeligen Sklerenchymplatte liegt eine dünne Parenchymschicht gelber, dickwandiger, getüpfelter Zellen.

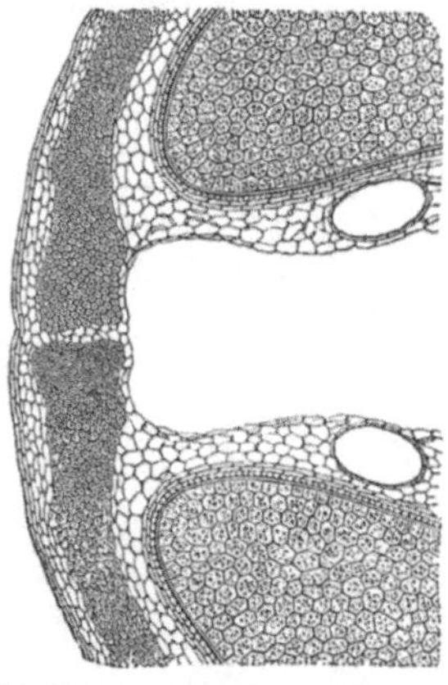

Abb. 323. Querschnitt des Korianders an der Stelle, wo die beiden Teilfrüchte miteinader verwachsen sind (A. E. v. VOGL).

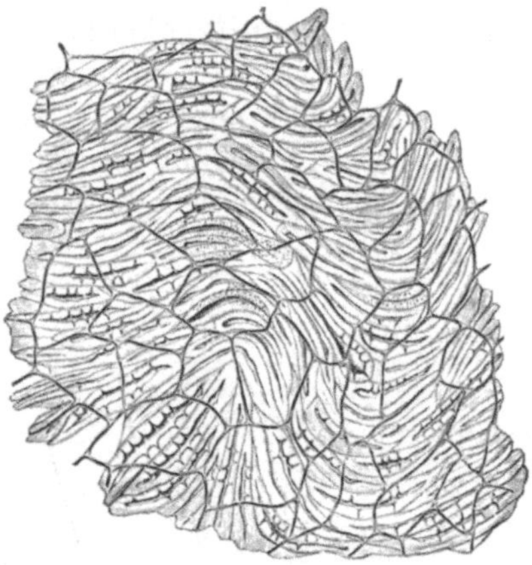

Abb. 324. Steinplatte des Korianders in der Flächenansicht (J. MOELLER).

Das Endokarp setzt sich aus schmalen (3—10 μ), ähnlich wie beim Fenchel parkettartig gruppierten Zellen zusammen.

Die Samenhaut, aus einer Reihe brauner polygonaler Zellen, ist auch an Querschnitten gut erkennbar; an ihrer Innenseite liegt ein orangebrauner Streifen zusammengedrückten Gewebes.

Das Endosperm ist dicht mit Aleuronkörnern gefüllt, die als Einschlüsse Globoide, Oxalatrosetten und Einzelkristalle enthalten.

Charakteristisch für Korianderpulver sind die immer in Menge vorhandenen Fragmente der Faserplatte (Abb. 324), die oft noch mit dem angrenzenden Parenchym, dem Endokarp und der orangebraunen Samenhaut verbunden sind.

18. Dill.

Dill oder Gurkenkraut (*Anethum graveolens* L.) wächst im Mediterrangebiet wild und wird bei uns in Küchengärten gezogen.

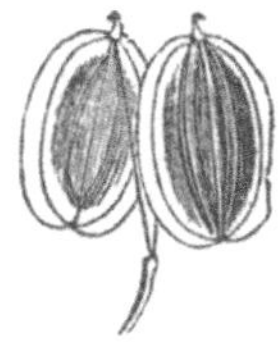

Abb. 325. Dill, 5fach vergrößert (J. MOELLER).

Die Früchte (Abb. 325) sind 3—5 mm lang, 2—3 mm breit; von den fünf Rippen bilden die an der Fugenseite 0,5 mm breite Flügel; die drei rückenständigen sind wenig ausgeprägt.

Im Bau sind sie dem Fenchel sehr ähnlich. Das Gewebe der Flügel ist sklerenchymatisch, in den inneren Lagen gestrecktzellig, mit den Leitbündeln gekreuzt. Diese sind gegen 300 μ dick, während sie in den Rückenrippen selten über 100 μ stark sind. An ihrer Innenseite ist das Parenchym netzförmig verdickt.

19. Sellerie.

Sellerie (*Apium graveolens* L,) wird in den gemäßigten Teilen Europas und Amerikas der saftigen Blätter und der fleischigen Wurzel wegen, in Frankreich auch der gewürzhaften Früchte wegen kultiviert.

Diese sind klein, nur 0,8—1,5 mm lang, in der Form dem Anis ähnlich, aber kahl.

Die Oberhautzellen sind buchtig, ihre Kutikula zart gestreift und stellenweise warzig.

Im Mesokarp liegen die Ölstriemen zu 1—3 in jedem Tälchen. Die Leitbündel sind dünn und am Scheitel der Frucht von Steinzellen umgeben. Innen ist das Parenchym gestreckt und meist quergelagert, 10—16 μ breit, ähnlich der inneren Oberhaut, deren Zellen nur 4—10 μ breit und nicht selten parkettartig angeordnet sind.

Diese doppelte Querzellenschicht von ungleicher Zellengröße ist das beste Kennzeichen der Selleriefrüchte im gepulverten Zustand. Auch die Oberhaut ist charakteristisch, aber schwer aufzufinden.

Vergleichende Übersicht der Umbelliferenfrüchte.

Die Umbelliferenfrüchte finden nicht nur als Gewürz und zur Bereitung pharmazeutischer Präparate Verwendung, sondern man gewinnt aus ihnen auch ätherische Öle. Die Destillationsrückstände werden Futtermitteln beigemengt und dienen auch zur Fälschung anderer Gewürze.

Bei der mikroskopischen Untersuchung der Pulver fallen zunächst die Ölstriemen wegen ihrer dunkelbraunen Farbe auf, kenntlich an den scharf gezeichneten polygonalen Zellkonturen ihrer Auskleidung. Sodann findet man reichlich farbloses Endospermgewebe, spärlich Oberhautfragmente mit Spaltöffnungen. Dadurch ist die Anwesenheit einer Umbelliferenfrucht festgestellt, und es handelt sich weiter um die Bestimmung der Art. Man erkennt

Anis an den warzigen Härchen,

Mutterkümmel an den vielzelligen Haaren (Zotten),

Koriander an dem Fasersklerenchym.

Parkettiertes Endokarp deutet auf Fenchel, Dill oder Sellerie; man muß außerdem finden bei

Fenchel netzförmig verdicktes Parenchym, bei

Dill ähnliches Netzparenchym, aber auch sklerosiertes Flügelgewebe, gekreuzt von starken Leitbündeln, bei

Sellerie eine doppelte Querzellenschicht.

Hat man nach sorgfältigem Suchen keines der Gewebe gefunden, dagegen gleichmäßig schwach verdickte Steinzellengruppen, so liegt

Kümmel vor.

Analytischer Schlüssel.

I. Das ganze Mesokarp ist parenchymatisch oder höchstens in der Umgebung der Leitbündel schwach sklerosiert. Ölstriemen am Rücken und an der Fugenseite.

A. Endokarpzellen meist unter 7 μ breit, oft parkettiert.

a) In jedem Tälchen eine Strieme.

1. Rippen gleichartig: Fenchel.
2. Basalrippen geflügelt; die dicken Leitbündel derselben von Sklerenchym gekreuzt: Dill.

b) In jedem Tälchen 1—3 Striemen.

3. Rippen schwach: Sellerie.

B. Endokarpzellen meist über 7 μ breit, selten parkettiert.

a) In jedem Tälchen eine Ölstrieme.

4. kahl: Kümmel.
5. an den Rippen zottig: Mutterkümmel.

b) In jedem Tälchen mehrere Striemen.

6. dicht behaart: Anis.

II. Das Mesokarp ist am Rücken der Frucht zu einer halbkugeligen Platte sklerosiert. Striemen nur auf der Fugenseite.

7. kahl: Koriander.

Neuere Literatur.

Arragon: Über eine neue Verfälschung des Fenchels. Zeitschr. f. Unters. d. Nahrungs- u. Genußmittel Bd. 16, S. 400. 1908.

Brandt und Wolff: Prüfung und Wertbestimmung von Fructus Anisi. Berichte d. Deutsch. Pharm. Gesellsch. Bd. 32, S. 34. 1922.

Beythien: Über Gewürze. Zeitschr. f. Unters. d. Nahrungs- u. Genußmittel Bd. 6, S. 957. 1903.

— Gewürze und Gewürz-Ersatz im Kriege. Zeitschr. f. Unters. d. Nahrungs- u. Genußmittel. Bd. 38, S. 24. 1919.

Bussard et Andouard: Une falsification du poivre en grains. Annal. des falsif. Bd. 4, S. 263. 1911.

Busse: Notiz betr. d. Nachweis von Bombay-Macis. Zeitschr. f. Unters. d. Nahrungs- u. Genußmittel Bd. 7, S. 590. 1904.

Collin: Sur un produit appelé „Antimites". Annal. des falsif. Bd. 2, S. 52. 1909.

— Du poivre et de ses falsifications. Annal. des falsif. Bd. 3, S. 272. 1910.

Didrichs: Über indisches Curry-Pulver. Zeitschr. f. Unters. d. Nahrungs- u. Genußmittel Bd. 39, S. 361. 1920.

Griebel: Über den Nachweis der Papua-Macis. Zeitschr. f. Unters. d. Nahrungs- u. Genußmittel Bd. 18, S. 202. 1909.

GRIEBEL: „Gewürze“ (mikroskopische Untersuchung) im Handbuch der biologischen Arbeitsmethoden von *E. Abderhalden,* Abt. IV, Teil 8, Heft 1, S. 345.
— Über derzeitige Mißstände im Gewürzhandel. Zeitschr. f. Unters. d. Nahrungs- u. Genußmittel Bd. 45, S. 52. 1923.
HANAUSEK: Über den schwarzen Pfeffer von Mangalore. Zeitschr. f. Unters, d. Nahrungs- u. Genußmittel Bd. 1, S. 153. 1898.
— Zur Fälschung des Piments. Zeitschr. f. Unters. d. Nahrungs- u. Genußmittel Bd. 1, S. 245. 1898.
— Über eine neue Pfefferfälschung. Zeitschr. f. Unters. d. Nahrungs- u. Genußmittel Bd. 1, S. 490. 1898.
— Über ein als Kunstpfeffer bezeichnetes Pfeffersurrogat. Arch. f. Chem. u. Mikr. Bd. 7, S. 64. 1914.
— Über das „englische Pastetengewürz“, nebst Bemerkungen über die Stärkekörner der Mutternelken. Arch. f. Chem. u. Mikr. Bd. 7, S. 116. 1914.
— Kümmelersatz oder Fälschung. Arch. f. Chem. u. Mikr. Bd. 10, S. 197. 1917.
HARTWICH: Bemerkungen über Pfeffer. Zeitschr. f. Unters. d. Nahrungs- u. Genußmittel Bd. 12, S. 524. 1906.
— Giftiger Sternanis. Schweiz. Wochenschr. f. Chem. u. Pharm. Bd. 39, S. 104. 1900.
HAUPT: Untersuchung von Gewürzpulvern. Zeitschr. f. Unters. d. Nahrungs- u. Genußmittel Bd. 8, S. 607. 1904.
— Die häufigeren Verfälschungen der gemahlenen Gewürznelken. Pharm. Zentralh. Bd. 46, S. 1. 1905.
HOCKAUF: Über Pfeffer und Pfeffersurrogate. Arch. f. Chem. u. Mikr. Bd. 9, S. 107. 1916.
JUCKENACK und SENDTNER: Zur Untersuchung und Charakteristik der Fenchelsamen. Zeitschr. f. Unters. d. Nahrungs- u. Genußmittel Bd. 2, S. 69, 329. 1899.
JUILLET: Les grains dc Célcri. Annal. des falsif. Bd. 6, S. 671. 1913.
KRZIZAN: Gefärbter Paprika. Zeitschr. f. Unters. d. Nahrungs- u. Genußmittel Bd. 12, S. 223. 1906.
LENZ: Zur anatomischen Unterscheidung der Früchte von *Illicium religiosum* SIEBOLD und *I. verum* HOOK, fil. Arch. d. Pharm. Bd. 237, S. 241. 1899.
NESTLER: Über Verfälschungen von Macis, Pfeffer usw. Zeitschr. f. Unters. d. Nahrungs- u. Genußmittel Bd. 6, S. 1033. 1903.
— Zur Kenntnis der Frucht von *Capsicum annuum.* Zeitschr. f. Unters. d. Nahrungs- u. Genußmittel Bd. 11, S. 661. 1906.
— Über sogenannten capsaicinfreien Paprika. Zeitschr. f. Unters. d. Nahrungs- u. Genußmittel Bd. 13, S. 739. 1907.
PETKOFF: Eine neue Pfefferfälschung. Zeitschr. f. öffentl. Chem. Bd. 14, S. 133. 1908.
— Eine eigenartige Pfefferfälschung. Zeitschr. f. öffentl. Chem. Bd. 20, S. 244. 1914.
RAU: Über neuere Verfälschungen des gemahlenen Pfeffers. Zeitschr. f. öffentl. Chem. Bd. 6, S. 243. 1900.
RAUMER und SPAETH: Fälschungen von Gewürzen und anderen Nahrungsmitteln. Zeitschr. f. Unters. d. Nahrungs- u. Genußmittel Bd. 5, S. 409. 1902.
ROSENTHALER: Über einen künstlichen Pfeffer. Pharm. Zentralh. Bd. 67, S. 164. 1926.
SPAETH: Die chemische und mikroskopische Untersuchung der Gewürze und deren Beurteilung. Pharm. Zentralh. Bd. 49. 1908.
TROCCOLI und VERONA-RINATI: Über einige Verfälschungen von Pfefferkörnern. Zeitschr. f. Unters. d. Nahrungs- und Genußmittel Bd. 24, S. 737. 1912.
VARGA: Zur Mikroskopie des Paprikapulvers. Arch. f. Chem. u. Mikr. Bd. 5, S. 305. 1912.

g) Koffeinhaltige Samen.

Es gibt nur wenige Pflanzen auf der Erde, die die als Koffein oder Thein bekannte Purinbase (Trimethylxanthin) enthalten, und zwar Tee und Mate in den Blättern, Kaffee, Kola und Guarana[1] in den Samen. Ihnen schließt sich die Kakaobohne an, die ein als Theobromin bezeichnetes Dimethyl-

[1] Die der Guarana nahe verwandte „Yocco“ enthält Koffein in Rinde, Holz und Blättern.

xanthin enthält. Diese Pflanzen gehören verschiedenen Familien an und kommen in verschiedenen Erdteilen vor. Seit den ältesten Zeiten dienen sie schon als Genußmittel, und in geschichtlicher Zeit ist kein ihnen ähnliches Genußmittel entdeckt worden. Diese Tatsache ist um so bemerkenswerter, als die genannten Blätter und Samen (Kola ausgenommen) im rohen Zustande ungenießbar sind und ihren Genußwert erst durch eine bestimmte Zubereitung erhalten, bei der sich auch die das Nervensystem anregenden Stoffe zum Teil erst bilden. Daß die Urvölker nicht allein die Rohstoffe, sondern auch die zur Entwickelung ihrer Eigenschaften nötigen und bis zum heutigen Tage im wesentlichen unverändert beibehaltenen Aufbereitungsweisen gefunden haben, kann als Beweis ihres wunderbaren Spürsinnes gelten.

1. Kaffee.

Der Kaffeebaum (*Coffea arabica* L. — *Rubiaceae*) ist in Abessinien und in anderen Teilen Afrikas heimisch. Er wurde im 16. Jahrhundert in Arabien eingeführt, 200 Jahre später auf Java, bald darauf in anderen tropischen Gebieten Asiens, Afrikas und der Neuen Welt. Gegenwärtig ist Brasilien an der Spitze der Kaffeeproduktion, aber Arabien und Asien liefern die besten Sorten.

Die Kaffeefrucht ist kirschgroß, rot, zweifächerig und zweisamig[1]. Das Fruchtfleisch besitzt eine pergamentartige Steinschale, die Frucht ist also keine Beere, sondern eine Steinfrucht. Die verschiedenen Aufbereitungsmethoden, die zum Teil in einer Fermentierung bestehen, haben alle zum Ziele, die Samen, die allein in den Handel kommen, möglichst vollständig von ihren Hüllen zu befreien.

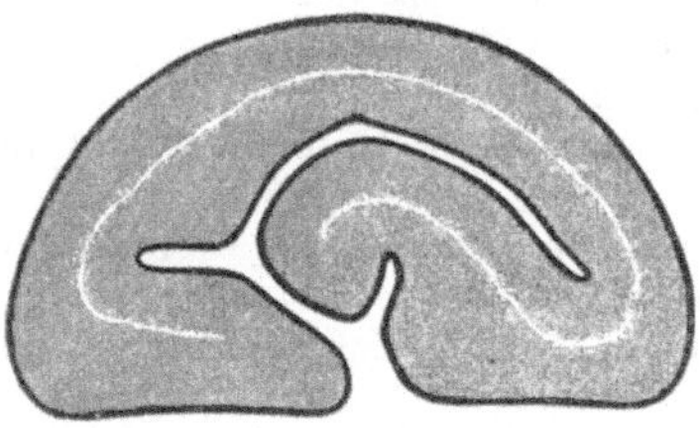

Abb. 326. Vergrößerter Querschnitt der Kaffeebohne (J. Moeller).

Die Kaffeebohne (Abb. 326) ist ein von beiden Seiten eingerolltes Endosperm. Erweicht man sie durch Kochen, so kann sie aufgerollt werden, und man findet sie auf der Innenseite von einem zarten Häutchen, der Samenhaut bedeckt (Silberhaut). Reste derselben ragen aus dem Spalt der Bauchseite hervor, und auch auf der Rückenseite findet man oft solche bei unvollkommen polierten Bohnen. Der kleine vom Endosperm umhüllte Embryo hat ein keulenförmiges Würzelchen und herzförmige Keimblätter.

Der rohe Kaffee ist gelblich, bräunlich bis blaugrün, ungemein hart, fast geruch- und geschmacklos. Durch das Rösten wird er braun, wobei er unter Gewichtsverlust sein Volumen bedeutend vergrößert. Hierbei entwickeln sich die eigentümlichen Stoffe, die ihn zum Genußmittel machen.

A. Fruchtschale. Das bei der Aufbereitung des Kaffees abfallende Fruchtfleisch diente früher zur Bereitung von Surrogaten[2] (z. B. „Sultan-“ oder „Sakkakaffee“). Da das getrocknete Mesokarp erhebliche Mengen von Koffein enthält (ich fand bei Javakaffee 0,75%), waren diese Erzeugnisse also in gewisser

[1] Ausnahmsweise abortiert eine der beiden Samenknospen, und es entwickelt sich die einzige Samenknospe zum sog. „Perlkaffee“.

[2]) Man bereitete aus den „Kaffeehülsen“ auch ein Extrakt und setzte es beim Rösten dem Kaffee zu.

Beziehung wirkliche Kaffee-Ersatzmittel. Trotzdem vermochten sie sich keinen dauernden Platz zu erringen.

Der mikroskopische Nachweis der Kaffeefruchtschale stützt sich hauptsächlich auf das Gewebe der Steinschale.

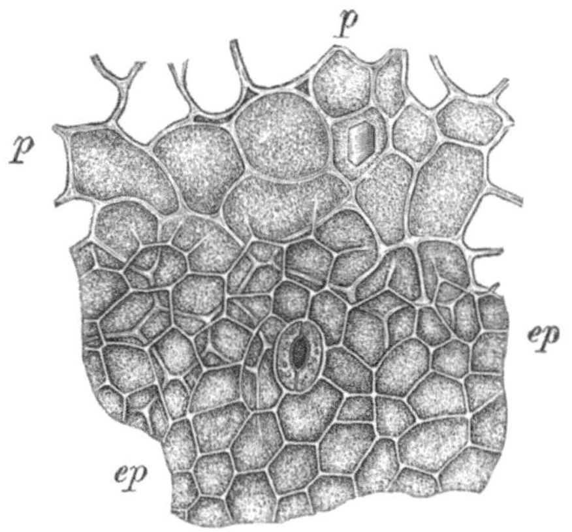

Abb. 327. Außenschichten der Kaffeefrucht in der Flächenansicht (J. MOELLER). *ep* Oberhaut, *p* Parenchym.

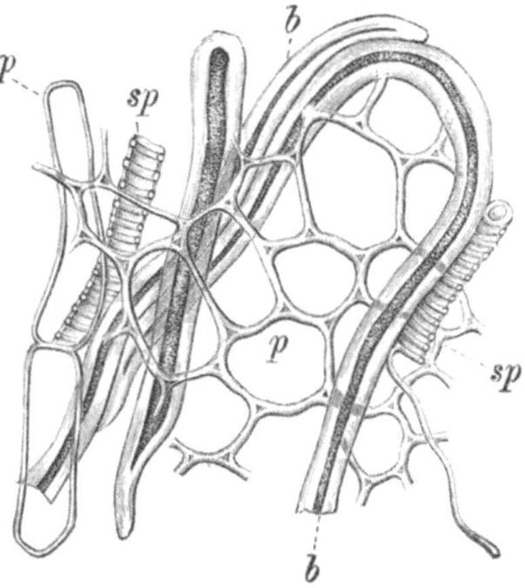

Abb. 328. Fruchtfleischgewebe des Kaffees (J. MOELLER). *p* Parenchym, *bp* Bündelparenchym, *b* Bastfasern, *sp* Gefäße.

Die Oberhaut (Abb. 327, *ep*) besteht aus polygonalen Zellen (15—35 μ) und spärlichen Spaltöffnungen.

Die Zellen des Fruchtfleisches (*p*) werden bis 100 μ groß. Sie sind dick-

Abb. 329. Endokarp des Kaffees (Pergamentschale) in der Flächenansicht. 1 : 100 (A. BÖMER).

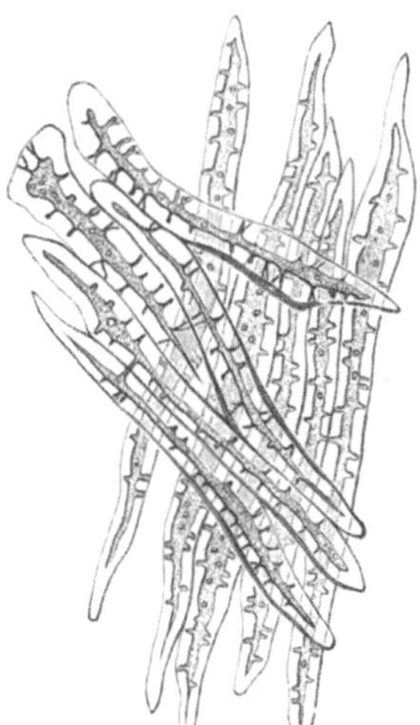

Abb. 330. Sklereiden aus dem Kaffee-Endokarp (J. MOELLER).

wandig und enthalten braune Massen, zuweilen Oxalatkristalle oder Kristallsand. Die im Gewebe verlaufenden Leitbündel sind von langen 15—25 μ breiten, stark verdickten Fasern begleitet; die Spiralgefäße haben ein ziemlich dickes Spiralband (Abb. 328).

Das Endokarp (Abb. 329), die sogenannte Pergamentschale, bildet eine zähe Platte aus dickwandigen, langgestreckten, vielgestaltigen Sklerenchymfasern (Abbildung 330), die gruppenweise nach verschiedenen Richtungen gekreuzt sind.

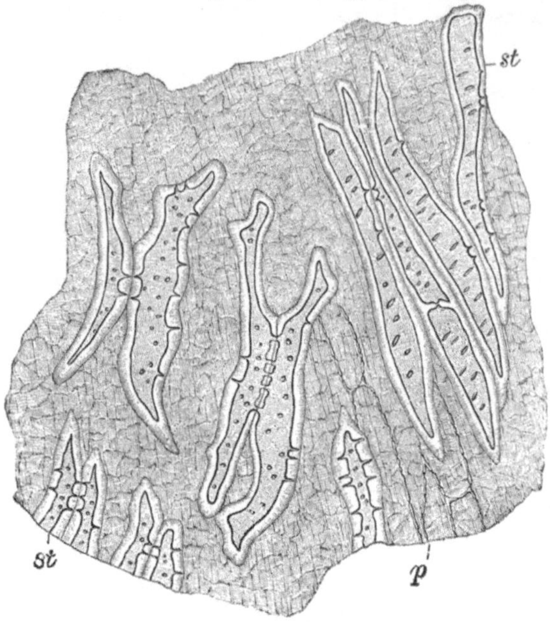

Abb. 331. Samenhaut der Kaffeebohne (J. MOELLER). *p* obliterierte Membran, *st* Steinzellen.

B. Same. Wenngleich die Samenhaut (das sog. Silberhäutchen) von der Oberfläche der Bohnen größtenteils abgeschilfert ist, findet man sie doch stets noch in der Furche. Da sie durchsichtig ist, kann ein kleines Stückchen derselben ohne weiteres in Wasser oder Lauge betrachtet werden.

Auf einer fast homogenen, tatsächlich aber aus mehreren Schichten stark zusammengedrückter Zellen bestehenden Membran liegen zahlreiche eigentümliche Steinzellen zerstreut oder stellenweise dicht gedrängt. Im allgemeinen sind sie spindelförmig, aber oft auch unregelmäßig gestaltet (Abb. 331). Ihre Länge schwankt von 70—800 μ, ihre Breite von 15—50 μ (nach Tschirch-Oesterle bis 65 μ). Die Wand ist gleichmäßig verdickt (verholzt), von großen Spaltentüpfeln durchsetzt, unter Wasser gelblich, in Alkalien dunkelgelb. Bei der Untersuchung im Trockenpräparat (also ohne Zusatz von Flüssigkeit) treten diese Sklereiden viel deutlicher hervor.

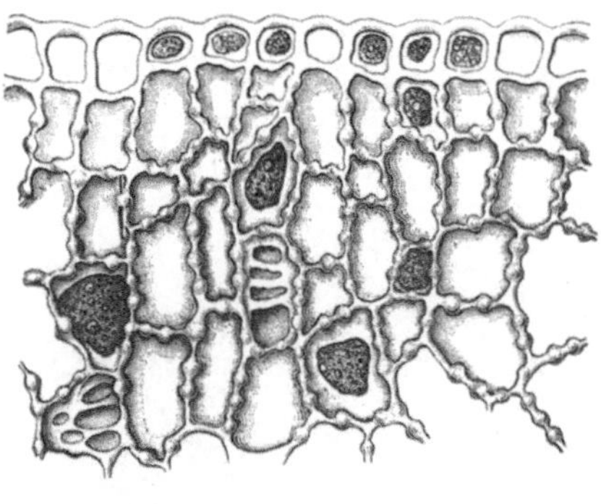

Abb. 332. Nährgewebe des Kaffees im Querschnitt (J. MOELLER).

Aus dem hornigen Endospermgewebe lassen sich leicht Schnitte anfertigen, nachdem die Bohnen einige Stunden in Wasser erweicht wurden. Außer am Rande, wo die Zellen nach Art einer Oberhaut gebaut sind, besteht das Endosperm aus einem dickwandigen, breitgetüpfelten, farblosen Parenchym (Abb. 332) mit farb- und formlosem, hauptsächlich aus Fett und Eiweiß bestehendem Zellinhalt[1]. Auf Durchschnitten erscheinen die Zellwände

[1] Außerdem enthalten die Zellen hauptsächlich noch Saccharose, Chlorogensäure und Koffein, die letzteren wahrscheinlich in Form von chlorogensaurem Kali-Koffein.

knotig verdickt, auf der Fläche von den Tüpfeln wie gefenstert. Der Embryo hat ein 3—4 mm langes Würzelchen und herzförmige, 1—2 mm lange Keimblätter. Das Blattgewebe ist wenig differenziert, zartzellig (Abb. 333).

Liberia-Kaffee stammt von *Coffea liberica* BULL., einem im tropischen Westafrika heimischen Bäumchen. Er ist auffallend großbohnig, der Embryo fast doppelt so lang als beim gewöhnlichen Kaffee. Die Steinzellen der Samenschale sind nach HARTWICH größer (bis 960 μ lang und 60 μ breit); im gemahlenen Zustande dürfte eine Unterscheidung kaum möglich sein.

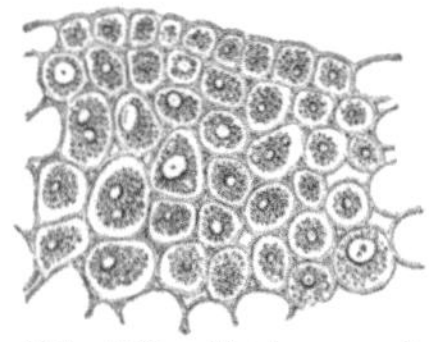

Abb. 333. Embryonalgewebe des Kaffees (J. MOELLER).

Ganze geröstete Kaffeebohnen werden zuweilen durch Beimengung gerösteter Leguminosensamen wie Erbsen, Sojabohnen, Lupinen und Platterbsen verfälscht, die in der Form eine gewisse Ähnlichkeit zeigen. Durch die mikroskopische Untersuchung der Samenschale läßt sich die Art solcher Fälschungsmittel leicht feststellen. Auch künstliche Kaffeebohnen sind früher mit Hilfe besonderer Maschinen aus Teig von Ersatzstoffen hergestellt worden.

In sogenannten Bruchkaffeemischungen wurden ebenfalls öfter größere Mengen (bis 30%) von Surrogaten festgestellt, und zwar vorwiegend Zichorie, Eicheln, Roggen, Mais, Rüben, Feigen, in einigen Fällen außerdem bis zu 10% kleine Steine von der Farbe der Mischung.

Gemahlener Kaffee.

Selten ist der Kaffee so fein gemahlen, daß man nicht schon mit freiem Auge die Schüppchen der Samenhaut erkennen und auslesen könnte. Da diese durch Sklereiden ausgezeichnet charakterisiert sind, stellen sie ein Leitelement für die Erkennung des Kaffees dar. Außerdem ist aber noch der Nachweis der eigentümlich verdickten Endospermzellen erforderlich. Es sind nämlich öfter Kaffee-Ersatzstoffe beobachtet worden, die zwar reichlich Silberhautteilchen, dagegen keine Spur von Kaffee-Endosperm enthielten, ein Zeichen, daß die bei der Aufbereitung des Kaffees abfallende Samenhaut einen eigenen Handelsartikel bildet.

Durch den Röstprozeß wird das Endosperm fast gar nicht verändert. Daher sind die knotenförmigen Wandverdickungen nach geeigneter Aufhellung mit Chloralhydrat oder JAVELLEscher Lauge leicht erkennbar, zumal an größeren Stückchen, aus denen sich zwischen Kork Schnitte herstellen lassen.

Da im echten Kaffee außer der Samenhaut und dem quantitativ weit überwiegenden Endosperm nichts vorkommen darf — das Embryonalgewebe tritt vollständig zurück —, ist eine Verfälschung gewöhnlich nachweisbar. Die Art derselben festzustellen, kann jedoch unter Umständen recht schwierig sein[1].

Kaffee-Ersatzmittel.

Sie stellen bereits seit längerer Zeit selbständige Produkte dar, die einerseits gelegentlich zur Verfälschung von gemahlenem Kaffee dienen, anderer-

[1] Ein Zusatz von bereits ausgezogenem Kaffee (Kaffeesatz) ist mikroskopisch nicht erkennbar.

seits aber auch selbst wieder mit minderwertigen Stoffen vermengt werden. In Mitteleuropa haben diese Erzeugnisse während des Weltkrieges besondere Bedeutung erlangt, indem sie anfangs zur Streckung der Kaffeevorräte herangezogen wurden, säter aber den fehlenden Kaffee vollständig ersetzen mußten.

Als Material für die Herstellung derartiger Produkte sind im allgemeinen nur zucker- oder stärkereiche Pflanzenteile geeignet, also solche, die beim Röstprozeß karamelartige Körper bilden. In Betracht kommen hierfür hauptsächlich drei anatomisch gut charakterisierte Gruppen, nämlich Zerealienfrüchte, Leguminosensamen und fleischige Wurzeln. Eine Anzahl weiterer Früchte und Samen diente auch früher gelegentlich zur Bereitung von Kaffee-Ersatzmitteln. Während des Krieges hat sich dann die Zahl der aushilfsweise herangezogenen Vegetabilien beträchtlich vermehrt. Die wichtigsten von ihnen sind bei den betreffenden Abschnitten berücksichtigt worden.

Die Untersuchung aller derartigen Erzeugnisse beginnt mit der Durchmusterung unter der Lupe, wobei alle größeren Teilchen ausgelesen werden. Bruchstücke kleinerer Früchte und Samen sind häufig ohne weiteres an der Form oder Beschaffenheit zu erkennen, desgleichen Rindenteilchen und Stücke von Steinschalen. Aus unbekannten Teilchen werden Schnitt- oder Zupfpräparate hergestellt.

Da die meisten Pflanzenteile durch den Röstprozeß tief dunkelbraun gefärbt werden, ist gewöhnlich eine Aufhellung erforderlich. Sie erfolgt mit Perhydrol unter Zusatz von etwas Ammoniak oder noch besser mit JAVELLEscher Lauge. In einzelnen Fällen nimmt das Entfärben mehrere Tage in Anspruch und macht dann ein wiederholtes Erneuern der Bleichflüssigkeit erforderlich.

Nach dem Auswaschen der Bleichflüssigkeit (am besten auf dem Filter) untersucht man zunächst in Wasser, dann unter Zusatz von Glyzerin. Von der Bleichung herrührende Sauerstoffblasen können unter Umständen sehr störend wirken und werden am besten durch Überführen der Objekte in frisch ausgekochtes und wieder erkaltetes Wasser beseitigt.

Neben der Untersuchung der gebleichten Präparate ist aber stets auch eine mikroskopische Prüfung des unveränderten Materials vorzunehmen, da die Färbung des Gewebes und Beschaffenheit des Zellinhaltes oft wertvolle Fingerzeige liefert.

Die häufiger beobachteten Ersatz- und Fälschungsmittel, sowie ihre wichtigsten Kennzeichen sind nachstehend kurz angegeben.

Getreide (Roggen, Weizen, Gerste, Hafer, Mais) und ihre Mahlprodukte (Stärkekörner und Kleiebestandteile, vgl. S. 62, 68, 71, 76, 79);

Hülsenfrüchte wie Erbse, Bohne, Platterbse, Kichererbse, Lupine, Sojabohne, Saradella, Cassia [Mogdadkaffee], Parkia [Sudankaffee], Kaffeestragel (Samenschale, zum Teil Stärkekörner, vgl. S. 120);

Zichorie (Netzgefäße und enge Milchsaftschläuche, vgl. Abschn. VIII, I, 19);

Rüben und andere Wurzeln (Netzgefäße, vgl. Abschn. VIII, I, 11—14);

Feigen (große Milchsaftschläuche, vgl. S. 289);

Birnen (Steinzellnester und die Oberhaut, vgl. S. 244);

Eicheln (Kleisterklumpen und einzelne Stärkekörner, vgl. S. 148);

Steinnuß und Dattelkerne (Endosperm mit dicken Zellwänden aus Reservezellulose, vgl. S. 312);

Traubenkerne und Weintrester (Platte aus palisadenförmigen Steinzellen, vgl. S. 277);
Karoben (Inklusen, vgl. S. 145);
Erdnüsse (Samenschale, vgl. S. 302);
Kaffeehülsen (Pergamentschale, vgl. S. 228);
Kolanüsse (Stärkekörner, braunwandiges poröses Parenchym, vgl. S. 240);

Hinzu kamen in der Kriegs- und Nachkriegszeit u. a.:
Kartoffelpülpe (Kork, Netztracheiden, Stärke, vgl. Abschn. VIII, I, 21);
Spörgelsamen (Epidermis, vgl. S. 111); Blumenzwiebeln (Stärkezellen, z. T. Raphiden, vgl. Abschn. VIII, I, 5);
Weißdornfrüchte (vgl. S. 251); Spargelfrüchte (S. 287);
Kakaoschalen (S. 232); von wertlosen Streckungsmitteln außerdem Eichenlohe; Seegras (Abschn. VI, III, 32); Torf (Abschn. IX, B); sowie Steinschalen verschiedener Früchte (von Nüssen, Mandeln, Pflaumen u. dgl.).

Die schließlich noch zu erwähnenden Steinkerne der Kornelkirsche (S. 261) und Olive (S. 263), sowie die Steinfrüchtchen der Rose (S. 261) sind nicht gänzlich wertlos, weil der Fett und Eiweiß enthaltende Samenkern, der allerdings der Steinschale gegenüber sehr zurücktritt, für das Röstprodukt immerhin einen gewissen Wert hat. Ähnlich sind die schon genannten Palmensamen (Steinnüsse und Dattelkerne), die hauptsächlich aus Reservezellulose bestehen, zu beurteilen.

Neuere Literatur.

ANONYMUS: Der Kaffee. Herausgegeben vom Kaiserlichen Gesundheitsamt. Berlin 1903.

BEITTER: Kaffee-Ersatzstoffe. Stuttgart 1918.

DOEPMANN: Über Malzkaffee. Zeitschr. f. Unters. d. Nahrungs- u. Genußmittel Bd. 27, S. 453. 1914.

ECKENROTH: Über lupinenhaltige Kaffee-Ersatzmittel. Zeitschr. f. Unters. d. Nahrungs- u. Genußmittel Bd. 35, S. 240. 1918.

GOBERT: Une falsification du Café moulu. Annal. des falsif. Bd. 15, S. 20. 1922.

GÖRBING: Zipangu, ein neues steinnußhaltiges Kaffee-Ersatzpräparat und seine Beurteilung. Zeitschr. f. öff. Chem. Bd. 19, S. 266. 1913.

GRIEBEL: Kaffee-Ersatz aus Weißdornfrüchten. Zeitschr. f. Unters. d. Nahrungs- u. Genußmittel Bd. 33, S. 65. 1917.

— Beiträge zur mikroskopischen Untersuchung der Kaffee-Ersatzstoffe (Eichenlohe, Spargelfrüchte). Zeitschr. f. Unters. d. Nahrungs- u. Genußmittel Bd. 34, S. 185. 1917.

— Ein weiterer Beitrag zur mikroskopischen Untersuchung der Kaffee-Ersatzstoffe (Seradella) Zeitschr. f. Unters. d. Nahrungs- u. Genußmittel Bd. 35, S. 233. 1918.

— Beiträge zur mikroskopischen Untersuchung der Kaffee-Ersatzstoffe (Spergel- und Akaziensamen). Zeitschr. f. Unters. d. Nahrungs- u. Genußmittel Bd. 35, S. 272. 1918.

— Beiträge zum mikroskopischen Nachweis von pflanzlichen Streckungsmitteln und Ersatzstoffen bei der Untersuchung der Nahrungs- und Genußmittel. Veröffentl. aus dem Gebiet des Milit. Sanitätswesens 1918, Heft 72, S. 101; Zeitschr. f. Unters. d. Nahrungs- u. Genußmittel Bd. 38, S. 129. 1919.

— „Kaffee, Tee, Kakao und ihre Ersatzstoffe“ im Handbuch für biologische Arbeitsmethoden von E. ABDERHALDEN, Abt IV, Teil 8, Heft 2, S. 717.

GRIEBEL und BERGMANN: Über eine neue Kaffeeverfälschung. Zeitschr. f. Unters. d. Nahrungs- u. Genußmittel Bd. 21, S. 481. 1911.

GRIEBEL und ROTHE: Beiträge zur mikroskopischen Untersuchung der Kaffee-Ersatzstoffe (Narzissenzwiebel, ein brechenerregender Rohstoff; Seegras). Zeitschr. f. Unters. der Nahrungs- u. Genußmittel Bd. 41, S. 69. 1921.

HANAUSEK: Bemerkungen zur Notiz WIRTZ „Eine neue Kaffeefälschung". Zeitschr. f. Unters. d. Unters. d. Nahrungs- u. Genußmittel Bd. 1, S. 399. 1898.
— Kristallsand im Kaffee. Zeitschr. f. Unters. d. Nahrungs- u. Genußmittel Bd. 21, S. 295. 1911.
— Eine Bemerkung zu der Veröffentlichung DOEPMANNS „Über Malzkaffee". Zeitschr. f. Unters. d. Nahrungs- u. Genußmittel Bd. 28, S. 33. 1914.
HARTWICH: Beiträge zur Kenntnis des Kaffees. Zeitschr. f. Unters. d. Nahrungs- u. Genußmittel Bd. 18, S. 721. 1909.
KLASSERT: Kaffee-Ersatzstoffe. Zeitschr. f. Unters. d. Nahrungs- u. Genußmittel Bd. 35, S. 80. 1918.
KOCH: Neue Kaffee-Ersatzmittel. Zeitschr. f. öff. Chem. Bd. 23, S. 353. 1917.
NETOLITZKY: Über das Vorkommen von Kristallsandzellen im Kaffee. Zeitschr. f. Unters. d. Nahrungs- u. Genußmittel Bd. 20, S. 221. 1910.
NOTTBOHM: Verwendung von Steinnuß zur Herstellung von Kaffee-Ersatzmitteln. Zeitschr. f. Unters. d. Nahrungs- u. Genußmittel Bd. 25, S. 144. 1913.
TRILLICH: Welche Mindestforderungen sind an Malz für Malzkaffee zu stellen. Zeitschr. f. Unters. d. Nahrungs- u. Genußmittel Bd. 10, S. 118. 1905.
WIRTZ: Eine neue Kaffeefälschung. Zeitschr. f. Unters. d. Nahrungs- u. Genußmittel Bd. 1, S. 248. 1898.

2. Kakao.

Kakao und Schokolade werden aus den Samen eines kleinen, im tropischen Amerika heimischen Baumes (*Theobroma Cacao* L. — *Büttneriaceae*) bereitet. Schon CORTEZ lernte ihren Gebrauch bei den Eingeborenen kennen und brachte die Kunde davon nach Europa, aber erst im 17. Jahrhundert wurden die Kakaobohnen in erheblicher Menge eingeführt, um dieselbe Zeit, als Tee und Kaffee aus dem Osten kamen. Die Kultur des Baumes verbreitete sich allmählich über den ganzen Tropengürtel, und gegenwärtig kommen Kakaobohnen nicht nur aus dem tropischen Amerika, sondern auch aus Afrika, Ceylon, Java und anderen Teilen der Alten Welt auf den Markt.

Die gelbe oder braune, längsstreifige und meist gerunzelte, gurkenähnliche Frucht wird bis 20 cm lang und enthält in schleimigem Fruchtmus etwa 40 Samen in fünf Reihen. Nach Beseitigung des Fruchtmuses werden die frisch farblosen Samen meist einer kurz dauernden Selbstgärung überlassen und dann getrocknet. Dadurch wird der bittere und adstringierende Geschmack beseitigt, es entwickelt sich das eigentümliche Aroma und der braune Farbstoff.

Die „Kakaobohnen" des Handels sind unregelmäßig flach-eiförmig, 15—30 mm lang, braun bis rotbraun, schülferig, zuweilen mit einer ockerartigen Erde überzogen („terriert"). In Wasser werden sie schleimig von den ihnen noch anhaftenden Resten des Fruchtmuses. Von dem breiteren Pol (dem Nabel) zieht der Nabelstrang längs einer Schmalseite zum spitzeren Pol (der Chalaza) und verzweigt sich von da aus in der Samenschale. Diese ist dünn und brüchig. Der Samenkern besteht fast nur aus den großen, durch Druck in zahlreiche, eckige Stücke zerfallenden dunkelbraunen Kotyledonen, an denen das etwa 6 mm lange, leicht abbrechende Würzelchen (der sogenannte „Keim") liegt. In Wasser hebt sich von diesen Bruchstücken ein zartes, farbloses Häutchen ab. Es ist der Rest des Nährgewebes (Perisperm), das den Embryo allseitig umgibt und auch in die Falten der Kotyledonen eindringt.

A. Kakaoschale. Sie setzt sich aus den inneren Teilen der Fruchtwand und der Samenschale zusammen. Stückchen derselben werden in Lauge erweicht, um zwischen Kork Querschnitte aufertigen zu können. Man unterscheidet folgende Schichten:

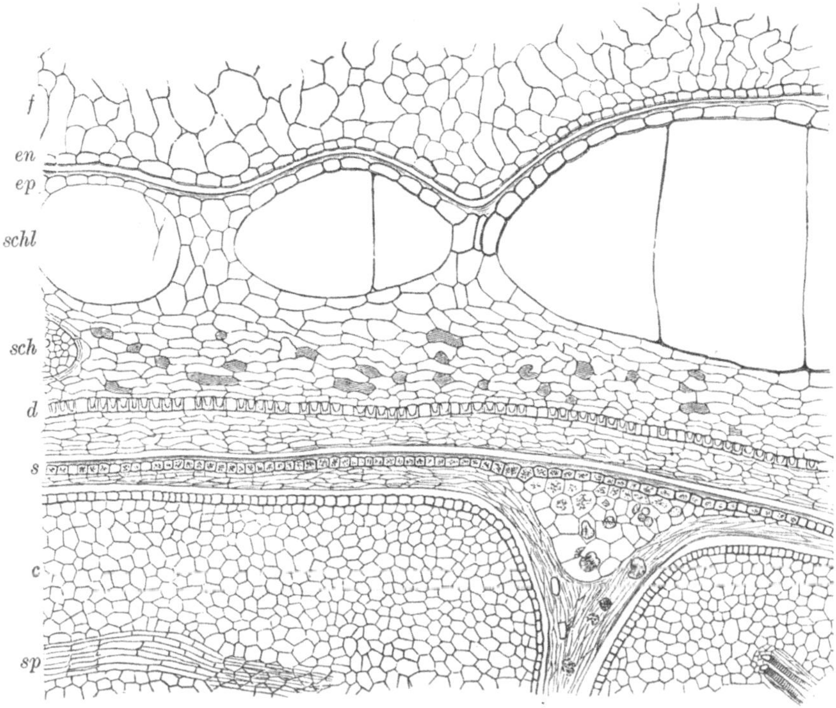

Abb. 334. Querschnitt der Kakaoschale (nach TSCHIRCH). *f* Fruchtmus, *en* Endokarp, *ep* Samenoberhaupt, *schl* Schleimzellen, *sch* Schwammparenchym, *d* Sklereidenschicht, *s* Silberhäutchen, *c* Kotyledonen.

1. Die Reste des Fruchtmuses (Abb. 334, *f*) aus äußerst zarten, schlauchförmigen, meist hyphenartig gestreckten Zellen, an denen sich nicht selten Hefezellen vorfinden.

2. Das Endokarp (*en*), eine einfache Lage zarter, sehr schmaler, schräg gelagerter Zellen;

3. die Samenoberhaut (Abbildung 335) aus derbwandigen, polygonalen, gestreckten Zellen (90 bis 120 μ lang, 20—50 μ breit) mit etwas stärker verdickter, gelber Außenwand;

4. das Schwammparenchym (Abb. 334, *sch*), großzellig und vielgestaltig, teilweise zusammengefallen und geschrumpft. In diesem liegen knapp unter der Oberhaut außerordentlich große (bis 0,8 mm), oft noch durch zarte Zellhäute abgeteilte

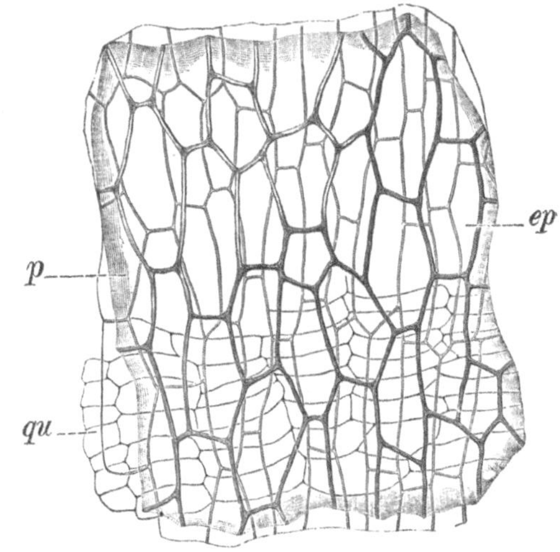

Abb. 335. Samenoberhaut (*ep* in Abb. 334) und Parenchymschichten der Kakaoschale in der Flächenansicht (J. MOELLER).

Schleimlücken. In der Flächenansicht erkennt man ihre zarten polygonalen Konturen. In Wasser quillt ihr Inhalt schichtenweise auf und verschwindet schließlich. Innerhalb der Schleimzellschicht verlaufen die zarten Leitbündel

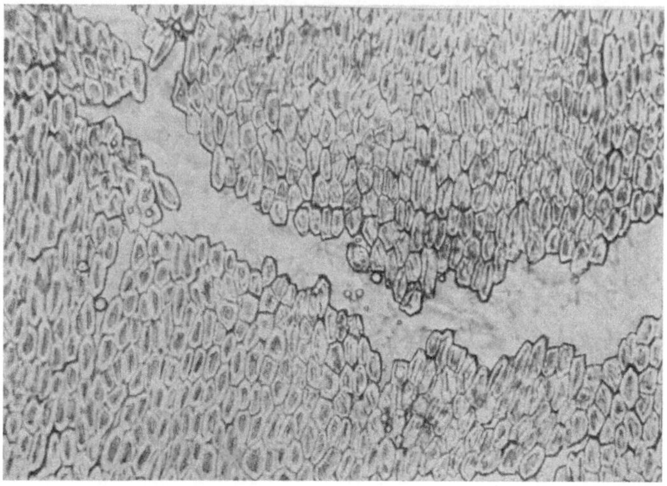

Abb. 336. Sklereidenschicht der Kakaoschale in der Fläche 1:220 (Phot. C. GRIEBEL).

mit engen Spiralgefäßen (5—10 μ); in dem einwärts gelegenen, immer mehr zusammengedrückten Gewebe fällt ein schmaler, hellfarbiger Streif auf, der sich bei genauerer Betrachtung als eine einfache Reihe hufeisenförmig nach innen verdickter, schwach verholzter Zellen erweist. Stellenweise ist diese „Sklereidenschicht" durch dünnwandige Zellen unterbrochen (Abb. 334, *d* und 336). In der Flächenansicht sind die Steinzellen polygonal, oft sechseckig, 12—30 μ lang, scheinbar gleichmäßig verdickt (5 μ) und eigentümlich gegeneinander verschoben.

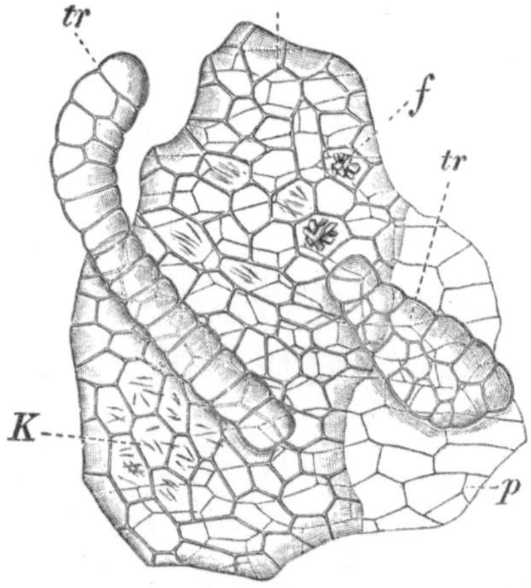

Abb. 337. Silberhäutchen der Kakaobohne mit Haaren (*tr*) u. Kristallen (*f* u. *K*) (J. MOELLER).

5. Das Silberhäutchen ist der Rest des Nährgewebes (TSCHIRCH). Es besteht aus einer äußeren Aleuronschicht, die an der Samenschale haftenbleibt, und aus einer Schicht obliterierter Zellen, die in die Kotyledonarfalten eindringt (Abb. 334, *s*). Die nur schwer erkennbaren Zellen enthalten Fett in kristallinischen oder traubigen Aggregaten. Oft findet man auf der Silberhaut, die ohne weitere Präparation in einem Tropfen Glyzerin oder Lauge betrachtet werden kann, braune, keulenförmige, mehrzellige Gebilde, die sogenannten MITSCHERLICHschen Körperchen (Abb. 337, *tr* u. 340), die jedoch nicht ihr angehören, sondern von den Kotyledonen abgefallene Haare sind.

An Zwillings- oder Drillingssamen findet sich an den Berührungsflächen der Schale eine wulstige Gewebewucherung, die mitunter auffallend gestaltete, z. T. sehr große, häufig mit rotbraunem Inhalt versehene Sklereiden (Abb. 338) enthält (NESTLER). Neuerdings hat HÄRDTL festgestellt, daß vereinzelt auch in den den Kakaosamen anhaftenden Geweberesten vorwiegend langgestreckte (oft faserartige) Sklerenchymzellen und in der Samenschale — namentlich zwischen der Sklereidenschicht und der Leitbündelzone — vorwiegend isodiametrische, verholzte Sklerenchymzellen verschiedener Größe (Abb. 339) vorkommen. Bei der Auszählung der Sklereiden (s. S. 238) be-

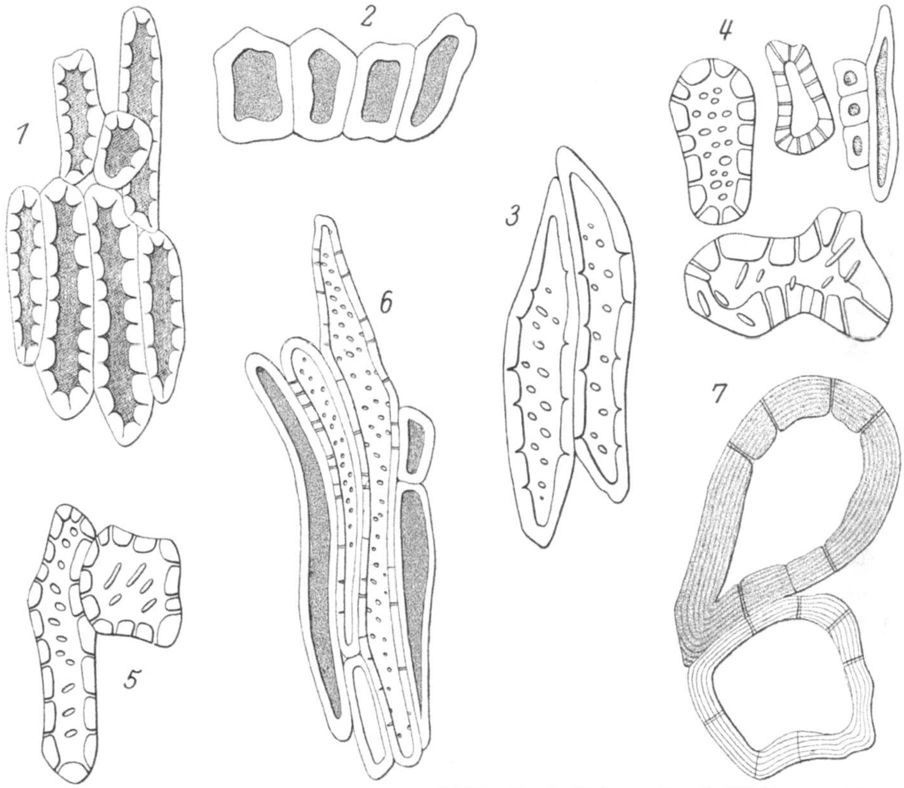

Abb. 338. Abnorme, aus Zwillingssamen stammende Sklereiden im Kakaopulver 1 : 300 (A. NESTLER).

gegnet man den zuletzt genannten Elementen nicht selten. Wiederholt sind auch Kakaopulver zur Beobachtung gelangt, die verhältnismäßig viel von den aus Zwillingssamen stammenden verholzten Elementen enthielten.

B. Kotyledonen. An Querschnitten (Abb. 340) gelingt es selten, die Haare zu sehen; reichlicher finden sie sich am Würzelchen. Sie bestehen aus einer Reihe kurzer, tonnenförmiger, am stumpfen Scheitel oft geteilter Zellen, die eine feinkörnige, braune Masse und braune Pigmentkügelchen enthalten. Dieselben Kügelchen (3—5 μ) finden sich auch in den polygonalen Oberhautzellen. Sie werden mit Eisensalzen olivbraun.

Das Kotyledonargewebe ist ein zartzelliges, von unentwickelten Leitbündeln durchzogenes Parenchym, dessen polyedrische Zellen (20—40 μ) größtenteils eine farblose, klumpige, zuweilen kristallinische Masse, vereinzelt oder in Gruppen braunes, oder violettes Pigment enthalten. Der farblose Zellinhalt besteht aus Fett, Stärke und Aleuron. Um letztere deutlich zu sehen, empfiehlt es sich, die Schnitte mit Äther-Weingeist zu entfetten und mit Jod zu färben.

Die Stärkekörner (Abb. 340) sind sehr klein (4—12 μ), rundlich, meist zu ungleichen Zwillingen oder Drillingen zusammengesetzt und zeigen oft eine Kernhöhle.

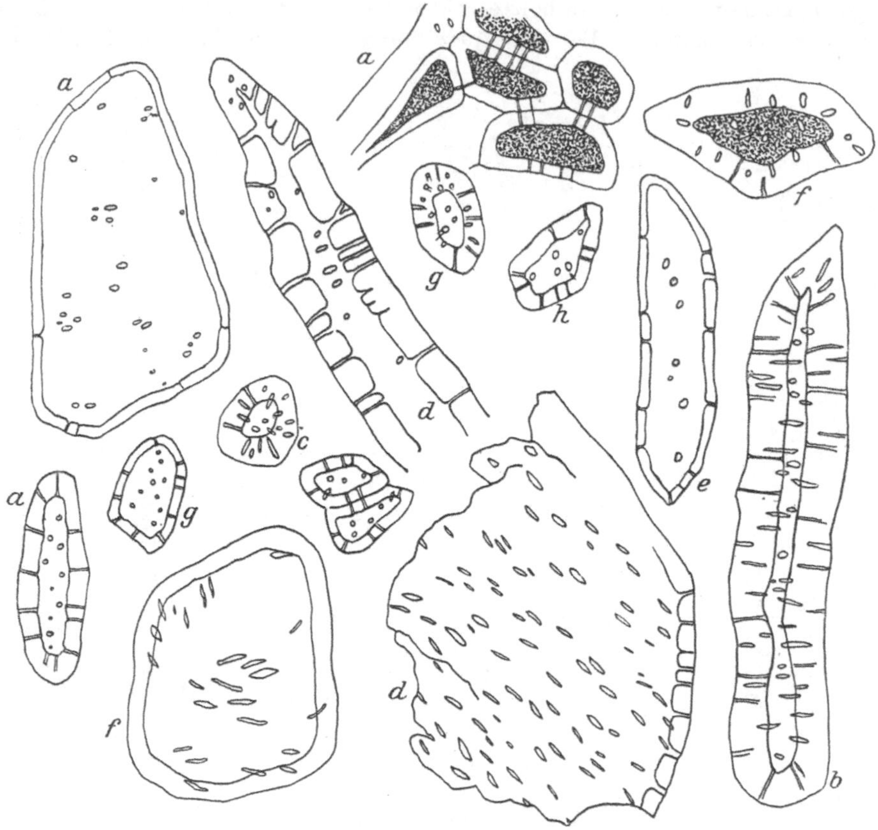

Abb. 339. Sklerenchymzellen aus Kakaoschalenpulver (HÄRDTL). *a* Cuba, *b* Caracas, *c* Puerto Cabello, *d* Thomé, *e* Java, *f* Akkra, *g* Arriba, *h* Bahia. 1 : 333.

Die Aleuronkörner sind kleiner (höchstens 5 μ), rundlich oder gerundetkantig und enthalten oft einen gut entwickelten Eiweißkristall.

Der Inhalt der Farbstoffzellen färbt sich mit Eisensalzen olivbraun bis schwarzblau, mit Lauge vorübergehend grün.

Das Parenchym des Würzelchens ist viel kleinzelliger (10—15 μ) als das der Kotyledonen. Das Mark besteht aus runden Zellen mit Interzellularen und enthält Schleimlücken (HARTWICH).

Kakaoprodukte.

Durch Zerreiben der gerösteten, gebrochenen, nach Möglichkeit von den Schalen und Würzelchen befreiten Kakaobohnen zwischen erwärmten Walzen wird die Kakaomasse erhalten, die durch Vermengen mit Zucker und Würzstoffen die Schokolade liefert. Als Überzugsmasse (Kouvertüre) bezeichnet man gezuckerte und außerdem mit Kakaobutter überfettete Kakaomasse. Kakaopulver wird hergestellt, indem man der Kakaomasse durch Pressen einen Teil ihres Fettes entzieht und die Preßkuchen durch Mahlen in feinstes Pulver überführt.

Für die mikroskopische Untersuchung wird eine kleine Probe des Materials zwecks Entfettung in der Reibschale oder in einem Reagenzglas mit Äther oder Petroläther behandelt, die überstehende Flüssigkeit nach dem Absitzen abgegossen und der Rückstand noch feucht gut durcheinandergemengt, um eine Entmischung des Pulvers zu vermeiden. Das mikroskopische Bild zeigt nunmehr hauptsächlich kleinkörnige Stärke, untermischt mit sehr kleinen Aleuronkörnern, daneben vereinzelt unzerkleinerte Zellen (insbesondere Pigmentzellen). Außerdem sind stets geringe Mengen von Schalenteilchen vorhanden, da eine restlose Entfernung der Schalen bisher technisch nicht möglich ist.

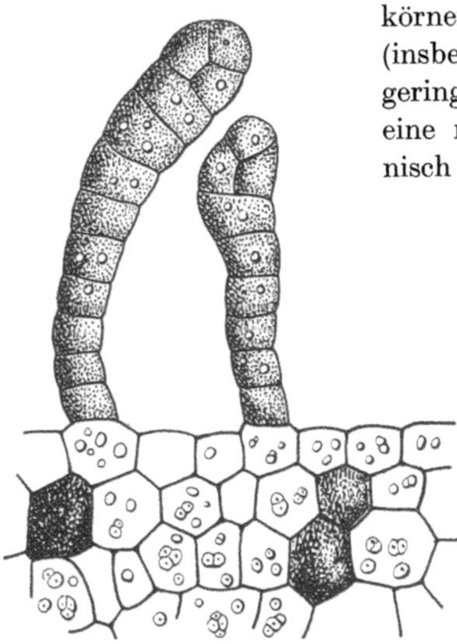

Abb. 340. Querschnitt des Keimblattrandes der Kakaobohne (J. MOELLER).

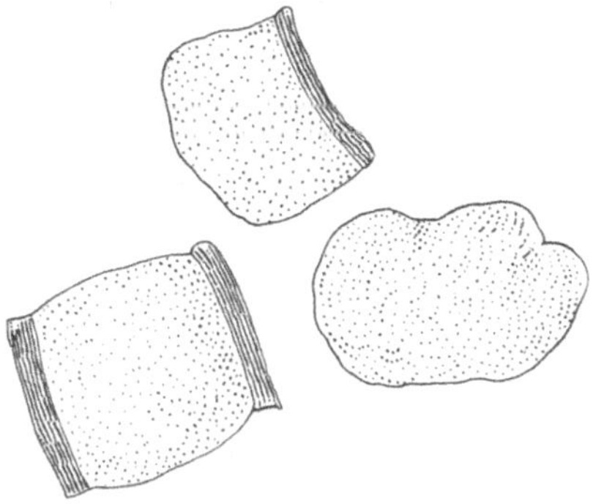

Abb. 341. Gequollene Schleimzellteilchen der Kakaoschale aus Kakaopulver (C. GRIEBEL).

Man erkennt die Schalenteilchen gewöhnlich schon bei schwächerer Vergrößerung als größere braune Partikelchen, da sie infolge ihrer Zähigkeit der Zerkleinerung größeren Widerstand entgegensetzen. In Chloralhydratpräparaten ist die Struktur dieser Teilchen deutlich wahrnehmbar, und man beobachtet die länglich-polygonalen Oberhautzellen, das Schwammparenchym, oft mit Gruppen enger Spiralgefäße und auch die charakteristische Steinzellenschicht. Ein weiteres Kennzeichen für das Vorhandensein von Schalenbestandteilen sind die Schleimzellteilchen, die leicht in folgender Weise sichtbar gemacht werden können: Eine Probe des entfetteten Pulvers wird auf dem Objektträger rasch in einigen Tropfen verdünnter flüssiger Tusche verteilt und dann sofort ein Deckglas aufgelegt. Die Trümmer der Schleimlücken quellen rasch und erscheinen bald als helle Stellen im dunklen Gesichtsfeld. Den gleichen Erfolg erzielt man auch ohne Verwendung von Tusche, wenn man das Präparat so dicht macht, daß sich die Pulverteilchen gegenseitig berühren. Die Schleimzellteilchen sind oft auf einer oder zwei gegenüberliegenden Seiten von braunen Geweberesten begrenzt (Abb. 341). Die Erkennung der Schalenteilchen bietet daher keine Schwierigkeiten, wohl aber oft die Feststellung, ob in einer Kakaoware die Grenze des technisch unvermeidbaren Schalengehaltes überschritten ist. Für die Entscheidung dieser Frage ist die Schleimzellprobe, auf die T. F. HANAUSEK zuerst hingewiesen hat, allein nicht geeignet, weil der Schleimzellgehalt bei den einzelnen Kakaobohnensorten außerordentlich schwankt. Brauchbar ist hierfür bis zu einem gewissen Grade die zahlenmäßige Feststellung der Sklereiden, berechnet auf ein Milligramm fettfreier Trockensubstanz, obwohl auch die so gefundene Sklereidenzahl bei bestimmten Kakaosorten beträchtliche Verschiedenheiten zeigt.

Nach GRIEBEL und SONNTAG verfährt man folgendermaßen: 0,5 g des entfetteten und getrockneten Kakaopulvers — von Schokoladen wendet man eine entsprechend größere Menge an — werden in einem gewogenen Zentrifugenröhrchen von etwa 30 ccm Fassungsraum mit starker JAVELLEscher Lauge klumpenfrei verrührt. Sodann füllt man das Röhrchen mit JAVELLEscher Lauge bis zu einer vorher angebrachten Marke auf, läßt etwa 30 Minuten stehen und zentrifugiert. Die überstehende Flüssigkeit wird durch ein glattes Filter gegossen, der Bodensatz mit Wasser gut durchgerührt und nach dem Auffüllen des Röhrchens erneut durch Zentrifugieren abgeschieden. Das Waschwasser gießt man wieder durch das glatte Filter, worauf der Waschprozeß noch einmal in derselben Weise wiederholt wird. Sodann schlämmt man das im Röhrchen befindliche Sediment sorgfältig mit 20 ccm Wasser auf und läßt die Suspension nach Zusatz von 0,5 ccm Karbolfuchsin unter wiederholtem Umrühren 30 Minuten stehen, dann wird zentrifugiert, die überstehende Flüssigkeit durch das obenerwähnte glatte Filter gegossen und der gefärbte Bodensatz durch noch zweimal wiederholtes Zentrifugieren wie oben mit Wasser ausgewaschen. Die auf dem Filter befindlichen Pulverteilchen werden in eine Glasschale abgespritzt und, nachdem die Flüssigkeit auf dem Wasserbad zum größten Teil wieder verdampft wurde, in das Zentrifugenröhrchen übergeführt, worauf man das Gewicht der Suspension auf 5 g ergänzt. Nach gleichmäßiger Verteilung des Bodensatzes werden etwa 15—20 mg der Suspension mit Hilfe einer Platinöse auf einen zur Auszählung geeigneten gewogenen Objektträger gebracht, der zwecks Feststellung der Flüssigkeitsmenge dann sofort in ein Wägeglas eingeschlossen und erneut gewogen wird (zweckmäßig verwendet man Objektträger, auf denen sich ein Quadrat von 16 mm Seitenlänge befindet, das durch parallele Linien in 40 Längsstreifen von 0,4 mm Breite geteilt ist[1]. Nach der Wägung verteilt man die Flüssigkeit mit Hilfe eines zu haarfeiner Spitze ausgezogenen Glasstabes auf dem Quadrat des Objektträgers, läßt völlig lufttrocken werden und fixiert den Ausstrich mit stark verdünntem Kollodium (1:30). Die Auszählung erfolgt nach Zugabe eines Tropfens Glyzerin bei aufgelegtem Deckglas und etwa 300facher Vergrößerung, am besten unter Verwendung eines Kreuztisches. Aus drei Zählungen wird das Mittel genommen. Der nach diesem Verfahren bisher beobachtete Höchstwert an Sklereiden beträgt rund 13000 für 1 mg fettfreier Schalen-Trockensubstanz. Es müßte daher ein Kakaopulver mit einer Sklereidenzahl von 390 mindestens 3%. Schalen in der fettfreien Trockensubstanz enthalten, was einem Schalengehalt von etwas über 1% in den ge-

[1] Hersteller: ERNST LEITZ, Wetzlar.

brochenen entschälten Bohnen entsprechen würde. Dies dürfte die Grenze des Zulässigen sein.

Vor Ausführung einer derartigen Bestimmung empfiehlt es sich, die weiteren Einzelheiten in der Originalarbeit[1] einzusehen.

Ein Zusatz wesentlicher Mengen von fein gemahlenen Kakaoschalen ist außerdem an den größeren und kleineren Bruchstücken der spiralig aufgerollten Verdickungsleisten der Gefäße (Abb. 342) zu erkennen.

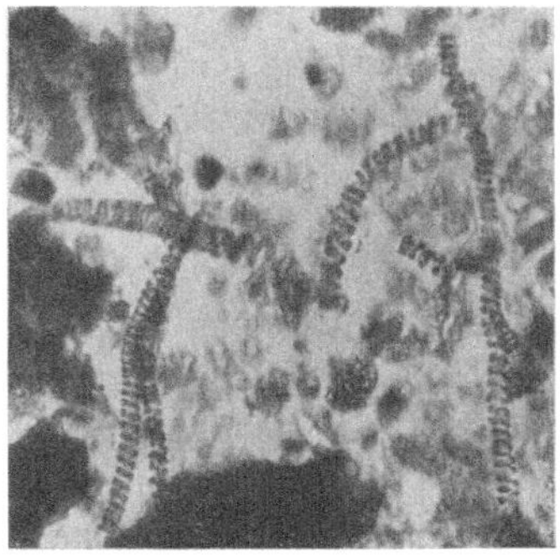

Abb. 342. Gefäßspiralen im Kakaoschalenpulver 1:180 (Phot. C. GRIEBEL).

Als Verfälschungen von Kakaowaren sind außerdem noch beobachtet worden: Getreidemehle und fremde Stärkearten, die sofort durch die abweichende Form und Größe der Stärkekörner auffallen; Eicheln, ebenfalls an der charakteristischen Stärke kenntlich; rotes Sandelholz, aus gelbroten Splittern bestehend, die sich bei Laugezusatz mit einem purpurroten Hof umgeben. Erdnußkuchen, Walnuß- und Haselnußschalen (s. d.) scheinen in neuerer Zeit nicht mehr beobachtet worden zu sein.

Als Zusätze zu bestimmten Schokoladensorten und ähnlichen Erzeugnissen werden noch zahlreiche andere Stoffe gebraucht, deren Verwendung jedoch nur unter Kennzeichnung gestattet ist, wie z. B. Kaffee, Kola, Haselnuß, Erdnuß, Kokosnuß, Milchpulver usw.

Neuere Literatur.

BEYTHIEN und HEMPEL: Schokoladenmehl. Zeitschr. f. Unters. d. Nahrungs- u. Genußmittel Bd. 4, S. 23. 1901.

COLLIN: Examen microscopique des chocolats et cacaos. Annal. des falsif. Bd. 9, S. 191. 1916.

GRIEBEL und MIERMEISTER: Der Schleimzellengehalt der Kakaoschalen. Zeitschr. f. Unters. d. Lebensmittel Bd. 54, S. 227. 1927.

GRIEBEL und SONNTAG: Zur mikroskopischen Bestimmung des Schalengehaltes in Kakaowaren. Zeitschr. f. Unters. d. Nahrungs- u. Genußmittel Bd. 51, S. 185. 1926.

HÄRDTL: Zur Mikroskopie und Bewertung von Kakaowaren. Zeitschr. f. Unters. d. Lebensmittel Bd. 53, S. 311. 1927.

HANAUSEK: Zur Erkennung der Kakaoschalen im Kakaopulver. Arch. f. Chem. u. Mikr. Bd. 9, S. 131. 1916.

— Zum mikroskopischen Nachweis der Kakaoschalen. Zeitschr. f. Unters. d. Nahrungs- u. Genußmittel Bd. 33, S. 38. 1917.

HUSS: Schalennachweis im Kakao. Zeitschr. f. Unters. d. Nahrungs- u. Genußmittel Bd. 21, S. 96 u. 676. 1911.

— Die Kongorot-Brillantblau-Methode zum mikroskopischen Nachweis von Kakaoschalen Bd. 32, S. 404. 1916.

— Zum mikroskopischen Nachweis der Kakaoschalen. Zeitschr. f. Unters. d. Nahrungs- u. Genußmittel Bd. 33, S. 170. 1917.

NESTLER: Abnorme Zellen im Kakaopulver. Zeitschr. f. Unters. d. Nahrungs- u. Genußmittel Bd. 46, S. 86. 1923.

PLÜCKER, STEINRUCK und STARCK: Untersuchungen über Kakao. Zeitschr. f. Unters. d. Nahrungs- u. Genußmittel Bd. 50, S. 307. 1925.

---

[1] Zeitschr. f. Unters. d. Lebensmittel Bd. 51, S. 185—198. 1926.

RIECHELMANN und LEUSCHER: Nachweis von Sandelholz in Kakao. Zeitschr. f. öff. Chem. Bd. 8, S. 203. 1902.
TURNAU: Zur mikroskopischen Bestimmung des Schalengehaltes von Kakaopulvern. Zeitschr. f. Unters. d. Lebensmittel Bd. 53, S. 483. 1927.
WASICKY und WIMMER: Eine neue Methode des Nachweises der Schalen im Kakao. Zeitschr. f. Unters. d. Nahrungs- u. Genußmittel Bd. 30, S. 25. 1915.

3. Kola.

Als Kolanüsse oder Gurunüsse werden die von der Samenschale befreiten Samen verschiedener westafrikanischer Kola-Arten bezeichnet, die von den Eingeborenen als Reiz- und Genußmittel sehr geschätzt werden. Sie enthalten neben wenig Theobromin bis über 2% Koffein und finden bei uns als Arznei- und Anregungsmittel Verwendung. Gelegentlich dienen sie auch zur Herstellung von Kaffee-Ersatzmitteln[1].

Die Kolafrüchte enthalten 2—6 durch gegenseitigen Druck etwas abgeflachte, kastaniengroße Samen mit pergamentartiger, rotbrauner Schale. Die zu uns gelangenden geschälten Samen (die Handelsware stammt hauptsächlich von *C. vera* K. SCHUMANN und *C. acuminata* (PAL. DE BEAUV.) SCHOTT et ENDE—*Sterculiaceae*) bestehen nur aus dem Embryo mit zwei oder mehr dicken, an der Berührungsfläche gekrümmten und an den Rändern wulstig aufgetriebenen Keimblättern. Frisch sind diese weiß oder rosenrot, trocken braun.

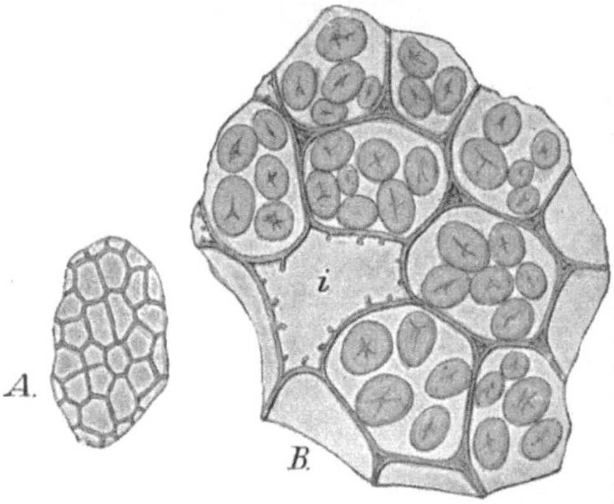

Abb. 343. Kolanuß (C. MEZ). *A* Epidermis, *B* Stärkeparenchym der Kotyledonen. 1 : 250.

Das Gewebe der trockenen Kotyledonen besteht aus rundlichen, braunwandigen, mit Stärke gefüllten gerbstoffhaltigen Zellen (Abb. 343), die außen dünnwandig, weiter innen aber ziemlich dickwandig und porös sind. Die Stärkekörner sind einfach, rundlich, ei- oder birnenförmig, bis 30 μ groß, undeutlich geschichtet, oft mit Kernspalte versehen, die häufig im breiteren Teil liegt. An der Radicula und Plumula finden sich kleine Sternhaare mit gebräuntem Inhalt.

Kolapulver ist gekennzeichnet durch das aus rundlichen, braunwandigen Zellen bestehende Stärkeparenchym, dessen poröse Beschaffenheit nach der Entfernung der Stärke mit Lauge deutlich hervortritt. Sternhaare gelangen nur selten zur Beobachtung.

4. Guarana.

In der Indianersprache bedeutet Guarana oder Uarana allgemein Schlingpflanze. Jetzt versteht man darunter eine Paste, die aus den gerösteten Samen

[1] Ein als Zipangu bezeichnetes Kaffee-Ersatzmittel bestand z. B. nach NOTTBOHM (Zeitschr. f. Unters. d. Nahrungs- u. Genußmittel Bd. 25, S. 144. 1913) aus Steinnuß, Kolanuß, Kaffee und Zichorie. Infolge des hohen Koffeingehaltes kann durch entsprechende Verwendung von Kola eine physiologische Wirkung erzielt werden, die der des Kaffees ähnlich ist.

einer brasilianischen Liane (*Paullinia Cupana* Kunth — *Sapindaceae*)[1] bereitet wird. In der Heimat dient die Guarana, die 3—5% Koffein enthält, als Genußmittel, bei uns nur als Heilmittel.

Die unzerkleinerten, kleinen, haselnußgroßen, kastanienähnlichen Samen kommen nicht in den Handel. Sie besitzen eine glänzendbraune Schale mit einer Palisadenoberhaut und Steinzellen im Parenchym. Der Samenkern hat kein Nährgewebe, sondern besteht hauptsächlich aus dem Embryo mit dicken, stärkereichen Keimblättern.

In der Paste beobachtet man daher hauptsächlich Stärke, die wegen der

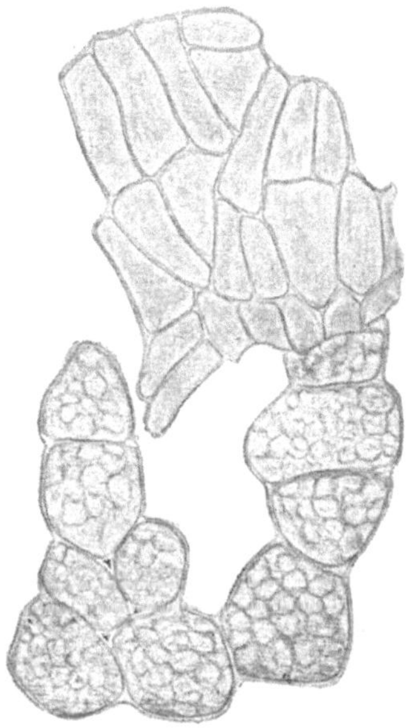

Abb. 344. Oberhaut und Parenchym des Guaranakeimblattes (J. Moeller).

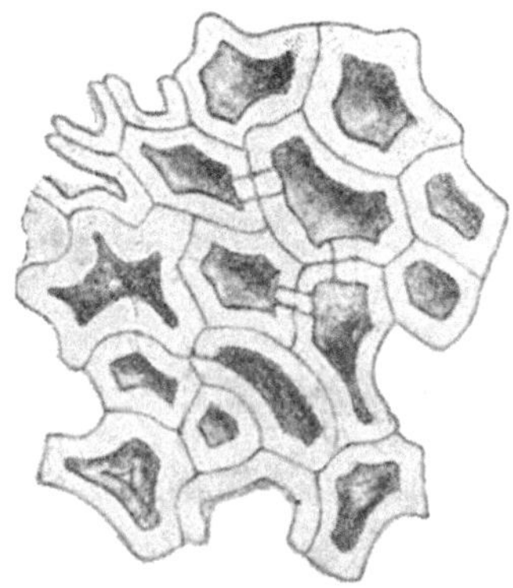

Abb. 345. Palisadenoberhaut der Guarana in der Flächenansicht (J. Moeller).

vorausgegangenen Röstung der Samen teilweise verkleistert ist (Abb. 344). Sie ist kleinkörnig, regelmäßig zusammengesetzt, in Form und Größe der Pimentstärke ähnlich. Immer enthält die Paste auch Schalenbestandteile, unter denen die Oberhautzellen besonders charakteristisch sind. In der Flächenansicht (Abb. 345) erscheinen sie als gebuchtete, gleichmäßig verdickte, gelbwandige Steinzellen. Neben diesen finden sich typische Steinzellen aus dem Parenchym der Samenschale. Guaranapulver enthält dieselben Elemente.

h) Obst.

Apfel- und Steinfrüchte, Beeren und andere saftige Früchte werden zwecks Haltbarmachung getrocknet oder kandiert, man bereitet aus ihnen Fruchtsäfte, Gelees, Marmeladen usw. Diese und andere Konserven enthalten entweder alle Gewebsteile der Früchte und Samen oder nur die des Fruchtfleisches oder fast gar keine zelligen Bestandteile.

[1] In letzter Zeit wurde festgestellt, daß die Rinde (auch Holz und Blätter) der Liane Yocco, die zur gleichen Gattung gehört (*Paullinia scarlatina* Radlk.) ebenfalls Koffein enthält. Die Rinde wird in Kolumbien von den Eingeborenen zur Bekämpfung von Hungergefühl, Ermüdung und Krankheiten benutzt (Michiels und Denis, Perrot und Rouhier, ref. in Chem. Zentralbl. Jahrgang 98, Bd. 1, S. 138. 1927. Wildemann, Chem. Zentralbl. Jahrgang 98, Bd. 1, S. 908. 1927).

Bei eingesottenen Früchten, Marmeladen und Gallerten kommen mannigfache Fälschungen vor, von denen hier aber nur der Zusatz von fremden Früchten oder Teilen solcher, auch in Form von Preßrückständen (Trestern), interessiert.

Die mikroskopische Untersuchung wird einerseits an Originalproben, andererseits an den Rückständen ausgeführt, die man als Bodensatz aus mit Wasser stark verdünntem Material erhält. Die hierbei etwa aufgefundenen Samen werden entweder zerdrückt, oder man macht Schnittpräparate. Da aber das zur Herstellung von Marmeladen Verwendung findende Fruchtmark in modernen Betrieben durch Passiermaschinen von allen gröberen Teilchen, namentlich von den charakteristischen Samen weitgehend befreit wird, ist auf die Gewinnung der Sedimente besondere Sorgfalt zu legen und nicht zu wenig Material in Arbeit zu nehmen.

Wenn charakteristische Formelemente fehlen, empfiehlt es sich, das Verhalten der Fruchtmarkzellen gegen Farbstoffe zu prüfen. Nach den Untersuchungen von J. KOCHS[1], auf die hier hingewiesen sei, lassen sich auf diese Weise bei einer Reihe von Früchten wesentliche Verschiedenheiten erkennen. Diese Befunde hat REIDEMEISTER[2] in Form einer Tabelle übersichtlich zusammengestellt.

Der weitaus größte Teil unserer einheimischen Obstfrüchte entstammt der Familie der *Rosaceen*.

A. Apfelfrüchte.

Die hierher gehörigen, gewöhnlich als „Kernobst" bezeichneten Früchte — sämtlich von Rosaceen-Arten aus der Unterfamilie der Pomoideen stammend — sind durch ein die Samen umschließendes Kerngehäuse ausgezeichnet. Die Apfelfrüchte entwickeln sich aus dem Blütenboden, sind also strenggenommen Scheinfrüchte.

1. Apfel.

Die zahlreichen Kultursorten sind auf die Unterarten von *Pirus malus* L. zurückzuführen, soweit sie nicht aus Kreuzungen von *P. malus* mit anderen Arten der Untergattung Malus hervorgegangen sind.

Der Apfel ist wegen seiner Haltbarkeit und vielseitigen Verwendbarkeit eine unserer wertvollsten Früchte. Nächst der Weintraube ist er auch das wichtigste Material zur Weinbereitung.

In das aus dem Blütenboden hervorgegangene Fruchtfleisch sind die 5 keilförmigen Karpelle eingebettet, die, mit Ausnahme des knorpelig-zähen Endokarps, ebenfalls fleischig sind. Jedes Fruchtfach enthält 2 braune, flach-eiförmige Samen.

A. Fruchtwand. Die Epidermis (Abb. 346) ist mit einer starken Kutikula versehen. Die Zellen sind in der Flächenansicht dickwandig, zuweilen ungleichmäßig knotig oder geperlt und häufig durch dünnere Wände in 2—5 Tochterzellen geteilt (gefenstert). Der Durchmesser der letzteren beträgt 15—50 μ. In der Nähe der Kelchreste finden sich lange, dünnwandige, bandförmige, zugespitzte Haare, die zum Teil charakteristisch hin und her gewunden sind.

[1] Ber. d. dtsch. pharmazeut. Ges. Bd. 26, S. 221. 1916.
[2] Zeitschr. f. Unters. d. Lebensmittel Bd. 53, S. 86. 1927.

Das Fruchtfleisch ist in den äußeren Lagen kleinzellig und kollenchymatisch verdickt. Es enthält bis kurz vor der Baumreife kleinkörnige Stärke (5—14 μ lang, 4—10 μ breit); die kleinen Körner sind oft zusammengesetzt. Nach innen wird das Fruchtfleisch großzellig; es zerfällt in vollreifem Zustand durch Druck mit dem Deckglas in rundliche, sackförmige Zellen. Die dem Kernhaus zunächst liegenden Zellen sind tangential gestreckt und enthalten mitunter Oxalatkristalle. Steinzellen fehlen dem Mesokarp vollständig.

Die das Kernhaus bildende pergamentartig harte Membran ist das Endokarp. Es besteht aus 3—4 Lagen dickwandiger Fasern und Zellen, die sich in verschiedener Richtung durchkreuzen, ähnlich den Kaffeehülsen (vgl. Abb. 329). Kristallkammerzellen sind eingestreut.

In der durch Spaltung der Fruchtblätter entstehenden Kluft befindet sich ein großzelliges Parenchym mit eigentümlich gegliederten, verzweigten, warzigen Haaren. Einzelne Zellen dieser Haare, besonders die Endzellen, sind zu Steinzellen verdickt und unterscheiden sich dadurch von den ähnlichen Haargebilden der Birne. Sie sind sehr charakteristisch, kommen aber nur in vollreifen Früchten vor und auch da spärlich.

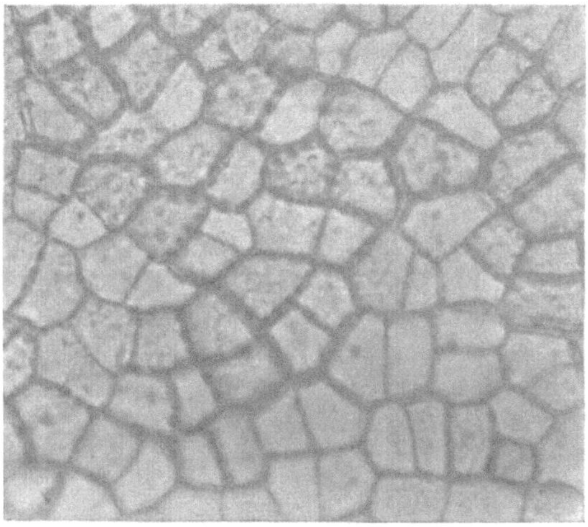

Abb. 346. Oberhaut des Apfels. 1:240. (Phot. C. GRIEBEL.)

B. Same. Die Oberhautzellen der Samenschale sind nach außen hufeisenförmig verdickt und in Schleim verwandelt, der in Wasser schichtenweise aufquillt. Ihre Innenseite ist netzförmig verdickt. Von der Fläche gesehen, sind die Zellen dickwandig, in der Längsrichtung des Samens gestreckt, grob genetzt. Auf die Epidermis folgen 6—10 Lagen brauner, stark verdickter, längsgerichteter Fasern. Der innere, nur wenig charakteristische Teil der Testa enthält eine Schicht quer zur Längsachse des Samens gestreckter Zellen. Zwischen Faserschicht und Querzellen liegen 2—3 Reihen Schlauchzellen, die denen der Zerealien ähnlich sind.

Das Perisperm kleidet die Samenschals als ein farbloses, scheinbar strukturloses Häutchen aus.

Das Endosperm besteht aus einer meist mehrreihigen Aleuronschicht und obliteriertem Gewebe. Das Gewebe des Keimlings enthält Fett und Aleuron.

Der Fruchtstiel ist von 4—6 Reihen flacher Korkzellen bedeckt. Sein Holzkörper ist außen von Bastfaserbündeln, innen von Steinzellen umsäumt.

Apfelprodukte.

Von Apfelkonserven kommen hauptsächlich Mus, Marmelade und Gelee in den Handel. Da die Äpfel verhältnismäßig billig sind, dienen sie auch oft zur Fälschung anderer Fruchtzubereitungen.

Der mikroskopische Nachweis von Äpfeln stützt sich auf die Epidermiszellen der Schale, die langen, z. T. gewundenen Haare, die dickwandigen Fasern und die Kristallkammerzellen des Kerngehäuses, die genetzten Oberhautzellen der Samenschale und auf das Fehlen der für Birne und Quitte charakteristischen Steinzellnester. Mesokarpzellen nach KOCHS 50—75 μ lang, 38—50 μ breit.

Die Preßrückstände der Apfelweinbereitung (Trester) dienen als Tierfutter und neuerdings vielfach zur Herstellung von Pektinpräparaten. Während des Krieges wurden sie oft zu Kaffee-Ersatz verarbeitet.

Die Apfeltrester enthalten verhältnismäßig viel Stärke, die zum Teil von nicht ganz reifen Früchten herrührt, zum Teil aus größeren oder kleineren Komplexen von Zellen stammt, deren Protoplast bereits vor der Reife zerstört war (Druck- und Stoßflecke).

2. Birne.

Die zahlreichen durch Kultur entstandenen Birnensorten sind wahrscheinlich von mehreren Formen oder Arten wilder Birnen abzuleiten. HEGI nennt: *Pirus communis* L. mit Unterarten, *P. Persica* PERS., *P. cordata* DESV., *P. salicifolia* L. FIL. und *P. elaeagrifolia* PALL. Vom Apfel unterscheidet sich die Birne durch die kegelförmige, nicht eingesenkte Stielseite und durch das Gefüge und den Geschmack des Fruchtfleisches; im anatomischen Bau sind beide sehr ähnlich. Es sollen daher nur die unterscheidenden Merkmale angeführt werden.

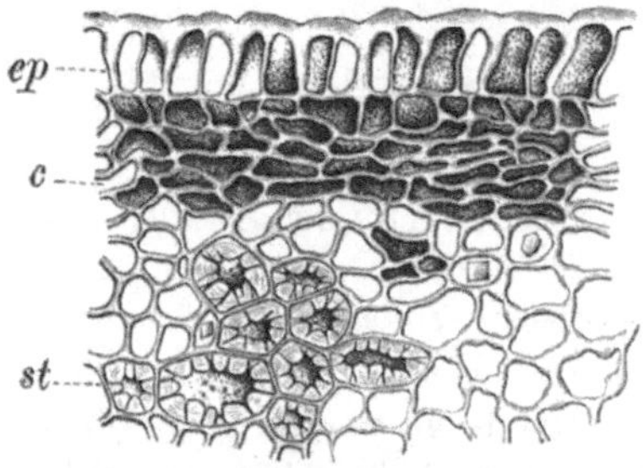

Abb. 347. Querschnitt des Birnenrandes (J. MOELLER). *ep* Oberhaut, *c* kollenchymatisches Parenchym, *st* Steinzellengruppe.

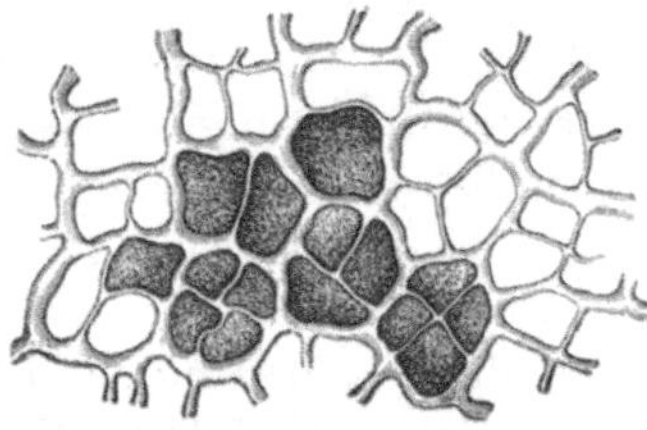

Abb. 348. Oberhaut der Birne (J. MOELLER).

A. Fruchtwand. Die Oberhaut (Abb. 347) hat eine dicke Kutikula; sie ist stellenweise besonders um die Spaltöffnungen zerrissen und durch Wundkork ersetzt. Die rauhe Schale mancher Varietäten ist durch Korkbildung verursacht. Die „Fensterzellen" (Abb. 348) sind häufig kleiner als beim Apfel (10—25 μ). In der Einsenkung am Scheitel der Frucht finden sich 200—250 μ lange, dickwandige Haare.

Das Fruchtfleisch (Stärke spärlich vorhanden) hat eine mehr oder weniger grießige Beschaffenheit, die von zahlreichen Steinzellennestern (Abb. 347, *st*) herrührt, um die das dünnwandige Parenchym strahlig angeordnet ist. Die Steinzellengruppen sind oft über millimetergroß und besonders um das Kerngehäuse gehäuft. Die einzelnen Steinzellen (selten über 25 μ) sind farblos, ihre Wände deutlich geschichtet und von verzweigten Porenkanälen durchzogen; oft sind sie von Oxalatkristallen begleitet. In Lauge werden sie gelb. Ähnliche Steinzellengruppen kommen in der Quitte vor, niemals im Apfel.

Das pergamentartige „Kernhaus" ist im allgemeinen aus breiteren und weniger dickwandigen Elementen aufgebaut. In Flächenansichten kann man den Übergang des Fruchtfleisches zu den verschiedenen Formen des Sklerenchyms beobachten. An den Nähten befinden sich auch hier vielzellige, ästige und warzige Haare, doch enthalten sie keine sklerosierten Zellen (Unterschied vom Apfel).

B. Same. Die Oberhautzellen der Samenschale sind fast isodiametrisch-polygonal, daher auf den ersten Blick von den gestreckten und deutlich genetzten Zellen des Apfelkerns zu unterscheiden. Auf Querschnitten erscheinen sie prismatisch, gegen 50 μ hoch; ihr Lumen ist durch die Schleimverdickung flaschenförmig verengt.

Die Faserschicht der Samenschale geht unvermittelt in die Querzellenschicht über. Die beim Apfel zwischen beiden liegenden Schlauchzellen fehlen der Birne.

Birnenprodukte.

Birnen werden auf verschiedene Weise konserviert; auch preßt man Wein aus ihnen. Getrocknete Birnen dienen auch zur Herstellung von Kaffee-Ersatz, zur Verfälschung von Gewürzen („Piment-Matta") und Futterstoffen.

Charakteristisch für die Birne sind die gefensterten Epidermiszellen, die Steinzellnester des Mesokarps (auch bei der Quitte vorhanden, dagegen nicht beim Apfel), das Gewebe des Kernhauses (die Fasern sind weitlumiger als beim Apfel) und die Epidermis der Samenschale, deren Zellen nicht gestreckt und nicht genetzt sind. Länge der Mesokarpzellen nach Kochs 50—100 μ, Breite 38—63 μ.

Bemerkenswert ist außerdem der Gerbstoffgehalt der Mesokarpzellen, der bei edleren Sorten nur gering ist, bei gewöhnlichen Kochbirnen aber sehr erheblich sein kann. Bei der Holzbirne (Feldbirne) ist er z. B. so hoch, daß beim Teigigwerden der Früchte der Inhalt fast jeder Mesokarpzelle zu einem kompakten Einschlußkörper (Inkluse) erstarrt (Näheres über Inklusen siehe unter Speierling). Derartige von Pirus-Arten herrührende Inklusenzellen findet man häufig auch in Marmeladen. Der Birnengerbstoff wird mit verdünntem Eisenchlorid grünbraun.

Die vier folgenden Arten (Speierling, Mehlbeere, Elsebeere, Vogelbeere) gehören zur Untergattung *Sorbus* (Eberesche).

3. Speierling

(*Pirus* [*Sorbus*] *domestica* [L.] Sm.). Die bis 20 g schweren, oft rötlich punktierten Früchte — in Österreich Arschützen genannt — werden im teigigen Zustand genossen. In verschiedenen Gegenden finden sie bei der Apfelweinbereitung als würzender Zusatz Verwendung. Sie sind apfel- oder birnförmig, die flach zusammengedrückten Samen etwa herzförmig, bis 8,5 mm lang und bis 6,5 mm breit.

A. Fruchtwand. Die Oberhaut ist wie bei allen Apfelfrüchten stark kutikularisiert, die Zellen (20—30 μ) in der Flächenansicht wenig, aber gleichmäßig verdickt. Das Fruchtfleisch besteht aus dünnwandigen Parenchymzellen (bis 225 μ, einige Riesenzellen bis 400 μ), zwischen denen sich einzeln und in kleinen Nestern sklerosierte Zellen mit porösen, verhältnismäßig schwach verdickten Wänden finden. Der Inhalt der Parenchymzellen ist sehr reich an Gerbstoff. Beim Teigigwerden wird dieser Gerbstoff unter Bildung von sogenannten Inklusen[1] in eine unlösliche Form übergeführt, wodurch die Früchte erst genießbar werden. Die hierbei in allen Parenchymzellen entstehenden Einschlußkörper (Abb. 349) sind gelblich, später braun, an den Kanten gerundet und gewöhnlich mit kleinen, schalenförmigen Vertiefungen versehen. Mit Eisenchlorid färben sie sich olivgrün bis grünbraun, mit Vanillinsalzsäure leuchtend rot.

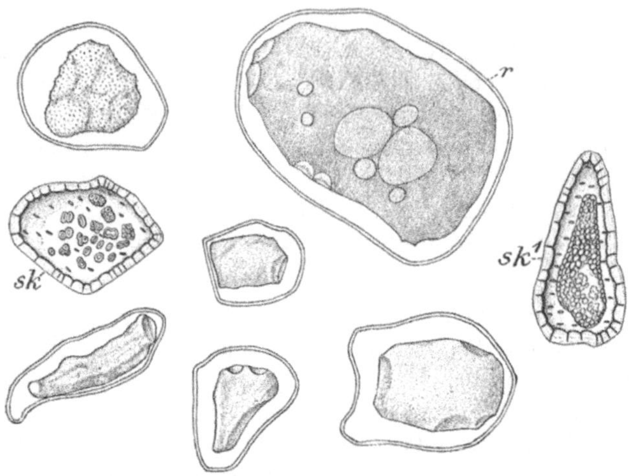

Abb. 349. Speierling. Mesokarpzellen mit Inklusen aus einer teigigen Frucht. In den sklerosierten Zellen (*sk*) bestehen die Einschlußkörper aus kleinen Körnern. 1 : 90. (C. GRIEBEL.)

Das Endokarp besteht im Gegensatz zu allen anderen Ebereschen-Arten wie bei Apfel und Birne aus einer pergamentartig harten Membran, die aus mehreren Lagen dickwandiger, sich kreuzender Fasern gebildet wird und reichlich Kristallkammerzellen enthält.

B. Same. Die Epidermis der Samenschale setzt sich aus flachen, im Umriß polygonalen, meist quergestreckten Zellen zusammen, deren Wände verschleimt und gegen das Lumen durch eine verkorkte Lamelle abgegrenzt sind, die von feingeschlängelten Fäden durchzogen erscheint. Die übrigen Gewebe sind ähnlich wie bei den vorhergehenden Pirus-Arten ausgebildet.

4. Elsebeere

(*Pirus torminalis* EHRH.). Die lederbraunen, punktierten Früchte werden erst im teigigen Zustand, der einige Zeit nach der Baumreife eintritt, genießbar. Sie sind eirund bis verkehrt eiförmig, bis 1,5 cm lang und bis über 1 cm breit.

Die Fruchtschale ist auf der Außenseite von braunen, verkorkten Zellen bedeckt und trägt außerdem zum Teil sehr dicht stehende Korkwarzen (Lenticellen).

A. Fruchtwand. Die Zellen des 1—2reihigen Außenkorkes sind etwa 36—50 μ groß, die der darunter befindlichen 2—3 Lagen nur 20—35 μ. Bei

[1] Vgl. S. 13.

den letzteren ist die Außenwand etwa hufeisenförmig verdickt, die Seitenwände erscheinen in der Aufsicht geschlängelt (Abb. 350, *A* u. *B*). Die Mesokarpzellen (meist 80—100 μ) enthalten bei den teigigen Früchten je einen farblosen bis gelblichen, stark kantigen Einschlußkörper (Inkluse)[1]. Zwischen den dünnwandigen Inklusenzellen liegen einzeln und in kleineren Nestern Steinzellen, zum Teil mit gelbem Inhalt. Auch in diesen befindet sich gewöhnlich eine der Größe des Lumens entsprechende Inkluse. Das Endokarp besteht aus einem dünnen Häutchen, das aus schmalen, ziemlich derbwandigen Zellen gebildet wird. Auch

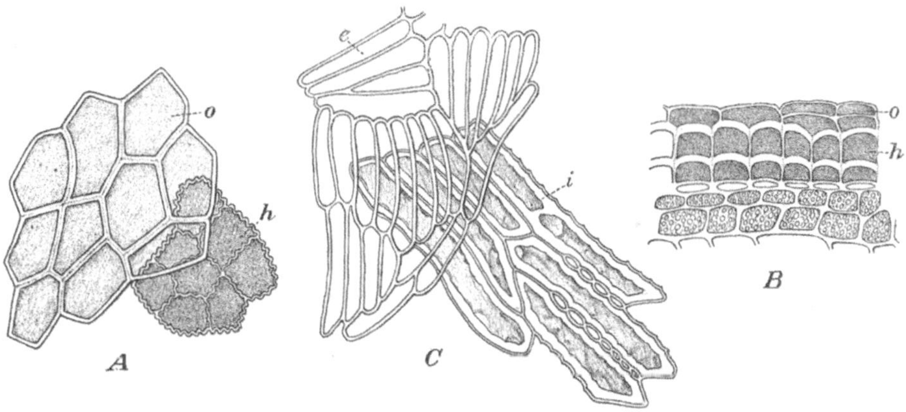

Abb. 350. Elsebeere (C. GRIEBEL). *A* Fruchtschale in der Flächenansicht (1 : 280), *o* Oberflächenkork, *h* Hufeisenkork; *B* Fruchtschale im Querschnitt (1:200), Bezeichnung wie bei *A*; *C* Innerster Teil der Fruchtwand in der Flächenansicht (1:200), *e* Endokarp, *i* schlauchartige Zellen mit Inklusen.

die dem Endokarp unmittelbar benachbarten dünnwandigen Zellen sind schlauchartig gestreckt und führen lange, schmale Inklusen (Abb. 350, *C*). Das übrige das Kernhaus bildende Gewebe setzt sich größtenteils aus stark verdickten, vorwiegend rundlichen Steinzellen zusammen, die dem inneren Teil des Mesokarps eingelagert sind.

B. Same. Die Epidermiszellen der Samenschale sind größtenteils isodiametrisch, in der Fläche meist sechsseitig polygonal, im Querschnitt kurzprismatisch. Die etwas verschleimten Zellwände sind wie bei voriger Art auf der Innenseite von einer Korklamelle überzogen. Das von ihr eingeschlossene Lumen erscheint in der Flächenansicht als wurmähnliches Gebilde innerhalb jeder Zelle.

5. Mehlbeere

(*Pirus Aria* EHRH.). Der durch rundlich-eiförmige, filzige Blätter ausgezeichnete Baum trägt scharlachrote, gewöhnlich punktierte, bis 1,5 cm große Früchte (Abb. 351, *A*). Das gelbrote Fruchtfleisch enthält zahlreiche, bis 3 mm lange, ei-, spindel- oder keulenförmige, verhältnismäßig feste, durchscheinende Körperchen, die säuerlich-zusammenziehend schmecken und beim Zerbeißen zwischen den Zähnen etwas knirschen. Die Körperchen sind radial zum Kernhaus angeordnet und heben sich auf dem Querschnitt von der Grundmasse des

[1] Vgl. S. 13.

Mesokarps als dunklere, inselartige Stellen ab (Abb. 351, *B*). Die beiden Fruchtfächer enthalten je zwei braune Samen, von denen meist einer verkümmert ist. Letztere sind etwa 7 mm lang und 3 mm breit und denen der übrigen Pirus-Arten äußerlich sehr ähnlich.

Die Oberhaut der Frucht hat eine sehr dicke Kutikula. In der Flächenansicht erscheinen die Zellen stark und ungleichmäßig verdickt; ihr Durchmesser beträgt im allgemeinen 20—30 μ. Die Zellen des Hypoderms, die roten Farbstoff enthalten, sind etwa doppelt so groß, ihre Wände in der Flächenansicht perlschnurartig verdickt.

In das Grundgewebe des Mesokarpparenchyms sind die bereits erwähnten Körperchen (Abb. 352) aus farblosen, dünnwandigen, bis über 200 μ langen und bis 100 μ breiten Gerbstoffzellen eingelagert. Der Zellinhalt färbt sich auf Zusatz von Eisenchlorid schwarzgrün; Vanillin-Salzsäure bewirkt schön himbeerrote Färbung; mit Kalilauge werden sie zunächst lebhaft gelb, dann allmählich vorübergehend violett, schließlich graubraun bis rotbraun. Bei der Überreife erstarrt der Inhalt der Gerbstoffzellen allmählich zu typischen Inklusen (Abb. 352, *A*), rascher bei der Behandlung mit Alkohol. Die Zellen des Mesokarpparenchyms sind durchweg kleiner als die Gerbstoffzellen. Oxalatdrusen finden sich ziemlich häufig, in Begleitung der Gefäßbündel auch rhomboedrische Einzelkristalle. Das Endokarp bildet ein dünnes Häutchen aus zarten, etwas gestreckten Zellen mit gebogenen Wänden und zum Teil knotigen Verdickungen. Das dem Endokarp benachbarte, das Kernhaus bildende Gewebe ist von zahlreichen sklerosierten Zellen durchsetzt. Die verdickten Elemente sind vorwiegend zu axial gestreckten, etwa spindelförmigen Gruppen vereinigt und variieren in Form und Größe erheblich. Ihre Wände sind oft wellig gebogen (Abb. 352, *B*).

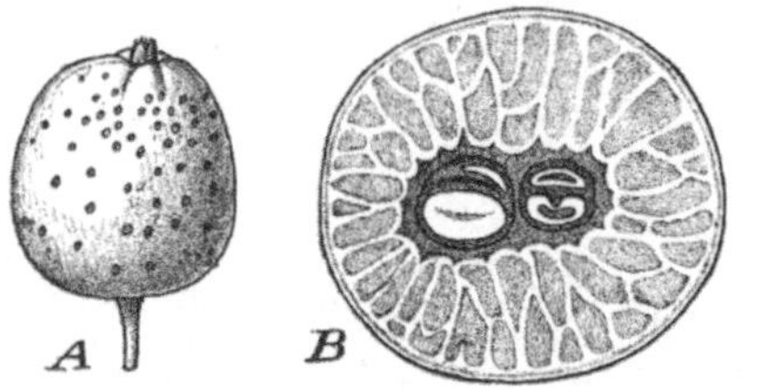

Abb. 351. Mehlbeere (Pirus Aria). *A* Frucht wenig vergrößert, *B* Querschnitt durch die Frucht. Die dunkleren Inseln im Fruchtfleisch sind aus Gerbstoffzellen bestehende Körperchen. 1:2,5 (C. GRIEBEL.)

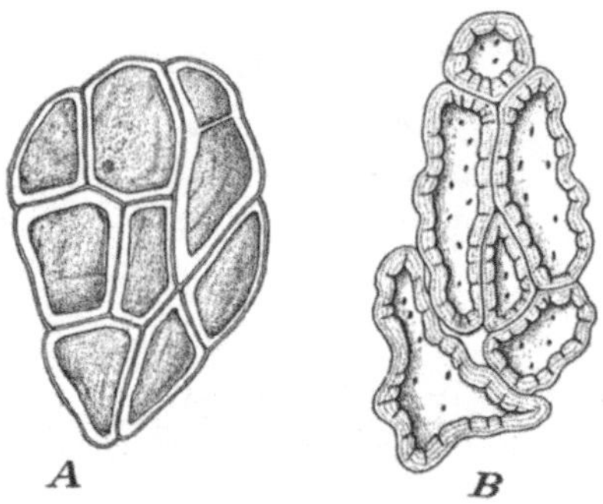

Abb. 352. Mehlbeere. *A* Körperchen aus Gerbstoffzellen aus dem äußeren Teil des Mesokarps 1:60, *B* Gruppe sklerosierter Zellen aus dem Kernhaus 1:100 (C. GRIEBEL).

Die Epidermiszellen der Samenschale sind flach, zartwandig, in der Aufsicht sechsseitig-polygonal. Die Wände der darunterliegenden Fasern erscheinen rosenkranzartig verdickt.

Auch die Früchte der

schwedischen Mehlbeere

(*Pirus suecica* GARCKE), die in Deutschland vielfach angepflanzt wird, können wie die der vorigen Art (z. B. zu Marmeladen und ähnlichen Zubereitungen)

Verwendung finden. Sie sind kugelig, 10—12 mm groß. Das Mesokarp besteht aus einem Carotin enthaltenden Grundparenchym, in das Gerbstoffzellen einzeln und in kleineren Gruppen eingelagert sind. Außerdem finden sich vereinzelt Steinzellen, die auch in kleineren Nestern auftreten. Das Gewebe des Kernhauses ist dem der vorigen Art sehr ähnlich.

6. Vogelbeere.

Die Vogelbeere (*Pirus aucuparia* Gärtn.) ist die am weitesten verbreitete Ebereschen-Art. Da ihre Früchte — abgesehen von den großfrüchtigen süßen Kulturformen (z. B. var. moravica) — bitterlich schmecken, müssen sie vor der Verarbeitung zu Marmelade u. dgl. entbittert werden, was nach I. Kochs durch eintägiges Liegenlassen in Essigwasser leicht gelingt.

Die meist dreifächerigen, kugeligen Beeren sind 6—8 mm groß, die hellbraunen Samen (Abb. 353, *A*) 3,5—5 mm lang und 1,5—2 mm breit.

A. Fruchtwand. Die Oberhautzellen sind nicht besonders stark, aber ziemlich regelmäßig verdickt. In der Flächenansicht messen sie 20—30 μ. Ihre Kutikula ist erheblich dünner als bei den übrigen Ebereschenarten.

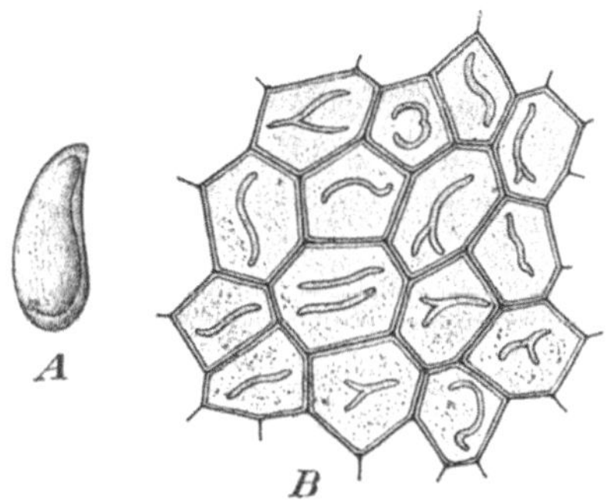

Abb. 353. Vogelbeere. *A* Same 1:4, *B* Epidermis der Samenschale in der Flächenansicht 1:280 (C. Griebel).

Das Mesokarp besteht aus dünnwandigen, rundlichen bis sackförmigen Zellen, die gelbrote, nadelförmige bis wetzsteinförmige Chromoplasten (Carotin) enthalten. Schwach verdickte, poröse Zellen kommen im ganzen Mesokarp vereinzelt vor. Von den hier genannten Ebereschen-Arten ist *Pirus aucuparia* die einzige, bei der sich keine Gerbstoffzellen vorfinden.

Das das Kernhaus bildende Gewebe, einschließlich des häutigen Endokarpes, ist ähnlich wie bei der Mehlbeere ausgebildet. Endokarpzellen und Sklereiden haben jedoch weniger gebogene Wände. Oxalatkristalle kommen in der Endokarpzone reichlich vor, an der Innenseite des Kernhauses außerdem — wie auch bei den übrigen genannten Ebereschen-Arten — lange einzellige, oft mehrfach gewundene Haare mit stark verdickten Wänden, ähnlich denen vom Weißdorn (vgl. Abb. 357, *H*).

B. Same. Die Oberhaut der Samenschale besteht aus regelmäßigen, in der Flächenansicht polygonalen, im Querschnitt kurz prismatischen, von geschichtetem Schleim erfüllten Zellen (25—45 μ), deren Radialwände meist fein geschlängelt sind. Bei tiefer Einstellung erkennt man in jeder Zelle ein bis zwei etwa wurmförmige Gebilde (Abb. 353, *B*), die der Innenwand anliegen, und die verkorkte Innenlamelle der fast bis zum Schwinden des Lumens ausgebreiteten Schleimmembran darstellen (kennzeichnend für die Vogelbeere).

Getrocknete und durch dunkle Substanzen (Heidelbeerstaub u. dgl.) appretierte Vogelbeeren beobachtete ich als Verfälschung von getrockneten Heidelbeeren.

7. Quitte.

Die Quitte (*Cydonia vulgaris* PERS.) ist in Zentralasien heimisch und wird in der ganzen gemäßigten Zone kultiviert. Es gibt Varietäten mit apfelförmigen und mit birnförmigen Früchten. Unreif sind sie wollig behaart. Wesentlich unterscheiden sie sich von den Früchten der Gattung Pirus dadurch, daß jedes der fünf Fruchtfächer 6—15 Samen in zwei Reihen enthält.

Die anatomischen Unterschiede sind nur geringfügig:

Die Oberhaut ist der der Birne ähnlich, oft aber ohne deutliche Fensterung der Zellen, enthält jedoch reichlich Haarnarben; die Haare sind stark gekrümmt, ihr Lumen ist breit.

Die Steinzellengruppen im Fruchtfleisch sind oft sehr umfangreich und lösen sich leicht von der parenchymatischen Umgebung. Wie bei der Birne enthält das Parenchym spärlich kleinkörnige Stärke.

Die Oberhautzellen der Samenschale sind prismatisch, oft über 100 μ hoch (Unterschied von Apfel und Birne). In Glyzerin erscheinen sie als eine strukturlose Masse; gibt man aber einen Tropfen Wasser unter das Deckglas, so strömt aus jeder Zelle geschichteter Schleim. Die übrigen Samenteile gleichen denen der Birne.

Quittenprodukte.

Da die Quitte sehr reich an Pektin ist, wird sie mit Vorliebe zur Bereitung von Gallerten, seltener von Marmeladen verwendet. Die in letzteren enthaltenen Steinzellen sind zwar an sich nicht charakteristisch, wohl aber die sie umgebenden Parenchymrosetten, die man (nach Aufkochen der Probe mit Wasser) deutlich erkennt. Man findet ferner die dünnhäutigen Palisaden der Samenoberhaut, die bedeutend höher (länger) sind als bei Äpfeln und Birnen. Endlich dienen als Kennzeichen die gekrümmten Haare der Fruchtschale, die jedoch den Haaren der Himbeere (Abb. 362) ähnlich sind. Länge der Mesokarpzellen nach KOCHS 37—100 μ, Breite 13—38 μ.

Die

japanische Quitte

(*Chaenomeles Japonica* [THUNB.] LINDL.) wird bei uns häufig als Zierstrauch angebaut, die Früchte finden aber nur gelegentlich Verwendung. Sie sind kahl, meist durch kleine Korkwarzen punktiert.

Die Oberhautzellen der Frucht sind dickwandig, meist gefenstert. Das Mesokarp enthält nur in den unmittelbar unter der Schale gelegenen Teilen und in der Nähe des Kernhauses Steinzellen.

Die Epidermis der Samenschale besteht aus kurzen prismatischen, in der Fläche polygonalen Zellen, die bei Wasserzusatz keinen Schleim austreten lassen.

Die Früchte der beiden folgenden Arten (Mispel und Weißdorn) haben zugleich den Charakter von Steinfrüchten, weil die Fruchtfächer zu Steinkernen umgebildet sind.

8. Mispel.

Die Mispel (*Mespilus germanica* L.) kommt im Orient und in Südeuropa wild vor. Bei uns wird sie nur noch in beschränktem Umfang kultiviert. Die etwa walnußgroßen, lederfarbigen bis rötlichbraunen Früchte sind durch einen breiten, beckenförmig vertieften, von großem fünfzipfligem Kelch umgebenen Scheitel ausgezeichnet. Sie sind erst im überreifen (teigigen) Zustand als Obst genießbar und finden auch bei der Herstellung von Marmeladen Verwendung.

Die Ausbildung der Fruchtschale ist der von *Pirus torminalis* (siehe unter 4.) außerordentlich ähnlich. Unter den äußeren dünnwandigen Korkschichten liegen mehrere Reihen nach außen hufeisenförmig verdickter Zellen. Die Korkwarzen sind nicht so zahlreich wie bei der Elsebeere. Das Fruchtfleisch ist bei der Baumreife grünlichweiß. Bei der Überreife zerfällt es, wie bei allen teigig werdenden Früchten, unter Braunfärbung. Hierbei entstehen fast in allen Mesokarpzellen Inklusen (vgl. S. 13). Diese sind jedoch nicht so kompakt wie bei den Pirus-Arten, sondern ziemlich dünn und faltig verbogen (Abb. 354). Einzeln oder in kleinen Gruppen finden sich im Mesokarp ziemlich stark verdickte poröse Zellen, die gewöhnlich ebenfalls einen Einschlußkörper erkennen lassen.

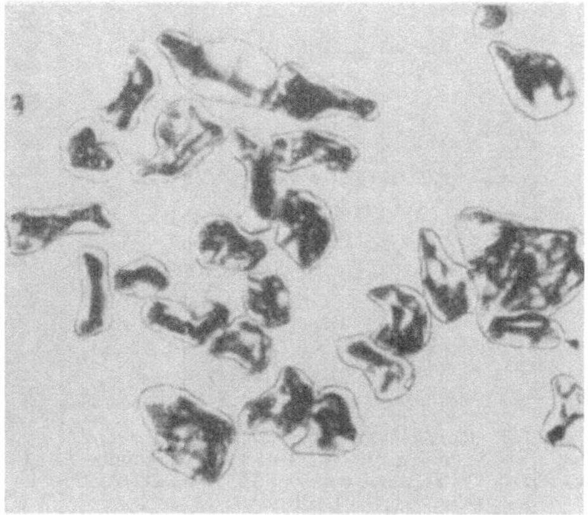

Abb. 354. Mesokarpzellen der teigigen Mispel mit Inklusen. 1:80. (Phot. C. Griebel.)

Die aus den 5 Fruchtfächern hervorgegangenen großen einsamigen Steinkerne besitzen eine dicke Schale, deren Sklereiden sich von denen anderer Steinschalen nicht unterscheiden.

9. Weißdorn.

Die Früchte der beiden bei uns wild vorkommenden Weißdornarten (*Mespilus oxyacantha* Gärtn. und *M. monogyna* Willd.) haben in der Zeit der Not zur Herstellung von Marmeladen und von Kaffee-Ersatz Verwendung gefunden. Die gewöhnlich als „Mehlbeeren" bezeichneten Früchte (Abb. 355) sind bei der erstgenannten Art eiförmig und 1—3 steinig, bei letzterer fast kugelig und 1 steinig. Gekrönt sind sie bei beiden von 5 zurückgeschlagenen Kelchgipfeln, die eine vertiefte Scheibe einschließen.

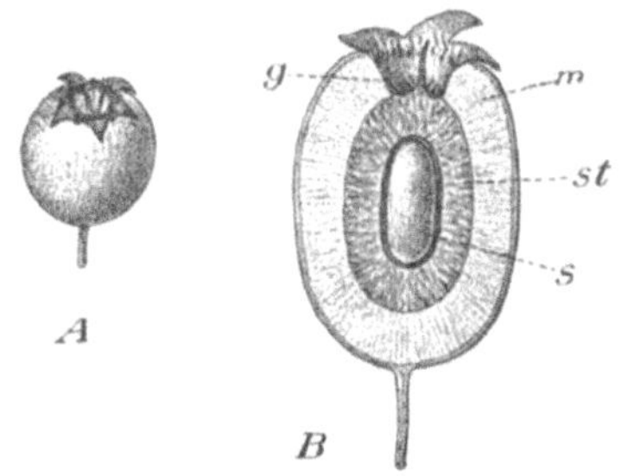

Abb. 355. Weißdornfrucht (C. Griebel). *A* Frucht in natürlicher Größe, *B* Längsschnitt schwach vergrößert, *m* Mesokarp, *st* Steinschale (Endokarp), *s* Same, *g* Griffelpolster mit Haaren und Griffelrest.

Die Oberhautzellen erscheinen in der Flächenansicht ungleichmäßig dickwandig, oft gefenstert. Im Mesokarp finden sich einzeln oder zu Gruppen vereinigt verdickte poröse Zellen; außerdem Oxalatdrusen und Einzelkristalle, in Begleitung der Gefäßbündel auch bastfaserartige Sklereiden. Das als Steinschale ausgebildete Endokarp besteht innen aus beiderseits zugespitzten kurzfaserigen, fast bis zum Schwinden des Lumens verdickten Sklereiden, auf die nach außen hin etwa isodiametrische Steinzellen folgen.

Am Querschnitt der Samenschale (Abb. 356) erkennt man eine farblose Oberhaut aus Schleimzellen (in der Flächenansicht 6eckig); darunter eine aus 2 sich kreuzenden Lagen obliterierter Zellen bestehende Pigmentschicht und zwischen beiden Lagen zahlreiche prismatische Oxalatkristalle, gewöhnlich in kleine rundliche, isoliert liegende Zellen eingeschlossen. Die auf die Pigmentschicht folgende hyaline Schicht ist der Nuzellarrest.

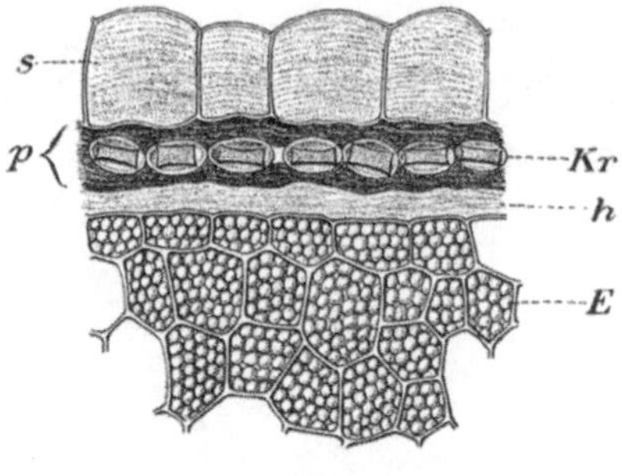

Abb. 356. Querschnitt durch den äußeren Teil des Weißdornsamens (C. GRIEBEL). *s* Schleimepidermis, *p* Pigmentschicht, *Kr* Kristallzellen, *h* Nuzellarrest, *E* Endosperm. 1:280.

Zu erwähnen sind noch dem Griffelpolster entstammende einzellige, starkwandige Haare, die an der Basis zum Teil gekniet und meist wiederholt gekrümmt sind, weil sie für den aus Weißdornfrüchten hergestelltem Kaffee-Ersatz (Abb. 357) neben den Teilchen der an Kristallen reichen Samenschale ein charakteristisches Merkmal bilden. Teilchen der ehemaligen Blüte (Bruchstücke der Filamente mit papillösen Oberhautzellen, Trümmer der Antherenwand mit den fibrösen Zellen, Kelch- und Griffelteilchen) werden nur in geringer Menge aufgefunden.

B. Steinfrüchte.

Das Endokarp ist bei ihnen, wie bei den beiden letzgenannten Arten, zu einem Stein umgewandelt, das Mesokarp saftig. Die hier in Betracht kommenden Früchte entstammen mit 2 Ausnahmen (Kornelkirsche, Olive) Rosaceen-Arten, insbesondere der Gattung *Prunus*.

10. Mandel.

Der Mandelbaum (*Prunus Amygdalus* STOKES) wird in zwei Varietäten — mit süßen und mit bitteren Samen — kultiviert. Die bitteren Mandeln enthalten Amygdalin, ein Benzaldehyd und Blausäure abspaltendes Glykosid, und sind daher giftig. Das Fruchtfleisch ist bei der Reife dünn und lederig und läßt sich von dem Steinkern (Endokarp) leicht ablösen. Dieser ist spitz-eiförmig, flach, seine Oberfläche durch viele seichte Grübchen uneben. Es gibt hart- und weichschalige Varietäten. Letztere werden als „Krach-“ oder „Knackmandeln“ bezeichnet. Die Steine enthalten meist nur einen (selten zwei) Samen. Lediglich diese (siehe S. 293) finden als Nahrungsmittel Verwendung.

Die Steinschale läßt sich in eine äußere weiche und eine innere harte Schicht sondern. Zwischen beiden verlaufen die Leitbündel. Die Außenschicht ist ein von Steinzellen durchsetztes Parenchym isodiametrischer Zellen. Die Hartschicht besteht durchweg aus Steinzellen von verschiedener Form, Größe und Verdickung. In der Mitte sind sie quergelagert, schmal und stark verdickt; innen sind sie meist längsgelagert, selten über 20 μ breit, fast vollständig verdickt. Die Zellwände sind farblos oder gelblich, der Zellinhalt ist farblos oder

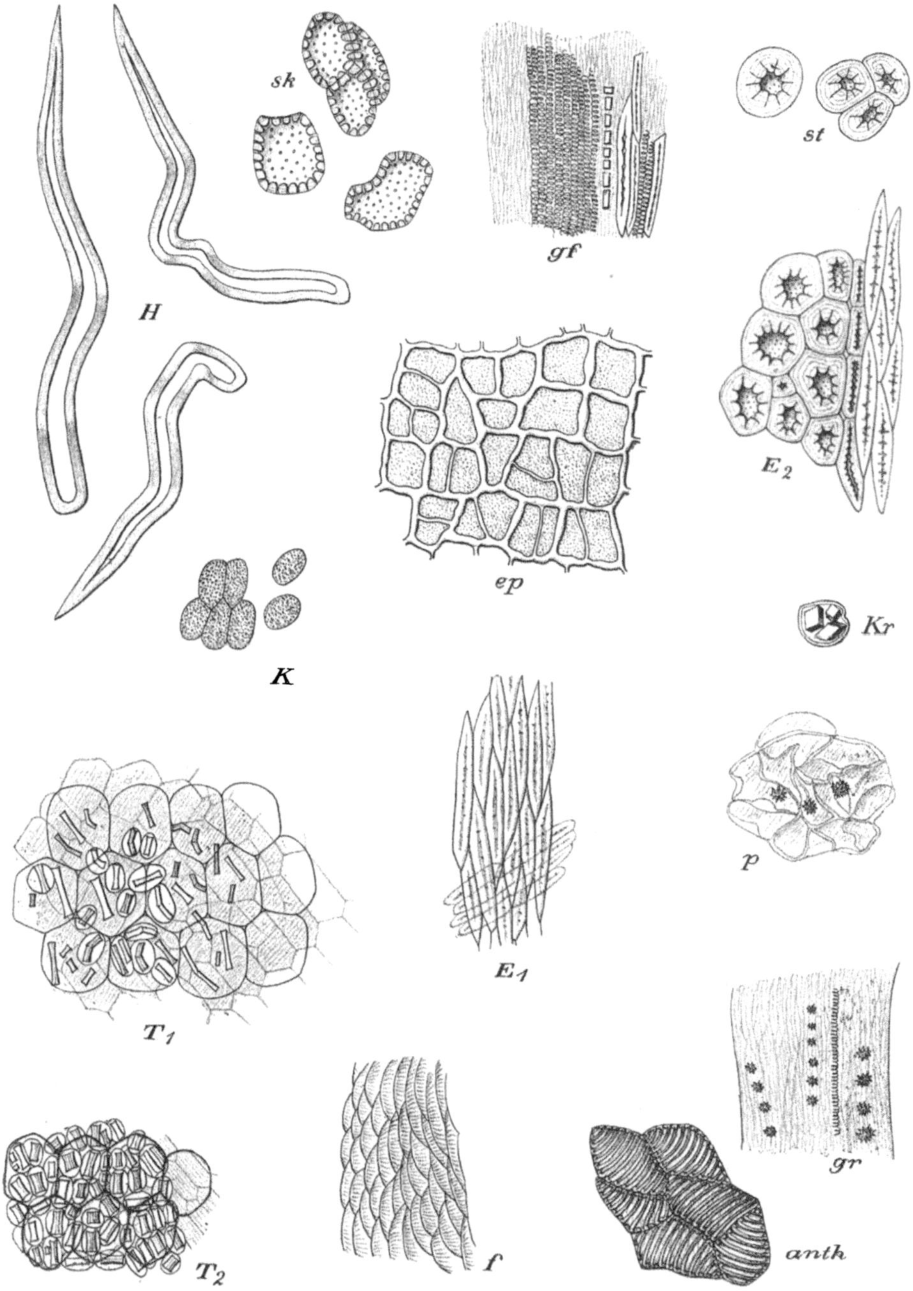

Abb. 357. Kaffee-Ersatz aus Weißdornfrüchten (C. GRIEBEL). *ep* Fruchtoberhaut (Flächenansicht), *p* Mesokarpzellen mit Oxalatdrusen, *Kr* kleine Mesokarpzelle mit Einzelkristallen, *gf* Gefäße von Kristallkammerzellen und Fasern begleitet, *sk* sklerosierte Mesokarpzellen, E_1 Innenschicht des Endokarps (Flächenansicht), E_2 Innenteil des Endokarps (Seitenansicht), *st* Steinzellen aus dem Endokarp, T_1, T_2 Flächenansicht der Samenschale mit Schleimepidermis und den in der Pigmentschicht liegenden Kristallzellen, *K* Zellen aus dem Keimling, *H* Haare des Griffelpolsters, *gr* Griffelteil mit Oxalatdrusen, *f* Filament (Oberhaut), *anth* fibröse Zellen der Anthereninnenschicht. Vergr. 1:100; *ep* und *anth* 1:280.

braun. Zwischen den Steinzellen sind Kristallzellen mit Drusen und Einzelkristallen eingeschlossen.

Gemahlene Mandelschalen sind früher nicht selten zur Gewürzfälschung benutzt worden. Die Steinzellen sind schwer von denen anderer Steinschalen zu unterscheiden. Immer finden sich aber auch die Tonnenzellen der Samenschale (siehe S. 293). Bemerkenswert ist, daß ästig-buchtige Steinzellen, wie bei der Walnußschale, in der Mandelschale nicht vorkommen.

11. Pfirsich.

Trotz seines Artnamens (*Prunus persica* [L.] SIEB., et ZUCC.) stammt der Baum aus China. In allen gemäßigt-warmen Teilen der Erde wird er in zahlreichen Spielarten kultiviert.

Die Frucht ist samtartig behaart und enthält einen vom Fruchtfleisch leicht, schwer oder gar nicht ablösbaren, tief gefurchten, sehr harten Stein. Der Same (siehe S. 295) ist kleiner als die Mandel und dünnschaliger.

Die Oberhaut der Frucht (Abb. 358) besteht aus polygonalen, zum Teil leicht gestreiften Zellen und trägt Spaltöffnungen, die die umgebenden Zellen an Größe übertreffen, und zahlreiche Haare von sehr verschiedener, oft 1 mm überschreitender Länge. Die Haare sind gerade oder gewellt, in der Mitte 10—25 μ breit, nach beiden Seiten verschmälert, spitz oder seltener stumpf endigend, zwischen die Oberhautzellen mit sehr verengter Basis (6—10 μ) eingefügt. Die Verdickung ist oft breiter als das Lumen, das am kreisförmigen optischen Querschnitt der Haare (Abb. 358) bräunlich erscheint.

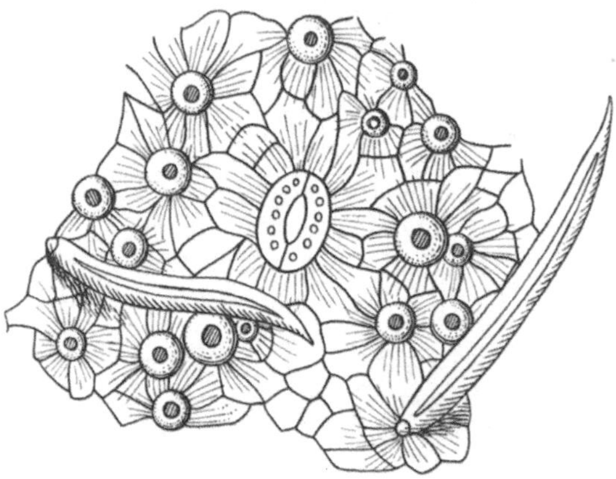

Abb. 358. Oberhaut d. Pfirsichs. Die Doppelkreise sind optische Durchschnitte aufrechtstehender Haare. 1:240. (C. GRIEBEL.)

Das Fruchtfleisch ist außen etwas kollenchymatisch verdickt, sonst rundzellig. Die Leitbündel haben keine Spiroiden, sondern Netzgefäße.

Die Steinschale läßt sich an der Naht leicht in zwei Hälften spalten. Sie ist 3—8 mm dick und sehr hart. Außen besteht sie aus nahezu isodiametrischen 50—75 μ breiten, farblosen, sehr stark verdickten, getüpfelten Steinzellen; nach innen zu werden die Zellen schmal und quergestreckt, und unvermittelt folgt eine Schicht faserförmiger, selten über 20 μ breiter Steinzellen in longitudinaler Anordnung.

Im gepulverten Zustand läßt sie sich von anderen Steinschalen nicht unterscheiden.

Die Samenkerne (siehe S. 295) werden mitunter an Stelle von Mandeln verwendet.

Da die aus Pfirsichen hergestellten Konserven gewöhnlich aus geschälten Früchten bereitet werden, findet man meist nur spärlich die charakteristischen einzelligen Haare. Länge der Mesokarpzellen nach KOCHS 38—88 μ, Breite 13—38 μ.

12. Aprikose.

Die Aprikose (*Prunus Armeniaca* L.) stammt aus Mittelasien und wird in vielen Gegenden — in großem Maßstabe auch in Kalifornien — kultiviert. Die Frucht unterscheidet sich vom Pfirsich hauptsächlich durch den flachen, an der Bauchnaht scharf gekielten, fast glatten Stein. Der flache, herzförmige Same (siehe S. 295) findet an Stelle der Mandel Verwendung.

Im anatomischen Bau unterscheidet sich die Aprikose vom Pfirsich kaum, jedoch kommen in den Leitbündeln des Fruchtfleisches neben langen Netzgefäßen auch Spiroiden vor. Länge der Mesokarpzellen nach KOCHS 50—175 μ, Breite 38—75 μ.

13. Pflaume, Zwetsche.

Die in vielen Spielarten überall kultivierten Pflaumen stammen größtenteils von *Prunus domestica* L. Formen mit länglich-runden Früchten und seitlich zusammengedrückten Steinen nennt man im allgemeinen Zwetschen, solche mit rundlichen Früchten und gewölbten Steinen Pflaumen; doch besteht zwischen beiden keine scharfe Grenze, da sie durch Kreuzung ineinander übergehen.

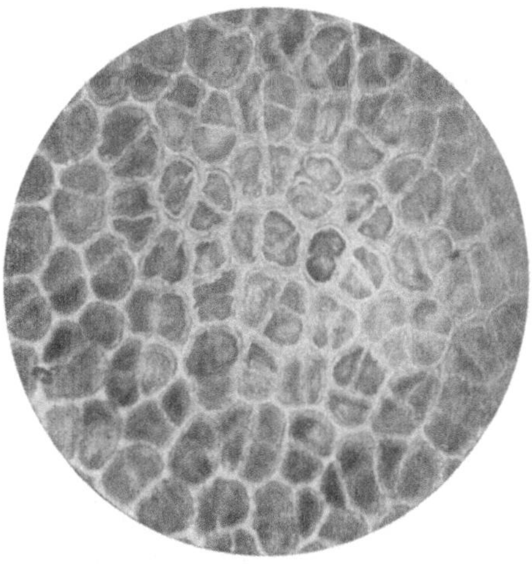

Abb. 359. Oberhaut der Pflaume. 1:200. (W. REIDEMEISTER.)

Die Früchte sind kahl, meist bereift, ihr Stein ist kleiner und länger als der der Aprikosen. Der Same (siehe S. 295) findet zuweilen an Stelle der Mandel Verwendung.

Die Oberhautzellen der Frucht zeigen in der Flächenansicht die Teilungen der Mutterzellen (Abb. 359). Bei den japanischen Varietäten sind sie kleiner (selten über 35 μ) als bei den europäischen (selten über 60 μ). Der Farbstoff befindet sich nur in der Oberhaut. Länge der Mesokarpzellen nach KOCHS 56—225 μ, Breite 38—100 μ.

Pflaumen werden gewöhnlich mit den Schalen und Steinen getrocknet oder anderweitig konserviert. Die aus Südfrankreich in den Handel kommenden „Prunellen“ sind geschälte und entsteinte Pflaumen.

Im Pflaumenmus findet man die charakteristische kahle Oberhaut und immer auch kleine Bruchstücke der Steine, obwohl diese ausgelöst wurden.

14. Haferschlehe.

Die Haferschlehe (*Prunus insititia* L.) hat schwarzblaue, rundliche Früchte, die etwa doppelt so groß wie die Schlehen sind. Die Stammform findet sich bei uns nur noch selten. Sehr verbreitet sind dagegen die durch

Kultur entstandenen Varietäten, die Mirabellen und die Reineclauden. Anatomisch sind sie von den übrigen Pflaumen nicht verschieden.

15. Schlehe.

Die Schlehe (*Prunus spinosa* L.), auch Schwarzdorn genannt, hat bis 12 mm große, kugelige, schwarzblaue Früchte, die sauer und sehr herb schmecken. Erst bei der Überreife oder durch Frost werden sie genießbar.

Die Schlehe unterscheidet sich in anatomischer Hinsicht nur wenig von den Pflaumen. Auch bei ihr befindet sich der Farbstoff nur in der Oberhaut. Sämtliche Mesokarpzellen sind dünnwandig und enthalten ziemlich viel Gerbstoff (Unterschied von der Pflaume), der bei der Überreife in unlöslicher Form (zunächst als zähflüssiges Gel und dann als Inkluse) abgeschieden wird.

Die Früchte werden in manchen Gegenden getrocknet und mit anderen gemischt als Backobst benutzt. Außerdem dienen sie zur Herstellung von Schlehensaft und Schlehenwein.

16. Kirsche.

Die heimische Süßkirsche (*Prunus avium* L.) und die aus Kleinasien stammende Sauerkirsche oder Weichsel (*P. Cerasus* L.) wird in verschiedenen Varietäten kultiviert.

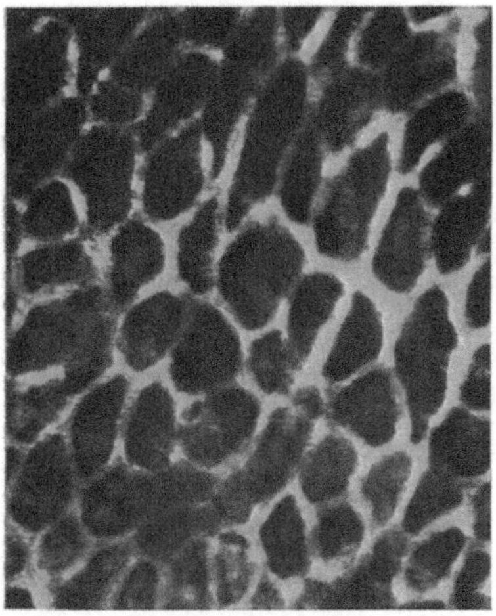

Abb. 360. Oberhaut der Kirsche. 1:220. (Phot. C. Griebel.)

Die Früchte sind langstielig, kugelig, kahl, ihre Steine kugelig.

Die Oberhautzellen der Frucht (Abbildung 360) sind bedeutend größer — nur in der Nähe der Stomata zuweilen kleiner — als bei den Pflaumen, selten unter 35 μ, oft bis 100 μ. Eine Teilung in Tochterzellen ist gewöhnlich nicht erkennbar. Länge der Mesokarpzellen nach Kochs 12—50 μ, Breite 12—31 μ.

Die Steinschale der Kerne besteht außen aus ziemlich weitlumigen Steinzellen, nach innen zu folgen faserartige Elemente.

Die Samenhaut ist wie bei der Mandel von zahlreichen Steinzellen bedeckt. Der Keimling enthält keine Stärke.

17. Himbeere.

Die Himbeere (*Rubus Idaeus* L.) wächst in unseren Wäldern wild, wird aber auch in mehreren Spielarten kultiviert. Sie ist eine Sammelfrucht, denn aus jeder Blüte entwickeln sich mehrere Steinfrüchtchen, die sich beim Pflücken im Zusammenhang vom Blütenboden abheben. Die Früchtchen (Abb. 361, *I*) sind behaart und tragen an der Spitze den etwa 4 mm langen Griffel.

Querschnitte (Abb. 361, *II*) zeigen das Fruchtfleisch im inneren Teil stark sklerosiert (Endokarp), die mehrschichtige Samenschale mit dem Nährgewebe verwachsen.

Die mit Spaltöffnungen versehene Oberhaut (Abb. 362) besteht aus polygonalen Zellen und trägt auf den freien Flächen der Frucht zahlreiche, lange (bis 0,7 mm), bandartige, einzellige, meist dünnwandige, schlaffe, vielfach gekrümmte Haare, zwischen denen sich auch einzelne steife, dickwandige (ähnlich denen der Erdbeere) finden.

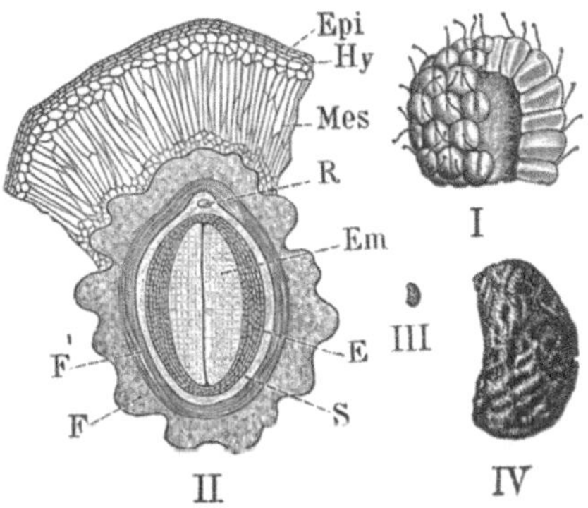

Abb. 361. Himbeere (A. L. WINTON).
I Sammelfrucht in nat. Größe; II Durchschnitt eines Früchtchens, 30fach vergrößert; *Epi* Oberhaut, *Hy* Hypoderm, *Mes* Fruchtfleisch, *F* und F^1 Steinschale, *S* Samenschale, *R* Raphe, *E* Nährgewebe, *Em* Embryo; III Stein in natürl. Größe; IV Stein, 8fach vergrößert.

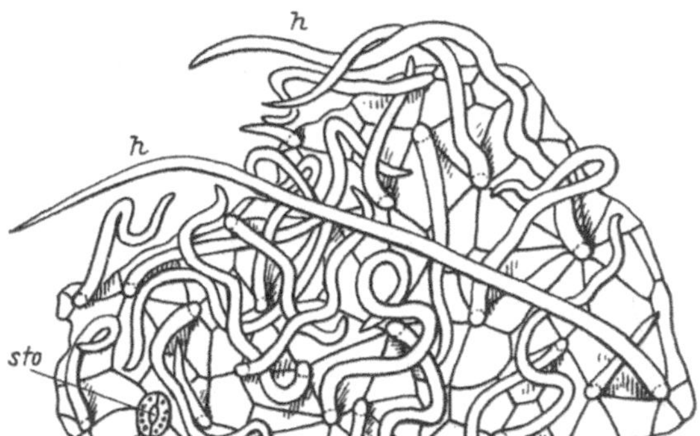

Abb. 362. Oberhaut der Himbeere in der Flächenansicht mit Haaren *h* und Spaltöffnungen *sto* (nach A. L. WINTON).

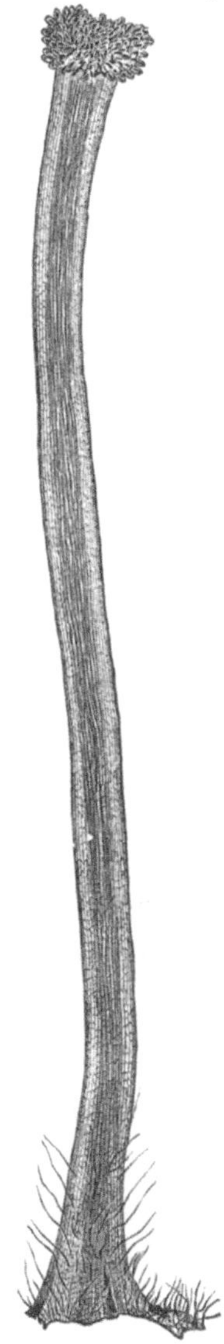

Abb. 363. Himbeergriffel, 30fach vergr. (A. L. WINTON).

Das Fruchtfleisch (Abb. 361, *Mes*) ist zu äußerst kollenchymatisch, weiterhin ein lückiges Parenchym mit zerstreuten Kristalldrusen; größtenteils besteht es jedoch aus radial gestreckten, dünnwandigen Zellen, an die sich nach innen wieder einige Lagen isodiametrischer Zellen anschließen.

Die höckerige Steinschale (Abb. 361, *II* u. *IV*) ist aus zwei rechtwinklig gekreuzten Schichten stark verdickter, poröser Fasern aufgebaut, deren innere longitudinal, deren äußere transversal verläuft.

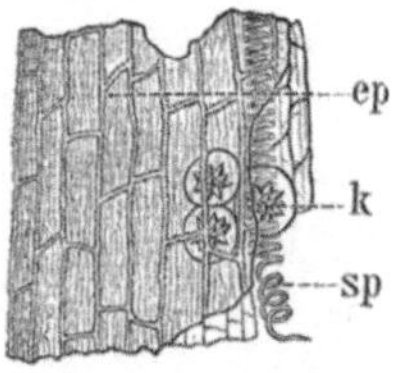

Abb. 364. Himbeergriffel bei 300facher Vergr. (A. L. WINTON). *ep* Oberhaut, *sp* Spiralgefäße, *k* Kristalldrusen.

Die aus 3 Schichten bestehende Samenschale, das Nährgewebe und der Keimling bieten nichts Bemerkenswertes.

Der Griffel (Abb. 363) ist am Grunde verbreitert und behaart, auf der Oberfläche gestreift. Die Epidermis ist kleinzellig (Abb. 364). In Begleitung der Leitbündel finden sich Oxalatdrusen.

Als charakteristische Merkmale für den Nachweis der Himbeere in Zubereitungen dienen die schon mit freiem Auge erkennbaren Steinkerne (schlanker als die der Brombeere) und Griffel mit verbreiterter haariger Basis (Unterschied vom Erdbeergriffel) sowie die Epidermisteilchen mit den gewundenen Haaren. Länge der Mesokarpzellen nach KOCHS 19—38 μ, Breite 13—31 μ.

18. Brombeere.

Die Brombeere (*Rubus caesius* L. und zahlreiche andere nahe verwandte Arten) wächst in Europa wild und wird zuweilen auch kultiviert. In Nordamerika werden die drei dort heimischen Arten (*R. nigrobaccus* BAILEY, *R. nigrobaccus var. sativus* BAILEY und *R. villosus* ALT.) in mehreren Spielarten kultiviert. Alle sind einander sehr ähnlich. Von der Himbeere unterscheiden sich die Brombeeren durch folgende Merkmale.

Abb. 365. Brombeerkerne in nat. Gr. und 8fach vergr. (A. L. WINTON).

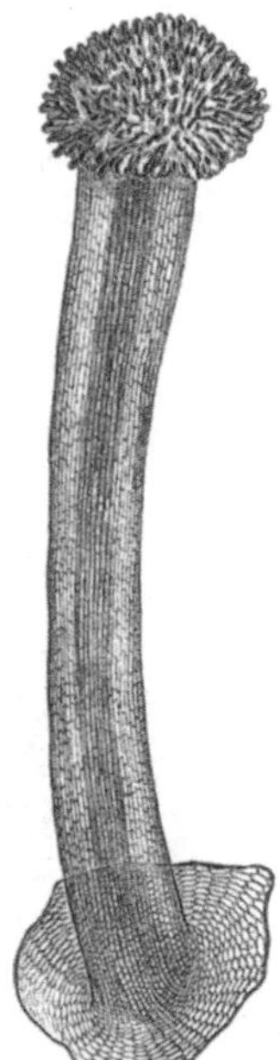
Abb. 367. Brombeergriffel, 30fach vergr. (A. L. WINTON).

1. Die Früchtchen sind dem Blütenboden angewachsen und trennen sich daher beim Pflücken nicht von diesem;

2. die Früchtchen sind kahl (außer bei *R. villosus*);

3. die Steinkerne (Abb. 365) sind größer und breiter;

4. die Oberhautzellen sind gestreckt (Abb. 366) und kreuzen sich mit den darunterliegenden Parenchymschichten;

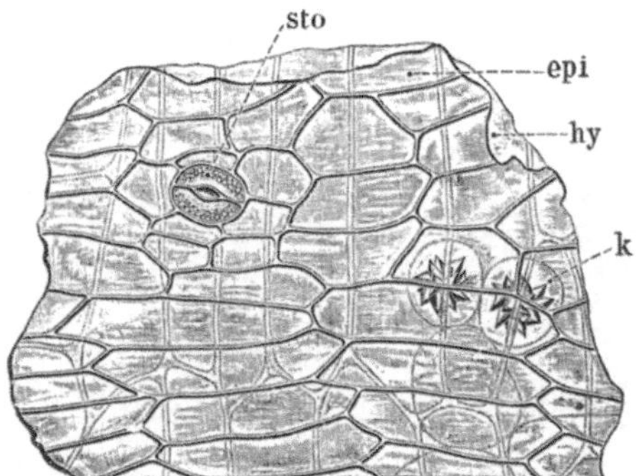

Abb. 366. Oberhaut der Brombeere in der Flächenansicht (A. L. WINTON). *epi* Oberhaut mit der Spaltöffnung *sto*, *hy* Fruchtfleisch mit Kristalldrusen *k*.

5. die Griffel sind nur 2 mm lang, an der Basis nicht verbreitert und kahl (Abb. 367).

In Konserven ist das Fehlen der Haare und das Vorkommen von Leitbündeln (aus dem Fruchtboden) charakteristisch.

Für den Nachweis der Brombeeren in Zubereitungen sind kennzeichnend die Steinkerne, die Griffel und die Form der Epidermiszellen.

19. Erdbeere.

Von den bei uns wild vorkommenden Arten mit kleinen, aber sehr aromatischen Früchten ist die verbreitetste die Walderdbeere (*Fragaria vesca* L.). Außerdem kommen noch in Betracht die Knackerdbeere (*F. collina* EHRH.) und die Moschuserdbeere oder Pröbstling (*F. elatior* EHRH.). Aus letzterer sind auch einige großfrüchtige Gartensorten hervorgegangen; die meisten Kulturformen stammen aber von *F. chilensis* EHRH. und deren Kreuzungen mit der nordamerikanischen F. virginiana MILL.

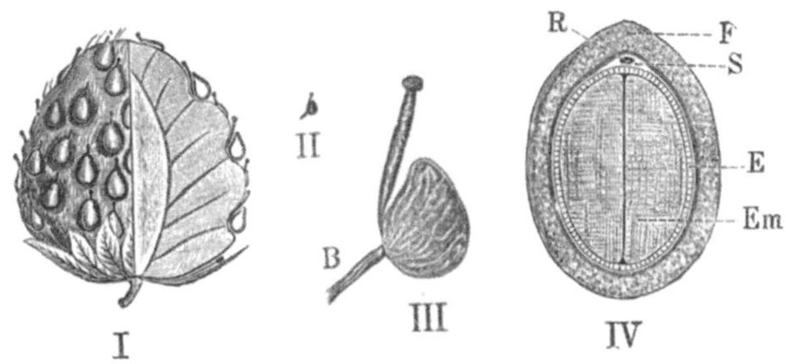

Abb. 368. Erdbeere (A. L. WINTON). I Sammelfrucht, 8fach vergr.; II Nüßchen nat. Gr.; III Nüßchen mit Stiel u. Griffel, 8fach vergr.; IV Nüßchen im Querschnitt; *F* Fruchtschale, *S* Samenschale, *R* Raphe, *E* Nährgewebe, *Em* Embryo.

Die Erdbeeren (Abbildung 368) sind Scheinfrüchte, denn ihr Fruchtfleisch ist der verdickte Blütenboden, und die in ihn eingesenkten „Kerne" sind die eigentlichen Früchte (Nüßchen).

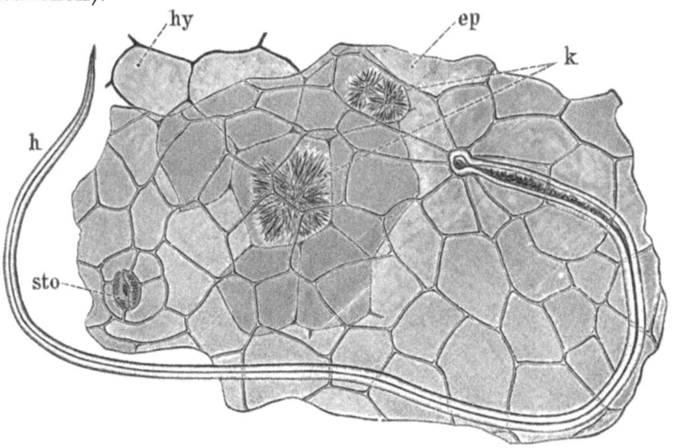

Abb. 369. Außenschichten der Erdbeere in der Flächenansicht (A. L. WINTON). *ep* Oberhaut mit einer Spaltöffnung *sto* und einem Haar *h*, *hy* Parenchym mit Kristallaggregaten *k*.

A. Fruchtboden. Die von Spaltöffnungen durchsetzte Oberhaut (Abb. 369) besteht aus polygonalen, fast isodiametrischen Zellen und trägt spärlich lange (oft über 1 mm), einzellige, dickwandige Haare.

Das Fruchtfleisch hat an der Peripherie lückenlos aneinandergefügte Zellen, innen besteht es aus rundzelligem Parenchym.

B. Nüßchen. Die im Fruchtfleisch eingesenkten Nüßchen tragen noch den Griffel (Abb. 368, *III*). Zwecks Herstellung von Schnitten klemmt man sie zwischen Kork oder drückt sie in hartes Paraffin.

An Querschnitten (Abb. 370) unterscheidet man in der beinharten Fruchtschale vier Schichten, in der Samenschale zwei Schichten, mit denen das Nährgewebe verwachsen ist.

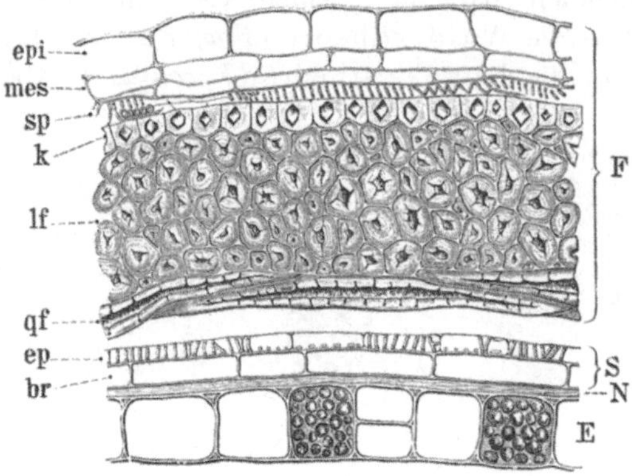

Abb. 370. Querschnitt des Erdbeernüßchens (A. L. WINTON). Die Bedeutung der Buchstaben s. im Texte.

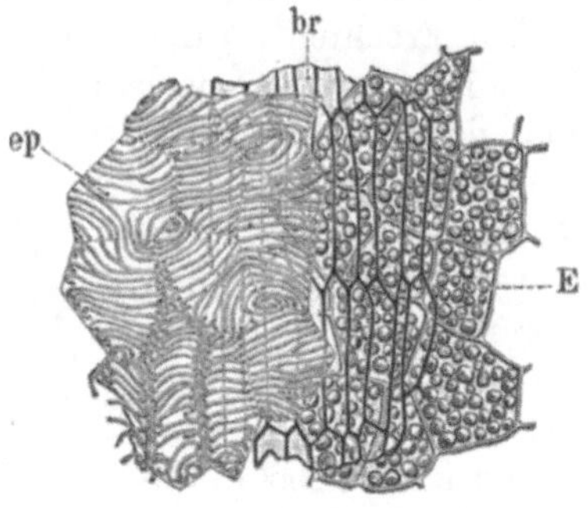

Abb. 371. Samenschale u. Nährgewebe der Erdbeere in der Flächenansicht (A. L. WINTON). *ep* Oberhaut, *br* braune Schicht, *E* Nährgewebe.

a) Fruchtschale (Abb. 370, *F*). Die Oberhaut (*epi*) besteht aus polygonalen, dünnwandigen Zellen mit wenig verdickter Außenwand.

Das Mesokarp zeigt nur außen 1—2 zartwandige Zelllagen, in denen die Leitbündel verlaufen. Im übrigen setzt es sich aus stark verdickten Fasern zusammen, die größtenteils in der Längsrichtung (*bf*), innen aber rechtwinklig dazu (*qf*) verlaufen. Außen trägt diese Faserplatte eine Kristallschicht (*k*).

Abb. 372. Erdbeergriffel, 30fach vergrößert (A. L. WINTON).

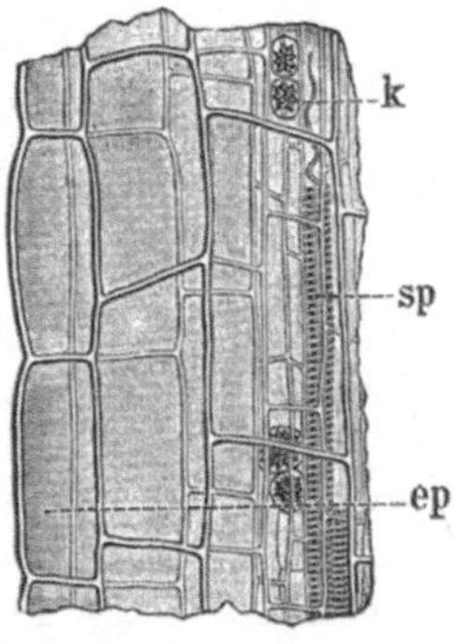

Abb. 373. Erdbeergriffel in d. Flächenansicht, 300fach vergr. (A. L. WINTON). *ep* Oberhaut, *sp* Spiralgefäße, *k* Kristalldrusen.

b) Samenschale (Abb. 370, *S*). Die Oberhaut (*ep*) besteht aus polygonalen, zartwandigen, spiralig verdickten Zellen (Abb. 371), unter denen längliche, braune, quer um den Samen laufende Zellen liegen.

c) Das Nährgewebe (Abb. 371) besteht aus einer einfachen Aleuronschicht (*E*), bedeckt von einer 2 bis 4 μ dicken, obliterierten Schicht, dem Rest des Perisperms (Abbildung 370, *N*).

d) Der Keimling (Abb. 368, *IV*) hat 2 große Kotyledonen, deren zarte Zellen Fett und Aleuron enthalten.

Der Griffel ist am Grunde zusammengedrückt (Abb. 372), in der Mitte etwa 0,3 mm dick und verjüngt sich gegen die Narbe zu ein wenig. Seine Oberhaut (Abb. 373) ist auffallend großzellig (40 μ breit, 100—150 μ lang). Die in der Mitte des Griffels verlaufenden Leitbündel sind von Kristallkammerzellen begleitet, die Oxalatdrusen enthalten.

Für den Nachweis der Erdbeeren in Zubereitungen kommen als kennzeichnende Elemente in Betracht: die langen Haare der Epidermis, die Früchtchen und die Griffel. Länge der Mesokarpzellen nach KOCHS 37—100 μ, Breite 25—63 μ.

20. Hagebutte.

Die als Hagebutten bezeichneten Scheinfrüchte der wilden Rosen dienen zur Herstellung von Mus (Hägen- oder Hiftenmus) und finden auch als Kaffee-Ersatz Verwendung; die Kerne werden zur Bereitung von Tee benutzt.

Die Hagebutten bestehen aus dem fleischig gewordenen, eiförmigen, außen glänzendroten, innen krugförmig vertieften und von Haaren ausgekleideten Blütenboden, der die steinharten einsamigen Nüßchen umschließt.

Die ungleichmäßig dickwandigen Oberhautzellen der Scheinfrucht sind häufig durch dünne Wände in Tochterzellen geteilt (gefenstert). Das gelbrote Fruchtfleisch enthält in allen Zellen Carotin in Form von wetzstein- bis nadelförmigen Gebilden oder amorphen Körnchen. Länge der Mesokarpzellen nach KOCHS 19—38 μ, Breite 13—25 μ. Die innere Oberhaut aus derbwandigen Zellen weist neben zahlreichen Haarnarben auch Spaltöffnungen auf. Sie trägt die charakteristischen starren, einzelligen, dickwandigen, scharf zugespitzten und am Grunde verschmälerten Haare (bis 2 mm lang, 30 bis 45 μ breit, Abb. 374), in die die Früchtchen eingebettet sind.

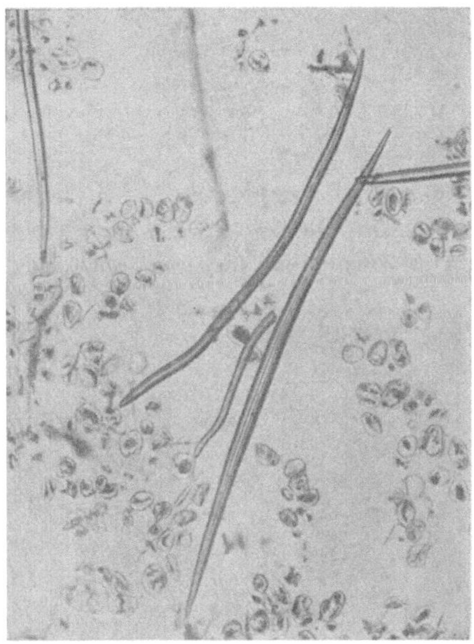

Abb. 374. Hagebuttenmark. Parenchymzellen u. Haare des Fruchtbodens 1:40 (Phot. C. GRIEBEL).

Letztere sind gelblich, im Umriß etwa eiförmig, an den seitlichen Berührungsstellen abgeplattet, 3—4 mm lang und etwa 2 mm breit. Ihre gestreckten Oberhautzellen sind nicht sklerosiert. Die 0,3—0,4 mm dicke Steinschale wird aus fast farblosen, stark verdickten, nach innen zu faserförmigen Zellen gebildet.

Die Samenhaut besteht aus zwei Zellenlagen; polygonale Oberhautzellen (30—75 μ) werden von schmalen braunen Zellen gekreuzt. Der Embryo liegt im Nährgewebe, das aus einer Aleuronschicht (Endosperm) und einer sie bedeckenden hyalinen Membran (Perispermrest) gebildet wird.

21. Kornelkirsche.

Die Früchte der Kornelkirsche, Herlitze oder Dürrlitze (*Cornus mas* L. — Cornaceae) — in Wien Dirndln genannt — werden nach Eintritt der Überreife roh genossen, außerdem auch eingemacht und zu Marmeladen verarbeitet. Ihre Steinkerne haben öfter als Kaffee-Ersatz Verwendung gefunden.

Die Frucht ist kirschrot, länglich-rund, 15—20 mm lang, 12—15 mm breit. Das etwa 3 mm dicke Fruchtfleisch umschließt einen bis 12 mm langen, eiförmigen oder fast walzenförmigen, von großen runden Hohlräumen durchsetzten zweifächerigen Stein.

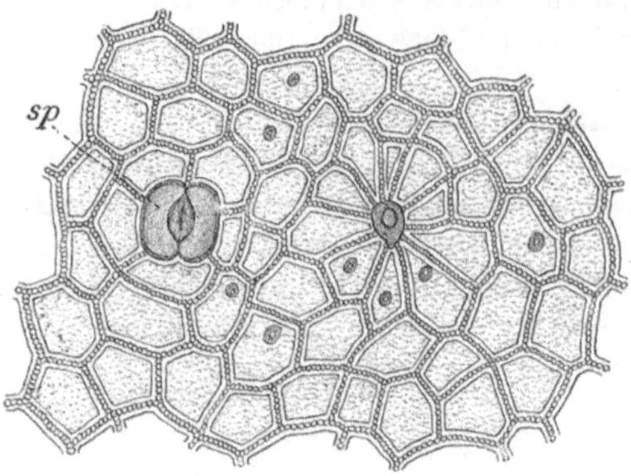

Abb. 375. Oberhaut der Kornelkirsche (C. GRIEBEL) 1:200. *sp* Spaltöffnung.

Die Oberhaut (Abb. 375) besteht aus starkwandigen, polygonalen Zellen (25—50 μ) mit verdickter Außenwand, zwischen denen sich vereinzelt Spaltöffnungen und Haarnarben finden. Die Mittellamelle der Epidermiszellen erscheint ungleichmäßig verdickt durch poröse Radialwänden folgende, im Querschnitt zapfenförmige Kutikulareinlagerungen.

Das Mesokarp aus derbwandigen, oft porösen, im inneren Teil radial gestreckten Zellen bestehend, ist ziemlich gleichmäßig von Gerbstoffzellen durchsetzt, die zu kleineren oder größeren Gruppen vereinigt sind (Abb. 376). Auf diese ist auch der himbeerrote Zellsaft beschränkt, der den reifen Früchten die Färbung verleiht. Die übrigen Mesokarpzellen sind farblos. Der Inhalt jeder Gerbstoffzelle geht bei der Überreife zunächst in ein zähflüssiges Gel und dann in eine Inkluse über[1]. Er färbt sich mit Eisenchlorid blauschwarz, mit Kalilauge tiefblau. Oxalatdrusen finden sich im Fruchtfleisch ziemlich reichlich, namentlich in Begleitung der an Netztracheiden reichen Leitbündel.

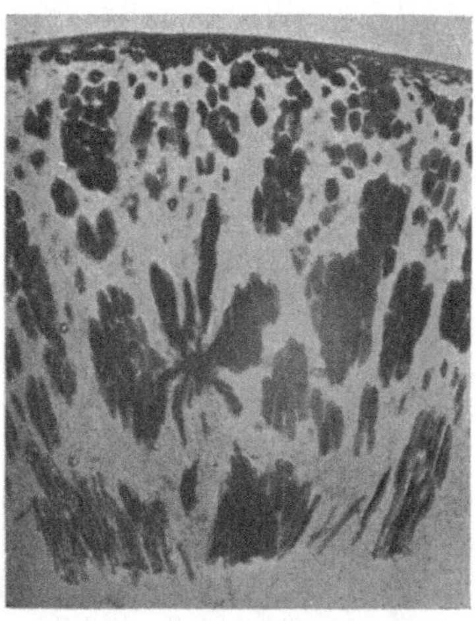

Abb. 376. Querschnitt durch das Mesokarp der Kornelkirsche, die Verteilung der Gerbstoffzellen zeigend. 1:10. (Phot. C. GRIEBEL.)

Das Endokarp (die Steinschale) besteht aus fast farblosen, zum größten Teil sehr stark verdickten Steinzellen, die nur in den inneren Lagen faserförmig ausgebildet sind. Die im Gewebe befindlichen, etwa 0,5 mm großen Hohlräume enthalten meist einen hauptsächlich aus Kalziumoxalat bestehenden Klumpen.

Der längliche Same hat eine häutige Schale und fleischiges Nährgewebe ohne diagnostisch wertvolle Merkmale.

Für die Erkennung der Kornelkirsche in Zubereitungen sind besonders die Oberhautfetzen mit den Einlagerungen der Epidermiszellen wichtig, außerdem größere Zellkomplexe aus dem Mesokarp, die sich mit Lauge blau bis blauschwarz färben.

---

[1] Vgl. die Ausführungen auf S. 13.

22. Olive.

Olive heißt die Frucht des Ölbaumes (*Olea europaea* L. — *Oleaceae*), der im Mittelmeergebiet beheimatet und durch die Kultur verbreitet ist. Angebaut wird er jetzt auch in Amerika (besonders Kalifornien) und Australien. Die Oliven werden nach dem Entbittern durch Alkalikarbonat auf verschiedene Weise konserviert (unreif in Salz eingemacht, reif meist getrocknet) und vielfach als Nachspeise genossen. Hauptsächlich dienen sie jedoch zur Gewinnung des in dem Fruchtfleisch enthaltenen fetten Öles. Die Preßkuchen (Trester) finden als Tierfutter Verwendung und gelegentlich noch — wie auch gemahlene Olivenkerne — als Fälschungsmittel für Gewürze.

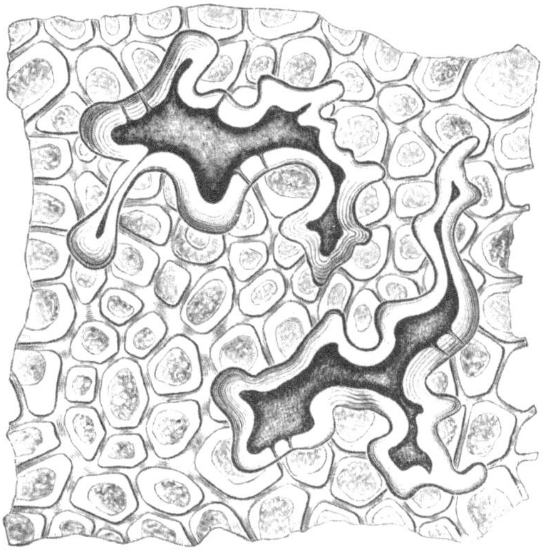

Abb. 377. Oberhaut der Olive von innen mit zwei Idioblasten des Fruchtfleisches (J. MOELLER).

Die Früchte sind je nach der Sorte in Form und Größe sehr verschieden, im reifen Zustand dunkelpurpurn bis schwarzblau. Das Fruchtfleisch umschließt einen schlanken braunen, einsamigen Steinkern.

Die Epidermiszellen des Perikarps sind dickwandig, viereckig bis poly-

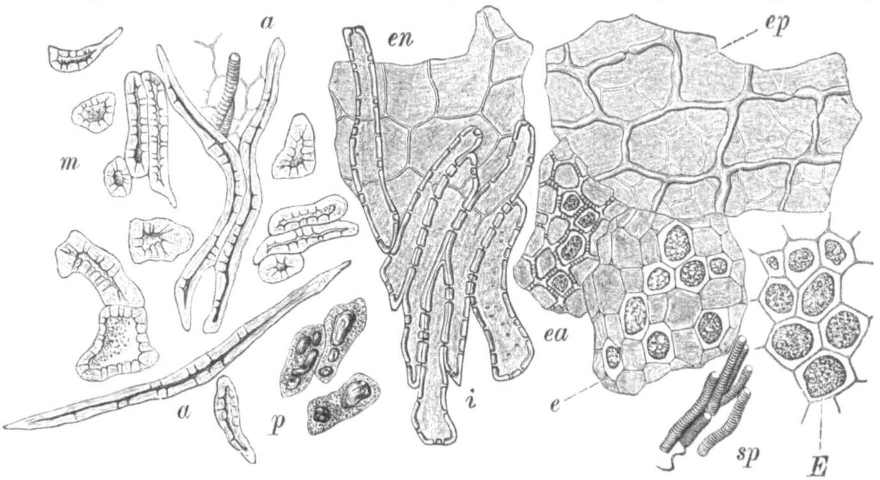

Abb. 378. Olivengewebe in der Flächenansicht (J. MOELLER).
a, *m* und *i* Steinzellenformen und Fasern, *en* Auskleidung der Steinschale, *p* Ölhaltiges Fruchtfleisch, *ep* Oberhaut der Samenschale, *ea* Außenschicht des Nährgewebes, *E* und *e* Keimblattparenchym, *sp* Spiralgefäße.

gonal (etwa 25 μ) und enthalten, gleich dem darunterliegenden Parenchym, purpurnen Farbstoff, der mit konzentrierter Schwefelsäure intensiv rot wird.

Das Mesokarp besteht aus dünnwandigen, dicht von Öl erfüllten Zellen. Dazwischen finden sich zerstreut eigenartige, stark verzweigte Steinzellen (sogenannte Idioblasten) von sehr unregelmäßiger Gestalt (Abb. 377).

Das Endokarp (die 1—3 mm dicke Steinschale) setzt sich aus hell- oder grüngelblichen Steinzellen außerordentlich verschiedener Form und Größe zusammen (Abb. 378, *a, m, i*), die meist sehr stark verdickt sind.

Die Oberhautzellen der Samenschale (Abb. 378, *ep*) sind gestreckt, oft 300 μ lang, ihre farblosen Seitenwände ungleichmäßig verdickt. Das darunterliegende, von Leitbündeln durchzogene Parenchym enthält Oxalatkristalle mannigfacher Form.

Der Samenkern besteht hauptsächlich aus Endosperm. Die oberste Zellage hat nach außen stark verdickte und getüpfelte Wände (Abb. 378, *ea*). Das Gewebe enthält, wie auch das des Keimlings, neben Fett Aleuron.

Charakteristisch für die Rückstände der Olivenölgewinnung sind die Idioblasten des Fruchtfleisches und der Farbstoff. Die Kerne erkennt man leicht an den vielgestaltigen Steinzellen und den großen Oberhautzellen der Samenschale.

Einige beerenartige Steinfrüchte (Hucklebeere, Krähenbeere, Bärentraube und Holunderbeere) sind im folgenden Abschnitt beschrieben.

C. Beeren.

Die Beerenfrüchte sind durch saftiges Fruchtfleisch gekennzeichnet, dessen innerster Teil nicht zu einem Steinkern umgewandelt ist (ausgenommen einige „Steinbeeren", die aber strenggenommen zu den Steinfrüchten gehören). Die Samenschale ist gewöhnlich kräftig entwickelt.

23. Johannisbeere.

Die roten, rosafarbenen und gelblichen Johannisbeeren sind Gartenformen von *Ribes rubrum* L. (*Saxifragaceae*). Die kugeligen Früchte sind von den Blütenresten gekrönt. Unter der durchscheinenden Oberhaut erkennt man 10 meridianartig verlaufende Gefäßbündel (Abb. 379, I). Die Samen (*1—8*) sind von einer zellartigen Hülle umgeben (Abbildung 379, III), 4—5 mm lang und 3—4 mm breit.

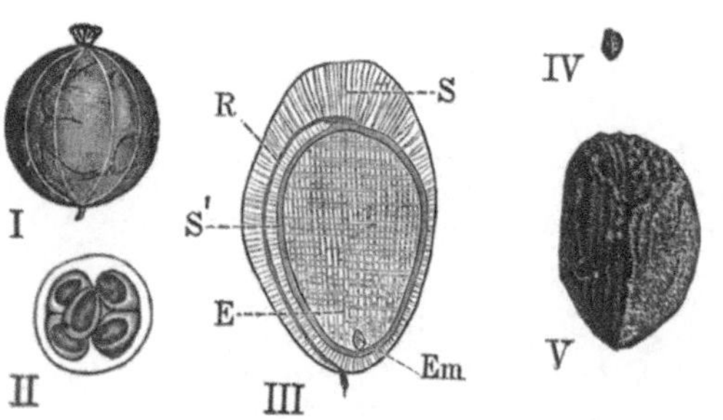

Abb. 379. Rote Johannisbeere (A. L. WINTON). I Frucht in nat. Gr.; II Querschnitt derselben; III Längsschnitt des Samens, 8fach vergr.; *S* gallertige Oberhaut, S^1 innere Samenhaut, *R* Raphe, *E* Nährgewebe, *Em* Embryo; IV Vom Schleim befreiter Same in nat. Gr.; V Derselbe, 8fach vergr.

A. Perikarp. Die Oberhautzellen (Abb. 380) sind polygonal, ungleichmäßig verdickt, oft abgeteilt, getüpfelt. Spaltöffnungen sind zahlreich.

Das Mesokarp ist ein großzelliges (bis 500 μ) lückiges, an der Peripherie kollenchymatisch verdicktes, von Leitbündeln durchzogenes Parenchym, das viele Kristalldrusen enthält.

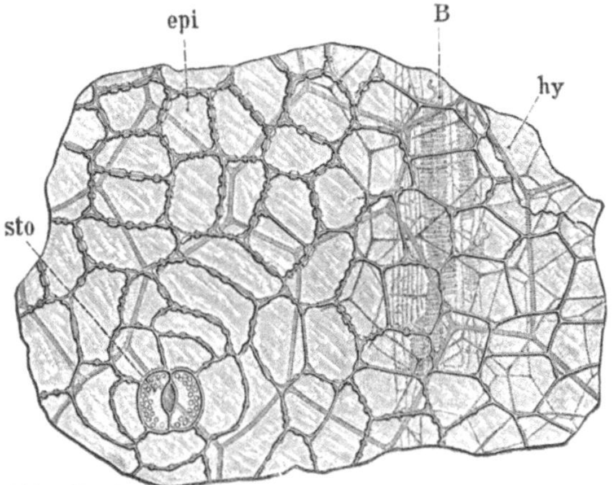

Abb. 380. Außenschichten der roten Johannisbeere in der Flächenansicht (A. L. Winton). *epi* Oberhaut mit Spaltöffnung *sto*, *hy* Fruchtfleisch mit dem Leitbündel *B*.

Das Endokarp (Abbildung 381) besteht aus faserartig gestreckten, sklerosierten Zellen, die gruppenweise gleichgerichtet sind, wodurch ein parkettartiges Aussehen entsteht (Unterschied von der Stachelbeere). Die Zellen sind bis 0,5 mm lang, sehr stark verdickt und getüpfelt.

B. Same. Die Samenoberhaut (Abb. 382) ist als Schleimschicht ausgebildet, ihre Zellen sind dünnwandig, oft über 500μ hoch, 100μ breit.

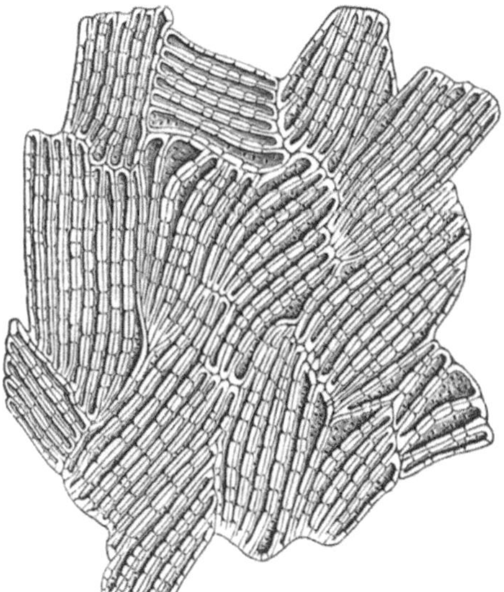

Abb. 381. Innere Oberhaut (Endokarp) der Johannisbeere (A. L. Winton).

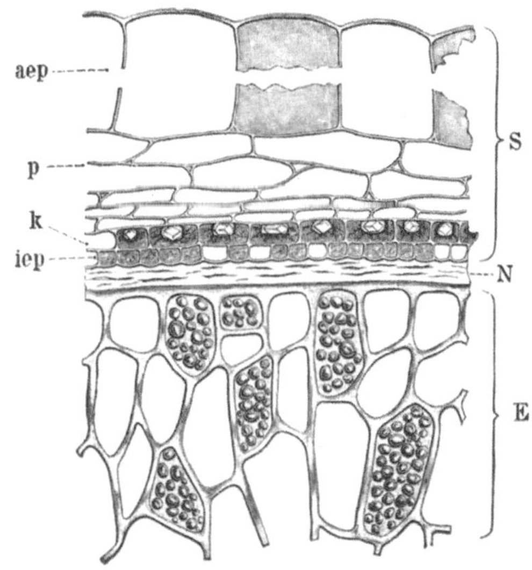

Abb. 382. Same der Johannisbeere im Querschnitt (A. L. Winton). *S* Samenschale mit der äußeren (*aep*), der inneren Oberhaut (*iep*), dem Parenchym *p* und der Kristallschicht *k*; *E* Endosperm, bedeckt von der hyalinen Schicht *N* (dem Perisperm).

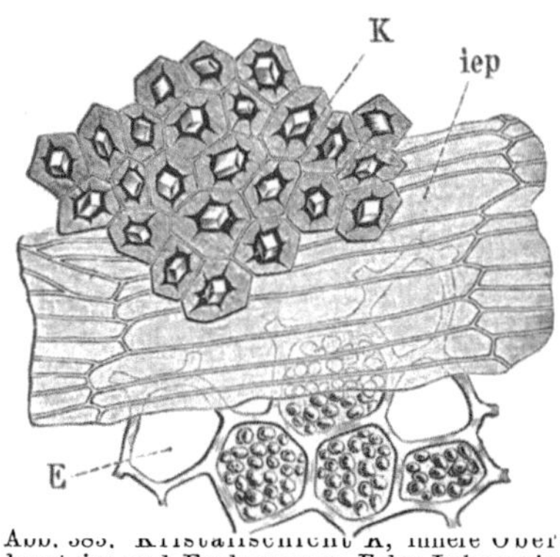

Abb. 383. Kristallschicht *K*, innere Oberhaut *iep* und Endosperm *E* der Johannisbeere (A. L. Winton).

Abb. 384. Nährgewebe (Abb. 382, *E*) der Johannisbeere (A. L. Winton).

Unter ihr liegt eine Parenchymschicht (*p*) und eine einfache Kristallschicht (*k*) aus einseitig (innen) verdickten Zellen, die je einen großen Oxalatkristall enthalten. In der Flächenansicht (Abb. 383, *K*) sind die Kristallzellen polygonal, sehr stark verdickt, dunkelbraun.

Die innere Oberhaut der Samenschale (*iep*) besteht aus gestreckten Zellen mit braunem Inhalt.

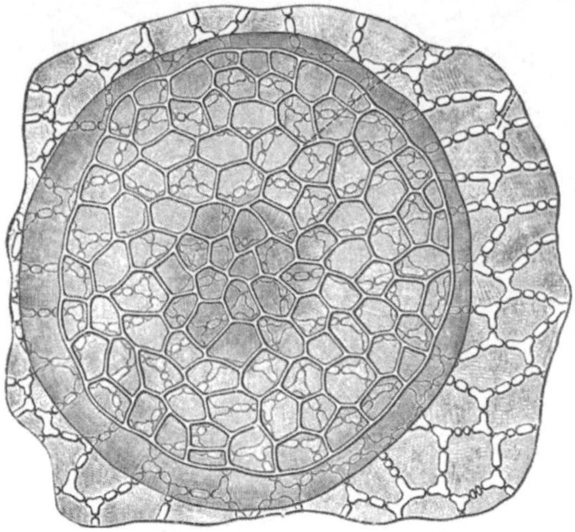

Abb. 385. Oberhaut der schwarzen Johannisbeere mit einer Drüse (A. L. WINTON).

Mit der Samenhaut ist das Nährgewebe verwachsen. Es besteht aus einem 10 μ dicken Streifen kollabierter Zellen (Abbildung 382), dem Perisperm (*N*) und aus einer breiten Aleuronschicht, dem Endosperm (*E*), dessen Zellen innen oft knotig verdickt sind (Abb. 384).

Bei der schwarzen Johannisbeere oder Wanzenbeere (*Ribes nigrum* L.) finden sich scheibenförmige, bis 0,2 mm große Drüsen auf der Oberhaut (Abb. 385), denen die Frucht ihren eigenartigen, an Wanzen erinnernden Geruch verdankt. Sie bestehen aus einem kurzen Stiel und einer tellerförmig ausgebreiteten, einfachen Zellschicht, deren Kutikula durch das Sekret emporgehoben ist. Die Außenseite des Kelches ist von langen (bis 0,6 mm), dünnwandigen, gekrümmten Haaren (ähnlich denen der Himbeere) bedeckt.

In Zubereitungen läßt sich die Johannisbeere leicht durch das parkettierte Endokarp, auch durch die Kristallschicht der Samenschale nachweisen, sofern Samenteilchen vorhanden sind. (Länge der Mesokarpzellen nach KOCHS 25—50 μ, Breite 25—38 μ). Bei schwarzen Johannisbeeren kommen hierzu die Drüsen und die Kelchhaare.

24. Stachelbeere.

Die Stachelbeere (*Ribes grossularia* L.) wird bei uns in vielen Varietäten in Gärten gezogen. In Amerika kultiviert man *Ribes oxyacanthoides* L.

Abb. 386. Same d. Stachelbeere ohne Gallerthülle, 8fach vergr. (A. L. WINTON).

Die Stachelbeeren sind kugelig oder länglich, von sehr verschiedener Größe, im Bau aber nur wenig von der Johannisbeere verschieden. Die Blütenreste sind länger (bis 6 mm), die meist grüne Schale dicker, die Samen (Abb. 386) länglichrund.

Die Blütenteile, besonders der Kelchschlund und die Griffelbasis, sind behaart. Die Härchen sind einzellig, dünnwandig (Abb. 387), bis 1 mm und darüber lang.

Die sogenannten Stacheln der heimischen Stachelbeeren sind vielzellige, parenchymatische, von Oberhautzellen bedeckte, oft über 1 mm lange, stumpf oder kopfig endigende Auswüchse (Abb. 388).

Das Mesokarp besteht wie bei der Johannisbeere aus Großzellen (nach HARTWICH bis 430 μ lang), zwischen denen kleinzelliges Parenchym liegt. Das für die Johannisbeeren charakteristische Endokarp fehlt. Die Samen sind ebenso gebaut wie die der Johannisbeere.

Für den Nachweis der Stachelbeere in Zubereitungen sind die von Kelch und Griffel stammenden Haare von Bedeutung. Länge der Mesokarpzellen nach KOCHS 63—125 μ, Breite 63—75 μ.

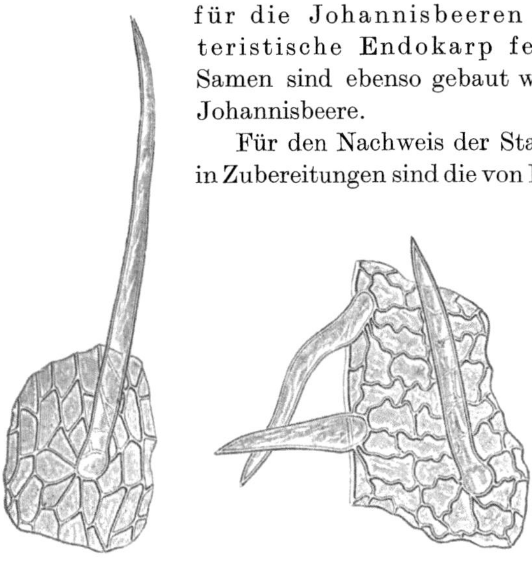

Abb. 387. Oberhaut verschiedener Teile des Kelchrandes der Stachelbeere (A. L. WINTON).

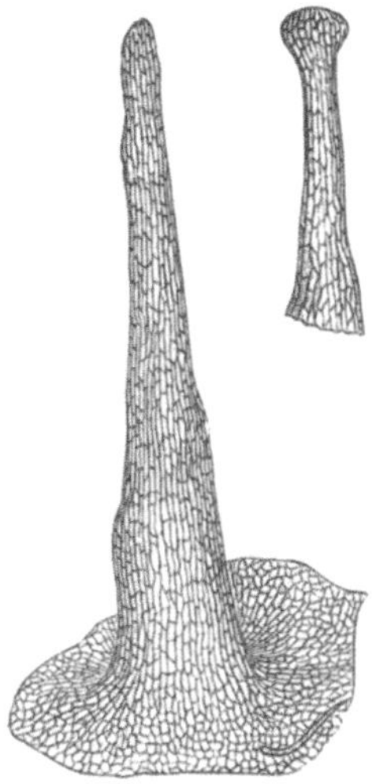

Abb. 388. Emergenzen der Stachelbeere (A. L. WINTON).

25. Preiselbeere.

Die Preiselbeere oder Kronsbeere (*Vaccinium vitis idaea* L. — *Ericaceae*) wird bei uns in Gebirgsgegenden gesammelt und vorwiegend zur Herstellung von Kompott verwendet.

Die 5—9 mm großen, scharlachroten Früchte sind am Scheitel von 4 nach innen geschlagenen Kelchzipfeln gekrönt. Sie sind 4fächerig und enthalten in jedem Fach an der zentralen Plazenta mehrere gelbe bis braune, kurz geschnäbelte 1,2—1,7 mm lange und 0,6—1 mm breite Samen (Abb. 389, *a*).

a b

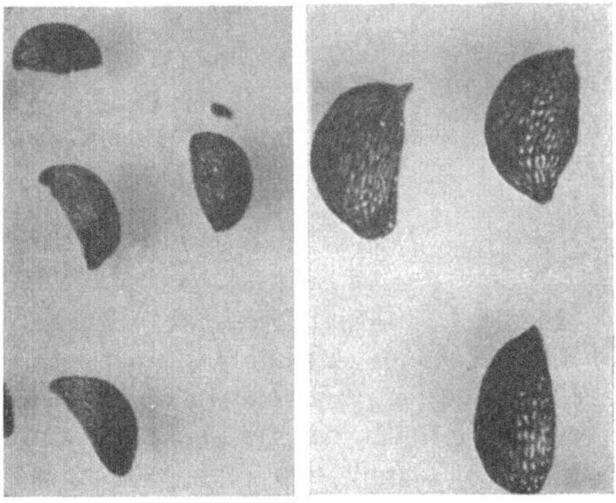

Abb. 389. Preiselbeersamen (*a*) und Moosbeersamen (*b*) 1:8 (Phot. C. GRIEBEL).

A. Perikarp. Die Oberhaut ist kleinzellig (20—40 μ); sie umschließt ein großzelliges (Länge bis 250 μ), lückiges Mesokarp, das nach innen durch ein großzelliges Endokarp abgegrenzt ist. Die Endokarpzellen (Abb. 390) sind gestreckt, getüpfelt, im Umriß wellig, von spärlichen Spaltöffnungen unterbrochen.

B. Same. Die Oberhautzellen der Samenschale sind in der Längsrichtung des Samens gestreckt (Länge bis 350 μ, Breite bis 75 μ, Höhe bis 50 μ) und bilden in der Flächenansicht (Abb. 391) ein leistenförmig vorspringendes Netzwerk. Sie sind nach innen hufeisenförmig verdickt (Abb. 392), ihre Innen- und Seiten-

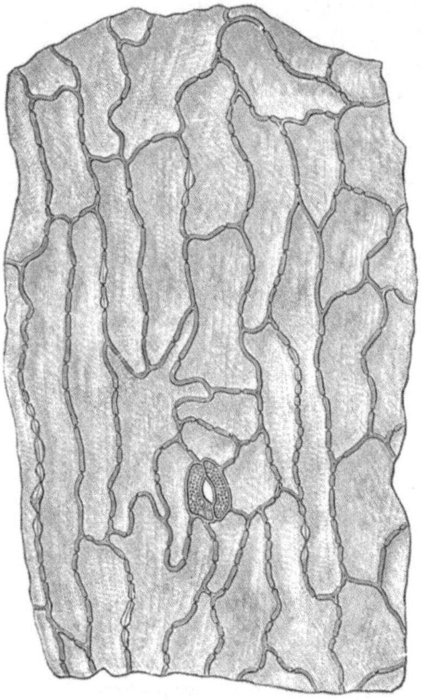

Abb. 390. Innere Fruchthaut (Endokarp) der Preiselbeere (A. L. WINTON).

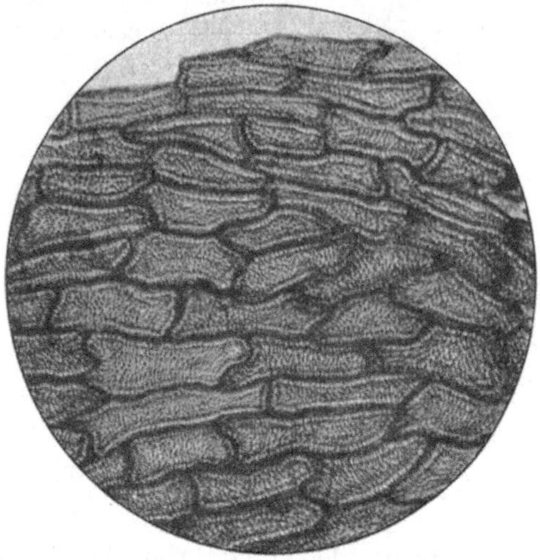

Abb. 391. Samenoberhaut der Preiselbeere in der Flächenansicht 1:100 (Phot. C. GRIEBEL).

wände von zahlreichen runden, ovalen oder spaltenförmigen Tüpfeln durchzogen. Meist tragen sämtliche Wände, jedenfalls aber die dünne Außenwand, deutlich geschichtete, teilweise bis zum Schwinden des Lumens ausgebreitete Schleimauflagerungen, die sich mit Chlorzinkjod blau färben. Die innere Testa besteht aus braunwandigem, stark kollabiertem Parenchym, das mit dem kleinzelligen, fett- und eiweißreichen Endosperm, in dessen Mitte der Embryo liegt, verwachsen ist.

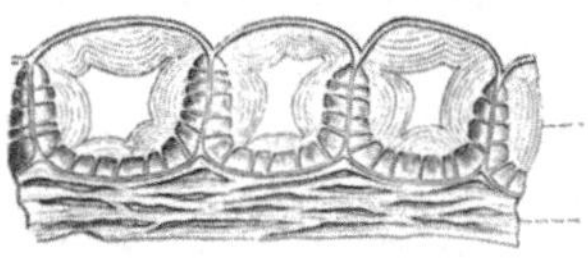

Abb. 392. Samenoberhaut der Preiselbeere im Querschnitt (A. L. WINTON).

26. Moosbeere.

Die Moosbeere (*Vaccinium oxycoccos* L.) kommt in Mittel- und Nord-Europa in sumpfigen und torfigen Gegenden vor und wird vielfach an Stelle der Preiselbeeren genossen. In Rußland, wo die Moosbeere in großem Umfange Verwendung findet, bereitet man daraus unter anderem auch einen eingedickten Saft, der als Zusatz zum Tee gebraucht wird. Aus Rußland eingeführte Moosbeeren haben wiederholt zur Verfälschung von Preiselbeerkonserven gedient.

Die Früchte sind tief dunkelrot, kugelig, eiförmig, birnenförmig oder fast walzenförmig, zuweilen nach dem Kelch hin 4kantig zulaufend, bis 12 mm groß. Am Scheitel tragen sie häufig noch den dünnen, die Frucht weit überragenden Griffel, etwas seltener den auffallend langen Fruchtstiel (bis 5 cm). Die Samen

(Abb. 389, *b*) sind größer und gedrungener als die der Preiselbeere (Länge 1,5 bis 2,8 cm, Breite 1—1,7 mm).

Der Bau des Perikarps ist der gleiche wie bei voriger Art, nur sind die Zellenmaße durchweg größer.

Die Epidermiszellen der Samenschale sind größer (Länge bis 500 μ, Breite bis 140 μ, Höhe bis 120 μ) als bei der Preiselbeere, die Poren größtenteils spaltenförmig (Abb. 393). An Querschnitten (Abb. 394) treten die stark verdickten Radialwände, die Auflagerungen von schön geschichtetem Schleim tragen, säulenartig hervor. Auch die dünnen Außenwände sind meist mit einer Schleimschicht versehen. Die innere Testa ist braun und besteht aus 2 oder 3 Lagen weitlumiger, poröser und einigen Lagen vollständig zusammengefallener Zellen.

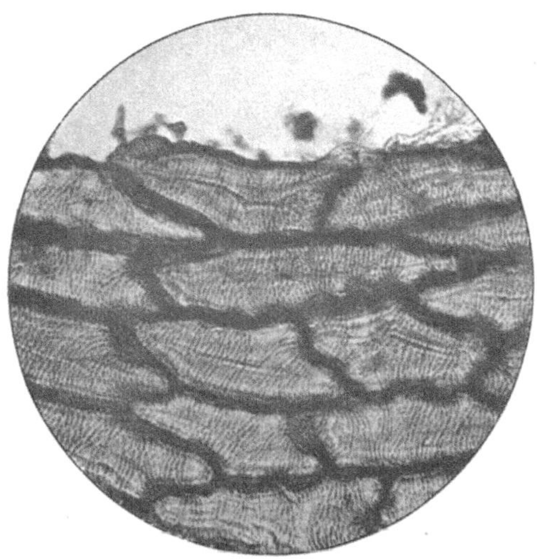

Abb. 393. Samenoberhaut der Moosbeere in der Flächenansicht 1 : 100. (Phot. C. GRIEBEL).

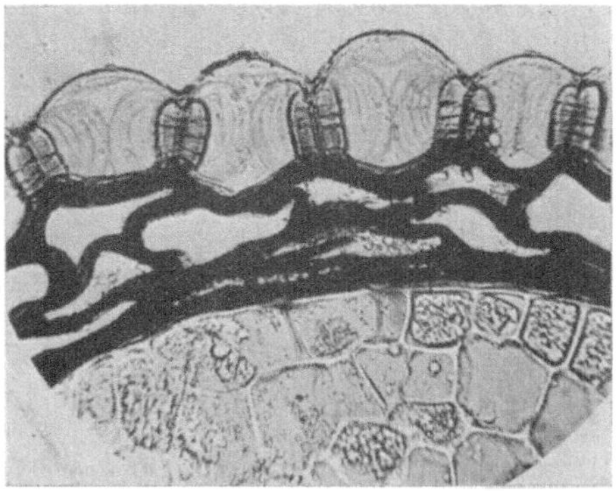

Abb. 394. Querschnitt durch den Rand des Moosbeersamens 1 : 200 (Phot. C. GRIEBEL).

Die

amerikanische oder großfrüchtige Moosbeere,

Cranberry, Kranbeere (*V. macrocarpum* AIT.), wächst in Nordamerika wild, wird aber in mehreren Staaten der Union auch in größerem Maßstabe kultiviert.

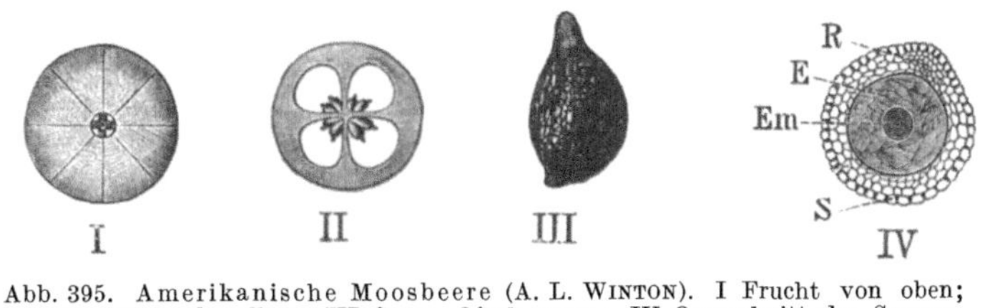

Abb. 395. Amerikanische Moosbeere (A. L. WINTON). I Frucht von oben; II Querschnitt derselben; III Same, 8fach vergr.; IV Querschnitt des Samens, *S* Samenschale, *R* Raphe, *E* Nährgewebe, *Em* Embryo.

Bei uns kommt sie gelegentlich in kleineren Mengen frisch auf den Markt; eingemachte Cranberries sind außerdem bei Preiselbeermangel als „Preiselbeeren" oder „schwedische Preiselbeeren" in den Handel gebracht worden.

Die Früchte (Abb. 395) werden bis 15 mm groß und sind unserer einheimischen Moosbeere im Bau sehr ähnlich (Abb. 396). Sie unterscheiden sich eigentlich nur durch die dickere Samenschale, die im inneren Teil nur wenig zusammengedrückte Zellen aufweist, weil das Nährgewebe weniger stark entwickelt ist.

Welche von den 3 vorstehenden Arten (Preiselbeere, Moosbeere, Cranberry) in einer Zubereitung vorhanden sind, läßt sich am leichtesten an Querschnitten, die man etwa durch die Mitte der Samen legt, feststellen.

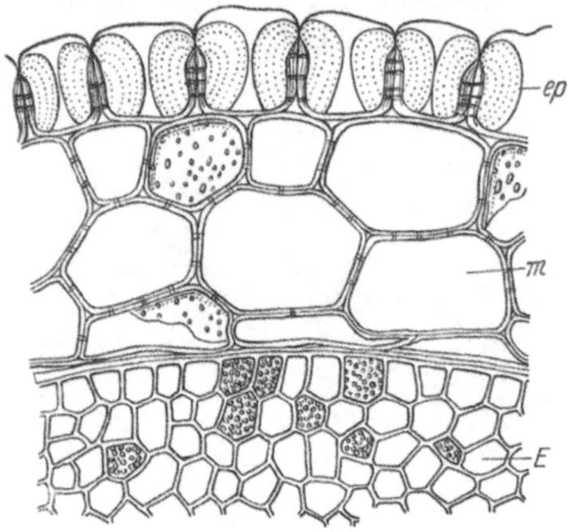

Abb. 396. Amerikanische Moosbeere. Samenrand im Querschnitt (nach A. L. WINTON). *ep* Oberhaut, *m* Mittelschicht, *E* Nährgewebe.

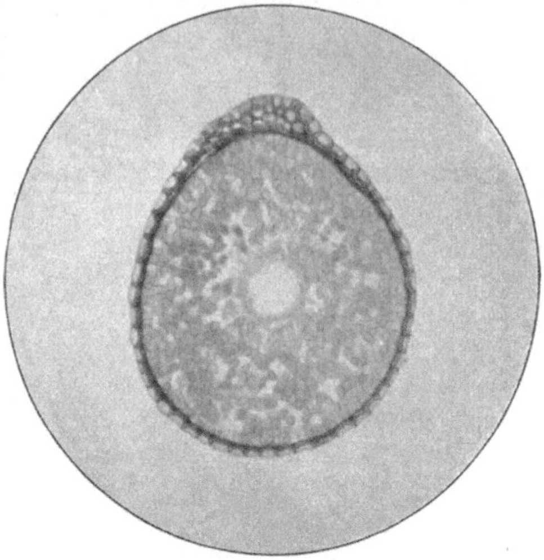

Abb. 397. Preiselbeersame im Querschnitt 1:45 (Phot. C. GRIEBEL).

Bei der Preiselbeere (Abb. 397) ist die Testa sehr dünn und enthält außer der Epidermis nur kollabierte Zellen. Bei der einheimischen Moosbeere (Abb. 398) beträgt die Dicke der Samenschale, die unter der Epidermis 2—3

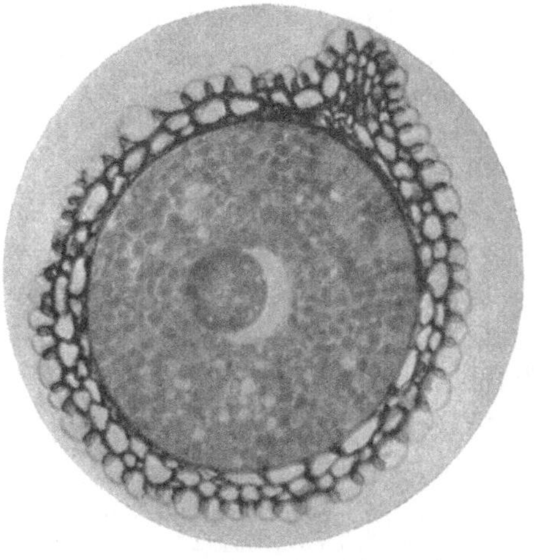

Abb. 398. Moosbeersame im Querschnitt 1:45 (Phot. C. GRIEBEL).

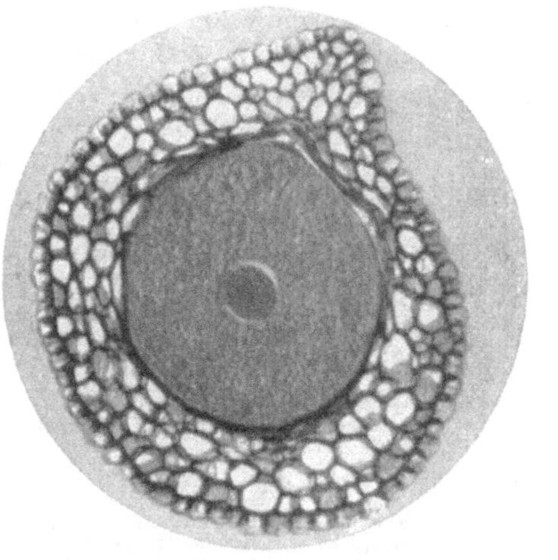

Abb. 399. Samenquerschnitt der amerikanischen Moosbeere 1:45 (Phot. C. GRIEBEL).

Reihen weitlumiger Zellen enthält, meist weniger als die Hälfte der radialen Dicke des Nährgewebes, während sie bei der amerikanischen Moosbeere (Abb. 399) fast die radiale Dicke des Nährgewebes erreicht (3—4 Lagen weitlumiger Zellen unter der Epidermis).

Als Verfälschung von Preiselbeeren sind gelegentlich noch die Früchte der Bärentraube und des Schneeballs beobachtet worden.

Die

Bärentraube

(*Arctostaphylos uva ursi* SPRENG.) gehört ebenfalls zu den Ericaceen. Ihre Frucht ist eine 7—9 mm große Steinbeere, die normal 5 abgeflacht dreikantige, 4,5 mm lange, bis gegen 3 mm breite Steinkerne (Abb. 400, *a*) enthält. Der Same (Abb. 400, *b*) trägt im oberen Teil ein durch seine dunklere Färbung auffallendes haubenartiges Arillargebilde. Sehr charakteristisch sind die Oberhautzellen der Samenschale (Abb. 401, *b* und c_1—c_4). Sie sind abgeplattet, gewöhnlich in der Längsrichtungdes Samens stark gestreckt und an den Seitenwänden, z. T. auch an der Innenwand, durch eine eigenartige Verdickung ausgezeichnet. Die Epidermiszellen des Arillargebildes (Abb. 401, *a*) sind verhältnismäßig klein, im Umriß polygonal, an der Innenwand und den Seitenwänden sklerosiert und reich getüpfelt. An den Steinkernen und Samen sind daher die Bärentraubenfrüchte in Zubereitungen leicht kenntlich.

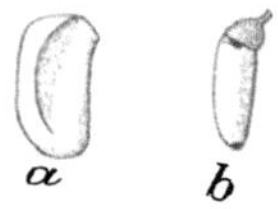

Abb. 400. Steinkern (*a*) und Same (*b*) der Bärentraube, letzterer mit dem haubenartigen Arillargebilde (H. SOLEREDER).

Der

Schneeball

(*Viburnum opulus* L. — *Caprifoliaceae*) hat einsamige Steinfrüchte, die im nicht völlig reifen Zustand dunkelrot, später fast schwarz sind. Sie sind etwa eiförmig, durchschnittlich 7,5 mm groß und enthalten je einen großen, weißgelben, flachen, in der Mitte etwas gekielten, schwach herzförmigen Stein. Größere Mengen von Schneeballfrüchten machen sich im Preiselbeerkompott schon durch den bitteren Geschmack unangenehm bemerkbar.

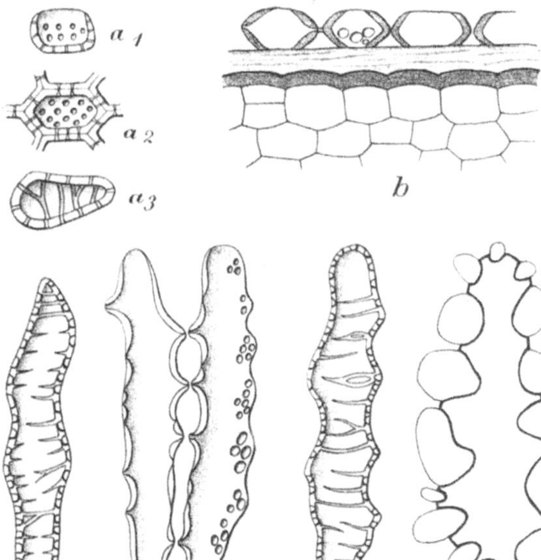

Abb. 401. Bärentraube (H. SOLEREDER). *a* Epidermiszellen des Arillus im Querschnitt (a_1) und in der Fläche (a_2 und a_3), *b* Querschnitt durch Samenschale und Nährgewebe, c_1—c_4 Samenepidermiszellen von reifen und unreifen Samen.

27. Heidelbeere.

Die Heidel- oder Blaubeere (*Vaccinium Myrtillus* L. — *Ericaceae*) ist über ganz Europa verbreitet. Ihre Früchte werden roh und zubereitet genossen, außerdem dienen sie zur Herstellung von Wein und wegen ihres Gerbstoffgehaltes als Heilmittel.

Im Bau stimmen sie mit den nahe verwandten Preiselbeeren fast überein. Sie unterscheiden sich in folgendem:

Die Oberhautzellen enthalten einen blauen Farbstoff. Im Fruchtfleisch finden sich vereinzelt schwach verdickte Steinzellen (Abb. 402), auch das Endo-

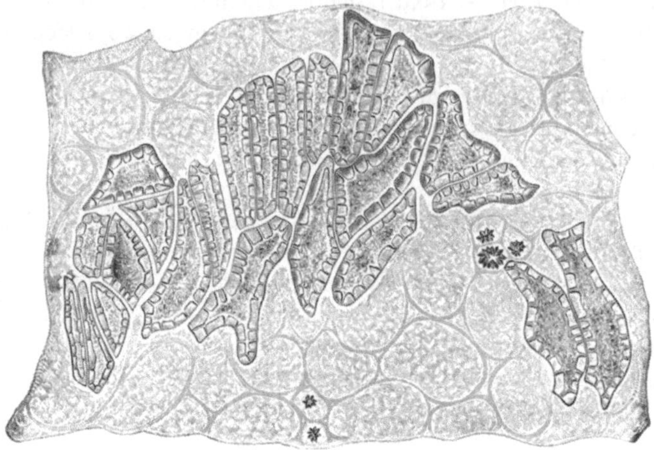

Abb. 402. Fruchtfleisch der Heidelbeere (R. MÜLLER).

karp ist gruppenweise sklerosiert (Abb. 403). Form, Größe (Länge bis 140 μ, Breite bis 45 μ) und Verdickung dieser Zellen sind sehr mannigfach. Die Oberhautzellen der Testa (Abb. 404) sind bis 240 μ lang, 40—80 μ breit und 40—60 μ hoch.

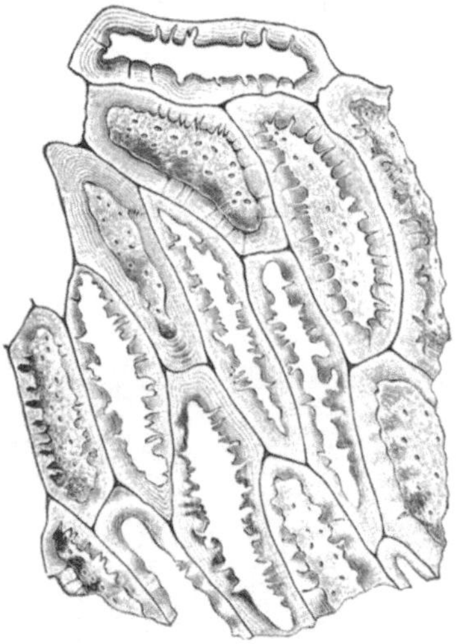

Abb. 403. Endokarp der Heidelbeere (R. MÜLLER).

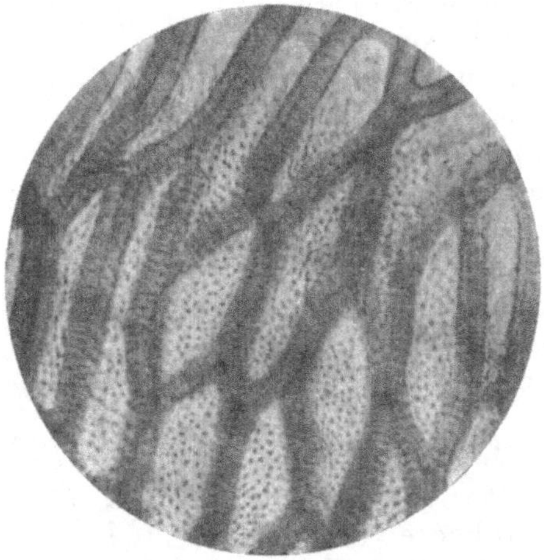

Abb. 404. Epidermis der Samenschale der Heidelbeere 1:200 (W. REIDEMEISTER).

Als Verfälschung getrockneter Heidelbeeren sind von mir in letzter Zeit getrocknete und durch dunkle Stoffe (Heidelbeerstaub u. dgl.) appretierte Vogelbeeren beobachtet worden. Man erkennt sie leicht an den Oberhautzellen der Samenschale (Abb. 353).

Die

Sumpfheidelbeere oder Rauschbeere,

auch Trunkelbeere genannt (*V. uliginosum* L.) hat der gewöhnlichen Heidelbeere sehr ähnliche Früchte. Sie stehen im Verdacht, in größeren Mengen genossen, zuweilen gesundheitsschädlich zu wirken. Andererseits werden sie aber angeblich in den nördlichen Ländern von der Bevölkerung ohne Schädigung der Gesundheit dauernd genossen.

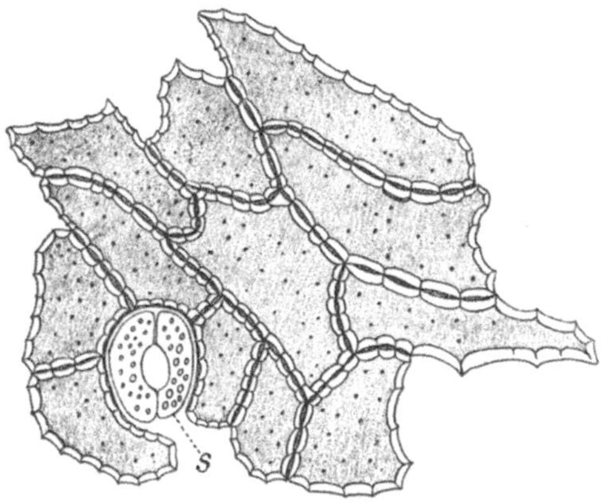

Abb. 405. Endokarp der Sumpfheidelbeere (C. GRIEBEL). *s* Spaltöffnung. 1:200.

Für den mikroskopischen Nachweis der Rauschbeere in Zubereitungen kommen das Endokarp (Abb. 405) und die Samen in Betracht. Die Endokarpzellen (Länge meist 40—60 μ, z. T. bis 350 μ, Breite 20—60 μ) sind durchweg größer als bei der Heidelbeere, die Seitenwände mehr gebogen, ihre Verdickung und Tüpfelung dagegen weniger derb. Die Samen sind teilweise etwas größer (Länge bis 2 mm) als die von V. myrtillus (1,5 mm). Die Epidermiszellen der Testa (Länge bis 450 μ, Breite 45—120 μ, Höhe 25—51 μ) sind durchgängig größer, aber niedriger als bei der Heidelbeere.

28. Hucklebeere.

In den amerikanischen Nordstaaten kommen die Früchte von *Gaylussacia resinosa* TORR. et GRAY (*Ericaceae*) in Menge auf den Markt. In Form, Größe und Farbe sind sie den Heidelbeeren ähnlich, aber im Bau sind sie erheblich verschieden. Sie sind eigentlich keine Beeren, sondern zehnfächerige Steinfrüchte (Abbildung 406), da das Endokarp zu einem Stein umgewandelt ist.

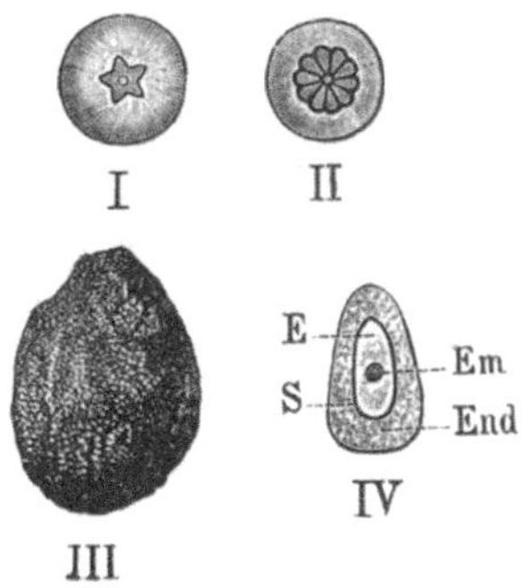

Abb. 406. Hucklebeere (A. L. WINTON). I Frucht von oben in nat. Gr.; II Querschnitt derselb.; III Steinkern bei 8facher Vergr.; IV Querschnitt des Steines, *End* Steinschale, *S* Samenschale, *E* Nährgewebe, *Em* Embryo.

Die Oberhautzellen sind polygonal, dünnwandiger als die der Heidelbeeren.

Das Mesokarp ist wie bei der Heidelbeere von sklerosierten Zellen durchsetzt, die nach innen zu reichlicher auftreten und schließlich eine mächtige Steinschale bilden. Die Steinzellen sind zumeist sehr groß, mäßig verdickt, reich getüpfelt, in den inneren Lagen zu Fasern umgestaltet (Abbildung 407).

Die Samenschale besteht aus einer einfachen Schicht großer, wellig-buchtiger Zellen, deren Wand von breiten Tüpfeln genetzt erscheint (Abbildung 408).

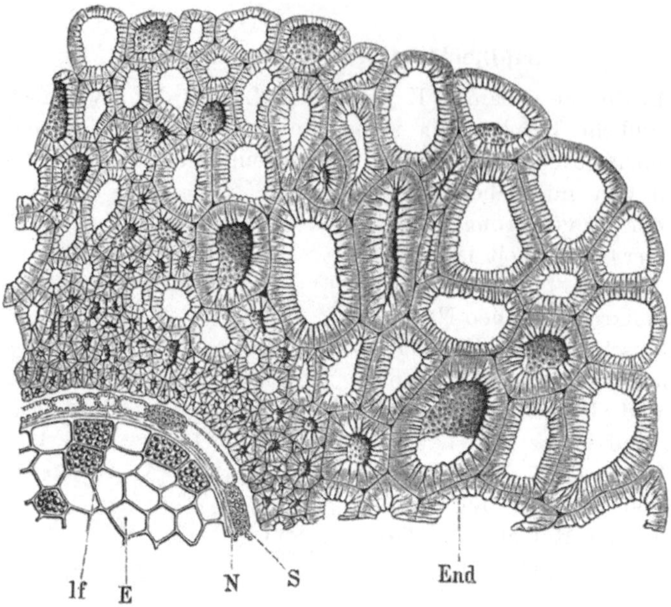

Abb. 407. Steinkern und Same der Hucklebeere im Querschnitt (A. L. WINTON). *End* Steinkern mit den Fasern *lf*, *S* Samenschale, *N* Perisperm, *E* Endosperm.

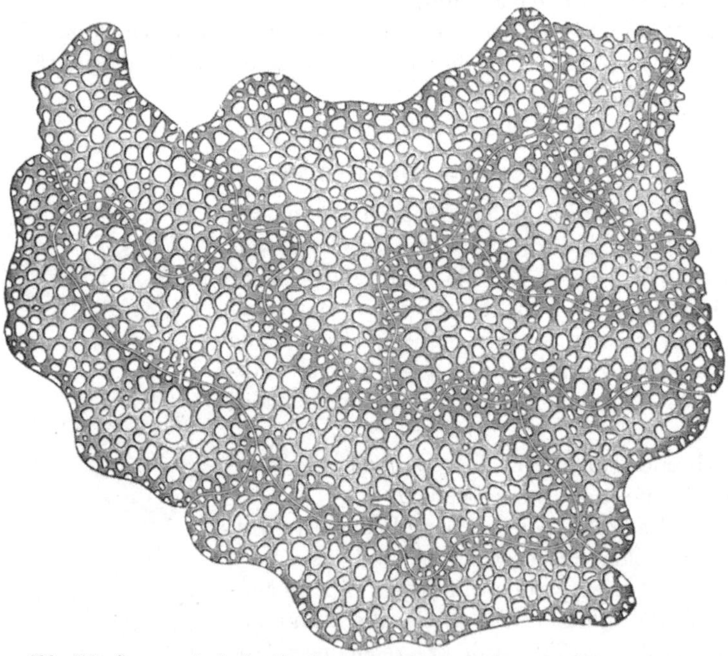

Abb. 408. Samenschale der Hucklebeere (Abb. 407, *S*) in der Flächenansicht (A. L. WINTON).

29. Krähenbeere.

Die Krähenbeere, auch schwarze Rauschbeere genannt (*Empetrum nigrum* L. — *Empetraceae*), hat äußerlich ebenfalls Ähnlichkeit mit der Heidelbeere. Sie ist namentlich während des Krieges zum Einmachen verwendet worden. Auch sie ist eine Steinfrucht (6—9steinig).

Das Mesokarp besteht ausschließlich aus dünnwandigem Parenchym. Das Endokarp bildet bis 2 mm lange und bis 1,2 mm breite, an den Berührungsflächen abgeplattete und daher nach innen keilförmig zulaufende Steinkerne (Abb. 409, *A*). Die äußeren Schichten des Steinendokarps werden aus rundlichen, mäßig stark verdickten Steinzellen gebildet. Die Zellen der innersten Lagen sind durch mehr oder weniger wellig gebogene Wände ausgezeichnet (Abb. 409, *B*).

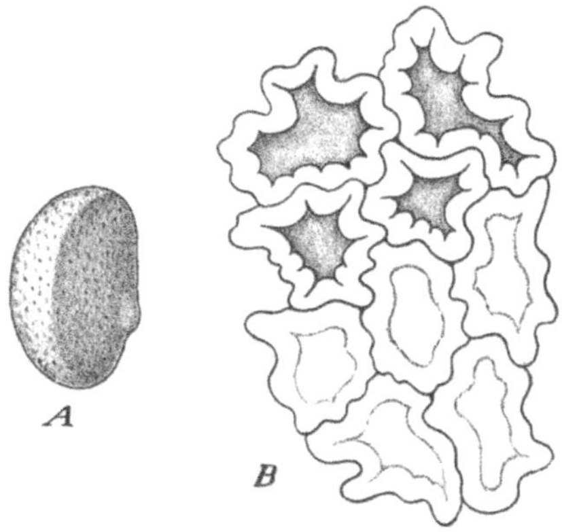

Abb. 409. Krähenbeere (C. GRIEBEL). *A* Steinkern, Vergr. 1:10; *B* Innerste Schicht des Steinendokarps. Bei den oberen Zellen ist die Struktur ausgeführt, wie sie nach Zusatz von Glyzerin sichtbar wird, Vergr. 1:190.

30. Holunderbeere.

Die Früchte der schwarzen Holunderbeere (*Sambucus nigra* L. — *Caprifoliaceae*) dienen zur Herstellung von Mus, auch zur Bereitung von Suppen u. dgl. Sie sind glänzendschwarz, kugelig, 5—6 mm groß, gewöhnlich 3steinig (Steinbeeren). Charakteristisch ist das Epikarp und das in eine Steinschale umgewandelte Endokarp.

Die Oberhaut der Frucht besteht aus ziemlich großen, tafelförmigen, etwas gestreckten Zellen, die eine derbe Querstreifung aufweisen (Abb. 410, *A*), hervorgerufen durch fast parallel verlaufende Falten in der Kutikula. Die

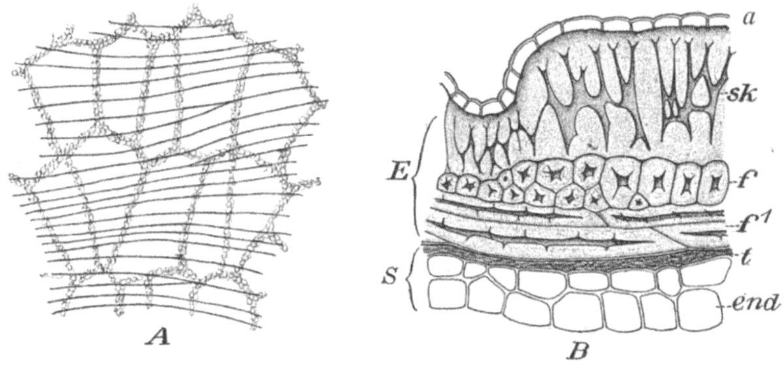

Abb. 410. Holunderbeere (C. GRIEBEL). *A* Oberhaut (mit Kutikularfalten) in der Flächenansicht 1:90; *B* Steinkern im Querschnitt 1:200, *E* Endokarp, *S* Same, *a* Außenschicht, *sk* Sklereiden mit verzweigtem Lumen, *f* und f^1 Rechtwinklig gekreuzte Fasern, *t* Samenschale, *end* Endosperm.

Seitenwände der Epidermis sind reichlich getüpfelt und bieten bei stärkerer Vergrößerung ein charakteristisches Aussehen. Vereinzelt finden sich Spaltöffnungen.

Endokarp. Die 3—4,5 mm langen und 1,5—2 mm breiten, abgeflachten, gewöhnlich an einer Seite zugespitzten braunen Steine sind durch eine runzelig-höckerige Oberfläche ausgezeichnet. Auf dem Querschnitt (Abb. 410, *B*) erkennt man auf der Außenseite (*a*) eine Reihe kleiner, farbloser, zartwandiger, leerer Zellen. Darunter liegt eine palisadenartige Schicht stark verdickter, untereinander verzahnter Sklereiden (*sk*) mit verzweigtem spaltenförmigem Lumen, deren Abgrenzung nicht ohne weiteres sichtbar ist. Ihre Form läßt sich erst nach der Mazeration studieren. Dadurch, daß Gruppen von höheren und niedrigeren Sklereiden abwechseln, entsteht die höckerige Oberfläche der Steine. Auf die palisadenähnlichen Sklereiden folgen weitere 1—2 Lagen sehr stark verdickter Fasern, die in der Längsrichtung der Steinschale gestreckt sind und daher auf dem Querschnitt rundlich erscheinen. Nach innen schließt das Endokarp mit zwei Reihen rechtwinklig dazu verlaufender Fasern ab.

Die Samenschale ist wenig charakteristisch und besteht aus mehreren Lagen brauner, vollständig zusammengefallener Zellen.

31. Weintraube.

Der Weinstock (*Vitis vinifera* L. — *Vitaceae*) wird seit undenklichen Zeiten in Europa in vielen Sorten gezogen und ist jetzt durch die Kultur weit verbreitet. Die Früchte dienen hauptsächlich zur Weinbereitung; außerdem werden sie frisch und zubereitet genossen oder durch Trocknen konserviert (Rosinen, Korinthen, Zibeben). Die als Korinthen bezeichneten kleinen Rosinen sind kernlos und stammen von der auf den griechischen Inseln wachsenden Vitis vinifera var. apyrena.

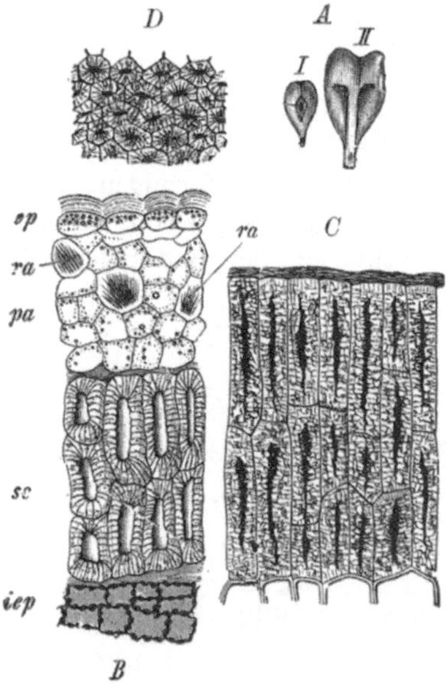

Abb. 411. Weintraube (T. F. Hanausek). *A* Weintraubenkerne, *I* Vorderansicht in nat. Gr., *II* Rückenansicht, 2fach vergr.; *B* Querschnitt der Kernschale, *ep* Oberhaut, *pa* Parenchym mit Raphiden *ra*, *sc* Steinzellenschicht, *iep* innere Oberhaut (umgelegt); C Steinzellenschicht der Malagatraube; D Dieselbe in der Aufsicht.

Die Frucht ist eine sehr saftige, zweifächerige Beere mit glatter, oft bereifter Schale und unkenntlichem Endokarp. In der Regel enthält jedes Fruchtfach zwei, oft auch nur einen, selten keinen Samen. Die harten, mit hornigem Endosperm versehenen Samen (Abb. 411, *A*) sind birnförmig, 5—8 mm lang und zeigen auf der Bauchseite 2 tiefe Rinnen. Zwischen diesen verläuft die Raphe, die sich von dem am spitzen Ende befindlichen Nabel über den verbreiterten Scheitel hinweg bis zur Chalaza, einem ovalen, narbenähnlichen, am Rande meist strahligen Eindruck auf der Rückseite hinzieht. Der kleine Embryo liegt am schmalen Ende.

A. Perikarp. Die Oberhaut (Abb. 412, *A*) setzt sich aus polygonalen, derbwandigen Zellen (15—50 μ) zusammen. Das Mesokarp ist groß und zartzellig. Es enthält nadelförmige Kristalle und von Kristallkammerzellen begleitete Leitbündel.

B. Same. An Querschnitten der Samenschale (Abb. 411, *B*) erkennt man 5 Schichten. Die Epidermis (*ep*) besteht aus eiweißreichen Zellen mit derben Wänden und verdickter quellender Außenseite. Das darunterliegende Parenchym (*pa*) enthält in zahlreichen Zellen Oxalatraphiden (*ra*). Hierauf folgt der auffälligste Teil der Schale, nämlich eine 2—3reihige, braune Steinzellplatte von etwa 100—300 μ Dicke und palisadenartigem Aussehen im Querschnitt (*sc*). Die Wand der meist sehr stark verdickten Sklereiden ist dicht von feinen Poren

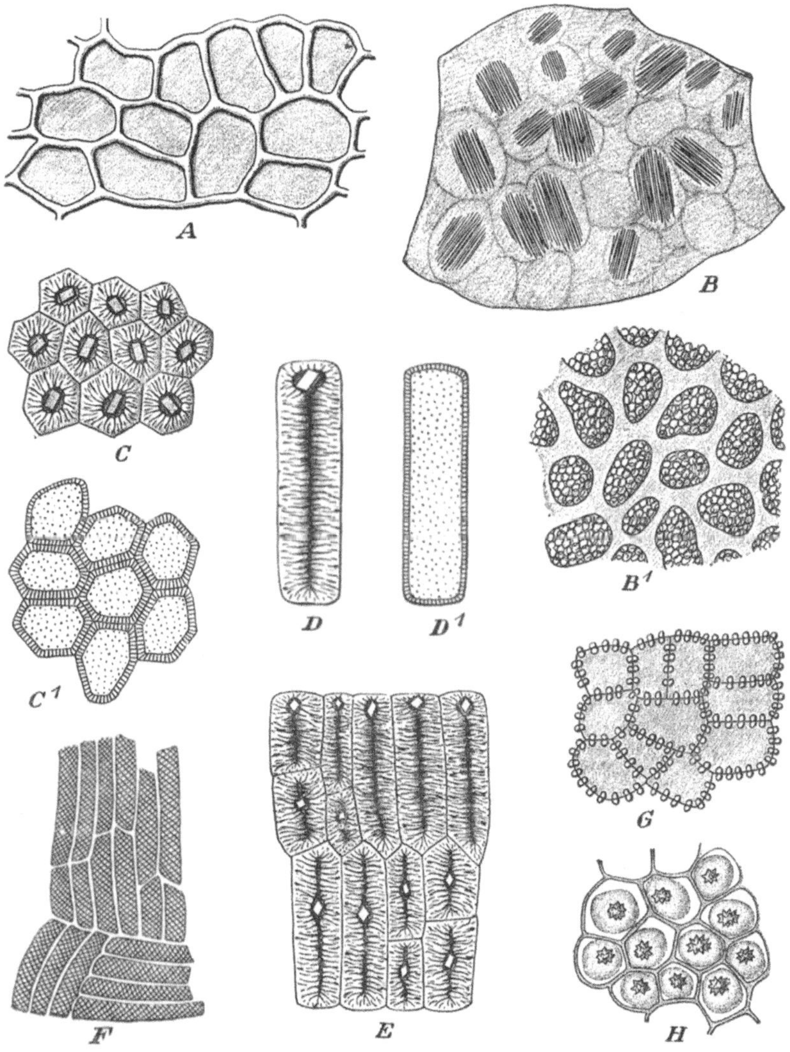

Abb. 412. Kaffee-Ersatz aus Weintrestern (C. GRIEBEL).
A Epikarp der Weinbeere; *B* Parenchym der Samenschale mit Oxalatraphiden; B^1 Oberhaut der Samenschale mit gequollenen Wänden; *C* Sklerenchymplatte in der Flächenansicht (die abgebildeten Zellen enthalten je einen Oxalatkristall); C^1 Analoge, wenig verdickte Zellen aus einem verkümmerten Samen; *D* Isolierte Zelle der Sklerenchymplatte; D^1 entspricht C^1; *E* Sklerenchymplatte im Querschnitt; *F* Gitterzellen; *G* Innere Oberhaut der Samenschale; *H* Endospermgewebe mit Oxalatdrusen in den Aleuronkörnern. Vergr. bei *B* 1:85; bei *A*, B^1, *E* 1:190; bei *C*, C^1, *D*, D^1, *F*, *H* 1:280; bei *G* 1:500.

durchsetzt. Die Steinzellen enthalten meist einen Oxalatkristall, der bei der oberen Zellreihe an der Außenseite liegt und das Lumen der in der Flächenansicht sechsseitigen Zellen fast auszufüllen scheint (Abb. 412, *C* und *E*). Die Innenseite der Platte ist von einer Lage schmaler, obliterierter, in der Flächenansicht gitterförmig verdickter Zellen bedeckt (Abb. 412, *F*), auf die als innerer Abschluß der Schale eine Schicht brauner Zellen folgt mit zum Teil gebogenen, in der Flächenansicht schön geperlten Wänden (Abb. 411, *B* und 412, *G*).

Eine hyaline Schicht aus obliterierten Zellen (Perisperm) bedeckt das mäßig dickwandige Endosperm, dessen Aleuronkörner z. T. bis 25 μ groß sind und entweder eine Oxalatrosette (5—10 μ) oder ein großes Globoid enthalten.

Während die Weinbeere und infolgedessen auch der daraus gepreßte Saft frei von Stärke ist, enthalten die Beerenstielchen und die Trauben-Hauptstiele (Kämme) oft erhebliche Mengen kleinkörniger Stärke von vorwiegend runder bis ovaler Gestalt, ähnlich der Apfelstärke. Zum Teil sind die Körner auch 2—4gliedrig zusammengesetzt (Meissner, Kroemer). Geringe Mengen derartiger Stärkekörner können infolgedessen leicht in die Maische und sodann in den Weintrub gelangen. Man kann daher allein aus dem Vorkommen kleinkörniger Stärke im Weinsediment nicht auf einen Zusatz von Obstwein (Apfel, Birne) schließen, weil eine sichere Unterscheidung der Stärke aus den Traubenstielen von der Apfel- oder Birnenstärke nicht möglich ist. Nur beim Auffinden charakteristischer Zellelemente von Apfel oder Birne im Weinsediment erscheint der Nachweis von Obstweinzusatz erbracht.

In Zubereitungen erkennt man die Weinbeeren, falls die Kerne fehlen, an den Raphiden des Mesokarps. Die bei der Weinbereitung abfallenden Trester finden als Tierfutter Verwendung. Während des Krieges haben sie auch zur Herstellung von Kaffee-Ersatz gedient. Gemahlene Traubenkerne sind als Kaffeeverfälschung beobachtet worden.

Weintrester.

In Kaffee-Ersatzmitteln, die Weintrester (Abb. 412) enthalten, finden sich nach der Bleichung folgende charakteristische Zellelemente.

1. Trümmer der Steinzellplatte (*C*, *D*, *E*), deren Sklereiden gewöhnlich je einen Kristall beherbergen; die Teilchen lassen sich ziemlich schwer bleichen.
2. Gitterzellen (*F*), die fast nur im Zusammenhang mit den Trümmern der Platte in der Flächenansicht zur Beobachtung gelangen.
3. Die innere Oberhaut der Samenschale (*G*), die sich bei der Bleichung fast stets ablöst und meist in größeren Zellverbänden auftritt.
4. Das dünnwandige Parenchym der Samenschale mit Oxalatraphiden (*B*).
5. Endospermgewebe mit je einer Oxalatdruse in fast jeder Zeile (*H*). Die Aleuronkörner sind nur noch undeutlich erkennbar.
6. Epikarpteilchen (*A*), neben den Trümmern der Steinplatte und den Teilchen der inneren Oberhaut die am häufigsten vorkommenden Zellverbände.

32. Berberitze.

Die bekannten roten, walzenförmigen Früchte der gewöhnlichen Berberitze (*Berberis vulgaris* L. — *Berberidaceae*) finden wegen ihres Säurereichtums im Haushalt bei der Herstellung von Obstkonserven gelegentlich Verwendung. Brauchbar sind auch die dunkelblauen Mahonienbeeren (*B. aquifolium* L.).

Die durchschnittlich 8 mm langen und 4 mm breiten Berberitzenfrüchte enthalten gewöhnlich 1—2 glatte, braune Samen von 5—6 mm Länge und etwa 2 mm Breite.

Die Epidermis der Frucht besteht aus 30—50 μ großen, in der Flächenansicht polygonalen Zellen, die fast kollenchymatisch ausgebildet sind (Abbildung 413, *A*). Das wenig charakteristische Mesokarp ist sehr reich an Oxalatdrusen.

Die polygonalen Endokarpzellen sind nach innen, also auf der dem Samen zugekehrten Seite, linsenartig vorgewölbt. Ihre derbe Wand ist aber nicht uhrglasartig glatt, sondern sie läßt bei stärkerer Vergrößerung in der Seitenansicht

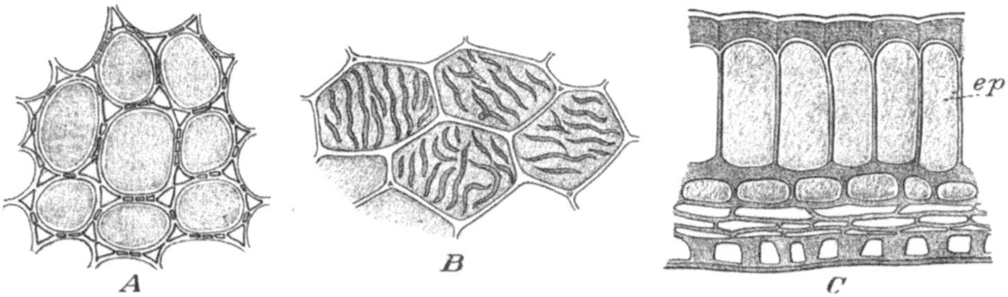

Abb. 413. Berberitze (C. GRIEBEL). *A* Oberhaut der Frucht (Flächenansicht); *B* Endokarpzellen aus der Nachbarschaft des Gefäßbündelstranges; *C* Samenschale im Querschnitt, *ep* Palisadenepidermis. 1:200.

gewöhnlich wellenförmige Erhöhungen und Vertiefungen erkennen. Dies ist in verstärktem Maße in der Nähe des Gefäßbündelstranges der Fall, wo die Zellen in der Flächenansicht wellenförmig verlaufende Falten zeigen, die wie Verdickungsleisten erscheinen (Abb. 413, *B*).

Die Samen sind am Bau der Testa leicht zu erkennen. Auf dem Querschnitt fallen sofort die palisadenförmigen Oberhautzellen der Samenschale auf, die kutikularisiert und auf der Außenseite verdickt sind (Abb. 413, *C*, *ep*).

33. Apfelsine.

Der Orangenbaum (*Citrus Aurantium* L. subspec. *sinensis* GALL. — *Rutaceae*) stammt aus dem fernen Osten und wird vorwiegend im südlichen Europa kultiviert.

Man unterscheidet die süße Orange oder Apfelsine (*var. sinensis* ENGL.) und die bittere Orange oder Pomeranze (*var. amara* L.), die ungenießbar ist und medizinisch verwendet wird.

Die Frucht ist ursprünglich eine zehnfächerige Beere mit zwei Samen in jedem Fach. In der Kultur werden die Orangen 6—12fächerig, die Zahl der Samen schwankt, und es gibt auch kernlose Spielarten. Die außen orangerote, warzig-runzelige fettglänzende, innen weiße, schwammig-zähe Schale enthält mit freiem Auge sichtbare, mit ätherischem Öl gefüllte, schizolysigene Sekretbehälter. Jedes der Fruchtfächer ist von einer dünnen, durchscheinenden Haut (dem Endokarp) ausgekleidet und von saftreichem, gelbem oder blutrotem (Blutapfelsinen) Fruchtfleisch erfüllt.

A. Perikarp. Die Oberhautzellen (10—25 μ) sind in der Fläche scharfpolygonal. Sie enthalten Farbstoffkörper. Fast kreisrunde Spaltöffnungen sind zahlreich.

Das unter der Epidermis liegende Fruchtwandparenchym ist kollenchymatisch. In ihm liegen die Ölbehälter. Es enthält monokline Oxalatkristalle und reichlich Hesperidin, das sich in Alkoholpräparaten in Sphärokristallen ausscheidet, die sich in Alkalien mit gelber Farbe lösen. Der innere weiße, schwammige Teil des Mesokarps besteht aus Sternparenchym.

Das Endokarp ist eine die Fruchtfächer umhüllende zähe, durchscheinende Haut aus mehreren Schichten gestreckter, zum Teil sklerosierter und von schiefen Poren durchsetzter Zellen. Bei saftarmen Früchten findet man auf dem Endokarp oft kristallinische Hesperidinausscheidungen in oft blattartigen Gebilden (Abb. 414), die dem unbewaffneten Auge als weiße Stippchen erscheinen. Das die keilförmigen Fruchtfächer erfüllende, saftreiche Gewebe besteht aus vielzelligen, keulen- oder schlauchförmigen Gebilden, die allmählich aus der Fruchtwand herausgewachsen sind. Sie enthalten im Zellsaft kleine gelbe Farbstoffkörper, auch Oxalatkristalle.

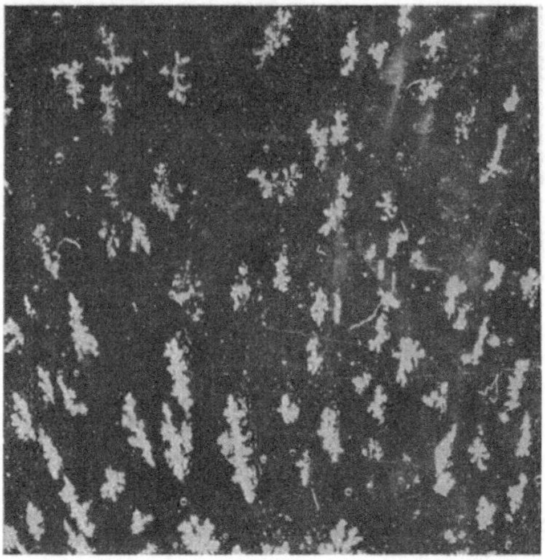

Abb. 414. Hesperidin-Ausscheidungen im Endokarp der Apfelsine 1:8. (Phot. C. GRIEBEL).

B. Same. Die Oberhaut der Samenschale besteht aus dickwandigen Zellen, deren Außenwand verschleimt und oft zu einer über 150 μ dicken Schicht aufquillt. In der Flächenansicht erscheinen sie als Fasern von 350 bis 400 μ Länge und 12—20 μ Breite, an Querschnitten als Palisaden von 100—225 μ Höhe mit schnabelförmig in die Schleimschicht ragenden Enden.

Die Samenschale birgt mehrere (bis 8) Embryonen, von denen aber nur wenige ausgebildet sind.

Marmeladen und ähnliche Zubereitungen aus Orangen enthalten gewöhnlich kleine Stückchen der Fruchtschale, an denen zuweilen noch die Epidermis und die Sekretbehälter, meist aber nur die sternförmig verzweigten Zellen des schwammigen Gewebes erkennbar sind.

Außer der Apfelsine dienen noch eine Reihe anderer Früchte aus der Gattung *Citrus* zu Genußzwecken. Eine Unterscheidung mit Hilfe des Mikroskopes ist jedoch kaum möglich, da sie im Bau mit der Apfelsine weitgehend übereinstimmen.

Die bittere Orange oder Pomeranze (*C. aurantium* subspec. *amara* L.) hat stark bitteres Fruchtfleisch. Man verwendet sie zur Bereitung von Marmeladen. Die Schale, mit Zucker gekocht, liefert das Orangeat.

Die Früchte von *C. aurantium* L. subspec. *sinensis* GALL. *var. decumana* (L.) BONAVIA mit hellgelber Schale kommen bei uns unter der Bezeichnung Adamsapfel, Pompelmuse oder Grape fruit auf den Markt.

C. nobilis LOUREIRO liefert die Mandarine, die durch leicht ablösbare Schale und süßes aromatisches Fruchtfleisch ausgezeichnet ist.

Wichtig ist die Zitrone oder Limone (*C. medica* L. subsp. *Limonum* [RISSO] HOOK. f.) mit grubig punktierter Schale und stark saurem Fruchtfleisch. Aus der dicken Schale der Zitronatzitrone (*C. medica* subsp. *genuina* ENGLER) wird durch Einkochen mit Zucker das Zitronat bereitet.

34. Kaktusfeige.

Als Kaktusfeige oder Indische Feige wird die Beerenfrucht der in Amerika heimischen, im Mittelmeergebiet kultivierten *Opuntia ficus indica* MILL. bezeichnet, die bei uns nur in kleinen Mengen in den Handel kommt. Sie ist gelb oder rot, länglich, außen höckerig und enthält im Fruchtfleisch zahlreiche kleine, flache, etwa nierenförmige Samen von horniger Beschaffenheit.

Die Schale der Frucht ist etwa 3 mm dick und zeigt eine aus dünnwandigen, sehr flachen Zellen bestehende Epidermis mit sehr großen Spaltöffnungen (bis 100 μ). Das Hypoderm wird aus 2—3 Reihen sehr dickwandiger, kollenchymatischer Zellen gebildet, von denen die unmittelbar unter der Oberhaut liegenden je eine große, das Lumen ausfüllende rosettenförmige Oxalatdruse (50 μ) enthalten. Das übrige Gewebe der Schale besteht aus großen dünnwandigen Zellen und ist ziemlich reich an auffallend großen (90—150 μ) morgensternförmigen, langstrahligen Drusen. Das orangefarbene Fruchtmark enthält nur vereinzelte Drusen.

35. Kaki.

Kaki oder Kakifeigen heißen die in geringen Mengen zu uns kommenden Früchte von *Diospyros Kaki* L. f. (*Ebenaceae*), einer in Ostasien heimischen Art, die auch im Mittelmeergebiet kultiviert wird. In Gestalt und Farbe (gelb oder rot) sind sie den glatten Tomaten sehr ähnlich, von denen sie sich aber schon äußerlich durch den großen vierteiligen Kelch unterscheiden. Die Frucht ist mehrfächerig und enthält in einem weichen Samengehäuse große breite Samen.

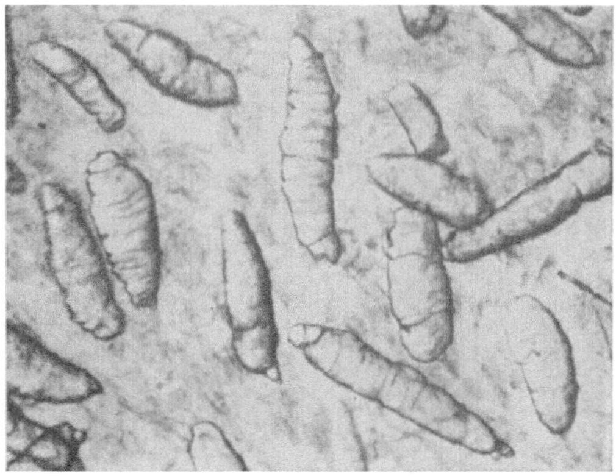

Abb. 415. Mesokarp der nachgereiften Kakifrucht mit Inklusen (Quetschpräparat) 1:35 (Phot. C. GRIEBEL).

Die Fruchtepidermis besteht aus polygonalen, ziemlich dickwandigen Zellen. Im Mesokarp der baumreifen Früchte beobachtet man, abgesehen von den Leitbündeln und den in der Nähe der Schale vorkommenden reich getüpfelten Steinzellen, zwei ganz verschiedene Zellformen. Nämlich einerseits sehr große, schon durch stärkere Lichtbrechung auffallende, farblose Gerbstoffidioblasten, die gewöhnlich zu größeren Verbänden vereinigt sind, und andererseits die das Grundgewebe bildenden, Chromoplasten enthaltenden Zellen, die wesentlich kleiner sind. Dasselbe gilt für D. virginiana (Persimone) und D. lotus (Dattelpflaume), deren Früchte ebenfalls genossen werden. Bei der Nachreife — erst in diesem Zustand sind die Früchte genießbar — geht der Inhalt jeder Gerbstoffzelle zunächst in ein zähes Gel und schließlich in einen festen Einschlußkörper[1] (Inkluse) über (Abb. 415), der sich mit Eisenchlorid blau, mit starker Lauge blau, mit Vanillinsalzsäure rot färbt. Die Zellen enthalten neben Gerbstoff auch einen Quellkörper, der vor der völligen Erstarrung des Zellinhaltes bei Einwirkung von Wasser stark anschwillt. Hierbei wird die Membran an einer oder mehreren Stellen gesprengt und der Zellinhalt tritt blasenartig hervor (Abb. 416).

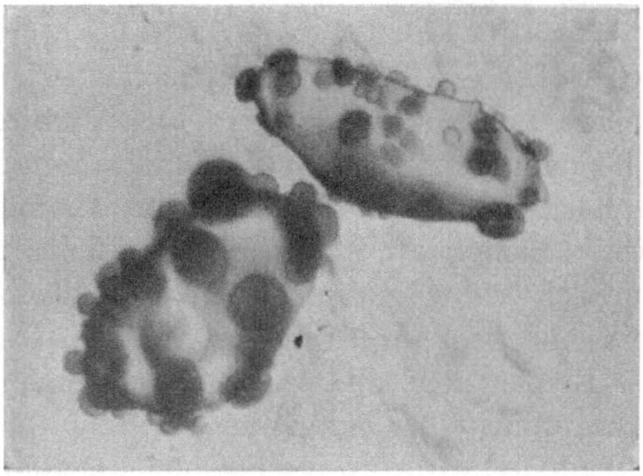

Abb. 416. Dattelpflaume (Diospyros lotus). Gerbstoffzellen kurz vor Erstarrung des Zellinhaltes nach Einwirkung von Wasser und etwas Eisenchlorid 1:110 (Phot. C. GRIEBEL).

36. Banane.

Die Banane oder Paradiesfeige ist die Frucht des Pisang (*Musa sapientum* L. — *Musaceae*), der in der warmen Zone in zahlreichen Rassen und Formen kultiviert wird und für diese Gegenden eine sehr wertvolle Nutzpflanze darstellt. Zu uns kommen die großen Fruchtstände im unreifen Zustand. Durch geeignete Behandlung wird die Nachreifung herbeigeführt, die unter Gelbfärbung der Frucht erfolgt. Hierbei entstehen die Aromastoffe (darunter Amylacetat), und die ursprünglich vorhandene Stärke wird in Zucker verwandelt. Neuerdings kommen ausgereifte Bananen auch im geschälten und getrockneten Zustand (Bananenfeigen) in den Handel. Bananenmehl wird aus dem vor der vollständigen Fruchtreife getrockneten Mark hergestellt.

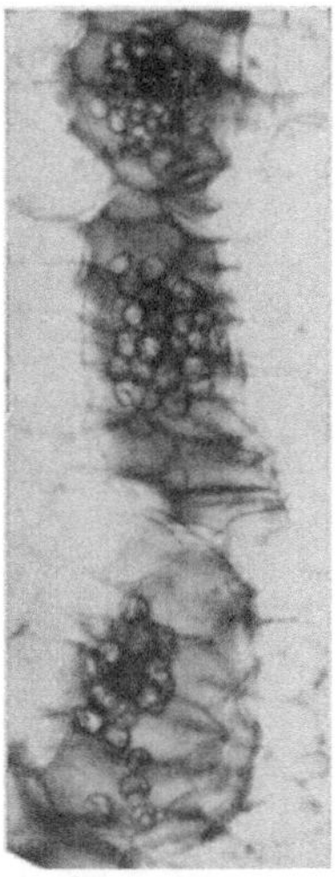

Abb. 417. Milchsaftschlauch d. Bananenschale mit Kautschukkugeln im geronnenen Inhalt 1:60 (Phot. C. GRIEBEL).

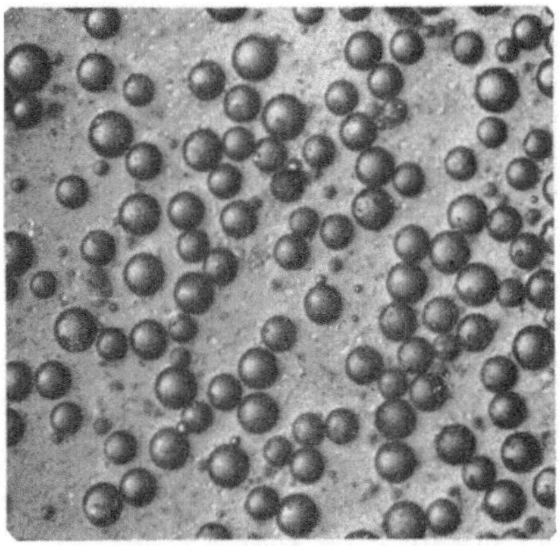

Abb. 418. Milchsaft aus der Fruchtschale einer noch nicht ganz ausgewachsenen Banane mit großen Kautschukkugeln 1:140 (Phot. C. GRIEBEL).

[1] Vgl. hierzu die Ausführungen auf S. 13.

Die Frucht ist stumpfkantig, 10—20 cm lang, 3—4 cm dick, gurkenähnlich, undeutlich dreifächerig, ihr Fleisch gelblich bis orangefarben, fast mehlig. Die Samen sind bei den Kulturformen verkümmert und fehlen meist vollständig.

Die zähe, leicht ablösbare, an Bastfasern reiche „Schale", die aus Epikarp und dem äußeren Mesokarp besteht, ist der Länge nach von zahlreichen Leitbündeln durchzogen. Die Leitbündel werden bei der Gattung Musa ständig von Milchsaftschläuchen aus übereinanderstehenden Gliedern begleitet. Der Inhalt der Schläuche ist bei den zur Einfuhr gelangenden Bananen bereits geronnen, und zwar befindet sich in jedem Glied ein gewöhnlich gelbbrauner, gerbstoffreicher Klumpen, der in seinem Innern einen Haufen ziemlich großer Kugeln enthält (Abb. 417). Beim Anschneiden unreifer, noch im Wachstum befindlicher Bananen quillt der Milchsaft aus den Schläuchen heraus und liefert unter dem Mikroskop das in Abb. 418 wiedergegebene Bild. Durch Isolieren der die großen Kugeln (30 μ) bildenden Substanz mit Hilfe von Chloroform läßt sich leicht feststellen, daß es sich hierbei um Kautschuk handelt.

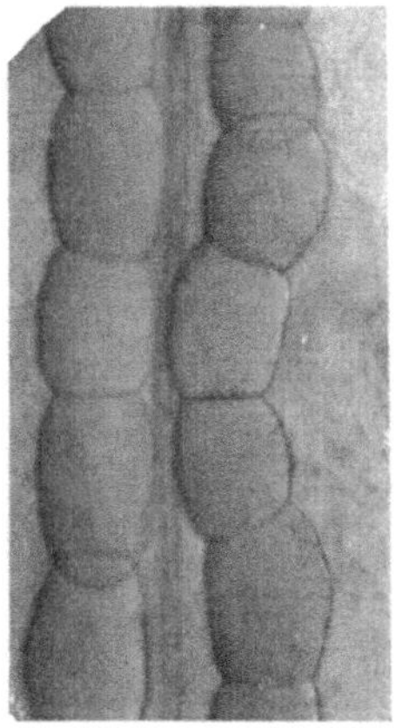

Abb. 419. Spiralgefäß aus Bananenmark mit den begleitend. vielgliedrigen Gerbstoffschläuchen 1:50 (Phot. C. GRIEBEL).

Das fibröse Gewebe der „Schale" geht allmählich in das Mark (innere Mesokarp) über. Die an der Grenze beider und im äußeren Teil des Markes verlaufenden engen Spiralgefäße sind von mächtigen Gerbstoffschläuchen (Abb. 419) — ohne Kautschukkugeln — begleitet, deren Glieder 100—500 μ lang und bei der Reife von einem zähen Gel angefüllt sind. Bei der Überreife zieht sich der Inhalt der einzelnen Glieder unter Bildung gelblicher bis rotbrauner Inklusen (Abb. 420) etwas zusammen. Der Inhalt der Gerbstoffzellen färbt sich mit Eisenchlorid zunächst mehr oder weniger blau, dann grünbraun. Mit Vanillinsalzsäure himbeerrot.

Das Markparenchym ist vor der vollständigen Fruchtreife von charakteristischen Stärkekörnern erfüllt (Abb. 28, S. 44). Vereinzelt finden sich Zellen mit Oxalatraphiden.

Das Endokarp besteht aus gestreckten, dünnwandigen Zellen.

Abb. 420. Gerbstoffschläuche aus dem Mark überreifer Bananen. Der Inhalt der einzelnen Glieder ist geronnen und etwas zusammengezogen (Inklusenbildung) 1:55 (Phot. C. GRIEBEL).

Bananenprodukte.

Bei den Bananenfeigen (siehe oben) finden sich Stärkekörner oder Reste von solchen nur noch in einzelnen Zellen. Charakteristisch sind die aus tonnenförmigen Gliedern bestehenden Schläuche, deren brauner Inhalt gewöhnlich nur wenig geschrumpft ist.

Bananenmehl ist durch die Form der Stärkekörner und die rotbraunen Bruchstücke des Inhaltes der großen Gerbstoffzellen charakterisiert. In geringer Menge finden sich Raphiden, zuweilen auch Teilchen der Oberhaut, weitlumiger Bastfasern und weiter Spiroiden, die sämtlich der äußeren Fruchtwand entstammen.

Bananenschalen dienen gelegentlich als Futtermittel. Sie sind im zerkleinerten Zustand an den Gerbstoffzellen mit den Kautschukeinschlüssen (durch Erhitzen oft zu größeren Massen zusammengelaufen) erkennbar.

37. Granatapfel.

Der Granatapfel ist die Frucht des meist strauchförmigen Granatbaumes (*Punica Granatum* L. — *Punicaceae*), der von der Balkanhalbinsel bis zum Himalaya wild vorkommt, aber z. B. im ganzen Mittelmeergebiet kultiviert wird. Da die saftigen Teile der Frucht nicht vom Perikarp, sondern von der äußeren Schicht der Samenschale gebildet werden, handelt es sich eigentlich nicht um eine Beere. Die bis 12 cm großen, im oberen Teil 6 fächerigen, im unteren 3 fächerigen Früchte haben eine harte, lederige Schale und häutige Scheidewände. Die Plazenten springen von der Außenwand nach innen keilförmig vor.

Die lederartige, gerbstoffreiche Schale (Perikarp) hat eine aus ziemlich dickwandigen Zellen gebildete Epidermis, die einzelne große Spaltöffnungen enthält. Die Schale besteht im übrigen aus zahlreichen Lagen kleiner, grobporöser Parenchymzellen, in die zahlreiche Nester großer, sehr stark verdickter und reich getüpfelter Steinzellen von oft unregelmäßiger Gestalt eingelagert sind. Nach innen zu hat das Gewebe den Charakter eines Schwammparenchyms. Die Scheidewände sind häutig, ihre beiderseitigen Epidermen aus großen Zellen mit feingeperlten Wänden gebildet. Die Oberhaut der Samenschale besteht aus zartwandigen, aber sehr großen, palisadenartig gestreckten, von hellrotem, ziemlich saurem Saft erfüllten Zellen. Darunter liegen feinporöse, schwach verdickte Zellen, die allmählich zu der aus dickwandigen Steinzellen gebildeten inneren, sehr harten Schicht der Samenschale überleiten.

Die Dattel ist bei den Palmfrüchten behandelt (S. 310).

38. Tomate.

Als Tomate, Liebesapfel oder Paradiesapfel wird die Frucht des wahrscheinlich in Peru heimischen, jetzt überall in Gärten gezogenen *Solanum lycopersicum* L. (*Solanaceae*) bezeichnet. Die Tomate wird roh mit oder ohne Zutaten genossen, sie dient außerdem als Zusatz zu Suppen u. dgl. Zwecks Konservierung bringt man das Mark in Mus- oder Pastenform.

Form und Größe der vielfächerigen Früchte ist je nach der Sorte verschieden. Die Farbe ist rot, selten mehr gelb. Im saftigen, farbigen Fruchtfleisch liegen zahlreiche, eiförmig-flache, 3—4 mm lange, dicht mit kurzen Seidenhaaren besetzte Samen (Abb. 421) in einer gallertartigen Substanz.

A. Perikarp. Die Schale besteht aus zwei Zellschichten (Abb. 422), der Oberhaut und dem Hypoderm.

Die Oberhautzellen sind rundlich-polygonal (15—35 μ), ihre radialen Wände verdickt und getüpfelt, gelb.

Das Hypoderm hat ähnliche, aber größere Zellen.

Das Fruchtfleisch ist ein rundzelliges, von Leitbündeln durchzogenes Parenchym, dessen Gefäße (meist Spiral-, selten Netzgefäße) bis 30 μ breit und von denen letztere zuweilen von langgestreckten getüpfelten Zellen begleitet sind. Bei unreifen Früchten ist das großzellige Gewebe der Zentralplazenta sehr reich an kleinkörniger Stärke.

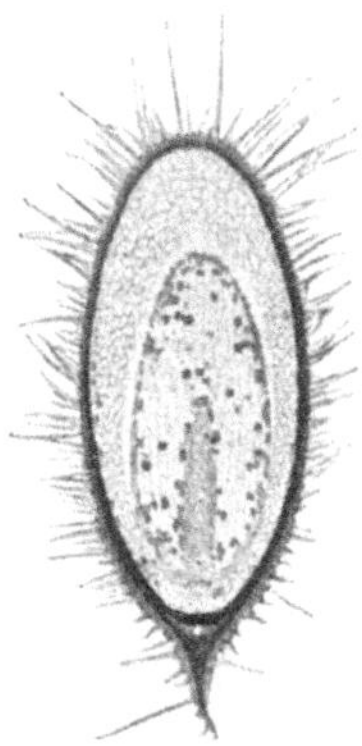

Abb. 421. Same der Tomate im Durchschnitt. Vergr. (J. MOELLER).

B. Same. Die Epidermiszellen der Samenschale (Abbildung 424) sind zu einzelligen, über 0,5 mm langen Haaren ausgewachsen. Diese sind aus breitkegelförmiger Basis allmählich zugespitzt und bis zum Schwinden des Lumens verdickt, die Radialwände der Zellen dicht wellig gebogen (Abb. 423). Das darunterliegende braune Parenchym ist zusammengefallen.

Das Endosperm und der spiralig gekrümmte Embryo enthalten neben Fett kleine (selten über 6 μ große) Aleuronkörner.

Tomatenkonserven.

Im eingedickten Tomatenmark und ähnlichen Konserven findet man

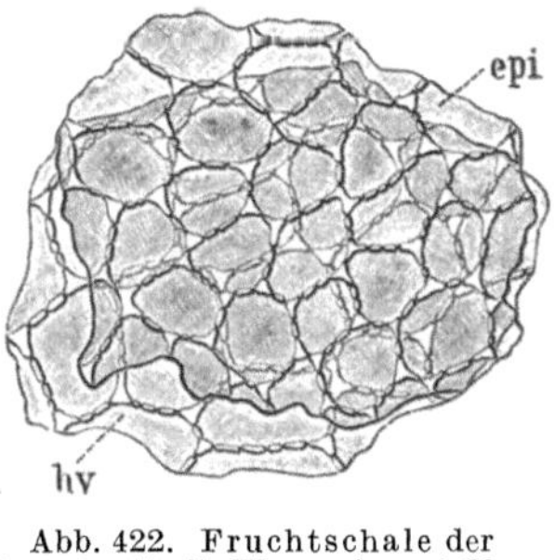

Abb. 422. Fruchtschale der Tomate (A. L. WINTON). *epi* Oberhaut, *hy* Hypoderm.

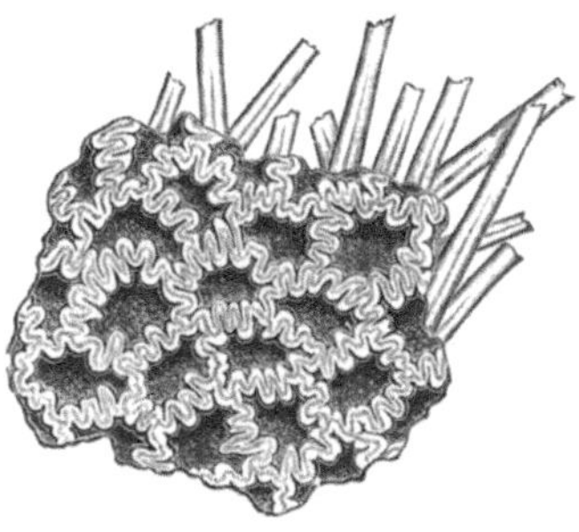

Abb. 423. Oberhaut des Tomatensamens in der Flächenansicht (A. L. WINTON).

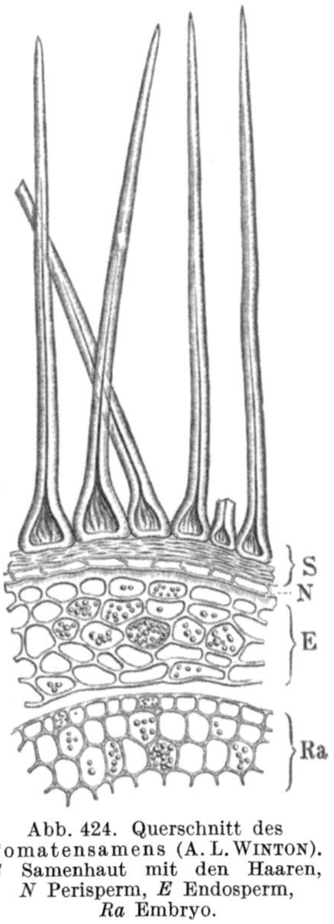

Abb. 424. Querschnitt des Tomatensamens (A. L. WINTON). *S* Samenhaut mit den Haaren, *N* Perisperm, *E* Endosperm, *Ra* Embryo.

die bis 30 μ weiten Gefäße (meist Spiral-, selten Netzgefäße), Stücke der Epidermis mit Hypoderm und Samenhaare, bei Verarbeitung unreifer Früchte außerdem mehr oder weniger zahlreiche große Stärkezellen (aus dem Plazentargewebe) mit verkleistertem Inhalt.

Eine Beimengung von Möhren erkennt man an den weiten Tüpfelgefäßen (bis über 70 μ), bei Verwendung ungeschälter Möhren findet sich auch Korkgewebe.

Kartoffelzusatz verrät sich einerseits durch hohen Stärkegehalt, andererseits durch das Vorhandensein weiter Netzgefäßglieder (gegen 50 μ und darüber); selten findet man auch die verdickten Zellen der Rindenschicht sowie Kartoffelkork, wenn ungeschälte Kartoffeln verwendet wurden.

Tomatenpüree wird häufig künstlich gefärbt.

Die in wärmeren Gegenden vielfach kultivierte

Eierfrucht

oder Aubergine (*Solanum melongena* L. — *Solanaceae*) sei hier im Anschluß an die verwandte Tomate genannt, obwohl sie nicht zum Obst gehört, da sie nur in zubereiteter Form genossen wird. Die dick keulenförmigen, walzenförmigen oder eiförmigen Früchte sind meist violett, bei manchen Formen auch gelb oder weiß.

Die allein den Farbstoff enthaltenden Epidermiszellen sind polygonal. Das Mesokarp ist ein lockeres Schwammgewebe aus großen, ziemlich derbwandigen, zum Teil porösen, mit kurzarmigen Fortsätzen versehenen Zellen. Die Leitbündel enthalten Spiralgefäße. Die Samen sind flach, fast nierenförmig, etwa 2 mm groß. Die fast farblose Oberhaut der Samenschale besteht aus tief welligbuchtigen Zellen mit ungleichmäßig verdickter Außenwand.

Anhang.

Zwei ebenfalls nicht zum Obst gehörige Beerenfrüchte, die bei uns während des Krieges als Kaffee-Ersatz Verwendung gefunden haben, mögen hier noch Erwähnung finden: die Frucht der Stechpalme und die Spargelbeere.

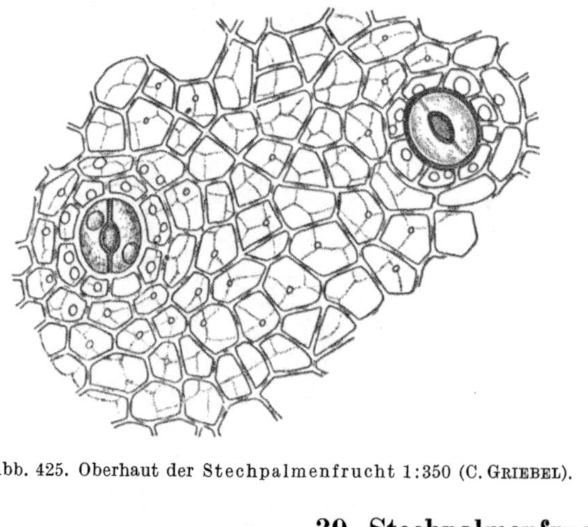

Abb. 425. Oberhaut der Stechpalmenfrucht 1:350 (C. GRIEBEL).

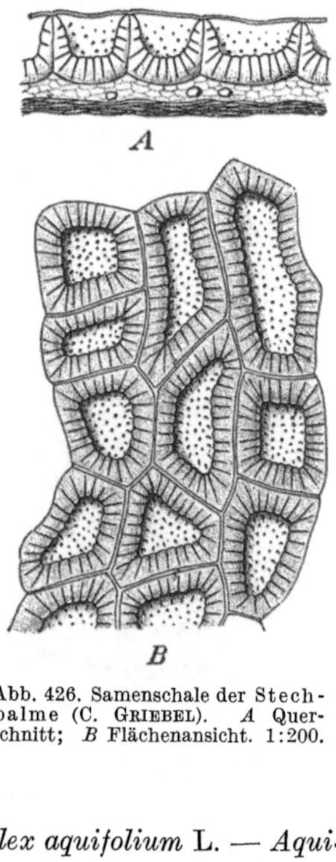

Abb. 426. Samenschale der Stechpalme (C. GRIEBEL). *A* Querschnitt; *B* Flächenansicht. 1:200.

39. Stechpalmenfrucht.

Die bei uns nur wenig verbreitete Stechpalme (*Ilex aquifolium* L. — *Aquifoliaceae*) hat erbsengroße rote Steinbeeren mit 4 an den Berührungsflächen abgeplatteten Steinkernen. Die aus dickwandigen Zellen bestehende Fruchtoberhaut enthält ziemlich reichlich Spaltöffnungen, die an Größe die benachbarten Epidermiszellen übertreffen (Abb. 425). Einzelne der Mesokarpzellen führen bis 50 μ große Oxalatdrusen. Das als Steinschale entwickelte Endokarp wird aus stark verdickten Fasern gebildet. Kennzeichnend ist die aus gelbbraunen, reichgetüpfelten und nach innen stark hufeisenförmig verdickten Zellen bestehende Oberhaut der Samenschale (Abb. 426), die namentlich in der Flächenansicht ein sehr charakteristisches Aussehen hat und in Zubereitungen sofort auffällt.

40. Spargelbeere.

Die reife Frucht des Spargels (*Asparagus officinalis* L. — *Liliaceae*) ist eine etwa erbsengroße, ziegelrote Beere, die 1—3 schwarze, an den Berührungsflächen abgeplattete, 3—4 mm große Samen enthält.

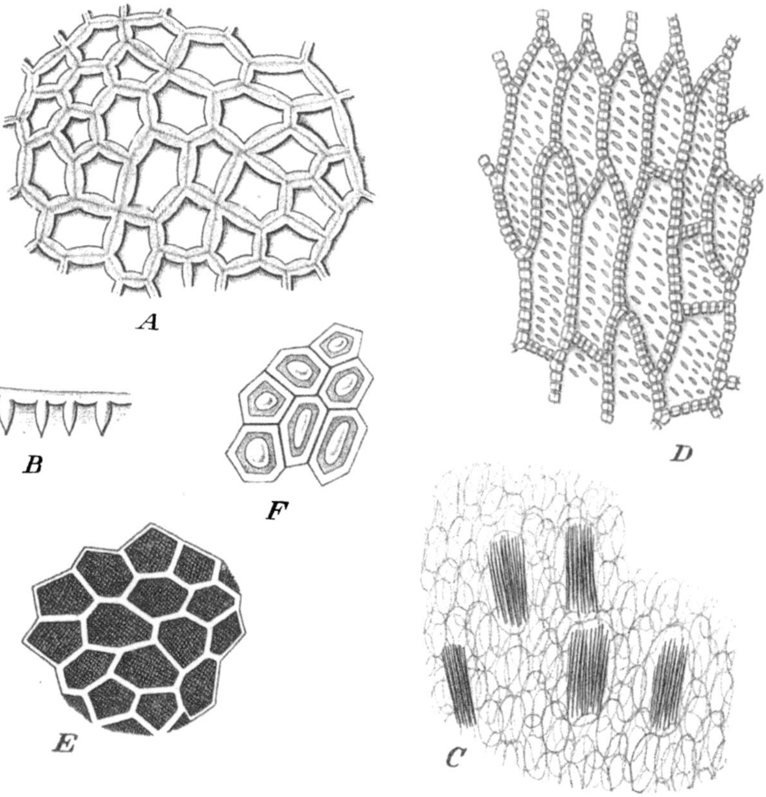

Abb. 427. Kaffee-Ersatz aus Spargelbeeren (C. GRIEBEL). *A* Fruchtoberhaut in der Flächenansicht; *B* Fruchtoberhaut im Querschnitt; *C* Mesokarpgewebe mit Raphiden; *D* Endokarp; *E* Epidermis der Samenschale in der Flächenansicht nach teilweiser Bleichung; *F* Dasselbe nach vollständiger Entfärbung. Vergrößerung bei *A*—*C* 1:100, bei *D*—*F* 1:190.

Die Oberhautzellen der Frucht (Abb. 427, *A*) sind in der Flächenansicht polygonal, dickwandig, 50—100 μ groß, bei tiefer Einstellung dünnwandig, da sich die Radialwände nach innen zapfenartig verjüngen (Abb. 427, *B*).

Das Mesokarp enhält namentlich im inneren Teil Zellen mit ziemlich großen Raphidenbündeln (Abb. 427, *C*). Die Leitbündel enthalten bis 60 μ weite Netztracheiden.

Das Endokarp (Abb. 427, *D*) besteht aus gestreckten Zellen, deren verdickte Wände von zahlreichen runden oder spaltenförmigen Tüpfeln durchzogen sind.

Die Oberhautzellen der Samenschale enthalten einen schwarzbraunen Pigmentkörper (Abb. 428, *A*). Nach teilweiser Bleichung mit JAVELLEscher Lauge — die vollständige Entfärbung dauert ziemlich lange — erkennt man ihre in der Fläche polygonale Form, weil dann die Radialwände als weißes Netz hervortreten (Abb. 427, E). Der innere Teil der Testa ist wenig charakteristisch.

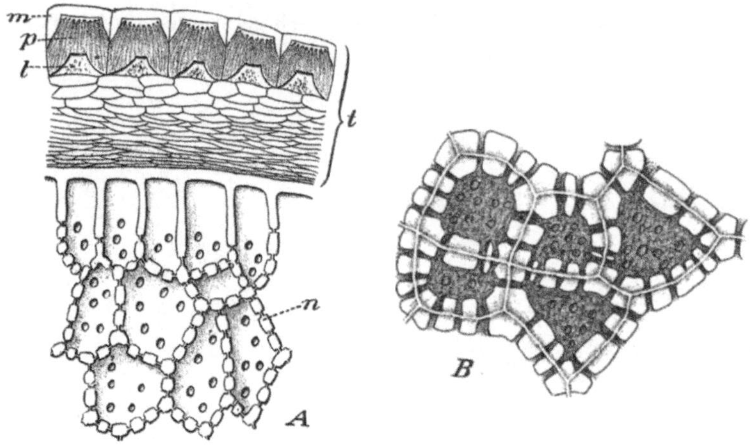

Abb. 428. Spargelsame (C. GRIEBEL). *A* Querschnitt durch die Randpartie des Samens, *t* Testa, *n* Nährgewebe, *m* Farblose Membran, *p* Schwarzbraune Pigmentkörper, *l* Lumen der Epidermiszellen; *B* Zellgruppe aus dem inneren Teil des Nährgewebes. 1:190.

Das Nährgewebe wird aus fett- und eiweißreichen, porösen Zellen gebildet, deren Wandverdickungen aus Reservezellulose bestehen. Die Zellen der äußeren Schichten haben verhältnismäßig dünne Wände (Abb. 428, *A*, *n*) und daher einige Ähnlichkeit mit dem Kaffee-Endosperm. Im inneren Teil des Nährgewebes sind die Wandverdickungen viel stärker und wie beim Hornendosperm der Palmen ausgebildet (Abb. 428, *B*).

Als Kennzeichen für Kaffee-Ersatz aus Spargelsamen kommen in erster Linie die Verbände der Oberhautzellen der Testa in Betracht, außerdem die dickwandigen porösen Endospermzellen. Sind zugleich die charakteristischen Stücke der Fruchtoberhaut und des Endokarps, sowie Gewebe mit Raphiden vorhanden, so haben Spargelfrüchte Verwendung gefunden.

D. Scheinfrüchte.

Bei der Scheinfrucht ist der fleischige Teil nicht allein oder überhaupt nicht aus den Fruchtblättern hervorgegangen.

Die Erdbeere (S. 259) und Hagebutte (S. 261) wurden beseits im Zusammenhang mit den übrigen Rosaceen-Früchten behandelt. Strenggenommen gehört hierher auch das Kernobst (vgl. S. 242).

41. Feige.

Der Feigenbaum (*Ficus Carica* L. — *Moraceae*) ist im Mittelmeergebiet heimisch, hat aber durch die Kultur weitere Verbreitung gefunden.

Der als Feige bezeichnete Fruchtstand besteht aus dem fleischig gewordenen, birnförmigen, hohlen Blütenboden, in dessen Innerem zahlreiche kleine gelbe, fast kugelige, 1—2 mm große Steinfrüchte (die sogenannten Kerne) sitzen.

A. Fruchtfleisch. Die Oberhaut der Scheinfrucht (Abb. 429) ist kleinzellig (etwa 20 μ), spärlich behaart, mit ziemlich großen Spaltöffnungen versehen. Die Haare sind einzellig, mitunter nur doppelt so lang als breit, aber

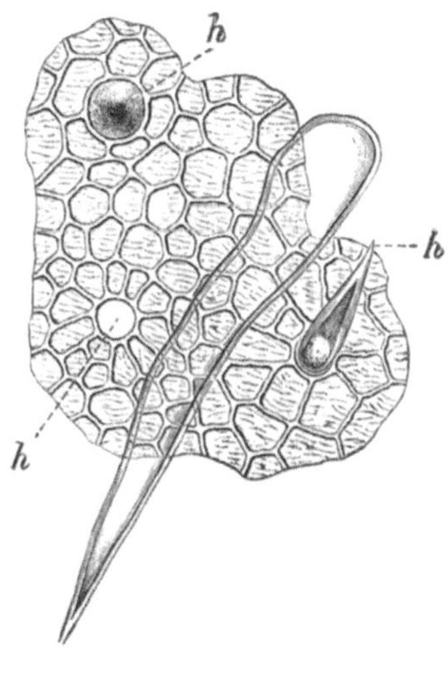

Abb. 429. Oberhaut der Feige mit Haaren *h* und Haarspuren (J. MOELLER).

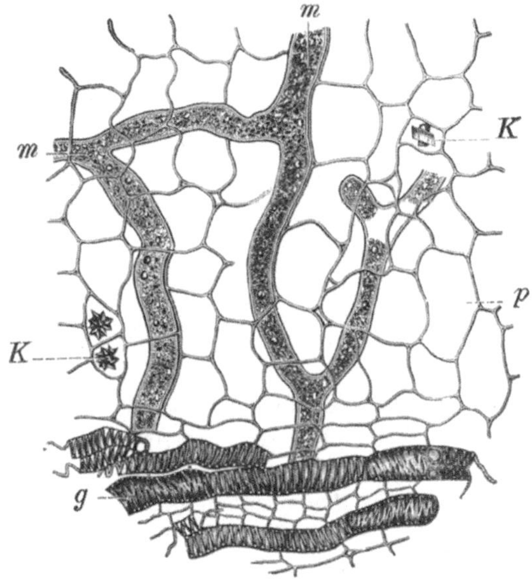

Abb. 430. Fruchtfleisch der Feige (J. MOELLER). *p* Parenchym, *m* Milchsaftschläuche, *g* Gefäße, *K* Oxalatdrusen.

auch bis 300 μ lang. Wo sie abgefallen sind, findet man ihre Narben, meist von radial gestellten Oberhautzellen umgeben. Das zuckerreiche Parenchym besteht aus dünnwandigen, nach innen zu größeren Zellen (bis 100 μ). Es ist von ungegliederten, aber reich verzweigten Milchröhren (meist 20—30, aber auch bis 50 μ weit) durchzogen (Abb. 430), die Kautschuk in körnigen Massen oder Tropfen enthalten. Die ungefähr in der Mitte verlaufenden Leitbündel zeigen bis 25 μ weite Spiral-, seltener Netzgefäße. Einzelne Parenchymzellen enthalten Oxalatdrusen.

B. Früchtchen. Die kleinen Früchtchen sind mit einer sklerosierten Schale versehen, deren äußerste Schicht (*ep*) aus einer Lage sehr kleiner Steinzellen (15 μ) besteht. Auf diese folgen mehrere Reihen größerer (etwa 50 μ), sehr stark verdickter, polyedrischer Zellen (Abb. 431).

Der Same hat eine dünne braune, aus meist kollabierten Zellen bestehende Schale und ein großzelliges (etwa 50 μ), ziemlich dickwandiges Endosperm (Abb. 432).

Feigenprodukte.

In den Produktionsländern werden die Feigen meist frisch genossen (Farbe grün bis blaurot). Zu uns kommen sie fast nur in getrocknetem Zustand. In Form von Mus dienen sie in Südeuropa zur Verfälschung von Marmeladen. Geröstet und gemahlen finden sie als „Feigenkaffee" Verwendung.

Zubereitungen aus Feigen sind gekennzeichnet durch die kleinen gelben Früchtchen oder deren Bruchstücke, die großen Milchsaftschläuche, Epidermisfetzen mit den Haaren oder deren Narben, enge Spiralgefäße und Oxalatdrusen. Da der Feigenkaffee ein verhältnismäßig teures Surrogat ist, wird er seinerseits durch billigere Ersatzmittel verfälscht, insbesondere durch Zerealien, Hülsenfrüchte, Zichorie oder andere Wurzelarten.

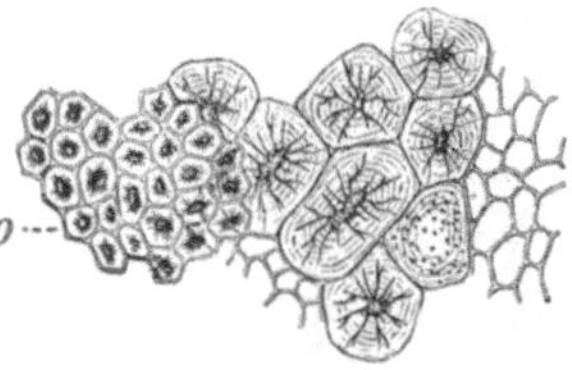

Abb. 431. Steinzellengruppen der „Feigenkerne" (J. MOELLER).

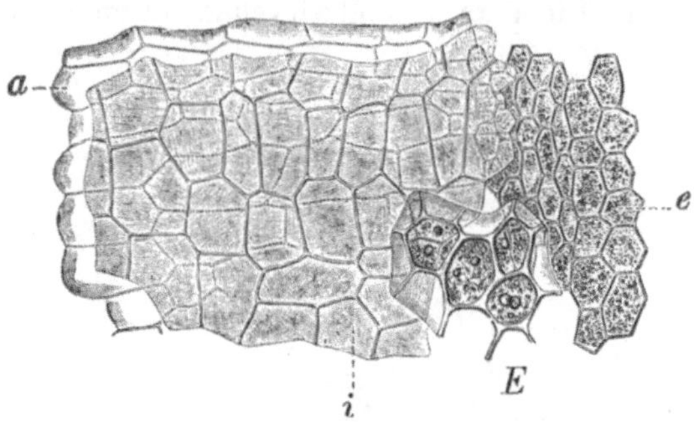

Abb. 432. Gewebe des Feigensamens (J. MOELLER). *a* farblose äußere, *i* braune innere Schicht, *E* Nährgewebe, *e* Embryonalgewebe.

Die für Feigenkaffee charakteristischen „Kerne" sind auch schon durch Samen von Klee oder Kruziferen vorgetäuscht worden, die man anderen Ersatzstoffen beimengte. Erstere zeigen den Bau der Leguminosensamen (vgl. S. 120). Die Kruziferensamen (siehe diese) sind durch die als „Becherzellen" bezeichnete Sklereidenschicht ausgezeichnet.

Das Vorhandensein von Stärke — diese fehlt der Feige vollständig — läßt auf Zerealien, Eicheln oder Hülsenfrüchte schließen, von Palisaden und Trägerzellen auf Hülsenfrüchte. Große Netzgefäße deuten auf Surrogate aus Wurzeln hin, wenn zugleich kleinere, netzförmig verbundene Milchröhren vorhanden sind, auf Zichorie. Große Steinzellnester lassen auf Birnen schließen. Raphiden auf Traubenkerne (vgl. auch die Übersicht unter Kaffee, S. 230).

42. Ananas.

Die im tropischen Amerika heimische Ananas (*Ananas sativus* LINDL. — *Bromeliaceae*) wird in allen Tropengebieten, auch bei uns in Gewächshäusern gezogen.

Die Scheinfrucht ist ein ährenförmiger Fruchtstand, dessen Achse, Beerenfrüchte und Deckblätter fleischig geworden und miteinander verwachsen sind. Der Fruchtstand trägt einen Schopf grüner Blätter. Die Außenseite ist rötlichgelb und zeigt große eckige, regelmäßig geformte Warzen, die den einzelnen

Beeren entsprechen. Das Fruchtfleisch ist gelblich, sehr aromatisch und saftig, zucker- und säurereich, Samen sind meist nicht entwickelt.

Genießbar ist nur das von der rauhen Hülle und vom faserigen „Herz" befreite Fruchtfleisch; doch finden sich Reste dieser Teile in Konserven.

Die Deckblätter sind außen und innen hart.

Die Oberhaut der Außenseite besteht aus kleinen, gewellten, stark verdickten Zellen, deren rundliches Lumen von einem Kieselkörper erfüllt ist. Die Oberhautzellen der Innenseite sind ihnen in der Form ähnlich, aber sie sind dünnwandig und enthalten keinen Kieselkörper.

Das Mesophyll ist beiderseits unter der Oberhaut durch eine Steinzellenplatte versteift. Dazwischen ist das Gewebe dem Fruchtfleisch gleich.

Die Zellen des Fruchtfleisches sind fast isodiametrisch und, obwohl dünnwandig, oft deutlich getüpfelt. Die Leitbündel bestehen großenteils aus weitlichtigen Fasern mit runden Tüpfeln. Die Spiralgefäße sind oft 25 μ weit. Zahlreiche oft über 100 μ lange Raphiden finden sich einzeln oder gebündelt. Die zwei oder drei inneren Zellenlagen sind tangential gestreckt und von einem Endokarp aus schmalen (10—20 μ), dünnwandigen Zellen bedeckt.

Die Oberhaut am Scheitel der Beeren ist der Innenhaut der Deckblätter ähnlich, aber die Zellen sind deutlicher getüpfelt, daher in der Flächenansicht perlschnurförmig verdickt.

Ananaskonserven bestehen hauptsächlich aus dem Gewebe des Fruchtfleisches, in dem stets große Kristallnadeln, breite Bastfasern und Spiralgefäße aufzufinden sind. Gelegentlich stößt man auf Fragmente der charakteristischen Oberhaut und auf Steinzellen.

43. Maulbeere.

Die Maulbeeren (*Morus nigra* L., *Morus alba* L. — *Moraceae*) sind aus einem ährenförmigen Blütenstand (20—30 Blütchen) hervorgegangene, im Umriß eiförmige, etwa 2 cm große, gelbliche bis schwarzrote Scheinfrüchte, bei denen jedes Einzelfrüchtchen durch Saftigwerden eines blätterigen Perigons entstanden ist.

Die ebenfalls saftig gewordene Fruchtwand umschließt den kleinen, etwa eiförmigen Samen.

Bei der schwarzen Maulbeere tragen die fleischigen Perigone am Rande schlanke, einzellige Wimperhaare.

Die Epidermis der Außenseite besteht aus gerundet polygonalen, die der Innenseite aus mehr oder weniger gebuchteten, oft gestreckten Zellen. Die Innenseite trägt kurze kegelförmige, über der Basis umgebogene Haare, deren retortenförmig erweiterter Fußteil in die Epidermis eingesenkt ist und häufig einen Zystolithen enthält. Das von den beiden Epidermen eingeschlossene, sehr saftige Gewebe enthält namentlich in Begleitung der Leitbündel Oxalatdrusen und Einzelkristalle.

Die braune Samenschale ist dünn und spröde. Ihre Oberhaut besteht aus leicht verdickten, in der Fläche wellig-buchtigen Zellen, deren Wand durch feine Poren punkiert ist.

Der große Griffel ist gekrümmt und behaart. In Zubereitungen ist er das am meisten auffallende Element.

Neuere Literatur.

über Obstfrüchte (mit Ausnahme der fettreichen Samen).

BRIOUX: Le marc de pommes desséché; son identification dans les provendes et aliments melassés. Ann. des falsif. Bd. 19, S. 142. 1926.

COLLIN: Falsification des confitures par des produits dérivés de l'amidon. Ann. des falsif. Bd. 2, S. 127. 1909.

— La tomate et ses dérivés. Ann. des falsif. Bd. 3, S. 459. 1910.

— Examen microscopique des confitures. Ann. des falsif. Bd. 4, S. 613. 1911.

— Les confitures. Ann. des falsif. Bd. 6, S. 629. 1913.

— La banane et ses sous-produits. Ann. des falsif. Bd. 8, S. 280. 1915.

GREGER: Traubenholunder-Marmelade. Zeitschr. f. Unters. d. Nahrungs- u. Genußmittel Bd. 42, S. 383. 1921.

GRIEBEL: Über die Moosbeere und ihren Nachweis in eingemachten Preiselbeeren. Zeitschr. f. Unters. d. Nahrungs- u. Genußmittel Bd. 17, S. 65. 1909.

— Zur Anatomie einheimischer Früchte. Zeitschr. f. Unters. d. Nahrungs- u. Genußmittel Bd. 34, S. 233. 1917.

— Beiträge zur mikroskopischen Untersuchung der Kaffee-Ersatzstoffe (Spargelfrüchte). Zeitschr. f. Unters. d. Nahrungs- u. Genußmittel Bd. 34, S. 187. 1917.

— Beiträge zum mikroskopischen Nachweis von pflanzlichen Streckungsmitteln und Ersatzstoffen bei der Untersuchung der Nahrungs- und Genußmittel Veröffentl. aus dem Gebiet des Militär-Sanitätswesens H. 72, S. 101. 1918; Zeitschr. f. Unters. d. Nahrungs- u. Genußmittel Bd. 38, S. 129. 1919.

— Über das Vorkommen von Hesperidin-Ausscheidungen in Apfelsinen. Zeitschr. f. Unters. d. Nahrungs- u. Genußmittel Bd. 45, S. 238. 1923.

— Azetaldehyd, ein normaler Bestandteil der als „Inklusen" bezeichneten gerbstoffreichen Zelleinschlüsse im Mesokarp bestimmter Früchte. Zeitschr. f. Unters. d. Nahrungs- u. Genußmittel Bd. 48, S. 218. 1924.

— Einige Beobachtungen über den Reifungsprozeß der Bananen. Zeitschr f. Unters. d. Nahrungs- u. Genußmittel Bd. 48, S. 221. 1924.

— Die Unterscheidung der einheimischen und amerikanischen Moosbeere in Zubereitungen. Zeitschr. f. Unters. d. Nahrungs- u. Genußmittel Bd. 48, S. 228. 1924.

— Über die bei der Nachreife oder beim Teigigwerden bestimmter Früchte eintretenden Veränderungen des Gerbstoffes (Inklusenbildung). Zeitschr. f. Unters. d. Nahrungs- u. Genußmittel Bd. 49, S. 94. 1925.

— Über die Gerbstoffzellen im Fruchtfleisch verschiedener Diospyros-Arten (Dattelpflaume, Persimone, Kaki). Zeitschr. f. Unters. d. Lebensmittel Bd. 53, S. 525. 1927.

GRIEBEL und NOTHNAGEL: Zur Verwendung von Apfelpektin enthaltenden Erzeugnissen bei der Herstellung von Marmeladen. Zeitschr. f. Unters. d. Nahrungs- u. Genußmittel Bd. 49, S. 352. 1925.

GRIEBEL und SCHÄFER: Zur Zusammensetzung der Inklusen, gleichzeitig ein Beitrag zur Kenntnis der Vorgänge beim Teigigwerden der Früchte. Zeitschr. f. Unters. d. Nahrungs- u. Genußmittel Bd. 37, S. 97. 1919.

HAUPT: Über das Vorkommen von Stärke in Marmeladen. Zeitschr. f. Unters. d. Nahrungs- u. Genußmittel Bd. 32, S. 411. 1916.

HANAUSEK: Über das Bananenmehl und seine mikroskopische Bestimmung. Zeitschr. f. Unters. d. Nahrungs- u. Genußmittel Bd. 20, S. 215. 1910.

— Über die Verfälschung der Tomatenmarmelade mit gelben Rüben. Arch. f. Chem. u. Mikr. Bd. 4, Heft 1. 1911.

HOCKAUF: Über bisher wenig berücksichtigte Merkmale der Solanaceen-Samen. Pharm. Zentralh. 1905.

KOCHS: Untersuchung von Fruchtmark auf mikroskopischem Wege. Ber. d. dtsch. pharmazeut. Ges. Bd. 26, S. 221. 1916.

MALFATTI: Beiträge zur Anatomie der Birn- und Apfelfrucht. Zeitschr. f. Nahrungsm.-Unters. u. Hygiene, Bd. 10, S. 265. 1896.

MARPMANN: Beiträge zur mikroskopischen Untersuchung der Fruchtmarmeladen. Zeitschr. f. angew. Mikr. Bd. 2, S. 97. 1896.

MEZGER und FUCHS: Beitrag zur Kenntnis des Hagebuttenmarkes. Zeitschr. f. Unters. d. Nahrungs- u. Genußmittel Bd. 16, S. 390. 1907.

REICH: Reife und unreife Bananen. Zeitschr. f. Unters. d. Nahrungs- u. Genußmittel Bd. 22, S. 208. 1911.

REIDEMEISTER: Beiträge zur Bestimmung der pflanzlichen Elemente in Marmeladen. Zeitschr. f. Unters. d. Lebensmittel Bd. 53, S. 81. 1927.

ROTHE: Über eine neue Verfälschung der Preiselbeeren. Zeitschr. f. Unters. d. Nahrungs- u. Genußmittel Bd. 33, S. 166. 1917.

SOLEREDER: Über den Nachweis von Früchten der gemeinen Bärentraube in einer Preiselbeermarmelade. Zeitschr. f. Unters. d. Nahrungs- u. Genußmittel Bd. 31, S. 352. 1916.

WINTON: Beiträge zur Anatomie des Beerenobstes. Zeitschr. f. Unters. d. Nahrungs- u. Genußmittel Bd. 5, S. 785. 1902.

E. Früchte mit fettreichen fleischigen Samen.

Zum Obst im weiteren Sinne rechnet man auch verschiedene durch fleischige, fettreiche Samen ausgezeichnete Früchte, darunter Nüsse und Mandeln, die im Sprachgebrauch gewöhnlich als „Schalenobst" bezeichnet werden. Ihre Samen dienen außerdem zum Ölpressen, auch vielfach zur Herstellung von Konditoreiwaren. So wird das Marzipan aus Mandeln bereitet, die aber nicht selten durch andere fettreiche Samen ersetzt werden.

1. Mandel.

Über das Fruchtfleisch und die Steinschale siehe unter „Steinfrüchte" (S. 252). Die beiden physiologischen Varietäten — bittere und süße Mandeln — stimmen in anatomischer Hinsicht überein.

Die Samen sind im Umriß spitz eiförmig, mehr oder weniger flachgedrückt. An der am breiten Pol befindlichen, als großer Fleck wahrnehmbaren Chalaza verzweigt sich das Gefäßbündel und läuft in 16 bis 18 wenig geschlängelten Strängen (HARTWICH) durch die Samenschale nach dem spitzen Ende zu. Die Samenschale ist braun, schilferig, innen von einem farblosen, glatten Häutchen (dem Nährgewebe) ausgekleidet. Sie umschließt dicht den Embryo mit seinen großen, weißen Kotyledonen und dem an der Spitze gelegenen Würzelchen.

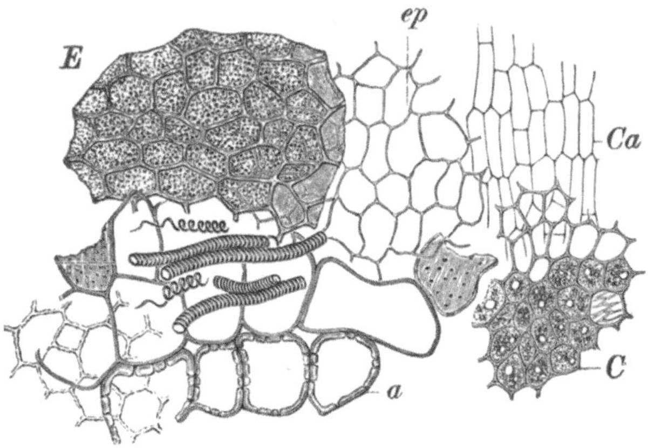

Abb. 433. Gewebe der Mandel in der Flächenansicht (J. MOELLER). *a* Tonnenzellen, *ep* innere Oberhaut der Schale, *E* Aleuronschicht, *C* Kotyledonarparenchym, *Ca* Oberhaut der Kotyledonen.

A. Samenschale. Die Oberhaut besteht aus Gruppen großer, bis 100 μ breiter und 175 μ hoher, tonnenförmiger Zellen, die verholzt und an der Innenwand und den Seitenwänden getüpfelt sind (Abb. 433, *a* und 434, I). Sie lösen sich leicht ab und verursachen die schilferige Beschaffenheit der Schale. Zwischen ihnen sind unverholzte, dünnwandige Zellen eingeschaltet. In der darunterliegenden Schicht aus braunen, zum Teil zusammengefallenen Zellen verlaufen die Leitbündel (Spiralgefäße), begleitet von Kristallkammerzellen mit Einzelkristallen und Drusen. Eine Lage kleiner polygonaler Zellen bildet die innere Epidermis.

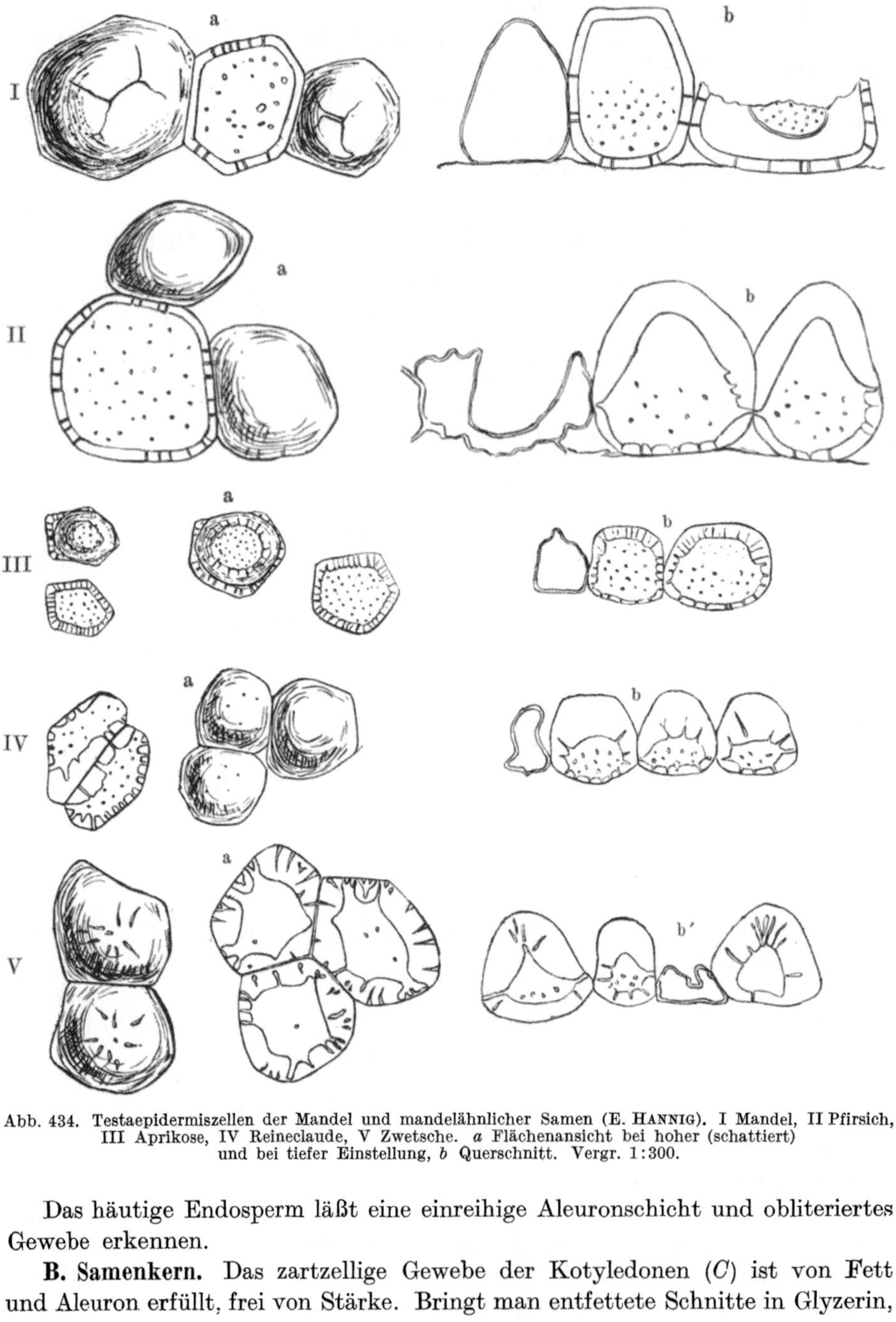

Abb. 434. Testaepidermiszellen der Mandel und mandelähnlicher Samen (E. HANNIG). I Mandel, II Pfirsich, III Aprikose, IV Reineclaude, V Zwetsche. *a* Flächenansicht bei hoher (schattiert) und bei tiefer Einstellung, *b* Querschnitt. Vergr. 1:300.

Das häutige Endosperm läßt eine einreihige Aleuronschicht und obliteriertes Gewebe erkennen.

B. Samenkern. Das zartzellige Gewebe der Kotyledonen (*C*) ist von Fett und Aleuron erfüllt, frei von Stärke. Bringt man entfettete Schnitte in Glyzerin, so unterscheidet man kleine (3—5 μ) und große (10—15 μ) Aleuronkörner, von denen einige Kristalloide, andere Globoide und namentlich die großen je eine sehr kleine rosettenförmige Druse von Kalziumoxalat enthalten (Chloralpräparat).

Mandelprodukte.

Marzipan besteht aus geschälten, zerriebenen Mandeln und Zucker. Als Merkmale können daher nur das Fehlen von Stärke und die 10—15 μ großen Aleuronkörner mit Oxalat dienen.

Mandelmehl (Mandelkleie) wird durch Mahlen der Ölkuchen erhalten und als Kosmetikum viel gebraucht, mitunter auch zur Fälschung von Gewürzen. Es ist an den Tonnenzellen erkennbar, wie an den winzigen runden Oxalatdrusen, deren Kern meist dunkel erscheint.

Mandelschalen vgl. S. 252.

Als Ersatzmittel für Mandeln kommen insbesondere die ihnen ähnlichen aber durchweg kleineren Samen der Aprikosen, Pfirsiche und Pflaumen in Betracht. Da sie infolge ihres meist hohen Amygdalingehaltes stark bitter schmecken, werden sie vor der Verarbeitung zu Marzipanersatz (Persipan) u. dgl. zunächst geschält und dann durch Wasser entbittert. Wenn, wie gewöhnlich, die Schalen restlos beseitigt werden, läßt sich nach der Zerkleinerung die Art auf mikroskopischem Wege nicht mehr feststellen, da nur die Samenschale anatomische Unterscheidungsmerkmale aufweist.

Die

Pfirsichkerne

sind kleiner und flacher als die Mandeln (bis 16 mm lang, 10 mm breit, 2 mm dick), breit eiförmig, scharfrandig. Die Chalaza ist klein, nicht immer deutlich. Die Epidermiszellen der Samenschale (Abb. 434, II) sind nach außen verschmälert, ihre Außenwand ist verdickt.

Aprikosenkerne

sind breit herzförmig, mehr oder weniger abgeflacht, ziemlich glatt. Die Chalaza ist klein und zuweilen undeutlich. Die Epidermiszellen sind auch an der verschmälerten Außenseite getüpfelt (Abb. 434, III). Die

Pflaumenkerne

sind etwa eiförmig, meist dickbauchig, an den Kanten abgerundet. Die Chalaza ist deutlich, etwa 3,5 mm im Durchmesser. Die Außenwand der Epidermiszellen ist besonders dick und meist getüpfelt (Abb. 434, IV u. V).

E. Hannig gibt folgende Bestimmungstabelle:

1. Epidermiszellen am Nabelfleck zusammenhängend (selten mit zerstreuten kleinen Lücken). Außenplatte verdickt . . . 2
   Epidermiszellen am Nabelfleck in kleinere oder größere Gruppen aufgelöst oder ganz isoliert . . . 3
2. Epidermiszellen in der Flächenansicht groß, bis 100 μ Durchmesser, dünnwandig. Außenplatte nicht getüpfelt (bei tieferer Einstellung der Außenplatte zuweilen kaum erkennbare Punktierung), Außenplatte nicht (oder nur ganz ausnahmsweise) rissig aufgesprungen, in der Seitenansicht: Außenplatte kappenförmig verdickt . . . Pfirsich,
   Epidermiszellen in der Flächenansicht beträchtlich kleiner, stark und unregelmäßig verdickt, sehr stark getüpfelt . . . Vereinzelte Zwetschen.

3. Epidermiszellen in der Flächenansicht groß, bis 120 μ Durchmesser, dünnwandig, Außenplatte auffallend rissig gesprungen, sehr oft ganz abgebrochen, nicht getüpfelt (selten kaum erkennbare Punktierung bei tieferer Einstellung der Außenplatte). Die Seitenwände erscheinen gar nicht, oder erst bei tieferer Einstellung getüpfelt. Tüpfel zerstreut. In der Seitenansicht: Außenplatte nicht kappenförmig verdickt — Nervenendigungen glatt zugespitzt, nicht baumartig verästelt, Nervenstämme ohne baumartig verästelte Abzweigungen Mandel,
Epidermiszellen meist kleiner (etwa 60 μ) dickwandig, stark getüpfelt. 4
4. Nervenendigungen baumartig verzweigt, Nervenstämme mit kurzen, baumartig verästelten Abzweigungen. Epidermiszellen ziemlich klein, Außenplatte stets getüpfelt. In der Flächenansicht: Epidermiszellwände gleichmäßig dickwandig Aprikose,
Nervenendigungen ohne baumartig verzweigte Enden oder Abzweigungen. Seitenwände sehr stark getüpfelt, unregelmäßig verdickt 5
5. Samenschale braun, Tüpfel oft verzweigt, Tüpfelkanäle nach der Außenseite der Membran zu verdickt Zwetsche,
Samenschale hellgelb, Tüpfel selten verzweigt, Tüpfelkanäle nicht nach außen verdickt Reineclaude.

2. Walnuß, welsche Nuß.

Der in Asien heimische Walnußbaum (*Juglans regia* L. — *Juglandaceae*) ist durch die Kultur weit verbreitet. Die Frucht ist eine Steinfrucht, und was gemeinhin als „Nuß" bezeichnet wird, ist — analog der Mandel — der aus dem grünen Fruchtfleisch herausgelöste Steinkern, dessen Oberfläche oft noch Spuren seiner Verwachsung mit dem weichen Fruchtfleisch zeigt. Die Steinschale (Endokarp) ist knochenhart, zweiklappig, an den Rändern wulstig, am Scheitel kurz bespitzt, ihre Oberfläche mehr oder weniger grubig gefurcht. Sie läßt sich leicht in ihre Hälften spalten, wobei man sieht, daß sie verschieden dick und ihre Innenseite seidig glänzend ist. Sie ist unvollständig gefächert, und zwar unten vierfächerig, oben zweifächerig. Der einzige Same läßt sich der Fächerung entsprechend teilen, weil die Scheidewände in ihn eindringen. Die Oberfläche der Kotyledonen ist, den Hirnwindungen vergleichbar, tiefbuchtig gewulstet, von einem dünnen, frisch leicht abziehbaren, gelben oder braunen Häutchen bedeckt.

Im unreifen Zustand, nämlich vor der Erhärtung der Steinschale, werden die Walnüsse auch zum Einmachen verwendet.

A. Das äußere **Perikarp** (die grüne Schale) ist von einer aus derbwandigen, polygonalen Zellen bestehenden und mit zahlreichen Spaltöffnungen versehenen Epidermis bedeckt, die vorwiegend kleinköpfige Drüsenhaare mit vielzelligem kurzgliedrigem Stiel trägt. Unter der Epidermis liegt eine mehrreihige Schicht aus kleinzelligem, dünnwandigem Parenchym, auf das ein öfter unterbrochener Ring aus z. T. radial gestreckten, stark verdickten Steinzellen folgt. Der innere Teil des Fruchtwandparenchyms ist großzellig und enthält einzeln stehende oder zu kleinen Gruppen vereinigte, schwach verdickte, poröse Sklereiden, sowie kleinere Zellen mit Oxalatdrusen.

B. Steinschale. Sie besteht im äußeren, härtesten Teil aus kleinen isodiametrischen, fast farblosen Zellen, die dicht aneinanderschließen und fast bis zum Schwinden des Lumens verdickt sind (Abb. 435, *a*). In der Mittelschicht (*m*) sind die Zellen größer, ihre Wände eigentümlich buchtig gefaltet, mäßig verdickt, deutlich geschichtet und dicht getüpfelt. Das Innenhäutchen (*i*) ist ein lockeres, braunes, mit Lauge sich dunkler färbendes Parenchym.

C. Same. Die Samenhaut besteht aus drei Schichten, von denen aber nach der Reife nur die gelblich bis bräunlich gefärbte Epidermis noch deutlich erkennbar ist. Sie setzt sich aus dünnwandigen, in der Fläche polygonalen, im Querschnitt zuweilen gefächerten Zellen zusammen, die eisenbläuenden Gerbstoff enthalten. Zwischen ihnen finden sich breite Spaltöffnungen (Abb. 436).

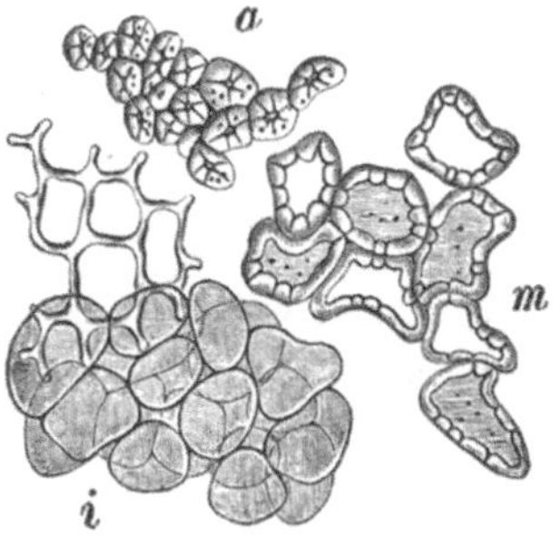

Abb. 435. Gewebe der Walnußschale (J. MOELLER). *a* Steinzellen der Außenschicht, *m* der Mittelschicht, *i* Parenchym der Innenhaut.

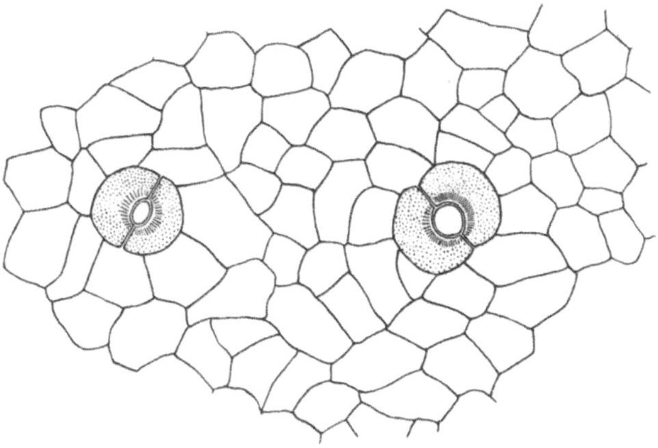

Abb. 436. Epidermis der Samenschale der Walnuß 1:240 (C. GRIEBEL).

Der Samenkern hat anscheinend kein Nährgewebe. Auf Durchschnitten der Kotyledonen bemerkt man aber eine Randschicht aus flachen, großen, von einer hyalinen Membran überzogenen Zellen, die wohl als Rest des Nährgewebes angesprochen werden kann. Das übrige Gewebe ist ein zartzelliges, farbloses Parenchym, von Fett und Aleuronkörnern (bis 10 μ) erfüllt. Stärke fehlt oder nur in Spuren vorhanden.

Walnußprodukte.

Grob oder fein zerkleinerte Walnüsse dienen zur Herstellung von Krokant, Nougat und ähnlichen Zubereitungen. Kennzeichnend sind die gelblichen bis bräunlichen Teilchen der Samenhaut mit großen Spaltöffnungen.

Nußkuchen als Rückstand der Ölpressung dient in beschränktem Maße als Tierfutter. Er ist an der Samenhaut mit breiten Spaltöffnungen kenntlich.

Gemahlene Nußschalen sind als Verfälschung von Gewürzen und Kakao beobachtet worden. Unter den mannigfachen Steinzellenformen sind die faltigbuchtigen in hohem Grade charakteristisch.

In Nordamerika kommen auch die Nüsse anderer *Juglans*-Arten (*Juglans nigra* L., die schwarze Walnuß mit längsfaltiger Steinschale, *J. cinerea* L., die Butternuß) mit nicht aufspringendem Perikarp und länglicher, zugespitzter, stark runzeliger Steinschale von großer Härte) sowie verschiedene *Carya*-Arten (*Carya olivaeformis* NUTH., die Pecan-Nuß mit vierkantiger, auch am Grund 2 fächeriger Steinschale; *Carya alba* NUTH. die Hickory-Nuß mit 6 deutlichen Rippen) auf den Markt.

Im mikroskopischen Bau sind sie von der Walnuß kaum verschieden; die Aleuronkörner dürften im allgemeinen kleiner, selten über 6 μ groß sein.

Hervorzuheben ist aber, daß die Pecan-Nuß — möglicherweise trifft dies auch noch für andere der hier genannten Arten zu — meist sehr große Mengen kleinkörniger Stärke enthält.

3. Haselnuß.

Die bei uns gebräuchlichsten Haselnüsse stammen von der wild wachsenden oder auch in vielen Formen kultivierten *Corylus Avellana* L., (*Betulaceae*), die dünnschaligen Lampertsnüsse von der südeuropäischen *C. tubulosa* WILLD., die türkischen Haselnüsse von der baumartigen *C. Colurna* L. In Amerika sammelt man die ebenso guten Früchte dort heimischer Arten (*C. americana* WALT., *C. rostrata* AIT., *C. californica* ROSC.). Sie unterscheiden sich in der Größe und Form (Verhältnis der Länge zur Breite), in der Schalendicke und Farbe der Samenhaut; alle sind aber gekennzeichnet durch eine große, graue, rundliche Narbe am Grunde (der Verwachsungsstelle mit der Becherhülle). Sie sind echte Nüsse, denn die Schale ist die ganze erhärtete Fruchtwand, nicht, wie bei den Walnüssen, nur der innere Teil derselben. Sie enthalten einen, selten zwei Samen, deren schülferige Schale von deutlich sichtbaren Leitbündeln durchzogen ist.

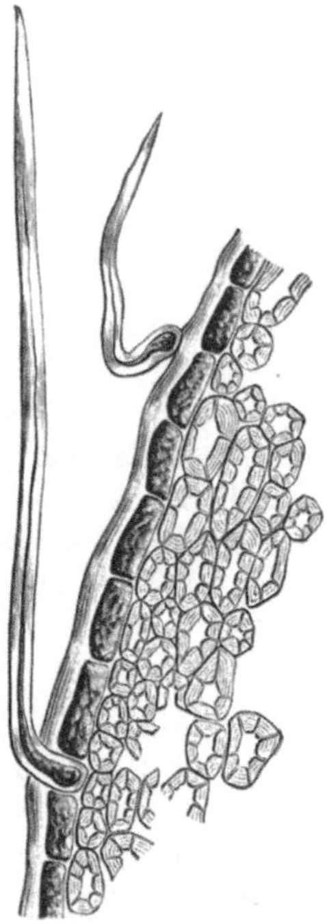

Abb. 437. Steinschale der Haselnuß im Querschnitt (nach MALFATTI).

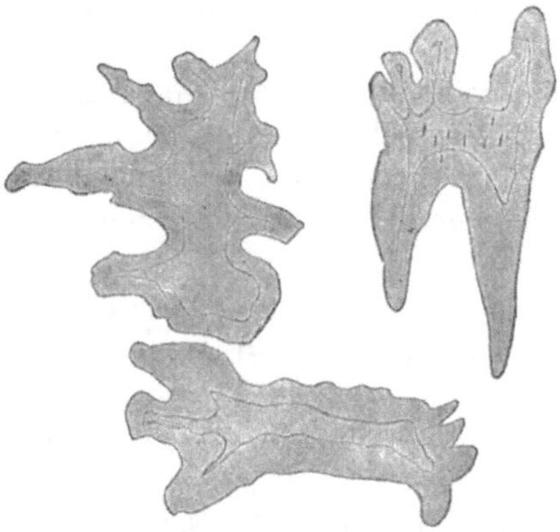

Abb. 438. Verzweigte Steinzellen aus dem inneren Teil der Haselnußsteinschale (C. HARTWICH).

A. Fruchtschale. Von der in verdünnter Lauge gekochten Steinschale läßt sich die Oberhaut leicht abschaben. Sie besteht aus polygonalen, dünnwandigen Zellen mit zahlreichen Haaren (Abb. 437) oder deren Narben. Diese Haare sind so verdickt, daß ihr Lumen (außer am Grunde) kaum erhalten ist.

In der Steinplatte (dem Mesokarp) unterscheidet man auf Querschnitten drei Schichten. Die in allen Schichten farblosen Zellen sind außen rundlich isodiametrisch, scharf abgegrenzt und lose verbunden, daher beim Mahlen leicht zerfallend. Ihre Größe beträgt 15—50 μ. In dieser Schicht verlaufen die dicken Leitbündel. — In der Mitte sind die Steinzellen radial gestreckt und dicht aneinandergefügt. — Innen sind sie meist tangential gestreckt, größer aber vielfach von sehr unregelmäßiger Form (Abb. 438), was allerdings erst nach der Mazeration erkennbar wird. Braunes, mehr oder weniger zerstörtes Parenchym kleidet die Steinschale aus.

B. Same. Die Samenschale hat eine Oberhaut aus polygonalen, scharf begrenzten Zellen. Es folgt ein braunes lückiges Parenchym und eine zusammengedrückte mehrreihige Schicht brauner Zellen, zwischen beiden die meist stark entwickelten Leitbündel (Abb. 439) mit zahlreichen, bis 25 μ weiten Spiralgefäßen, vereinzelt auch Netzgefäßen.

Der Kern läßt sich in zwei Kotyledonen spalten, zwischen denen am spitzen Ende das kleine Würzelchen mit dem Knöspchen liegt. Querschnitte der Kotyledonen (Abb. 439) zeigen eine einfache oder mehrreihige Aleuronschicht (Nährgewebe), darunter eine aus kleinen, tangential gestreckten Zellen bestehende Oberhaut. Das übrige Gewebe aus zarten, ziemlich großen Zellen zeigt Interzellularen und enthält neben Fett kleinere (5—10 μ) und größere (15 bis 25, zuweilen bis 30 μ) Aleuronkörner mit Globoiden, deren größere meist je eine Oxalatdruse aufweisen, die nach Entfettung der Schnitte und Einwirkung von Chloralhydrat sichtbar wird (Abb. 439, *cot*). Die meisten Samen sind frei von Stärke oder sie enthalten nur spärlich kleinkörnige Stärke. Ein Teil der Samen (in der Handelsware etwa 10%) enthält aber beträchtliche Mengen (Abb. 440, II) kleiner (bis 7 μ) Stärkekörner (GRIEBEL).

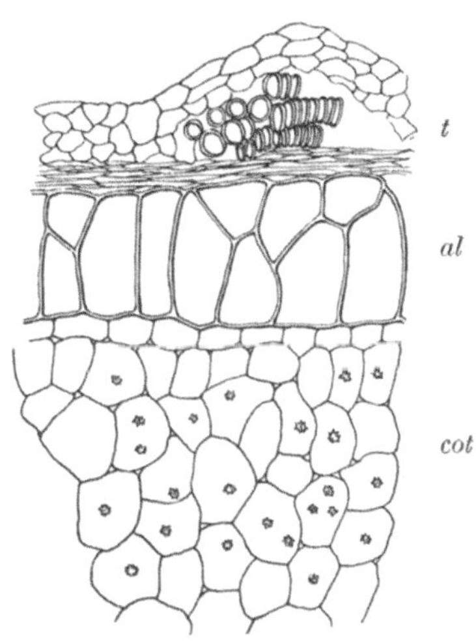

Abb. 439. Querschnitt durch die Randpartie des Haselnußsamens nach Einwirkung von Chloralhydrat (C. GRIEBEL). *t* Samenschale mit Gefäßbündel, *al* Aleuronschicht, *cot* Kotyledonargewebe mit kleinen Oxalatdrusen. 1:240.

Haselnußprodukte.

Kleingeschnittene Haselnüsse finden bei der Herstellung bestimmter Konditoreiwaren (z. B. Krokant) Verwendung. Stärkehaltige Kernteilchen (schwärzliche Verfärbung bei 5—10 Minuten langer Einwirkung überschüssiger Jodlösung) können insbesondere von Erdnuß, Haselnuß oder Cashew-Kernen herrühren.

Bei der Erdnuß (Abb. 440, I) sind die Zellen groß, ihre derben Wände meist von großen, rundlichen Poren durchsetzt (Abb. 445), die Stärkekörner bis 15 μ, die sehr zahlreichen Aleuronkörner klein (etwa 5 μ), nur vereinzelte von der Größe der Stärkekörner vorhanden.

Bei der Haselnuß (Abb. 440, II) sind die Zellen kleiner, zartwandig, nur selten schwach porös, die Poren nur nach geeigneter Färbung (z. B. Methylenblau) wahrnehmbar. Die Stärkekörner messen gewöhnlich nicht über 7 μ. Dagegen sind die Aleuronkörner zum Teil sehr groß (25 μ und darüber) und enthalten eine kleine Oxalatdruse, zuweilen auch einen Einzelkristall. Haselnußteilchen sind häufig noch von der Samenschale bedeckt. Radiale Querschnitte zeigen dann nach Entfettung und Einwirkung von Chloralhydrat das in Abb. 439 wiedergegebene Bild.

Die Cashew-Kerne (Abb. 440, *III*) haben das zarteste Zellgewebe, zugleich sind sie von den drei Samen die stärkereichsten (die Teilchen färben sich mit Jod tief blauschwarz). Die Stärkekörner messen etwa 5 μ (nicht über 7,5 μ), desgleichen die Aleuronkörner, die kein Oxalat enthalten.

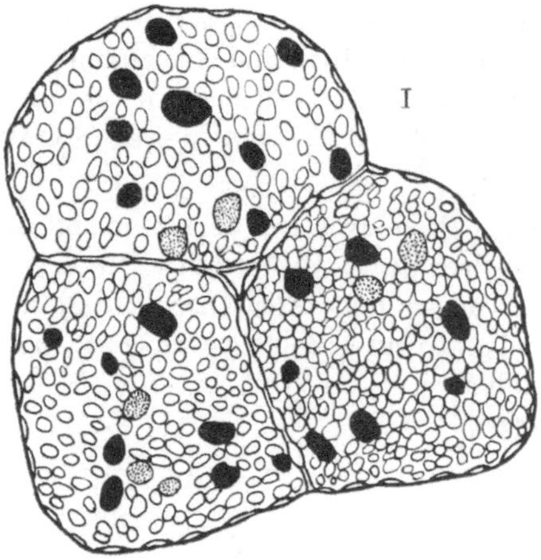

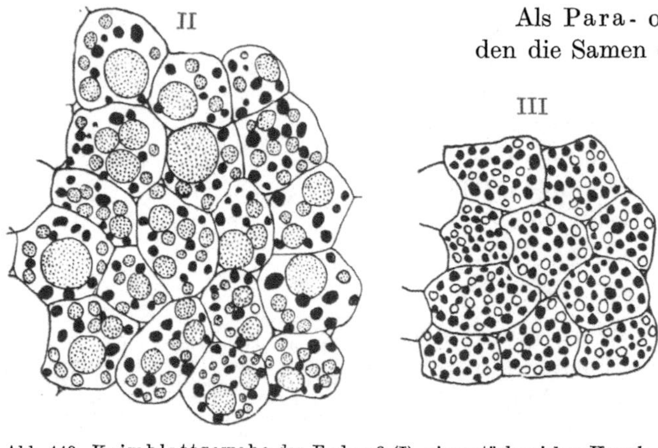

Abb. 440. Keimblattgewebe der Erdnuß (I), einer stärkereichen Haselnuß (II) und des Cashew-Kernes (III) nach Entfettung und Behandlung mit Jod; Stärkekörner schwarz, Aleuronkörner hell gezeichnet 1:360 (C. Griebel).

Haselnußpreßkuchen finden als Futtermittel Verwendung und sind, wie die gemahlenen Schalen, als Verfälschungsmittel von Gewürzen beobachtet worden; letztere besonders im Zimt, auch in Kakao. Für den Nachweis der Schalen sind die Oberhautteilchen mit den Haaren oder Haarnarben sowie die Steinzellen von Bedeutung.

4. Paranuß.

Als Para- oder Brasilnüsse werden die Samen der in Südamerika heimischen *Bertholletia excelsa* H. B. (*Lecythidaceae*) bezeichnet, die zu 15—22 in einer kugeligen, holzigen Frucht eingeschlossen und daher dreikantig abgeflacht sind. Sie sind etwa 4 cm lang; ihre dunkelgraubraune Schale ist hart, quer gerunzelt; ihr weißer, mandelartiger Kern besteht aus dem eine kompakte Masse bildenden Embryo ohne Nährgewebe; er läßt sich mit oder ohne die innere braune Samenhaut aus der Schale lösen.

A. Samenschale. An Querschnitten erkennt man eine äußere, hellfarbige, etwa 1 mm dicke, und eine innere, dunkelbraune, auf der Innenfläche glatte Schicht.

Die Oberhaut ist eine 0,5—1,0 mm dicke Palisadenschicht. Die Zellen sind etwa 50 μ breit, sehr stark verdickt, farblos, mit nach außen verbreitertem Lumen, in der Flächenansicht polygonal. Das anschließende braune Gewebe ist ein kleinzelliges Schwammparenchym. Eine Steinzellenschicht liegt in den Kanten der Samenschale und bildet hier gewissermaßen eine dreieckige Säule. Ihre Zellen sind meist isodiametrisch, höchstens 200 μ groß, mäßig verdickt, farblos, von braunem Inhalt erfüllt. Längs der breiten Innenfläche dieser Steinsäule verlaufen die Leitbündel.

B. Samenkern. Ein Querschnitt durch die Randpartie des Embryos (Abb. 441) zeigt außen eine gewöhnlich zweireihige Schicht (Nährgewebe) aus derbwandigen Zellen, von denen einige braune, gerbstoffreiche Einschlußkörper enthalten. Im äußeren Teil des Embryonalgewebes erkennt man deutlich eine durch sehr kleinzelliges Gewebe abgegrenzte Schicht.

Das Gewebe besteht beiderseits dieser Grenzzone aus rundlichen zartwandigen, weiter innen häufig gestreckten und mit ovalen Poren versehenen Zellen, die von Fett und Aleuron erfüllt sind. Stärke fehlt. An entfetteten Schichten sieht man in Terpentinöl oder Jodtinktur, besonders schön oft auch nach längerer Einwirkung von Glyzerin, in jedem der großen Aleuronkörner (30 μ) ein großes Kristalloid neben rundlichen oder unregelmäßig-höckerigen Globoiden (Abb. 442). In der schmalen Randzone enthalten die Aleuronkörner meist nur Globoide.

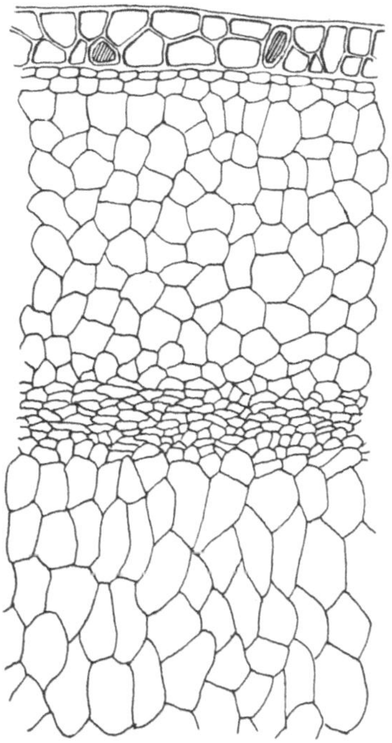

Abb. 441. Querschnitt durch die Randpartie des Samens der Paranuß (ohne Samenhaut) 1:110 (C. GRIEBEL).

Abb. 442. Embryonalgewebe der Paranuß (entfettet) 1:240 (C. GRIEBEL).

Die zerkleinerten Samen der Paranuß werden zuweilen in der Zuckerbäckerei benutzt. Die gemahlenen Steinschalen werden angeblich zur Fälschung von Gewürzen verwendet. An den farblosen Palisadenzellen, dem dunkelbraunen Parenchym und den farblosen isodiametrischen Steinzellen sind sie erkennbar.

Der Paranuß verwandt und daher ähnlich ist die Sapucajanuß (Lecythisarten — Lecythidaceae), die zwar nur in geringen Mengen zu uns kommt, aber in derselben Weise wie die Paranuß Verwendung findet.

Die Zellen des Embryonalgewebes sind zartwandig und enthalten neben kleinen, mittelgroßen, z. T. auch sehr großen Aleuronkörnern (Länge bis 35 μ) spärlich kleinkörnige Stärke. Kristalloide finden sich in den mittelgroßen und großen Aleuronkörnern reichlich. Um sie sichtbar zu machen, muß man die entfetteten Schnitte zunächst durch 2% igen Sublimatalkohol fixieren und dann nach dem Auswaschen mit Jodlösung behandeln. Andernfalls werden die Aleuronkörner durch wässerige und selbst durch alkoholische Flüssigkeiten sehr schnell zerstört.

Kokosnuß siehe unter Palmenfrüchte (S. 307).

Abb. 443. Erdnußhülse in nat. Größe (A. L. WINTON).

5. Erdnuß.

Erdnuß, Peanut, Aschantinuß heißt die Frucht der aus Brasilien stammenden, jetzt in wärmeren Gegenden, auch in Südeuropa, der ölreichen Samen wegen vielfach angebauten *Arachis hypogaea* L. (*Leguminosae*). Die Samen dienen hauptsächlich zur Ölgewinnung, werden aber bei uns auch geröstet oder ungeröstet unmittelbar genossen. Auch als Mandelersatz finden sie häufig Verwendung.

Die unterirdisch reifenden Hülsen (Abb. 443) sind fahlgelb, meist in der Mitte eingeschnürt, netzig-runzelig, spröde, nicht aufspringend. Sie enthalten 1—3 eirunde bis länglich-walzenförmige, an einem Ende abgerundete oder abgestutzte, am anderen schief geschnäbelte Samen mit braunroter, spröder, sich leicht ablösender Samenschale. Die dicken Keimblätter sind auf der Innenseite der Länge nach gefurcht.

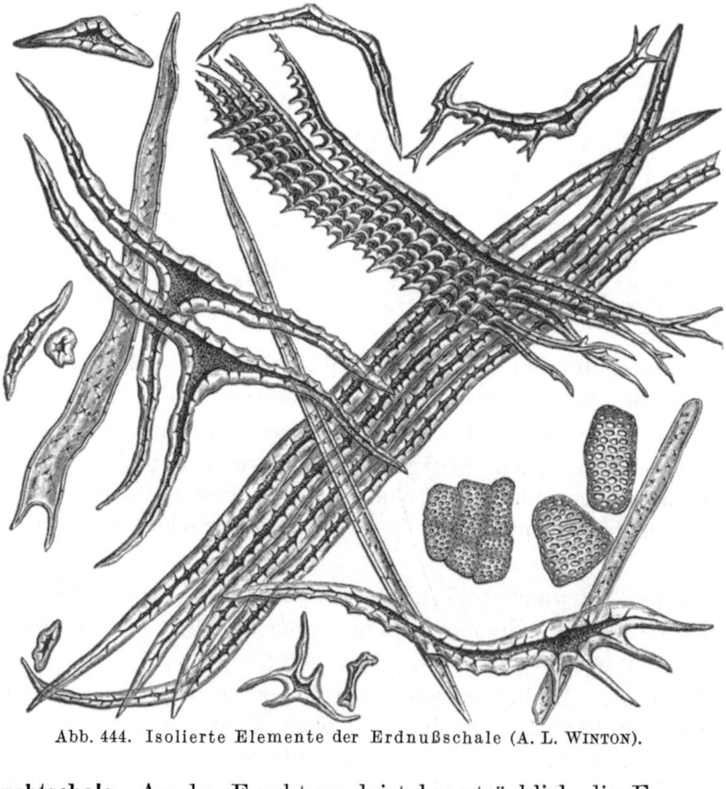

Abb. 444. Isolierte Elemente der Erdnußschale (A. L. WINTON).

A. Fruchtschale. An der Fruchtwand ist hauptsächlich die Faserschicht bemerkenswert. Sie bildet Reihen von Sägezähnen (Abb. 444), zwischen denen die gekreuzten Fasern der angrenzenden Schicht liegen. Die Faserenden sind oft gegabelt und in mannigfacher Weise verzweigt. In der Faserschicht liegen noch Zellen, die in Form, Größe und Verdickung sehr variieren. Das Rippen-Netzwerk der Fruchtschale wird aus T- und L-förmigen Fasern gebildet (Abb. 444). Die Formen sind erst im Mazerationspräparat deutlich erkennbar.

B. Same. Die Epidermis der Samenschale besteht aus 15—25 μ hohen und 25—50 μ breiten Zellen (Aufhellung durch Chloralhydrat oder JAVELLEsche Lauge). Ihre Innenwand ist dünn, die Seiten- und Außenwand durch zapfenartig in das Zellinnere vorspringende Leisten verdickt, die in der Flächenansicht das Lumen der scharf polygonalen Zellen in sehr charakteristischer Weise, etwa sägezahnartig, umsäumen (Abbildung 446, *aep*). Die Samenoberhaut der Erdnuß weicht also von der für die Leguminosen typischen Palisadenepidermis erheblich ab.

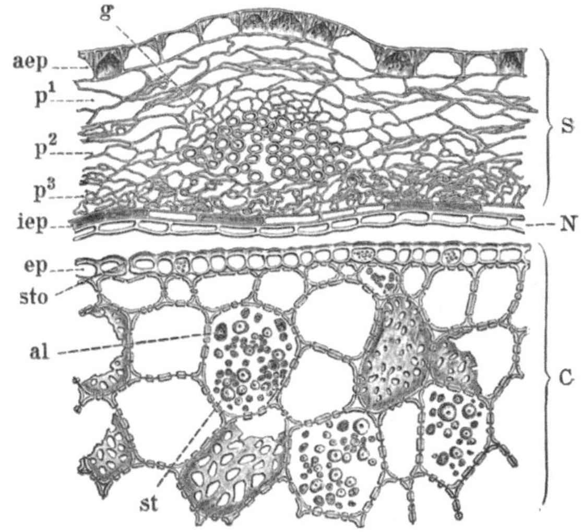

Abb. 445. Querschnitt des Erdnußsamens (A. L. WINTON). *S* Samenschale mit der beiderseitigen Oberhaut *aep* u. *iep*, dem Parenchym p^1, p^2, p^3 und dem Leitbündel *g*, *N* Nahrgewebe, *C* Keimblatt mit der Oberhaut *ep*, einer Spaltöffnung *sto*, Aleuronkörnern *al*, Stärke *st*.

An Stelle der Trägerzellen findet sich eine Lage dünnwandiger, lückenlos aneinanderschließender Zellen (Abb. 445 und 446, p_1), die weiterhin in ein vielgestaltiges Schwammparenchym (p_2 und p_3) übergehen. Die innere Oberhaut

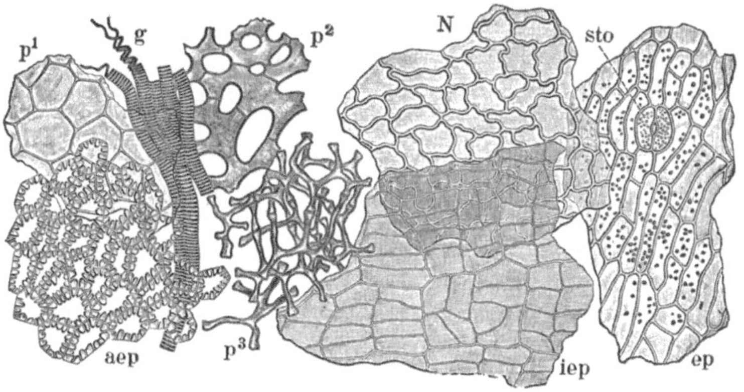

Abb. 446. Samengewebe der Erdnuß in der Flächenansicht (A. L. WINTON); die Buchstaben haben dieselbe Bedeutung wie in Abb. 445.

(*iep*) besteht aus vierseitigen, oft gestreckten Zellen. Hierauf folgt ein als Perisperm anzusprechender hyaliner Streifen aus zusammengepreßten, etwas verdickten Zellen (*N*).

Die Oberhaut der großen Kotyledonen (*ep*) wird aus gestreckten, außen verdickten Zellen gebildet, zwischen denen sich Spaltöffnungen (*sto*) finden.

Das übrige Gewebe besteht aus großzelligem Parenchym, das fettes Öl, kleine (etwa 5 μ) Aleuronkörner mit Globoiden und Stärke (bis 15 μ) enthält. Nach Entfernung des Zellinhaltes durch Kalilauge oder JAVELLEsche Lauge erkennt man, daß die Zellwände knotig verdickt sind und in der Fläche grobe, runde oder elliptische Poren zeigen. Bei fein zerkleinertem Material (z. B. Marzipanersatz) empfiehlt sich nach Beseitigung der Inhaltsstoffe Anfärbung der Gewebetrümmer mit Methylenblau.

Erdnußprodukte.

Gemahlene Erdnußhülsen dienen zur Verfälschung von Futtermitteln. Sie sind durch den Reichtum an vielgestaltigen Fasern gekennzeichnet. Die gemahlenen Erdnußkuchen sind ein wertvolles Futtermittel und werden gelegentlich zur Verfälschung von Gewürzen verwendet. An den eigenartigen Testaepidermiszellen und dem Gewebe der Keimblätter sind sie leicht kenntlich.

6. Anakardiensamen.

Als Cashew-Kerne, Acajou-Kerne, Kernel, Mandelnuß oder indische Mandeln kommen seit einiger Zeit die größtenteils von der Schale befreiten Samen von *Anacardium occidentale* L. (*Anacardiaceae*), dessen Früchte als „westindische Elefantenläuse“ bekannt sind, als billiger Mandelersatz für die Zwecke der Konditorei in den Handel.

Die ganze Frucht besteht aus dem fleischig gewordenen, etwa birnenförmigen roten Fruchtstiel — in den Produktionsländern wird er als Obst genossen —, dem die nierenförmige Steinfrucht aufsitzt. Die Fruchtschale enthält zahlreiche Sekretbehälter mit einem schwarzbraunen, giftigen und blasenziehenden Milchsaft (Cardol).

Der als Mandelersatz Verwendung findende Teil ist der nierenförmig gekrümmte, etwa 18 mm lange Keimling, zwischen dessen dicken Kotyledonen an dem einen Ende das Würzelchen hervorragt. Nach HARTWICH befinden sich an den in den Handel gelangenden schwach gerösteten Kernen zuweilen neben Teilchen der Samenschale auch noch Reste der Fruchtschale. Eine derartige Ware müßte als gesundheitsschädlich gelten, weil sie zweifellos noch geringe Mengen Cardol enthält.

Das Grundgewebe der braunen, ziemlich spröden Samenschale besteht aus zahlreichen dünnwandigen, größtenteils zusammengepreßten Parenchymlagen ohne besondere Merkmale Auch die Oberhaut ist wenig charakteristisch.

An der Außenseite der Keimblätter besteht die Epidermis aus tangential gestreckten Zellen mit verdickter Außenwand. Im übrigen ist das Gewebe sehr zart, die Zellen ohne Poren. Sie enthalten neben Fett und Aleuron (etwa 5 μ) reichlich kleinkörnige Stärke (nach HARTWICH 2,3—7,5 μ) (Abb. 440, III).

Im zerkleinerten Zustand unterscheiden sich die Cashew-Kerne von den Mandeln durch den Stärkegehalt, von den Erdnüssen durch die unverdickten Zellen, den reichlicheren Stärkegehalt und die geringere Größe der Stärkekörner, von stärkehaltigen Haselnüssen durch die kleinen Aleuronkörner und den größeren Stärkegehalt.

7. Pistazie.

Die in Kleinasien und Ägypten heimische Pistazie (*Pistacia vera* L. — *Anacardiaceae*) wird in den Mittelmeerländern kultiviert. Ihre trockenen Steinfrüchte enthalten einen Samen, der meist allein als grüne Mandel oder Pistazie in den Handel kommt. Er ist bis 2 cm lang, seitlich etwas zusammengedrückt, gerundet-kantig, auf der gewölbten Rückenfläche gekielt und dunkelkarminrot mit hellem Adernetz, auf der Bauchseite grünlich, runzelig, mit eingedrücktem Nabel, von dem eine Furche (Raphe) zu dem anderen Ende (der Chalaza) zieht. Die dünne Samenschale umschließt den grünen, mandelartig schmeckenden Embryo.

Die Epidermis der Samenschale besteht aus polygonalen, 30—60 μ großen, fein getüpfelten Zellen. Darunter liegt ein von Leitbündeln durchzogenes, zartzelliges Parenchym, das einen in Wasser löslichen roten Farbstoff enthält, der mit Alkalien grün wird. Die innere Oberhaut ist aus 7—15 μ großen, polygonalen, getüpfelten Zellen gebildet.

Die innere Auskleidung der Samenschale besteht aus einer mehrreihigen, durch eine hyaline Membran abgeschlossenen Aleuronschicht.

Der Embryo hat zwei große Kotyledonen, deren zartes Gewebe neben Fett meist kleine (3—5 μ), vereinzelt größere (8—12 μ) Aleuronkörner enthält, zuweilen auch spärlich kleinkörnige Stärke.

Pistazien werden mitunter durch künstlich gefärbte Mandeln ersetzt. Man erkennt das Mandelgewebe an den kleinen rosettenförmigen Oxalatdrusen mit dunklem Kern (Chloralhydrat!), die den Pistazien fehlen.

8. Pineolen.

Die Samenkerne der im südlichen Europa verbreiteten Pinie (*Pinus Pinea* L. — *Coniferae*) kommen als Pigneoli, Pineolen, Piniennüßchen in den Handel. Sie sind 12—15 mm lang, spindel- oder walzenförmig, schwach gekrümmt, weiß oder nach längerem Lagern gelblich, weich und schmecken mandelartig. Sie bestehen aus einem 1—1,5 mm dicken Nährgewebe, in dem der keulenförmige Embryo mit seinen zwölf fadenförmigen Kotyledonen liegt.

Das Gewebe ist dünnwandig und enthält neben Fett rundliche, meist 3—5 μ, vereinzelt auch 10—12 μ große Aleuronkörner. Die innersten Zellreihen des Nährgewebes sind gewöhnlich reich an kleinkörniger Stärke.

Ähnlich, aber kürzer (8—9 mm) und breiter (eilänglich) sind die **Zirbelnüsse,** die Samenkerne der Arve oder Zirbelkiefer (*Pinus cembra* L.), doch enthält bei ihnen das gesamte Nährgewebe reichlich Stärke.

Analytischer Schlüssel

zur Bestimmung kleinerer Teilchen der als Lebensmittel Verwendung findenden fettreichen Samen[1].

I. Das Gewebe enthält keine Stärke oder nur in wenigen Zellreihen wesentliche Mengen (Pineolen).

a) Neben kleinen Aleuronkörnern sind große vorhanden (bis 30 μ und darüber).

[1] Aus Zweckmäßigkeitsgründen ist hier auch die erst später beschriebene Kokosnuß berücksichtigt worden. Die Haselnuß mußte unter I und II aufgeführt werden.

Sind die zu untersuchenden Teilchen groß genug, so klemmt man sie zwischen Holundermark und fertigt dünne Schnitte an, die nach der Entfettung zunächst mit alkoholischer Sublimatlösung (2 %) fixiert werden, um eine Veränderung der Aleuronkörner während der Untersuchung im Wasserpräparat zu vermeiden. In Samenkernen, die durch Wässern entbittert wurden (z. B. Aprikosenkerne), ist oft schon eine erhebliche Veränderung der Aleuronkörner eingetreten, so daß sich ihre ursprüngliche Beschaffenheit nicht mehr feststellen läßt.

α) Meist mit großen Kristalloiden.
* Zellen in radialer Richtung gestreckt, sehr derbwandig, z. T. mit breiten, nicht leicht sichtbaren Poren: Kokosnuß.
** Zellen rundlich, wenig gestreckt, ohne Poren oder mit rundlichen Poren: Paranuß.
β) Aleuronkörner nur mit Globoiden.
Die größeren enthalten je 1 kleine Oxalatdruse: Haselnuß.
b) Größere Aleuronkörner nur bis 15 μ.
Sie enthalten Kristalloide, z. T. kleine, rosettenförmige Oxalatdrusen: Mandel, Pfirsichkern, Aprikosenkern.
c) Aleuronkörner 2—5 μ, einzelne bis 10 (12) μ.
α) Schalenbestandteile vorhanden.
Samenschale mit dünnwandigen, polygonalen Epidermiszellen und großen Spaltöffnungen; Aleuron z. T. mit Kristalloiden: Walnuß.
β) Schalenbestandteile fehlen.
* Aleuron z. T. mit Kristalloiden: Pineolen.
** Aleuron ohne Kristalloide, Gewebeteilchen grünlich: Pistazie.
II. Das Gewebe enthält Stärke.
a) Stärkekörner bis 12 μ, einzelne bis 15 μ.
Aleuronkörner meist 5 μ, nur einzelne erreichen die Größe der Stärkekörner; Zellwand sehr derb, meist von großen runden Poren durchsetzt: Erdnuß.
b) Stärkekörner nicht über 7 μ.
α) Neben kleinen sind große Aleuronkörner (bis 30 μ) vorhanden.
*Aleuronkörner mit Globoiden, die großen enthalten je eine Oxalatdruse: Haselnuß.
** Aleuron mit Globoiden und vielen Kristalloiden, ohne Oxalat: Sapucajanuß.
β) Aleuronkörner 2—5 μ (bei der Zirbelnuß einzelne bis 10 μ).
* Schalenbestandteile vorhanden.
Samenschale mit dünnwandigen, polygonalen Epidermiszellen und großen Spaltöffnungen: Pecannuß.
** Schalenbestandteile fehlen; Gewebe durchweg sehr stärkereich.
○ Aleuron und Stärkekörner etwa gleich groß (bis gegen 5 μ): Anakardiensamen.
○○ Einzelne Aleuronkörner größer (bis 10 μ): Zirbelnuß.

Neuere Literatur.

BUCHWALD: Die Erkennung der Mandeln und verwandter Samen. Zeitschr. f. Unters. d. Nahrungs- u. Genußmittel Bd. 5, S. 545. 1902.
COLLIN: Falsification des amandes. Annal. des falsif. Bd. 2, S. 158. 1909.
HENNING: Über die Unterscheidung der Mandeln von ähnlichen Samen. Zeitschr. f. Unters. d. Nahrungs- u. Genußmittel Bd. 21, S. 577. 1911.
HOEPFNER und BURMEISTER: Anacardiennüsse in Marzipanmassen. Zeitschr. f. öff. Chem. Bd. 19, S. 155. 1913.
RACINE: Piniensamen als Verfälschung von Marzipan. Zeitschr. f. öff. Chem. Bd. 15, S. 206. 1909.
THEOPOLD: Anacardien als Nuß- oder Mandelersatz. Pharm. Zentralh. Bd. 49, S. 1057. 1908.

i) Palmenfrüchte.

Die Früchte der Palmen sind äußerst vielgestaltig, aber fast allen ist eine starke Entwicklung des Fruchtfleisches gemein. Dieses ist saftig und süß (z. B. die Dattel) oder reich an Stärke (z. B. *Guilielma*-Arten in Südamerika) oder von fettem Öl erfüllt (z. B. die Früchte der Ölpalme), oder endlich trocken und faserig (z. B. die Kokosnuß). Demgemäß sind sie teils wertvolle Nahrungsmittel, teils wichtige Rohstoffe der Industrie.

Bemerkenswerte Unterschiede zeigt auch die Innenschicht der Fruchtschale, das Endokarp. Es besteht entweder nur aus einer zarten oder derben, mit dem Fruchtfleisch verwachsenen oder von ihm leicht ablösbaren Oberhaut, oder es bildet eine dünne brüchige, oder dicke und harte Steinschale. Im ersteren Falle hat die Frucht den Charakter einer Beere (wie die Dattel), im anderen Falle den einer Steinfrucht (wie die Kokosnuß).

Der Anlage nach sind die Palmenfrüchte immer dreifächerig und dreisamig, doch gibt es Gattungen, bei denen zwei Samenanlagen regelmäßig abortieren, so daß die Früchte einsamig sind.

Der Same besteht größtenteils aus Nährgewebe (Endosperm), in dem ein kleiner, meist wenig entwickelter Embryo liegt. Das Nährgewebe ist entweder zartzellig, oder die Zellwände sind verdickt, mitunter in einem Grade, daß die Samen beinhart sind (z. B. Dattelkern) und bei genügender Größe ein wertvolles Material für die Drechslerei liefern (z. B. die Steinnuß). Der Inhalt des Nährgewebes ist Fett und Eiweiß, keine Stärke, Fett mitunter in solcher Menge, daß die Gewinnung desselben sich lohnt (z. B. bei der Kokosnuß).

1. Kokosnuß.

Die über den ganzen Tropengürtel verbreitete und wegen ihrer vielseitigen Nützlichkeit auch angebaute Kokospalme (*Cocos nucifera* L.) besitzt kopfgroße, dreikantige, einsamige Früchte (Abb. 36). Eine bräunliche oder graue, glatte, zähe Haut (Epikarp) bedeckt die 3—4 cm dicke Faserschicht (Mesokarp),

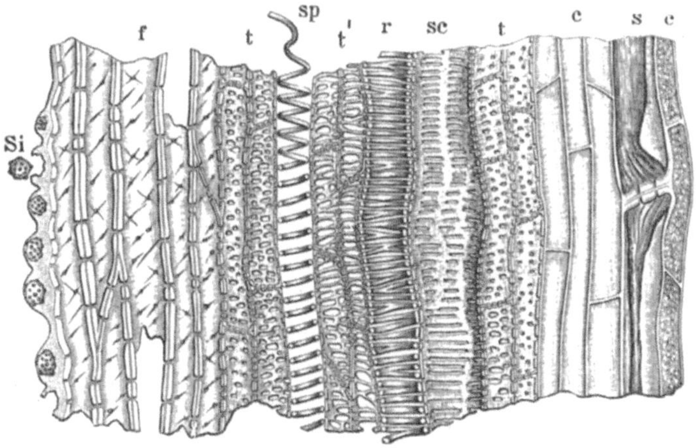

Abb. 447. Ein Leitbündel des Mesokarps der Kokosnuß im Längsschnitt (A. L. Winton); *f* Fasern mit Kieselkörperchen *Si* (Abb. 448), *t*, t^1, *sp*, *r*, *sc* verschiedene Gefäßformen, *c*, c^1 Kambiform, *s* Siebröhren.

die die Koirfaser liefert. Sie ist verwachsen mit der braunen, 2—6 mm dicken Steinschale (Endokarp), die an der Basalseite 3 Keimlöcher zeigt. Man kann daher die Kokosnuß als trockene Steinfrucht bezeichnen.

Der 10—12 cm große Same hat eine dünne, lichtbraune Schale, die einerseits der Steinschale, anderseits dem Samenkern angewachsen und von zahlreichen verzweigten Leitbündeln durchzogen ist. Der Samenkern (das „Fleisch") besteht der Hauptsache nach aus dem Endosperm, einem geschlossenen, fast kugeligen, 1—2 cm dicken, weißen Hohlkörper von mandelartiger Konsistenz.

Der kleine Embryo liegt im Endosperm nahe am Grunde. In unreifen Früchten ist das Endosperm weich und von weißer, milchartiger Flüssigkeit erfüllt. Diese schwindet allmählich in dem Maße, als das Endosperm dichter wird.

Zur Ausfuhr gelangen meist nur die vom faserigen Fruchtfleisch größtenteils befreiten Nüsse mit der Steinschale. Im übrigen bildet der in Stücke gebrochene Samenkern unter der Bezeichnung „Kopra“ einen wichtigen Handelsartikel für die Speisefetterzeugung.

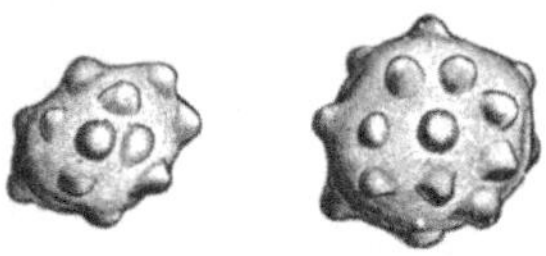

Abb. 448. Kieselkörperchen, 1500fach vergr. (A. L. WINTON).

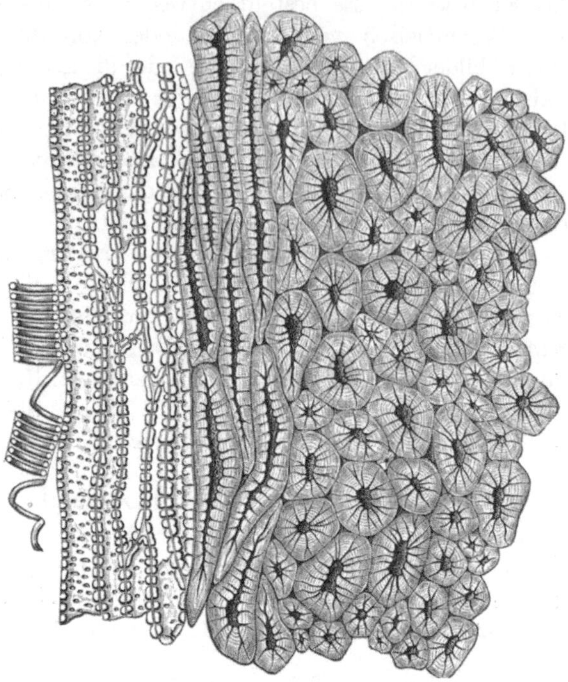

Abb. 449. Radialer Längsschnitt durch die Steinschale der Kokosnuß bei 300facher Vergr. (A. L. WINTON).

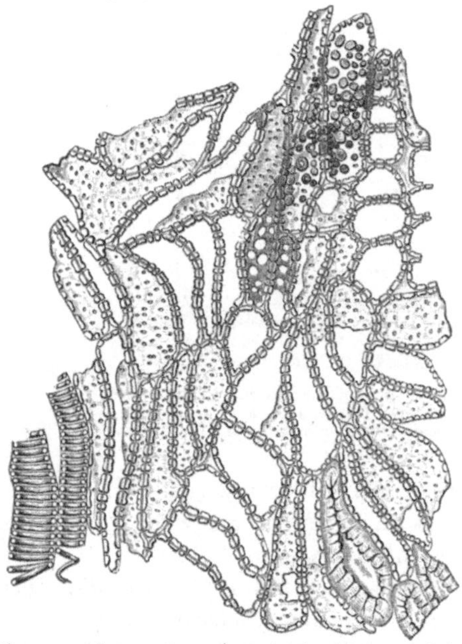

Abb. 450. Äußere Samenschale der Kokosnuß in Flächenansicht (A. L. WINTON).

A. Fruchtwand. Die Oberhaut besteht aus rechteckigen Zellen mit dunklem Inhalt.

Die Mittelschicht (das trockene Fruchtfleisch) ist im äußeren, aus dickwandigen, getüpfelten Zellen bestehenden Teil von Fasersträngen, im inneren, aus dünnwandigem Gewebe bestehenden Teil von Leitbündeln durchzogen. Diese haben eine dicke Scheide von Fasern, deren Oberfläche mit kleinen (8—20 μ), rundlichen Zellen (Stegmata) besetzt ist, von denen jede ein Kieselkörperchen enthält (Abb. 447 und 448). Die Stegmata sind für viele Palmen charakteristisch.

B. Die Steinschale (das Endokarp) besteht aus dicht aneinander gefügten Steinzellen und ist von teilweise zerstörten Leitbündeln durchzogen. Durchschnitte zeigen, daß die Steinzellen zumeist gestreckt und teils longitudinal, teils transversal geordnet sind (Abb. 449), so daß sie sich gruppenweise kreuzen. Die innere Auskleidung der Steinschale ist ein Teil der Samenschale und besteht aus großen, vielgestaltigen Zellen (Abb. 450) nebst reichem Adernetz (Leitbündel).

C. Same. Die braune Umhüllung des Samenkerns ist jener Teil der Samenschale, der nicht an der Steinschale haftenblieb. Sie besteht aus 10—20 Lagen kleiner, verdickter, ungetüpfelter, außen longitudinal gestreckter Zellen mit braunem Inhalt, zwischen denen sich große Pigmentschläuche finden. Die beiden innersten Reihen sind rundliche Zellen mit stärker verdickten Wänden.

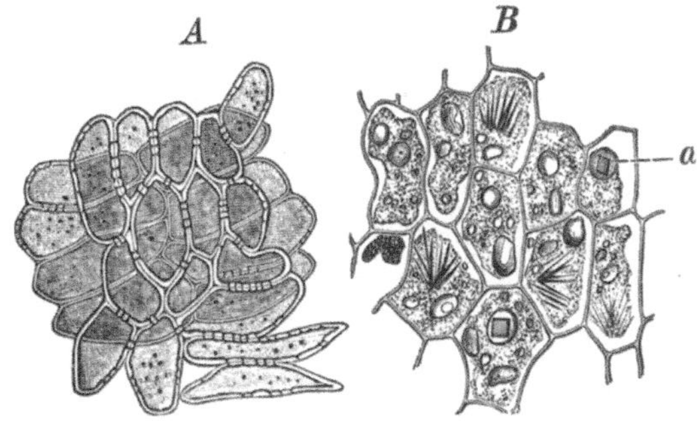

Abb. 451. Samengewebe der Kokosnuß (J. MOELLER). *A* Schalenparenchym, *B* Nährgewebe mit Fett u. Aleuron *a*.

Der weiße Samenkern ist das Endosperm (Abb. 451). Seine Zellen sind außen fast isodiametrisch (50 μ), nach innen zu radial gestreckt (bis 300 μ). Die etwa 3 μ dicken Zellwände tragen vereinzelte breite, in Lauge deutlicher erkennbare Tüpfel. Der Zellinhalt besteht aus Fettkristallen und Aleuronkörnern mit je einem (bis 25 μ) großen Kristalloid.

Kokosnußprodukte.

Aus getrockneten Kokoskernen hergestellte Schnitzel finden in der Kuchenbäckerei Verwendung. Sie enthalten nur sehr wenig Schalenbestandteile.

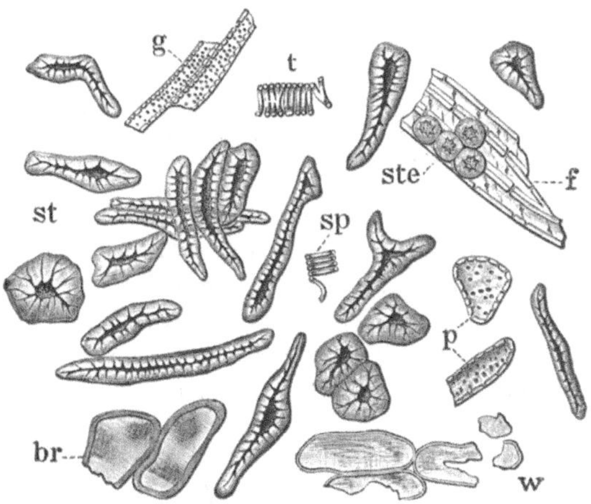

Abb. 452. Kokosschalenpulver (A. L. WINTON); *st* dunkelgelbe Steinzellen, *t* Netzgefäß, *sp* Spiralgefäß, *p* Parenchym der Samenschale, *g* Tüpfelgefäß, *w* farbloses Parenchym, *br* braunes Parenchym, *f* Bastfasern, *ste* Kieselkörperchen.

Kokosnußkuchen, die Rückstände der Ölpressung, werden im gemahlenen Zustand als Futtermittel und zur Gewürzfälschung benützt. Das Pulver besteht hauptsächlich aus farblosen, dünnwandigen Endospermzellen, deren Konturen und Poren erst in Lauge deutlich werden, während ihr aus Fett und Aleuron bestehender Inhalt besser im Glyzerinpräparat erkennbar ist. Außerdem finden sich die braunen Zellen der Samenschale in sich kreuzenden Schichten. Kokoskuchen läßt sich von Palmkernkuchen an der geringeren Dicke der Zellwände unterscheiden.

Nach A. L. WINTON benutzt man in Amerika die gemahlenen Steinschalen (Abb. 452) zur Fälschung von Gewürzen. Sie bestehen überwiegend aus braunen

Steinzellen, enthalten aber auch Bruchstücke von Gefäßen und Fasern, gekennzeichnet durch die ihnen anhaftenden Stegmata.

2. Palmnuß.

Die Ölpalme (*Elaeis guineensis* L.) ist im tropischen Afrika heimisch, wächst aber auch in Amerika scheinbar wild. Ihre Früchte, die sogenannten Palmnüsse, sind eiförmig, durch gegenseitigen Druck etwas abgeflacht, im Mittel 2,5 cm lang. Sie sind durch ölreiches Fruchtfleisch ausgezeichnet, das den schwärzlichen, unregelmäßig dreikantigen Steinkern umgibt. In diesem liegt ein ebenfalls ölreicher Same (Länge bis 1,5 cm, Breite bis 1 cm). Unter Palmöl versteht man das Fett des Fruchtfleisches, während man das Samenfett als Palmkernöl bezeichnet. Der Preßrückstand des letzteren dient als Futtermittel und zur Gewürzfälschung.

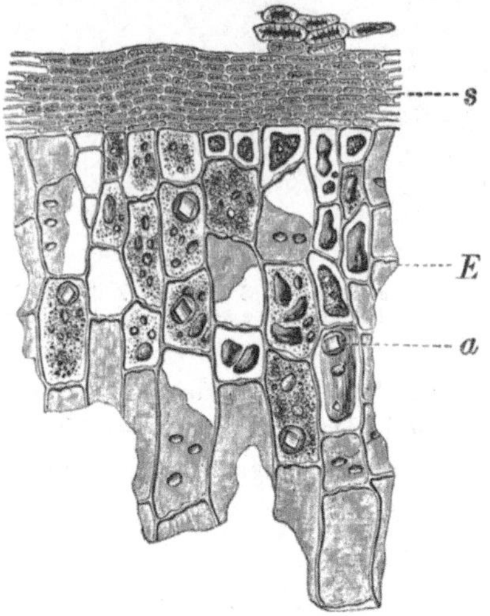

Abb. 453. Samenrand der Ölpalme im Querschnitt (J. MOELLER); *s* Samenschale, *E* Nährgewebe, *a* Aleuronkörner.

Die aus der Steinschale (dem Endokarp) gelösten Samen haben eine Hülle aus mehreren sich kreuzenden Schichten dünnwandiger, tangential gestreckter Zellen mit braunem Inhalt (Abb. 453, *s*). Über der eigentlichen Samenschale liegen 1 bis 2 Reihen wenig verdickter farbloser Parenchymzellen (Raphegewebe). Oft haften außerdem noch Zellen der Steinschale an.

Der Palmkern (das Endosperm) ist dem Kokoskern ähnlich, aber die Zellen sind dickwandiger (5 μ), deutlicher getüpfelt, die Wände auf Durchschnitten knotig (Abb. 453, *E*).

Im Pulver sieht man langgestreckte, rechteckige Endospermzellen mit grobknotig verdickten Wänden, deren Tüpfel in der Fläche als grobe Poren erscheinen. Außerdem finden sich Verbände der braunen, schmalen Zellen der Samenschale in mehreren sich kreuzenden Schichten, in geringer Menge auch Steinzellen und Zellen des Raphegewebes,

3. Dattel.

Die Dattelpalme (*Phoenix dactylifera* L.) ist eine alte Kulturpflanze des Orients, wo sie als ein wertvolles Nahrungsmittel für Mensch und Tier gezogen wird.

In Form, Farbe und Größe (4—8 cm) sind die Früchte verschieden. Sie sind einsamige, etwa walzenförmige Beeren. Das Fruchtfleisch ist etwa 1 cm dick; die 2—3 cm langen und 0,5 cm dicken Samen sind von einer dünnen, bräunlichen Haut (dem Endokarp) bedeckt. Der Samenkern ist ein beinhartes, an der Bauchseite gefurchtes Endosperm, an dessen Rückenseite in der Mitte der kleine Embryo liegt.

A. Fruchtfleisch. Die Oberhaut besteht aus isodiametrischen, farblosen Zellen (10—30 μ).

Das Mesokarp ist durch eine Steinzellenschicht in eine ganz schmale äußere und eine viel breitere innere Zone gesondert. Die Steinzellenschicht besteht aus rundlichen und radial gestreckten Elementen, die oft zapfenartig in das innere großzellige Parenchym hineinragen. Letzteres ist von einer breiten Zone sehr großer Gerbstoffzellen durchzogen, von denen jede einen stark lichtbrechenden, gelblichen bis braunen Einschlußkörper enthält (Abb. 454). Diese Einschlußkörper (Inklusen) färben sich mit verdünntem Eisenchlorid schwarzgrün, mit Vanillinsalzsäure leuchtend rot. Zu beiden Seiten der Inklusenzone verlaufen die dünne Spiroiden enthaltenden Leitbündel, begleitet von Zügen kleiner rundlicher Zellen, deren jede einen warzigen Kieselkörper führt.

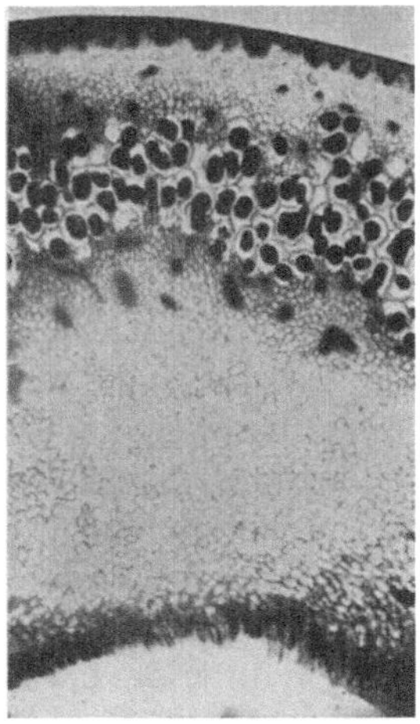

Abb. 454. Fruchtfleisch der Dattel im Querschnitt, die Zone der großen Gerbstoffzellen mit Inklusen zeigend. 1:10. (Phot. C. GRIEBEL).

Das Endokarp aus farblosen, langgestreckten, zusammengefallenen Zellen bildet ein weißes, seidig-faseriges, den Stein lose umhüllendes Häutchen.

B. Same. Die Oberhaut der Samenschale (Abbildung 455) ist aus gestreckten schwach sklerosierten, porösen Zellen zusammengesetzt, die oft gruppenweise nach verschiedenen Richtungen angeordnet sind und daher an das Endokarp der Johannisbeere (Abbildung 381) erinnern.

In dem darunterliegenden Gewebe finden sich schlauchähnliche Zellen mit rötlich-braunem, gerbstoffreichem Inhalt, die sich mit den hierauf folgenden farblosen Zellen kreuzen (Abb. 456).

Das Endosperm besteht aus dicht aneinandergefügten, sehr stark verdickten, breit getüpfelten, farblosen Zellen (Abb. 457), deren Wand sich mit

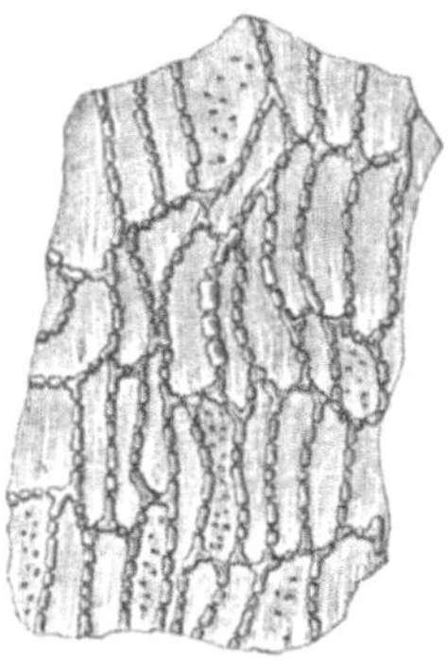

Abb. 455. Samenoberhaut der Dattel (J. MOELLER).

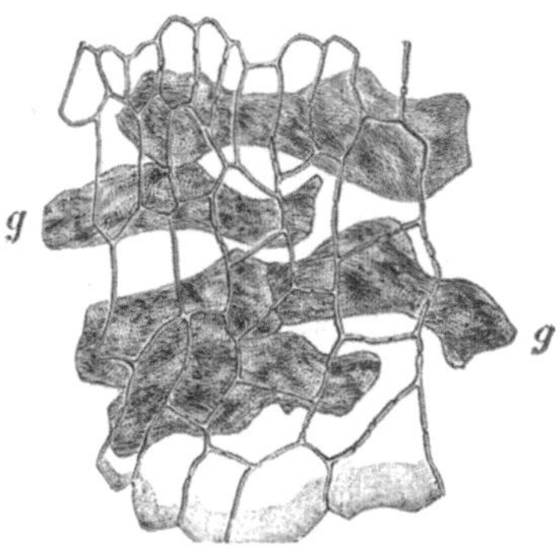

Abb. 456. Samenschale der Dattel mit Pigmentschläuchen *g* (J. MOELLER).

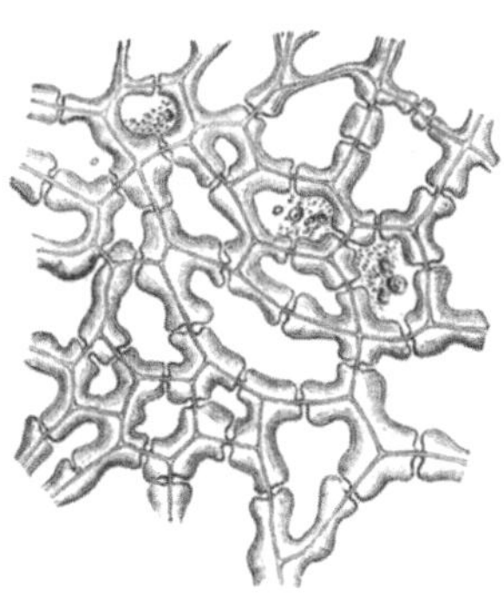

Abb. 457. Nährgewebe der Dattel (J. MOELLER).

Chlorzinkjod violett färbt. Die Dicke der doppelten Zellwände beträgt gewöhnlich 15 μ und übersteigt selten 30 μ. Die Poren verbreitern sich gegen die Mittellamelle knopfförmig. Außen sind die Zellen radial gestreckt, innen isodiametrisch. Sie enthalten Öl.

Dattelprodukte.

Das Fruchtfleisch der Dattel wird zu Konfekten und ähnlichen Zubereitungen verwendet. An den Inklusenzellen ist es ziemlich leicht kenntlich.

Gemahlene Dattelkerne dienen zur Kaffeefälschung. Sie im Pulver aufzufinden, ist nicht leicht, weil die Unterschiede der Tüpfelung durch das Rösten und Mahlen verwischt werden. Kann man aber aus größeren Pulverteilen Schnitte anfertigen, so bietet die Unterscheidung keine Schwierigkeit. Die Samenschale der Dattel muß ebenfalls aufgefunden werden (s. auch Steinnuß).

4. Wachspalme.

Die Samen der Wachspalme (*Copernicia cerifera* MART.) dienen in Brasilien als Kaffeesurrogat und sind gelegentlich auch nach Europa gelangt.

In Form und Größe sind sie einer kleinen Eichel ähnlich, hellbraun mit dunkleren Längsstreifen. Die Innenfläche der Schale und die Außenfläche des Kerns sind tief gerunzelt. Der Kern ist ein beinhartes Endosperm, in das nahe dem Nabel der kleine Embryo eingebettet ist.

Die Samenschale besteht: 1. aus zwei oder mehr Lagen kleiner, polygonaler, dünnwandiger Zellen; 2. aus mehreren Lagen großer, rundlicher, schwach sklerosierter Zellen; 3. einer dicken Parenchymschicht.

Die Endospermzellen sind denen des Dattelkerns ähnlich, aber etwas weniger verdickt.

5. Steinnuß.

Mehrere Palmen besitzen so harte Samen, daß diese als Steinnüsse oder vegetabilisches Elfenbein zu Knöpfen verarbeitet werden. Die meisten Steinnüsse stammen von den in Südamerika heimischen *Phytelephas macrocarpa* R. et P. und *Ph. microcarpa* R. et P.

Sie haben die Form eines Kugelsegmentes. Eine dünne, harte und brüchige, außen graue, innen schwarze Schale (das Endokarp) umschließt den etwa 4 cm langen Samen, der hauptsächlich aus dem von einer dünnen braunen Haut bedeckten Nährgewebe besteht. Ein warzenartiger Vorsprung in der Nähe des Nabels deutet die Lage des Keimlings an.

A. Steinschale. Sie besteht aus drei Schichten:

1. farblose, in radialen Reihen (nach Art des Korkes) geordnete, getüpfelte Zellen;

2. Palisaden, 500 μ hoch, 40—100 μ breit, mit verdickten Innen- und Seitenwänden, daher trichterförmigem Lumen, erfüllt von je einem etwa keulenförmigen Kieselkörper;

3. eine dünne Schicht kollabierter Zellen, der ein Teil der Samenschale anhaftet.

B. Same. Die Samenhaut besteht aus stabförmig gestreckten, wenig verdickten, nicht getüpfelten, reihenweise angeordneten Zellen, deren einzelne Lagen sich kreuzen. Zwischen ihnen liegen große Pigmentschläuche (ähnlich denen der Dattel), die an den Enden oft keulenförmig erweitert sind. Die der Samenschale außen zum Teil anhaftenden, stark verdickten, gestreckten Steinzellen sind Teile des Endokarps.

Das Endosperm (Abb. 458) ist das dickwandigste von allen. Die Zellen sind in den äußersten Lagen polyedrisch, fast isodiametrisch, nicht getüpfelt (Abb. 459), nach innen zu radial gestreckt, ihre Wände 35 μ, oft über 50 μ dick, von Poren durchsetzt, die sich am Grunde, also an der Mittellamelle, fußförmig verbreitern. Die mächtigen Wandverdickungen bestehen aus Reservezellulose und färben sich mit Chlorzinkjod violett.

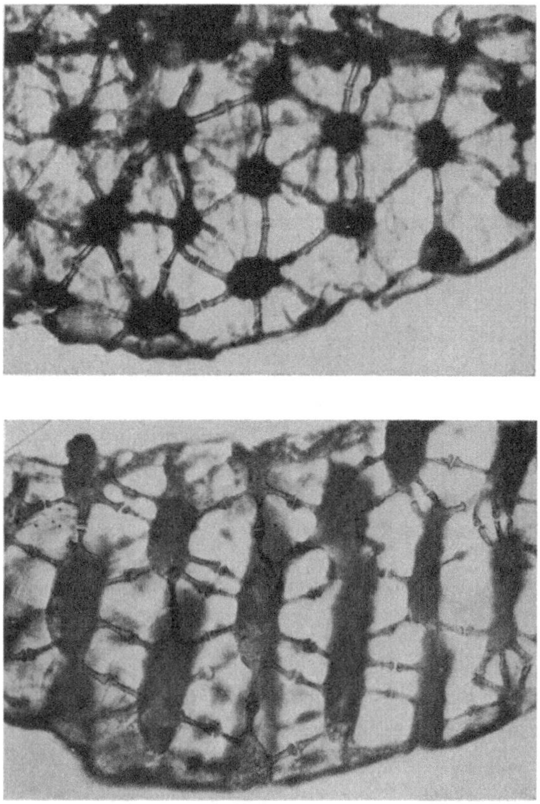

Abb. 458. Steinnußmehl (Phot. C. Griebel). Endospermzellen *a* in Querschnittlage, *b* in Längsschnittlage 1:220.

Steinnußmehl

wird durch Mahlen der bei der Knopffabrikation abfallenden Drehspäne gewonnen. Es hat als Streumehl in der Bäckerei Verwendung gefunden, ferner zur Herstellung von Kaffee-Ersatzmitteln und insbesondere zur Verfälschung von Pfefferpulver. Ein während des Krieges mit Hilfe von synthetischem Piperidid hergestellter Kunstpfeffer bestand in seiner Grundmasse ebenfalls aus Steinnußmehl. Mikroskopisch ist es an den mächtigen, weißen Zellwandauflagerungen und den charakteristischen Tüpfeln, die vom dunkel erscheinenden Zellumen wie Arme ausgehen, leicht kenntlich. Dazu kommt noch das Gewebe der Samenschale mit den stabförmigen (Abb. 459), schichtenweise parallel gerichteten Zellen.

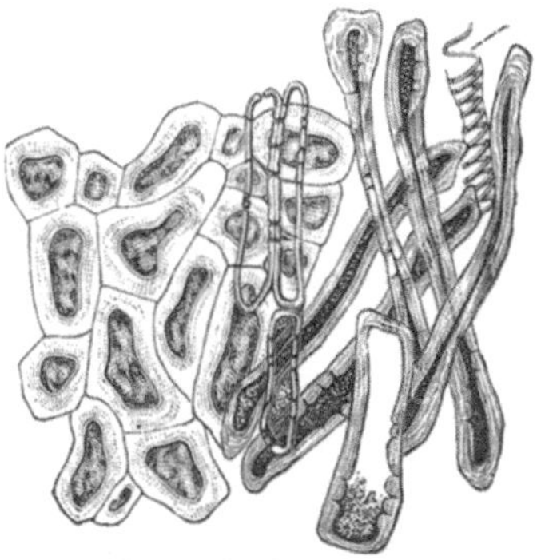

Abb. 459. Steinnußpulver (J. Moeller). Stabzellen der Samenschale (rechts) und Endospermzellen der äußersten Schicht (links).

6. Tahitinuß.

In neuerer Zeit kommen als Steinnüsse auch die Samen zweier auf den Südseeinseln verbreiteter Palmen (*Coelococcus carolinensis* Dingl. und *C. salomonensis* Warb.) unter verschiedenen Namen, meist als Tahiti- oder Fidschi-Nüsse, auch als australische Wassernüsse in den Handel, die das sogenannte polynesische vegetabilische Elfenbein liefern. Sie sind etwa apfelgroß, schwarzbraun, undeutlich gerippt, am Scheitel, wo der Embryo liegt, etwas abgeflacht, an der Basis breit abgeflacht und mit einer großen, tief ins Innere dringenden Höhle versehen, so daß ihr vertikaler Durchschnitt hufeisenförmig ist.

Die Samenschale zeigt flache, etwas gestreckte, schwach verdickte, mit schwarzbraunem Farbstoff gefüllte Zellen, die schichtenweise parallel gelagert, in den einzelnen Schichten aber verschieden orientiert sind. Zwischen ihnen sind Farbstoffschläuche eingelagert.

Das Endosperm ist dem von *Phytelephas* sehr ähnlich, jedoch ist die Mittellamelle deutlicher und die Porenkanäle sind kürzer. Außerdem enthält fast jede Zelle einen kleinen prismatischen Oxalatkristall (für das Pulver das Hauptunterscheidungsmerkmal).

7. Doumpalme.

Als ostafrikanisches oder abessinisches vegetabilisches Elfenbein werden seit einiger Zeit die Samen von *Hyphaene thebaica* Mart., die in Ägypten und in Ostafrika bis zum Äquator vorkommt, in den Handel gebracht.

Sie sind rund, etwas birnförmig, das etwa 1 cm dicke Endosperm bläulichweiß, innen hohl und nicht so hart wie das der übrigen Elfenbeinnüsse.

Im Bau ähnelt das Endosperm dem der anderen Steinnüsse, doch sind die Porenkanäle kürzer und weit seltener. Die Zellwände erscheinen daher mehr knotig verdickt. Von Coelococcus unterscheidet sich Hyphaene durch das Fehlen der Oxalateinzelkristalle.

8. Sägepalme.

Die getrockneten Früchte der in Südkarolina und Florida vorkommenden Sägepalme (*Serenoa serrulata* Hook. fil.) finden besonders in Frankreich bei der Herstellung von Bonificateurs für die Typage des Kognaks Verwendung. Ihre aromatisierende Wirkung beruht auf einem esterifizierenden Enzym (Griebel). Da in Deutschland (übrigens auch in Frankreich) für diese Zwecke nur bestimmte Stoffe zugelassen sind (wie getrocknete Pflaumen, unreife Nüsse, Mandelschalen, Eichenholzspäne u. dgl.) kann der Nachweis dieser Palmfrucht unter Umständen von Bedeutung sein.

Abb. 460. Getrocknete Früchte der Sägepalme, unten der Länge nach durchschnitten, mit dem Samen in der linken Hälfte. Natürl. Größe. (Phot. C. Griebel).

Die als „Bayas negros“ auch als „Sabal“ bezeichneten Früchte (Abb. 460) sind 1,5—3 cm lang, 1—2 cm breit und zeigen in Form und Farbe eine gewisse Ähnlichkeit mit kleinen, getrockneten Pflaumen. Die glänzend dunkelbraune bis blauschwarze, lederige Schale umhüllt ein rötlichgelbes, geschrumpftes Mesokarp. Das Endokarp bildet eine 0,3 mm dicke, zerbrechliche Steinschale, die den hauptsächlich aus Hornendosperm bestehenden eiförmigen Samen einschließt. Die Frucht ist also eine Steinbeere.

Sämtliche Zellen des Epikarps sind gleichmäßig braun gefärbt und geben mit Eisenchlorid starke Gerbstoffreaktion (schwarzgrün). Das Mesokarp, das durch aromatischen Geruch und ranzigen, seifigen Geschmack ausgezeichnet ist, besteht aus großzelligem Parenchym und enthält nur in den äußeren Schichten kleine Gruppen von Sklereiden. Fast in jeder Zelle erkennt man einen gelben, rundlichen Fettklumpen von halbflüssiger Konsistenz, der sich in Alkohol vollständig löst. Die das Mesokarp durchziehenden, faserigen Leitbündel mit dünnen Spiroiden sind von Zügen kleiner, rundlicher, je einen warzigen Kieselkörper führender Zellen begleitet. Endokarp und Same haben hier weniger Interesse. Bemerkenswert ist aber, daß der zwischen beiden befindliche Raum bei der getrockneten Frucht häufig von einem gelben, vorwiegend aus Invertzucker und Mannit bestehenden Sirup erfüllt ist. Nicht selten finden sich auch weiße, nadelförmige Mannitkristalle auf Samenhaut und Innenseite des Endokarps (Abb. 461).

Abb. 461. Sägepalme. Endokarp (links) und Samen (rechts) von Mannitkristallen bedeckt. 1: 2. (Phot. C. Griebel).

Neuere Literatur.

Bertarelli: Verfälschung von Mehlen mit Steinnuß. Zeitschr. f. Unters. d. Nahrungs- u. Genußmittel Bd. 13, S. 484. 1907.

Emmerling: Über Palmkernkuchen und -mehl. Landwirtschaftl. Versuchs-Stat. Bd. 50, S. 5. 1898.

Görbing: Zipangu, ein neues steinnußhaltiges Kaffee-Ersatzpräparat und seine Beurteilung. Zeitschr. f. öff. Chem. Bd. 19, S. 266. 1913.

Griebel und Bames: Über eine zur Aromatisierung des Kognaks dienende Palmfrucht. Zeitschr. f. Unters. d. Nahrungs- u. Genußmittel Bd. 31, S. 282. 1916.

Nottbohm: Verwendung von Steinnuß zur Herstellung von Kaffee-Ersatzmitteln. Zeitschr. f. Unters. d. Nahrungs- u. Genußmittel Bd. 25, S. 144. 1913.

Schulte: Beiträge zur Anatomie monokotyler Samen. Inauguraldissertation Basel 1925.

k) Kürbisfrüchte.

Von den Früchten der *Cucurbitaceen* werden bei uns Gurken, Kürbisse, Wasser- und Zuckermelonen teils frisch, teils als Gemüse, teils als Konserven gegessen. Sie alle sind große, vielsamige Beeren mit derber Schale und saftigem Fruchtfleisch.

A. Fruchtwand. Die Oberhaut besteht aus polygonalen, derbwandigen Zellen und trägt Spaltöffnungen. Die Oberhautzellen sind oft höher als breit, sie erscheinen dann auf Querschnitten palisadenförmig mit stark verdickten, gelben Außen- und Seitenwänden und dünner, glatter Kutikula (Abb. 463).

Das Fruchtfleisch ist großzellig, dünnwandig, von Leitbündeln durchzogen. Beim Kürbis ist eine etwa 0,2 mm breite kleinzellige Randschicht scharf abgegrenzt; bei der Wassermelone befindet sich in dem gleichen Abstande von der Oberhaut eine geschlossene Schicht schwach verdickter, dicht getüpfelter Steinzellen, nach außen scharf abgegrenzt, nach innen allmählich in das Parenchym übergehend; bei der Zuckermelone ist diese Steinzellenschicht schwächer entwickelt und auf weite Strecken unterbrochen; bei der Gurke ist weder eine Randschicht noch eine Steinzellenschicht entwickelt.

B. Same. In der Samenschale unterscheidet man auf Querschnitten deutlich vier Schichten.

1. Palisaden mit Verdickungsleisten. Da die Palisaden bei der Reife mehr oder weniger verschleimen, findet man sie oft gar nicht oder nur ihre Verdickungsleisten in spärlichen Resten als Fäden. Am besten sind die Palisaden bei der Wassermelone erhalten (Abb. 464), demnächst beim Kürbis. Hier sind sie von einer farblosen Membran, dem Endokarp, bedeckt.

2. Eine Steinzellenschicht, in der besonders die innerste Lage durch die Größe, Form, Verdickung und lückenlose Verbindung auffällt. Diese auf Querschnitten fast quadratischen Zellen erscheinen in der Flächenansicht welligbuchtig (Abb. 462, *Sc*), den Gekrösezellen des Paprikasamens ähnlich.

3. Sternparenchym aus schlauchförmigen, dicht nach Art der Netzgefäße getüpfelten Zellen (Abb. 462 *S*).

4. Dünnwandiges Parenchym aus vielgestaltigen, zusammengedrückten Zellen.

Das Nährgewebe besteht aus einer hyalinen Membran und einer einfachen kleinzelligen Aleuronschicht.

Der Embryo hat zwei flache Kotyledonen, deren zartzelliges Gewebe Fett und kleine Aleuronkörner, aber keine Stärke enthält.

1. Kürbis.

Der Kürbis (*Cucurbita Pepo* L., *C. maxima* Duch. und *C. moschata* Duch. — *Cucurbitaceae*) stammt aus Südamerika und wird bei uns in zahlreichen Formen kultiviert. Die Früchte werden sehr groß (bei manchen Sorten fast 100 kg schwer). Sie sind glatt, genetzt oder gerippt, grün, gelb oder marmoriert und enthalten in wässerigem, süßlichem Fruchtfleisch zahlreiche flach-eiförmige, 1,5—2,5 cm lange, wulstig-gerandete, weiße Samen.

Die Oberhaut der Fruchtwand besteht aus bis 50 μ hohen, bis 25 μ breiten, gelben Palisadenzellen.

Das Fruchtfleisch zeigt unter der Oberhaut eine 0,2 mm breite Schicht aus rundlichen, zarten, durch ihre Kleinheit (25 μ) von dem folgenden Parenchym abstechenden Zellen. Die Gefäße sind oft 60 μ breit und haben mehrere (1—4) Spiralbänder.

Die Palisaden der Samenschale sind oft über 200 μ hoch, ihre Verdickungsleisten am äußeren Ende verzweigt. An vielen Samen sucht man die Palisaden vergebens; nur einzelne ihrer Verdickungsleisten sind stellenweise noch erhalten.

Das Steinparenchym besteht aus mehreren Lagen schwach verdickter, dicht getüpfelter Zellen; die großen Zellen der inneren Schicht erscheinen auf Querschnitten scharf abgegrenzt.

Das Sternparenchym ist fast ebenso breit wie die folgende kollabierte Parenchymschicht. In dieser ist eine einfache Aleuronschicht gut zu unterscheiden.

Kürbis wird mit Zucker oder Essig konserviert. Das Fruchtfleisch dient zuweilen zur Verfälschung von Marmeladen und ähnlichen Obstzubereitungen. Für den Nachweis in Marmeladen kommen in erster Linie die weiten, mit kräftigen Spiralbändern versehenen Gefäße in Betracht; Epidermiszellen findet man nur selten. Länge der Mesokarpzellen nach Kochs 38—88 μ, Breite 19 bis 63 μ.

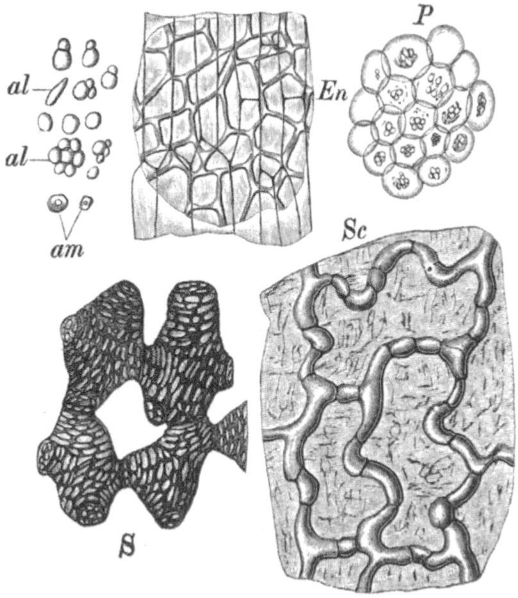

Abb. 462. Kürbiskernkuchen (T. F. Hanausek). *al* Aleuronkörner, *am* Stärke, *En* Gewebestück aus dem Endosperm, *P* Parenchym, *S* netzförmig verdicktes Schwammparenchym der Samenschale, *Sc* Sklereiden der Samenschale.

Aus den Samen wird Öl gepreßt und der Rückstand als Tierfutter verwendet. Die Kürbiskuchen sind durch die mannigfachen Gewebe der Samen (Abb. 462), besonders durch die wellig-buchtigen Steinzellen und das netzförmig getüpfelte Sternparenchym der Schale ausgezeichnet charakterisiert[1].

2. Gurke.

Die Gurke (*Cucumis sativus* L.) stammt wahrscheinlich aus Ostindien. Ihre Früchte finden meist in unreifem Zustand als Salat oder eingemacht als Pfeffer-, Essig- oder Salzgurken Verwendung. Reife Früchte dienen nach Entfernung der Samen zur Bereitung von Gemüse oder Senfgurken.

Die Früchte sind meist walzenförmig, namentlich in der Jugend höckerig, später glatt, meist grün, und enthalten in 3 durch die Plazenten zweiteiligen Fächern zahlreiche flache, scharfrandige, weiße Samen. Gurken werden oft so früh geerntet, daß ihre Gewebe nicht vollständig ausgebildet sind (an Querschnitten beobachtet man dann die befruchteten Samenknospen in Gestalt birnförmiger Körper); haben sie aber einen Durchmesser von 3 cm erreicht,

---

[1] Neuerdings ist es der Versuchsstation für tech. und offizin. Pflanzenbau G. m. b. H. in Happing bei Rosenheim gelungen, Kürbisformen mit besonders ölreichen Samen zu ziehen. Die Kerne dieser „Ölkürbisse“ sind dadurch besonders ausgezeichnet, daß ihnen die zähe Schale vollständig fehlt. Sie sind graugrün und nur von einem dünnen Häutchen überzogen.

dann pflegen Fruchtwand und Samen genügend entwickelt zu sein, um die charakteristischen Eigentümlichkeiten erkennen zu lassen.

Sie unterscheiden sich vom Kürbis in folgendem:

Die Epidermiszellen der Fruchtwand sind zumeist breiter als hoch.

Das Fruchtfleisch ist in seinem äußeren Teil ein kleinzelliges, lückiges, chlorophyllreiches Parenchym, das allmählich in das großzellige Parenchym übergeht (nicht steinzellartig verdickt).

Die Palisaden der Samenoberhaut sind fast vollständig verquollen.

Die Steinzellenschicht der Samen besteht nur aus zwei Reihen; die äußeren Zellen sind queroval, die inneren fast quadratisch, viel größer und stärker verdickt.

Das Sternparenchym ist eine meist einfache, nur an den Rändern mehrfache Zellenreihe.

3. Zuckermelone.

Die Kultur der Melone (*Cucumis Melo* L.) hat sich aus dem tropischen Asien und Afrika über die wärmeren Teile der ganzen Erde verbreitet. Die Früchte sind meist kugelig oder eirund, dick gerippt, gerunzelt, warzig oder genetzt, grün, gelb oder weißlich; das Fleisch ist grün, weiß, gelb oder orangefarbig, süß und aromatisch. Samen ähnlich den Gurkensamen.

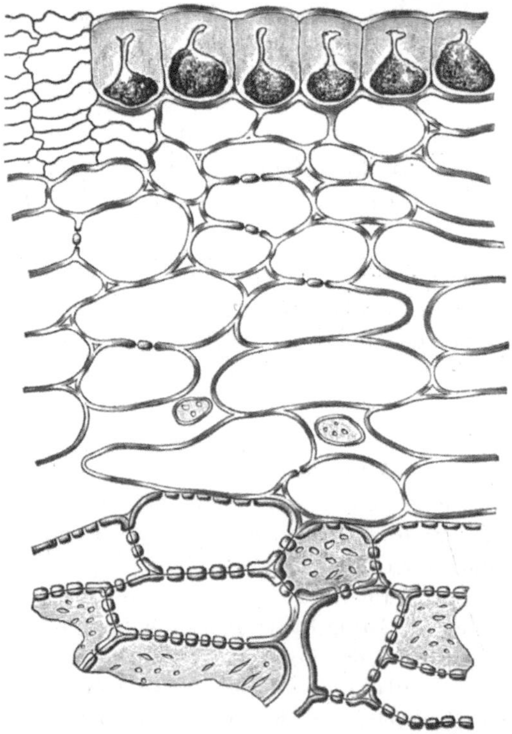

Abb. 463. Durchschnitt des Melonenrandes (J. MOELLER).

Im mikroskopischen Bau unterscheidet sich die Melone vom Kürbis in folgendem:

Die Oberhautzellen der Fruchtwand sind bei vielen Formen derart verdickt (Abbildung 463), daß ihr Lumen auf Querschnitten dreieckig oder flaschenförmig, in der Flächenansicht je nach der Einstellung sehr weit, bis punktförmig, erscheint. Unter der Oberhaut befindet sich an vielen Stellen zartzelliger Kork.

Die Steinzellenschicht im Fruchtfleisch ist schwach entwickelt, weder scharf abgegrenzt noch geschlossen.

Die Palisaden der Samenschale sind stets verquollen.

Das Sklerenchym besteht außen aus kleinen, rundlichen, lückig verbundenen Zellen. Nach innen zu werden die Steinzellen allmählich größer, dicht aneinander gefügt und sehr stark verdickt, ohne scharfe Abgrenzung der Innenreihe.

Das Sternparenchym ist wenig entwickelt, stellenweise kaum erkennbar. Einzelne Zellen sind mitunter schwach sklerosiert.

4. Wassermelone.

Die Wassermelone oder Arbuse (*Citrullus vulgaris* SCHRAD. stammt aus Südafrika. Die Früchte sind kugelig, oft sehr groß, grün, glatt, dünnschalig. Das Fleisch ist sehr saftig, rot, süß, wenig gewürzhaft. Die Samen sind meist glänzend schwarz, am Rande verdickt.

Die Oberhautzellen der Fruchtwand sind oft breiter als hoch, ihre Außen- und Seitenwände mäßig verdickt.

Die Steinzellen im Fruchtfleisch bilden eine kaum unterbrochene, an manchen Stellen nur einreihige Schicht.

Die Palisaden der Samenoberhaut sind etwa 240 μ hoch.

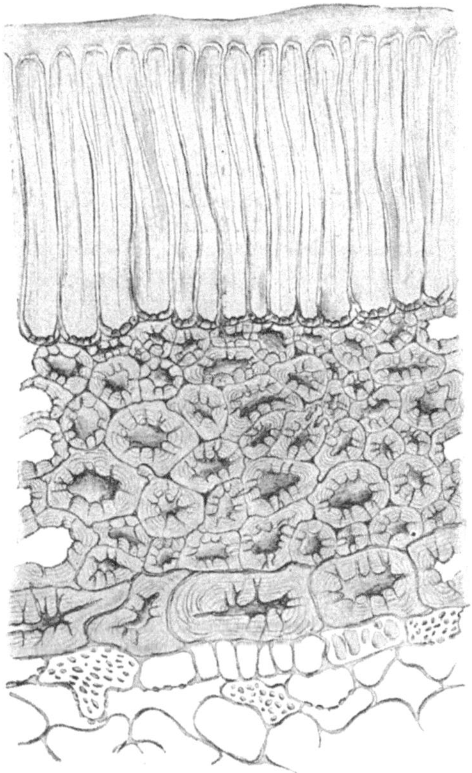

Abb. 464. Samenschale der Wassermelone im Querschnitt (J. MOELLER).

Das Steinparenchym besteht aus Zellen von auffallend verschiedener Größe. Die Reihe kubischer, stark verdickter Zellen ist scharf abgegrenzt (Abb. 464).

Das Sternparenchym bildet zwar eine dünne Schicht, ist aber an den grobgetüpfelten Zellwänden gut erkennbar.

V. Blüten und Blütenteile.

Bei vielen Blüten ist es augenscheinlich, daß sämtliche sie zusammensetzenden Teile Blattgebilde sind. Besonders bei den Blütenhüllen kann darüber kein Zweifel sein, denn der Übergang von den grünen Laubblättern zu den Kelch- und Blumenblättern erfolgt oft allmählich, mitunter so, daß die Grenze überhaupt nicht bestimmbar ist. Die Blattnatur der Staubgefäße erkennen wir deutlich an den gefüllten Blumen, die durch die Kunst des Gärtners aus ungefüllten entstanden sind, wobei lediglich eine Verwandlung der Staubgefäße in Blumenblätter stattgefunden hat. Daß auch der Stempel zu den Blattgebilden gehört, wird durch seine Entwicklungsgeschichte und durch Mißbildungen außer Frage gestellt.

Der Kelch, sofern er vorhanden ist, zeigt in der Regel die größte Übereinstimmung mit den Laubblättern. Er hat dieselbe Oberhaut mit den gleichen Spaltöffnungen und Haaren, dasselbe Mesophyll (jedoch mit undeutlicher oder ganz fehlender Palisadenschicht), dieselben Inhaltsstoffe, meist sogar auch Chlorophyll. Wenn er, wie nicht selten, an der Bildung der Frucht teilnimmt, so treten eingreifende Veränderungen erst bei der Fruchtreife ein.

Die Blumenblätter sind meist zarthäutig und bestehen aus einem dünnen, gleichförmigen, der Länge nach gestreckten Parenchym, das von einer ebenfalls dünnhäutigen Oberhaut beiderseits bedeckt ist. Die Oberhaut hat keine Spaltöffnungen, aber sehr häufig ist sie papillös (Abb. 475) oder behaart. Zarte, einfache oder verzweigte, höchst einfach gebaute Gefäßbündel durchziehen auch die Blumenblätter. Sie enthalten an deutlich erkennbaren Elementen Spiroiden (Abb. 475) nebst einigen langgestreckten, engen Zellen. Mitunter sind sie von Kammerzellen begleitet, die Oxalatkristalle enthalten. Die für die Blumenblätter charakteristische Färbung rührt zumeist von im Zellsaft gelösten Farbstoffen her. In trockenen Blüten erscheinen die Farbstoffe als krümelige Massen. Durch ihre Löslichkeit in Wasser unterscheiden sie sich sofort von den viel seltener vorkommenden Farbstoffkörpern (Chromoplasten), die im farblosen Zellsaft suspendiert sind. Den charakteristischen Geruch verdanken die Blumenblätter ätherischen Ölen, die dem allgemeinen Zellinhalt beigemischt sind oder in besonderen Räumen, auch in Drüsenhaaren vorkommen.

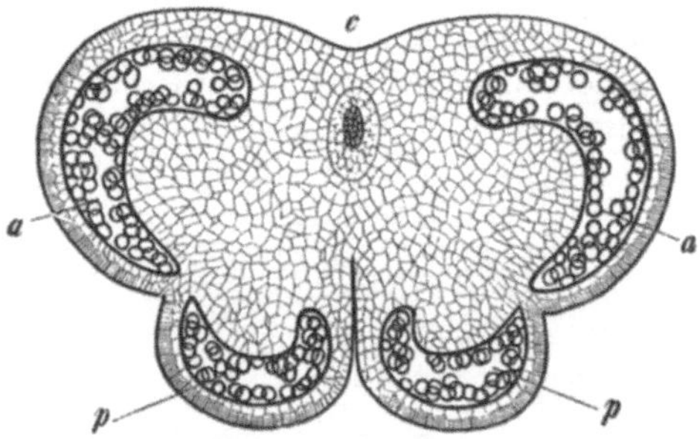

Abb. 465. Querschnitt der Anthere von *Datura Stramonium* (nach A. B. FRANK); *c* das Konnektiv mit dem Leitbündel, *a* die äußeren, *p* die inneren Pollensäcke.

An den Staubgefäßen oder Staubblättern kann man gewöhnlich zwei Teile unterscheiden: einen fadenförmigen Träger (Filament) und einen verbreiterten und verdickten Teil, den Staubbeutel (Anthere). Nur der letztere ist wesentlich, denn in ihm entwickeln sich die männlichen Geschlechtszellen, bekannt als Blütenstaub (Pollen).

An dem Querschnitt einer Anthere (Abb. 465) zeigt sich das von einem Leitbündel durchzogene Parenchym des Antherenträgers (Konnektiv) mit den

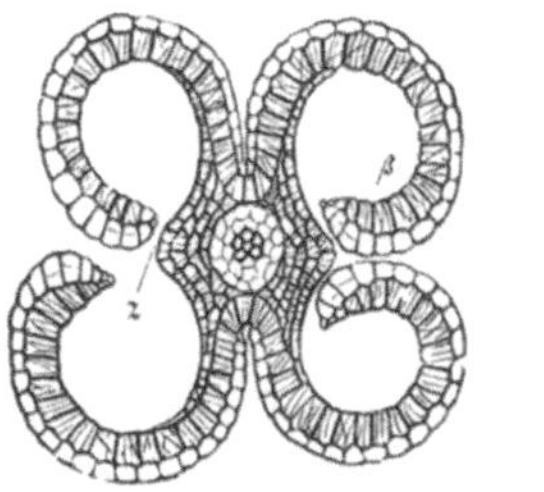

Abb. 466. Querschnitt einer aufgesprungenen Anthere von *Butomus*; die Klappen β haben sich von dem Konnektiv bei *z* abgelöst (nach SACHS).

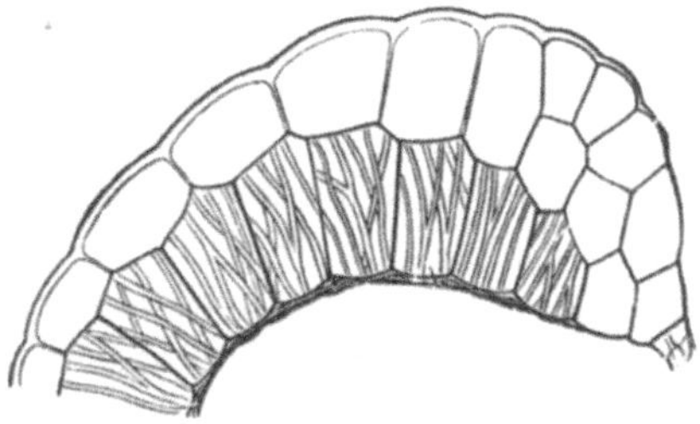

Abb. 467. Querschnitt einer Antherenklappe bei stärkerer Vergrößerung, um die Oberhaut und das Endothecium derselben zu zeigen (nach SACHS).

seitlichen Pollensäcken oder Pollenfächern. In einem späteren Stadium der Entwicklung fließen die beiden Pollensäcke jeder Seite zusammen, und schließlich öffnen sich die Antheren, um den Pollen zu entlassen.

Die Antherenwand (Abb. 466 und 467) besteht aus der mitunter behaarten Oberhaut und aus einer Schicht eigentümlich fibrös verdickter Zellen (Tapete, Endothecium). Meist ist diese Zellschicht einreihig, zuweilen mehr- bis vielreihig. Die Zellen sind durch die Verdickungsleisten sehr charakteristische Bestandteile von Blütenpulvern, doch dürfen sie nicht mit Spiralgefäßen verwechselt werden, denen sie bei oberflächlicher Betrachtung ähneln. Letztere sind sehr lang und tragen ein kontinuierliches Spiralband, während die „Faserzellen“ des Endotheciums Parenchymzellen sind, deren Verdickungsleisten sich nicht abrollen.

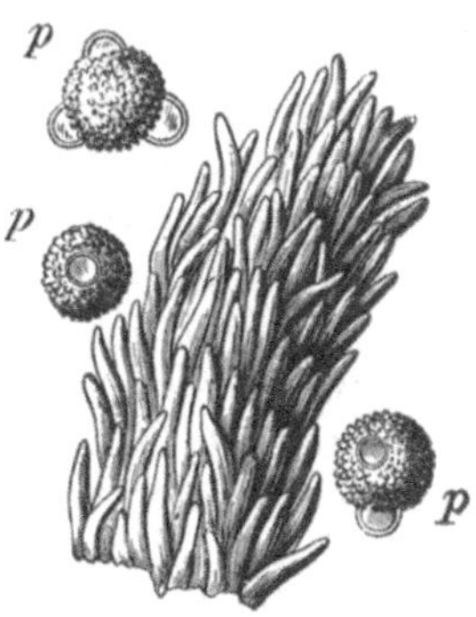

Abb. 468. Griffelende der Saflorblüte (J. MOELLER). *p* Pollenkörner in verschiedener Ansicht.

Die Pollenkörner sind isolierte Zellen von sehr charakteristischem Bau (vgl. Abb. 468). Sie sind meist kugelig oder gerundet tetraedrisch, von einer derben, glatten oder häufiger in der zierlichsten Weise grubigen, körnigen oder stacheligen Haut (Exine) umkleidet, die bei der Keimung des Pollens mitunter aufreißt (z. B. Safran), bei den meisten Pflanzen aber an mehreren (meist drei) Stellen durchlöchert ist. Die zarte innere Pollenhaut (Intine) ist innerhalb der Poren meist polsterartig verdickt. Oft sind die Poren durch Deckelchen verschlossen. Durch eine dieser Poren wächst der protoplasmatische Inhalt in Form eines Schlauches aus, wenn der Pollen seiner Bestimmung gemäß auf die Narbe des Stempels gelangt. Man hat sehr häufig Gelegenheit, bei der Untersuchung der Narben Pollenkörner mit ausgewachsenen Schläuchen zu sehen.

Die Pollenkörner vieler Pflanzen sind durch ihre Form und Größe, besonders durch das Relief ihrer Exine so gut charakterisiert, daß aus ihrem Vorkommen im Honig geschlossen werden kann, aus welchen Blüten die Bienen denselben gesammelt haben.

Der Stempel als Grundlage der Frucht ist genauer im Abschnitt „Früchte und Samen" beschrieben worden; hier sei nur seines fadenförmigen Teiles, des Griffels, besonders gedacht. Er ist ein röhriges Gebilde, am oberen Ende kolbig verdickt, flach oder trichterförmig verbreitert, gelappt, gefiedert — kurz, höchst verschieden gestaltet. Man unterscheidet diesen für die Aufnahme des Pollens vertrefflich eingerichteten Teil als Narbe. Um auch das Haften des Pollens zu sichern und seine Quellung einzuleiten, ist die Oberhaut der Narbe mit Papillen besetzt (Abb. 468), die eine klebrige Flüssigkeit absondern.

Neben einer Reihe von Gewürzen gehören in diesen Abschnitt, strenggenommen auch der Blumenkohl und die Artischocke. Beim ersteren ist es der fleischig gewordene, aber noch unentwickelte Blütenstand, der als Nahrungsmittel dient, bei der letzteren die fleischigen Hüllblätter des noch geschlossenen Blütenkörbchens. Die charakteristischen Elemente der Blüte treten also bei beiden nicht in Erscheinung. Sie sind deshalb aus Zweckmäßigkeitsgründen im folgenden Abschnitt „Blätter und Kräuter" behandelt worden. Dagegen haben die Honigpollen im Anhang Erwähnung gefunden.

1. Safran.

Safran oder Crocus sind die getrockneten Narben von *Crocus sativus* L.[1] (*Iridaceae*), einem kleinen Zwiebelgewächs, das wahrscheinlich aus dem Orient stammt und hauptsächlich in Spanien, in geringerem Maße in Frankreich und anderen Ländern kultiviert wird.

Als Küchengewürz hat der Safran heutzutage nur noch geringe Bedeutung; man benutzt ihn weniger seines Geruches und Geschmackes als seines Färbungsvermögens wegen[2], außerdem zu arzneilichen Zwecken. Die im Herbst blühende Pflanze hat einen etwa 10 cm langen fadenförmigen Griffel, der die Blumenkronenröhre der Länge nach durchzieht und an der Spitze drei braunrote, etwa 3 cm lange Narben trägt. Diese Narben sind der einzige wertvolle Bestandteil der Pflanze. Sie werden aus der Blüte gezupft und auf Haarsieben rasch über Feuer getrocknet.

Die Handelsware stellt ein Haufwerk solcher Narben dar, die, je nachdem sie mit mehr oder weniger Sorgfalt abgezupft wurden, an kleineren oder größeren gelben Griffelenden sitzen. Sie ist deshalb zweifarbig.

Die Narben haben, abgesehen von der starken Färbung, ein glänzendes, fettiges Aussehen, einen durchdringenden, an Jodoform erinnernden Geruch und einen eigenartigen Geschmack. Erweicht man sie in Wasser, wobei ein großer Teil des Farbstoffes rasch mit gelber Farbe gelöst wird, so kann man

[1] Nicht zu verwechseln mit dem häufig in Gärten gezogenen Frühlingssafran (*Crocus venus* L.), dessen Narben wertlos sind, weil sie weder riechen noch schmecken und nur ein sehr geringes Färbungsvermögen haben.

[2] Sein Färbungsvermögen ist außerordentlich. Bei 200000 Teilen des Lösungsmittels ist die Färbung noch deutlich.

ihren Bau noch sehr gut studieren. Jede der drei 2—3 cm langen Narben besteht aus einem röhrigen Gebilde, das sich im oberen Drittel allmählich erweitert und in einen etwa 4 mm breiten, gelappten, an einer Seite geschlitzten Saum endigt (Abb. 469). Die Narbenwand zeigt einen höchst einfachen Bau (Abb. 470): ein zartzelliges, locker verbundenes Parenchym, beiderseits von einer wenig differenzierten Epi-

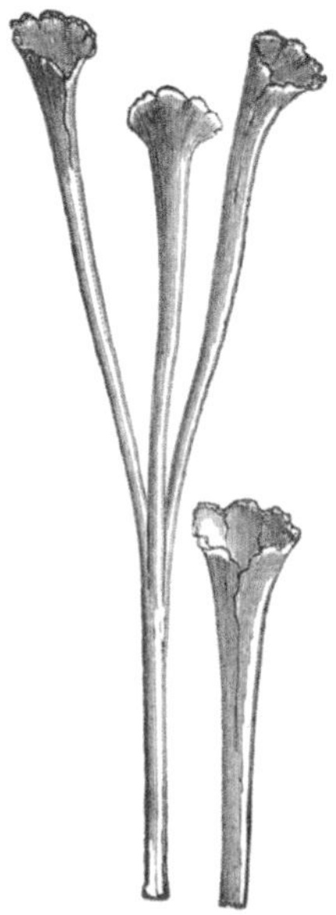

Abb. 469. Narben von *Crocus sativus* (nach PLANCHON).

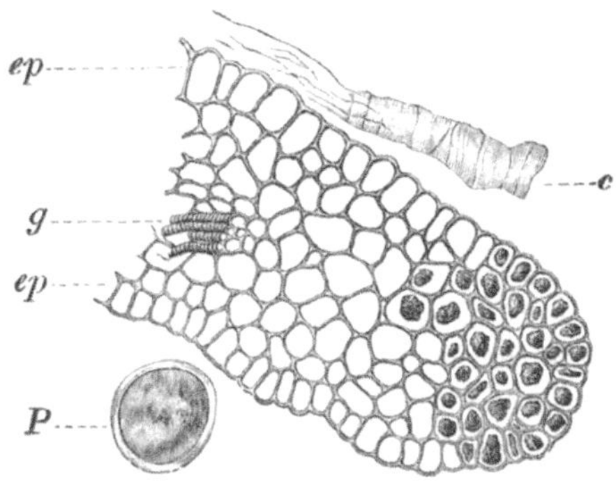

Abb. 470. Der Rand der Safrannarbe im Querschnitt (J. MOELLER). *ep* die Oberhaut beiderseits, *g* ein Gefäßbündel, *c* die abgelöste Kutikula, *P* ein Pollenkorn.

dermis überzogen, in der Mitte spärliche kleine Leitbündel mit Spiroiden. Von der Fläche gesehen, sind alle Zellen gestreckt (gegen 200 μ lang und 15 μ breit), äußerst zartwandig. Die Epidermiszellen

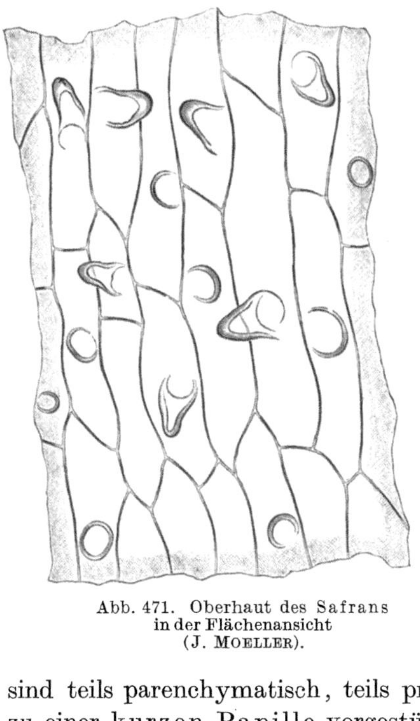

Abb. 471. Oberhaut des Safrans in der Flächenansicht (J. MOELLER).

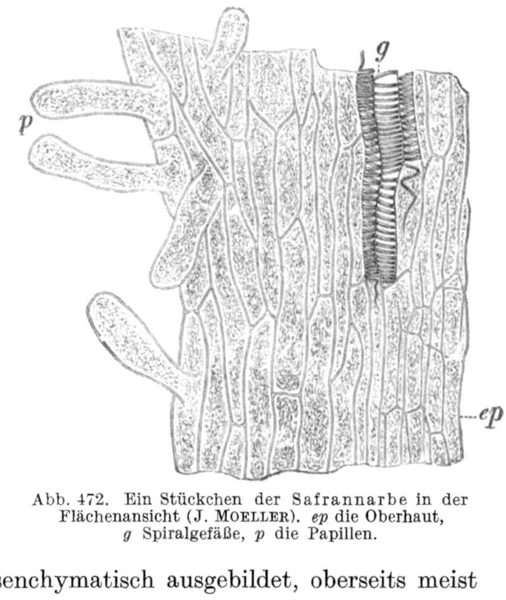

Abb. 472. Ein Stückchen der Safrannarbe in der Flächenansicht (J. MOELLER). *ep* die Oberhaut, *g* Spiralgefäße, *p* die Papillen.

sind teils parenchymatisch, teils prosenchymatisch ausgebildet, oberseits meist zu einer kurzen Papille vorgestülpt (Abb. 471). Von der Oberhaut löst sich mitunter die Kutikula als eine glashelle, streifige Membran, die durch ihre Starrheit von dem übrigen weichen Gewebe absticht. Der Rand des Saumes ist dicht mit Papillen besetzt, die 15—40 μ breit und bis 150 μ lang sind. Ihre Oberfläche ist ungemein fein gekörnt (Abb. 472).

Sämtliche Zellen sind von dem charakteristischen, feurig roten, in dünnen Schichten guttigelben Farbstoff erfüllt, den man in fettem Öl unverändert beobachten kann, weil er darin unlöslich ist. In Wasser und Alkalien löst er sich rasch mit gelber Farbe, weniger rasch in Glyzerin und Alkohol. In konzentrierter Schwefelsäure löst sich der Zellinhalt mit tief blauer Farbe, die bald durch violett und rot in braun übergeht. Oxalatkristalle fehlen dem Safran.

Oft stößt man bei der mikroskopischen Untersuchung auf große (meist 80—100 μ), derbhäutige Kugeln mit farblosem, körnigem Inhalt (Abb. 470, *P*); es sind Pollenkörner.

Safranpulver.

Safranpulver ist durch seine Farbe und durch das Fehlen charakteristischer Zellelemente gekennzeichnet. Zuweilen begegnet man Gewebestücken mit noch unverletzten Papillen. Stets finden sich — oft nur in geringer Anzahl — kugelige, bis 100 μ große Pollenkörner. Diagnostisch von Bedeutung ist das Verhalten des Farbstoffes im Wasser- und Ölpräparat. Auch wenn man von den Formelementen absieht, läßt sich hierdurch Paprika leicht unterscheiden, der sich mit Schwefelsäure ebenfalls blau färbt. Paprikafarbstoff ist in Wasser unlöslich, löst sich dagegen in Öl; er verhält sich also umgekehrt wie der Safranfarbstoff.

Verfälschungsmittel und Ersatzmittel des Safrans.

Wegen des hohen Preises ist der Safran auch im unzerkleinerten Zustand mannigfachen Verfälschungen ausgesetzt. Von vegetabilischen Stoffen kommen hauptsächlich Safran-Griffel oder andere, dem Safran mehr oder weniger ähnliche Pflanzenteile in Betracht. Nach dem Aufweichen sind sie unter der Lupe meist leicht als fremdartige Gebilde erkennbar.

Safrangriffel.

Die Griffel der Safranblüte[1] sind nicht rot, sondern gelb gefärbt, daher im Gemenge mit Narben sehr leicht herauszufinden. Sind sie aber, was ebenfalls vorkommt, künstlich gefärbt, so muß die Probe in Wasser erweicht werden, worauf die zylindrischen Griffel von den trompetenförmigen Narben sicher zu unterscheiden sind. Im Pulver jedoch ist diese Fälschung, übrigens die harmloseste und am wenigsten lohnende von allen, schwieriger nachweisbar, weil die Griffel im histologischen Bau den Narben sehr nahe stehen. Es fehlen ihnen zwar die Randpapillen, aber diese sind auch an den Narben im Verhältnis zur Masse spärlich und im Detritus nicht immer bestimmt erkennbar. Ein wertvolleres Unterscheidungsmerkmal bieten die Oberhautzellen. Sie sind am Griffel schwach gewellt (A. Vogl), auch fehlen ihnen

[1] Sie hießen ursprünglich „Feminell" und bildeten einen selbständigen Handelsartikel. In der Literatur werden sowohl sie wie die Ringelblumen Feminell genannt; was aber gegenwärtig im Handel als Feminell vorkommt, sind die gefärbten Zungenblüten der Ringelblume (s. S. 325).

die für die Narben charakteristischen papillösen Ausstülpungen (Abb. 471). Zu berücksichtigen bleibt hierbei aber immer, daß geringe Mengen von Griffelteilen (bis 10%) stets im Safran vorkommen, sofern es sich nicht um eine ausgelesene Ware handelt, die als solche höchstens noch 1% Griffel enthalten darf.

Aber nicht nur künstlich gefärbte Griffel dienen als Fälschungsmittel, sondern auch extrahierte und dann mit Teerfarbstoffen wieder aufgefärbte Safrannarben. Durch die mikroskopische Untersuchung in Wasser und Öl sind solche Fälschungen meist an der unregelmäßigen Färbung und der Verschiedenheit der Farbentöne erkennbar, auch daran, daß der Farbstoff nicht im Innern der Zellen sitzt, sondern an der Oberfläche. Handelt es sich überhaupt nur um Teerfarbstoff, was auch schon beobachtet wurde, dann fehlen natürlich die zelligen Elemente vollständig.

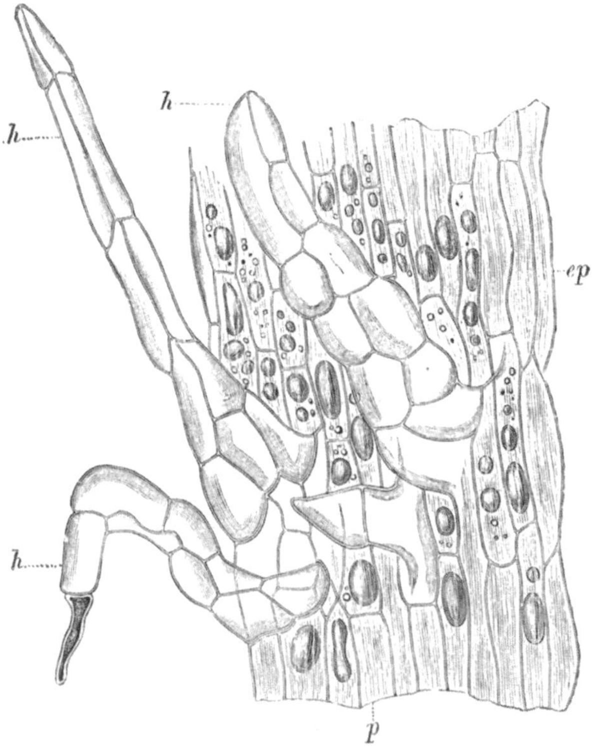

Abb. 473. Blumenblatt der Calendula (J. MOELLER). *ep* die gestreifte Oberhaut mit den Riesenhaaren *h*, *p* ölreiches Parenchym.

Feminell.

Als Feminell werden die künstlich gefärbten und gerollten, zungenförmigen Randblüten der Ringelblume (*Calendula officinalis* L. — *Compositae*) bezeichnet, die äußerlich dem Safran recht ähnlich sehen, aber fast geruchlos und geschmacklos sind. Sie bestehen aus einem kleinen — übrigens oft fehlenden — spindelförmigen Fruchtknoten mit kleinem, in 2 Narben gegabeltem Griffel und einem zungenförmigen, viernervigen, gegen 25 mm langen, orangegelben Blumenblatt. Am Grunde ist dieses behaart und bildet eine Rinne; nach außen verbreitert es sich allmählich und läuft in eine verschmälerte 3zähnige Spitze aus.

Die Spreite zeigt ein Parenchym aus langgestreckten dünnwandigen, meist mit horizontalen Wänden aneinanderstoßenden Zellen (Abb. 473), nicht gerade auffällig vom Parenchym des Safrans verschieden. Sieht man aber genauer zu, so findet man, daß die Oberhaut zierlich und fein gestreift ist. Ganz und gar verschieden ist der Zellinhalt. Er besteht aus einem oder mehreren farblosen oder gelben, in Wasser unlöslichen Tropfen, die mit Osmiumsäure schwarz werden (Öl). Gegen den rinnigen Grund des Blattes zu treten in immer größerer Anzahl Haarbildungen auf (Abb. 473). Sie sind bis über millimeterlang, bis 65 μ breit und meist aus mehreren Zellreihen aufgebaut; an der Spitze tragen sie eine oder zwei kegelförmige, oft geschrumpfte Endzellen oder ein vielzelliges Köpfchen. An den Narben finden sich meist stachelige, dreiporige Pollenkörner (30—40 μ).

Saflor

(*Carthamus tinctorius* L. — *Compositae*) befindet sich im Handel in Form von kleinen Kuchen, die aus einem Haufwerk zarter, orangeroter oder ziegelroter Zwitterblüten bestehen (Abb. 474). Diese zeigen nach dem Aufweichen eine sehr dünne, über 2 cm lange Blumenröhre, die oben in fünf schmale, zungenförmige Zipfel gespalten ist. Aus dem Schlunde ragen die zu einer etwa 5 mm langen Röhre verwachsenen gelben Staubbeutel hervor, zwischen denen sich der keulenförmig verdickte rote Griffel erhebt. Mitunter ist die Blumenröhre noch mit dem unterständigen Fruchtknoten verbunden, und in manchen Sorten findet man auch die schmalen, weißen, seidig glänzenden Spreublättchen des Blütenbodens.

Abb. 474. Saflorblüte (Lupenbild nach TSCHIRCH und OESTERLE). *P* Corolle, *A* Antheren, *N* Narbe, *fk* Fruchtknoten.

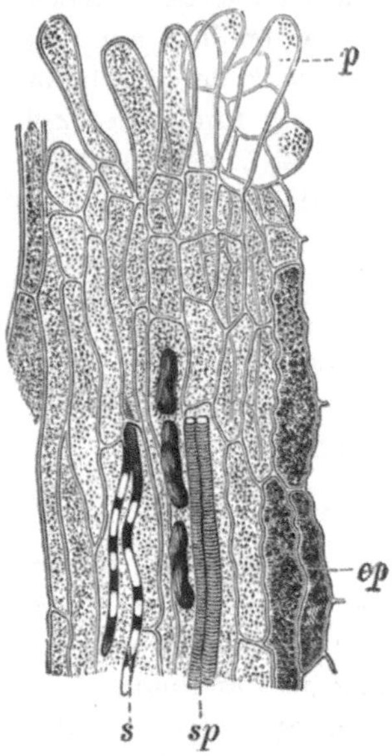

Abb. 475. Blumenblatt des Saflor (J. MOELLER). *ep* Oberhaut mit den Papillen *p*, *sp* Spiralgefäße, *s* Sekretschläuche.

Unter dem Mikroskop erscheinen die Perigonzipfel des Saflors karminrot. Der Farbstoff ist in Wasser und fettem Öl unlöslich (Unterschied von Safran), durch Alkalien wird er gelb. Die Oberhautzellen haben zum Teil leicht geschlängelte Konturen. Die Papillen sind derber als beim Safran und auf die Spitze der Perigonzipfel beschränkt (Abbildung 475). Charakteristisch sind die Sekretschläuche, die die Gefäßbündel begleiten und eine dunkelbraunrote, oft in mehrere Stücke zerbrochene Masse enthalten (Abb. 475, *s*). Das Gewebe der Staubfäden besteht aus langen, faserförmigen, zum Teil grob porösen oder netzförmig verdickten Zellen. Die zahlreich vorhandenen Pollenkörner (Abb. 468, *p*) sind kugelig oder stumpf dreikantig, dreiporig, 40—60 μ groß, mit dicht warziger Exine versehen. Der Griffel erscheint dicht zottig, da die Oberhautzellen zu dünnen Papillen ausgewachsen sind (Abb. 468).

Eselsdistel.

Die fruchtknotenfreien Blüten der Eselsdistel (*Onopordon acanthium* L. — *Compositae*) sind wiederholt als Safranverfälschung beobachtet worden (WASICKY, NESTLER, SKARNITZEL). Sie sind trocken 15 bis 20, aufgeweicht 25—30 mm lang. Die Blumenkronenröhre ist in ihrer oberen Hälfte bauchig aufgetrieben und läuft in 5 schmale Zipfel aus. Der 2 mm vorragende Griffel ist in 2 nicht auseinanderweichende Narben gespalten. Die Exine der Pollenkörner zeigt, wie bei den vorher genannten Kompositenarten, 3 Austrittsstellen. Auf den Zipfeln der Blumenkrone finden sich zweizellreihige Drüsenhaare. In allen Teilen der Blüte kommen Oxalatdrusen vor. SKARNITZEL beobachtete zwischen den Blüten noch 20 bis 25 mm lange, 1,5—2,5 mm breite, sichelförmig eingebogene, spelzenartige Teilchen (Hüllblättchen). Ihre äußere Epidermis ist nach der Spitze der Blättchen zu reich an Einzelkristallen und trägt außerdem angedrückte, kurze, einzellige, dickwandige, 100—162 μ lange und 30—38 μ breite Borstenhaare (Abb. 476). Die Randzellen laufen fast durchweg in ähnlich gestaltete, englumige Trichome aus. Die Borstenhaare sind auch im Pulver erkennbar.

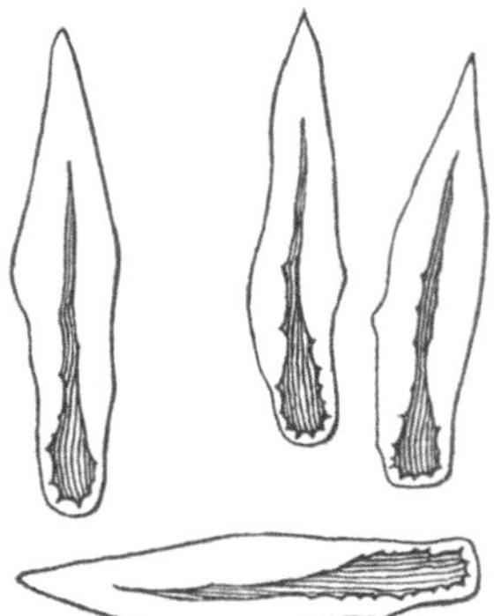

Abb. 476. Borstenhaare der Hüllblätter der Eselsdistel (SKARNITZEL).

Die Blüten der

spanischen Artischocke

(*Cynara cardunculus* L. — *Compositae*) werden nach COLLIN in Spanien oft zur Verfälschung verwendet. Die Blumenkronenzipfel sind eng aneinandergelegt. Aus ihnen ragt die Staubbeutelröhre nur wenig hervor, stark dagegen der fadenförmige Griffel mit zwei kleinen Narben. Die Blüte hat Sekretschläuche wie Saflor, Drusen und Drüsenhaare, auch ähnliche Pollen wie die Eselsdistel.

Maisgriffel.

Zwischen den Scheidenblättern der Maiskolben hängen fingerlange, dünne Fäden heraus: die Griffel der zahlreichen Fruchtknoten. Sie kommen als Stigmata Maydis oder Corn Silk getrocknet in den Handel und dienen als Heilmittel bei Blasenkrankheiten. In kurze Stücke zerschnitten, sehen sie den Safrangriffeln ähnlich, und gefärbt können sie gleich Feminell zur Fälschung des Safrans verwendet werden.

Von den Safrangriffeln kann man die Maisgriffel schon unter der Lupe an ihrer bandartig flachen Gestalt unterscheiden. Bei schwacher Vergrößerung sieht man in dem aus gestreckten Zellen (bis 800 μ lang) bestehenden, zarten Gewebe zwei Leitbündel nahe den Rändern verlaufen. Die Oberhaut trägt spärliche Zottenhaare, denen der Ringelblume (Abb. 473) ähnlich, aber kleiner (0,4—0,8 mm) und ohne Köpfchen.

Wickenkeimlinge

(*Vicia* spec. — *Papilionaceae*), die mit Eosin gefärbt und mit Bariumsulfat beschwert waren, beobachtete T. F. HANAUSEK. Es waren starre, gleich dicke Fäden, die an einem Ende oft einen Rest der Keimblätter mit Stärkekörnern vom Typus der Wicke (s. d.) erkennen ließen.

Außerdem werden genannt: Würzelchen von Laucharten (*Allium schoenoprasum* und *A. porrum* L.), Blüten von *Arnica mantana*, zerschnittene Blumenblätter von *Papaver rhoeas* L. und *Punica granatum* L., Zwiebelschalen, gefärbte Gelatinefäden und Fleischfasern.

Erwähnt seien schließlich noch zwei an Stelle von Safran Verwendung findende Blüten, die aber anscheinend auf das Produktionsgebiet (Südafrika) beschränkt sind.

Kap-Safran

ist gar kein Safran, besitzt aber annähernd dessen Geruch, Geschmack und Färbungsvermögen. Es sind die getrockneten Blüten eines am Kap häufigen Strauches (*Lyperia crocea* Eckl. — *Scrophulariaceae*). Sie haben einen grünlichen, fünfteiligen, etwas bauchigen Kelch mit linealen Zipfeln und eine oberständige, etwa 25 mm lange, hinfällige Blumenkrone mit dünner, im oberen Teil etwas schiefer Röhre und flachem, fünfspaltigem Saum, dessen fast gleiche Zipfel vorn ausgerandet und eingerollt sind. Zwei kurze und zwei längere Staubgefäße sind der Blumenröhre angeheftet. Auf der Blumenkrone und teilweise auch auf dem Kelch sitzen große, regelmäßig gestaltete Drüsenschuppen mit vier Zellchen innerhalb der blasig ausgedehnten Kutikula und mit einem farblosen, in Alkohol und Kalilauge löslichen Inhalt. Die Farbe der trockenen Blüten ist schwarzbraun; in Wasser hellen sie sich auf, indem ein Teil des gelben Farbstoffes in Lösung geht (A. E. v. Vogl).

Auch die Blüten von *Tritonia aurea* Pappe (*Iridaceae*) werden in Südafrika wie Safran verwendet. Sie enthalten einen dem Crocin ähnlichen Farbstoff, der sich in heißem Wasser löst und nach Safran riecht (Heine). Die Griffeläste sind an der Spitze keulenförmig verdickt oder verbreitert. Die orangefarbenen Blumenblätter sind breit lanzettlich, bis 2 cm lang. Zahlreiche in Reihen stehende Zellen des Mesophylls haben einen gelbbraunen, mit konzentrierter Schwefelsäure grün werdenden Inhalt. Besonders charakteristisch sind lange säulenförmige Kristalle (bis 116 μ). Die Pollenkörner sind kugelig bis 73 μ groß, denen des Safrans ähnlich (Hartwich).

Beschwerungsmittel

werden gewöhnlich auf chemischem Wege nachgewiesen, sind aber sehr oft schon durch die mikroskopische Untersuchung erkennbar. In Betracht kommen von kristallinischen Stoffen hauptsächlich Bariumsulfat, Salpeter, Natriumchlorid, Borax, Magnesiumsulfat, Weinstein und Zucker[1], auch Kalziumkarbonat, Gips, Natriumsulfat und Seignettesalz werden genannt. Untersucht man mit solchen Stoffen beschwerten unzerkleinerten Safran in fettem Öl, so machen sich die Beimengungen oft als kristallinische, helle oder gefärbte, auf den Narben liegende Teilchen bemerkbar. Schüttelt man derartigen Safran wiederholt mit 96%igem Alkohol kräftig durch und gießt die Flüssigkeit durch ein Sieb in ein Spitzglas, so lassen sich die abgefallenen Teilchen des Beschwerungsmittels leicht durch Absetzenlassen gewinnen und nach erneuter Alkoholbehandlung bis zur Entfernung der Farbe weiter makro- oder mikrochemisch prüfen (Nestler).

Erfolgte die Beschwerung unter Verwendung von Zuckerlösungen, Glyzerin u. dgl., so muß der Fälscher einen weiteren Zusatz machen, um das Zusammenkleben der Narben zu verhindern. Hierzu dienen gewöhnlich Lycopodium-

[1] In älterem Safran beobachtet man zuweilen einzelne Narben mit gelblichgrauen, schimmelartigen Auflagerungen. Es handelt sich hierbei um auskristallisierten reduzierenden Zucker, der den Narben entstammt.

sporen (siehe diese) oder Stärke. Nach NESTLER ist daher das Auffinden dieser beiden ein sicheres Zeichen dafür, daß eine Beschwerung stattgefunden hat.

Magnesiumsulfat in gelöster Form läßt sich nach NESTLER folgendermaßen nachweisen: Ein Stückchen einer Safrannarbe wird nach Zusatz eines Tröpfchens Chloralhydratlösung (5 + 2) mit einem Skalpell auf einem Objektträger zerdrückt, mit einem Deckglas bedeckt und mikroskopisch betrachtet. Bei Gegenwart von Magnesiumsulfat zeigen sich fast augenblicklich kürzere oder längere Nadeln in sternförmigen, büscheligen und garbenartigen Aggregaten sowie stabförmige Prismen von Magnesiumsulfat, deren Zahl in 1—2 Minuten so zunimmt, daß sie die Gewebeteilchen vollständig bedecken.

Auf wasserlösliche Salze prüft man nach NESTLER in folgender Weise: Etwa 5 Narbenteile zerreibt man mit einer kleinen Menge Wasser, filtriert, fängt das rote Filtrat auf einer geeigneten Glasplatte auf, läßt verdunsten und untersucht die Kruste unter dem Mikroskop.

Bei reinem Safran beobachtet man dann an einzelnen Stellen Nadeln, die zum Teil gekrümmt und zu Aggregaten vereinigt sind, auch wetzsteinartige Formen und sternförmige Aggregate. Dagegen sind Salze leicht an den eigenartigen Kristallen in der Kruste erkennbar (Abb. s. im Original[1]).

Das Safranpulver unterliegt in noch stärkerem Maße der Verfälschung als das unzerkleinerte Gewürz. Zu den bereits erwähnten Stoffen kommen hier noch die Farbhölzer, wie rotes Sandelholz, Fernambukholz und Campecheholz (siehe diese); beobachtet wurden außerdem Kurkuma und Paprika (s. d.). Auch „Safran", der lediglich aus Teerfarbstoff bestand, ist schon im Handel angetroffen worden. In einem solchen Fall fehlen natürlich die zelligen Elemente vollständig.

2. Kapern.

Der Kapernstrauch (*Capparis spinosa* L. — *Capparidaceae*) ist in den Mittelmeerländern heimisch und wird dort auch kultiviert. Die Blüten haben gekreuzt-gegenständige, paarweise sich deckende, grüne, dicklich-zähe Kelchblätter, unscheinbare, zarte Blumenblätter, zahlreiche Staubgefäße und einen gestielten Fruchtknoten. Im Knospenzustand werden sie in Essig und Salz konserviert und als Küchengewürz verwendet. Ihre meist spangrüne Oberfläche zeigt zahlreiche helle Fleckchen, die von auskristallisiertem Rutin herrühren. Die Kristallaggregate lösen sich in Lauge mit schön gelber Farbe.

Die Oberhaut der Kelchblätter ist großzellig und mit streifiger Kutikula versehen (Abb. 477).

Die Epidermis der Blumenblätter ist kleinzelliger und trägt zahlreiche, fast kreisrunde Spaltöffnungen. Auf der Innenseite sitzen einzellige, keulenförmige, meist mehrfach eingeschnürte Haare, die man durch Abschaben der Blumenblätter für die Untersuchung leicht in Menge erhält (Abb. 478).

Die Kapern werden angeblich mit den Blütenknospen anderer Pflanzen verfälscht.

So sollen als deutsche Kapern, Ginster- oder Gaiskapern die Blütenknospen des Besenginsters (*Sarothamnus scoparius* WIMM. — *Papilionaceae*)

[1] Zeitschr. f. Unters. d. Nahrungs- u. Genußmittel Bd. 28, S. 264—268. 1914.

in Holland gesammelt und zubereitet werden. Sie sind länglich, haben einen zweilippig-fünfzähnigen Kelch, eine ungleich fünfblättrige Blumenkrone, 10 in ein Bündel verwachsene Staubgefäße und einen langen eingerollten Griffel.

Die Blütenknospen der Sumpfdotterblume (*Caltha palustris* L. — *Ranunculaceae*) haben fünf eirunde Perigonblätter, zahlreiche Staubgefäße und fünf bis zehn längliche Fruchtknoten.

Abb. 477. Oberhaut des Kapernkelches (J. MOELLER).

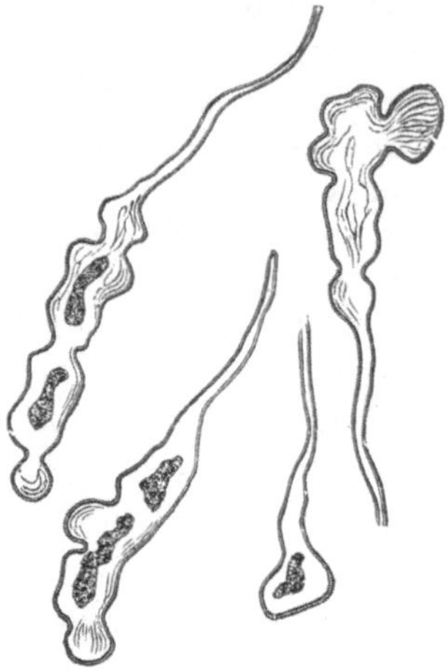

Abb. 478. Kapernhaare (J. MOELLER).

Die Blütenknospen der Kapuzinerkresse (*Tropaeolum majus* L. — *Tropaeolaceae*) haben einen gespornten Kelch, fünf gestielte Blumenblätter, acht Staubgefäße und einen dreilappigen Fruchtknoten.

Auch die unreifen Früchte des Kapernstrauches (Cornichons de Câprier) werden eingemacht und bisweilen den eigentlichen Kapern beigemengt. Es sind längliche, vielsamige Beeren; sie sind also von den Blütenknospen leicht zu unterscheiden.

3. Gewürznelken.

Gewürznelken, wegen ihrer Ähnlichkeit mit einem kurzen, stumpfen Nagel auch Gewürznägelchen (in Österreich „Nagerl") genannt, sind die nicht vollständig entwickelten Blüten des Gewürznelkenbaumes (*Jambosa Caryophyllus* [SPRENGEL] NDZ. — *Myrtaceae*), der auf den Molukken heimisch ist, jetzt aber in allen Tropenländern, namentlich auf den Philippinen, den großen Sundainseln, in Hinterindien, auf den ostafrikanischen Inseln, den Antillen und im tropischen Südamerika kultiviert wird. Der Blütenstand ist eine dreifach dreigabelige Trugdolde; die Blüten haben einen dunkelroten Kelch, weiße Blumenblätter mit rötlichem Anflug und zahlreiche Staubgefäße mit gelben Antheren. Sie werden zur Erntezeit teilweise einzeln mit der Hand gepflückt, meist aufs Geratewohl heruntergeschlagen, auf Tüchern gesammelt und in der Sonne getrocknet, wobei sie eine dunkelbraune Farbe annehmen.

Die Gewürznelke (Abb. 479) hat einen gerundet vierkantigen „Stiel" von ungefähr 1 cm Länge und 3 mm Durchmesser mit fein runzeliger Oberfläche. Nach oben verdickt sich der Stiel ein wenig und endigt in vier abstehende derbe, stumpf dreieckige Lappen, die eigentlichen Kelchblätter, während der „Stiel" selbst den Fruchtknoten darstellt. Im oberen Drittel desselben befindet sich nämlich eine kleine, zweifächerige Höhle mit zahlreichen Samenknospen. Innerhalb der Kelchblätter wölbt sich ein aus 4 Blumenblättern gebildetes Köpfchen (4—5 mm), das die zahlreichen am Außenrand eines niedrigen Walles eingefügten, bogenförmig einwärts gekrümmten Staubgefäße und den Griffel umschließt.

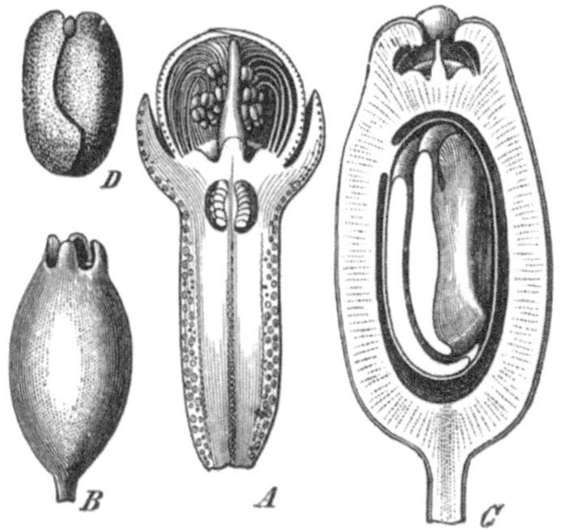

Abb. 479. Gewürznelke (nach LUERSSEN). *A* Blüte im Längsschnitt, 3mal vergr., *B* Frucht (Mutternelke), nat. Größe, *C* Mutternelke im Längsschnitt, 2mal vergr., *D* Keimling, nat. Größe.

Ein Querschnitt durch den „Stiel", richtig Unterkelch (Hypanthium) (Abb. 480), zeigt bei schwacher Vergrößerung in der Nähe der Oberhaut einen Kranz großer Ölräume, innerhalb desselben die ebenfalls im Kreise angeordneten Leitbündel und im Mittelpunkt einen Leitbündelstrang. Bei stärkerer Vergrößerung (Abb. 481) erkennt man eine sehr kleinzellige Epidermis mit ungemein starker Kutikula (etwa 15 μ). Sie ist ziemlich tief und dicht gefaltet, wodurch eben die Rauhigkeit und Runzelung der Oberfläche herbeigeführt wird. Das Parenchym ist in den äußeren Schichten dünnwandig, nach innen zu wird es derbwandig; innerhalb des Leitbündelkreises bildet es ein lockeres Schwammgewebe; nur um den zentralen Bündelstrang ist es wieder dichter.

Die Ölräume sind in doppelter, selbst dreifacher Reihe angeordnet, gewöhnlich nicht unter 0,2 mm groß. Ihr Inhalt liefert mit Kalilauge reichlich Nadeln von Eugenolkalium.

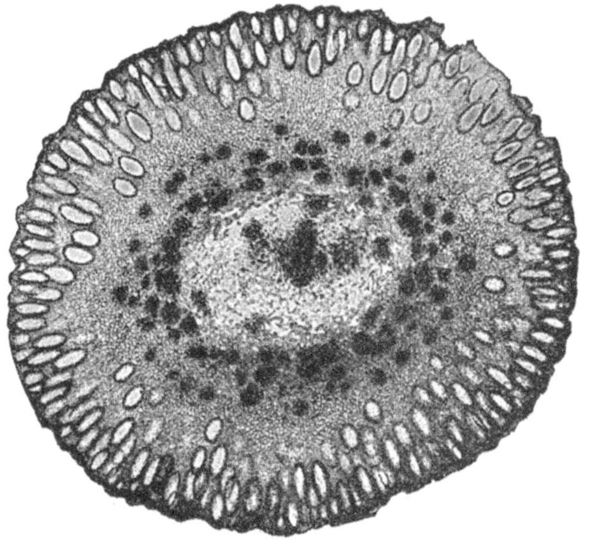

Abb. 480. Stiel (Unterkelch) der Gewürznelke, bei schwacher Vergrößerung (J. MOELLER).

An der Peripherie der Leitbündel, die kleine Spiroiden enthalten, finden sich einzelne, stark verdickte, bis 45 μ breite Fasern (Abb. 481); sonst kommen keinerlei sklerotische Elemente in den Gewürznelken vor.

Unter den Inhaltsstoffen sind die zahlreichen Oxalatdrusen hervorzuheben. Sie kommen zumeist innerhalb oder in der nächsten Umgebung der Leitbündel vor (Abb. 482), im ersteren Falle in vertikalen Reihen (Kammerzellen), sonst in kleinen Gruppen. Das Parenchym enthält formlose, gelbe Massen, die sich in Wasser lösen und mit Eisensalzen blauschwarze Fällungen geben (Gerbstoff). Stärke fehlt vollständig.

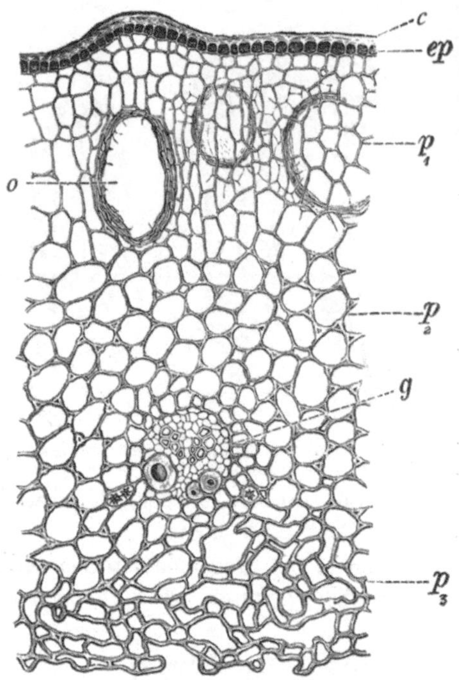

Abb. 481. Unterkelch der Gewürznelke im Querschnitt (J. MOELLER). *ep* Oberhaut mit der Kutikula *c*, p_1, p_2, p_3 die drei verschiedenen, allmählich ineinander gehenden Parenchymschichten, *O* Ölräume, teilweise von Parenchym bedeckt, *g* Gefäßbündel, in dem die Querschnitte der engen Spiroiden und der derbwandigen Bastfasern zu erkennen sind.

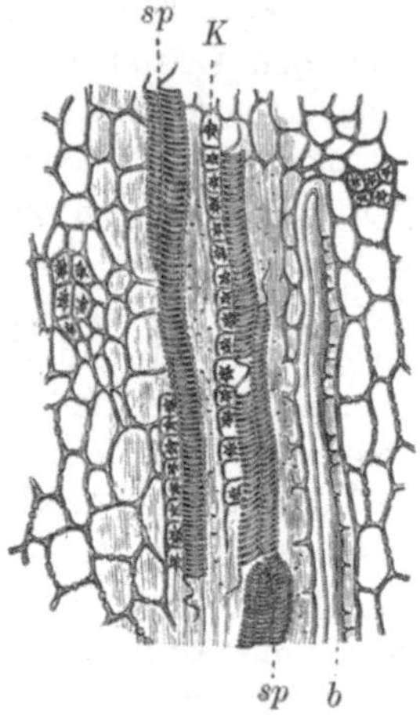

Abb. 482. Längsschnitt durch ein Gefäßbündel (J. MOELLER). *sp* Spiroiden, *b* eine relativ weitlichtige Bastfaser, *K* Kristalldrusen, in Kammerfasern und Gruppen.

Den eben geschilderten Bau weisen auch die Kelchzipfel auf, und wenig verschieden sind die Blumenblätter.

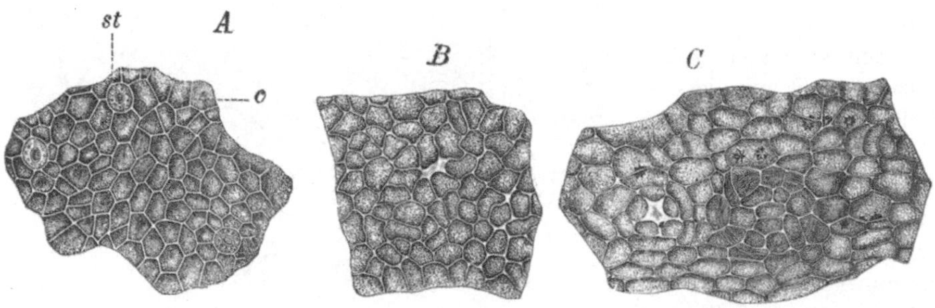

Abb. 483. Epidermen von verschiedenen Teilen der Gewürznelke (J. MOELLER). *A* vom Unterkelch mit dem Kutikularsaum *c* und den Spaltöffnungen *st*, *B* von der Außenseite des Kronblattes, *C* von der Innenseite des Kronenblattes mit durchschimmernden Ölräumen und Kristalldrusen.

In der Flächenansicht zeigt die Epidermis bei den Blütenteilen weitgehende, aber doch nicht vollständige Übereinstimmung. Auf dem Kelch sind die Zellen ebenflächig, und nur hier kommen Spaltöffnungen vor (Abb. 483, *A*);

auf der Außenseite der Blumenblätter sind die Oberhautzellen ebenso klein und nicht viel weniger kutikularisiert, aber im Umriß z. T. schwach wellig (Abb. 483, *B*); die Innenseite der Blumenblätter endlich trägt eine bedeutend zartere Oberhaut, durch welche die unter ihr befindlichen Öldrüsen und Oxalatdrusen durchschimmern (Abb. 483, *C*).

Auch die wesentlichen Blütenteile (Staubblätter und Griffel) sind aus denselben Elementen aufgebaut, nur sind diese um vieles zarter. Die Antherensäcke sind dicht mit Pollenkörnern angefüllt, die im Umriß gerundet dreieckig (15 μ) sind und in den abgestutzten Ecken deutlich die Poren erkennen lassen (Abb. 484).

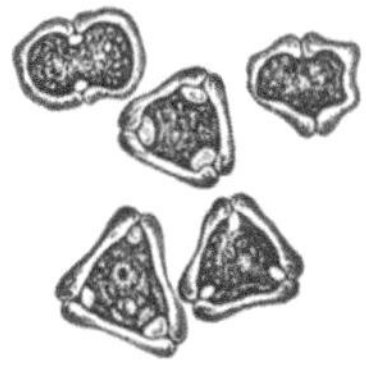

Abb. 484. Pollen der Gewürznelke (J. MOELLER).

Die Gewürznelken sind wegen ihres Geruches und Geschmackes — sie enthalten bis 25% ätherisches Öl — ein beliebtes Küchengewürz. Im unzerkleinerten Zustand läßt sich ihre Vollwertigkeit daran erkennen, daß sie beim Druck mit dem Fingernagel Öl austreten lassen. Ist dies nicht der Fall, so ist die Ware entweder so alt, daß ein großer Teil des Öles sich verflüchtigt hat, oder sie ist ihres Ölgehaltes durch Destillation beraubt worden, ein Umstand, der durch die mikroskopische Untersuchung nicht erwiesen werden kann.

Nelkenpulver.

Im gemahlenen Zustand sind die Nelken ebenso wie andere Gewürze (vgl. unter Pfeffer) allen möglichen Verfälschungen ausgesetzt. Genannt werden z. B. Piment, Kakaoschalen, Getreidemehl, Eichelkaffee (s. d.).

Im Pulver sind vor allem die Pollenkörner und die zwar spärlichen, aber durch ihre Größe auffallenden Bastfasern charakteristisch. Hat man sich überzeugt, daß keine Stärke vorhanden ist, hellt man durch Lauge oder Chloralhydrat auf und beobachtet die Gewebsfragmente. Charakteristisch sind die Oberhaut und das Schwammparenchym; in grobem Pulver sind oft auch Ölräume erhalten. Ferner finden sich Leitbündelfragmente mit Kristallkammerzellen und nach Behandlung mit Kalilauge mitunter lange, oft strahlig gruppierte Kristallnadeln von Eugenolkalium. Was sonst noch im Pulver angetroffen wird, insbesondere Steinzellen, deutet auf ungehörige Beimengung.

Besondere, nur bei Nelkenpulver anwendbare, weil bei den übrigen Gewürzen sich durch den Geruch sofort verratende Fälschungsmittel sind Nelkenstiele und Mutternelken. Ihr Ölgehalt ist bedeutend geringer (etwa 4%); da dieser aber auch in den echten Nelken bedeutenden Schwankungen unterworfen ist, wird man durch eine quantitative Bestimmung des Öles eine derartige Fälschung nicht mit Sicherheit feststellen können; das vermag nur die mikroskopische Analyse.

Nelkenstiele

sind die bei der Ernte der Nelken abfallenden Blütenstiele, die zum Zwecke der Destillation in den Handel kommen.

Sie sind, je nachdem sie Gabelungen des ersten, zweiten oder dritten Grades sind, verschieden dick, stumpf vierkantig, an der Oberfläche glatt, gelblich oder runzelig und braun. Die Epidermis gleicht vollständig jener der Blütenkelche und trägt, wie diese, Spaltöffnungen. An Stelle der Oberhaut findet sich mitunter kleinzelliger Steinkork. Die Rinde ist sehr breit und in hohem Grade sklerosiert. Das Parenchym ist dicht mit braunem Inhalt erfüllt, der in Wasser und Alkalien teilweise löslich ist und Gerbstoffreaktion gibt. Zahlreiche Ölräume sind in den äußeren Schichten zerstreut. Im Rindenparenchym finden sich reichlich, oft gruppenweise, Steinzellen von sehr unregelmäßiger Gestalt (Abb. 485). Unter der Oberhaut sind sie klein, oft einseitig verdickt; weiter innen werden sie bis über 100 μ groß und sind vorwiegend tangential gestreckt, gleichmäßig und sehr stark verdickt, zart geschichtet, von einfachen und verzweigten Porenkanälen durchzogen. Der Bast enthält in seinem äußeren Teil spindelige, nicht selten knorrige, bis 500 μ lange, bis 45 μ dicke Fasern mit sehr engem Lumen und spärlichen Poren (Abb. 485, *b*). Der Holzkörper besteht vorwiegend aus langgliederigen, bis 25 μ weiten Netz- oder Treppengefäßen und Parenchym. Die Innenseite des Holzzylinders ist ebenso wie die Außenseite von Bastfaserbündeln umsäumt, und das Mark enthält ebenfalls Steinzellen, die hier nur regelmäßiger, oft sternförmig gestaltet sind (Abb. 485, *m*).

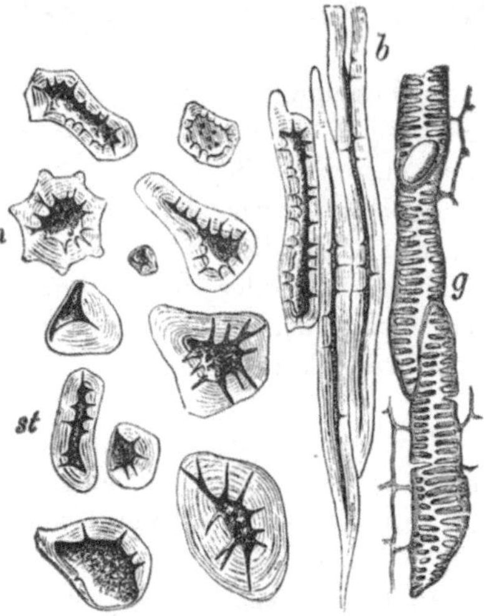

Abb. 485. Gewebselemente der Nelkenstiele (J. MOELLER). *st* Steinzellenformen der Außenrinde, *m* eine sternförmige Steinzelle aus dem Marke, *g* Gefäßröhren, *b* Bastfasern und eine stabförmige Steinzelle aus dem Bastparenchym.

Im Rinden- und Markparenchym findet sich kleinkörnige (3—5 μ) Stärke und Kalziumoxalat in Drusen und Einzelkristallen.

Wir haben sonach in den Nelkenstielen zwei charakteristische und im Pulver leicht auffindbare Zellformen: Steinzellen und Netz- oder Treppengefäße, die im Pulver der Gewürznelken nicht vorkommen dürfen, wenn es als rein gelten soll. Ebensowenig dürfen Stärke, Einzelkristalle, Korkteilchen in reinem Nelkenpulver gefunden werden. Allerdings wird zu beachten sein, daß Gewürznelken auch in guten Sorten nicht ganz frei von Stengelteilen sind, daß demnach der Fund einzelner Stielfragmente, vereinzelter Stärkekörnchen und Einzelkristalle nicht ohne weiteres auf eine Verfälschung schließen läßt. Ganz besonders vorsichtig muß daß Vorkommen von Bastfasern beurteilt werden, weil diese auch in den Gefäßbündeln der Nelken, wenngleich in nur geringer Menge und meist in viel kleineren Formen, vorkommen. Kann man nicht zugleich auch Steinzellen und Netzoder Treppengefäße auffinden, so ist die Beimischung von Stielen auszuschließen.

Mutternelken

(Anthophylli) sind die nicht völlig ausgereiften Früchte des Gewürznelkenbaumes, die als Fälschungsmittel aber nur in Frage kommen, wenn sie billiger als die Gewürznelken sind, was für gewöhnlich jedoch nicht der Fall ist.

Von den in beiden Fruchtfächern der Gewürznelke enthaltenen zahlreichen Samenknospen pflegt nur eine sich zu entwickeln. Die Frucht (Abb. 479, *B*) stellt demnach eine einfächerige und zumeist einsamige Beere dar; sie ist der vergrößerte, bauchige Unterkelch der Gewürznelke (25 mm lang, 9—10 mm dick). Der untere, nicht vergrößerte Teil bildet den Stiel der Frucht; ihr Scheitel ist von den gegeneinander gekrümmten Kelchzipfeln gekrönt.

Die Fruchtwand stimmt im Bau mit dem Unterkelch der Gewürznelke (Abb. 481), aus dem sie ja hervorgegangen ist, überein. Nur ein neues Formelement ist hinzugetreten. Wie so häufig im Fruchtfleisch, sklerosieren auch hier kleine Zellgruppen. Die Steinzellen (Abb. 486) sind in Gestalt und Größe sehr verschieden, vorwiegend jedoch stab- oder faserförmig, knorrig, bis 800 μ lang und 40 μ dick, meist sehr stark verdickt, nur spärlich getüpfelt.

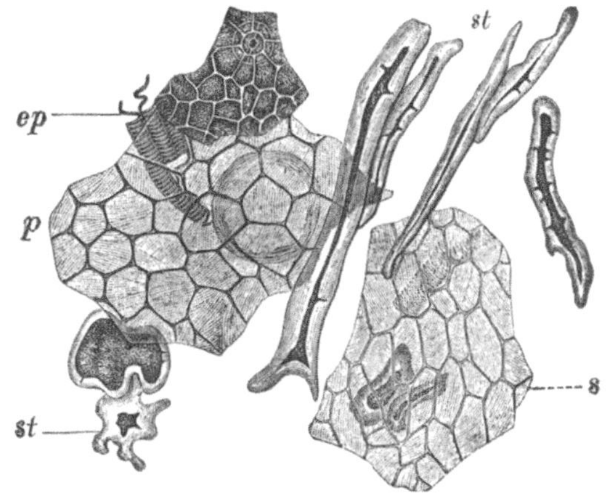

Abb. 486. Gewebselemente der Mutternelke (J. MOELLER). *ep* Oberhaut mit Spaltöffnung, *p* braunes Parenchym der Fruchtwand mit durchscheinender Öldrüse, *sp* Spiroiden, *st* Steinzellen und Fasern, *s* Endothel.

Die Samenhaut ist mit der Fruchtwand verwachsen, bildet also die innere Auskleidung der Fruchthöhle. Sie besteht aus zusammengedrücktem Parenchym mit eingestreuten Steinzellen und dünnen Leitbündeln.

Der Same füllt die Fruchthöhle beinahe vollständig aus und hat ungefähr die Form eines kleinen Dattelkernes (Abb. 479, *D*). Er besteht aus zwei ungleichen, dunkelrotbraunen, an den Berührungsflächen korrespondierend gefurchten (gefalteten), harten Keimlappen mit einem fast zentimeterlangen Würzelchen.

Eine kleinzellige Oberhaut (Abbildung 487, *ep*) überkleidet die Keimlappen, deren Parenchym aus großen (45 μ), rundlichen, derbwandigen, breitporigen, lückig verbundenen Zellen besteht (Abb. 487, *E*), ähnlich dem Kotyledonargewebe vieler Leguminosen. Sie sind auch gleich diesen strotzend mit Stärke gefüllt, die aber der Leguminosenstärke gar nicht ähnlich ist. Die Körner (Abb. 487, *am*) sind vorherrschend birnförmig oder eiförmig (10—40 μ), oft abgestutzt, zuweilen zart geschichtet und lassen am breiteren Ende einen kleinen Kern oder eine längsgerichtete Kernspalte erkennen.

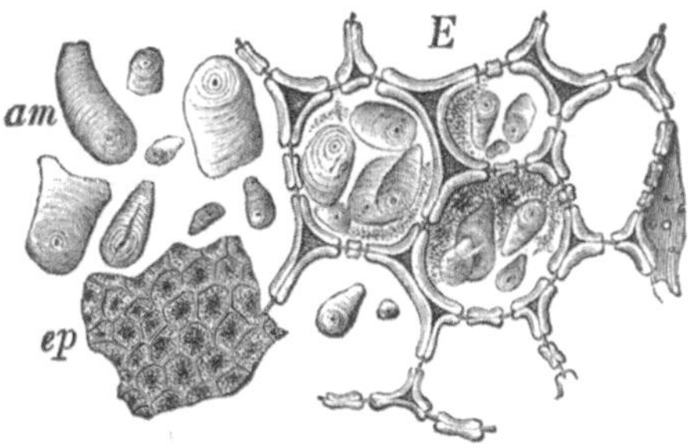

Abb. 487. Gewebselemente des Samens der Mutternelke (J. MOELLER). *E* Gewebe der Keimlappen mit Stärkekörnern *am*, *ep* Oberhaut der Keimlappen.

Mutternelken sind im Pulver der Gewürznelken mit voller Sicherheit zu erkennen. Die knorrigen Steinzellen der ersteren (Abb. 486, *st*) sind ein charakteristisches Merkmal, nicht zu verwechseln mit den Bastfasern in den

Nelken und Nelkenstielen (Abb. 485), ebensowenig mit den Steinzellen in den letzteren. Dazu kommt das Gewebe der Kotyledonen mit dem Stärkegehalt (Abb. 487).

4. Zimtblüte.

Eine nicht sicher bekannte Zimtart (vermutlich *Cinnamomum Cassia* BL.) bietet auch in ihren Blüten ein Gewürz. Die Chinesen sammeln diese nach dem Verblühen und trocknen sie. Als Handelsware stellen die oft noch mit dem kleinen Stielchen versehenen Zimtblüten (Flores Cassiae) 6—12 mm lange, am vorderen Ende etwa 4 mm breite, flaschen-, keulen- oder kreiselförmige runzelige, schwarzbraune, harte, holzige Körper dar, die schwach, aber angenehm nach Zimt riechen und schmecken.

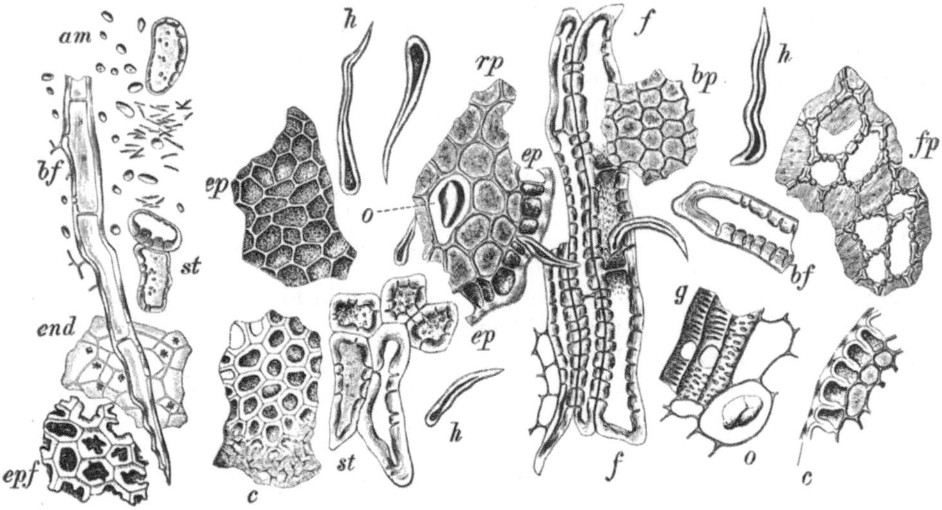

Abb. 488. Elemente der Zimtblüte (J. MOELLER). *ep* Oberhaut des Perigons, *h* Haare, *st* Steinzellen, *f* Stabzellen, *bf* Bastfasern, *rp* Rindenparenchym, *bp* Bastparenchym, *g* Gefäße, *o* Ölzellen, *end* Endothel, *am* Stärke, *epf* Oberhaut der Frucht, rechts im Durchschnitt, links in der Flächenansicht mit der Kutikula *c*, *fp* Steinparenchym des Fruchtfleisches.

Das Perigon und der Stiel sind von einer kleinzelligen, derb kutikularisierten Oberhaut bedeckt (Abb. 488, *ep*), die an die Oberhaut der Gewürznelken erinnert, sich jedoch von ihr durch die Behaarung unterscheidet. Die Härchen sind einzellig, selten über 120 μ lang, häufig gekrümmt, sehr stark verdickt (Abb. 488, *h*). Das Parenchym enthält reichlich Ölzellen.

Die im Stiel und im Unterkelch vorhandenen Bastfasern haben mehr den Charakter von Stabzellen (Abb. 488, *f*) und sind oft gefächert (*bf*); unregelmäßig geformte, mitunter einseitig stärker verdickte Steinzellen sind ihnen oft angelagert. Die Leitbündel enthalten etwa 15 μ weite, meist leiter- oder netzförmig verdickte Gefäße (*g*). Im Parenchym finden sich kleine, rundliche bis spindelförmige, einfache Stärkekörner und winzige Nadeln von Kalziumoxalat, wie in der Zimtrinde.

Der Fruchtknoten (oder die unreife Frucht) hat eine sehr stark kutikularisierte, in der Flächenansicht durch die oft ungleichmäßige Verdickung ihrer Seitenwände auffallende Oberhaut (*epf*). In der darunter liegenden Schicht sind die Zellen zum Teil sklerosiert (*fp*). Das Endokarp bildet eine verschleimende Parenchymschicht mit kleinen Kristalldrusen und wenig Einzelristallen (*end*).

Die Zimtblüten werden als Küchengewürz nur selten, häufiger zu Destillationszwecken verwendet. Sie stehen der Zimtrinde im Werte bedeutend nach, sind aber doch im Preise höher. Aus diesem triftigen Grunde können sie nicht (oder nur in extrahiertem Zustand) zur Fälschung des Zimtpulvers dienen, wozu sie sonst sehr geeignet wären.

Auch in Pulverform sind die Zimtblüten leicht zu erkennen. In ziemlich großer Menge findet man die charakteristischen Härchen (Abb. 488, *h*) und Bastfasern (*f* und *bf*). Die ersteren fehlen dem Zimt ganz; die letzteren sind ganz abweichend gestaltet. Der Zimt hat auch kein der Oberhaut der Zimtblüten nur entfernt ähnliches Gewebe. An Stiel, Perigon und Frucht der Zimtblüte ist die Oberhaut nach demselben Typus gebaut, nur ist dieser an der Frucht am schärfsten ausgeprägt (*epf*). Das Steinparenchym der Fruchtschale (*fp*) findet im Zimt ebenfalls kein Analogon, während die im Stielchen und Perigon in geringer Menge vorkommenden Steinzellen von denselben Gebilden im Zimt kaum sicher zu unterscheiden sind. Daß in der reinen Zimtrinde keinerlei Gefäße angetroffen werden können, ist selbstverständlich. Die Stärke in den Zimtblüten ist zwar von der Stärke in der Zimtrinde verschieden, aber von den Bruchkörnern der Rindenstärke im Pulver nicht unterscheidbar.

Anhang.

Honigpollen.

Die Absonderung des Nektars in den Blüten erfolgt gleichzeitig mit der Reife der Pollenkörner, also wenn die Staubbeutel sich öffnen. Der von den Bienen eingesammelte Nektar wird daher stets Pollenkörner der besuchten Blüten enthalten, allerdings oft nur in sehr geringer Menge (z. B. Linde). Fehlmann konnte bei der Untersuchung von 100 echten Schweizer Honigen auch in allen Proben ohne Ausnahme Pollen verschiedener Art nachweisen. Bemerkenswert ist hierbei, daß dies sogar bei den Tau- und Tannenhonigen der Fall war. Denn diese stammen nicht aus Blüten, sondern bestehen aus den süßen Ausscheidungen bestimmter Blatt- und Schildläuse, die erst im Hochsommer auftreten, also zu einer Zeit, wenn die Blüte der Coniferen und der Honigtau liefernden Laubbäume längst vorüber ist. Hieraus ist zu entnehmen, daß reine Tau- und Tannenhonige kaum vorkommen dürften, da die Bienen offenbar zugleich auch Blüten aufsuchen und daß außerdem jeder echte Bienenhonig Pollenkörner enthält.

Auch solche Blüten, die überhaupt keinen Nektar absondern, werden von den Bienen aufgesucht, und zwar des Pollens wegen, der sowohl aus Nektarblüten wie aus nektarfreien in Form der „Höschen" nach Hause getragen und dann in den Brutwaben abgelagert wird, um bei der Ernährung der Brut Verwendung zu finden (Bienenbrot). Daher gelangen auch Pollen von nektarfreien Blüten leicht in geringer Menge in den Honig, selbst solche von Windblütern, die während des Fluges vom Haarkleid der Bienen festgehalten worden sind.

Die Beobachtung, daß Kunsthonige oft außerordentlich große Mengen Pollen enthalten, hat verschiedentlich zu der Annahme geführt, die Pollenkörner würden zur Vortäuschung von Naturhonig den Kunsthonigen absichtlich beigemengt. Hierfür könnten natürlich nur solche Arten in Frage kommen, die

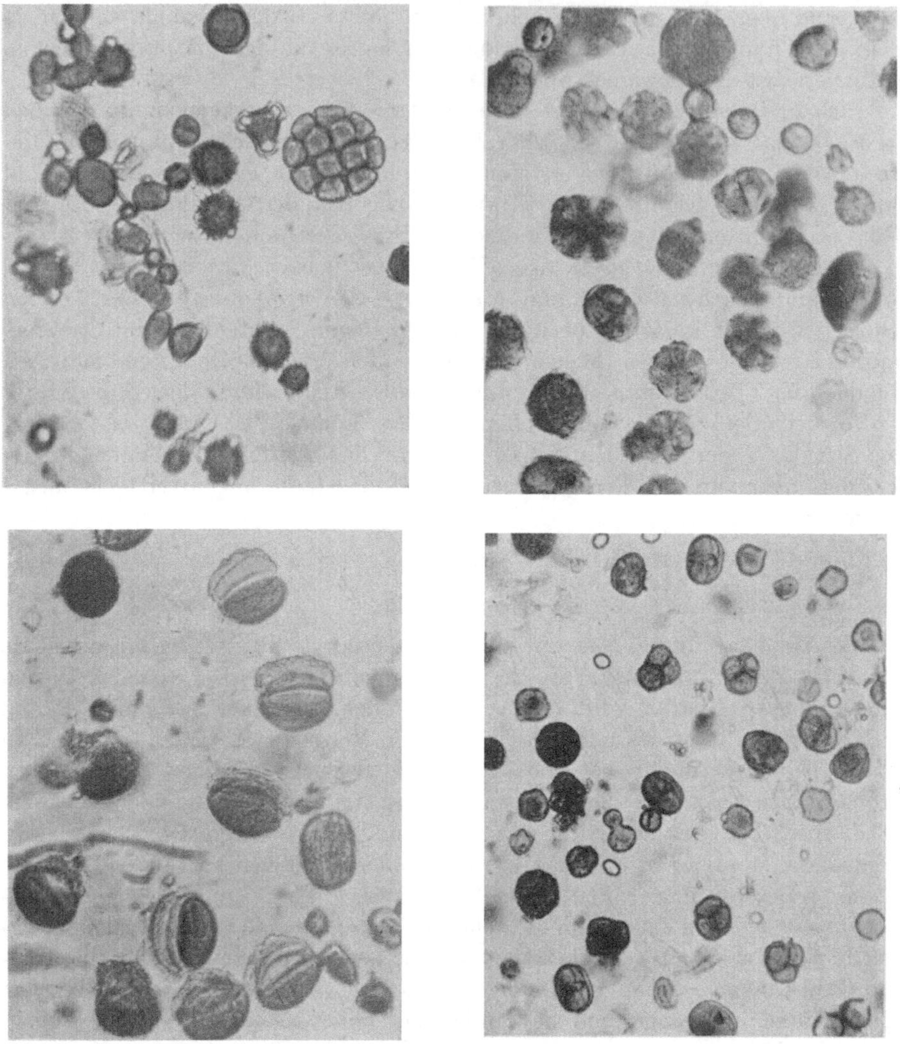

1 2 3 4

Abb. 489. Honigpollen (Phot. C. GRIEBEL). 1, 2 u. 3 aus amerikanischen Honigen stammend; bei 1 ein zusammengesetztes Pollenkorn von Acacia. 4 mit Pollentetraden von Calluna. 1 = 180fach, 2 und 3 = 220fach, 4 = 150fach vergr.

sich leicht in größerer Menge einsammeln lassen, also in erster Linie Windblüterpollen. Es hat sich aber gezeigt, daß gerade diese Arten nicht oder nur ganz vereinzelt angetroffen werden. Die pollenreichen Kunsthonige enthalten erfahrungsgemäß auch nicht eine einzige oder wenige Arten, wie dies bei einer künstlichen Beimengung zu erwarten wäre, sondern zahlreiche, ganz verschiedenartigen Pflanzen entstammende Formen.

Der Pollenreichtum mancher Kunsthonige ist vielmehr lediglich auf die Beimengung von Preßhonig zurückzuführen, der namentlich aus Amerika zu billigen Preisen eingeführt wird. Bei der Herstellung ausländischer Preßhonige wird nämlich gewöhnlich der ganze Inhalt des Stockes ausgepreßt, also auch die das Bienenbrot enthaltenden Brutwaben, wodurch große Massen von Pollenkörnern in das Erzeugnis gelangen.

Da die Form der Pollenkörner bei vielen Pflanzen eine recht verschiedene ist, läßt die mikroskopische Untersuchung des Honigs gewisse Rückschlüsse auf die von der Biene besuchten Blütenarten zu. Derartige Feststellungen sind z. B. von Wichtigkeit, wenn es darauf ankommt, bestimmte Artbezeichnungen bei Honigen auf ihre Richtigkeit nachzuprüfen. Auch eine Unterscheidung von Frühjahrs- und Sommerhonig ist auf diese Weise unter Umständen möglich.

Insbesondere läßt sich aber durch die Pollenuntersuchung fast immer feststellen, ob ein als „Deutscher Blütenhonig" oder dgl. gekennzeichnetes Produkt mit ausländischem (namentlich amerikanischem) Honig verschnitten ist, weil sich in Auslandshonigen gewöhnlich Pollenformen vorfinden, die bei unseren einheimischen Gewächsen nicht vorkommen. Leicht ist diese Aufgabe dann, wenn bei dem betreffenden Produzenten Auslandshonig aufgefunden wird, so daß dessen Pollenkörner unmittelbar mit denen der verdächtigen Ware verglichen werden können. Einige in solchen Mischhonigen beobachtete Formen sind in Abb. 489, *1*—*3* dargestellt. Ebenso läßt sich z. B. ein Zusatz von Heidehonig zu einem aus einer heidefreien Gegend stammenden Honig leicht nachweisen, da die Pollentetraden der Ericaceen besonders charakteristisch sind (Abb. 489, *4*).

Aus der Form und Größe eines Pollenkornes läßt sich jedoch keineswegs in jedem Fall genau dessen Herkunft erkennen — nicht einmal soweit einheimische Honige in Betracht kommen, von ausländischen ganz abgesehen — weil oft ganze Gattungen, ja sogar mehrere oder viele Gattungen einer Familie im wesentlichen gleichgestaltete Pollen aufweisen. Man muß sich also häufig mit der Feststellung bestimmter Typen begnügen.

C. Fehlmann hat zur Bestimmung der in den Schweizer Honigen gefundenen Pollenkörner die nachstehende Tabelle aufgestellt, die aber auch für andere Gebiete Mitteleuropas brauchbar sein wird. Da die Tabelle für praktische Bedürfnisse bestimmt ist, sind die Pollenkörner so beschrieben, wie sie in einer Honiglösung 1+2 aussehen. Vergleichsmaterial[1] aus frischen oder trockenen Blüten muß daher ebenfalls in einer solchen Honiglösung — und zwar erst einige Zeit nach der Einwirkung der Flüssigkeit — untersucht werden! Pollenkörner, die in Wirklichkeit 3 Austrittsstellen für den Pollenschlauch haben, die aber in der Honiglösung immer so liegen, daß man nur eine sieht, werden in der Tabelle als solche mit einer Austrittsstelle bezeichnet.

I. Pollenkörner einzeln.
  A. Pollenkörner ohne Austrittsstellen des Pollenschlauches.
    1. Pollenkörner rund. Inhalt erscheint kristallinisch. *Taxus*; *Thuja*; *Chamaecyparis*.
    2. Pollenkorn zugespitzt, eiförmig, Inhalt körnig. *Carex*.

[1] Vergleichsmaterial ist bei der Pollenbestimmung in vielen Fällen unentbehrlich.

3. Pollenkorn in der Mitte eingezogen, ungefähr wie eine 8 aussehend, sehr klein und farblos. *Myosotis.*

B. Pollenkörner mit Austrittsstellen des Pollenschlauches.

1. Austrittsstellen scharf begrenzt, rund oder länglich.

a) Mit einer Austrittsstelle.

α) Austrittsstelle als dunkler Punkt erscheinend, häufig von einem helleren Hof umgeben. Inhalt körnig. *Gramineen.*

β) Austrittsstelle als papillenartige Ausstülpung der Intine sichtbar. Körner farblos, ohne deutliche Struktur der Exine. Typus *Lotus.*

γ) Austrittsstelle nur als kleine Ausbuchtung sichtbar. Korn grün gefärbt, Inhalt grobkörnig. *Cornus sanguinea.*

b) Mit 3 Austrittsstellen.

α) Korn gerundet, dreieckig.

\+ Austrittsstellen in der Mitte der Seiten liegend. *Tilia.*

++ Austrittsstellen in den Ecken liegend. *Lonicera*; *Epilobium*; *Corylus*; *Sanguisorba*; Typus *Trifolium pratense.*

○ Exine glatt. *Epilobium*; *Corylus*; *Sanguisorba.*

⊕ Korn groß, farblos; Inhalt grobkörnig. *Epilobium.* Der den Blüten entnommene Pollen ist zu Tetraden vereinigt, die durch geißelförmige Fäden zusammengehalten werden. Im Honig findet man die Körner immer einzeln und ohne die Fäden.

⊕⊕ Korn klein, grün gefärbt. *Corylus.*

⊕⊕⊕ Austrittsstelle mit Deckel versehen; Inhalt des Kornes grobkörnig. *Sanguisorba.*

○○ Exine nicht glatt.

⊕ Exine stachelig. *Lonicera.*

⊕⊕ Exine mit netzförmig angeordneten Seiten. Typus *Trifolium pratense.* Die Körner liegen nicht immer so, daß sie dreieckig erscheinen, sondern sehr oft auf der Seite, so daß man nur eine, höchstens zwei Austrittsstellen sieht. Das gleiche gilt für Typus *Trifolium repens.*

⊕⊕⊕ Exine körnig: Typus *Trifolium repens.*

β) Korn rund.

\+ Pollen mit über das ganze Korn verlaufenden Leisten. Typ. *Taraxacum, Tragopogon pratensis.*

++ Pollenkörner ohne Leisten. *Campanulaceae.* Austrittsstellen sind in der Regel 3, gelegentlich kommen nur 2, selten 4 vor. Exine stachelig. *Campanula medium*; Exine mit feinen Spitzchen versehen, *Phyteuma*; Exine glatt, *Campanula barbata.*

c) Pollenkörner ausnahmsweise mit 4, meistens mit mehr als 4 Austrittsstellen des Pollenschlauches.

α) Pollenkörner stachelig. Typus *Malva* (*Malva* und *Althaea*).

β) Pollen ohne Stacheln. *Caryophyllaceae*; *Plantago*; *Alnus*; *Juglans.*

\+ Austrittsstelle mit krönchenartigem Deckel versehen. *Caryophyllaceae* (*Silene*; *Coronaria*; *Melandrium*).

++ Austrittsstellen einfache, runde Kreise bildend. *Plantago.*

+++ Austrittsstelle als undeutliche Linie erscheinend.

○ Pollen grün, 4 bis 6, meistens 5 Austrittsstellen. *Alnus.*

○○ Pollen grün, rund, 8 bis 12 und mehr Austrittsstellen. *Juglans.*

2. Austrittsstellen als Falten ausgebildet.

Falten sind längliche Austrittsstellen, die beim trockenen Korn scharf eingesunken sind. Bei Wasseraufnahme quillt das Korn auf, so daß der Teil, der früher eingefaltet war, einen Teil der Oberfläche ausmacht. Dieser früher eingefaltete Teil hat gewöhnlich eine andere Struktur als die Exine und erscheint in den meisten Fällen weniger dick. Alle die Körner mit nicht mehr als 3 Falten sind in der Honiglösung gewöhnlich länglich-oval, und die Falten erscheinen als Linien; in der Aufsicht erscheinen sie rund, und die Falten sind in dieser Lage häufig nur daran zu erkennen, daß verdünnte, zarte Stellen der Exine mit Stellen anderer Struktur abwechseln.

a) Pollen mit einer Falte:
   α) Pollen mit seitlichen Luftsäcken. *Picea*; *Pinus*. Der Pollen von *Picea* und *Abies* ist ungefähr 3 mal so groß als der von *Pinus*.
   β) Pollen ohne Luftsäcke, Oberfläche polyedrisch gefeldert. *Lilium*.

b) Pollen mit 3 Falten:
   α) Exine mit feinen, polyedrischen oder runden Höckerchen besetzt. *Salix*; *Cruciferen*; *Umbelliferen*.
      + Korn gelbgrün, fast rund, oft mit gelben Öltröpfchen behangen. *Salix*.
      ++ Korn grün oder farblos, nie mit Öltröpfchen behangen. *Cruciferen*; *Umbelliferen*.
         ○ Körner länglich zugespitzt, von oben gesehen rund. *Cruciferen*,
            ⊕ Höckerchen deutlich polyedrisch. *Cardamine*.
            ⊕⊕ Höckerchen rund, als Punkte sichtbar. Typus *Cruciferen*; *Sinapis*; *Brassica*.
         ○○ Körner länglich walzenförmig, in der Mitte oft etwas eingezogen, immer auf einer Breitseite liegend. *Umbelliferen*.
            ⊕ Körner grün, Höckerchen stäbchenförmig vorspringend, deutlich sichtbar. *Heracleum*.
            ⊕⊕ Körner meist farblos, klein, Höckerchen undeutlich sichtbar. Typus *Anthriscus*.
   β) Exine stachelig.
      + Pollenkörner auffallend groß, Deckel vor der Austrittsstelle oft sichtbar. *Knautia*.
      ++ Pollenkörner klein bis mittelgroß, Austrittsstelle nie mit einem Deckel versehen. *Compositen*.
         ○ Stacheln ziemlich lang, scharf zugespitzt. Typus *Dahlia*; *Bellis*.
         ○○ Stacheln mit breiter Basis. *Carduus*.
         ○○○ Pollenkörner mit Feldern und Leisten. *Tragopogon*. Typ. *Taraaxacum*.
   γ) Exine glatt, körnig oder mit Riefen versehen.
      + Exine glatt. *Castanea*; *Robinia*; *Rubus*.
         ○ Korn dreieckig, Exine an den Ecken fehlend. *Robinia pseudcacia*.
         ○○ Korn dreieckig, Intine in den Ecken eingebuchtet. *Rubus*.
         ○○○ Korn länglich, sehr klein. *Castanea vesca*.
      ++ Exine nicht glatt.
         ○ Korn walzenförmig, Exine granuliert. *Onobrychis*.
         ○○ Korn dreieckig.
            ⊕ Exine runzelig, körnig. *Pirus*.
            ⊕⊕ Exine mit Riefen versehen. *Prunus*.
   δ) Körner goldgelb, Inhalt grobkörnig.
      + Exine fein punktiert, Körner oft mit gelbem Öl behangen. *Helianthemum*.
      ++ Exine körnig, Pollen rund, nie mit Öltropfen behangen, oft mit 4 Falten. *Ranunculus*.

c) Pollenkörner, meist mit mehr als 3 Falten:
   α) Pollenkorn mit 3 bis 5 Falten. *Viola tricolor*.
   β) Pollenkorn mit 6 Falten. *Rubiaceae*; Typus *Labiaten*.
      + Exine mit punktförmigen Höckerchen. *Salvia*. Typus *Labiaten*.
      ++ Exine glatt: *Rubiaceae*.
         ○ Korn gelb. *Galium*.
         ○○ Korn farblos. *Asperula*.
   γ) Körner mit 6 und mehr Falten. *Primula*.

3. Austrittsstellen, als porenförmige Öffnungen in den Falten liegend.
   a) Poren, mit Warzen bedeckt. *Aesculus.*
   b) Poren glatt.
      α) Exine mit keulenförmigen Stäbchen besetzt, Körner rund und groß. *Geranium.*
      β) Exine glatt, höckerig oder körnig.
         + Exine körnig, Korn oval. *Vicia.*
         ++ Exine höckerig. *Centaurea.*
            ○ Höcker deutlich sichtbar. *Centaurea jacea.*
            ○○ Höcker undeutlich sichtbar. *Centaurea scabiosa.*
         +++ Exine glatt, Inhalt grobkörnig, Korn breit, oval. *Polygonum bistorta.*
         In diese Gruppe 3 gehört auch *Lythrum salic.*, das bereits besprochen wurde; ebenso *Centaurea montana.*

II. Pollenkörner zu mehreren vereinigt.
   A. Die vereinigten Pollenkörner liegen in einer Ebene. *Orchis.*
   B. Die vereinigten Pollenkörner bilden Tetraden.
      1. Die nach außen liegenden Seiten der Tetradenkörner sind durchsichtig. *Luzula*
      2. Die einzelnen Körner der Tetrade sind überall gleich gebaut. *Ericaceen.*
         a) Körner ohne schlitzförmige Öffnungen; *Calluna*; *Vaccinium.*
            α) Körner unregelmäßig zusammengefügt, Exine deutlich höckerig. *Calluna vulgaris.*
            β) Körner, stets regelmäßige Tetraden bildend, Oberfläche undeutlich körnig. *Vaccinium.*
         b) Körner mit schlitzförmigen Austrittsstellen.
            α) Schlitz gegen das Ende des Kornes zugerundet, von der Seite gesehen länglich zugespitzt. *Erica.*
            β) Schlitz gegen das Ende des Kornes zugespitzt, Korn größer als das von Erica. *Rhododendron.*

Die mikroskopische Untersuchung des Honigs wird in folgender Weise durchgeführt:

1 Teil Honig (etwa 30—50 g) wird in 2 Teilen Wasser kalt gelöst und die Flüssigkeit in ein Spitzglas gebracht. Nach 24stündigem Stehen haben sich die Pollen und andere schwere Teilchen zu Boden gesenkt, während insbesondere die Wachsteilchen (bei stärker erwärmten Honigen kugelige Gebilde), auch ausnahmsweise vorhandene Pollen mit Luftsäcken (*Coniferen*) obenauf schwimmen. Man gießt die Flüssigkeit vorsichtig ab, bringt das Sediment mit den letzten Tropfen der Honiglösung auf den Objektträger und legt ein Deckgläschen auf. Die Durchmusterung erfolgt bei 200—300facher Vergrößerung. Neben Pollen beobachtet man nicht selten auch einzelne Stärkekörner, Rußteilchen, Ultramarinteilchen (aus geblautem Fütterungszucker), kugelige Grünalgen (nach Fehlmann von Tannenhonig herrührend) und andere Verunreinigungen.

Man kann die Honiglösung auch filtrieren und den Filterrückstand, nachdem man ihn durch Abspritzen in der Spitze des Filters gesammelt hat, zur Untersuchung bringen. Die Präparate enthalten dann neben den Pollenkörnern auch die Wachsteilchen und andere spezifisch leichte Verunreinigungen.

Neuere Literatur.

Collin: Falsification du safran. Ann. des falsif. Bd. 2, S. 378. 1909.
— Le safran et ses falsifications. Ann. des falsif. Bd. 3, S. 353. 1910.
Nestler: Safranverfälschungen. Zeitschr. f. Unters. d. Nahrungs- u. Genußmittel Bd. 6, S. 1034. 1903.
— Zur Kenntnis der Safranverfälschungen. Zeitschr. f. Unters. d. Nahrungs- u. Genußmittel Bd. 9, S. 337. 1905.

NESTLER: Über eine Verfälschung eines spanischen Safrans durch oberirdische Teile einer Papilionacee. Arch. f. Chem. u. Mikr. Bd. 5, S. 254. 1912.
— Ein einfaches Verfahren zum Nachweis von Magnesiumsulfat in Safran. Zeitschr. f. Unters. d. Nahrungs- u. Genußmittel Bd. 27, S. 388. 1914.
— Eine neue Methode der Safranuntersuchung. Zeitschr. f. Unters. d. Nahrungs- u. Genußmittel. Bd. 28, S. 264. 1914.
— Über Safranverfälschungen. Arch. f. Chem. u. Mikr. Bd. 7, S. 67. 1914.
— Safranverfälschungen in den vergangenen 25 Jahren. Pharm. Zentralh. Bd. 64, S. 148. 1923.
SKARNITZEL: Japanischer Safran. Zeitschr. f. Unters. d. Nahrungs- u. Genußmittel Bd. 48, S. 213. 1924.
FEHLMANN: Beiträge zur mikroskopischen Untersuchung des Honigs mit spezieller Berücksichtigung des Schweizer Honigs und der in die Schweiz eingeführten fremden Honige. Dissertation Zürich 1911.
HARTWICH: Abschnitt „Honig" im Handbuch der Nahrungsmittel-Untersuchung von BEYTHIEN, HARTWICH u. KLIMMER. Bd. 2, S. 176.
PLAHL: Über einen Inhaltskörper im Hypanthium der Gewürznelke. Arch. f. Chem. u. Mikr. Bd. 6, S. 279. 1913.
SVOBODA: Verkauf von beschwertem Safran in Kärnten. Arch. f. Chem. u. Mikr. Bd. 6, S. 284. 1913.
WASICKY: Eine neue Verfälschung von Safran. Pharm. Post 1912.

VI. Blätter und Kräuter.

Die meisten Blätter sind flach ausgebreitete Gebilde. Sie sind von Gefäßbündeln, den sog. „Nerven“, durchzogen, die untereinander anastomosieren und ein oft charakteristisches Netz bilden. Fertigt man Querschnitte, was bei lederigen Blättern (z. B. Lorbeer) aus freier Hand leicht gelingt, und betrachtet man diese unter dem Mikroskop bei mittelstarker Vergrößerung, so erkennt man drei Schichten (Abb. 490): Die Hauptmasse des Blattes, die grüne *Mittelschicht* (Mesophyll), ist oben und unten eingesäumt von einer einfachen Reihe kleiner, farbloser Zellen, der beiderseitigen Oberhaut (Epidermis). Bei genauerem Zusehen bemerkt man, daß die Mittelschicht aus zwei nicht scharf abgegrenzten Lagen besteht, einer dichten, dunkelgrün gefärbten und einer lockeren, hellgrünen. Man sieht ferner das Gewebe der Mittelschicht unterbrochen durch farblose (in der Figur dunkle) Zellgruppen, die wie Strebepfeiler zwischen den beiden Oberhäuten aufgestellt sind. Diese Zellgruppen sind die Durchschnitte der Blattnerven.

Abb. 490. Querschnitt des Lorbeerblattes (J. MOELLER).

Um Querschnitte aus zarten Blättern anzufertigen, klemmt man diese zwischen Holundermark. Die Schnitte müssen, wenn sie brauchbar sein sollen, dünner sein als die Blattdicke, da sie sich andernfalls umlegen und dann die Ober- oder Unterseite des Blattes zeigen. Die meisten Schnitte mißlingen aus diesem Grunde. Leichter kommt man zum Ziel, wenn man das zu untersuchende Blatt in schmale Streifen schneidet, diese übereinanderschichtet und das Paket zwischen Holundermark klemmt. Jeder Schnitt durch das Paket liefert dann eine größere Anzahl von Querschnitten, von denen man die besten auswählt.

An dem Querschnitt des Rübenblattes (Abb. 491) sieht man ebenfalls die beiderseitige Oberhaut und die breite Mittelschicht mit dem Querschnitt eines kleinen Gefäßbündels, das wegen seiner Kleinheit offenbar einem letzten Nervenzweige angehört. Der obere Teil der Mittelschicht besteht aus zylindrischen, dicht aneinander gefügten Zellen, die die *Palisadenschicht* bilden. Unterhalb der Palisaden sind die Zellen unregelmäßig von Gestalt und lückig verbunden; sie bilden das *Schwammparenchym* (Merenchym).

Die Zellen frischer Blätter enthalten Zellsaft (in der Abbildung schraffiert). Aus Zellen, die durch den Schnitt eröffnet wurden, fließt der Inhalt natürlich aus; es finden sich in der Abbildung daher auch leere Zellen, die nicht mit den Lücken im Schwammparenchym, den *Interzellularräumen*, verwechselt werden dürfen. Außer Zellsaft enthalten die Zellen der Mittelschicht auch Chlorophyllkörner, denen sie ihre grüne Farbe verdanken. In den Palisadenzellen bilden die Chlorophyllkörner einen dichten Wandbelag; im Schwammparenchym findet sich nur spärlich, in der Oberhaut gar kein Chlorophyll. In besonderen Zellen oder Schläuchen des Mesophylls finden sich oft auch andere Inhaltsstoffe. So bemerkt man in Abb. 490 kugelige Zellen, die Öl enthalten, in Abb. 598 Kristallsand, in Abb. 495 Kristalldrusen, in Abb. 580 Einzellkristalle. Seltener haben einzelne Mesophyllzellen eine absonderliche Gestalt, Größe und Verdickung (Abb. 500). Solche Zellen nennt man Idioblasten. Wo sie vorkommen, bilden sie, eben wegen ihrer Seltenheit, hervorragende Kennzeichen (z. B. für das Teeblatt); auch die Sekreträume, Schleimzellen, die verschiedenen Kristallformen, gewisse Eigentümlichkeiten der Gefäßbündel (z. B. Kollenchym- und Bastbelag), auch die gesamte Ausbildung des Pali-

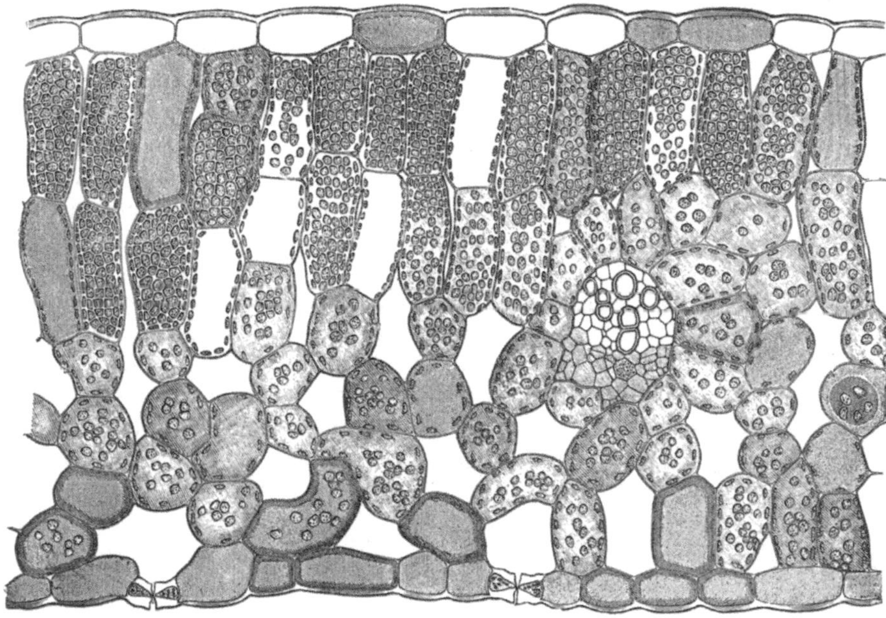

Abb. 491. Querschnitt eines frischen Rübenblattes (nach TSCHIRCH).

saden- und Schwammparenchyms geben brauchbare Merkmale ab. Im allgemeinen ist jedoch das Mesophyll für diagnostische Zwecke von geringerem Wert als die Oberhaut, und da diese auf Querschnitten nur unvollständig zur Anschauung gelangt, sind die schwierig herzustellenden Querschnitte für praktische Untersuchungszwecke in der Regel entbehrlich. Es genügen meist Flächenschnitte, die man von lederigen Blättern, nachdem man diese, falls erforderlich, erweicht hat, mit einem scharfen Rasiermesser leicht erhält. Immer müssen aber Flächenschnitte von beiden Blattseiten hergestellt werden, weil die allermeisten Blätter auf der Ober- und Unterseite verschieden sind[1]. Da von häutigen Blättern Flächenschnitte oft nur schwer gelingen, kann man sich mit Quetschpräparaten helfen, indem man kleine Stückchen des Blattes auf

[1] Blätter, die auf der Ober- und Unterseite verschieden ausgebildet sind, bezeichnet man als bifazial, solche, die auf beiden Seiten gleich gebaut sind, bei denen also auch auf der Unterseite ein Palisadenparenchym vorhanden ist, als zentrisch.

dem Objektträger mit Lauge erwärmt und dann mit dem Deckglase schiebend zerdrückt, so daß die beiden Oberhäute vom Mesophyll abgetrennt werden. Mehr zu empfehlen ist eine Aufhellung der Blattstücke durch kurzes Kochen mit konzentrierter Chloralhydratlösung (5 Teile Chloralhydrat, 2 Teile Wasser), weil hierbei keine Zerstörung der Blatteilchen eintritt. Die besten Bilder liefert gewöhnlich aber das allerdings etwas länger dauernde Bleichen durch JAVELLEsche Lauge[1]. Sobald das Material entfärbt ist, wird die Bleichflüssigkeit durch Abgießen und mehrmaliges Auswaschen mit Wasser, nötigenfalls unter Zusatz von wenig Essigsäure, entfernt. Unnötig lange Einwirkung führt bei zarten Blättern leicht zur Zerstörung des Gewebes. Falls die gebleichten Objekte sehr viel Gasblasen einschließen, so müssen diese zunächst durch Erwärmen mit Alkohol entfernt werden. Sodann werden die Blattstücke auf Objektträger gebracht und nach Verdrängung des Alkohols durch Wasser in Glyzerin eingebettet und zwar derart, daß ein Teil mit der Oberseite, der andere mit der Unterseite nach oben zu liegen kommt. Dies geschieht einfach dadurch, daß man das Objekt vor dem Glyzerinzusatz mit Messer oder Schere halbiert und die eine Hälfte umklappt. Da die Blätter bei dieser Behandlung vollständig durchsichtig werden, kann man durch wechselnde Einstellung alle Schichten in ihrer natürlichen Lage durchmustern. Besonders schön ist hierbei z. B. die Form und die Verteilung der Oxalatkristalle zu sehen, die für die Erkennung vieler Arten von großer Wichtigkeit ist.

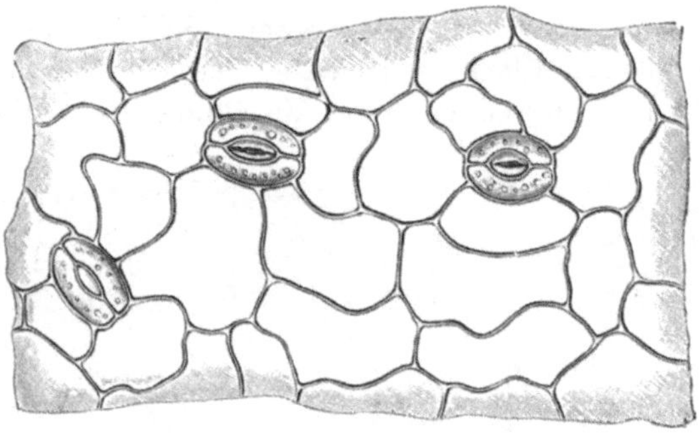

Abb. 492. Oberhaut mit Spaltöffnungen in der Flächenansicht (J. MOELLER).

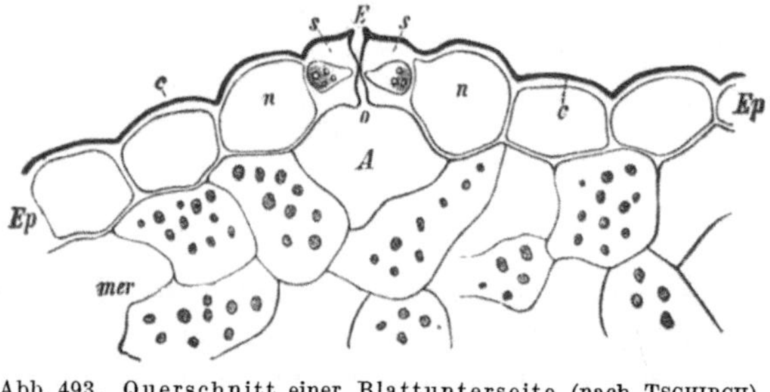

Abb. 493. Querschnitt einer Blattunterseite (nach TSCHIRCH). *Ep* Oberhaut, *c* Kutikula, *s* Schließzellen der Spaltöffnung *E o*, *A* Atemhöhle, *n* Nebenzellen, *mer* Schwammparenchym.

An den Flächenpräparaten, die auf die eine oder andere Art hergestellt sind, erkennt man zunächst, daß die Epidermis aus lückenlos aneinander gefügten, im Umriß polygonalen bis wellig gebuchteten Zellen besteht, während diese an den Querschnitten etwa rechteckig erschienen (Abb. 491). Einge-

[1] Eine stark wirkende JAVELLEsche Lauge stellt man sich durch Sättigen von 10%iger Lauge mit Chlor oder nach folgender Vorschrift her: 20 Teile Chlorkalk übergießt man mit 100 Teilen Wasser und läßt unter Umschütteln einen Tag stehen. Andererseits löst man 25 Teile Kalium- oder Natriumkarbonat in 25 Teilen Wasser. Beide Flüssigkeiten werden zusammengegossen und bleiben in verschlossener Flasche einen oder mehrere Tage zum Absetzen stehen. Die überstehende Flüssigkeit wird dann vorsichtig vom Bodensatz abgegossen und vor Licht geschützt aufbewahrt.

fügt in die Oberhaut sind die Spaltöffnungen (Stomata), leicht kenntlich an der halbmondförmigen bis bohnenförmigen Gestalt der beiden Schließzellen, die im Gegensatz zu den eigentlichen Oberhautzellen Chlorophyll enthalten (Abb. 492). Nicht selten sind die Stomata von eigentümlich angeordneten oder geformten Epidermiszellen (Nebenzellen) umgeben (Abb. 493, *n*). Die Spaltöffnungen sind die Atmungsorgane und finden sich meist in größerer Zahl auf der Blattunterseite, wo sie mit den Interzellularräumen kommunizieren (Abb. 493). Auf der Oberseite sind sie spärlicher oder fehlen häufig ganz. Daran sind die beiden Blattseiten meist leicht zu unterscheiden. Aber auch wenn beide Seiten im wesentlichen übereinstimmen, ist die Entscheidung, ob Ober- oder Unterseite vorliegt, gewöhnlich nicht schwer. Wird nämlich nach scharfer Einstellung auf die Epidermis der Tubus mit Hilfe der Mikrometerschraube ein wenig gesenkt, so erscheinen bei der Oberseite die Palisadenzellen, meist in Form von dicht stehenden kleinen Kreisen (Abb. 498) — seltener in mehr polygonalen Umrissen —, bei der Unterseite dagegen das Schwammparenchym, dessen äußere Lagen oft sternförmig ausgebildet sind, jedenfalls aber fast immer die lückige Struktur des Gewebes erkennen lassen (Abbildung 493 und 499). Eine Ausnahme bilden nur die hier selten in Betracht kommenden zentrisch gebauten Blätter, die auch auf der Unterseite Palisaden enthalten oder solche mit durchweg gleichförmig gebautem Mesophyll.

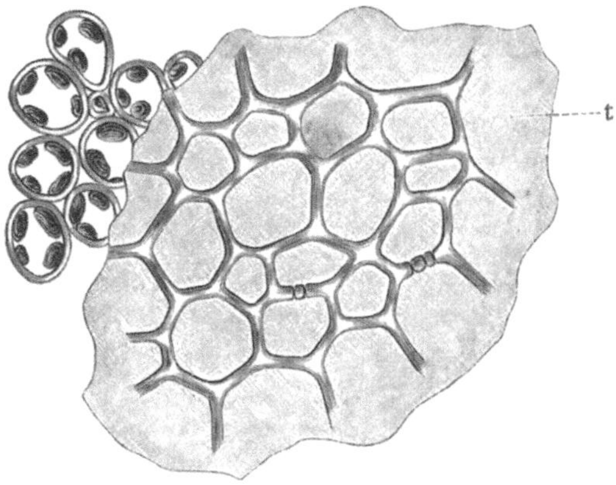

Abb. 494. Flächenschnitt einer Oberhaut mit übergreifendem Kutikularrand, darunter einige Palisadenzellen (J. MOELLER).

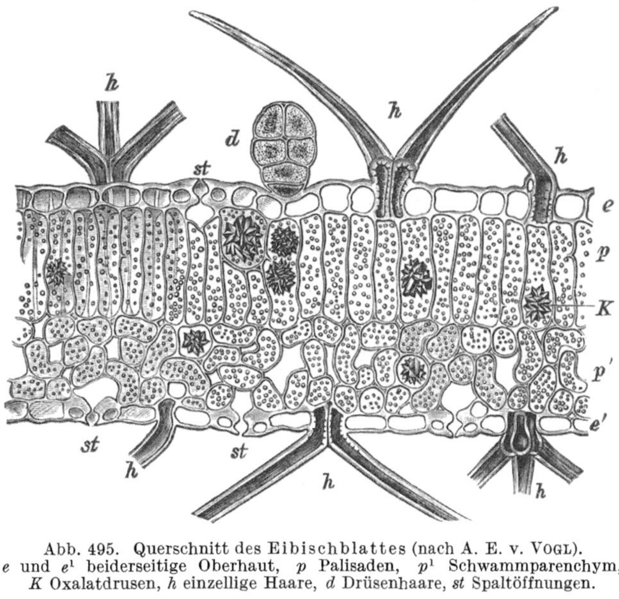

Abb. 495. Querschnitt des Eibischblattes (nach A. E. v. VOGL). *e* und e^1 beiderseitige Oberhaut, *p* Palisaden, p^1 Schwammparenchym, *K* Oxalatdrusen, *h* einzellige Haare, *d* Drüsenhaare, *st* Spaltöffnungen.

Auf vielen, nicht auf allen Blättern kommen neben den Luftspaltöffnungen auch Wasserspalten vor. Sie sind größer als die Luftspalten und finden sich stets nur an den Nervenendigungen, also am häufigsten am Blattrande. Jede

Oberhaut ist von einer zusammenhängenden, mitunter ziemlich dicken, gegen Chemikalien sehr widerstandsfähigen Membran, der Kutikula, überzogen, die oft infolge von Faltenbildung fein gestrichelt oder gestreift (Abb. 506), zuweilen auch punktiert oder warzig erscheint. An Oberhautschnitten greift die Kutikula oft als unregelmäßiger Saum über das Zellgewebe hinaus (Abb. 494).

Die Form der Oberhautzellen, der Bau des Spaltöffnungsapparates, die Beschaffenheit der Kutikula liefern wertvolle diagnostische Merkmale, aber sie werden hierin noch übertroffen durch die mannigfachen Haargebilde (Trichome). Jedes Haar ist eine verlängerte Oberhautzelle, die in ihrem weiteren Wachstum freilich vielerlei Veränderungen erfährt. Es gibt ein- und mehrzellige, einfache und verästelte, büschel- und scheibenförmige Haare, deren Ende stumpf, spitz, kugelig oder eine vielzellige Drüse sein kann. Je nachdem die Membran verdickt, verholzt, kutikularisiert oder mit Mineralstoffen inkrustiert ist, erscheint das Haargebilde schlaff, starr oder brüchig, glatt oder warzig u. a. m. Abb. 495 zeigt einige Haarformen und die Entstehung derselben aus Oberhautzellen. Haarförmige Gebilde, die nicht aus Oberhautzellen allein bestehen, sondern parenchymatische Auswüchse darstellen, heißen Zotten (Abb. 321).

Zu erwähnen sind schließlich noch die Zystolithen (Abb. 593). Man versteht hierunter mehr oder weniger maulbeerförmige oder warzige, zuweilen konzentrisch geschichtete Gebilde (Auswüchse der Zellwand), die hauptsächlich aus kohlensaurem Kalk bestehen und sowohl in Haaren, wie auch in normalen Epidermiszellen vorkommen. Da sie auf wenige Familien beschränkt sind, kommt ihnen diagnostisch eine besondere Bedeutung zu.

A. Alkaloidhaltige Genußmittel und ihre Ersatzstoffe.

I. Tee.

Der chinesische, auch russische Tee stammt von *Thea sinensis* L. (*Theaceae*), einem ursprünglich anscheinend in Assam heimischen Strauche, der seit undenklichen Zeiten in China und Japan, in neuerer Zeit hauptsächlich auch in Vorderindien, auf Ceylon und Java in verschiedenen Varietäten kultiviert wird.

Abb. 496. Aus dem Tee ausgelesene Früchte (A. L. WINTON).

Der Verschiedenheit der Mutterpflanze einerseits, der Altersstufe der gesammelten Blätter und der Art ihrer Zubereitung andererseits verdanken die zahlreichen Teesorten ihren höchst schwankenden Genuß- und Handelswert. Es werden überhaupt nur die Blattknospen und die jüngsten Blätter (gewöhnlich bis zum dritten oder vierten), niemals die Blüten geflückt. Was im Handel „Blüten“ genannt wird, besteht aus Blattknospen, die wegen ihres seidenhaarigen Überzuges grau erscheinen. Als Verunreinigung findet man hier und da in allen Sorten einzelne Blüten und Früchte (Abb. 496) der Teepflanze.

Nach der Methode der Zubereitung unterscheidet man schwarzen und grünen Tee. In ersterem ist das Chlorophyll durch einen Fermentations- und Trockenprozeß zerstört, in letzterem mehr oder weniger erhalten. Der grüne Tee (Perltee) spielt in Deutschland nur eine geringe Rolle.

Abb. 497. Autophotogramm eines Teeblattes (J. MOELLER).

Die in den Produktionsgebieten üblichen Handelsbezeichnungen der verschiedenen Sorten wie Pecco, Souchong, Congo beziehen sich nicht auf eine bestimmte Herkunft, sondern auf das Alter der Blätter, die Art der Parfümierung u. dgl.[1]. Die Sortierung des Tees erfolgt nach dem Trocknen durch Siebe von verschiedener Maschenweite. Auf diese Weise wird das Trockengut in eine Anzahl von Fraktionen zerlegt, die verschiedene Bezeichnungen tragen. Was schließlich in die Hand des Konsumenten gelangt, ist aber keine einheitliche Handelsware mehr, sondern ein nach dem Geschmack des Aufgusses abgestimmtes Gemenge verschiedener Sorten. Die Geschmacksprobe — nicht der Geruch — ist daher auch für die Beurteilung der Güte einer Teemischung ausschlaggebend. Die makroskopische und mikroskopische Untersuchung muß sich darauf beschränken festzustellen, ob übermäßige Mengen von Grus oder Blattstielen oder ob fremdartige Beimengungen zugegen sind[2]. Bei einer genauen Kenntnis des Baues des

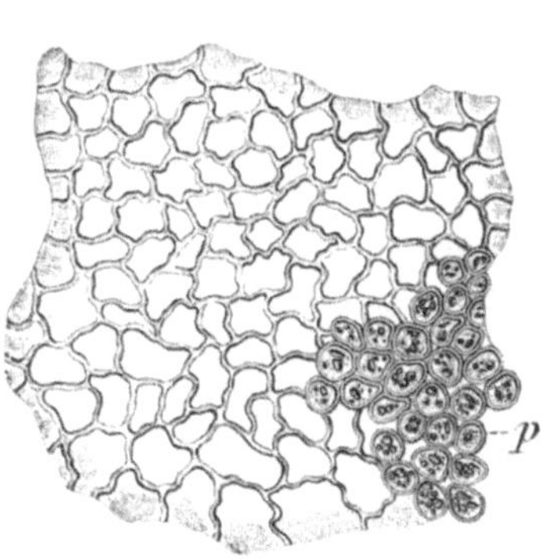

Abb. 498. Epidermis der Oberseite des Teeblattes; von innen gesehen mit einer Gruppe Palisadenzellen *p* (J. MOELLER).

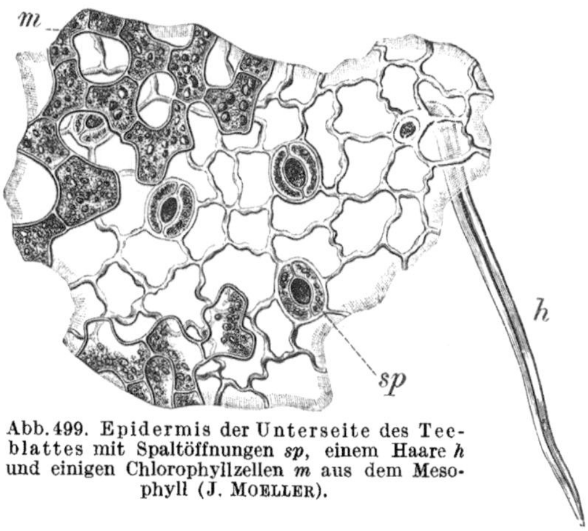

Abb. 499. Epidermis der Unterseite des Teeblattes mit Spaltöffnungen *sp*, einem Haare *h* und einigen Chlorophyllzellen *m* aus dem Mesophyll (J. MOELLER).

wohlcharakterisierten Teeblattes ist eine solche Feststellung ziemlich leicht. Schwieriger ist es, die Art einer Beimengung zu bestimmen.

[1] In China wird der zur Ausfuhr bestimmte Tee parfümiert, indem man Tee mit frischen wohlriechenden Blüten (z. B. von *Aurantiaceen*, *Jasminum*, *Gardenia*) mischt, die nach dem Welken wieder entfernt werden.

[2] Während die Teeblätter beträchtliche Mengen Koffein (Thein) enthalten, fehlt diese Base den Ersatzmitteln — Kaffeeblätter ausgenommen — vollständig, sofern nicht eine künstliche Tränkung mit Koffeinlösung vorgenommen wurde. Über den Koffeinnachweis durch Mikrosublimation vgl. S. 16.

Die Teeblätter (Abb. 497) sind lanzettförmig bis länglich eiförmig, etwas lederig, am Rande fein gezähnt und an der Basis in den kurzen Blattstiel verschmälert. Bei den jungen Blättchen endigt jeder Zahn in eine keulenförmige Drüsenzotte; bei den älteren Blättern sind die Drüsen bereits vertrocknet und abgefallen. Die in spitzem Winkel abzweigenden Sekundärnerven bilden in ziemlicher Entfernung vom Blattrand bogenförmige Schlingen, von denen Abzweigungen in die Randzähne entsandt werden. Die jüngsten, noch gefalteten Blättchen (Knospen) sind auf der Unterseite dicht silberig behaart, ältere Blätter nur spärlich, oft sind sie auch ganz kahl.

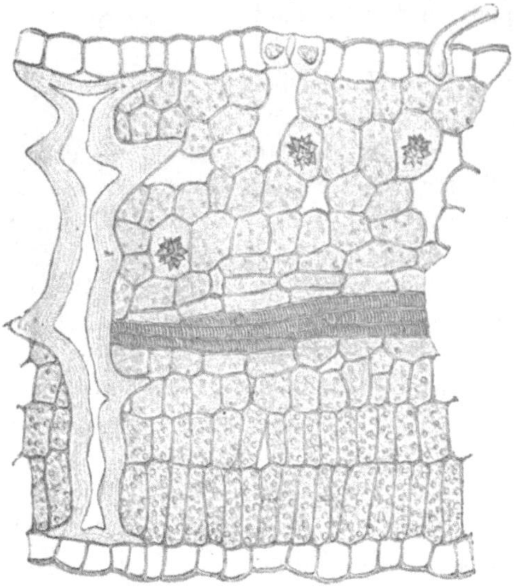

Abb. 500. Querschnitt des Teeblattes (nach C. MEZ).

Die beiden Epidermen bestehen aus derbwandigen, schwach wellig konturierten Zellen. Auf der Oberseite (Abb. 498) sind sie kleiner als auf der Unterseite (Abb. 499). Letztere enthält zahlreiche große, breitelliptische Spaltöffnungen (40—60 μ), die von 3—4 Epidermiszellen umgeben sind. Auf der Unterseite finden sich außerdem charakteristische einzellige dickwandige Haare (Länge bis 1 mm und darüber), die an der Basis scharf umgebogen sind und daher der Blattfläche anliegen (Abbildungen 499 u. 501). Diese Haare sind, wie schon erwähnt, nur an ganz jungen Blättern zahlreich vorhanden, an älteren können sie fast vollständig fehlen. Als weiteres für die Diagnose besonders wichtiges Merkmal kommen die im Teeblatt auftretenden Idioblasten in Betracht. Dies sind einzeln stehende, unregelmäßig gegabelte oder verzweigte Sklereiden mit verholzter Wand, die das Blattgewebe von der oberen bis zur unteren Epidermis etwa trägerartig durchziehen (Abb. 500). In den jüngsten Blättern findet man sie nur vereinzelt (in der Mittelrippe), in ausgewachsenen dagegen sehr reichlich. Ihre Erkennung ist, wie die aller für das Teeblatt charakteristischen Merkmale, bereits an Quetschpräparaten[1]

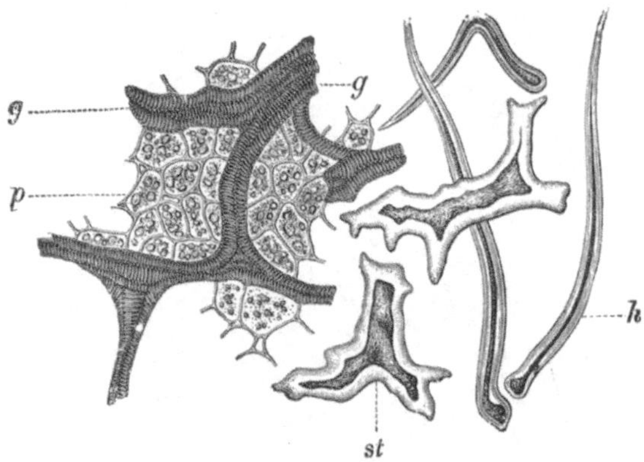

Abb. 501. Gewebe des Teeblattes, in Kalilauge erwärmt und mit dem Deckglase zerquetscht (J. MOELLER). *g* Endigungen der Blattnerven, *p* Chlorophyllparenchym, *st* Steinzellen (Idioblasten), *h* Haare.

[1] Man erhält diese in der Weise, daß man die betreffenden Blatteile nach Einwirkung von Lauge zwischen zwei Objektträgern zerdrückt.

leicht möglich (Abb. 501). Oxalatdrusen kommen im Mesophyll zerstreut vor. Die Palisadenzellen sind gewöhnlich zweireihig, das Schwammparenchym besteht aus fünf bis sechs Lagen.

Ergeben sich also bei der Betrachtung der in heißem Wasser aufgeweichten und ausgebreiteten Blatteilchen Zweifel über ihre Echtheit, so läßt sich durch die mikroskopische Untersuchung der auf einfache Weise herzustellenden Präparate rasch Klarheit gewinnen.

Auch bei grobem Teepulver (Grus), das während des Krieges vielfach zur Herstellung von Tabletten Verwendung fand, macht die Identifizierung keine Schwierigkeiten.

Teeverfälschungen und Tee-Ersatzmittel.

Die Verfälschung des Tees durch Beimengung fremder Blätter oder der böswillige Ersatz durch solche dürfte gegenwärtig zu den Seltenheiten gehören, weil die Hauptmenge des in den Handel gelangenden Tees aus großen, modern eingerichteten Betrieben stammt. Immerhin besteht die Möglichkeit, daß die früher beobachteten Verfälschungen oder Unterschiebungen bei der im Kleinbetrieb erzeugten Ware hier und da noch vorkommen. Die wichtigsten der in Betracht kommenden Arten sollen deshalb hier beschrieben werden. Weiter ist die Behandlung derjenigen einheimischen Blattarten erforderlich, die während der Kriegszeit als Ersatzmittel für Tee herangezogen werden mußten. Denn es hat sich gezeigt, daß eine Anzahl von ihnen für sich oder mit anderen vermengt in beschränktem Umfang auch weiterhin an Stelle von schwarzem Tee Verwendung findet[1].

Es muß jedoch davon abgesehen werden, hier auch alle die Drogen zu berücksichtigen, die in den sogenannten „Familientees" des Handels vorzukommen pflegen, zumal da viele von ihnen mehr den Charakter von Volksheilmitteln besitzen. Ihre Bestimmung ist an der Hand einer selbst angelegten Vergleichssammlung meist leicht möglich.

Die Untersuchung der Tee-Ersatzmittel erfolgt im wesentlichen nach den bereits im allgemeinen Teil über Blätter angegebenen Gesichtspunkten. Bei größeren Teilchen ist zunächst auf das Nervennetz zu achten. Für die mikroskopische Prüfung wird ein Teil des Materials gebleicht, nachdem man zuvor unter der Lupe gleichartige Blatteile ausgelesen und vereinigt hat. Diagnostische Bedeutung kommt besonders den Epidermisbildern (Gestalt der Epidermiszellen, Vorkommen der Stomata, Form und Anordnung der die Stomata umgebenden Nebenzellen, Ausbildung der Deck- und Drüsenhaare) sowie der Form und Anordnung der etwa vorhandenen Oxalatkristalle (Raphiden, Drusen- und Einzelkristalle) zu. Bei den nachstehenden Abbildungen sind deshalb die stets im Mesophyll liegenden Kristallgebilde meist in die Epidermisbilder eingezeichnet worden, wie sie im aufgehellten Präparat zur Beobachtung gelangen.

Von den bisher als Teeverfälschungen beobachteten Blättern seien folgende genannt:

[1] Allerdings haben sich die dem chinesischen Tee in der Aufbereitung nachgeahmten Erzeugnisse aus einheimischen Rohstoffen — mit oder ohne Koffeinzusatz — nicht einzubürgern vermocht, was vom volkswirtschaftlichen Standpunkt aus eigentlich zu bedauern ist.

1. Weidenblätter.

Sie werden angeblich in China geringwertigen Teesorten beigemengt. Die Weiden — genannt werden hauptsächlich *Salix alba* L., *S. pentandra* L., *S. amygdalina* L. (*Salicaceae*) — haben lanzettliche, kurzgestielte oder fast sitzende, am Rande klein gesägte, auf der Unterseite mehr oder weniger stark behaarte, also dem Tee einigermaßen ähnliche Blätter, doch sind die Sekundärnerven viel zahlreicher, und sie bilden am Rande nur undeutliche Schlingen (Abb. 502).

Abb. 502. Autophotogramm des Weidenblattes (J. Moeller).

Bei *Salix alba* L. (Silberweide) besteht die Epidermis (Abb. 503) beiderseits aus polygonalen, fast geradwandigen, ziemlich kleinen Zellen. Sie ist reichlich mit Spaltöffnungen durchsetzt. Letztere werden von zwei zum Spalt parallelen Nebenzellen umschlossen. Hinzu kommt an den beiden Polen meist noch je eine normale oder quergerichtete Epidermiszelle. Die Kutikula ist auf der Oberseite gestreift. Die Randzähne tragen konische Drüsenzotten mit palisadenartig ausgebildeter Epidermis. Auf der von Wachsausscheidungen bedeckten Unterseite des Blattes befinden sich einzellige, schlanke, derbwandige Haare, die der Oberfläche anliegen. Auf der Oberseite beobachtet man — wenigstens an älteren Blättern — nur noch Haarnarben. Das Mesophyll enthält zahlreiche Oxalatdrusen verschiedener Größe; auch in der Mittelrippe finden sich Drusen, während die Seitennerven meist frei von Kristallen sind. Das gesamte Mesophyll besteht aus palisadenartigen Zellen, von denen die unteren Lagen nur kurz sind. Ein Schwammparenchym ist aber nicht deutlich erkennbar. Auf die Epidermis der Unterseite folgt eine aus flachen Zellen bestehende hypodermatische Schicht.

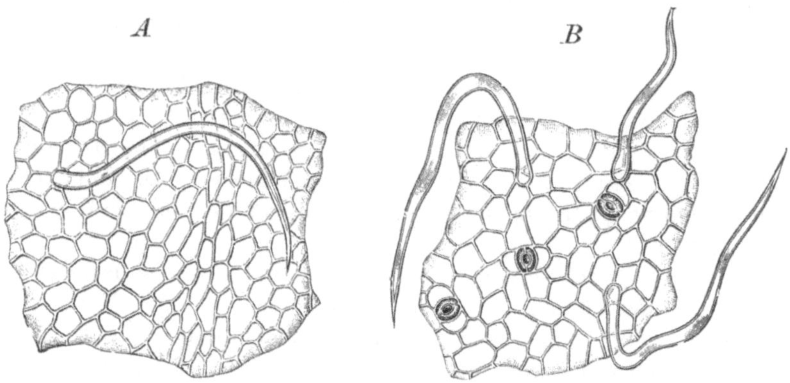

Abb. 503. Oberhaut des Weidenblattes. *A* der Oberseite, *B* der Unterseite mit zahlreichen Haaren und Spaltöffnungen (J. Moeller).

Die Blätter vom *Salix pentandra* L. sind bifazial, die Spaltöffnungen auf der Oberseite einzeln. Sonst sind sie im Bau, wie auch die Blätter anderer Weidenarten, denen vom *Salix alba* sehr ähnlich.

2. Weidenröschenblätter.

Die Blätter des schmalblätterigen Weidenröschens (*Epilobium angustifolium* L. — *Oenotheraceae*) werden in Rußland wie echter Tee verarbeitet und kommen mit solchem vermengt oder allein, auch mit anderen Blättern verfälscht (*Sorbus aucuparia* und *Spiraea ulmaria*) als Kaporischer Tee, Kaporka, Iwantee in den Handel. Sie sind länglich-lanzettlich, ganzrandig oder schwach entfernt gezähnt. Die von der Mittelrippe fast rechtwinklig abzweigenden Sekundärnerven bilden in der Nähe des Randes flachbogige Schlingen (Abb. 504).

Die Epidermiszellen sind oberseits polygonal (Abb. 505), ihre Seitenwände zum Teil gewellt, unterseits wellig-buchtig, mit unregelmäßig gestreifter Kutikula versehen. Stomata finden sich nur auf der Unterseite (Abb. 506), Haare fehlen an älteren Blättern meist vollständig. Junge Blätter tragen längs der Nerven einzellige, stumpfe, dünnwandige, gestrichelte, meist stark gekrümmte Haare (Abb. 507). Außerordentlich charakteristisch sind die im Blatt vorhandenen Raphidenbündel, die genau den Nerven folgen und dadurch auch den Verlauf der zarteren Nerven leicht kenntlich machen (Abb. 508).

Die Blätter von *Epilobium hirsutum* L. (Abb. 509), einer bei uns ebenfalls häufigen Art, sind ungestielt, auch stengelumfassend, lanzettlich, am Rande buchtig-sägezähnig, gewimpert, oberseits kahl, unterseits weichzottig, mit stark ausgeprägter Nervatur. Die bogenförmig abzweigenden Sekundärnerven bilden nahe am Rande Schlingen.

Die Oberhautzellen sind denen der vorigen Art ähnlich, jedoch die Haarformen sind verschieden. Für *Epilobium hirsutum* sind die einzelligen, zylindrischen oder am Ende etwas kolbig verbreiterten, glattwandigen, am Scheitel geknöpften Haare (Abb. 510) charakteristisch. Neben diesen kommen viel längere, zugespitzte,

Abb. 504. Autophotogramm des schmalblättrigen Weidenröschenblattes (J. MOELLER).

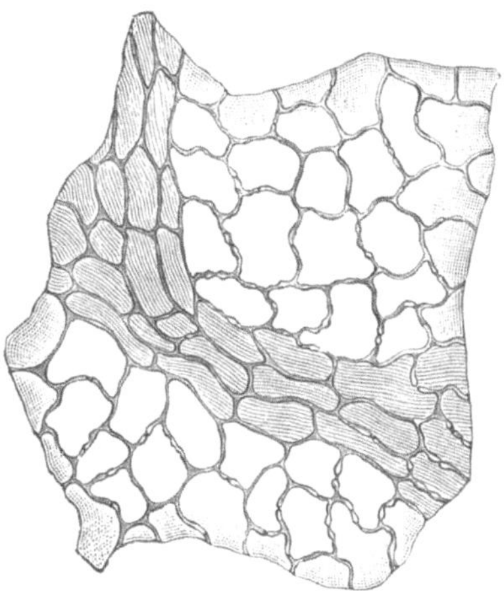

Abb. 505. Oberseite des Weidenröschenblattes (*Epilobium angustifolium*). (J. MOELLER).

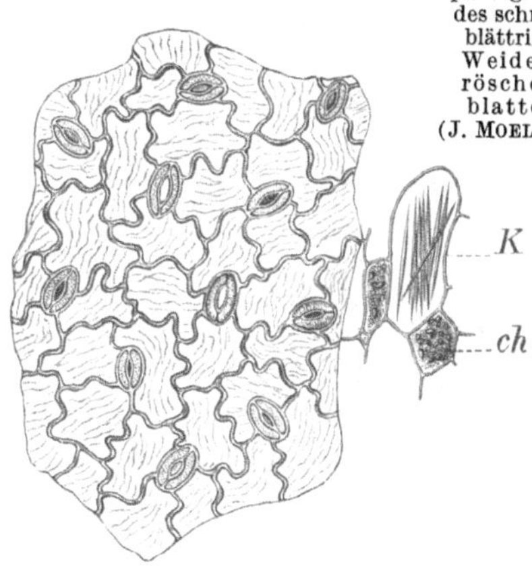

Abb. 506. Unterseite des Weidenröschenblattes (J. MOELLER). *K* Raphidenzelle, *ch* Chlorophyllzelle.

ihnen sonst ähnliche Haare besonders reichlich am Blattrande vor. Die Raphidenbündel finden sich zerstreut im Mesophyll.

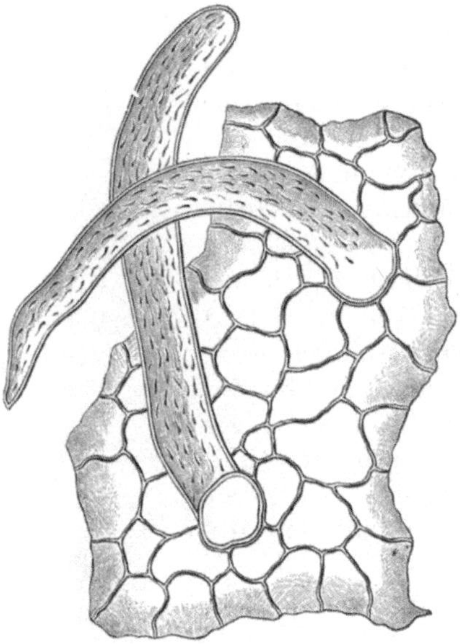

Abb. 507. Haare von *Epilobium angustifolium* (J. MOELLER).

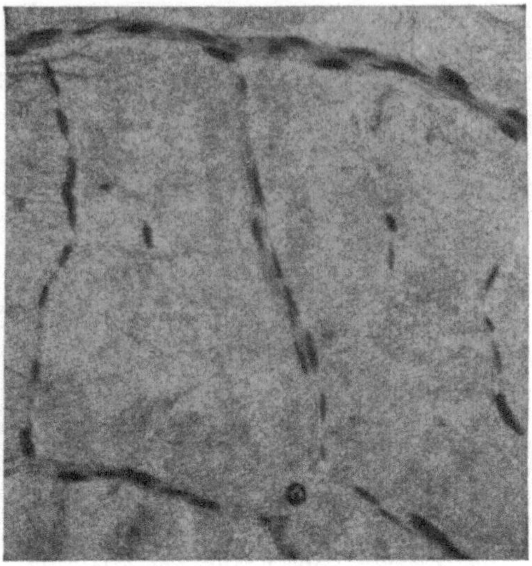

Abb. 508. Epilobium angustifolium L. Blatt mit Raphiden im Zuge der Nerven (gebleichtes Präparat, 1:60) (Phot. C. GRIEBEL).

Abb. 509. Autophotogramm des Blattes von *Epilobium hirsutum* (J. MOELLER).

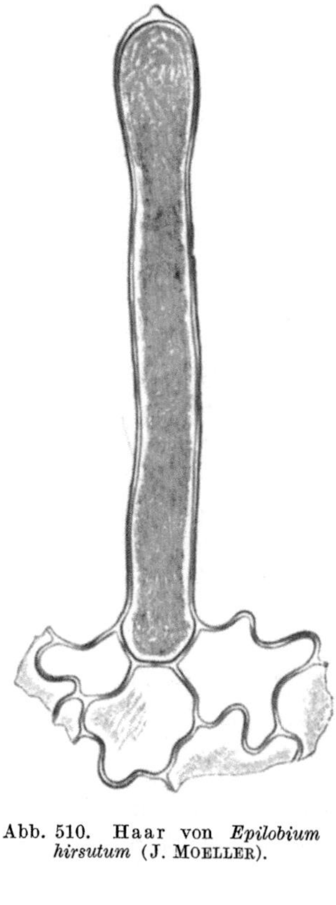

Abb. 510. Haar von *Epilobium hirsutum* (J. MOELLER).

Abb. 511. Autophotogramm des Steinsamenblattes (J. MOELLER).

3. Steinsamenblätter.

Die Blätter des Steinsamens (*Lithospermum officinale* L. — *Boraginaceae*) werden ebenfalls wie Tee verarbeitet und kommen als böhmischer oder kroatischer Tee in den Handel. Sie sind schmal-lanzettlich, ganzrandig, ungestielt (Abb. 511), bis 8 cm lang und dabei kaum über 15 mm breit, beiderseits rauhhaarig. Unter der Lupe erkennt man, daß die Härchen die nach der Blattspitze gerichtet sind, auf einem rundlichen Höcker entpringen.

Die Oberhaut besteht auf der Oberseite (Abb. 512) aus unregelmäßig polygonalen, auf der Unterseite (Abb. 513) aus mehr oder weniger wellig-buchtigen,

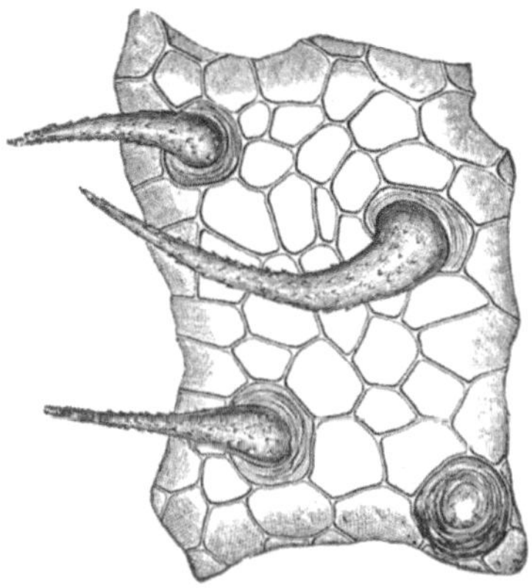

Abb. 512. Epidermis der Oberseite des Steinsamenblattes (J. MOELLER).

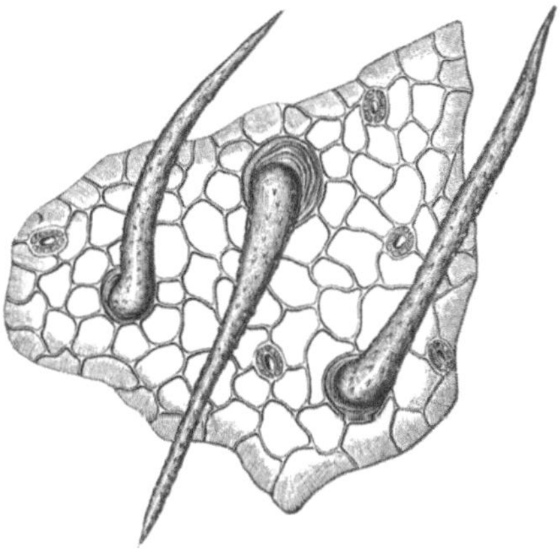

Abb. 513. Epidermis der Unterseite des Steinsamenblattes mit Haaren und Spaltöffnungen (J. MOELLER).

dünnwandigen Zellen. Aus kreisrunder, nicht selten 40 μ breiter Basis entspringen die starren, leicht gekrümmten, scharf zugespitzten, grobwarzigen Haare. Sie sind 0,6 mm und darüber lang, mäßig verdickt, erscheinen aber häufig kompakt, weil sie von einer mit Kalksalzen inkrustierten Masse erfüllt sind. Diese Zystolithen sind besonders im retortenförmigen Fußteil der Haare entwickelt, finden sich aber auch nicht selten in den die Haarbasis rosettenförmig umgebenden Epidermiszellen. Die Blattunterseite trägt in großer Zahl kleine, von 3—4 Zellen umgebene Spaltöffnungen, die Oberseite weniger. Oxalat fehlt.

4. Kaukasischer Tee.

Als Kaukasischer Tee werden in Rußland die Blätter von *Vaccinium arctostaphylos* L. (*Ericaceae*) in den Verkehr gebracht. Sie sind 5—6 cm lang, 2—3 cm breit, eirund, zugespitzt, am Rand dicht drüsig gezähnt.

Die Epidermis der Oberseite besteht aus polygonalen, derbwandigen Zellen mit streifiger Kutikula (Abb. 514); die Oberhautzellen der Unterseite (Abb. 515) sind tief wellig-buchtig. Wie bei der Heidelbeere, finden sich Spaltöffnungen nur unterseits, von zwei zum Spalt parallelen und an den Polen von je einer normalen Epidermiszelle umgeben. Einzellige, derbwandige, feinwarzige Haare von beträchtlicher Länge kommen beiderseits vor, am reichlichsten längs des Mittelnerven auf der Unterseite; Drüsenzotten auf den

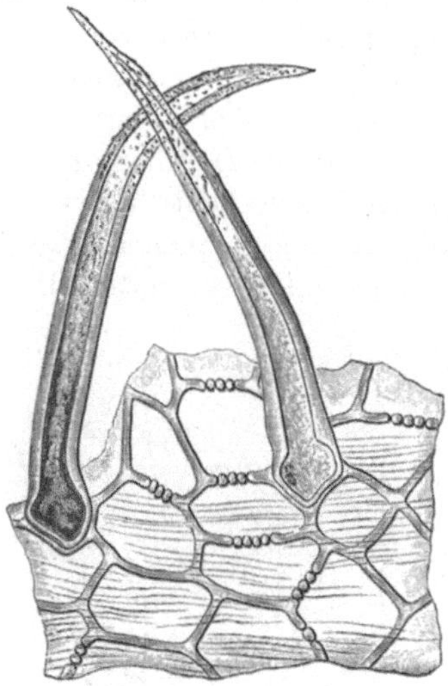

Abb. 514. Epidermis der Oberseite des Blattes von *Vaccinium Arctostaphylos* (J. MOELLER).

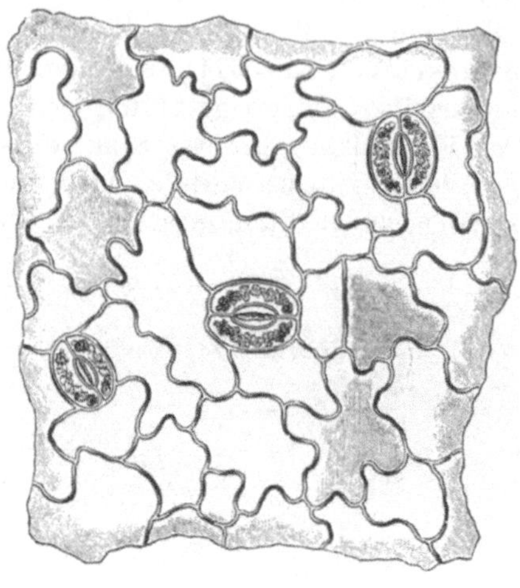

Abb. 515. Epidermis der Unterseite des Blattes von *Vaccinium Arctostaphylos* (J. MOELLER).

Blattzähnen, spärlich beiderseits auf der Blattspreite. Das Mesophyll enthält vereinzelte Oxalatdrusen und als Belag der Faserbündel Einzelkristalle.

5. Kaffeeblätter.

Die Blätter des Kaffeebaums (*Coffea arabica* L. — *Rubiaceae*), die geringe Mengen Koffein enthalten, werden in den kaffeebautreibenden Ländern als Surrogat für Tee verwendet, möglicherweise auch als Fälschungsmittel.

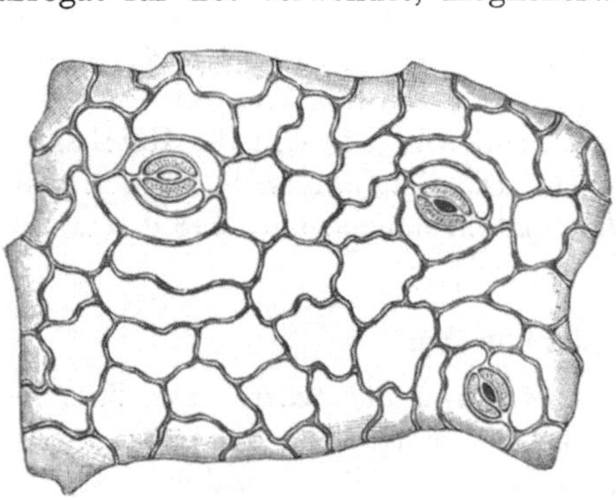

Abb. 516. Oberhaut der Unterseite des Kaffeeblattes (J. MOELLER).

Sie sind elliptisch, allmählich in den kurzen Stiel verschmälert, zugespitzt, ganzrandig, kahl, glänzend dunkelgrün, von schwach lederiger Konsistenz. Die spitzwinklig abzweigenden Sekundärnerven bilden in der Nähe des Randes bogenförmige Schlingen.

Die Epidermis (Abb. 516) ist beiderseits aus wellig-buchtigen, schwach kutikularisierten Zellen aufgebaut. Die Blattunterseite ist mit Spaltöffnungen stellenweise übersät. Diese sind von zwei bis drei zum Spalt parallelen Nebenzellen umgeben (Rubiaceen-Typus). Im Mesophyll findet sich Kristallsand. Da die Blätter nicht gerollt, sondern einfach zum Gebrauche geröstet werden, sind sie leicht vom Tee zu unterscheiden.

6. Kamelienblätter.

Die Blätter der dem Teestrauch nahe verwandten Kamelie (*Camellia japonica* L.) dienen angeblich ebenfalls zur Teefälschung, obwohl sie wegen ihrer ungewöhnlich derben Beschaffenheit nur wenig dazu geeignet sind.

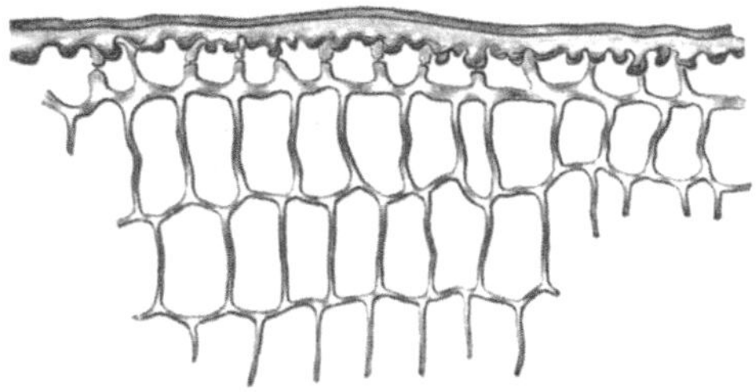

Abb. 517. Oberhaut des Kamelienblattes im Querschnitt (J. MOELLER).

Querschnitte zeigen die an ihrer Außenwand sehr stark und eigentümlich wulstig verdickten Oberhautzellen mit starker Kutikula (Abb. 517). In der Flächenansicht (Abb. 518) erscheinen die Oberhautzellen breitporig und infolge der wulstigen Verdickung oft sehr unregelmäßig geformt. Spaltöffnungen von oft fast kreisrunder Gestalt finden sich nur unterseits. Wie im Teeblatt, ist auch hier das Mesophyll von Idioblasten durchsetzt und enthält in zerstreuten Zellen große Oxalatdrusen.

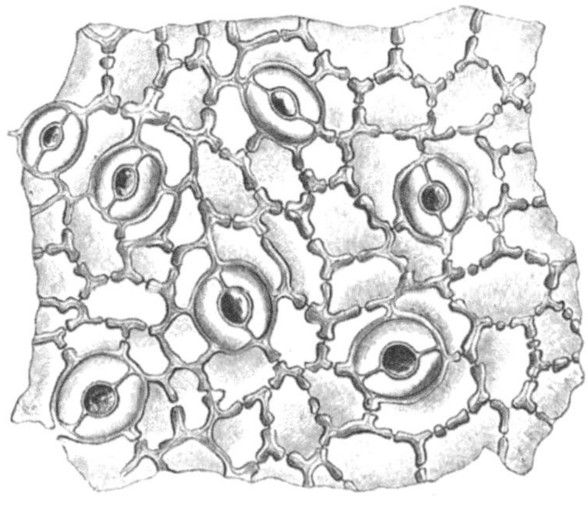

Abb. 518. Epidermis der Unterseite des Kamelienblattes (J. MOELLER).

In Japan sollen außerdem die Blätter der Glyzine (*Wistaria sinensis* D. C. — *Papilionaceae*), der Hortensie (*Hydrangea hortensia* D. C. — *Saxifragaceae*) und der Akebia (*Akebia quinata* DECAISNE — *Lardizabalaceae*), die bei uns sämtlich als Zierpflanzen gezogen werden, als Tee-Ersatzmittel oder Fälschungsmittel Verwendung finden.

Von den Arten, die bei uns als Tee-Ersatzmittel Verwendung fanden oder z. T. noch finden, sind außerdem folgende zu nennen.

7. Walnußblätter.

Abb. 519. Autophotogramm eines Fiederblattes der Walnuß (C. GRIEBEL).

Die Blätter der Walnuß (*Juglans regia* L. — *Juglandaceae*) sind unpaarig gefiedert, die Teilblättchen etwa eiförmig, ganzrandig, meist zugespitzt, beiderseits scheinbar kahl. Unter der Lupe beobachtet man auf der Unterseite in den Winkeln der Sekundärnerven kleine Haarbüschel. Die Sekundärnerven sind etwas nach aufwärts gebogen und bilden in der Nähe des Blattrandes

Schlingen. Die Tertiärnerven stellen oft fast gerade, unter rechtem Winkel abzweigende Verbindungen zwischen den Seitennerven dar (Abb. 519).

Die ziemlich kleinen Epidermiszellen sind beiderseits polygonal (Abb. 520 und 521), ihre Wände dünn und fast gerade. Die Unterseite trägt zahlreiche,

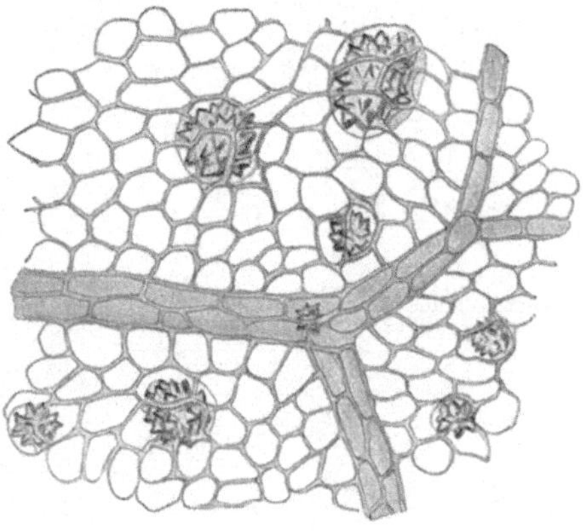

Abb. 520. Obere Epidermis des Walnußblattes. Oxalatdrusen im Mesophyll; 1:150 (C. GRIEBEL).

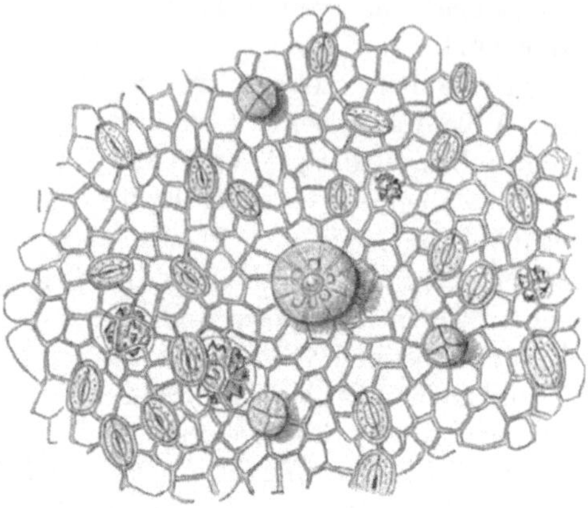

Abb. 521. Untere Epidermis des Walnußblattes mit zwei Formen von Drüsen; 1:150 (C. GRIEBEL).

die Nachbarzellen oft an Größe übertreffende Spaltöffnungen. In den Nervenwinkeln der Unterseite finden sich starre, einzellige Haare mit etwas verbreiterter poröser Basis; ihre Wand ist gewöhnlich derb, die Spitze fast ohne Lumen. Von Drüsenhaaren kommen zwei Formen häufiger vor, nämlich Scheibendrüsen, die wie bei den Labiaten aus radial angeordneten Zellen bestehen und in kleinen Einsenkungen sitzen, sowie außerdem Drüsen mit einzelligem Stiel und kugeligem, vierteiligem Köpfchen. Vereinzelt finden sich auch solche mit mehrzelligem Stiel und ungeteiltem Köpfchen. Besonders auffallend ist der Reichtum des Mesophylls an Oxalatdrusen verschiedener Größe, von denen die kleinsten etwa 15 μ, die größten 50 μ und mehr messen. In den Nerven treten ferner, besonders auf der Unterseite, zahlreiche sehr kleine Drusen auf, die oft in langen Reihen angeordnet sind. Die im Mesophyll vorhandenen Oxalatdrusen liegen in großen rundlichen Zellen des gewöhnlich dreireihigen Palisadenparenchyms.

Abb. 522. Autophotogramm eines Birkenblattes (C. GRIEBEL).

8. Birkenblätter.

Die gestielten Blätter der Birke (*Betula verrucosa* EHRH. — *Betulaceae*) sind rautenförmig, dreieckig bis eiförmig, lang zugespitzt, ungleich doppelt gesägt, am Grunde ganzrandig. Die unter spitzem Winkel abzweigenden Seitennerven endigen in die größeren Zähne des Blattrandes (Abb. 522).

Die Epidermiszellen sind beiderseits polygonal (Abb. 523 und 524), ihre Wände unterseits zum Teil etwas gebogen. Spaltöffnungen kommen nur auf der Unterseite vor. Deckhaare finden sich vereinzelt am Blattrand und auf den Nerven, namentlich unten; sie sind einzellig, dickwandig und englumig.

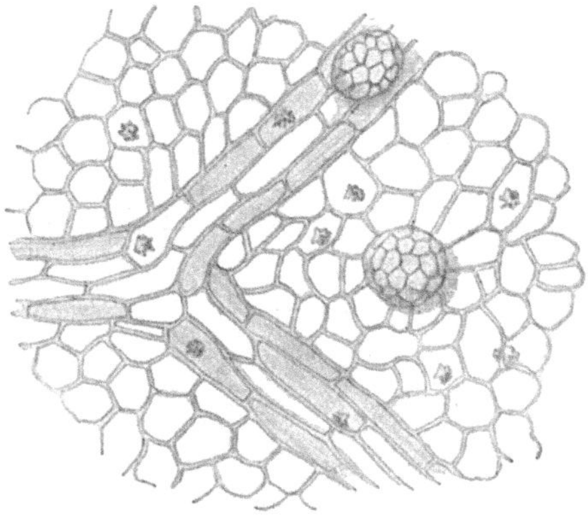

Abb. 523. Obere Epidermis des Birkenblattes mit schildförmigen Drüsen; 1:150 (C. GRIEBEL).

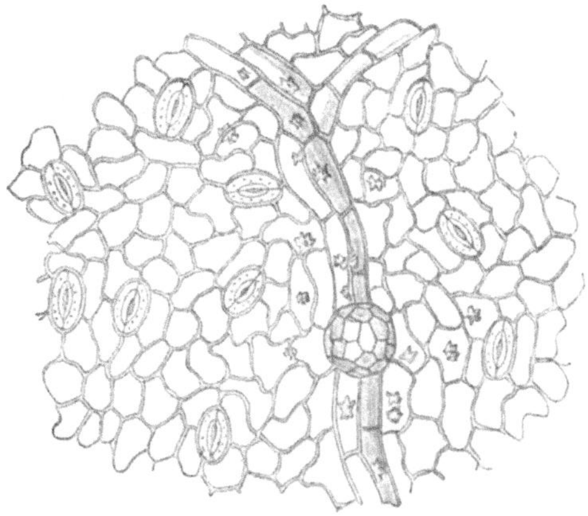

Abb. 524. Untere Epidermis des Birkenblattes. Oxalatdrusen vorwieg. in Begl. d. Nerven. Auf dem Nerv eine schildförmige Drüsenschuppe; 1:150 (C. GRIEBEL).

Bemerkenswert ist das Vorkommen von Drüsenschuppen, die vorwiegend auf den Nerven auftreten. Sie sind kurz gestielt und erscheinen in der Flächenansicht schildförmig, aus zahlreichen polygonalen Zellen zusammengesetzt. An jungen Blättern tragen die Randzähne ungestielte Drüsenzotten. Mittelgroße und kleine Oxalatdrusen sind ziemlich reichlich in Begleitung der Nerven zu finden, sehr vereinzelt im Mesophyll; Einzelkristalle nicht selten im Nervenparenchym. Die Palisadenzellen sind einreihig, das Schwammparenchym ist lückenreich

Die Blätter von *Betula pubescens* EHRH. (*Betula alba* L.) unterscheiden sich hauptsächlich durch die stärkere Behaarung, die auch an ausgewachsenen Blättern, wenigstens auf den stärkeren Nerven und in deren Winkeln, vorhanden ist. Die Haare sind zudem länger und besitzen einen angeschwollenen, getüpfelten Fuß.

Abb. 525. Autophotogramm eines Ulmenblattes (C. GRIEBEL).

9. Ulmenblätter.

Die Blätter der Ulme oder Rüster (*Ulmus campestris* L. — *Ulmaceae*) sind eiförmig zugespitzt, doppelt gesägt, am Grunde ungleich ausgebildet bis herzförmig geöhrt. Die von der Mittelrippe fiederförmig abzweigenden, etwa parallel verlaufenden Seitennerven endigen in die Hauptzähne, die unteren, nachdem sie sich in der Nähe des Blattrandes zuvor gabelförmig geteilt haben (Abb. 525). Blätter meist beiderseits rauh von Haaren, die nach der Spitze des Blattes zu gerichtet sind. Auf der Unterseite kommen außerdem gewöhnlich in den Nervenwinkeln, zum Teil auch auf den Rippen, längere Haare vor. Ähnlich ist die Behaarung bei *Ulmus effusa* WILLD. und *Ulmus montana* WITH.

Die obere Epidermis (Abb. 526) besteht aus polygonalen Zellen mit geraden bis leicht buchtigen Seitenwänden und leicht gestreifter Kutikula. Unterseits (Abb. 527) wird die Epidermis aus kleineren und vorwiegend stärker gebuchteten Zellen gebildet; sie enthält

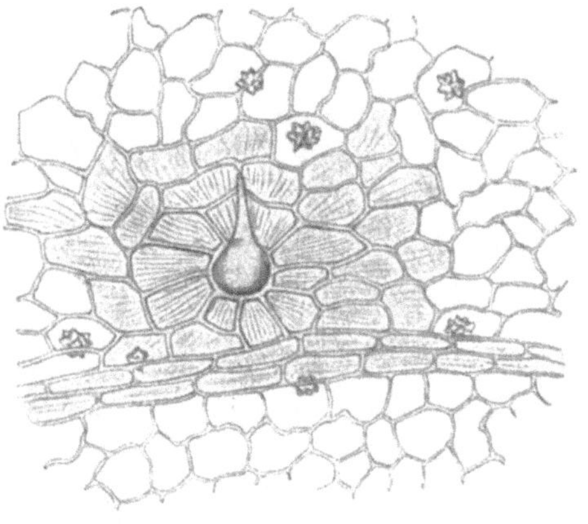

Abb. 526. Obere Epidermis des Ulmenblattes. Deckhaare einzellig, an der Basis erweitert; im Mesophyll Oxalatdrusen; 1:150 (C. GRIEBEL).

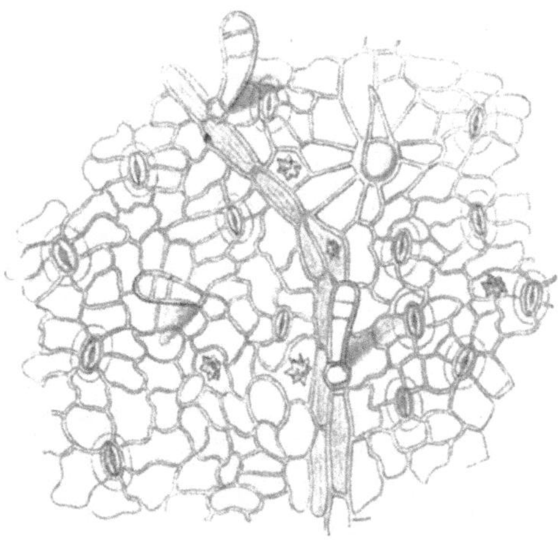

Abb. 527. Untere Epidermis des Ulmenblattes. Drüsenhaare keulenförmig; Deckhaare kurz, einzellig; im Mesophyll Oxalatdrusen; 1:150 (C. GRIEBEL).

Abb. 528. Autophotogramm des Maulbeerblattes (J. MOELLER).

ziemlich reichlich Spaltöffnungen, die nicht selten beiderseits von 2—3 rechtwinklig zum Spalt gerichteten Zellen begrenzt werden. Auf beiden Blattflächen kommen in wechselnder Menge kurze, einzellige, gebogene oder gerade, borstenförmige Haare mit dicker verkieselter Wand vor, deren Spitze mit den Seitennerven etwa gleichgerichtet ist. Der Fuß der Haare ist bauchig erweitert und etwas in das Mesophyll eingesenkt, enthält aber keine Zystolithen. Um diese Trichome sind die Epidermiszellen rosettenförmig angeordnet, auch durch dickere Wände und deutlichere Kutikularstreifung ausgezeichnet. Die in den Nervenwinkeln auf der Unterseite vorkommenden Haare sind ebenfalls einzellig, derb- bis dickwandig aber viel länger und nicht so starr (zuweilen hin und her gebogen). Auf der Unterseite beobachtet man außerdem noch kurze, drei- bis vierzellige, keulenförmige Drüsenhaare. Das Mesophyll enthält ziemlich reichlich Oxalatdrusen, die sowohl im ein- bis zweireihigen Palisadenparenchym, als auch im lockeren Schwammparenchym auftreten. Häufig kommen sie auch längs der Nerven vor.

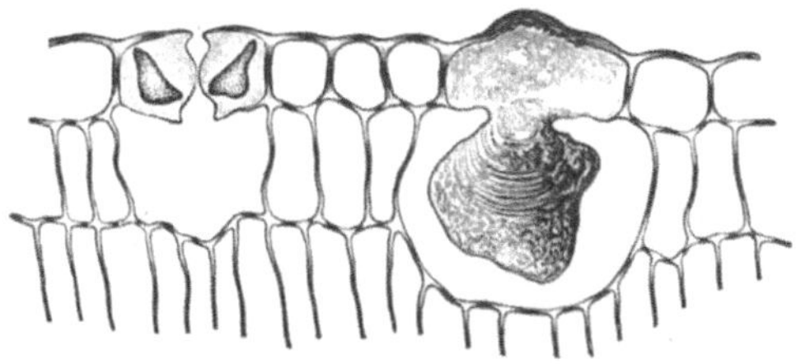

Abb. 529. Maulbeerblatt; Querschnitt der Unterseite mit einer Spaltöffnung und einem Zystolithen (J. MOELLER).

10. Maulbeerblätter.

Die Blätter der weißen Maulbeere (*Morus alba* L. — *Moraceae*) sind herzförmigeirund, oder schief herzförmig, zuweilen gelappt, am Rande ungleich gesägt (Abb. 528). Die Sekundärnerven und deren Hauptseitenäste führen in die gröberen Randzähne. Behaarung ist meist nur unterseits auf den Nerven erkennbar.

Die Epidermiszellen (Abb. 530) sind beiderseits polygonal, unterseits auffallend klein, ihre Wände fast gerade. Auf beiden Seiten kommen reichlich vergrößerte Epidermiszellen vor, die Zystolithen (Abb. 529 und 530) enthalten und von gewöhnlichen Oberhautzellen rosettenförmig umgeben sind. Stomata finden sich nur auf der Unterseite. Die Oberseite trägt vereinzelte ziemlich dickwandige, einzellige, etwa hakenförmig gebogene und am Grunde erweiterte Haare. Auf der Unterseite der Nerven beobachtet man daneben noch längere, fast gerade Haare und außerdem Drüsenhaare mit einzelligem Stiel und mehrzelligem, kugeligem bis ovalem Köpfchen. Das Mesophyll führt kleine Oxalatdrusen, die vorwiegend längs der feinen Nerven auftreten. Der Bau des Blattes ist zentrisch. — Die Blätter von *Morus nigra* L. sind denen von *Morus alba* sehr ähnlich aber dunkler und derber, außerdem unterseits weichhaarig.

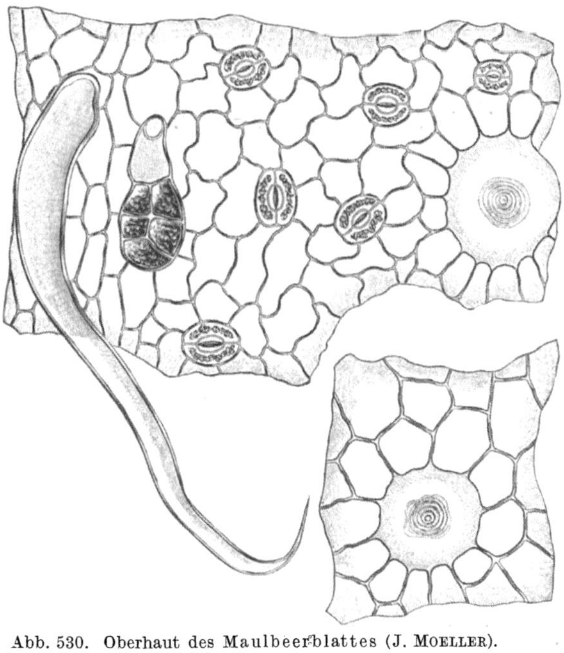

Abb. 530. Oberhaut des Maulbeerblattes (J. MOELLER).

11. Blätter der schwarzen Johannisbeere.

Die langgestielten Blätter der schwarzen Johannisbeere (*Ribes nigrum* L. — *Saxifragaceae*) sind tief drei- bis fünflappig, am Grunde herzförmig, doppelt gesägt gezähnt (Abbildung 531). Bis auf die schwach behaarten Rippen sind sie fast kahl, auf der Unterseite durch gelbe Drüsen punktiert. An der Basis des Blattes entspringen drei Hauptrippen, die in drei Hauptlappen führen. Die beiden seitlichen Hauptrippen entsenden in der Nähe der Basis ihrerseits starke Nebenrippen nach den kleinen unteren Blattabschnitten. Im übrigen endigen die Sekundärnerven in die größeren Randzähne.

Abb. 531. Autophotogramm des Blattes der schwarzen Johannisbeere (C. GRIEBEL).

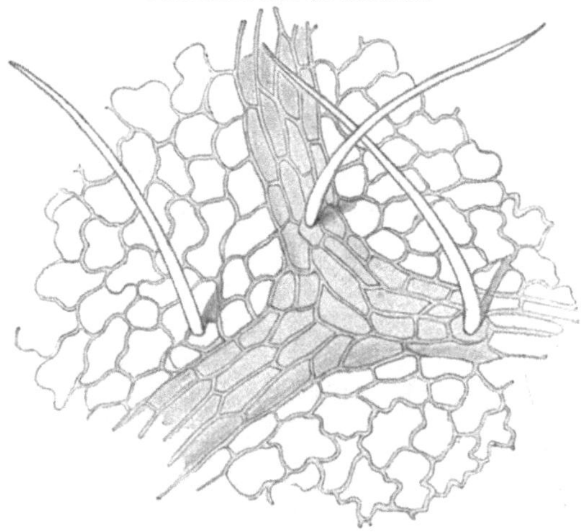

Abb. 532. Schwarze Johannisbeere. Epidermis der Blattoberseite; 1:150 (C. GRIEBEL).

Die Epidermiszellen (Abbildung 532 und 533) sind beiderseits wellig, auf der Unterseite tiefer gebuchtet. Oberseits besitzen sie oft getüpfelte Wände, unten nur über den Nerven, wo sie durch gestreckte Form und fast gerade Wände auffallen. Spaltöffnungen kommen nur auf der Unterseite vor. Trichome finden sich in zwei verschiedenen Formen, nämlich spärliche meist einzellige, häufig gebogene Deckhaare mit derber Wand und körnig-rauher Oberfläche, die vorwiegend unterseits auf den Nerven auftreten, und große gelbe, kurzgestielte Öldrüsen, denen die Unterseite ihr punktiertes Aussehen verdankt. Die letzteren sind in der Fläche scheibenförmig, im Querschnitt linsenförmig und messen in der Breite etwa 160—240 μ. Im Bau ähneln sie den Hopfendrüsen. Ihr unterer Teil besteht aus zahlreichen polygonalen Zellen, deren gemeinsame Kutikula im frischen Zustand durch das Sekret abgehoben und emporgewölbt ist. Das Mesophyll enthält reichlich mittelgroße Oxalatdrusen. Das Palisadenparenchym ist einreihig.

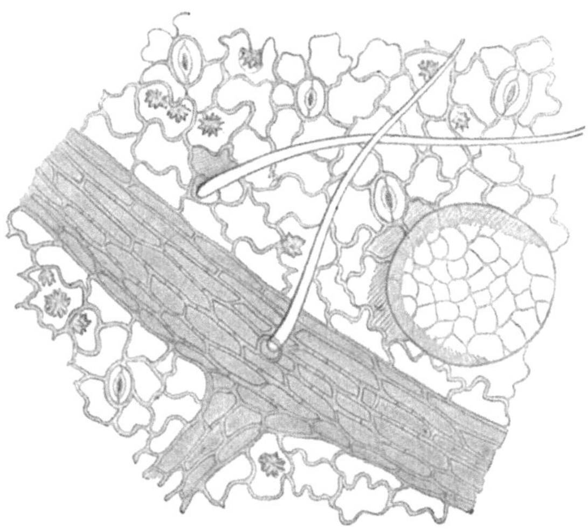

Abb. 533. Schwarze Johannisbeere. Epidermis der Blattunterseite. Rechts eine Öldrüse. Oxalatdrusen im Mesophyll; 1:150 (C. GRIEBEL).

Abb. 534. Autophotogramm des Spierstaudenblättchens (J. MOELLER).

12. Sumpfspierstaudenblätter.

Die Blätter der Sumpfspierstaude (*Spiraea ulmaria* L. — *Rosaceae*) sind unterbrochen gefiedert, die Fiederblättchen länglich-eiförmig, doppelt gesägt, das Endblättchen 3—5-lappig. Die Seitennerven endigen in größere Randzähne, zum Teil anastomosieren sie vorher in einiger Entfernung vom Rand (Abb. 534).

Die Epidermiszellen der Oberseite haben nur wenig gebogene, oft getüpfelte Wände; unterseits sind sie buchtig. Stomata sind nur unterseits vorhanden. Die Deckhaare sind einzellig, auf der Oberseite derbwandig, etwa dolchförmig, oft etwas gekrümmt. Unterseits finden sich ebensolche, aber meist kleinere Trichome. Namentlich auf den Nerven kommen unterseits außerdem noch ziemlich reichlich peitschenförmig hin und her gebogene Haare vor. Drüsenhaare sind meist recht selten. Sie besitzen einen ein- bis mehrzelligen Stiel und ein vielzelliges Köpfchen. Das Mesophyll enthält reichlich große Oxalatdrusen, weniger zahlreich finden sie sich in den größeren Nerven. Die Palisadenzellen sind meist zweireihig.

13. Weißdornblätter.

Die Blätter des Weißdorns (*Crataegus* [*Mespilus*] *oxyacantha* L. — *Rosaceae*) sind verkehrt eiförmig-dreilappig, die Lappen stumpf und meist kleingesägt, die Seitennerven aufwärts geneigt, etwas konvergierend (Abb. 535).

Die Epidermiszellen (Abb. 536 und 537) sind beiderseits polygonal, ziemlich zartwandig; unterseits zeigen sie flachbuchtige Wände mit oft deutlicher Kutikularstreifung. Die Unterseite trägt zahlreiche, die benachbarten Zellen gewöhnlich an Größe übertreffende Spaltöffnungen. Haare werden nur vereinzelt beobachtet. Sie sind dickwandig und kommen fast nur auf den Nerven vor. Namentlich die dickeren Nerven zeigen fast immer einen Belag von Kristall-

Abb. 535. Autophotogramm des Weißdornblattes (C. Griebel).

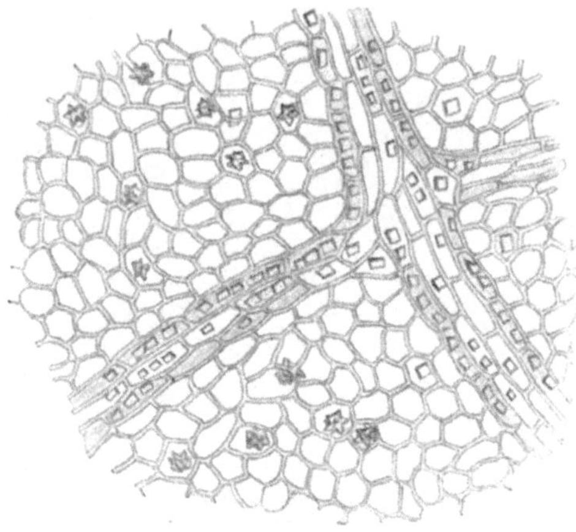

Abb. 536. Obere Epidermis des Weißdornblattes. Oxalatdrusen im Mesophyll. Einzelkristalle in den Nerven; 1:150 (C. Griebel).

kammerzellen, die ziemlich große Einzelkristalle führen. Das Mesophyll enthält außerdem zahlreiche Oxalatdrusen. Die Palisadenzellen sind meist zweireihig, das Schwammparenchym vielreihig.

Die Blätter von *Crataegus monogyna* Jacqu. sind ebenso gebaut und unterscheiden sich nur durch die Form. Sie sind tief drei- bis fünfspaltig, die Lappen zugespitzt und ungleich gesägt. Die Blattbasis ist oft keilförmig in den Blattstiel verschmälert. Die in die unteren Lappen gehenden Seitennerven sind nach auswärts gebogen.

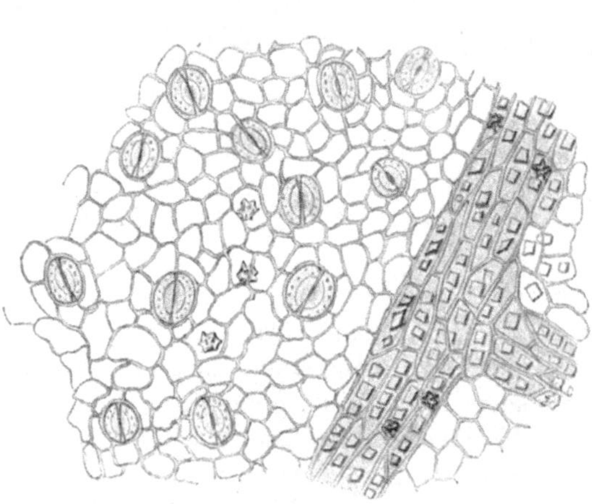

Abb. 537. Untere Epidermis des Weißdornblattes. Nerven mit zahlreichen Einzelkristallen in Kammerfasern; 1:150 (C. Griebel).

14. Ebereschenblätter.

Die Blätter der Vogelbeere (*Sorbus* [*Pirus*] *aucuparia* L. — *Rosaceae*) sind unpaarig gefiedert, die Teilblättchen elliptisch, zugespitzt, am Rande scharf gesägt, in der Jugend behaart, im Alter fast kahl. Die von der Mittelrippe fiederförmig abzweigenden Seitennerven gehen bis in die Blattzähne.

Die Epidermiszellen (Abb. 538) sind beiderseits ziemlich gleichgestaltet, ihre Wände meist nur wenig gebogen, die Kutikula ziemlich grob gefaltet. Stomata kommen nur auf der Unterseite vor, wo sich außerdem, namentlich in der Nähe der Mittelrippe, lange einzellige, hin und her gebogene Haare mit dicker Wand und abgerundeter Basis finden. Das Mesophyll enthält mittelgroße Drusenkristalle. Solche finden sich neben Einzelkristallen außerdem sehr reichlich in den Nerven.

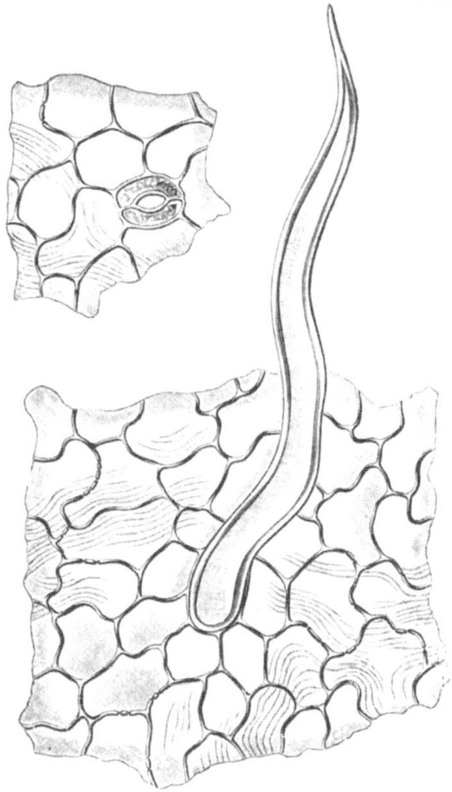

Abb. 538. Oberhaut des Ebereschenblattes (J. MOELLER).

15. Himbeerblätter.

Die drei- bis fünfzähligen Blätter der Himbeere) *Rubus idaeus* L. — *Rosaceae*) bestehen aus zugespitzten, etwa eiförmigen Teilblättchen (Abbildung 539), die am Rand ungleich scharf gesägt, unterseits weißfilzig und auf der Oberseite schwach behaart sind. Blattstiel und unterer Teil der Hauptrippe tragen oft vereinzelte kleine Stacheln (Lupe). Die von der Mittelrippe fiederförmig abzweigenden Seitennerven gehen bis zu den Randzähnen und entsenden zuvor einen oder mehrere starke Äste in benachbarte tiefer liegende Zähne.

Die Epidermiszellen sind beiderseits polygonal, ihre Seitenwände nur wenig gebogen. Die Unterseite (Abb. 541) trägt zahlreiche Spaltöffnungen, die, ebenso wie die Epidermiszellen, erst nach Entfernung des dichten weißen Filzes sichtbar werden.

Abb. 539. Autophotogramm eines Himbeerblättchens (C. GRIEBEL).

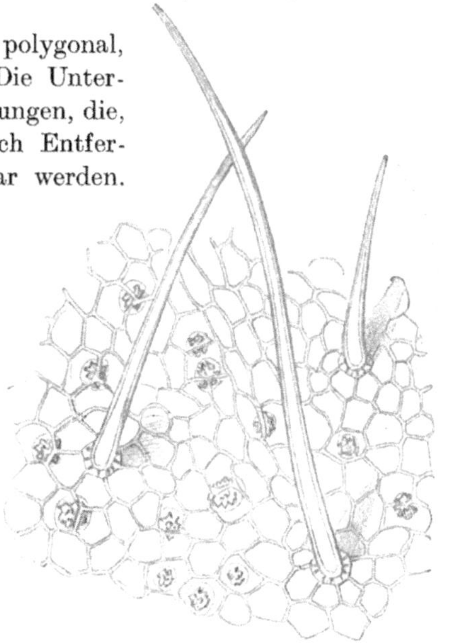

Abb. 540. Obere Epidermis des Himbeerblattes mit einzelligen, am Fuße getüpfelten Haaren; im Mesophyll Oxalatdrusen; 1:150 (C. GRIEBEL).

Letzterer besteht aus einzelligen, vielfach hin und her gebogenen und miteinander verflochtenen peitschenförmigen Haaren. Die Oberseite (Abb. 540) trägt namentlich auf den Nerven starre spitze Haare, die über der getüpfelten Basis umgebogen sind und daher der Blattfläche anliegen. Ihre Wand ist im oberen Teil oft bis zum Schwinden des Lumens verdickt und läßt bei stärkerer Vergrößerung zwei gekreuzte Liniensysteme erkennen[1]. Die außerdem vorkommenden Drüsenhaare mit zweizellreihigem Stiel und vielzelligem Köpfchen treten nur wenig hervor. Das Mesophyll enthält zahlreiche ziemlich große Oxalatdrusen. Sie liegen im Palisadenparenchym meist nahe der Epidermis in größeren rundlichen Zellen. Die Palisaden sind schmal, ein- bis zweireihig, das Schwammparenchym wird aus 3—4 Lagen rundlicher Zellen gebildet.

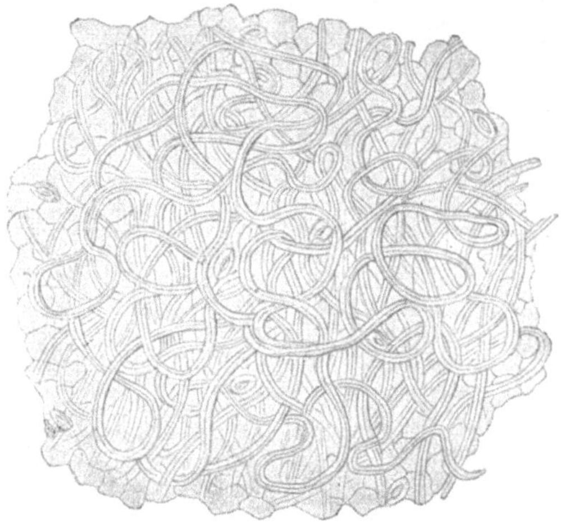

Abb. 541. Untere Epidermis des Himbeerblattes mit dichtem Haarfilz aus einzelligen Haaren; 1:150 (C. GRIEBEL).

16. Brombeerblätter.

Die meist drei- bis fünfzähligen Blätter der Brombeeren (*Rubus*-Arten — *Rosaceae*) sind etwa eiförmig (Abb. 542), beiderseits behaart und am Rande scharf und ungleichmäßig gesägt. Blattstiel und Mittelrippe tragen auf der Unterseite fast stets einzelne Stacheln. Die Nervatur ist der der vorigen Art

Abb. 542. Autophotogramm eines Brombeerblättchens (C. GRIEBEL).

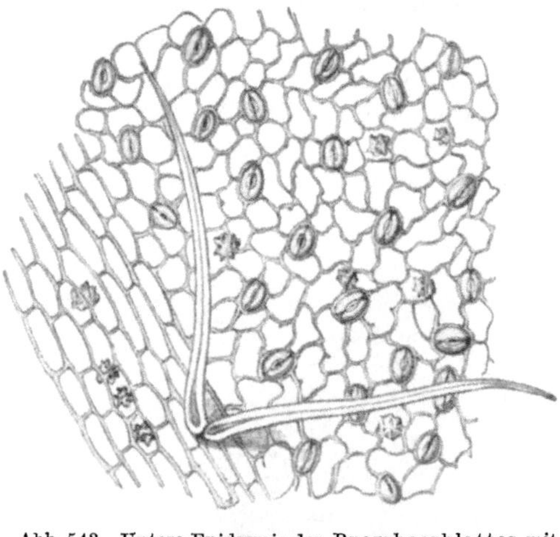

Abb. 543. Untere Epidermis des Brombeerblattes mit zahlreichen, etwas erhöhten Spaltöffnungen. Auf dem Nerv ein zweistrahliges Haar. (Die großen Borstenhaare sind nicht dargestellt.) 1:150 (C. GRIEBEL).

[1] Die gleiche Struktur findet man z. B. bei *Corylus* und *Alnus*.

sehr ähnlich. Die Tertiärnerven bilden zwischen den Seitennerven gebogene, zum Teil fast gerade Verbindungen.

Die Epidermiszellen besitzen beiderseits leicht wellig gebogene, mitunter fast gerade Wände, die zuweilen reich getüpfelt sind. Auf der Unterseite (Abb. 543) finden sich zahlreiche, meist etwas erhöhte Spaltöffnungen. Recht kennzeichnend ist die Behaarung. Beiderseits kommen — vorwiegend auf den Nerven — große dickwandige, einzellige Borstenhaare vor (Abb. 544), die einen getüpfelten Fuß besitzen und oft nur im unteren Teil ein Lumen erkennen lassen. Ihre Wand ist durch zwei sich kreuzende Liniensysteme gestreift[1]. Bei

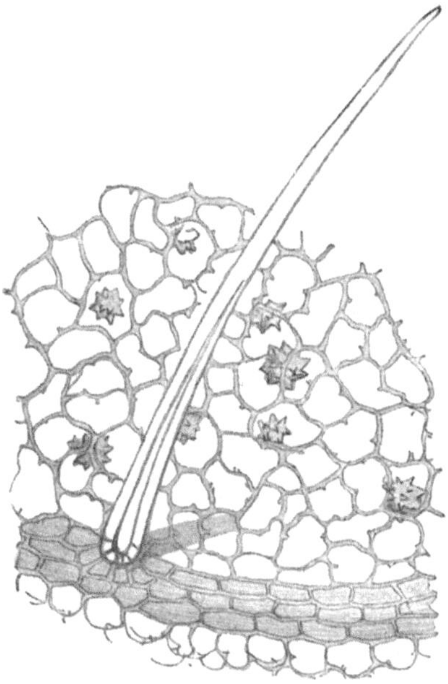

Abb. 544. Obere Epidermis des Brombeerblattes. Auf dem Nerv ein Borstenhaar, im Mesophyll Oxalatdrusen; 1:150 (C. Griebel).

Abb. 545. Epidermis der Blattunterseite einer sternhaarigen Rubus-Art. Auf dem Nerv ein Borstenhaar und ein zweiarmiges Haar; Oxalatdrusen im Mesophyll und Nervenparenchym; 1:360 (C. Griebel).

den meisten Arten finden sich außerdem auf der Unterseite in verschiedener Menge kleinere, im übrigen ähnlich gebaute Haare, die zu zweien bis vieren zusammenstehen und sternförmige Büschelhaare mit zurückgebogenen, der Blattspreite mehr oder weniger anliegenden Strahlen bilden (Abb. 545). Die Blätter von *Rubus tomentosus* und verwandten Arten tragen beiderseits Sternhaare, die auf der Unterseite so dicht stehen, daß die Epidermiszellen meist nicht sichtbar sind.

[1] Die gleiche Struktur findet man z. B. bei *Corylus* und *Alnus*.

Neben den auffälligen Deckhaaren treten die Drüsenhaare, die vorwiegend auf der Unterseite der Nerven vorkommen, nur wenig hervor. Sie haben einen oft gekrümmten, ein- bis zweizellreihigen Stiel und ein mehrteiliges, bei manchen Arten vielteiliges Köpfchen.

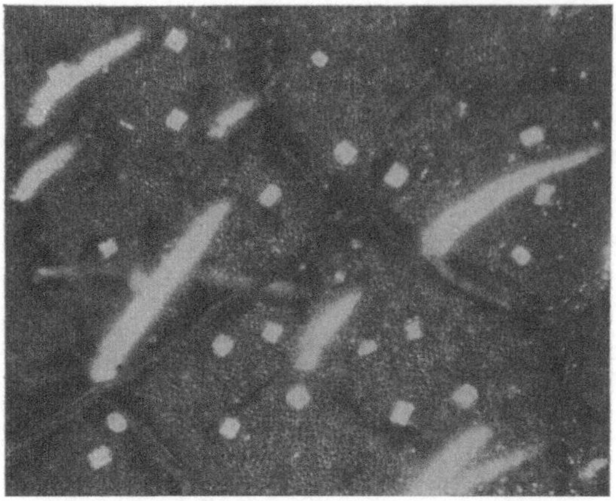

Abb. 546. Rubus caesius L. Gebleichtes Blatt im polarisiertem Licht, die großen Einzelkristalle im Mesophyll zeigend. Borstenhaare infolge sehr starker Wandverdickung zwischen gekreuzten Nikols ebenfalls vollständig hell; 1:80 (Phot. C. GRIEBEL).

Das Mesokarp enthält bei den meisten Rubus-Arten Oxalatdrusen, die zum Teil recht groß sind und im Palisadenparenchym in größeren, runden Zellen liegen. Zuweilen treten sie fast nur längs der Nerven auf. Kleinere Drusen kommen im Nervenparenchym bei allen Arten vor. Durch große Einzelkristalle im Mesophyll sind die Blätter von *Rubus caesius* L. vorzüglich gekennzeichnet (Abb. 546). *Caesius*-Bastarde enthalten neben Drusen ziemlich wenig Einzelkristalle (NETOLITZKY).

17. Erdbeerblätter.

Die Blätter der Erdbeere (*Fragaria vesca* L. — *Rosaceae*) sind dreizählig, die Teilblättchen (Abb. 547) etwa eiförmig, am Rande grob gesägt und wenigstens auf der Unterseite zottig behaart. Die fiederförmig angeordneten Seitennerven lau-

Abb. 547. Autophotogramm des Erdbeerblattes (J. MOELLER).

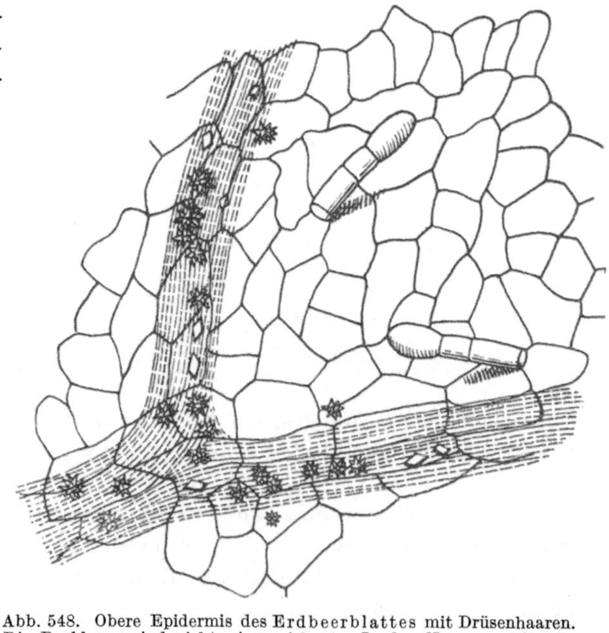

Abb. 548. Obere Epidermis des Erdbeerblattes mit Drüsenhaaren. Die Deckhaare sind nicht eingezeichnet. In den Nerven zahlreiche Oxalatdrusen, auch Einzelkristalle; 1:210 (C. GRIEBEL).

fen fast parallel und endigen in die etwa in gleicher Zahl vorhandenen Randzähne.

Die Epidermiszellen sind polygonal, die Seitenwände oft getüpfelt, fast gerade, unterseits zuweilen flachwellig gebogen. Stomata finden sich nur unterseits (Abb. 548). Die Unterseite des Blattes trägt zahlreiche, die Oberseite vereinzelte lange, dickwandige, einzellige Deckhaare (Abb. 549), deren Lumen nur in der Nähe der verdickten, getüpfelten Basis erweitert ist. Sie sind meist über dem basalen Teil fast rechtwinkelig umgebogen, so daß sie der Blattfläche anliegen. Daneben finden sich Drüsenhaare mit ein bis dreizelligem Stiel und einzelligem Köpfchen. Längs der Nerven beobachtet man zahlreiche Drusenkristalle, zuweilen auch Einzelkristalle. Unabhängig von den Nerven kommen nur vereinzelte Drusen im Mesophyll vor. Das Palisadenparenchym ist zwei- bis dreireihig, locker, das großlückige Schwammparenchym dreireihig.

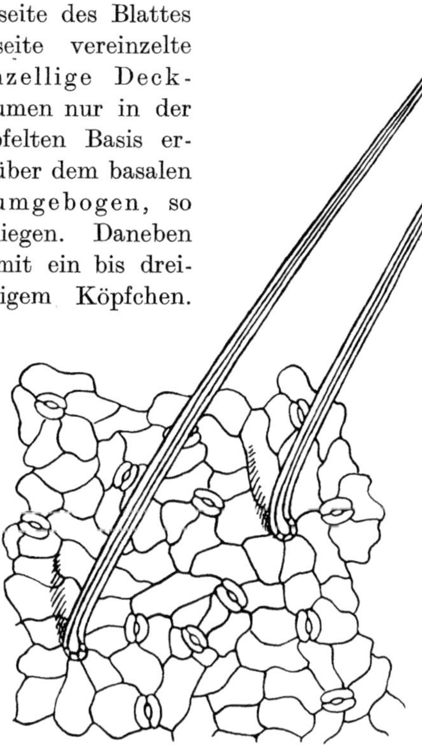

Abb. 549. Untere Epidermis des Erdbeerblattes. 1:210 (C. Griebel).

Abb. 550. Autophotogramm des Rosenblattes (J. Moeller).

18. Rosenblätter.

Die Blätter der Rosensträucher (*Rosa*-Arten. — *Rosaceae*) sind unpaarig gefiedert, die Teilblättchen eiförmig zugespitzt, am Rande scharf gesägt (Abb. 550). Die von der Mittelrippe fiederförmig abzweigenden Seitennerven teilen sich in der Nähe des Randes gabelig und bilden undeutliche Schlingen.

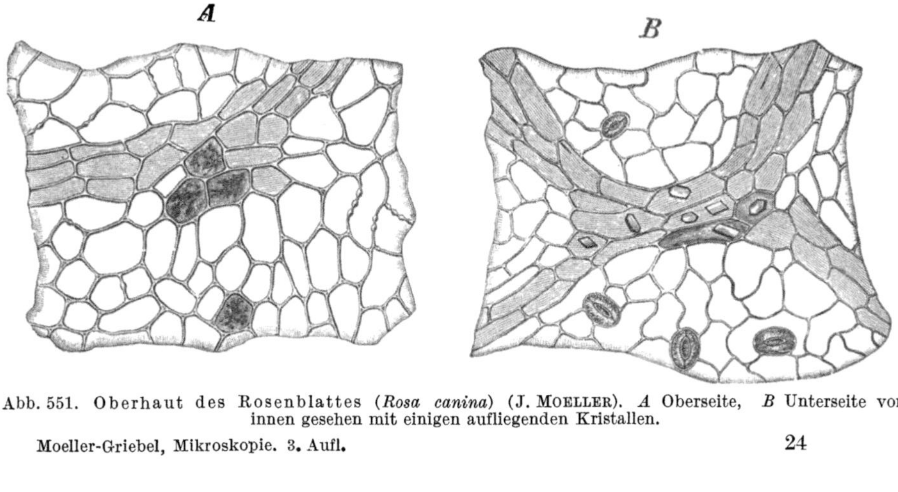

Abb. 551. Oberhaut des Rosenblattes (*Rosa canina*) (J. Moeller). *A* Oberseite, *B* Unterseite von innen gesehen mit einigen aufliegenden Kristallen.

Die Epidermis (Abb. 551) besteht oberseits aus polygonalen, fast geradwandigen, unterseits oft aus flachwellig-buchtigen Zellen, deren Wände häufig getüpfelt und knotig verdickt sind. Auf der Unterseite finden sich zahlreiche, die umgebenden Epidermiszellen gewöhnlich an Größe übertreffende Stomata. Die Randzähne endigen in eine Drüsenzotte, die aber oft abgefallen ist. Oxalatdrusen kommen längs der Nerven neben Einzelkristallen reichlich vor, im Mesophyll oft nur vereinzelt. Die Palisadenzellen sind schlank, zweireihig; das Schwammparenchym ist dicht.

19. Schlehenblätter.

Die Blätter des Schleh- oder Schwarzdorns (*Prunus spinosa* L. — *Rosaceae*) sind elliptisch bis verkehrt eiförmig (Abb. 552), am Rande gesägt, im Alter kahl, die Sekundärnerven undeutliche Schlingen bildend.

Die Epidermiszellen sind polygonal, ihre Wände gerade oder wenig gebogen, oberseits sehr derb (Abb. 553). Die Unterseite (Abb. 554) trägt zahlreiche Spaltöffnungen, deren Schließzellen mitunter gehörnt sind. Haare fehlen an älteren Blättern fast vollständig. Kristalle finden sich vorwiegend längs der Nerven, und zwar Drusen- und Einzelkristalle gemischt. Die stärkeren Nerven sind namentlich unterseits dicht mit Kristallkammerzellen bedeckt. Unter den sehr hohen Epidermiszellen der Oberseite liegen zwei Reihen schlanker Palisaden, auf die ein drei- bis vierreihiges, aus kurzen Zellen gebildetes Schwammparenchym folgt.

Abb. 552. Autophotogramm des Schlehenblattes (J. Moeller).

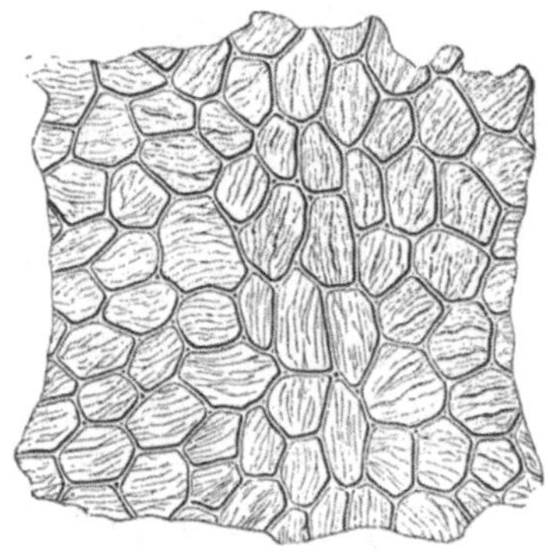

Abb. 553. Epidermis der Oberseite des Schlehenblattes (J. Moeller).

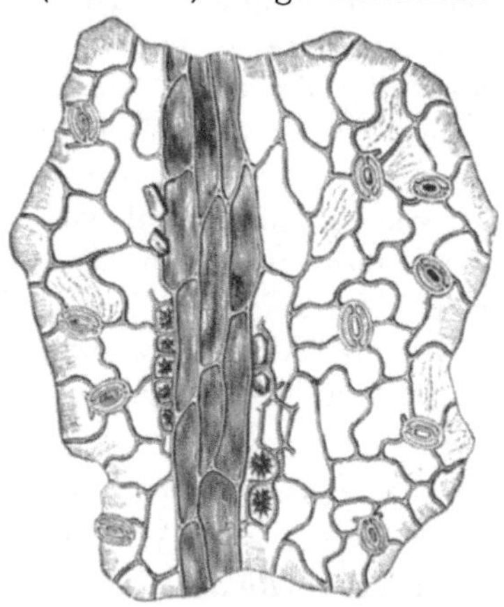

Abb. 554. Epidermis der Unterseite des Schlehenblattes von innen gesehen. Die Kristalle liegen nicht in den Oberhautzellen, sondern in Kammerzellen, welche die Gefäßbündel (Nerven) begleiten (J. Moeller).

Sauerkirschen- und Süßkirschenblätter siehe unter „Tabak-Ersatzstoffe“, S. 395 und 396.

20. Heidekraut.

Die kleinen, drei- bis vierkantigen, bis 3 mm langen Blättchen der Heide (*Calluna vulgaris* Salisb. — *Ericaceae*) sind gegenständig, oder vierzeilig-dachziegelig angeordnet und am Grunde pfeilförmig angeheftet (Abb. 555). Hieran, sowie an den allerdings nicht immer vorhandenen kleinen roten

Blütchen ist die Heide in Teegemengen leicht kenntlich. Auf der Rückenseite sind die Blättchen mit einer von einzelligen Haaren ausgekleideten Fuge versehen, in der reichlich Spaltöffnungen vorkommen. Der Blattrand trägt kurze kegelförmige, einzellige Haare. Drusenkristalle finden sich besonders im Blattgrunde.

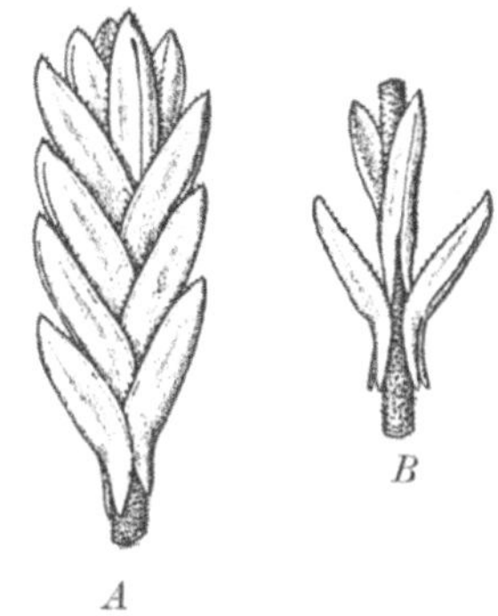

Abb. 555. Heidekraut. *A* Zweigende (1:16), *B* Zweigbruchstück, die spieß- oder pfeilförmige Anheftung der Blättchen zeigend (1:10) (C. GRIEBEL).

21. Preiselbeerblätter.

Die Preiselbeere (*Vaccinium Vitis Idaea* L. — *Ericaceae*) hat etwa 2 cm lange, eiförmige Blätter (Abb. 556), die durch lederige Beschaffenheit, glänzende Oberseite und matte, dunkel oder rostfarben punktierte Unterseite ausgezeichnet sind. Am Rande sind sie etwas zurückgerollt und mit sehr kleinen, entfernt stehenden Zähnchen besetzt. Junge Blätter tragen auf diesen Zähnchen Drüsenzotten, bei älteren finden sich nur noch Reste davon. Der kurze Blattstiel ist fein behaart. Die Mittelrippe endigt meist in eine kleine knopfige Verdickung, die an der Blattspitze in einer deutlichen Einkerbung liegt und namentlich unterseits hervortritt. Die Seitennerven sind schlingläufig.

Die Epidermiszellen sind getüpfelt, oberseits geradwandig oder gebogen, unterseits (Abb. 557) stärker gebuchtet. Die obere Kutikula ist mächtig entwickelt und erreicht in der Dicke oft die Höhe des Zellumens. Spaltöffnungen finden sich oben vereinzelt, unten reichlich. Sie sind von zwei, zuweilen auch drei mit dem Spalt gleichgerichteten Nebenzellen umgeben. Hinzu kommt gewöhnlich an jedem Pol noch eine normal ausgebildete Epidermiszelle. Die auf der

Abb. 556. Autophotogramm des Preiselbeerblattes (C. GRIEBEL).

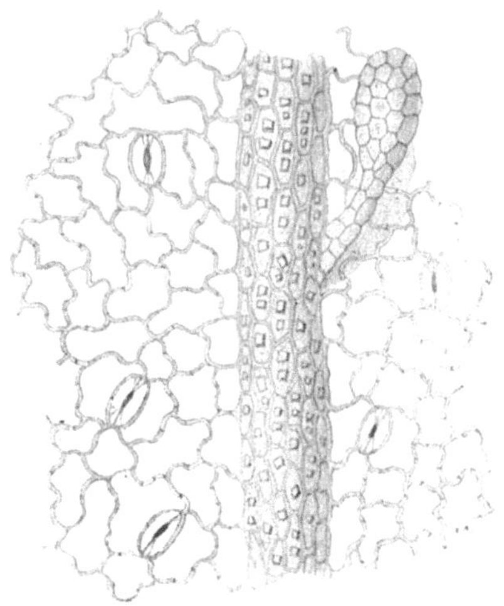

Abb. 557. Untere Epidermis des Preiselbeerblattes. Auf dem Nerv eine Drüsenzotte; der Nerv von zahlreichen Einzelkristallen bedeckt (1:150) (C. GRIEBEL).

Blattunterseite mit der Lupe sichtbare dunkle, strichartige Punktierung wird durch Drüsenzotten hervorgerufen mit schlankem, zweizellreihigem Stiel, der allmählich in das vielzellige, keulenförmige Ende übergeht. Ebensolche Gebilde finden sich auch an den entfernt stehenden feinen Randzähnen. An jungen Blättern sind die Drüsenzotten farblos, an alten dunkelbraun gefärbt. Deckhaare kommen nur spärlich auf den Nerven vor. Sie sind kurz, einzellig, ihre Oberfläche körnig-rauh. Etwas länger werden sie am Blattstiel. Oxalatdrusen sind im Mesophyll selten, an jungen Blättern findet man zuweilen überhaupt keine auf; dagegen beobachtet man auf der Unterseite der Nerven zahlreiche rhomboedrische Einzelkristalle. Das Palisadenparenchym ist gewöhnlich dreireihig, das Schwammparenchym vielreihig und meist stark durchlüftet. Bemerkenswert ist noch das starke Bastfaserbündel, das am Blattrand unter der Epidermis liegt.

22. Moosbeerblätter.

Die kleinen Blättchen der Moosbeere (*Vaccinium oxycoccus* L. — *Ericaceae*) sind eiförmig oder eilänglich (Abb. 558), ganzrandig, am Rande umgerollt, auf

Abb. 558. Autophotogramm eines Zweigstückes der Moosbeere (C. GRIEBEL).

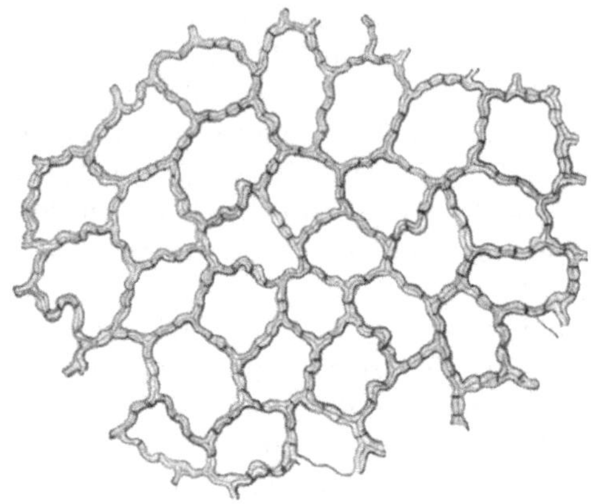

Abb. 559. Obere Epidermis des Moosbeerblattes. 1:200 (C. GRIEBEL).

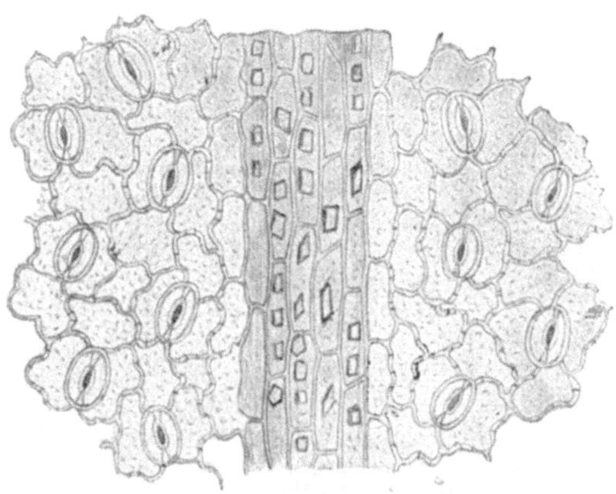

Abb. 560. Untere Epidermis des Moosbeerblattes. 1:200 (C. GRIEBEL).

der Oberseite glänzend und dunkelgrün, auf der Unterseite matt und graugrün. Die Seitennerven zweigen von der Mittelrippe etwa rechtwinkelig ab und bilden in der Nähe des Randes Schlingen.

Die Epidermiszellen sind kleinwellig-buchtig, die der Oberseite (Abb. 559) feinporös. Auf der Unterseite (Abb. 560) beobachtet man zahlreiche Spaltöffnungen, die von zwei mit dem Spalt gleichgerichteten Nebenzellen umgeben sind. Am Blattrand finden sich vereinzelte kleine Zähnchen, die in der Jugend viellzellige Drüsenzotten tragen. Haare kommen nur in der Nähe des Blattgrundes am Rande in vereinzelten Exemplaren vor, an älteren Blättern fehlen sie oft vollständig. Sie sind einzellig, gekrümmt, derbwandig, körnig-rauh. Oxalat kommt nur in Form von rhomboedrischen Einzelkristallen in Kammerzellen vor, die den Nerven auf der Unterseite aufgelagert sind. Das Palisadenparenchym ist zweireihig, das Schwammparenchym sehr großlückig.

23. Heidelbeerblätter.

Die Blätter der Heidelbeere (*Vaccinium Myrtillus* L. — *Ericaceae*) sind eiförmig, am Rande fein gesägt (Abb. 561). Jeder Zahn trägt eine gestielte, etwa keulenförmige Drüse (Abb. 562). Die Seitennerven treten nur wenig hervor und anastomosieren schon in ziemlicher Entfernung vom Rande.

Abb. 561. Autophotogramm des Heidelbeerblattes (J. Moeller).

Die Epidermiszellen (Abb. 563) sind beiderseits wellig-buchtig, ihre Kutikula auf der Oberseite fein gestreift, in der Nähe der Nerven auch unterseits. Stomata kommen auf der Oberseite einzeln, auf der Unterseite reichlich vor. Sie sind von zwei zum Spalt parallelen Nebenzellen und an den Polen von je einer normalen Epidermiszelle eingeschlossen. Auf der Hauptrippe finden sich vereinzelt kurze einzellige, zum Teil sichelförmig gekrümmte Haare mit warziger

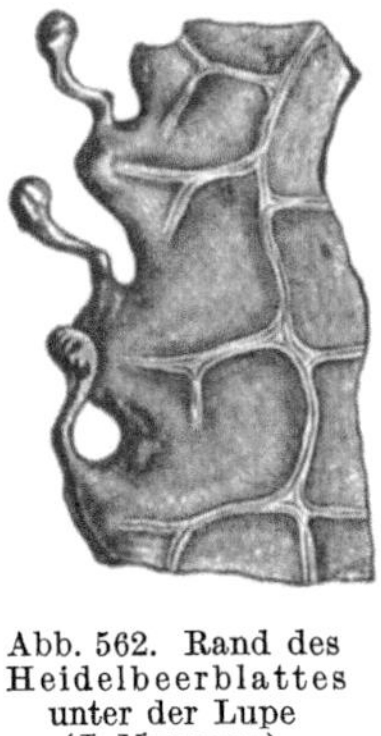

Abb. 562. Rand des Heidelbeerblattes unter der Lupe (J. Moeller).

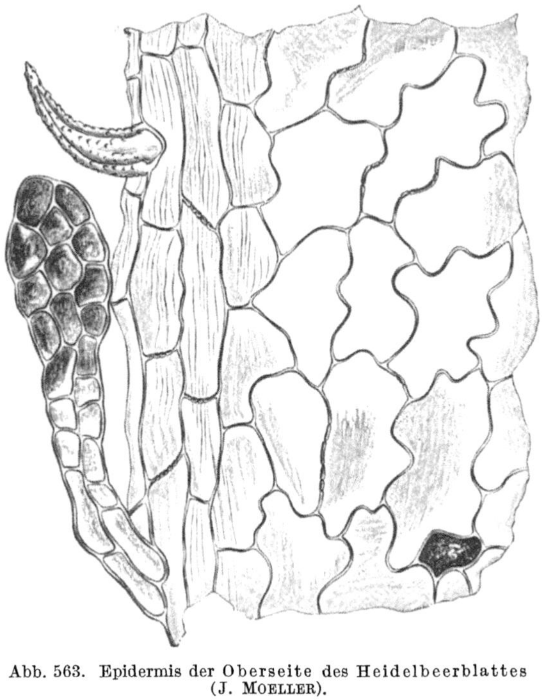

Abb. 563. Epidermis der Oberseite des Heidelbeerblattes (J. Moeller).

Oberfläche; außerdem hin und wieder keulenförmige Drüsenzotten mit zweizellreihigem Stiel, wie sie auf den Zähnen des Blattrandes und vereinzelt auch auf der Unterseite der Nebenrippen vorkommen. Kristalle fehlen im Mesophyll fast vollständig. Längs der Nerven beobachtet man, namentlich auf der Unterseite, zahlreiche Einzelkristalle in Kammerzellen.

Abb. 564. Autophotogramm eines Eschenblattes (J. MOELLER).

24. Eschenblätter.

Die Blätter unserer einheimischen Esche (*Fraxinus excelsior* L. — *Oleaceae*) sind unpaarig gefiedert und bestehen aus lanzettlichen zugespitzten, am Rande ziemlich entfernt gesägten Einzelblättchen (Abb. 564), die nur unterseits auf der Mittelrippe Behaarung erkennen lassen. Die fiederförmig abzweigenden Seitennerven laufen fast bis zum Rande und bilden dann große Schlingen.

Die Wände der Epidermiszellen (Abb. 565) sind beiderseits mehr oder weniger gebogen bis wellig-buchtig, die Kutikula unterseits gestreift. Die Unterseite enthält zahlreiche, ziemlich große Spaltöffnungen, deren Schließzellen nicht selten gehörnt sind. Oxalatkristalle fehlen dem Eschenblatt vollständig. Deckhaare finden sich nur auf der Unterseite, und zwar auf und in der Nähe der Mittelrippe, sowie im unteren Teil der Seitennerven. Sie sind dünnwandig, mehrzellig, oft gebogen, ihre Oberfläche ist meist feingestrichelt. Die Unterseite trägt außerdem — vereinzelt auch die Oberseite — kurzgestielte Drüsenhaare mit scheibenförmigem, vielzelligem Köpfchen.

Schließlich sind noch einige Arten zu erwähnen, die den Teegemengen oft als Würzkräuter zugesetzt werden.

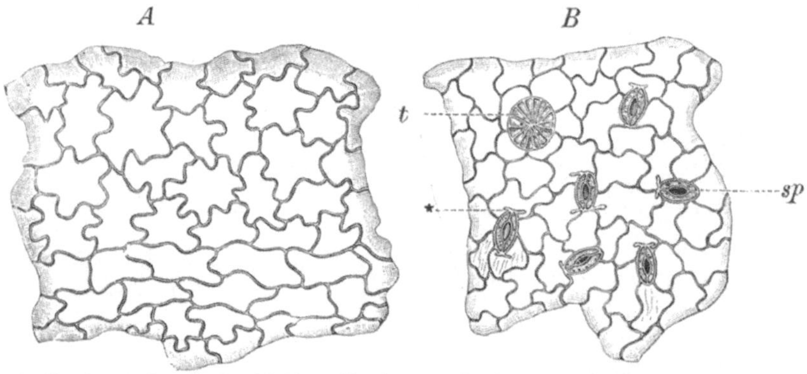

Abb. 565. Oberhaut des Eschenblattes (*Fraxinus excelsior*), *A* der Oberseite, *B* der Unterseite mit Spaltöffnungen *sp* und einem Düsenhaare *t*; bei * Hörnchen der Stomata (J. MOELLER).

25. Pfefferminze.

Die Blätter der Pfefferminze (*Mentha piperita* L. — *Labiatae*) sind eilanzettlich, scharf gesägt, kahl oder sehr vereinzelt behaart. Die Seitennerven laufen bogenförmig nach außen und bilden in der Nähe des Randes undeutliche Schlingen.

Die Epidermis besteht aus wellig-buchtigen Zellen. Spaltöffnungen finden sich auf der Oberseite in geringer Anzahl, unterseits reichlich. Sie sind meist von zwei quer zum Spalt gerichteten Epidermiszellen eingeschlossen (Labiatentypus). Deckhaare und Drüsenhaare kommen in je zwei verschiedenen Formen vor. Beiderseits beobachtet man kurze, kegelförmige, einzellige Haare mit feinkörniger Oberfläche und sehr vereinzelt mehrzellige Haare mit fein gestrichelter Kutikula. Von drüsigen Elementen sind die für die Labiaten charakteristischen Öldrüsen (Abb. 666), ferner kleine Köpfchenhaare mit kurzem, ein- bis zweizelligem Stiel und rundem, ein- bis zweizelligem Köpfchen beiderseits vorhanden. Die Palisadenschicht ist einreihig, das Schwammparenchym ziemlich locker.

Die Blätter der Krauseminze (*Mentha crispa*) sind von denen der Pfefferminze anatomisch kaum zu unterscheiden. Ausgezeichnet sind sie durch die krause Blattspreite.

Abb. 566. Autophotogramm des Waldmeisterblattes (C. Griebel).

26. Waldmeister.

Die Blätter des Waldmeisters (*Asperula odorata* L. — *Rubiaceae*) sind bis 3 cm lang und bis 1 cm breit, länglich-lanzettlich, kurz zugespitzt, nach dem Grunde zu etwas verschmälert (Abb. 566), ganzrandig, kahl; Sekundärnerven bogenförmig, schlingläufig.

Die Epidermiszellen (Abb. 567 und 568) sind beiderseits wellig-buchtig, auf der Unterseite kleiner und oft tiefer gebuchtet. Spaltöffnungen kommen, ab-

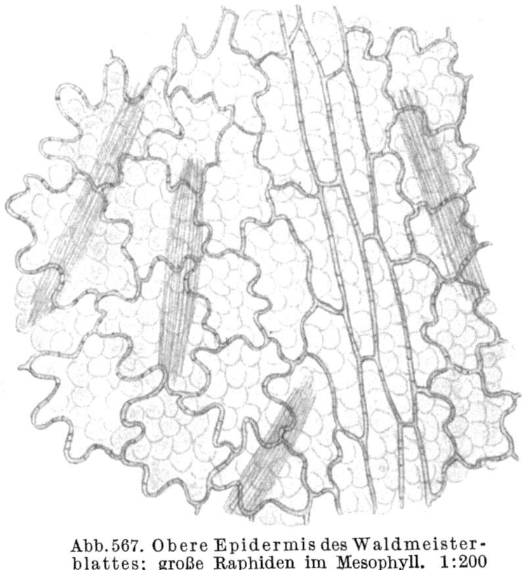
Abb. 567. Obere Epidermis des Waldmeisterblattes; große Raphiden im Mesophyll. 1:200 (C. Griebel).

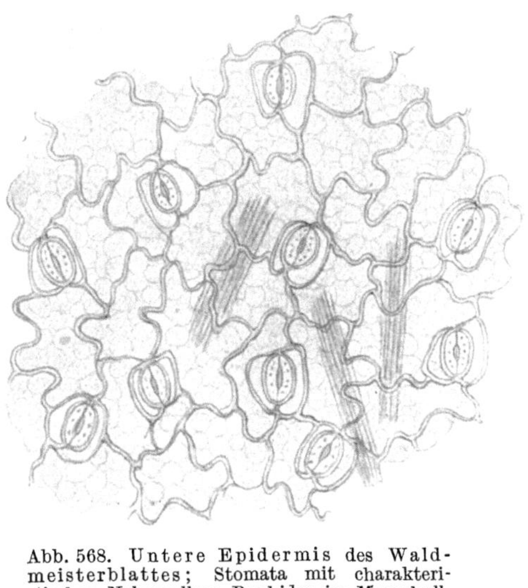
Abb. 568. Untere Epidermis des Waldmeisterblattes; Stomata mit charakteristischen Nebenzellen; Raphiden im Mesophyll. 1:200 (C. Griebel).

gesehen von der Blattspitze, nur auf der Unterseite vor. Sie sind von zwei oder drei ziemlich kleinen Nebenzellen, die parallel zur Spalte angeordnet sind, umgeben (Rubiaceen-Typus). Für das Blatt charakteristisch sind außer den Nebenzellen die zahlreichen, parallel zur Blattfläche gestreckten Oxalatraphiden (Abb. 567 und 568), die im Schwammparenchym liegen und zum Teil eine Länge von 400 μ erreichen (meist zwischen 150 und 300 μ). Am Blattrand, einzeln auch auf der Unterseite der Mittelrippe, finden sich kurze, starre, einzellige, dickwandige Haare, die aus breiter Basis entspringen und nach der Blattspitze gerichtet sind (Abb. 569). Die Epidermiszellen zeigen dort am Rand ziemlich dicke und fast gerade Wände. Am Querschnitt des Blattes erkennt man eine Reihe kurzer Palisadenzellen und ein zwei- bis dreireihiges Schwammparenchym.

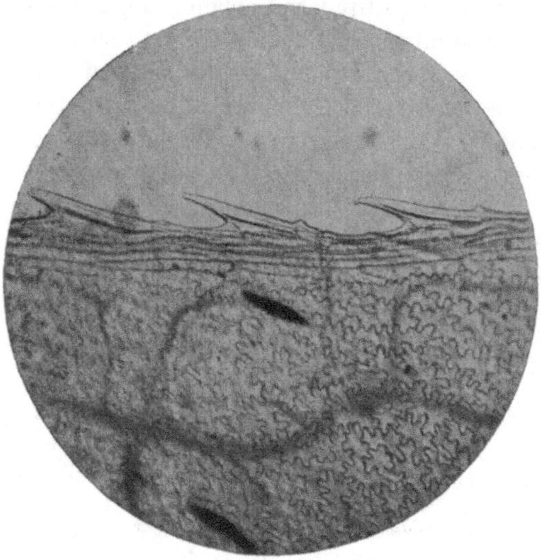

Abb. 569. Blattrand des Waldmeisters mit verkieselten Haaren. 1:50 (C. GRIEBEL).

II. Mate.

An Stelle des Tees wird in bestimmten Gegenden Südamerikas die ebenfalls Koffein (bis 0,9 %) und außerdem Chlorogensäure enthaltende Mate (Paraguaytee) verwendet, während sie in Europa bisher nur geringe Verbreitung gefunden hat. Es handelt sich hierbei um die Blätter verschiedener *Ilex*-Arten

Abb. 570. Autophotogramm des Mateblattes (J. MOELLER).

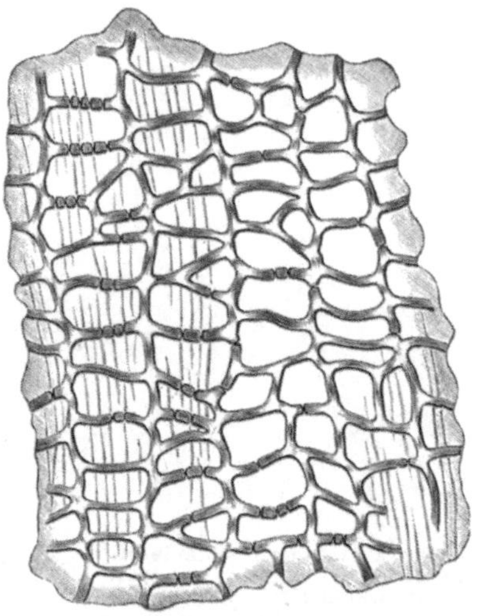

Abb. 571. Epidermis der Oberseite des Mateblattes oberhalb eines Nerven (J. MOELLER).

(hauptsächlich *Ilex paraguariensis* ST. HIL. — *Aquifoliaceae*), die schwach geröstet und dann grob zerstoßen werden.

Die Blätter (Abb. 570) sind bis 16 cm lang, im Umriß eirund oder spatelförmig, meist in den kurzen Blattstiel verschmälert, kerbig gesägt, kahl, lederig. Die Sekundärnerven bilden entfernt vom Rande Schlingen.

Die Epidermis der Blattoberseite setzt sich aus rundlich-polyedrischen, derbwandigen, mit Kutikularstreifung versehenen, bis 30 μ großen Zellen zusammen, die über den Hauptnerven in mehreren regelmäßigen Reihen angeordnet sind (Abb. 571). Die untere Epidermis (Abb. 572) besteht aus kleineren, ebenso ausgebildeten Zellen und enthält zahlreiche, die umgebenden Oberhautzellen an Größe übertreffende Spaltöffnungen. Im Mesophyll finden sich vereinzelte Oxalatdrusen. Die Leitbündel haben einen mäßigen Faserbelag.

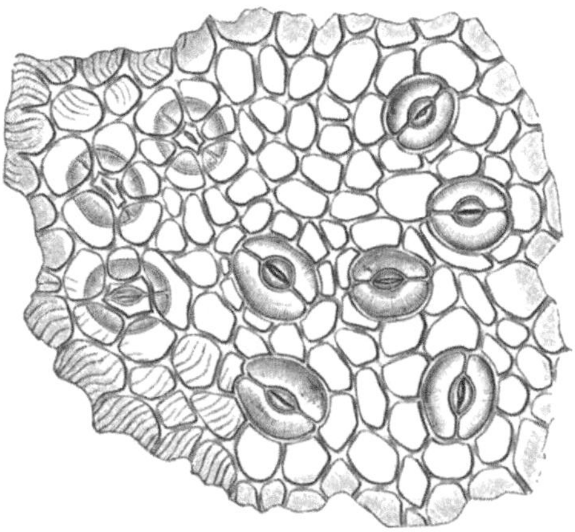

Abb. 572. Epidermis der Unterseite des Mateblattes (J. MOELLER).

Neuere Literatur über Tee und seine Ersatzmittel.

CADOR: Anatomische Untersuchungen der Mateblätter. Botan. Zentralbl. 1900.

GRIEBEL: Die mikroskopische Untersuchung der Tee- und Tabak-Ersatzstoffe. Zeitschr. f. Unters. d. Nahrungs- u. Genußmittel Bd. 39, S. 225. 1920.

— „Kaffee, Tee, Kakao und ihre Ersatzstoffe“ im Handbuch der biologischen Arbeitsmethode von E. Abderhalden. Abt. IV, Teil 8, H. 2, S. 717.

HANAUSEK: Über den kaukasischen Tee, nebst Beiträgen zur vergleichenden Anatomie der Vacciniumblätter. Chem. Ztg. Bd. 21, S. 115. 1897.

— Über einen kleinasiatischen Tee. Zeitschr. f. Unters. d. Nahrungs- u. Genußmittel Bd. 28, S. 259. 1914.

— Brombeerblätter als Teesurrogat. Arch. f. Chem. u. Mikr. Bd. 8, S. 62. 1915.

— Teestengel als Teesurrogat. Arch. f. Chem. u. Mikr. Bd. 9, S. 54. 1916.

LORENZ: Tee aus Blättern der kaukasischen Preiselbeere. Apoth. Ztg. Bd. 16, S. 694. 1902.

NEGER und VANINO der Paraguay-Tee. Stuttgart 1903.

NETOLITZKY: Bestimmungsschlüssel und mikroskopische Beschreibung der einheimischen Dikotyledonenblätter. Kennzeichen der Gruppe: Raphidenkristalle. Wien 1905.

— Desgl. Kennzeichen der Gruppe II: Drusenkristalle. Wien 1908.

— Anatomie der Dikotyledonenblätter mit Kristallsandzellen. Berlin-Wien 1911.

SOLTSIEN: Verfälschung des Tees mit Teefrüchten. Zeitschr. f. öff. Chem. Bd. 8, S. 254. 1902.

TRILLICH: Über Fa-am-Tee. Zeitschr. f. Unters. d. Nahrungs- u. Genußmittel Bd. 2, S. 348. 1899.

III. Tabak.

Die Blätter verschiedener *Nicotiana*-Arten (insbesondere *N. tabacum* L. und *N. rustica* L. — *Solanaceae*) und ihrer Varietäten liefern nach entsprechender Behandlung, die im wesentlichen in einer Fermentation und Trocknung besteht, das unter der Bezeichnung „Tabak“ allgemein verbreitete Genußmittel, das für den Konsum in eine rauchbare, kaubare oder zum Schnupfen geeignete Form gebracht wird.

Die Tabakblätter sind ganzrandig, lanzettlich oder eiförmig, mehr oder weniger breit, gestielt, sitzend oder sogar stengelumfassend, bis über $^1/_2$ Meter groß, drüsig behaart. Die Sekundärnerven entspringen unter wenig spitzen Winkeln und bilden in der Nähe des Randes Schlingen (Abb. 573). Beim Trocknen wird der Tabak immer braun.

Abb. 573. Autophotogramm eines kleinen Tabakblattes (J. MOELLER).

In anatomischer Hinsicht zeigen die Blätter der in Betracht kommenden Arten weitgehende Übereinstimmung[1].

Die beiden Blattseiten (Abb. 574) unterscheiden sich hauptsächlich durch die Anzahl der Spaltöffnungen, die auf der Unterseite viel zahlreicher vorkommen. Außerdem sind die Epidermiszellen auf der Unterseite stärker gewellt als auf der Oberseite. Die Kutikula ist beiderseits etwas gestreift. Kennzeichnend sind die auf beiden Epidermen vorhandenen großen, zuweilen im oberen Teil verzweigten Gliederhaare (Abb. 574 und 575) mit meist großer bauchiger Basalzelle und feinkörniger oder gestreifter Kutikula. Ein Teil der Gliederhaare trägt einen mehrzelligen, oft zweizellreihigen Drüsenkopf, dessen Zellen je eine kleine Oxalatdruse enthalten. Vereinzelt finden sich auch Drüsenhaare mit kurzem, meist einzelligem Stiel. Für das Tabakblatt charakteristisch ist neben den beschriebenen Haargebilden noch das Vorkommen mehr oder weniger zahlreicher Kristallsand-

[1] Eine Feststellung der Art ist daher in der Handelsware auf mikroskopischem Wege im allgemeinen nicht möglich.

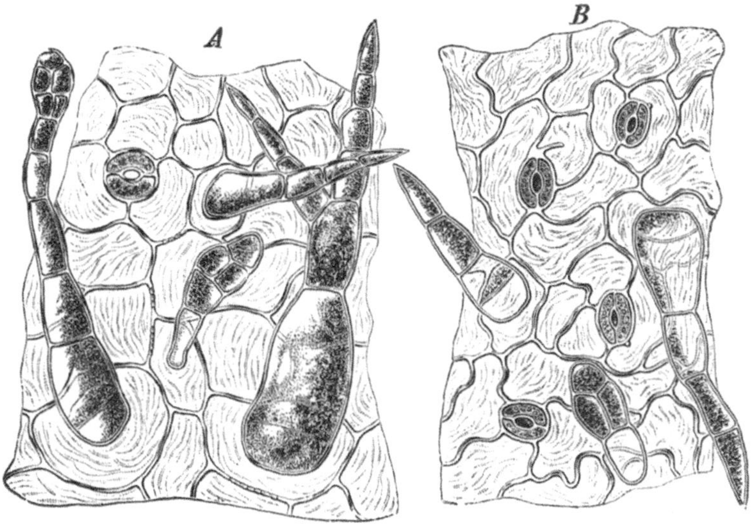

Abb. 574. Oberhaut des Tabakblattes (J. MOELLER). *A* oberseits, *B* unterseits.

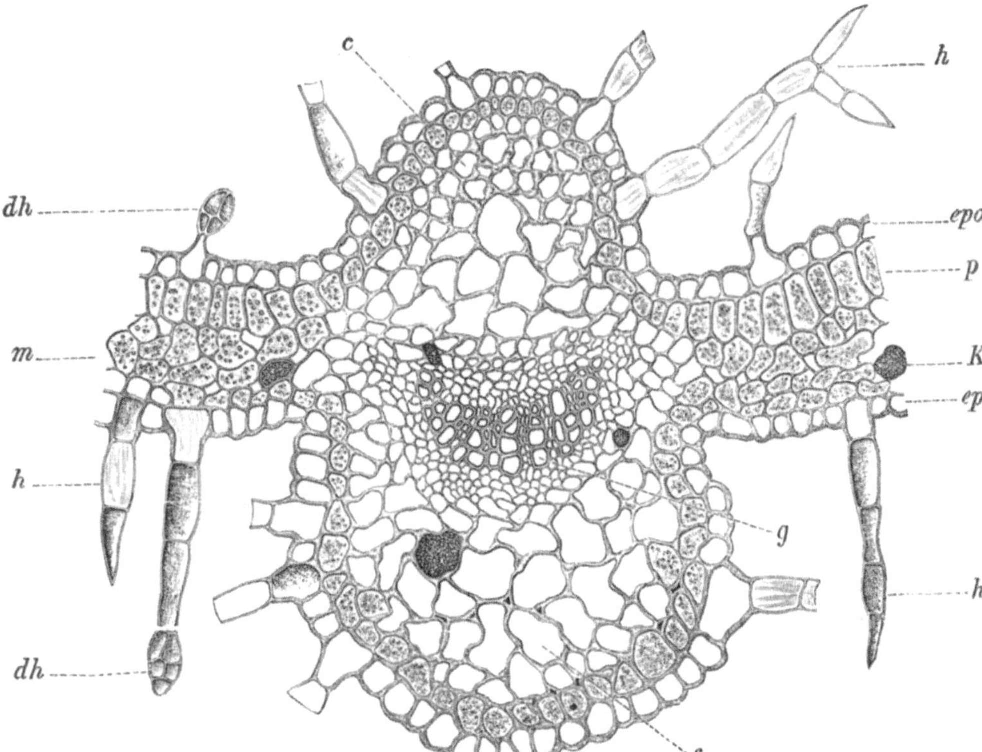

Abb. 575. Querschnitt der Mittelrippe des Tabakblattes (J. MOELLER). *epo* äußere, *epi* innere Oberhaut, *p* Palisadenschicht, *m* Schwammparenchym, *c* Collenchym, *g* Leitbündel, *K* Kristallsand, *h* Gliederhaare, *dh* Drüsenhaare.

zellen im Schwammparenchym (Abb. 575 und 576). Solche Kristallsandzellen finden sich allerdings auch in anderen Solanaceenblättern, die Drüsenhaare sind aber bei diesen Arten stets anders ausgebildet. Neben dem Kristallsand beobachtet man in getrockneten Tabakblättern — niemals in frischen — häufig auch sphäritische Kristallausscheidungen, die wahrscheinlich aus Kalziummalophosphat bestehen.

Ob mitverarbeitete Blattrippen dem Tabak angehören, ist an Querschnitten erkennbar. Es müssen sich an solchen ebenfalls die beschriebenen Haare — diese sind allerdings oft kollabiert, die Drüsenköpfe meist abgefallen — und die Kristallsandzellen vorfinden. Die Gefäßbündel sind bikollateral, von einem breiten Kollenchymstrang umgeben, die Gefäße radial angeordnet.

Stengel- und Strunkteile der Tabakpflanze sind an Längsschnitten (Abb. 577) erkennbar, falls die Oberhaut mit den Haargebilden fehlt, was zumeist der Fall ist. Die

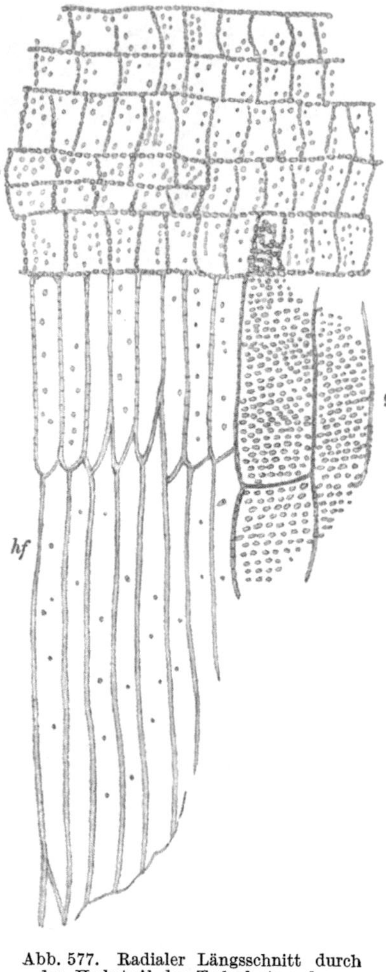

Abb. 577. Radialer Längsschnitt durch den Holzteil des Tabakstrunkes, 1:100 (C. GRIEBEL). *m* Markstrahl, *hf* Holzfasern, *g* Gefäße.

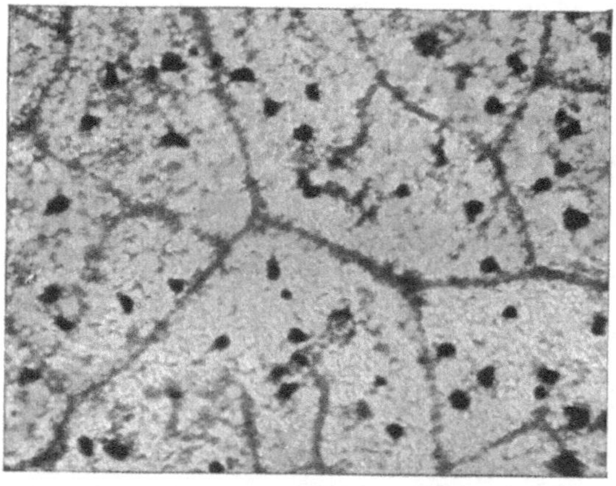

Abb. 576. Tabakblatt, gebleicht; Kristallsandzellen im Mesophyll 1:60. (Phot. C. GRIEBEL).

Strünke sind vollständig verholzt, so daß ein „Strunktabak" sich von geschnittenem Holz nur wenig unterscheidet.

Die Oberhaut der Stengelteile besteht aus geradwandigen, etwas gestreckten Zellen und trägt die gleichen Haare wie die Blattspreite; doch sind die Zellen der Gliederhaare oft mehr oder weniger zusammengefallen, die Drüsenköpfe fast stets abgebrochen. Das dünnwandige Rindenparenchym enthält Kristallsandzellen, die oft schlauchförmig gestreckt sind. In seinem innersten Teil finden sich einzelne sehr lange Bastfasern mit weitem Lumen. Der verhältnismäßig schmale Holzteil enthält neben einzelnen Spiralgefäßen zahlreiche weite

Gefäße oder Tracheiden, deren Wände dicht mit spaltenförmigen Hoftüpfeln besetzt sind (Abb. 577, *g*). Die Holzfasern (*hf*) sind wenig verdickt und weisen nur spärliche Tüpfel auf. Charakteristisch sind die zahlreichen ein- bis zweireihigen, bis 20 und mehr Zellreihen hohen Markstrahlen (*m*). Ihre Zellen sind in der Richtung der Sproßachse gestreckt und durch verdickte, dicht mit rundlichen Tüpfeln besetzte Wände ausgezeichnet. Das stark entwickelte Mark wird aus dünnwandigen, isodiametrischen Zellen gebildet.

Für die mikroskopische Untersuchung bereitet man Rauchtabak entweder durch Aufhellen mit Chloralhydratlösung, oder durch Bleichen mit JAVELLEscher Lauge vor. Kautabak wird zweckmäßig vorher noch mit Wasser oder verdünnter Lauge ausgezogen, um die durch die Saucenbehandlung hineingelangten Extraktivstoffe zu beseitigen. Schnupftabak läßt sich infolge seiner Pulverform nach dem Auskochen mit Alkohol oder mit stark verdünnter Lauge unmittelbar mikroskopisch untersuchen.

Tabakstaub dient unter normalen Verhältnissen nicht als Genußmittel, sondern zur Herstellung von Tabaklaugen, die hauptsächlich als Mittel gegen Ungeziefer Verwendung finden. Er enthält oft 50—70% Sand. Das auffallendste Element sind die zum Teil fast unverletzten Drüsenhaare, sowie abgebrochene Drüsenköpfchen mit den kleinen Oxalatdrusen.

Tabak-Verfälschungen und Tabak-Ersatzstoffe.

In der Literatur werden als Tabakfälschungen[1] hauptsächlich genannt: Blätter der Runkelrübe, Ampfer, Kartoffel, Tomate, Zichorie, Rhabarber, Linde, Akazie, Walnuß, Sonnenblume, Arnika, Wasserkresse, Hanf, Eiche, Betonie, Kastanie, Ulme, Platane, Huflattich, Kirsche, Weichselkirsche und Rose. Darunter befinden sich auch verschiedene Arten, deren Verwendung bei der Herstellung von Tabakerzeugnissen und tabakähnlichen Waren in Deutschland während des Weltkrieges durch den Bundesrat zugelassen worden war. Dies waren nämlich Buche, Zichorie, Linde, Ahorn, Platane, wilder Wein, Weinrebe, Hopfen, Kastanie, Birne, Apfel, Walnuß, Haselnuß, Topinambur. Hierzu kamen aber noch die nach der damaligen deutschen Tabaksteuergesetzgebung unter bestimmten Voraussetzungen als Ersatzstoffe zugelassenen Pflanzenteile. Nach der zur Zeit in Deutschland geltenden Tabakersatzstoffordnung sind dies die folgenden: 1. Blätter der gewöhnlichen Kirsche oder Süßkirsche (*Prunus avium* L.) und Blätter der Weichselkirsche oder Sauerkirsche (*Prunus cerasus* L.). 2. Melilotenblüten (Steinklee), 3. eingesalzene Rosenblätter, 4. Veilchenwurzelpulver, 5. sogenannte Vanilleroots (Blätter usw. von *Liatris odoratissima*) sowie getrockneter Waldmeister, 6. Wegebreitblätter, 7. Altheeblatter, 8. Huflattichblätter, 9. Baldrianwurzel, 10. getrocknete Brennesseln, 11. Krauseminze, 12. Zitronenschalen, 13. Lavendel, 14. Thymian.

Die Liste der unter Umständen in Betracht kommenden Ersatzstoffe ist aber damit keineswegs abgeschlossen. So werden in einer Zusammenstellung bei L. *Diels* (Ersatzstoffe aus dem Pflanzenreich, Stuttgart 1918) noch zahlreiche andere Pflanzenarten genannt, die auch hier und da bei der Bevölkerung gelegentlich noch Verwendung finden mögen.

[1] Gemeint sind hierbei nur die Verfälschungen von Tabak mit fremden Pfanzenteilen.

Im folgenden sollen aber nur die Arten Berücksichtigung finden, die während des Krieges eine praktische Bedeutung als Ersatzmittel erlangt hatten.

Die Untersuchung erfolgt ebenso wie die der Tee-Ersatzmittel, d. h. die aufgeweichten Blatteilchen werden zunächst mit der Lupe betrachtet, um Eigentümlichkeiten des Blattrandes, des Nervenverlaufs und der Behaarung festzustellen. Für die mikroskopische Prüfung verwendet man dann mit Chloralhydrat aufgehelltes oder durch JAVELLEsche Lauge gebleichtes Material.

Eine Anzahl von Blattarten dient übrigens sowohl als Tee- wie als Tabakersatz.

Weidenblätter siehe unter „Tee-Ersatzmittel" (S. 352).

Walnußblätter siehe unter „Tee-Ersatzmittel" (S. 357).

1. Heinbuchenblätter.

Die Blätter der Weißbuche (*Carpinus betulus* L. — *Betulaceae*) sind länglich, eiförmig, zugespitzt, doppelt gesägt, scheinbar kahl. Die fiederförmig abzweigenden Seitennerven laufen unter sich parallel geradeaus bis zum Rand, in die größeren Zähne endigend (Abb. 578). Zwischen den Sekundärnerven bilden die Nerven höherer Ordnung ein sehr feines, nur mit der Lupe sichtbares Maschenwerk.

Abb. 578. Autophotogramm des Hainbuchenblattes (C. GRIEBEL).

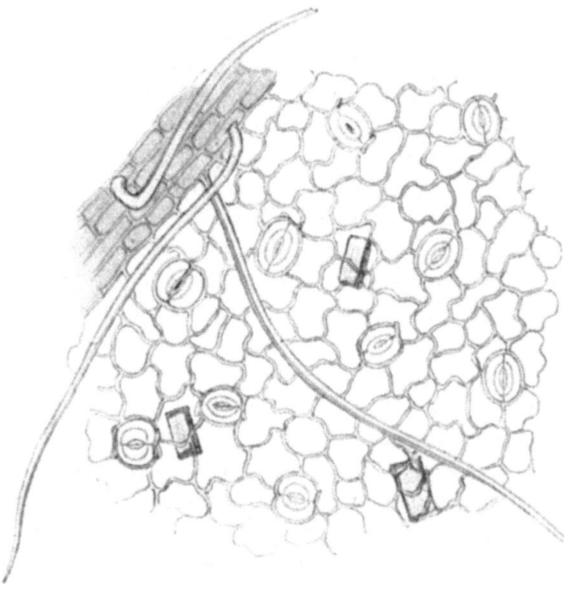

Abb. 579. Untere Epidermis des Hainbuchenblattes; im Mesophyll große Einzelkristalle. 1:150 (C. GRIEBEL).

Epidermiszellen beiderseits mit welligen Seitenwänden, auf der Unterseite kleiner und tiefer gebuchtet. Dort finden sich reichlich Spaltöffnungen, deren Schließzellen nicht selten kurze Hörnchen tragen. Die Behaarung ist an älteren Blättern auf die Unterseite (Abb. 579) beschränkt. Drüsenhaare sind meist nicht mehr auffindbar. Dagegen beobachtet man an Primär- und Sekundärnerven sehr lange, dickwandige, einzellige Deckhaare, die über der Basis gewöhnlich umgebogen sind, so daß sie dem Nerv fast anliegen. In den Winkeln der Seitennerven sind sie wesentlich kürzer, dicht bärtig angeordnet und nicht umgebogen. Abgesehen vom oberen Teil des Blattes ist außerdem die Mittelrippe von zahlreichen rechtwinklig abstehenden, sehr kurzen stachelförmigen Trichomen bedeckt. Oxalatdrusen kommen im Mesophyll nicht vor, sondern nur in Haupt- und Seitennerven. Dagegen ist das Blatt durch große rhomboedrische Einzelkristalle (Abb. 579 und 580) vorzüglich gekennzeichnet, die in der Flächenansicht meist kurzprismatisch erscheinen und in der Palisadenschicht in großen Zellen auftreten.

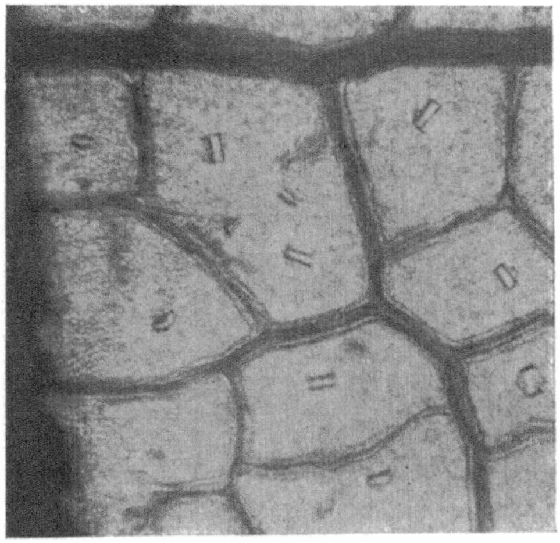

Abb. 580. Hainbuchenblatt, gebleicht, mit großen Einzelkristallen im Mesophyll. 1:80 (Phot. C. GRIEBEL).

2. Haselnußblätter.

Die Blätter der Haselnuß (*Corylus avellana* L. — *Betulaceae*) sind rundlich-eiförmig, zugespitzt, an der Basis herzförmig (Abb. 581); der Rand ist ungleich gezähnt. In der Jugend sind sie beiderseits behaart, später nur unterseits auf den Nerven. Die fiederförmig abzweigenden, fast parallelen Seitennerven endigen in kleine, lappig vorspringende Abschnitte des gezähnten Randes. Zwischen den Sekundärnerven bilden die Tertiärnerven fast gerade Verbindungen.

Abb. 581. Autophotogramm des Haselnußblattes (C. GRIEBEL).

Epidermiszellen oberseits (Abb. 582) meist gestreckt polygonal mit wenig gebogenen Wänden, unterseits wellig-buchtig. Spaltöffnungen sind nur auf der Unterseite (Abb. 583) vorhanden. Die Deckhaare stehen vorwiegend auf den Nerven und besonders zahlreich auf der Unterseite. Sie sind einzellig, dickwandig und mit getüpfeltem Fuß versehen. Im oberen Teil sind sie meist bis zum Schwinden des Lumens verdickt, nur im unteren Drittel ist dieses weit. Bei stärkerer Vergrößerung erscheint die Membran durch sich kreuzende Linien dicht gestreift. Drüsenhaare treten in zwei Formen auf. Vorwiegend auf den Nerven finden sich kleine, gedrungene, vielzellige, etwa walzenförmige Gebilde, die in der Seitenansicht zwei- bis dreizellreihig und durch parallele

Scheidewände quergeteilt erscheinen; zuweilen haben sie ein deutlich abgesetztes Köpfchen. Auf dem Blattstiel und dem unteren Teil der Hauptrippe kommen außerdem einzelne Drüsenzotten (sogenannte Stieldrüsen) vor, die

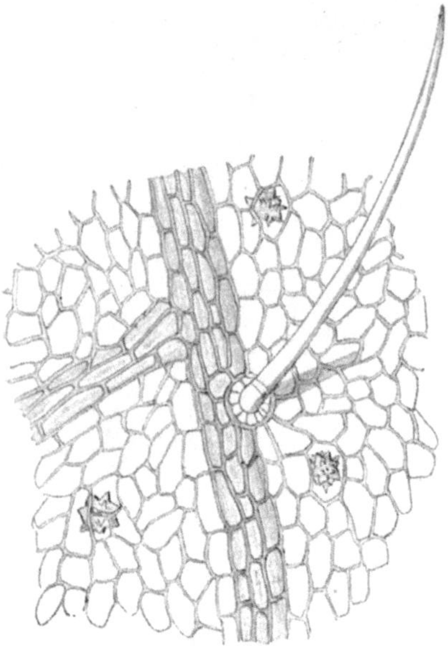

Abb. 582. Obere Epidermis des Haselnußblattes; im Mesophyll Oxalatdrusen. 1:150 (C. GRIEBEL).

Abb. 583. Untere Epidermis des Haselnußblattes. 1:150 (C. GRIEBEL).

bereits mit unbewaffnetem Auge sichtbar sind und auf langem, mehrzellreihigem Stiel ein vielzelliges, abgeplattetes Köpfchen tragen. Das Mesophyll enthält große und kleinere, in der zweireihigen Palisadenschicht liegende Oxalatdrusen; kleine kommen außerdem in Begleitung der Nerven vor. Das Schwammparenchym ist locker.

Birkenblätter siehe unter „Tee-Ersatzmittel" (S. 358).

3. Buchenblätter.

Die Blätter der Buche (*Fagus silvatica* L. — *Fagaceae*) (Abb. 584) sind kurz gestielt, elliptisch bis eiförmig, schwach buchtig gezähnt und am Rande gewimpert. In der Jugend sind sie zottig seidenhaarig, später bleiben nur in den Aderwinkeln unterseits Haarbüschel zurück; auch die Hauptrippe trägt weiterhin Deckhaare. Von der Mittelrippe zweigen fiederförmig sehr starke, parallel laufende Nebenrippen ab, die scheinbar kurz vor den kleinen Randzähnen endigen, indem sie sich in feine Äste auflösen. Die Nerven höherer Ordnung treten bei Lupenvergrößerung nur wenig hervor.

Die Epidermiszellen sind ziemlich derbwandig, wellig gebuchtet. Spaltöffnungen finden sich nur auf der Unterseite (Abb. 585); ihre Schließzellen tragen oft kleine hörnchenartige Anhänge an den Polen. Die Nerven dritter, zum Teil auch höherer Ordnung werden von zahlreichen Oxalateinzelkristallen begleitet, die sich in Kristallkammerzellen befinden und namentlich die dickeren Nervenstränge in der Flächenansicht oft ganz bedecken. Das Mesophyll enthält außerdem Drusenkristalle in größerer oder geringerer Menge.

Abb. 584. Autophotogramm des Buchenblattes (C. GRIEBEL).

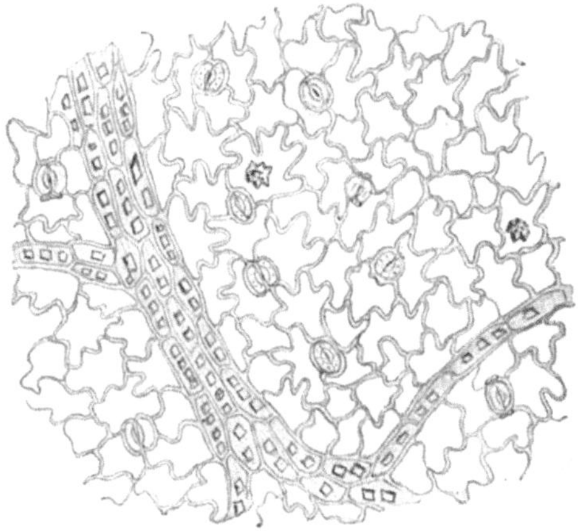

Abb. 585. Untere Epidermis des Buchenblattes; im Mesophyll Drusen, in den Nerven Einzelkristalle. 1:150 (C. GRIEBEL).

Die auch bei den älteren Blättern unterseits auf Haupt- und Nebenrippen noch vorhandenen langen Haare sind einzellig, schmal und scharf zugespitzt. Sie biegen dicht über ihrer Basis fast rechtwinklig um und liegen daher der Blattfläche an. Ihr Lumen ist im oberen Teil oft nur noch strichförmig erkennbar, im unteren Teil ist es meist weiter und oft von braunem Inhalt erfüllt. Die Palisadenzellen sind gewöhnlich einreihig, das Schwammparenchym locker.

4. Kastanienblätter.

Abb. 586. Autophotogramm des Blattes der Edelkastanie (C. GRIEBEL).

Die etwas lederigen, auf der Oberseite glänzenden Blätter der Edelkastanie (*Castanea vesca* GÄRTN. — *Fagaceae*), sind länglich-lanzettlich, zugespitzt, am Rande mit großen, in eine lange Stachelspitze vorgezogenen Zähnen versehen (Abb. 586). Von der Mittelrippe zweigen fiederförmig starke, parallele Seitenrippen ab und endigen in die in gleicher Anzahl vorhandenen Randzähne. Die feinere Nervatur tritt bei Lupenvergrößerung weniger hervor.

Epidermiszellen oberseits (Abb. 587) polygonal mit derben getüpfelten, unterseits mit dünneren, zuweilen gebogenen Wänden. Spaltöffnungen finden

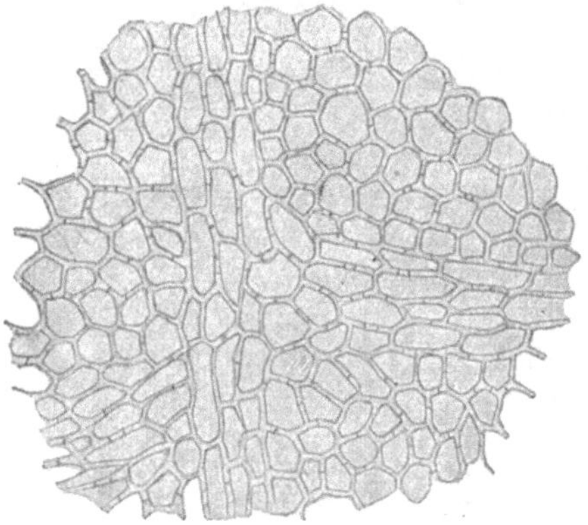

Abb. 587. Obere Epidermis des Blattes der Edelkastanie. 1:150 (C. GRIEBEL).

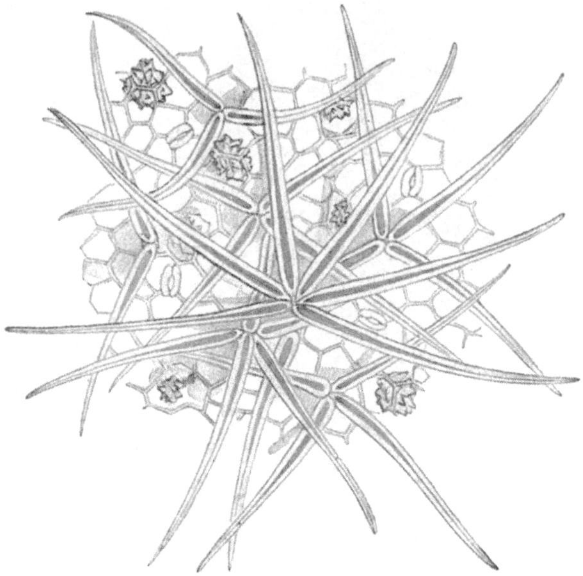

Abb. 588. Edelkastanie. Blattunterseite mit zahlreichen Sternhaaren; im Mesophyll zahlreiche große und kleine Oxalatdrusen. 1:150 (C. GRIEBEL).

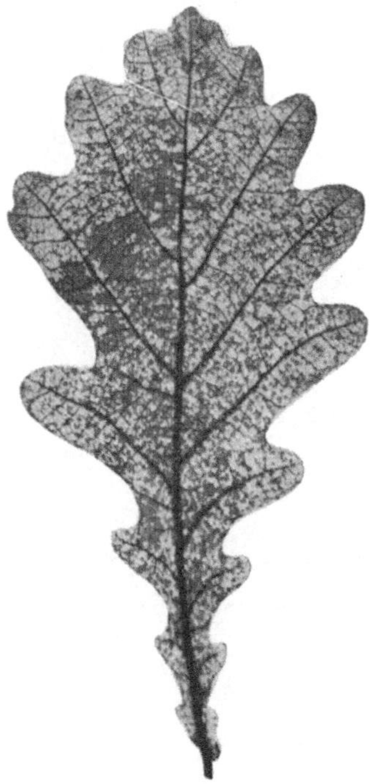

Abb. 589. Autophotogramm eines Eichenblattes (J. MOELLER).

sich reichlich auf der Unterseite, ebenso dickwandige, starre, sternförmige Büschelhaare (Abb. 588), die aus 2—8 einzelligen, gewöhnlich über dem Fuß umgebogenen Strahlen bestehen. Daneben kommen auch Einzelhaare vor, oft mit getüpfelter Basis. Die zugleich vorhandenen kleinen Köpfchenhaare treten neben den auffallenden Büschelhaaren nur wenig hervor. Das Mesophyll enthält ziemlich zahlreiche Oxalatdrusen verschiedener Größe (20 bis 60 μ). Auch in der Umgebung der Nerven treten solche auf. Das Palisadenparenchym ist meist zweireihig, das Schwammparenchym locker.

5. Eichenblätter.

Beide bei uns einheimischen Eichenarten (*Quercus pedunculata* EHRH., *Q. sessiliflora* SM. — *Fagaceae*) haben kahle, buchtige Blätter mit abgerundeten Lappen, in die die Seitennerven auslaufen (Abb. 589).

Die Epidermiszellen sind beiderseits (Abb. 590 und 591) geradwandig polygonal, unterseits oft auch wellig buchtig, Spaltöffnungen nur auf der Unterseite vorhanden. Haare finden sich nur an jungen Blättern. Sie sind 2—3 zellig und endigen in eine stumpfe, schlauchförmige oder keulenförmige Zelle. Die Nerven sind namentlich auf der Unterseite dicht von Kristallkammerzellen

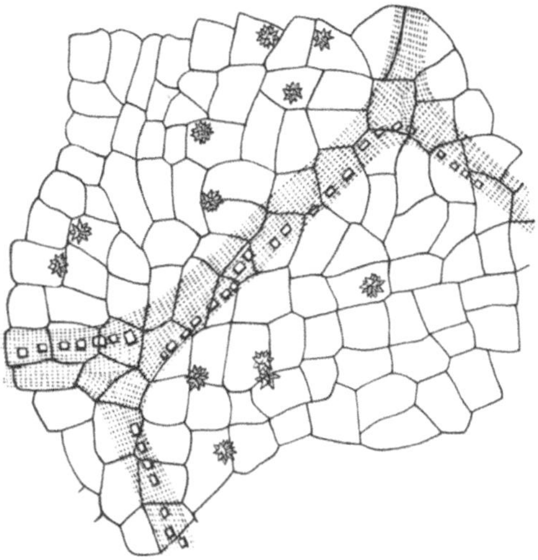

Abb. 590. Obere Epidermis des Eichenblattes; Oxalatdrusen im Mesophyll, Einzelkristalle in den Nerven. 1:150 (C. GRIEBEL).

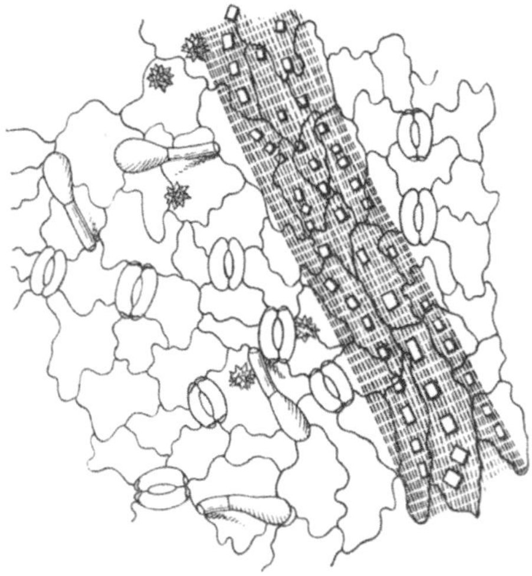

Abb. 591. Untere Epidermis des Eichenblattes; im Nerv zahlreiche Einzelkristalle. 1:240 (C. GRIEBEL).

bedeckt, die Einzelkristalle enthalten. Das Mesophyll führt bei ausgewachsenen Blättern zahlreiche Oxalatdrusen. Die Palisadenschicht ist ein- bis zweireihig.

Ulmenblätter siehe unter „Tee-Ersatzmittel" (S. 359).

6. Hopfenblätter.

Die Blätter des Hopfens (*Humulus lupulus* L. — *Moraceae*) sind 3—5 lappig, an der Basis herzförmig, am Rande grob gesägt. Ihre Oberseite fühlt sich sehr rauh an, wenn man nach dem Blattgrund zu streicht. Die Unterseite trägt gelbe Drüsen. Die Hauptnerven sind, den Blattabschnitten entsprechend, fingerförmig angeordnet. Die Seitennerven endigen in die stachelspitzen Randzähne.

Die Epidermiszellen der Oberseite haben wenig gebogene Wände und eine deutlich gestreifte Kutikula. Unterseits sind sie kleiner, die Wände mehr gebuchtet, die Kutikula stark gefaltet und daher grobstreifig. Die Streifung scheint oft strahlenförmig von den nur auf der Unterseite vorhandenen Spaltöffnungen auszugehen (Abb. 592). Trichome kommen in recht verschiedener Gestalt vor. Die Rauheit der Blattoberseite wird durch kurze, hakenartig gebogene einzellige Haare mit dicker, warzig-rauher, verkieselter Wand verursacht, die sämtlich nach der Blattspitze zu gerichtet sind. Der untere Teil dieser Haare ist bauchig erweitert und tief in das Mesophyll eingesenkt. Er enthält gewöhnlich einen die Höhlung zum größten Teil ausfüllenden Zystolithen (Abb. 593, *C*). Die um die Zystolithenhaare rosettenförmig angeordneten Epidermiszellen sind durch derbere Wände ausgezeichnet und lassen häufig ebenfalls zystolithische Gebilde erkennen, die den Hauptzystolithen dann kranzartig umgeben (Abb. 593, *D*). Vereinzelt finden sich beiderseits kurzgestielte Drüsenhaare mit mehrzelligem (meist vierzelligem) Köpfchen und auf der Unterseite der Nerven einzellige kurze Borsten. Ferner trägt die Unterseite gelbe, scheibenförmige Drüsen, deren Bau mit den unten beschriebenen Lupulindrüsen der Hopfenzapfen übereinstimmt, von denen sie sich nur durch die flachere Gestalt unterscheiden (Durchmesser etwa 150 μ). Charakteristisch für Hopfen sind endlich die einzelligen, etwa amboßförmigen Klimmhaare, die auf einem vielzelligen, posta-

Abb. 592. Hopfen. Blattunterseite, eine Lupulindrüse zeigend; Kutikula stark gefaltet; im Mesophyll Oxalatdrusen. 1:150 (C. Griebel).

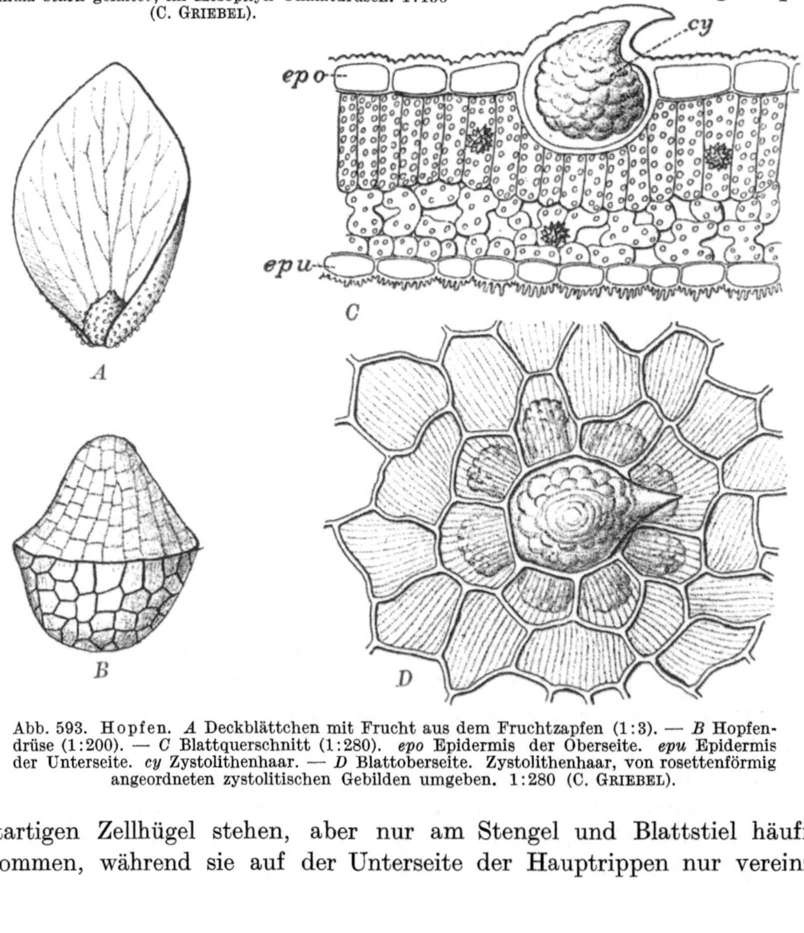

Abb. 593. Hopfen. *A* Deckblättchen mit Frucht aus dem Fruchtzapfen (1:3). — *B* Hopfendrüse (1:200). — *C* Blattquerschnitt (1:280). *epo* Epidermis der Oberseite. *epu* Epidermis der Unterseite. *cy* Zystolithenhaar. — *D* Blattoberseite. Zystolithenhaar, von rosettenförmig angeordneten zystolitischen Gebilden umgeben. 1:280 (C. Griebel).

mentartigen Zellhügel stehen, aber nur am Stengel und Blattstiel häufiger vorkommen, während sie auf der Unterseite der Hauptrippen nur vereinzelt auftreten und zuweilen ganz fehlen. Das Mesophyll enthält mittelgroße Oxalatdrusen, die vorwiegend im lockeren Schwammparenchym, seltener im einreihigen Palisadenparenchym liegen.

Die Fruchtzapfen des Hopfens bestehen aus eiförmigen, dachziegelig übereinanderliegenden, gelblichgrünen Deckblättern und ebensolchen Vorblättern. Am Grunde der letzteren sitzt je eine kleine nußartige Frucht, die ebenso wie ihr Vorblatt reichlich mit goldgelben Drüsen besetzt ist (Abb. 593, *A*). Diese Drüsen bilden den unter dem Namen Lupulin bekannten Arzneistoff und stellen etwa kreiselförmige, in der Flächenansicht scheibenförmige Gebilde dar (150—250 μ). Ihr unterer Teil besteht aus zahlreichen kleinen Zellen, während der obere, gewöhnlich verschmälerte Teil die gemeinsame, vom Sekret emporgewölbte Kutikula der darunterliegenden Zellschicht darstellt (Abb. 593, *B*). Die typische Kreiselform ist nicht bei allen Drüsen deutlich erkennbar, da viele Exemplare infolge von Sekretaustritt faltig geworden und geschrumpft sind. Die Blätter des Fruchtstandes sind an ihrem Bau (Abb. 594) ebenfalls leicht zu erkennen. Die aus stark wellig gebogenen Zellen bestehende Oberhaut trägt namentlich bei den Deckblättern und besonders reichlich auf der Außenseite dünnwandige, einzellige Haare. Außerdem kommen kurzgestielte Drüsenhaare mit meist einzelligem Köpfchen vor. Das zwischen den beiden Epidermen liegende Parenchym besteht aus sehr dünnwandigen, chlorophyllhaltigen, schlauchförmigen Zellen, zwischen denen sich große Interzellularräume befinden. Das Mesophyll erweckt daher den Eindruck eines weitmaschigen (im frischen Zustand grünen) Netzes.

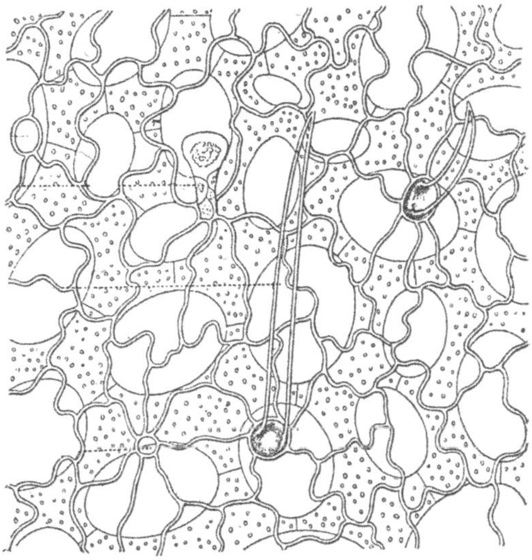

Abb. 594. Oberhaut und Schwammparenchym der Fruchtschuppen des Hopfens (T. F. HANAUSEK).

7. Hanf.

Die drei- bis siebenzähligen, scharf gesägten Blätter des Hanfes (*Cannabis sativa* L. — *Moraceae*) sind in anatomischer Hinsicht den Hopfenblättern recht ähnlich. Insbesondere trägt ihre Oberseite genau die gleichen, hakenförmig gebogenen Haare mit retortenförmig erweiterter Basis, die einen rundlichen, traubigen Zystolithen enthalten. Der Hauptunterschied besteht darin, daß das Hanfblatt auch auf der Unterseite Zystolithenhaare trägt, und zwar in großer Menge. Diese sind ebenfalls nach der Blattspitze zu gerichtet aber viel länger und weicher als die auf der Oberseite befindlichen. Ihre Basis ist weniger stark erweitert und kaum in das Mesophyll eingesenkt, der in ihnen enthaltene Zystolith ziemlich klein, länglich-traubig. Daneben kommen auf der Unterseite noch scheibenförmige Drüsen vor, die denen der Labiaten ähneln, und kleine Drüsenhaare mit ein- oder mehrzelligem, kugeligem Köpfchen. Die Epidermiszellen sind beiderseits polygonal, zuweilen schwach wellig gebogen; die Kutikula ist oberseits sehr fein gestreift. Die um die Zystolithenhaare der Oberseite rosettenförmig angeordneten Epidermiszellen enthalten meist ebenfalls zystolithische Gebilde, die zum Teil traubig sind, zum Teil konzentrische Schichtung aufweisen. Solche kommen nicht selten auch unabhängig von den charakteristischen Trichomen vor. Stomata finden sich nur auf der Unterseite des Blattes; das Mesophyll enthält Oxalatdrusen. Die Palisadenschicht ist einreihig, aus sehr schlanken Zellen gebildet. In den Nerven beobachtet man ungegliederte, braune Milchröhren.

8. Brennesselblätter.

Die Blätter der Brennessel (*Urtica dioica — Urticaceae*) sind eiförmig, zugespitzt, grobgesägt, mit borstenförmigen, meist gekrümmten Haaren besetzt. Die Wände der Epidermiszellen sind oberseits meist wenig gebogen, unterseits wellig-buchtig. Spaltöffnungen kommen nur auf der Unterseite vor. Die für die Brennessel charakteristischen, in einen Zellsockel eingefügten Brennhaare sind bei getrocknetem Material meist abgebrochen. Sie sind sehr lang zugespitzt, einzellig und endigen in ein schief aufgesetztes, verkieseltes Köpfchen; ihre Basis ist kolbenförmig erweitert. Recht auffällig sind auch die beiderseits mehr oder minder zahlreich und in verschiedener Größe vorhandenen, einzelligen, starren Deckhaare, die gewöhnlich nach der Blattspitze zu gerichtet sind. Aus breiter, oft zwiebelförmiger Basis laufen sie in eine lange, scharfe Spitze aus. Die Epidermiszellen sind um den breiten Fußteil rosettenförmig angeordnet. Neben den Deckhaaren finden sich vereinzelt auch kleine Köpfchenhaare mit kurzem Stiel und 2—4zelligem Köpfchen. Außerordentlich charakteristisch sind die in zahlreichen Epidermiszellen vorhandenen Zystolithen (Abb. 595), die sich in der Flächenansicht als rundliche oder elliptische, körnig geschichtete Gebilde darstellen und aus Kalziumkarbonat bestehen. Zwischen gekreuzten Nikols erscheinen sie zum Teil hell. Oxalat fehlt meist vollständig (NETOLITZKY fand im Mesophyll Drusenkristalle).

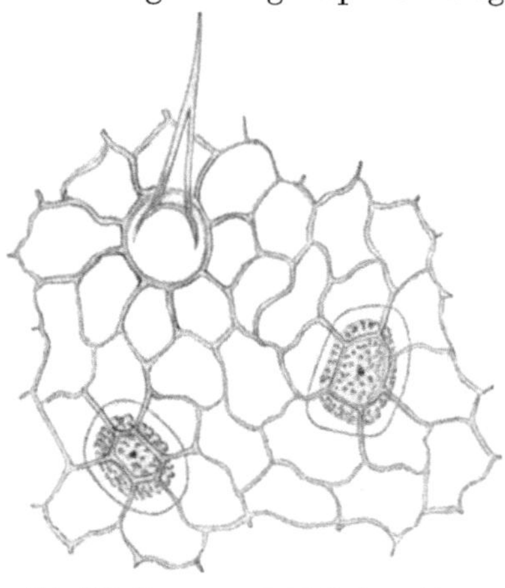

Abb. 595. Brennessel. Blattoberseite mit Zystolithen und Deckhaar. 1:200 (C. GRIEBEL).

9. Ampferblätter.

Die Stengelblätter des stumpfblätterigen Ampfers (*Rumex obtusifolius* L. — *Polygonaceae*) sind groß, lanzettförmig bis elliptisch, die grundständigen Blätter herzförmig, an der Spitze abgerundet, ganzrandig und beiderseits kahl. Die von der Mittelrippe abzweigenden Seitennerven bilden in ziemlicher Entfernung vom Rand Schlingen.

Die Epidermiszellen haben beiderseits gebogene bis wellig-buchtige Wände. Über den Nerven zeigen sie gestreckte Form, fast gerade Wände und grob gestreifte Kutikula. Eine Anzahl dieser Zellen ist zu stumpfen Papillen ausgezogen, die durch grobe Faltung der Kutikula auffallen (Abb. 596). Zum Teil zeigen die Papillen Einschnürungen unter der Spitze, so daß diese kopfförmig erscheint; auch Querwände kommen vor. Stomata finden sich beiderseits, auf der Unterseite jedoch reichlicher. Sie sind gewöhnlich von drei oder vier Epidermiszellen umgeben. Kurzgestielte Drüsen mit vierzelligem, flach ausgebreitetem Köpfchen beobachtet man hauptsächlich auf der Unterseite. Ihre Basis erscheint in der Flächenansicht aus zwei kleinen halbkreisförmigen Zellen gebildet, um die die Epidermiszellen radial angeordnet sind. Das Mesophyll enthält in rundlichen Zellen vorwiegend sehr große, morgensternförmige Oxalatdrusen (meist 40—60 μ, häufig bis 80 μ).

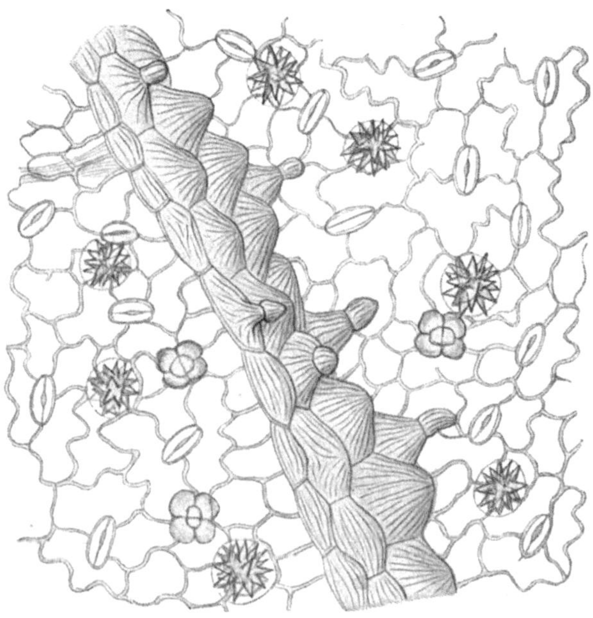

Abb. 596. Ampfer (Rumex obtusifolius L.). Blattunterseite, mit flachen, vierteiligen Drüsen; auf den Nerven gestreifte Papillen; im Mesophyll große, reichgegliederte Oxalatdrusen. 1:150 (C. GRIEBEL).

Rhabarberblätter s. S. 416.

10. Runkelrübenblätter.

Die Blätter der Runkelrübe (*Beta vulgaris* L. — *Chenopodiaceae*) sind herzeiförmig abgestumpft, bis rautenförmig, meist aus breiter Basis keilförmig in den Stiel verschmälert, ganzrandig und beiderseits kahl. Die Seitennerven laufen nach dem Abzweigen zunächst noch ein Stückchen neben der Mittelrippe her und gehen dann bogenförmig nach außen, in der Nähe des Randes Schlingen bildend.

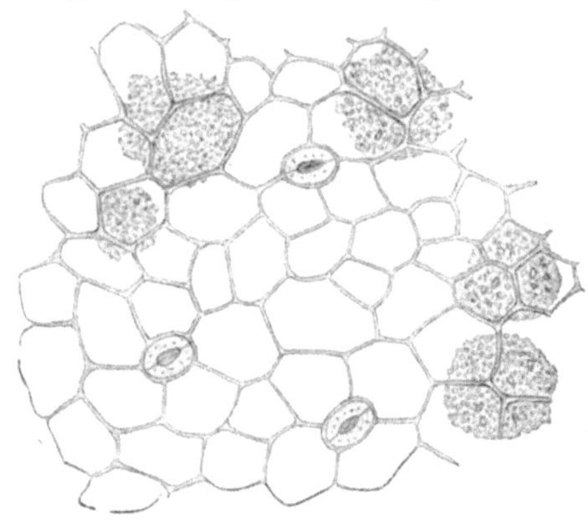

Abb. 597. Obere Epidermis des Runkelrübenblattes. Große rundliche Kristallsandzellen im Mesophyll. 1:200 (C. GRIEBEL).

Die Epidermis (Abb. 597) ist auf beiden Seiten kaum voneinander verschieden und enthält reichlich Spaltöffnungen. Die Oberhautzellen sind polygonal, die Wände fast gerade oder nur wenig gebogen. Haare kommen auf älteren Blättern kaum vor. Charakteristisch sind die zahlreichen, ziemlich großen, rundlichen Kristallsandzellen im Mesophyll (Abb. 598). Der Bau des Blattes ist meist bifazial; die Palisadenzellen sind gewöhnlich 1—3reihig.

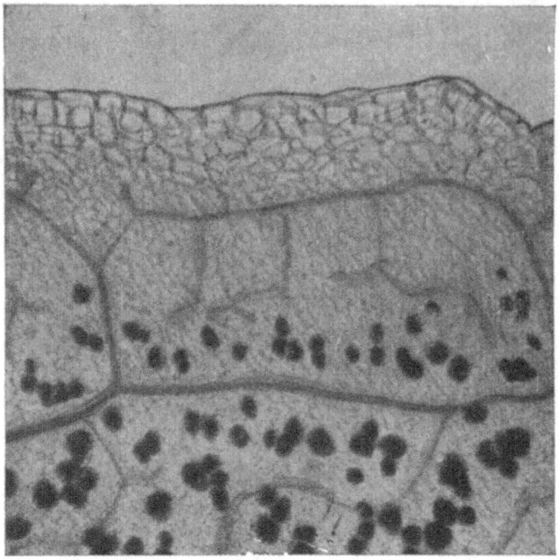

Abb. 598. Runkelrübenblatt gebleicht, mit zahlreichen Kristallsandzellen im Mesophyll. 1:60 (Phot. C. GRIEBEL).

11. Platanenblätter.

Die Blätter der Platane (*Platanus orientalis* L. — *Platanaceae*) sind gestielt, breit dreilappig oder handförmig fünflappig, die einzelnen Lappen entfernt buchtig gezähnt. Der breite Blattgrund ist herzförmig bis gerade, oder er läuft mit einer kleinen, keilförmigen Spitze in den Blattstiel aus. Etwas oberhalb des Blattgrundes teilt sich die Mittelrippe in 3—5 Hauptnerven, die bis zur Spitze der großen Lappen laufen und auf der Unterseite stark vorspringen, Die Seitennerven führen zum Teil in die Zähne des Blattrandes; im ungezähnten Teil der Lappen bilden sie in der Nähe des Randes Schlingen. Junge Blätter sind von eigenartigen Sternhaaren bedeckt, ältere tragen solche nur noch am basalen Teil auf den Hauptnerven und in deren Nachbarschaft.

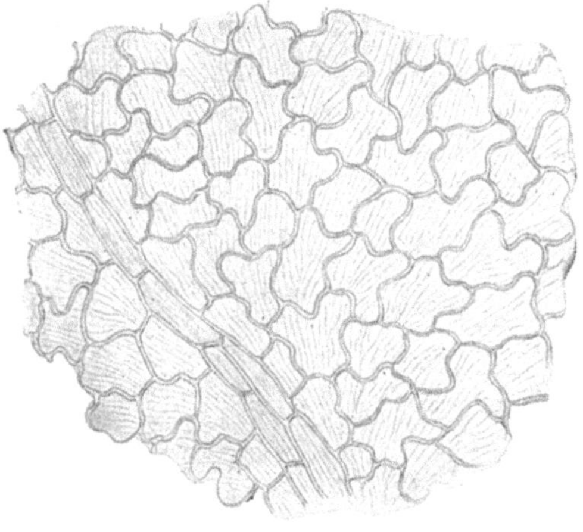

Abb. 599. Obere Epidermis des Platanenblattes. 1:150 (C. GRIEBEL).

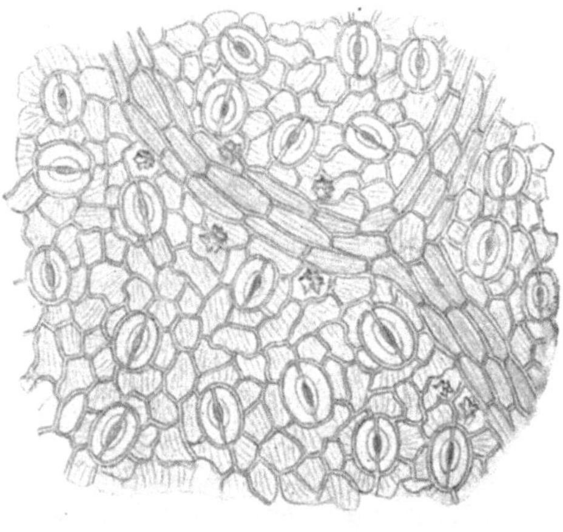

Abb. 600. Untere Epidermis des Platanenblattes. 1:150 (C. GRIEBEL).

Die Epidermiszellen haben oberseits (Abb. 599) meist buchtige Wände, unterseits sind sie mehr polygonal (Abb. 600). Deutliche Tüpfelung der Wand und mehr oder weniger grobe Kutikularstreifung ist fast immer wahrnehmbar. Die Unterseite enthält zahlreiche große Spaltöffnungen, die die benachbarten

Zellen oft an Größe übertreffen. Besonders charakteristisch sind die sogenannten Kandelaberhaare (Abb. 601), die in 3—4 Etagen sternartige Verzweigungen aufweisen[1]. Die Strahlen sind einzellig und ziemlich derbwandig. Diese Haare finden sich an älteren Blättern meist nur noch auf den stärkeren Nerven, besonders im basalen Teil des Blattes; oft sind sie an der mehrzelligen Basis abgebrochen. Außerdem kommen namentlich auf der Unterseite noch kurzgestielte Drüsenhaare mit ungeteiltem, kugeligem Köpfchen vor. Das Mesophyll enthält reichlich Oxalatdrusen, die hauptsächlich längs der Nerven auftreten. Die Palisadenzellen sind schlank und einreihig, das Schwammparenchym ziemlich locker und stark durchlüftet.

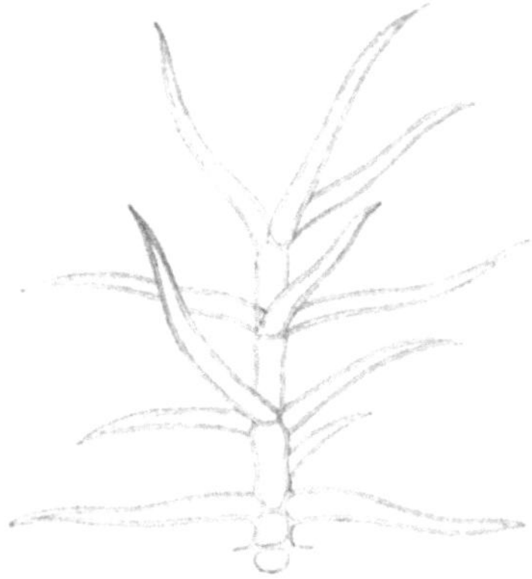

Abb. 601. Kandelaberhaar des Platanenblattes. 1:150 (C. GRIEBEL).

12. Apfelblätter.

Die Blätter des Apfelbaumes (*Pirus malus* L. — *Rosaceae*) (Abb. 602) sind eiförmig bis elliptisch, kurz zugespitzt, am Rande einfach bis doppelt gesägt, auf der Unterseite filzig, seltener fast kahl. Die Seitennerven sind leicht gebogen und bilden in einiger Entfernung vom Rand Schlingen.

Die Wände der Epidermiszellen sind oberseits (Abb. 603) kaum gebogen, unterseits wellig-buchtig (Unterschied von der Birne). Auf der Unterseite (Abb. 604) finden sich zahlreiche, die umgebenden Epidermiszellen gewöhnlich

Abb. 602. Autophotogramm des Apfelblattes (C. GRIEBEL).

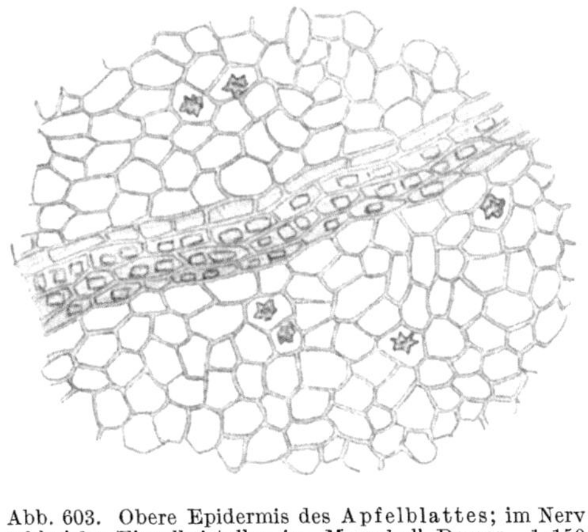

Abb. 603. Obere Epidermis des Apfelblattes; im Nerv zahlreiche Einzelkristalle; im Mesophyll Drusen. 1:150 (C. GRIEBEL).

an Größe übertreffende Spaltöffnungen. Die Haare bilden auf der Unterseite meist einen mehr oder weniger dichten Filz. Sie sind einzellig, dünn- oder derbwandig,

[1] Ähnliche Haare haben auch die Blätter der Verbascum-Arten.

sehr lang und vielfach hin und her gebogen. Das Mesophyll ist im allgemeinen nicht sehr reich an Oxalatdrusen, die gewöhnlich in der unteren Schicht des

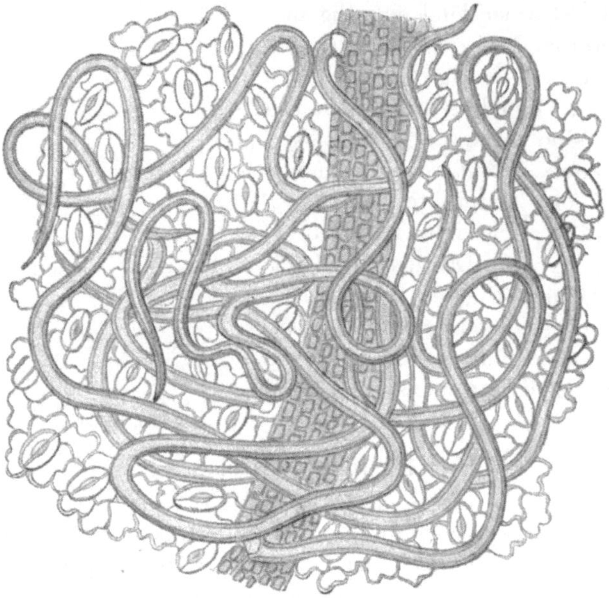

Abb. 604. Unterseite des Apfelblattes mit einzelligen gewundenen Deckhaaren. 1:150 (C. GRIEBEL).

zweireihigen Palisadenparenchyms liegen; dagegen beobachtet man auf den Nerven zahlreiche Einzelkristalle in Kammerzellen.

Abb. 605. Autophotogramm des Birnenblattes (C. GRIEBEL).

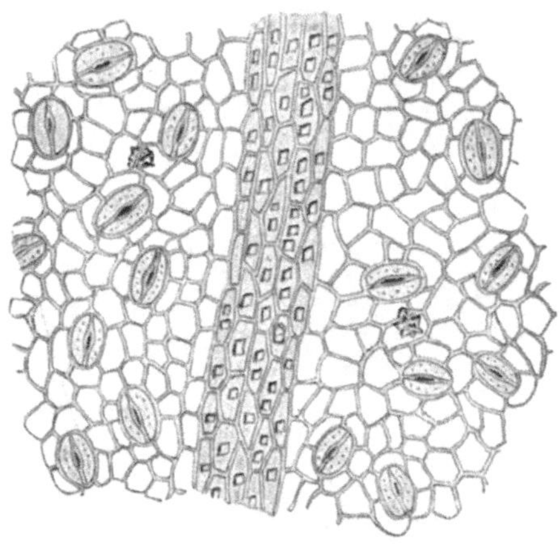

Abb. 606. Untere Epidermis des Birnenblattes. Im Mesophyll Oxalatdrusen, in den Nerven Einzelkristalle. 1:150 (C. GRIEBEL).

13. Birnenblätter.

Die Blätter des Birnbaumes (*Pirus communis* L. — *Rosaceae*) (Abb. 605) sind langgestielt, eiförmig bis rundlich, fast ganzrandig, im Alter kahl. Die fiederförmig abzweigenden, etwas gebogenen Seitennerven erreichen den Rand nicht, da sie sich vorher in feine Ästchen auflösen und untereinander anastomosieren. Die Nerven höherer Ordnung bilden ein mit der Lupe sichtbares feines Netzwerk.

Die Epidermiszellen sind beiderseits polygonal. Stomata, die wie beim Apfel die Nachbarzellen an Größe übertreffen, finden sich nur auf der Unterseite (Abb. 606). Die feinen Randzähne tragen bei jungen Blättern — ebenso wie beim Apfel — stumpf-konische Drüsen. Das Mesophyll ist gleichfalls der obigen Art analog gebaut. Auch die Verteilung und Größe der Oxalatdrusen, sowie das massige Vorkommen von Einzelkristallen auf den Nerven lassen gegenüber Pirus malus keinen Unterschied erkennen.

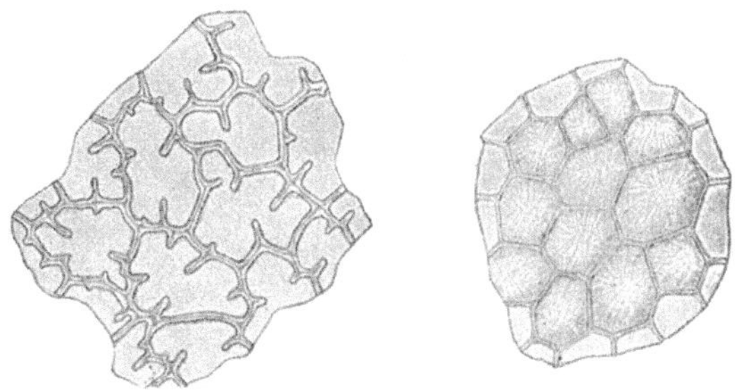

Abb. 607. Blumenblatt der Rose, links Unter-, rechts Oberseite. 1:250 (C. MEZ).

14. Rosenblätter siehe unter „Tee-Ersatzmittel" (S. 369).

In der Anlage der Tabakersatzstoffordnung zum deutschen Reichstabaksteuergesetz vom 12. September 1919 sind, wie bereits oben erwähnt wurde, u. a. „eingesalzene Rosenblätter" aufgeführt. Hierbei handelt es sich um die Blumenblätter der Rose, die als Aromatisierungsmittel Verwendung finden.

Die Blumenblätter enthalten kein Oxalat. Ihre Epidermiszellen sind oberseits geradwandig und zu feingestreiften kegelförmigen Papillen ausgezogen. Unterseits findet man buchtige Epidermiszellen, deren Seitenwände kleine, in das Lumen hineinragende Fortsätze erkennen lassen (Abb. 607).

15. Sauerkirschenblätter.

Die Blätter der Sauerkirsche oder Weichsel (*Prunus Cerasus* L. — *Rosaceae*) sind länglich-eiförmig (Abbildung 608) zugespitzt und am Rande doppelt gesägt. An der Basis tragen sie gewöhnlich beiderseits eine rotbraune Drüse. Behaarung fehlt so gut wie vollständig. Die fiederförmig abzweigenden Nebennerven bilden in der Nähe des Randes Schlingen.

Abb. 608. Autophotogramm des Sauerkirschenblattes (C. GRIEBEL).

Die Epidermis (Abb. 609 und 610) besteht beiderseits aus polygonalen Zellen mit derben, wenig gebogenen, nicht selten getüpfelten Wänden. Unterseits ist die Kutikula gestreift, die Zellen zuweilen wellig-buchtig. Stomata sind nur unten vorhanden. Die Randzähne tragen eine konische Drüse. In der Begleitung der Nerven beobachtet man zahlreiche, meist recht große Oxalatdrusen; im Mesophyll kommen solche im übrigen nur vereinzelt vor. Die Innenwand der oberen Epidermis-

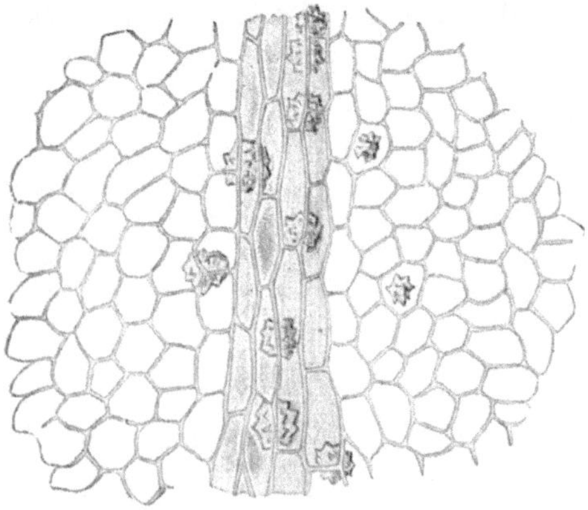

Abb. 609. Obere Epidermis des Sauerkirschenblattes; Oxalatdrusen hauptsächlich in Begleitung der Nerven. 1:150 (C. GRIEBEL).

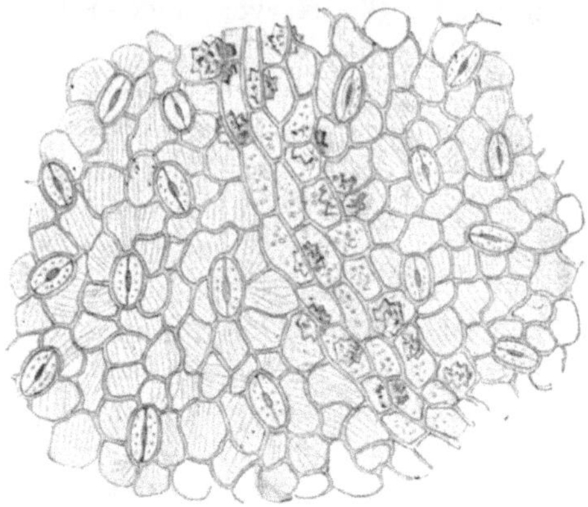

Abb. 610. Untere Epidermis des Sauerkirschenblattes. 1:150 (C. GRIEBEL).

zellen ist verschleimt. Die Palisadenschicht ist ein- bis zweireihig, die äußere Lage sehr lang und schmal, das Schwammparenchym locker.

Abb. 611. Autophotogramm eines Kirschblattes (J. MOELLER).

16. Süßkirschenblätter.

Die Blätter der Süßkirsche (*Prunus avium* L. — *Rosaceae*) sind eiförmig, zugespitzt, nach der Basis zu keilförmig verschmälert (Abb. 611), auf der Unterseite behaart. Der Blattrand ist schärfer und gröber doppelt gesägt-gezähnt als bei voriger Art. Die Zähne tragen wie bei P. Cerasus eine konische Drüse. Die Sekundärnerven sind zahlreicher als bei der Sauerkirsche. Sie teilen sich in einiger Entfernung vom Rande gabelartig und bilden Schlingen.

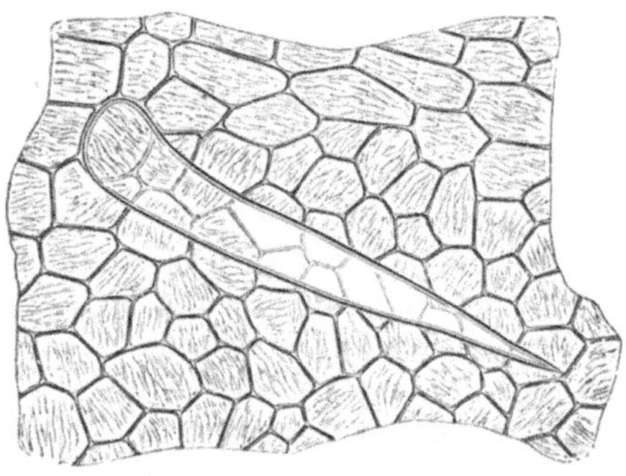

Abb. 612. Epidermis der Oberseite des Kirschblattes (J. MOELLER).

Der anatomische Bau ist im wesentlichen derselbe wie bei P. Cerasus. Die Epidermiszellen haben stärker gebogene Seitenwände und lassen beiderseits

Streifung erkennen. Auf der Oberseite (Abb. 612) kommen namentlich auf den Nerven einzellige, ziemlich dickwandige, kegelförmige Haare vor. Die Unterseite (Abb. 613) trägt ziemlich reichlich einzellige, aber viel längere Haare mit dicker Wand und engem Lumen. In der Begleitung der Nerven finden sich wesentlich weniger und kleinere Oxalatdrusen als bei der vorigen Art, dagegen kommen hier noch Einzelkristalle hinzu, die namentlich auf der Unterseite der Nerven als Faserbelag besonders zahlreich auftreten. Unabhängig von den Nerven beobachtet man auch hier nur vereinzelte Kristalle im Mesophyll.

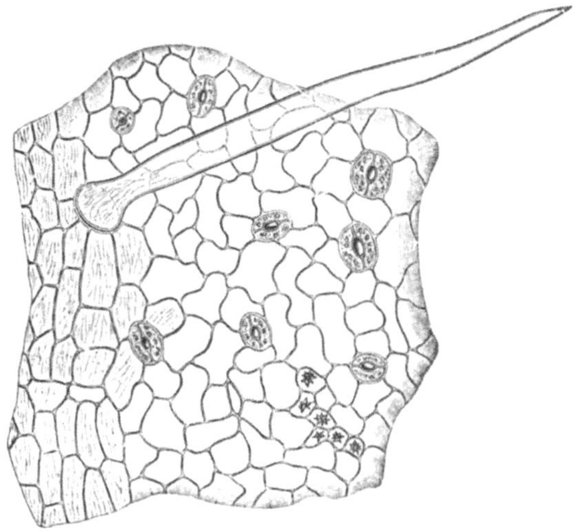

Abb. 613. Epidermis der Unterseite des Kirschblattes (J. MOELLER).

17. Ahornblätter.

Der Spitzahorn (*Acer platanoides* L. — *Aceraceae*) hat fünflappige Blätter mit lang zugespitzten Abschnitten, die mit wenigen großen, durch Einbuchtungen getrennten Zähnen besetzt sind. Von der herzförmigen Basis des Blattes gehen 5 Hauptnerven aus, die in die Spitze der Lappen führen. Die Seitennerven bilden in der Nähe des Randes Schlingen, soweit sie nicht in einen der großen Zähne

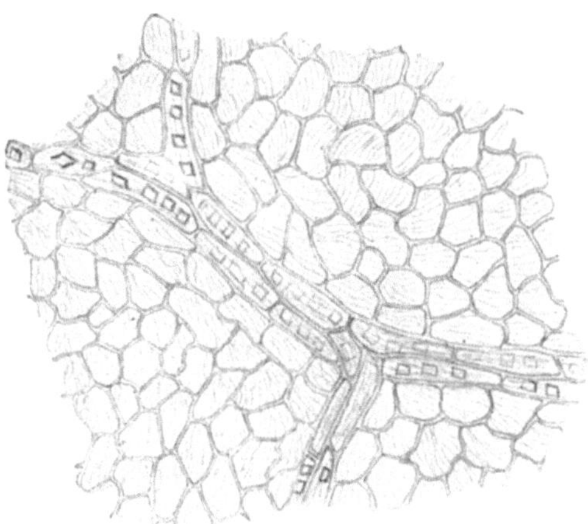

Abb. 614. Oberseite des Spitzahornblattes. In den Nerven Einzelkristalle. 1:150 (C. GRIEBEL).

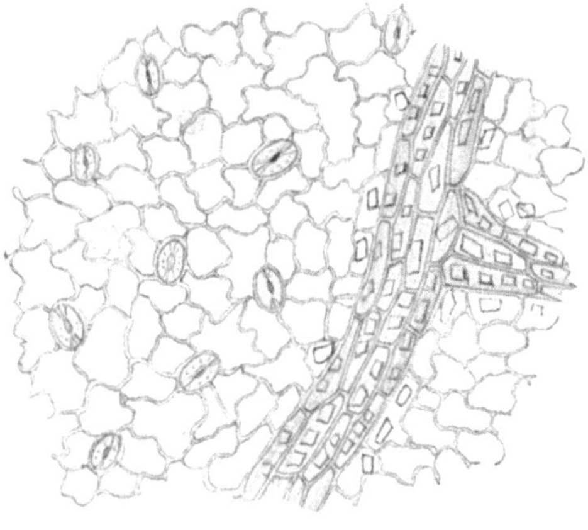

Abb. 615. Unterseite des Spitzahornblattes. 1:150 (C. GRIEBEL).

endigen. Haare findet man nur auf der Unterseite in den Nervenwinkeln in Form von kleinen Bärten.

Epidermiszellen oberseits (Abb. 614) polygonal bis wenig gebuchtet, mit deutlich gestreifter Kutikula, unterseits (Abb. 615) kleiner und etwas stärker gebuchtet. Spaltöffnungen sind nur auf der Unterseite vorhanden. Oxalatdrusen fehlen so gut wie ganz, dagegen sind die Nerven namentlich unterseits reichlich mit Einzelkristallen bedeckt. Die in den Nervenwinkeln vorkommenden ein- bis mehrzelligen Haare sind dünnwandig und haben eine feinkörnige Oberfläche. Die Palisaden sind einreihig.

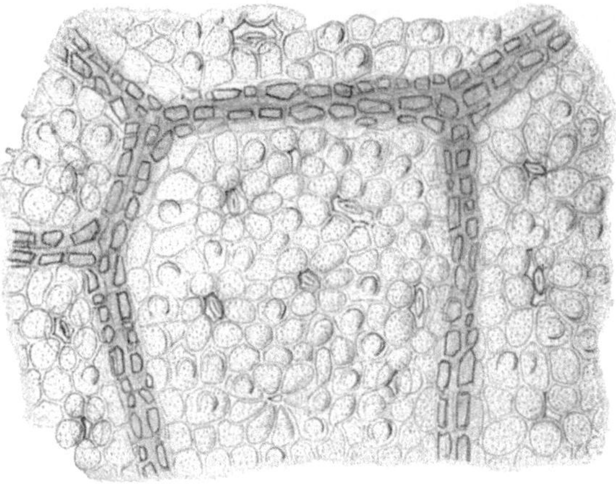

Abb. 616. Unterseite des Bergahornblattes. Epidermiszellen papillös vorgewölbt; in den Nerven Einzelkristalle. 1:150 (C. GRIEBEL).

Der Bergahorn (*Acer pseudoplatanus* L.) hat handförmig 3—5 teilige, unterseits graugrüne Blätter, die in den Nervenwinkeln an der Basis unten behaart sind. Die Blattabschnitte sind zugespitzt und ungleich gesägt. Die Seitennerven endigen in die Randzähne. Mikroskopisch ist die Art von der vorhergehenden leicht durch die gebuchteten, papillös vorgewölbten Epidermiszellen der Unterseite (Abb. 616) zu unterscheiden. Einzelkristalle kommen in gleicher Weise in den Nerven vor, wie bei A. platanoides; Drusen sind selten. Die Behaarung ist bei älteren Blättern sehr geringfügig und beschränkt sich meist auf bärtige Anhäufungen von Trichomen in den Winkeln der Hauptnerven. Diese Haare sind einzellig, dünnwandig und nicht selten wurmartig gekrümmt; ihre Oberfläche ist feinkörnig. Außerdem beobachtet man sehr vereinzelt auf den Hauptnerven, häufiger am Blattstiel, kleine mehrzellige, keulenförmige Drüsenhaare.

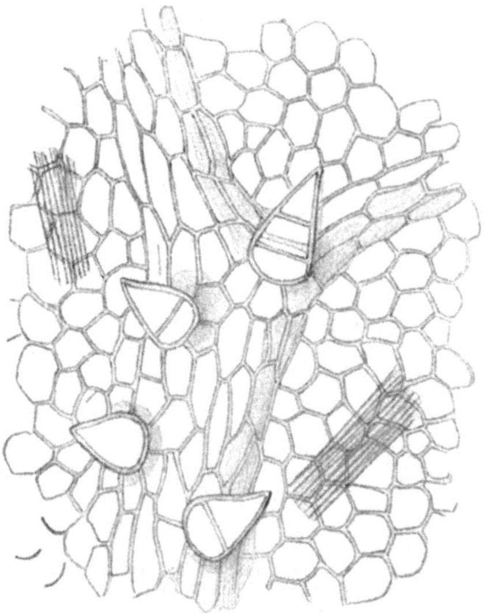

Abb. 617. Oberseite des Weinblattes mit kurzen konischen Haaren; Raphiden im Mesophyll. 1:150 (C. GRIEBEL).

18. Weinblätter.

Die Blätter des Weinstockes (*Vitis vinifera* L. — *Ampelidaceae*) sind 3 bis 5lappig oder 3—5 teilig, ungleich gesägt, an der Basis herzförmig. Die Oberseite ist kahl, die Unterseite mehr oder weniger behaart, jedenfalls aber auf den Hauptnerven, die in Fünfzahl an der Blattbasis entspringen und nach den Hauptlappen ziehen. Die Sekundärnerven zweigen unter spitzen Winkeln ab und führen in größere Randzähne.

Die Epidermiszellen (Abb. 617 und 618) sind beiderseits polygonal, auf der Unterseite etwas kleiner, ihre Wände fast gerade oder wenig gebogen. Haare beobachtet man oberseits meist nur auf den Nerven. Sie sind gewöhnlich ein- bis dreizellig, kurz kegelförmig, oft kaum höher als an der Basis breit. Ähnliche, aber meist viel länger werdende Haare — an der Blattbasis bis 8 zellig — findet man neben zahlreichen Spaltöffnungen auf der unteren Epidermis. Hinzu kommen dort, wenigstens an jungen Blättern, noch lange, bandartig gewundene, dünnwandige Wollhaare, die in den Nervenwinkeln und auf den Hauptnerven einen Filz bilden. Das Mesophyll enthält im oberen Teil des Schwammparenchyms zahlreiche, in langgestreckten Schleimzellen liegende Raphidenbündel (70—120 μ), die zum größten Teil parallel zur Blattfläche angeordnet, aber sonst nach keiner bestimmten Richtung orientiert sind. Außerdem kommen noch relativ kleine Oxalatdrusen längs der Nerven vor, aber nicht besonders reichlich. Das aus schlanken Zellen gebildete Palisadenparenchym ist einreihig, das Schwammparenchym mehrreihig.

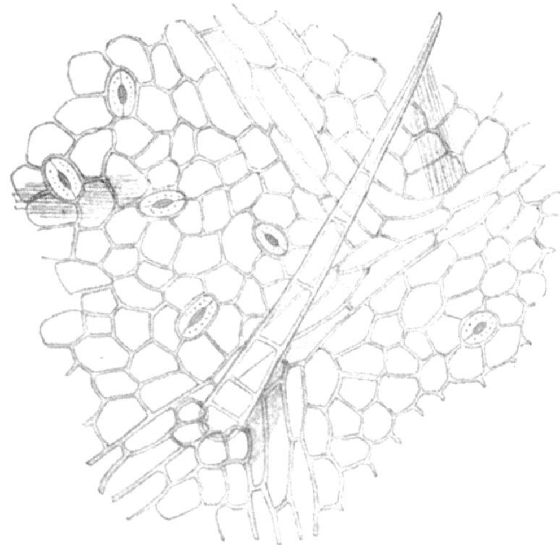

Abb. 618. Unterseite des Weinblattes; Haare schlank, mehrzellig. 1:150 (C. GRIEBEL).

19. Blätter des wilden Weines.

Die langgestielten, 3—5-zähligen Blätter des wilden Weines (*Ampelopsis quinquefolia* MICH. — *Ampelidaceae*) haben lanzettlich-eiförmige, entfernt gesägte, an der Basis ganzrandige Teilblättchen (Abb. 619), die Randzähne sind in eine scharfe Spitze vorgezogen. Die Seitennerven sind etwas gebogen und randläufig.

Die polygonalen Epidermiszellen (Abb. 620 und 621) haben derbe, meist getüpfelte, oberseits wenig, unterseits stärker gebogene, zuweilen etwas wellige Wände. Die Kutikula zeigt feine Streifung, die namentlich auf der an Spaltöffnungen reichen Unterseite deutlich hervortritt. Die Haare sind bei älteren Blättern fast nur auf die Nerven beschränkt und vereinzelt. Man beobachtet einzellige, dünnwandige Gebilde mit stumpfer Spitze und feinkörniger Oberfläche, die auch zuweilen eingeknickt oder bandartig zusammengefallen sind, und derbwandige, ein- bis mehrzellige, im übrigen den ersteren sehr ähnliche Trichome. Im Meso-

Abb. 619. Autophotogramm eines Teilblattes des wilden Weines (C. GRIEBEL).

phyll erkennt man zahlreiche zur Blattfläche parallel gestreckte Raphidenbündel von 50—150 μ Länge. Sie liegen auch hier im oberen Teil des Schwammparenchyms in langgestreckten Schleimzellen, die sie mitunter nur zum kleineren Teil ausfüllen. Charakteristisch

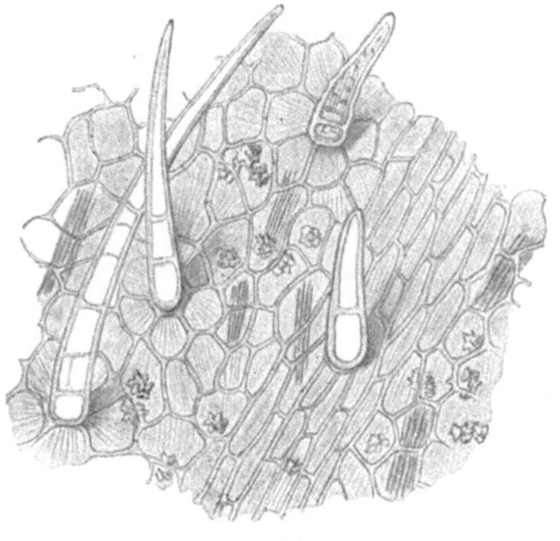

Abb. 620. Blattoberseite des wilden Weins mit ein bis dreizelligen Haaren; im Mesophyll neben Raphiden zahlreiche Oxalatdrusen. 1:150 (C. GRIEBEL).

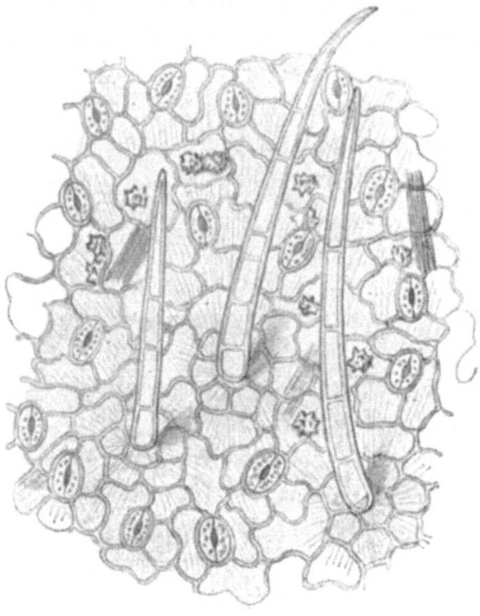

Abb. 621. Blattunterseite des wilden Weins. 1:150 (C. GRIEBEL).

ist das Vorhandensein zahlreicher Oxalatdrusen neben den Raphiden. Kleinere Drusen begleiten zum Teil die Nerven, die größeren sind regellos im Mesophyll verteilt. Die Palisadenzellen sind einreihig, sehr schlank, das Schwammparenchym ist stark entwickelt.

Abb. 622. Autophotogramm eines Lindenblattes (C. GRIEBEL).

20. Lindenblätter.

Die Blätter der Winterlinde (*Tilia parvifolia* EHRH. — *Tiliaceae*) sind schief rundlich-herzförmig zugespitzt und am Rande scharf gesägt, nur die Basis ist ganzrandig (Abb. 622). Auf der Unterseite tragen sie in den Aderwinkeln Büschel rostfarbiger Haare. Die Seitennerven stehen ziemlich weitläufig und teilen sich in der Nähe des Randes gabelförmig. Die an der Blattbasis entspringenden Seitennerven sind sehr stark entwickelt und haben hinsichtlich der Verzweigung den Charakter von Hauptnerven. Zwischen den Sekundärnerven bilden die Nerven höherer Ordnung fast rechtwinklig abzweigende, oft beinahe gerade Verbindungen.

Die Epidermiszellen (Abb. 623 und 624) sind beiderseits polygonal, meist geradwandig, unterseits mit stark gestreifter Kutikula versehen. Die Unterseite enthält zahlreiche Spaltöffnungen, die nur wenig kleiner, zum Teil sogar größer sind als die benachbarten Epidermiszellen. Längs der Nerven beobachtet man namentlich auf der Oberseite massenhaft Einzelkristalle, während

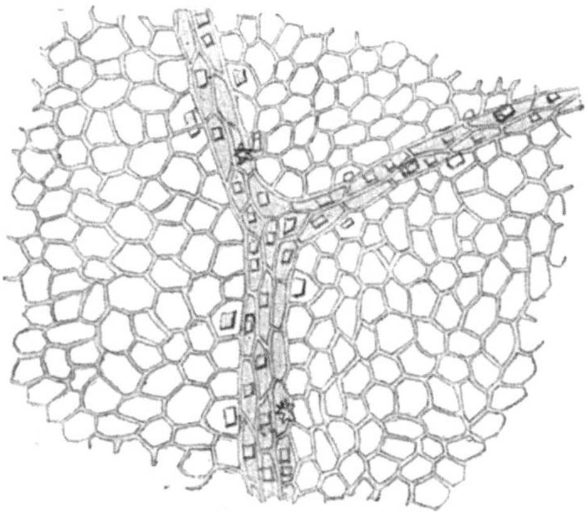

Abb. 623. Blattoberseite der Winterlinde; im Nervenparenchym zahlreiche Einzelkristalle, wenig Drusen. 1:150 (C. GRIEBEL).

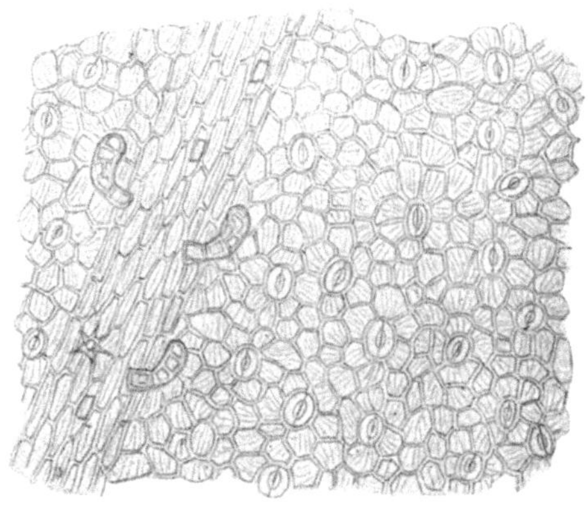

Abb. 624. Blattunterseite der Winterlinde; auf den Nerven kleine Drüsenhaare. 1:150 (C. GRIEBEL).

sich Drusen gewöhnlich nur in den stärkeren Nerven finden. Deckhaaren begegnet man im allgemeinen nur in den Nervenwinkeln auf der Unterseite. Sie sind dünnwandig, ziemlich lang und oft bandartig gedreht. Außerdem kommen noch Drüsenhaare vor, mit kurzem einzelligem Stiel und eiförmigem, durch Längs- und Querwände geteiltem Köpfchen. Die Palisaden sind gewöhnlich einreihig, zuweilen setzt sich aber das ganze Mesophyll aus palisadenartig gestreckten Zellen zusammen.

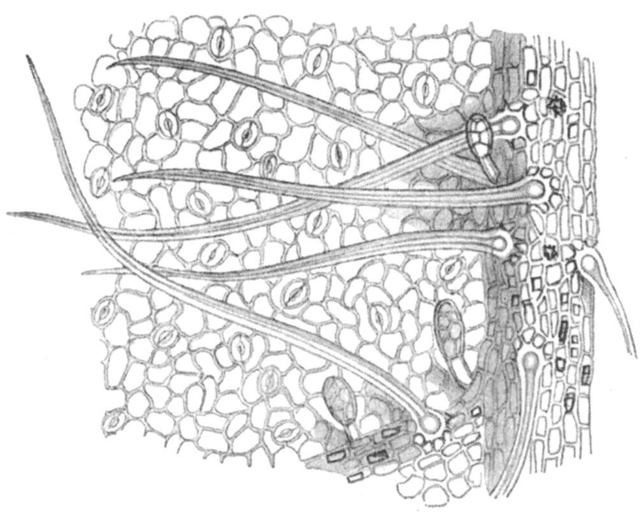

Abb. 625. Blattunterseite der Sommerlinde. 1:150 (C. GRIEBEL).

Die Blätter der Sommerlinde (*Tilia platyphylla* SCOP.) sind größer und wenigstens auf der Unterseite mehr oder weniger weichhaarig, in den Nervenwinkeln hellbärtig. Zwischen den zahlreichen Einzelkristallen finden sich auch im Verlauf der dünneren Nerven vereinzelt Drusen. In den stärkeren Nerven sind die Drusen zahlreicher. Die stärkeren Nerven sind auf der Unterseite ziemlich reichlich behaart, die Haare einzellig, oft dickwandig (Abb. 625). Die Drüsenhaare sind wie bei der vorigen

Art gebaut, kommen aber etwas reichlicher vor. Die Oberseite trägt bei älteren Blättern nur noch Haarnarben.

Außer den beiden genannten werden bei uns noch eine Reihe ausländischer Lindenarten angepflanzt. Diese sind gewöhnlich durch eine mehr oder weniger filzige Blattunterseite ausgezeichnet, die von reicharmigen Sternhaaren bedeckt ist.

21. Eibischblätter.

Die Eibischblätter (*Althaea officinalis* L. — *Malvaceae*) sind eiförmig 3—5 lappig, gekerbt oder gesägt, am Grunde herzförmig bis keilförmig, auf beiden Seiten dicht behaart. Die nur in geringer Anzahl vorhandenen Seitennerven laufen nach den vorspringenden Lappen oder Kerbabschnitten.

Die Epidermiszellen sind wellig gebuchtet. Stomata — gewöhnlich von drei Epidermiszellen umgeben — finden sich auf beiden Seiten. Sie sind aber oft erst nach Entfernung der sternförmigen Büschelhaare erkennbar. Letztere bestehen aus 2—8 einzelligen, dickwandigen, am Fußteil getüpfelten Haaren (Abb. 495). Außer Sternhaaren beobachtet man noch kurzgedrungene, durch Horizontalwände etagenförmig geteilte Drüsenhaare von etwa eiförmigem Umriß, die besonders in der Nähe der Nerven in kleinen Vertiefungsn stehen. In der Epidermis finden sich Schleimzellen, vereinzelt auch im Mesophyll. Die Palisadenzellen sind meist einreihig. Das stark durchlüftete Schwammparenchym wird aus wenigen Reihen gestreckter Zellen gebildet. Das Mesophyll enthält ziemlich große Oxalatdrusen, hauptsächlich in der Nähe der Nerven.

22. Kornelkirschenblätter.

Die kurzgestielten Blätter der Kornelkirsche (*Cornus mas* L. — *Cornaceae*) sind eiförmig oder elliptisch, lang zugespitzt, ganzrandig und scheinbar kahl. Die Seitennerven (gewöhnlich 4 Paare) sind bogenläufig, d. h. sie laufen, ohne den Blattrand zu erreichen, bogenförmig nach der Spitze zu. Die Epidermiszellen sind beiderseits wellig-buchtig, ihre Wände derb, in der Nähe des Blattrandes sowie unterseits häufig getüpfelt und knotig verdickt. Die Kutikula ist deutlich gestreift, besonders stark in der Umgebung der Deckhaare. Stomata nur unterseits vorhanden, häufig kurz gehörnt. Die Deckhaare (Abb. 626) sind einzellig, zweiarmig, ganz kurz gestielt, oft mit warziger Kutikula versehen. Ihr Lumen ist nur klein. Die beiden Arme sind meist ungleich lang und bilden etwa parallel zu den Nebennerven einen gestreckten Winkel. In den Nervenwinkeln der Unterseite beobachtet man länger gestielte Y-förmige, einzellige Haare (Abb. 626, *b*). Im Mesophyll finden sich vereinzelt Oxalatdrusen, die oft in kleinen Gruppen vorkommen. Die Nebenrippen enthalten

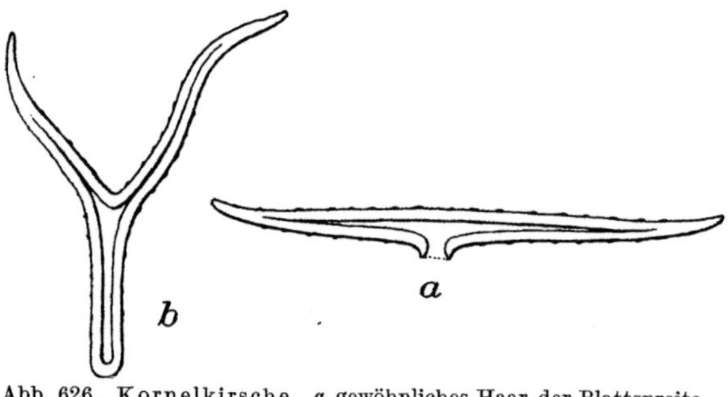

Abb. 626. Kornelkirsche. *a* gewöhnliches Haar der Blattspreite. *b* Y-förmiges Haar aus den Nervwinkeln der Blattunterseite. 1:100 (C. GRIEBEL).

zum Teil Kammerzellen mit undeutlich gegliederten Drusen. Palisadenzellen ziemlich kurz, einreihig.

23. Kartoffelblätter.

Die unterbrochen gefiederten Blätter der Kartoffel (*Solanum tuberosum* L. — *Solanaceae*) setzen sich aus eiförmigen, kurz zugespitzten, ganzrandigen Teilblättchen zusammen (Abb. 627). Die anfangs reichliche Behaarung geht allmählich zurück, so daß man an alten Blättern oft nur noch auf der Unterseite der Nerven zahlreiche Haare antrifft. Die von der Mittelrippe fiederförmig abzweigenden Seitennerven sind leicht bogenförmig gekrümmt und bilden in einiger Entfernung vom Rande Schlingen.

Abb. 627. Autophotogramm eines Kartoffelteilblattes (C. Griebel).

Die Epidermis (Abb. 628 und 629) besteht beiderseits aus wellig-buchtigen Zellen. Auf der Unterseite sind diese kleiner und tiefer gebuchtet. In der Nähe des Randes ist ihre Kutikula deutlich gekörnt. Spaltöffnungen treten auf der Unterseite zahlreich, oben in geringerer Menge auf. Sie sind in den meisten Fällen von drei, mitunter auch von vier Epidermiszellen eingeschlossen. Auf beiden Seiten kommen verschieden große Deckhaare vor. Diese sind dünnwandig, vorwiegend aus drei, seltener aus mehr Zellen bestehend, gewöhnlich etwas gebogen und am Ende zugespitzt. Ihre Oberfläche ist etwas rauh. Die ihre Basis umschließenden Epidermiszellen haben derbere, weniger

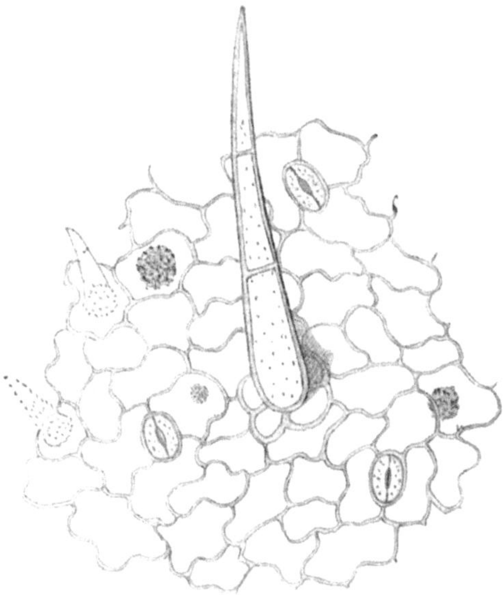

Abb. 628. Oberseite des Kartoffelblattes mit 2 Haarformen. 1:150 (C. Griebel).

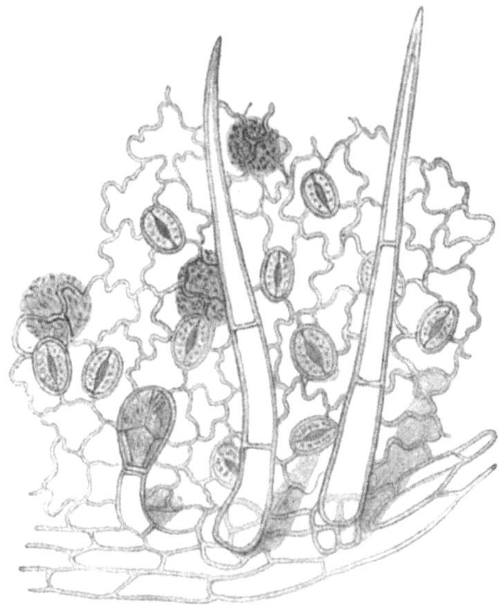

Abb. 629. Unterseite des Kartoffelblattes; auf dem Nerv ein Drüsenhaar und zwei Deckhaare; im Mesophyll Kristallsandzellen. 1:150 (C. Griebel).

gebogene Wände und bilden oft eine kleine hügelige Erhebung. Neben den mehrzelligen, leicht zusammenfallenden Deckhaaren kommen noch kurze, einzellige Trichome und mehrzellige Drüsenhaare vor. Die ersteren finden sich in der Nähe des Blattrandes und sind der Mitte einer Epidermiszelle aufgesetzt. Die Drüsenhaare bestehen aus einer etwas gebogenen Stielzelle und einem zweizellreihigen Köpfchen, das aus 4—6 Zellen gebildet wird. Das Mesophyll enthält zahlreiche Kristallsandzellen, die vorwiegend in der oberen Schicht des aus rundlichen Zellen bestehenden Schwammparenchyms liegen. Die Palisadenzellen sind einreihig.

24. Tomatenblätter.

Die Blätter der Tomate (*Solanum Lycopersicum* L. — *Solanaceae*) sind unterbrochen fiederschnittig. In anatomischer Hinsicht sind sie denen der Kartoffel sehr ähnlich (Abb. 630 und 631); insbesondere enthält auch hier das Mesophyll reichlich rundliche Kristallsandzellen. Stomata kommen jedoch

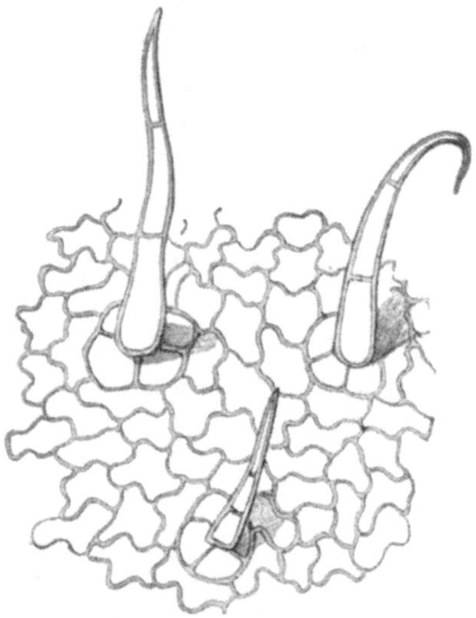

Abb. 630. Oberseite des Tomatenblattes. 1:150 (C. Griebel).

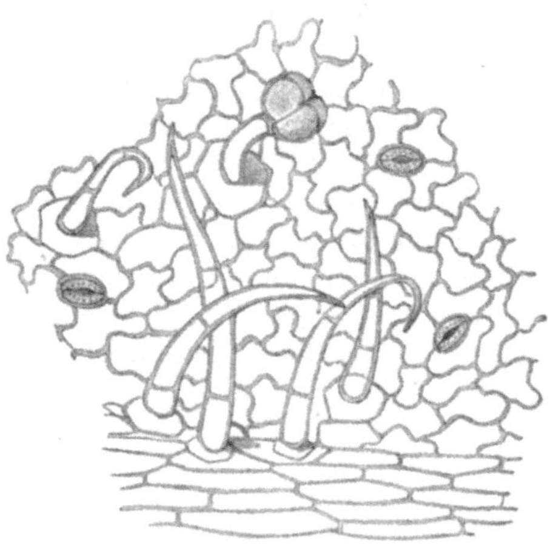

Abb. 631. Unterseite des Tomatenblattes; oben ein Drüsenhaar mit vierteiligem Köpfchen; Deckhaare mehrzellig, zum Teil gekrümmt. 1:150 (C. Griebel).

nur auf der Unterseite vor. Die meist dreizelligen Deckhaare sind gewöhnlich der Mitte einer emporgewölbten Epidermiszelle aufgesetzt, abgesehen von den ganz großen Haaren, deren Basis auf einem kleinen Zellhügel entspringt. Ein weiteres Unterscheidungsmerkmal von S. tuberosum bilden die auf der Unterseite allerdings recht vereinzelt vorkommenden Drüsenhaare mit vierzelligem, oft etwas flachem Köpfchen und einzelligem, meist leicht gekrümmtem Stiel.

25. Stechapfelblätter.

Die stark giftigen Blätter des Stechapfels (*Datura stramonium* L. — *Solanaceae*) dürften kaum als Tabakersatz gebraucht werden, obwohl während des Krieges ein dahingehender Vorschlag allen Ernstes gemacht worden war. Sie finden aber — zuweilen auch mit Bilsenkraut- und Tollkirschenblättern gemengt — in ziemlich erheblicher Menge arzneiliche Verwendung als Mittel gegen Asthma, und zwar in Form von Zigarren, Zigaretten und losen Asthmakräutern. Die letztgenannte Anwendungsform ist der Hauptgrund, weshalb sie hier Erwähnung finden. Es hat sich nämlich gezeigt, daß die zum Räuchern bestimmten Kräuter immer wieder irrtümlich zur Herstellung von Teegetränken benutzt werden und dadurch regelmäßig zu Erkrankungen Anlaß geben[1]. Sie können daher dem Nahrungsmittelchemiker leicht einmal begegnen.

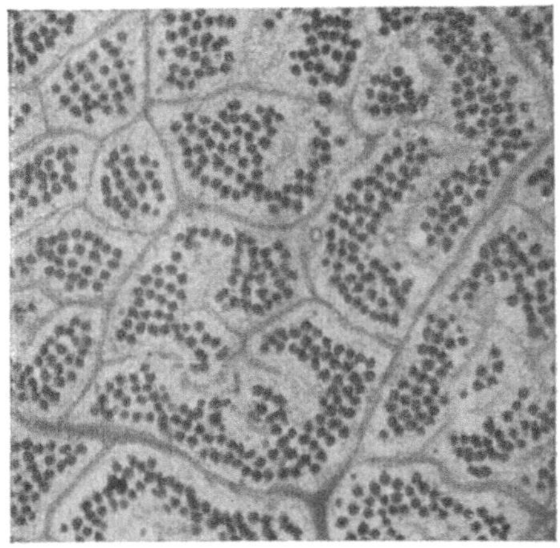

Abb. 632. Stechapfelblatt, gebleicht; im Mesophyll zahlreiche Oxalatdrusen in den durch das Nervennetz gebildeten Maschen. 1:60 (Phot. C. GRIEBEL).

Die Epidermiszellen der Stechapfelblätter sind oberseits schwach, unterseits stärker gebuchtet. Stomata beiderseits vorhanden, jedoch unten häufiger, meist von 3—4 Zellen umgeben; Deckhaare nur vereinzelt, vorwiegend unterseits auf den Nerven, mehrzellig (meist dreizellig), oft etwas gebogen, dünnwandig mit gekörnter Kutikula; Drüsenhaare ebenfalls vorwiegend unterseits vorhanden mit gekrümmtem, einzelligem Stiel und mehrzelligem, etwa birnenförmigem Köpfchen. Unter der einreihigen Palisadenschicht befindet sich eine Lage rundlicher Zellen mit je einer Oxalatdruse. Bei gebleichten Flächenpräparaten sieht man daher in den durch das Nervennetz gebildeten Maschen eine Oxalatdruse neben der anderen stehen (Abb. 632). Diese für Stramonium charakteristische Anordnung der Drusenkristalle liefert im polarisierten Licht bei gekreuzten Nikols (Abb. 633) eine prächtige Erscheinung.

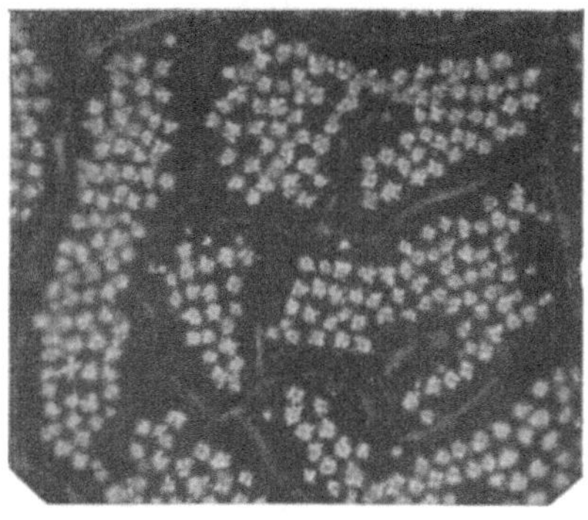

Abb. 633. Stechapfelblatt, gebleicht, im polarisierten Licht. 1:80 (Phot. C. GRIEBEL).

Die Blätter der beiden anderen narkotisch wirkenden Solanaceen, die gelegentlich neben den Stechapfelblättern in Asthmakräutern vorkommen, sind zwar nicht so gut gekennzeichnet, aber doch unschwer zu erkennen.

Beim Bilsenkraut (*Hyoscyamus niger* L.) tragen beide Blattepidermen zahlreiche schlaffe, oft zusammengefallene, meist dreizellige Gliederhaare, die zum Teil ein ein- bis vierzelliges, eiförmiges Drüsenköpfchen tragen (ähnlich wie beim Tabak, aber ohne Oxalatdrusen in den Drüsenköpfchen). Die unmittelbar unter den einreihigen Palisaden liegende, aus rundlichen Zellen bestehende Schicht des Schwammparenchyms ist sehr reich an Oxalat. Die

[1] Die genannten Solanaceen-Arten enthalten sämtlich sehr giftige Alkaloide, die unter Akkomodationslähmung Pupillenerweiterung (Mydriasis) hervorrufen. Hierdurch wird die Untersuchung sofort auf die richtige Fährte geleitet.

Zellen enthalten meist je einen prismatischen oder quadratischen Einzelkristall, oder Zwillinge, oder eine gewöhnlich einfache Druse, selten Kristallsand.

Die Epidermiszellen des Tollkirschenblattes (*Atropa belladonna* L.) zeigen deutliche Kutikularstreifung. Die Stomata, die unterseits reichlicher vorkommen als oberseits, sind meist von 3 Nebenzellen umgeben. Deckhaare mehrzellig, lang, leicht zusammenfallend, namentlich unterseits auf den Nerven vorkommend. Drüsenhaare in zwei Formen: 1. langer meist mehrzelliger oder kurzer Stiel mit einzelligem, rundem Köpfchen (Unterschied von Tabak), 2. kurzer Stiel mit zweizellreihigem, meist sechszelligem, kolbenförmigem Köpfchen. Bei älteren Blättern ist die Behaarung sehr spärlich. Palisadenzellen einreihig, im Schwammparenchym ziemlich große rundliche Kristallsandzellen.

26. Wegerichblätter.

Die breiten eirunden Blätter des großblätterigen Wegerichs (*Plantago major* L. — *Plantaginaceae*) sind gestielt, fast ganzrandig und der Länge nach von 5 starken Nerven durchzogen (Abb. 634), von denen die beiden seitlichen Paare bogenförmig verlaufen. Die Blätter sind beiderseits dünn behaart.

Die nicht selten getüpfelten, ziemlich großen Epidermiszellen haben oberseits gebogene bis leicht wellig-buchtige, unterseits stärker gebuchtete Wände. Von 3 oder 4 Zellen eingeschlossene Stomata finden sich auf beiden Seiten, unterseits aber reichlicher.

Abb. 634. Autophotogramm eines Wegerichblattes (C. GRIEBEL).

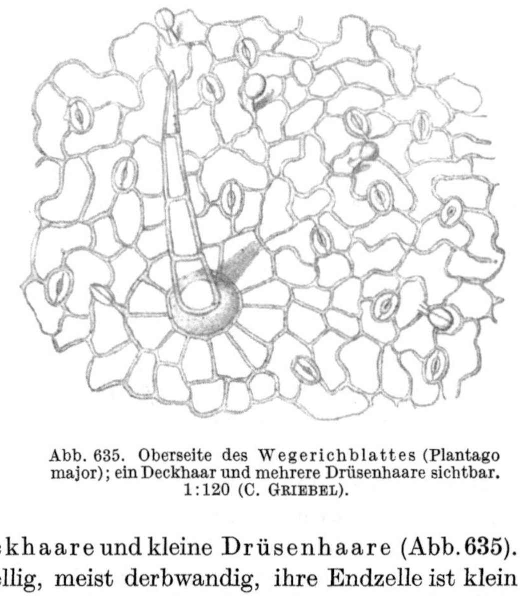

Abb. 635. Oberseite des Wegerichblattes (Plantago major); ein Deckhaar und mehrere Drüsenhaare sichtbar. 1:120 (C. GRIEBEL).

Beide Epidermen tragen große Deckhaare und kleine Drüsenhaare (Abb. 635). Die ersteren sind vier- bis fünfzellig, meist derbwandig, ihre Endzelle ist klein und spitz. Sie sitzen der Mitte einer großen runden, linsenförmig aus der Epidermis emporgewölbten Zelle auf, um die die Oberhautzellen rosettenförmig angeordnet sind. Die Drüsenhaare haben einen kurzen, einzelligen Stiel und ein kugeliges, ein- bis zweizelliges Köpfchen. Oxalat fehlt. Das Mesophyll besteht aus gleichförmigen Zellen, ist also nicht deutlich in Palisaden- und Schwammparenchym differenziert.

Beim Spitzwegerich (*Plantago lanceolata* L.) sind die Spaltöffnungen von 2, 3 oder 4 Epidermiszellen umgeben; sie erscheinen im ersteren Fall an ihren Längsseiten aufgehängt. Die Deckhaare sind ebenfalls einer über die Oberhaut emporgewölbten breiten Zelle aufgesetzt, bestehen aber nur aus einer sehr schlanken Zelle mit stark und oft bis zum Schwinden des Lumens verdickten Wänden. An der Ansatzstelle brechen die Haare sehr leicht ab, so daß man an älteren Blättern oft nur noch die auffälligen Narben findet. Die ziemlich vereinzelten Drüsenhaare haben einen einzelligen Stiel und ein vielzelliges, spitz endigendes Köpfchen. Sie erinnern in ihrer Form etwa an die Spitzmorchel.

Waldmeister siehe unter „Tee-Ersatzmittel" (S. 375).

27. Holunderblätter.

Die Blätter des Holunderstrauches (*Sambucus nigra* L. — *Caprifoliaceae*) bestehen aus 3—7 Fiederblättchen (Abb. 636). Letztere sind gesägt und fast kahl. Die fiederförmig abzweigenden, etwas gebogenen Sekundärnerven teilen sich in der Nähe des Randes in verschiedene Seitenäste, die zum Teil Schlingen bilden, zum Teil in den Randzähnen endigen.

Die Epidermiszellen sind oberseits weniger, unterseits (Abb. 637) stärker ziemlich scharfwinkelig gebuchtet, meist getüpfelt, letzteres besonders über den Nerven, wo sie gestreckte Form und gerade Wände besitzen. Ziemlich grobe Kutikularstreifung ist beiderseits erkennbar. Die Unterseite enthält zahlreiche große Spaltöffnungen, deren Schließzellen mitunter kurze Hörnchen tragen. Die spärlich vorhandenen Deckhaare finden sich vorwiegend auf der Unterseite der Nerven. Sie sind einzellig, meist gerade und haben derbe Wände,

Abb. 636. Autophotogramm eines Holunderteilblattes (C. GRIEBEL).

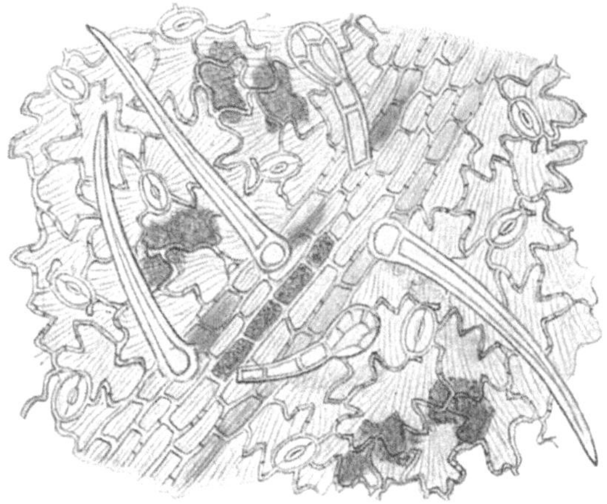

Abb. 637. Unterseite des Holunderblattes mit Deck- und Drüsenhaaren; im Mesophyll und Nervenparenchym Kristallsandzellen. 1:150 (C. GRIEBEL).

aber weites Lumen und etwas verbreiterte Basis. Außerdem kommen auf den Nerven noch Drüsenhaare vor, die etwa Keulenform zeigen, mit zwei- bis dreizelligem Stiel und großem, durch Längs- und Querwände geteiltem Köpfchen. Die Palisadenschicht ist einreihig, ziemlich niedrig. Zahlreiche Zellen des Schwammparenchyms sind dicht von Kristallsand erfüllt (Abb. 637). Diese Kristallsandzellen haben unregelmäßige Gestalt und stehen meist zu mehreren beisammen. In den stärkeren Nerven beobachtet man zahlreiche kurze, oft in Reihen angeordnete Kristallsandschläuche.

28. Topinamburblätter.

Die unteren Blätter der Erdbirne oder Topinambur (*Helianthus tuberosus* L. — *Compositae*) sind herzförmig, die oberen (Abb. 638) länglich-eiförmig, oder lanzettlich, grob gesägt. Auf der Oberseite sind sie kurz rauhhaarig, auf der Unterseite dichter, aber etwas weicher behaart. Von der Mittelrippe zweigen nur wenige, stärkere Seitennerven ab, die leicht bogenförmig gekrümmt sind und in der Nähe des Randes Schlingen bilden. Besonders kräftig entwickelt ist das unterste, unweit der Blattbasis auftretende Seitennervenpaar, das den Charakter von Hauptnerven hat.

Die Epidermiszellen zeigen beiderseits wellige Seitenwände, unterseits sind sie tiefer gebuchtet. Die Oberseite enthält ziemlich zahlreiche Stomata, aber weniger als die Unterseite. Die auf der Oberseite (Abb. 639) und am

Abb. 638. Autophotogramm eines Topinamburblattes (C. GRIEBEL).

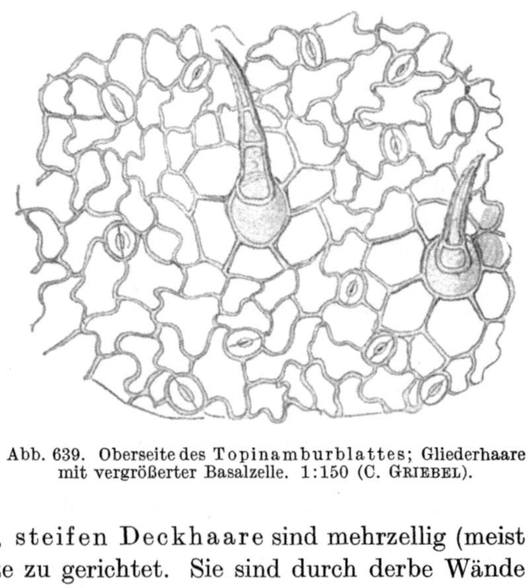

Abb. 639. Oberseite des Topinamburblattes; Gliederhaare mit vergrößerter Basalzelle. 1:150 (C. GRIEBEL).

Blattrand reichlich vorkommenden, steifen Deckhaare sind mehrzellig (meist dreizellig) und nach der Blattspitze zu gerichtet. Sie sind durch derbe Wände mit warzig-rauher Oberfläche und eine sehr breite Fußzelle ausgezeichnet. Die ihre Basis umgebenden Epidermiszellen sind besonders groß und fallen durch sehr derbe, fast gerade Wände auf. Die Unterseite (Abb. 640) trägt längere, weniger starre Haare, deren Basalzelle auch geringere Breite hat; namentlich die Nerven sind reichlich damit versehen. Außerdem kommen beiderseits — besonders zahlreich aber auf der Unterseite — noch vielzellige, dünnwandige, aus rundlichen tonnenförmigen oder ovalen Gliedern bestehende Haare vor, die sich mit ihrem vorderen, oft zerknitterten und bandartig zusammengefallenen Ende bogenförmig nach der Blattfläche zu neigen. Selbst an ganz jungen Blättern sind sie schon bogenförmig gekrümmt; die Endzelle ist dann noch unversehrt und länglich-rund. Endlich trägt die Unterseite noch kurze Drüsenhaare mit halbkugeligem Köpfchen und aus kurzen aber breiten Zellen gebildetem Stiel. In der Flächenansicht erscheinen die Gebilde scheibenförmig. Die Palisadenzellen sind meist einreihig. Oxalat fehlt.

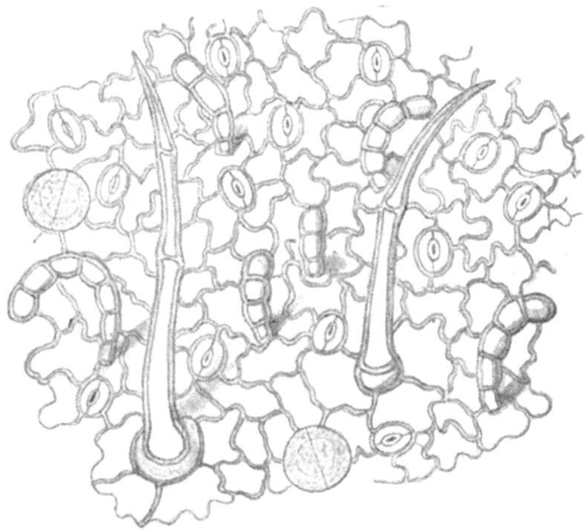

Abb. 640. Unterseite des Topinamburblattes mit 2 Formen von Gliederhaaren und scheibenförmigen Drüsen. 1:150 (C. GRIEBEL).

29. Sonnenblumenblätter.

Sämtliche Blätter der Sonnenblume (*Helianthus annuus* L. — *Compositae*) sind herzförmig und beiderseits rauhhaarig, im übrigen wie bei der vorigen Art.

Die Epidermiszellen sind oberseits weniger, unterseits stärker gebuchtet. Stomata sind auf beiden Seiten häufig. Die Oberseite (Abbildung 641) trägt wie bei *H. tuberosus* starre, mehrzellige, nach der Blattspitze zu gerichtete, sehr derbwandige Haare mit warziger Oberfläche. Ihre breite Basalzelle hat auf der Innenwand eine mehr oder weniger dicke schleimartige Auflagerung, die in der Seitenansicht deutlich geschichtet erscheint und in der Aufsicht das Lumen ringförmig verengt. Diese Fußzelle oder die darüber

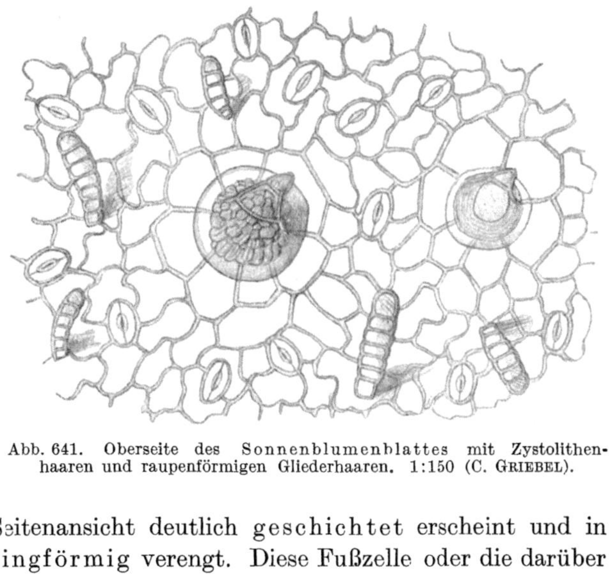

Abb. 641. Oberseite des Sonnenblumenblattes mit Zystolithenhaaren und raupenförmigen Gliederhaaren. 1:150 (C. GRIEBEL).

befindliche Zelle enthält bei einem Teil der Haare einen deutlich kristallinischen und doppelbrechend wirkenden Zystolithen. Hin und wieder führen auch einzelne der die Haarbasen umgebenden Epidermiszellen, die auch hier durch ihre Größe und die derben, fast geraden Wände auffallen, zystolithische Gebilde. Die auf der Unterseite befindlichen, ebenso gebauten, starren Haare enthalten gewöhnlich keine Zystolithen. Beiderseits kommen außerdem noch dünnwandige, vielzellige (sechs- bis acht-, seltener zehnzellige) Trichome vor. Sie sind wie bei H. tuberosus meist gebogen, aber aus kurzen, breiten Gliedern zusammengesetzt, so daß sie fast raupenartige Gestalt zeigen. Ihre Endzelle ist rund, nicht deutlich abgesetzt. Die einzelnen Glieder enthalten Chlorophyll, mit Ausnahme der Endzelle. Auf der Unterseite finden sich schließlich noch vereinzelt Drüsenhaare, die im Bau denen von *H. tuberosus* entsprechen, aber kleiner sind. Die Palisadenschicht ist meist zweireihig. Oxalat fehlt.

30. Huflattichblätter.

Die langgestielten, rundlich-herzförmigen Blätter (Abb. 642) des Huflattichs (*Tussilago farfara* L. — *Compositae*) sind eckig gezähnt, oberseits kahl, unterseits dicht mit grauweißem Haarfilz bedeckt. Die dem Blattrand

Abb. 642. Autophotogramm eines Huflattichblattes (C. GRIEBEL).

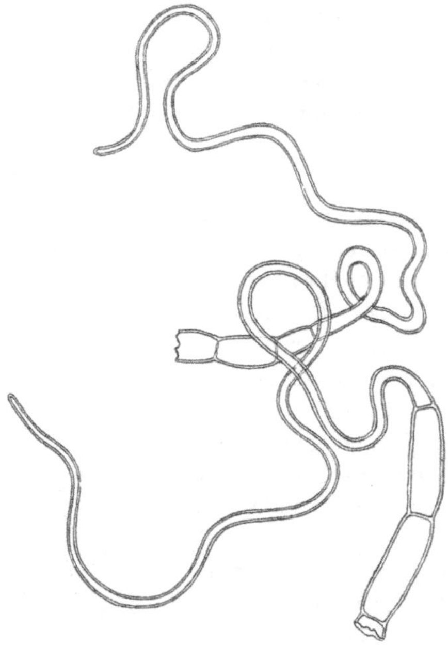

Abb. 643. Haare von der Unterseite des Huflattichblattes. 1:110 (C. MEZ).

aufsitzenden, ziemlich entfernt stehenden Zähnchen haben knorpelige Beschaffenheit. An der herzförmigen Blattbasis entspringen aus der Mittelrippe beiderseits zwei, etwas höher noch je eine starke Nebenrippe, die nach den vorstehenden Ecken des Blattes führen.

Die Epidermiszellen haben oberseits gestreifte Kutikula und gebogene bis wellig-buchtige Wände, unterseits sind sie stärker wellig gebogen. Stomata kommen beiderseits vor, oben in geringerer Menge. Die Oberseite trägt nur vereinzelte Haare, während die Unterseite von dichtem Filz bedeckt ist. Dieser besteht aus dünnwandigen, mehrzelligen Haaren mit sehr langer peitschenförmiger Endzelle (Abb. 643). Sehr charakteristisch ist das Mesophyll gebaut. Unter der oberen Epidermis liegen zunächst drei Reihen kurzer, palisadenartiger Zellen, von denen die mittleren stärker gestreckt sind. Hierauf folgen 1—2 Reihen quergestreckter Zellen. Der unterste Teil des Mesophylls ist von mächtigen Luftkammern durchsetzt. Oxalat fehlt.

Zichorienblätter siehe S. 435.

31. Vanillewurzelkraut.

Als Vanillewurzelkraut oder Vanilleroots werden die Blätter der amerikanischen Komposite *Liatris odoratissima* (*Trilisa odoratissima* [W.] Cass.) bezeichnet. Sie sind stark kumarinhaltig und dienen als Tabakaromatisierungsmittel. Die Blätter sind derb, schmal spatelförmig, kahl. Die Epidermiszellen haben oberseits sehr derbe, gerade oder wenig gebogene Wände, unterseits sind sie oft wellig-buchtig. Die Kutikula ist fein gestreift. Die beiderseits reichlich vorkommenden ziemlich großen Spaltöffnungen sind von 3, seltener von 4 Epidermiszellen eingeschlossen. Außer den Spaltöffnungen findet man auf der Epidermis ziemlich häufig haarnarbenähnliche Gebilde von polygonaler Begrenzung, um die die Epidermiszellen gewöhnlich rosettenförmig angeordnet sind. An Blattquerschnitten erkennt man, daß es sich um röhrenartige, nach oben trichterförmig erweiterte Vertiefungen handelt. Diese Vertiefungen enthalten bei jungen Blättern keulenförmige, aus einer kurzgliedrigen Zellreihe gebildete Drüsenhaare (Abb. 644), die sich nicht selten über die Oberfläche der Epidermis erheben. An älteren Blättern sind die Haargebilde meist geschrumpft, und man erkennt als Inhalt der Vertiefungen oft nur eine dunkler erscheinende, körnige Masse. Oxalat fehlt.

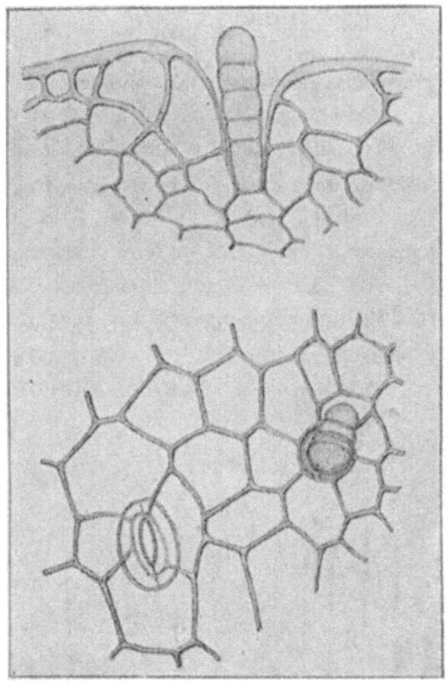

Abb. 644. Vanillewurzelkraut, oben Querschnitt einer Haaransatzstelle; unten Flächenansicht der Epidermis. 1:190 (C. Mez).

Als einzige monokotyle Art sei schließlich noch das Seegras erwähnt, da es während des Weltkrieges verschiedentlich im Tabak-Ersatz (und Kaffee-Ersatz) beobachtet worden ist.

32. Seegras.

Das Seegras (*Zostera marina* L. — *Potamiaceae*) hat lange, grasartig-linealische Blätter, die von mehreren parallelen Längsnerven (gewöhnlich

3—4) durchzogen werden. Zwischen diesen beobachtet man unter dem Mikroskop noch eine Anzahl von Faserbündeln, die das Blatt in gleicher Weise durchziehen. Die Fasern sind sehr lang und schmal und lassen ein Lumen kaum erkennen. Die mit starker Kutikula versehenen derbwandigen Oberhautzellen sind in der Größe nur wenig verschieden, in der Flächenansicht fünf- bis sechsseitig polygonal. Die Epidermis erscheint daher bei mittelstarker Vergrößerung als ziemlich regelmäßiges Netz, unter dem die Faserstränge als dunklere — nach der Bleichung hellere — Bänder sichtbar sind (Abb. 645). Oxalat fehlt.

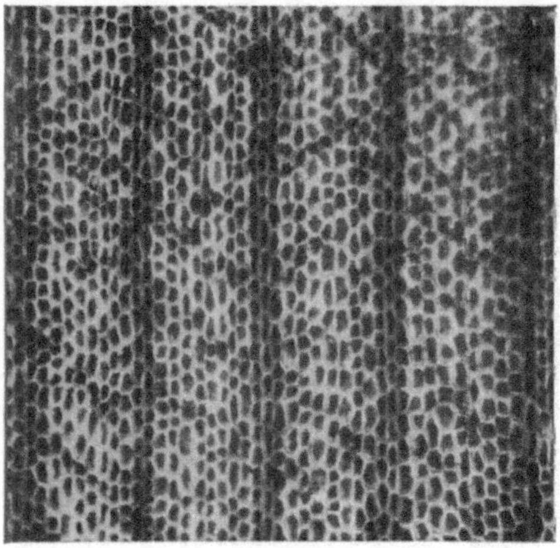

Abb. 645. Seegras; Epidermis mit den darunter liegenden Faserbündeln. 1:100 (Phot. C. GRIEBEL).

Neuere Literatur.

GRIEBEL: Die mikroskopische Untersuchung der Tee- und Tabak-Ersatzstoffe. Zeitschr. f. Unters. d. Nahrungs- u. Genußmittel Bd. 39, S. 225. 1920.

— „Tabak- und Tabak-Ersatzstoffe“ im Handbuch der biologischen Arbeitsmethoden von E. Alderhalden. Abt. IV, Teil 8, Heft 3, 1259.

HANAUSEK: Zur Mikroskopie des Schnupftabaks und seiner Beimischungen. Arch. f. Chem. u. Mikr. Bd. 5, S. 65 u. 188. 1912.

KISSLING: Handbuch der Tabakkunde 4. Aufl. 1920.

NETOLITZKY: Bestimmungsschlüssel und mikroskopische Beschreibung der einheimischen Dikotyledonenblätter. Kennzeichen der Gruppe: Raphidenkristalle. Wien 1905.

— Desgl. Kennzeichen der Gruppe II: Drusenkristalle. Wien 1908.

— Anatomie der Dikotyledonenblätter mit Kristallsandzellen. Berlin-Wien 1911.

B. Gemüse, Salate, Würz- und Küchenkräuter.

a) Aus der Familie der Liliaceen.

Hierher gehören die Blätter verschiedener Laucharten, die zum Würzen von Suppen, Salaten und anderen Speisen Verwendung finden. Die Zwiebeln der *Allium*-Arten werden im Abschnitt „Unterirdische Pflanzenteile“ (S. 463) behandelt.

1. Schnittlauch.

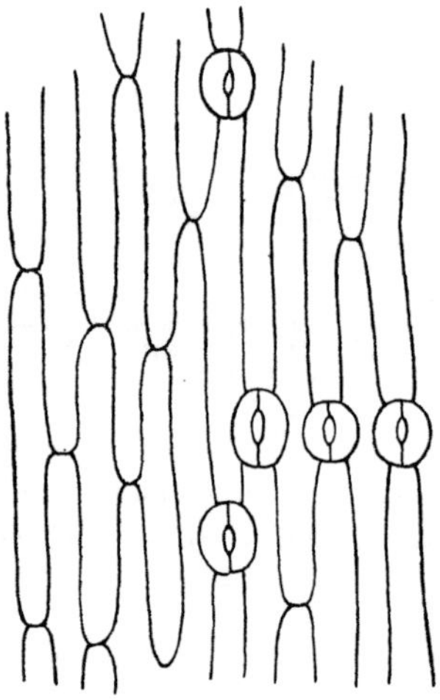

Abb. 646. Äußere Oberhaut des Schnittlauchs. 1:225 (C. GRIEBEL).

Die etwa pfriemenförmigen Blätter des Schnittlauchs (*Allium Schoenoprasum* L.) sind stielrund, röhrig, vollständig kahl, im Querschnitt schmal ringförmig. Die äußere Epidermis zeigt in der Flächenansicht schmale, längsgestreckte, in parallelen Reihen angeordnete Zellen, zwischen denen sich ziemlich zahlreiche Spaltöffnungen befinden (Abb. 646). Die Außenwand der Epidermiszellen ist ziemlich dick, etwas gebuckelt. Die Epidermiszellen der Innenseite sind flach, annähernd rechteckig, viel größer als die der Außenseite. Das Mesophyll wird aus zwei Reihen Palisaden und einem lockeren aus rundlichen Zellen bestehenden Schwammparenchym gebildet. Durchzogen ist es der Länge nach von parallel verlaufenden kollateralen, mit einer deutlichen Scheide versehenen Gefäßbündeln, die durch einzelne Seitenäste untereinander verbunden sind.

2. Zwiebelblätter.

Die Blätter der Zwiebel (*Allium fistulosum* L. und *A. cepa* L.) sind röhrenförmig, aufgeblasen. Die äußere Epidermis ist wie bei vorstehender Art gebaut; die Zellen sind jedoch größer und die an den Schmalseiten der längsgestreckten

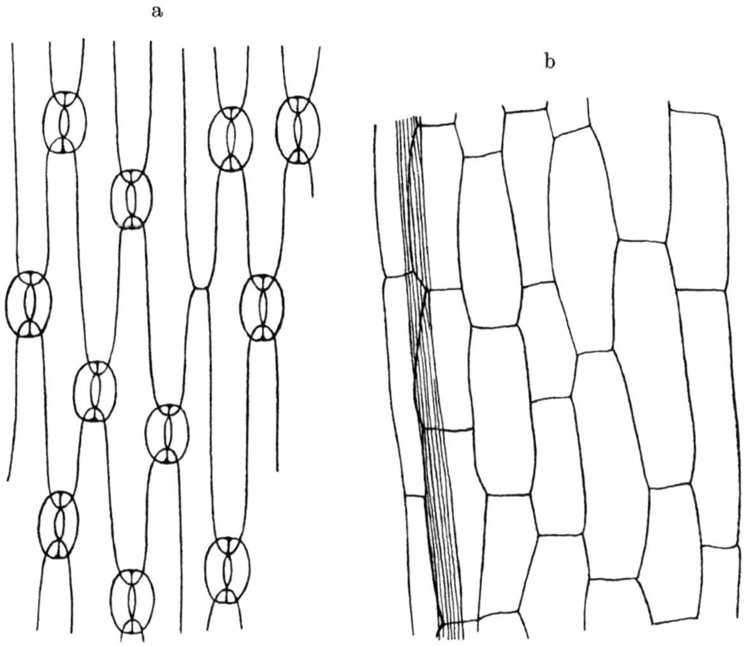

Abb. 647. Zwiebelblatt (Allium fistulosum) a äußere (1:225), b innere Oberhaut (1:120) (C. GRIEBEL).

Zellen eingefügten Spaltöffnungen gleichmäßiger verteilt und erheblich zahlreicher (Abb. 647, *a*). Die Epidermis der Innenseite (Abb. 647, *b*) besteht wie beim Schnittlauch aus längsgestreckten, in der Fläche etwa rechteckigen Zellen. Im Mesophyll 2—3 Reihen Palisaden; Schwammparenchymzellen rundlich. Anordnung der Gefäßbündel wie bei voriger Art.

3. Porreeblätter.

Die Blätter des Porrees (*Allium porrum* L.) sind flach, auf der Außenseite gekielt. Beide Epidermen sind fast gleich ausgebildet (Abb. 648, *a* und *b*); die Epidermiszellen mit ziemlich dicker gebuckelter Außenwand. Palisaden auf der Ober- und Unterseite einreihig, dazwischen ein aus rundlichen Zellen bestehendes Schwammgewebe.

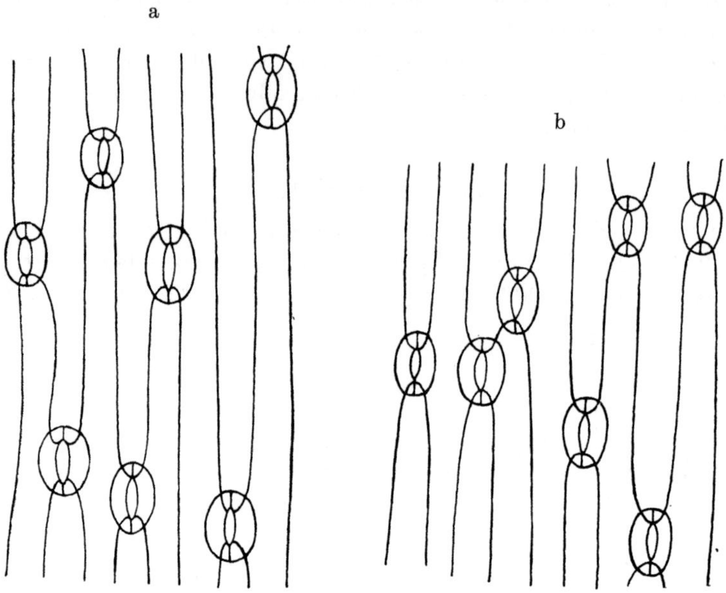

Abb. 648. Porreeblatt, a äußere (untere), b innere (obere) Epidermis. 1:225 (C. GRIEBEL).

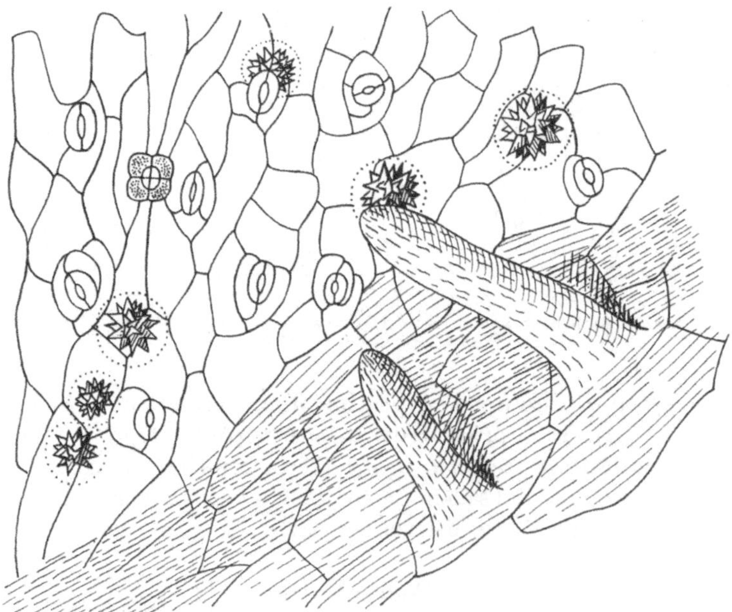

Abb. 649. Obere Epidermis des Sauerampferblattes; im Mesophyll große Oxalatdrusen. 1:225 (C. GRIEBEL).

b) Aus der Familie der Polygonaceen.

4. Sauerampfer.

Als Sauerampfer finden die Blätter verschiedener sauer schmeckender Ampferarten Verwendung, in erster Linie von *Rumex acetosa* L., und zwar von wilden wie von kultivierten Pflanzen.

Die Blätter sind länglich, an der Basis pfeilförmig mit abwärts gerichteten Ecken, die unteren mit langem rinnigem Stiel versehen, die oberen sitzend. Das Adernetz tritt nur wenig hervor.

Die Epidermiszellen der Oberseite (Abb. 649) sind gerundet-polygonal bis flachwellig, die der Unterseite kleiner und meist tiefer gewellt; Stomata beiderseits vorhanden, von drei Nebenzellen umgeben. Die Epidermis trägt in ziemlich geringer Menge niedrige Drüsen mit vierteiligem Köpfchen auf 2 nebeneinander liegenden Stielzellen. Außerdem kommen, besonders über den Nerven und in ihrer Nähe, lange handschuhfingerförmige Papillen mit gestreifter Kutikula vor (Abb. 649). Eigentliche Deckhaare fehlen.

Das Mesophyll besteht aus einer Reihe kurzer, plumper Palisadenparenchymzellen und rundlichen Schwammparenchymzellen. Es enthält zahlreiche große Oxalatdrusen.

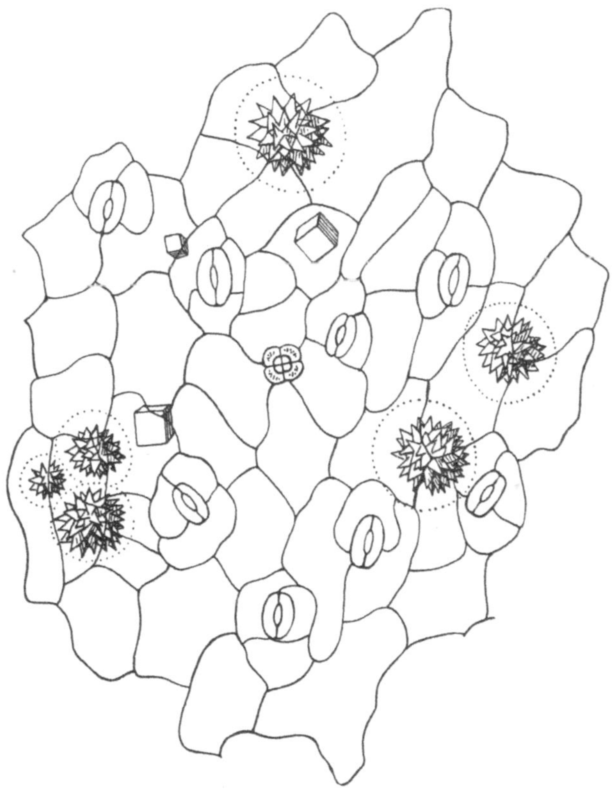

Abb. 650. Untere Epidermis des Gemüseampferblattes; im Mesophyll Drusen- und Einzelkristalle. 1:225 (C. GRIEBEL).

5. Gemüseampfer.

Gemüseampfer oder englischer Spinat (*Rumex patientia* L.) wird bei uns in Gärten gezogen. Die Blätter sind groß, scheidig gestielt, länglich oder eilanzettlich, am Grunde abgerundet oder etwas herzförmig, am Rande oft gewellt, kahl.

Die Papillen sind nur schwach entwickelt, mitunter nur angedeutet, die Drüsenköpfchen, wie bei der vorigen Art, vierteilig. Neben den großen Oxalatdrusen finden sich im Mesophyll auch würfelförmige Einzelkristalle (Abb. 650).

6. Französischer Ampfer.

Französischer Ampfer (*Rumex scutatus* L.), eine im mittleren und südlichen Europa auch wildwachsende Art, wird bei uns in Gärten gezogen.

Die Blätter sind bläulichgrün, langgestielt, herzförmig-rundlich, spießförmig oder spieß-geigenförmig, handnervig, kahl.

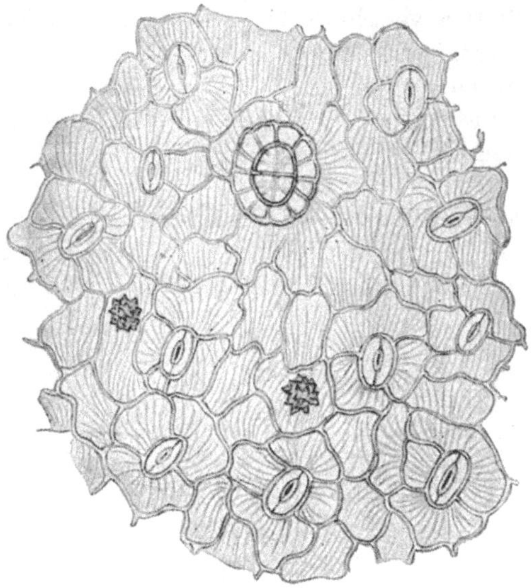

Abb. 651. Oberseite des Rhabarberblattes eine vielzellige Drüse zeigend; Stomata mit 3 Nebenzellen; im Mesophyll Oxalatdrusen. 1:120 (C. GRIEBEL).

Die Epidermiszellen sind beiderseits annähernd gleich, gerundet polygonal bis leicht gebuchtet, die Stomata meist etwas größer als bei den erstgenannten Arten. Papillen fehlen vollständig, desgleichen in vielen Fällen die Drüsen. Das Mesophyll enthält große, reich gegliederte Drusenkristalle in erheblicher Menge. Außerdem finden sich noch wenig gegliederte, zum Teil radial-strahlige Kristallmassen.

7. Rhabarber.

Rhabarber (*Rheum rhaponticum* L.) gehört eigentlich nicht zu den Gemüsen. Die Blätter haben aber während des Krieges als Ersatz für Spinat Verwendung gefunden und infolge ihres erheblichen Gehaltes an Oxalsäure öfter zu Erkrankungen Veranlassung gegeben.

Die großen rundlichen, am Grunde tief herzförmigen Blätter haben einen meist gewellten, durch stumpfe Papillen fein gezähnt erscheinenden Rand. Die Seitennerven, die auf der Unterseite als mächtige Rippen hervortreten, sind schlingläufig.

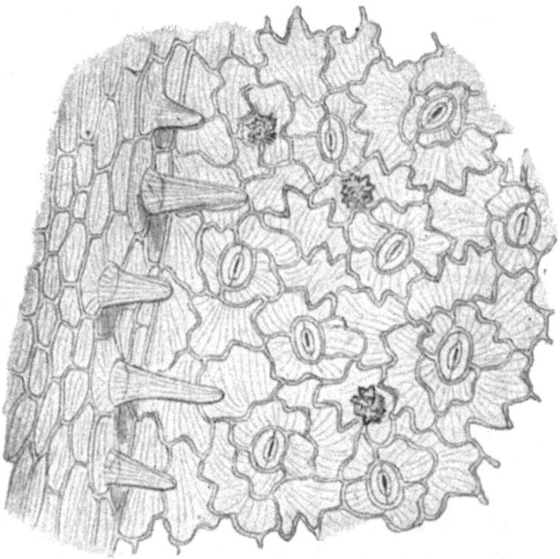

Abb. 652. Unterseite des Rhabarberblattes; auf den Nerven fingerförmige Papillen. 1:150 (C. GRIEBEL).

Die Epidermiszellen der Oberseite (Abb. 651) sind rundlich-polygonal, ihre Wände wenig gebogen, zum Teil flachwellig, unterseits wellig-buchtig. Die Kutikula ist beiderseits feinstreifig. Die auf der Unterseite (Abb. 652) zahlreich, oben nicht ganz so häufig vorkommenden Spaltöffnungen sind von je 3 Nebenzellen umgeben. Der Blattrand ist ziemlich dicht mit eiförmigen bis fingerförmigen, häufig in Gruppen zusammenstehenden Papillen mit grob gestreifter Kutikula besetzt (Abb. 653). Ähnliche aber meist längere und schmälere Papillen finden sich zahlreich auf der Unterseite der Rippen und einzeln in der Nähe der dünneren Nerven. Beiderseits kommen außerdem kurzgestielte Drüsen vor, die ein abgerundet vierseitiges, flaches Köpfchen aus 8—16 Zellen tragen. Ihr Stiel wird aus zwei nebeneinanderstehenden, in der Fläche etwa halbkreisförmigen Zellen gebildet. Das Mesophyll enthält große, wenig gegliederte Oxalatdrusen.

Die übrigen bei uns in Kultur befindlichen Rhabarberarten besitzen dem *Rh. rhaponticum* sehr ähnlich gebaute Blätter.

Ausgedehnte Verwendung finden die jungen, saftigen Blattstiele zur Herstellung von Kompott. In Deutschland wird für diese Zwecke hauptsächlich die Sorte „Queen Victoria" kultiviert.

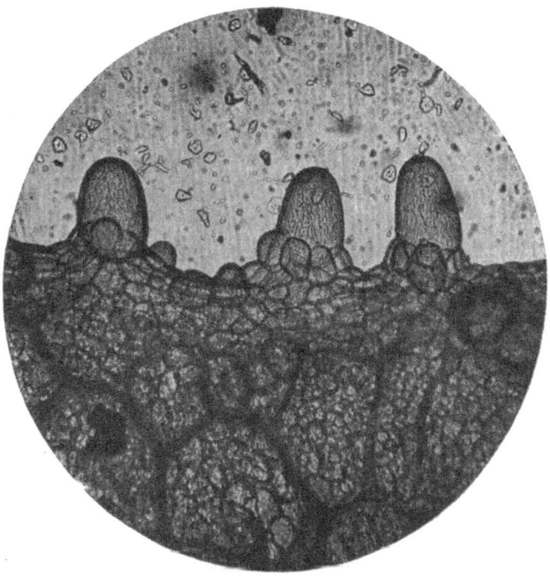

Abb. 653. Rand des Rhabarberblattes mit Papillen. 1:50 (Phot. C. GRIEBEL).

Der im Querschnitt etwa halbmondförmige Stiel ist von zahlreichen bikollateralen Gefäßbündeln durchzogen. Die Epidermis (Abb. 654) besteht vorwiegend aus etwas gestreckten, zum Teil fast rechteckigen, leicht papillös vorgewölbten dünnwandigen Zellen, mit gestreifter Kutikula. Sie enthält vereinzelte, meist von 6 Zellen umgebene Spaltöffnungen. Die den Spaltöffnungen benachbarten Zellen sind gewöhnlich durch roten Zellsaft lebhaft gefärbt. Die unter der Epidermis liegenden Zellschichten sind faserartig, in der Richtung der Stengelachse gestreckt und kollenchymatisch verdickt; im übrigen besteht das Grundgewebe aus großen, im Querschnitt rundlichen, oft axial gestreckten Zellen. Einige oft in Reihen angeordnete Zellen des Grundparenchyms enthalten große reichgegliederte Oxalatdrusen (bis 75 μ und darüber). In den Leitbündeln finden sich bis 80 μ weite Spiral- und Ringgefäße (nur wenig Netzgefäße).

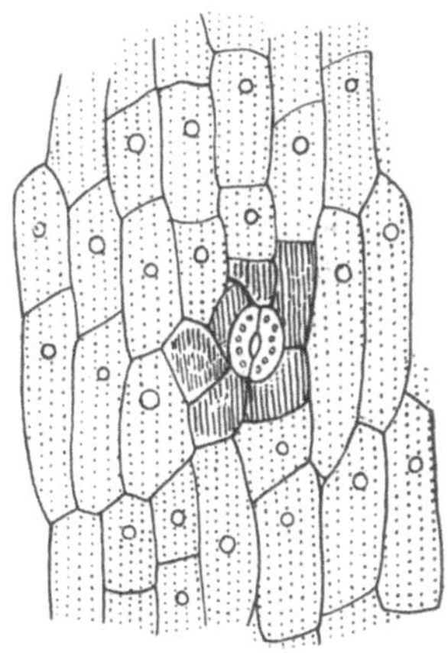

Abb. 654. Epidermis des Rhabarberblattstieles. 1:100 (C. GRIEBEL).

Diese sind neben den großen Oxalatdrusen und Strängen aus länglichen, perlschnurartig aneinandergereihten Parenchymzellen das für Rhabarberkompott charakteristische Merkmal. Auch lange, schmale, zum Teil faserartige Zellen, die teils aus dem Hypoderm, teils aus den Leitbündeln stammen, treten auffällig in Erscheinung. Teile der Epidermis finden sich gewöhnlich nur in Zubereitungen aus Treibhausrhabarber, der wegen seiner zarteren Beschaffenheit im allgemeinen ungeschält verarbeitet wird. Länge der Parenchymzellen nach KOCHS 38—175 μ, Breite 19—63 μ.

c) Aus der Familie der Chenopodiaceen.

8. Spinat.

Spinat (*Spinacia oleracea* L.) wird in zwei Hauptformen (Sommerspinat und Winterspinat) angebaut. Der Sommerspinat hat stumpf-dreieckige oder länglich-eiförmige Blätter und eine unbewehrte Frucht; beim Winterspinat sind die Blätter spießförmig, die Früchte mit hornartigen Stacheln versehen.

In anatomischer Hinsicht stimmen die Blätter beider überein. Sie sind gestielt, ganzrandig und nur in der Jugend mit Haargebilden versehen, später

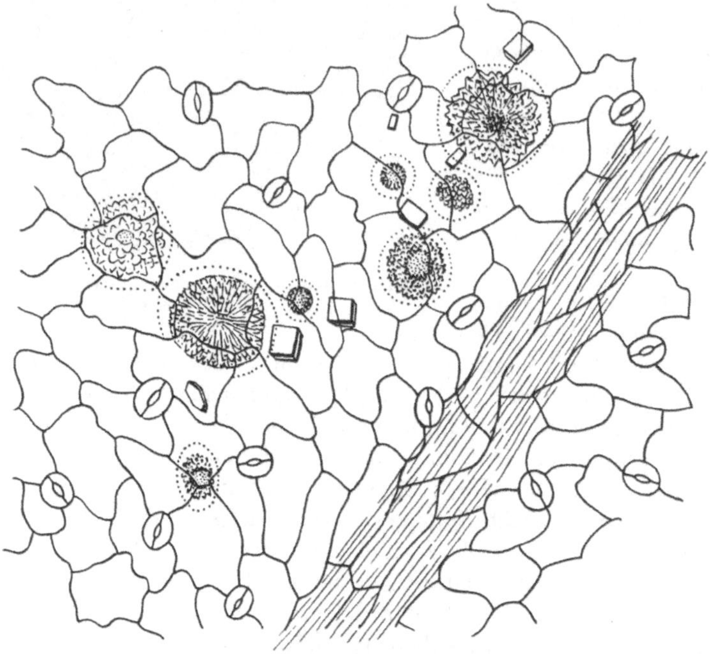

Abb. 655. Obere Epidermis des Spinatblattes; im Mesophyll Einzelkristalle und große Drusen. 1:225 (C. GRIEBEL).

kahl. Der Blattstiel ist oberseits rinnig, die Hauptrippe auf der Unterseite stark hervortretend.

Die Epidermiszellen der Oberseite (Abb. 655) sind polygonal, ihre Seitenwände wenig gebogen bis gebuchtet. Auf der Unterseite sind die Wände stärker gebogen bis wellig-buchtig. Spaltöffnungen sind beiderseits reichlich vorhanden, von 3—5 Epidermiszellen umgeben. An ganz jungen Blättern finden sich namentlich im basalen Teil auf der Unterseite, vereinzelt auch am Rande, ungestielte oder mit ziemlich langem Stiel versehene Blasenhaare (Köpfchen 60—80 μ) und einzellreihige Gliederhaare mit keuliger oder ovaler Endzelle. Das Mesophyll zeigt meist 2 Reihen Palisadenzellen und enthält im Schwammparenchym zahlreiche wenig gegliederte Oxalatdrusen verschiedener Form und Größe (bis 100 μ) zum Teil mit sphaeritischer Struktur, außerdem kurzprismatische bis würfelförmige Einzelkristalle (Abb. 655). Ganz junge Blätter sind noch kristallfrei.

9. Mangold.

Mangold oder Rippenkohl (*Beta vulgaris* var. *Cicla* L.) wird der fleischigen Blattstiele wie auch der jungen Blätter wegen als Gemüsepflanze angebaut. Die Blätter sind langgestielt, eiförmig, am Grunde etwas herzförmig, am Rande oft wellig, kahl, von einer saftigen Mittelrippe durchzogen.

Die Epidermis ist auf beiden Seiten fast gleich. Sie besteht aus polygonalen, bis leicht buchtigen Zellen und enthält reichlich Spaltöffnungen, die von einer größeren Anzahl normaler Epidermiszellen umgeben sind. Einzellreihige, aus ziemlich zahlreichen, meist kurzen Zellen zusammengesetzte Deckhaare finden sich nur vereinzelt an jüngeren Blättern. Das Mesophyll des meist bifazialen Blattes enthält zahlreiche Kristallsandzellen. Der breite, fleischige, außen gerippte Blattstiel, dessen Färbung stark variiert (weiß, gelb, rot), ist von zahlreichen, mit Kollenchymbelägen versehenen Gefäßbündeln durchzogen. Unter der Epidermis zeigt er eine mehr oder weniger stark entwickelte Schicht faserartig gestreckter meist stark kollenchymatisch verdickter Zellen. Die Rippen des Stieles bestehen größtenteils aus derartigem Kollenchym. Im übrigen enthält der Stiel nur dünnwandiges Parenchym, in dem sich ebenfalls reichlich Kristallsandzellen vorfinden.

10. Gartenmelde.

Gartenmelde oder spanischer Spinat (*Atriplex hortensis* L.) wird als Gemüsepflanze zuweilen angebaut und kommt mit grünen, blaßroten oder blutroten Blättern vor.

Die jungen Blätter sind zunächst mehlig und werden später kahl. Untere Blätter herzförmig-dreieckig, buchtig gezähnt, die oberen länglich, dreieckig oder spießförmig; Haupt- und Seitennerven auf der Unterseite ziemlich stark hervortretend.

Die Epidermiszellen sind etwas papillös vorgewölbt, ihre Seitenwände gerade oder wenig gebogen bis leicht wellig-buchtig. Stomata beiderseits vorhanden, gewöhnlich von 3—4 Epidermiszellen umgeben. Deckhaare fehlen. Blasenhaare mit kurzem Stiel kommen an jungen Blättern reichlich, an älteren spärlich und nur unterseits in der Nähe der stärkeren Nerven gehäuft vor. Das Mesophyll mit einreihigem Palisadengewebe enthält zahlreiche Oxalatdrusen von sehr verschiedener Größe. Im Parenchym der stärkeren Nerven finden sich reichlich Drusen in Kristallkammerzellen.

11. Guter Heinerich.

Guter Heinerich (*Chenopodium bonus Henericus* L.) ist ein bei uns an Dorfstraßen verbreitetes spinatähnliches Gewächs, das wegen der zeitigen Entwickelung im Frühjahr gelegentlich als Ersatz für Spinat dient und zuweilen auch als Gemüsepflanze angebaut wird.

Die Blätter sind gestielt, dreieckig-spießförmig, meist ganzrandig, wellig, die oberen stachelspitzig, durch Drüsenhaare mehlartig bestäubt, die Blattstiele sind oben rinnig, die Nerven auf der Unterseite stark hervortretend.

Die aus wellig-buchtigen Zellen bestehende Oberhaut (Abb. 656) trägt beiderseits Spaltöffnungen. Diese sind meist von 4—5 Epidermiszellen umgeben. Namentlich auf der Unterseite, insbesondere in der Nähe der stärkeren Nerven finden sich auch noch an älteren Blättern die für viele Chenopodiaceen charakteristischen ballonförmigen Drüsenhaare (sogen. Blasenhaare) mit mehrzelligem dünnem Stiel und mächtiger kugeliger Endzelle (Abbildung 656). Außerdem sind noch mehrzellige Haare mit keulenförmiger Endzelle vorhanden. Das Mesophyll enthält reichlich Oxalatdrusen (bis 40 μ).

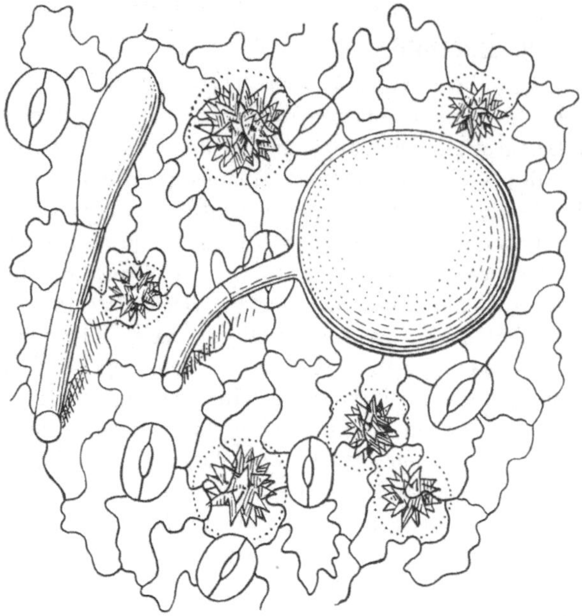

Abb. 656. Blattunterseite vom Guten Heinerich, mit Wiedergabe eines Ballonhaares und eines Keulenhaares; im Mesophyll große Drusen. 1:360 (C. GRIEBEL).

12. Erdbeerspinat.

Der Erdbeerspinat (*Chenopodium virgatum* JESSEN und *Chenopodium capitatum* ASCHERS.) stammt aus Südeuropa und wird bei uns zuweilen angebaut.

Die Blätter der ersten Art sind dreieckig, fast spießförmig, tief buchtig oder eingeschnitten gezähnt, die der zweiten Art nur schwach gezähnt oder ganzrandig. In anatomischer Hinsicht stimmen sie im wesentlichen überein.

Epidermiszellen beiderseits mit wenig gebuchteten Seitenwänden. Stomata auf beiden Seiten reichlich vorhanden, von 3 oder 4 Epidermiszellen umgeben. Haare (Blasenhaare mit wenigzelligem Stiel) kommen nur an ganz jungen Blättern vor. Das Mesophyll enthält reichlich Oxalatdrusen (Abb. 657) sehr verschiedener Größe (bis 75 μ).

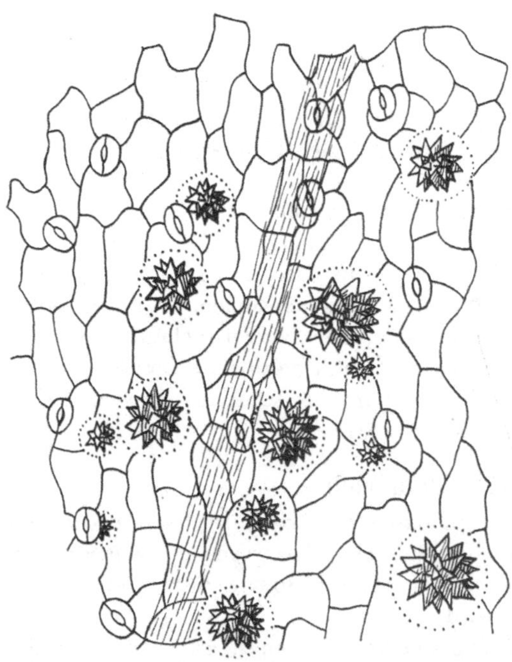

Abb. 657. Blattoberseite vom Erdbeerspinat (Chenopodium virgatum); im Mesophyll große Oxalatdrusen. 1:225 (C. GRIEBEL).

d) Aus der Familie der Kruziferen.

Die Kruziferenblätter sind frei von Oxalatkristallen; auch Drüsenhaare fehlen. Die vorkommenden Deckhaare (vgl. Gartenkresse) sind stets einzellig. Die eigenartige Ausbildung des Spaltöffnungsapparates — die Schließzellen sind von je 3 Nebenzellen umgeben (sog. Kruziferentypus) — zeigt sich besonders schön bei den Kohlarten. Verbreitet in der Familie der Kruziferen ist außerdem das Vorkommen von Myrosinzellen. Sie sind vermutlich der Sitz des glykosidspaltenden Fermentes und färben sich mit Millons Reagens rosa bis rot. Dieses Merkmal ist aber bei zubereiteten Gemüsen im allgemeinen für die Erkennung nur wenig geeignet, weil dann die Reaktion meist versagt.

13. Kohl.

Die als Gemüsepflanzen angebauten Kohlsorten sind Kulturformen von *Brassica oleracea* L., deren Stammform (*B. oleracea silvestris* L.) z. B. auf Helgoland, auch sonst an europäischen Küsten wild vorkommt. Bei den als Gemüse Verwendung findenden Spielarten sind durch die Kultur entweder die Blätter, oder die Sproßachse bzw. der Blütenstand fleischig und saftig geworden. Die Hauptformen sind folgende:

a) var. *acephala* D. C., Grün- oder Braunkohl, Winterkohl, Blattkohl, mit hohem Stengel und ausgebreiteten, nicht zu einem Kopf geschlossenen Blättern, die in der Form und Farbe stark abändern;

b) var. *sabauda* L., Wirsing, Savoyer Kohl, mit kurzem Stengel und blasig-runzeligen oder krausen Blättern, die lockere Köpfe bilden;

c) var. *capitata* L., Kopfkohl, mit kurzem Stengel und glatten, zu einem festen Kopf geschlossenen Blättern. Nach der Farbe unterscheidet man f. *alba* D. C., Weißkraut, Weißkohl, Kabbes, Kappus (liefert mit Salz eingemacht nach Ablauf einer Milchsäuregärung das Sauerkraut) und f. *rubra* L. Rotkohl, Rotkraut, Bayrisches Kraut;

d) var. *gemmifera* D. C., Rosenkohl, Sprossenkohl, mit hohem Stengel, der an der Spitze in einen halbgeschlossenen Blätterkopf endigt. Verwendung finden die in den Achseln der Stengelblätter sich bildenden kopfförmigen bis walnußgroßen Blattknospen mit etwas blasigen (wirsingähnlichen) Blättern;

e) var. *gongylodes* L., Kohlrabi, Oberkohlrabi, mit kurzem, über der Erde kugelig angeschwollenem, grünem oder violettem, fleischigem Stengel, der mit Blattnarben und Laubblättern besetzt ist;

f) var. *Botrytis* L., Blumenkohl, Karviol. Verwendung findet der unentwickelte, durch die Kultur monströs verbildete Blütenstand, der am Ende des Stengels zu einer gelblichweißen, gewölbten Scheibe verwachsen ist.

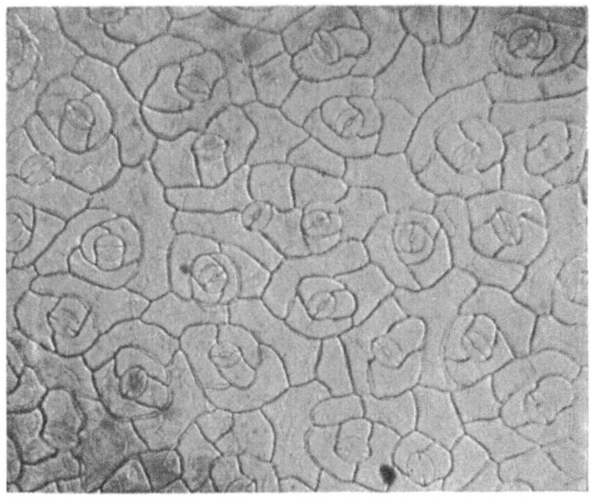

Abb. 658. Untere Epidermis des Grünkohlblattes. 1:160 (Phot. C. GRIEBEL).

Im mikroskopischen Blau zeigen die Blätter der verschiedenen Kohlsorten weitgehende Übereinstimmung. Die beiden Epidermen bestehen aus polygonalen, zuweilen sehr großen Zellen mit geraden oder nur wenig gebogenen Seitenwänden. Haare fehlen. Die beiderseits vorhandenen Stomata sind ziem-

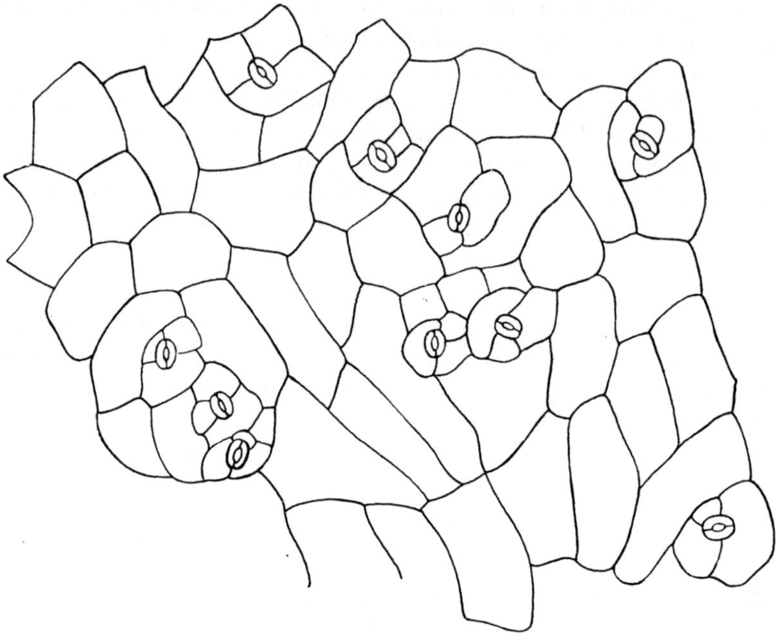

Abb. 659. Untere Epidermis des Wirsingblattes. 1:225 (C. GRIEBEL).

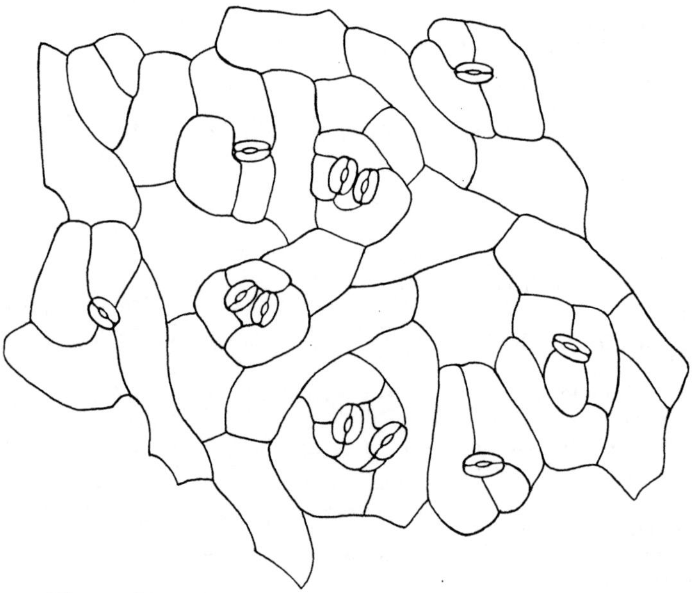

Abb. 660. Obere Epidermis des Rotkohlblattes. 1:225 (C. GRIEBEL).

lich klein, oft fast kreisrund, von 3 Nebenzellen charakteristisch umgeben (Kruziferentypus). Zahlreich und gleichmäßig verteilt finden sie sich gewöhnlich beim

Grünkohl (Abb. 658), Rosenkohl und Kohlrabi, etwas spärlicher und oft unregelmäßig angeordnet bei Wirsing, Rotkohl und Weißkohl. Beim Wirsing (Abb. 659) sind sie oft zu kleinen Gruppen vereinigt. Beim Rotkohl (Abb. 660) liegen auch häufig 2 Stomata unmittelbar nebeneinander. Weißkohl (Abb. 661) zeigt nicht selten ziemlich kleine Epidermiszellen. Das Mesophyll läßt beim Grünkohl eine Ausbildung von Palisaden- und Schwammgewebe erkennen. Bei Wirsing, Weißkohl und Rotkohl besteht es dagegen aus fast gleichmäßigen, rundlich-polyedrischen Zellen. Besonders die Mittelrippe des Blattes ist bei diesen Formen stark fleischig verdickt und auf der Unterseite stark vorspringend. Die Nerven sind von kollateralen Gefäßbündeln durchzogen, von denen die größeren durch Parenchymstreifen fächerförmig geteilt sind.

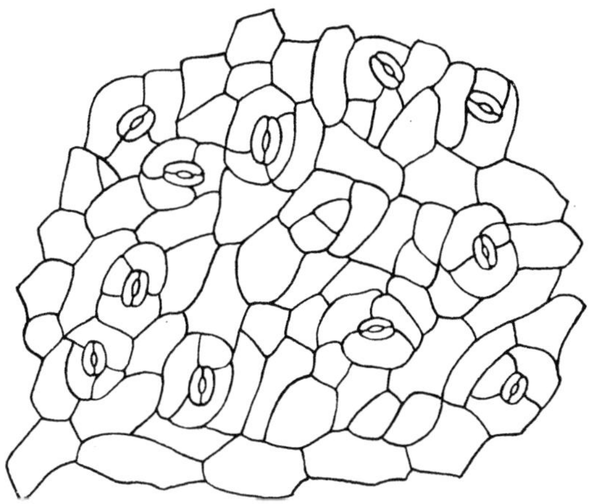

Abb. 661. Untere Epidermis des Weißkohlblattes. 1:225 (C. GRIEBEL).

Vom Kohlrabi werden außer dem kugelig verdickten Stengel auch die jungen Blätter als Gemüse gebraucht. An dem kreisrunden Querschnitt der Knolle sind in der äußersten Zone grüne, strahlige Streifen erkennbar. In dieser Rindenschicht finden sich dickwandige aber weitlumige getüpfelte Zellen, die zum Teil faserartig gestreckt sind. Im übrigen besteht das Gewebe — abgesehen von den weiten Netztracheiden der Leitbündel — aus dünnwandigem Parenchym, das zum Teil geringe Mengen kleinkörniger Stärke enthält.

Die fleischigen Teile des Blumenkohls bestehen aus zartem, vorwiegend kleinzelligem Gewebe, in dem Gefäßbündel verlaufen. Die charakteristische Form des Blumenkohls ist mikroskopisch oder mit der Lupe auch an kleinen Teilchen oft noch erkennbar.

14. Gartenkresse.

Die Gartenkresse (*Lepidium sativum* L.) ist ein aus dem Orient stammendes Kraut, das vielfach als Salatpflanze kultiviert wird. Verwendung finden die jungen Blätter. Diese sind fiederartig, die Abschnitte meist linealisch bis spatelförmig; doch variiert ihre Gestalt bei den einzelnen Kulturformen. Die Blätter sind meist ganz kahl oder nur am Rande mit kurzen Härchen besetzt. Die Blattabschnitte endigen in 1—2 zahn- oder dolchförmige einzellige Haare.

Die Seitenwände der Epidermiszellen sind beiderseits stark wellig-buchtig. Stomata, von 3 Nebenzellen umgeben, finden sich auf beiden Blattseiten.

15. Brunnenkresse.

Brunnenkresse (*Nasturtium officinale* R. BR.) wird in verschiedenen Gegenden als Salat- oder Gemüsepflanze kultiviert. Verwendung finden die mit unpaarig gefiederten, etwas fleischigen Blättern besetzten Sprossen. Die Fiederblättchen sind mit Ausnahme des Endblättchens ungestielt, eiförmig oder breit elliptisch, ganzrandig oder geschweift-gekerbt, die Endblättchen eiförmig oder rundlich, am Grunde fast herzförmig, stets kahl. Die Nervatur der Fiederblättchen tritt nur wenig hervor.

Die Epidermiszellen sind beiderseits wellig-buchtig; Stomata in beiden Epidermen, jedoch nicht sehr zahlreich vorhanden.

e) Aus der Familie der Umbelliferen.

Auch den Umbelliferenblättern ist das Fehlen von Drüsenhaaren und von Kalziumoxalat gemeinsam. Dagegen besitzen sie schizogene Sekretgänge, die die Gefäßbündel der Nerven oft bis in ihre feinsten Verzweigungen begleiten. Jedoch sind sie nicht immer leicht auffindbar.

16. Selleriekraut.

Selleriekraut (*Apium graveolens* L.) dient als Suppengewürz (über die Knollen siehe S. 446).

Die mit langem, unten längsgeripptem, oben rinnenförmigem Stiel versehenen Blätter sind fiederteilig, mit gestielten, dreilappigen bis dreischnittigen Fiederstücken und fast rautenförmigen, ungleich tief eingeschnitten-gesägten Lappen, deren Zähne in eine Stachelspitze endigen. Sie sind beiderseits kahl, glänzend, oberseits dunkelgrün.

Die Seitenwände der Epidermiszellen sind meist stark wellig, selten mehr gerade. Stomata sind auf beiden Seiten vorhanden; oben kommen etwa 100, unten etwa 200 auf den Quadratmillimeter (Nestel); gewöhnlich sind sie von 3, seltener von 4 Epidermiszellen umgeben. Die Palisadenzellen sind einreihig, das Schwammgewebe ziemlich dicht.

Außer als Suppenkraut finden Sellerieblätter auch als Gemüse Verwendung, nämlich in Form von Bleichsellerie, der zum größten Teil aus dicken, fleischigen Blattstielen besteht. Diese sind im Querschnitt etwa nierenförmig, auf der Außenseite gerippt. In den Rippen findet sich Kollenchym; darunter liegt je ein kollaterales Leitbündel. Die Sekretgänge liegen in der Nähe der Leitbündel, und zwar vorwiegend zwischen dem Siebteil und dem Kollenchym der Rippen. Das Grundgewebe besteht aus dünnwandigem Parenchym.

17. Petersilie.

Petersilie (*Petroselinum sativum* Hoffm.) wird in verschiedenen Formen sowohl der Blätter wie der Wurzel wegen kultiviert. Die gewöhnliche Petersilie hat glänzende flache, dreifach fiederteilige Blätter, mit dreispaltigen, etwa keilförmigen Abschnitten und ungleich eingeschnittenen, mit kurzer Stachelspitze versehenen Zipfeln. Bei der „gefüllten“ Petersilie sind die Blätter stark geteilt und kraus. Die letztere Form ist besonders als Schnittpetersilie zu empfehlen, weil dann eine Verwechselung mit der giftigen Hundspetersilie (*Aethusa cynapium*) nicht leicht möglich ist.

Der drei bis fünfkantige, oberseits rinnige Blattstiel wird von 3—5 kollateralen Leitbündeln durchzogen. Er zeigt unter der Epidermis 3—4 Reihen kurzer

Palisaden und in den vorspringenden Kanten Kollenchymbündel. Sekretschläuche liegen zwischen dem Kollenchym und den Leitbündeln, außerdem im Siebteil (bis zu 4).

Die Epidermiszellen sind auf beiden Blattseiten wellig-buchtig, nur über den Nerven geradwandig, axial gestreckt und mit deutlich gestreifter Kutikula versehen, über den stärkeren Nerven oberseits auch vielfach papillös vorgewölbt (Abb. 662). Am Blattrand ragen oft einige dickwandige Zellen sägezahnartig hervor. Haare fehlen. Spaltöffnungen finden sich oberseits etwa 50, unterseits etwa 150 pro Quadratmillimeter (NESTEL); sie sind von je 3—4 Zellen eingeschlossen. Palisaden einreihig, schmal, weite Sekretgänge auf beiden Seiten des Mittelnerven.

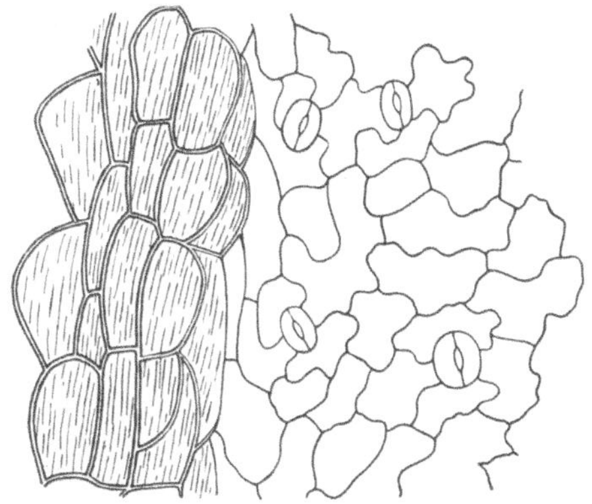

Abb. 662. Obere Epidermis des Petersilienblattes; die Zellen über dem Nerv z.T. papillenartig vorgewölbt. 1:240 (C. GRIEBEL).

Die auf Kulturland vorkommende und daher mit der gewöhnlichen Petersilie zuweilen verwechselte giftige Hundspetersilie ist im blühenden Zustand leicht als solche erkennbar. Sie hat dreiblätterige, zurückgeschlagene Hüllchen, die länger als die Döldchen sind, während die Hüllchen der echten Petersilie aus 6—8 kürzeren Blättchen bestehen.

Der Blattstiel ist breit fünfeckig und enthält 1—2 Gefäßbündel, deren Leptom vom Hadrom fast vollständig umfaßt wird (Unterschied von Petersilie). Stomata kommen auf der Oberseite des Blattes nur spärlich vor, unterseits reichlich, (nach NESTEL etwa 300—350 pro Quadratmillimeter); Palisaden einreihig, schmal. Auf der Unterseite der Leitbündel ist ein weiter Sekretkanal erkennbar.

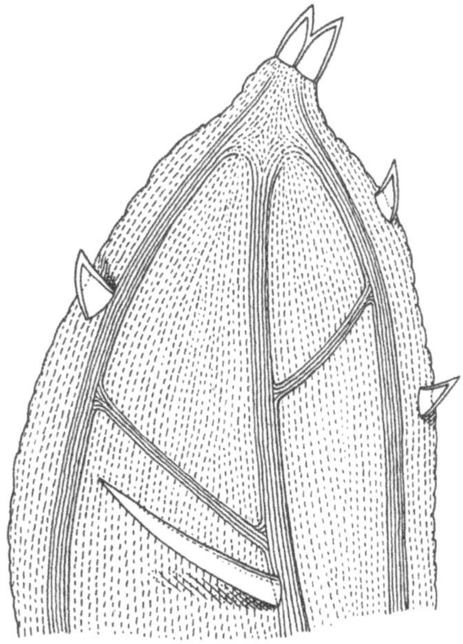

Abb. 663. Kerbelblatt; Spitze eines Blattabschnittes. 1:120 (C. GRIEBEL).

18. Kerbel.

Der Gartenkerbel (*Anthriscus Cerefolium* [L.] HOFFM.) stammt aus Südeuropa und wird bei uns als Suppenkraut angebaut, kommt auch hin und wieder verwildert vor. Die Blätter sind zwei- bis dreifach gefiedert mit fiederspaltigen Abschnitten und lanzettlichen Zipfeln. Oberseits sind sie kahl, unterseits wie die Blattstiele und Blattscheiden zerstreut behaart.

Die Epidermiszellen des Blattes sind beiderseits wellig-buchtig, unterseits kleiner. Spaltöffnungen sind nur auf der Unterseite vorhanden, von 3—4 Zellen umgeben. Palisaden breit und kurz. Am Rand der Blattabschnitte finden sich gewöhnlich — namentlich in der Nähe der Spitze — einzellige, seltener zweizellige spitze, etwa zahnartige oder pfriemenförmige Haargebilde mit derber Wand und fein gestreifter Kutikula (Abb. 663). Die Spitze der Abschnitte selbst trägt 1—2, zuweilen auch 3 derartige Trichome, doch sind sie nicht selten abgebrochen. Auf der Unterseite der Blattstielchen, wie auch der stärkeren Nerven beobachtet man ziemlich lange, einzellige zugespitzte Haare mit feinstreifiger Kutikula, in der Mittelrippe 1—2 Sekretgänge.

19. Dill.

Dill (*Anethum graveolens* L.) ist ein im Orient heimisches, bei uns häufig in Gärten angebautes Küchenkraut, das vorwiegend für Saucen und Salate, sowie zum Einlegen der Gurken gebraucht wird.

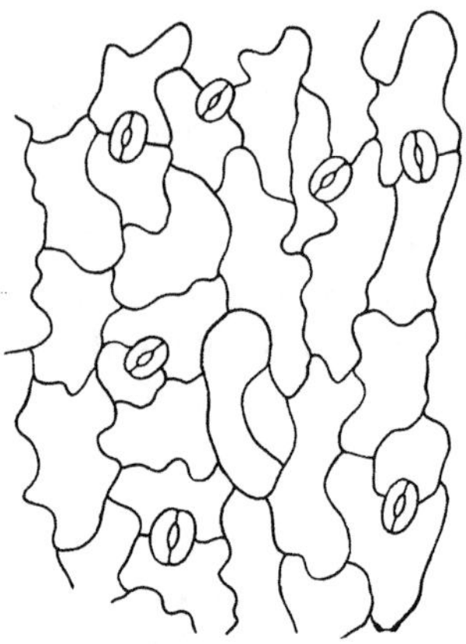

Abb. 664. Oberseite des Dillblattes. 1:240 (C. GRIEBEL).

Der Stengel ist stielrund, hohl, fein längsstreifig, frisch bläulich bereift; Blätter 3—4fach fiederteilig, in linealisch-fadenförmige Zipfel aufgelöst, kahl.

Die Seitenwände der unteren Epidermiszellen sind stärker gewellt als die der oberen. Spaltöffnungen kommen beiderseits vor (nach NESTEL oberseits 80—90, unterseits 100—120 pro Quadratmillimeter). Sie sind gewöhnlich von 2, weniger häufig von 3—4 Zellen umgeben (Abb. 664). Auf der Unterseite des Leitbündels liegt ein weiter Sekretkanal.

20. Zwiebelfenchel,

Finocchio-Fenchel (*Foeniculum vulgare* MILLER, var. *Azoricum* [MILLER] THELLUNG). Verwendung als Gemüse oder Salat finden die saftreichen, süßlich schmeckenden, über 5 mm dicken Scheiden der Grundblätter, die zusammen eine seitlich abgeflachte Zwiebel bilden.

Die äußere Epidermis der Blattscheiden besteht aus polyedrischen Zellen, deren Seitenwände ganz fein geperlt erscheinen. Vereinzelt finden sich Stomata, die von 2 zum Spalt quergestellten, seltener von 3 Nebenzellen umgeben sind. Die Epidermiszellen der Innenseite sind größer und grob geperlt, die spärlich vorhandenen Stomata hier meist von 3 Nebenzellen umgeben.

Das aus dünnwandigem Parenchym bestehende Grundgewebe der Blattscheiden ist der Länge nach von kollateralen Gefäßbündeln durchzogen. Im oberen Teil der Blattscheiden nähert sich ihr Bau dem des Stengels. Jede der Rippen enthält hier ein Kollenchymbündel, das dem jeder Rippe entsprechenden Gefäßbündel vorgelagert ist. Der Siebteil der Leitbündel umfaßt den Holzteil etwa halbmondförmig.

f) Aus der Familie der Labiaten.

Gemeinsam ist den Labiatenblättern das Fehlen von Oxalat und das Vorkommen mehrerer Haarformen (gewöhnlich 3), von denen die abgeflacht kugeligen, durch zahlreiche Radialwände geteilten, meist in kleine Oberhautvertiefungen eingesenkten Öldrüsen besonders charakteristisch sind. Auch der Spaltöffnungsapparat weist bei den Labiaten einen besonderen Typus auf. Die Stomata sind nämlich von 2 rechtwinklig zum Spalt angeordneten Nebenzellen derart umschlossen, daß sie an ihren Breitseiten aufgehängt erscheinen.

Die Pollenkörner der im blühenen Zustand zur Verwendung kommenden Arten (Majoran, Thymian, Bohnenkraut) sind kugelig, glatt.

21. Majoran.

Majoran oder Meiran (*Majorana hortensis* MUCH.) ist ein auf den afrikanischen Küsten des Mittelmeeres und im mittleren Asien heimisches, als Küchen- und Wurstgewürz häufig gezogenes Kraut mit weißen Blüten.

Während das in Deutschland gewonnene Kraut mit den Stengeln in den Handel kommt, besteht der französische Majoran aus den abgestreiften Blättern und Blütenständen (gerebelte Ware). Blätter gestielt, eilänglich, spatelförmig, in den Stiel verschmälert, stumpf, ganzrandig, beiderseits graufilzig, mit bogenläufigen, undeutlich Schlingen bildenden Sekundärnerven (Abb. 665).

Abb. 665. Autophotogramm des Majoranblattes (J. MOELLER).

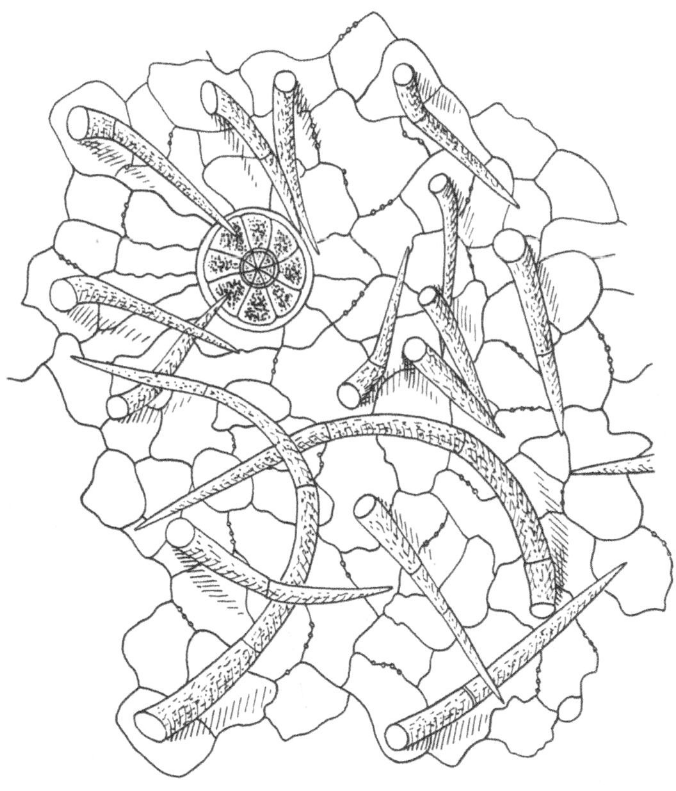

Abb. 666. Epidermis der Oberseite des Majoranblattes. 1:225 (C. GRIEBEL).

Die Epidermis besteht oberseits (Abb. 666) aus flach-buchtigen, unterseits aus tief wellig-buchtigen Zellen (Abb. 667) mit ungleich knotig verdickten Wänden. Kleine Spaltöffnungen, deren Nebenzellen fast ausnahmslos um die beiden Pole gelagert sind, finden sich reichlich unterseits, sehr vereinzelt auch oberseits. Auf beiden Blattseiten kommen dreierlei Haarformen vor: in größter Menge schlanke, dünnwandige, mitunter feinwarzige, meist bogenförmig gekrümmte Gliederhaare (vorwiegend dreizellig), außerdem kleine Köpfchenhaare mit kurzem, drei- bis vierzelligem Stiel und ein- bis zweizelligem Köpfchen und große Öldrüsen, um die die Epidermiszellen rosettenförmig angeordnet sind.

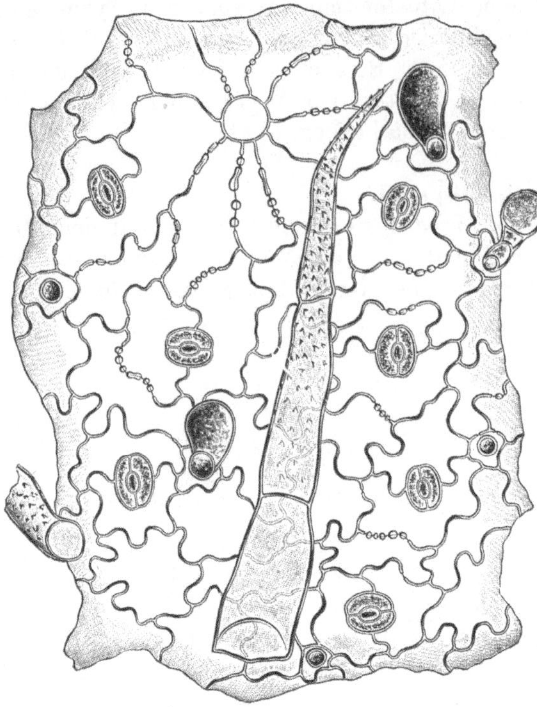

Abb. 667. Epidermis der Unterseite des Majoranblattes (J. MOELLER).

Französischer Majoran, der gewöhnlich über Marseille ausgeführt wird, ist häufig durch die Blätter einer *Cistus*-Art[1] verfälscht (nach NETOLITZKY wahrscheinlich *Cistus albidus* L.), gekennzeichnet durch vielstrahlige Sternhaare und vielzellige, etwa flaschenförmige Drüsenhaare (Abb. 668). Beobachtet wurden früher gelegentlich auch die Blätter von *Althaea officinalis* L. (T. F. HANAUSEK), kenntlich an den Büschelhaaren, Oxalatdrusen und Schleimzellen (von *Cistus* durch die Schleimzellen und das Fehlen der flaschenförmigen Drüsen unterschieden), die Blätter von *Coriaria myrtifolia* L. (T. F. HANAUSEK), unbehaart

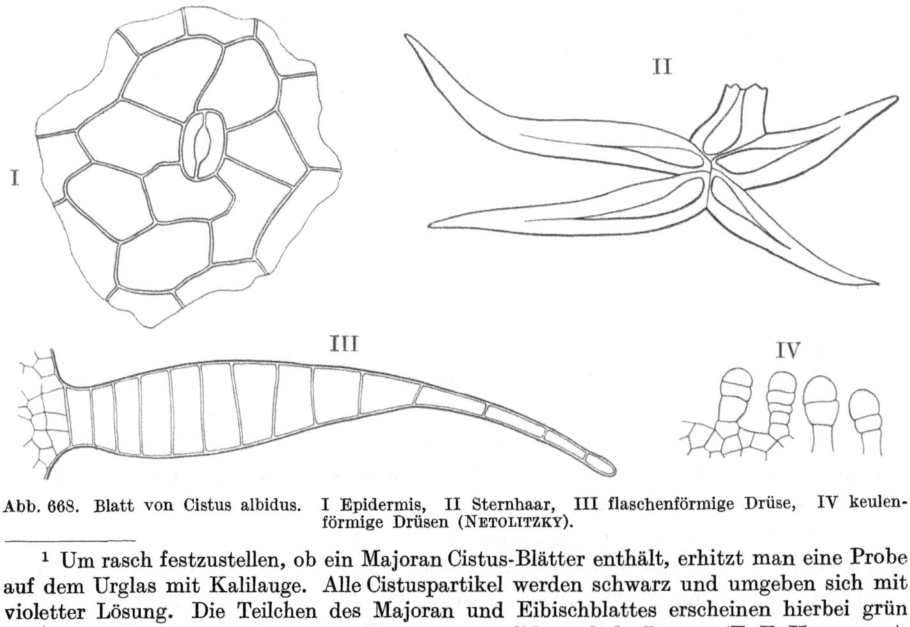

Abb. 668. Blatt von Cistus albidus. I Epidermis, II Sternhaar, III flaschenförmige Drüse, IV keulenförmige Drüsen (NETOLITZKY).

[1] Um rasch festzustellen, ob ein Majoran Cistus-Blätter enthält, erhitzt man eine Probe auf dem Urglas mit Kalilauge. Alle Cistuspartikel werden schwarz und umgeben sich mit violetter Lösung. Die Teilchen des Majoran und Eibischblattes erscheinen hierbei grün oder grünlichbraun und geben eine gelbgrüne oder gelbbräunliche Lösung (T. F. HANAUSEK).

und durch Kutikularleisten in der Nähe der Stomata ausgezeichnet[1], die Blätter von *Cornus sanguinea* L. (PLANCHON), die durch kurzgestielte zweiarmige, aber einzellige Haare ausgezeichnet sind, ferner Blätter einer *Picris*-Art mit großen Hakenhaaren, Blätter von *Tilia argentea* DESF. mit kahler Oberseite und filziger Unterseite (meist achtarmige Sternhaare), Blätter von *Platanus orientalis* L., gekennzeichnet durch Kandelaberhaare (vgl. S. 393), Blätter von *Rubus idaeus* L. (vgl. S. 365), *Rubus plicatus* WH. et N., *Rubus tomentosus* BORKH. (letztere ebenfalls mit Sternhaaren), schließlich Blätter von *Ailanthus glandulosa* DESF. und *Citrus Aurantium* L. (WASICKY und JOACHIMOWITZ).

Majoranpulver.

Im Majoranpulver fallen hauptsächlich Blatteilchen mit gebogenen Gliederhaaren (Abb. 666) und deren Trümmer auf, daneben Stengelteilchen, vereinzelt runde Pollenkörner. Zuweilen findet man auch die bräunlichen Samenschalenteilchen mit dickwandigen, englumigen, tief wellig-buchtigen Epidermiszellen. Majoranpulver war besonders in der Kriegs- und Nachkriegszeit mit fremden Stoffen vermengt. Nicht ganz leicht festzustellen ist eine Beimengung verwandter Labiaten. Beobachtet wurde von solchen Feldthymian (*Thymus serpyllum* L.), dessen Blätter durch kurze einzellige, meist sägezahnförmige Haare charakterisiert sind, die aber nur am Blattrand und an der Blattbasis vorkommen; außerdem Bohnenkraut (*Satureja hortensis* L.), das besonders an den durch ihre plumpe Form auffallenden Stengelhaaren erkannt wird (siehe unter Bohnenkraut).

22. Thymian.

Gartenthymian (*Thymus vulgaris* L.), ein aus dem Mittelmeergebiet stammendes Kraut, wird bei uns in Gärten angebaut und findet namentlich als Wurstgewürz Verwendung.

Die Blätter sind kurzgestielt oder sitzend, elliptisch bis lineal-lanzettlich, bis 9 mm lang und bis 3 mm breit, mehr oder weniger grau behaart, mit eingesenkten dunklen Drüsen dicht besetzt, am Rande umgerollt.

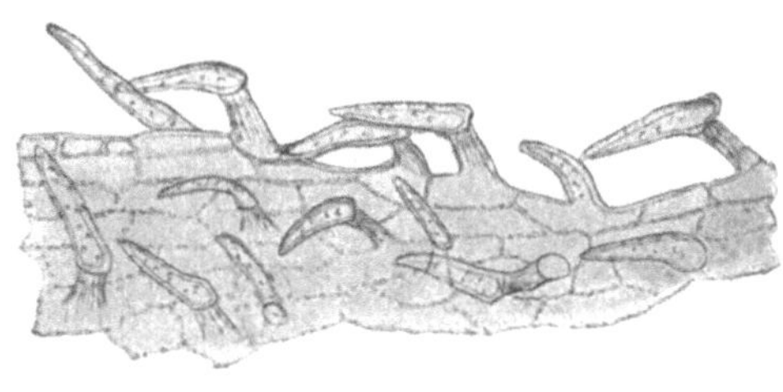

Abb. 669. Thymian. Blattstielteilchen mit geknieten Haaren mit fußförmig angesetzter Endzelle. 1:250 (C. GRIEBEL).

Die Epidermiszellen der Oberseite sind geradwandig bis schwach wellig, die der Unterseite stärker gewellt; Stomata mit zwei Nebenzellen nur auf der Unterseite häufig, oberseits vereinzelt. Öldrüsen und Köpfchenhaare wie beim Majoran. Die Blattoberseite trägt außerdem zahlreiche kurze, einzellige, oft zahnförmige, die Unterseite, desgleichen der kurze Blattstiel zwei-, seltener dreizellige Haare mit körniger Kutikula. Die mehrzelligen Haare sind

[1] Zur informatorischen Prüfung auf Coriaria (Gerberstrauchblätter) streut man den Majoran auf verdünnte Eisenchloridlösung. Teilchen von Coriaria-Blättern färben sich hierbei allmählich vom Rande her blauschwarz und geben schwarzblaue Wolken in die Flüssigkeit ab.

gewöhnlich gekniet, mit fußförmig angesetzter Endzelle (Abb. 669). Das Mesophyll setzt sich aus 1—2 Palisadenschichten und einem Schwammparenchym aus meist ovalen Zellen zusammen.

23. Bohnenkraut.

Bohnenkraut, Pfefferkraut oder Saturei (*Satureja hortensis* L.), ebenfalls im Mittelmeergebiet heimisch, wird bei uns in Gärten kultiviert und gelangt meist in getrocknetem Zustand als Küchengewürz zur Verwendung.

Die bis 3 cm langen Blätter sind lineal-lanzettlich, in den kurzen Stiel verschmälert, zugespitzt, ganzrandig, bewimpert und beiderseits drüsig punktiert. In der dicklichen Blattspreite ist nur der Hauptnerv deutlich ausgeprägt (Abb. 670).

Die Oberhaut dieser Blattseiten ist gleich gebaut. Die Zellen sind unregelmäßig buchtig mit deutlich getüpfelter Wand; Stomata zahlreich. Es finden sich drei Haarformen vor: 1. Gliederhaare, aus breiter Basis allmählich zugespitzt, mit glatter, gestreifter oder warziger, ziemlich derber Wand. Neben sehr langen, mit freiem Auge sichtbaren, aus vier, fünf und mehr Gliedern zusammengesetzten kommen auch ein- und zweizellige, breit-kegelförmige vor (Abb. 671), diese besonders am Blattrand; 2. Öldrüsen, in Einsenkungen der Oberhaut sitzend; 3. spärlich Köpfchenhaare, auf kurzem Stiel ein kugeliges oder zweizelliges Köpfchen tragend.

Abb. 670. Autophotogramm des Bohnenkrautblattes (J. MOELLER).

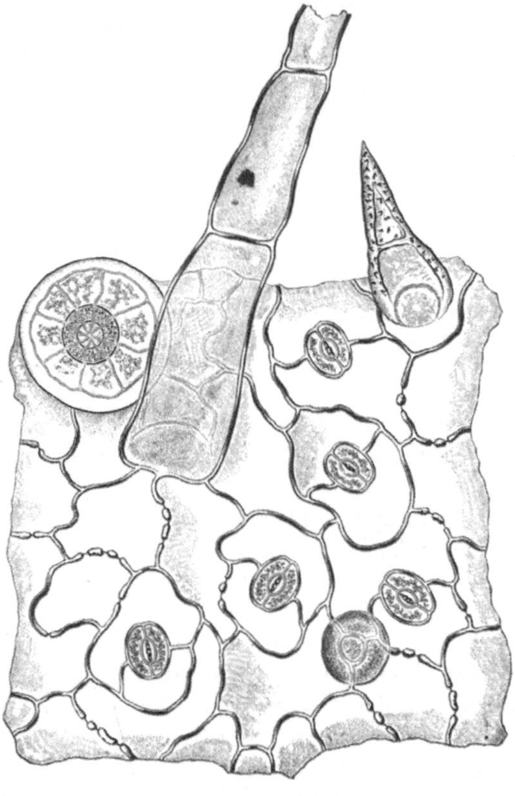

Abb. 671. Oberhaut des Bohnenkrautblattes (J. MOELLER).

Besonders bemerkenswert sind noch die an den Stengeln vorkommenden, nach abwärts gerichteten Gliederhaare, weil sie im Bohnenkrautpulver (Abb. 672) das charakteristischste Merkmal bilden. Sie sind meist zwei- bis dreizellig, gewöhnlich gekrümmt und unterscheiden sich von den Blatthaaren durch ihre gedrungene plumpe Form. Die Endzelle ist oft verhältnismäßig kurz und nur wenig spitz (Abb. 672, *c*), bei zweizelligen Exemplaren gewöhnlich länger als die Basalzelle und dann häufig etwas angeschwollen (*d*). Da die Stengelhaare infolge ihrer widerstandsfähigen Wände fast stets an der Basis abbrechen, finden sie sich zum größten Teil unverletzt im Pulver vor und können deshalb als Leitelement gelten.

24. Gartensalbei.

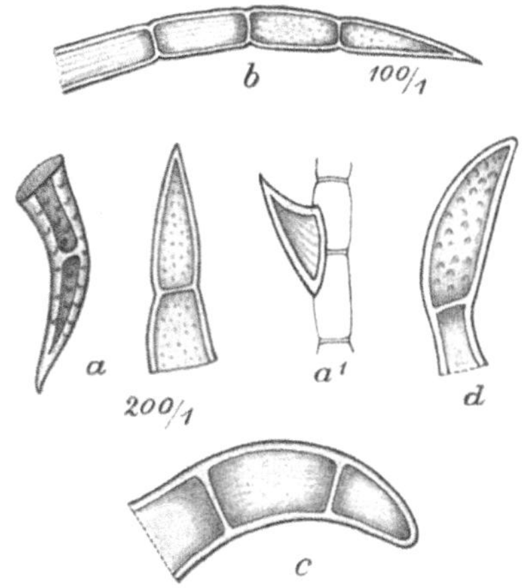

Abb. 672. Haarformen des Bohnenkrautpulvers (C. GRIEBEL).

Gartensalbei (*Salvia officinalis* L.) wächst in den Mittelmeerländern wild und wird bei uns als Heil- und Gewürzpflanze in Gärten gezogen. Die Blätter sind gestielt, nicht selten geöhrt (Abb. 673), eirund bis lanzettlich, stumpf oder spitz, am Rande fein gekerbt, auf der Spreite feinaderig-runzelig, in der Jugend weiß oder graufilzig, später fast kahl.

Abb. 673. Autophotogramm des Salbeiblattes (J. MOELLER).

Die Oberhaut beider Blattseiten ist wenig verschieden. Die Zellen sind polygonal, gewellt oder buchtig; Spaltöffnungen viel zahlreicher auf der Unterseite. Außer den für die Labiaten charakteristischen Öldrüsen (s. Abb. 671) finden sich Köpfchenhaare mit ein- oder mehrzelligem Stiel und kugeligem, mitunter durch eine vertikale Wand geteiltem Köpfchen. Charakteristisch sind die etwa peitschenförmigen Gliederhaare, die oft so zahlreich vorkommen, daß sie das Bild eines Filzgewebes darbieten. Sie sind sehr lang, dünn, derbwandig, zwei- bis fünfzellig und an den Scheidewänden eigentümlich verdickt (Abb. 674). Ihre Kutikula ist glatt oder gekörnt.

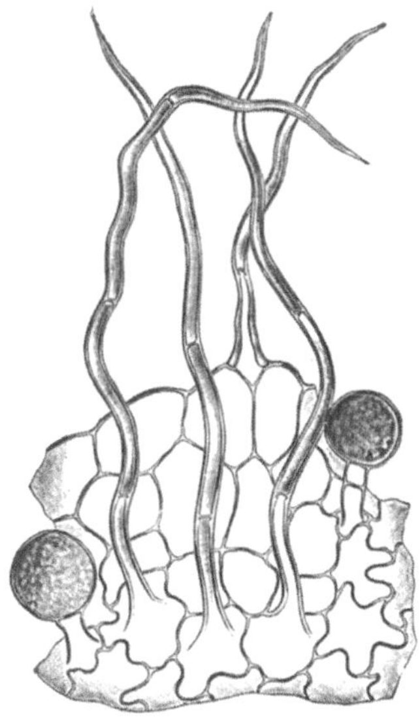

Abb. 674. Glieder- und Köpfchenhaare des Salbeiblattes (J. MOELLER).

Das Salbeipulver, dem man gelegentlich in gemischten Gewürzpulvern begegnet, ist durch die zahlreichen Bruchstücke der eigenartigen Gliederhaare gekennzeichnet. Unverletzte Exemplare findet man nur hin und wieder im Zusammenhang mit Epidermisstücken.

Weiter gehören hierher Ysop (*Hyssopus officinalis* L.), Basilienkraut (*Ocimum basilicum* L.) und Lavendel (*Lavendula spica* L.), die aber nur noch wenig als Gewürz Verwendung finden.

g) Aus der Familie der Kompositen.

Hierher gehören 2 Würzkräuter (Esdragon und Beifuß) und mehrere Salatgewächse (Gartenlattich, Löwenzahn, Zichorie, Endivie). Außerdem soll an dieser Stelle die Artischocke Erwähnung finden. Die erstgenannten enthalten wie die Labiaten ätherisches Öl in besonderen Drüsen; doch sind bei den für die Kompositen charakteristischen Öldrüsen die sezernierenden Zellen in mehreren Reihen paarweise übereinander angeordnet (Etagendrüsen). Die an zweiter Stelle genannten Salatgewächse gehören sämtlich zur Gruppe der Cichorieen, die durch verzweigte Milchsaftschläuche ausgezeichnet ist. Oxalat fehlt allen diesen Kompositenblättern.

25. Esdragon.

Esdragon oder Bertram (*Artemisia Dracunculus* L.) ist ein in Asien heimisches, bei uns als Küchengewürz häufig gezogenes Kraut, das z. B. zur Herstellung des Esdragonessigs dient.

Abb. 675. Autophotogramm des Esdragonblattes (J. MOELLER).

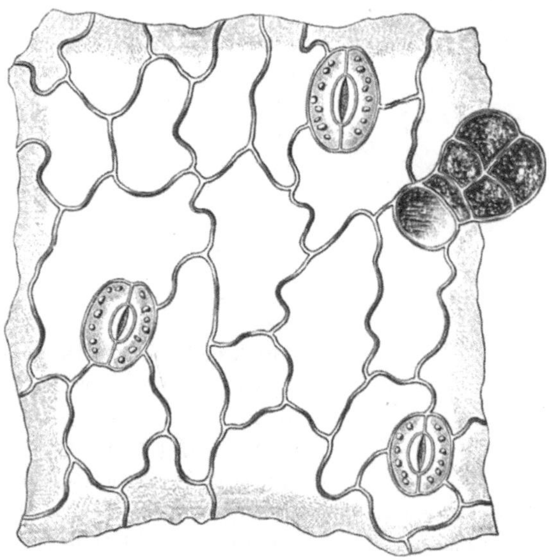

Abb. 676. Oberhaut des Esdragonblattes (J. MOELLER).

Die ersten Blätter sind dreispaltig, die Stengelblätter einfach, lineal-lanzettlich, ungestielt, ganzrandig, kahl; die Nervatur wenig deutlich (Abb. 675).

Beide Blattseiten sind gleich gebaut, im ausgewachsenen Zustande unbehaart. Die jüngsten Blätter tragen Etagendrüsen. Die leicht abziehbare Oberhaut besteht aus zarten, wellig-buchtigen, stellenweise longitudinal gestreckten und dann kaum gewellten Zellen, zwischen denen große Spaltöffnungen mit drei oder mehr Nebenzellen eingeschaltet sind (Abb. 676).

26. Beifuß.

Beifuß (*Artemisia vulgaris* L.) ist ein bei uns wild wachsendes Kraut, das vielfach als Bratengewürz dient und gewöhnlich vor dem Aufblühen der Blütenkörbchen zum Trocknen eingesammelt wird. In manchen Gegenden werden vor dem Trocknen der Blütenrispen alle größeren Blätter entfernt.

Die Blätter sind oberseits dunkelgrün, kahl, unterseits weiß- oder graufilzig, doppeltfiederschnittig (Abb. 677), nach obenhin weniger geteilt, in der Blütenregion einfach und ganzrandig. Abschnitte der oberen Blätter lanzettförmig, stachelspitzig, von spärlichen randläufigen Nerven durchzogen. Die Epidermiszellen der Oberseite sind wenig gebuchtet, ihre Kutikula ist meist gestreift. Auf der Unterseite, die Spaltöffnungen trägt, sind die Zellen stärker gebuchtet. Der Haarfilz besteht aus den für die Gattung Artemisia charakteristischen T-förmigen Haaren, bei denen ein kurzer, meist dreizelliger Stiel eine

Abb. 677. Autophotogramm des Beifußblattes (J. MOELLER).

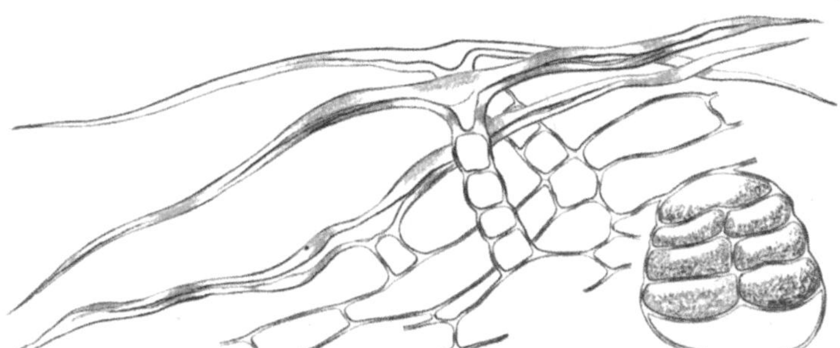

Abb. 678. Eine Etagendrüse und T-förmige Haare des Beifußblattes (J. MOELLER).

lange, quergelagerte Endzelle trägt (Abb. 678). Die Endzelle ist beim Beifuß derbwandig, besonders lang (1 mm und mehr) und schmal, häufig peitschenförmig hin und her gewunden oder an den Ecken lockenförmig gerollt. Ihr Durchmesser beträgt 5—7 μ. Neben diesen Haaren kommen vereinzelt Etagendrüsen vor (Abb. 678). Letztere finden sich reichlicher an den Röhrenblütchen. Am Hüllkelch beobachtet man ebenfalls T-Haare, aber nur in geringer Menge.

Da der Beifuß in manchen Gegenden auch als „Wermut" bezeichnet wird, kommen nicht selten Verwechslungen des Gewürzes mit der außerordentlich bitteren *Artemisia absinthium* L. vor. Die betreffende Speise — gewöhnlich ein Gänsebraten — wird in diesen Fällen regelmäßig ganz ungenießbar. Man erkennt den Wermut an den beiderseits grau behaarten Blättern. Die Endzelle der T-Haare ist außerdem bei A. absinthium viel kürzer (bis 200 μ) und breiter, kaum gebogen, zartwandig und daher oft zusammenfallend.

27. Salat.

Salat oder Gartenlattich (*Lactuca sativa* L.) ist wahrscheinlich eine Kulturform des bei uns einheimischen wilden Lattichs (*Lactura scariola* L.) und wird in verschiedenen Spielarten angebaut, die hinsichtlich der Form und Farbe der Blätter stark variieren. Besonders verbreitet ist der Kopfsalat (var. *capitata* L.), bei dem die meist ganzrandigen, breiteirunden Blätter zu einem etwa kugeligen Kopf zusammenschließen.

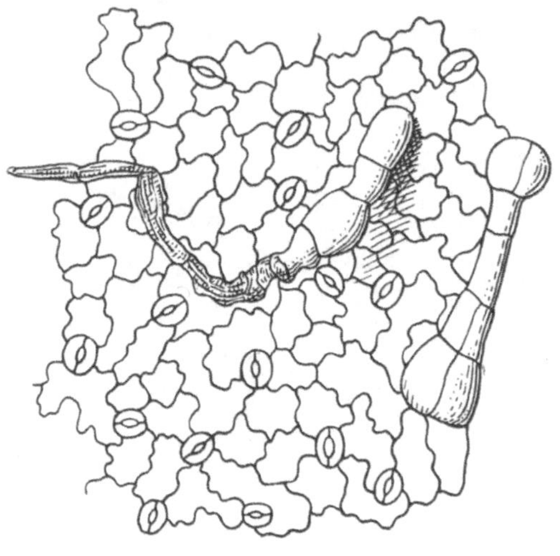

Abb. 679. Untere Epidermis des Salatblattes 1:225 (C. GRIEBEL).

Beide Epidermen bestehen aus stark wellig-buchtigen Zellen, zwischen denen sich zahlreiche Spaltöffnungen vorfinden. Während ältere Blätter so gut wie kahl sind, finden sich an jüngeren 2 hinfällige Haarformen, nämlich vielzellige Deckhaare, deren Glieder meist zerknittert oder ganz zusammengefallen sind und Drüsenhaare mit ein- bis zweizelligem Köpfchen und mehrzellreihiger Basis (Abb. 679). Die hauptsächlich in Begleitung der Nerven auftretenden Milchsaftschläuche sind an jungen Blättern oft nicht erkennbar. Stärkere Nerven mit deutlicher Parenchymscheide.

28. Löwenzahn.

Löwenzahn (*Taraxacum officinale* WIGG.) findet namentlich im Frühjahr, solange die Blättchen noch zart sind, als Salatpflanze Verwendung. Die Blätter sind länglich-lanzettlich, am Rande schrotsägeförmig bis buchtig-fiederspaltig, in den breiten Blattstiel verschmälert, im jugendlichen Zustand namentlich am basalen Teil flaumig behaart. Der Blattstiel und die auf der Unterseite stark hervortretende Mittelrippe sind hohl und milchend.

Die Epidermiszellen sind beiderseits wellig-buchtig, nur über den stärkeren Nerven geradwandig und gestreckt; Stomata beiderseits reichlich vorhanden. Die an jungen Blättern stets noch vorhandenen Deckhaare bestehen aus zahlreichen, meist kurzen Zellen, die aber leicht kollabieren. Drüsenhaare mit mehrzelligem Stiel und ungeteiltem Köpfchen kommen nur ganz vereinzelt vor. Dagegen finden sich neben den gewöhnlichen Deckhaaren, namentlich auf der Unterseite der Mittelrippe, mehrzellreihige, zum Teil sehr große kegelförmige Zottenhaare (Abb. 680). Die Milchsaftröhren begleiten die Gefäßbündel bis in die feinsten Verzweigungen.

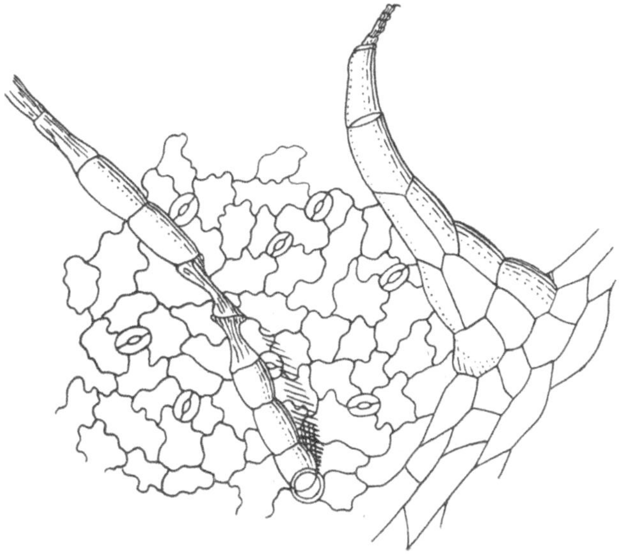

Abb. 680. Untere Epidermis des Löwenzahnblattes 1:225 (C. Griebel).

29. Zichorie.

Die Blätter verschiedener Kulturformen der Zichorie (*Cichorium inthybus* L.) finden als Salat und Gemüse Verwendung, insbesondere im gebleichten Zustand. Beliebt ist namentlich die aus Belgien eingeführte „Chicorée“, die der Hauptsache nach aus den dicken fleischigen Blattrippen besteht. Die Epidermis der breiten Mittelrippe setzt sich aus länglichen, meist beiderseits spitz auslaufenden Zellen zusammen und enthält fast keine Stomata. Beide Epidermen der noch wenig entwickelten Blattspreite haben etwas gestreckte Zellen mit kaum gebogenen Wänden und große, oft fast runde Spaltöffnungen. Ziemlich häufig finden sich einzellreihige, aus vielen Zellen bestehende, lange Deckhaare und kurze Drüsenhaare mit mehrzelligem Köpfchen (Abb. 681). Die Blätter sind von kollateralen Gefäßbündeln durchzogen, die Milchröhren enthalten.

Abb. 681. Oberhaut der Chicorée 1:240 (C. Griebel).

Die ausgewachsenen Blätter der bei uns kultivierten Formen, die während des Krieges auch als Tabakersatz Verwendung fanden, sind im Umriß länglich-elliptisch. Die Wurzelblätter sind allmählich in den Stiel verschmälert, die Stengelblätter sitzend mit stengelumfassender herzförmiger Basis. Die Behaarung ist nicht sehr reichlich, schwankt aber bei den verschiedenen Kulturformen erheblich. Die Seitennerven laufen nach dem Abzweigen zunächst noch ein Stückchen neben der Mittelrippe her, bevor sie sich nach außen wenden. Sie sind flach bogenförmig gekrümmt und bilden in einiger Entfernung vom Rande Schlingen (Abb. 682).

Abb. 682. Autophotogramm des Zichorienstengelblattes (C. GRIEBEL).

Die Epidermiszellen sind beiderseits welligbuchtig, nur über den größeren Nerven gestreckt und geradwandig. Ovale Spaltöffnungen sind beiderseits reichlich vorhanden. Die auf beiden Epidermen, ferner am Blattrand und namentlich auf der Unterseite der Mittelrippe vorkommenden, zum Teil sehr großen Zottenhaare schließen entweder mit einer stumpfen Spitze oder mit einem mehrzelligen Köpfchen ab (Abb. 683 und 684). Mit Ausnahme der kleinsten, sind sie im unteren Teil mehrzellreihig. Sehr charakteristisch sind auch die dickwandigen, vier- bis sechs- oder mehrteiligen Haarnarben. Die Palisadenzellen sind ein- bis zweireihig, kurz und wenig deutlich, oft kaum von den übrigen Zellen des Mesophylls wesentlich verschieden. Die in den Nerven vorhandenen Milchsaftschläuche sind an ihrem körnigen Inhalt erkennbar, besonders nach Zusatz von Jod.

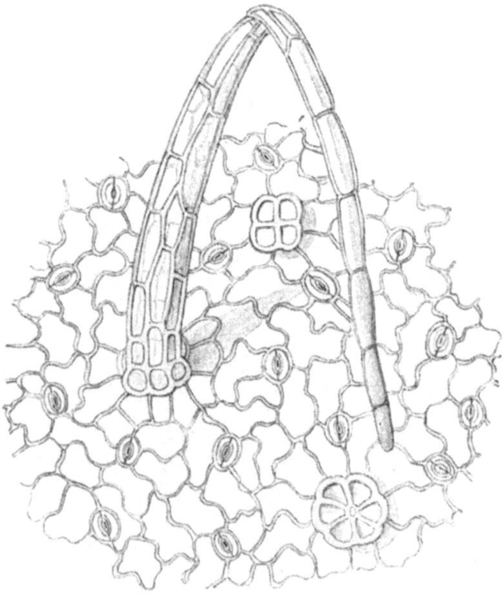

Abb. 683. Unterseite des Zichorienblattes mit Deckhaar und Haarnarben. 1:150 (C. GRIEBEL).

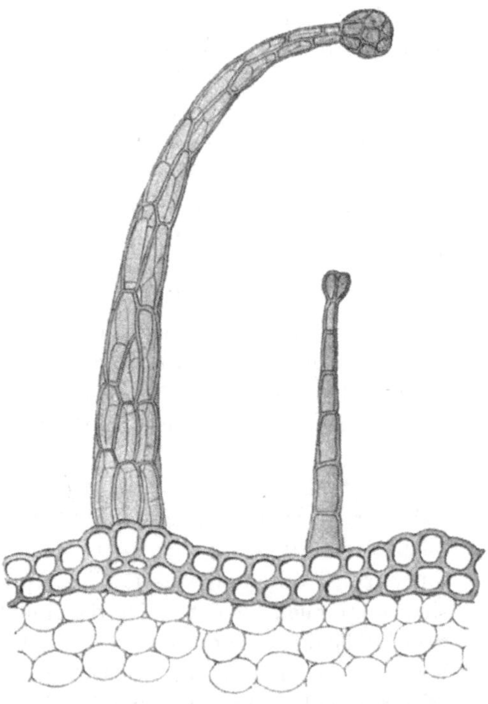

Abb. 684. Querschnitt durch den äußeren Teil der Mittelrippe des Cichorienblattes, die Form der Drüsenhaare zeigend. 1:60 (C. GRIEBEL).

30. Endivie.

Die Endivie (*Cichorium endivia* L.) wird als Salatpflanze in Formen mit ungeteilten bis fein geschlitzten und krausen Blättern angebaut. Infolge der nahen Verwandtschaft mit der Zichorie ist sie von dieser mikroskopisch kaum verschieden. Deckhaare kommen nur spärlich vor. Sie sind stets einzellreihig, auch kürzer als bei der Zichorie. Drüsenhaare finden sich ebenfalls sehr vereinzelt. Die Epidermiszellen haben mehr oder weniger gebogene bis welligbuchtige Wände.

31. Artischocke.

Von der Artischocke (*Cynara scolymus* L.) finden die nicht entfalteten Blütenköpfe als Gemüse Verwendung; genießbar sind aber nur der fleischige Blütenboden und der fleischige Grund der Hüllblätter.

Der Blütenboden besteht aus dünnwandigem, zum Teil stark durchlüftetem Parenchym und enthält Leitbündel (mit engen Spiralgefäßen), in deren Begleitung Sekretschläuche mit dunkelbraunem Inhalt vorkommen. Reichlicher finden sich derartige Sekretschläuche im fleischigen Basalteil der Hüllblätter, der größtenteils aus Schwammgewebe mit zum Teil porösen Zellen besteht. Die äußere Epidermis der Hüllblätter besteht aus polygonalen, getüpfelten und mit gestreifter Kutikula versehenen Zellen und enthält ziemlich reichlich Stomata. Unter ihr liegt eine sklerenchymatische Schicht aus Fasern. Die Zellen der inneren Oberhaut sind gestreckt und ebenfalls getüpfelt.

h) Aus verschiedenen Pflanzenfamilien.

32. Neuseeländischer Spinat.

Der Neuseeländische Spinat (*Tetragonia expansa* Murr. — *Aizoaceae*) ist ein von der südlichen Halbkugel stammendes Kraut, das auch in Mitteleuropa häufiger als Gemüsepflanze angebaut wird.

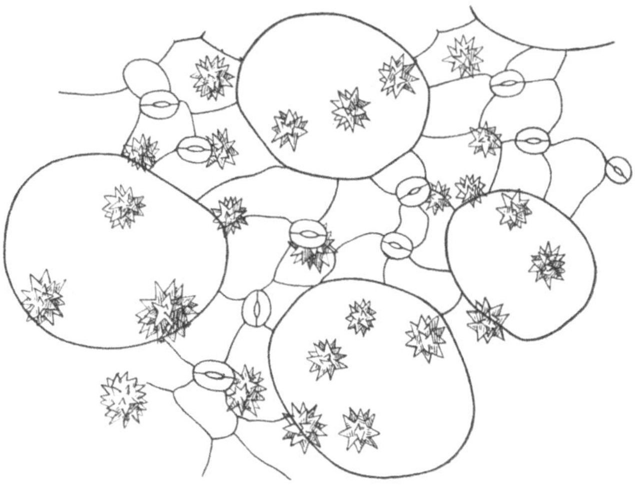

Abb. 685. Blattoberseite des Neuseeländischen Spinats 1:150 (C. Griebel).

Die Blätter sind fleischig, eirund bis rautenförmig mit glitzernden Bläschen bedeckt. Die Epidermis (Abb. 685) besteht beiderseits aus kleineren polygonalen Zellen, zwischen denen sich überall riesige blasenartige Zellen finden. Letztere dienen als Wasserspeicher und verursachen das eigenartige Aussehen der Blätter, die wie mit winzigen Tautröpfchen besetzt erscheinen. Die beiderseits reichlich vorhandenen Stomata sind meist von 3—5 Epidermiszellen umgeben. Das Mesophyll enthält zahlreiche reichgegliederte Oxalatdrusen.

33. Portulak.

Portulak (*Portulaca sativa* HAW. — *Portulacaceae*) wird besonders im Mittelmeergebiet, aber auch bei uns zuweilen als Salat- oder Gemüsepflanze gezogen (Bürzelkohl). Der kriechende oder aufsteigende Stengel trägt gegenständige, fleischige, verkehrt eiförmige oder spatelförmige, vollständig kahle Blätter.

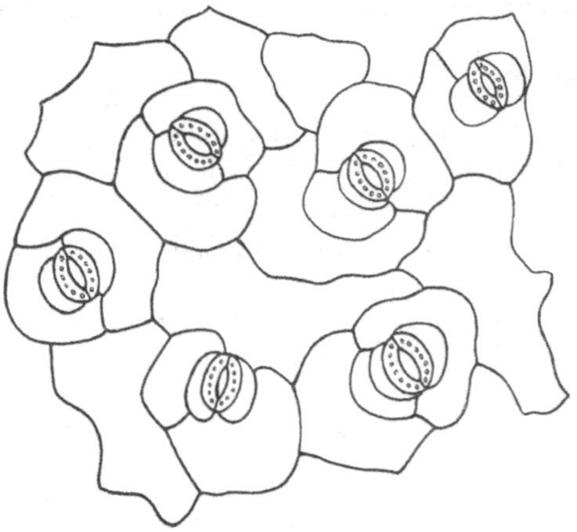

Abb. 686. Untere Epidermis des Portulakblattes 1:225 (C. GRIEBEL).

Die beiden Epidermen sind nur wenig verschieden, die Zellen im allgemeinen gerundet polygonal, auf der Unterseite mehr gebuchtet. Stomata finden sich beiderseits reichlich. Sie sind von 2 zum Spalt parallelen schmalen Nebenzellen umschlossen (Rubiaceentypus), von denen meist eine die andere an Größe übertrifft. Den ganzen Spaltöffnungsapparat umgibt gewöhnlich noch ein zweites Paar ähnlich gestalteter Epidermiszellen (Abb. 686).

Das Mesophyll besteht zum größten Teil aus einem großzelligen, chlorophyllfreien Wasserspeichergewebe. Nur die eingebetteten Leitbündel sind strahlig von chlorophyllhaltigen, palisadenartigen Zellen umgeben (Abbildung 687).

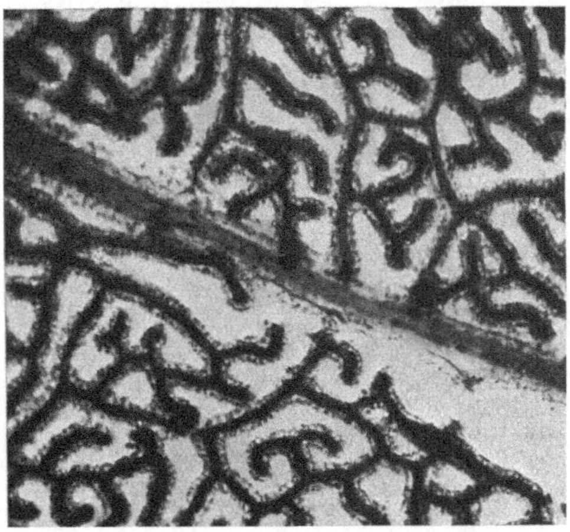

Abb. 687. Portulakblatt, den Verlauf der Leitbündel mit dem umgebenden Chlorophyllparenchym zeigend 1:40 (Phot. C. GRIEBEL).

In der Nähe des Chlorophyllparenchyms finden sich zahlreiche kleine Oxalatdrusen.

34. Boretsch.

Boretsch oder Gurkenkraut (*Borrago officinalis* L. — *Borraginaceae*) dient hauptsächlich als Zusatz zu verschiedenen Salaten. Die ziemlich großen, etwa eirunden Blätter sind etwas runzelig und beiderseits mit steifen, borstenartigen Haaren besetzt.

Epidermiszellen der Oberseite mehr oder weniger gebuchtet, die der Unterseite stark wellig-buchtig; Stomata beiderseits vorhanden, von 3—4 Zellen umgeben. Die starren derbwandigen Borstenhaare sind oberseits sämtlich einzellig, bis 2 mm lang, in eine scharfe Spitze auslaufend, die der Unterseite im Bau schlanker, zum

Teil zweizellig. Um ihre kreisförmige Basis sind die Oberhautzellen rosettenartig angeordnet. Der etwa zwiebelförmig angeschwollene Fußteil der Haare enthält häufig einen Zystolithen, nicht selten auch der Schaft (Abb. 688). Die Haare erscheinen dann selbst im gebleichten Zustand wegen des körnigen Inhaltes undurchsichtig. Bei besonders großen Borsten enthalten auch die die Basis rosettenförmig umgebenden Epidermiszellen zystolithische Gebilde. Oxalat fehlt.

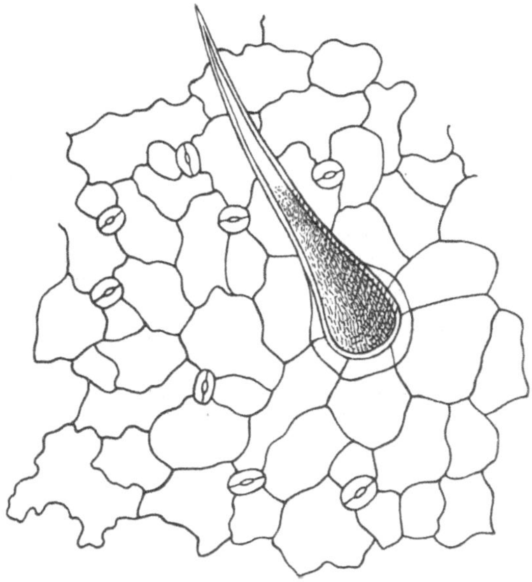

Abb. 688. Oberseite des Boretschblattes 1:225 (C. Griebel).

35. Rapünzchen.

Rapünzchen, Feldsalat, Ackersalat, Schafmäulchen, Nißlsalat sind Bezeichnungen für *Valerianella olitoria* [L]. Poll. (*Valerianaceae*). Verwendung finden die im Winter und ersten Frühjahr geernteten Blattrosetten der auf Äckern weit verbreiteten Pflanze. Die etwa 4 cm langen Blätter sind länglich-spatelförmig, ganzrandig, namentlich im unteren Teil am Rande leicht gewimpert. Die in Gärten gebaute Form hat größere und fleischigere Blätter. Die wenigen Seitennerven (2—3 Paar) bilden in der Nähe des Randes Schlingen.

Die Epidermiszellen sind oberseits weniger, unterseits stärker wellig-buchtig. Die beiderseits vorhandenen, gewöhnlich von 4—5 Zellen umgebenen Stomata sind namentlich auf der Unterseite unregelmäßig verteilt und oft in Gruppen von 2—4 zusammenstehend. Beide Epidermen tragen vereinzelte keulenförmige Drüsenhaare mit mehrzelligem, durch senkrechte und horizontale Scheidewände geteiltem Köpfchen und einzelligem Stiel. Auf der Oberseite (Abb. 689) finden sich daneben noch kurz kegelförmige, einzellige Deckhaare mit derber Wand und

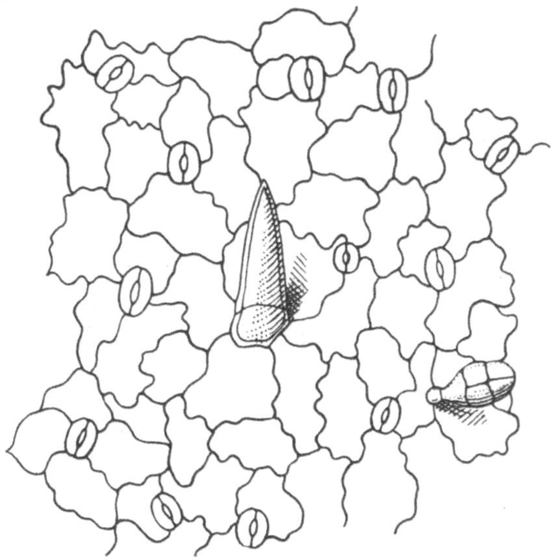

Abb. 689. Oberseite des Rapünzchenblattes 1:225 (C. Griebel).

zum Teil gestreifter Kutikula. Die am Blattrande vorkommenden Wimperhaare sind einzellig, flach, hinfällig.

36. Lorbeerblätter.

Der Lorbeer (*Laurus nobilis* L. — *Lauraceae*) ist im Mittelmeergebiet verbreitet und wird in mehreren Spielarten kultiviert. Seine Blätter und Früchte dienen als Gewürz.

Die Blätter sind kurz gestielt, länglich-lanzettförmig, ganzrandig, am Rande schwach gewellt und etwas umgebogen, lederig, kahl, oberseits glänzend, unterseits matt und heller gefärbt. Von dem stark ausgeprägten Hauptnerven zweigen beiderseits 6—8 schlingenbildende Sekundärnerven ab (Abb. 690).

Auf Querschnitten des Blattes (Abb. 490) fallen im Mesophyll die Ölzellen auf. Sie sind kugelig (30 bis 45 μ) und enthalten oft einen Tropfen farblosen

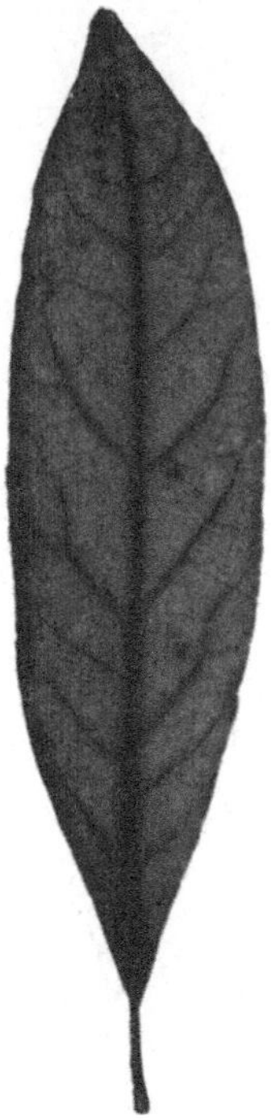

Abb. 690. Autophotogramm des Lorbeerblattes (J. MOELLER).

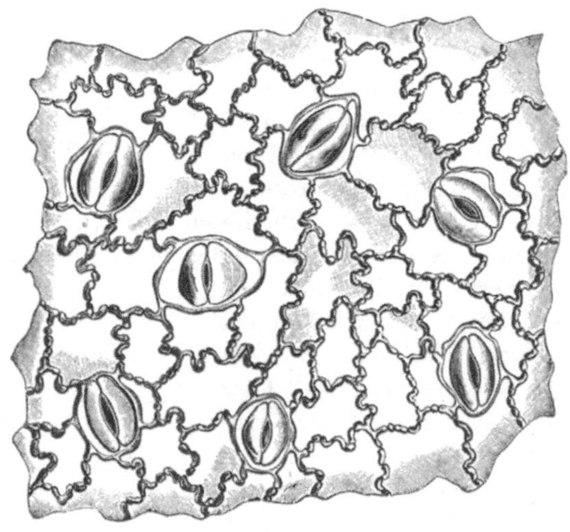

Abb. 691. Epidermis der Unterseite des Lorbeerblattes (J. MOELLER).

ätherischen Öles. Der Mittelnerv hat oben und unten mächtige Kollenchymlagen, die Gefäßbündel selbst starken Sklerenchymbelag.

Die Epidermis beider Blattseiten trägt einen starken Kutikularüberzug und besteht aus wellig-buchtigen, dicht getüpfelten Zellen. Spaltöffnungen finden sich nur unterseits, hier aber reichlich. Sie sind meist von vier Nebenzellen umgeben und liegen vertieft (Abb. 691).

Neuere Literatur.

GRIEBEL: Die mikroskopische Untersuchung der Tee- und Tabak-Ersatzstoffe. Zeitschr. f. Unters. d. Nahrungs- u. Genußmittel Bd. 39, S. 225. 1920.

GRIEBEL und SCHÄFER: Thymus serpyllum als Majoranverfälschung. Zeitschr. f. Unters. d. Nahrungs- u. Genußmittel Bd. 38, S. 141. 1919.

GRIEBEL und SCHÄFER: Majoranpulververfälschung durch Bohnenkraut. Zeitschr. f. Unters. d. Nahrungs- u. Genußmittel Bd. 39, S. 299. 1920.

HANAUSEK: Verfälschter Majoran. Arch. f. Chem. u. Mikr. Bd. 6, S. 59. 1913.

— Ein Beitrag zum Kapitel Majoranverfälschung. Arch. f. Chem. u. Mikr. Bd. 8, S.125. 1915.

NESTLER: Majoran verfälscht durch verfälschten Gerbersumach. Arch. f. Chem. u. Mikr. Bd. 6, S. 9. 1913.

— Zur Kenntnis der Majoranfälschung. Arch. f. Chem. u. Mikr. Bd. 6, S. 79. 1913.

NETOLITZKY: Die Vegetabilien in den Fäzes. Wien 1906.

— Dikotyledonenblätter mit Raphidenkristallen. Wien 1905.

— Dikotyledonenblätter mit Drusenkristallen. Wien 1908.

— Dikotyledonenblätter mit Kristallsandzellen. Berlin-Wien 1911.

— Über eine Fälschung von Majoran. Zeitschr. f. Unters. d. Nahrungs- u. Genußmittel Bd. 19, S. 205. 1910.

— Gerbeblätter als typische Fälschungsmittel. Arch. f. Chem. u. Mikr. Bd. 6, S. 145. 1913.

SEEGER: Über Majoranfälschungen. Zeitschr. f. Unters. d. Nahrungs- u. Genußmittel Bd. 29, S. 156. 1915.

WASICKY und JOACHIMOWITZ: Ein Beitrag zum Kapitel Majoranverfälschung. Arch. f. Chem. u. Mikr. Bd. 8, S. 125. 1915.

VII. Teile oberirdischer Achsen.

A. Rinden.

Unter Rinde versteht man den das Holz umgebenden Teil des Stammes oder Stengels. Sie ist mit dem Holze meist nur lose verwachsen, so daß sie (besonders im Frühjahr) leicht in langen Streifen oder ganzen Mantelstücken abgeschält werden kann. Die Gewürz- und Gerberinden sowie andere technisch verwendbare Rinden kommen in solchen jedoch oft zerkleinerten Schälstücken in den Handel; selten werden sie vom Stamme abgehackt.

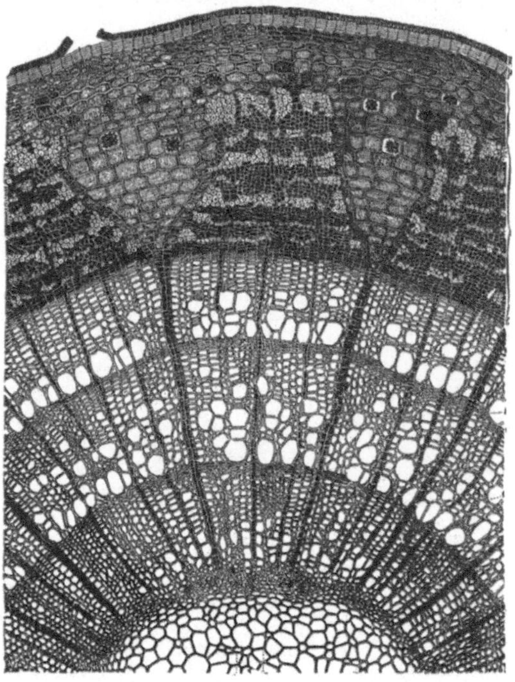

Abb. 692. Querschnitt durch einen dreijährigen Lindenzweig (nach KNY).

Am Querschnitt eines mehrjährigen Stengels (Abb. 692) sieht man bei schwacher Vergrößerung um das Mark die konzentrischen Schichten des Holzes („Jahresringe") von radialen Streifen („Markstrahlen") durchzogen. Charakteristisch für das Holz sind die großen Gefäßlumina. Wo das Holz aufhört, beginnt die Rinde, und zwischen beiden liegt das Kambium, das ist jenes Gewebe, das nach innen Holz, nach außen Rinde bildet. Als Bildungsgewebe besteht es aus zarten, leicht zerreißbaren Zellen (Abb. 702); deshalb läßt sich die Rinde im Kambium schälen.

Betrachten wir die Rinde von außen nach innen. Die äußere Bedeckung bildet die Oberhaut und der unter ihr gelegene Kork. Es folgt ein rundzelliges Parenchym („primäre Rinde"), das sich in trichterförmige Verbreiterungen einzelner Markstrahlen fortsetzt. Das zwischen den Markstrahlen gelegene Gewebe ist kleinzellig, und man unterscheidet in demselben mehrere Schichten. Man nennt diesen Teil der Rinde, der vom Kambium aus immer neuen Zuwachs erhält, sekundäre Rinde, Bast oder Innenrinde, während man die primäre Rinde auch als Mittelrinde, den Kork als Außenrinde zu bezeichnen pflegt.

Je mehr Rinde vom Kambium aus zuwächst, d. h. je älter sie wird, desto mehr werden die äußeren, älteren Teile gedehnt (daher die Verbreiterung der Markstrahlen nach außen). Die Oberhaut kann der Dehnung endlich nicht mehr folgen, sie zerreißt und wird ganz abgestoßen, so daß man an älteren Rinden keine Spur von ihr mehr findet. Der sie vertretende Kork (Oberflächenkork oder Periderm) kann viele Jahre lang, indem er sich erneuert, dem Dickenwachstum der Rinde folgen; aber bei vielen Bäumen hat auch diese Fähigkeit eine Grenze; der Kork teilt das Schicksal der Oberhaut, er wird zerrissen und abgeworfen. Vorher hat sich aber in einer tiefer gelegenen Rindenschichte Kork gebildet (Binnenkork). Dadurch werden die äußeren, der Dehnung am meisten

Abb. 693. Mikrophotogramm der Borke (J. MOELLER).

unterworfenen Rindenteile als Borke abgestoßen (Abb. 693). Indem die Borkebildung immer tiefer greift, gelangt sie bald in die Innenrinde, und schließlich wird auch diese größtenteils abgeworfen, so daß die vom Stamme geschälte Rinde oft nur aus dem jüngsten, von Borke bedeckten Bast besteht. In solchen Rinden sucht man die primäre Rinde vergebens, denn sie bestehen nur aus sekundärer Rinde, die von mehreren Korkplatten durchzogen ist.

Das augenfälligste Merkmal der sekundären Rinde sind die Markstrahlen. Sie erscheinen auf Querschnitten aus radial gestreckten Parenchymzellen zusammengesetzt und sind meist scharf abgegrenzt von den zwischen ihnen gelegenen Baststrahlen, deren Elemente axial gestreckt sind, daher auf Querschnitten kleinzellig erscheinen. Diese Elemente sind dreierlei Art:

1. Fasern (Abb. 694), wegen ihres Vorkommens im Bast auch Bastfasern genannt. Sie sind an ihrer stark verdickten, meist von spärlichen Spaltentüpfeln durchsetzten Wand, und weil sie oft zu Bündeln vereinigt sind, leicht zu erkennen. Doch fehlen sie manchen Rinden ganz oder finden sich nur in der Spitze des keilförmigen Baststrahles als „primäres Faserbündel", oder sie sind einzeln zerstreut und dann nicht immer leicht aufzufinden. Die Fasern, des primären Bündels pflegen von denen der sekundären Rinde verschieden zu sein.

2. Bastparenchym. Die Zellen gleichen denen der Markstrahlen und kreuzen sich mit ihnen. Sie haben dünne, unverholzte, von einfachen Poren durchsetzte Wände, können aber auch zu Steinzellen umgewandelt sein.

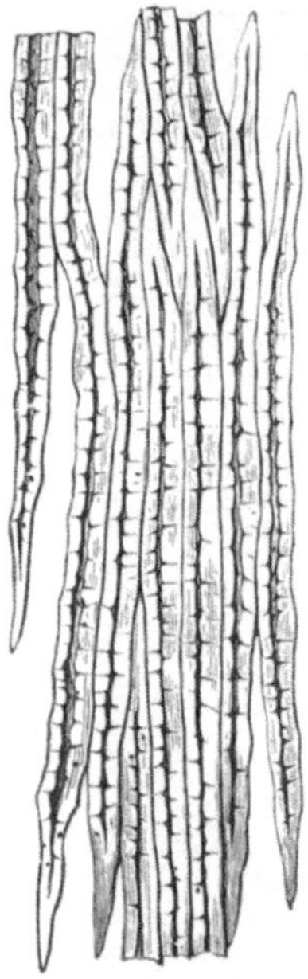

Abb. 694. Reich getüpfelte Fasern (nach VOGL).

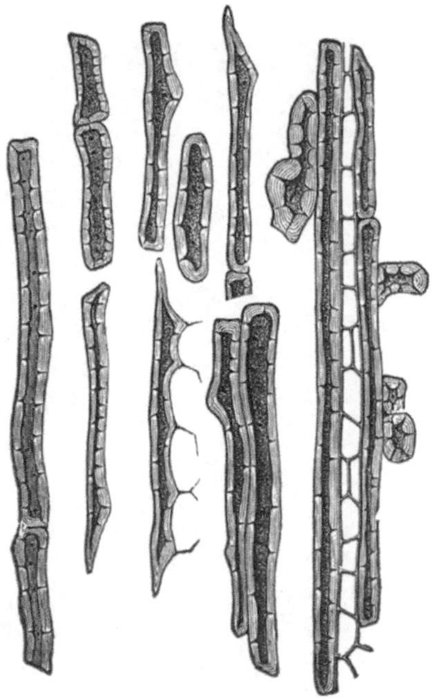

Abb. 695. Stein- und Stabzellen (nach TSCHIRCH).

Behalten sie dabei ihre annähernd prismatische Form, nennt man sie Stabzellen (Abb. 695). Diese sind am Querschnitt Bastfasern einigermaßen ähnlich, aber an den Poren leicht unterscheidbar. Meist sind jedoch die Steinzellen vergrößert und unregelmäßig gestaltet, so daß sie mit Fasern kaum verwechselt werden können.

3. Siebröhren. Diese kommen zwar in jeder Rinde vor, aber sie sind meist strangweise obliteriert (s. Abb. 699, *s*). In den jüngsten (inneren) Rindenteilen findet man sie zwar offen, aber ihre charakteristischen Eigentümlichkeiten (besonders die Siebplatten) sind so schwer zur Anschauung zu bringen, daß man auf sie als diagnostisches Hilfsmittel verzichtet.

Die primäre Rinde ist ein großzelliges, lückiges, mehr oder weniger quergedehntes, in den äußeren Teilen kollenchymatisches Parenchym (Abb. 692). Es ist oft in charakteristischer Weise sklerosiert. Sowohl in der primären wie in der sekundären Rinde können Milchsaftschläuche, allerlei Sekreträume und Kristalle vorkommen.

Der Kork (Abb. 696) ist auf Querschnitten an der stets radialen Anordnung seiner lückenlos aneinandergefügten Zellen auch ohne Anwendung von Reagenzien sicher zu erkennen. Die Größe und Verdickung seiner Zellen bietet mitunter diagnostische Anhaltspunkte.

Die Mannigfaltigkeit im Bau der Rinden ist so groß, daß es keiner Schwierigkeit unterliegt, die gebräuchlichen Rinden zu erkennen, sofern sie in Stücken vorliegen, die die Anfertigung von Querschnitten gestatten. Ist dies nicht der Fall, oder hat man ein Rindenpulver auf seine Echtheit und Reinheit zu prüfen, dann kann die Aufgabe recht schwierig werden. Oft ist nämlich weniger die Form der Elemente als ihre Anordnung charakteristisch, und diese wird begreiflicherweise durch die Zerkleinerung der Droge bis zur Unkenntlichkeit vernichtet. Dazu kommt, daß die Pulverfragmente sehr selten Querschnittsansichten darbieten, sondern meist Flächen- und Längsansichten. Es müssen daher die charakteristischen Elemente allseitig so genau gekannt sein, daß sie in jeder Lage auch in Bruchstücken auf ihre Zugehörigkeit bestimmt werden können.

1. Zimt.

Zimt ist die Rinde verschiedener Cinnamomum-Arten (*Lauraceae*), die durch ein an Zimtaldehyd sehr reiches ätherisches Öl ausgezeichnet sind. Größere Bedeutung für den europäischen Handel haben nur zwei Sorten.

a) Der gemeine oder chinesische Zimt, auch Zimt-Cassia, von den Drogisten Cortex Cinnamomi Cassiae, Cortex Cassiae cinnamomeae oder Cassia vera oder auch Cassia lignea (vgl. unter Holzzimt) genannt, stammt von *Cinnamomum Cassia* (Nees) Bl., einem kleinen, immergrünen Baume, der im südlichen China wild vorkommt und vielfach kultiviert wird.

b) Der edle oder Ceylon-Zimt, Caneel, Cinnamomum acutum oder verum, Cortex Cinnamomi ceylanici, stammt von *Cinnamomum ceylanicum* Breyne, einer auf Ceylon heimischen Art, die dort und auch in anderen Gegenden kultiviert wird.

Als Holzzimt, Holz-Cassia oder Cassia lignea werden verschiedene geringwertige Sorten bezeichnet, die gewöhnlich zur Herstellung von Pulver dienen. Es handelt sich dabei meist um Rinde älterer Zweige, die zum Teil wohl auch von anderen Arten stammen mag. (*C. Burmanni* Blume, *C. obtusifolium* Nees, *C. pauciflorum* Ness, *C. Tamala* Ness et Eb.).

Wie bei anderen Naturprodukten, hängt auch die Qualität des Zimtes sowohl von der Stammpflanze, als auch von ihrem Standorte und der Sorgfalt ihrer Kultur ab. Die feinste, nicht immer gewürzhaftere Sorte ist der Ceylon-Zimt. Er wird seines hohen Preises wegen weniger als Küchengewürz verwendet, ist aber in vielen Staaten offizinell. Er wird namentlich an der südwestlichen Küste Ceylons, ähnlich wie bei uns die Korbweide, in Gärten gezogen. Man schneidet die etwa zweijährigen, bis 2 m langen und 15 mm dicken Stockausschläge zweimal im Jahre, entlaubt sie und schält die Rinde in etwa 30 cm langen Stücken ab. Hierauf schabt man die Oberhaut, den Kork und die äußere Rindenschicht vollständig weg, steckt die nunmehr fast weiße Rinde auf einen Stock und läßt sie im Schatten trocknen. Dabei bräunt sie sich und rollt sich von beiden Seiten ein. Je acht oder zehn solcher Röhren werden ineinandergeschoben und auf diese Art die bekannten langen Zimtstäbe des Handels gebildet.

Die Rinde ist leicht, brüchig, kaum über 0,5 mm dick, außen glatt, gelblichbraun, längsstreifig, innen etwas dunkler, matt, mitunter warzig. Der Bruch ist kurzfaserig; am Querschnitt unterscheidet man eine äußere helle und eine innere dunklere Hälfte in scharfer Abgrenzung.

Der chinesische Zimt ist viel gebräuchlicher. Er ist ebenfalls in hohem Grade aromatisch, doch schmeckt er zugleich schleimig und adstringierend. Man erntet ihn von wildwachsenden und kultivierten Bäumen, die im Alter von etwa 6 Jahren geschält werden. Die Rinde ist daher im allgemeinen dicker, nicht selten 2 mm stark. Aus diesem Grunde rollt sie sich auch weniger ein und bildet meist einfache Röhren, die gewöhnlich einzeln, nicht ineinandergesteckt sind. Sie wird nur sehr oberflächlich geschabt, so daß an vielen Stellen noch der Kork haften bleibt, wodurch sie ein mattes, grau- und braunscheckiges Aussehen erhält. Sie ist hart und dichter als Ceylon-Zimt, am Bruch eben oder höchstens innen kurzfaserig. Der Querschnitt wird durch eine helle Zone in einen äußeren und in einen inneren, oft breiteren Teil geschieden.

Der anatomische Bau ist bei sämtlichen Zimtarten nahe übereinstimmend.

Chinesischer Zimt.

Querschnitte (Abb. 696), die man aus kurze Zeit in Wasser erweichten Rindenstücken leicht in großer Vollkommenheit herstellen kann, zeigen zu äußerst das Periderm aus schichtenweise zartwandigen und sklerotischen Korkzellen.

Die Korkzellen sind mäßig abgeflacht, gegen 30 μ breit, von der Fläche gesehen ziemlich regelmäßig polygonal; die sklerotischen Zellen sind von dunkelrotbrauner Masse erfüllt. Einige Reihen zartwandiger Korkzellen vermitteln den Übergang zur

primären Rinde, deren großzelliges Parenchym derbwandig, braun, tangential gestreckt, von kleinen Steinzellengruppen mehr oder weniger reichlich durchsetzt ist. Die Steinzellen sind meist nur schwach, häufig nur an der Innenseite, also hufeneisenförmig verdickt. Ein Sklerenchymring trennt die primäre Rinde vom Bast, dessen Dicke nach dem Alter der Rinde schwankt, in der Regel aber nicht über 1,5 mm beträgt. Der Sklerenchymring ist aus den primären Bastfaserbündeln und den unterhalb und zwischen ihnen sich entwickelnden Steinzellen zusammengesetzt. In der Regel ist er in der Verlängerung der primären Markstrahlen unterbrochen. Die Bastfasern in den primären Bündeln sind von denen des sekundären Bastes verschieden; sie sind länger, geschmeidiger und deutlicher geschichtet. Die Steinzellen im Ring sind im allgemeinen größer und stärker verdickt als jene der primären Rinde; auch finden sich unter ihnen Stabzellen. Ihre Membran ist farblos, zart geschichtet und von ästigen Porenkanälen durchsetzt.

Die Innenrinde oder der Bast wird durch ein-, zwei- höchstens dreireihige Markstrahlen in schmale, radiale Streifen abgeteilt. Das Bastparenchym ist etwas kleinzelliger und dünnwandiger als das Parenchym der primären Rinde, die Zellen axial gestreckt und radial gereiht. Die Verschiedenheit wird in Längsschnitten besonders klar (Abb. 697). Im Bastparenchym sind spärlich und regellos, meist einzeln oder zu zweien stehende Bastfasern eingesprengt. Sie sind bis etwa 600 μ lang, in der Mitte meist 30—40 μ breit, spindelförmig, stumpfspitzig, selten abgestutzt oder gegabelt. Ihr Querschnitt ist länglichrund bis gerundet rechteckig, das Lumen sehr eng, höchst selten in der Mitte ein Drittel der Faserbreite betragend (Abb. 696). Spaltentüpfel sind nur ganz spärlich vorhanden. — Die Siebröhren kommen bündelweise vor; in

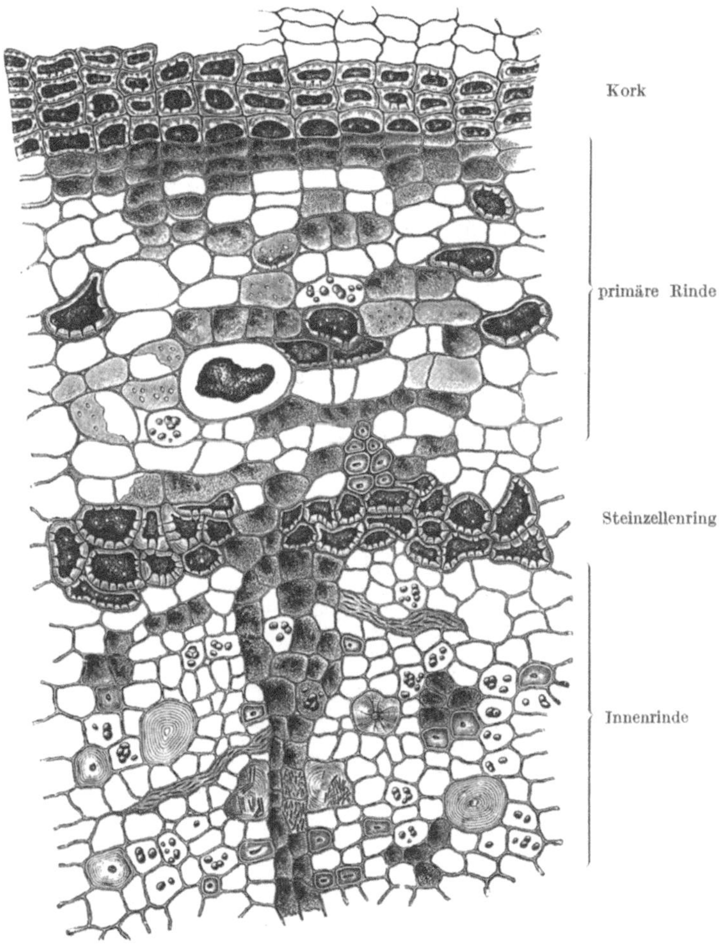

Abb. 696. Querschnitt durch chinesischen Zimt (J. MOELLER).

Querschnitten erscheinen sie als kürzere tangential verlaufende Bänder aus geschlängelten, zusammengepreßten Membranen; in Längsschnitten erkennt man sie an den kallösen Querplatten (Abb. 697 und 698, *s*).

Ölzellen kommen in allen Rindenteilen vor, am häufigsten im Bast. Sie sind rundlich, zwei- bis dreimal so breit (meist 60—70 μ) wie die Parenchymzellen der Umgebung, etwas dünnwandiger als diese, axial gestreckt, oft zu mehreren senkrecht übereinanderstehend (Abb. 698). Ihr Inhalt ist gewöhnlich verschwunden und durchtränkt das Parenchym gleichmäßig. Im Bastparenchym finden sich außerdem noch Schleimzellen mit geschichteter heller Wand (Membranschleim) und fast ohne Lumen (Abb. 697, *sch*). Je größer ihre Anzahl im Verhältnis zu den Ölzellen ist, um so minderwertiger ist die Rinde. Nadel- oder wetzsteinförmige (schlankrhombische), oft winzige Oxalatkristalle kommen ebenfalls in allen Rindenteilen (besonders in den Markstrahlen) vor, sind aber von dem übrigen Zellinhalt meist verdeckt und treten erst nach der Entfernung der Stärke durch verdünnte Lauge in Erscheinung.

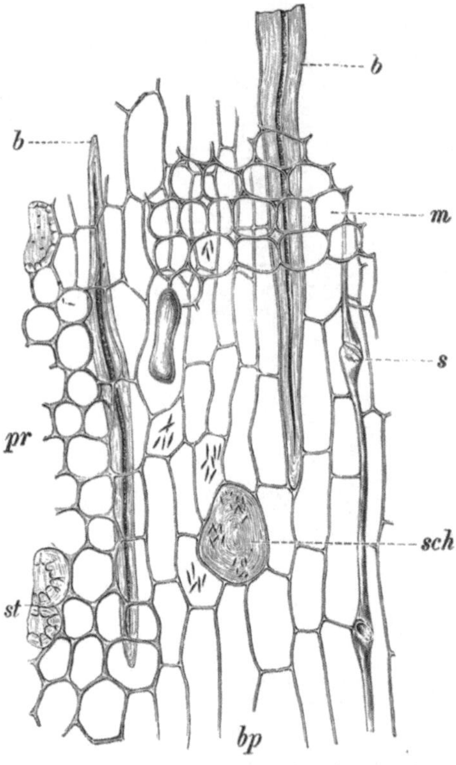

Abb. 697. Radialer Längsschnitt durch chinesischen Zimt (J. MOELLER). *pr* Parenchym der Außenrinde, *bp* Parenchym des Bastes, *b* Bastfasern, *st* Steinzellen, *sch* Schleimzellen, *s* Siebröhren, *m* Markstrahl.

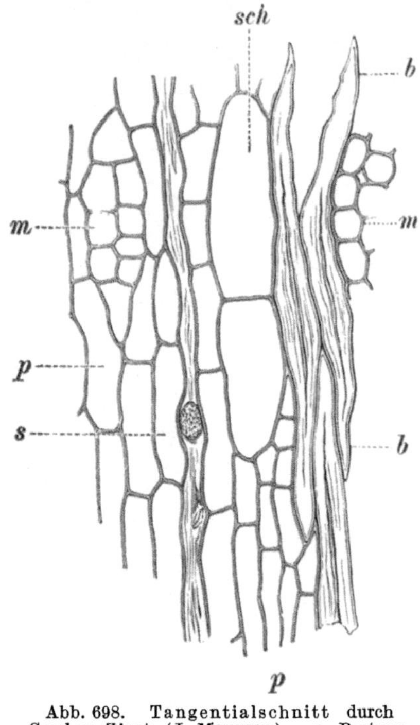

Abb. 698. Tangentialschnitt durch Ceylon-Zimt (J. MOELLER). *p* Bastparenchym, *sch* Sekretzellen, *m* Markstrahlen, *b* Bastfasern, *s* Siebröhren.

Die Parenchym- und Markstrahlenzellen, mitunter auch die Steinzellen, sind von Stärke erfüllt. Die Stärkekörnchen sind meist zusammengesetzt zu dreien, zweien oder vieren (Abb. 700, *B*), ihre Teilkörner (meist 8 μ, nicht selten bis 20 μ) lassen einen Kern oder eine Kernhöhle deutlich erkennen. Neben Stärke findet sich in vielen Zellen eine braune, formlose Masse, von der sich in Wasser sehr wenig, in Alkohol mehr und in Alkalien der größte Teil löst, und die mit Eisenchlorid braun- bis schwarzgrün wird (Gerbstoff). Sie hat auch die Zellwände durchtränkt, ausgenommen jene der Steinzellen und Bastfasern, die sich deshalb durch ihre helle Färbung von dem braunen Parenchym scharf abheben.

Ceylon-Zimt.

Der auffälligste Unterschied zwischen chinesischem und Ceylon-Zimt liegt darin, daß dem letzteren der größere Teil der primären Rinde und damit auch die Korkschicht fehlt. Seine äußere Oberfläche bildet der Sklerenchymring, der noch von Resten des Rindenparenchyms bedeckt zu sein pflegt (Abb. 699). Die primären Bastfaserbündel liegen, wie beim chinesischen Zimt (s. Abb. 696), an der Außenseite des Steinzellenringes, ragen über diesen sogar hervor und sind — da die deckenden Teile fehlen — die Ursache der zarten Längsstreifung der Rindenoberfläche. Der Steinzellenring ist in der Regel vollkommen geschlossen, jedoch gegenüber den primären Markstrahlen merklich schwächer entwickelt. Er nimmt etwa ein Viertel der Rindenbreite ein[1]. Seine Zellen sind größer (in tangentialer Richtung gar nicht selten 200 μ lang), stärker und gleichmäßiger verdickt, obwohl auch

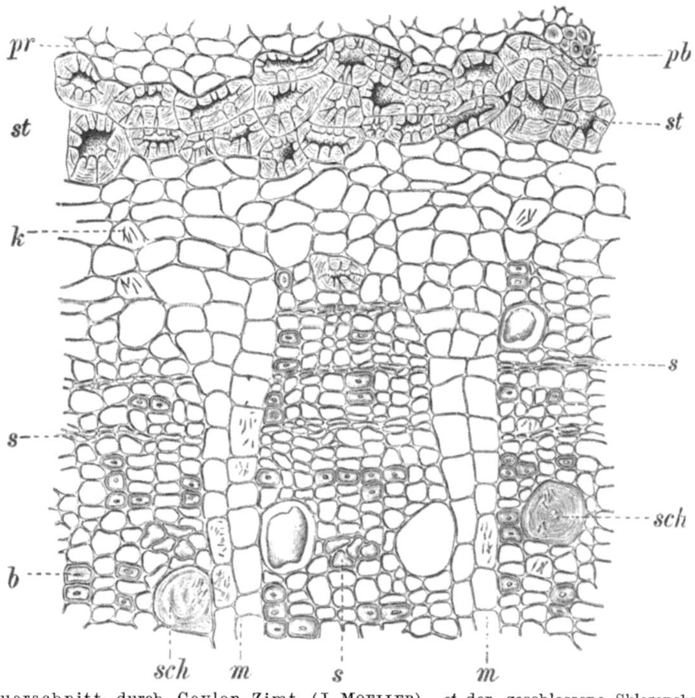

Abb. 699. Querschnitt durch Ceylon-Zimt (J. MOELLER). *st* der geschlossene Sklerenchymring, von den Resten der primären Rinde *pr* bedeckt; *pb* ein primäres Bastfaserbündel, *b* Bastfasern der sekundären Rinde, *s* Siebröhrenbündel, *sch* Schleimzellen, *m* Markstrahlen, *k* Kristallnadeln.

an ihnen die vorherrschende Verdickung der Innenseite bemerkbar ist. Die Größe der Zellen ist um so auffallender, als die übrigen Elemente des Ceylon-Zimtes zarter sind als im chinesischen Zimt, was ohne Messung auf den ersten Blick erkennbar ist. Innerhalb des Sklerenchymringes, aber nur im äußeren Teile des Bastes, kommen vereinzelt ebenfalls Steinzellen zur Entwicklung (Abb. 699). Bastfasern finden sich besonders in den inneren Schichten, sowohl in tangentialen wie in radialen Reihen. Sie sind nicht kürzer als im chi-

[1] Nach HARTWICH (Arch. d. Pharmazie. Bd. 239, 1901) findet sich der gemischte Sklerenchymring nur an den jüngsten Rinden. In älteren, also dickeren Rinden ist er durch Borkebildung (s. S. 443) abgestoßen, und innerhalb desselben hat sich ein sekundärer Sklerenchymring gebildet, der nur aus Steinzellen besteht. Dicken Rinden fehlt infolgedessen die zarte Längsstreifung der Außenseite.

nesischen Zimt, aber schmächtiger, kaum über 30 μ breit. Die Siebröhren bilden tangentiale Stränge oft durch die ganze Breite der Baststrahlen (Abb. 699, *s*). In den äußeren Lagen sind sie gewöhnlich zusammengefallen und braun, in jüngeren (inneren) sind ihre Lumina offen, ihre Wände farblos. Öl- und Schleimzellen von bedeutender Größe (gewöhnlich 50 μ breit, bis 200 μ lang) kommen in allen Teilen des Bastes ziemlich reichlich vor.

Bemerkenswert ist die Verschiedenheit in der Größe der Stärkekörner. Die meisten Körner des Ceylon-Zimtes sind nämlich nur gegen 6 μ groß, und solche von doppelter Größe, wie sie im chinesischen Zimt gewöhnlich sind, gehören zu den Seltenheiten.

Seychellen-Zimt.

Nach Rosenthaler und Reich handelt es sich um Zweig- und Stammrinde von Ceylon-Zimt, der gegen Ende des 18. Jahrhunderts auf den Seychellen eingeführt aber nicht kultiviert wurde, sondern dort verwilderte. Auch Hartwich hat ein Gemenge von Stamm- und Zweigrinde untersucht. Die Stammrinde enthält übrigens trotz des feinen Geruches viel weniger ätherisches Öl (nach Beythien und Hepp 0,42%).

Das mir vorliegende Muster besteht, wie anscheinend die Handelsware meistens, ausschließlich aus 4—8 mm dicken, unregelmäßig flachen, von Kork oder Borke bedeckten Stücken von Stammrinde. Charakteristisch ist die Art der auffallend starken Sklerosierung der sekundären Rinde. Die schlanken, gleichmäßig verdickten Steinzellen bilden nämlich, wie Hartwich zuerst beobachtet hat, gerade bis gebogene Platten, die auf dem Querschnitt der Rinde oft als stark gekrümmte Figuren erscheinen, in denen die Richtung der Steinzellen stark wechselt. Außerdem sind die zahlreichen Oxalatkriställchen (Nadeln, langgestreckte Rhomben) kennzeichnend, von denen die größten etwa 10 μ messen.

Im Pulver fallen ebenfalls die äußerst zahlreichen, bis etwa 300 μ langen Steinzellen und die massenhaften Oxalatkriställchen auf (Polarisationsapparat).

Saigon-Zimt.

Unter dieser Bezeichnung kommen offenbar verschiedenartige Sorten in den Handel. Nach Rosenthaler ist Saigon-Zimt dem chinesischen Zimt sehr ähnlich, von dem er sich nur durch einen größeren Reichtum an sekundären Fasern unterscheidet. Eine von Hartwich untersuchte Probe enthielt dagegen nur ganz spärliche sekundäre Fasern. Die Bündel primärer Fasern im sklerotischen Ring waren zum Unterschied von chinesichem Zimt fast ganz in die Steinzellen eingebettet. Die Oxalatnadeln waren bis 21,5 μ lang (Chinesischer Zimt 7,6 μ), die Sekretzellen höchstens 68 μ (Chinesischer Zimt 60—100 μ).

Ein mir vorliegendes Muster enthält fast keine sekundären Fasern, zahlreiche Sekretzellen in der sekundären Rinde (bis 100 μ), in der primären bis 140 μ und bis 10 μ lange Oxalatnadeln.

Eine von Müller untersuchte Saigon-Cassia enthielt fast ausschließlich tafelförmige Oxalatkristalle, die sekundären Bastfasern in regelmäßiger Anordnung.

Chips.

Chips (Abschabsel) sind die beim Schälen des Ceylon-Zimtes erhaltenen Abfälle, die fast nur aus Rindenteilen bestehen, denen gelegentlich aber auch Teilchen des

Zimtholzes anhaften. Im gemahlenen Zustand werden sie oft minderwertigen Zimtpulvern beigemengt, die dadurch unter Umständen sogar verbessert werden. Gewöhnlich dienen sie zur Gewinnung des ätherischen Öles.

Außer den beschriebenen Zimtarten kommen gelegentlich auch noch andere im Handel vor. Genannt werden namentlich *C. Burmanni* BL., *C. Tamala* NEES et EB., *C. pauciflorum* NESS, die durch das reichliche Vorkommen von tafelförmigen Kalkoxalatkristallen gekennzeichnet sind (PFISTER).

Zimtpulver.

Zimtpulver (Abb. 700) als solches zu erkennen, ist unter dem Mikroskop sehr leicht. Man findet reichlich die durch ihre Form und Größe charakteristischen Stärkekörnchen, die Bastfasern, wie sie ähnlich in keinem anderen Gewürze vorkommen, die einseitig verdickten Steinzellen, die oft von Stärke erfüllt sind, Stabzellen, braunes Parenchym, seltener Korkgewebe und bei sorgfältigem Suchen auch die kleinen Kristallnadeln. Die Sekretzellen

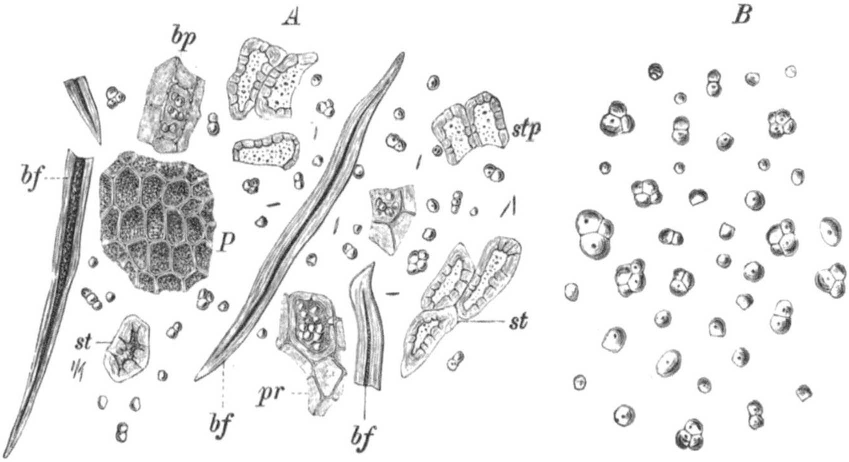

Abb. 700. *A*. Bestandteile des Zimtpulvers (J. MOELLER). *bf* Bastfasern, *st* Steinzellen des Ringes, *stp* Steinzellen der Außenrinde, *pr* Parenchym der Mittelrinde, *bp* Bastparenchym, *P* Steinkork in der Flächenansicht (vgl. Abb. 696). Vergr. 160. *B*. Stärkekörner bei 600facher Vergrößerung.

werden fast immer zerrissen; in dem feinen Pulver, wie es gewöhnlich im Handel vorkommt, wird man sie sicher kaum unversehrt oder auch nur erkennbar antreffen.

Die Feststellung, von welcher Zimtsorte ein Pulver stammt, ist bei unvermischten Proben dann möglich, wenn es sich lediglich um die Unterscheidung von Ceylon- und chinesischem Zimt handelt. Die Kleinheit der Stärkekörner, die dünneren Bastfasern, die überwiegende Zahl sehr stark verdickter, von ästigen Porenkanälen reichlich durchzogener Steinzellen, endlich das vollständige Fehlen von Kork sind ausreichende Merkmale für den Ceylon-Zimt. Reichliches Vorkommen von Kork läßt dagegen auf chinesischen Zimt schließen. Hierbei ist allerdings zu berücksichtigen, daß Ceylon-Zimt, dem Chips beigemengt sind, natürlich auch Kork enthält. Finden sich in einem Zimtpulver tafelförmige oder prismatische Kristalle, so beweist dies das Vorhandensein einer anderen Art, doch wird ihre Feststellung meist nicht möglich sein. Auf Seychellen-Zimt deutet ein sehr reichliches Vorkommen von Steinzellen und Kristallnädelchen hin.

Als Verfälschungsmittel für Zimtpulver sind früher eine ganze Reihe Stoffe beobachtet worden, die zum Teil in der Nachkriegszeit wieder auftauchten. Mehlsorten (gemahlenes Gebäck) verraten sich durch die Form ihrer Stärkekörner, die entweder größer sind als die des Zimtes — dies trifft auch für Eichelmehl (vgl. S. 150) zu —, oder durch ihre allseitige Abplattung (Reis, Hafer) auffallen.

Holz ist ohne weiteres erkennbar an den charakteristischen Gefäßen (Abb. 706 und 707). Auch die Holzfasern sind trotz einiger Ähnlichkeit nicht mit den Bastfasern des Zimtes zu verwechseln. Besonders geeignet zur Zimtfälschung hat man früher das braune Zigarrenkistenholz befunden, das von einem dem Mahagoni verwandten Baume (*Cedrela*) stammt. Dieses Holz hat weite, kurzgliederige Gefäße, deren Wände dicht mit sechseckig behöften Tüpfeln besetzt sind, schwach verdickte, mitunter ästige Holzfasern und in den Markstrahlen große Einzelkristalle (vgl. Abb. 708). Zimtholz, aus Chips stammend (s. oben S. 450), ist an den leiterförmig durchbrochenen Querwänden und den zum Teil mit großen ovalen oder gestreckten Tüpfeln versehenen Längswänden der 80—92 μ breiten Gefäße unterscheidbar.

Fremdartige Rinden sind im Zimtpulver manchmal augenblicklich, oft aber erst nach genauer Prüfung der einzelnen Elemente zu erkennen. Man hat hierbei auf abweichende Form, Größe und Tüpfelung der Bastfasern und Steinzellen, auf die Stärke, und besonders auf größere Einzelkristalle oder Drusen zu achten, die im Zimt niemals, in unseren einheimischen Rinden aber sehr häufig vorkommen.

Reis- und Hirsespelzen (vgl. S. 84 und 90) sind gelegentlich als „Zimtmatta" in den Handel gekommen, desgleichen gemahlene und gefärbte Olivenkerne (vgl. S. 263). Wiederholt beobachtet wurden in neuerer Zeit gemahlene Kakaoschalen (vgl. S. 232). Schließlich werden als Verfälschungen noch genannt: Ölkuchen, Mandelkleie, Walnuß- und Haselnußschalen (vgl. diese) und Mineralpulver. Die letzteren sind mit Hilfe der Aschebestimmung leicht nachzuweisen.

Der Mineralstoffgehalt soll 6,5%, der Sandgehalt 2% nicht überschreiten. Ein erhöhter Sandgehalt ist gewöhnlich auf die Vermahlung von sogenanntem Zimtbruch zurückzuführen, der häufig stark verunreinigt und oft auch im Geschmack außerordentlich minderwertig ist. Er besteht gewöhnlich aus kleineren, bei der Sortierung und Verpackung abfallenden Stücken von Cassia-Zimt.

Falsche Zimtrinden.

Hin und wieder gelangen auch falsche Zimtrinden in den Handel, die fast immer von Lauraceen, und zwar meistens von Cinnamomum-Arten abstammen.

Alle Lauraceen-Rinden haben folgende Merkmale gemeinsam: teilweise sklerosierten Kork; einen gemischten Sklerenchymring mit einseitig verdickten Steinzellen; typische Bastfasern, die jedoch einigen Rinden fehlen; Öl- und Schleimzellen; Kalziumoxalat in Form von Kristallnadeln.

Für die Cinnamomum-Arten ist die eigentümliche Form der Bastfasern charakteristisch. Eine offenbar zu dieser Gattung gehörige falsche Zimtrinde hat z. B. R. MICKO[1] beschrieben. Sie war fast gar nicht aromatisch, aber so reich an Schleimzellen, daß die in Wasrend gelegten Rindendeücke bald von einer dicken, gallertigen Schleimschicht umgeben waren.

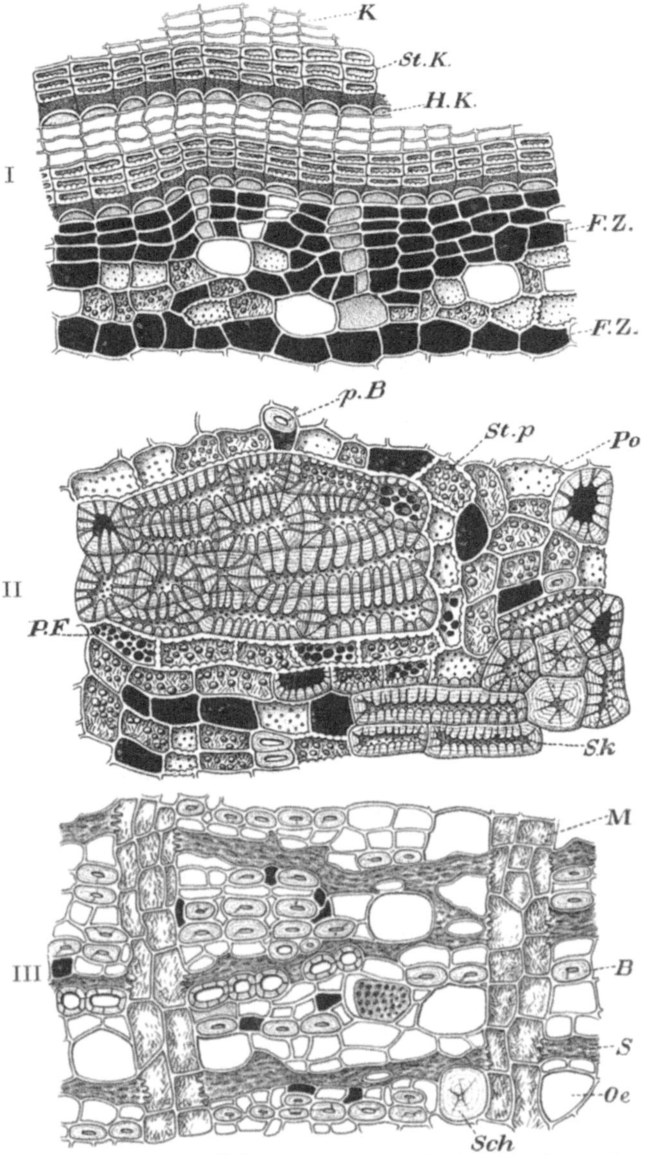

Abb. 701. Massoirinde (C. GRIEBEL). I Querschnitt durch Periderm und äußere primäre Rinde; *K* dünnwandiger Kork, *St.K.* Steinkork, *H.K.* Hufeisenkork, *F.Z.* Farbstoffzellen. II Querschnitt durch die Sklerenchymzone; *p.B.* primäre Bastfaser, *St.p.* Stärkeparenchym, *Po* Porenzelle, *P.F* Parenchym mit Farbstoffkugeln, *Sk* stabförmige Sklereiden. III Querschnitt durch die innere sekundäre Rinde, *M* Markstrahl, *B* Bastfaser, *S* Siebröhren *Oe* Ölzellen, *Sch* Schleimzelle. 1:110.

2. Massoirinde.

Das Pulver einer aus Neu-Guinea stammenden Massoirinde[2] hat während des Krieges als Gewürz für verschiedene Zubereitungen (z.B. Suppenwürfel) Verwendung gefunden. Die unzerkleinerte Rinde bestand aus bis 10 cm langen, 4—8 cm breiten und 5 bis 10 mm dicken, flachen Stücken, die auf der Außenseite zum Teil von silbergrauem bis graubraunem Kork oder rissiger Borke bedeckt waren. Sie roch stark nach Eugenol und wenig nach Safrol, zuweilen etwas nach Muskatnuß, stammte aber offensichtlich von einer Cinnamomum-Art, denn sie zeigte weitgehende Übereinstimmung mit den Zimtrinden (Abb. 701), während sie mit *Massoia aromatica* BECC.,

[1] Zeitschr. f. Unters. d. Nahrungs- u. Genußmittel Bd. 3, S. 305. 1900.

[2] Unter dem Namen Massoi oder Massoy kommen Rinden verschiedener Lauraceen in den Handel (z. B. *Massoia aromatica* BECC., *Cinnamomum xanthoneuron* BL., *C. Culilawan* BL. u. andere).

die gewöhnlich als Stammpflanze der Massoirinde angegeben wird, nichts gemein hatte.

Das Pulver war dem Zimtpulver sehr ähnlich, die Bastfasern jedoch zahlreicher, etwas länger (450—900, meist 700 μ) und etwas breiter (25—50 μ). Bemerkenswert waren die zum großen Teil gestreckten und oft stabförmig ausgebildeten Sklereiden und besonders die zahlreichen winzigen, prismatischen oder wetzsteinförmigen Oxalatkristalle. Die Markstrahlzellen waren von diesen Kristallen völlig angefüllt und erschienen daher auch in gebleichten Präparaten dunkel (Kristallsandzellen).

3. Nelkenzimt.

Die Rinde eines kleinen brasilianischen Baumes (*Dicypellium caryophyllatum* NEES — *Lauraceae*) liefert den Nelkenzimt oder die Nelkencassie. Ähnlich dem Zimt kommt sie in langen Zylindern, die aus zahlreichen ineinandergesteckten Röhren bestehen, in den Handel. Die einzelnen Röhren sind spröde, höchstens 2 mm dick, dunkelrotbraun, an der Außenseite entweder schülferig oder mit papierdünnen schwarzbraunen Plättchen bedeckt. Der schmale, gemischte Sklerenchymring besteht vorwiegend aus tangential gestreckten Zellen und läßt nur wenig Bastfasern erkennen. Die Innenrinde zeigt ein- bis dreireihige primäre Markstrahlen, die nach außen stark verbreitert sind und Ölzellen enthalten. In den übrigen Markstrahlenzellen findet sich, wie auch in vielen Zellen des Bastparenchyms, reichlich Oxalat in Form kleiner Nadeln oder schlanker Rhomben. Die Ölzellen (50 μ) sind im Bast reichlicher als in den übrigen Rindenteilen.

Die Rinde schmeckt nach Gewürznelken; sie wird aber bei uns kaum mehr benutzt und ist daher aus dem deutschen Drogenhandel fast vollständig verschwunden.

Auch der weiße Zimt, der von *Canella alba* MUSSAY (*Canellaceae*) stammt, findet als Gewürz jetzt kaum mehr Verwendung.

Neuere Literatur.

BEYTHIEN und HEPP: Seychellen-Zimt. Zeitschr. f. Unters. d. Nahrungs- u. Genußmittel Bd. 19, S. 367. 1910.

GRIEBEL und FREYMUTH: Über Massoirinde. Zeitschr. f. Unters. d. Nahrungs- u. Genußmittel Bd. 31, S. 314. 1916.

HARTWICH: Beiträge zur Kenntnis des Zimtes. Arch. d. Pharmazie. Bd. 239, S. 181. 1901.

HOCKAUF: Nachweis schleimreicher Rinden im gepulverten Handelszimt. Zeitschr. d. allg. österr. Ap.-Ver. S. 61. 1902.

MICKO: Über eine falsche Zimtrinde. Zeitschr. f. Unters. d. Nahrungs- u. Genußmittel Bd. 3, S. 305. 1900.

MEYER: Zur Kenntnis der Seychellen-Zimtrinde (mikroskopischer Teil von MÜLLER). Arbeit. aus. d. K. Ges.-Amt Bd. 36, S. 380. 1911.

ROSENTHALER und REIS: Über den Seychellen-Zimt. Ber. d. dtsch. pharmazeut. Ges. Bd. 19, S. 490. 1909.

SCHMITZ-DUMONT: Eine neue Zimtfälschung. Zeitschr. f. öff. Chem. Bd. 9, S. 32. 1903. — Über eine vermeintliche Zimtfälschung. Zeitschr. f. öff. Chem. Bd. 10, S. 315. 1904.

B. Hölzer.

Im landläufigen Sinne bedeutet „Holz" den von der Rinde bedeckten, massigen Teil der Stämme von Bäumen und Sträuchern, die man deshalb auch als „Holzgewächse“ den des Holzes scheinbar entbehrenden Kräutern gegenüberzustellen pflegt. Tatsächlich besitzen aber nicht nur die Kräuter in ihren Stengelteilen, sondern auch die Blätter, Blüten und Früchte Holz, da man im wissenschaftlichen Sinne unter Holz jenen Teil der Leitbündel versteht, dem vornehmlich die Wasserleitung obliegt. Leit- oder Gefäßbündel durchziehen alle Teile der höheren Pflanzen, die man deshalb zum Unterschied von den Lagerpflanzen (den Algen, Pilzen und Moosen) Gefäßpflanzen nennt. Im zartesten Blumenblatt, in der fleischigsten Rübe, in der saftigsten Frucht finden sich Leitbündel, daher auch Holzteile. Die sog. Nerven und Adern der Blattgebilde und die zähen Stränge oder Fäden, die beim Genusse „verholzter“ Wurzelgemüse sich unangenehm fühlbar machen, sind solche Holzteile. Man findet

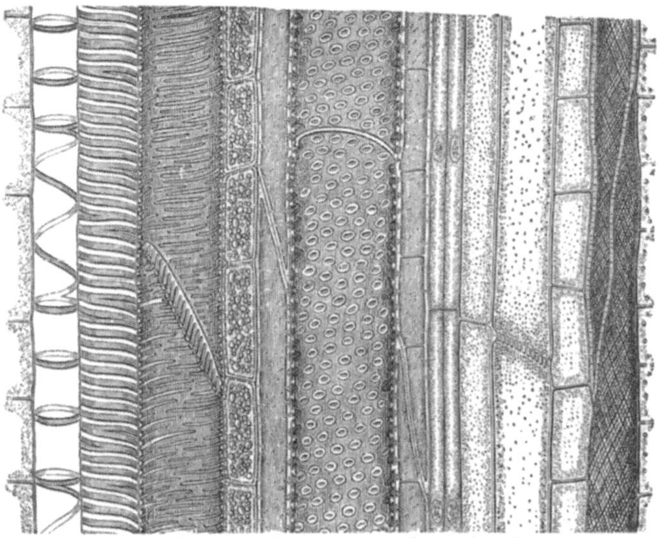

Abb. 702. Schematischer Längsschnitt durch ein Leitbündel (nach KNY); *a* Markzellen, *b* Ringgefäß, *c* Spiralgefäß, *d* Netzgefäß, *e* Holzparenchym, *f* Holzfasern, *g* Tüpfelgefäß, *h* Holzparenchym, *i* Kambium, *k* Geleitzellen, *l* Siebröhren, *m* Siebparenchym, *n* Bastfasern, *o* Rindenparenchym.

sie bei der mikroskopischen Untersuchung der meisten Vegetabilien, auch wenn diese weder im Aussehen noch in der Konsistenz an Holz erinnern.

Der wesentliche und zugleich charakteristische Bestandteil des Holzes sind die Gefäße. Es sind röhrenförmige Gebilde mit eigentümlicher Wandverdickung. In Blättern, Blüten und Früchten sowie in fleischigen (nicht ausdauernden) Wurzeln sind die Gefäßröhren meist sehr lang und spiralförmig verdickt (Abb. 702, *b* und *c*). Neben diesen finden sich in den Wurzeln zumeist auch netzförmig verdickte Gefäße (*d*). Ähnliche Gefäßformen finden sich im jungen Holz der Stämme, solange sie eben krautig sind. Wenn sie aber in die Dicke wachsen und verholzen, bilden sich andere Gefäßformen, nämlich aus kurzen und weiten Gliedern zusammengesetzte Röhren mit behöften Tüpfeln (Abb. 702, *g*). Sie sind so charakteristisch, daß Gefäßwände auch in kleinen Bruchstücken sicher zu erkennen sind, und findet man sie in einem Pulver, so kann man bestimmt sagen, daß es Holz enthält, denn kein anderes Gebilde besitzt diese oder auch nur ähnliche Elemente. Der Nachweis von Holz ist aber deshalb wichtig, weil Säge- und Raspelspäne zuweilen zur Fälschung von Futtermitteln und Gewürzen verwendet werden.

Gefäße sind zwar der wesentliche, aber der Menge nach untergeordnete Bestandteil des Holzes. Die Hauptmasse besteht aus Fasern (Abb. 703, *h*), die meist stark verdickt sind, und denen das Holz seine Festigkeit verdankt. Zwischen den Holzfasern liegt zerstreut oder in bestimmter Anordnung Parenchym.

Diese drei Elemente sind charakteristisch für die Laubhölzer. Auf Querschnitten derselben (Abb. 703) erkennt man sie leicht; die Gefäße an dem weiten Lumen, die dünnen Fasern an dem infolge der starken Verdickung engen Lumen, das den Fasern an Breite ziemlich gleiche Parenchym an dem weiteren Lumen.

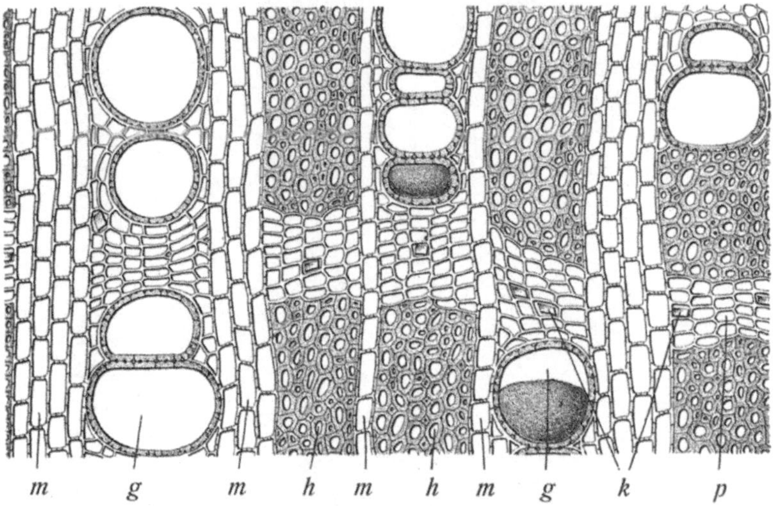

Abb. 703. Schematischer Querschnitt eines Laubholzes (GILG); *m* Markstrahlen, *g* Gefäße, *h* Fasern, *p* Parenchym, *k* Kristalle.

Die Markstrahlen erscheinen als vom Mittelpunkt ausstrahlende (Abb. 692), annähernd parallele Streifen aus in radialer Richtung gestreckten Parenchymzellen (Abb. 703). Sie sind ein- oder mehrreihig.

Die Nadelhölzer sind einfacher gebaut. Die Markstrahlen sind stets einreihig, und das von ihnen eingeschlossene Gewebe zeigt schon durch seine Gleichartigkeit (Abb. 704) einen auffallenden Unterschied vom Laubholz. Es besteht tatsächlich fast nur aus einer einzigen Zellform, den sog. Tracheiden. Sie sind nicht Zellfusionen wie die Gefäße, sondern faserförmige Zellen mit großen, meist in einfacher Reihe stehenden Hoftüpfeln (Abb. 705). Die typischen drei Zellformen des Laubholzes sind in den Tracheiden des Nadelholzes in eine einzige Zellform vereinigt. In einigen Nadelhölzern kommt spärlich Parenchym vor, viele besitzen Balsamgänge.

Praktisch wichtiger sind die Seitenansichten, denn solche bieten die beim Pulvern und Raspeln entstehenden Splitter dar. An den Gefäßen und Tracheiden sind die Tüpfel immer deutlich zu erkennen, Fasern und Parenchym sind den gleichnamigen Elementen in der Rinde ähnlich, unterscheiden sich aber von letzteren durch ihre Starrheit infolge der starken Verholzung. Alle Elemente des Holzes färben sich in Alkalien intensiv gelb. Ein weiteres Unterscheidungsmerkmal bieten die Markstrahlen. Sie sind mit den Holzteilen innig verwachsen, so daß sie beim Zerkleinern nicht abgetrennt werden. An den meisten, auch den kleinsten Holzsplittern findet man daher Markstrahlzellen, die durch ihre Form und Lage sehr charakteristisch sind. Um sie deutlich zu sehen, schneide man durch den Markstrahl (radial) und senkrecht darauf (tangential). In der Radialansicht bilden sie Parenchymplatten nach Art eines Mauerwerkes und kreuzen die Fasern rechtwinkelig (Abbildung 708, *A*). In der Tangentialansicht erscheinen sie als rundliche Zellen in spindelförmigen Gruppen (Abb. 708, *B*) zwischen den Fasersträngen oder dem ebenfalls längs gestreckten Holzparenchym.

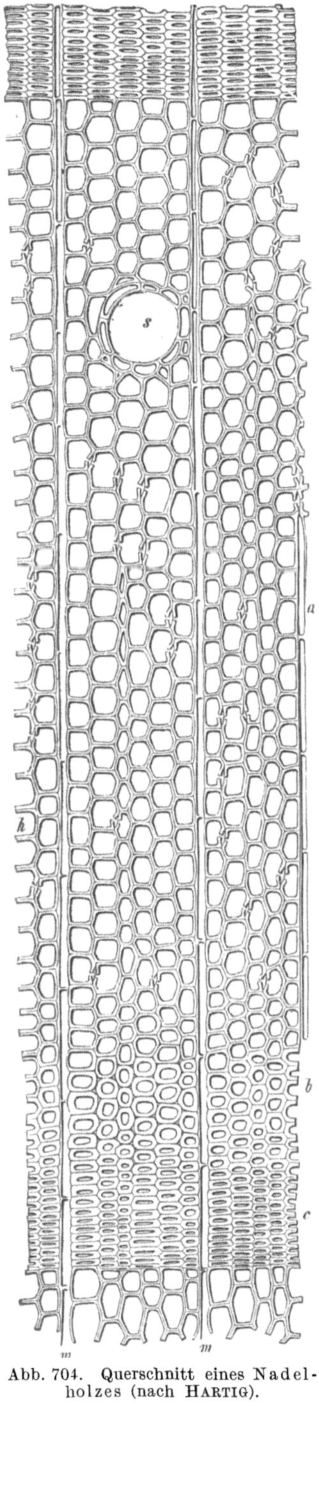

Abb. 704. Querschnitt eines Nadelholzes (nach HARTIG).

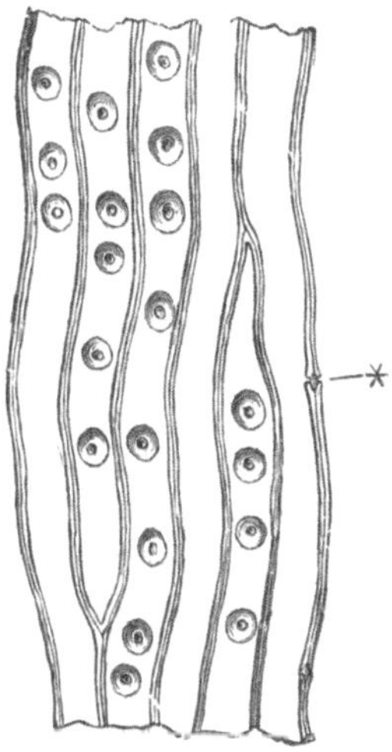

Abb. 705. Nadelholztracheiden (n. HARTIG); bei * ein Hoftüpfel durchschnitten.

Sägemehl

kann nur zur Fälschung der gröberen Mahlprodukte verwendet werden. Der Nachweis ist einfach. Man bringt etwas von dem fraglichen Pulver in einen Tropfen Kalilauge und sieht dann etwa vorhandene Holzfragmente schon häufig mit freiem Auge als gelbe Pünktchen im Präparat. Untersucht man diese näher, so läßt sich mit Sicherheit feststellen, ob sie in der Tat Holzbestandteile sind, auch ob sie einem Laub- oder Nadelholz angehören. Die Art des Holzes zu bestimmen, ist in vielen Fällen ebenfalls möglich, doch nur bei genauer Kenntnis der Anatomie der gebräuchlichen Holzarten.

Laubholzmehl

ist an den mit zahlreichen kleinen Hoftüpfelchen besetzten Gefäßfragmenten (Abb. 706, *g*) erkennbar. In viel größerer Menge finden sich Holzfasern, meist zu Bündeln vereinigt, oft mit anhaftendem Holzparenchym (*p*), gekreuzt mit Markstrahlparenchym (*m*). Letzteres auch in Tangentialansicht oder isoliert (Abb. 706, in der Mitte unten). Kalziumoxalat in Form gut ausgebildeter Einzelkristalle findet sich im Parenchym vieler tropischer Hölzer (in sog. Kristallkammerzellen).

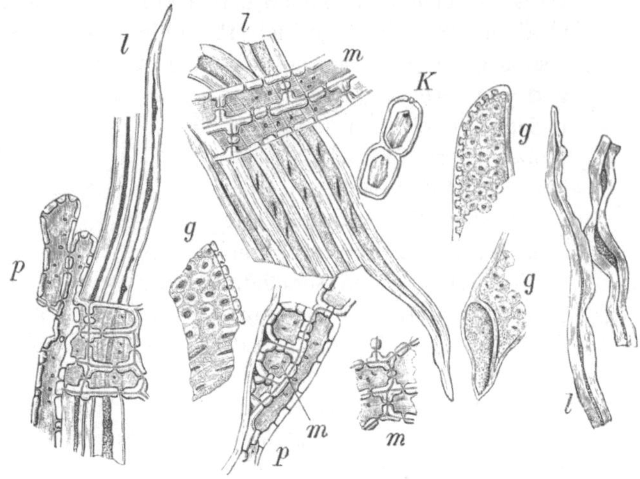

Abb. 706. Sägemehl eines Laubholzes (J. MOELLER). *p* Holzparenchym, *l* Holzfasern, *g* Gefäßfragmente, *m* Markstrahlen in radialer und tangentialer Ansicht, *K* Kristallzellen.

Die Unterscheidung der zahlreichen Laubhölzer im gepulverten Zustande ist sehr schwierig. Wertvolle Anhaltspunkte bietet der Bau und die Anordnung der Gefäße, die Verteilung des Parenchyms und die Verdickung der Fasern.

Nadelholzmehl

besteht größtenteils aus Tracheiden (Abb. 707), die an den großen Hoftüpfeln in meist einfacher Reihe leicht kenntlich sind. Die Tracheiden tragen jedoch die Hoftüpfel nur an der den Markstrahlen zugekehrten Seite[1], die durch Radialschnitte bloßgelegt wird. In der Tangentialansicht haben die Tracheiden

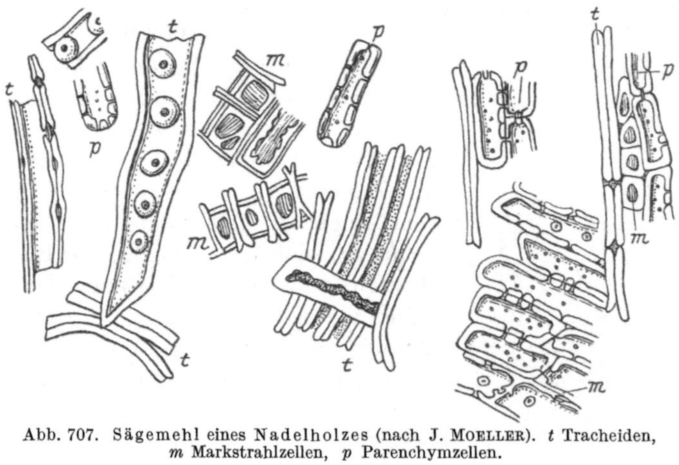

Abb. 707. Sägemehl eines Nadelholzes (nach J. MOELLER). *t* Tracheiden, *m* Markstrahlzellen, *p* Parenchymzellen.

Ähnlichkeit mit Fasern, sind aber von solchen bestimmt an den in der Wand gelegenen, linsenförmigen Tüpfeldurchschnitten zu unterscheiden (s. Abb. 705 und 707).

[1] Ausgenommen die dickwandigen Tracheiden des Herbstholzes, die aber wegen ihrer geringen Zahl praktisch belanglos sind.

Die meisten bei uns gebräuchlichen Nadelhölzer sind an ihren Tracheiden nicht zu unterscheiden, wohl aber an den Markstrahlzellen.

Diese sind bei der Tanne einfach getüpfelt; bei der Fichte teils einfach getüpfelt (in der Mitte), teils behöft getüpfelt (am Rande oben und unten); bei der Kiefer am Rande des Markstrahles gezackt, in der Mitte desselben breit gelocht; bei der Lärche ähnlich denen der Fichte, jedoch meist verharzt. Die drei letztgenannten Holzarten besitzen Balsamgänge, die schon mit unbewaffnetem Auge kenntlich sind, im Sägemehl jedoch um so seltener aufgefunden werden, je feiner es ist. Gerade ihrer Größe wegen werden sie bei der Zerkleinerung des Holzes meist zerrissen.

Gut ausgebildete Oxalatkristalle kommen im Nadelholze nicht vor.

Holzmehl hat während des Krieges und in der Nachkriegszeit auch zur Verfälschung von Brot gedient. In Präparaten, die nach dem Kleieanreicherungsverfahren hergestellt sind (S. 24), lassen sich selbst die kleineren Teilchen leicht erkennen. Größere Partikelchen findet man gewöhnlich schon in Quetschpräparaten, die mit Hilfe von Lauge hergestellt sind.

Rotes Sandelholz.

Das rote Sandelholz, von *Pterocarpus santalinus* L. fil. (*Papilionaceae*), einem Baume Ostindiens stammend, ist das gebräuchlichste Rotholz. Es wird nicht nur technisch und in der Pharmazie als Färbemittel, sondern erfahrungsgemäß auch zur Fälschung, namentlich zur Färbung von Gewürzen verwendet.

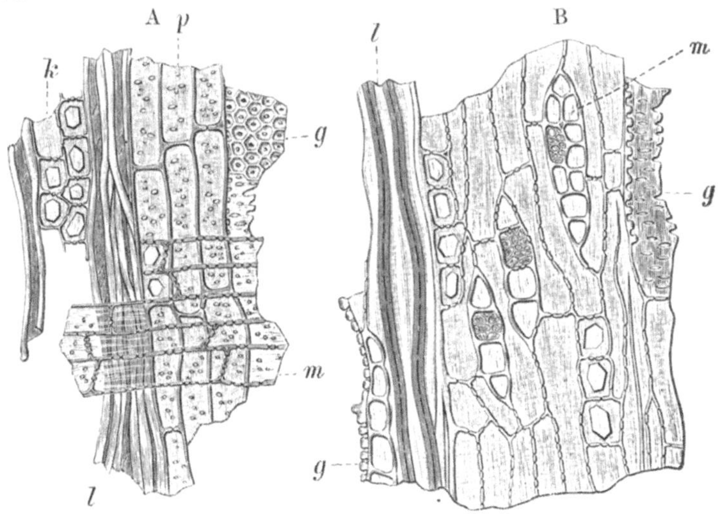

Abb. 708. Sandelholz in radialer (A) und in tangentialer Ansicht (B) (J. MOELLER).
k Kristallkammerzellen, *l* Holzfasern, *p* Holzparenchym, *g* Gefäße, *m* Markstrahlen.

Der Querschnitt des hellroten Kernholzes zeigt unter der Lupe die Gefäßporen durch wellenförmige, tangentiale Linien (Parenchymbänder) verbunden und zahlreiche feine Markstrahlen.

Die Splitter des Sandelholzpulvers erscheinen unter Wasser orangerot und werden durch Lauge purpurrot, wobei sie sich infolge Lösung des Farbstoffes mit einem roten Hof umgeben; sie sind also sehr auffallend. Die Gefäßwände sind dicht getüpfelt (Abb. 708, *g*), die Fasern sehr stark verdickt (*l*), die Markstrahlen (*m*) meist einreihig. Besonders charakteristisch ist außer der Farbe das reichliche, an manchen Bruchstücken überwiegende Parenchym (Abb. 708, *B*) mit zahlreichen großen Kristallen.

Als Verfälschungen des Safrans (siehe diesen) sind außer Sandelholz auch noch andere gebräuchliche Farbhölzer beobachtet worden, wie das Fernambukholz (*Guilandina echinata* Spr. — *Caesalpiniaceae*) und das Campecheholz (*Haemotoxylon campechianum* L.), deren Bau dem erstgenannten ähnlich ist.

VIII. Unterirdische Pflanzenteile.

Hierher gehören teils Wurzeln, teils unterirdische Stämme (Wurzelstöcke, Knollen, Zwiebeln).

Die als Nahrungsmittel, meist als Gemüse verwendeten Wurzelgebilde (Möhren, Pastinak, Sellerie, Petersilie, Rüben, Rettich, Meerrettich, Schwarzwurzel u. a.) verdanken ihre Genußfähigkeit einer durch Kultur hervorgerufenen Verdickung (Vermehrung des Parenchyms), womit auch die Inhaltsstoffe vermehrt und zum Teil verändert werden.

Viele unterirdische Stämme wetteifern bezüglich ihrer Bedeutung als Nahrungsmittel mit den Zerealien, so reich sind sie an Stärkemehl (Kartoffel, Maniok, Batate u. a.); andere sind wegen ihrer spezifischen Inhaltsstoffe wertvolle Genußmittel und dienen vorwiegend als Gewürze (Zwiebel, Ingwer, Kalmus, Kurkuma u. a.); einige finden bei der Herstellung von Kaffee-Ersatzmitteln Verwendung (Zichorie, Löwenzahnwurzel, Rüben).

In anatomischer Hinsicht nehmen die Zwiebeln eine Sonderstellung ein. Sie werden aus fleischigen Blattbasen gebildet und stimmen daher im Aufbau mit den Blättern der betreffenden Arten im wesentlichen überein.

Stamm und Wurzel bestehen der Hauptsache nach aus dreierlei Gewebeformen: der Oberhaut oder einer sie vertretenden Korkschicht, dem Grundgewebe und den Leitbündeln.

Der für uns wichtigste Bestandteil der unterirdischen Stämme ist das Grundgewebe, denn es ist das eigentliche Speichergewebe, das aus einem großzelligen Parenchym besteht. Es ist zugleich auch der quantitativ weitaus überwiegende Bestandteil, nicht selten in dem Maße, daß die Leitbündel fast verschwinden. Im Bau bietet das Parenchym keine erheblichen Unterschiede, um so mehr in den Inhaltstoffen. Am verbreitetsten ist die Stärke, neben der gewöhnlich auch geringe Mengen von Eiweißstoffen vorkommen. Sie bildet den wesentlichen Inhalt der meisten Knollen und Wurzelstöcke (Kartoffel, Batate, Manihot, Yam, Ingwer, Kurkuma u. a.), auch einiger Zwiebeln.

Andere Kohlenhydrate (Inulin, Zucker, Schleim) erfüllen als Lösungen das Parenchymgewebe, sind also vom Standpunkt des praktischen Mikroskopikers von geringerem Interesse. Neben diesen Reservestoffen finden sich die verschiedenartigsten Substanzen in verhältnismäßig sehr geringen Mengen, die aber gleichwohl von hervorragender Wichtigkeit sein können, weil die ökonomische Bedeutung vieler unterirdischer Teile, die als Gewürze u. dgl. Verwendung finden, durch sie vor allem bedingt ist. Sie bilden in der Regel einen Teil des allgemeinen Zellinhaltes; in einigen besonderen Fällen sind sie auf bestimmte Zellen beschränkt und bieten dadurch für die mikroskopische Diagnose wertvolle Anhaltspunkte.

Von den Zwiebeln abgesehen, gleicht die äußere Bedeckung der unterirdischen Stämme jener der analogen oberirdichen Organe. Die Oberhaut pflegt nur an den jüngsten Teilen erhalten zu sein; frühzeitig wird sie durch Kork (Periderm) ersetzt, der zarthäutig und von geringer Mächtigkeit ist.

Die Leitbündel bestehen aus einem Holzteil (Xylem oder Hadrom) und einem Bastteil (Phloem oder Leptom). Der Holzteil ist leicht erkennbar an den nie fehlenden Gefäßen, der Bastteil an der Kleinzelligkeit des Gewebes. Die Leitbündel sind oft von Fasern begleitet oder auch rings umgeben.

Die gegenseitige Lage von Xylem (Hadrom) und Phloem (Leptom) ist verschieden und oft charakteristisch. Umschließt der eine Teil den anderen ringförmig (s. Abb. 730), so heißt das Bündel leptozentrisch, wenn das Leptom innen liegt, im umgekehrten Fall hadrozentrisch. Liegen beide Teile nebeneinander, so sind zwei Fälle möglich; entweder das Phloem liegt in radialer Richtung vor dem Xylem, das Leitbündel ist kollateral (s. Abb. 692); oder das Phloem liegt an der Seite (rechts oder links) vom Xylem, das Leitbündel ist radial.

Leptozentrische Leitbündel haben zumeist die Monokotyledonen, kollaterale die Dikotyledonen, radiale sind für die echten Wurzeln beider Klassen charakteristisch.

Die Verteilung der Leitbündel im Stamm, erkennbar am Querschnitt, ist ebenfalls verschieden.

Bei den Monokotyledonen stehen die Bündel isoliert und sind unabhängig voneinander über den Querschnitt unregelmäßig verteilt. In Wurzeln bilden alle Leitbündel einen zentralen Strang, der von einer Kernscheide (Endodermis) umgeben ist. Das außerhalb der Kernscheide gelegene, oft mächtige Wurzelgewebe nennt man die Rindenschicht; sie enthält keine Leitbündel. Auch in den unterirdischen Stämmen der Monokotyledonen bilden die Leitbündel einen zentralen, von der Kernscheide umgebenen Strang; aber es finden sich zerstreute Bündel auch außerhalb der Kernscheide.

Bei den Dikotyledonen sind die Leitbündel derart im Kreise angeordnet, daß ihre Holzteile nach innen, ihre Bastteile nach außen zu liegen kommen. Dadurch bilden alle Holzteile zusammen einen zentralen Strang („Holz"), der von den zugehörigen Bastteilen („Rinde") mantelartig umgeben ist (s. Abb. 692). Zwischen Holz und Rinde ist die kreisförmige Grenzlinie in der Regel deutlich erkennbar. Sie ist aber keine Kernscheide, sondern das Kambium. Ob eine auf dem Querschnitt eines unterirdischen Pflanzenteils sichtbare Kreislinie als Kernscheide oder als Kambium anzusprechen sei, ist leicht zu entscheiden: innerhalb des Kambiums liegt nur Holz, innerhalb der Kernscheide liegen vollständige Leitbündel (also Holz und Bast); auch ist die Kernscheide aus eigentümlichen, von der Umgebung häufig auffallend verschiedenen Zellen zusammengesetzt[1].

Die typische Anordnung und der Bau der Leitbündel ist an unterirdischen Pflanzenteilen nicht immer deutlich erkennbar. Je mehr dieselben zu Speicherorganen umgewandelt sind, d. h. je mehr das parenchymatische Gewebe über-

[1] Die jüngsten Dikotylenwurzeln sind nach dem Monokotylentypus gebaut; allein in der Regel wird die Endodermis frühzeitig durch Kork abgestoßen, und die in der Anlage radialen Leitbündel entwickeln sich kollateral weiter.

wiegt, desto mehr treten die Leitbündel in den Hintergrund, so daß sie bei manchen rüben- oder knollenförmigen Gebilden als zarte Fäserchen die Grundmasse spärlich und scheinbar regellos durchziehen.

A. Gemüse, Kaffee-Ersatzstoffe.

a) Aus der Familie der Liliaceen.

Die Blätter der nachstehend genannten *Allium*-Arten sind — soweit sie in der Küche Verwendung finden — bereits im vorhergehenden Abschnitt behandelt worden.

1. Zwiebel.

Die Sommerzwiebel oder Bolle (*Allium cepa* L.) wird bei uns in zahlreichen Formen kultiviert. Sie ist außen von einigen rötlichbraunen, zähen, trockenen Häuten („Schalen") umgeben. Die zunächst folgenden fleischigen Blätter sind auf der Außenseite noch zum Teil gefärbt und trocken, die übrigen ganz fleischig. Am Längsschnitt erkennt man am Grunde den Zwiebelkuchen, an dessen Unterseite die dünnen Wurzeln entspringen. Auf dem Zwiebelkuchen stehen eine oder wenige Knospen, die von den fleischigen Hüllen eingeschlossen sind.

Die Zellen beider Epidermen der fleischigen Blätter sind gestreckt polygonal, dünnwandig; nur bei der äußeren Oberhaut des unmittelbar unter den trockenen Hüllen gelegenen Blattes sind sie, wie bei jenen, ziemlich dickwandig und sehr groß. Das von Leitbündeln mit oft weiten Spiralgefäßen durchzogene Mesophyll ist ein großzelliges Parenchym, in dem nahe der Oberhaut auch unverzweigte Milchsaftschläuche verlaufen.

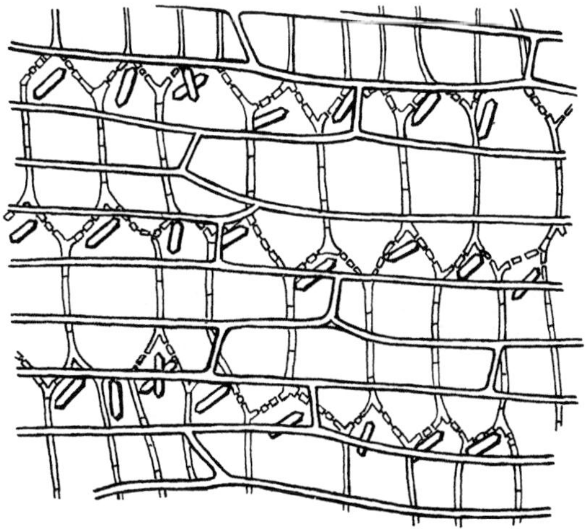

Abb. 709. Trockene Zwiebelschale; äußere Epidermis und Hypoderm, das zahlreiche Oxalatprismen enthält. 1:120 (C. Griebel).

Die trockenen Schalen sind vorzüglich gekennzeichnet durch die prismatischen Oxalatkristalle in dem unter der äußeren Oberhaut gelegenen Hypoderm (Abb. 709). Die in Reihen angeordneten zur Oberhaut gekreuzt verlaufenden Hypodermzellen erscheinen in der Fläche gestreckt sechsseitig, ihre Wände verdickt und meist an den Schmalseiten getüpfelt. Die Kristalle kommen oft auch zu mehreren, häufig als Zwillinge vor, und liegen vorwiegend an der einen Schmalseite der Zellen. Auch das erste fleischige Blatt enthält gewöhnlich noch kleine, oft fast würfelförmige Kristalle.

Die Winterzwiebel (*A. fistulosum* L.) und die Schalotte (*A. ascalonicum* L.) ist in anatomischer Hinsicht von der Sommerzwiebel nicht verschieden.

Zwiebelpulver, das zuweilen als Gewürz (z. B. zum Ausbraten von Fett) in den Handel kommt, besteht hauptsächlich aus dünnwandigem Mesophyllparenchym mit Leitbündelbruchstücken. Teile der trockenen Schale mit prismatischen Kristallen finden sich nur sehr selten, weil die Zwiebeln vor der Verarbeitung geschält werden.

2. Perlzwiebeln.

Perlzwiebeln sind die durch ein besonderes Kulturverfahren gewonnenen Zwiebelchen von *A. sativum* var. *Ophioscorodon* DON (Rockenbolle). Auch die Brutzwiebeln von *A. scorodoprasum* L. finden angeblich als Perlzwiebeln Verwendung.

Die Perlzwiebeln sind fast kugelig, bis haselnußgroß, weiß, etwas glänzend, die äußersten sehr dünnen Schalen trockenhäutig. Die Hypodermzellen der trockenen Schalen enthalten meist mehrere Kristalle, gewöhnlich Zwillinge oder Drillinge.

Die Schale der Brutzwiebeln von A. scorodoprasum ist ziemlich dick und zähe, ihre äußere Epidermis aus stark sklerosierten faserförmigen Zellen gebildet.

3. Porree.

Der Porree (*A. porrum* DON) hat eine schmale längliche Zwiebel, die zusammen mit den Blättern (vgl. S. 413) als Gemüse oder Suppenkraut Verwendung findet. Der Kuchen der ausgewachsenen Zwiebel ist groß und enthält Gewebe aus dickwandigen, grob-porösen rundlichen Zellen, auch Zellen mit kleinen Oxalatprismen.

4. Knoblauch.

Der Knoblauch (*A. sativum* L. var. *vulgare* DÖLL.) hat eine zusammengesetzte, von mehreren trockenen weißlichen Hüllen umgebene Zwiebel. Die dem Zwiebelkuchen aufsitzenden und von eigenen Hüllen umgebenen, dicht aneinanderschließenden und dadurch etwas kantigen Nebenzwiebeln (Zehen) sind an der Innenseite konkav, an der Außenseite konvex, nach oben allmählich verjüngt.

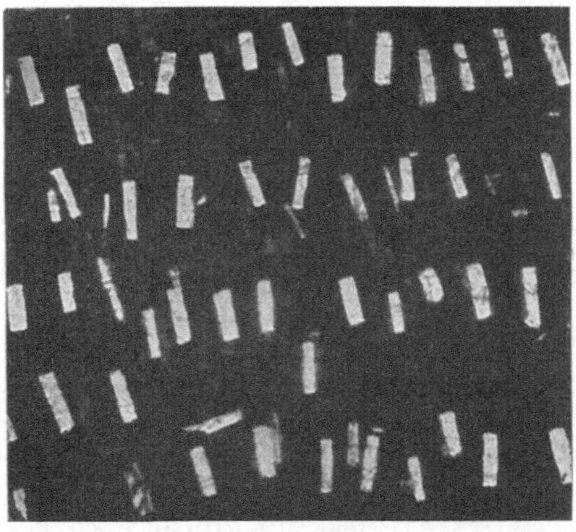

Abb. 710. Trockene Schale vom Knoblauch im polarisierten Licht 1:100 (Phot. C. GRIEBEL).

Die trockenen, weißlichen Hüllen stimmen im Bau mit denen der gewöhnlichen Zwiebel im wesentlichen überein. Sie sind sehr reich an Kristallen, die namentlich in der äußersten Hülle sehr groß sind (Abb. 710). Die „Zehen“ sind von einer sehr zähen, trockenen Haut überzogen, deren Epidermis aus faserartig gestreckten, stark sklerosierten und getüpfelten Zellen besteht. Das Gewebe der weichen Blätter zeigt keine Verschiedenheiten gegenüber anderen Allium-Arten.

5. Blumenzwiebeln.

Die Blumenzwiebeln müssen an dieser Stelle kurz Erwähnung finden, weil sie während des Weltkrieges vielfach zur Herstellung von Kaffee-Ersatz Verwendung gefunden haben. Während Hyazinthen- und Tulpenzwiebeln unbedenklich erscheinen, liefern Narzissenzwiebeln ein Produkt von brechenerregender Wirkung.

Die Mesophyllzellen enthalten bei den hier in Betracht kommenden Arten kleinkörnige Stärke in großer Menge.

Charakteristisch für die

Narzissenzwiebel

(*Narcissus poeticus* L., *N. pseudonarcissus* L. — *Amaryllidaceae*) sind die vorwiegend in der Nähe der Epidermis der fleischigen Blattbasen gelegenen, in Längsreihen angeordneten Raphidenbündel (Abb. 711), die in schlauchförmig gestreckten Zellen liegen (Abb. 712), während das übrige von wenigen Gefäßbündeln durchzogene Gewebe aus ziemlich regelmäßig angeordneten, fast isodiametrischen, von kleinkörniger Stärke erfüllten Zellen besteht.

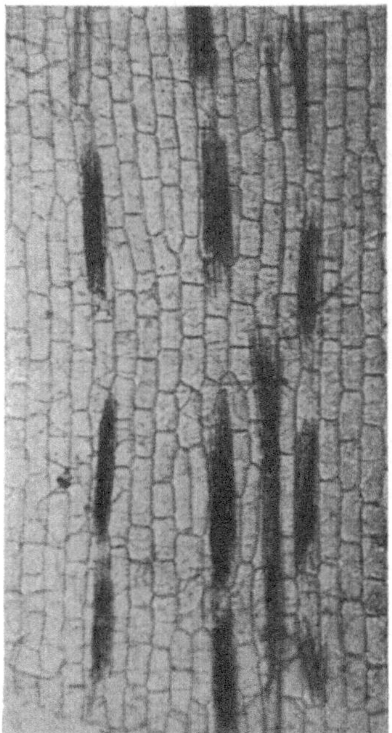

Abb. 711. In Längsreihen angeordnete Raphidenbündel der Narzissenzwiebel. Quetschpräparat aus gebleichtem Kaffee-Ersatz. 1:80 (Phot. C. GRIEBEL).

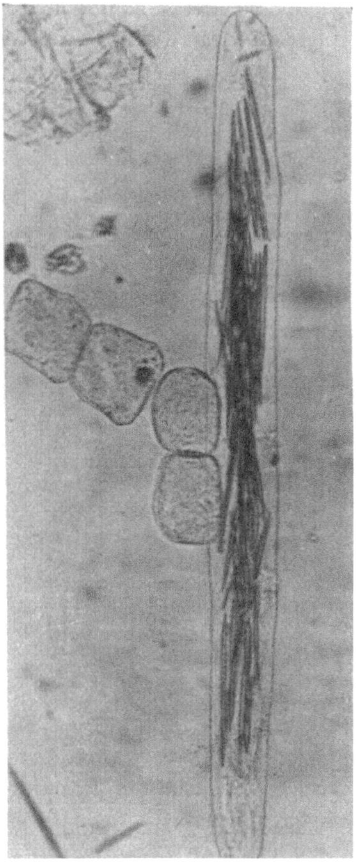

Abb. 712. Narzissenzwiebel. Raphidenschlauch und Stärkeparenchymzellen aus gebleichtem Kaffee-Ersatz. 1:200 (Phot. C. GRIEBEL).

Raphiden gleicher Größe und Anordnung finden sich übrigens auch bei den Schneeglöckchenarten (*Leucojum vernum* L., *Galanthus nivalis*), die ebenfalls zu den Amaryllidaceen gehören.

Im Kaffee-Ersatz fallen die von Blumenzwiebeln stammenden Teilchen unter der Lupe durch gelbbraune Farbe und hornartige Beschaffenheit auf. Zur Untersuchung bleicht man mit JAVELLEscher Lauge und stellt Quetschpräparate her.

6. Spargel.

Spargel sind die fleischigen, unterirdischen Sprossen von *Asparagus officinalis* L., der in Europa und Mittelasien heimisch ist und bei uns vielfach kultiviert wird. Der Schaft ist mit breit dreieckigen Niederblättern besetzt, die an der dunkler gefärbten, kegelförmigen Spitze dachziegelartig genähert sind.

Am Querschnitt erkennt man unter der Epidermis eine schmale Rindenschicht aus dünnwandigem Parenchym mit Raphiden in einzelnen Zellen. Hierauf folgt ein geschlossener Ring (5—8 Reihen) aus wenig verdickten Fasern. Innerhalb des Faserringes finden sich im parenchymatischen Grundgewebe zahlreiche leptozentrische Gefäßbündel über den ganzen Querschnitt verteilt.

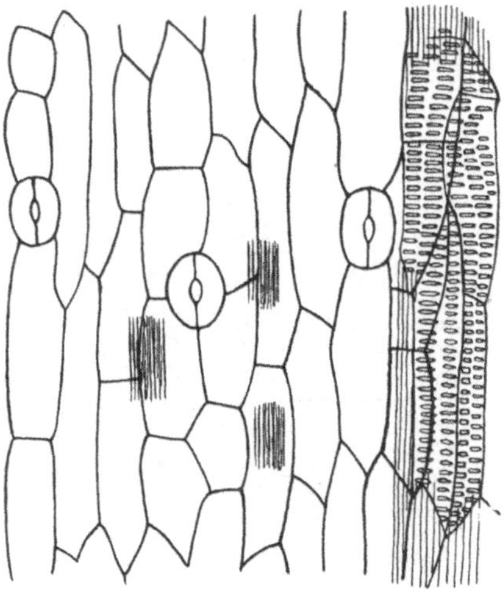

Abb. 713. Schuppenblatt des Spargelkopfes, innere Epidermis; im Mesophyll Raphiden, rechts Gefäßbündel mit Netztracheiden. 1:225 (C. GRIEBEL).

Die Epidermis besteht in der Flächenansicht aus schmalen, langgestreckten Zellen, zwischen denen einzelne Spaltöffnungen vorkommen. Die Zellen des Rindenparenchyms sind, wie fast alle Elemente der Sprosse, axial gestreckt, die Raphiden oft in benachbarten Zellen übereinander angeordnet, die Fasern sehr lang, spärlich und klein getüpfelt. Die Gefäße zeigen netz- oder leiterförmige, einige auch spiralige Verdickungen.

Die Schuppenblätter sind der Länge nach von fast parallelen Gefäßbündeln durchzogen. Ihre äußere Epidermis besteht im basalen Teil aus derbwandigen Zellen, dazwischen Spaltöffnungen. An der inneren Epidermis (Abb. 713) sind die Wände zuweilen zart geperlt, auch hier finden sich Stomata. Einzelne Zellen des Mesophylls enthalten Raphiden.

Der Ersatz des Spargels im „Leipziger Allerlei“ durch Schwarzwurzel (s. d.) ist leicht an den Milchsaftschläuchen der letzteren erkennbar.

b) Aus der Familie der Umbelliferen.

7. Sellerie.

Sellerie ist der durch die Kultur fleischig gewordene Wurzelstock von *Apium graveolens* L. Er ist knollig, bis über faustgroß, von Blattnarben dicht geringelt, nach abwärts gerundet vierseitig und mit zahlreichen braunen Nebenwurzeln besetzt.

Der Querschnitt zeigt eine schmale weiße Rinde und einen etwa viermal so breiten, graubräunlichen, undeutlich strahlig gestreiften Holzkörper, der allmählich in das große weiße schwammige Mark übergeht.

Die Rinde ist von großzelligem, braunem Kork bedeckt und enthält reichlich Sekretschläuche, die sich im Durchmesser von den Parenchymzellen nicht unterscheiden. Im Holzkörper finden sich bis 40 μ weite Netzgefäße, zum Teil in kurzen radialen Reihen. Rinden- und Holzparenchym sind frei von Stärke. Faserartige Elemente fehlen. Das Mark besteht aus einem lockeren, luftreichen Schwammgewebe.

8. Petersilienwurzel

stammt von *Petroselinum hortense* HOFFM. Sie ist möhrenförmig, an der Oberfläche gelblichweiß oder bräunlich und zeigt genäherte ringförmige Streifen. Der Querschnitt ist weiß, die Rinde gegen den Holzkörper zu bräunlich, fein strahlig gestreift; die Breite der Rinde beträgt etwa $^1/_4$ der des deutlich strahligen Holzkörpers.

Die Rinde ist von einem Periderm aus wenigen Lagen dünnwandiger Korkzellen bedeckt. Das Parenchym enthält reichlich kleinkörnige Stärke (zum Teil zusammengesetzt aus 2—3, selten aus 4 Körnern). Namentlich in der Nähe der Kambialzone liegen in der Rinde schizogene Sekretgänge, die kaum die Weite der Gefäße erreichen. Innerhalb des Kambiums finden sich Netzgefäße in kurzen, radialen Reihen. Faserartige Elemente fehlen. Das Holzparenchym ist wie das Rindenparenchym reich an Stärke.

9. Pastinak

ist die durch die Kultur fleischig gewordene Wurzel von *Pastinaca sativa* L. Sie ist möhrenförmig, gelblich oder gelbbräunlich und zeigt dunklere, genäherte, ringförmige Streifen und Korkflecken. Der Querschnitt ist weiß; die Breite der Rinde beträgt $^1/_3$ bis $^1/_2$ der des Holzkörpers. Der Holzkörper ist an der Peripherie zuweilen unregelmäßig kantig oder ausgeschweift, im Innern deutlich gestreift. In anatomischer Hinsicht ist die Wurzel der vorhergehenden ähnlich. Sekretgänge treten kaum in Erscheinung. Die Holz- und Rindenparenchymzellen enthalten reichlich sehr kleinkörnige Stärke, die zum Teil aus 2—5 und mehr Körnern zusammengesetzt ist.

10. Kerbelrübe

stammt von *Chaerophyllum bulbosum* L., und zwar meist von kultivierten Pflanzen. Sie ist bis 7 cm lang, 3—5 cm dick, grob querrunzelig, mit quergestreckten Wurzelnarben besetzt. Auf dem Querschnitt ist sie deutlich strahlig. Die Dicke der Rinde beträgt etwa $^3/_5$ des Halbmessers.

Das Parenchym enthält wie bei den beiden vorhergehenden Arten reichlich kleinkörnige Stärke.

11. Mohrrübe.

Mohrrübe, Möhre, gelbe Rübe, Karotte ist die durch Kultur fleischig gewordene Wurzel von *Daucus carota* L. Sie ist, je nach der Kulturform, lang walzenförmig, kegelförmig bis fast kugelig, hellgelb bis tief gelbrot. Am Querschnitt erscheint die Rinde blaßrot, in der äußeren Hälfte mit dunkelroten Punkten und Adern durchsetzt, die bald strahlig, bald zonenförmig angeordnet sind, in der inneren Hälfte wie der Holzkörper deutlich strahlig gestreift.

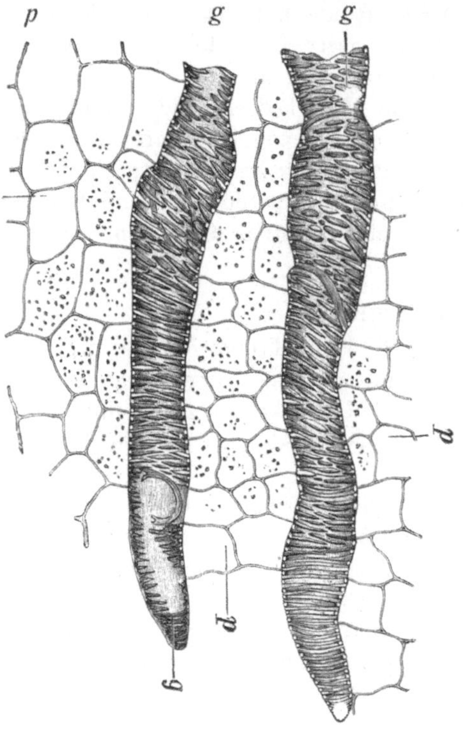

Abb. 714. Längsschnitt durch die Möhre (J. MOELLER). *g* Netzgefäße, *p* Parenchym.

Außen ist die Möhre von dünnem Kork bedeckt, dessen Zellen 30 bis 75 μ groß werden. Das Parenchym ist im Gegensatz zu anderen Rüben ziemlich kleinzellig. Es enthält gelbroten Farbstoff (Carotin), zum Teil in schön ausgebildeten Chromatophoren, der sich mit konzentrierter Schwefelsäure blau färbt. Die Verdickungsleisten der nur ausnahmsweise über 50 μ weiten Netzgefäße (Abb. 714) stehen sehr eng aneinander und lassen nur schmale Spalten zwischen sich frei. Zuweilen finden sich Übergänge zu Spiral- und Treppengefäßen.

Möhren dienen zur Verfälschung von Tomatenmark. Durch die großen Netzgefäße sind sie leicht nachzuweisen.

c) Aus der Familie der Chenopodiaceen.

12. Runkelrübe.

Runkelrübe, Zuckerrübe, rote Rübe (rote Beete oder Salatrübe) sind die Wurzeln verschiedener durch die Kultur entstandener Formen von *Beta vulgaris* L. Diese Rüben sind durch süßen Geschmack (Zuckergehalt), die rote Rübe außerdem durch den dunkelroten Zellsaft ausgezeichnet.

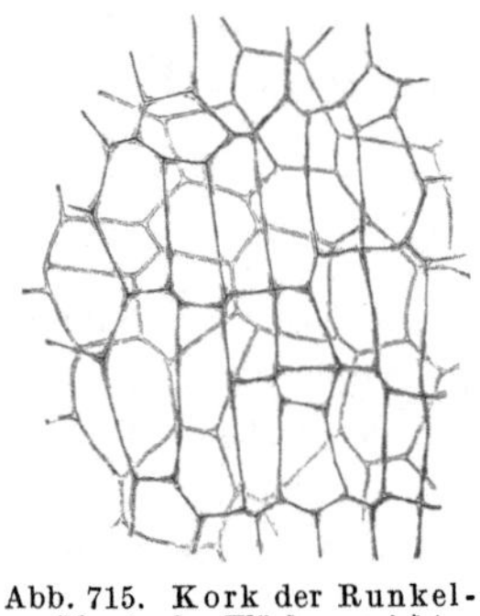

Abb. 715. Kork der Runkelrübe in der Flächenansicht (J. MOELLER).

Der Kork ist bei der Runkel großzellig (30—75 μ) und bietet in der Flächenansicht mit den durchscheinenden Korkmutterzellen ein ziemlich wirres Bild dar (Abb. 715), wie bei der Möhre. Die Parenchymzellen sind verhältnismäßig derbwandig.

Besonders charakteristisch sind die im Parenchym vereinzelt vorkommenden, meist gestreckten Kristallsandzellen (Abb. 716), die mit kleinen Kriställchen von Kalziumoxalat angefüllt sind, und die sich bei keiner anderen Rübensorte finden. Die Gefäße und Tracheiden (meist 40 μ, vereinzelt bis 80 μ breit) weisen ein sehr weitmaschiges Netz von Verdickungsleisten auf (Abb. 717). Die Gefäßbündel sind hin und wieder von schwach verdickten Holzfasern mit schiefen Spaltentüpfeln begleitet.

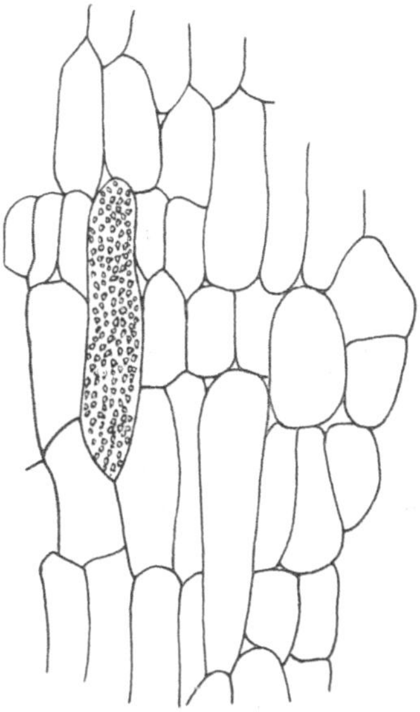

Abb. 716. Parenchym der Runkelrübe mit Kristallsandschlauch. 1 : 225 (C. GRIEBEL).

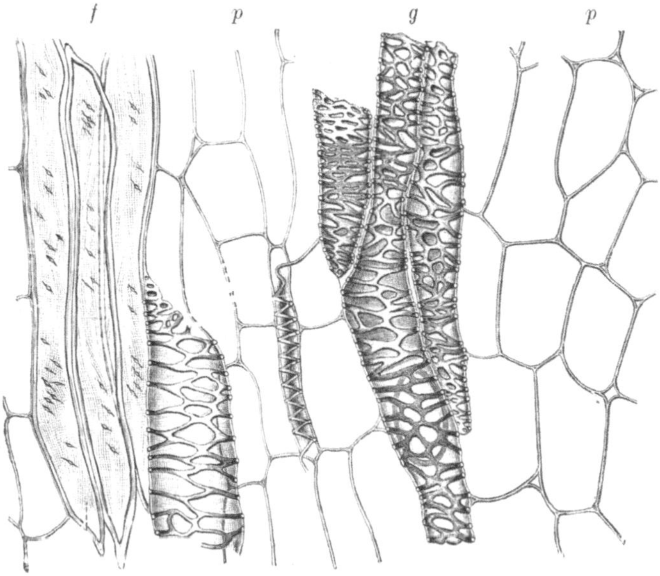

Abb. 717. Längsschnitt durch die Runkelrübe (J. MOELLER). *g* Netzgefäße, *p* Parenchym, *f* Holzfasern.

Die bei der Zuckerfabrikation in großen Mengen abfallenden Rübenschnitzel finden hauptsächlich als Futtermittel, aber wie die Runkel und die übrigen Rübenarten gelegentlich auch bei der Herstellung von Kaffee-Ersatzstoffen Verwendung. An den Kristallsandzellen sind die zu Beta vulgaris gehörenden Formen leicht zu erkennen.

d) Aus der Familie der Kruziferen.

13. Weiße Rübe.

Die weiße Rübe, Stoppelrübe, Wasserrübe, Teltower Rübe ist die Wurzel von *Brassica campestris* L. forma *rapifera* METZG., die bei uns in zahlreichen Formen gezogen wird. Sie ist in der oberen Hälfte häufig rötlich oder violett. Am weißen Querschnitt erkennt man eine schmale, leicht ablösbare Rinde, die einen fleischigen, strahlig gestreiften Holzkörper umgibt.

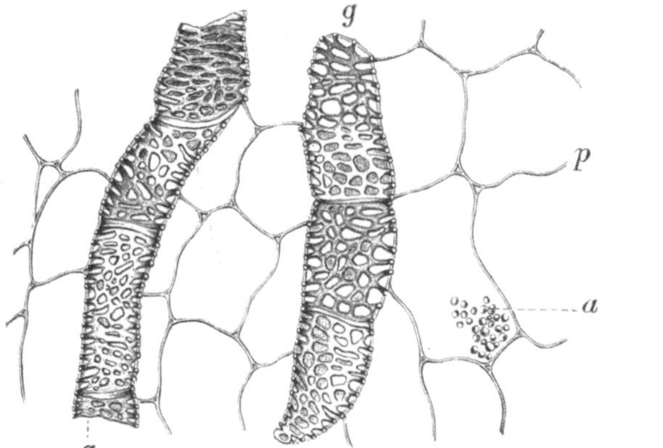

Abb. 718. Längsschnitt durch die weiße Rübe (J. MOELLER). *g* Netzgefäße, *p* Parenchym, *a* Proteinkörner.

Die Korkzellen (15—30 μ) sind kleiner als bei der Möhre und Runkel. Das

Parenchym besteht aus sehr großen dünnwandigen Zellen (bis 500 μ), die oft in erheblicher Menge farblose bis bräunliche, an Stärke erinnernde Körner enthalten, die sich jedoch mit Jod braun färben (Protein). Die Gefäße sind auffallend kurzgliedrig, oft nur doppelt so lang als breit, die netzige Verdickung kleinmaschig (Abbildung 718).

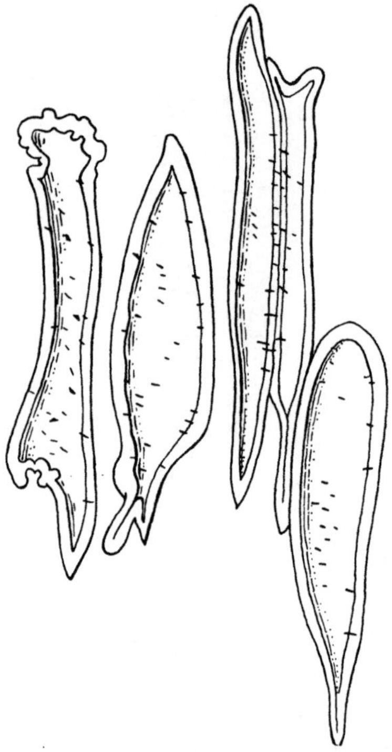

Abb. 719. Faserartige Elemente aus dem Rindenteil der gelben Kohlrübe. 1:225 (C. Griebel).

14. Kohlrübe.

Kohlrübe, Steckrübe, Wrucke, Erdkohlrabi ist die mit dem verdickten Stengelgrund verschmolzene knollige Wurzel von *Brassica Napus* L. var. *Napobrassica* L. Sie ist außen weißlich, gelb oder braunrötlich, im Innern meist gelblich.

Die Gefäßglieder sind ziemlich lang, dicht getüpfelt, ähnlich wie bei der der Zichorie (s. d.). Im Rindenteil finden sich oft stark verdickte, unregelmäßig geformte, faserartige Elemente (Abb. 719).

15. Rettich

ist die etwa kugelige bis dick rübenförmige Wurzel von *Raphanus sativus* L. f. *niger* D. C. Außen ist sie schwarz, gelb oder weiß. Am Querschnitt erkennt man eine sehr schmale, vom Holzkörper leicht ablösbare Rinde. An der Peripherie ist der Holzkörper dicht strahlig gestreift von abwechselnd grauen Holz- und weißen Markstrahlen. Nach innen lösen sich die Holzstrahlen in Reihen von einzelnen bis zum Zentrum reichenden Holzbündeln auf.

Die Rindenschicht ist von dünnwandigem Kork bedeckt. Rindenparenchym und Holzparenchym sind dünnwandig und enthalten kleinkörnige Stärke (zum Teil aus 2—3 Teilkörnchen zusammengesetzt). Innerhalb der Kambialzone liegen bis 40 μ weite Netzgefäße meist in kurzen Reihen.

Radieschen

ist die Wurzel von *Raphanus sativus* L. f. *radicula* Pers. von meist roter Farbe in verschiedenen Abstufungen.

Unter der dünnen Korkschicht liegen bei den gefärbten Sorten einige Zellreihen mit rosenrotem bis violettrotem Zellsaft. Das Grundparenchym ist großzellig, dünnwandig. Die Gefäße sind netzförmig verdickt.

16. Meerrettich.

Meerrettich, Kren, ist die Wurzel von *Nasturtium armoracia* [L.], F. Schultz. Sie ist fast walzenrund, mehrköpfig, außen bräunlichgelb, innen weiß. Der Querschnitt zeigt eine breite Rinde, die einen ebenso breiten, nicht gestreiften, gelblichen Holzkörper umgibt. Letzterer schließt ein breites Mark ein.

Unter dem dünnen Kork liegt ein dünnes Kollenchym, in der primären Rinde einzelne oder zu kleinen Gruppen vereinigte Steinzellen. Im Holz beobachtet man kleine Gruppen von Gefäßen in radialer Anordnung. Das Wurzelparenchym enthält kleinkörnige Stärke. Eine Anzahl Zellen ist aber stärkefrei und färbt sich beim Erwärmen mit MILLONS Reagens tief rot. Sie enthalten nach GUIGNARD das in der Familie der Kruziferen weit verbreitete Ferment Myrosin. In Kruziferen-Gemüsen, die durch Kochen verändert sind, gelingt übrigens der Nachweis der Myrosinzellen meist nicht mehr.

e) Aus der Familie der Kompositen.

17. Topinambur.

Topinambur, Erdbirne, Erd-Artischocke, sind die unterirdischen, angeschwollenen Knospen der aus Nordamerika stammenden, bei uns häufiger kultivierten knolligen Sonnenblume (*Helianthus tuberosus* L.). Sie dienen bei uns vorwiegend als Futtermittel, aber auch als menschliches Nahrungsmittel, und wurden während des Krieges vielfach als Ersatz für Kartoffeln gebraucht. Auch die ähnlichen Knollen von *H. doronicoides* werden empfohlen.

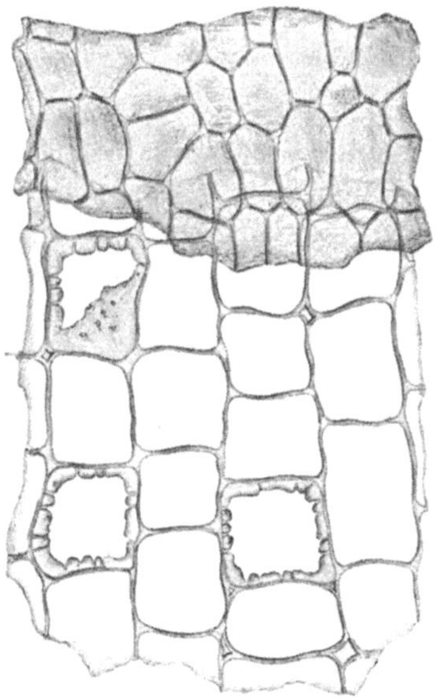

Abb. 720. Oberhaut und eine Parenchymschicht der Topinambur (J. MOELLER).

Die rötlichbraunen Knollen sind sehr verschieden gestaltet, etwa birnförmig, durch Blattscheiden quergeringelt und durch Knospen warzig. Der Geschmack ist süßlich, das Fleisch ist weiß.

Die Oberhaut (Abb. 720) besteht aus großen polygonalen Zellen, nur stellenweise findet sich großzelliger Kork. In der wenig über 1 mm breiten Rinde liegt ein Kreis von Milchsaftschläuchen. Die Zellen der primären Rinde sind quergestreckt, in der Flächenansicht vierseitig, vereinzelt schwach sklerosiert (Abb. 720). Die Innenrinde enthält keine Fasern.

Innerhalb des wenig deutlichen Kambiumringes liegen die Gefäßgruppen in ungleichen Abständen, oft in radialen Reihen. Das Lumen der Gefäße ist meist eng, ihre Wand netzförmig verdickt. Das Gewebe der Markstrahlen und des Markes ist großzellig, lückig, etwas derbwandig, wie das Rindenparenchym hauptsächlich von Inulin erfüllt.

Im zerkleinerten Zustand ist Topinambur von den ihr ähnlichen Rüben durch die Sekretschläuche, die rechteckigen, schwach verdickten Zellen und die engen Netzgefäße zu unterscheiden.

18. Schwarzwurzel

ist die Wurzel der im Mittelmeergebiet heimischen, bei uns vielfach kultivierten *Scorzonera hispanica* L. Sie ist etwa 20 cm lang, bis 2 cm dick, fast zylindrisch, außen schwarzbraun, an der Spitze mit Blattresten besetzt. Beim Durchschneiden entquillt der Rinde gelblichweißer, rahmartiger Milchsaft. Die Dicke der Rinde beträgt etwa $^1/_5$ des zentralen, sehr feinstrahligen Holzkörpers.

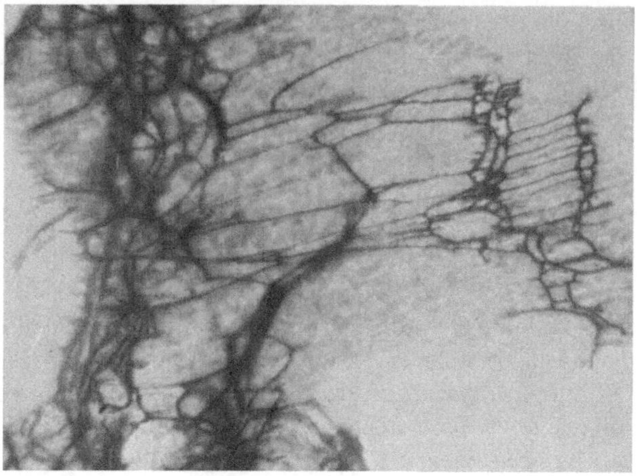

Abb. 721. Milchsaftschläuche der Schwarzwurzel. Quetschpräparat aus Gemüse (Phot. C. GRIEBEL).

Die von dunkelbraunem Kork bedeckte Rinde enthält zahlreiche verzweigte Milchsaftschläuche, und zwar verlaufen diese in der primären Rinde vielfach tangential, in der sekundären in der Richtung der Längsachse. Sie bilden mit den Siebröhren Gruppen. Im Holz beobachtet man kleine Gruppen von Netzgefäßen. Eine größere Anhäufung von Gefäßen findet sich im zentralen Teil der Wurzel. Als Reservestoff ist nur Inulin vorhanden.

Das auffälligste Element der zubereiteten Wurzel sind die reichverzweigten Milchsaftschläuche (Abb. 721).

Schwarzwurzel ist gelegentlich an Stelle von Spargel im „Leipziger Allerlei“ beobachtet worden.

19. Zichorienwurzel.

Die Wurzel von kultivierten Formen der gemeinen Wegwarte (*Cichorium intybus* L.) dient zur Herstellung von Kaffee-Ersatz. Der Zichorienkaffee (S. 474) ist das älteste, im großen dargestellte Kaffeesurrogat. Er bildet seit langem ein selbständiges Produkt und wird seinerseits oft wieder durch andere Ersatzmittel gestreckt bzw. verfälscht.

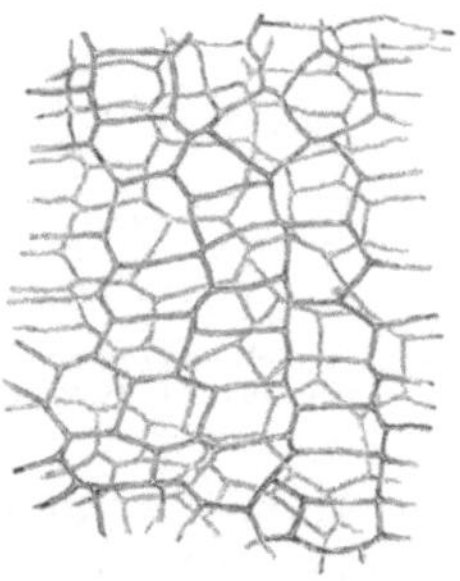

Abb. 722. Kork der Zichorienwurzel von der Fläche gesehen (J. MOELLER).

Die etwa spindelförmige, wenig ästige, im frischen Zustand milchende Wurzel schrumpft beim Trocknen sehr stark und wird hart, hornartig.

Die Oberfläche der Wurzel ist braun, oft runzelig. Am Querschnitt unterscheidet man unter dem dünnen, braunen Kork die weiße Rinde und den zitronengelben, strahligen Holzkörper.

Die Korkschicht besteht aus wenigen Reihen mäßig flacher, zarthäutiger, braun gefärbter Zellen, die in der Flächenansicht (Abb. 722) ein ziemlich unregelmäßiges Gewirr darbieten.

Die Rinde entbehrt der sklerotischen Elemente vollständig. Sie ist reichlich von 6—10, selten bis 15 μ weiten Milchsaftschläuchen durchzogen, die untereinander mittels spitz- oder rechtwinkelig abzweigender Äste in Verbindung stehen (Abb. 723). Man erkennt sie bei aufmerksamem Suchen an ihrem körnigen Inhalt; erleichtert wird ihre Auffindung durch Färbung des Präparates. Nur darf man sie nicht mit den Siebröhren verwechseln, die Farbstoffe ebenfalls stärker speichern als das Parenchym. Die Siebröhren kommen immer bündelweise vor, sind nicht verzweigt, sondern aus Gliedern zusammengesetzt, deren Enden oft kallös verdickt sind (Abbildung 723, *s*).

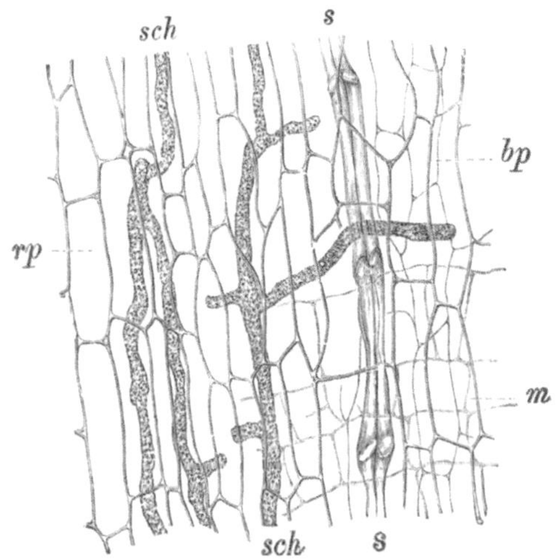

Abb. 723. Rinde der Zichorienwurzel im Radialschnitt (J. MOELLER). *rp* Rindenparenchym, *sch* Milchschläuche, *s* Siebröhrenbündel, *bp* Bastparenchym, *m* Markstrahl.

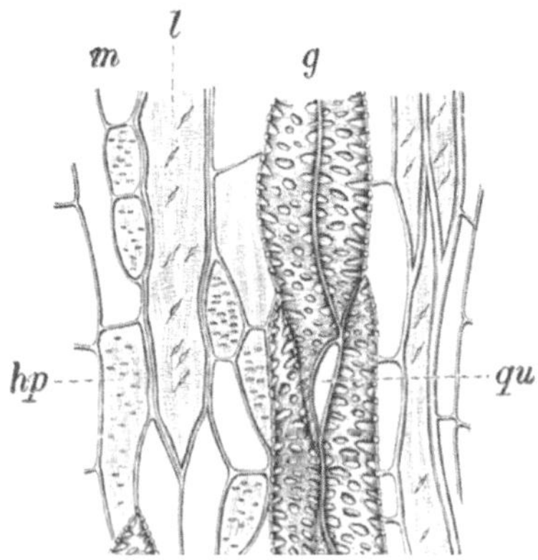

Abb. 724. Holz der Zichorienwurzel im Tangentialschnitt (J. MOELLER). *g* Gefäße mit der Perforation *qu*, *hp* Holzparenchym, *l* Holzfasern, *m* Markstrahl.

Viel auffälliger sind die Elemente des Holzes, die auch der Menge nach überwiegen. Namentlich die Gefäße sind nicht zu übersehen. Sie sind aus ziemlich kurzen, gewöhnlich 20—60 μ weiten Gliedern aufgebaut, deren Seitenwände dicht mit quergestellten Tüpfeln besetzt sind (Abb. 724). Die Gefäße sind oft radial gereiht oder doch zu Bündeln vereinigt, selten isoliert.

Bemerkenswert sind auch die derbwandigen, mit einzelnen schiefen Spaltentüpfeln versehenen Holzfasern (Abb. 724, *l*). Die Wände der Holzparenchymzellen weisen meist feine Poren auf. Die Markstrahlen sind ein- bis höchstens dreireihig.

Sämtliche Parenchymzellen der Wurzel erhalten Inulin.

20. Löwenzahnwurzel.

Die Wurzel des bei uns als Unkraut überall auf Wiesen vorkommenden Löwenzahns (*Taraxacum officinale* WIGG.) wird angeblich zuweilen der Zichorienwurzel beigemengt und mit ihr verarbeitet.

Sie ist größer und dicker, ihre Rinde ist breit, weiß, konzentrisch gezont; das zitronengelbe Holz ist nicht strahlig und bildet einen dünnen Zylinder.

Im mikroskopischen Bau ist sie der Zichorie ziemlich ähnlich, insbesondere enthält die Rinde gleichfalls anastomosierende Milchsaftschläuche

(Abb. 725) und ähnliche Siebröhrenbündel wie die Zichorie. Die regelmäßige, schichtenförmige Anordnung der ersteren, die den Querschnitt der Löwenzahnwurzel so gut charakterisiert, ist bei zerkleinertem Material nicht erkennbar. Das wesentlichste Unterscheidungsmerkmal sind die bis 80 μ breiten Netzgefäße, deren Wände mit schmalen, stark in die Breite gestreckten Tüpfeln versehen sind (Abb. 726). Weniger charakteristisch ist das Fehlen von Holzfasern, weil diese auch bei der Zichorie nicht immer auffindbar sind.

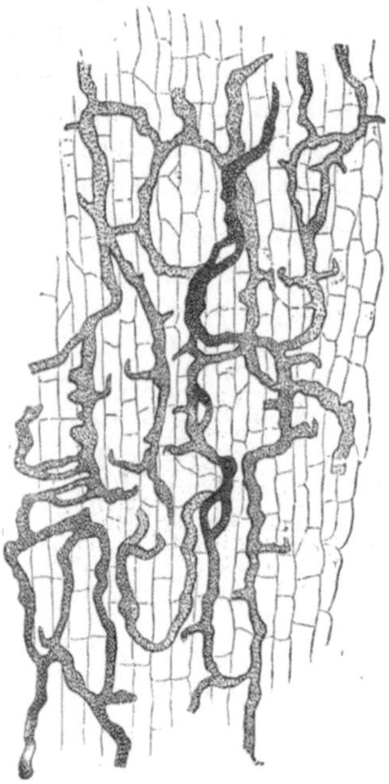

Abb. 725. Milchsaftschläuche der Löwenzahnwurzel (TSCHIRCH).

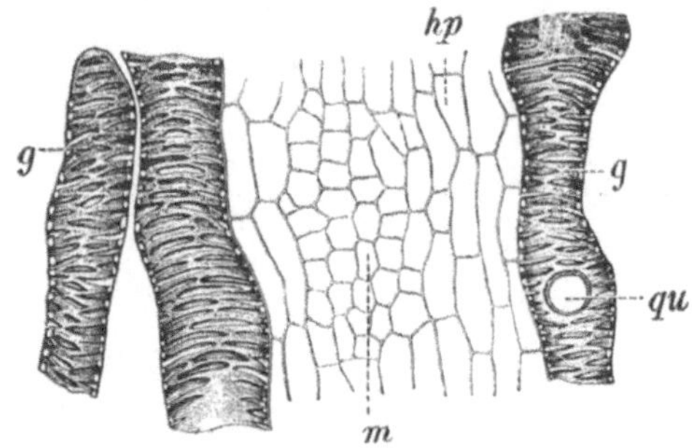

Abb. 726. Holz der Löwenzahnwurzel (J. MOELLER). *g* Gefäße, *qu* Perforation, *hp* Holzparenchym, *m* Markstrahl.

Die

Untersuchung des Zichorienkaffees

und ähnlicher Kaffeesurrogate erfordert wegen der starken Färbung aller Elemente zunächst eine Aufhellung. Sie erfolgt am besten durch Bleichen mit JAVELLEscher Lauge. An gröberen Teilchen beobachtet man dann gewöhnlich die weiten Netzgefäße, die sogleich auf das Vorhandensein einer Wurzel und bei wenig gestreckten Tüpfeln auf Zichorie schließen lassen. Sichergestellt ist die Diagnose aber erst bei der Auffindung von verzweigten Milchsaftschläuchen. Diese ist übrigens bei fein zerkleinertem Material oft sehr mühsam, selbst bei Zusatz von Jodjodkalium, das den gebleichten Inhalt der Schläuche gelblich färbt.

Von den Rübenarten, die sämtlich eine dünne Korkschicht aufweisen und hauptsächlich aus großzelligem, dünnwandigem Parenchym bestehen, ist am leichtesten die Runkel- und Zuckerrübe im Kaffee-Ersatz aufzufinden, erkennbar an den mit kleinen Oxalatkristallen gefüllten Kristallsandschläuchen. Die Identifizierung der übrigen Arten ist hingegen in derartigen Gemengen nicht immer mit Sicherheit möglich. Auffallend kurze Gefäßglieder mit kleinmaschiger Wandverdickung lassen auf die weiße Rübe oder weiße Kohlrübe schließen, während die gelbe Kohlrübe längere Gefäßglieder zeigt, die in der Art der Verdickung der Zichorie ähnlich sind. Schmale, dicht stehende Spaltentüpfel weisen auf Möhren hin.

f) Aus verschiedenen Pflanzenfamilien.

21. Kartoffel.

Die Kartoffel, Erd- oder Grundbirne, Erdapfel (*Solanum tuberosum* L. — *Solanaceae*), stammt aus Südamerika. Sie kam zwischen 1560 und 1570 nach Europa, wo sie, in zahlreichen Formen kultiviert, allmählich zu einer der wichtigsten Kulturpflanzen wurde, deren Knollen nicht nur als Nahrungsmittel, sondern auch für die Spiritus- und Stärkefabrikation von größter Bedeutung sind.

Die an unterirdischen Ausläufern entstehenden knollenförmigen Achsen tragen in kleinen Vertiefungen Knospen (Augen), die im Frühjahr austreiben. Die braune Schale ist ein großzelliger Kork aus dünnwandigen, in der Aufsicht polygonalen Zellen (Abbildung 728, *1*). Das Grundgewebe besteht aus großzelligem, stärkereichem Parenchym, das nur in der Rindenschicht, also in dem außerhalb der ringförmigen Gefäßbündelzone liegenden Teil, einzelne verdickte, getüpfelte 70—240 μ große Zellen (bei wenigen Sorten fehlen diese) enthält (Abb. 727 und 728, *4*). Die Leitbündel enthalten Spiral-, Ring- und Netzgefäße bzw. Tracheiden. Die Stärkekörner, insbesondere die Großkörner, sind durch ihre muschelförmige Gestalt, die deutliche konzentrische Schichtung und das im schmalen Ende liegende Schichtenzentrum ausgezeichnet charakterisiert (vgl. Kartoffelstärke S. 34).

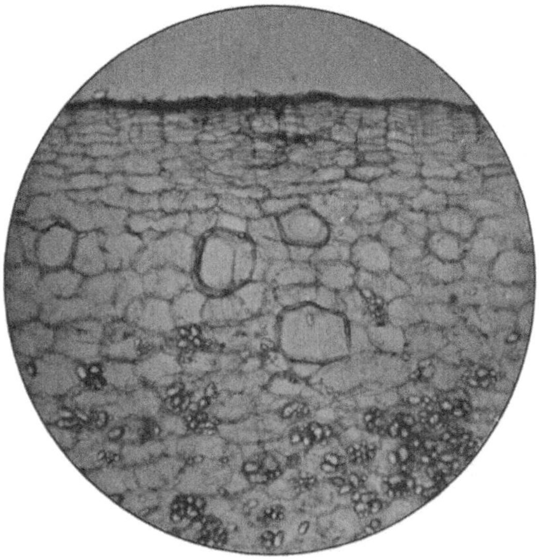

Abb. 727. Querschnitt durch die Randpartie der Kartoffel. 1:50 (Phot. C. Griebel).

Seit einer Reihe von Jahren stellt man aus gedämpften Kartoffeln ein Trockenerzeugnis, die sogenannten Kartoffelflocken her, deren Mahlprodukt als Kartoffelwalzmehl (Patentwalzmehl) bezeichnet wird, das in der Bäckerei Verwendung findet und besonders während des Krieges als Brotstreckungsmittel diente. Mikroskopisch ist es durch die mit verkleisterter Stärke angefüllten Parenchymzellen (vgl. Abb. 11), Fetzen von braunem Korkgewebe (Abb. 728, *1*), Bruchstücke der Gefäßbündel (*2*), insbesondere durch die bis 50 μ, seltener bis 80 μ weiten Netztracheiden (*3*) und die aus der Rindenschicht stammenden, verdickten, porösen Zellen (*4*), deren Wand in Lauge stark quillt, gekennzeichnet (vgl. auch unter Brot).

Kartoffelpülpe.

Als Kartoffelpülpe bezeichnet man das bei der Gewinnung der Stärke abfallende Produkt, das hauptsächlich als Futtermittel dient, während des

Krieges aber auch zur Herstellung von Kaffee-Ersatz Verwendung fand. Es enthält immer noch Stärke, die selbst im gerösteten Produkt leicht an der Gestalt erkennbar ist. Besonders auffallend sind neben dem dünnwandigen Parenchym die Fetzen des Korkgewebes, während die Leitbündelelemente mehr zurücktreten.

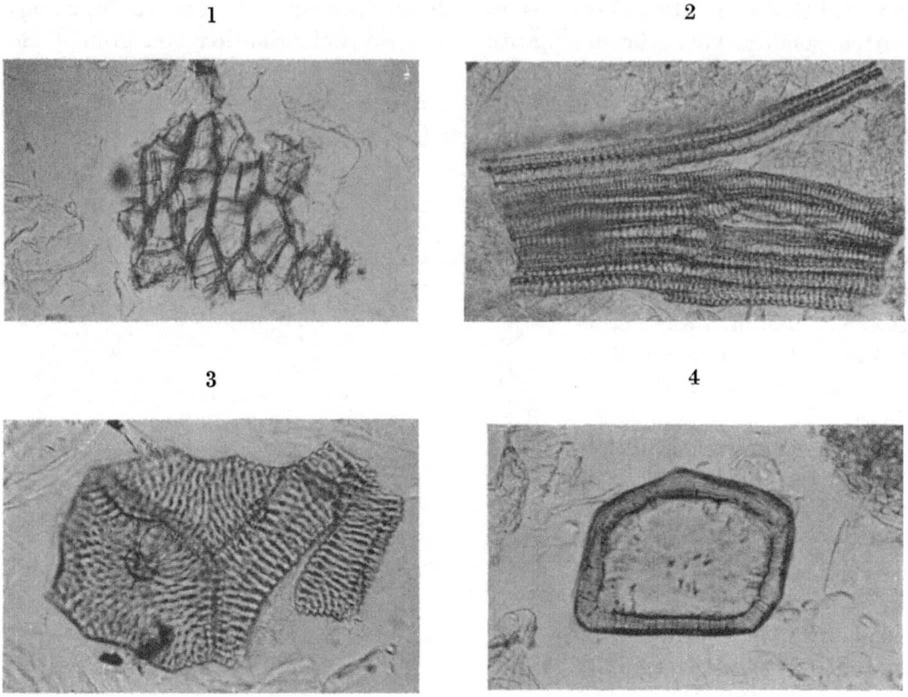

Abb. 728. Zellelemente des Patentwalzmehles (Phot. C. GRIEBEL). 1. Korkgewebe 1:100, 2. Gefäßgruppe 1:100. 3. Netztracheiden 1:200. 4. Verdickte Zelle aus der Rindenschicht der Kartoffel (die Wand ist durch Einwirkung von Lauge gequollen) 1:150.

22. Japanische Kartoffeln.

Japanische Kartoffeln, Japanknollen oder Stachysknollen nennt man die Knollen der in Ostasien heimischen, in geringer Ausdehnung auch bei uns als Gemüse kultivierten *Stachys Sieboldii* MIQ. (*Labiatae*). Sie entstehen durch Verdickung der unterirdischen Ausläufer, sind 2—8 cm lang, kleinfingerdick, durch tiefe Einschnürungen gegliedert, wie gedrechselt und tragen an einem Ende die nach aufwärts gebogene Knospe. An jedem Gliede sitzen in der Furche zwei gegenständige, schuppige Blättchen in gekreuzter Aufeinanderfolge.

Die zarte Oberhaut besteht aus unregelmäßig polygonalen Zellen mit spärlichen Spaltöffnungen. Ungewöhnlich zartzellig ist auch das Gewebe des Fleisches, in dem weitläufig im Kreise angeordnete Leitbündel eine schmale Rindenschicht abgrenzen. Zwischen den vollständigen Leitbündeln sind mehrere kleine Siebstränge eingeschaltet. Das Parenchym enthält keinerlei geformte Inhaltsstoffe, sondern lösliche Kohlehydrate, hauptsächlich Stachyose. In den Herbstknollen soll sich auch Stärke vorfinden.

23. Bataten.

Bataten oder süße Kartoffeln sind die Knollen von *Batatas edulis* Chois. (*Convolvulaceae*), die in Mittelamerika heimisch ist, jetzt aber in den meisten Tropenländern und selbst in Südeuropa kultiviert wird. Die Knollen sind etwa walzen- oder spindelförmig, stärkereich, süß und enthalten Milchsaft. Sie dienen zur Gewinnung von Stärke und werden wie die Kartoffeln genossen. Bei uns kommen sie nur zeitweilig und in geringen Mengen auf den Markt.

Die kartoffelähnlichen Knollen sind von einer ziemlich dicken braunen Korkschicht bedeckt. Am Querschnitt erkennt man eine schmale Rindenschicht, die ziemlich reichlich Milchsaftschläuche enthält. Solche kommen aber auch innerhalb des Kambiums im Grundgewebe vor. Dieses zeigt zahlreiche, etwa kreisförmige, durch sekundäre Kambien gebildete Gewebepartien, in deren Mitte je eine Gruppe von zum Teil radial gereihten, weiten Netzgefäßen liegt. Fast alle Zellen des Rinden- und Holzparenchyms enthalten reichlich Stärkekörner, die zunächst aus 2—3 oder mehr Einzelkörnern zusammengesetzt sind (vgl. S. 38), einige — namentlich im Rindenparenchym — große Oxalatdrusen. Querschnitte durch frische Knollen färben sich mit Eisenchlorid dunkelgrün.

24. Maniokknollen.

Die Maniokknollen (*Manihot utilissima* Pohl und *M. palmata* Mueller — *Euphorbiaceae*) werden nicht als solche genossen — *M. utilissima* enthält Blausäure und das giftige Manihotoxin —, sondern nach dem Zerschneiden getrocknet, gemahlen und auf Stärke verarbeitet (vgl. Manihotstärke S. 37).

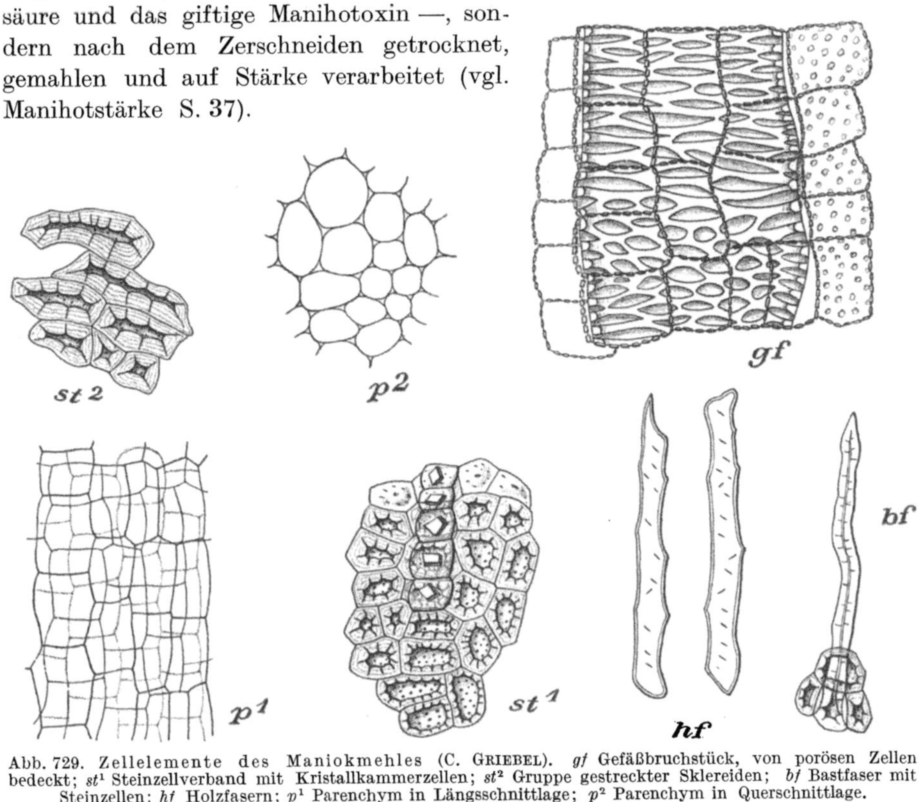

Abb. 729. Zellelemente des Maniokmehles (C. Griebel). *gf* Gefäßbruchstück, von porösen Zellen bedeckt; st^1 Steinzellverband mit Kristallkammerzellen; st^2 Gruppe gestreckter Sklereiden; *bf* Bastfaser mit Steinzellen; *hf* Holzfasern; p^1 Parenchym in Längsschnittlage; p^2 Parenchym in Querschnittlage. Vergr. 1:305; bei *gf* 1:345; bei *bf* 1:105.

Maniokmehl

ist in der Nachkriegszeit aus Brasilien in ziemlich erheblicher Menge eingeführt und bei uns oft mit anderen Mehlen vermengt worden. Von der Maniokstärke unterscheidet es sich durch einen nicht unerheblichen Gehalt an Zellelementen. Zur Anreicherung der Gewebetrümmer verfährt man wie bei der Anreicherung der Kleiebestandteile im Mehl (vgl. S. 24).

Die Hauptmenge der Gewebeteilchen besteht aus großzelligem, dünnwandigem Parenchym (Abb. 729, p^1, p^2). Weiter finden sich häufig Bruchstücke von Netzgefäßen bzw. Tracheiden (Weite 60—150 μ), die ausnahmslos von einer Lage etwa rechteckiger, poröser Zellen bedeckt sind, deren Wände feine perlschnurartige Verdickung zeigen (*gf*); ziemlich häufig beobachtet man auch einschichtige Verbände aus gelben, reich getüpfelten Steinzellen, nicht selten besetzt mit Kristallkammerzellen, die Einzelkristalle, zuweilen auch Drusen enthalten (st^1). Nur vereinzelt findet man gestreckte Sklereiden (st^2), Bastfasern, zuweilen in Gemeinschaft mit Steinzellen (*bf*) und Holzfasern mit schräg gestellten Spaltentüpfeln (*hf*).

Kennzeichnend für Maniokmehl sind die Netzgefäße und Steinzellverbände.

B. Gewürze.

Die hierher gehörigen Pflanzenteile sind durchweg Wurzelstöcke (Rhizome) mit Ausnahme der Zwiebeln, die bereits unter VIII A behandelt wurden.

1. Kalmus.

Kalmus ist der Wurzelstock einer bei uns in manchen Gegenden reichlich wachsenden Wasserpflanze (*Acorus Calamus* L. — *Araceae*), der getrocknet

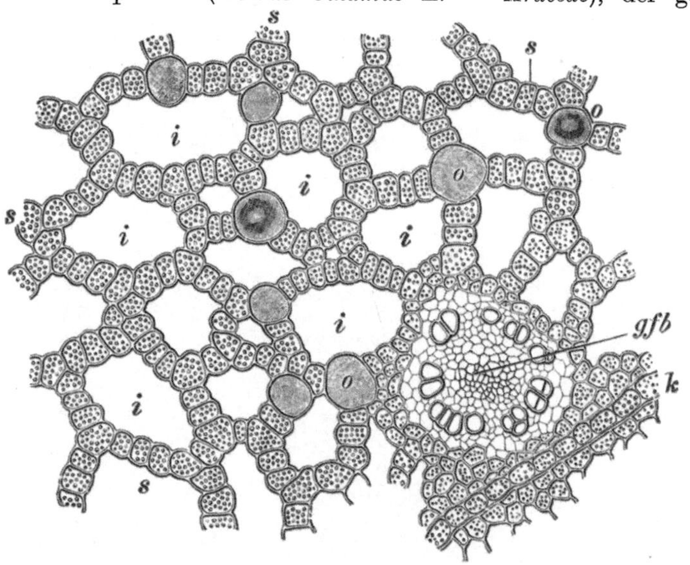

Abb. 730. Querschnitt des Kalmus (TSCHIRCH). *s* Parenchymnetz, *i* Lücken, *o* Ölzellen, *gfb* Leitbündel, *k* Kernscheide.

(geschält und ungeschält) oder nach Art der Citrus-Schalen kandiert in den Handel kommt. Der ungeschält Kalmus ist rötlichbraun, der geschälte rötlichweiß. Das weiche, beinahe porös-schwammige Gewebe ist durch eine zarte Linie (Endodermis) in eine Rinden- und Kernschicht gesondert.

Die braune „Schale" des Kalmus ist eine Oberhaut aus polygonalen Zellen (Abb. 731, *ep*).

Mikroskopische Querschnitte zeigen in Rinde und Kern ein gleichartiges, höchst charakteristisches, lückiges Gewebe aus einfachen Zellreihen, die ein ungleichmaschiges Netz bilden (Abb. 730). Die Zellen sind rundlich-polyedrisch, dünnwandig und enthalten zumeist kleinkörnige Stärke, einzelne gelbes ätherisches Öl oder einen braunen Harzklumpen.

Die Stärkekörner sind meist einfach, 1—8 μ groß, selten zu 2—4 zusammengesetzt. Neben ihnen findet sich in den Zellen etwas Eiweiß und eine auf Gerbstoff reagierende Masse. Der Inhalt vieler Zellen ist dicklich und färbt sich mit Vanillinsalzsäure schön rot (HARTWICH).

Die Ölzellen sind in der Regel größer (30—50 μ) als die angrenzenden Stärkezellen und finden sich meist an den Knotenpunkten des Netzes.

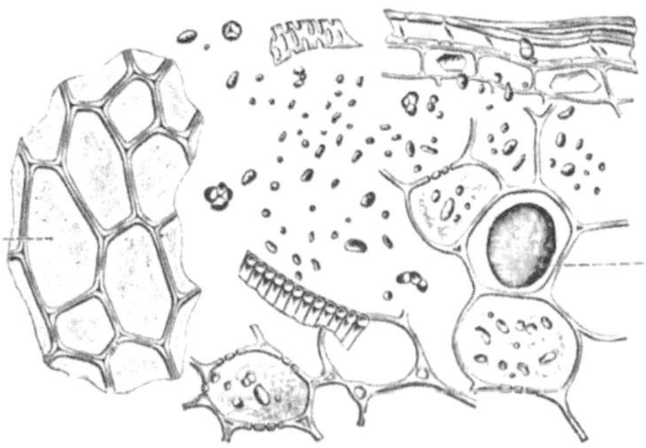

Abb. 731. Kalmuspulver (J. MOELLER). *ep* Oberhaut, *o* Ölzelle.

Leitbündel kommen in der Rindenschicht zerstreut, innerhalb der Endodermis als geschlossene Schicht vor. Die Gefäße bilden in diesen leptozentrischen Bündeln einen Kreis (s. Abb. 730); es sind Treppen-, Netz- und Spiralgefäße. Innerhalb des Gefäßkreises liegt das zartzellige Phloem; an der Außenseite findet man mitunter kleine Faserbündel. Letztere kommen reichlicher vor in den Leitbündeln der Rindenschicht. Die kleinsten, unter der Oberhaut gelegenen Bündel bestehen sogar vorwiegend aus Bastfasern und sind manchmal mit Kristallkammerzellen belegt.

Kalmuspulver (Abb. 731) besteht hauptsächlich aus freiliegenden kleinen Stärkekörnern und stärkereichen Parenchymfetzen. Kennzeichnend sind auch die zahlreichen durch Vanillin-Salzsäure sich rötenden Teilchen. Gefäßbruchstücke, verholzte Fasern und Sekretzellen findet man nur spärlich.

2. Ingwer.

Der Ingwer (*Zingiber officinale* ROSCOE — *Zingiberaceae*) stammt aus dem südlichen Asien und wird in allen heißen Erdstrichen kultiviert. Die Wurzelstöcke kommen ungeschält und geschält (im letzteren Fall oft gebleicht oder gekalkt) in den Handel, außerdem auch eingemacht oder, wie der Kalmus, kandiert. Die getrocknete Handelsware besteht aus nicht viel über fingerlangen, flachen, einseitig oder zweizeilig verzweigten, seltener knolligen Stücken von etwa 3 cm Breite und 8 mm Dicke. Der ungeschälte Ingwer ist von gelblichgrauem, der Länge nach gerunzeltem Kork bedeckt. Dem geschälten Ingwer fehlt Kork vollständig; er ist gelblichgrau, längsstreifig, oft weiß bestäubt. Die Bruchfläche ist sehr uneben, und es ragen aus ihr dünne Fäden, die Leitbündel, hervor. Die schmale Rinde ist von dem mehligen Kern durch eine zarte Linie (Kernscheide) getrennt. Unter der Lupe erscheint das ganze Gewebe von gelben Ölzellen gesprenkelt.

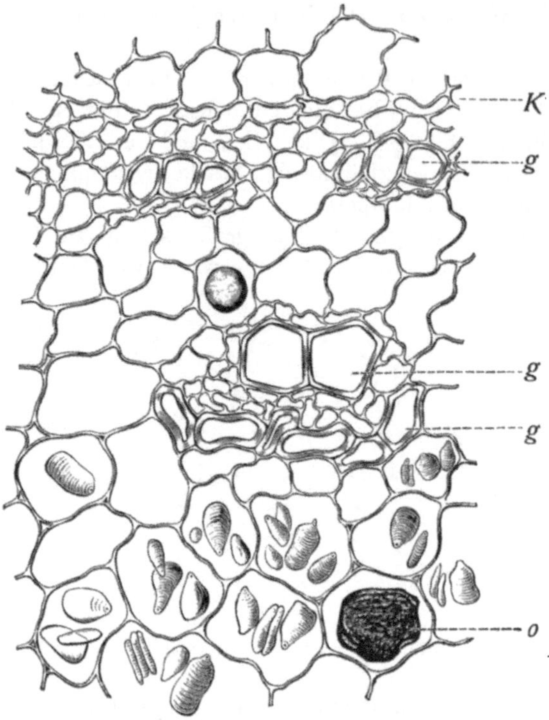

Abb. 732. Querschnitt des Ingwers (J. MOELLER). *K* Kernscheide, *g* Gefäßgruppen, *o* Ölzelle.

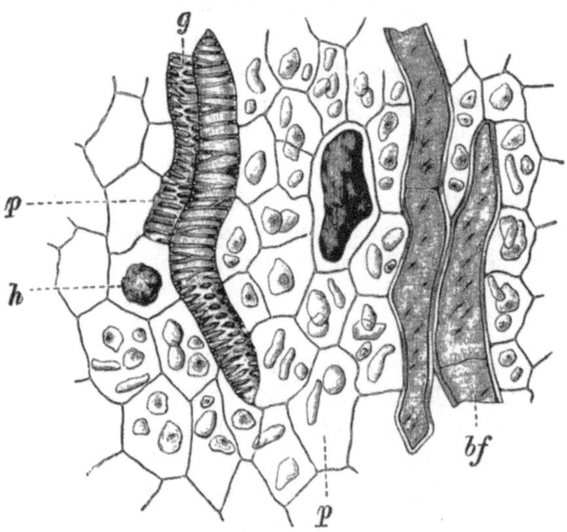

Abb. 733. Längsschnitt des Ingwers (J. MOELLER). *h* Ölzellen, *p* Stärke führendes Parenchym, *g* Gefäße, *bf* Bastfasern eines benachbarten Bündels.

Der mikroskopische Bau des Rhizoms ist sehr einfach. Selten ist die Oberhaut stellenweise erhalten. Der Kork setzt sich aus 50 bis 60 μ (meist 60 bis 80 μ) messenden, polyedrischen, flachen, zartwandigen Zellen zusammen. Die Rinde und der Zentralstrang bestehen aus dünnwandigem, sehr stärkereichem Parenchym, in das zahlreiche rundliche Sekretzellen mit gelbem bis gelbbraunem Inhalt eingestreut sind. Die Stärkekörner (Abbildung 732) sind sämtlich einfach, abgeflacht, auf der Kante stehend lineal oder elliptisch, von der Fläche gesehen meist breit eiförmig, an der schmäleren Seite oft in eine kleine Spitze vorgezogen, in der das Schichtenzentrum liegt (sogen. Zingiberaceentypus). Die Schichtung ist dicht und wenig deutlich. Die meisten Körner sind 20—30 μ lang, kleinere und erheblich größere (bis 50 μ) sind spärlich.

Die Zellen der Kernscheide unterscheiden sich wenig von quergestreckten Parenchymzellen; nur ist ihre Membran verkorkt, und sie enthalten keine Stärke.

Innerhalb der Kernscheide stehen die kollateralen Leitbündel ziemlich dicht im Kreise; reichlich durchziehen sie auch das Mark, spärlicher die Rinde. Die Gefäße sind langgliederig, 35—65 μ weit, die Wandverdickung netz- oder treppenförmig (Abb. 733, *g*). Die Leitbündel sind von nur wenig verdickten, nicht verholzten, mit schiefen Poren versehenen Fasern (Abb 733, *bf*), begleitet (bis 900 μ lang und bis 60 μ breit).

Kandierter Ingwer.

An Schnitten oder Quetschpräparaten fallen sofort die Sekretzellen mit gelbem Inhalt und die Gefäße auf. Stärke ist nicht mehr nachweisbar.

Ingwerpulver.

Es besteht überwiegend aus den charakteristischen Stärkekörnern. Nach ihrer Entfernung durch Lauge treten Parenchymtrümmer, Bruchstücke von Netz- und Treppengefäßen und derbwandigen Fasern hervor. Pulver aus ungeschälten Sorten enthalten auch Kork.

Als Verfälschungen des Ingwerpulvers sind verschiedene Stärkesorten (Getreide, Bohnen, Kartoffeln usw.) beobachtet worden, die an der abweichenden Gestalt leicht erkennbar sind. Kurkumapulver (s. d.), das ebenfalls vorgekommen sein soll, fällt durch die gelben Kleisterklumpen sofort auf. Auch gemahlene Ölkuchen (Lein, Raps, Senf, Mandelkleie) und spanischer Pfeffer, die als Verfälschungen genannt werden, haben so charakteristische Gewebe, daß sie nicht übersehen werden können. Sind die Stärkekörner des Ingwers zum Teil verquollen, so läßt dies auf eine Beimengung von Destillationsrückständen schließen. Mineralische Beimengungen sind nach Beseitigung der Stärke durch Lauge bei der mikroskopischen Untersuchung ebenfalls festzustellen. Häufig rührt ein übermäßiger Aschengehalt — das Deutsche Arzneibuch 6. Ausgabe läßt höchstens 7% zu — von der Kalkung her. So hatte ich mehrere Pulver mit weit über 10% Kalziumkarbonat in der Hand, die von einer einwandfreien Firma stammten.

3. Kurkuma.

Kurkuma oder Gilbwurz ist das Rhizom einer dem Ingwer verwandten Pflanze (*Curcuma longa* L. — *Zingiberaceae*), die gleich ihm im südöstlichen Asien heimisch ist und hier, aber auch im südlichen China und in anderen Tropengebieten, kultiviert wird.

Man unterscheidet runde und lange Knollen. Die ersteren sind klein, ei- oder birnförmig, gegen 4 cm lang und bis 3 cm dick, quergeringelt. Die langen sind doppelt so lang und kleinfingerdick, meist walzenrund, undeutlich geringelt, einfach oder seltener verzweigt, mitunter bewurzelt. Die Lebenszähigkeit der Rhizome ist so groß, daß sie durch das Trocknen an der Sonne nicht sicher getötet werden, weshalb man sie vorher brüht. Dadurch verkleistert die Stärke, und der Inhalt der Sekretzellen (Öl und Kurkumin) tritt aus und färbt die Kleisterklumpen gelb. Die Wurzelstöcke sind sehr hart, aus freier Hand kaum zu zerbrechen, dicht, schwerer als Wasser. Auf dem Bruche sind sie eben und feinkörnig, wachsartig, orangegelb, dem Gummigut ähnlich. Die Rindenschicht, am Querschnitt durch eine zarte Grenzlinie markiert, ist breiter als beim Ingwer (fast $^1/_4$ des Durchmessers) und läßt sich nicht abschälen.

Im mikroskopischen Bau (Abb. 734) stimmt die Kurkuma weitgehend mit dem Ingwer überein; der einzige wesentliche Unterschied liegt im Bau der Leitbündel, die bei der Gilbwurz keine sklerotischen Bastfasern ent-

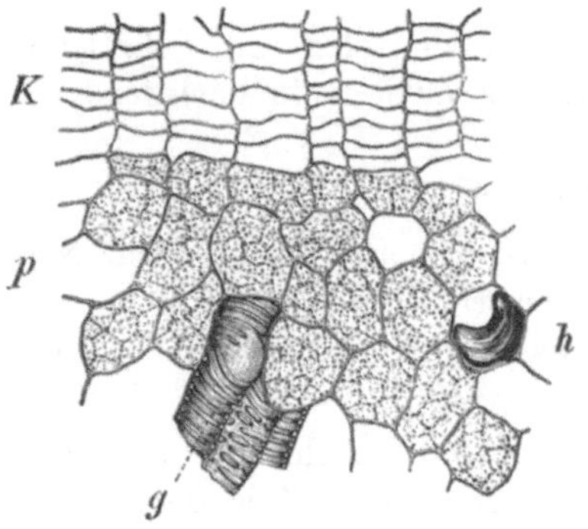

Abb. 734. Querschnitt aus der Rinde der Gilbwurz (J. MOELLER). *K* Kork, *p* Parenchym mit Kleister gefüllt, *h* eine Ölzelle, *g* einige schief durchschnittene Gefäßröhren.

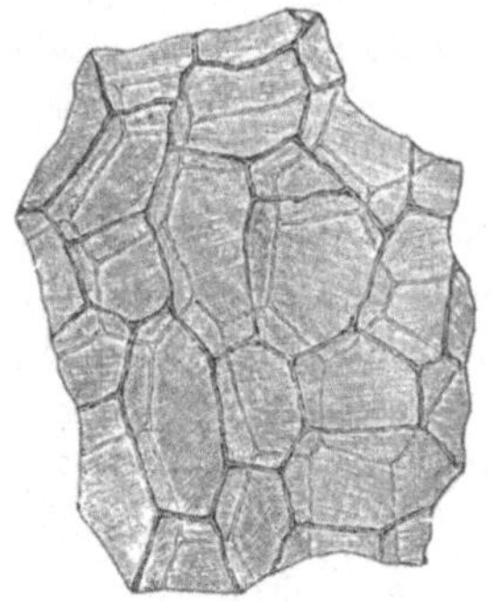

Abb. 735. Kork der Kurkuma in der Flächenansicht (J. MOELLER).

halten. Beide sind mit gleichartigem Kork (Abb. 735) bedeckt. Die auch bei Kurkuma stellenweise noch erhaltene Oberhaut gleicht der Oberhaut der Zittwerwurzel (s. Abb. 736) und trägt, wie diese, große einzellige Haare.

Kurkumapulver

ist schon durch seine gelbe Farbe gekennzeichnet und besteht hauptsächlich aus gelben Kleisterklumpen, die sich mit Jod bläuen. Daneben finden sich zuweilen einzelne gut erhaltene Stärkekörner, die denen des Ingwers fast gleichen. Sie pflegen jedoch schlanker, vereinzelt am Breitende etwas verschmälert und größer (bis 65 μ) zu sein. Das parenchymatische Gewebe, in dem mitunter auch noch Ölzellen erkennbar sind, ist ebenfalls gelb gefärbt. Kork- und Gefäßfragmente sind nicht charakteristisch.

Die Gilbwurz findet bei uns wegen ihres schönen Farbstoffes (Kurkumin) fast ausschließlich technische Verwendung; in England benützt man sie zur Herstellung von Currypowder[1], das als Gewürz Verwendung findet.

Als Beimengung findet sich Kurkuma zuweilen im gemahlenen Paprika, möglicherweise aus koloristischen oder geschmacklichen Gründen, denn sie ist teurer als dieser. Auch dem Mostrich wird Kurkumapulver als Färbungsmittel zugesetzt.

4. Zittwerwurzel.

Sie stammt von *Curcuma Zedoaria* ROSCOE (*Zingiberaceae*), die in Vorderindien und auf Madagaskar kultiviert wird. Sie findet nur noch selten als Gewürz Verwendung. Ihr Geruch erinnert an Kampfer, der Geschmack ist etwas milder als bei Kurkuma.

[1] Meist ein Gemenge von Kurkuma, Pfeffer, Ingwer, Koriander, Kardamomen, Gewürznelken und Nelkenpfeffer. Auch Kümmel und Trigonella werden als Bestandteile genannt.

Das Rhizom kommt meist zerschnitten, und zwar in grauen Scheiben von etwa 4 cm Durchmesser und bis 1 cm Dicke in den Handel. Es wird nicht gebrüht.

Der anatomische Bau der Zittwerwurzel gleicht dem der Gilbwurz und des Ingwers sehr. Auch die Zittwerwurzel besitzt stellenweise noch die Oberhaut (Abb. 736) mit großen, derbwandigen, einzelligen, seltener durch zarte Querwände geteilten Haaren. Der Kork ist groß und zartzellig. Das Parenchym

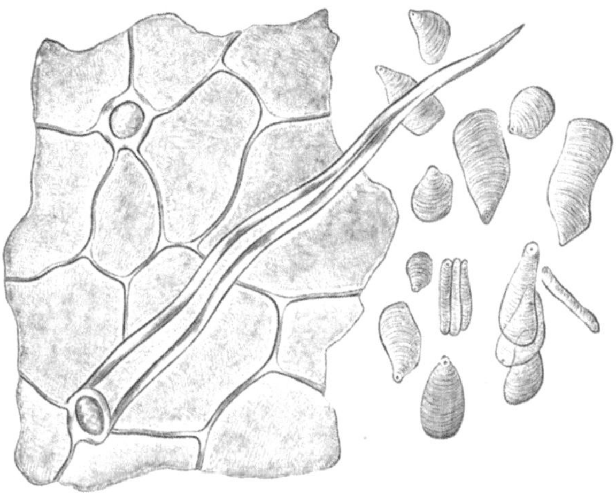

Abb. 736. Oberhaut und Stärke der Zittwerwurzel (J. MOELLER).

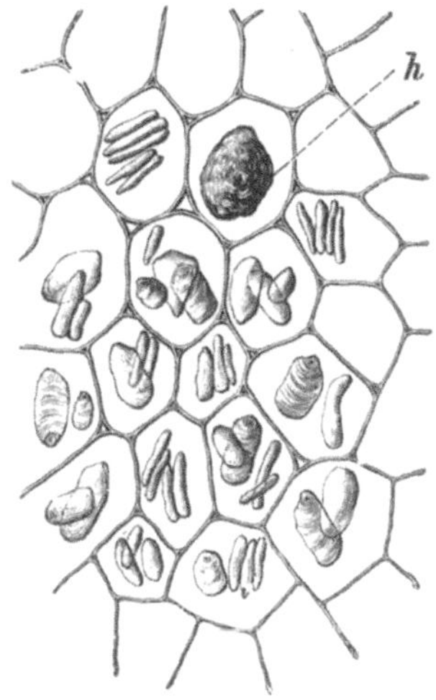

Abb. 737. Parenchym der Zittwerwurzel (J. MOELLER). *h* Harzklumpen.

enthält reichlich Stärke vom Typus der Zingiberaceenstärke (Abb. 736 und 737). Die Körner sind meist 35—55 μ, einzelne bis 80 μ lang und 20—30 μ breit; ihre Schichtung ist meist deutlich. Die kollateralen Leitbündel sind fast stets faserlos.

Das Zittwerpulver unterscheidet sich vom Ingwerpulver, abgesehen von der mehr bräunlichen Färbung, durch die größeren Stärkekörner, die Trümmer der derbwandigen Haare und das fast vollständige Fehlen von Fasern. Dagegen sind Korkfetzen stets vorhanden.

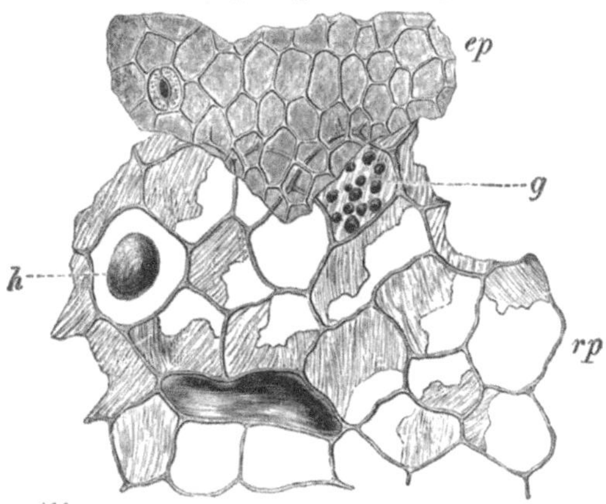

Abb. 738. Rindengewebe des Galgant (J. MOELLER). *rp* braunes Rindenparenchym, *ep* Oberhaut, *g* Gerbstoffkörner, *h* eine Ölzelle.

5. Galgantwurzel.

Galgantwurzel ist der Wurzelstock von *Alpinia officinarum* HANCE (*Zingiberaceae*), einer dem Ingwer ähnlichen, im südlichen China und in Siam kultivierten Pflanze. Als Gewürz findet sie nur noch selten Verwendung.

Das Rhizom bildet bis etwa 6 cm lange, fingerdicke, oft knieförmig gebogene, nicht oder wenig verzweigte Stücke von rotbrauner Farbe, die stellenweise etwas angeschwollen und mit gelblichen, ringförmig angeordneten, gefransten Blattnarben und Blattresten besetzt sind.

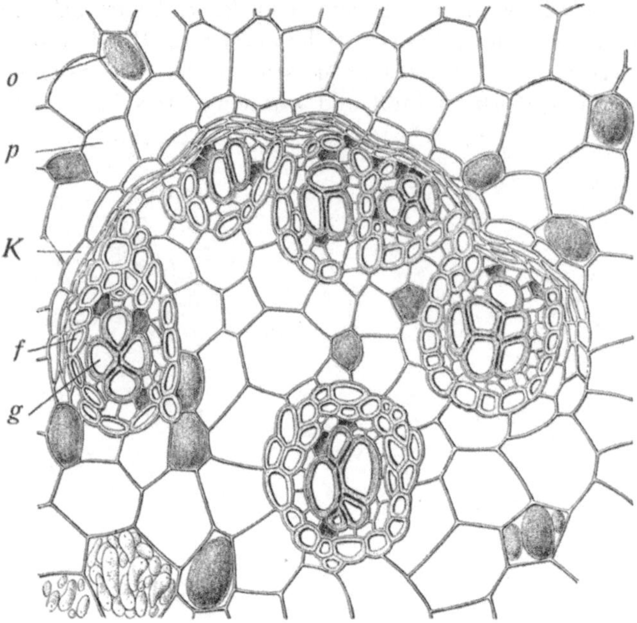

Abb. 739. Querschnitt des Galgant in der Nähe der Kernscheide (E. GILG). o Ölzellen, p Parenchym, K Kernscheide, f Bastfasern, g Gefäße.

Der rotbraune Querschnitt zeigt eine sehr breite Rinde und einen ziemlich schmalen Zentralzylinder mit zahlreichen Leitbündeln.

Trotz der äußeren Verschiedenheit ist der Galgant im anatomischen Bau den übrigen Zingiberaceen-Rhizomen sehr ähnlich.

Die Oberhaut — Kork fehlt — ist klein- und derbzellig (Abb. 738, *ep*), nur spärlich von kleinen Spaltöffnungen unterbrochen, unbehaart. Das äußere Rindenparenchym (*rp*) ist dünnwandig und enthält kleine auf Gerbstoff reagierende Körner oder größere Klumpen, aber keine Stärke. Weiter innen ist das Parenchym derbwandig, getüpfelt (Abb. 740) und wie das des Zentralzylinders dicht mit Stärke gefüllt. Nur einzelne Zellen enthalten gelbes ätherisches Öl oder einen braunen, mit verdünnter Eisenchloridlösung sich schwärzenden Klumpen.

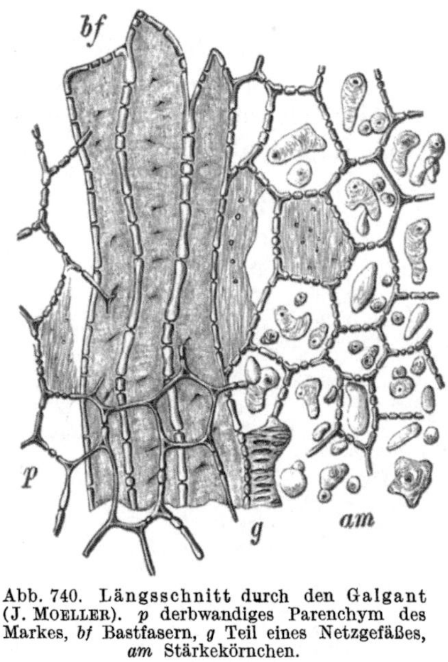

Abb. 740. Längsschnitt durch den Galgant (J. MOELLER). *p* derbwandiges Parenchym des Markes, *bf* Bastfasern, *g* Teil eines Netzgefäßes, *am* Stärkekörnchen.

Die Stärkekörner weichen vom Zingiberaceen-Typus erheblich ab. Sie sind sehr mannigfach gestaltet, kaum abgeflacht, meist einfach, keulenförmig, oft deutlich geschichtet, mit dem Schichtenzentrum im breiteren Ende, mitunter gekrümmt, biskuit-, hammerförmig u. dgl.; nicht selten haftet an einem großen Korn ein kleines. Gewöhnlich beträgt die Länge der Körner 25—45 μ.

Die Leitbündel sind kollateral, immer von Bastfasern umgeben, meist von solchen ganz umscheidet (Abb. 739) und enthalten langgliederige, weitlichtige Treppen- oder Netzgefäße. Die Bastfasern sind mäßig verdickt, aber sehr breit und daher weitlumig (Abb. 740, *bf*).

Galgantpulver ist durch die Form der Stärkekörner und das braune, derbwandige Parenchym hinreichend gekennzeichnet, um es in anderen Gewürzpulvern nachzuweisen.

6. Veilchenwurzel.

Als Veilchenwurzel wird das Rhizom verschiedener Iris-Arten (*Iris germanica* L., *Iris pallida* LAM., *Iris florentina* L. — *Iridaceae*) bezeichnet. Es findet im gemahlenen Zustand bei der Herstellung kosmetischer Mittel oft Verwendung, dient jedoch nicht als Gewürz.

Das Grundgewebe des Wurzelstockes besteht aus verdickten, grobgetüpfelten, mit Stärke angefüllten Zellen. Die meisten Stärkekörner sind ei-, walzen- oder keulenförmig, fast stets an einem Ende abgestutzt. Im gegenüberliegenden, gewöhnlich breiteren Ende liegt das Schichtenzentrum mit kreisförmigem oder hufeisenförmigem Spalt (Abb. 741). Daneben finden sich noch kleinere, fast kugelige Körner. Die größeren Körner sind gewöhnlich 20—30 μ lang und 10 bis 15 μ breit. Im Parenchym finden sich außerdem in der Längsrichtung des Rhizoms gestreckte Zellen, die je einen großen, meist 100—200 μ, zuweilen bis 500 μ langen, prismatischen Oxalatkristall enthalten. Die Leitbündel sind frei von Fasern.

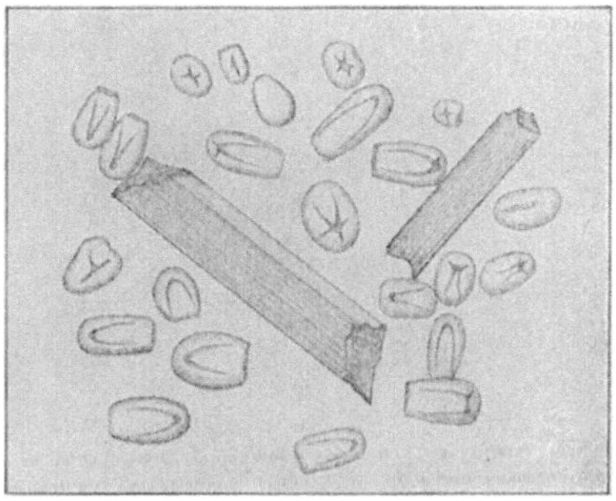

Abb. 741. Veilchenwurzelpulver; Stärkekörner und Bruchstücke von Oxalatprismen. 1:250 (C. MEZ).

Durch die eigenartigen Stärkekörner und die Bruchstücke der Oxalatprismen (Abb. 741), die 15—35 μ breit sind, ist das Veilchenwurzelpulver vorzüglich gekennzeichnet.

Neuere Literatur.

GRIEBEL: Nachweis von Patentwalzmehl im Brot. Zeitschr. f. Unter. d. Nahrungs- u. Genußmittel Bd. 17, S. 657. 1909.

— Die Zellelemente des Maniokmehles. Zeitschr. f. Unters. d. Nahrungs- u. Genußmittel Bd. 43, S. 169. 1922.

GRIEBEL u. ROTHE: Beiträge zur mikroskopischen Untersuchung der Kaffee-Ersatzstoffe (Narzissenzwiebeln, ein brechenerregender Rohstoff). Zeitschr. f. Unters. d. Nahrungs- u. Genußmittel Bd. 41, S. 69. 1921.

GRIMME: Über Maniokmehl. Zeitschr. f. Unters. d. Nahrungs- u. Genußmittel Bd. 41, S. 172. 1921.

HANAUSEK: Zur Mikroskopie des Maniokmehles. Arch. f. Chem. u. Mikr. Bd. 9, S. 87. 1916.

TSCHIRCH: Zur Unterscheidung von Rhiz. Zingiberis und Rhiz. Zedoariae. Schweiz. Wochenschr. f. Pharm. u. Chem. 1905.

IX. Niedere Pflanzen.

A. Bärlappgewächse.

Die zu den Gefäßkryptogamen gehörigen Bärlappgewächse liefern keine Nahrungsmittel. Jedoch sind die Sporen einer weitverbreiteten Art (*Lycopodium clavatum* L. — *Lycopodiaceae*) für uns deswegen von Interesse, weil sie gelegentlich in verfälschtem Safran (siehe diesen) aber auch in Zubereitungen verschiedener Art (vorwiegend allerdings pharmazeutischen) nicht selten angetroffen werden.

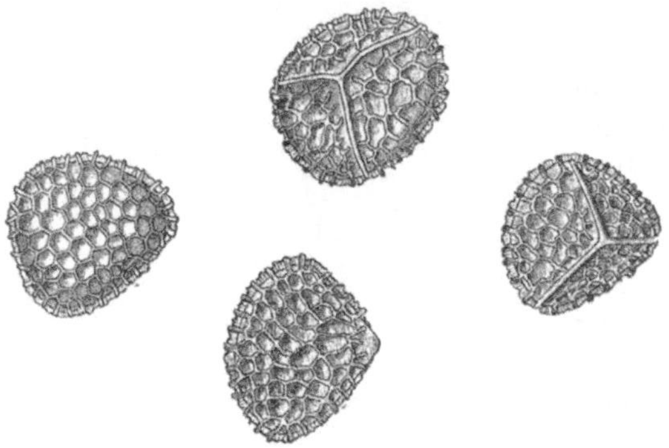

Abb. 742. Lycopodium. 1:560 (C. Mez).

Sie führen als Droge die Bezeichnung Lycopodium, Bärlappsamen, Hexenmehl und stellen ein blaßgelbes, sehr bewegliches Pulver dar, das auf Wasser schwimmt, ohne sich zu benetzen.

Die einzelnen Sporen sind meist 30—35 μ groß und bilden von drei wenig gewölbten und einer stärker gewölbten Fläche begrenzte Tetraeder. Die Flächen tragen ein Netz von feinen Leisten, die fünf- oder sechsseitige Maschen bilden (Abb. 742). Die Sporen enthalten reichlich fettes Öl.

B. Moose.

Auch unter den Moosen befinden sich keine Arten, die unter normalen Verhältnissen als menschliches Nahrungsmittel Verwendung finden. **Torf,** der aus abgestorbenen Torfmoosen gebildet ist, dient aber zuweilen als Zusatz zu Futtermitteln und ist während des Krieges des öfteren im Kaffee-Ersatz aufgefunden worden. Auch als Verfälschung von schwarzem Pfeffer wird er genannt.

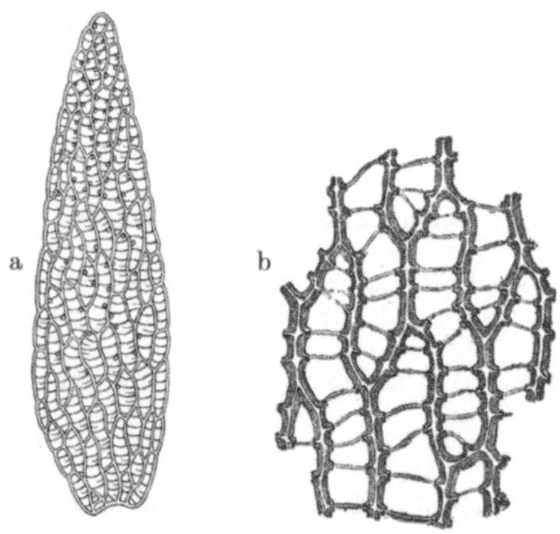

Abb. 743. Torfmoos (A. Bömer). a ganzes Blättchen (1:50), b Teil des Blättchens stärker vergrößert (1:200).

Die aus einem einschichtigen Gewebe bestehenden Blätter der Torfmoose (*Sphagnum*-Arten) sind nervenlos und setzen sich aus zweierlei Zellen zusammen. Die der Assimilation dienenden chlorophyllhaltigen Zellen sind schmal, schlauchartig und zu einem weitmaschigen Netz vereinigt, dessen Maschen durch große chlorophyllfreie, der Wasserleitung dienende Zellen mit runden Löchern und ringförmigen Verdickungen ausgefüllt sind (Abb. 743).

C. Algen.

Die Algen sind meist im Wasser lebende, Chlorophyll enthaltende Lagerpflanzen. Bei den Meeresalgen ist die grüne Farbe oft verdeckt durch rote oder braune Farbstoffe. Den Küstenbewohnern dienen einige beim Kochen verschleimende Algen als Nahrungsmittel.

Als

Agar-Agar

bezeichnet man eine getrocknete Algengallerte, die in Ostasien aus *Gelidium Amansii* LAMOUROUX und anderen Rotalgen (Florideen) bereitet wird. Die gebleichten Algen liefern beim Kochen mit Wasser eine kleisterartige Gallerte. Man läßt diese Gallerte gefrieren, wobei Wasser austritt und trocknet sie dann in Form von Platten, Streifen oder vierkantigen Stangen.

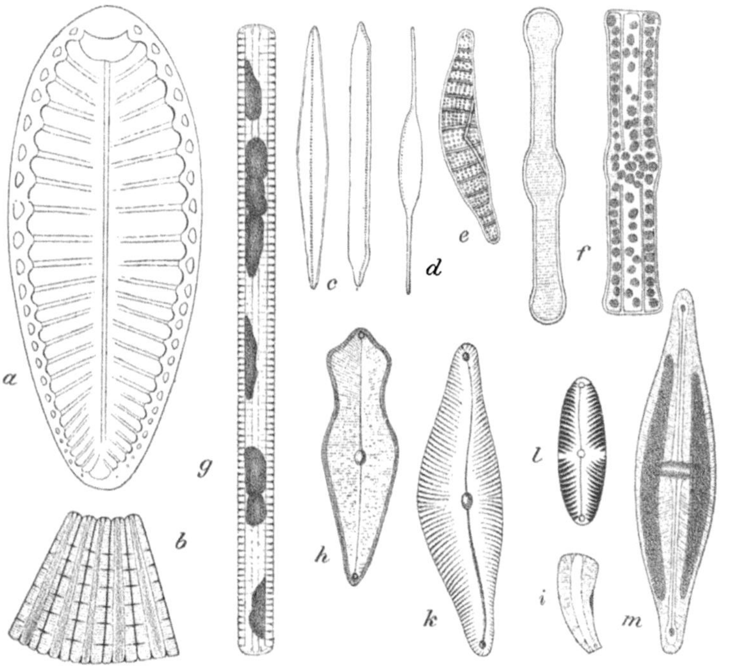

Abb. 744. Häufige Diatomeen (nach MEZ). *a* Surirella splendida, *b* Meridion circulare, *c* Nitzschia linearis, *d* Nitzschia acicularis, *e* Epithemia Zebra, *f* Tabellaria fenestrata, *g* Synedra Ulna, *h* Gomphonema acuminatum, *i* Rhoicosphenia curvata, *k* Cocconema Cistula, *l* Navicula Stauroptera, *m* Stauroneis Phoenicentron.

Agar-Agar kommt, seitdem ihn ROB. KOCH zur Bereitung fester Nährböden für Bakterienkulturen empfohlen hat, in großer Menge zur Verwendung und wird auch in der Küche wie in der Industrie an Stelle von Gelatine verwendet. Hier interessiert besonders die Verfälschung von Obstkonserven durch Verwendung von Agar.

Als Gallerte ist Agar-Agar strukturlos, könnte also mikroskopisch nicht nachgewiesen werden, wenn er nicht meistenteils Diatomeen enthalten würde, deren verkieselte Schalen ein höchst charakteristisches und unzerstörbares Relief besitzen (vgl. Abb. 744). Besonders auffallend sind die fast stets vorhandenen Arachnoidiscus-Schalen (Abb. 745).

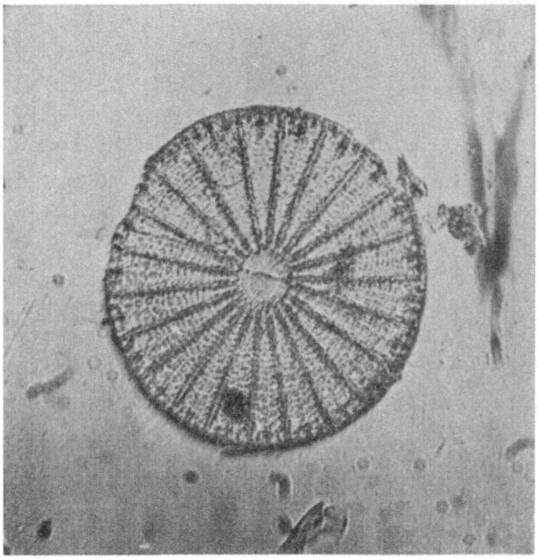

Abb. 745. Arachnoidiscus aus Agar-Agar (1:280) (Phot. C. GRIEBEL).

Nach MARPMANNS Vorschlag kocht man eine Probe des auf Agar zu prüfenden Fruchtgelees mit 5%iger Schwefelsäure, fügt dann einige Kristalle von Kaliumpermanganat hinzu und läßt absitzen. Im Sediment finden sich dann die Kieselpanzer der Diatomeen. Allerdings kommen jetzt auch besser gereinigte Agarsorten in den Handel, die nur noch wenig Diatomeen enthalten. Der Nachweis des Gelierungsmittels läßt sich dann oft nur auf chemisch-physikalischem Wege führen.

Carrageen

auch „Isländisches Moos" genannt, besteht aus dem gebleichten und getrockneten Thallus zweier Rotalgen (*Chondrus crispus* [LINNÉ] STACKHOUSE und *Gigartina mamillosa* [GOODENOUGH ET WOODWARD] J. AGARDH). Die Droge findet im allgemeinen nur arzneiliche Verwendung; sie hat aber während des Krieges auch zur Herstellung von marmeladeähnlichen gallertigen Zubereitungen gedient, die wenig oder gar keine Fruchtbestandteile enthielten. Carrageenpulver wird außerdem gelegentlich in diätetischen Nährmitteln und ähnlichen Zubereitungen beobachtet.

Auf dem Querschnitt des Carrageenthallus erkennt man, wie bei vielen Florideen, deutlich eine Rindenschicht und eine zentrale Markschicht. Die Rindenschicht (Abb. 746, *A*, *r*) setzt sich aus 4—6 Reihen kleiner rundlicher Zellen mit sehr engem, nach innen allmählich weiter werdendem, meist ovalem Lumen zusammen. Die hierauf folgenden Zellen, die zur Markschicht überleiten, haben ein um so größeres und unregelmäßigeres Lumen, je weiter sie nach innen liegen. Sie ähneln infolge ihrer Plasmaausläufer, die mit benachbarten Zellen in Verbindung stehen, nicht selten Amöben (Abb. 746, *A*, *a*). Die eigentliche Markschicht wird aus vorwiegend länglichen Zellen (*A*, *m*) gebildet. Da die in Wasser stark quellenden Zellwände keine Schichtung zeigen, sind sie vollständig durchsichtig und im ungefärbten Präparat nicht erkennbar.

Der Carrageenthallus enthält mit Ausnahme der Rindenschicht einen Stoff, der sich mit Jodlösung violett bis rotbraun färbt und von TSCHIRCH als Amylodextrin angesprochen wird. Wegen seines Vorkommens bei zahlreichen Florideen wird der Körper gewöhnlich als „Florideenstärke" bezeichnet.

In marmeladeähnlichen Zubereitungen, die mit Hilfe von Carrageen hergestellt sind, tritt die Jodreaktion in den Thalluszellen nicht immer ein, da die

Florideenstärke bei Säuerung durch Bakterienwirkung u. dgl. leicht verändert wird. Dagegen sind die Bruchstücke des Thallus leicht kenntlich. Da sich die Rindenschicht leicht von der Markschicht ablöst, trifft man zahlreiche Teilchen der ersteren an, die durch die in radialen Reihen angeordneten englumigen

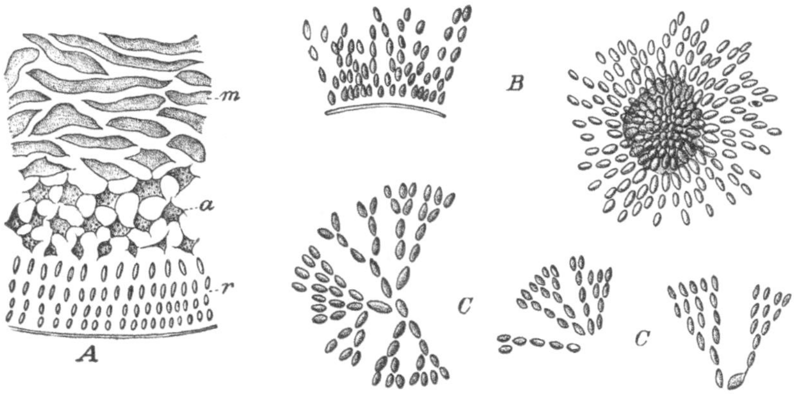

Abb. 746. Carrageengallerte (C. GRIEBEL). *A* einem Längsschnitt entsprechendes Thallusbruchstück, *r* Rindenschicht, *a* Zellen mit unregelmäßigem, oft amöbenförmigem Lumen an der Grenze von Rinden- und Markschicht, *m* Markschicht, *B* Teilchen der Rindenschicht, *C* baumartige Zellverzweigungen aus der Rindenschicht. 1:200.

Zellen auffallen (*B*). Häufig findet man auch charakteristische baumartige Verzweigungen, die dadurch entstehen, daß mit einer Zelle des inneren Teiles der Rindenschicht zwei der nächstäußeren Zellreihe in Verbindung stehen, was sich dann nach außen wiederholt (*C*). Größere Bruchstücke des Thallus lassen auch die Markschicht erkennen, und zwar gewöhnlich in der Richtung eines Längsschnittes (*A*).

D. Flechten.

Sie sind keine selbständige Klasse der Lagerpflanzen, sondern Wuchsformen, die dadurch entstehen, daß gewisse Algen von bestimmten Pilzen umwachsen

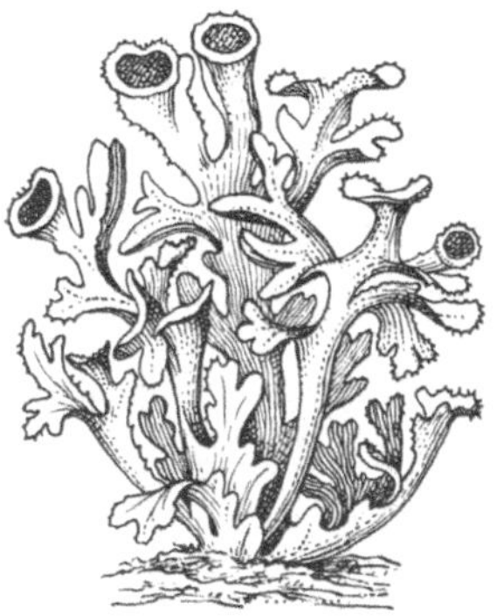

Abb. 747. Isländisches Moos, etwas verkleinert (nach J. MOELLER).

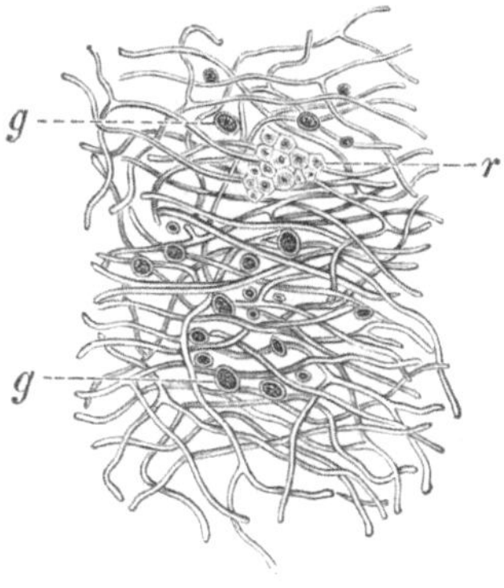

Abb. 748. Pilzgewebe des Isländischen Mooses mit den Algen *g* u. der Rindenschicht *r* (J. MOELLER).

werden. Die Zellmembranen einiger Flechten bestehen aus einer in heißem Wasser verquellenden und durch Jod sich unmittelbar bläuenden Modifikation der Zellulose (Lichenin oder Flechtenstärke) und sind deshalb leicht verdaulich. Für besonders nahrhaft und heilsam gilt das Isländische Moos, das deshalb mitunter Nährpräparaten zugesetzt wird.

Isländisches Moos

ist die auch bei uns in Gebirgen häufige Flechte *Cetraria islandica* ACH., ein kleines strauchartiges Gebilde mit wiederholt gabelig geteilten, flachen, bewimperten Zweigen (Abb. 747). Die Hyphen bilden durch dichte Lagerung in der beiderseitigen Rindenschicht ein Scheinparenchym (Abb. 748, *r*). In der lockeren Markschicht liegen die kugeligen grünen Algenzellen (Abb. 748, *g*). Demnach erscheinen die Flechtenfragmente in der Flächenansicht als wirr verfilzte, zarte Fäden oder als ein Mosaik kleiner, polygonaler Zellen, die beim Erwärmen des Wasserpräparates zu einer Gallerte verquellen.

E. Pilze.

Von Interesse sind hier in erster Linie die „Speisepilze“ und ihre gesundheitsschädlichen Verwechselungen.

Einige Pilze haben für uns deshalb Bedeutung, weil sie auf Zerealien wachsen, mit dem Getreide geerntet werden und das aus diesem hergestellte Mehl verunreinigen, wie Mutterkorn, Brandpilze, Schwärzepilze.

Erwähnung verdienen hier auch die Rostpilze, die die Ursache vieler Pflanzenkrankheiten sind. Daher begegnen sie dem Mikroskopiker nicht selten auf Vegtabilien.

Schimmelpilze stellen sich auf Nahrungsmitteln aller Art, besonders bei feuchter Aufbewahrung, ein. Sie entstehen gewöhnlich aus den in der Luft überall schwebend vorhandenen Pilzkeimen (Sporen), wenn diese auf das organische Substrat fallen und dort die zur Entwickelung geeigneten Bedingungen vorfinden. Ihr Wachstum verursacht meist erhebliche Zersetzungserscheinungen in den betreffenden Lebensmitteln.

In gärenden Speisen und Getränken begegnen uns sehr häufig Sproßpilze, von denen die Hefearten, die die Zerlegung des Zuckers in Alkohol und Kohlensäure bewirken, für das Gärungsgewerbe, aber auch für die Bäckerei von besonderer Bedeutung sind.

Wie die Schimmelpilze und Hefearten, führen auch die Bakterien (Spaltpilze) durch ihre Lebenstätigkeit erhebliche Veränderungen in der Zusammensetzung von Lebensmitteln herbei, sofern sie günstige Bedingungen zur Entwickelung vorfinden.

Während ein Teil der Arten nur zerstörend wirkt, finden andere wegen ihrer besonderen Eigenschaften als Gärungserreger im Lebensmittelgewerbe Verwendung, so daß sie, ähnlich wie viele Heferassen, zu „Kulturpflanzen“ geworden sind.

a) Speisepilze.

Was man im Sprachgebrauch als „Pilze“ oder „Schwämme“ bezeichnet, sind die aus einem schimmelähnlichen Lager (Myzel) sich entwickelnden Fruchtkörper von Pilzarten, die verschiedenen Abteilungen angehören (Haut-, Bauch-, Scheiben-, Knollenpilze).

Die Haut- und Bauchpilze gehören zu den Basidiomyzeten, die ihre Sporen zu 2 oder 4 auf besonderen Trägerzellen, den sog. Basidien (Abb. 749) abschnüren, die Scheiben- und Knollenpilze zu den Askomyzeten, bei denen die Sporen (meist 8) im Innern von rundlichen oder länglichen, oft keulenförmigen Schläuchen (Asci) gebildet werden (Abb. 752). So verschieden auch das Aussehen der einzelnen Arten ist, im anatomischen Bau zeigen sie doch eine weitgehende Übereinstimmung. Diese ist so groß, daß es auf mikroskopischem Wege oft nicht gelingt, genießbare Arten voneinander oder von giftigen Arten zu unterscheiden. Sie bestehen in allen Teilen aus einem mehr oder weniger dichten Filzwerk zarter Zellfäden (Hyphen), wozu im Fruchtlager die Fortpflanzungszellen (Sporen) kommen (Abb. 755).

A. Die Hautpilze (*Hymenomycetes*) entwickeln aus dem Myzel meist große und eigentümlich geformte Fruchtkörper, die man gemeinhin als „Pilze" oder „Schwämme" bezeichnet. Bestimmte Stellen des Fruchtkörpers sind von einem Hymenium, d. i. einer sporentragenden Schicht, überzogen. Das Hymenium (Abb. 749) besteht aus dicht palisadenartig gereihten Zellen (Hyphenenden), die teils unfruchtbar sind (Paraphysen), teils an ihrem Scheitel Sporen abschnüren. Daneben kommen als weitere Form von Hymenialzellen bei manchen Arten noch „Zystiden" vor, die durch abweichende Gestalt oder Größe auffallen.

Nach der Form des Fruchtkörpers und seiner Hymenialschicht unterscheidet man folgende Familien:

1. Rindenpilze (*Telephoraceae*) mit nur wenigen eßbaren Arten aus der Gattung *Craterellus*. Zu nennen ist *C. cornucopioides* (L.) Pers., die Totentrompete.

2. Keulenpilze (*Clavariaceae*): Das Hymenium überzieht die glatte Oberfläche des zylindrischen oder keulenförmigen oder flachen, oft korallenartig verzweigten Fruchtkörpers. — Hierher gehören von eßbaren Arten der Ziegenbart (*Sparassis ramosa* [Schäffer] Schröter) und die sogenannten Korallenpilze (*Clavaria*).

3. Stachelpilze (*Hydnaceae*): Das Hymenium überzieht weichstachelige Vorsprünge meist an der Unterseite hutförmiger Fruchtkörper. — Hierher gehören von eßbaren Arten der Rehpilz oder Habichtschwamm (*Hydnum imbricatum* L.) und der Stoppelschwamm (*H. repandum* L.).

4. Röhrenpilze (*Polyporeae*): Fruchtkörper konsolartig oder ein meist gestielter Hut, dessen Unterseite aus zahlreichen Röhrchen zusammengesetzt ist. Das Hymenium kleidet diese Röhrchen aus. — Von genießbaren Pilzen gehören hierher: Stein- oder Herrenpilz (*Boletus edulis* Bull.) (siehe diesen), Kapuzinerpilz (*B. scaber* Bull.), Rotkappe (*B. rufus* Schäff.), Butterpilz (*B. luteus* L.), Ziegenlippe (*B. subtomentosus* L.), Maronenpilz (*B. badius* Fr.), Sandpilz (*B. variegatus* Swartz), Rotfußröhrling (*B. chrysentereon* Bull.), Schmerling (*B. granulatus* L.), Kuhpilz (*B. bovinus* L.), Schafeuter (*Polyporus ovinus* [Schäffer] Fr.), Semmelpilz (*P. confluens* [Alb. et Schwein.] Fr.), Eichhaase (*P. frondosus* [Flor. Dan.] Fr.).

Giftig ist:

Der Satanspilz (*Boletus satanas* Lenz.) kenntlich an den blutroten Mündungen der Röhrchen und dem bauchigen, gelben bis roten, im oberen Teil mit orangeroter Netzzeichnung versehenen Stiel. Das weiße Fleisch wird bei Verletzungen rötlich, später dunkelblau. Sporen länglich-eiförmig, auf einer Seite etwas verschmälert (12—15:6 μ).

Giftverdächtig ist außerdem:

B. lupinus Fr. und *B. pachypus* Fr.

5. Blätterpilze (*Agaricaceae*): Fruchtkörper ein meist gestielter Hut, dessen Unterseite aus zahlreichen Blättchen (Lamellen) zusammengesetzt ist. Das Hymenium überzieht diese Lamellen. — Von genießbaren Pilzen gehören hierher: Champignon (*Psalliota campestris* Fr., *P. arvensis* Schäff.), Stockschwamm (*Pholiota mutabilis* Schäff.), Hallimasch (*Armillaria mellea* Fl. Dan.), Pflaumenpilz (*Clitopilus prunulus* Scop.), Ritterlinge (*Tricholoma*-Arten), Täublinge (*Russula*-Arten), Milchlinge (echter Reizker =

Lactarius deliciosus L.; Brätling = *Lactarius volemus* FR.), Pfifferling (*Cantharellus cibarius* FR.), Drehling (*Pleurotus ostreatus* QUÉL.), Musseron (*Marasmius alliatus* SCHÄFF.), Kaiserling (*Amanita caesarea* SCOP.), Parasol (*Lepiota procera* [SCOP.] Quélet), Krämplinge (*Paxillus*-Arten) und andere.

Giftig sind:

Giftwulstling oder Knollenblätterschwamm (*Amanita phalloides* FR.) (s. d.) unentwickelt leicht mit jungen Champignons zu verwechseln;

Fliegenpilz (*Amanita muscaria* [L.] PERS.) leicht kenntlich an dem in der Jugend feuerroten, mit kegelförmigen, weißen (vom Regen mitunter abgewaschenen) Warzen besetzten Hut und weißem Fleisch, während das Fleisch des ihm ähnlichen, genießbaren Kaiserlings gelb ist;

Pantherschwamm (*Amanita umbrina* PERS.), kenntlich an dem braunen, durch weiße Warzen gefleckten Hut;

Giftreizker (*Lactarius torminosus* SCHÄFF.) durch den weißen Milchsaft und den brennend-scharfen Geschmack von dem genießbaren Reizker zu unterscheiden, dessen Milchsaft orange-farbig und aromatisch ist;

Speiteufel (*Russula emetica* SCHÄFF.), kenntlich an der blut- oder purpurroten, in Rotbraun übergehenden Farbe des dünnfleischigen, zerbrechlichen Hutes und an dem brennendscharf schmeckenden Fleisch.

Daß sich unter den weniger häufigen einheimischen Arten aber immer noch der eine oder der andere bisher in seiner Wirkung nicht bekannte Giftpilz finden kann, zeigten die im Jahre 1916 und später vorgekommenen tödlichen Vergiftungen durch den ziegelroten Rißpilz (*Inocybe lateraria*).

B. Die Scheibenpilze (*Discomycetes*) entwickeln aus dem Myzel meist scheiben-, keulen- oder becherförmige Fruchtkörper, auf deren Oberfläche das Hymenium ausgebreitet ist. Dieses besteht aus palisadenartig angeordneten Schläuchen (asci) nebst unfruchtbaren Paraphysen. Die Sporen entstehen in den Schläuchen meist zu acht (Abb. 752). — Hierher gehören die Morcheln und Lorcheln (s. d.).

C. Die Knollenpilze (*Tuberaceae*) entwickeln aus dem Myzel meist unterirdische knollige Fruchtkörper, in denen die Schläuche des Hymeniums die Oberfläche labyrinthischer Gänge auskleiden. — Hierher gehören die Trüffeln (s. d.).

D. Die Bauchpilze (*Gasteromycetes*) entwickeln aus dem Myzel ober- oder unterirdische kugelige, vielfach gekammerte Fruchtkörper, deren Wände vom Hymenium überzogen werden. Die Sporen entstehen (wie bei den Hautpilzen) nicht in Schläuchen, sondern auf Basidien und bilden bei der Reife ein feines Pulver. — Hierher gehören die in der Jugend genießbaren, aber nicht wohlschmeckenden Boviste.

Von den zahlreichen genießbaren Pilzen kommen im allgemeinen nur verhältnismäßig wenige Arten regelmäßig und in größeren Mengen auf den Markt; doch ist dies je nach der Gegend sehr verschieden.

Da eine zuverlässige Diagnose der Arten im engen Rahmen auch mit Hilfe des Mikroskops nicht möglich ist, müssen Spezialwerke mit guten Abbildungen[1] zu Rate gezogen werden, wenn es sich um die Bestimmung von frischen Pilzen handelt.

Genauer beschrieben sind nachstehend nur wenige Typen.

1. Champignon.

Der Feldchampignon (*Psalliota campestris* L.) hat einen anfangs fast kugeligen oder halbkugeligen, später flach gewölbten, weißlichen bis gelblichbräunlichen Hut mit weißem, zuweilen rötlichem Fleisch. Der Stiel ist voll,

[1] MIGULA, W.: Kryptogamenflora von Deutschland, Deutsch-Österreich und der Schweiz. Bd. III. MICHAEL, EDMUND: Führer für Pilzfreunde. I—III Band. GRAMBERG, EUGEN: Pilze der Heimat. I. u. II. Band. ROTHMAYR, JULIUS: Die Pilze des Waldes. I. u. II. Band.

weiß, in der Mitte mit einem häutigen Ring versehen. Die Lamellen berühren den Stiel nicht oder nur wenig; sie sind anfangs weißlich, dann hellrosa, später kaffeebraun, zuletzt wie das Sporenpulver schwarzbraun. Die Sporen sind elliptisch (8:6 μ), ihre Membran braun. Querschnitte durch die Lamellen zeigen in der Mitte eine Schicht breiter, in einer Richtung verlaufender Hyphen (Abbildung 749), beiderseits von einer kleinzelligen Schicht umsäumt, aus der die Basidien und Paraphysen entspringen.

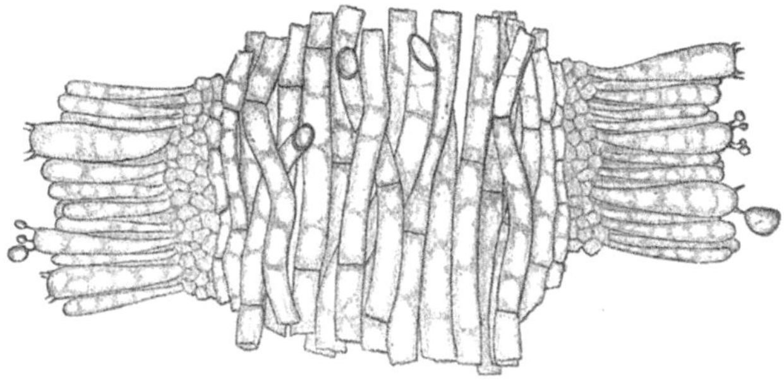

Abb. 749. Querschnitt durch eine Lamelle des Champignons, die Mittelschicht und das Hymenium zeigend, stark vergrößert (nach C. MEZ).

Der Schaf- oder Ackerchampignon (*P. arvensis* SCHÄFF.) steht dem Feldchampignon sehr nahe und stimmt anatomisch mit ihm überein. Er kommt im Gegensatz zum Feldchampignon auch in Wäldern vor. Gerade dieser Umstand ist wohl der Hauptgrund, daß immer wieder Verwechselungen mit dem im Jugendzustand ähnlichen, überwiegend im Laubwald, aber auch im Nadelwald wachsenden, außerordentlich giftigen Knollenblätterpilz erfolgen, die alljährlich zu tödlichen Vergiftungen führen.

Knollenblätterpilz.

Der Knollenblätterpilz (*Amanita bulbosa* BULL.) ist sehr formenreich. Die wichtigsten Varietäten, die zuweilen auch als eigene Arten angesehen werden, sind der grüne (*A. phalloides*), der gelbe (*A. mappa*) und der weiße oder Frühlingsknollenblätterschwamm (*A. verna*). Alle Formen unterscheiden sich vom Champignon durch den am Grunde knollig aufgetriebenen und an der Knolle meist häutig umscheideten Stiel, die weißen oder gelblichen Lamellen, das weiße Sporenpulver und den meist an Kartoffelkeime erinnernden Geruch.

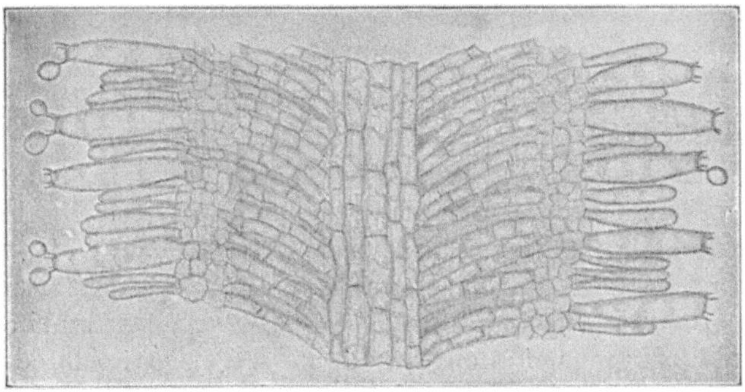

Abb. 750. Querschnitt durch eine Lamelle des Knollenblätterpilzes (nach C. MEZ).

Querschnitte durch die Lamellen zeigen, daß sich an die mittlere geradlinige Hyphenschicht beiderseits bogenförmig nach außen verlaufende Hyphen anschließen (Abb. 750). Den gleichen Bau weißen die übrigen Amanita-Arten (z. B. Fliegenpilz und Pantherpilz) auf.

2. Täublinge und Milchlinge.

Die Täublinge (*Russula*-Arten) sind ebenso wie die Milchlinge (*Lactarius*-Arten) aus zwei verschiedenen Gewebselementen aufgebaut, wodurch sie sich von allen anderen Blätterpilzen unterscheiden. Neben langgestreckten, dünnen Hyphen finden sich rosettenartige Gruppen von bedeutend weiteren Zellen (Abb. 751), zwischen denen bei *Lactarius* außerdem Milchsaftgefäße auftreten. Bei beiden Gattungen sind die kugeligen oder ellipsoidischen Sporen durch eine starke, feinstachelige, farblose oder gelbliche Membran ausgezeichnet. Von den Milchlingen wirkt der Birkenreizker (*Lactarius torminosus*), von den Täublingen der Speitäubling (*Russula emetica*) giftig.

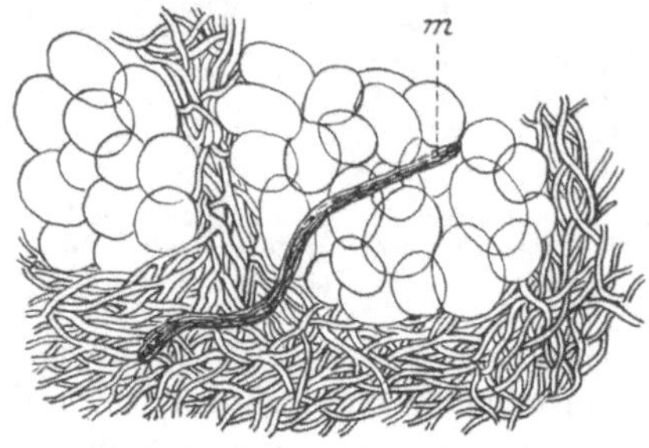

Abb. 751. Schnitt durch das Gewebe eines Milchlings (Lactarius). *m* Milchschaftschlauch. 1:240 (C. GRIEBEL).

Der Birkenreizker ist der Doppelgänger des echten Reizkers. Ersterer hat jedoch weiße Milch, während der echte Reizker sofort an der orangeroten Milch erkennbar ist, die an frischen Bruchstellen austritt.

Der Speitäubling ist von anderen roten Täublingen durch die ins Rotbraune übergehende Farbe und durch den brennendscharfen Geschmack zu unterscheiden.

Übrigens zeigen eine ganze Anzahl von Täublingen und Milchlingen einen scharfen Geschmack, der aber gewöhnlich durch Auskochen beseitigt werden kann.

3. Steinpilz.

Der Herren- oder Steinpilz, in Österreich Pilzling (*Boletus edulis* BULL. — *B. bulbosus* SCHÄFF.), ist ein Röhrenpilz. Er hat einen polsterförmigen, anfangs halbkugeligen, später ausgebreiteten, bis 20 cm breiten, braunen Hut mit festem, weißem Fleisch, das die Farbe nicht verändert. Der bis 16 cm hohe Stiel ist dick, knollig, bauchig, später keulenförmig, oben weiß genetzt. Die von der Unterseite des Hutes leicht ablösbare Röhrenschicht ist engporig, anfangs weiß, später gelb oder grüngelb, das Sporenpulver braun. Die Sporen (Abb. 756) sind fast spindelförmig (15—17 : 5—6 μ), glatt, gelb oder bräunlich[1].

Getrocknet oder in Konserven ist der Steinpilz auch in Stücken an der röhrigen Hymenialschicht vom Champignon leicht zu unterscheiden.

Ein Doppelgänger des Steinpilzes ist der nicht selten versehentlich mit diesem gesammelte, außerordentlich bitter schmeckende, aber ungiftige Gallenpilz (*Tylopilus felleus* [BULL.] KARSTEN), der schon in geringer Menge das ganze Pilzgericht ungenießbar macht. Er hat weiße, später rötliche Röhren, die sich

[1] Ähnlich sind die Sporen bei den meisten anderen Boletusarten gestaltet.

im Alter beträchtlich erweitern. Der Stiel ist durch olivbraune bis grünliche, erhabene Adern grubig genetzt. Die Sporen (11—14: 3,5—5 μ haben eine farblose Membran und enthalten rostrote Öltropfen.

4. Morcheln.

Die Morcheln sind Schlauchpilze aus der Familie der *Helvellaceen*, und gehören den Gattungen *Morchella* und *Gyromitra* (*Helvella*) an. Der gestielte Fruchtkörper ist hutförmig, fleischig und gebrechlich. Das Hymenium überzieht die Lappen oder netzförmigen Gruben des Fruchtlagers; es besteht aus dicht palisadenartig gereihten Schläuchen (Abb. 752), die acht glatte, meist ellipsoidische Sporen enthalten.

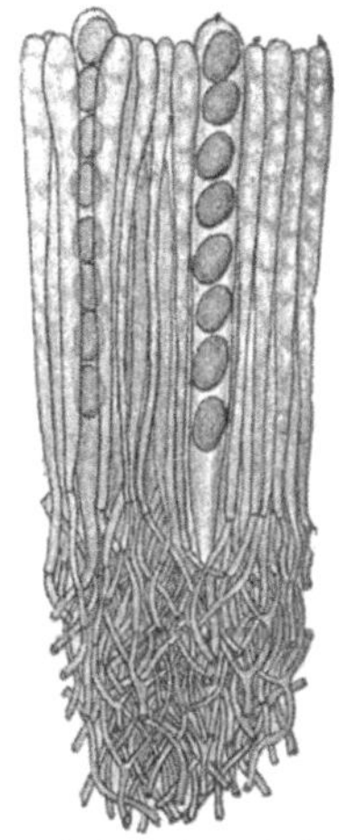

Abb. 752. Querschnitt durch das Hymenium der Lorchel (nach C. MEZ).

In Betracht kommen hauptsächlich folgende Arten:

die eigentliche Speisemorchel (*Morchella esculenta* [L.] PERS.) mit hohlem Stiel, 3—6 cm langem und 3—5 cm breitem, gelbem bis braunem Hut, der in seiner ganzen Länge dem Stiel angewachsen und durch Längs- und Querleisten in tiefe, unregelmäßige, rechteckige „Zellen" geteilt ist; die Sporen sind gelblich, 17—22 μ lang, 10—12 μ breit;

die Spitzmorchel (*Morchella conica* PERS.) hat einen etwa 5 cm langen, kegelförmigen, braunen Hut mit schmalen längsgestreckten, etwa rautenförmigen Zellen;

durch einen frei herabhängenden glockenförmigen Hut ist die Glockenmorchel (*Morchella Gigas* [BATSCH.] PERS.) ausgezeichnet;

die Stockmorchel, Faltenmorchel, Frühlingsmorchel oder Lorchel (*Gyromitra esculenta* FR. — *Helvella esculenta* PERS.) mit hohlem Stiel, gewölbtem, teils hohlem, teils lappigem, kaffeebraunem Hut (bis 8 cm breit) und weißen Sporen (17—20 μ lang, 8—11 μ breit), die zwei kleine farblose Öltropfen enthalten;

die Riesenlorchel (*Gyromitra Gigas* [KROMBH.] COOKE) hat einen unregelmäßig knolligen oder krausen, bis 12 cm breiten, hellolivbraunen oder ockerfarbenen Hut mit breiten gewundenen Falten. Die ellipsoidischen Sporen sind 30—40 μ lang, 12—14 μ breit, an jedem Ende mit einem warzenförmigen Anhängsel versehen und enthalten 2—3 Öltropfen.

Alle Arten sind genießbar, einige jedoch erst, nachdem sie mit heißem Wasser abgebrüht wurden. Für besonders giftig gilt die Lorchel (*Gyromitra esculenta*); sie enthält die Helvellasäure, die aber anscheinend nur unter bestimmten Verhältmissen in größerer Menge gebildet wird, denn es kommen in manchen Jahren ziemlich zahlreiche, aber meist rasch vorübergehende Erkrankungen nach dem Genuß der Frühlingsmorchel vor, in anderen Jahren ist dies dagegen nicht der Fall. Da die Helvellasäure in heißem Wasser löslich ist, läßt sie sich durch Abgießen des Brühwassers größtenteils beseitigen. Auch beim Trocknen der Pilze verschwindet sie allmählich.

5. Trüffeln.

Als Trüffeln werden eine Anzahl Schlauchpilze mit knollenförmigem, unterirdischem Fruchtkörper aus der Familie der *Tuberaceae* und *Terfeziaceae* bezeichnet, die als Speisewürzen und zur Herstellung von Trüffelleberwurst Verwendung finden. Ihr Nachweis in Zubereitungen bietet gewöhnlich keine Schwierigkeiten, da sich die kleinen Pilzteilchen leicht auffinden und isolieren lassen. Für die Erkennung der Art kommt bei zerkleinertem Material nur die Beschaffenheit der Sporen in Betracht. Zuweilen werden die Trüffeln geschält und die abgeschälte Rinde, die wenig oder gar keine Sporen enthält, zur Herstellung billigerer Waren verwendet (GIESENHAGEN). Das Fehlen von Sporen kann daher nicht immer als Beweis für die Abwesenheit von Trüffelteilchen gelten. Aus konserviertem Material, das sich geschält und ungeschält im Handel befindet, lassen sich ohne weiteres geeignete Schnitte herstellen, erforderlichenfalls härtet man zuvor mit Alkohol.

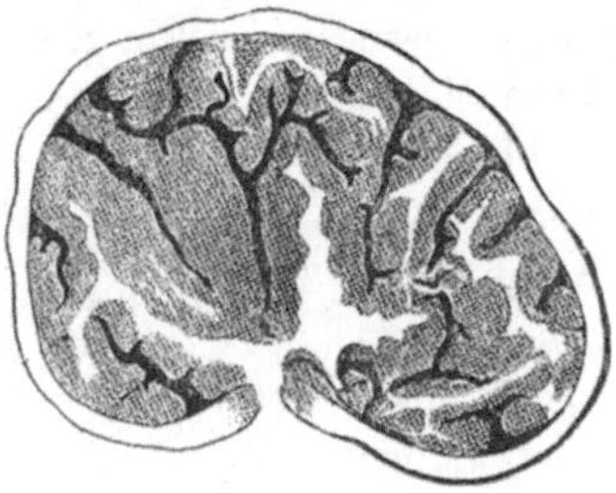

Abb. 753. Durchschnitt der deutschen Trüffel in nat. Größe (nach TULASNE).

Bei den **Tuberaceen** zeigt ein Durchschnitt des Fruchtkörpers zahlreiche labyrinthartige, nach außen mündende Gänge, deren Wände vom Hymenium ausgekleidet sind (Abb. 753). Das Hymenium besteht aus einem Hyphengeflecht, dem sporentragende Schläuche (Asci) unregelmäßig eingelagert sind (Abb. 755 *I*, *II*). Die Asci enthalten 1—4 (selten mehr) einzellige Sporen, deren Größe, Form, Farbe und Relief die besten Kennzeichen zur Unterscheidung der Arten unter dem Mikroskop abgeben. Verwendung finden folgende Arten:

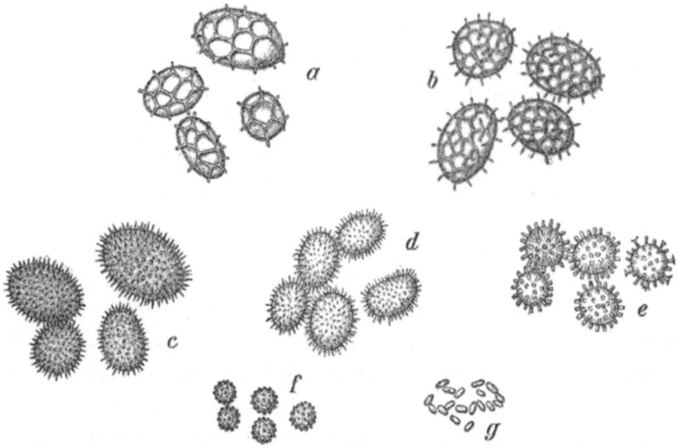

Abb. 754. Sporen der Trüffelarten und ihrer Verwechslungen (nach MEZ). *a* und *b* deutsche Trüffel, *c* und *d* französische Trüffel, *e* weiße Trüffel (*Choiromyces*), *f* Hartbovist (*Scleroderma*), *g* falsche Trüffel (*Rhizopogon*).

1. Die Winter-Trüffel, französische oder Perigord-Trüffel (*Tuber brumale* VITT.), wegen ihres starken Aromas die geschätzteste von allen. Außer in Frankreich kommt sie auch in Norditalien und im südlichen Deutschland (Baden), meist unter Eichen, vor.

Die Fruchtkörper sind haselnuß- bis faustgroß, schwarz, mit abgeflachten, vieleckigen, 2—3 mm großen Warzen besetzt; ihr Fleisch ist schwarzviolett oder rötlichschwarz, durch helle Adern marmoriert. Die Sporen sind elliptisch, 21—42 μ lang, dicht mit Stacheln besetzt (Abb. 754, *d*).

Die echte Perigord-Trüffel ist eine Abart (*melanosporum*) mit dunklem, dichter marmoriertem, sehr aromatischem Fleisch und fast schwarzen, zuweilen größeren Sporen (Abb. 754, *c* und 755, I).

2. Die deutsche oder Sommer-Trüffel (*Tuber aestivum* VITT. mit der Abart *mesentericum*), die in Norditalien, Frankreich, Deutschland, Böhmen

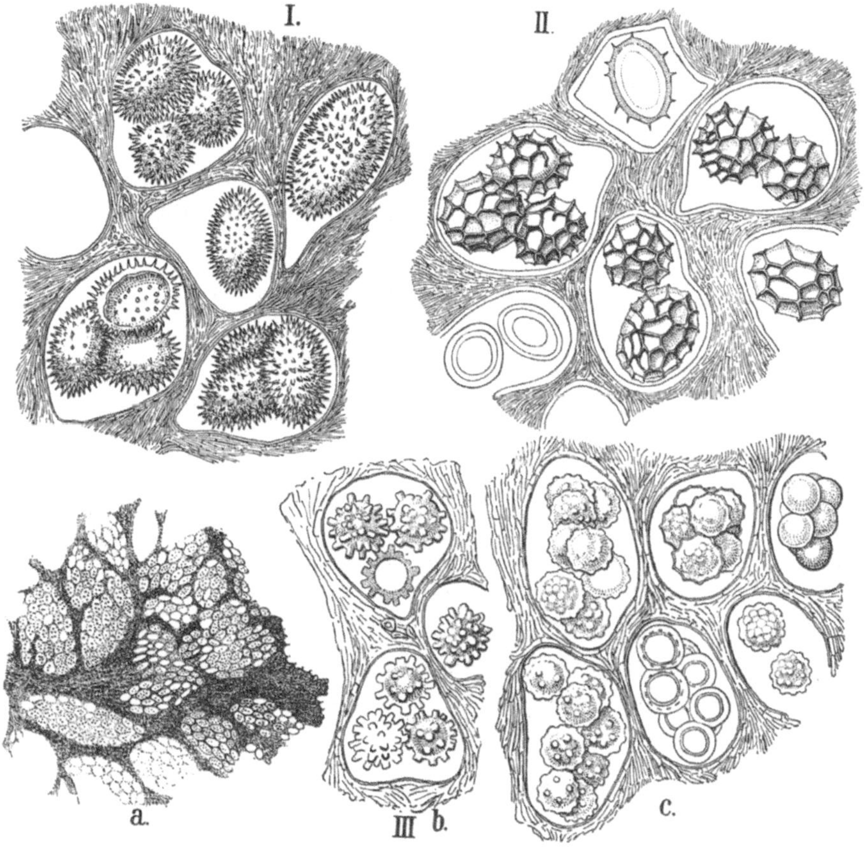

Abb. 755. Schnitte von Trüffeln (GIESENHAGEN). I Perigord-Trüffel 1:350. II Deutsche Trüffel 1:350. III Afrikanische Trüffel, *a* schwach vergrößert (1:25), die nesterartige Anordnung der Sporenschläuche zeigend; *b* völlig ausgewachsener Fruchtkörper 1:350; *c* Schnitt mit Sporen in verschiedenen Reifestufen.

und der Schweiz vorkommt, hat größere schwarze Warzen und bräunliches, durch weiße Adern marmoriertes, viel weniger aromatisches Fruchtfleisch. Die Sporen sind elliptisch (24—45 μ lang), hellbraun, weitmaschig genetzt (Abb. 754, *a* und *b* und 755, II).

3. Die Magnatentrüffel (*Tuber magnatum* PICO) unterscheidet sich von den vorstehenden durch die glatte Oberfläche und die ockergelbe Farbe. Die Sporen sind elliptisch, 25—35 μ lang. Ihre Membran ist gelbbraun, mit sehr weiten Netzmaschen versehen, deren Leisten bis 7 μ und darüber hoch werden.

Bei den **Terfeziaceen** (in Betracht kommen für uns *Choiromyces* und *Terfezia*) sind die Asci achtsporig.

4. Die weiße Trüffel (*Choiromyces maeandriformis* VITT.) ist in Mitteleuropa und in England verbreitet. Sie bildet kartoffelähnliche, hell gelbbraune Knollen und hat ein zähes, weißes bis bräunliches, braun geädertes, wenig aromatisches Fleisch.

Die askusführenden Teile sind mäandrisch geschlängelte, dunkler gefärbte Bänder, in denen die keulenförmigen Asci palisadenartig angeordnet sind.

Die kleinen (15—20 μ), kugeligen Sporen sind hellbraun und mit zahlreichen, ungleich langen Stäbchen besetzt (Abb. 754, *e*).

5. Die afrikanische Trüffel oder Terfaz (*Terfezia leonis* TUL.) kommt in Spanien, Kleinasien und besonders in Nordafrika vor. Sie wurde von GIESENHAGEN in deutscher Trüffelwurst nachgewiesen. Ich fand sie in verschiedenen Trüffelkonserven des Handels gemengt mit *Tuber brumale* und *Tuber aestivum*. Sie gelangt zu uns nur in getrocknetem Zustand, in etwa halbzentimeterdicke Scheiben zerschnitten, von gelbbräunlicher Farbe.

Die askusführenden Partien des Fruchtkörpers sind durch netzig verzweigte, sterile Adern voneinander getrennt. Die Asci sind daher zu nestartigen Gruppen vereinigt (Abb. 755, III, *a*). Die Sporen sind kugelig (16—20 μ), blaßgelb, mit abgestutzt kegelförmigen Höckern besetzt (Abb. 755, III, *b*). Da die Fruchtkörper der Handelsware aber meist nicht ausgereift sind, ist die Skulptur der Sporenmembran gewöhnlich sehr wenig entwickelt (III, *c*).

Trüffelkonserven.

In Trüffelkonserven finden sich häufig verschiedene Trüffelsorten nebeneinander, auch wenn ihre Bezeichnung auf eine einheitliche Ware schließen läßt.

Als Perigordtrüffeln (Stücken) bezeichnete Konserven bestanden z. B. aus 3 Teilen Perigordtrüffeln und 1 Teil Sommertrüffeln, eine andere Probe aus 1 Teil Perigord-, 7 Teilen Sommer- und 3 Teilen afrikanischer Trüffeln.

Trüffelverfälschungen und Verwechselungen.

Abgesehen von der Verfälschung wertvoller Trüffelsorten durch minder wertvolle werden gelegentlich auch Pilze, die überhaupt keine Trüffeln sind, als solche ausgegeben. So wird insbesondere der

Hart- oder **Kartoffelbovist,** auch falsche Trüffel oder Pomeranzenhärtling genannt (*Scleroderma vulgare* HORNEM. — *S. aurantiacum* BULL.), immer wieder auf den Märkten angetroffen, wo er als „Trüffel“ verkauft wird. Der Kartoffelbovist ist kein Ascomyzet, sondern ein Basidiomyzet aus der Gruppe der Bauchpilze. Er bildet oberirdische, nuß- bis apfelgroße, knollige, schmutzig-lederfarbige Fruchtkörper mit korkiger, 2—3 mm dicker Haut (Peridie), die auf der Außenseite oft warzig gefeldert ist. Das Innere ist anfangs weiß, später schiefergrau, endlich schwarzblau bis schwarz. Die Sporen sind kugelig (8—12 μ), schwarz, warzig-stachelig (Abb. 754, *f*). Der Kartoffelbovist gilt als giftig[1].

[1] Nach ROTHMAYR wird eine andere Art (*Scleroderma Bovista* FRIES), die eine dünnere Peridie und olivenfarben-schwärzliches (nicht violettschwarzes bis blauschwarzes) Fleisch hat und unschädlich ist, in vielen Gegenden, z. B. in Kärnten, als „Kartoffelbovist“ allgemein gegessen. Hierdurch würden sich die auseinandergehenden Literaturangaben über die Giftigkeit oder Genießbarkeit des „Kartoffelbovistes“ vielleicht erklären.

Andere, ebenfalls bei uns heimische falsche Trüffeln stammen von *Rhizopogon*-Arten, die dem Hartbovist verwandt und ihm auch äußerlich ähnlich sind. Ihr Fruchtkörper entwickelt sich jedoch unterirdisch, hat eine häutige oder fast lederige, von dem ziemlich fleischigen Körper schwer ablösbare Peridie und sehr kleine, ellipsoidische, glatte, fast farblose Sporen (Abb. 754, *g*).

Hirschtrüffeln oder Hirschbrunst nennt der Volksmund die den echten Trüffeln nahe verwandten *Elaphomyces*-Arten, namentlich *E. cervinus* (PERS.) SCHRÖDER, deren Fruchtkörper ebenfalls unterirdisch wächst und bei der Reife innen zu einer pulverigen Masse zerfällt. Sie sind ungenießbar. Da Hirschbrunst aber als Aphrodisiacum gilt, begegnet man dem Sporenpulver des Pilzes gelegentlich in Substanz oder in Zubereitungen. Die Sporen sind kugelig (28—32 μ), undurchsichtig schwarz, ihre Oberfläche erscheint uneben.

Getrocknete Pilze.

Im getrockneten Zustand kommen hauptsächlich Steinpilze, Morcheln, Musserons und gemischte Pilze in den Handel. Die letzteren führen gewöhnlich nur die Bezeichnung „getrocknete Pilze" und bestehen oft aus zahlreichen Arten.

Zwecks Untersuchung weicht man sie zunächst in Wasser vollständig auf. Die Hutstücke, an denen sich noch Teile des Hymeniums befinden, lassen sich dann ohne weiteres in solche, die von Stachelpilzen, Röhrenpilzen oder Blätterpilzen herrühren, sondern. Ebenso sind Keulenpilze sofort erkennbar, sowie Morcheln und Lorcheln. Bei gemischten Trockenpilzen wird es sich gewöhnlich darum handeln festzustellen, ob giftige Arten darunter sind, denn hin und wieder werden gerade durch Trockenpilze, die aus dem Handel stammen, Gesundheitsschädigungen verursacht. Keulenpilze, Stachelpilze, Morcheln und Lorcheln scheiden hierbei von vornherein aus, denn auch die letzteren verlieren ihren Giftstoff (Helvellasäure) nach dem Trocknen sehr bald vollständig.

Unter den Röhrenpilzen gibt es zwar einige zweifellos giftige Arten, wie den Satanspilz (*Boletus satanas*) und den Dickfuß (*B. pachypus*)[1], jedoch kommen diese im allgemeinen nur so vereinzelt vor, daß ihre Anwesenheit in gemischten Pilzen in wesentlicher Menge wenig wahrscheinlich ist. Mikroskopisch lassen sie sich übrigens im getrockneten und zerkleinerten Zustand nicht mit Sicherheit nachweisen, weil ihre Sporen von denen anderer *Boletus*-Arten kaum verschieden sind. Der Dickfuß fällt jedoch durch sehr bitteren Geschmack auf. Man würde daher auf *B. pachypus* schließen können, wenn man bitterschmeckende Stücke eines Röhrenpilzes mit hellbraunen, spindelförmigen Sporen von 11—13 μ Länge und 4—5,6 μ Breite ohne auffälligen Inhalt findet; denn der andere stark bitter schmeckende aber nicht giftige Röhrenpilz, der häufig mit dem Steinpilz verwechselt wird, der Bitterpilz (*Tylopilus felleus*), hat zwar etwa ebenso große, an den Enden mehr abgerundete Sporen, die aber rostrote Öltröpfchen enthalten.

Praktisch kommen daher für die nähere Untersuchung nur die Blätterpilze in Betracht. Unter ihnen gibt es bekanntlich mehrere Giftpilze, die haupt-

[1] Sie wirken hauptsächlich als Brechmittel. Schwere Schädigungen sind nach ihrem Genuß nur in wenigen Fällen beobachtet. So hat GIESENHAGEN als Ursache eines tödlich verlaufenen Falles *Boletus pachypus* festgestellt.

sächlich zu den Gattungen *Amanita* (Knollenblätterpilz, Pantherpilz und Fliegenpilz), *Russula* (Speitäubling) und *Lactaria* (Giftreizker) gehören. Alle 3 Gattungen sind zwar mikroskopisch gut charakterisiert, jedoch kann man im getrockneten und zerschnittenen Zustand die giftigen Arten der betreffenden Gattung von den ungiftigen kaum unterscheiden. Aus dem Grunde sollten wenigstens Arten der beiden ersten Gattungen für die Herstellung von Trockenpilzen überhaupt verboten werden. Findet man sie aber in Trockenpilzen, die zu einer Erkrankung Anlaß gegeben haben, so besteht der dringende Verdacht, daß eine der giftigen Arten vorliegt, wenngleich zu berücksichtigen sein wird, daß Trockenpilze unter Umständen auch giftig wirkende Zersetzungsprodukte enthalten können, nämlich dann, wenn zu alte, nicht mehr einwandfreie, z. B. weich gewordene Pilze zum Trocknen verwendet worden sind.

Die in Betracht kommenden giftigen Blätterpilze haben sämtlich helle (im getrockneten Zustand gelbliche bis hellbräunliche) Lamellen und farblose Sporen. Nur derartige Pilzteilchen müssen daher einer weiteren Untersuchung unterworfen werden. Die aufgeweichten Stückchen werden zunächst mit 70%igem Alkohol gehärtet und dann zur Herstellung von Schnitten verwendet, die man rechtwinklig zur Schneide der Lamellen anfertigt. Bemerkt sei, daß sehr derbe Lamellen namentlich in Verbindung mit einer dunkelfarbigen Oberhaut von vornherein auf eine *Russula*-Art hinweisen. Die *Russula*- und *Lactaria*-Arten unterscheiden sich von allen übrigen Blätterpilzen dadurch, daß bei ihnen im ganzen Fruchtkörper außer schmalen Hyphen Inseln sehr großer rundlicher Zellen verhanden sind (Abb. 751). Fehlen hierbei mit dunklem, körnigem Inhalt versehene Milchsaftschläuche, so handelt es sich um eine *Russula*-Art, andernfalls um eine *Lactaria*-Art. Die Arten beider Gattungen haben außerdem kugelige, selten ellipsoidische, mit starker stacheliger Membran versehene, helle Sporen.

Eine besondere Bedeutung als Giftpilz hat eigentlich nur der zur Gattung *Amanita* gehörige Knollenblätterpilz, der immer wieder mit dem Champignon verwechselt wird und alljährlich tödlich verlaufende Vergiftungen verursacht, während die übrigen giftigen *Amanita*-Arten (Fliegenpilz und Pantherpilz) infolge ihres charakteristischen Aussehens fast allgemein bekannt sind und daher bei Vergiftungen praktisch kaum eine Rolle spielen. Die *Amanita*-Arten sind am Bau der Mittelschicht der Lamellen (Trama) leicht zu erkennen. An Lamellenquerschnitten sieht man, daß die Hyphen von der Mittellinie nach außen deutlich bogenförmig verlaufen (Abb. 750), während sie z. B. beim Champignon sämtlich parallel zum Lamellenrand gerichtet sind (Abb. 749). Die Sporen des Champignons sind elliptisch (8—9 μ lang, 6—6,5 μ breit), ihre Membran ist braun, glatt; die Sporen des Knollenblätterpilzes sind fast kugelig (8—10 μ), ihre Membran ist farblos, glatt.

Wie bei den Trockenpilzen, verfährt man auch bei der Untersuchung von Pilzresten, die eine Vergiftung verursacht haben. Magen- und Darminhalt sind daher in erster Linie auf Lamellenteilchen zu durchsuchen.

Verfälschungen von Trockenpilzen können einmal darin bestehen, daß eine bestimmte Art zum Teil durch andere ersetzt wird (z. B. Champignons durch fremde Blätter- oder Steinpilze) oder im Zusatz fremdartiger Pflanzenteile. So hat GIESENHAGEN zerschnittene Seerosenwurzel (*Nuphar luteum*) beobachtet, die an dem luftreichen, maschenförmigen Gewebe und den reichlich vorhandenen Stärkekörnern kenntlich ist.

Pilzpulver.

Auch Pilzpulver kommen gelegentlich als Würzmittel im Handel vor. Bei ihrer Untersuchung lassen sich lediglich aus der Form und Farbe der Sporen gewisse Rückschlüsse ziehen, da die Hutpilze sonst keine hinreichend charakteristischen Zellelemente enthalten. So deuten z. B. elliptische, mit brauner glatter Membran versehene Sporen (Länge 8—9 μ, Breite 6—6,5 μ) auf Champignon hin, gleichartige von geringerer Größe (6—7 : 4 bis 5 μ) auf Stockschwamm, solche mit bräunlicher, höckerig-stacheliger Membran (6—7 : 4—5 μ) auf Habichtschwamm, kugelige bis länglich-runde Sporen mit farbloser bis gelblicher, stacheliger Membran auf Täublinge und Milchlinge, sehr kleine (4—5: 2,5—5 μ) glatte farblose Sporen, die einen großen Öltropfen enthalten, auf Semmelpilz, ellipsoidische bis spindelförmige Sporen (Abb. 756) mit gelber bis hellbrauner, glatter Membran auf *Boletus*-Arten (Steinpilz, Birkenpilz, Ziegenlippe usw.), ellipsoidische, an der einen Seite abgeflachte Sporen (7—9: 4,5—5 μ), die reichlich Öl enthalten, auf Pfifferling, große elliptische Sporen (bis 20 μ lang, bis 10 μ breit) auf Parasolpilz usw. Hingegen sind gerade die Sporen der giftigen Arten nicht charakteristisch.

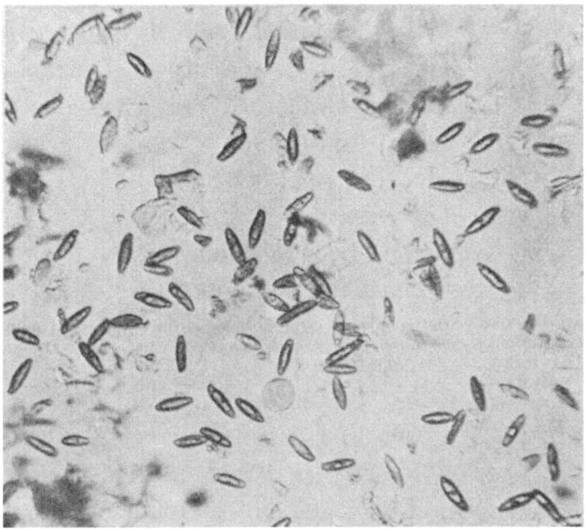

Abb. 756. Pilzpulver aus Boletus-Arten 1:400 (Phot. C. GRIEBEL).

Übrigens treffen die Angaben über die Färbung und Größe der Sporen nur auf einigermaßen ausgereifte Fruchtkörper zu, was bei allen Pilzuntersuchungen berücksichtigt werden muß, da die Sporen in jugendlichen Fruchtkörpern noch nicht vollständig entwickelt sind.

b) Auf Getreide vorkommende parasitische Pilze.

1. Mutterkorn.

Das sogenannte Mutterkorn ist der Dauerzustand (Sclerotium) eines Pilzes (*Claviceps purpurea* [FRIES] TUL.), der sich an dem jungen Fruchtknoten des Roggens (übrigens auch anderer Gräser) zur Blütezeit ansiedelt und an seiner Stelle entwickelt. Es ist die Ursache der früher nicht seltenen und mitunter epidemisch aufgetretenen Kriebelkrankheit.

Bei der jetzt üblichen sorgfältigen Reinigung des Mahlgutes werden bei uns wesentliche Mengen von Mutterkorn kaum mehr in das Mehl gelangen, zumal da das „Secale cornutum" ein wertvolles Arzneimittel darstellt.

Das Mutterkorn bildet schwarz-violette, etwas bereifte, stumpf-dreikantige, selten vierkantige, prismatische, nach den Enden verschmälerte, schwach gekrümmte Körper (Abb. 757). Die Größe dieser Gebilde ist sehr verschieden (gewöhnlich 10—35 mm lang). Mit Ausnahme der dünnen, dunkelviolett gefärbten Rinde ist das Gewebe weißlich. Es besteht aus einem sogenannten Scheinparenchym, nämlich aus ungleich weiten (3—12 μ), dicht aneinandergelagerten und untereinander verschlungenen dünnen Schläuchen (Hyphen), die auf Querschnitten (Abb. 758) ein engzelliges Parenchym darstellen. Die Rindenhyphen führen einen dunkelvioletten, in Lauge unter Rotfärbung löslichen Farbstoff, der auch die Membranen imprägniert. Die Markhyphen enthalten reichlich fettes Öl, das man erst durch Erwärmen mit Alkohol, Äther od. dgl. entfernen muß, um den Bau deutlich erkennen zu können.

Abb. 757. Mutterkorn mit dem „Mützchen" in nat. Größe (J. MOELLER).

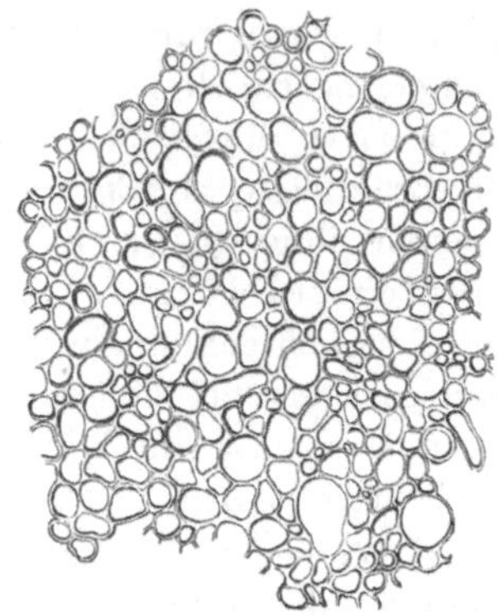

Abb. 758. Mutterkorn im Durchschnitt. Das Fett ist extrahiert 1:300 (J. MOELLER).

Die im Mehl etwa vorhandenen Fragmente von Mutterkorn treten bei der Untersuchung in Wasser, mehr noch in Laugenpräparaten, als klumpige Massen in Erscheinung, deren zellige Struktur in der Regel gar nicht erkennbar ist. Besonders auffallend sind die Klümpchen mit violetter Rindenschicht. Sind einzelne Fragmente groß genug, daß sie mit der Nadel herausgehoben werden können, dann kann man sie gesondert untersuchen, nachdem man sie in einem Schälchen mit Äther extrahiert hat. Sonst reichert man die Kleieteilchen nach dem unter „Mehl" (S. 24) angegebenen Verfahren an, extrahiert den Rückstand mit heißem Alkohol und sucht in dem Detritus die nunmehr als kleinzelliges Parenchym (Abb. 758) erscheinenden Mutterkornteilchen zur mikroskopischen Betrachtung (bei 300—400 facher Vergrößerung) aus.

Minder Geübte könnten diese mit dem ebenfalls stärkefreien und kleinzelligen Gewebe des Keimlings verwechseln. Aber letzteres ist ein dicht gefügtes Parenchym aus annähernd gleichgroßen, polyedrischen Zellen, mit sehr zarten Wänden und protoplasmatischem Inhalt ohne Öltropfen (s. Abb. 55).

Schärfer als der mikroskopische ist übrigens der chemisch-spektroskopische Nachweis des Mutterkorns.

2. Brandpilze.

Eine große Gruppe der Pilze entwickelt sich im Innern pflanzlicher Organe, zerstört diese und hinterläßt an ihrer Stelle ein äußerst feines, meist dunkel gefärbtes Pulver: die Fortpflanzungszellen oder Sporen, gemeinhin Brand genannt. Die verschiedensten Pflanzenteile werden vom Brand befallen, und meist sind es bestimmte Pilzformen, die in bestimmten Organen und nur auf bestimmten Arten auftreten. Hier haben wir uns nur mit jenen Brandpilzen zu beschäftigen, die sich im Fruchtknoten der Zerealien ansiedeln. Werden solche kranke Samen in größerer Menge zugleich mit den gesunden Körnern vermahlen[1], so bekommt das Mehl eine schmutzige Farbe und einen widerlichen Geruch. Letzterer rührt von dem Gehalt der Sporen an Trimethylamin her.

Im Mehl sind auch geringere Mengen von Brandsporen nach Entfernung der Stärke (vgl. S. 24) leicht nachweisbar. Es sind bräunliche, seltener farblose, kugelige Zellen mit derber, glatter oder netzig verdickter Membran. Vereinzelte Sporen finden sich auch in guten Mehlen und bieten keine Veranlassung zur Beanstandung.

In Betracht kommen hauptsächlich folgende Arten:

Steinbrand, Schmierbrand, geschlossener Brand (*Tilletia tritici* WTR.) kommt nur in den Früchten des Weizens vor, die er bis auf eine dünne Schale zerstört. Die Sporen (Abb. 759, *a*) sind bis 18 μ groß, blaßbraun, durch erhabene Leisten gefeldert.

Eine zweite, ebenfalls dem Weizen eigentümliche Brandform (*Tilletia laevis* KÜHN) unterscheidet sich von der vorigen durch die glatte Sporenmembran (Abb. 759, *b*). Ihre Gestalt ist zum Teil eiförmig oder unregelmäßig länglich.

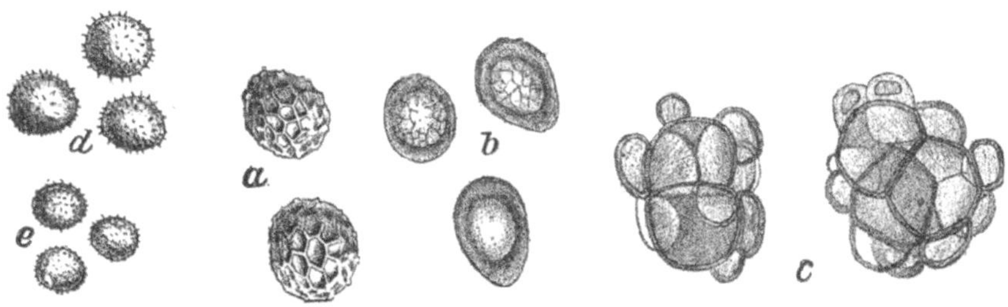

Abb. 759. Brandsporen (nach C. MEZ); *a* Steinbrand des Weizens (*Tilletia tritici*), *b* Steinbrand des Weizens (*Tilletia laevis*), *c* Roggenstengelbrand (*Urocystis occulta*), *d* Maisbrand (*Ustilago Maydis*), *e* Flug- oder Staubbrand (*Ustilago tritici*) 1:600.

Der Staubbrand, Flugbrand oder Rußbrand (*Ustilago hordei* BREF., *U. avenae* JENS. und *U. tritici* JENS. (früher als *U. Carbo* TUL. zusammengefaßt) befällt die Früchte der Gerste, des Hafers und des Weizens und zerstört sie vollständig, so daß höchstens einige Spelzenteile übrigbleiben, die, da sie keinen Halt haben, ebenfalls abfallen, daher der Volksname „Flugbrand". Die Sporen sind olivenbraun, deutlich punktiert, nur 5—8 μ groß, geruchlos (Abb. 759, *e*).

Der Maisbrand, Beulenbrand (*Ustilago Maidis* TUL.) entwickelt sich vorwiegend in den Kolben, die dadurch zu unförmigen Beulen auswachsen, keine Körner bilden und endlich zerfallen. Die Sporen sind gelbbraun, 8—13 μ groß, feinstachelig (Abb. 759, *d*).

Der Roggenstengelbrand (*Urocystis occulta* RABENH.) zerstört die Stengel und jungen Ährchen, die durch ihn grauschwarz werden, schließlich platzen und

[1] Mehl mit größeren Mengen von Brandsporen kommt jetzt nur noch selten vor, weil die Brandpilze durch Beizen des Saatgutes (Kupfervitriolkalkbrühe, Bordelaiser Brühe, Formaldehydlösung, Uspulun, Germisan od. dgl.) immer mehr zurückgedrängt und die im Getreide befindlichen brandigen Körner durch die vervollkommneten Reinigungsverfahren vor den Mahlprozeß ausgeschieden werden.

die Sporen verstäuben. Die Sporenknäuel bestehen meist aus 1—3 dunkleren Hauptsporen und zahlreichen helleren Nebensporen (Abb. 759, *c*).

3. Rostpilze.

Für uns haben die Rostpilze (*Uredineae*) insofern Interesse, als man bei der mikroskopischen Untersuchung von Vegetabilien, namentlich von Blattgebilden, nicht selten auf Sporenlager, ruhende und ausgekeimte Sporen stößt, deren Ursprung und Bedeutung man kennen soll. Auf Getreidekörnern sind bisher nur *Puccinia graminis* PERS. und einige nahe verwandte Arten, die die gemeinsame Bezeichnung „Getreiderost" (Abb. 760) führen, beobachtet worden.

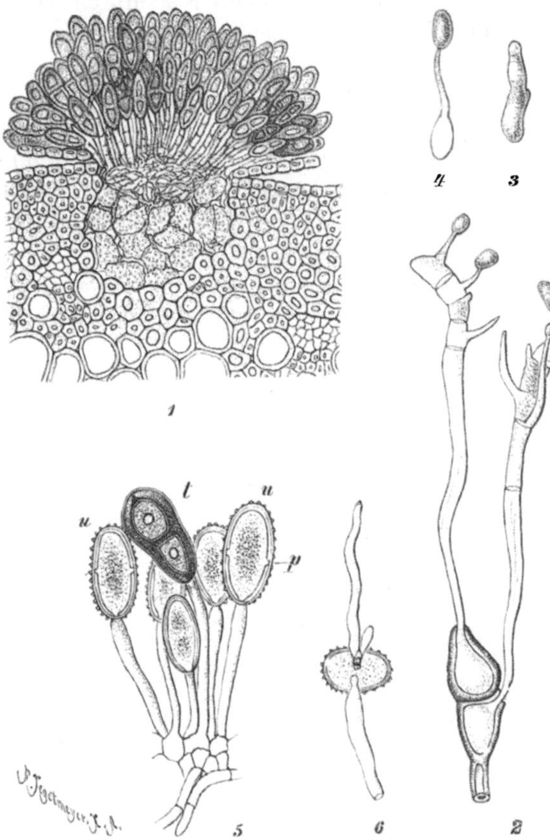

Abb. 760. Getreiderost (nach v. TAVEL); *1* Sporenlager auf einem Getreidehalm im Durchschnitt, *2* Keimende Winterspore, Basidien bildend, *3* und *4* Keimende Basidiensporen, *5* Gruppe von Sommersporen neben einer Winterspore, *6* Keimende Sommerspore.

Die Rostpilze entwickeln ihr Myzel im Gewebe der betreffenden Nährpflanze. Ihre Sporen durchbrechen dann die Oberhaut als „Rost". Diese in gelben Lagern erscheinenden Sommersporen (Uredosporen) sind sofort keimfähig und bestehen bei *P. graminis* aus elliptischen, dünnwandigen Zellen ohne Scheidewand, mit feinstacheliger Membran, die auf dünnen Stielchen stehen (Abb. 760, *5*, *u*). Später werden dann in demselben Lager dickwandige, zweizellige Dauer- oder Wintersporen (Teleutosporen) gebildet (*t*), die die Aufgabe haben, die Überwinterung der Art zu sichern. Sie keimen daher erst im nächsten Frühjahr. Hierbei werden kleine Sporen gebildet, die sich aber nur weiter entwickeln können, wenn sie auf eine geeignete Wirtspflanze gelangen (bei *P. graminis* ist dies *Berberis vulgaris*). Auf dieser entstehen dann die Aecidien. Die in ihnen gebildeten Sporen keimen nur auf Gräsern und bringen dann wieder Uredosporen hervor.

4. Schwärzepilze.

Die „Schwärze des Getreides" wird durch Arten der Gattungen *Cladosporium*, *Pleospora* und anderer hervorgerufen. Es handelt sich hierbei um schwärzliche Überzüge an Stengeln, Blättern und Ähren, die namentlich in Jahren mit andauernd feuchter Witterung auftreten. Zuweilen werden auch die Körner selbst befallen, und man findet daher die Sporen dieser Pilze in feuchten Jahren gelegentlich auch im Mehl. *Cladosporium* bildet braune, fadenförmige, durch Querwände geteilte Konidienträger, die meist zu Bündeln vereinigt sind und an ihren Enden braune, ovale, ein- bis vierzellige Sporen abschnüren. Bei einigen *Pleospora*-Arten sind die Sporen keulenförmig, durch Querwände und Längswände mauerartig geteilt (Abb. 761)[1]. In welcher Weise diese vielzelligen Sporen keimen, zeigt die Aufnahme Abb. 762. Jede der Zellen hat einen eigenen Keimschlauch getrieben. Die Kultur derartiger Pilze gelingt meist leicht auf den in der Bakteriologie üblichen Gelatine- oder Agarplatten. Die hier in Betracht kommenden Arten bilden ein braunes bis olivgrünes Luftmyzel.

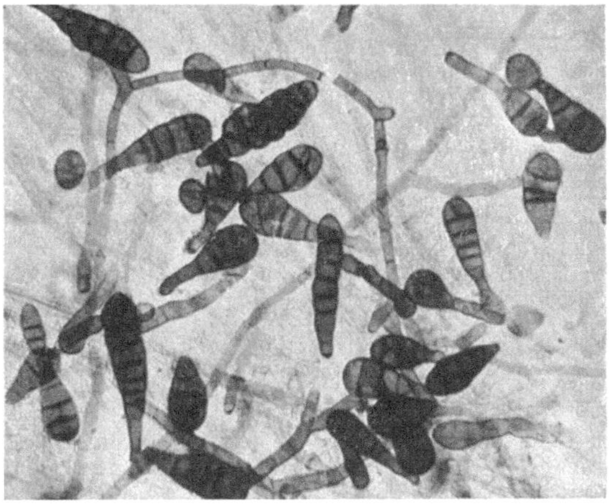

Abb. 761. Pleospora-Art mit Keulensporen aus einem kleiereichen Nährmittel durch Gelatineplatte isoliert 1:300 (Phot. C. GRIEBEL).

c) Schimmelpilze.

Der „Schimmel" ist eine Wuchsform der verschiedenartigsten Pilze, und von manchen Schimmelbildungen kennt man die Fruchtform noch gar nicht. Sie vermehren sich in der Regel ungeschlechtlich durch Zellen (Sporen oder Konidien), die von eigentümlichen Zweigen (Sporen- oder Konidienträgern) des Myzels abgeschnürt werden. Die Sporen bilden einen feinen Staub, dessen Farbe für manche Schimmelbildungen charakteristisch ist. Sonst unterscheiden sich die Schimmelarten

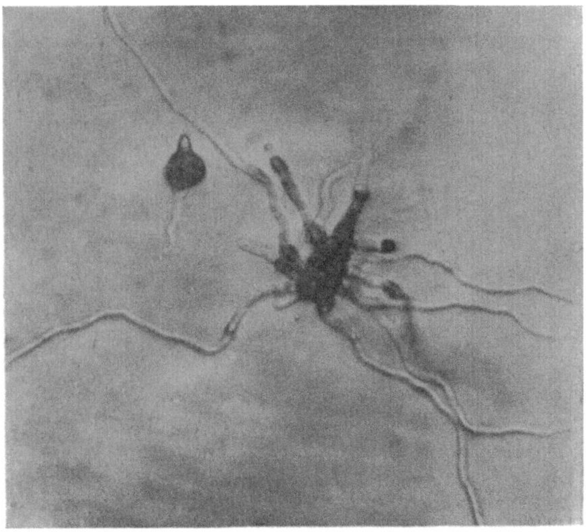

Abb. 762. Pleospora-Spore (vgl. Abb. 761) auf Nährgelatine keimend (Phot. C. GRIEBEL).

[1] Ähnliche Sporen, die jedoch durch schmale Zwischenstücke zu Ketten verbunden sind, haben *Alternaria* und *Sporidesmium*, die ebenfalls Getreideschwärze verursachen können.

wesentlich durch die Form der Sporenträger und die Art, wie von ihnen die Sporen gebildet und abgetrennt werden.

1. Die Köpfchenschimmel

(*Mucoraceae*) bilden schneeweiße bis schwarze Rasen, aus denen sich einfache, gebüschelte oder in verschiedener Art verzweigte Träger erheben (Abb. 764 und 767), die an der Spitze je ein kugeliges Sporangium tragen. Die von Sporen erfüllten Sporangien besitzen eine Columella, d. h. ein in das Sporangium vorgewölbtes, mehr oder weniger aufgetriebenes Ende des Sporangienträgers (Abb. 763).

Eine der verbreitetsten Arten ist *Mucor mucedo* (L.) BREFELD, der auf Lebensmitteln ziemlich hohe Rasen

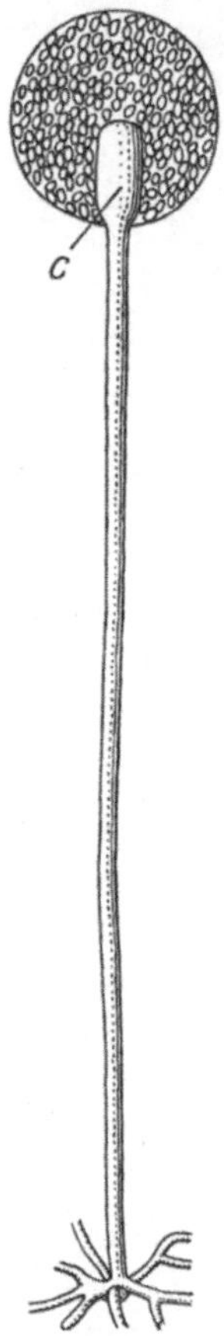

Abb. 763. Sporangium von Mucor 1:50 (nach WEHNER). *c* Columella.

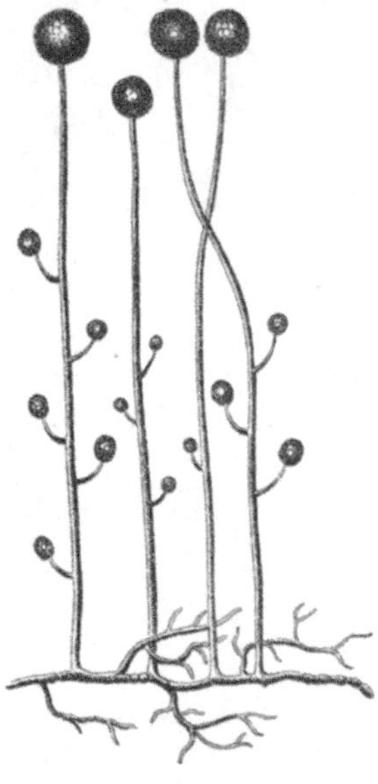

Abb. 764. Mucor racemosus (nach MEZ).

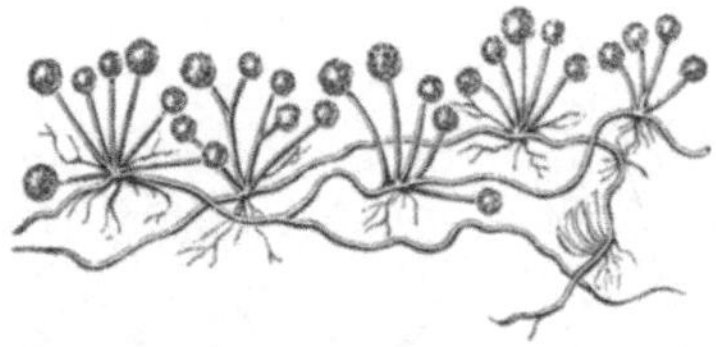

Abb. 765. Rhizopus nigricans (C. MEZ).

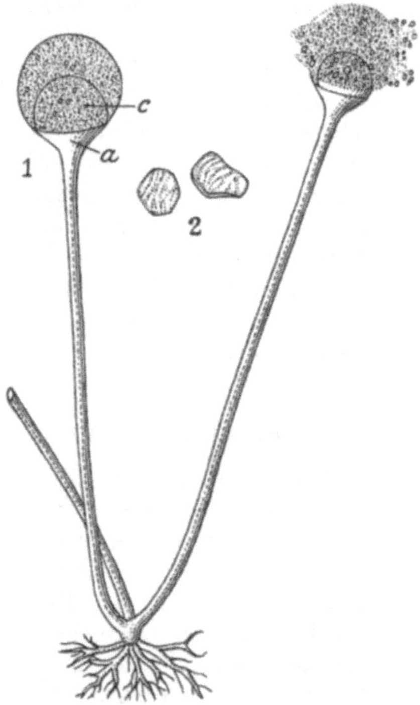

Abb. 766. Rhizopus nigricans (nach ZOPF). 1 Sporangium (1:50), *c* Columella, *a* Apophyse, 2 Sporen (1:500).

mit ungeteilten Sporangienträgern bildet. Die Köpfchen sind im reifen Zustand schwarz, die Sporen eiförmig hellgelbbraun.

Mucor racemosus FRESENIUS (Abb. 764), der auf Brot, Früchten, Milch usw. vorkommt, ist an der Verzweigung des Sporangienträgers zu erkennen. Dieser bildet an der Spitze ein großes Sporangium, während eine Anzahl kurzer Seitenzweige in kleinere Sporangien enden. In Zuckerlösungen wächst das untergetauchte Myzel hefenartig (Mucorhefe).

Rhizopus nigricans EHRENB. (*Mucor stolonifer* EHRENB.) bildet auf pflanzlichen Stoffen weiße Rasen, die häufig an den Gefäßwänden emporklettern (z. B. in Konservengläsern). Durch die büschelweise zusammenstehenden Sporangienträger (Abb. 765) und die bräunlichen, wurzelartigen Fasern, die die Stolonen unterhalb der gebüschelten Fruchtträger in das Substrat entsenden, ist die Art vorzüglich gekennzeichnet. Die reifen Sporangien sind schwarz, die Sporen unregelmäßig eckig, mit leistenförmigen Verdickungen versehen. Die halbkugelige Columella sitzt einer Erweiterung des Stieles (Apophyse) auf (Abbildung 766).

Thamnidium elegans LINK (Abb. 767) wächst in hellen Rasen auf Brot und anderen Nahrungsmitteln. Der wirbelig verzweigte Sporangienträger bildet am Ende ein vielsporiges Hauptsporangium, während an den Seitenzweigen wenigsporige Nebensporangien entstehen.

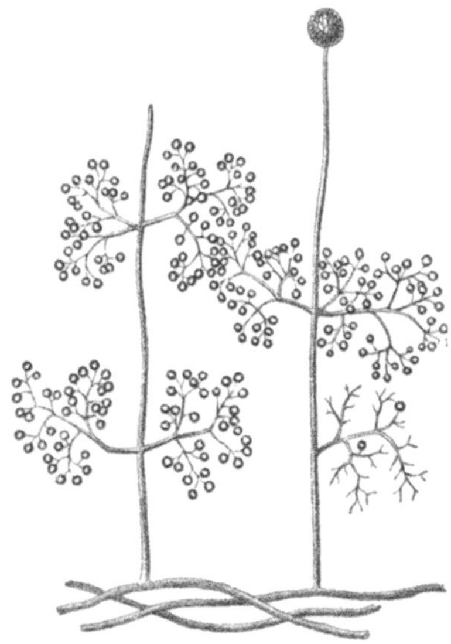

Abb. 767. Thamnidium elegans (nach MEZ).

2. Die Gießkannenschimmel

(*Aspergillus*-Arten) bilden blaugrüne, gelbe und manche schwarze Rasen, deren keulenförmige Konidienfruchtträger am Scheitel dicht mit kleinen, kegelförmigen Zellen besetzt sind, von deren Spitze die Konidien reihenweise abgeschnürt werden (Abb. 768).

Abb. 768. Aspergillus glaucus (nach MEZ).

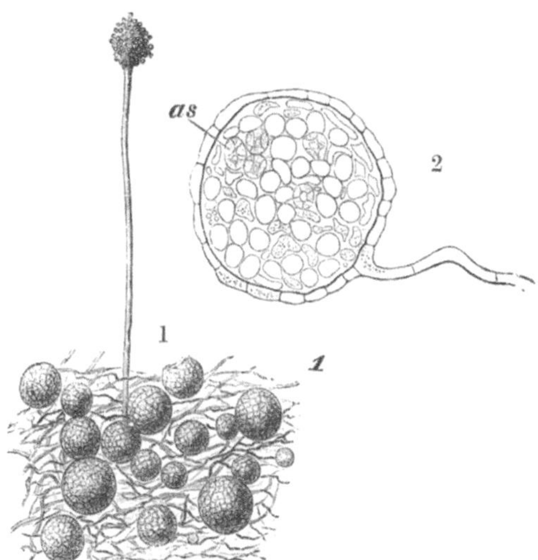

Abb. 769. Aspergillus glaucus. 1 Ein Stück Myzeldecke mit aufliegenden Perithezien und einem Konidienträger 1:30 (WEHNER). 2 Perithezienquerschnitt mit jungen Asci (*as*) 1:170 (DE BARY).

Aspergillus glaucus LINK (*Eurotium herbariorum*) (Abb. 768) ist einer der gemeinsten Schimmelpilze, der auf Nahrungsmitteln und Vegetabilien aller Art blaugrüne Rasen bildet. Diese werden später graubraun, das Myzel hellgelb bis rostbraun. Bei starker Vergrößerung erkennt man, daß die Membran der fast kugeligen Konidien feinstachelig ist. Neben den Konidienfruchtträgern gelangen sehr häufig noch Perithezien in Form zitronengelber, später brauner Kapseln (100—200 μ) zur Entwickelung, die zahlreiche, länglich-runde Asci mit je 5—8 farblosen Askussporen enthalten (Abb. 769).

Von weniger häufigen Arten seien genannt *A. flavus* LINK, *A. fumigatus* FRESENIUS, *A. clavatus* DESMANERES, *A. niger* VAN TIEGHEM.

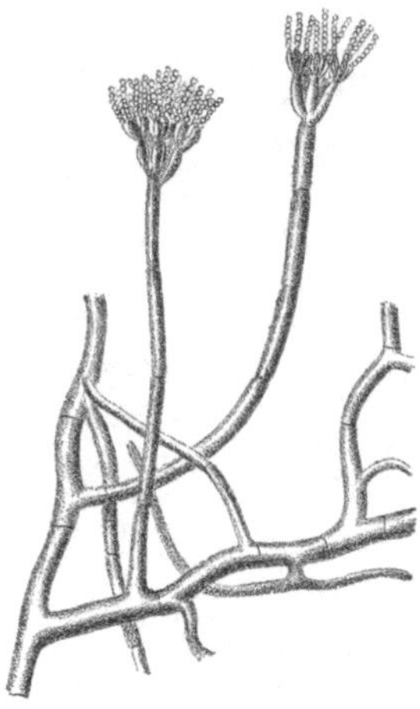

Abb. 770. Penicillium crustaceum (nach MEZ).

3. Die Pinselschimmel

(*Penicillium*-Arten) bilden Konidienträger, die denen von *Aspergillus* ähnlich sind; jedoch verzweigen sie sich am Ende besen- oder pinselförmig, und jede Endverzweigung schnürt reihenweise die Konidien ab (Abb. 770). Auch bei *Penicillium* kommen Askusfruchtkörper vor.

Penicillium glaucum BREFELD (*P. crustaceum*) ist ein Sammelname für zahlreiche, einander sehr ähnliche, in graugrünen Rasen wachsende Arten, die zu den gemeinsten Schimmelpilzen gehören.

Die für bestimmte Käsesorten (Roquefort, Gorgonzola) charakteristischen grünen Adern rühren ebenfalls von *Penicillium glaucum* her. Man nimmt an, daß es sich hierbei um bestimmte Varietäten handelt, die die eigenartigen Geschmacksstoffe bilden. Auf Camembert und Briekäse finden sich *Penicillium*-Arten mit farblosen Rasen, *P. album* und *P. candidum*.

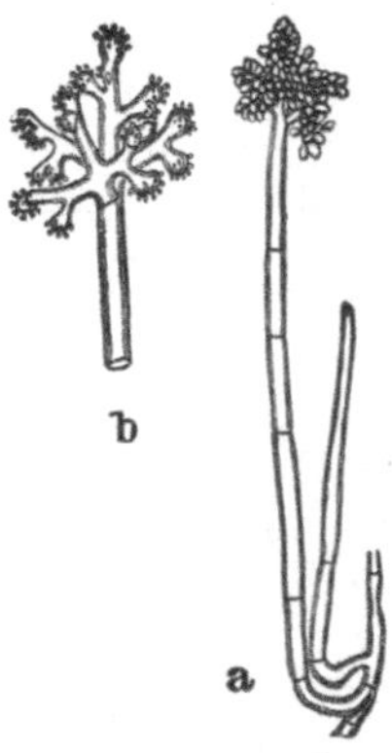

Abb. 771. Botrytis cinerea (nach DE BARY). *a* bei 100facher, *b* bei 200facher Vergr. mit abgefallenen Sporen.

4. Der Traubenschimmel

(*Botrytis*-Arten) bildet weiße, graugelbe oder braungraue Rasen auf modernden Vegetabilien aller Art. Die Fruchtträger schnüren die Sporen nicht kettenförmig ab, sondern in Häufchen auf den Spitzen plumper Verzweigungen. Die häufigste Art ist *Botrytis cinerea* (Abb. 771), die u. a. auch die Edelfäule der Trauben bewirkt.

Abb. 772. Oidium lactis (nach DE BARY). Konidienkette im Beginn der Trennung ihrer Glieder voneinander.

5. Der Milchschimmel

(*Oospora lactis* SACC., *Oidium lactis* FRES.), der sich auf saurer Milch nach wenigen Tagen stets auf der Oberfläche in Form einer dicken, matten, gelblichen Decke entwickelt, kommt auch auf Früchten, in Gärgemüsen usw. oft vor. Diese in vielen biologischen Varietäten auftretende Art bildet keine eigentlichen Fruchtträger, sondern einzelne Zweige ihres Fadenmyzels zerfallen in eine Kette kurzzylindrischer Konidien (Oidienbildung), die sich dann von dem Verband ablösen (Abb. 772).

Außer den hier angeführten gibt es noch viele andere Schimmelarten, die namentlich bei der mikroskopischen Untersuchung von Gewürzpulvern und Futtermehlen oft angetroffen werden, auch wenn diese sich weder durch ihr Aussehen noch durch ihren Geruch als „schimmelig" verraten.

d) Sproßpilze.

Die Sproßpilze haben ihren Namen von der eigentümlichen Art der Vermehrung, die in der Weise erfolgt, daß die Zellen an irgendeiner Stelle eine bruchsackartige Ausstülpung bilden, die sich allmählich vergrößert, bis sie der Mutterzelle in Form und Größe ähnlich geworden ist. Durch mehrfache Wiederholung dieses Vorganges entstehen oft Sproßverbände, weil die Zellen gewöhnlich einige Zeit im Zusammenhang bleiben. Zu dieser Pilzgruppe gehören unsere Kulturhefen, auf deren Fähigkeit, in zuckerhaltigen Substraten Gärungen hervorzurufen, das ganze Gärungsgewerbe basiert.

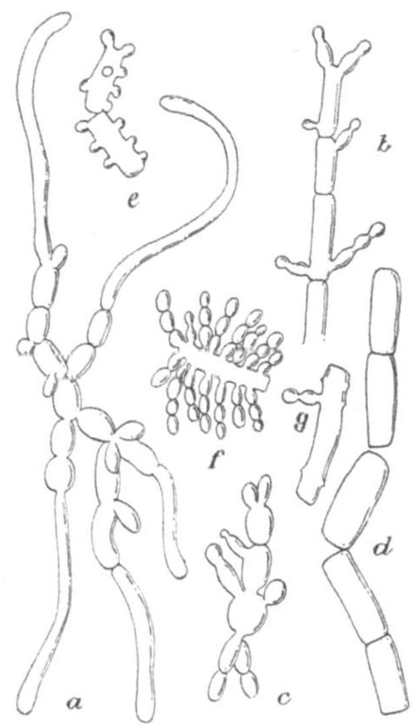

Abb. 773. Monilia variabilis (nach LINDNER). *a* jugendliches Sproßmyzel mit schlauchförmig verlängerten Endzellen; *b* älterer Faden mit Hefekonidien; *c* hefeähnliches Sproßmyzel; *d* oidienartiger Zerfall einer älteren Hyphe; *e* Oidien mit torulaähnlichen Konidien; *f* ebenso, die Konidien sprossend — Luftzellen; *g* Oidie nach dem Abwerfen der Konidien basidienähnliche Höcker zeigend 1:480.

Eine scharfe Grenze zwischen Sproßpilzen und den Pilzen mit fadenförmigem Myzel besteht jedoch nicht. So war schon erwähnt worden, daß z. B. *Mucor racemosus* in Zuckerlösungen hefeartig wächst und sogar Alkohol bildet, also den Charakter eines Sproßpilzes annimmt.

Ein ausgesprochenes Zwischenglied zwischen den Pilzen mit typischem Fadenmyzel und Sproßmyzel sind die *Monilia*-Arten, die häufig an süßen Früchten auftreten. Sie sind besonders durch ihre Vielgestaltigkeit ausgezeichnet.

Wahrend im Sproßmyzel fast alle Zellformen der Sproßpilze zur Entwickelung gelangen, zeigt das Fadenmyzel stets Neigung zur Aufteilung in Oidien (Abb. 773).

Monilia variabilis LINDN. und ähnliche Arten erzeugen auf Brot kreideweiße Beläge, die sogenannte Kreidekrankheit[1].

Von den im Gärungsgewerbe meist benutzten Hefeformen (*Saccharomyces*-Arten)[2] sind hauptsächlich zwei Gruppen zu nennen, nämlich die des *Cerevisiae*-Typus (Abb. 774) mit kugeligen oder eirunden Zellen — diese Formen finden hauptsächlich in Brauereien und Brennereien Verwendung und dienen auch zur Preßhefegewinnung — und die des *Ellipsoideus*-Typus mit Zellen mehr ellipsoider Gestalt, dem die meisten Weinhefen angehören. Die Formen des *Patorianus*-Typus mit oft langgestreckten, wurstförmigen Zellen sind meist sogenannte „Krank-

[1] „Kreidekrankheit" wird auch durch *Endomyces fibuliger* LINDN. verursacht, gekennzeichnet durch Asci mit je 2 oder 4 hutförmigen Sporen.

[2] Die meisten Hefen bilden bei besonderen Kulturverfahren (Gipsblock) Sporen im Innern der Zellen. Sie werden daher zu den Ascomyzeten gerechnet.

heitshefen“, die den Gärungsverlauf in unerwünschter Weise beeinflussen, ebenso die Apiculatus-Hefen, deren Zellen etwa zitronenförmige Gestalt haben.

Preßhefe.

Gegenstand der mikroskopischen Untersuchung im Rahmen der Nahrungsmittelkontrolle ist gewöhnlich nur die Preßhefe (Abb. 774), die aus den Zellen obergäriger Rassen von *Saccharomyces cerevisiae* bestehen soll. In Betracht kommende Verfälschungen sind insbesondere Stärke (meist Kartoffelstärke) und Bierhefe. Bei der Prüfung auf Stärke, die in der üblichen Weise mit Jodlösung erfolgt — die Hefezellen färben sich hierbei gelb — ist zu berücksichtigen, daß aus der Zuchtmaische stammende Stärkekörner (Roggen, Reis u. dgl.) in geringer Menge mit in die Preßhefe gelangen können. Diese sind aber stets verquollen oder sonst angegriffen und daher mit etwa zugesetzten noch intakten Stärkekörnern nicht zu verwechseln.

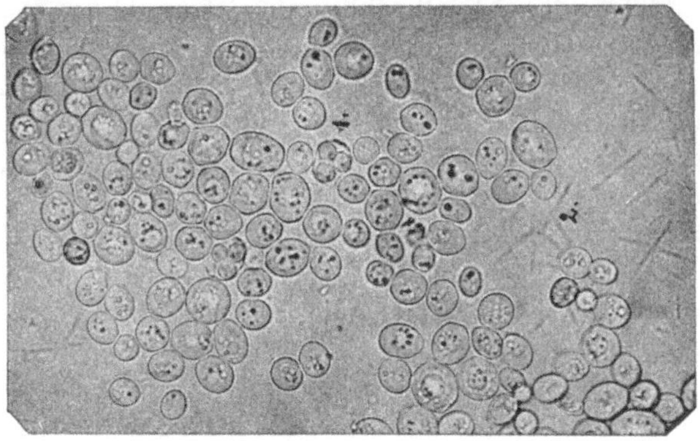

Abb. 774. Preßhefe. Adhäsionskultur 1:600 (Phot. P. LINDNER).

Der Nachweis entbitterter Bierhefe in Preßhefen ist mit Hilfe des Mikroskopes unmittelbar nur ausnahmsweise möglich, nämlich dann, wenn sich die in der Brauereihefe vorkommenden Verunreinigungen (insbesondere Hopfenteilchen) auffinden lassen. Andernfalls müssen, wie dies bei der Identifizierung von Hefen zumeist der Fall ist, biologische Merkmale zur Unterscheidung herangezogen werden (Verhalten gegenüber Melitriose).

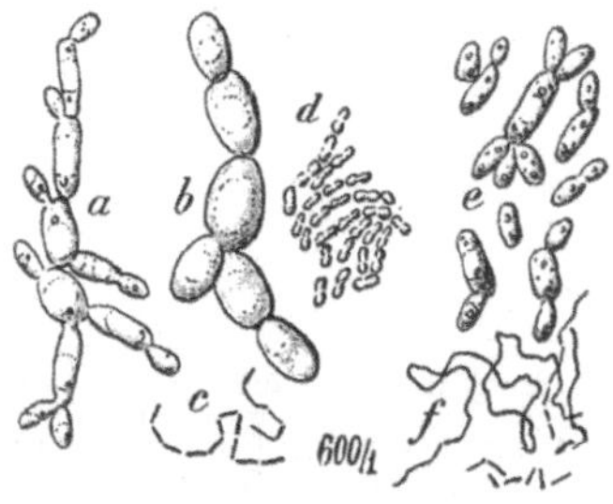

Abb. 775. Mit Kahmhefe (*a* und *e*) und Essigsäurebildnern (*d*) infizierte Preßhefe (*b*), *c* und *f* Milchsäurebakterien 1:600 (P. LINDNER).

Auch auf morphologischem Wege ist die Unterscheidung möglich, nämlich mit Hilfe der Tröpfchenmethode von LINDNER[1], deren Anwendung aber einige Erfahrung im Arbeiten mit Gärungserregern voraussetzt.

Verschlechtert wird eine Preßhefe außerdem durch zu starke Infektion mit Kahmhefe und Bakterien (Abb. 775).

Trockenhefe.

Trockenhefe, die gewöhnlich aus entbitterter Brauereihefe hergestellt ist, findet man nicht selten bei der Untersuchung von Nährmitteln und ähnlichen

[1] Zeitschr. f. Spiritusindustrie Bd. 26, S. 229. 1903; Bd. 27, S. 156, 225. 1904.

Zubereitungen. Die geschrumpften Hefezellen sind meist zu Klumpen zusammengeballt. Bei Einwirkung dünner Lage, oft auch schon im Wasserpräparat, wird aber die Gestalt der einzelnen Zellen bei etwa 400facher Vergrößerung deutlich erkennbar.

Als häufige Begleiter der Kulturhefen kommen besonders Arten der Gattung *Mycoderma* und *Torula* vor.

Die *Mycoderma*-Hefen sind stark luftliebend und wachsen daher an der Oberfläche des Substrates in Form dichter „Kahmhäute". Die Form ihrer Zellen ist meist langgestreckt (Abb. 775, *a* und *e*). Im Gärungsgewerbe sind sie ausgesprochene Schädlinge, da sie sowohl den Alkohol, wie auch die organischen Säuren verzehren und dadurch das vergorene Substrat (Wein, Bier, Sauerkraut) weitgehend verändern, bis es schließlich in Fäulnis übergeht.

Die *Torula*-Hefen haben rundliche oder ovale Zellen. Sporenbildung fehlt, wie auch bei *Mycoderma*. *Torula*-Arten sind sehr verbreitet und entwickeln sich daher in oder auf Nahrungsmitteln oft reichlich. So besteht z. B. der reifartige Beschlag auf Räucherwaren aus *Torula*.

e) Bakterien.

Die Bakterien sind Mikroorganismen einfachster Form (Kugel-, Stäbchen- und Schraubenform), die mit den höheren Pilzen eigentlich nur den Mangel an Chlorophyll gemeinsam haben. Wegen ihrer Vermehrungsweise durch Zweiteilung werden sie auch als Spaltpilze bezeichnet.

Trotz ihrer allgemeinen Verbreitung fallen sie dem Mikroskopiker bei der Untersuchung von Lebensmitteln nur dann auf, wenn sie in großen Anhäufungen auftreten[1], weil sie bei den gewöhnlich gebrauchten mittelstarken Vergrößerungen infolge ihrer Kleinheit nur schwer erkennbar sind.

Die Identifizierung der Arten ist, von einigen Ausnahmen abgesehen, nur mit Hilfe bakteriologischer Kulturverfahren möglich, deren eingehende Erörterung jedoch den Rahmen des Buches überschreiten würde. Praktische Bedeutung hat die Artbestimmung bei der Nahrungsmitteluntersuchung zumeist auch nur dann, wenn es sich um den Nachweis von Krankheitserregern (z. B. in verdorbenen Gemüsekonserven u. dgl.) handelt. Derartige Untersuchungen können aber nur in Anstalten, die besonders hierauf eingerichtet sind, durchgeführt werden.

Wie die Hefearten, so spielen auch eine Anzahl von Bakterien im Lebensmittelgewerbe als Gärungserreger eine bedeutende Rolle (Essig- und Milchsäurebakterien).

Im folgenden sind nur einige Arten, mit denen der Nahrungsmittelchemiker häufiger zu tun hat, aufgeführt.

Erreger des fadenziehenden Brotes.

In den Sommermonaten wird in den Untersuchungsanstalten oft Schwarzbrot oder Kuchen mit unangenehm süßlichem Geruch eingeliefert. Bricht man das Gebäck langsam durch, so beobachtet man mehr oder weniger weit aus-

[1] Sie verursachen dann meist Zersetzungserscheinungen.

ziehbare dünne Fäden zwischen den Bruchstücken. Verursacht wird diese Erscheinung durch Bakterien aus der Gruppe der Heu- und Kartoffelbazillen, die durch sehr widerstandsfähige Sporen[1] ausgezeichnet sind. Die am Getreide befindlichen Sporen gelangen mit in das Mehl und überstehen zum Teil lebend den Backprozeß. Sie können sich im Brot aber nur in den warmen Sommermonaten rasch entwickeln, wobei sie das Substrat in der geschilderten Weise verändern. Der Genuß solcher Ware ist zuweilen gesundheitsschädlich.

Zum Nachweis der Bakterien stellt man sich ein Präparat in folgender Weise her:

Eine kleine Probe der fadenziehenden Krume wird mit etwas Wasser zerrieben und ein kleiner Tropfen der Flüssigkeit mit der Platinöse auf einen Objektträger ausgestrichen. Nach dem Trocknen wird der Objektträger (Ausstrich nach oben) zwecks Fixierung dreimal durch die Bunsenbrenner-Flamme gezogen. Nach dem Erkalten bedeckt man den Ausstrich mit LÖFFLERS Methylenblau, läßt etwa eine halbe Minute einwirken, spült dann vorsichtig durch Eintauchen in ein Glas Wasser ab und untersucht nach vollständigem Trocknen mit Hilfe der Ölimmersion. Die Bakterien erscheinen jetzt als blaue Langstäbchen (bis 5 μ); meist sind auch zahlreiche ovale Sporen vorhanden.

Hostienpilz.

Der sogenannte Hostienpilz (*Bacterium prodigiosum*) bildet mit Vorliebe auf gekochten Kartoffeln, die im zerschnittenen Zustand aufbewahrt worden sind, aber auch auf anderen stärkehaltigen Speisen, blutrote, tropfenförmige Flecken. Die Erscheinung ruft bei der Bevölkerung wohl noch Erstaunen, aber nicht mehr, wie früher, Schrecken hervor (Wunder der blutenden Hostie). *B. prodigiosum* ist ein sehr kleiner Mikroorganismus. Die fast an Kokken erinnernden Kurzstäbchen haben nur eine Länge von etwa 1 μ. Ausstriche färbt man am besten mit Karbolfuchsin.

Der „indische Teepilz“,

der eigentlich erst durch Besatzungstruppen in Deutschland eingeführt wurde, wird jetzt in manchen Haushaltungen zur Herstellung eines angenehm schmekkenden Getränks kultiviert. Es handelt sich hierbei um zäh gallertige, in der Form dem Kulturgefäß angepaßte, dicke Häute, die aus einem Essigbakterium (*B. xylinum*)[2] in Symbiose mit einer Hefeart bestehen.

Man bringt den Pilz in gezuckerten Tee, in dem die Hefe zunächst eine Gärung verursacht. Der hierbei gebildete Alkohol wird durch das *B. xylinum* zum Teil in Essigsäure übergeführt; zugleich wird auch Milchsäure gebildet. Das auf diese Weise erzeugte Getränk ist mit dem Teekwaß identisch, dessen Herstellung

[1] Während sich die meisten Bakterien nur durch Zweiteilung vermehren, werden bei einer Anzahl von Arten auch Dauerformen (Sporen) gebildet, die ungünstige Verhältnisse zu überstehen vermögen.

[2] *Bacterium xylinum* bildet auch für sich allein derartige gallertige Massen (Bakterien-Zoogloeen), die zuweilen in dünnen Fruchtsirupen u. dgl. in eigenartiger Weise zur Entwickelung gelangen. Von der Oberfläche her entstehend, erfüllen sie allmählich den ganzen Flaschenhals, um dann als wurstförmige Gebilde zu Boden zu sinken.

Die sogenannte Essigmutter, die früher im Haushalt zur Bereitung des Essigs diente, jetzt aber nur noch selten angetroffen wird, besteht ebenfalls aus *Bacterium xylinum*.

im Haushalt in bestimmten Gegenden Rußlands fast allgemein üblich ist. Der Pilz wird wegen seines an eine Qualle erinnernden Aussehens auch als „Wolgaqualle" bezeichnet.

Die Kefirkörner,

die in der Form an kleine Blumenkohlköpfchen erinnern und zur Herstellung des Kefirs, einer bestimmten Sorte Sauermilch, dienen, bestehen ebenfalls aus Spaltpilzen (darunter Milchsäurebakterien) in Symbiose mit mehreren Hefearten. Durch die Lebenstätigkeit der Hefe (Vergärung des Milchzuckers) entsteht Alkohol und Kohlensäure. Daher der prickelnde Geschmack des Kefirs.

Kefirkörner werden zuweilen auch als „Joghurtferment" verkauft. Eine solche Unterschiebung ist unzulässig, denn Joghurt ist eine anders geartete Sauermilch, die keine Pilzkörner bildet.

Die Joghurtbakterien

interessieren hier deshalb, weil ihr Nachweis nicht selten in Nährmitteln, Schokoladen u. dgl. zu führen ist. Als spezifischer Joghurtorganismus gilt das *Bacterium bulgaricum*, ein unbewegliches Milchsäurelangstäbchen, das in zwei verschiedenen, im Joghurt nicht selten nebeneinander vorhandenen Formen vorkommt. Bei der einen Form (von JENSEN als *Thermobacterium Jugurt* bezeichnet) färbt sich der Bakterienleib mit alkalischem Methylenblau stets gleichmäßig blau, während bei der anderen (*Thermobacterium bulgaricum* JENSEN) in den ersten beiden Tagen der Kultur in Milch metachromatische Körnchen (violett bis rötlich, in überfärbten Präparaten dunkelblau) auftreten (Abb. 776), die aus Volutintröpfchen bestehen. Neben den Langstäbchen enthält normaler Joghurt noch Milchsäurestreptokokken in Form von Diplokokken, außerdem in kürzeren oder längeren Ketten (Abb. 776).

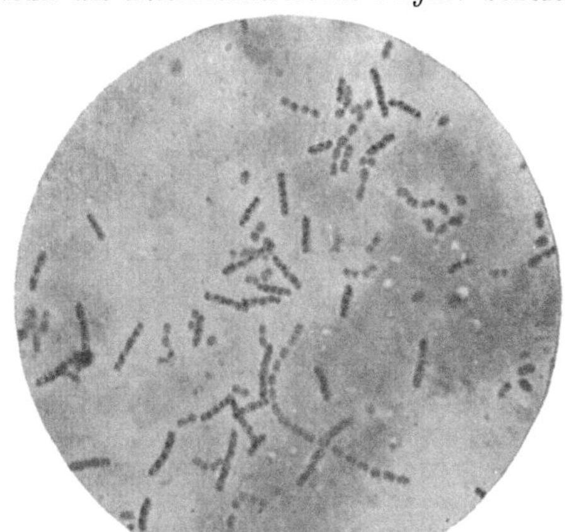
Abb. 776. Joghurtausstrich mit Körnchenbazillen. Handelsjoghurt auf Magermilch umgeimpft 24 Stunden bei 44° C. 1:1000 (Phot. C. GRIEBEL).

Zur mikroskopischen Untersuchung von Frisch-Joghurt stellt man dünne Ausstriche auf Objektträgern her. Diese werden nach dem Trocknen mit einigen Tropfen Äther entfettet, mit stark verdünntem Kollodium (1:20) fixiert, 10 bis 20 Sekunden — erforderlichenfalls auch länger — mit LÖFFLERS Methylenblau gefärbt, dann mit Wasser abgespült und getrocknet. Beim Durchmustern der Präparate mit der Ölimmersion[1] müssen sich dann die

[1] Ein Deckglas ist bei derartigen Bakterienuntersuchungen nicht erforderlich. Als Immersionsflüssigkeit ist an Stelle des Zedernöles das vor einigen Jahren vorgeschlagene und für Untersuchungslaboratorien zweifellos geeignetere Anisol zu empfehlen, das nach der Untersuchung weder vom Objekt noch von der Immersionslinse entfernt zu werden braucht, weil es innerhalb 30 Minuten restlos verdunstet.

erwähnten Mikroorganismen vorfinden. Hefe soll im Joghurt nicht oder nur ganz vereinzelt nachweisbar sein.

Auch bewegliche Bakterien (Heubazillen u. dgl.), die man bei der Untersuchung im hängenden Tropfen[1] erkennen kann, dürfen in einwandfreiem Joghurt nicht vorkommen. Alle normalen Joghurtorganismen sind unbeweglich.

Nährmittel und andere Erzeugnisse, die angeblich Joghurtferment enthalten, oder Joghurttrockenpräparate, prüft man auf entwickelungsfähige Joghurtlangstäbchen, indem man eine nicht zu kleine Probe in sterilisierter oder frisch abgekochter, auf etwa 40° abgekühlter Milch gut verteilt und die Mischung bei 42—45° etwa 24 (höchstens 48) Stunden im Brutschrank stehenläßt. Ist nach dieser Zeit keine Gerinnung der Milch eingetreten, so sind entwickelungsfähige Joghurtorganismen in wesentlicher Menge nicht vorhanden. Andernfalls werden in der vorher beschriebenen Weise Ausstriche hergestellt und untersucht. Ein nochmaliges Umimpfen durch Übertragen mit einer durch Ausglühen keimfrei gemachten Platinöse auf sterile oder frisch abgekochte Milch ist dabei oft von Vorteil, weil bei der Bebrütung dieser Umimpfung andere aus dem Untersuchungsobjekt stammende Bakterien durch die Milchsäurelangstäbchen leichter zurückgedrängt werden.

Neuere Literatur.

Bernhardt: Quantitative Bestimmung des Mutterkorns im Mehl. Zeitschr. f. Unters. d. Nahrungs- u. Genußmittel Bd. 12, S. 321. 1906.

Bredemann: Die quantitative Bestimmung der Brandsporen in Mehl, Kleie und Getreide. Landwirtschaftl. Versuchs-Stat. Bd. 75, S. 135. 1911; Bd. 87, S. 241. 1915.

— Über die quantitative Bestimmung der Brandsporen in Kleien. Arch. f. Chem. u. Mikr. Bd. 8, S. 87. 1915.

— Die Bestimmung des Brandsporengehaltes in Weizenproben. Zeitschr. f. Unters. d. Nahrungs- u. Genußmittel Bd. 45, S. 208. 1923.

Dinslage u. Ludorff: Der indische Teepilz. Zeitschr. f. Unters. der Lebensmittel Bd. 53, S. 458. 1927.

Falck: Über die mikroskopische Unterscheidung der echten Perigord-Trüffel von den verwandten Arten und der sogenannten falschen Trüffel. Zeitschr. f. Unters. d. Nahrungs- u. Genußmittel Bd. 21, S. 209. 1911.

Giesenhagen: Die gesetzlichen Grundlagen der marktpolizeilichen Kontrolle des Pilzhandels in München. Zeitschr. f. Unters. d. Nahrungs- u. Genußmittel Bd. 5, S. 593. 1902.

— Bemerkungen zur Überwachung des Verkehrs mit Speisepilzen. Zeitschr. f. Unters. d. Nahrungs- u. Genußmittel Bd. 6, S. 942. 1903.

— Trüffeln als Speisewürze in Fleischwaren des Handels. Zeitschr. f. Unters. d. Nahrungs- u. Genußmittel Bd. 21, S. 641. 1911.

Gramberg: Pilze der Heimat. 2 Bände. Leipzig 1913.

Griebel: Beiträge zur Überwachung des Verkehrs mit Yoghurtpräparaten. Zeitschr. f. Unters. d. Nahrungs- u. Genußmittel Bd. 24, S. 541. 1912.

Henneberg: Handbuch der Gärungsbakteriologie. Berlin 1926.

Hermann: Der gegenwärtige Stand der Giftpilzfrage. Pharm. Zentralh. S. 393. 1923.

König und Spiekermann: Fadenziehendwerden des Brotes. Zeitschr. f. Unters. d. Nahrungs- u. Genußmittel Bd. 5, S. 737. 1902.

---

[1] Man bringt mit der Platinöse ein Tröpfchen des durch Schütteln in eine Flüssigkeit verwandelten Koagulums in die Mitte eines Deckgläschens und legt dieses umgekehrt auf einen hohlgeschliffenen Objektträger, so daß das Tröpfchen in die Höhlung zu liegen kommt. Um ein Eintrocknen des Tröpfchens zu verhindern, wird der Hohlschliff zuvor mit einem Vaselinring umgeben. Die Untersuchung erfolgt mit Ölimmersion und enger Blende, indem man auf den Rand des Tröpfchens einstellt.

KORNAUTH: Fadenziehendes Brot. Arch. f. Chem. u. Mikr. Bd. 5, S. 267. 1912.
LINDNER: Mikroskopische Betriebskontrolle in den Gärungsgewerben. 5. Aufl. Berlin 1909.
— Atlas der mikroskopischen Grundlagen der Gärungskunde. 2. Aufl. Berlin 1910.
LINGELSHEIM: Rhizopogon luteolus Fr. in Grützeproben aus Litauen. Zeitschr. f. Unters. d. Nahrungs- u. Genußmittel Bd. 35, S. 482. 1918.
MICHAEL: Führer für Pilzfreunde. 3 Bände. Zwickau 1901—1905.
MIGULA: Kryptogamenflora von Deutschland, Deutsch-Österreich und der Schweiz. Band III, 1—3 Teil.
MURTFELDT: Vorkommen von Oidium aurantiacum auf Brot. Zeitschr. f. Unters. d. Nahrungs- u. Genußmittel Bd. 34, S. 407. 1917.
RACINE: Sporen von Brandpilzen als Aphrodisiacum? Zeitschr. f. öff. Chem. Bd. 15, S. 207. 1909.
ROTHMAYR: Die Pilze des Waldes. 2 Bände. Luzern 1920.
SPIECKERMANN: Die mikrologische Untersuchung der Nahrungsmittel in J. KÖNIG, Chemie der menschlichen Nahrungs- und Genußmittel Bd. III, 1. Berlin 1910.
— Biologische Untersuchung der Körnerfrüchte und Mehle in J. KÖNIG, Bd. III, 2. Berlin 1914.
VARGA: Zur Bestimmung des Brandsporengehaltes in Kleien. Arch. f. Chem. u. Mikr. Bd. 6, S. 342. 1913.

Allgemeine Literatur.

ANONYMUS: Futtermittelbuch des Verbandes landwirtschaftlicher Versuchsstationen. Berlin 1920.

BARNSTEIN, F.: Anleitung zur mikroskopischen Prüfung und zur Begutachtung der Kraftfuttermittel. Berlin 1920.

BEYTHIEN, A.: Volksernährung und Ersatzmittel. Leipzig 1922.

BÖHMER, C.: Die Kraftfuttermittel. Berlin 1903.

v. BUCHKA, K.: Das Lebensmittelgewerbe. Band III. Leipzig 1918.

FRITZWEILER: Getreidefrüchte, Müllereierzeugnisse, Getreidestärke, Brot- und Teigwaren.

KÜSTER: Gewürze.

CODEX ALIMENTARIUS AUSTRIACUS: 3 Bände. 1911, 1912, 1917.

DIELS: Ersatzstoffe aus dem Pflanzenreich. Stuttgart 1918.

GILG, E. und BRANDT, W.: Lehrbuch der Pharmakognosie. Berlin 1922.

HANAUSEK, T. F.: Lehrbuch der technischen Mikroskopie. Stuttgart 1901.

HAGER-TOBLER: Das Mikroskop und seine Anwendung. 13. Aufl. Berlin 1925.

HARTWICH, C.: Handbuch der Nahrungsmittel-Untersuchung von BEYTHIEN, HARTWICH und KLIMMER, Band II, botanisch-mikroskopischer Teil. Leipzig 1915.

HARTWICH, C.: Die menschlichen Genußmittel. Leipzig 1911.

HARZ, O.: Landwirtschaftliche Samenkunde. 2 Bände. Berlin 1885.

KINZEL, W.: Mikroskopische Futtermittelkontrolle. Stuttgart 1918.

KLING, M.: Die Kriegsfuttermittel. Stuttgart 1918.

KOCH, L.: Die mikroskopische Analyse der Drogenpulver. 4 Bände. Leipzig 1901.

KOCH, L.: Pharmakognostischer Atlas. 2 Bände. Leipzig 1911.

KÖNIG, J.: Die Untersuchung landwirtschaftlich und gewerblich wichtiger Stoffe. 3. Aufl. Berlin 1906.

KÖNIG, J.: Chemie der menschlichen Nahrungs- und Genußmittel. 4. Aufl. Bd. III, Teil 1—3. Berlin 1910—1918.

MEYER, A.: Die Grundlagen und die Methoden für die mikroskopische Untersuchung von Pflanzenpulvern. Jena 1901.

MOELLER, J.: Mikroskopie der Nahrungs- und Genußmittel aus dem Pflanzenreich. 2. Aufl. Berlin 1905.

MOELLER, J. und THOMS, H.: Real-Enzyklopädie der gesamten Pharmazie. 2. Aufl. Berlin und Wien 1904.

MOLISCH, H.: Mikrochemie der Pflanze. 2. Aufl. Jena 1921.

NETOLITZKY, F.: Anatomie der Angiospermen-Samen im Handbuch der Pflanzenanatomie von K. LINSBAUER. Bd. 10. Berlin 1926.

NETOLITZKY, F.: Die Vegetabilien in den Fäzes. Wien 1906.

ROSEN, F.: Anatomische Wandtafel der vegetabilischen Nahrungs- und Genußmittel. Breslau 1904.

SCHIMPER, A. F. W.: Anleitung zur mikroskopischen Untersuchung der Nahrungs- und Genußmittel. 2. Aufl. Jena 1900.

SOLEREDER, H.: Systematische Anatomie der Dikotyledonen. Stuttgart 1895.

THOMS, H.: Handbuch der praktischen und wissenschaftlichen Pharmazie Bd. III, 1 (Nahrungs- und Genußmittel). Berlin 1925.

TSCHIRCH, A.: Handbuch der Pharmakognosie. 3 Bände. Leipzig 1909—1925.

TSCHIRCH und OESTERLE: Anatomischer Atlas der Pharmakognosie und Nahrungsmittelkunde. Leipzig 1900.

TUNMANN, O.: Pflanzenmikrochemie. Ein Hilfsbuch beim mikroskopischen Studium pflanzlicher Objekte. Berlin 1913.

Vogl, A.: Die wichtigsten vegetabilischen Nahrungs- und Genußmittel, mit besonderer Berücksichtigung der mikroskopischen Untersuchung auf ihre Echtheit, ihre Verunreinigungen und Verfälschungen. Berlin und Wien 1899.

Wiesner, J.: Die Rohstoffe des Pflanzenreiches. 3 Bände. 3. Aufl.
Bd. 2. Leipzig 1918.
Stärke von J. v. Wiesner und G. Zeisel.
Rinden von F. v. Höhnel.
Hölzer von K. Wilhelm.
Bd. 3. Leipzig 1921.
Unterirdische Pflanzenteile von J. Moeller.
Blätter und Kräuter von T. F. Hanausek, ergänzt von Weese.
Blüten von K. Linsbauer.
Samen und Früchte von T. F. Hanausek und T. Weese.

Wittmack, L.: Landwirtschaftliche Samenkunde. Berlin 1922.

Sachverzeichnis.

GPSR Compliance

The European Union's (EU) General Product Safety Regulation (GPSR) is a set of rules that requires consumer products to be safe and our obligations to ensure this.

If you have any concerns about our products, you can contact us on ProductSafety@springernature.com

In case Publisher is established outside the EU, the EU authorized representative is:

Springer Nature Customer Service Center GmbH
Europaplatz 3
69115 Heidelberg, Germany

Batch number: 10683525

Printed by Printforce, the Netherlands